CORRESPONDANCE
DE
JOHANNES HEVELIUS

DE DIVERSIS ARTIBUS

COLLECTION DE TRAVAUX
DE L'ACADÉMIE INTERNATIONALE
D'HISTOIRE DES SCIENCES

COLLECTION OF STUDIES
FROM THE INTERNATIONAL ACADEMY
OF THE HISTORY OF SCIENCE

DIRECTION
EDITORS

ROBERT
HALLEUX

ERWIN
NEUENSCHWANDER

TOME 106 (N.S. 69)

BREPOLS

CORRESPONDANCE DE JOHANNES HEVELIUS

TOME III

CORRESPONDANCE AVEC PIERRE DES NOYERS, SECRÉTAIRE DE LA REINE DE POLOGNE, 1646-1686

Chantal GRELL

Avec la collaboration de Damien MALLET

BREPOLS

Avec le haut patronage de l'Union Académique Internationale et avec le soutien du Centre de recherche du château de Versailles et du legs Christoph Scriba.

© 2020 Brepols Publishers n.v., Turnhout, Belgium

All rights reserved. No part of this publication may be reproduced, stored in a retrieval system, or transmitted, in any form or by any means, electronic, mechanical, photocopying, recording, or otherwise,
without the prior permission of the publisher

D/2020/0095/148
ISBN 978-2-503-58780-6

Printed in the EU on acid-free paper

REMERCIEMENTS

Cet ouvrage, avec toutes ses imperfections, représente trois années de travail. Il révèle un savant dont le nom apparaît dans diverses correspondances, mais sur lequel aucune notice n'existe encore à ce jour. Très modeste, Pierre des Noyers ne parle jamais de lui-même dans ses lettres et n'a publié aucun ouvrage. De ce fait, les recherches ont été parfois longues et l'enquête complexe. Le concours de Damien Mallet qui a travaillé sur la correspondance diplomatique conservée à Chantilly et maîtrise la langue polonaise m'a été fort précieux. Cette correspondance touche à des sujets très variés souvent évoqués de manière allusive car Hevelius et des Noyers, qui se connaissaient bien, se comprenaient à demi-mot, notamment lorsqu'il s'agissait des affaires polonaises. Aussi, au moment de mettre le point final à ce volume, ai-je le plaisir d'exprimer toute ma gratitude aux savants et amis qui m'ont aidée dans cette tâche austère. J'ai consulté Philippe Contamine, de l'Institut, au sujet des étranges armoiries de Pierre des Noyers ; Denis Savoie a très amicalement répondu à mes questions relatives aux instruments et à l'astronomie ; Diego Venturino m'a aidée à transcrire un texte italien presque illisible ; Christian Michel a été mis à contribution pour les commandes de gravures d'Hevelius qui, comme l'on sait, était collectionneur. Robert Halleux, Philip Beeley et Andreas Kleinert m'ont fait l'amitié de relire ce manuscrit, d'enrichir les commentaires et de corriger de nombreuses fautes que je n'avais pas décelées moi-même. De celles qui demeurent, je ne saurais m'exonérer.

Ce volume, en outre, n'aurait pas pu être publié sans le haut patronage de l'Union académique internationale (UAI), sans le soutien du directeur du Centre scientifique de l'Académie polonaise des sciences à Paris, Maciej Forycki, sans surtout le généreux concours du Centre de recherche du château de Versailles (CRCV) qui a déjà subventionné le second tome de cette correspondance, avec la Cour de France et sans l'aide du legs Christoph Scriba. Hormis les clichés de la Bibliothèque nationale (BnF), les illustrations ont été gracieusement cédées à l'éditeur par la Bibliothèque de l'Observatoire de Paris qui possède les originaux de cette correspondance, ou proviennent, pour les clichés tirés des ouvrages d'Hevelius, des collections de l'Académie polonaise des Sciences, à la Gdańsk Library, grâce à Jaroslav Włodarczyk. Les clichés du sceau et la signature proviennent des Archives du Musée Condé à Chantilly.

Puisse ce volume confirmer la confiance et l'amitié qui m'ont été témoignées au cours de cette longue et riche enquête.

Abréviations utilisées dans les notes

Fonds et répertoires

- AMAE : Archives du Ministère des Affaires Étrangères
- AMAE-CP. Pologne : AMAE, Correspondance Politique, Pologne
- AMCCh : Archives du Musée Condé à Chantilly
- BnF : Bibliothèque nationale, Paris [Fr : Fonds français ; Nal : nouvelles acquisitions latines]
- BO : Bibliothèque de l'Observatoire de Paris
- DFB 1929 : Gesellschaft für Familienforschung Wappen und Siegelkunde, *Dantziger Familiengeschichte Beiträge*, Dantzig, Kafeman, 1929
- DSD : CURICKEN, Georg Reinhold, *Der Stadt Danzig, Historische Beschreibung*, Amsterdam & Dantzig, Verlegt durch Johann und Gillis Janssons von Waesberge, 1687
- PSB : *Polski Słownik Biografyczny* (*Polska Akademia Nauk, Polska Akademia Umiejętności*) en 52 tomes, 1935-2019
- VL : *Volumina Legum*, Petersburg (*Nakładem i drukiem Jozafata Ohryzki*), 1860.

Correspondances publiées

LLPG : GASSENDI Pierre, *Lettres latines*, traduction et annotation par Sylvie Taussig, Turnhout, Brepols, 2004, 2 vol.

CHJ : HEVELIUS, *Correspondance*, I, *Prolégomènes critiques*, Ch. Grell dir., Turnhout, Brepols, 2014 ; II, *Correspondance avec la cour de France*, Ch. Grell éd., Turnhout, Brepols, 2017

CHO : OLDENBURG Henry, *The Correspondence of Henry Oldenburg*, A. Rupert Hall et Marie Boas Hall éd., I-IX, Madison-Londres, 1965-1976; X-XI, Londres, 1975-1977, XII-XIII, Londres-Philadelphie, 1985-1986.

CJP : PICARD Jean, « La correspondance de Jean Picard avec Johann Hevelius », présentée et éditée par Guy Picolet, *Revue d'Histoire des Sciences*, XXXI, 1978-1, p. 3-42.

CMM : MERSENNE Marin, *Correspondance du Père Marin Mersenne, religieux minime*, éd. Cornelis de Waard et Armand Beaulieu, Paris, PUF (I-IV)/CNRS (V-XVII), 1932-1988, 17 vol.

KAAK : KOCHANSKI Adam Adamandy, *Korespondencja Adama Adamandego Kochańskiego SJ (1657–1699)* [*Correspondence of Adam Adamandy Kochański S.J. (1657-1699)*], ed. Bogdan lisiaK S.J., cooperation Ludwik Grzebień S.J. (Źródła do Dziejów Kultury. Kroniki i Listy, 1), Kraków: Wyższa Szkoła Filozoficzno-Pedagogiczna „Ignatianum"-Wydawnictwo WAM, 2005.

LPDN : NOYERS Pierre des, *Lettres de Pierre des Noyers, secrétaire de la reine de Pologne Marie-Louise de Gonzague... pour servir à l'histoire de Pologne et de Suède de 1655 à 1659*, Karol Sienkiewicz éd., Berlin [Paris], 1859.

OCCH : HUYGENS Christiaan, *Correspondance de Christiaan Huygens*, dans *Œuvres complètes* (I-X) publiée par la Société Hollandaise des Sciences, La Haye, 1888-1903.

ODP : PASCAL : *Œuvres complètes*, édition Jean Mesnard, t. II, *Œuvres diverses*, 1623-1654, Desclée de Brouwer, 1970.

Olhoff : Johann Eric Olhoff, *Excerpta ex Literis illustrium et clarissimorum virorum ad nobilissimum, amplissimum et consultissimum Dn. Johannem Hevelium, perscriptis judicia de Rebus Astronomicis ejusdemque scrptis exhibenda*, Gedani ex Officina Janssonio Waesbergiana, 1673.

JS : Journal des Savants.

On trouvera en note des titres abrégés, suivis au besoin de l'année de publication. Pour la référence complète, on se reportera à la bibliographie en fin d'ouvrage.

INTRODUCTION

1 : Vue d'ensemble[*]

Pierre des Noyers, le secrétaire de la Reine de Pologne Louise-Marie de Gonzague[1], est le correspondant le plus important d'Hevelius : il nous reste 259 lettres : 156 de des Noyers et 103 d'Hevelius, sur 40 années : la première lettre — un simple message de Pierre des Noyers, non daté — est de 1646 (n° 1) et la dernière, du 18 octobre 1686 (n° 259). C'est l'une des toutes dernières d'Hevelius, sinon la dernière écrite par l'astronome. Hevelius décède le 28 janvier 1687 ; Pierre des Noyers lui survit quelques années : il meurt le 26 mai 1693, à 85 ans.

Toutes les lettres d'Hevelius sont en latin. Celles de des Noyers sont en français, hormis les deux premières. Dès la troisième lettre, en effet, Pierre des Noyers opte pour le français : « Je crois que je m'expliqueré mieux en françois qu'en latin et vous en entendez assez pour me permettre de ne plus vous escrire en une autre langue » (n° 3, 11 janvier 1647). Il sait qu'Hevelius comprend cette langue car, lors de l'entrée de la Reine à Gdańsk, il a eu l'occasion de lier connaissance et pu apprécier sa maîtrise du français. Le cortège y est resté 10 jours (entre le 11 et le 20 février 1646), et les célébrations furent somptueuses car Dantzig était une ville fort riche[2].

Plusieurs traits caractérisent cette correspondance. En premier lieu, sa dissymétrie : si les lettres d'Hevelius sont parfois longues, celles de des Noyers peuvent aller de quelques lignes écrites à la hâte à 3-4 pages de petit format. La longueur des lettres est le reflet de leur nature et de la qualité des protagonistes. Lorsque les deux hommes se rencontrent, en 1646, Hevelius est déjà un astronome confirmé et renommé, qui correspond avec des célébrités comme Mersenne et Gassendi. Disciple de Crüger, il néglige les riches brasseries familiales dont la gestion est confiée à son épouse, Catharina Rebeschke, pour les observations astronomiques qu'il pratique quotidiennement quand le ciel est dégagé. Tous les sujets l'intéressent mais c'est à l'étude de la Lune qu'il a consacré de très nombreuses veilles et son atlas lunaire, le premier du

---

[*] La correspondance Hevelius-Des Noyers est numérotée dans l'ordre chronologique. La numérotation des lettres est ici suivie de l'indication de la date. Pour les pièces jointes précisément rattachées à une lettre, mention est faite du numéro de la lettre. Les pièces jointes isolées ou les lettres ajoutées pour la compréhension des échanges, non numérotées, sont mentionnées entre crochets [ ] avec leur date.

[1] En France, la princesse avait Marie pour prénom (Marie-Louise de Gonzague-Nevers) ; mais en épousant Ladislas IV en 1646, elle fut contrainte d'inverser ses deux prénoms, une Reine ne pouvant porter le nom de la Vierge.

[2] 75% des échanges de la République des deux Nations étaient réalisés par Dantzig, dont 80 à 90% des exportations dans la première moitié du XVIIe siècle.

genre, la *Selenographia,* est sur le point de paraître (1647). Hevelius se considère déjà comme un savant de renommée européenne. Pierre des Noyers ne peut se prévaloir de tels titres[3]. Attaché à la famille des Gonzague-Nevers, il est, depuis la mort de ses frères, le secrétaire de la princesse Marie qui goûte fort son savoir astrologique. Astrologue/astronome, il a étudié les mathématiques, notamment auprès de Roberval qui fréquentait l'Hôtel de Nevers. Mazarin l'a autorisé à accompagner la Reine en Pologne. Hevelius voit en lui l'homme de confiance de la Reine et il le traite avec une certaine condescendance, au début du moins de leurs relations. C'est pourtant grâce à ses compétences scientifiques que Pierre des Noyers a su s'imposer dans le monde savant et comme intermédiaire privilégié, au centre d'un véritable réseau d'informateurs centré sur Varsovie, dont il va faire profiter Hevelius. Il convient d'emblée de préciser qu'Hevelius ne discute pas de problèmes scientifiques dans ses lettres à Pierre des Noyers, d'autant qu'il ne partage pas son goût pour l'astrologie. Il le considère comme un agent précieux auprès de la cour de Pologne, susceptible de diffuser efficacement ses écrits et ses découvertes. Pierre des Noyers ne s'en formalise pas, qui se plie à ce jeu et rend compte dans chacune de ses lettres des distributions réalisées et des observations reçues. Hevelius apparaît donc comme un solliciteur permanent, qui remercie en proportion du service demandé ; en face, Pierre des Noyers exécute les ordres et rend compte de ce qu'il a reçu et expédié.

Cette remarque en appelle une autre qui tient au caractère fragmentaire de cette correspondance : si les lettres d'Hevelius sont souvent longues, détaillant les tâches qu'il assigne à des Noyers, les réponses de celui-ci sont brèves, mais accompagnées des pièces jointes dont il ne reste que de rares traces. Parmi ces pièces jointes [pièce annexe n°3], il y a des lettres destinées à Hevelius mais envoyées à des Noyers, à charge pour lui de les communiquer : Boulliau utilise souvent cette correspondance diplomatique. Ces lettres sont intégrées dans la correspondance d'Hevelius sans qu'il soit possible de les distinguer de celles qui ont été directement envoyées à l'astronome. Il y a aussi des observations, des dessins ou des informations adressés à un tiers, communiqués à Pierre des Noyers, qui les envoie à Hevelius : par exemple, des observations de Cassini, envoyées à Pinocci à Cracovie, qui les communique à son ami des Noyers, qui les envoie à Hevelius (n° 128). Hevelius a extrait ces documents de sa correspondance et les a sans doute rangés dans les dossiers de ses publications, sauf en de rares exceptions où le secrétaire les a recopiés dans la « grande copie » de la BnF, comme dans la lettre du 1er novembre 1657 (n° 77) accompagnée ici de deux problèmes de Fermat, envoyés par Claude Martin de Laurendière à des Noyers qui en fait part à Hevelius; ou encore l'observation de Kircher de la comète de 1652, accompagnée d'un commentaire de l'évêque de Viterbe jointe à la lettre du 27 février 1653 (n° 44). Il est généralement impossible d'en avoir connaissance, à de très rares exceptions près, comme ce des-

---

3 Bien qu'il reste de très nombreuses lettres écrites de sa main (notamment, une partie de la correspondance de la Reine de Pologne de 1646 à 1667), Pierre des Noyers n'a rien publié et ne parle jamais de lui. Aussi son nom ne figure-t-il dans aucun dictionnaire biographique et les informations à son sujet sont-elles rares.

INTRODUCTION 5

sin du *maximus tubus* du Grand-Duc de Toscane, réalisé par le célèbre Divini dont une copie nous est parvenue, isolée de la lettre d'envoi (n° 92, 12 décembre 1660)[4]. Le troisième cas de figure est celui des citations réalisées par des Noyers sur un point particulier ou des dessins qu'il a reproduits, comme le dessin de la comète de Breslau de mai 1677 (n° 186, 2 juillet 1677). Ces quelques exemples témoignent de la richesse d'une correspondance hélas amputée et réduite, côté des Noyers, aux seuls messages d'accompagnement qui livrent déjà, comme nous allons le voir, nombre d'informations nouvelles, même si l'on n'y trouve aucun débat sur les grands problèmes de l'astronomie.

Les échanges épistolaires sont, en outre, irréguliers [pièce annexe n°1]. Il est vrai que toute la correspondance n'a pas été conservée, Pierre des Noyers toujours pressé griffonnant quelques lignes. On voit, ici et là, que des lettres se sont perdues ou n'ont pas été conservées. Toutefois, ces lacunes n'obèrent pas la cohérence de l'ensemble. Il y a, dans cette correspondance, des temps forts. Et tout d'abord l'année 1647, avec un échange de dix lettres. C'est l'année de la querelle du vide — qui intéresse peu Hevelius, à la différence de Pierre des Noyers — mais surtout de la parution de la *Selenographia* : Hevelius charge des Noyers de la présentation de son ouvrage au Roi et à la Reine, et de sa distribution.

Les années 1652-1655 sont particulièrement riches avec 53 lettres, soit 1/5ᵉ de la correspondance. Louise-Marie de Gonzague a organisé, à Varsovie, une cour savante dont Pierre des Noyers est le maître d'œuvre[5]. Hevelius se familiarise avec les amis de Pierre des Noyers : Davisson et Burattini, entre autres. Des Noyers lui fait parvenir de nombreux ouvrages, il lui fait part de ses observations et lui transmet celles de ses amis (éclipses de Lune et de Soleil, comète de 1652). C'est l'époque où Hevelius, après la publication de la *Selenographia*, élargit son réseau. Pierre des Noyers, secrétaire des commandements de la Reine et qui a la responsabilité de sa correspondance diplomatique, est un ami utile auquel Hevelius fait systématiquement appel.

Les échanges sont à nouveau nourris en 1665-1666 (28 lettres). Hevelius est alors pensionné par Colbert grâce à l'entremise de Chapelain[6] et se doit d'offrir ses publications à son mécène. C'est l'époque de la polémique sur la comète de 1664-1665 et de la mauvaise observation d'Hevelius du 18 février, contestée par l'ensemble des savants[7], du *Prodromus cometicus* (1666) offert à Colbert, de la *Mantissa* dédiée à Léopold de Toscane (où Hevelius défend ses calculs) et de la *Cometographia* (1668) dont la publication est différée par ces querelles. Hevelius doit affronter les critiques des membres de la jeune Académie des sciences, fondée en 1666 (notamment d'Auzout et de Petit) et de la Royal Society, qui l'a reçu en ses rangs (1664) qui, finalement,

---

4 BnF, Nal 1642, fol. 173 [illustration n°6, HT].

5 Karolina Targosz, *La cour savante de Louise-Marie de Gonzague et ses liens scientifiques avec la France, 1646-1667*, Ossolineum, 1982 ; « La cour royale de Pologne au XVIIᵉ siècle : centre pré-académique », dans : Lieux de pouvoir au Moyen-Age et à l'époque moderne, M. Tymowski éd., UW, Varsovie, 1995, p. 215-237.

6 *CJH*, II, Correspondance avec la cour de France, Brepols, 2017.

7 *CJH*, II, p. 67-84, et les Subsidia de cometis, p. 451-489.

ne le suit pas. Les échanges avec des Noyers enrichissent le tableau précédent, où il n'était guère question de l'Italie. Grâce à des Noyers, nous découvrons qu'Hevelius était informé des observations des savants italiens, notamment de Cassini et des pères jésuites.

En 1672 (12 lettres), chacun travaille au perfectionnement du *maximus tubus*. Hevelius veut offrir à Louis XIV sa *Machina Cœlestis* I, ouvrage dans lequel il présente son observatoire et son instrumentation. Il entend, après la contestation de ses observations de la comète de 1664-1665, montrer qu'il possède les instruments les plus performants aux astronomes de l'Académie des sciences (notamment Cassini, Picard, Auzout et Huygens) qui travaillent à présent dans le nouvel Observatoire de Paris, en activité depuis 1671 et dont Cassini fait office de directeur ; mais aussi aux savants anglais, à Hooke qui dès 1667 a préconisé l'usage du télescope, un nouvel appareil présenté par Newton dès 1668. Hevelius soutient l'exactitude des observations *oculo nudo* et ambitionne de disposer de la lunette la plus puissante, grâce à Burattini.

Après l'incendie de 1679 qui l'a privé de son observatoire, de son imprimerie et d'une partie de ses observations et l'a en partie ruiné, Hevelius lutte contre sa marginalisation dans la communauté scientifique (1681 : 20 lettres). Il appelle des Noyers à l'aide qui lui confie certains de ses instruments personnels. Hevelius n'a plus les moyens de publier ses observations de la comète de 1681. Il rédige des *historiolæ* manuscrites (n° 234, n° 242) que des Noyers est chargé de faire recopier et de diffuser et il s'efforce en vain par tous les moyens de toucher le Roi de France pour en obtenir une nouvelle pension.

D'autres années sont en revanche très pauvres ou lacunaires, qui correspondent notamment aux années de guerre du Déluge suédois (1655-1660) où des Noyers suit la cour en exil et les armées royales ; aux années aussi qui suivent la mort de la Reine en 1667 : des Noyers qui a reçu par testament la starostie de Tuchola, près de Dantzig, doit se rendre sur place. En outre, après l'élection de Michel Wiśnowieski sur le trône de Pologne (19 juin 1669-10 nov. 1673), le « parti français » passe dans l'opposition et se regroupe à Dantzig où Pierre des Noyers séjourne et réalise des observations avec Hevelius.

En quarante années, les deux hommes qui n'ont pas eu beaucoup d'occasions de se rencontrer[8], ont appris à se connaître et se livrent un peu dans leurs lettres. Pierre des Noyers apparaît comme un homme discret, modeste, toujours serviable. Il ne demande aucun service à Hevelius, sinon une seule intervention en septembre 1667 auprès du premier bourgmestre de Dantzig, Gabriel Krumhausen (n° 142, 14 septembre 1667). Il exécute toutes les volontés d'Hevelius, comme s'il agissait d'un honneur particulier, y compris ses courses à Paris, achat de livres, de gravures et de crayons (n° 16, 18 février 1650) ; il se montre généreux tant auprès de l'astronome ruiné au

---

8 En évoquant la visite de la Reine et du Roi à Hevelius le 18 décembre 1659, des Noyers écrit à Boulliau n'avoir pas revu Hevelius depuis l'entrée de la Reine à Dantzig, soit 13 années : « Je n'ai encore vu Monsieur Hevelius chez lui que cette seule fois, tant j'ai eu d'occupations depuis notre arrivée en une ville où j'ai quelques amis particuliers ». (*LPDN*, n° CCXXXVI, p. 566).

INTRODUCTION

lendemain de l'incendie qui a détruit ses maisons et son laboratoire (n° 209, 4 janvier 1681), que de son ami Burattini auquel il a prêté d'importantes sommes dont il ne fut jamais remboursé (n° 231, 17 mars 1682). Le caractère d'Hevelius est à l'opposé. Il est volontiers méprisant (au sujet de la lunette hollandaise de des Noyers, n° 11, 9 décembre 1647) ou se montre au contraire obséquieux quand il a un grand service à demander (n° 99). Il est toujours impatient : s'il prend son temps pour répondre aux lettres[9], il reproche sans cesse à ses correspondants de tarder à lui répondre. Son attitude, au lendemain de la mort de Burattini (14 novembre 1681) révèle un solide égoïsme : alors que des Noyers l'informe de ses derniers instants et de la maladie de sa femme, il lui répond : « Je peux facilement voir les multiples raisons que vous avez de pleurer sa mort car avec cet ami vous avez perdu un espoir non négligeable de récupérer votre fortune, bien plus, votre argent. Cette perte ne m'affecte pas peu, à cause de vous ; de même je n'ai pas été peu troublé de ne plus voir comment je pourrais obtenir le quadrant récemment construit par l'illustrissime tant qu'il était vivant, avec d'autres verres variés et des tubes... Quelques semaines avant sa mort, il m'avait promis dans une lettre, de m'attribuer généreusement tout ce qui dans ses réserves se trouverait approprié pour restaurer notre Uranie. » (n° 228, 19 décembre 1681). Que la lettre (du 22 août) de Burattini ne contienne aucune promesse de ce type ne l'arrête pas : il impose à des Noyers des démarches répétées auprès de sa veuve et de ses héritiers (n° 228, 229, 231) qui opposent à ses demandes insistantes une fin de non-recevoir : « Enfin Monsieur, n'espéré rien par mon entremise » (n° 231).

Il a largement été question, dans le second volume de cette correspondance, de l'obstination d'Hevelius qui estime toujours avoir raison et refuse, contre la communauté entière des astronomes, de reconnaître une erreur, ainsi que de son humeur hautaine qui, sans égaler les mauvaises manières de Hooke, lui a valu un véritable ostracisme de la part de nombre d'astronomes et, notamment, des académiciens français qui n'accusent pas réception de ses lettres, ni de ses ouvrages (n° 213, 224, 226, 232, 233, 235, 250, 256). Cette rancœur, soigneusement entretenue par Boulliau, tourne à l'obsession dans les dernières années de sa vie qu'il passe tristement, en vain, à chercher un Mécène.

Ce premier survol appelle quelques approfondissements qui permettront d'analyser les enjeux de cette correspondance. Ils concernent tout d'abord Pierre des Noyers, ses amis et ses réseaux ; en second lieu, la nature des échanges scientifiques, qu'il s'agisse de livres, d'observations et d'instruments. Enfin, une partie entière sera consacrée au caractère crépusculaire de cette correspondance qui met en relation des hommes âgés et déjà dépassés par les progrès de la science nouvelle.

---

9 Au point que des Noyers écrit à Boulliau, le 25 juin 1659 : « mais je n'ai pas de réponse, ni à cette lettre, ni aux deux autres, dont je ne m'étonne pas car c'est sa coutume d'être long à répondre » (*LPDN*, n° CCXIV, p. 525).

2 : Pierre des Noyers, ses amis et ses réseaux

Pierre des Noyers, un ami utile et dévoué

Qui est Pierre des Noyers ? « Ce personnage aussi énigmatique qu'intéressant »[10] fut d'abord un homme discret : nous n'avons de lui aucun portrait et nous savons à son sujet fort peu de choses car il ne parle jamais de lui et ne se met jamais en avant. De son passage sur la terre, il nous reste une plaque tombale, amputée[11]. Il est dit, sur cette pierre tombale « eques ordinis Sancti Michælis », chevalier de l'ordre de Saint-Michel, et ses armoiries se détachent sur la croix de l'ordre, mais son nom ne figure sur aucune des promotions dudit ordre[12]. Les armoiries elles-mêmes interrogent l'historien car, sur la moitié droite, il s'agit de celles de la famille de Jeanne d'Arc[13]. Nous ne disposons d'aucune biographie de cet homme qui, en Pologne, a joué un rôle politique important. C'est pourquoi, outre des quelques pages, le lecteur trouvera en annexe une biographie plus détaillée[14].

La vie de celui dont Pascal écrivait qu'il était « un homme très savant et très digne de la place qu'il tient auprès de cette grande Princesse »[15] et que Christiaan Huygens qualifiait d'« homme très sincère »[16] est un puzzle dont il ne reste que quelques pièces, même s'il a laissé, de par ses fonctions de secrétaire et trésorier de la

---

10 François Bouletreau : « Une longue et fidèle amitié : Angélique Arnauld et Marie de Gonzague, reine de Pologne », *Chroniques de Port-Royal*, n° 25 (1976), p. 48.

11 Dans l'église de la Sainte-Croix à Varsovie où furent enterrés de nombreux Français car la Reine, qui avait introduit en Pologne la congrégation des prêtres de la Mission en 1653 (fondée par Saint Vincent de Paul) en avait fait la Maison centrale de la province polonaise de cette congrégation. Cette plaque [illustration n°33] nous informe qu'il est mort le 26 mai 1693 à l'âge de 85 ans : Iwona Dacka-Górzyńska, « Les relations entre l'élite sociale française et l'église de la Sainte-Croix à Varsovie », *France-Pologne, contacts, échanges culturels, représentations*, Paris, 2016, p. 183-199.

12 Ordre fondé par Louis XI en 1469. La liste alphabétique des chevaliers de l'ordre est publiée par Wikipedia, sur la base de répertoires anciens.

13 Charles VII avait accordé à la famille de Jeanne d'Arc des armoiries transmissibles par les hommes comme par les femmes. Aussi les trouve-t-on assez fréquemment, notamment en Lorraine et aussi en Champagne où elles semblent avoir été un signe de patriotisme français. Je tiens à remercier tout particulièrement Philippe Contamine, membre de l'Institut, à qui j'ai soumis cette énigme.

14 Damien Mallet qui a soutenu en 2017 à Bordeaux-III une thèse, entreprend à présent d'écrire une biographie qui enrichira à n'en pas douter la notice qu'il donne ici en annexe et les quelques notes de cette introduction.

15 Il s'agit de la Reine de Pologne. Lettre de M. Pascal le fils à M. Ribeyre, 12 juillet 1651, dans *Pascal-Mesnard*, II, p. 811.

16 *OCCH*, V, à son frère Lodevijk, 1ᵉʳ février 1664, p. 22.

Reine, une abondante correspondance. Pour saisir les enjeux et surtout les allusions et les non-dits de cette correspondance, il nous faut confronter ce que l'on en peut savoir avec ce qu'il nous laisse entendre au fil de ces lettres.

Originaire de Champagne, Pierre des Noyers est né à Festigny près d'Epernay. Entré au service de la Maison des Gonzague-Nevers, il est d'abord attaché à la maison de Ferdinand duc de Mayenne, décédé en 1632. Il devient alors secrétaire de la princesse Marie. Il appartient ainsi au petit monde de la cour de la Princesse, à Nevers et à l'Hôtel de Nevers à Paris aux côtés de Michel de Marolles qui était son archiviste. Sans doute a-t-il reçu une éducation très soignée. C'est un homme savant, surtout dans la science des astres. Dans ce premier XVIIᵉ siècle où l'aristocratie éprouve une véritable passion pour l'astrologie, Pierre des Noyers s'assure la confiance de la Princesse en consultant le ciel. Michel de Marolles en parle dans ses *Mémoires*, sans le citer nominalement, au sujet d'une dispute qui eut lieu en 1643 :

> Une autre fois parlant contre l'astrologie judiciaire chez Madame la Princesse, qui avoit beaucoup d'inclination à l'admettre, à cause de l'expérience et de la satisfaction qu'il y avoit de connoître les choses futures par son moïen, j'eus contre moi non seulement son Secrétaire, qui étoit homme d'esprit et versé dans cette Science, et son premier Médecin, Augustin Corade, qui exerce son art avec tant de bonheur, mais encore M. l'abbé de Belozane et quelques autres... Je ne vis pas que toutes les répliques que ces Messieurs purent faire à toutes ces considérations fussent capables de me faire changer d'avis, ni aussi que je les eusse pu obliger d'être du mien[17].

Marie Louise de Gonzague-Nevers s'était retrouvée, après la mort de ses frères et de son père, héritière du titre et des duchés français de la famille[18]. Elle avait toujours rêvé d'un beau mariage : avec le frère du Roi, Gaston d'Orléans qui la courtisa au lendemain de son veuvage en 1628-1630 ; en 1635, avec Ladislas IV de Pologne avant qu'il ne se tourne vers l'archiduchesse Cécile-Renée. Son idylle avec Cinq-Mars[19], de notoriété publique, lui aurait coûté fort cher si Richelieu n'était décédé le 4 décembre. En 1643, à 32 ans[20], elle s'accrochait à la prédiction de Jean-Baptiste Morin (1583-1656) qui avait lu dans les astres qu'elle serait un jour reine. C'est en 1643 aussi que des Noyers entame la rédaction de la « Nativité d'Amarille » dont il nous reste le manuscrit[21]. Le fidèle secrétaire y calcule son thème astral au moment de sa naissance — la « nativité » — et, pour les années suivantes, il réécrit son histoire à la lumière des « révolutions » c'est-à-dire de la position exacte des astres à chaque anniversaire, comparée à la nativité initiale dite « racine ». Il y a, à la fin de ce manuscrit, deux

---

17 *Mémoires* de Michel de Marolles, Amsterdam, 1755, I, p. 278, 280.

18 Elle a perdu ses trois frères entre 1622 et 1632 son père en 1637 ; sa sœur Bénédicte, la même année. Seules survivent Marie et Anne, la future Princesse Palatine.

19 Décapité pour trahison le 12 septembre 1642.

20 Elle est née à Nevers le 18 août 1611.

21 AMCCh., Manuscrit autographe Ms 424 : 180 pages, inachevé. Il s'agit de la vie de la reine de Pologne selon les règles de l'astrologie par son secrétaire Pierre des Noyers depuis sa naissance jusqu'en l'an 1652.

INTRODUCTION

autres thèmes astraux, l'un de Nicolas Bourdin, marquis de Vilennes (1583-1676) et l'autre de Jean-Baptiste Morin que des Noyers connaissait bien l'un et l'autre[22]. Dans sa correspondance avec Hevelius, il fait allusion au marquis de Vilennes — astrologue de Gaston d'Orléans — en mentionnant son édition du *Centiloque* de Ptolémée (n° 114, 115). Et s'il est question, dans ces lettres, des noms d'oiseaux échangés entre Gassendi et Morin — querelle que déplore Hevelius mais dont le tient informé des Noyers (n° 57, 63, 64, 66) — ce dernier se garde bien de révéler à l'astronome les liens qui continuent d'attacher personnellement Morin à la Reine et à son secrétaire[23]. C'est en 1643 encore que Marie fréquente Port-Royal et Mère Angélique dans l'espoir peut-être aussi que les prières aideraient à exaucer son vœu.

Pierre des Noyers est un astrologue à la nouvelle mode : il entend faire de l'astrologie une science exacte, qui tient compte du temps précis, des coordonnées exactes des lieux où les mesures doivent être prises (en latitude et longitude) et des derniers calculs astronomiques. Il a cultivé les mathématiques auxquelles il a initié la princesse Marie. Entre 1643 et 1645, date de son mariage avec Ladislas IV, le « cabinet » de la Princesse avait fait concurrence à l'Hôtel de Rambouillet et au salon de Madame de Longueville. Les Condé, et notamment le duc d'Enghien, le fréquentaient et Marie était aussi l'hôte de l'Hôtel des Condé qui abritait l'académie Bourdelot dont Pierre Petit (un ami du père de Pascal), le mathématicien Le Pailleur (le meilleur ami d'Etienne Pascal), le Père Mersenne et Roberval (un ami des deux Pascal) et Etienne Pascal lui-même étaient les habitués. Pierre des Noyers connaissait ainsi le père Mersenne et était très lié à Roberval, l'un des fidèles de l'académie mathématique du père Mersenne. Après son arrivée en Pologne, il conserve tous ses contacts qu'il mobilise à l'occasion de la querelle du vide, en 1647-1648[24]. Il est, de ce fait, un interlocuteur important pour Hevelius dont le séjour en France remonte à 1634, qui, certes, est en relation avec Mersenne et Gassendi mais qui peut, grâce à des Noyers, suivre l'actualité scientifique de la capitale française, illustrée par une pléiade de grands savants. S'il n'est pas question d'astrologie dans cette correspondance — Hevelius se définit comme un astronome au sens moderne du terme — on y trouve des échanges sur le calcul des coordonnées (n° 13 et 14) et des Noyers soumet même à Hevelius un problème mathématique de Pierre de Fermat (n° 77) auquel l'astronome, d'ailleurs, ne semble pas avoir répondu.

---

22 La « Nativité d'Amarille » comprend, in fine, une lettre du 24 février 1645 du marquis de Vilennes (Nicolas Bourdin) avec des « Remarques sur le jugement de la figure de l'excelente et non pareille Amarillis » ; et la figure d'Amarille selon le jugement de M. Morin qui annonce mariage et grands honneurs à l'âge de 38 ans (1649).

23 Les liens n'ont jamais été interrompus entre Morin, Louise-Marie de Gonzague et des Noyers. Quand des Noyers était à Paris, en 1655, Morin lui remit une « révolution » de Jean Casimir que des Noyers envoya à la Reine. C'est encore la Reine qui finança l'édition posthume de l'*Astrologia Gallica*, publiée à La Haye en 1661 et qui lui est dédicacée : « La prédiction qu'il fit à la Reine de Pologne, pour lors princesse Marie, n'est pas moins juste que toutes les précédentes. On parlait lors d'un mariage très illustre, et quoiqu'il parût fort avantageux pour elle, il ne laissa pas de lui dire qu'il ne se conclurait pas, et que les astres lui marquaient une tête couronnée pour époux ». On y trouve son thème astral, en regard de celui de Louis XIV (p. 553-554). C'est des Noyers qui effectua toutes les démarches.

24 Voir infra p. 35-48.

Client de la famille des Gonzague-Nevers, astrologue et mathématicien, Pierre des Noyers possède aussi les qualités du diplomate. La Princesse Marie était, aux yeux de Mazarin, une personne agitée — sans être aussi caractérielle que la Grande Mademoiselle, la fille de Gaston d'Orléans — qu'il rêvait d'éloigner de Paris. Marie appartenait à l'une des familles les plus titrées de France (même si son héritage était grevé de dettes), elle occupait une place éminente dans la société parisienne ; elle était très liée aux Condé, à la duchesse d'Aiguillon, la nièce de Richelieu et à toutes les précieuses qu'« Amarille » et sa sœur « Pamphilie » fréquentaient[25] ; elle était la protégée de la Reine Anne d'Autriche. Mais elle avait aussi épousé la cause de Cinq-Mars à qui elle avait promis le mariage ; elle fréquentait mère Angélique et faisait des retraites à Port-Royal[26]. Le prudent Mazarin devait la ménager, mais ne lui accordait aucune confiance. Aussi le rusé ministre, qui avait réuni la dot pour que le mariage puisse se faire, se montra-t-il très attentif quant au choix et au nombre des personnes autorisées à suivre la Reine en Pologne. Son agent attitré était, dans l'immédiat, l'ambassadeur Nicolas de Flécelles, vicomte de Brégy qui avait préparé et négocié ce mariage. Sur place, Pierre des Noyers avait charge, après le retour de la Maréchale de Guébriant qui avait conduit la Reine en Pologne, de la conseiller et d'informer le cardinal[27].

Au moment des négociations qui devaient aboutir aux traités de Westphalie (1648), ce mariage importait beaucoup à Mazarin. La Pologne était restée neutre durant la Guerre de Trente Ans. En achetant son alliance, grâce notamment à ce mariage, Mazarin escomptait bien faire peser une menace sur l'Autriche. Mais il fallait aussi réconcilier la Pologne et la Suède, alliée traditionnelle de la France : c'était une opération très difficile, les deux branches des Vasa se détestant[28]. L'indocile Reine de Pologne ayant rapidement pris ses distances avec Mazarin, la tâche de des Noyers, régulièrement envoyé en France pour négocier en son nom, requerait beaucoup d'habileté.

Pierre des Noyers fait ainsi différents voyages dont il passe sous silence les motifs, mais il s'agit à l'évidence de missions diplomatiques.

---

25 Sa cadette Anne de Gonzague, la future Princesse Palatine. Amaryllis est l'une des « bergères » de l'« antiroman » de Charles Sorel, *Le Berger extravagant* (1627).

26 C'est en 1643, selon le témoignage de Michel de Marolles qu'elle découvre *La fréquente communion* d'Arnauld et sa première rencontre avec mère Angélique remonte au 7 octobre 1643. Il est trop tard pour qu'elle prenne Saint-Cyran comme directeur de conscience (il décède le 11 octobre), mais Marie dispose d'un appartement à Port-Royal de Paris où elle fait de pieuses retraites.

27 En contrepoint aux jugements le plus souvent bienveillants sur Pierre des Noyers, il convient de mentionner celui de Kazimierz Waliszewski : « J'aime à me persuader que Mazarin est resté étranger au choix d'un tel secrétaire, et ce choix ne parle assurément pas en faveur de celle qui l'a fait ou l'a subi, et qui ne paraît pas, en tout cas, s'en être repentie jusqu'à sa mort. Cet étrange collaborateur, pourvu d'une 'starostié' à la mort de sa bienfaitrice et singulièrement ingrat pour sa mémoire, peut bien d'autre part, n'avoir été qu'un instrument passif. Sa correspondance avec Boulliau... monument de platitude et d'ineptie politique, semble témoigner en ce sens. », « Une Française reine de Pologne, Marie de Mantoue », *Le Correspondant*, décembre 1885, p. 137.

28 Vasa catholiques en Pologne et protestants sur le trône de Suède. La lignée polonaise est issue du second fils de Gustave Vasa, marié en 1562 à une princesse Jagellon et dont le fils Sigismond, roi de Pologne en 1587 (Sigismond III, 1587-1632), hérita du trône de Suède en 1592 (dont il fut déposé en 1599). Ladislas IV (1637-1648) était le fils de Sigismond III.

INTRODUCTION

— En 1650[29], la Reine, veuve de Ladislas IV (décédé le 20 mai 1648) est restée plusieurs mois entre la vie et la mort avant d'épouser, le 30 mai 1649, le demi-frère du Roi, Jean-Casimir, élu Roi de Pologne le 20 novembre 1648[30]. Elle est enceinte. L'héritier du trône, Ladislas-Sigismond étant décédé à l'âge de 8 ans (le 9 mai 1647[31]), cette naissance si attendue permettra peut-être de transformer une monarchie élective en monarchie héréditaire, avec l'appui de la France. Louise-Marie est au faîte de sa gloire quand des Noyers vient à Paris (n° 15)[32]. Il remet à Michel de Marolles, de la part de la Reine, « un buffet de vermeil doré, ciselé », accompagné d'une médaille d'or de grand prix[33]. La Reine de Pologne est dûment honorée. Michel de Marolles lui a dédié ses *Bucoliques* et *Géorgiques* de Virgile, somptueusement illustrées par François Chauveau[34] et Mézeray, historiographe du Roi, son *Histoire des Turcs*[35].

— Le second voyage se situe en 1655 à la veille du « Déluge suédois » (n° 70, 71, 72, 73)[36] : on peut raisonnablement supposer que ce voyage n'est pas sans relation avec l'abdication de Christine de Suède[37] et le risque de crise qui s'ensuit, Jean-Casimir refusant de reconnaître Charles-Gustave et se considérant, en vertu de droits anciens, Roi de Suède. La Suède étant l'alliée de la France, l'entremise de la France pouvait peut-être éviter un conflit entre la Pologne et la Suède. Quoi qu'ait négocié Pierre des Noyers, il est contraint de modifier son trajet de retour (n° 73), car la Suède a alors envahi la Pologne[38].

29 La lettre de des Noyers à Hevelius du 7 janvier 1650 (n° 15) est datée de Paris. Hevelius lui écrit à Paris le 18 février (n° 16). Des Noyers répond le 18 juillet, de Varsovie (n° 17).

30 La France s'était opposée à la candidature de l'archiduc Léopold.

31 Il était le fils du premier mariage du roi avec l'archiduchesse Cécile-Renée.

32 Une fille, Marie-Anne naît le 1er juillet 1650, qui ne vit qu'une année, décédée le 1er août 1651. En 1652, la Reine accouche d'un fils Jean-Sigismond, qui ne vit que quelques semaines.

33 M. de Marolles, *Mémoires*, Amsterdam, 1755, I, p. 341-342. À la nouvelle de la grossesse de la Reine Marolles imagine avec Juste d'Egmont une composition mythologique pour célébrer l'événement (p. 342-345).
Il compose encore une devise pour « mettre au revers d'une Medaille, que M. des Noyers faisoit faire pour Sa Majesté, aïant égard à son royal enfantement. Elle étoit telle : une Aigle qui fait son aire sur un chêne, l'Aigle et le Chêne consacrés à Jupiter, avec ces mots de Silius Italicus : 'Dignos nutrit gestanda ad fulmina fœtus' » (p. 345).

34 *Les Œuvres de Virgile traduites en prose*, Paris, Toussainct Quinet, 1649. L'*Enéide* est dédiée au Roi lui-même.

35 *Histoire générale des Turcs contenant l'Histoire de Chalcondyle* traduitte par Blaise Devigenere, continuée par le sieur Baudier et la traduction des Annales des Turcs... par Mézeray, Paris, Cramoisy, 1652.

36 Les lettres du 28 mai 1655 (n° 70), du 23 juillet (n° 71), du 26 juillet (n° 72) et du 17 septembre (n° 73) sont datées de Paris. Il quitte la capitale fin septembre. L'expression « Déluge suédois » désigne l'invasion de la Pologne-Lituanie par les Suédois en 1655 et les guerres qui s'ensuivirent auxquelles mit un terme la paix d'Oliva en 1660.

37 Le 6 juin 1654, mais annoncée le 11 février 1654 et envisagée dès 1651.

38 La première lettre de des Noyers à Boulliau est datée de Ratisbonne, du 15 octobre 1655. Il ne peut rentrer à Varsovie, car la Pologne est envahie : « Je ne vous dirai point de nouvelles de Pologne, on n'en peut dire de certaines, sinon le sac de Cracovie par les Suédois ; le reste est incertain : que la Reine se soit sauvée parmi les Tartares, ce que je ne crois pas ; que le Roi de Suède doive être couronné, le 27 de ce mois, Roi de Pologne ; que le Roi de Pologne soit réfugié en Hongrie, et autres choses semblables. » (*LPDN*, n° 1, p. 1-2).

— La mission diplomatique de 1664 est mieux connue, et l'on peut, sans même disposer des lettres chiffrées, échangées par des Noyers et Condé avec la Reine, en comprendre les enjeux[39]. Après la mort des deux enfants de la Reine, l'échec des négociations relatives au mariage de sa nièce Anne de Bavière avec l'archiduc Charles (dont Mazarin ne voulait pas) et le refus, par la diète d'accepter le principe d'une élection *Vivente Rege*, il s'agit de conclure le mariage de sa nièce Anne de Bavière, adoptée par la Reine, avec le duc d'Enghien à qui le trône de Pologne est promis après l'abdication de Jean-Casimir. Pierre des Noyers est chargé, dès son arrivée (vers le 20 novembre 1663) d'envoyer à Louise Marie la ratification du mariage qui doit se faire au Louvre. Le 23 novembre, il a vu le Roi, Lionne, Colbert et Le Tellier; le 24, il a vu les Reines, Monsieur et Madame et s'est montré, selon Condé, satisfait de ses entretiens. Le mariage est conclu le 11 décembre et, selon Condé, le Roi est fort aise de ce mariage, il souhaite la succession et y contribuera, bien que Colbert ait formulé quelques doutes sur la réussite du projet et n'ose y consacrer l'argent nécessaire (lettre du 28 décembre 1663). Début janvier, Pierre des Noyers rencontre à nouveau le Roi au sujet des affaires de Pologne. Le 2 février, il négocie avec Lionne la question des duchés d'Oppeln et de Ratibor: Louis XIV, le 4 février autorise le duc d'Enghien et son épouse à prêter foi et hommage à l'Empereur Léopold pour ces duchés. Le 20 février, le Roi a accordé au duc d'Enghien une pension de 20 000 écus et lui a promis d'autres avantages. Des Noyers négocie avec le Roi au sujet des « pensions » : l'on peut supposer qu'il s'agit d'argent à envoyer à la Reine de Pologne pour gagner à sa cause la noblesse. De février à fin juin, rien ne filtre des négociations de des Noyers[40]. Il rentre fin juin-début juillet.

Quand il se rend à Paris, Pierre des Noyers a aussi d'autres missions. Et d'abord, religieuses. L'on sait la Reine acquise au jansénisme, ce qui rend sa situation difficile dans la cour de Jean-Casimir où les jésuites règnent en maîtres[41]. La princesse Marie a entretenu d'étroites relations avec Port-Royal depuis au moins 1643, puis une correspondance hebdomadaire avec mère Angélique de 1646 à la mort de cette dernière le 6 août 1661[42]. On sait que la Reine aurait voulu faire venir en Pologne des religieuses de Port-Royal et que Mère Angélique regretta de ne pas avoir à sa disposition la fameuse « machine volante » de Burattini pour lui venir rendre visite[43]. La Reine était, par

---

39 Emile Magne, *Le Grand Condé et le duc d'Enghien. Lettres inédites à Marie-Louise de Gonzague, reine de Pologne, sur la cour de Louis XIV (1660-1667)*, Paris, Paul Emile Frères, 1920.

40 Dans cette correspondance, Pierre des Noyers écrit de Paris le 29 février 1664 (n° 107); Hevelius lui écrit à Paris le 28 mars (n° 108).

41 Abel Mansuy, « La question Pascal en Pologne », « Une Reine de Pologne janséniste », *Le monde slave et les classiques français*, Paris (Champion), 1912, p. 231-309 ; Gaetano Platania, « Una Principessa italo-francese sul trono di Polonia : Maria Ludovica Gonzaga tra potere e cultura » dans : *Filosofia e Letteratura tra Seicento e Settecento*, Nadia Boccara éd., Università di Tuscia, 1999, p. 205-237 ; ainsi que les travaux de François Bouletreau.

42 Il nous reste 248 lettres de mère Angélique à la Reine, et deux lettres de la Reine : *Correspondance éditée et annotée par François Bouletreau : édition de la correspondance de la Mère angélique Arnauld (1591-1661) abbesse et réformatrice de Port-Royal, avec Louise Marie de Gonzague (1611-1667), reine de Pologne*, 4 tomes en 5 volumes, sous la direction de Jean Orcibal, Paris-IV, 1980.

43 Le fameux « dragon volant » dont il sera question plus loin.

INTRODUCTION

ailleurs, entourée de jansénistes comme le vicomte de Brégy dont une sœur était religieuse à Port-Royal, son confesseur François Fleury, des Noyers lui-même, Madame des Essarts qui revint en France en 1649 pour s'occuper des affaires de la Reine — et à qui, dans un premier temps, des Noyers communiquait, pour la *Gazette*, les nouvelles de Pologne — et Mademoiselle Josse qui, à Varsovie, décida de prendre le voile à Port Royal (sœur Marguerite de Sainte-Thècle) et vint assister Mère Angélique. Port-Royal, écrit François Bouletreau, fit office, en France de « consulat de Pologne » : une recommandation de Port-Royal était le plus court chemin pour atteindre la Reine. Ladislas IV n'y attachait pas trop d'importance. En revanche Jean-Casimir avait été lui-même un temps jésuite et même cardinal en 1647 avant son élection ; il était entouré de jésuites et se montrait résolument opposé au jansénisme. Or en 1653 le Pape avait condamné les thèses de Jansénius en fulminant la bulle *Cum occasione* et, pour le Saint Office et le nonce apostolique, les jansénistes étaient clairement des hérétiques. Dès 1650, le nonce s'était clairement exprimé à ce sujet alors que la Reine non seulement était en contact permanent avec Port-Royal à qui elle fit d'importants dons durant la Fronde, mais encore intervenait directement en 1654 auprès de Mazarin pour soutenir Mère Angélique et ses émules[44]. Dans ce contexte, des Noyers reste bien entendu très discret sur ses relations en France avec Port-Royal. En 1655, il se rend en personne à Port-Royal pendre la mesure des persécutions[45]. Il procure aussi à la Reine des ouvrages interdits, comme les *Provinciales* de Pascal, dont il suit la publication[46].

Lors de son séjour en 1663-1664, il a encore pour mission de choisir, parmi les jésuites, un nouveau confesseur à la Reine. Son premier confesseur, le père François de Fleury, janséniste notoire, mais qui connaissait la Pologne pour s'y être rendu comme chapelain du comte d'Avaux (1636), l'avait accompagnée à Varsovie. Il avait conservé des liens étroits avec Port-Royal où sa nièce était entrée (1653), ainsi qu'avec mère Angélique[47]. Lors des persécutions de 1654, Mère Angélique s'était inquiétée de son bannissement par la Diète comme hérétique. Les jésuites l'avaient harcelé et éloigné de la cour en 1658. Fleury mourut pendant le siège de Torun. Le Roi et la Reine furent présents à son enterrement. Il fut remplacé, au printemps 1659, par le père jésuite François Hérichon (1614-1664), en fonction jusqu'en 1664, qui s'entendit avec la Reine et qui n'était pas intrigant. En 1664, le choix de Condé et de des Noyers se porta sur Adrien Jourdan (1607-1692), professeur de rhétorique, poète et historien, « homme modeste, sage et très bon prédicateur » selon Condé. Très peu politique,

44 G. Platania, art. cit., 1999, p. 232-236.

45 « Nel 1655, il des Noyers…si porto personalmente a Port-Royal con il compito di consegnare una lettera di Maria Ludovica. Fu una visita istruttiva per il Francese in quanto poté constatare personalmente la difficile situazione che si viveva nel convento. L'anno successivo, nel pieno dello scontro dottrinale che si andava svolgendo alla Sorbonne tra i sostenitori del giansenismo e l'ordine di Ignazio di Loyola, davanti alle pressioni esercitate dal nunzio pontificio, il segretario particolare di Maria Luisa giudicava con realismo l'affaire janséniste ormai perduto », G. Platania, *art. cit., 1999,* p. 235 n. 134.

46 La cinquième est datée du 20 mars 1656 et des Noyers en dispose le 18 mai. Le 10 septembre, il a toutes les lettres parues sauf la dixième. (A. Mansuy, p. 300).

47 C'est lui qui renvoya les lettres de mère Angélique à la Reine pour les faire copier et c'est lui donc qui les sauva de la destruction.

il est resté à l'écart des intrigues des jésuites pro-autrichiens qui entouraient le Roi et assista la Reine dans ses derniers instants. Puis il rentra en France.

La Reine, une pieuse personne[48], a introduit non sans mal en Pologne trois congrégations françaises : dès 1652, les premiers lazaristes et les premières filles de la Charité arrivent en Pologne. Les religieuses de la Visitation n'y parviennent qu'en 1654, en dépit des nombreuses démarches la Reine dès 1649[49]. Bien qu'il ne soit jamais question de ces affaires religieuses dans la correspondance avec Hevelius qui était luthérien, deux lettres de Pierre des Noyers font indirectement allusion aux malheurs des douze religieuses de la Visitation (n° 47 et 48, 12 juin et 30 octobre 1653)[50].

Enfin, Pierre des Noyers était aussi investi de missions médicales. Il n'était pas sans savoir que la Reine était de santé fragile, thème dont il est beaucoup question dans la « Nativité d'Amarille ». Originaire de Nevers, Augustin Courrade[51] avec qui des Noyers eut des rapports tendus, a suivi la Reine en Pologne (mentionné dans les n° 32, 61, 62, 66, 67). Des Noyers, pour sa part, y fait venir en 1650 William Davisson (ou Davidson, n° 21, 32), un ami de Jean-Baptiste Morin, écossais d'origine qui, après avoir pratiqué l'astrologie, fit des études de médecine à Montpellier et donna, au Jardin des Plantes, les premiers cours de chimie en France[52]. Dès 1649, il peut s'honorer du titre de Premier Médecin du Roi de Pologne. De 1650 au décès de la Reine, il occupa, dix-sept années durant les fonctions de médecin du Roi et de sa famille et de Surintendant des jardins de Leurs Majestés. Disciple de Paracelse et spécialiste d'iatrochimie, il dédicaça la traduction française de sa *Philosophia Pyrotechnica* à Jean-Casimir en 1651[53]. Durant le Déluge Suédois, il suivit la Cour et travailla dans des conditions chaotiques à son *Commentaire* de Petrus Severinus[54]. Il est question des *Elémens de la Philosophie ou l'art du*

---

48 Des Noyers écrit de Prague à Boulliau le 18 octobre 1655 que la Reine est retirée à Glogow « avec quantité de religieux et de religieuses de toute sorte. » *LPDN*, n° 2, p. 2.

49 Un premier contrat fut signé en 1649 entre la Reine et la Visitation. Mais l'archevêque de Paris se montre très hostile.

50 Les douze visitandines furent interceptées par les Anglais après leur départ de Dieppe et la Reine dut négocier leur libération. Un paquet de livres destinés à Hevelius envoyé par Boulliau ayant été intercepté avec les religieuses, la lettre n° 48 (30 octobre 1653) fait allusion à cette affaire.

51 L'immortel auteur d'un unique ouvrage sur les eaux de Pougues : *L'Hydre feminine combatue par la Nymphe pougoise ou Traité des maladies des femmes gueries par les eaux de Pougues*, Nevers, J. Millot, 1634. Né en 1602, dans une famille d'origine italienne, il a soigné la princesse Marie dans sa jeunesse. À Varsovie, il a semé la discorde et multiplié les cabales contre des Noyers et le père Fleury. Des Noyers le jugeait piètre praticien. Il n'était pas aux côtés de la Reine lorsqu'elle mourut en 1667. Il servit pourtant encore la Reine Marie-Casimire Sobieska.

52 Sur William Davisson, Ernest Hamy, « William Davisson, intendant du Jardin du Roi et professeur de chimie (1647-1651) », *Nouvelles archives du Museum d'Histoire naturelle*, 1898, 3ᵉ série, t. X, p. 1-38 ; John Read, « William Davidson of Aberdeen », *Ambix* IX(1961), p. 70-101.

53 Cette traduction, réalisée par Hellot, est publiée au lendemain de son départ en Pologne. L'ouvrage original, en latin, *Philosophia pyrotechnica seu Curriculus chymiaticus*, fut publié à Paris en 1633-1635.

54 « Inter peregrinationum incommoda, exercituum tumultus, tympanorum sonitus, timballorum strepitus, tubarum clangores, tormentorum tonitrua, omnes denique armorum generis collisiones, inter pestem et faneem, cœli et elementorum injurias irrequetas, incrementa sumpsit », Commentariorum, dédicace à Antoine Vallot de son son *Commentariorum in Petri Severini ideam medicinæ philosophicæ Prodromus*, publié à La Haye en 1660, au lendemain du retour à la paix.

feu ou Chemie (1651) dans les lettres n° 21, 23, 24 et 25 (des 13 janvier, 12 mars, 15 avril et 18 mai 1652).

Pierre des Noyers, nous l'avons vu, est à Paris en janvier et février 1650 (n° 15 et 16). Il n'a aucune confiance en Courade. Or, cette même année, pour le premier accouchement de la Reine (le 1er juillet 1650), on fait venir un bon chirurgien français, Bouchet[55]. Claude de la Couvée, spécialisé en problèmes féminins, arrive aussi avant l'accouchement. Pierre des Noyers était sans doute de retour à Varsovie pour l'heureux événement : sa lettre du 18 juillet (n° 17) est datée de Varsovie.

En 1664, la Reine souffre de surmenage, de puissants maux de tête et de problèmes de vue. Il en est beaucoup question dans les lettres échangées entre Condé, le duc d'Enghien et la Reine. À cette date, Augustin Courade prend les eaux en France. Pierre des Noyers, durant son séjour en France est chargé de trouver un médecin. Il rentre à Varsovie avec Claude Germain, recommandé à Condé par diverses autorités parisiennes. Il reste à Varsovie jusqu'au décès de la Reine. L'intérêt que Pierre des Noyers porte aux questions médicales n'est pas un secret. Il suit de près les progrès de la cataracte dont souffre la Reine dont la vue a faibli dès 1664. L'année précédente, un chirurgien de nom inconnu, en présence de la cour, avait procédé à des « opérations démonstratives » préalables à Léopol (Lwów). En 1666, alors que la cataracte était déjà formée, des Noyers annonce la venue d'un chirurgien « qui a heureusement osté quantité de personnes ». Mais Condé fait part à Courade d'un avis négatif des médecins et chirurgiens parisiens. La Reine meurt presque aveugle. Des Noyers fait, en outre, part des conseils de Boulliau pour soulager la goutte de Madame Hevelia (10 mars et 21 avril 1679).

Investi de fonctions multiples, Pierre des Noyers est très proche de la Reine qu'il accompagne dans tous ses déplacements : en témoignent le récit qu'il fit du voyage de la Reine en Pologne et de ses premières visites dans son nouveau royaume[56] ou les divers déplacements mentionnés dans la « Nativité d'Amarille ». Hevelius ne l'ignore pas qui le considère comme le meilleur intermédiaire pour approcher les souverains. C'est même le premier intérêt qu'il trouve dans son commerce avec des Noyers. Les sollicitations sont légion dans cette correspondance. Dès le 3 juillet 1647 (n° 6) il lui demande d'offrir aux souverains sa *Selenographia* tout juste imprimée :

En vérité et même en particulier, je me félicite de n'avoir pas eu besoin de chercher longtemps au loin la personne dont le secours m'était nécessaire pour que mes petites pages parviennent le plus commodément possible à Sa Majesté Royale. Car depuis longtemps, il est venu à mon esprit que vous, un homme très noble et un ami qui est l'objet particulier de mon respect, vous êtes tout à fait à la hauteur de cette tâche.

---

55 Sa présence fut très utile, l'enfant se présentant par le siège : *Gazette de France*, 1650, n° 128, p. 1137-1140.

56 Dont il a laissé un récit resté inédit : Mémoire du voyage de Madame Louise-Marie de Gonzague de Clèves, pour aller prendre possession de la Couronne de Pologne et quelques remarques sur les choses qui lui sont arrivées dans le pays, AMAE, ms. 1 Mémoires et documents, Pologne, fol. 296-387.

Hevelius doit encore à Pierre des Noyers l'honneur de recevoir une visite du Roi et de la Reine (n° 87, 13 septembre 1659). Hevelius remercie le jour même de la visite (le 18 décembre) le secrétaire de cet insigne honneur (n° 93, 18 décembre 1660) :

C'est à vous seul que je dois que Leurs Majestés Royales ne m'aient pas jugé indigne d'un honneur si inattendu et d'une clémence imméritée ; et c'est à vous que j'attribue entièrement le fait que notre Roi Très Clément m'a admis avec bénignité à baiser sa main à la porte de la ville au moment où il en sortait. En outre, il m'a assuré, à diverses reprises, de sa faveur royale, et il m'a promis dans sa grande clémence, qu'il m'enverrait bientôt un symbole ou un signe de sa faveur.

Dans l'espoir d'une gratification, Hevelius réserve au Roi la primeur de ses observations. C'est encore des Noyers qui s'en fait le messager comme pour la parhélie des sept Soleils, observée le 20 février (n° 96, 22 février 1661) :

Hier j'ai eu la chance d'être le premier à observer dans cette ville un autre phénomène aussi inaccoutumé qu'étonnant et réjouissant à voir. À ma connaissance, un tel phénomène n'a encore jamais été observé par personne et, en tout cas, avec une telle précision (sans vantardise) et je ne me souviens pas qu'il soit relaté dans une quelconque histoire. C'est pourquoi je vous demande très poliment d'offrir ce phénomène étonnant à la contemplation de Leurs Majestés Royales avec la très humble et très soumise offrande de mes petits services et la recommandation la plus prolixe et la meilleure de mes études astronomiques.

Le Roi a-t-il promis d'accorder un privilège d'impression et tarde-t-il à concrétiser sa promesse ? Hevelius impatient harcèle des Noyers, auquel il donne de l'« illustrissime seigneurie » (n° 99, 22 décembre 1661) :

Je prie et je supplie le plus courtoisement du monde votre très illustre seigneurie d'approcher très humblement le Roi en mon nom et de lui demander que dans sa grande clémence à mon égard qu'il m'a si abondamment témoignée ici à Dantzig, il daigne par un privilège me protéger contre ceux qui voudraient imiter par l'imprimerie, ou imprimer, ou faire imprimer ailleurs et vendre sous un prétexte quelconque tous mes livres, soit déjà parus, soit à paraître, à l'intérieur des frontières du Royaume ou des possessions royales, pour les 25 prochaines années... ce pour éviter que quelques personnes perverses par goût du lucre ne me fassent tort, à moi et à mes affaires, alors que j'œuvre de toutes mes forces pour le bien public. Pour abréger cette démarche, je joins à cette lettre le privilège mis en forme selon vos conseils. Si cela ne vous déplaît pas, je prie encore et encore votre illustrissime seigneurie qu'à la prochaine occasion... il soit humblement offert à la signature du Sérénissime et qu'ensuite on veille à ce qu'il soit muni du sceau royal.

INTRODUCTION

Lorsque le Roi a enfin signé le privilège — le 3 février 1662 — il y manque encore le sceau et la boîte, pour la plus grande impatience d'Hevelius (n° 100, 101, 102). Hevelius demande aussi à des Noyers de recommander le peintre Daniel Schultz au roi (n° 51, 10 avril 1654) et souhaite qu'il obtienne du Roi une intervention en sa faveur, en mars 1655, au sujet d'une affaire que doit lui expliquer le peintre (non élucidée, n° 69)[57]. Même lorsque Pierre des Noyers n'occupe plus de fonctions officielles, Hevelius continue de lui confier la distribution de ses derniers ouvrages ou de ses dernières observations en lui indiquant la liste des bénéficiaires. Il a déjà demandé le même service à Chapelain puis à Perrault, en France[58]. Hevelius utilise aussi les bons offices de son ami pour expédier ses lettres et ses paquets, les services postaux (Gratta) ou privés (les Formont) n'étant pas assez expéditifs et sûrs à ses yeux.

Hevelius n'hésite pas à solliciter son ami. Parmi les petits services demandés, une intervention du Roi pour empêcher la famille de sa première épouse, Katharina Rebeschke, décédée le 11 mars 1662 sans enfant, de récupérer les biens apportés en dot, soit deux des trois maisons sur lesquelles était construit l'observatoire et deux brasseries dont la famille demandait la restitution, réclamant aussi une part des instruments et de la bibliothèque, au nom des bénéfices réalisés. La lettre d'Hevelius (n° 104, 19 mai 1662) est un morceau d'anthologie :

Non seulement je suis privé d'une épouse très douce et de l'incomparable compagne de ma vie, mais en outre je suis tout entier écrasé de diverses peines et de soucis très graves de la part d'hommes malveillants et aussi de ceux à qui j'ai dispensé tant et tant de bienfaits somptueux, c'est-à-dire les héritiers et les frères de ma pieuse épouse défunte. À présent, ils me harcèlent d'affaires, oublieux de tous les bienfaits rendus aux leurs jusqu'à présent. Si on ne vient immédiatement à mon secours, avec quelque remède salutaire venu d'en haut contre leurs machinations injustes et iniques, il s'en faudra de peu qu'ils mettent un arrêt à mes études continuées jusqu'aujourd'hui, jour et nuit, pour le bien public, d'un cœur toujours prêt (sans vantardise) ; mais aussi qu'ils réduisent mon patrimoine familial dans le pire état. Ils travaillent uniquement à m'imposer un prix énorme, ou à arracher de mes mains, à l'instigation de certains jaloux, ma bibliothèque et d'abord mes instruments mathématiques, pour la plupart inventés par mon ingéniosité et menés à la perfection par ma main, mais aussi les maisons dans lesquelles j'habite, en partie consacrées aux observations et à l'usage public. Je ne puis absolument pas m'en passer, au risque d'entièrement détruire mes affaires et toutes mes études antérieures. Je tairai le reste. Le seul remède qui subsiste pour moi c'est de chercher asile dans la protection et la clémence de notre Roi Sérénissime et Clémentissime. Je suis absolument sûr que de cette manière on pourra faire obstacle au malheur imminent et même le prévenir. Je n'ai aucun autre accès pour y parvenir

---

57 Le catalogue des peintures de Daniel Schultz, né et mort à Dantzig (1616-1683) a été réalisé par Bożena Steinborn, *Malarz Daniel Schultz. Gdańszczanin w służbie królów polskich, Zamek Królewski w Warszawie*, Varsovie, 2004. Le portrait d'Hevelius (1677) est le n° 26 du catalogue.

58 *CJH*, II, Correspondance avec la cour de France.

que vous, mon suprême Ami, pour qu'avec votre entremise et votre assistance, ma supplique parvienne à Sa Majesté pour qu'Elle m'accorde, dans sa grande clémence, une commission et des commissaires nommés par mes soins, auprès desquels je puisse me réfugier chaque fois que je verrai que moi, comme héritier, je suis opprimé par des réclamations injustes sur la dévolution de l'héritage.

Des Noyers écrit à Hevelius le 2 juin : « Le Roy a promis de signer ce que vous demandez et cela sera fait aujourd'huy » (n° 105). Hevelius obtint ainsi une intervention du Roi auprès du Conseil de la Ville pour débouter les héritiers légitimes au nom du « bien public ». En dédicaçant la seconde de ses *Epistolæ* — « De utriusque Luminaris defectu Anni 1654 » *ad Generosum et magnificum Dominum Petrum Nucerium* — (n° 56, 4 novembre 1654), Hevelius avait fait de des Noyers son obligé : « Ceux a qui comme moy vous avez la civilité de donner de vos œuvres, vous en doivent estre eternellement redevable et je confesseré tousjours cette debte en recherchant les moyens de vous tesmoigner que je la connois et que l'inclination que j'ay euë a vous honorer me l'a attiree. Je m'en tiendrai glorieux toute ma vie et par consequent infiniment vostre obligé et souhaitteré tousjours les moyens de m'en pouvoir acquitter » (n° 60, 10 décembre 1654).

Tout au long de cette correspondance, Hevelius n'a de cesse de lui demander service sur service. Pierre des Noyers ne fait qu'une seule fois appel à son entremise, au lendemain du décès de la Reine qui lui a laissé en héritage la starostie de Tuchola, près de Dantzig (n° 142, 14 septembre 1667) : « Je vous demande... la grace de vouloir recommander mes interets à M. le Président Krumhausen pour quelques affaires que j'auré a Dantzigt d'une cession que l'on me doit faire de m/50 sur la Rathause, ou je crois qu'il faudra passer quelques actes en la vieille ville, ou je vous demande la grace de me vouloir servir de vostre credit et authorité ». Une mission dont Hevelius s'acquitta (n° 143, 21 octobre 1667).

Ismaël Boulliau : l'information au quotidien

L'intérêt qu'Hevelius accorde à Pierre des Noyers tient beaucoup à sa position à la cour, mais aussi aux liens amicaux et à la grande complicité qui lie Pierre des Noyers et Ismaël Boulliau, tous deux grands amateurs d'astrologie. Boulliau est une source d'information capitale pour des Noyers, mais aussi pour Hevelius. Bon nombre de lettres (touchant l'astronomie) ont, certes, été directement échangées entre Boulliau et Hevelius (204 lettres, 114 de Boulliau, 90 d'Hevelius), avec parfois de longs temps morts (par exemple, n° 49, 56, 85). Pierre des Noyers et Boulliau échangent, en revanche, chaque semaine des nouvelles politiques, diplomatiques et militaires. Des Noyers est informé de ce qui se passe en France par Boulliau qui, en retour, est l'une des principales sources d'information sur les « affaires de Pologne » en France[59].

---

59 Une correspondance encore inédite conservée, pour une grande part, à la BnF : Robert A., Hatch, *The collection Boulliau (BN FF. 13019-13059). An Inventory*, Philadelphie (APS), 1982. Seules les années

INTRODUCTION

Hevelius a été mis en relation avec Boulliau par Gassendi — dans sa lettre du 26 mars 1644, il fait part à Hevelius du salut de Boulliau (nº 15, 7 janvier 1650, nº 13) — avant que Pierre des Noyers n'entre en contact avec lui, probablement en 1650, lorsque Hevelius le charge de lui remettre une lettre à Paris (nº 15). On peut s'étonner que Pierre des Noyers n'ait pas rencontré Boulliau dans les années qui précèdent le mariage de la princesse Marie, car ils auraient pu se croiser. Toutefois Pierre des Noyers devait alors, tout comme Michel de Marolles, passer une partie de son temps à Nevers.

Révélé par René Pintard[60] comme l'un des derniers témoins de la génération du libertinage érudit, lié aux Dupuy, témoin de la chute de leur cabinet et de l'extinction d'une génération de savants, galiléen mais conformiste avant toute chose, Ismaël Boulliau illustre, selon son biographe Henk Nellen, ce que peut être une « carrière manquée, une suite d'échecs, de revers, de conflits, de chances non saisies »[61]. Originaire d'une famille protestante, son père, notaire et passionné d'astronomie, lui a fait observer la comète de 1618[62]. Converti au catholicisme à 21 ans, ordonné prêtre à 25, il se trouve à Loudun lors du célèbre procès d'Urbain Grandier. Il s'établit à Paris vers 1631-1633 où il devient le protégé de François-Auguste et de Jacques-Auguste de Thou, en 1635. Leur hôtel, qui abrite alors la plus riche bibliothèque de la capitale, est aussi, depuis 1616, le lieu de réunion de l'académie « putéane ». Durant une dizaine d'années, Boulliau fréquente encore l'académie mathématique de Mersenne, celle de Le Pailleur et, au cabinet Dupuy, Saumaise, Naudé et La Mothe le Vayer, entre autres. Parmi ses relations parisiennes, outre Mersenne, Gassendi, et Mydorge l'ami de Descartes, on compte Pascal, Jean-Baptiste Morin, l'astrologue de la Reine-mère, Roberval, et Pierre de Carcavy. Boulliau publie alors plusieurs ouvrages : en 1638, un *De natura Lucis* (Paris, Heuqueville), sévèrement critiqué par Descartes ; en 1639 Le *Philolaus*, quatre livres sur le vrai système du monde, relus par Gassendi et Luillier[63]. En 1643, il traduit en latin l'œuvre du mathématicien Théon de Smyrne (Paris, Heuqueville). En 1645, paraît son grand

---

1655-1659 ont été publiées : *Lettres de Pierre des Noyers, secrétaire de la reine de Pologne Marie-Louise de Gonzague... pour servir à l'histoire de Pologne et de Suède de 1655 à 1659*, Karol Sienkiewicz éd., Berlin [Paris], 1859. Une partie des lettres de des Noyers à Boulliau a échoué au Ministère des Affaires étrangères : voir la notice de Damien Mallet en annexe.

60 René Pintard, *Le libertinage érudit dans la première moitié du XVIIᵉ siècle*, Genève, Slatkine, 2000, notamment p. 288-291. Il en fait ce portrait : « C'est de Marolles qu'il se rapproche, ou de Gassendi, de ces ecclésiastiques à la fois honnêtes et tentés, en qui combattent la science et la croyance, le goût de la liberté intellectuelle et celui de la paix du cœur. C'est au physique un homme un peu voûté, mais preste, avec un visage rond et amène ombragé de fins cheveux, et un sourire où se mêlent la bonhomie et la malice. Il est mathématicien, s'occupe principalement d'astronomie, mais s'intéresse aussi à l'histoire, à la politique, aux langues et aux choses de l'Orient. Quant au moral, il a une nature affectueuse et vive, avec de la spontanéité, de la fraîcheur, une certaine naïveté peut-être, et un penchant assez marqué à l'indépendance. » (p. 288).

61 Henk Nellen, *Ismaël Boulliau (1605-1694), astronome, épistolier, nouvelliste et intermédiaire scientifique*, Amsterdam-Maarsen, APA Holland University Press, 1994, p. 7.

62 L'année des trois comètes.

63 *Philolai, sive Dissertationis de vero systemate Mundi*, libri IV, Amsterdam, Blaeu, 1639.

œuvre l'*Astronomia Philolaica, opus novum*[64], un ouvrage qui célèbre Copernic, un homme extraordinaire (« vir absolutæ subtilitatis »), le « restaurator » de l'ancienne hypothèse de Pythagore. Ces jugements, autorisés dans une France gallicane où le Clergé et la Sorbonne n'avaient pas suivi la condamnation romaine, lui valurent de vives critiques de Jean-Baptiste Morin, fidèle au géocentrisme. Boulliau, comme le souligne René Pintard se situe, dans ces années-là, dans la mouvance du libertinage érudit et savant.

L'exécution de Cinq-Mars et de François-Auguste de Thou en septembre 1642[65] met fin à cette période idyllique. Boulliau quitte Paris en 1645 pour suivre l'ambassadeur de Grémonville à Venise. De là, il se rend, entre septembre et novembre 1646, à Florence où il est personnellement reçu, à plusieurs reprises, par le Grand-Duc Ferdinand II qui y régnait depuis 1621, avait accueilli Galilée dans ses états et l'avait soutenu lors de son procès (1633). Il possédait une importante collection de « curiosités mathématiques » et de lunettes et invita Boulliau à observer la Lune. Le Grand-Duc et son frère Léopold construisaient des instruments et protégeaient Torricelli. Boulliau évite Rome où il craint les censures ecclésiastiques. De Livourne, il s'embarque pour le Levant. Il observe une éclipse de Lune à Smyrne (20 janvier 1647), séjourne à Istanbul et est de retour à Marseille en septembre 1647. La Fronde isolait Paris : dans l'été 1651, il accompagne deux gentilshommes en Allemagne et dans les Provinces-Unies. De retour à Paris fin 1651, il a perdu son protecteur Pierre Dupuy († décembre 1651). Accueilli par son frère Jacques, il s'installe à la Bibliothèque du Roi. Pierre des Noyers tente de l'attirer à la cour savante de la Reine de Pologne, lors de son séjour à Paris et s'en ouvre à Hevelius (n° 71, 23 juillet 1655) : « Je fais ce que je puis pour l'obliger à faire un voyage en Pologne affin de luy faire voire vos beaux instruments. Je l'ay quasy a demy desbauché et sy vous me vouliez un peu ayder par vos lettres, je pourré l'emmener avec moy lorsque je men retourneré. »

Mais Boulliau, qui craint la guerre (n° 73, 17 septembre 1655), a d'autres projets : à la mort de Naudé (10 juillet 1653), il aspire à la fonction de bibliothécaire de Mazarin, mais La Poterie est désigné ; puis, il aspire à la chaire de Gassendi († 24 octobre 1655) au Collège royal, qui revient à Roberval. Les désillusions s'accumulent et la mort de Jacques Dupuy (6 novembre 1656) le laisse sans protecteur. Conseillée par Pierre des Noyers, la Reine de Pologne a sollicité son concours pour engager la Hollande à secourir la Pologne envahie par la Suède. Au printemps 1657, Boulliau part pour La Haye comme secrétaire de l'ambassadeur Jacques-Auguste de Thou, mais il revient très vite à Paris. Il diffère à plusieurs reprises son départ pour la Pologne (n° 87, 13 septembre 1659) et attend prudemment le retour de la paix ; il ne quitte Paris que le 30 septembre 1660 et se fait encore désirer (n° 90, 30 octobre 1660 ; n° 92, 12 décembre

---

64 *Ismaelis Bullialdi Astronomia Philolaica, opus novum, in quo motus planetarum per novam ac veram hypothesim demonstrantur... addita est nova methodus cujus ope eclipses solares... expeditissime computantur...* Paris, S. Piget, 2 t. en 1 vol. in folio.

65 Dans la préface des *Mathematica* de Théon, Boulliau se montre indigné du procès et de l'exécution et critique vivement Richelieu, après sa mort, il est vrai.

1660). Il quitte Amsterdam fin janvier 1661 et atteint Dantzig le 15 mars ; il y passe six semaines chez Hevelius, ce qui impatiente des Noyers qui l'attend pour l'ouverture de la Diète à Cracovie (n° 97, 14 mars 1661). En avril 1661, il se présente à Varsovie. La Reine le veut à sa cour ; Boulliau souhaite travailler avec Hevelius. Il part. De passage à Dantzig en septembre, Hevelius le charge de toute une série de visites et de courses sur le chemin du retour. Il est de retour à Amsterdam en novembre et passe l'été 1662 dans la République, en grande partie à Leyde. À Paris, il se retrouve isolé. Le déclin des sociétés savantes que n'enrayent pas les débats de l'académie de Montmor (1654-1664) et la disparition de toute une génération s'accompagnent de déconvenues que ne compense pas son élection à la Royal Society en 1667. Il ne figure pas sur la liste des pensionnés du roi en 1663, ni sur celle des académiciens en 1666, ni parmi les mathématiciens de l'Observatoire (1667). L'apparition des périodiques scientifiques (*Philosophical Transactions* et *Journal des Savants*, en 1665) le marginalise. Le 1er juin 1666, il quitte la maison de Thou. La Bibliotheca Thuana elle-même est vendue en 1669. Boulliau se loge au collège de Laon et sa santé décline à partir 1682-1683. En 1689, il s'installe à l'abbaye Saint-Victor, dont il dresse le catalogue de la bibliothèque, et s'éteint le 25 novembre 1694.

Cette correspondance hebdomadaire qui couvre les années 1655-1693 est en partie connue grâce aux lettres de des Noyers conservées dans les papiers Boulliau[66]. En revanche celles de Boulliau n'ont pas été conservées à quelques rares exceptions près, comme celles que des Noyers a renvoyées à Hevelius qui les a conservées. Boulliau est sans cesse présent dans la correspondance Hevelius-des Noyers dans laquelle il intervient à maintes reprises. De plus, lorsque ses lettres à Pierre des Noyers étaient acheminées par mer et Dantzig, Pierre des Noyers, l'âge venant, demandait à Jean Formont de les communiquer à l'astronome avant de les lui renvoyer pour lui éviter de le faire lui-même (n° 237, 243, 246, 247, 254)[67].

Tito Livio Burattini et les réseaux italiens de Pierre des Noyers

Pierre des Noyers a d'autres amis très précieux aux yeux d'Hevelius, notamment Niccolò Tito Livio Burattini. Il est à peine plus facile de retracer la vie de l'un que celle de l'autre : des Noyers parce qu'il est un diplomate sans autre fonction que celle de secrétaire des commandements de la reine[68], et surtout homme d'influence et Burattini parce qu'il est d'abord très lié aux milieux d'argent avant d'être un touche-à-tout de génie. Les deux hommes se voyaient fréquemment, mais non pas quotidiennement, et il n'y a pas d'échange de lettres connu entre eux. C'est donc surtout la correspondance de Pierre des Noyers avec Hevelius qui témoigne de leurs liens amicaux.

---

66 Voir n. 59.

67 Ce que Jean Formont, qui avait eu maille à partir avec Hevelius au sujet de la gratification de 2000 écus accordée par Colbert et tardivement payée, se gardait bien de faire pour faire enrager Hevelius.

68 Une fonction qui, officiellement, n'existe pas en Pologne.

Burattini nous est connu par une étude ancienne que lui a consacrée le grand éditeur de Galilée, Antonio Favaro, publiée en 1896[69]. C'est Favaro lui-même qui a découvert ce personnage étonnant, « mezzo avventuriero e mezzo scienzato » et publie lettres et documents qui illustrent un parcours aussi exceptionnel que chaotique. Pour autant, les historiens ne se sont pas attardés sur Burattini, car l'homme ne se laisse pas aisément saisir. Ilario Tancon lui a consacré une thèse de doctorat, publiée en 2006, qui apporte quelques éclairages nouveaux[70] et l'on trouvera aussi dans le *Dizionario biografico degli Italiani* (Treccani, Rome, 1972) un long article rédigé par trois auteurs accompagné d'une bibliographie détaillée qui lève un coin du voile sur les missions diplomatiques qui lui furent confiées[71].

Il ressort de tous ces travaux que Burattini, né le 8 mars 1617, est issu d'une famille noble et aisée d'Agordo, en Vénétie. Sans qu'on en connaisse les raisons, il passe quatre années en Egypte (1637-1641) où, pour ce que l'on en peut savoir, il s'intéresse aux obélisques, aux momies et aux crues du Nil ; puis il séjourne en Allemagne, se rend à Cracovie où il se lie à Stanislas Pudłowski, éminent universitaire et disciple de Galilée, qui lui fait découvrir les œuvres de son maître, et à Girolamo Pinocci, patricien fortuné d'origine italienne qui possède l'une des plus riches bibliothèques de Pologne[72]. Encouragé par Pudłowski, Burattini rédige son premier ouvrage, *La Bilancia sincera* qui reproduit en le corrigeant le texte de la *Bilancetta* de Galilée (sur la balance hydrostatique) et propose de perfectionner cet instrument de manière à en rendre l'usage simple et rapide. Traversant la Hongrie pour apporter ce manuscrit en Italie, il est dévalisé et perd son précieux ouvrage, ainsi que ses notes et dessins d'Egypte. À son retour en Pologne, il le réécrit, mais ne le publie pas[73]. Il gagne Varsovie où il fait connaissance de Pierre des Noyers et fréquente la cour, bien accueilli par Ladislas IV et par Louise-Marie de Gonzague[74] à qui il présente notamment son

---

69 Antonio Favaro, « Intorno alla vitae ed ai lavori di Tito Livio Burattini fisico agordino del secolo XVII », *Memorie del Reale Istituto di Scienze, Lettere ed Arti*, XXV-8, 1896, 140 p.

70 Ilario Tancon, *Lo Scienzato Tito Livio Burattini (1617-1681), al servizio dei Re di Polonia*, Université de Trente, 2006.

71 Un article de C. Barocas, D. Caccamo et A. Ingegno, vol. XV, p. 394-398.

72 Dont l'inventaire a été publié par Karolina Targosz, *Hieronim Pinocci*, Warszawa, 1967 (catalogue : p. 177-222).

Rita Mazzei évoque Montelupi et Pinocci à Cracovie « Argent et magie, entre affaires et culture en Europe centrale et orientale, XVIᶜ-XVIIᶜ siècles », dans : *Commerce, voyage et expérience religieuse aux XVIᶜ et XVIIᶜ siècles*, dans A. Burkardt *et alii* éd., Presses Universistaires de Rennes, 2007, p. 395-416.

73 C'est ce manuscrit qui est aujourd'hui conservé à la Bibliothèque nationale : *La bilancia sincera ; con la quale per teorica e pratica con l'aiuto dell'acqua, non solo si conosce le frodi dell'oro e degli altri metalli, ma encora la bontà di tutte le gioie e di tutti liquori*, Paris, BnF mss Ital. 448, suppl. fr. 496.

74 Un disciple de Galilée est bienvenu à la cour de Ladislas IV. Lors de son tour d'Europe (1624-1625) le Prince s'est intéressé aux découvertes scientifiques. En 1625, Galilée était déjà surveillé par le Saint Office, mais le jeune Prince qui séjourne à Florence entre le 26 janvier et le 8 février, lui rend visite et en reçoit en souvenir une lunette. Le jugement de Galilée est suivi de près en Pologne. Le 1ᵉʳ décembre 1633, le Pape a autorisé Galilée à demeurer dans sa villa à Arcetri, près de Florence, prisonnier sur parole. À cette date, Georges Ossolinski, ambassadeur du Roi de Pologne est à Florence (du 30 décembre 1633 au 4 janvier 1634), puis le prince Alexandre, frère du roi, y séjourne du 1ᵉʳ février au 4 mars 1634. Grâce à eux,

INTRODUCTION

« Dragon volant » qui lui vaut en Europe, grâce à Pierre des Noyers, le surnom de « voleur de Pologne »[75]. La faveur des souverains lui ouvre une belle carrière : trésorier de la Reine, architecte royal en 1652, il reçoit l'année suivante l'adjudication des mines de plomb et d'argent d'Olkusz et des mines de fer de Zawadow ; puis il reçoit l'adjudication de la Monnaie de Cracovie qu'il dirige un temps avec Paolo del Buono (1658) jugeant « l'administration de la Monnaie du royaume plus utile que ne le serait la quadrature du cercle » comme l'écrit Pierre des Noyers à Boulliau[76]. Durant le Déluge suédois, il recrute une compagnie de fantassins à ses frais et participe au siège de Torun comme capitaine. Pour ses services, à l'armée et à la Monnaie, il est nommé secrétaire royal et, anobli dans la foulée, il reçoit l'indigénat en 1658 (brevet du 30 août) et épouse Teresa Opacka, d'une famille de magnats, dont il aura 6 enfants. À la mort de son associé (1659), Burattini est seul responsable de l'émission de nouvelles monnaies à faible teneur de cuivre qui permettent au Roi de financer l'effort de guerre. Il fait frapper pour 20 millions de złotys de pièces de cuivre, (frappées à ses initiales et dites « boratynki ») pour faire face à la crise monétaire. Après le retour à la paix (1660), il est accusé de malversations et de profits illicites et mis en accusation par la noblesse appauvrie par la dévaluation monétaire. Sommé de se justifier devant une Commission du Trésor, réunie à Léopol (Lwów) en 1662 et chargée de payer dans l'urgence la solde des troupes, Burattini, qui n'a pas présenté de comptes depuis 1661-1662, est accusé d'avoir accumulé de grandes richesses grâce aux fraudes sur le titre des monnaies et au monopole de la frappe. Sa promotion très rapide a suscité des jalousies. De graves soupçons planent aussi sur son orthodoxie religieuse[77], mais la haine est surtout liée à son idée d'introduire un papier monnaie. La Commission des finances refuse sa démission et lui demande de se remettre au travail. En 1663, le « Supremus Reipublicæ Thesaurarius » est chargé de frapper 3 millions de florins en cuivre, sous le contrôle de la Commission qui lui reconnaît un crédit de 65 000 florins. Malgré ce succès, un concurrent propose de frapper une monnaie d'argent de qualité médiocre, contre son avis. C'est l'époque de la guerre civile (1665-1666) et il doit à nouveau se présenter devant un tribunal à Léopol qui l'acquitte, mais son cas est encore discuté à la diète de convocation de 1668 et à la diète d'élection de 1669. La mort de la Reine en 1667 et l'abdication de Jean-Casimir le privent de ses plus fermes soutiens. Pourtant, l'orientation pro-autrichienne de la politique de Michael Wiśniowiecki (1669-1673) ne l'écarte pas de la vie publique, puisqu'il est comman-

---

l'affaire Galilée est connue en Pologne, d'où le Roi lui apporte son soutien. Ladislas IV demande par la suite, en 1636, des verres pour télescope à Galilée. Ceux-ci ayant été cassés, un gentilhomme de Ladislas à Florence, Roberto Giraldi, rapporte au roi, en mars 1637, un télescope entier et le Roi offre à Galilée le soutien dont il pourrait avoir besoin. Quant à Louise-Marie de Gonzague, son intérêt pour les sciences fait l'objet de l'étude de Karolina Targosz, *La cour savante de Louise-Marie de Gonzague*, 1982.

75 Abel Mansuy, « L'aviation à Varsovie et à Reims au XVIIe siècle et Cyrano de Bergerac », *Le monde slave*, 1912, p. 203-229 et René Taton, « Le 'dragon volant' de Burattini, *Revue des Sciences Humaines*, LVIII (1982), p. 45-66 ; « Nouveaux documents sur le 'dragon volant' de Burattini, *Annali del Istituto e Museo di Storia della Scienza di Firenze*, VII (1982), p. 161-168.

76 *LPDN*, n° 213, p. 524 (20 juin 1659).

77 I. Tancon, *Lo scienzato*, 2006, p. 160.

dant de la place forte de Varsovie en 1671, charge qu'il occupe encore en 1673, au moment de l'invasion ottomane[78]. Les dernières années de sa vie sont mal connues : il traîne une réputation d'habile spéculateur et de faussaire. Considéré comme l'un des responsables du désastre financier du règne de Jean-Casimir, il est victime d'une sorte de *damnatio memoriæ*. On le sait endetté : Pierre des Noyers lui a notamment prêté 30 000 rixdales[79] en 1667, au moment de son second procès (n° 231, 27 mars 1682) ; il meurt probablement dans les embarras financiers.

Les travaux de Rita Mazzei et de Michal Salamonik apportent quelques retouches à cette esquisse biographique. Rita Mazzei a montré que l'importance des réseaux italiens en Pologne aux XVI et XVIIe siècles[80] ne tenait pas seulement à la religion, aux arts et à la culture, mais surtout à leur rôle financier. La reconquête catholique de la Pologne n'a pas seulement fait le bonheur des jésuites, mais aussi celui des banquiers. La Pologne, havre de paix à côté d'une Allemagne ravagée par la guerre, a attiré en grand nombre les marchands italiens qui abandonnent les foires allemandes pour les foires polonaises : Léopol, Jaroslav, Lublin, Lowicz. Cracovie est leur grande porte d'entrée. Sous le règne de Ladislas IV, entre 1632 et 1648, 42 Italiens (dont 40 marchands, pour la plupart originaires de Lucques et de Venise : 28/40) reçoivent la citoyenneté à Cracovie. Ami de Burattini et de des Noyers, Girolamo Pinocci, originaire de Lucques, y est venu avant ses 20 ans[81]. Ces hommes d'affaires italiens qui pratiquent le commerce et le prêt d'argent, ont mis la main sur les postes[82], sur les mines, les hôtels de Monnaie, les loteries, avec la bénédiction des souverains à qui ils

78 Durant la guerre civile, en 1665-1666, il mit ses compétences techniques au service du Roi et construisit un pont sur la Vistule pour faciliter la mobilité des troupes.

79 Environ 90 000 livres : une très grosse somme.

80 Rita Mazzei, *Traffici e uomini d'affari italiani in Polonia nel Seicento*, Milan, F. Angeli, 1983 ; *Itinera Mercatorum. Circolazione di uomini e beni nell'Europa centro-orientale, 1550-1650*, Cassa di Risparmo di Lucca, 1999 ; *La Trama nascota. Storie di mercanti e altro, Secoli XVI-XVII*, Viterbe, Sette Città, 2006.

81 Le richissime Girolamo Pinocci qui dirige depuis 1651-1657 la Monnaie de Léopol : R. Mazzei, *Traffic e uominii*, 1983, p. 67. Girolamo Pinocci (1613-1676), originaire de Lucques, est venu très jeune à Cracovie où il travaille pour l'un des plus riches marchands italiens de la ville, del Pace dont il épouse la fille et devient l'associé. Négociant en soiries, velours et brocarts, il fréquentait les principales foires de Pologne, mais surtout s'approvisionnait à Venise, à Florence, à Gênes, à Naples et bien sûr à Lucques, offrant en Pologne les plus riches produits de l'industrie italienne. Il avait des agents dans la plupart des grandes villes polonaises et se contentait pas des tissus. C'est lui que vint voir Burattini à son arrivée en Pologne en 1642. Citoyen de la ville en 1644, il en est devenu premier conseiller puis syndic. Après avoir prêté de l'argent au Roi et fourni les riches étoffes de ses noces, il entra au service de la cour comme secrétaire de la chancellerie (Léopol). On lui confia d'importantes missions diplomatiques, comme de préparer la candidature de Mathias de Médicis sur le trône de Pologne, ou encore en Angleterre et en Hollande, qui lui valurent l'indigénat en 1662. Pinocci s'intéressait tout particulièrement à la magie, à l'alchimie, et à l'astrologie. « C'est un honnête homme curieux de tout » écrivait des Noyers à son sujet.

82 La première ligne postale, Cracovie-Venise est fondée en 1658 par le Piémontais Prospero Provana. L'administration des postes passe en 1568 aux Montelupi qui la conservent jusqu'en 1662. Une autre famille florentine, les Bandinelli, met la main sur les postes de la province de Russie. En 1662, Angelo Maria di Francesco Bandinelli est Maître général des postes du royaume, charge à laquelle il renonce en 1673 ; puis c'est le Lucquois Bartolomeo Sardi qui s'en empare, aidé par son beau-père Francesco Gratta,

procurent d'importants revenus. Les rois sont aussi leur otage à qui les diètes refusent les liquidités nécessaires pour conduire la guerre, incessante à cette époque, et pas seulement sur le front oriental.

Beaucoup de marchands se sont installées dans les plus grandes villes, notamment Cracovie, Léopol et Varsovie, et se livrent à l'importation de tous les produits de luxe dont les magnats polonais sont grands amateurs. Les réseaux commerciaux sont donc aussi des réseaux d'argent et, pour des nécessités de communication et d'efficacité, les Italiens ont mis la main sur l'ensemble des réseaux postaux. Le parcours de Burattini n'est pas celui d'un aventurier : il a un oncle qui a quitté Agordo pour Venise au début du siècle, où il est marchand sur la place du Rialto, spécialisé dans le commerce d'Allemagne et déjà dans le change. Rien d'étonnant à ce que Burattini se rende d'abord à Cracovie, la porte d'entrée de tous les hommes d'affaires italiens ; ni qu'il prenne en adjudication des mines (plomb, argent, fer), puis l'Hôtel de la Monnaie de Cracovie avant d'étendre cette activité à Varsovie (à Ujazdow, siège de la Monnaie de Varsovie, où il a installé son observatoire) puis dans le grand-duché de Lituanie[83] ; ni qu'il pratique à l'occasion le commerce[84].

Mais d'où Burattini a-t-il tiré l'argent nécessaire pour payer les coûteuses adjudications des mines et des hôtels des Monnaies ? En premier lieu, de ses protecteurs, Jean-Casimir et Louise-Marie de Gonzague. Il accompagne Pierre des Noyers à Paris en 1650 (n° 17, 18 juillet 1650, et n° 10) : il veut y faire expertiser son « Dragon volant ». Il se voit aussi confier une mission diplomatique très délicate. Alors que la cour est exilée en Haute Silésie et le royaume envahi de toutes parts, il est chargé dans le plus grand secret de se rendre à Vienne pour négocier un prêt de 300 000 écus (900 000 livres) avec comme gage les joyaux de la Reine (1655-1656). À Vienne, il entre en contact avec l'agent des Médicis, Niccolo Siri, et commence à négocier une candidature de Mathias de Médicis au trône de Pologne contre un prêt de 2 millions, dont le montant effraya l'intéressé (1659).

C'est à Vienne que Burattini fait la connaissance de Paolo del Buono, issu d'une vieille famille florentine et membre, comme son frère Candido, de l'Accademia del Cimento. On dispose de peu d'informations au sujet du séjour de Paolo en Pologne. Dans la correspondance entre des Noyers et Boulliau, Paolo del Buono fait sa première apparition en 1656. Pierre des Noyers écrit à Ismaël Boulliau, le 30 mars :

> Un certain Paulo del Buono, Matematico del Granduca, est à Vienne auprès de l'Empereur qui lui afferme toutes les minières de l'Empire. Il a composé une machine que M. Buratini a vue, avec laquelle il peut élever l'eau à deux ou trois milles d'Italie, et cinq ou six hommes, sans beaucoup de fatigues, en peuvent épuiser environ soixante mille muids en un jour[85].

---

lui-même Maître des postes à Dantzig en 1649, puis Maître général des postes royales en Prusse royale, Courlande et Livonie en 1660.

83 R. Mazzei, *Traffici e uomini*, 1983, p. 64-67.

84 R. Mazzei, qui mentionne une vente de draps pour 40 000 florins en 1665 : *ibidem*, p. 66.

85 *LPDN*, n° XLI, p. 125-126, de Głogow.

28 CORRESPONDANCE DE JOHANNES HEVELIUS. TOME III

Des lettres ultérieures livrent plus de détails. Ainsi, le 2 juin 1658 :

J'écrivis hier à Cracovie et fis les baisemains contenus en votre lettre du 10 mai al signor Paulo del Buono, qui est là, maître de la Monnaie avec M. Buratini, et qui ont dessein de découvrir des mines dont ces montagnes sont fort fertiles. — il y en a une de lapiz-lazuli, dont on fait de l'azur plus beau que celui d'outremer — Je crois qu'ils feront mieux leurs affaires qu'aux mathématiques dont la spéculation ne leur apportait que ce que leur donnera cette pratique[86].

Celle du 21 juin 1658 montre les deux compères déjà associés dans la recherche et l'exploitation des mines[87]. Pierre des Noyers annonce à son ami, le 20 juin 1659, que Burattini et Paolo del Buono sont associés dans l'adjudication des frappes monétaires et envisagent même de créer une académie militaire qui ne va pas sans susciter une vive opposition et ce projet est resté, effectivement, lettre morte. En une formule bien frappée, il explique que son ami a renoncé aux sciences (« la quadrature du cercle ») pour l'administration :

Vous me demandez des nouvelles del Signor Paulo del Buono. Il est en cette ville. Il trouve que l'administration de la Monnaie de ce royaume est plus utile que ne le serait la quadrature du cercle. Nous mangeons tous les jours ensemble. Lui et M. Boratini sont chargés de la Monnaie. Un des frères de ce premier tient, à Florence, celle du Grand-Duc et s'y entend[88].

---

86 *LPDN*, n° CLV, p. 411-412, de Boguniov.

87 « Il signor Paulo, ni M. Buratini, n'ont point encore découvert de mines ; mais ils espèrent en découvrir bientôt une d'argent et de lapiz-lazuli. Nous en avons une en Pologne, à Olkusz, qui est ouverte depuis très longtemps ; elle est de plomb et tient beaucoup d'argent. Ce qu'il y a de rare, c'est une rivière navigable qui passe dedans ; elle a quelque trois toises de largeur et une de profondeur, et est fort rapide ; on y prend des truites qui sont monstrueuses ; elle court ainsi sous terre une lieue, et puis se dégorge dans un vallon. L'ouverture est de la hauteur d'un homme, de sorte que l'on va par bateau en remontant dans cette mine. Un homme peut toujours être droit dans le bateau. Le cours de cette rivière a été fait par artifice, pour dégorger l'eau de ladite mine ; elle est, durant une lieue, accommodée de bois des deux côtés et par-dessus, hormis aux lieux où il y a de la roche. Pour cent livres de mine, on a quatre-vingt quinze livres de plomb fondu. La mine ne se tire pas par la rivière, mais par des trous qui sont au-dessus, de la profondeur de quelque trente-six toises ». *LPDN*, n° CLXI, p. 422-423, de Varsovie.

88 *LPDN*, n° CCXIII, p. 524-525. Et pour l'académie : « Ces deux frères ont dessein de fonder une académie, où l'on apprendra le latin sans règles, toutes les parties des mathématiques, l'art du canonnier et tout ce qui dépend des fortifications. Ils cherchent un lieu pour cela. Un grand seigneur de Sicile s'est joint à eux, et ils veulent consacrer tout leur bien à leur projet. Ils ont rencontré des obstacles en Sicile et en Italie pour leur fondation. Sans la crainte du Turc, ils l'auraient faite en Hongrie, dans une île du Danube, car ils préfèrent une île. On y parlera que le latin, c'en sera la langue naturelle. Ils trouvent la Pologne assez propre pour l'objet, et nous cherchons une grande île dans la Vistule. Mais, contre mon attente, les Polonais y trouvent à redire et en prennent ombrage, disant que ces gens, qui sont extrêmement savants en l'art d'attaquer et de défendre des places, et qui fortifieront leur île, pourraient s'entendre avec un ennemi ou avec un tyran de la liberté ; et je ne sais si la chose se fera. »

INTRODUCTION

Au XVIIIe siècle, Tozzetti a consacré un ouvrage aux progrès des sciences physiques en Toscane dans lequel il est question de Paolo del Buono et de ses deux frères, Candido et Anton Maria. Il présente Paolo del Buono parmi les disciples de Galilée[89]. Il ajoute que :

> La sua morte fu compianta da Ismaël Bullialdo, colle seguenti onorifiche espressioni, in una lettera scritta al Principe Leopoldo : 'Quoniam injecta mihi est a Serenissime Celsitudine Tuæ mentio, de nuper defuncto in Poloniæ Regis Aula Paolo de Bono, luctum de illo amisso comprimere meum hic nequeo. Ingenio enim in mathematicis, ac præsertim in mechanicis valebat ; moribusque probis ac honestis praedictus erat ; sique diutius in vivis egisset, plura procul dubio praestiturus. De Republica Literaria ac Philosophica, quam animo conceperat, aliquid intellexi. Excelsae quidem mentis, et ad magna Viri nati propositum erat, sed hisce in temporibus sedes inter Europeos quaerere non debebat, cum omnibus in Regnis et Rebus publicis Orbis nostri nulla societas iniri queat, quæ suspecta Dominantibus non sit'[90].

Paolo del Buono est l'alter ego de Burattini : élève d'un des disciples du maître (Michelini), mathématicien, ingénieur plein de ressources et d'imagination, riche d'une expérience familiale dans la Monnaie à Florence, il a mis ses compétences techniques au service de l'Empereur et a entamé sous sa protection une carrière administrative qui en a fait un homme riche. À Vienne, il a montré la voie à Burattini, avant même de venir le rejoindre en Pologne après la mort de l'Empereur. Ensemble, ils prennent en adjudication mines et ateliers monétaires. Le décès précoce de Paolo del Buono (1659) a mis fin à cette association, mais non pas aux relations de Burattini avec ses deux frères, Candido et Anton Maria qui, comme lui, témoignent d'une grande habileté dans la fabrication d'instruments scientifiques. En 1659, Burattini se retrouve seul responsable des mines et de la Monnaie et il assume seul l'émission des szelagi de cuivre, dits communément boratynki, et seul il doit faire face aux violentes polémiques et à

---

89 Il écrit : « Il Monconys [Balthazar de Monconys dans ses *Voyages de M. de Monconys... où les Sçavans trouveront un nombre infini de nouveautez en machines de Mathematique, Experiences physiques, Raisonnemens de la belle Philosophie, Curiositez de Chymie* ... Paris, L. Billaine, 1677] raccontando la sua gita da Firenze a Pisa per Navicello nel di 8 Novembre 1646, dice : 'il avoit avec nous Paolo del Bono, jeune homme attaché à la Geometrie, et que le Pere Francisco fait passer pour un des excellens de notre Siecle'. Questo P. Francesco, era Don Famiano Michelini, allora fra gli Scolopi chiamato P. Francesco da S. Giuseppe... E veramente quel Paolo del Buono riuscì un Valentuomo, che si meritò la stima e la speziale protezione del Granduca, e degli altri Principi Medicei. Da una lettera di esso Michelini... si ricava che esso Paolo si addottorò nel 1549 (*sic*) ; e d'altronde si sa, che egli si portò al principio dell'1655 in Germania, al servizio dell'Imperator Ferdinando Terzo, da cui ottenne onori e privilegi grandissimi, a riflesso d'un suo ingegnoso e nuovo meccanismo per cavar l'acqua dalle miniere e potervi utilmente lavorare. La gloria e la richezza grande che Paolo doveva ricavare da tale sua invenzione rimase presto incagliata per la morte accaduta dell'Imperatore [le 2 avril 1657 à Vienne] e per le turbolenze insorte nella Germania ; ma quel che è peggio, esso Valentuomo morì in Polonia l'a. 1656 [Erreur : il décède en 1659].

90 Giovanni Targioni-Tozzetti, *Notizie degli grandi aggrandimenti delle scienze fisiche accaduti in Toscana nel corso degli anni LX del Secolo XVII*, Florence, 1780, I, p. 182-183.

la haine de la noblesse victime de la dévaluation monétaire en 1662. Retenons pour l'heure que Burattini, par la famille del Buono, était en relation directe avec le Grand-Duc de Toscane, avec Léopold de Médicis et avec l'Accademia del Cimento.

Michal Salamonik lève un autre coin du voile avec Francesco Gratta (1613-1676), Maître (1649), puis Directeur des postes à Dantzig (1654), Grand Maître des postes royales de Prusse, Courlande et Livonie en 1660-1661[91]. Secrétaire du Roi depuis 1649, il représente à Dantzig le Roi, dont il achemine notamment la correspondance et les cargaisons ; il fait office de courtier entre la Ville et le Roi et s'occupe des transferts d'argent[92]. D'un écheveau très embrouillé de contrats, de lettres, de pièces justificatives et de mémoires présentés lors des procès de Burattini, il ressort que Gratta non seulement a avancé l'argent à Burattini pour ses adjudications, mais qu'il l'a aussi utilisé comme intermédiaire et prête-nom pour des opérations de prêt. Après le retour de la paix, c'est avec les capitaux de Gratta que Burattini peut rouvrir les ateliers monétaires de Brest-Litovsk, de Vilnius et de Bydgoszcz qui, ajoutés à ceux de Cracovie et de Varsovie, ont fait de Burattini l'adjudicataire de tous les ateliers de frappe de Pologne-Lituanie dans les années 1660. C'est Burattini qui dut faire face aux crises (Fermetures d'Ujazdow et de Brest-Litovsk en 1665 et 1666), aux procès (1667-1668), aux scandales financiers qui l'ont contraint à renoncer à ces activités au milieu des années 1670 en cédant sa place au gendre de Gratta, Bartolomeo Sardi dont le nom est mentionné dans la correspondance (n° 250, 253). Ultime cadeau à son protecteur Jean Casimir, Burattini a servi de prête-nom à Gratta qui versa au Roi 100 000 florins avant son départ pour la France, prenant en gage les tapisseries flamandes du Roi Sigismond II (1520-1572)[93], un véritable trésor national, « la plus belle tapisserie du monde » que des Noyers ne manqua pas d'admirer à l'occasion du couronnement de la Reine Eléonore[94] :

> C'est l'histoire de la Genese par Raphael. On avoit mis la pièce de la Création ou Adam et Eve sont nuds dans l'Eglise. Les moines ne la voulurent pas ne se croyant pas à l'espreuve de tels Demons. On le mit dans la Chambre du Roy qui la fit aussy oster.

---

91 Michal Salamonik, *In their Majestie's Service. The career of Francesco de Gratta (1613-1676) as a Royal Servant and Trader in Gdańsk,* Södertörn doctoral dissertations, 2017.

92 Hevelius n'eut de cesse de marquer son hostilité à Gratta. En tant qu'administrateur et consul de la Vieille Ville, il ne pouvait ignorer sa toute-puissance, ni celle de son gendre Sardi, qui ne régnaient pas seulement sur les postes de la République des deux Nations, mais sur des réseaux financiers occultes et très puissants et liés à la monarchie qu'Hevelius, très probablement, réprouvait.

93 La très fameuse collection de 170 tapisseries dites du « Potop » (le Déluge biblique) comprenait trois séries : la Genèse, les animaux et les grotesques. Francesco Gratta en prit en gage 156 pour 100 ou 130 000 florins. Les tapisseries furent dispersées mais restèrent, pour partie, à la disposition du Roi pour les cérémonies officielles (comme le couronnement de Sobieski, en 1676). Mais, à la mort de Gratta (1676), les tractations de l'Etat pour les récupérer mirent en cause le rôle d'intermédiaire de Burattini dont le décès (14 novembre 1681) ne régla pas le problème. Le remboursement n'eut lieu qu'en 1724. Sur Gratta et Burattini : M. Salamonik, 2017, p. 280-287 ; sur les tapisseries, J. Szablowski dir., *Les tapisseries flamandes au Château du Wawel à Cracovie,* Anvers, Fonds Mercator, 1972.

94 À Varsovie, cathédrale Saint-Jean, le 29 septembre 1670. Eleonore d'Autriche a épousé Michel Wiśniowiecki à Leopol (Lwów) en février 1670. Pour masquer la mise en gage, une partie des tapisseries était prêtée au Roi pour les grandes occasions.

INTRODUCTION 31

Enfin on la plaça chez l'Imperatrice. On dit que cette seule piece vaut plus de cent mille francs. Il y en avoit cent soixante pieces dont quarante estoient l'Histoire de l'Ancien Testament, il y en a quatre pieces de perduë, le restes sont paysages avec des animaux, mais c'est veritablement la plus belle chose du monde. Sigismond Auguste les acheta 70 000 ducats contant; apres sa mort elles furent a sa sœur femme d'Estienne [Batory] qui en mourant les a leguee a son neveu Sigismond desja eslu Roy de Pologne. Sigismond les lega a Vladislas et ainsi elles appartienent au Roy Casimir qui les abandonna a la Respublique pour une pension de 50 mil escus en schelongs[95] dont il n'est pas peyé. Il est vray que l'on a bien descouvert qu'elles luy apartiennent que depuis son depart. Je me suis fort estendu sur ce chapitre a cause que rien au monde n'est plus beau que ces tapisseries[96].

Burattini servit dans cette affaire d'intermédiaire entre le débiteur et le créditeur, Gratta ne voulant lui-même réaliser une transaction aussi douteuse (Jean-Casimir était-il en droit d'engager ces tapisseries?). Sans doute Burattini voulait-il, après avoir remis l'argent au Roi, demander à la Diète, l'année suivante, de rembourser Gratta et les choses seraient rentrées dans l'ordre. Mais il n'en fut pas ainsi. Il fallut deux ans d'âpres négociations (1677-1679) pour que Sardi obtienne du Grand Trésorier un reçu pour les tapisseries. S'il n'est évidemment pas question de ces affaires dans la correspondance, leur connaissance révèle les relations entre différents personnages, nommés ici et là, au hasard des dates et des circonstances. Hevelius ne parle dans ses lettres que du brillant inventeur d'instruments que fut Burattini. Mais le personnage ne se laisse pas aisément cerner, comme le souligne Ilario Tancon:

In maniera movimentata si è svolta tutta la vita di Tito Livio: viaggi, assalti di predoni, missioni diplomatiche, incarichi militari, costruzione di chiese, gestione di zecche e miniere, accumulo di grandi ricchezze, scandali e processi, morte in miseria. L'idea che si puo fare di Burattini è quella di un uomo energico nel sostenere i molteplici impegni cui era chiamato, abile nell'affrontare situazioni nuove e difficili, spregiudicato negli affari. Insomma, uno di quegli Italiani invadenti e geniali che lasciarono un segno importante del loro passaggio in Polonia. Molte luci e qualche ombra (quella relativa allo scandalo legato alla coniazione degli 'scilonghi') per quest'uomo capace di costruirsi une fortuna economica e morire povero, di raccogliere gli onori più grandi e di ricevere le critiche più feroci, di godere di notevole fama per poi, dopo la morte, venire quasi completamente scordato[97].

95 Le chelon est une monnaie de cuivre, de faible valeur.
96 AMAE Corr. Pol. Pologne 37, fol. 19. L'histoire, on le voit, est quelque peu « arrangée » et les cartons ne sont pas de Raphaël. Le 12 juillet 1680, il relate à Boulliau un incident fâcheux: « Après le depart de Leurs Majestez [Jean Sobieski et Marie-Casimire] de cette ville [Varsovie], des voleurs sont entrez dans leurs chambres qu'ils ont laissees tendues des belles tapisseries de la Genese, qui sont estimees a plus de cent mil ducats, et en ont coupe les bordures parce qu'il y a de l'or, apparemment pour les brusler, ce qui est un dommage inestimable. » (BnF, FF. 13 021, fol. 43.
97 I. Tancon, Lo scienzato, 2006, p. 172.

Quoi qu'il en ait été, Burattini fut pour Pierre des Noyers un ami très précieux car les réseaux italiens de Pologne — financiers, commerciaux mais aussi scientifiques — le mettaient en relation avec les principales villes de la péninsule : Venise où Burattini avait de la famille, Florence où il connaissait le Grand-Duc et son frère et suivait les travaux de l'Accademia del Cimento avec Paolo et Candido del Buono, Bologne où il avait rencontré le père Riccioli, mais aussi Rome, Gênes, Naples. Aux yeux de tous ses correspondants italiens, Burattini n'était pas un affairiste aventureux, mais un remarquable facteur d'instruments, habile et imaginatif, ainsi qu'un diplomate proche de la Reine et du Roi. Il était source de beaucoup d'informations émanant des princes et des savants, utiles pour Pierre des Noyers dans ses négociations avec la France et pour transmettre à Hevelius des observations d'Italie qu'il eût bien été en peine d'obtenir lui-même. Protestant, Hevelius, en effet, avait peu de correspondants en Italie : les pères Riccioli et Kircher, le Prince Léopold et, à la fin de sa vie, Vinaccesi et Magliabecchi[98]. D'ailleurs les Italiens étaient peu nombreux à Dantzig, ville hanséatique luthérienne à dominante allemande, avec une forte minorité calviniste d'origine hollandaise. On ne trouve, dans la correspondance d'Hevelius, que trois lettres échangées avec Pinocci en 1666. Mais des Noyers révèle, à l'occasion, que c'est de Pinocci qu'il tient les observations de Cassini (n° 128). En outre, par Burattini et ses amis, des Noyers était en mesure de donner à la Reine (janséniste) des informations de Rome sans passer par les pères jésuites qui se pressaient auprès du Roi, ni par les envoyés du Pape. De plus, de par ses relations dans les services de la poste assurés par les Italiens, Burattini était très utile au diplomate qu'était des Noyers, lui proposant une alternative aux Formont auxquels d'ailleurs, contrairement à Hevelius, des Noyers n'était pas hostile[99].

La correspondance Hevelius-des Noyers ne nous livre qu'une petite part de l'histoire, mais l'on y voit apparaître Pinocci, Gratta, Paolo del Buono, Sardi et quelques autres comparses. Eu égard aux lourdes charges de Burattini, on comprend qu'il n'ait pas obtempéré aux ordres répétés d'Hevelius, lui qui avait mille autres tâches plus urgentes que polir patiemment des lentilles pour les télescopes géants ou mettre au point un système compliqué de mâts et de poulies pour manœuvrer un *maximus tubus* sans concurrent. Hevelius, au fil des lettres, n'a de cesse de se plaindre des négligences de Burattini qui, sans mauvaise volonté, avait évidemment d'autres priorités[100]. C'est donc Pierre des Noyers qui a joué les intermédiaires révélant ainsi à la postérité les talents et l'ingéniosité de Burattini.

Ajoutons que diplomate et représentant de la cour, des Noyers, bien que janséniste, entretenait nécessairement aussi des relations avec les jésuites chers à Jean-Casimir. Il était donc en communication avec les réseaux jésuites et ne manquait pas de faire part à Hevelius des observations qu'il recevait de Bologne (Riccioli), de Rome

---

98 *CJH*, I, *Prolégomènes critiques*, p. 75-89.

99 Il faut rappeler que les Formont étaient des acteurs importants du réseau financier, commercial et diplomatique de Colbert : voir *CJH*, II, p. 34-36 et n. 89 et p. 112-115.

100 La correspondance ne comporte que 19 lettres échangées entre Burattini et Hevelius entre 1651 et 1681.

INTRODUCTION

(Kircher, le père Gottignies), ou même d'Allemagne (de Cologne et de Munster, par exemple). Grâce à son entremise, Hevelius pouvait donc se tenir mieux informé des recherches et des publications des jésuites.

Hevelius, Boulliau et Des Noyers

Hevelius a une tout autre vision de la situation. Il ignore la marginalisation progressive de Boulliau, en tant que scientifique, à Paris, tout comme les tractations financières obscures auxquelles se livre Burattini qui, dans ses temps de loisir est un technicien de génie et un habile observateur des cieux.

Boulliau est pour Hevelius une source d'information concernant tout ce qui se passe à Paris : le monde des savants, les publications, les observations, les querelles, la nouvelle Académie des sciences et surtout l'attitude des savants parisiens à son égard. Boulliau fait aussi part à Hevelius de ses observations et de ses calculs. Aussi les lettres échangées entre les deux hommes ont elles souvent un caractère très technique, ce qui est rarement le cas de la correspondance de Pierre des Noyers. Longtemps, Hevelius ne considère d'ailleurs pas des Noyers comme un véritable savant ; obséquieux quand il lui demande des services, il ne le juge pas digne de discussions scientifiques. De ce point de vue, une rapide comparaison avec les lettres échangées par Hevelius avec Gassendi et Oldenburg est tout à fait significative.

Toutefois, si une partie des informations échangées entre Pierre des Noyers et ses amis échappe à Hevelius, Hevelius, de son côté, ne dit pas tout non plus. Il cloisonne aussi soigneusement sa correspondance et entretient d'autres contacts qui lui procurent des points de vue différents. Ainsi, Boulliau n'inspire-t-il pas totalement confiance à Hevelius lorsqu'il dénigre systématiquement l'Académie. Hevelius s'informe donc auprès d'Oldenburg qu'il interroge avidement. De même, il décide rapidement de ne plus évoquer dans ses lettres ses relations avec la cour de France. Il s'est d'abord ouvert à des Noyers de l'entremise de Boulliau auprès de Gaston d'Orléans (n° 73, 17 septembre 1655) et lui fait part de la lettre que lui a écrite son Altesse Royale et de la dédicace de son *De nativa Saturni facie* (n° 74, 20 juin 1656). On sait que Gaston d'Orléans est resté sourd à toute demande de gratification[101]. Par la suite, il ne dit mot à Pierre des Noyers de ses échanges avec Chapelain, ni de la pension royale qu'il reçoit alors même qu'il lui a confié la tâche de remettre au roi ses ouvrages lors de son séjour en 1664. Quand il interroge des Noyers sur la titulature de Colbert, il ne lui dit pas en avoir besoin pour la dédicace du *Prodromus* (n° 111, 3 février 1665, n° 115, 13 mars 1665). Il ne parle de sa pension que lorsque la guerre de Hollande en interrompt le paiement. Alors il va harceler des Noyers et ses amis pour obtenir le règlement des deux mille écus promis par Colbert au lendemain de l'incendie de sa maison et de son observatoire ainsi que le reliquat des pensions de 1672 et 1673. Il va aussi les solliciter pour obtenir de nouvelles gratifications contre de nouvelles dédicaces. En cette occasion, il n'a de cesse de critiquer les Formont dont il ignore probablement les liens

---

101 *CJH*, II, p. 14-20, n° 2-7, dédicace, p. 431-434.

avec Colbert[102] car l'acheminement d'une partie de la correspondance vers la France, mais aussi l'Angleterre et les Provinces-Unies passe par leur intermédiaire. Jean Formont lui rend la pareille lorsque, dans les années 1680, il refuse de laisser Hevelius lire les lettres de Boulliau à des Noyers (n° 259, 18 octobre 1686), en dépit des demandes répétées de Pierre des Noyers de les laisser lire à Hevelius avant de les lui expédier (n° 246, 258). En outre, Hevelius, se réserve les échanges avec l'Angleterre. Il est tout à fait significatif qu'il ne cite jamais, sauf une seule exception, le nom de Pierre des Noyers quand il écrit à Oldenburg, comme si le secrétaire de la Reine, comme homme de science, n'existait pas[103].

Burattini n'est pour Hevelius qu'un facteur d'instruments. Il semble ignorer les relations de Burattini avec Campani, Divini, et même Léopold de Toscane, un Burattini qui n'ignore rien de ce qui se fait en Italie et de ce qu'on y découvre. C'est de lui que proviennent les informations que Pierre des Noyers communique à Boulliau et aux savants français. Pour Hevelius, Burattini est d'abord un polisseur de lentilles et un ingénieur hors pair, à qui il ne cesse de réclamer des « verres » et des instruments, qu'il est prêt à payer sous forme de remerciements (qui lui assureront la reconnaissance de la République des lettres et l'immortalité), mais non pas, semble-t-il, en espèces sonnantes et trébuchantes. Au lendemain de son décès (n° 227, 28 novembre 1681), les propositions répétées transmises par des Noyers de racheter des instruments prétendument promis par le défunt sont rejetées sans appel par la veuve qui, manifestement, n'a aucune sympathie pour l'astronome et préfère céder les instruments au roi lui-même (n° 228, 19 décembre 1681 ; 229, 23 janvier 1682 ; 231, 27 mars 1682). Hevelius jugeait Burattini un artisan très doué et très peu ponctuel (combien de demandes trouve-t-on dans ses lettres). Il ne voulait pas savoir, semble-t-il, que Burattini avait de très lourdes charges et ignorait, par ailleurs, que celui-ci discutait de pair à pair, avec Auzout (l'un des ennemis d'Hevelius après l'affaire de la comète[104]), Oldenburg et Campani, qu'il connaissait Léopold de Toscane et que Huygens lui-même s'intéressait à ses entreprises.

---

102 Et aussi avec Pierre des Noyers.

103 Unique mention dans la lettre qu'Hevelius adresse à Oldenburg le 23 juin 1666 (n° 541, *CHO*, III, p. 169-170 : « Hæc dum scribo, responsum obtineo hac de materia ab Illustri Domino des Noyers Consilario et Secretario Serenissimæ Reginæ Poloniæ Warsawia ; scribit enim, Mr. Buratin « travaille toujours à des oculaires de son invention, avec lesquels il espere que l'on verra mieux qu'avec tout ce qui a esté fait jusque icy ; je vous en diray des nouvelles apres les espreuves. »

104 Voir *CJH*, II, p. 67-84.

3 : Les échanges scientifiques

Que les débats scientifiques ne constituent pas l'objet de cette correspondance ne signifie pas qu'elle présente un mince intérêt pour l'histoire des sciences. Elle en révèle, au contraire, des points de vue inédits.

La « querelle » du vide

L'expérience du vide de juillet 1647 (n° 8-13) offre à Pierre des Noyers l'occasion de se rappeler au bon souvenir des savants parisiens qui le considèrent peut-être perdu pour la science, lui qui avait écrit à Roberval vivre désormais dans « un pays stérile en toutes choses de votre usage »[105]. Cette affaire va aussi lui permettre de s'imposer, à la cour de Varsovie, comme un savant de renommée internationale au moment où Louise-Marie organise sa cour savante[106]. L'année 1647 n'est donc pas seulement capitale pour Hevelius qui publie sa *Selenographia* et qui va faire de des Noyers son agent publicitaire[107] (n° 6, 3 juillet 1647) :

> Par ailleurs, pour motiver sa Majesté Royale, vous frayerez, je pense, une voie royale si, ce dont vous êtes très capable, vous vous conciliez avant tout le monde la Sérénissime Reine, notre Maîtresse très clémente. Si cela vous paraît bon, vous lui offrirez également en mon nom et avec tout mon respect, un des deux exemplaires déjà reliés, en ajoutant notre vœu très ardent que notre Lune que voici, avec notre Soleil, illumine longtemps d'un plein éclat l'horizon de notre Sarmatie[108].

Elle l'est aussi pour Pierre des Noyers qui va tirer profit de ses relations avec Hevelius et de l'expérience du vide présentée au Roi et à la Reine par le père Magni le 12 juillet, renouvelée le 18 juillet[109], pour s'affirmer comme homme de science et non pas seulement comme coursier et intermédiaire.

---

105 Pierre des Noyers à Roberval du 19 décembre 1646, Bibliothèque nationale, Vienne, ms. 7049.

106 K. Targosz, *La cour savante de Louise-Marie de Gonzague et ses liens scientifiques avec la France, 1646-1667*, Ossolineum, 1982.

107 Des Noyers qui a informé ses amis parisiens de la prochaine publication de l'ouvrage se voit aussi chargé d'en surveiller la distribution et de recueillir les compliments.

108 En remerciement de ce service, des Noyers se voit gratifié d'un exemplaire blanc « de ces petites pages non encore reliées et possédez-les comme vous possédez l'auteur lui-même. »

109 Lasdislas IV fit organiser cette seconde expérience en y invitant les représentants de tous les ordres religieux de Varsovie, qui constituèrent une espèce de commission théologique pour commenter

L'affaire a déjà fait couler beaucoup de bonne encre[110], aussi n'est-il pas nécessaire d'en reprendre la chronologie en détail. Toutefois, la manière dont le sujet est abordé n'est pas sans intérêt. En premier lieu, ce n'est pas à Hevelius que des Noyers relate cette expérience : dans sa lettre du 24 juillet (n° 7), il ne parle que de la joie de la Reine à qui il a remis la *Sélénographie* (« Le cadeau lui a beaucoup plu et a tant incité l'inclination de Sa Majesté envers les hommes de science et de mérite qu'elle m'a ouvert elle-même la voie à Sa Majesté royale et sacrée… »). C'est à Mersenne qu'il écrit le 24 juillet une longue lettre dont tous les termes sont soigneusement pesés. Des Noyers ne pouvait ignorer l'expérience réalisée d'abord par Torricelli à Florence dont Mersenne avait eu connaissance, reproduite par la suite par Pascal[111]. C'est l'expérience elle-même qui le trouble et il demande à Mersenne, oracle de la communauté scientifique, son avis sur la possibilité du vide, contraire à la doctrine d'Aristote reçue par l'Eglise. Sa lettre, ici reproduite en entier, montre à l'évidence qu'il n'a pas d'opinion tranchée sur la question :

Varsovie le 24 juillet 1647

J'ai cru qu'il ne fallait pas être beaucoup connu de vous pour prendre la liberté de vous écrire et que vous ne la trouveriez pas mauvaise quand il s'agirait de quelque curieuse expérience. J'ay eu l'honneur de vous voir chez vous et peut-être serais-je assez heureux pour ne vous être pas tout à fait inconnu. Si j'avais cru que le R. Père Niceron eût été à Paris, je me serais donné l'honneur de lui adresser ma lettre et je l'aurais prié de vous la communiquer. Je crois selon ce qu'on m'a écrit qu'il est a Nevers[112].

les résultats. Ladislas IV présida en personne au déroulement de l'événement qui l'intéressait surtout pour ses conséquences « philosophiques ». Des Noyers se montre beaucoup plus réservé qui encourage ses correspondants français à formuler leurs objections en latin, pour que le roi en prenne connaissance : Karolina Targosz, *Uczony dwór Ludwiki Marii Gonzagi (1646-1667). Z dziejów polsko-francuskich stosunków naukowych*, Wrocław 1975, p. 306.

110 Notamment Cornelis de Waard, *L'expérience barométrique, ses antécédents, ses explications*, Thouars, 1936, p. 127, 169-176, ouvrage fort rare dont tous les autres dérivent. René Taton a, en outre, retrouvé des lettres de Roberval avec Pierre des Noyers aujourd'hui à Vienne (Bibliothèque nationale, ms 7049, 24 lettres échangées entre le 16 mars 1646 et le 13 février 1651), partiellement publiées par de Waard et par J. Mesnard qui consacre un dossier précis à ce sujet, *ODP*, p. 442-451 et 603-611. On trouvera dans la *CMM* deux « éphémérides du vide » : 1647, XV, p. 323-328 ; 1648 : XVI, p. 65-69.

111 La Reine avait connu Pascal par la duchesse d'Aiguillon, son amie, qui avait fait venir le jeune Blaise, âgé de 15 ans, et lui avait adressé de grands compliments sur sa science. Richelieu, son oncle, avait fait appel à son père et connaissait les dons du fils. Rappelons qu'entre 1643 et 1645, le « cabinet » de la princesse Marie avait fait concurrence à l'hôtel de Rambouillet et au salon de Mme de Longueville. Les Condé, notamment le duc d'Enghien, le fréquentaient et Marie était aussi l'hôte de l'hôtel des Condé qui abritait l'académie Bourdelot. Pierre des Noyers connaissait Mersenne et surtout, était très lié à Roberval, l'un des habitués de l'Académie mathématique du père Mersenne.

112 Jean-François Niceron est décédé à Aix-en-Provence le 22 septembre 1646, ce que Des Noyers ignore. Le père Niceron était l'un des mieux informés de l'actualité scientifique. Lors de l'un de ses voyages à Rome, il avait mis Torricelli en relation avec Mersenne, Roberval et Fermat (au sujet du problème sur l'aire et le centre de gravité de la cycloïde). Il a servi d'intermédiaire entre les savants français et italiens. La mention de Nevers donne à penser que Niceron n'était pas étranger à la cour de Nevers et aux Gonzague.

Et pour ne pas vous amuser davantage en discours, je vous dirai qu'il y a ici un capucin nommé le P. Valeriano Magni qui fait imprimer une philosophie dans laquelle il dit que le vide se peut trouver en la Nature et le prouve par l'expérience suivante qu'il a faite en la présence du Roi et de la Reine où quantité de personnes ont été appelées qui ont bien dit toutes les raisons de l'Ecole mais qui n'ont pu rendre de bonnes raisons des objections que ce capucin faisait pour maintenir son opinion dont voici le fait.

Il prend une canne en sarbatane (*sic*) de cristal de la longueur d'environ cinq pieds qui est fermée du même verre par l'un des bouts de sorte qu'elle n'a qu'une entrée. Il la remplit toute de vif argent. L'ayant toute remplie, il bouche l'entrée avec un de ses doigts et puis la renverse pour porter ce bout qu'il tient fermé de son doigt dans une écuelle que pour cet effet il a auprès de lui pleine du même mercure et laquelle est encore au fond d'une tinette ou chaudron plain d'eau. Plongeant donc sa main ensemble le bout de la sarbatane premièrement dans l'eau et puis dans le mercure qui est dans l'écuelle au fond de cette eau, il retire son doigt qui bouchait l'entrée de la sarbatane de laquelle aussitôt une partie du mercure sort et se mêle dans l'écuelle sous l'eau à l'autre mercure, de sorte que la sarbatane paraît vide environ jusques au milieu. Et le capucin dit qu'il a démontré la possibilité du vide, parce que la sarbatane était pleine de mercure et que la moitié de ce mercure est sorti de la sarbatane sans qu'aucun corps y ait pu entrer. Que cela ne soit, dit-il, si un autre corps avait pris la place du mercure qui est sorti, ce serait ou de l'air ou de l'eau. Si c'était de l'eau, on la verrait et puis il faudrait que contre sa nature elle eut chassé le mercure de l'écuelle pour se faire un chemin pour entrer dans la sarbatane qui est encore à demi pleine de mercure ; et enfin on la verrait. Et en tirant la sarbatane hors de l'eau et du mercure promptement, on voit qu'il n'y a pas d'eau du tout dans la sarbatane. Reste à dire que c'est l'air qui s'est mis en la place du mercure qui est sorti. Mais par ou est entré cet air : il n'est pas contre sa nature descendu dans l'eau, qu'il faudrait qu'il l'eût pénétrée et ensuite le mercure de l'écuelle pour s'aller mettre dans la sarbatane.

Il faut disent quelques-uns qu'il y soit entré par les pores du verre. Mais si les pores du verre ont donné entrée à l'air pour remplir la moitié de la sarbatane pourquoi ne lui permettent-ils pas d'entrer pour la remplir entièrement et laisser aller ce reste de mercure qui, suivant sa nature très pesante voudrait déjà être en bas.

D'autres disaient que lors qu'on aurait porté le bout de la sarbatane dans l'eau et dans le mercure l'air avait suivi la main et s'était glissée subtilement dans le mercure pour entrer dans la sarbatane quand cette portion du mercure en était sortie. D'autres disaient que le mercure était spongieux et par conséquent accompagné d'air et que se trouvant avec le mercure enfermé dans la sarbatane il avait pris la partie de dessus. D'autres encore donnaient des raisons plus grotesques qui n'étant pas véritablement les vraies, je n'en dirai pas davantage. Car s'il y eût eu de l'air, comme disait le capucin, un autre corps pesant n'irait pas contre sa nature chasser cet air quand on lui en donnerait la liberté pour prendre sa place, comme il arrive lorsqu'on ôte cette sarbatane hors de l'écuelle du mercure seulement et qu'on la laisse dans l'eau. Car alors le mercure comme plus pesant descend dans le baquet et l'eau monte dans la sarbatane et la remplit toute, ce qu'elle n'aurait pas fait si par quelque voie que ce puisse être de l'air y fût entré.

Ce capucin fit cette expérience en deux ou trois façons en mettant deux ou trois gouttes d'eau avec le mercure dans la sarbatane, auquel cas cette eau se discerne et se voit fort bien sur le mercure, mettant avec le mercure et les deux ou trois gouttes d'eau un peu d'air c'est-à-dire n'emplissant pas tout à fait la canne lors qu'il la bouche du doigt pour la plonger dans l'écuelle qui est au fond de la cuvette plaine d'eau auquel cas on voit distinctement l'eau et l'air au-dessus du mercure mais non pas ce peu d'air qui se ramasse comme une boule se mette au haut du vide de la canne : il demeure auprès de l'eau et si on met la main dessus la chaleur la fait dilater et en la retirant on voit qu'il se resserre.

Enfin voilà une nouveauté qui fait crier plusieurs personnes en ce pays-ci qui la plus part donnent des raisons si frivoles pour détruire cette expérience qu'on est contraint d'en chercher plus loin. C'est pourquoi je vous supplie si vous approuvez cette proposition que le vide est possible en la nature de la confirmer par votre approbation ; que si vous êtes de sentiment contraire faites-moi la faveur de m'envoyer les raisons[113].

Il écrit aussi à Roberval le 31 juillet, le priant de convaincre Mersenne de donner sa réponse en latin pour qu'elle puisse être présentée au Roi, proche du Père Magni. Il demande une réponse sur le fond présentant les arguments des savants français. La réponse de Mersenne est hélas perdue. Des Noyers écrit encore à Pierre Brûlart de Saint-Martin, un autre habitué de l'académie mathématique :

Varsovie, le 31 juillet 1647
Monsieur,
J'ai reçu votre lettre du 28 juillet [juin] avec celle de Mr. de St. Martin chez lequel vous apprendrez ce qui se produira dans l'air depuis la zone torride jusques à la glacée[114]. Je vous adresse un paquet pour lui dans lequel vous verrez le discours que le Capucin fait sur la proposition du vide dont je vous ai écrit amplement par l'ordinaire du 17 de ce mois et par le passé j'en écrivis au Père Mersenne. Je vous prie si vous ne l'approuvez et qu'il s'y fasse quelque réponse la faire faire en latin afin que le Roi la puisse voir, mais n'en faites qu'après avoir fait l'expérience et l'avoir réitérée en toutes façons[115].

---

113 Lettre du 24 juillet 1647, Pierre des Noyers à Mersenne, BnF, f. fr. nouv. Acq. 6204, 126r-127v ; publiée dans *Pascal BB*, II, p. 15-18 et *CCM*, XV, p. 318-321.

114 Pierre Bruslart de Saint-Martin (1584-1652 ?) a laissé des observations sur les vents et les météores, restées manuscrites. Des Noyers lui écrit le 31 juillet pour lui envoyer l'opuscule de Magni et « si vous le désapprouvez, envoyez m'en les raisons en latin ». (Vienne, mss Hohendorf 7049, n° 231. Lettre publiée dans *CCM*, XV, ici p. 339). Des Noyers lui écrit à nouveau le 25 septembre 1647 : « Je vous écrivis le 31 de juillet et vous envoyais un traité du vide sur lequel j'attends votre réponse. Je ne vous ai point écrit toutes les choses qui se sont dites ici contre cette proposition parce qu'il me semble que ces réfutations ne sont pas bonnes et que si le vide n'est démontré il faut des raisons plus fortes que celles que jusques à cet heure j'ai ouï dire. » Vienne, Mss Hohendorf 7049, fol. 232 ; *CCM*, XV, p. 448.

115 P. des Noyers à Roberval, 31 juillet 1647, *CCM*, XV, n° 1649, p. 335 (Hohendorf, ms 7049, n° 230). Le même jour il écrit à Pierre Bruslart de Saint-Martin et lui demande aussi de lui faire part de ses objections sur le vide en latin : *ibidem*, n° 1650, p. 339.

INTRODUCTION

Le 20 septembre, Roberval adresse à Pierre des Noyers sa *De vacuo narratio*[116]. À la surprise de Pierre des Noyers, qui s'interrogeait sur la possibilité du vide, il y transforme les termes du débat : d'une controverse doctrinale, il fait une querelle de priorité : Roberval fait référence à une lettre de Torricelli à Ricci de 1643, connue de Mersenne en 1644, et à la notoriété publique des expériences de Torricelli en 1645 :

> Que le R. P. capucin Valeriano Magni me pardonne si je dis qu'il n'a guère agi de bonne foi dans le livret qu'il a tout récemment mis au jour sur ce sujet au mois de juillet de la présente année 1647, en voulant être tenu pour le premier auteur de cette expérience très célèbre qui, comme il est tout à fait constant, a été soumise au public en Italie dès l'année 1643, et, dans ce même pays, principalement à Rome et à Florence, a soulevé entre les savants des controverses très célèbres, que Valeriano n'a pu ignorer, puisqu'à la même époque il séjournait dans ces régions et était en relations avec ces savants[117].

Roberval met donc en cause l'honnêteté du père Magni, accusé de plagiat. Il fait encore état des lettres de Torricelli, de la réaction de Mersenne, du voyage de Mersenne en Italie et de ses démarches, des expériences réalisées à Rouen avec les Pascal, de celles qu'il a réalisées lui-même ainsi que des interprétations qu'on en peut faire. Il en appelle à l'autorité morale de Mersenne qui a probablement contribué à la rédaction de cette lettre-traité. Ce texte est un manuscrit dont des Noyers accuse réception le 30 octobre. Il est pris au dépourvu par une accusation aussi violente. Il montre la *Narratio* au Roi qui en demande une traduction en italien. Magni réagit « avec toute la patience que sa robe lui ordonne », protestant contre l'accusation de plagiat[118].

Qui donc est ce père Valeriano Magni[119]? Il est d'abord un proche conseiller du Roi qu'il seconde dans son grand dessein de réconciliation des chrétiens contre les agressions répétées du Sultan. Ladislas admirait en Magni l'apôtre de la tolérance qui ne craignait pas les foudres de Rome. Valerian von Magnis (1586-1661) est né à Milan, mais sa famille s'installe à Prague où, en 1602, il entre dans l'ordre des capucins[120], prend pour nom *Valerianus a Milano* et se trouve chargé d'enseigner la philosophie aux jeunes moines. Prédicateur très réputé, fort expérimenté en matière de controverse, il est désigné en 1625 par le cardinal Ludovisi, Préfet de la Propagande, comme

---

116 Dont Libri a prélevé le texte dans les volumes de l'Observatoire (C1-II, 74 A), mais la *Narratio* du 20 septembre 1647 se trouve dans la copie C2-5, p. 118-130 et à la BnF, Nal. 2338 (47r-50r) : ce texte est reproduit dans *CMM*, XV, n° 1674, lettre du 20 septembre 1647, p. 427-441 ; reproduit et traduit dans *ODP*, p. 455-477.

117 Traduction de J. Mesnard, *ODP*, p. 460.

118 K. Targosz, *La cour savante*, p. 156.

119 Un article lui est consacré dans le *Dictionnaire historique et critique* de Pierre Bayle. Il traîne, sur ce personnage controversé des informations contradictoires. On consultera les notices qui lui sont consacrées dans le *Biographisches Lexikon des Kaiserthums Österreich* (1867), dans l'*Allgemeine Deutsche Biographie* (1884), et dans la *Neue Deutsche Biographie* (1987). Voir aussi A. Jobert, *De Luther à Mohila. La Pologne dans la crise de la chrétienté, 1517-1648*, Paris, Institut d'études slaves, 1974, p. 377-400.

120 Qui vient de s'installer en Bohême dirigé par (saint) Laurent de Brindisi.

missionnaire apostolique pour assister l'archevêque de Prague à restaurer l'Eglise de Bohême où il se heurte aux jésuites, maîtres de l'Université de Prague (grâce à Ferdinand II) que Magni entend mettre sous l'autorité de l'archevêque. En pleine Guerre de Trente Ans, Magni préconise la tolérance et la conversion progressive des hérétiques. Rome juge cette politique lente et coûteuse. En 1627, un édit somme les protestants d'abjurer et de quitter la Bohême et quand, en 1631, les alliés saxons de Gustave-Adolphe envahissent le pays, les jésuites en sont expulsés et Magni prend le chemin de Rome. À la mort de Sigismond III, Urbain VIII l'envoie en Pologne veiller aux intérêts de l'Eglise pendant l'élection du nouveau Roi. Magni s'était déjà rendu en Pologne à deux reprises, en 1617 et en 1626 (il avait alors rencontré Ladislas). Dès son arrivée, le roi choisit comme confesseur et en fait son conseiller pour l'affaire ruthène. La politique de tolérance et d'union, préconisée par le Roi et Magni, avait pour objet de mettre fin aux divisions des Chrétiens dans la République des deux Nations. Pour éviter la révolte cosaque, les orthodoxes avaient obtenu, à la faveur de l'interrègne, l'égalité des droits. En 1632, les « articles de pacification » devaient réconcilier les Ruthènes de toutes confessions. Mais le Roi, qui s'était engagé lors de la Diète d'élection, se heurte à l'intransigeance de Rome. Il envoie donc Magni négocier à Rome, l'année même du procès de Galilée, pour défendre (en vain) auprès de la Propagande sa politique justifiée par le péril turc. La Diète passa outre et donna force de loi, contre Rome, aux « articles de pacification ». Magni se rend alors en 1636 à Dantzig, comme agent diplomatique de l'Empereur, où il entreprend de convertir les protestants. Ses disputes avec un ministre calviniste très réputé, Barthélemy Nigrinus, le conduisent à publier le *Judicium acatholicorum et catholicorum regula credendi* (Vienne, 1641) qui lui vaut une nouvelle convocation à Rome où il demeure une année (fin avril 1642-début mai 1643) et où il fait imprimer son *De luce mentium*, un ouvrage qui condamne l'argument d'autorité et la fausse philosophie d'Aristote. La conversion de Nigrinus, d'abord secrète puis rendue publique en 1643, provoque une grande émotion dans la communauté réformée. Magni lance alors en Pologne son projet de conversion avec l'appui du Roi et organise un synode provincial[121] qui publie (novembre 1643) une lettre à l'adresse des protestants dissidents de l'Eglise annonçant la tenue prochaine à Torun d'une *fraterna collatio seu colloquium charitativum* (une réunion fraternelle ou colloque d'amour), interdite par Rome, malgré le plaidoyer de Magni auprès d'Innocent X en 1645. En dépit de la méfiance des calvinistes et plus encore des luthériens, qui dénoncent les machinations de Magni et de l'apostat Nigrinus, le colloque de Torun, en août 1645, se conclut sur un message de paix et de tolérance qui laisse l'espoir au père capucin et au Roi que leur grand dessein d'unir tous les chrétiens, indispensable pour la lutte de la République contre les Turcs, leur permettra d'engager le conflit dans des conditions favorables[122].

---

121 Où il est aussi demandé que le frère du Roi, Jean-Casimir, qui vient d'entrer au noviciat des jésuites, ne soit pas admis à prononcer ses vœux.

122 La mort de Ladislas, le 20 mai 1648 marque le début de la grande insurrection des Cosaques d'Ukraine : « Jean-Casimir, frère et successeur de Ladislas, devait, pendant de longues années, batailler contre les rebelles et contre les invasions moscovite et suédoise que les Polonais ont appelées le 'Déluge'.

Très proche collaborateur du Roi, le père Magni est aussi un diplomate expérimenté. Le pape Urbain VIII l'a nommé missionnaire apostolique pour l'Allemagne, la Pologne, la Bohême et la Hongrie et chef des missions du Nord. En 1645, il est missionnaire apostolique pour la Hesse, la Saxe, le Brandebourg et Dantzig. Parallèlement, il a servi l'Empereur Ferdinand II pour une mission en France (1621), le duc Maximilien de Bavière (1622-1623) et l'évêque Ernst Adalbert von Harrach (1623-1634). Il est en 1626 à la cour de Sigismond III de Pologne. Durant l'interrègne qui suit la mort de Sigismond (1632), Ladislas l'appelle comme conseiller (1632-1635) et l'envoie à Rome. Sur le chemin, à Vienne à la cour de Ferdinand III, il négocie le mariage de Ladislas avec l'archiduchesse Cécile-Renée. Magni est donc l'artisan, en 1634, de la rupture des négociations avec la France et du mariage de Marie-Louise de Gonzague. Aux côtés du roi lors de son mariage en 1637, il s'installe, avec sa famille, élevée à la dignité comtale par Ferdinand III, à la cour de Pologne où il défend le parti autrichien. La femme du comte Franz von Magnus, son frère, est dame d'honneur de la Reine, en place encore à l'arrivée de Louise-Marie.

Pierre des Noyers se trouve donc dans un grand embarras. Il n'a évidemment pas cherché querelle au père Magni avec qui il doit conserver des rapports courtois pour ne pas antagoniser le Roi qui, à ce moment, a des relations tendues avec la Reine[123]. D'autre part, la Reine s'est rapprochée du père Magni et lui a promis le chapeau de cardinal à la prochaine nomination de Pologne[124]. En son for intérieur, Pierre des Noyers estime que les frères Magni trompaient la Reine et ne devaient leur salut qu'à « la bonne volonté qu'elle avait conçue pour eux » pour avoir « su la gagner et la servir selon son goût ». La Reine, pour sa part, estimait qu'en favorisant la nomination du Père Magni au cardinalat, elle en ferait sa créature. Des Noyers note dans son *Mémoire* :

> Ce capucin en quittant le monde ne s'était pas dépouillé de l'ambition du monde. Je ne dis pas à cause de la pourpre qu'il poursuivait, mais pour la gloire qu'il croyait lui être due pour, comme il le prétendait, avoir été le premier inventeur des preuves de la possibilité du vide en la nature. Il en fit imprimer un petit traité que j'envoyai aussitôt à Paris, sur ce que Mr. De Roberval excellent professeur de mathématiques, m'écrivit une assez longue narration latine où il écrivait que Torricelli, mathématicien du Grand-Duc de Toscane, l'avait proposée en 1643 et fait disputer en Italie et en avait

---

La révolte des Cosaques était une insurrection sociale, contre les seigneurs polonais. C'était aussi une guerre de religion, où les insurgés massacraient pêle-mêle catholiques latins, Ruthènes unis, sociniens et juifs, tout ce qui n'était pas orthodoxe. » (A. Jobert, *De Luther à Mohila*, p. 399).

123 Ladislas IV voulait utiliser la dot de la Reine pour financer sa guerre contre les Turcs avec l'appui de la France. Louise-Marie, qui estimait avoir été jouée par Mazarin, se rapprocha du père Magni et du parti autrichien et se fit à la Diète l'apôtre de la paix et octroyer un substantiel douaire. Voir : Damien Mallet, « Louise-Marie de Gonzague à Varsovie : son entrée en politique vue par son secrétaire Pierre des Noyers, 1646-1648, dans : *France-Pologne. Contacts, échanges culturels, représentations*, p. 55-59.

124 Dans les négociations précédant le mariage de la princesse et la réunion de sa dot, Mazarin en avait obtenu d'elle l'engagement de promouvoir cardinal son propre frère, archevêque d'Aix.

fait les mêmes preuves dont le Père Valerianus Magno prétendait être l'inventeur en 1647, et de plus décrivait de belles opérations que Mr. Paschal avait faites sur le même sujet. Le Père Magno fit imprimer cette narration, ensuite de laquelle il fit une réponse où il maintenait, bien qu'il fût à Rome en 1643 et 1645, qu'il n'avait jamais oui parler de cette proposition... Le Père Magno qui était un peu visionnaire se persuadait qu'aussitôt qu'il serait cardinal il serait pape, donnait sa nativité pour faire voir que de grandes choses lui étaient promises, et son frère le comte Magno disait qu'on lui avait prédit qu'il serait si favorisé de la fortune que si les couronnes lui manquaient, c'est que n'étant pas né prince, elle ne les lui pouvait pas mettre sur la tête[125]. Qu'elle en cherchait pourtant les moyens et que pour cela il croyait qu'elle ferait son frère cardinal et ensuite bientôt pape n'ayant point d'autre voie pour le faire grand, et mille autres chimères qu'il contait et qu'il m'a dit à moi qui écris... Le comte Magno et son frère... hors leurs chimères, ne disaient jamais rien, et même lorsque ce Père, ayant fait imprimer la Narration de Roberval et sa réponse ensuite, il fit un assez long chapitre de l'Athéisme d'Aristote qu'il adressait au Père Mersenne et qu'ils supprimèrent une demie heure après qu'il fût imprimé, parce qu'on leur dit qu'ils se mettraient tous les ecclésiastiques à dos qui avaient reçus en l'Eglise la philosophie d'Aristote et que ce n'était pas le chemin de parvenir au cardinalat, ce qui était très vrai[126].

Il est donc contraint de composer avec le père Magni et, si possible, d'éteindre l'incendie bien involontairement allumé. Deux questions restent en suspens. La première touche le père Magni qui a toujours eu des relations conflictuelles avec les jésuites et s'en prend, cette fois encore, à l'autorité d'Aristote : pourquoi a-t-il choisi de s'attaquer à sa physique et à la question du vide, lui qui n'a jamais rien publié dans le domaine de la science ? Pourquoi ce brusque intérêt ? Magni était en Italie et à Rome à l'époque où Torricelli avait réalisé ses expériences à Florence. Le plagiat est possible[127], mais non prouvé. Magni nie avoir entendu les noms de Torricelli ou de Ricci, lors de ses séjours à Florence. Il nie avoir eu connaissance en Italie des expériences de Torricelli. Il nie en avoir parlé avec le père Mersenne qu'il y avait rencontré en 1644. Il nie en avoir parlé avec le Prince Léopold de Toscane qui présidait aux travaux de l'Accademia del Cimento. Il nie avoir eu connaissance des expériences de Pascal. Pour Cornelis de Waard et Pierre Beaulieu, les éditeurs de la correspondance de Marin Mersenne, la fraude n'est pas avérée[128]. Karolina Targosz estime que « son indépen-

---

125 Franz se voyait couronné à Naples, si tôt son frère Pape.

126 AMAE, *Mémoires et documents*, Pologne, I, « Mémoire du voyage de Madame Louise Marie de Gonzague de Clèves pour aller prendre possession de la couronne de Pologne et quelques remarques des choses qui lui sont arrivées dans le pays », fol. 342. Ces mémoires prennent fin le 28 avril 1648.

127 C'est la thèse longuement développée par Abel Mansuy, *Le monde slave et les classiques français aux XVIᵉ-XVIIᵉ siècles*, Paris, Champion, 1912 : « La question de Pascal en Pologne », p. 272-290.

128 « Magni semble parfois se montrer brouillon et trop ardent, mais il est difficile de le taxer d'imposture. Sa naïveté lui fait souvent croire qu'il fut le premier à avoir trouvé le secret du vide. Pourtant, très honnêtement, dès qu'il a connaissance de ce qu'ont pu découvrir d'autres chercheurs, il le proclame à tout venant. Si lui-même a pu inventer quelque expérience qu'il croit nouvelle, c'est peut-être que l'immense effort des savants et leurs travaux sur la question du vide lui permit d'arriver au même résultat sans qu'il

dance vis-à-vis des autres chercheurs était réelle, la circulation des informations étant encore bien lente »[129]. Peu importe ici qu'il ait ou non menti : car cette expérience du vide qui dégénère avec la France en querelle de priorité, semble dans le cas présent avoir mis en relation à Varsovie Pierre des Noyers avec Burattini.

En effet, le père Magni se réclame ouvertement de Galilée, ce qui ne peut que plaire au Roi[130]. Pour autant Galilée n'avait pas d'idées précises sur la pression de l'air : il fit tardivement des expériences très imparfaites dans les années 1630. Sans culture mathématique ni pratique Magni n'aurait pu, seul, réaliser cette expérience. Son inspirateur fut probablement Burattini, âgé de 30 ans en 1647, qui avait découvert l'œuvre de Galilée à Cracovie en 1642 grâce au recteur de l'Université Jagellonne Stanislas Pudłowski et, notamment, les *Discorsi e Dimonstrazioni matematiche intorno a due scienze attenanti alla mecanica ed i movimenti locali* (1638) où sont définis les fondements de la mécanique en tant que science, signant l'arrêt de mort de la physique aristotélicienne. Selon Karolina Targosz, les premières expériences barométriques, réalisées à Cracovie par Burattini et Pinocci, pourraient remonter aux années 1640[131]. Or Burattini est en contact avec le père Magni dès 1644. Facteur d'instruments hors pair, il lui a sans doute prêté main forte pour sa démonstration, comme auparavant pour les travaux d'adduction et de canalisation de l'eau nécessaires à la ville et au Château royal de Varsovie dont Ladislas avait confié la charge au père capucin. Dès lors les recherches de Burattini, mais celles aussi de Torricelli l'intéressaient[132]. En 1644, il reçoit de Burrattini une balance hydrostatique d'Archimède qui lui permet de calculer la relation du poids spécifique de l'eau par rapport au mercure.

---

y ait besoin de déceler des influences précises et sans qu'il y ait eu imitation ou fraude. », *CCM*, XV, n° 1698, Valeriano Magni à Roberval, 5 novembre 1647, commentaire introductif, p. 527.

129 « La cour royale de Pologne au XVIIe siècle : centre pré-académique », dans : *Lieux de pouvoir au Moyen-Âge et à l'époque moderne*, M. Tymowski éd., UW, Varsovie, 1995, p. 219.

130 Ladislas Vasa fit son tour d'Europe avec Stanislas Radziwiłł, futur chancelier de Lituanie, qui avait connu chez son père le frère de Galilée. Ladislas, qui séjourna à Florence entre le 26 janvier et le 8 février 1625 voulut aller voir Galilée à Bellosguardo et en reçut une lunette. En 1633, après son procès, Galilée est relégué à Arcetri, prisonnier sur parole. Georges Ossolinski, alors ambassadeur de Ladislas IV est à Florence entre le 30 décembre 1633 et le 4 janvier 1634 ; le jeune frère de Ladislas IV, le prince Alexandre-Charles (1614-1634), s'y trouve entre le 1er février et le 4 mars 1634. En 1636, Ladislas lui écrit de Vilnius pour lui demander deux ou trois paires de verres pour son télescope et se déclare disposé à lui être utile. Galilée répond en juillet « qu'il fera pour le roi de Pologne tout ce que peut un prisonnier interné depuis trois ans sur les ordres du Saint-Office pour ses ouvrages sur les deux systèmes de Ptolémée et de Copernic. ». Les verres furent brisés en chemin ; Robert Giraldi, gentilhomme du roi alors à Florence en demanda d'autres et Galilée lui offrit, pour le roi, un télescope entier. (Mansuy, *Le monde slave*, p. 250-252 ; *Relazioni di Galileo colla Polonia esposte secondo i documenti per la maggior parte non pubblicati* dal dott. Artur Wolynski, s.l., s.d (Florence, Cellini, 1873). Cet engagement galiléen du père capucin ne pouvait évidemment que mécontenter le pape et les jésuites.

131 Voir : *CMM*, XV, n° 1698, Lettre de Magni à Roberval, 5 novembre 1647, p. 529.

132 À la mort de Galilée (6 janvier 1642), Torricelli lui succéda comme mathématicien du Grand-Duc. Il eut alors à s'intéresser à un problème des fontainiers de Florence qui ne parvenaient pas à aspirer l'eau de l'Arno à une hauteur de dix mètres, avec leurs pompes. Torricelli réalisa alors, dans un tube de verre d'une hauteur d'un mètre rempli de mercure, l'expérience reproduite par Magni et décrite par des Noyers : la hauteur du mercure tombant à 760 mm dans le tube renversé. Cette expérience fut à l'origine

Le problème, pour Magni, est d'abord de se procurer du matériel et, notamment un long tube de verre qu'on ne pouvait lui fabriquer en Pologne[133]. Un verrier vénitien, Gasparo Brunorio, appelé à Varsovie par le Roi, fabriqua les tubes de verre de différentes longueurs et en promit de plus grands encore[134]. Le père Magni a donc connu Burattini bien avant Pierre des Noyers qui ne le mentionne, pour la première fois à notre connaissance, que le 4 décembre 1647 dans une lettre adressée à Roberval à laquelle il joint un dessin de son « Dragon volant » déjà présenté à la cour. Il n'est pas loin alors de le considérer comme un charlatan :

> Il est icy arivé un mathématicien depuis peu, qui nous dit venir presentement d'Arabie et parce qu'il vien de loin, il a creu qu'il luy estoit permis de bien mentir. Le manuscrit que je vous envoye et la figure qui est ensuitte, pour ne vous pas entretenir inutillement, vous diront le reste... Ces figures sont un peu mal copiées.
> La Reyne m'a commandé de vous escrire que, sy cette machine réusit, elle veut que je vous alle querir dedans pour la venir voir en son royaume. Et je crois que je n'en aurois guère moins de joye que son Autheur[135].

La première mention de Burattini dans les lettres de des Noyers à Hevelius est seulement du 7 janvier 1650 (n° 15) : ils sont tous deux alors en mission à Paris et il se contente d'un « Monsieur Buratin vous baise les mains. »

L'expérience du vide importe beaucoup moins à Hevelius que l'accueil fait à sa *Sélénographie*. Le 24 juillet (n° 7), Pierre des Noyers accuse réception de l'ouvrage et évoque le plaisir du Roi, honoré par le « polémoscope » et les « astres de Ladislas ». Le 31 juillet (n° 8), il remercie Hevelius, le complimente (« Vous vous attirez les louanges et l'admiration de tout le monde ») et lui envoie une *Défense* de Morin (à propos de l'affaire des longitudes) et copie d'une lettre de Roberval [31 juillet 1647] où il est question de Mercure « cornu », de l'envoi d'une nouvelle Paschaline et de son *Aristarque*. Le 13 novembre (n° 10), des Noyers n'a aucune nouvelle des livres envoyés à Paris. Il parle de Mersenne et de Torricelli (mais non pas du vide) et d'une lettre de Roberval « dont je vous envoye la copie sur la proposition qu'a fait icy un capucin nommé le Pere Valeriani Magni de la possibilité du vuide » à qui il envoie, par ailleurs, les publications du père Magni. Le 9 décembre, Hevelius s'inquiète du silence des Parisiens et répond à l'accusation de Roberval. Luthérien convaincu, Hevelius qui connaît sans aucun doute le père Magni (qui a séjourné à Dantzig) et ne lui est évidemment pas favorable, pense aussi qu'il y a eu plagiat :

---

du baromètre qu'il conçut en 1644 ; et de ses réflexions sur l'écoulement des liquides qui anticipent l'hydraulique, publiées dans le *De motu aquarum* (*Opera Geometrica*, Florence, 1644).

133 Une difficulté que n'eurent pas les Pascal à Rouen où il existait des maîtres verriers célèbres.

134 K. Targosz, *La Cour savante*, p. 154 ; et *Uczony dwór Ludwiki Marii Gonzagi (1646-1667)*, p. 305.

135 *CMM*, XV, n° 1708 p. 561 ; *ODP*, p. 448. Sur le « Dragon volant », René Taton, « Le dragon volant de Burattini », dans : *La machine dans l'imaginaire, 1650-1800, Revue des Sciences Humaines*, 186-187 (1982-3), p. 45-66.

INTRODUCTION   45

D'ailleurs je vous rends d'immenses grâces, moi qui suis votre obligé à tant de titres, d'avoir pris la peine de m'envoyer cette lettre du très illustre Roberval si ingénieuse et si élaborée, sur cette abstruse expérience du vide. De même que sa lecture m'a apporté beaucoup de plaisir, ainsi, à cause du père Valérien, elle m'a produit un sentiment désagréable, quand on sait que cette singulière invention a été faite en Italie, voici quelques années, dans les mains de Torricelli et d'autres érudits. Cela n'a pas dû échapper au père Valérien qui a séjourné récemment en Italie. Ainsi, à mon avis, en toute ingénuité, il n'a pas été raisonnable de la cacher dans le silence. Comme tout un chacun en ce lieu nous sommes persuadé, d'après les petites pages du père Valérien, qu'il fut tout à fait le premier inventeur et l'auteur d'une si grande chose, mais il aura peut-être quelques excuses pour se disculper, et il les publiera pour son honneur. (n° 11)

Toutefois, Hevelius se garde bien d'aborder avec des Noyers la question de fond — la possibilité du vide — dont il n'hésite pas à parler avec Mersenne en qui il voit un « vrai » savant[136]. Des Noyers se voit, en revanche, confier la mission d'envoyer à Hevelius les diverses brochures du père Valérien, y compris l'*Athéisme d'Aristote* (n° 12) censuré[137] qui intéresse au premier chef Hevelius (« Mon esprit brûle de voir non seulement ces petites pages de Valerianus sur l'Athéisme d'Aristote, soustraites à la vue du public, mais tout ce qu'il y a déjà d'imprimé de cet auteur », n° 13), au même titre que toutes les critiques de France, et notamment de Pascal ; il s'inquiète surtout du silence des Parisiens à qui il a bien envoyé sa *Selenographia* et parle de la nécessité d'établir une carte exacte de la Pologne. Durant cet échange, Hevelius s'est bien gardé d'intervenir sur la question du vide qui ne semble pas l'intéresser outre mesure. Il y a aussi dans cette correspondance une lettre de Magni (du 25 janvier 1648) et la réponse d'Hevelius du 9 mars, ici intercalées dans la correspondance. Le père Magni pense trouver en Hevelius (copernicien) un allié savant qui approuvera sa critique de la philosophie d'Aristote : « A tanta luce [la lumière divine] s'oppone diametralmente qual nube oscurissima, la filosofia d'Aristotele qual io essamino nel'accennato trattato. Desidero perciò che Vostre Signoria lo consideri, e facci considerare di chi più le piace » [25 janvier 1648]. Hevelius, prudent, se garde bien du moindre commentaire [9 mars 1648] :

Quand vous me demandez, avec une certaine inclination pour moi, mon avis à son sujet, à dire vrai, même si en ce domaine je vous ferais volontiers plaisir, je ne puis en aucune manière transiger avec mes habitudes ; car, je l'avoue, il répugne tout à fait à ma nature de porter un jugement sur de telles matières auxquelles je ne me suis jamais

---

136 *CMM*, XV, n° 1716 ; XVI, n° 1806.

137 *L'Athéisme d'Aristote* écrit contre Broscius était si violent que Magni le fit supprimer tout juste imprimé sur le conseil de ses amis qui firent valoir « qu'il se ferait tant d'ennemis que peut-être cela seul pourrait empêcher sa promotion en rouge, qu'il espère à la première qui se fera ». La Bibliothèque Mazarine, à Paris en possède un exemplaire qui provient du paquet confié par Magni à des Noyers pour Mersenne, envoyé le 9 décembre, au couvent des Minimes, place Royale (Bibliothèque Mazarine, 56 559, quatrième pièce).

beaucoup consacré. Jusqu'à présent, la minceur de mon génie s'est contentée des spéculations des arts mathématiques et de cet unique objet de connaissance, c'est à dire du visage du ciel, et de tous les phénomènes naturels sous la voûte des cieux.

Mais il est une leçon qui n'est pas perdue pour Hevelius : la nécessité d'une publication rapide de ses expériences et de ses observations. On notera l'extraordinaire empressement du capucin à faire connaître *urbi et orbi* le résultat de ses observations, qui contraste avec les incertitudes, en France, quant à l'auteur des expériences en Italie sur le vide. Il fallut en effet trois années — de 1643 à novembre 1646 — pour que le nom de Torricelli s'y impose, associé aux expériences sur la pesanteur de l'air. Torricelli, décédé le 25 octobre 1647, n'a pas publié ses expériences. Pascal, qui a multiplié les expériences en public entre octobre 1646 et novembre 1647, ne l'a pas non plus fait. Pierre Petit, en revanche, fait immédiatement imprimer son *Observation touchant le vide* (Paris, Cramoisy, 1647). Mais c'est surtout le père Magni qui réalise une remarquable opération de communication en démultipliant ses brochures, assorties même des critiques et des réponses[138]. Magni fait ainsi de son expérience le centre des débats scientifiques européens. Il a pris de court les plus grands savants, tels Pascal ou Mersenne. Il a pris aussi au dépourvu les péripatéticiens, ses écrits étant les premiers publiés sur la question. Pierre des Noyers, qui doit le ménager, n'hésite pas à lui proposer ses services. Il demande ainsi à Mersenne si les libraires français pourraient diffuser les écrits de Magni : « Il m'a prié, afin d'en avoir ensuite votre avis, et le libraire qui l'a imprimé m'a aussi prié de savoir si en envoyant 30 ou 40 douzaines

---

138 Alors que Torricelli et Pascal multiplient les expériences, Magni s'attache à proclamer la sienne. L'expérience a lieu le 12 juillet 1647. Le 16, il obtient l'*imprimatur* ecclésiastique pour sa *Demonstratio ocularis loci sine locato, corporis successive moti in vacuo, luminis nulli corporis inhaerentis a Valeriano Magno exhibita Serenissimis Principibus Vladislao IV Regi et Ludovicae Mariae Reginae Poloniae et Sveciae* et le 24, des Noyers expédie la brochure en France qui circule à Paris le 15 septembre. Des Noyers envoie également en France un écrit anti-jésuite de Magni, *De homine infamis personato* (1655), qui fut l'une des sources des fameuses *Provinciales* de Pascal. La *Demonstratio ocularis* fut le premier opuscule à circuler à Paris sur la question : d'où la colère de Roberval. De plus, Magni publie, fin 1647 une brochure dite « Admiranda de vacuo » qui contient :
1° La *Demonstratio ocularis*.
2° La lettre latine de Roberval à des Noyers (Paris, 12 septembre 1647).
3° Le *De Inventione artis exhibendi vacuum narratio apologetica* (réponse à Roberval, de novembre 1647).
4° La *Responsio ad Peripateticum Cracoviensem* (à Broscius).
Cette prodigieuse activité littéraire se poursuit encore de juillet 1647 à fin 1648 : Magni publie dix brochures dont neuf concernent le vide et 3 éditions de la *Demonstratio ocularis* : la brochure du 16 juillet 1647 (23 p.) est rééditée le 12 septembre (36 p.) sans changement de titre. À la mi-septembre, elle paraît sous le titre de *Ad A.R.P. Reginaldum Macri... Demonstrationem ex vitro de possibilitate vacui*.
Roberval a écrit le 20 septembre sa première *De vacuo narratio*. Magni y répond dans une troisième édition de sa *Demonstratio ocularis* (49 p.). Il insère à la suite la plaquette que Broscius a publiée contre lui (*Peripateticus Cracoviensis a Joanne Broscio curseloviensi productus*), de novembre 1647 (15 p.) ; la *Narratio* de Roberval (8 p.) et sa réponse à Roberval : *De inventione artis exhibendi Vacuum Narratio Apologetica Valeriani Magni fratris Capuccini ad nobilem et clarissimum virum A.E.P. de Roberval* (Varsovie, novembre 1647) ; à quoi il ajoute encore sa réponse à Broscius (*Responsio ad Paripateticum Cracoviensem*).

en France, s'il y en aurait le débit »[139]. Si la politique oppose les deux hommes (l'un représentant la France et l'autre l'Autriche), ils partagent une commune hostilité à l'encontre des jésuites (Pierre des Noyers est proche des jansénistes, sinon janséniste) et de la philosophie naturelle d'Aristote. Pierre des Noyers, dans une lettre à Roberval (du 4 décembre) écrit de lui que « son principal dessein ne s'arrête pas au vuide, ne voulant pas seulement qu'Aristote vuide les universités, mais il veut qu'il soit excommunié[140] » et la Société de Jésus en même temps.

Dans cette même lettre, il écrit à Roberval que le Père Magni veut faire mettre en latin le petit traité de Pascal et le faire imprimer « car il fait bouclier de tout »[141] pour abattre l'autorité d'Aristote. À Cracovie, l'université Jagellone était contrôlée par les jésuites depuis 1623. Broscius (Jan Brozek, 1585-1652) y enseignait et en avait été recteur. Il avait fait des études de mathématiques et enseigné l'astrologie à Cracovie avant de faire de la médecine à Padoue. De retour à Cracovie, il avait embrassé l'état ecclésiastique en 1629. Broscius (n° 10 et 11) est alors l'un des mathématiciens les plus réputés en Pologne pour ses travaux sur les nombres parfaits. Pierre des Noyers le mentionne (pour la géométrie) aux côtés d'Hevelius et d'Eichstadt[142]. Dans le but d'écrire une vie de Copernic, il s'était rendu en 1612 au chapitre de Warmie où il avait prélevé un grand nombre de lettres et de documents en vue de ce travail, jamais réalisé[143]. Magni entre en conflit avec Broscius au sujet du vide dès 1647. Péripatéticien invétéré, celui-ci oppose à Magni l'autorité d'Aristote. Les jésuites attaquent aussi violemment Magni. Le père Wojciech Kojalowicz de Vilnius, dans son *Oculus ratione correctus*[144], discute très sérieusement des quatorze observations faites à Paris et à Rouen, sans faire cas de celles de Magni qu'il déteste. Fondateur de la maison des jésuites de Kowno, docteur ès philosophie et arts libéraux, professeur de philosophie et de théologie à l'Académie de Vilnius, il est l'un des plus éminents jésuites de la République des deux nations[145].

Magni avait fort bien su faire parler de lui. Pour Hevelius, cette leçon n'est pas perdue : sa première préoccupation sera toujours de publier le premier toutes ses observations (que d'autres astronomes pourraient avoir faites), que ce soit par Pierre des Noyers qui en diffusera la nouvelle, ou grâce à son imprimerie personnelle : Jean-Casimir lui a promis, lors de la grande visite à Dantzig le 29 janvier 1660, un privilège

---

139 Des Noyers à Mersenne, 29 février 1648, *CMM*, XVI, p. 123.

140 A Roberval, 4 décembre 1647, *CMM*, XV, p. 561.

141 *CMM*, XV, Des Noyers à Roberval, 4 décembre 1647, n° 1708, p. 561.

142 Lettre à Pierre Brûlart de Saint-Martin du 25 septembre 1647, *CMM*, XV, p. 449.

143 Il avait notamment mis la main sur les échanges épistolaires entre Giese et Copernic (une vingtaine de lettres) et Giese et Rheticus. Après sa mort, tous ces papiers furent perdus, ce dont les historiens des sciences lui tiennent grande rigueur. Broscius possédait l'exemplaire de Giese du *De Revolutionibus*, toujours encore à Cracovie.

144 *Oculus ratione correctus, id est Demonstratio ocularis cum Admirandis de vacuo, a Peripatetico Vilnensi per demonstrationem rationis rejecta*, Vilnius, 1648.

145 De ce père jésuite, il est question dans une lettre que Magni adresse à Mersenne, où il le traite de « specimen insigne arrogantiæ », le 14 avril 1648, *CMM*, XVI, n° 1779, p. 223. Sentiment d'Hevelius à son sujet : 24 avril 1648, n° 1788, p. 266.

d'impression, signé seulement, pour 25 années, le 3 février 1662 (n° 99, 22 décembre 1661). Notons que la revendication de la primauté est chez lui naturelle : sa *Sélénographie* n'est pas seulement un atlas lunaire. Comme toutes ses publications, elle est aussi un fourre-tout où il publie toutes ses observations de manière à ce que la priorité ne puisse être revendiquée par d'autres[146].

Pierre des Noyers, homme de science

La passion de l'astrologie

Le profil de Pierre des Noyers ne correspond pas à celui que les historiens attribuent au savant de la « révolution scientifique ». Il est mathématicien comme doit l'être un astronome de ce temps. Mais, à la différence d'Hevelius que l'on peut définir comme un astronome au sens moderne du terme, Pierre des Noyers s'intéresse à l'astronomie pour l'astrologie qui lui a valu l'amitié et la confiance de la Reine[147].

Très prisée dans la première moitié du XVIIe siècle, l'astrologie a joué un véritable rôle dans la décision politique. Kepler écrivait des horoscopes pour gagner sa vie[148] et Mersenne envoyait l'horoscope du cardinal de Richelieu à Van Helmont, à toutes fins utiles. Cassini à ses débuts se passionna aussi pour l'astrologie. Elle est longtemps considérée comme une science[149]. Elle étudie les astres en tant qu'ils dévoilent l'ordre du monde et, en fonction de leur disposition, permettent de prédire l'avenir. L'astrologie dite « naturelle » — qui étudie l'influence des astres sur les corps et la matière, comme par exemple le climat, la météorologie, les marées et la médecine[150] — est tout

146 On trouve notamment au chapitre IV des observations sur les planètes et notamment Saturne, Jupiter, Venus et Mercure.

147 Elle-même très attentive à tous les signes du ciel. Voir p. 10.

Des Noyers et la Reine de Pologne sont, nous l'avons dit, des jansénistes convaincus. Or l'astrologie constitue une ligne de partage entre la prédestination (fatalisme astral) et le libre arbitre, objet des bulles de 1586 et de 1631, qui ne sont d'ailleurs pas directement appliquées en France où il n'y a aucune censure contre les règles de l'art ou les horoscopes privés, mais où les prédictions concernant le Roi sont interdites. L'astrologie est vue comme une science du déterminisme : les astres font peser sur les destins individuels de véritables « décrets », dont le commentaire est la spécialité de l'astrologie « judiciaire » (en opposition à l'astrologie « naturelle » qui n'envisage pas le destin des hommes). Le thème de la prédestination fut attaché à la Réforme et à la libre pensée puis au jansénisme, au point que les jansénistes furent parfois comparés et assimilés à des astrologues en France. En Pologne, l'Eglise condamnait les horoscopes.

148 Richard Simon, *Kepler astronome astrologue*, Paris (Gallimard), 1979.

149 Quoi qu'ait affirmé une histoire « positiviste » des sciences : comme Micheline Grenet, *La passion des astres au XVIIe siècle. De l'astrologie à l'astronomie*, Paris, Hachette, 1994. Point de vue plus nuancé d'Hervé Drevillon, *Lire et écrire l'avenir. L'astrologie dans la France du Grand Siècle*, Seyssel, Champ Vallon, 1996. Sur cette question : Wolf-Dieter Müller-Jahncke, *Astrologisch-Magische Theorie und Praxis in der Heilkunde der frühen Neuzeit*, Stuttgart, Steiner, 1985 ; Ann Geneva, *Astrology and the Seventeenth Century Mind. William Lilly and the language of the Stars,* Manchester University Press, 1995.

150 Pour les médecins, chaque partie du corps est solidaire (similaire) d'un signe. La connaissance des équivalences permet de connaître les conjonctions favorables au traitement de chaque partie du corps, mais aussi de choisir le remède minéral ou organique « sympathique » à l'organe malade.

INTRODUCTION

à fait licite. En revanche, l'astrologie « judiciaire » qui concerne l'influence des astres sur les destins individuels fait l'objet de débats. Le problème tient à la « physique des influences » qui marquent un individu à sa naissance. L'Eglise récuse toute forme de déterminisme et toute forme de « décret » pesant sur les destins individuels, car l'homme est responsable de son destin. C'est pourquoi l'astrologie judiciaire est condamnée par la bulle pontificale de 1586 (*Contra exercentes artem Astrologiæ judicariæ*), confirmée en 1631. L'attitude probabiliste, selon laquelle les astres « inclinent » est communément admise, de là le succès des « génitures » et des « nativités » souvent dressées à la naissance — Campanella réalisa ainsi la nativité de Louis XIV — et celui des éphémérides qui décrivaient chaque année l'ordre du ciel. Au milieu du XVIIe siècle, cette « science des influences » est en France au cœur des débats : Descartes, en 1649, dans *Les passions de l'âme,* suppose que le corps agit sur l'âme par le biais de la glande pinéale et que donc l'âme (et non seulement le corps) peut être soumise à une telle influence. En 1651, Baudouin, dans son *Traité des fondements de l'astrologie,* affirme que « La substance céleste et les astres agissent avec plus de force, de vigueur et de vertu, sur les êtres sensibles, qu'aucun autre sujet corporel »[151]. Claude Gadroys, en 1671, publie un *Discours physique sur les influences des astres selon les principes de M. Descartes,* et, dans son *Uranie,* en 1693, Eustache Lenoble propose une astrologie cartésienne qui vise à établir de manière méthodique les correspondances entre les astres et l'âme humaine, à travers le corps et les sensations. Tous les astrologues soutiennent que les astres « inclinent », sans forcer le destin des hommes.

L'astrologie, très en vogue chez les grands, n'est donc pas une survivance quand Pierre des Noyers accompagne la Reine en Pologne. Il refuse de la voir disqualifiée comme savoir « incertain » et estime qu'une astrologie de précision peut être une science exacte qui enseigne l'art de composer avec ses inclinations. Les « nativités » ou thèmes astraux sont l'une de ses spécialités[152]. Boulliau, partage cette passion et multiplie aussi les horoscopes d'amis, de connaissances, de savants, de grands[153]. Des Noyers en fait clairement un usage politique[154]. En pleine crise du « Déluge suédois » (1655-1659), ses lettres à Boulliau se font l'écho répété de prédictions[155] et de demandes

---

151 Dans le *Traité des fondements de la science générale et universelle,* Paris, 1651, p. 13.

152 Le principe de la « nativité » repose sur la position des astres (la carte du ciel) au moment de la naissance. C'est le thème « racine » qui, confronté à la carte du ciel de chaque « révolution », à la date anniversaire, permet de comprendre comment les astres « inclinent », c'est-à-dire prédisposent aux événements. Ce type d'astrologie fait fureur dans la société aristocratique au milieu du XVIIe siècle. C'est un thème de ce type que Campanella a dressé au moment de la naissance de Louis XIV. Le manuscrit 844 de Chantilly contient plusieurs nativités — Adam Billaut le poète menuisier, le médecin de la Reine Augustin Courade, Kepler, Cinq-Mars, l'astrologue Jean-Baptiste Morin, Roberval et Gassendi, entre autres.

153 Bnf, Mss FF.13028 : entre autres, Burattini, Kircher, Kepler, Courade, des Noyers, N. Fouquet, Caillet, Hevelius...

154 C'est précisément cet usage qui lui vaut d'être condamnée par le pouvoir. En France, trois décisions royales ont interdit les prédictions illicites : en 1560, 1579 et 1628, avant qu'elle ne devienne un « crime public » dans l'édit de 1682.

155 12 novembre 1655 : « Il y a un mathématicien [Nicolaus Zorawski], dont on fait cas pour ses prédictions, qui dit que dans le mois de décembre prochain, Cracovie changera encore de maître, et dans le

pressantes d'informations précises pour calculer les nativités[156] et les révolutions[157], à côté d'informations, parfois quotidiennes, sur la situation militaire. Au fil des jours se construit tout un travail souterrain de l'astrologie dans le service de renseignements et la diplomatie secrète. Il n'est pas sans intérêt de signaler, à ce sujet, que Pierre des Noyers, lorsqu'il est à Paris en 1655, fait tirer pour la Reine, à toutes fins utiles, par Jean-Baptiste Morin, l'horoscope de Jean-Casimir dont le nonce, à Varsovie exigea qu'il soit immédiatement brûlé :

> Nous avons quantité de prophéties pour nous, aussi bien que de prédictions. À propos de quoi, il faut que je vous dise qu'étant à Paris M. Morin me donna la révolution du Roi de Pologne, jugement que j'envoyai à la Reine ; il a si merveilleusement rencontré qu'on peut dire que ce jugement est un des miracles de l'astrologie, et la Reine le montrant au nonce, il l'a considéré avec effroi et a dit qu'il fallait que ce fût le diable qui eût fait une prediction comme celle-là, et a obligé la Reine à la mettre au feu en un temps que je n'y étais pas, car je l'aurais empêché, et maintenant elle s'en repent. La Reine veut que je lui envoie la nativité que vous m'avez envoyée, elle voulait que je vous écrivisse de la lui donner, mais je lui ai dit que vos chiens ne courraient pas ensemble, elle m'a demandé si on pouvait vous raccommoder, j'ai dit que la chose n'était pas aisée. J'écris pourtant à M. Morin la proposition que la Reine m'en a faite en lui redemandant copie du jugement de cette révolution dont je viens de parler. J'en ai d'autres de lui, où il n'avait pas rencontré de même[158].

Pierre des Noyers et la Reine ont d'ailleurs fait l'expérience d'une coïncidence pour le moins troublante. En 1648, la maladie et la mort de Ladislas IV avaient été prédites par Broscius (l'un des ennemis de Magni), si le Roi persistait à faire le voyage de Lituanie prévu. Il s'en ouvre à Mersenne le 21 mai 1648, juste au lendemain du décès du Roi, le 20 mai[159]. De plus, un élève de Morin, Nicolas Goulas, sieur de la Mothe,

---

mois de février prochain, qu'il se donnera une grande et sanglante bataille en Pologne » (*LPDN*, n° VI, 12 novembre 1655, p. 13).

156 2 mars 1656 : « Le roi de Suède est né l'an 1622, le 8 novembre, mais je ne sais pas l'heure. » (*Ibidem*, p. 95) ; le 30 mars 1656 : « J'ai aussi vu la nativité du roi de Suède et celle de Wranghel : la première est forte mais périlleuse pour la vie ; la seconde me paraît aussi violente, mais je n'ai pas le temps de les bien examiner. » (*LPDN*, n° XLI, 30 mars 1656, p. 126), etc...

157 26 mars 1657 : « Il me semble que la révol[ution] du roi de Suède de l'année qui vient est assez mauvaise. Je vous prie, si vous savez le lieu de sa naissance, de me l'apprendre, pour en tirer la longitude pour la rectification de la révol[ution]. » (*LPDN*, n° CVI, mars 1657, p. 303). Des Noyers demande à diverses reprises cette information.

158 *LDPN*, n° XLII, 6 avril 1656, p. 128. La Pologne est alors envahie de toutes parts. Morin est décédé en novembre 1656 et des Noyers ne put en obtenir de copie et nous sommes donc dans l'ignorance. Les bulles pontificales condamnant l'astrologie judiciaire (de 1586 et de 1631) étaient appliquées en Pologne.

159 « Mon Reverend Pere, j'ay recue vostre lettre du 3e april en un temps bien triste pour ce royaume, puisque ç'a esté durant la maladie du Roy et de la Reyne, et de laquelle le Roy est decedé le 20 de ce mois a deux heures du matin, le 15ᵉ jour de sa maladie. Cette mort avoit esté predite par Broscius (c'est celuy qui a escrit contre le traité du vuide du pere Magne) des le mois de février ; la lettre m'en fut envoyé pour par le moyen de la Reyne la faire voire au Roy pour l'empescher de faire le voyage de Lituanie, mais il s'en mo-

après avoir prédit la mort de Ladislas, annonça le remariage de la Reine avec Jean-Casimir. La Reine l'en récompensa royalement, même à l'époque tragique du Déluge.

Des Noyers n'ignore pas l'indifférence d'Hevelius pour l'astrologie. S'il est souvent question de Morin (1583-1656) dans ces lettres, ce n'est jamais comme astrologue mais comme querelleur impénitent et auteur de libelles injurieux. Des Noyers évoque l'échange d'injures avec Gassendi et ses émules et procure à Hevelius certains libelles (n° 18, 19, 31, 50, 57), mais parle aussi l'apaisement de la querelle dont l'a informé Boulliau (n° 64, 66). Il n'avoue pas un instant avoir connu Morin, ni avoir conservé des relations avec lui, comme l'horoscope de Jean-Casimir en témoigne pourtant. De même, il ne parle jamais avec Hevelius de thèmes astraux ou de pronostics alors qu'il revient sans cesse sur le sujet avec Boulliau. Toutefois certains indices montrent qu'il incite Hevelius à aborder cette question. Pierre des Noyers mentionne curieusement le *Centilogue* (*sic*) de Ptolémée de Nicolas Bourdin, marquis de Vilennes (1583-1676), à propos des théories cométaires d'Auzout (n° 114, 27 février 1665, et 115)[160]. Cet astrologue protégé par de feu Gaston d'Orléans avait, tout comme Morin, édité et commenté Ptolémée et, notamment, le *Centiloque* — un texte astrologique — (1651) ce qui lui valut une volée de bois vert de Morin[161]. Hevelius ne réagit pas à cette invitation. Des Noyers a aussi fait remettre par Burattini à Placido Titi son propre exemplaire de la dissertation sur Saturne (n° 80, 23 juin 1658) : Placido Titi ou Placidius est un astronome/astrologue, professeur de mathématiques à l'université de Pavie[162]. Il est aussi l'auteur d'un système de domification et d'un commentaire de Ptolémée (*Commentaria in Ptolemæum de siderum judiciis*), publié cette même année.

Dès le début de leurs relations, Pierre des Noyers demande régulièrement à Hevelius de lui envoyer les éphémérides d'Eichstadt[163] pour ses amis ; il mentionne (n° 22, 9 janvier 1652) Roberval, Boulliau et Morin « qui m'en avoient fort prié ». Les éphémérides, une spécialité notamment allemande, sont des tables de chiffres, indiquant quotidiennement le mouvement et la position des planètes, de la Lune et du Soleil,

---

qua, ce qui fit que le mesme Broscius voyant le Roy partir, rescrivit une seconde lettre que jamais il ne reveroit Varsavie, ce qui est arivé ». Des Noyers à Mersenne, le 21 mai 1648, *CMM*, XVI, n° 1802, p. 316-317.

160 Notons qu'Auzout, qui s'avéra être l'un des principaux adversaires d'Hevelius au sujet de la comète de 1664-1665, pratiqua aussi l'astrologie, si l'on en croit Christiaan Huygens qui écrit à son frère, le 1er février 1662 : « Quand vous serez dans ladite Isle (Notre-Dame) pour visiter M. Auzout vous me ferez un grand plaisir de luy aller porter de mes nouvelles. Vous trouverez que c'est un homme de bel esprit et fort eveillé, avec cela tres obligeant. Il est separé il y a longtemps d'avec sa femme, et croit qu'il s'est predit toutes ses aventures par astrologie », *OCCH*, IV, p. 23.

161 Dans ses *Remarques astrologiques sur le Commentaire du Centiloque de Ptolomée mis en lumière par Messire Nicolas Bourdin*, 1654.

162 Sur Placido Titi : Lynn Thorndike, *A History of Magic and Experimental Science*, Columbia University Press, VIII, p. 302-304.

163 Lorenz Eichstädt (1596-1660), successeur de Peter Crüger, a publié des Ephémerides qui vont de 1636 à 1675. Walther Schönfeld : « Lorenz Eichstädt, weiland Stadtphysikus von Stettin und Danzig, Professor der Mathematik und Physik, Astrologe und Kalenderschreiber », *Monatsblätter der Gesellschaft für Pommersche Geschichte und Altertumskunde*, vol. 53 (1939), p. 169-173. Derek Jensen, *The science of the stars in Danzig from Rheticus to Hevelius*. Thèse de doctorat, 2006, University of California, San Diego, p. 133-144.

des étoiles, le lever et le coucher des deux luminaires, et annonçant les éclipses dans les années à venir[164]. Leur succès tenait beaucoup à l'usage qu'en faisaient les astrologues pour les prédictions et, dans le cas présent, Boulliau et Morin. Ces demandes d'éphémérides sont récurrentes, auxquelles Hevelius répond de bonne grâce. Hevelius, en outre, fait part à son ami d'observations de phénomènes extraordinaires, afin qu'il les communique à la cour dans les plus brefs délais. Il n'en reste ni les dessins, ni les pièces jointes, mais on peut se reporter aux publications d'Hevelius qui en donnent une description précise sans aucune interprétation d'un quelconque signe du Ciel. Par exemple, Hevelius a vu dans le ciel du 17 décembre 1660 une croix dans le ciel et quatre Lunes. Il en adresse l'observation à des Noyers sans même en parler dans sa longue lettre du 18 décembre (n° 93). C'est par la réponse de Pierre des Noyers du 23 janvier (n° 94) que nous en sommes informés : « J'ay veu par vostre belle et grande lettre le souvenir que vous avez de moy. Elle est du 18 de decembre, accompagnée de cette Croix lumineuse que vous avez observée le 17 decembre 1660 et des caracteres qui furent veus au Ciel le 9 de novembre, lesquels j'ay envoyez en diverses lieux et entre autre a Rome au pere Kircherus pour en avoir son jugement. Je vous ferez part des responses que j'en auray. »[165] Pierre des Noyers ne renonce pourtant pas à lui faire part de commentaires prophétiques (n° 45, avril 1653[166]), ou de quelques prodiges comme cet œuf cométaire découvert à Rome auquel il ne semble pas ajouter foi : « On m'escrit de Rome qu'une poule y a fait un œuf sur lequel la comete matutine estoit figurée comme on l'avoit veue des derniers jours de novembre. » (n° 210, 10 janvier 1681). Ce prodige, rapporté dans le *Mercure Galant* (janvier 1681) est traité par le *Journal des Savants* (que Pierre des Noyers recevait) avec désinvolture : « Nous traitâmes cette nouvelle comme une autre qu'on nous envoya l'année dernière touchant un monstre prétendu... » (n° 210, illustration n°28). Dans les deux cas, Hevelius ne prend pas même la peine de répondre. Enfin, si Hevelius se préoccupe des conjonctions, ce n'est pas pour spéculer sur leurs effets pernicieux : quand il évoque les « quantités d'observations concernant [les] trois conjonctions des planètes supérieures » — grande conjonction de Jupiter, Saturne et mars de 1682, les trois conjonctions rapprochées de

---

164 Sur les tables : J. Sanchez, *Des éphémérides astrologiques aux éphémérides astronomiques. Etude sur l'exclusion de l'astrologie des savoirs légitimes en France au XVIIᵉ siècle*, Mémoire inédit de master, Université de Paris-Diderot, 2016 ; *Schreibkalender und ihre Autoren in Mittel-, Ost- und Ostmitteleuropa, 1540-1850*, Klaus-Dieter Herbst et W. Greiling éd., Brême (éditions Lumière), 2018. Voir l'introduction et l'article de K.-D. Herbst : « Die Kalendermacher — Namen, Leumund, Sozialer Status », p. 144 et, sur Eichstadt, l'ami d'Hevelius : Pietro D. Omodeo, « Die Wissenschaftliche Kultur des Mathematikers, Arztes und Kalendarmachers Lorenz Eichstaedt (1596-1660) », p. 109-136.

165 On trouvera dans *Mercurius in Sole visus* (1662) le dessin de l'observation p. 172 et la description p. 173.

166 Une observation de Cologne, à propos de la comète qui, les 8-9 décembre se trouve dans la « colombe de Noé » (selon l'Atlas de J. Schiller) : « Il nous plaît d'en présager que par la vertu de la Colombe pontificale avec la paix dont nous jouissons, la primauté du Siège apostolique doit se propager très heureusement à tout l'univers sur lequel a brillé la comète jusqu'à Persée, c'est-à-dire les Anglais coupeurs de têtes dans un délai de trente années (le nombre de jours qu'elle a brillé) et que la guerre doit égorger de la main de Persée l'hérésie à multiples têtes représentée par la tête serpentine de Méduse. »

Jupiter et de Saturne d'octobre 1682, février et mai 1683 — il fait seulement état de mesures (n° 236, 25 juin 1683).

La question des tables

L'astrologie, lecture des signes ordinaires et extraordinaires du ciel, fait bon ménage avec l'astronomie d'observation que pratique Hevelius. Comme toute science au XVIIe siècle, elle exige des mesures exactes. Comme Boulliau[167] ou Morin[168], des Noyers s'applique à réviser les tables, y compris de Kepler[169] pour donner à ses calculs l'exactitude souhaitée :

> J'ai reconnu et j'avoue que l'astrologie est couverte de tant de nuages qu'il est bien malaise de la développer. Elle est pourtant certaine, mais presque inconnue... Son incertitude qui rend tous les jugements suspects ne vient que faute d'exacts observateurs, qui communiquent ensemble leurs observations... Pour les directions, j'ai suivi l'opinion de Montroyal [Regiomontanus] et de Naybod[170] pour la réduction des accidents en degrés. J'ai fait aussi une grande suite de révolutions, toutes lesquelles j'ai soigneusement calculées par les Tables Rudolphines de Kepler, qui sont celles dont je me suis servi pour la nativité, ayant éprouvé que les tables des révolutions de Tycho étaient bien fautives, et que même les subsidiaires de Kepler n'étaient pas tout à fait justes...[171].

167 Les « Tables philolaiques » de Boulliau sont publiées en 1645 dans son *Astronomia Philolaica, opus novum* (n° 70). Il prétend y montrer le mouvement des planètes à l'aide d'une nouvelle hypothèse, avec des tables d'usage facile. « Boulliau voyant que toutes les hypothèses des astronomes qui l'avoient précédé, que toutes les Tables de la Lune et des planètes, sans en excepter même les Rudolphines, étoient contredites par les observations, crut devoir se frayer une nouvelle route. Il combina plusieurs observations ; il imagina de nouvelles hypothèses, auxquelles ces observations lui paroissoient s'allier facilement ; il construisit de nouvelles tables d'après ces hypothèses. Enfin il publia cette année le résultat de son travail sous le titre d'*Astronomia Philolaica* etc, Parisiis, 1645 in fol. Les principes y sont clairement posés et les conséquences méthodiquement démontrées. Le tout cependant n'étoit fondé que sur des hypothèses, ingénieuses il est vrai, mais arbitraires et non sur les lois invariables d'une saine physique. Aussi Boulliau, suivant Riccioli (*Almag, Præfat.* p. 16) eut-il dès cette année même le déplaisir de voir que les observations de l'éclipse du Soleil du 21 août ne s'accordoient point avec le résultat du calcul de ses tables. » (Pingré, *Annales*, 1645, p. 178-179).

168 Jean-Baptiste Morin donna lui-même une édition des tables de Kepler en 1650 : *Tabulæ Rudolphinæ ad meridianum Uraniburgi supputatæ*, (Paris), soucieux, comme son ami des Noyers, de perfectionner la science astrologique.

169 Kepler a publié les observations de Tycho Brahé dans les *Tabulæ Rudolphinæ* (dédiées à Rodolphe II) en 1627 (Ulm).

170 Valentin Naboth, Valentinus Nabodus (1523-1593) a enseigné les mathématiques à l'Université de Cologne puis l'astronomie à Padoue. Il a publié le premier livre d'Euclide et un commentaire de l'astrologue arabe Alchabitius. Il a préparé une édition du *Quadripartitum* de Ptolémée, jamais publiée. Astronome allemand, Regiomontanus (Johannes Muller, 1436-1476) a laissé des commentaires sur l'*Almageste* de Ptolémée et attaché son nom, en astrologie, à un système de domification.

171 Chantilly, Mss 424, fol. 4 et 5.

Des Noyers a fait beaucoup d'efforts pour s'équiper d'instruments de qualité. Il est venu en Pologne avec des « paschalines » dans ses bagages : à Varsovie, il y avait un « Paschal » chez la Reine, un dans la chambre même du Roi[172] utilisé pour faire ses comptes avec l'armée[173] et dont des Noyers eut vite interdiction de se servir, ce qui le condamna à commander deux nouvelles machines[174]. Il avait emporté un riche ensemble d'instruments astronomiques et mathématiques réalisés notamment par Blondeau[175], célèbre facteur d'instruments et collaborateur de Roberval. Il possédait huit à dix lunettes, un demi-cercle et un quart de cercle, volés par les Suédois pendant l'occupation de Varsovie à son grand désespoir[176]. Dès son arrivée, il s'applique à mesurer la hauteur du Soleil et celle de l'étoile polaire dans différentes villes et s'intéresse à la déclinaison magnétique ; il calcule des longitudes et demande à ce sujet tableaux et traités à Morin. Nous apprenons, dès la deuxième lettre (n° 2, 13 juillet 1646) qu'Hevelius a envoyé un « instrument » avec sa lettre du 12 juin 1646 (perdue) que des Noyers apprécie en praticien :

> Je ne doute pas que l'on pourrait ajouter beaucoup de choses à l'instrument dont vous m'avez honoré. En effet, s'il était divisé, on pourrait effectuer avec lui maintes opérations. De même, si on superposait une toute petite aiguille magnétique, on pourrait avec lui prendre les déclinaisons des angles ; on pourrait en faire une règle angulaire pour le nivellement en beaucoup de lieux où il y a usage d'un tel instrument.

Il se procure aussi des instruments nouveaux. Il fait l'acquisition d'une lunette hollandaise et observe Saturne. Les premières lettres sont l'occasion d'un échange qui souligne un trait de caractère d'Hevelius : son obstination. Il a toujours raison, il est le meilleur observateur, les autres ont tort. Cette attitude ne manquera pas de lui va-

---

172 Pascal avait eu l'idée de cette machine en 1643 et en avait fait la démonstration à l'hôtel de Condé en 1644. Une cinquantaine de modèles étaient construits en 1649. Ils étaient « commercialisés » à Paris par Roberval, aussi n'est-il pas étonnant que des Noyers se soit adressé à lui pour obtenir des paschalines converties en monnaie polonaise (Bn Vienne, *ODP*, II, à Roberval le 26 juin 1646, le 6 mars 1647, p. 446-447) A. Mansuy, *Le monde slave*, p. 231-244.

173 Karolina Targosz, *Uczony dwór Ludwiki Marii*, 1975, p. 324-325, estime que des huit « paschalines » conservées à ce jour, celle de Dresde provient peut-être de la collection royale de Pologne, suite de l'avènement des Wettin au trône des Vasa en 1697. Des Noyers informait Boulliau en 1660 que Tite-Live Burattini avait construit à Varsovie une version de poche de la « pascaline » (en 1659) offerte à Léopold de Médicis.

174 Il est ainsi question dans une lettre de Roberval à des Noyers du 28 juin 1647 d'un « paschalium », machine arithmétique dont l'envoi est annoncé comme proche : « Je fais en sorte que vous puissiez avoir au plus vite le Paschal. Vous pourrez vous en prendre à l'artisan lent à l'ouvrage... » Ms Observatoire, C1-1 fol. 152. *ODP*, II, p. 454.

175 Roch Blondeau : M. Daumas, *Les instruments scientifiques*, p. 110.

176 *LPDN*, à Boulliau, 20 juillet 1656, p. 201 : « Depuis que nous sommes arrivés, j'ai tâché de retrouver quelque chose de ce que les Suédois m'ont pris, mais ça été vainement ; et hormis un quart de cercle qui s'est retrouvé dans le butin d'Oxenstiern, tout est perdu. J'ai très grand déplaisir de mes papiers » (dont ses « nativités » dont il demandera copie à Boulliau).

INTRODUCTION

loir nombre de détracteurs[177]. Dans le cas présent, des Noyers observe Saturne représenté dans la *Selenographia* mais il ne lui trouve aucune des formes figurées[178] (n° 10, 13 novembre 1647) : « Je vous prie de me vouloir mander sy maintenant Saturne est en quelqu'une des façons que vous les depeignez dans votre Selenographie, parce que je n'y puis rien connoître avec la lunette que l'on m'a envoyee de Hollande avec laquelle il ne me paroist qu'ovale. Je crois que mes lunettes ne sont pas si bonnes qu'on me les avoit fait espérer ». Hevelius lui répond (n° 11, 9 décembre 1647) :

> Vous désirez savoir sous quelle forme Saturne apparaît en ce moment, ovale ou visible avec des bras ou des anses et avec une figure telle qu'elle est dessinée dans notre Sélénographie. Parce que, à ce que je comprends, il ne se présente dans votre lunette hollandaise qu'avec une figure ovale. Cela ne m'étonne nullement car en étudiant la puissance de votre tube avec art, j'avais excellemment prévu qu'il ne serait pas assez adéquat pour Saturne et des choses situées au loin ; car il manque de netteté et de la longueur qui sont nécessairement requises pour cela et, à ce sujet, on peut en lire davantage dans mon opuscule sélénographique pages 43 et 44 auquel je vous renvoie. N'ignorez pas cependant que tout récemment, en présence d'hommes illustres qui partagent nos préoccupations sacrées, notre Monsieur Eichstadt et Maître Albert Linnemann (qui à cette époque était venu de Königsberg pour me visiter et regarder d'abord Saturne et certains phénomènes célestes semblables) le 7 septembre de cette année je l'avais observé avec exactement la figure que j'avais donnée en peinture, à part le fait qu'il était apparu quelque peu plus court ; comme vous l'apprendrez par sa figure ci-jointe. Ainsi j'aimerais que vous vous persuadiez que vos yeux ont été trompés par la lunette.

Pierre des Noyers doit donc se le tenir pour dit[179]. Il n'est heureusement pas rancunier. À chaque phénomène remarquable — occultation, éclipse — il travaille à prendre les mesures les plus précises, pour calculer les longitudes et donc atteindre à la plus grande exactitude. Il ne se laisse pas démonter par les rebuffades. La cour impose des contraintes quand le Roi et la Reine veulent observer une éclipse : il ne peut ainsi suivre l'éclipse de Soleil du 8 avril 1652 en son entier (n° 24, 15 avril 1652) et transmet des mesures partielles : « J'avois préparé une chambre avec une lunette dans le dessein de faire cette observation bien exacte, mais M. Buratin et moy en fume empeschez par le Roy et la Reyne, et toutes leurs suites, qui la voulurent voire ». Ce qui lui vaut, le 18 mai, une réponse un peu désagréable (n° 25) : « Je vous félicite d'avoir observé avec précision le début et la fin de cette éclipse ; mais je crois que vous vous seriez félicité vous-même si vous aviez pu noter les phases intermédiaires et la

---

177 Voir par exemple son obstination à défendre son observation erronée du chemin de la comète de 1665, le 18 février (*CJH*, II).

178 Planche p. 42. Il y a trois figures de Saturne, A, B et C. Planche reproduite dans *CJH*, I, illustration 9, HT.

179 Notons que les hypothèses d'Hevelius sur la forme de Saturne se sont révélées fausses avec la découverte, par Huygens, des anneaux, publiée en 1658 (*CJH*, II, p. 18-23).

plus grande observation ». Assez rapidement, Pierre des Noyers transmet de préférence les observations d'autrui à Hevelius, réservant les siennes pour son ami Boulliau. Guy Alexandre Pingré qui a élaboré à la fin du XVIIIᵉ siècle ses *Annales célestes du XVIIᵉ siècle*, a disposé, entre autres sources des papiers de Boulliau (« Bull ms. ») dont il a extrait des « observations de Varsovie », souvent anonymes (mais dont on peut raisonnablement penser qu'elles viennent de des Noyers) et parfois nominales. Des Noyers fait part à Gassendi de ses observations de l'éclipse de Soleil du 12 août 1654[180], mais il ne les communique pas spontanément à Hevelius qui doit les lui réclamer le 11 septembre (nᵒ 53) : « Ce que vous aurez observé de cette éclipse de Soleil et de Lune, et ce que vous avez appris sur les autres phénomènes, faites qu'en temps utile je ne l'ignore pas ». Des Noyers ne répond que le 1ᵉʳ octobre (nᵒ 54) donnant des mesures de Boulliau, sans entrer dans le détail des siennes propres : « Pour moy, comme j'estois pres de faire l'observation dans ma chambre que j'avois preparee pour cela, le Roy m'envoya commander d'aller dans son cabinet et ainsi il n'y eut pas de temps pour pouvoir se preparer. Le ciel estoit couvert d'un nuage delié... ».

Pour dresser des thèmes astraux exacts, des Noyers a besoin de tables précises des mouvements du ciel, mais aussi de localiser exactement en latitude et en longitude le lieu où il se trouve et celui où se trouve la personne dont il élabore la « révolution ». Connaître les coordonnées précises est aussi une préoccupation d'Hevelius pour analyser toutes les observations qu'il reçoit d'ici et de là, l'échange précoce des données étant l'une des caractéristiques de la « République des astronomes ». Découvrant la Pologne, des Noyers commence donc par prendre la mesure des coordonnées de Varsovie. Hevelius le corrige (nᵒ 13, 7 janvier 1648) :

> En ce qui concerne l'élévation du pôle de Varsovie, que vous avez récemment déduite des astres, sachez qu'elle me paraît quelque peu suspecte ; en effet, elle s'écarte trop des observations de Rhetius (*sic*) et d'autres astronomes. Je vous demande donc qu'en cherchant une occasion vous fassiez à nouveau l'expérience avec quelque excellent instrument ; car il n'est plus important aujourd'hui de connaître exactement cette élévation et celle d'autres principaux endroits de Pologne, mais il faut fixer non seulement les latitudes, mais aussi les longitudes. J'ai décidé, avec l'aide de Dieu, si certains matériaux souhaités me sont fournis par des gens compétents en la matière, de constituer une carte générale de la Pologne, et de toutes les régions adjacentes selon les longitudes et les latitudes, car il est certain que rien de ce côté n'a été publié d'achevé de toutes les manières.

Il consulte à ce sujet Roberval : « Je prend par toute la Pologne les hauteurs du Pol qu'il [Hevelius] m'a demandée pour la carte de ce peÿs qu'il fait. Je voudrois savoir quelques bons moyens pour pouvoir prendre ausy les longitudes de chaque lieu, au-

---

180 *Annales célestes*, p. 211. Pingré commente : « cette observation supposerait que l'éclipse n'a pas été totale à Varsovie. Cependant Gassendi dit... d'après une lettre de Desnoyers, que l'éclipse à Varsovie excéda douze doigts... il ajoute qu'on vit entre autres étoiles, Saturne, Mars, Vénus et le Grand Chien ».

INTRODUCTION

trement que par les distances itineraires qui sont ausy inegales icy qu'aupres de Paris. Mons. Morin m'a envoye son Usage des longitudes, mais il me manque ausy bien qu'aux autres des tables justes »[181]. Il reçoit aussi des précisions d'Hevelius (n° 14, 10 août 1648) : « Je vous rends grace tres humble des longitudes que vous m'avez fait la faveur de m'envoyer de Dantzigt et de Kunisberg. Je les avois bien trouvee dans les Tables rudolphine mais je doutois qu'elles y fussent juste. Celle de Kunisberg y est differente de celle que vous m'avez envoyee. Je crois que la vostre est la meilleure ».

Tout au long de cette correspondance, il est question d'éphémérides et de tables. Boulliau n'a de cesse d'insister pour qu'Hevelius publie l'ensemble de ses observations et son « Catalogue des Fixes », au lieu de s'égarer dans des querelles qui diffèrent l'achèvement de son grand œuvre. Boulliau est, en effet, obsédé par les erreurs des tables (par exemple, n° 191, 11 mars 1678) et considère que seules les mesures patientes et systématiques d'Hevelius règleront le problème des erreurs. Il craint qu'à force d'en reporter la publication, ce travail d'Hevelius ne soit perdu. Il écrit à Pierre des Noyers le 25 juin 1670 :

> Je vous rends graces pareillement des nouvelles que vous m'avez donnees de Mr. Hevelius, je lui suis obligé du souvenir qu'il a de moy, je lui baise tres humblement les mains, et je lui souhaitte bonne santé et toute prosperité. Je vous prie de l'exhorter à faire imprimer le plus tost qu'il pourra ses observations. Il peut luy arriver tel accident qu'il n'en viendroit pas a bout, et si par malheur il venoit a mourir, son ouvrage ne paroistroit jamais au monde ny si promptement, ny si beau, qu'il le peut donner pendant sa vie[182].

Le 24 septembre de la même année, il entreprend même de dissuader Hevelius de publier l'édition des papiers de Kepler dont il vient de faire l'acquisition : « Un libraire qui entreprendroit de les imprimer y trouveroit assez son compte ; et un peu de soin d'un homme intelligent suffiroit pour mettre en ordre ces papiers » (Boulliau à des Noyers, 24 septembre 1670).

Les Tables Rudolphines de Kepler étaient jugées souvent inexactes, mais le nom de Tycho Brahé continuait d'en imposer, comme en témoigne la mission confiée à l'abbé Picard par l'Académie des sciences de mesurer exactement la position d'Uraniborg afin d'apporter les corrections nécessaires aux tables dressées à partir des mesures de Tycho[183]. À Copenhague, Picard avait rencontré chez Erasmus Bartholin le jeune Olaus Römer qui travaillait alors à classer les papiers de Tycho pour en préparer

---

181 Des Noyers (de Troki) à Roberval, le 18 mars 1648, *CMM*, n° 1768, p. 185. Cette lettre est contemporaine du deuxième voyage en Lituanie de la Reine en mars 1648, dont les étapes sont Grodno, Vilnius et Troki. L'ouvrage de Morin s'intitule : *La Science des longitudes, réduite en exacte et facile pratique*, Paris, 1647.

182 N° 149, pj.

183 Colbert a engagé l'Académie des sciences dans un ambitieux programme de cartographie de la France, qui suppose un nouveau calcul de toutes les longitudes. Les nouvelles cartes doivent être élaborées à partir du méridien de Paris. La plupart des tables ayant été élaborées à partir des mesures prises par

la publication. Römer rentra à Paris avec Picard et l'Observatoire se donna pour tâche de publier ces observations : On lit dans les registres de l'Académie des sciences :

> Le 7 décembre (1680) sur ce que M. Perrault, contrôleur des Bâtimens, a dit à la Compagnie, de la part de Monseigneur Colbert, qu'on délibérât si les manuscrits de Tycho Brahé que MM. Picard et Roemer ont apporté de Danemark, méritoient d'estre imprimes, et en ce cas qu'on jugeât à propos de les faire imprimer, qu'on y travaillât incessamment. La Compagnie a été d'avis que l'ouvrage méritoit d'estre imprimé, comme contenant les observations de Tycho, et cela d'autant plus que l'ouvrage a esté imprimé en Allemagne sur une fausse copie et est plein de fautes. On arreste que l'ouvrage sera imprime en deux ou trois volumes in folio. M. Picard s'est chargé de l'impression[184].

Le 19 février 1672 (n° 154) des Noyers annonce à Hevelius : « Monsieur Picard retourne à Paris avec un Danois qui porte les manuscrits de Tycho Brahé, qu'il n'y a que lui seul qui les puisse lire. L'on saura avec le temps ce que ce sera ». Hevelius, qui se considère comme le disciple de Tycho Brahé et a acquis les manuscrits de Kepler auprès de son fils Ludwig[185], craint que son travail ne s'en trouve en partie périmé, et se montre sceptique (n° 155, 27 février 1672) : « Avec vous je doute que ces observations soient bien nombreuses ». Le 13 mai 1672 (n° 161), des Noyers, informé par Boulliau prévient Hevelius qu'« on a pas encore examiné les papiers de Tycho conduits à Paris par le retour de Mr. Picard ». En effet, Picard ayant été accaparé par d'autres tâches, cette impression fut retardée, puis abandonnée à sa mort, le 12 juillet 1682. Boulliau écrit, en date du 5 juin 1682 (n° 233) que les académiciens « travaillent, mais lentement et mollement, à l'édition des œuvres de Tycho Brahé que Monsieur Picard a amenées du Danemark ». Colbert meurt le 6 septembre 1683. Sur rapport de Boulliau, le 19 juillet 1686 (n° 257), des Noyers écrit encore à son ami : « L'on avoit commencé d'imprimer au Louvre les manuscrits de Tico Brahe apportez de Danemarc par l'abbé Picard, mais on ne continue pas par ménage à ce que l'on dit ». Voyant que l'impression du manuscrit n'avançait pas, les Danois le réclamèrent et il leur fut renvoyé[186].

Tycho Brahé à Uraniborg, il fallait, pour translater toutes les données au nouveau méridien, calculer la différence exacte entre Paris et Uraniborg, fixée par Picard à 42' 10".

184 Pingré, *Annales*, p. 359. Il est ici question de l'édition de Lucius Barrettus (Albertus Curtius), *Historia cœlestis complectens observationes Tychonis*, de 1666.

185 Dont on trouvera la biographie dans l'édition du *Kepler's Somnium* d'Edward Rosen (University of Wisconsin Press, Madison-Londres, 1967), Appendix B, p. 194-206. Ludwig Kepler a cédé les papiers de Tycho non pas à Hevelius, mais au Roi de Danemark.

186 Au sujet de l'édition des observations de Tycho par « Barrettus », Jérôme de la Lande écrit : « Dans le Journal Etranger, mai 1755, on voit que le protocole de Tycho est encore à Copenhague et a été sauvé de l'incendie arrivé le 20 octobre 1728. Louis Kepler, médecin à Dantzig, l'avait eu long-temps ; il le remit au Roi de Danemarck. Bartholin en fit faire une copie, qui fut rédigée par années et par planètes. Picard en 1672, apporta le tout à Paris. On avait commencé d'imprimer lorsque Colbert mourut : il y en a 68 pages in fol. J'en ai les feuilles, mais les planches furent rompues. La Hire renvoya le protocole

INTRODUCTION

Boulliau ne cesse d'exhorter Hevelius à publier son catalogue. À défaut du catalogue détaillé, il souhaite au moins qu'Hevelius publie ses globes célestes. Des Noyers transmet la demande (n° 246, 19 mai 1684) : « Il me parle quelquefois de vos observations et souhaitte passionément que le catalogue des fixes que vous avez sy exactement observee soit reduit sur le globe ». Le catalogue d'Hevelius sera publié à titre posthume par les soins de son épouse en 1690 dans le *Prodromus Astronomiæ*[187]. Si l'on peut penser que des Noyers vit l'ouvrage, il est douteux que Boulliau en ait eu connaissance.

Les horloges

La première mesure, pour un calcul précis des longitudes, est celle du temps. Il faut donc des horloges précises et le thème des horloges est récurrent d'une lettre à l'autre. Le 13 juillet 1646 déjà, des Noyers attend une horloge de Paris (n° 2). Le 11 janvier (n° 3), il expédie à Hevelius une horloge universelle compliquée, reçue endommagée, envoyée par Roberval (n° 4) et dont il expose le principe. Hevelius, tout à sa *Sélénographie*, n'en accuse réception qu'avec retard, le 8 avril (n° 5), sans insister : « Je vous rends les plus grandes grâces que je puisse jamais pour cette horloge universelle qui vous a été transmise et que j'ai reçue ; à dire vrai j'ignore tout à fait comment je puis vous témoigner ma reconnaissance ».

Hevelius lui-même possédait une belle collection d'horloges. Dans la *Machina Cœlestis* I (1673), il se plaint de l'imprécision des horloges. Il écrit en avoir expérimenté un grand nombre au cours de ses observations, mais que toutes devaient être continuellement corrigées. Dès 1656, Huygens s'était appliqué à mettre au point une horloge à pendule pour laquelle il obtint un privilège des Etats Généraux en date du 16 juin 1657[188]. Hevelius mit lui-même au point une horloge à pendule avant même l'invention d'Huygens, comme il l'explique dans la *Machina Cœlestis*[189]. Comme il lui était très pénible de compter longtemps de suite les oscillations d'un pendule simple, il avait donc conçu, au commencement de 1650, une machine qui indiquait par elle-même le nombre des oscillations. « Il y avait réussi, de manière cependant qu'il fallait

---

en Danemarck ; mais la copie de Bartholin nous est restée. J'en ai aussi une copie entière, et il y en a une collation au Dépôt. On y trouve les observations des comètes, l'année entière 1593, qui manque dans l'imprimé et ce qui précède 1682 dans l'édition d'Augsbourg » : *Bibliographie astronomique avec l'histoire de l'astronomie depuis 1781 jusqu'à 1802*, Paris (Imprimerie de la République) an XI, p. 266.

187 Aux pages 167-401 : *Catalogus stellarum fixarum. Ex observationibus multorum annorum, indefesso labore, Gedani habitis ; constructus, supputanus, correctus, ac plurimis stellis hactenus nondum a quopiam rite observatis, locupletanus. Exhibens tam longitudines, latitudines, quam ascensiones rectas, et declinationes, ad annum Christi completum*, 1690.

188 La publication en est plus tardive : *Christiani Hugeni Horologium oscillatorium sive de motu pendulorum ad horologia aptato demonstrationes geometricæ*, Paris, Muguet, 1673.

189 *Machina Cœlestis*, I, 1673, p. 360. On notera qu'Hevelius, dans sa *Machina Cœlestis* prend, comme à l'accoutumée, grand soin de présenter son invention comme antérieure (1650) de manière à retirer à Huygens le privilège de la découverte. Sur les pendules d'Hevelius, voir Grzegorz Szychlinski, « Johannes Hevelius' invention of the pendulum clock", dans *Johannes Hevelius and his Gdańsk*, p. 55-59.

de temps en temps, ranimer avec la main le mouvement du pendule. Il tâcha de remédier à cet inconvénient et il ne désespérait pas du succès, lorsque le très habile horloger qui le servait vint à mourir[190]. Ce ne fut qu'avec une peine extrême qu'il persuada à un autre horloger de mettre la main à l'œuvre. Déjà deux horloges se construisaient, sans ressort, sans fusée, sans corde, sans chainette roulée autour de cette fusée : un pendule, un poids, un petit nombre de roues dentées, composaient tout le mécanisme »[191].

Le Roi et la Reine étaient aussi amateurs de pendules. Lors de leur visite[192], Hevelius leur offrit une pendule en remerciement. Comme Dantzig était le plus grand centre en Pologne de fabrication d'horloges et que les meilleurs artisans y travaillaient, la Reine confia à Hevelius le soin de faire réparer l'une de ses horloges (n° 17, 18 juillet 1650 : « La Reyne m'a dit qu'elle vous avoit fait recommander le soin de quelque horloge pour elle. Sa Majesté m'a commandé de vous en faire souvenir »). Bien qu'Hevelius se soit empressé de répondre — « Sa Majesté sacrée indique que je peux faire quelque chose qui lui soit agréable et convenable, qu'elle ordonne, mande et commande par votre intermédiaire à son petit serviteur totalement dévoué (n° 18, 18 août 1650) — cette réparation prit deux années. Hevelius écrit le 13 janvier 1652 (n° 21) : « Je n'ai pas encore pu obtenir l'automate de la Reine Sérénissime, corrigé de toutes les manières par l'artisan, quoique je l'aie demandé avec insistance ; il me l'a cependant promis pour bientôt ». Le 18 mai 1652 (n° 25), il écrit :

> Quant à l'horloge de la Reine Sérénissime que j'ai reçue en même temps, maintenant enfin je l'ai obtenue voici quelques jours de l'artisan qui y a mis tous ses soins avec moi et l'a corrigée dans tous les nombres. Mais je pense qu'il faut désespérer de sa réparation pleine et entière quoique, jusqu'à présent, elle ait fait son travail avec assez de précision pendant les douze premières heures ; mais dans la suite, elle varie en général un peu. La cause principale est qu'un si copieux appareil de roues dépendant d'une seule tige mince en acier peut difficilement tourner en tout temps avec égalité et constance à cause de l'immense travail. Présentez donc de la meilleure manière mes excuses auprès de la Reine Sérénissime pour n'avoir mieux pu la restaurer et remettez à notre Reine très clémente mes devoirs les plus humbles de toutes sortes.

Enfin, le 10 juin 1652 (n° 26) des Noyers ordonne le paiement : « J'ay rendu à la Reyne l'horloge que vous m'avez renvoyé, et j'ay donné charge a Mr. De la Vayrie de peÿer l'ouvrier. »

Ces dates ne doivent probablement rien au hasard. Certes, la Reine pouvait aimer les horloges pour elles-mêmes. Mais il se trouve que sa demande correspond au

---

190 Wolfgang Günter, mort en 1659. Il prit alors à domicile son collaborateur suédois.

191 Pingré, *Annales*, 1656, p. 231.

192 Il y eut deux visites. L'une, improvisée, de la Reine et de sa suite, avec des Noyers, le 18 décembre 1659. On en trouve la relation dans *LPDN*, n° 236 en date du 20 décembre 1659, p. 564-566 ; la seconde, officielle, le 29 janvier 1660 (publiée par Olhoff dans les *Excerpta ex literis*, p. 66) au cours de laquelle Jean-Casimir accorda à l'astronome la noblesse (que la Diète polonaise ne confirma pas en 1661) et lui promit un privilège pour imprimer ses ouvrages.

INTRODUCTION

61

temps de sa première grossesse car la princesse Marie Anne Thérèse Vasa est née le 1er juillet 1650. Or, pour cet héritier attendu, et pour la naissance duquel des Noyers rechercha à Paris un médecin compétent dans les couches difficiles[193], la Reine avait demandé à son fidèle secrétaire de dresser une nativité. Faute d'horloge exacte, des Noyers imagina un dispositif lui permettant de connaître, à la seconde près, l'instant de la naissance :

L'heure de cet naissance fut observee en cette sorte, on pendit une boule de plom a un fil de laiton, et au sortir de l'enfan du ventre de sa mere on donna un grand branle a cette boule ainsy pandue. Les allee et venue quelle fit furent comptes jusques a ce que le ciel s'estant fait serain Je pris la hauteur du costé de Persee avec un quard de cercle de Cuivre qui donne les minute, et ayant observé les refractions j'ai calculé l'heure au juste. En suitte ayant pris deux hauteurs du Soleil, et nombré les allee et venue, entre ces deux hauteurs de ma boule de plom, et en ayant fait le calcul, je trouvé que sy 1300 de ces vibrations de ma boule m'avoient donné entre les deux elevations du Soleil 1 heure 5 minutes 8 secondes ou 3908" que 6300 des mesmes vibrations donneroient 5 heures 15' 39" l'observation du costé de Persee c'estoit faitte a 13 h 34' 34" desquel desduisant les 5 h 15' 39" cy dessus restoit pour le veritable temps de la naissance 8 h 18' 55"[194].

La Reine attendit en vain la pendule pour ses secondes couches : Jean Sigismond naquit le 6 janvier 1652 et décéda le 20 février. Sa sœur était elle-même décédée le 1er août 1651. La pendule réparée ne pouvait plus d'être aucune utilité pour l'établissement de leurs nativités.

Au fait du souhait de son ami et de la Reine de Pologne de disposer d'horloges de précision, Boulliau a immédiatement tenu des Noyers informé de la découverte de Huygens, qui lui répond : « La Reine, en entendant lire dans votre lettre l'invention de l'horloge de M. Christien Huygens, en a eu aussitôt envie. Elle en veut faire venir une, et moi je veux aussi en avoir une, parce que je me plais à observer les naissances, et je crois qu'elle y sera bien propre »[195]. Peu avant son décès[196] (n° 137, 17 décembre 1666), Louise-Marie passe encore commande à Hevelius d'une

horloge a pandule, et m'ordonne de vous prier de vouloir prendre la peine de bien faire entendre a celuy qui la fera comment elle doit estre. Sa Majesté la veut petite autant qu'elle le pourra estre pour estre bonne ; qu'il y ait deux monstre, une pour les heures et les minutes, l'autre pour les secondes, et que cette horloge batte une fois a chacune

---

193 Voir p. 17, n. 55.

194 *Nativité d'Amarille*, AMCCh, Ms. 424, p. 145. À l'occasion des premières couches tardives de la reine, en juillet 1650 : le secrétaire présent à l'événement et remarqua sobrement que l'accouchement difficile se termina bien grâce à un chirurgien habile. Des Noyers voulait calculer l'heure exacte de la naissance de la princesse, pour les besoins d'une « révolution ».

195 *LPDN*, n° CXXIX, 17 novembre 1657, p. 353. Burattini trouva le moyen de réduire l'horloge-pendule de Huygens de la faire toujours tenir verticalement dans une boite en verre.

196 Le 10 mai 1667.

minute. Mais il faut qu'il y ayt une invention pour arester cette sonnerie quand on ne voudra pas qu'elle sonne. Il n'y faut point de batterie pour les heures, et celle des minutes suffit. Cette horloge doit estre dans une boette de bois toute simple et sans fasson, et faitte pour pendre a la muraille et pour estre sur une table quand on voudra.

La correspondance ne dit pas si elle fut livrée.

Les lentilles

À côté des pendules, les lunettes[197] occupent une place importante dans cette correspondance. On sait que le Roi Ladislas IV s'y était intéressé : il reçut deux lunettes de Galilée, l'une en 1625 et la seconde en 1636. La Reine, pour sa part, n'était sans doute pas non plus ignorante dans l'art de la taille et du polissage des lentilles puisqu'il y avait un expert en la matière à Nevers, Méru, un avocat du Roi, qui échangea sur le sujet plusieurs lettres avec Mersenne, qui mit au point un tour pour tailler les lentilles et lui envoya des verres. Mersenne lui-même avait rapporté de Florence des verres polis par Torricelli. Méru fit don de son tour pour tailler les lentilles à Pierre Petit, qui le décrit en ces termes à Huygens :

Pour ce qui est maintenant du travail au tour dont vous me demandez mon advis je vous diray que je suis du vostre que je ne croy pas qu'il soit si facile de bien reussir a donner la figure au verre sur le tour sans forme qu'a la main avec une forme en de grandes lunettes.
Mais vous scaurez pourtant qu'il y a plus de 25 ans un conseiller de Nevers inventa une machine dont il faisoit des objectifs au tour sans autre forme que d'une regle de fer large de 2 ou 3 pouces longue de 2 pieds ou environ fort mince et pliante sous le verre qui tournoit sur son centre cepandant que la regle alloit et venoit en droitte ligne par le mesme mouvement du tour qui estoit comme celuy des lapidaires. Ce conseiller faisoit donc des verres avec le tour et m'en a envoyé 5 ou 6 de 2 a 3 pieds. Car il n'en faisoit point de plus longs et il me les envoyoit pour les envoyer a la Reyne de Pologne et a son secretaire Monsieur des Noyers de ses amys et quelques uns pour moy, mescrivant ainsi de sa machine et ayant conferance avec luy par lettres sur la dioptrique et surtout ce qu'il me disoit pouvoir donner telle figure qu'on desireroit au verre soit Hyperbolique soit Elliptique. Je le priay de m'en envoyer la description ce qu'il fit de fort bonne grace et s'offrit mesme a m'en faire une semblable a la sienne, dont l'ayant prie il me l'envoya en effect et je l'ay tousjours eue dans mon grenier depuis sans m'en estre jamais servy m'estant contenté de la voir et ayant juge qu'on devoit beaucoup plus mal faire avec cette machine qu'avec nos bassins, et de plus que ce n'estoit que

---

197 La lunette est un instrument optique qui comprend deux lentilles : un oculaire près de l'œil et un objectif. La lunette de Galilée comprend, pour objectif, une lentille convergente et pour oculaire, une lentille divergente. En 1611 Kepler remplace l'oculaire de Galilée par une seconde lentille convergente qui permet d'élargir le champ de vue, mais donne une image inversée. Ce dernier modèle est le plus banal au XVIIᵉ siècle.

INTRODUCTION 63

travailler au hazard sans estre asseure de la regularite daucune ligne ny circulaire ny elliptique ny hyperbolique.

Il y en avoit aussi une autre machine pour les caves et dont on pouvoit se servir pour les convexes oculaires que j'ay semblablement, mais par ce que nos ouvriers ne veulent faire que leur ordinaire et que je n'ay pas le loisir de travailler, elles demeurent la toutes deux[198].

Rien d'étonnant à ce que Burattini ait souhaité expérimenter cette machine. Il écrit à Boulliau le 12 novembre 1665 : « Inventato dal sig. DE MERU, avocato di sua Maestà Christianissima di Nivers il disegno del quale fu mandato dall'autore medesimo al sig. des Noyers sino l'anno 1648 e da me fu posto in opera l'istesso anno, ma per dire il vero non fecce gran riuscita »[199]. Si le tour de Méru semble avoir été l'un des premiers mis au point pour tailler des lentilles (au demeurant peu précises), l'idée était dans l'air et des Noyers en parle à Hevelius (n° 91, 22 novembre 1660) : « Un amy que j'ay a Venise me promet une invention pour tailler le verre des lunettes si excellentes qu'il dit qu'on n'en a point encore inventé une pareille ; il me promet une machine et une lunette ». Le bruit court d'ailleurs en 1664 que Giuseppe Campani, dont les lentilles étaient très célèbres, travaillait ses verres au tour. Adrien Auzout s'en fait l'écho dans sa *Lettre à Monsieur l'abbé Charles sur le* Ragguaglio di due nuove osservationi *da Giuseppe Campani, avec des remarques où il est parlé des nouvelles découvertes dans Saturne et dans Jupiter et de plusieurs choses curieuses touchant les grandes lunetes* (Paris, J. Cusson, 1665)[200].

L'augmentation de la dimension des lentilles dans la seconde moitié du XVIIe siècle, pose plusieurs problèmes délicats. La technique mise au point par les lunetiers permettait de tailler des petits verres de 2 ou 3 centimètres de diamètre. Mais pour regarder les planètes, en décrire la surface et les taches, pour découvrir de nouveaux corps célestes ou suivre les satellites de Jupiter, il fallait des lunettes beaucoup plus

---

198 Pierre Petit à Huygens, 28 novembre 1662, *OCCH*, IV, n° 1078, p. 268-269. Une erreur dans l'annotation attribue lesdites machines à Claude Mydorge. L'invention remonte à 1646, l'année du mariage de la Reine.

199 *CMM*, XVI, p. 521 n. Burattini écrit à Boulliau, le 12 novembre 1665 : « Nelle prime lettere del Signor Auzout vedo che fa mentione d'un Torno inventato dal Signor de Meru Avocato di Suà Maestà Christianissima in Nivers, il disegno del quale fu mandato dall'autore medesimo al Signore Des Noyers sino l'anno 1648 e da me fu posto in opera l'istesso anno, ma per dire il vero non fecce gran riuscita. Pretendeva l'Autore con esso di fare li vetri hiperbolici, ma io credo che nè meno se ne possi fare di sferici, essendo che la linea premuta dal vetro andando in qua e in là, la sua gravità callando a basso, fa alzare la parte di dentro contigua ad essa, e poi non può scorrere a suo beneplacito nella manoella come doverebbe. Nulla di meno l'inventione è assai ingegnosa e peregrina, e vorrei havere quell'altra da esso inventata che promise di mandare al Signore Des Noyers per fare una quantità di luci per li piccoli Cannochiali in una sol volta. Se il Signore Auzout havesse il disegno, o vero il Signore Petit che ho havuto l'honore di conoscere a Parigi l'anno 1650, mi faranno gratia particolare mandarmelo ». (Favaro, *Burattini*, p. 108-109)..

200 Il y critique aussi au passage la machine à tailler les lentilles dont Hooke a en toute hâte publié le plan dans sa *Micrographia* (1665) : « Le meilleur moyen de sçavoir si cette machine peut servir, est d'en laisser faire une à Monsieur Hook, puisque l'experience la detruira, plustost que tous les inconveniens que l'on pourroit alleguer, si elle ne peut pas reüssir en pratique », p. 23-24.

64 CORRESPONDANCE DE JOHANNES HEVELIUS. TOME III

puissantes que celles dont avait disposé Galilée. En doublant le diamètre d'une lentille, on multipliait par huit le volume du verre utilisé dont la qualité devait être sans défauts pour ne pas troubler ou déformer l'image. De là un problème du choix du verre, mais aussi de sa taille, du surfaçage et de son polissage. Vers 1650, on utilise déjà des lentilles de 10 centimètres de diamètre pour objectifs. Avec une telle lentille, pour éviter l'aberration chromatique, il fallait une longueur focale de 30 mètres pour obtenir une image observable. Le rapport d'ouverture (du diamètre à la longueur focale) de l'ordre de 1 à 50 pour les petits verres, passe de 1 à 300 pour les grands[201]. De là, la nécessité de « tubes géants » expérimentés par tous les astronomes dans les années 1660. La pureté du verre est un véritable problème pour les grandes lentilles qui doivent équiper les « grands tubes », mais ce n'est pas le seul. La taille des « grands verres » requiert une très grande précision comme Adrien Auzout l'explique :

> Ce n'est pas que pour faire ces grandes lunetes, il ne tienne qu'à une machine pour leur donner la figure. Il tient aussi à la matiere, à laquelle il faudroit travailler pour la perfectionner, car il n'est pas aysé (au moins icy) de trouver de grandes pieces de verre sans veines et sans imperfections, ny d'en trouver d'assez épaisses sans levées. Cependant, si les verres ne sont gueres épais, ils plient, et obéyssent au pressement et à la pesanteur, soit quand on les ajuste sur le ciment, soit quand on les travaille. Il est aussi fort difficile de travailler ces grands verres de même épaisseur : cependant la moindre difference dans des figures si peu convexes, peut éloigner le milieu de deux ou trois pouces ; et si on les travaille dans des formes, le long temps qu'il faut à les user et à les doucir, peut gaster la meilleure forme devant qu'ils soient achevés, outre que la force de l'homme est bornée à ne pouvoir plus travailler des verres, passé une certaine grandeur pour les bien achever et les polir partout, comme on fait les petites lunetes, quoy que tant plus qu'elles sont grandes, tant plus elles devroient estre achevées ; et si on veut se servir de quelques poids, ou de quelque machine pour suppléer à la force, on est sujet à une pression inégale et à l'usure de la machine : cependant la précision et la délicatesse est plus grande qu'on ne peut pas s'imaginer[202].

Plus la lentille est grande, plus le verre doit être pur. Le meilleur était celui de Venise. On le tirait de cailloux broyés finement du Tessin pour les verriers de Venise et de l'Arno, pour ceux de Florence. La transformation de la galette de verre en lentille était un travail de très haute précision auquel s'essayèrent tous les savants, Huygens[203], Auzout, Hooke, entre autres. Ce fut aussi la spécialité de deux rivaux : Giuseppe Cam-

---

201 C'est Huygens qui a montré que les effets de l'aberration chromatique des objectifs sont diminués en augmentant la distance focale. Voir : Solange Grillot, « L'emploi des objectifs italiens à l'Observatoire de Paris à la fin du XVIIᵉ siècle », *Nuncius* 1987 (2), p. 145-155.

202 A. Auzout, *Lettre à Monsieur l'abbé Charles*, p. 21.

203 Huygens pris à partie au sujet de ses observations de Saturne : Antonella del Prete, « Gli astronomi romani e i loro strumenti. Christiaan Huygens di fronte agli estimatori e detrattori romani delle osservazioni di Saturno (1655-1665) », *Rome et la science moderne entre Renaissance et Lumières*, A. Romano éd., EFR, 2008, p. 473-489.

INTRODUCTION 65

pani (1635-1715) et Eustachio Divini (1610-1685) qui gardaient secrets leurs procédés[204].
Campani qui fabriqua des lentilles pour Cassini et pour l'Observatoire de Paris, passait
pour le maître des techniques de dégrossissage et de polissage[205]. Il publia un essai sur
le perfectionnement des grandes lunettes, le *Ragguaglio di nuove osservationi* (n° 113),
mais sans dévoiler sa méthode[206]. Auzout lui répond en 1665 dans la *Lettre à Monsieur l'abbé Charles*[207]. Comme il apparaît dans les Comptes des Bâtiments du Roi,
Campani vendait très cher ses objectifs. C'est avec l'un de ses objectifs, de 17 pieds, que
Cassini, en Italie, découvrit les taches de Jupiter et les observa, déterminant la durée de
rotation de la planète sur son axe (1665); qu'il étudia les taches sur Mars et en fixa la durée de rotation (1666) et qu'il examina Vénus (1667). En 1669, il emporta ses objectifs
en France et fit acheter par le Roi deux lunettes de 17 pieds et de 34 pieds (de 1000 écus,
3000 livres) avec lesquelles il découvrit les satellites de Saturne (1671 et 1672) et la division de son anneau (1675). Campani fournit encore des objectifs de 80, 90, 100 et même
136 pieds de foyer en 1683. Des Noyers en informe Hevelius le 6 août 1683 (n° 239):
« [M. Boulliau] me dit dans sa lettre du 16 juillet... que M. Ronucci que le Pape a envoye en France a apporté a M. Colbert des verres de lunettes de 100, 150 et 200 pieds
qu'il avoit envoyé ordre et argent à Campani excellent ouvrier a Rome de faire pour
l'Observatoire royale. Il a adjouté un dessein de machine pour s'en servir ». Ces verres,
semble-t-il non payés à la mort de Colbert, furent restitués à Campani qui les proposa
à la Reine Christine. Rien d'étonnant donc, dans cette course aux observations que
présente cette correspondance, de voir Hevelius se lancer dans la compétition.

Le 21 octobre 1648, des Noyers écrit à Roberval au sujet de Burattini: « Il travaille maintenant à des hiperboles pour des lunettes »[208]. Burattini s'attaque dès
1649 à la construction d'instruments et s'intéresse à la taille des verres optiques pour
lunettes astronomiques. Il va ainsi mettre au point un procédé pour la production des

---

204 Au sujet de cette rivalité: Maria Luisa Righini Bonelli, Albert Van Helden, « Divini and Campani. A forgotten chapter in the history of the Accademia del Cimento », *Annali dell'Istituto e Museo di Storia della Scienza*, Florence, *Monografia* 5 (1981-1), p. 1-43.

205 Le polissage supposait plusieurs opérations. Il fallait dégrossir le disque de verre puis le soumettre à un « doucissage », affinement de la surface réalisé avec des abrasifs de plus en plus doux (du sable assez gros, puis plus fin, de la poudre d'émeri, de la pierre pourrie d'Angleterre (argile), du tripoli et enfin de la potée d'airain). Quand le doucissage était terminé, on passait au polissage très délicat avec des feutres, des tissus ou des papiers (M. Daumas, *Les instruments scientifiques*, p. 51-52).

206 Personne ne pénétrait dans son atelier. À sa mort, le Pape Benoît XIV racheta cet atelier. Les machines ont fait l'objet d'un mémoire de Fougeroux de Bondaroy, chargé par l'Académie des sciences de s'informer des méthodes du célèbre opticien. Selon Fougeroux, l'excellence de ses verres tenait 1°, au verre de « Venise », de préférence de couleur jaune, qu'il choisissait avec grand soin et au tripoli de Venise dont il se servait pour dégrossir le verre. 2° à la quantité de bassins de laiton de différentes dimensions utilisés pour le polissage réalisé à l'aide d'un tour. 3° au papier dont ces bassins étaient garnis, probablement de sa propre fabrication. 4° à son adresse et à sa minutie (« Mémoire sur les objectifs » lu le 28 janvier 1764, *Mémoires de l'Académie des sciences*, 1767, p. 251-261).

207 Adrien Auzout, *Lettre à Monsieur l'abbé Charles sur le* Ragguaglio di due nuove osservationi *di Giuseppe Campani avec des remarques où il est parlé des nouvelles découvertes dans Saturne et dans Jupiter et de plusieurs choses curieuses touchant les grandes lunettes*, Paris, J. Cusson, 1665.

208 *CMM*, XVI, p. 520.

formes ainsi que pour la taille des lentilles directement dans la forme, sans drap ni papier. Il est en relation avec Auzout, qui communique avec Huygens. Il leur promet de plus amples explications[209]. En 1662, on fait à Paris des essais de lunettes pour lire des écrits fixés à une certaine distance[210]. Burattini de son côté s'entraîne à lire les plus petites lettres imprimées sur les affiches du sieur Auzout.

Le 20 février 1665, Pierre des Noyers écrit à Hevelius : « Monsieur Buratin a travaillé un verre de lunette qui contient de diamètre deux pieds et trois poulces et qui se tire 64 brasses »[211]. Et le 11 septembre 1665 (n° 123) : « Monsieur Buratin achève la machine pour esprouver une lunette qu'il a faitte de 35 à 40 brasses de longueur ; elle multiplie l'objet 160 fois en son diamètre et 20324 en sa superficie. Il en a encore une autre qui fera le double de celle-là », détails qui inspirent à Hevelius ces commentaires : « Je souhaite du fond du cœur posséder un tel tube très long » (n° 124, 2 octobre 1665) ; « Puissent nos lentilles arriver à la perfection des lentilles des Italiens et des Français » (n° 125, 1er janvier 1666). Le 29 mai 1666 (n° 127), Hevelius transmet à des Noyers une liste de questions que lui a envoyée Oldenburg au nom de la Royal Society dont les deux premières concernent Burattini[212]. Oldenburg a lui-même eu connaissance du télescope géant de Burattini (120 pieds) comme il s'en ouvre à Hevelius[213]. En effet, Burattini entend coopérer dans le domaine des lunettes et cherche des contacts avec les constructeurs étrangers. Le 4 septembre 1665, il envoie à des Noyers un dessin de son *maximus tubus* qu'il a à peine, dit-il, eu le temps d'achever[214]. Il expédie aussi à Paris des lentilles. Burattini est en relation avec Auzout, comme en témoigne la lettre qu'il adresse à Boulliau, le 12 novembre 1665 :

L'Illustrissimo Signore Des Noyers mi ha partecipato la lettera che V.S. mio Signore li ha scritto in materia del disegno del mio Cannochiale, il quale havendo lei partecipato al Signore Auzout, da detto signore è statto laudato e approvato ; di che ne sento molto giubilo, stimando più l'approvatione d'un così gran virtuoso, che quella di mille altri ; ma, perchè io mai mi contento dell'opere mie, cerco di giorno in giorno migliorarle, e però considerando che oltre la perfettione delle forme, tanto per li obiectivi, quanto per li oculari, et eccellenza del lustro, bisogna ancora trovar modo di fare l'oculari di tanto diametro che possino ricevere tutti li raggi (o per il meno la maggior parte) che vengono dall'obiettivo, come m'insegna il Signore Auzout ; ma perchè con grandissima dificoltà si può trovare vetro di tale grossezza, e quando si trovasse, stimo esser cosa quasi impossibile di poterne fare senza punti e senza vene, le quali

209 Favaro, *Burattini*, 1896, p. 58, 105.

210 Dont on trouve des exemples dans Adrian Auzout, *Lettre à Monsieur l'abbé Charles* (de Bryas), in fine.

211 N° 113, n° 3 : soit un diamètre de l'ordre de 70 centimètres pour une distance focale de 100 mètres.

212 Voir n° 127.

213 Lettre du 30 mars 1666, *CHO*, III, n° 503, p. 72-79.

214 Favaro, *Burattini*, n° XXII (BnF, Paris, Fr. 13044, 243), p. 101-103. Pour le dessin, illustration n°7, HT.

INTRODUCTION

cose in Venetia chiamano puleghe e tortiglioni, però havend'io qualche pratica nella compositione delli vetri, havendo molti e molti giorni speculato sopra quest'affare, finalmente credo d'aver trovato in gran parte quello desideramo, e credo mi riuscirà di farne di grossi tre once in circa, ch'haveranno di diametro sei oncie, e saranno acuti 4 oncie senza punti e senza vene, o per il meno non haveranno più punti di quello hanno quelli che non sono più grossi d'1/4 d'oncia, e li posso fare di qual colore più mi piace, coiè verdi, turchini, rossi etc. Io credo che se questa inventione non mi riuscirà, che dificilmente ne potrò trovare d'altre, perché di quelli Diamanti di Boemia non se ne trova di tal grandezza che se ne possi fare per li gran Cannochiali di 150 o 200 braccia, che, conforme la tavola dell'aperture delli obiectivi fatta dal Signore Auzout, questi devono haverla d'oncie 13 ½ l'eccellenti, e con la mia maniera potrei fare l'oculare largo in diametro oncie 14 e verrebbe ad esser grosso nel mezzo qualche cosa più d'oncie 4 ½ fatto da tutte doi le parti in una forma di diametro d'un braccio che verrebbe a multiplicare l'oggetto 400 volte e vederebbe la Luna in una occhiata quasi tutta[215].

En 1667, anxieux de savoir s'il est très en retard dans ce domaine par rapport à Auzout ou d'Espagnet[216], il reçoit, à sa grande joie, des réponses flatteuses et ses lentilles sont reconnues comme très bonnes[217]. Il envoie aussi ses lentilles à Florence où elles sont comparées à celles des plus grands experts en la matière Eustachio Divini et Giuseppe Campani. Il expédie même au Prince Léopold des lentilles de sa façon, évidées et remplies d'alcool et qui ainsi ne présentent aucune impureté. Il développe ses idées dans son « operetta della dioptrica », perdue[218]. Le 16 juillet 1666 (nᵒ 131), des Noyers écrit à Hevelius : « M. Buratin travaille toujours a la perfection de ses lunettes. Il a d'excellents objectifs et fait toute sorte d'occulaires pour examiner de quelles sorte ils seront les meilleurs ; il y en a mesme d'une nouvelle sortes qu'il ne veut pas publier qu'apres qu'il en aura fait la preuve ». Grâce à l'efficacité de ses lentilles, Burattini observe le premier les taches de Vénus. Les observations de Burattini sont alors célèbres en Europe : Auzout en parle au sujet des grandes lunettes[219] ; il en est question aussi dans le *Journal des Savants* en 1666[220].

---

215 Favaro, *Burattini*, nᵒ XXIV, p. 106-107. Original BnF Fr. 13044, 219-220.

216 Jean d'Espagnet, physicien et alchimiste, Président au Parlement de Bordeaux, membre de l'assemblée générale de lunetterie, établie en 1663.

217 Favaro, p. 99, 102, 112, 119.

218 Favaro, p. 108, 112, 128.

219 « Lettre à Monsieur Oldembourg sur la precedente response de M. Hook », dans *Reponse de Monsieur Hook aux considerations de M. Auzout contenue dans une lettre écrite à l'Auteur des* Philosophical Transactions *et quelques lettres ecrites de part et d'autre sur le sujet des grandes lunetes*, Paris, J. Cusson, 1665, p. 20 : « Les plus grandes lunettes n'ont pû jusqu'à present y [sur Vénus] découvrir les inegalitez d'aucune montagne, comme les lunetes de 4 ou 5 pouces nous en font voir dans la Lune. Je n'avois pas mesme sceu jusqu'à present qu'elles y eussent fait decouvrir des taches semblables à celles que nous voyons fort distinctement avec nos yeux dans la Lune ; mais j'ay apris depuis deux jours qu'on avoit mandé de Pologne que M. Buratini y en avoit observé sans avoir spécifié la longueur de la lunete ».

220 *JS*, 22 février 1666, p. 102 : à propos d'une lettre de Cassini et des nouvelles découvertes faites dans Jupiter : « [cette découverte] doit exciter tous les curieux de travailler à perfectionner les grandes

Hevelius, comme de nombreux observateurs (Huygens, par exemple) polissait lui-même ses lentilles. Il recherche évidemment les verres les plus purs, et, notamment, ceux de Venise (n° 18, 18 août 1650, n° 91, 22 novembre 1660, 93, 18 décembre 1660, n° 12, 94, 23 janvier 1661) et fait appel à Burattini pour lui procurer les « morceaux » ou galettes nécessaires. Des Noyers sert une nouvelle fois d'intermédiaire : « J'aimerais que vous rappeliez à l'illustrissime Monsieur Burattini sa promesse de me transmettre des verres de diverses épaisseurs fondus à Venise » (n° 93) ; « Je fais souvenir aussi à Monsieur Buratin du verre de Venize qu'il vous a promis et qu'il attand » (n° 94). En ces années 1666-1667, Hevelius multiplie les caresses à Burattini pour qu'il lui fasse part de son « grand tube » et de toute sa machinerie : « À coup sûr notre réputation à l'un et à l'autre vacillera fort dans le monde savant si nous ne travaillons pas à le rendre opérationnel au plus vite » (n° 150, 6 août 1671).

Des lunettes aux « grands tubes »

Avant même l'invention du télescope[221] à miroir, en 1668, par Newton — « l'ouvrier d'Angleterre qui s'appele Nettun », n° 154, 19 février 1672 — les lunettes ont subi une importante évolution. La lunette de Galilée, dite encore « hollandaise », composée d'un objectif concave et d'un oculaire convexe, est restée en usage durant une trentaine d'années. Kepler dans sa *Dioptrique* (1611) a conçu une lunette dite « astronomique » à image renversée dont l'objectif et l'oculaire sont constitués tous deux par une lentille biconcave. L'image est redressée par une troisième lentille concave. Campani, en 1664 invente une lunette à quatre verres, avec un oculaire triple et un objectif, appelée la « Campanine ». La multiplication des objectifs accompagne l'allongement des lunettes.

Les premières lunettes de Galilée, longues de 6 palmes (1,3 m.)[222], permettaient un grossissement de 20 à 30 et nécessitaient seulement un trépied. Francesco Fontana (1580-1656) mit au point en 1638 un *cannochiale* de 14 palmes (3 mètres) qui permettait un grossissement de 90. Dans la course qui opposa Fontana à Torricelli (1608-1647), le télescope atteignit 8 mètres. Les instruments, faits en carton, recouverts de peau ou de papier traité, étaient déjà sujets aux déformations et s'incurvaient sous leur poids. Dans les *Novæ Cælestium Observationes*, Fontana affirme avoir observé les corps célestes avec une lunette de 50 palmes (11 mètres). En 1649, Divini

---

lunettes, afin de descouvrir si les autres planetes, comme Mars, Venus et Mercure, autour desquelles on n'a point découvert de Lune, ne laissent pas de tourner autour de leurs axes, et en combien de temps ils le font, particulierement Mars, dans lequel on descouvre quelques taches, et Venus dans laquelle M. Buratini a mandé icy de Pologne, qu'il avoit observé des inegalitez comme dans la Lune ».

221 Le terme de télescope est entré dans l'usage dans les années 1660 comme synonyme de lunette. Le premier télescope à miroir de Newton date de 1668. Le second modèle, plus perfectionné est de 1671. En janvier 1672, Newton présente son télescope à la Royal Society et au Roi. Avec 16 centimètres de focale et 4 cm. de diamètre, il permet un grossissement de 40, soit l'équivalent d'une lunette de plus d'un mètre de long : Yaël Nazé, *Histoire du télescope*, Paris, Vuibert, 2009, p. 24.

222 La palme romaine vaut 0,22 m.

INTRODUCTION

observe les astres avec un télescope de 45 palmes (10 mètres). Après la disparition de Galilée, on assiste à un développement de la longueur des tubes en papier, en métal léger, en fer blanc, en bois qui nécessitent des structures de soutien. Ces instruments posent d'abord des problèmes d'optique : ils nécessitent, nous l'avons vu, une réduction de l'ouverture et une plus grande distance focale[223] pour éviter la déformation de l'image et les aberrations chromatiques. Parallèlement, on conçoit des lunettes à trois lentilles ou plus, et l'on expérimente les lentilles asphériques. Les savants doivent aussi se donner les moyens de manipuler l'instrument et de le mouvoir de haut en bas et de droite à gauche, et vice versa. Huygens observe ainsi l'anneau de Saturne avec une lunette bricolée en fer blanc de 23 pieds (7,3 mètres)[224], suspendue à un trépied, qu'il décrit à Boulliau, le 3 mars 1659 :

> [Mon tuyau] n'est fait que de trois pièces grandes qui entrent un pied et demy l'une dans l'autre, et d'une courte de deux pieds du costé de l'œil pour allonger commodément la lunette lors qu'il ne s'en faut que peu. Il est revestu par dedans d'un papier un peu plus espais que celuy dont on fait les cartes à jouer, qui est teint d'encre, et par ce moyen rend la lunette suffisamment obscure, si bien qu'il n'est pas besoin d'y mettre aucune séparations ou cercles, aussi n'en faut-il point. Ce papier se met dans chasque pièce de fer blanc à mesure que l'ouvrier les attache l'une à l'autre, et afin qu'il ne souffre rien en tirant et refermant la lunette l'on soude des cercles de fer blanc un à l'entrée de chacune des grandes pièces et un autre à un pied et demy dedans, afin que l'une entrant dans l'autre le papier ne soit point touchè... Pour lever la lunette et la diriger commodément vers les objects, j'ay premierement un engin comme je vous depeins icy, et qui se fait à peu de frais, car ce ne sont que trois perches menues attachées ensemble. Cette pyramide est si legere, que je la puis mettre a bas moy seul pour y attacher la poulie en haut avec la corde par laquelle je hausse la lunette, et derechef la dresser[225].

Dans le cas présent, la structure est légère et ne subit pas de déformations. Toutefois l'augmentation de la distance focale conduit à imaginer d'autres solutions : un long axe rigide qui supporte la lentille et l'oculaire entouré d'un tube léger, suspendu sur un mât ; ou bien des lunettes « aériennes », sans tube, à la manière d'Huygens, d'Auzout et de Cassini. La première solution est proposée à Florence à l'Accademia del Cimento. Léopold de Médicis propose à l'Accademia en 1660 un concours portant sur la meilleure solution au problème du « long tube ». Les lauréats en sont Candido et Anton Maria del Buono (leur frère Paolo, l'ami de Burattini, est décédé à cette date). C'est le plus jeune, Anton Maria qui présente la très ingénieuse « Arcicanna » aux académiciens. Son dessin, daté du 6 septembre 1660, présente un télescope sans tube rigide, mais fait d'une toile obscure qui fait office de tuyau entre

---

223 Ou focale : distance entre la lentille et le point de convergence des rayons ou foyer.

224 Le pied-de-Roi vaut 0,32 m.

225 *OCCH*, II, 5 mars 1659, n° 593, p. 361-362.

les deux porte-lentilles soutenus par des axes rigides. Ce dispositif, qui a contribué à éliminer le tube télescopique, est suspendu en son centre à un mât. Léopold de Médicis en diffusa le dessin en Europe qui parvint très probablement en Pologne à Burattini[226] et aussi à Hevelius[227]. Le dessin inédit, retrouvé à l'occasion de cette édition dans le fonds Boulliau de la BnF [illustration n°6, HT], nous donne, pour le même concours, la contribution d'Eustachio de Divini, le grand concurrent de Campani[228]. Des Noyers le reçoit en novembre 1660 : « Je vous ay promis que tout aussitost que j'aurois le dessein de la lunette de Divinis, je vous l'envoyerois ; le voicy donc que j'ay copié sur celuy qui a esté envoyé de Florence où cette lunette est entre les mains du Grand Duc » (n° 91, 22 novembre 1660). Le 12 décembre (n° 92), nous apprenons que ce premier dessin a « esté perdu dans une riviere ou la glace s'est ouverte sou celuy qui le portait ». Quoi qu'il en ait été, il s'agit du bon dessin, identifiable par la mention de l'observation de Saturne[229]. C'est aussi un grand tube qui figure sur la médaille frappée à l'occasion de la construction de l'Observatoire en 1667 et traverse toute la terrasse du bâtiment projeté[230].

À l'Observatoire de Paris, l'on expérimente rapidement les lunettes « aériennes ». Huygens estimait que rien n'interdirait des télescopes de 100 ou 200 pieds (64 mètres) dès lors que l'on supprimerait le tube. En 1662, il s'en explique à son frère Lodewijk : « Pour les télescopes de si grande longueur je ne sache point de moyen plus simple, si ce n'est que peut etre l'on pourroit oster les trois costés du tuyau, en laissant seulement celuy d'en bas sur lequel on placeroit a distances egales les planches qui dans le tuyau servent de separations ou diaphragmes, et près de l'œil un bout de tuyau pour contenir les verres oculaires... vous pouvez proposer à Monsieur Petit ou Auzout d'en fabriquer un de cette maniere »[231]. Le télescope sans tube posait d'autres problèmes, du fait notamment de la difficulté d'aligner sur le même axe optique la lentille objective et la lentille oculaire, un axe qui même robuste, tendait à perdre sa linéarité initiale. Petit soulignait cette difficulté : « il est encore très difficile de rencontrer les deux verres en ligne droite a cause de la longueur de la machine a moins que de la

---

226 Qui avait des relations directes avec Léopold. Le 7 janvier 1667 (n° 138), Hevelius écrit à des Noyers : Le prince Léopold m'assure « qu'à la prochaine occasion, il m'enverra par M. Burattini un paquet de livres ».

227 Le dessin en a été reproduit au XVIIIe siècle par G. Targioni-Tozzetti, *Atti e Memorie inedite dell'Accademia del Cimento*, Florence, 1780, II, planche IX. Il est reproduit dans Giuseppe Monaco, « Alcune considerazioni sul "Maximus tubus" di Hevelius », *Nuncius*, 13(2), 1998, p. 538 et dans *I Medici e la Scienze. Strumenti e macchine nelle collezioni Granducali*, F. Camerota et M. Miniati ed., Florence, 2008, p. 352.

228 Ce dessin sans doute soustrait par Libri se trouve donc isolé des lettres en BnF Nal 1642, fol. 173. Les dessins de Giuseppe Campani pour des lunettes de 105, 130 et 150 palmes, dédiés à Colbert, ont été publiés par Francesco Bianchini dans *Hesperi et phosphori nova phænomena sive observationes circa planetam Veneris*, Rome, J. M. Salvioni, 1728.

229 Sur l'observation de Saturne, présente dans le dessin : A. Van Helden, « Eustachio Divini versus Christiaan Huygens : a reappraisal », *Physis* XII-1 (1970), p. 36-50.

230 « Turris siderum speculatoria », 1667.

231 14 septembre 1662, *OCCH*, IV, p. 227-229.

INTRODUCTION

faire tres forte et tres pesante »[232]. Il trouva plus tard la solution : « Nous croyons avoir trouvé le moyen de nous en servir assez aysement sans tuyaux »[233]. « Nous » c'est-à-dire Auzout qui a expérimenté à Issy, dans la maison de campagne de Thévenot, un télescope de 35 pieds (11 mètres). Huygens en présente le dispositif empirique à son frère Constantin : « La maniere dont on se sert en cecy est qu'aupres du verre objectif quelqu'un se tient, qui regarde l'astre proposé par un petit tuyau estroit qui est fiché à angles droits dans le mesme ais où est enchassé le verre objectif : par là on est assuré que le verre est en sa due situation, apres quoy on trouve facilement où c'est qu'il faut arrester l'oculaire, qui est posé sur un pied portatif »[234]. Auzout lui-même se plaignait ne pas avoir trouvé de Mécène pour l'adopter, « n'ayant pas à moy de lieu propre pour me servir de ces grandes lunetes sans tuyau, et voyant que depuis si long-temps il ne s'est pas trouvé un curieux à Paris, qui pour les voir, m'ait procuré quelque terrasse propre, ou quelqu'autre commodité. »[235] La solution d'Auzout soulevait un autre problème : positionner la lentille objective et la lentille oculaire à la juste distance le long de l'axe optique ; la rotation de la terre imposait en outre des corrections permanentes pour repositionner le télescope en l'absence de lien rigide entre les deux lentilles.

Plusieurs formules furent expérimentées à l'Observatoire de Paris en matière de « lunettes aériennes » [illustration n°9, HT]. Cassini observa Saturne avec un objectif de 100 pieds en installant ses objectifs dans un pupitre placé dans une fente de la balustrade, à 28 mètres du sol, incliné de manière à ce que les rayons de l'astre y tombent perpendiculairement. Avec l'oculaire, fixé sur un support qu'il tenait à la main, il se déplaçait dans la cour, cherchant l'image de l'astre. Cassini obtint du Roi la tour de Marly — une tour provisoire de la machine où les tuyaux rejoignaient l'aqueduc de Louveciennes —, haute de 120 pieds (40 m.), transportée à l'Observatoire en 1685 et définitivement installée en 1688[236]. On y plaçait l'objectif, aligné avec l'oculaire en fonction des astres à observer.

La correspondance entre Pierre des Noyers et Hevelius fait la part belle aux télescopes de Burattini. La fabrication de son *maximus tubus*, annoncée à grands frais en Europe et attendue, fut différée par les procès auxquels il eut à faire face. Le *maximus tubus* a été conçu et construit par Burattini en 1665. Dans sa lettre du 29 mai 1665 (n° 120), des Noyers écrit : « M. Buratin fait faire une fort grande machine qui sera achevee la semaine qui vient pour les grandes lunettes qu'il a faittes ». Burattini adresse à son ami le dessin et la description d'un télescope de 60 pieds (20 m.) de focale le 4 septembre 1665[237]. Des Noyers fait part du dessin à Boulliau, aujourd'hui à la BnF, dans une lettre du 24 septembre [illustration n°7, HT]. Nul doute qu'il

---

232 Petit à Huygens, 22 septembre 1662, *OCCH*, IV, p. 236.

233 Petit à Huygens, 15 juillet 1663, *OCCH*, IV, p. 396.

234 Huygens à Constantin, 30 novembre 1663, *OCCH*, IV, p. 436.

235 Auzout, *Lettre à Monsieur l'abbé Charles*, 1665, p. 28.

236 Cette grande tour de bois provenait de la machine de Marly.

237 Ce fameux dessin reproduit par Favaro, *Burattini,* p. 102, se trouve dans le fonds Boulliau de la BnF.

s'est inspiré de la machine des frères de son ami décédé Paolo del Buono, mais il ne s'embarrasse pas du tube de toile cirée et fixe toute une série de lentilles sur une solide poutre articulée à un mât. Puis il est question d'une lunette de 120 pieds (40 m.) et de la machine pour la manipuler en 1667 et 1668. Hevelius manifeste son « impatience » le 7 janvier (n° 138) ; le 21 octobre, il s'enquiert : « L'illustrissime Monsieur Burattini a-t-il mené à sa complète perfection son très long télescope ? » (n° 143). Des Noyers lui répond le 18 novembre : « M. Buratin vous baise les [mains et] m'envoye le dessein de sa machine pour vous le faire tenir » (n° 144). Toutefois, le 7 juillet 1668, des Noyers précise : « les autres affaires qu'il a l'empeschent de faire quantité de preuves qu'il voudroit bien faire » (n° 148). Après 1671, Hevelius veut un tube de 140 pieds (45 m.), à charge pour Burattini de tailler les lentilles et d'en concevoir le soutien. L'entreprise intéresse la Royal Society (n° 150, 6 août 1671) mais Burattini ne trouve pas le temps de tailler les lentilles (n° 152, 30 septembre). Hevelius, qui travaille à sa *Machina Cælestis* dont il veut faire hommage au Roi de France qui le pensionne, entend y présenter, au lendemain de la malheureuse querelle de la comète, tous ses instruments en y ajoutant ce *maximus tubus* sans rival. Il est contrarié du retard : « J'ai été fort réjoui d'apprendre ... que l'illustrissime Monsieur Burattini avait l'intention de m'envoyer les lentilles promises pour mon tube de 140 pieds ; mais ce serait bien plus agréable si je les recevais » (n° 153, 4 décembre 1671). Le 19 février 1672, des Noyers annonce à Hevelius que Burattini lui a envoyé les « verres » (n° 154). N'ayant rien reçu le 27 février[238], Hevelius ordonne à des Noyers de s'enquérir de leur sort (n° 155) : « Par votre aimable lettre j'ai appris à ma grande joie, que l'illustrissime Monsieur Burattini avait envoyé les lentilles promises pour le tube de 140 pieds, mais je ne les ai pas encore reçues, ce dont j'ignore la cause. C'est pourquoi je vous demande de prendre la peine d'aller voir l'illustrissime Monsieur Burattini, de le saluer très poliment, de lui rapporter que je n'ai encore rien vu et qu'il faut chercher à savoir si elles n'ont pas péri en route et à qui il a confié le transport de ces lentilles »[239]. Des Noyers s'acquitte de sa mission et en rend compte le 25 mars : « Je luy ay demandé le nom de celuy auquel [il] a donné les verres de 140 pieds pour vous les porter. Il ne me l'a pas voulu dire mais m'a repondu qu'il vous l'escriroit luy mesme, ce qui me fait juger qu'il ne les a point envoyé et que c'est une excuse qu'il prend » (n° 157). Il est désormais à chaque lettre question de ces lentilles. Le 1er avril 1672 : « Je n'ai pas encore reçu les lentilles promises... le temps montrera si je les recevrai » (n° 158). Il les reçoit, mais sans la lettre d'accompagnement (n° 160, 161) et n'en a toujours pas fait l'essai le 23 juin (n° 164). La *Machina Cælestis* imprimée et distribuée, avec le dessin du fameux *maximus tubus* (46 mètres, nécessitant un mât de plus de 30 m.), il avoue à des Noyers : « En ce qui concerne ses lentilles [de Burattini], je les ai plusieurs fois appliquées et éprouvées sur mon tube de 140 pieds et j'ai trouvé que sans aucun doute elles réclamaient un tube encore beaucoup plus long : car elles n'ont rien voulu donner dans aucune distance jusqu'à 140 pieds ; de sorte que je pense que pour

---

238 Il faut compter huit jours pour l'acheminement du courrier entre Varsovie et Dantzig.
239 Effectivement des pièces très fragiles.

construire mon tube, j'ai besoin de lentilles plus courtes » (n° 172, juin 1675). On ne saurait dire plus clairement que l'instrument présenté dans son ouvrage comme l'apothéose des longs tubes n'a pas répondu à ses attentes. La fameuse gravure où l'on voit une demi-douzaine d'assistants s'affairer devant cette machine géante plantée dans la campagne de Dantzig [illustration n°8, HT], présente un monstre dépassé et, à dire vrai, inutilisable. À Paris, nous l'avons vu, ce sont les télescopes aériens qui sont expérimentés. À Londres, Newton a mis au point un télescope à objectif réflecteur en 1668-1669 qui rend caduques ces recherches sur les longs tubes. Oldenburg en adresse la description et le dessin à Huygens, publiés dans le *Journal des Savants* le 29 février et dans les *Philosophical Transactions* le 25 mars (n° 154). Des Noyers décrit sommairement le principe de ce télescope dans sa lettre du 25 mars 1672 (n° 157). Hevelius s'obstine, qui reste néanmoins persuadé que rien n'égale le *maximus tubus* : « J'avoue ... que je ne comprends pas encore tout à fait le principe avant d'avoir vu la chose ; néanmoins j'essayerai ce que je pourrai réaliser avec une autre méthode que j'ai autrefois inventée » (n° 158, 1er avril 1672).

Les curiosités de Pierre des Noyers

Pierre des Noyers ne s'intéresse pas seulement à l'astrologie ; à la différence d'Hevelius, il est curieux de toutes choses mais, comme ces sujets n'intéressent guère celui-ci, on en parlera ici simplement pour mémoire.

Il s'intéresse beaucoup aux thermomètres qui ont fait l'objet de recherches à l'Accademia del Cimento. Dès son arrivée, il prend des mesures et effectue des comparaisons des changements de temps dont il fait part à Roberval et à Saint-Martin[240]. Dix années plus tard (1655-1656), Paolo del Buono présente des thermomètres à Burattini à Vienne, qui les rapporte à Varsovie. Burattini envoyé en mission à Florence, rapporte à Varsovie 5 à 6 douzaines de thermomètres ainsi que des instruments pour mesurer la densité des liquides et des gaz qu'il distribue à ses amis et à ses mécènes. Des Noyers décrit à Boulliau, dans une lettre du 26 août 1657, les « gentillesses mécaniques d'Italie » que lui fait découvrir « Boratin », entre autres, des thermomètres de poche, gradués et scellés hermétiquement, dont il se procure des exemplaires auprès du Grand-Duc :

> Les thermomètres du Grand Duc sont justement comme la figure que je vous ai envoyée, d'un cristal fort clair et gradués par de petits points d'émail, mais sur le thermomètre lui-même, les dizaines sont des points un peu plus gros d'émail blanc. Le thermomètre se pend avec un petit ruban, non pas dans la chambre où l'air est plus tempéré, mais dehors d'une fenêtre, afin qu'il soit à l'air. Le Grand Duc en porte un dans sa poche, dans une petite boîte de bois[241].

240 Cette curiosité n'est pas sans relation avec l'astrologie « naturelle » qui traite de la « physique » des influences.

241 Des Noyers à Boulliau, 20 janvier 1658, *LPDN*, p. 375.

En date du 24 mars, il informe son ami qu'il lui a envoyé l'un de ses thermomètres et lui recommande de faire des relevés de température : « Tous ceux du Grand Duc montrent la même chose étant en même lieu, et en différents lieux, ils montrent la différence du froid et du chaud. Si vous le portez avec vous, j'en porterai un autre, et nous jugerons des divers tempéraments de l'air où nous serons »[242].

Le grand-Duc Ferdinand II, passionné de météorologie, avait fait faire des séries de relevés de température et, en 1654, institua le premier réseau météorologique international[243]. Des Noyers fit, durant hiver 1657-1658, les premiers relevés en Pologne, accompagnés d'observations sur le temps[244]. À partir de 1658, il annexe à ses lettres à Boulliau des relevés de température et du temps, et échange aussi des bulletins météorologiques avec des savants italiens (Venise, Rome). Lorsque Paolo del Buono rejoint la cour de Varsovie, il y fabrique lui-même les thermomètres. On sait aussi que des Noyers a reçu différents modèles de thermomètres de Florence dont l'un en forme de spirale dont il envoya un dessin à Boulliau[245]. Cette passion pour les thermomètres était connue de Huygens qui écrit à Moray : « Monsieur de Noyers le Secretaire de la Reine de Pologne, qui m'a donné autrefois un de ces petits [thermomètre] me dit que à Florence il en avoit vu qui estoient entortillez en spirale, ce qui sert pour avoir de grandes divisions dans un petit volume et rendre le thermometres portatifs »[246]. À la fin de sa vie, il correspond avec Edme Mariotte sur ce sujet (1620-1684)[247].

Dans un article très documenté[248], François Secret lui suppose une autre passion, par ailleurs partagée par Jean-Baptiste Morin[249] : l'alchimie dont Didier Kahn a souligné l'importance en France dans les premières décennies du XVIIe siècle[250]. Il y a, tout d'abord, son témoignage concernant le Cosmopolite ou Sendivogius, l'illustre « chimiste » décédé en 1646. Dès son arrivée en Pologne, Des Noyers a été chargé d'enquêter sur ce mystérieux personnage. Il écrit à la sollicitation « d'un sien amy » (inconnu) une longue lettre de Varsovie le 12 juin 1651, publiée par Borel dans le *Trésor de recherches et antiquitez gauloises et françoises*[251]. À la suite de cette lettre, Pierre Borel qui manifestement connaît son auteur, témoigne que, lors son passage à Paris

242 *Ibidem*, p. 392.

243 La rete meteorologica del Cimento : Stefano Casati, « il tempo a corte : le effemeridi meteorologiche dell'accademia del Cimento », *Scienza a corte*. P. Galluzzi éd., 2001, p. 42-47.

244 Igor Kraszewski, *Stolica po raz ostatni, czyli jak Szwedzi uczynili z Poznania siedzibę dworu królewskiego*, dans : *Jak Czarniecki do Poznania*, Poznań, 2009, p. 51-52.

245 *MAE*, Pologne, vol. 14, fol. 108-109 : Leopol, 15 aoust 1660.

246 *OCCH*, V, Huygens à Moray, nº 1301, 2 janvier 1665, p. 188. Des Noyers se serait donc lui-même rendu en Italie.

247 BNF à Boulliau 2 avril 1683 (FF 13021, 277r-278v), 23 juin 1684 (FF 13022, 48r-49v).

248 Fr. Secret, « Astrologie et alchimie », « Astrologie et alchimie au XVIIe siècle. Un ami oublié d'Ismaël Boulliau : Pierre des Noyers, secrétaire de Marie-Louise de Gonzague, reine de Pologne », *Studi Francesi* nº LX (sept-déc. 1976), p. 463-479.

249 Fr. Secret, « Notes pour une histoire de l'alchimie en France », *Australian Journal of French Studies*, IX-3 (sept-déc. 1972), p. 217-236, v. p. 231 sv.

250 Didier Kahn, *Alchimie et paracelsisme en France (1567-1625)*, Genève, Droz, 2007.

251 Paris, Augustin Courbé, 1655, p. 474-489.

en 1650[252], il présenta à ses amis une risdale d'argent convertie pour moitié en or par Sendivogius, en présence de Ladislas IV :

> Cette richedale ayant esté long-temps au cabinet du Roy de Pologne, est enfin venuë entre les mains de Monsieur des Noyers Secretaire de la Reine de Pologne, qui l'a apportée à Paris et montrée à tous ceux qui ont voulu la voir ; et qui plus est, en a fait examiner divers morceaux, qu'on a trouvez de pur or et sans alliage, tel qu'est tout celuy des monnoyes faites de l'or par ces Philosophes (car on les distingue par ce moyen) veu qu'il n'y a point de monnoye commune sans alliage. Et pour faire voir que cette piece a esté effectivement convertie, et non ajoûtée de deux pieces, c'est qu'outre qu'il n'y paroist pas de soudure, elle est toute poreuse en la partie convertie, parce que l'or estant plus serré et pesant que les autres metaux, il ne pouvoit tenir le mesme volume de la richedale, ni en conserver la figure sans devenir spongieux comme il a fait. J'estime que c'est un est plus beaux exemples qu'on ait des conversions faites en nos jours[253].

Pierre des Noyers, nous l'avons vu, avait fait venir en 1651 en Pologne l'Ecossais William Davisson (1593-1669) initialement astrologue, converti à la médecine, puis alchimiste et titulaire de la première chaire de chimie au Jardin du Roi à Paris[254], auteur des *Eléments de la Philosophie de l'art du feu ou Chymie* (n° 21, 13 janvier ; 23, 12 mars ; 24, 15 avril 1652). Il occupa dix-sept années en Pologne les mêmes fonctions à Varsovie.

François Secret a révélé le très curieux témoignage de Jean Vauquelin des Yveteaux (1651-1716), très versé dans l'alchimie et les sciences occultes, et qui, dans un manuscrit intitulé « Astrologie-Caballes » (2 volumes) a laissé un portrait de Pierre des Noyers. On se reportera à son article pour le texte intégral, dont voici quelques extraits : « J'ay connu à Paris, en 1681, Me. De Noiers, vieil garçon, aagé pour lors de 80 ans, de naissance et riche, dont l'occupation curieuse avoit toujours esté de voiager à dessein de connaître des savants, et de recouvrer des livres curieux. » Jean Vauquelin nous décrit un des Noyers familier des Rose Croix de qui il tenait des manuscrits cabalistiques ; qui lui présenta un talisman pour guérir les fièvres (« il estoit d'un pierre verte obscure non transparente, gravée de quelque caractères singuliers ») ; qui expérimenta de la poudre de projection « rose pâle, fort luisante et étincelante », mais dont l'effet était faible ; qui lui parla « d'un fourneau de verre qu'il avoit en Pologne, où il faisait sa résidence la plus ordinaire à cause de la liberté où l'on y estoit de travailler » ; qui lui fit présent « d'un petit baromètre de verre rempli d'une liqueur rouge, et marqué avec des points colorés qui indiquoient le degré de chaleur du fourneau sur lequel on le mettoit. » Des Noyers devait apporter avec lui une mallette remplie de trésors : il lui présente un morceau de sel gemme gros comme la tête,

---

252 Le privilège du livre étant du 20 février 1655 et le livre ayant été achevé d'imprimer le 20 mars, il ne peut s'agir du voyage de 1655.

253 P. Borel, *Trésor de recherches*, p. 488.

254 *Sur Davisson*, voir n. 52.

présent du Grand Maître des Minières de Hongrie, de plusieurs couleurs : « sa base paroissoit d'un rouge obscur, couvert d'une couleur de grenat incarnadin dont le dessus tiroit sur la couleur rose, surchargée de verd d'emeraude, puis d'un bleu et enfin d'un jaune couronné de blanc transparent comme le sel gemme ordinaire ». Et encore un rixdale d'argent à moitié d'or, obtenue par transmutation par Sendivogius, cadeau de Christine de Suède qui le savait curieux de ces choses. La fin de ce témoignage est pour le moins énigmatique : « Ce Me des Noiers fut à la fin assuré associé avec les savants d'Allemagne, comme ils luy avoient promis, et m'aiant honoré de son souvenir, menvoia par curiosité à Paris une grappe de raisins qui croissent à Silembourg en Transilvanie, dont les pépins sont couverts d'une feuille d'or, et le dessus des raisins d'une fleur dorée »[255].

François Secret n'ajoute pas totalement foi à ce témoignage : « S'il ne fait guère de doute que Vauquelin connut des Noyers à Paris dans ces années[256], le récit de ses conversations doit être reçu avec la plus grande méfiance. L'histoire de la risdalle était connue, des Noyers en avait parlé dans la lettre publiée par Borel. Mais il n'est nulle part question dans la correspondance de des Noyers de relations qu'il aurait eues avec Christine de Suède, dont le nom est fort souvent prononcé pourtant. D'autre part, il n'est jamais question dans toute cette correspondance ... des Rose Croix. De plus, si des Noyers est intarissable sur le poêle de Varsovie, qui fait chanter le rossignol en plein hiver et du thermomètre qui le règle, il n'est nulle part question d'athanor » même si des Noyers a fréquenté des médecins spagyristes comme Davisson, Claude Germain ou même Augustin Courade.

L'intérêt des cours pour les sciences avait tout d'abord un aspect pratique : la diététique, la médecine, l'économie, l'ingénierie militaire et civile, la gestion des bâtiments et des domaines royaux, mais aussi les divertissements qui réclament les compétences de spécialistes. On en trouve maints exemples à la cour de Varsovie. Les difficultés du siège de Toruń (1659) et la lecture d'une des lettres de Boulliau incitent la reine à demander à des Noyers de se procurer des livres sur les fortifications[257].

Pierre des Noyers avait mandat, nous l'avons vu, lors de ses voyages en France de s'informer des nouveautés médicales. C'est ainsi qu'il s'intéressa au thé et au chocolat[258], qu'il fit connaître à la cour, en apportant en 1664 dans ses bagages un pot à thé, cadeau de l'ambassadeur de Thou, que la Reine offrit au Roi. Des Noyers considérait que le thé apportait à ses migraines un grand soulagement[259]. La curiosité de des

255 Caballes I, fol. 514 : François Secret, « Astrologie et alchimie », art. cit., p. 470-472.

256 La date de 1681 ne peut être retenue : Pierre des Noyers a fait deux brefs allers-retours en 1679 et en 1682. En 1680 et 1681, toutes ses lettres sont datées de Varsovie.

257 « La Reyne en entendant lire vostre lettre du 8 de novembre, a desiré que je vous ecrivisse de luy faire achetter trois ou quatre des meilleurs livres de l'architecture militaire qui enseignent comme vous ditte l'attaque et la deffence des places ; on y pourra joindre encore quelque livre qui traitte de l'artillerie. J'escris à Mad. des Essars de faire tout peyer et vous prie de les vouloir choisir ou indiquer. » Des Noyers à Boulliau, camp sous Thorn, le 3 décembre 1658, BnF FF. 13020, fol. 135.

258 En 1662, il demande à Boulliau qui séjourne à La Haye de lui expédier une provision de thé et de chocolat.

259 Karolina Targosz, *Uczony dwór Ludwiki Marii Gonzagi (1646-1667)*, p. 261.

INTRODUCTION

Noyers pour la médecine et les recettes médicales est bien entendu liée à ses connaissances astrologiques. On le voit, dans la « Nativité d'Amarille » apprécier l'efficacité des traitements en fonction de la conjoncture astrale. Il loue Morin, dont les prescriptions médico-astrologiques ont servi de base à la cure de Jean II Casimir en 1664[260]. Il critique les médecins qui ignorent, dans leurs thérapies, le calcul exact du temps. Il s'intéresse, comme Davisson, aux recettes élaborées à partir de plantes. Il existe trois recueils de recettes manuscrites de ce temps : Du Cabinet des dames, initialement de la main de la Reine elle-même, il reste une copie conservée à la Bibliothèque polonaise de Paris. Les deux autres recueils, dont l'un appartenait à des Noyers, contiennent des recettes officielles ou secrètes[261].

Les cures thermales avaient la faveur de la cour. De « tempérament sec », la Reine avait, dès son jeune âge, fréquenté les eaux de Pougues dans le Nivernais[262], de Forges en Normandie puis elle prit des bains à Varsovie dans la source des jardins du couvent des Visitandines qu'elle avait elle-même créé. La médecine en faveur à Varsovie ne préconisait ni les clystères, ni les saignées. Des Noyers, pour sa part, transmet aussi des recettes qui n'ont rien d'astrologique : le régime lacté que Boulliau conseille à Madame Hevelia pour soigner sa goutte ne nécessite pas la consultation des astres [1680, à Mme Hevelia]. C'est encore son intérêt pour les sujets médicaux qui conduit des Noyers à décrire à son ami Boulliau la maladie ukrainienne appelée Upior (vampire) ou Friga :

> Il faut que je vous dise un mot sur une maladie en Ukraine, que je croirais fabuleuse, si des gens d'honneur ne l'attestaient de leur témoignage, et si la chose n'était tenue pour si certaine dans le pays, qu'on y passerait pour ridicule d'en vouloir douter. On l'appelle en langue ruthénienne Upior, et en polonais Friga. Voici ce que c'est : lorsqu'une personne, qui apporta des dents en naissant, meurt, elle mange, dans son cercueil, d'abord les habits, pièce à pièce, ensuite ses mains et ses bras ; et, durant ce temps, ceux de sa famille et de sa maison meurent l'un après l'autre : l'un n'est pas mort, que l'autre est déjà malade pour mourir, et cela dure jusqu'à ce qu'il en soit mort trois fois neuf ; c'est de là que vient le nom de Friga, ou Upior, ce qui est la même chose. Mais, lorsqu'on s'aperçoit que c'est de cette maladie que l'on meurt, on va déterrer le premier mort qu'on trouve, et qui, comme je l'ai dit, mange ses vêtements ou ses bras ; on lui coupe la tête : alors le sang tout clair en sort, comme il ferait d'une personne vivante ; et après cela, la mortalité cesse aussitôt dans sa famille, et le nombre de trois fois neuf ne meurt plus, comme cela serait arrivé autrement. On dit que cela arrive aussi quelquefois parmi les chevaux. Je vous avoue que j'ai peine à ne pas croire que c'est une pure superstition[263].

260 Karolina Targosz, Uczony dwór Ludwiki Marii Gonzagi, p. 278.
261 K. Targosz, La cour savante, p. 140.
262 Préconisées par Augustin Courade qui leur consacra son unique ouvrage.
263 LPDN, 13 décembre 1659, p. 561. Sur cette question : Koen Vermeir, qui situe clairement des Noyers dans un réseau de savants intéressés par l'occultisme : « Vampires as creatures of the imagination in the Early Modern Period », Diseases of the Imagination and Imaginary Disease in the Early Modern

Cette lettre n'est connue du public qu'en 1859. En revanche, en mai 1693, le *Mercure Galant* en publie une autre sur « une chose fort extraordinaire qui se trouve en Pologne et principalement en Russie ». Il est cette fois-ci question d'un phénomène démoniaque :

> On dit que le Demon tire ce sang du corps d'une personne vivante, ou de quelques bestiaux, et qu'il le porte dans un corps mort, parce qu'on prétend que le Demon sort de ce cadavre en de certains temps, depuis midy jusques à minuit, apres quoy il y retourne et y met le sang qu'il a amassé. Il s'y trouve avec le temps en telle abondance, qu'il sort par la bouche, par le nez, et sur-tout par les oreilles du Mort, en sorte que le cadavre nage dans son cercueil[264].

Cet article « sensationnel » n'est pas signé, mais le lecteur apprend, en 1694, que le sujet a fait l'objet d'une correspondance entre des Noyers, à qui la lettre de 1693 est attribuée, et un certain Marigner, seigneur du Plessis, Ruel et Billoüard, avocat au Parlement de Paris qui publie deux longs textes : « Sur les créatures des Elémens » et « Sur les stryges de Russy »[265]. La lettre, qui ne semble pas avoir été publiée en intégralité, ne permet pas de connaître le sentiment de des Noyers sur un sujet qui à présent intéresse ses contemporains.

Livres et observations

Dans cette correspondance, Hevelius a deux objectifs : l'information et la communication. En d'autres termes, recevoir des livres et des observations et diffuser ses découvertes et ses ouvrages. Des Noyers passe son temps à « envoyer », un verbe qui se retrouve conjugué dans toutes ses lettres.

Alors que les lettres qu'Hevelius échangeait avec Mersenne et Gassendi mentionnaient de très nombreux ouvrages sur lesquels des avis étaient échangés, la correspondance avec des Noyers prend une autre tournure. En effet, Hevelius ne considère pas des Noyers comme une autorité et donc ne le consulte pas. C'est donc des Noyers qui prend l'initiative et s'efforce d'introduire ses amis, notamment Roberval et Morin, dans le cercle des correspondants d'Hevelius. D'emblée il témoigne du vif intérêt de Roberval pour la *Selenographia* (n° 4, 6 mars 1647 ; n° 5, 8 avril 1647) pour qui il sollicite un exemplaire et, rapidement, il en vient à parler de Morin (n° 9, 31 juillet 1647). La querelle du vide lui donne l'occasion d'envoyer les ouvrages du père Magni, à ses côtés à Varsovie, non seulement à Roberval, mais aussi à Hevelius et de les tenir informés de la cascade de publications du père Magni qui a la grande habileté, nous l'avons vu, de publier ses détracteurs avant qu'eux-mêmes ne l'aient fait. Mais ce qui

---

Period, Y. Haskell éd., Turnhout, Brepols, 2011 ; « Vampirisme, corps mastiquants et force de l'imagination. Analyse des premiers traités sur les vampires, 1659-1755 », *Camenæ*, VIII (décembre 2010), p. 1-16.

264 *Mercure Galant*, mai 1693, p. 62-69 (ici : 63-64).

265 *Mercure Galant*, janvier 1694, p. 58-165 ; février 1694, p. 13-119.

INTRODUCTION

intéresse surtout Hevelius à cette date, c'est la diffusion de sa *Selenographia* (1647) et ils'inquiète de l'absence de réponse des Parisiens (n° 10, 13 novembre 1647 ; n° 11, 9 décembre 1647, n° 13, 7 janvier 1648). Pierre des Noyers, à Paris en 1650, peut enfin lui expliquer que le libraire Cramoisy n'a reçu les exemplaires que depuis six semaines et qu'il les a déjà écoulés (n° 15, 7 janvier 1650). Parmi les noms alors mentionnés par des Noyers, il y a Jean-Baptiste Morin dont Hevelius prend plaisir[266] à suivre les polémiques avec le père Duliris (n° 8, 31 juillet 1647, n° 9, n° 17, 18 juillet 1650) mais surtout avec Gassendi et ses émules, comme Bernier (n° 31, 29 juillet 1652) : « J'ai appris [que Morin] avait récemment écrit d'autres choses contre Gassendi c'est-à-dire l'Anatomie d'une souris ridicule. Je l'attends avec avidité avec l'Apologie pour Epicure, ainsi que l'Ode et la Palinodie de François Bernier ». Le 19 février 1654 (n° 50), des Noyers lui envoie « ce que Mr. Morin a fait contre la Philosophie de Mr. Gassendi. Sy on m'eut envoyé ce que ledit Gassendi a fait contre Morin, je vous l'aurois ausy envoyé, mais je ne l'ay peu avoir. Sy vous voyez quelque injure dans celuy cy, croyez qu'il n'y en a pas moins dans celui de Mr. Gassendi qu'on dit qui en est tout rempli ». Et le 5 novembre 1654 (n° 57) : « Mr. Boulliau me donne advis que Mr. Morin a de nouveau fait imprimer contre la philosophie de Mr. Gassendi dans lequel imprimé il a dit audit Gassendi les injures qu'il luy avoit ditte avec Neuré. Mr. Boulliau blasme et Mr. Morin et Mr. Gassendi sur les injures et sur les redittes. Je croy qu'on m'envoyera cet imprimé. Sy vous en estes curieux... ». Puis, les deux adversaires épuisés — [Boulliau] me mande que Monsieur Gassendi estoit a l'extremite d'une inflammation de polmont et qu'on desesperoit de sa vie. Il me dit encore que Mr. Morin a failly d'estre estoufé par la fumee du charbon mal alumé qu'il avoit fait metre dans sa chambre », (n° 63, 31 décembre 1654) — ils se réconcilient : « On travaille a faire que que Monsieur Gassendi et Monsieur Morin se reconcilient ensemble. Je croy qu'on en viendra a bout. La maladie perilleuse de Mr. Gassendi a produit ce bon effet » (n° 64, 14 janvier 1655). Hevelius, qui n'a plus d'échange direct avec Gassendi, se procure par l'intermédiaire de des Noyers les vies d'Epicure (n° 31, 29 juillet 1652), de Tycho Brahé (n° 59, décembre 1654) et de Copernic (n° 62, 17 décembre 1654). Par son intermédiaire, Hevelius est informé des publications de Roberval (*L'Aristarque*, la réponse à Magni, le *Traité de mécanique*, n° 20, 27 novembre 1650), il reçoit les *Suppléments* de Viète (n° 23, 12 mars 1652 ; n° 25, 18 mai 1652 ; n° 26, 10 juin 1652 ; n° 27, 15 juin 1652), et même un problème mathématique de Fermat transmis par Martin de Laurendière (n° 77, 1er novembre 1657) qu'Hevelius ne semble pas avoir résolu. Il reçoit aussi la *Vie de Mersenne* de Hilarion de Coste (n° 18, 18 août 1650) et les *Elemens de la philosophie de l'art du feu* de Davisson dans l'édition latine aussi, la *Philosophia Pyrotechnica* (n° 21, 13 janvier 1652) que des Noyers doit récupérer chez le frère du Roi (n° 22, 29 janvier 1652 ; n° 23, 12 mars 1652), pour ne citer que les principaux titres. Par la suite, il fait part à Hevelius du *Journal des savants* auquel il est abonné et qui lui permet de suivre

---

266 Même s'il n'approuve pas les invectives de Morin : « Sur l'auteur de ce libelle, je n'ai rien à dire pour le moment (comme je n'ai pas encore lu son contradicteur) si ce n'est qu'il accable l'adversaire de Morin de calomnies très pénibles et intolérables, jusqu'à la nausée du lecteur » : n° 9, 14 août 1647.

de près l'actualité scientifique (n° 114, 27 février 1665, n°131, 16 juillet 1666, n°144, 18 novembre 1667, n°195, 23 décembre 1678). Des Noyers, en retour, demande chaque année pour ses amis l'éphéméride à venir d'Eichstadt, publiée en feuille volante (n° 9, 14 août 1647, pour 1648 ; n° 20, 27 novembre 1650 pour 1652 ; n° 39, 27 décembre 1652, pour 1653) jusqu'au tarissement de la source : « J'aurais voulu vous transmettre la petite éphéméride de notre Monsieur Eichstadt, calculée pour l'année en cours ; mais il n'en a composé aucune à cause du manque de temps et d'autres raisons et, à mon avis, il ne publiera plus rien à l'avenir sur ce sujet » (n° 41, 24 janvier 1653).

Assez rapidement toutefois, les observations, plus immédiatement utiles à Hevelius, l'emportent sur les publications. Au lendemain de la publication de la *Selenographia* (1647), Hevelius élargit ses ambitions avec son réseau de correspondants[267]. Il a entamé des séries et souhaite recevoir des observations de toutes parts pour les comparer aux siennes et préciser ses calculs. En 1652, une nouvelle dynamique se met en place. C'est d'ailleurs l'une des deux années (avec 1681) où les échanges sont les plus nombreux (voir Annexes, tableau I, p. 122-123). L'année, il est vrai, est riche en événements avec deux éclipses de Lune le 25 mars et le 17 septembre, une éclipse de Soleil, le 8 avril et, en fin d'année, une comète. Le 15 avril 1652 (n° 24), des Noyers envoie un dessin à Hevelius de l'éclipse solaire qu'il n'a pu suivre en totalité. Le 10 juin (n° 26), il lui fait parvenir dans un paquet de Boulliau, les observations de Gassendi ; le 1er juillet (n° 28), celles de Boulliau avec toutes celles réalisées à Paris. Hevelius qui ne veut pas se laisser distancer annonce l'impression des siennes (« dès que mon observation de l'éclipse solaire, qui transpire déjà sous la presse, sera tout à fait imprimée, je répondrai plus longuement à vous et à nos amis communs » (n° 29, 8 juillet 1652). Le 22 juillet, des Noyers envoie encore l'observation de Morin (n° 30). Hevelius est contrarié d'apprendre que les observations parisiennes ont été publiées (n° 31, 29 juillet 1652) et demande à des Noyers de diffuser au plus vite les siennes, à présent imprimées, aux amis parisiens. Des Noyers s'exécute et y ajoute ses amis à la cour (Courade, Gnefel, Davisson : n° 32, 12 août 1652) et encore à Rome, à Venise et à Ravenne, ce qui ravit Hevelius (« Vous avez bien mérité de moi par de nombreux services, car vous avez bien voulu communiquer nos observations de Dantzig à d'autres sans que j'en fasse la demande, des hommes remarquables par la vertu et le savoir », n° 34) qui prend à témoin des Noyers au sujet d'une observation de Linemann qui lui paraît inexacte. Il lui fait donc part de l'observation de Linemann et de ses objections (« il vous appartiendra de tout bien peser, examiner et à l'avenir, de me donner votre avis dont je fais grand cas » (n° 34) et lui demande de communiquer l'ensemble à Boulliau (n° 35, 9 novembre 1652). Des Noyers fait mieux que s'exécuter : « Les objections que vous faittes a Mr. Linemann meritoient d'estre veuë, et la response qu'il vous a faitte, c'est pourquoy j'en ay envoyé des copies a Paris a Messieurs Boulliau, Roberval et autres » (n° 37, 5 décembre 1652). Flatté Hevelius lui fait part de ses premières observations de la comète (n° 38, 24 décembre 1652) avec un dessin : « C'est très volontiers, en raison de notre très étroite amitié, quoique je sois en ce moment empêché par des

---

267 *CJH*, I : "Les réseaux d'Hevelius" dans Ch. Grell, « Hevelius en son temps », p. 75-89.

occupations et des travaux variés, que j'ai voulu, bien plus que j'ai dû vous faire savoir en quelques mots que le 20 décembre, à 6h.30 du soir, j'ai vu et observé dans le ciel un phénomène très rare et insolite. Que ce soit une comète, et qu'elle se trouve dans l'éther, j'en suis persuadé ». En prenant ainsi des Noyers pour confident, il en fait son obligé : « Je suis bien obligé a vostre civilité du souvenir que vous avez eu de moy en me faisant [part] de l'observation que vous avez faitte de la comette. Je vous en remercie donc de tout cœur. J'ay fait cinq ou six copies de vostre lettre, lesquelles j'envoye en France et en Italie, afin qu'on voyë ce que vous avez observez » (n° 40, 22 janvier 1653). Désormais, Pierre des Noyers devient l'agent publicitaire d'Hevelius en mobilisant, en sa faveur, son réseau savant et ses relations. Des Noyers reçoit non seulement les observations de Boulliau (n° 44, 27 février 1653) et consorts, mais aussi des observations de Kircher et de Munster (n° 45, avril 1653). La comète de 1652 mobilise la communauté des astronomes car, après les trois comètes de 1618, ils ont dû attendre cette année-là pour mettre à l'épreuve leurs théories. C'est la première comète observée par Hevelius, mais aussi par le tout jeune Cassini ; elle l'est aussi par les pères jésuites de Bologne (Riccioli), par Andrea Argoli à Padoue et par tous les astronomes parisiens. Pingré note que « les observations que fit Hevelius à Dantzig depuis le 20 décembre jusqu'au 8 janvier sont probablement les plus précises et bien certainement les plus complètes de toutes. En ces vingt jours, Hevelius observa seize fois la comète »[268]. En ce mitan du siècle où quelques réformés exaltés annoncent la fin du monde[269], des Noyers transmet une prédiction catholique dont on ignore l'origine (« comme disent les gens de Cologne et les Romains ») mais peu susceptible de convaincre Hevelius : « Il nous plaist d'en présager que par la vertu de la Colombe pontificale avec la paix dont nous jouissons, la primauté du siège apostolique doit se propager très heureusement à tout l'univers sur lequel a brillé la comète jusqu'à Persée, c'est-à-dire les Anglais coupeurs de têtes dans un délai de trente années (le nombre de jours qu'elle a brillé) et que la guerre doit égorger de la main de Persée l'hérésie à multiples têtes représentée par la tête serpentine de Méduse » (n° 45). Une pièce jointe égarée, aujourd'hui isolée, comme il y en eut peut-être d'autres.

1654 est une autre année importante avec l'entrée attendue de Saturne au Lion[270] et l'éclipse, annoncée comme néfaste du 12 août qu'Hevelius n'a pu observer (« à cause d'un ciel complètement nuageux, excepté au début » (n° 53, 11 septembre 1654).

---

268 Pingré, *Cometographie*, II, p. 9. C'est à partir de ces observations qu'Halley calcula l'orbite de la comète.

269 Pour le contexte : Elisabeth Labrousse, *L'Entrée de Saturne au Lion. L'éclipse de soleil du 12 août 1654*, La Haye, Nijhoff, 1974. Sara Schechner Genuth, en revanche, ne s'y intéresse pas : *Comets, popularCulture and the birth of modern Cosmology*, Princeton University Press, 1997. Sur la comète de 1652 : Andrea Gualandi, *Teorie delle comete da Galileo a Newton*, Milan (F. Angeli), 2009, chap. 1.

270 En référence à Pascal : « Le droit a ses époques. L'entrée de Saturne au Lion nous marque l'origine d'un tel crime. Plaisante justice qu'une rivière borne ! Vérité au deça des Pyrénées, erreur au-delà » (Brunschvicg, 294). Andreas Argolin (de Padoue) avait publié une dissertation latine sur l'éclipse du 8 avril 1652, annonçant les caractéristiques très néfastes de celle qui devait se produire deux années plus tard : prédictions fondées sur la présence du Soleil dans le signe igné du Lion et sur sa proximité avec Saturne et Mars, planètes maléfiques : « difficilium est posse reperiri conjunctionem luminarium infeli-

Hevelius, surtout, publie coup sur coup les *Epistolæ II*, qu'il publie à nouveau dans les *Epistolæ IV*. On y trouve des dissertations dédicacées à Lorenz Eichstadt (*De observatione deliquii Solis anno 1649 habita*), à Boulliau et Gassendi (*De Eclipsi Solis anno 1652 observata*), au père Riccioli (*De motu Lunæ libratorio, in certas tabulas redacto*) et à Pierre des Noyers, Petrus Nucerius, *generosus et magnificus Dominus* (*De utriusque Luminaris defectu anni 1654*) : « Enfin je vous envoie mes deux lettres imprimées, l'une dédiée à votre illustre nom, l'autre au Révérend Riccioli comme témoin de votre inclination et de votre affection pour moi. Je vous demande avec insistance de les accueillir d'un front serein, de daigner les parcourir et me révéler votre avis à ce sujet. Quant aux autres exemplaires, vous prendrez la peine de veiller à ce qu'ils soient transmis aux amis à qui ils sont destinés, tant en France qu'en Italie, à la première occasion et surtout le plus vite possible » (n° 56, 4 novembre 1654). Hevelius a ainsi promu des Noyers au rang des mathématiciens et philosophes les plus réputés. Le paquet n'ayant pas été remis dans les délais (n° 59), des Noyers ne répond que le 10 décembre (n° 60) : « L'honneur que vous me faitte m'oblige a ne pas attandre davantage a vous rendre toutes les graces que je dois. Vostre meritte est si grand que je ne puis rien dire a vostre louange qu'au dessus de luy... tous vos ouvrages sont sy illustres par l'excellence de leur Autheur qu'ils n'ont point besoing d'aprobation et qu'il suffit de dire qu'ils sortent de vos mains pour faire connoitre qu'ils sont tres parfaits... Vous estes un Heros en la science de l'astronomie... Ceux a qui comme moy vous avez la civilité de donner de vos œuvres vous en doivent estre eternellemment redevable et je confesseré tousjours cette debte en recherchant les moyens de vous tesmoigner que je la connois et que l'inclination que j'ay euë a vous honorer me l'a attiree ».

La logique à l'œuvre est bien rodée : des Noyers doit recueillir les observations de ses correspondants, les communiquer à Hevelius qui, après les avoir intégrées dans ses calculs, fera imprimer les siennes, à charge pour des Noyers de les diffuser et d'entretenir donc des échanges suivis. C'est ainsi qu'Hevelius, qui n'a que peu de correspondants en Italie, peut suivre les recherches qui s'y font et obtenir, par l'entremise de Boulliau, toutes les mesures prises à Paris. Hevelius, qui possède ses propres presses, s'efforce de coiffer au poteau tous ses concurrents et revendique la paternité de toutes les découvertes. On voit ce système fonctionner jusqu'à l'affaire de la comète de 1664-1665 qui marque une première étape dans la marginalisation d'Hevelius. Lors de la controverse sur les instruments, une partie déjà de la communauté scientifique a interrompu les correspondances avec Hevelius dont l'opiniâtreté est reconnue par tous. Après l'incendie, lorsqu'il ne dispose plus de presses, il rédige de longs textes aussitôt envoyés à des Noyers, à charge pour lui de les faire recopier et de les envoyer. Comme cette correspondance le montre très clairement, des Noyers est, pour Hevelius, un « intermédiaire scientifique » (comme on dit aujourd'hui) essentiel.

---

ciorem et pejus affectam hac » (*Dissertatio in eclipsim Solis 12 Augusti 1654 et aliqua in eclipsim Solis 1652, 8 Aprilis* (sd, sl, datée 3 août 1652, p. 9).

4 : Le crépuscule et la fin

Les quatre acteurs de cette correspondance disparaissent à un âge assez avancé : Burattini décède le premier, le 14 novembre 1681 à l'âge de 64 ans ; il est suivi par Hevelius le 28 janvier 1687, le jour même de ses 76 ans. Pierre des Noyers meurt le 26 mai 1693, à 85 ans. Le dernier survivant, Boulliau quitte ce monde le 25 novembre 1694 à 89 ans.

Tous les témoins de la carrière d'Hevelius ont déjà disparu : la Reine de Pologne, Louise-Marie dans sa 56e année (le 10 mai 1667) ; le Roi Jean-Casimir s'en est allé en France (1670) où il s'éteint à Nevers le 16 décembre 1672 à 63 ans. Jean Chapelain, qui avait négocié sa pension, décède le 22 février 1674 à 79 ans. Le fidèle et précieux informateur Oldenburg est mort le 5 septembre 1677 (59 ans). Son mécène, Colbert l'a suivi le 6 septembre 1683. Seuls survivent Jean III Sobieski, († 17 juin 1696) et Louis XIV, dont le règne fut le plus long de l'histoire de France (72 ans : 1643-1715).

Après l'incendie qui détruit les maisons et l'observatoire d'Hevelius, le 26 septembre 1679, les années de prospérité et les projets ne sont qu'un souvenir. Les jours s'égrènent, marqués par les difficultés, les soucis de santé (1680, à Mme Hevelia, n° 201, 22 janvier 1680), l'amertume et la tristesse : « Vraiment je suis à ce point malheureux que pas un seul de mes amis et de mes parents à qui j'ai jadis tant donné, ne m'offre spontanément en cadeau une seule petite fenêtre en souvenir de lui (comme c'est l'habitude chez nous) alors que j'ai besoin de cent fenêtres pour la réparation de mes quatre maisons » (n° 204, 31 mai 1680). Le malheur qui le frappe ne suscite pas beaucoup de compassion autour de lui. C'est alors qu'un héritage, important semble-t-il, lui échappe. L'affaire, pour être élucidée, exigerait des recherches dans les archives de Gdańsk. Il s'agit probablement de la succession de Joanna Mennings, la mère d'Elisabeth Koopmann-Hevelius décédée en 1679 (n° 226). Dès le 20 juin 1681 (n° 220), Hevelius parle « d'affaires très rebutantes » qui lui prennent tout son temps, ce que des Noyers traduit par des « affaires qui troublent assurément vos vertueuses occupations » (n° 227, 28 novembre 1681). Il s'en est expliqué le 14 novembre (n° 226) :

> Depuis plus de deux mois, j'ai été et je suis encore, totalement accablé d'affaires aussi rebutantes qu'urgentes, en raison de la commission royale que la singulière bénignité de mon Roi très clément m'a accordée, à cause d'un certain héritage qui revient de plein droit à mon épouse, mais qui m'est refusé depuis déjà deux ans, par la malice d'un homme malveillant. Bien plus, il a lui-même enlevé secrètement de la maison

mortuaire toutes les économies avec des gages précieux pour plusieurs milliers [de florins] et il s'est échappé de la ville, de sorte que je suis à présent forcé d'agir contre lui par contumace. Je peux à peine vous dire ce que cela me crée d'embarras, combien de temps cela me prend, dans ma situation par ailleurs si troublée et si triste.

Le 19 décembre Hevelius s'excuse de ne pas avoir répondu à l'annonce du décès de Burattini du fait « des affaires nombreuses et rebutantes qui ne sont pas loin de me détruire (n° 228). Notons que ce n'est pas la première affaire d'héritage dans laquelle Hevelius doit se battre. Après le décès de sa première épouse, il avait sollicité par des Noyers un arbitrage du Roi en sa faveur, au détriment de la famille de son épouse (n° 104, 19 mai 1662)[271].

Jusqu'au bout, les trois amis restent en contact. La dernière lettre d'Hevelius à des Noyers est du 18 octobre 1686. La dernière de des Noyers du 27 septembre. Des Noyers fait part à Boulliau du décès de l'astronome le 31 janvier 1687[272]. La correspondance hebdomadaire entre les deux amis se poursuit jusqu'au 17 octobre 1692[273].

L'isolement d'Hevelius

Dans l'*Annus Climactericus*, Hevelius relate que l'année 1679 avait bien commencé avec la publication du second volume de la *Machina Cœlestis* en avril et la visite de Halley, en juin et juillet, avant de se révéler fatale. L'année « climactérique », selon une ancienne tradition astrologique, est une année dangereuse ou fatale, dans les multiples de 7 et de 9. 1679 c'est 6+1- 7- 9. Année « fatale » donc, en dépit d'heureux auspices[274].

L'incendie se déclare alors qu'Hevelius était parti se reposer à la campagne. Ce fut à ses yeux un acte de malveillance, ou du cocher qui laissa brûler une chandelle dans l'écurie, ou d'un assistant excédé[275]. Quoi qu'il en ait été, l'incendie détruisit les quatre maisons de l'astronome, ses meubles, sa vaisselle, son imprimerie, une grande partie de sa bibliothèque et de ses manuscrits, ainsi que les exemplaires des ouvrages imprimés entre 1647 et 1679 et, notamment, tous les exemplaires de la *Machina Cœlestis* II qu'il n'avait pas envoyés. La perte matérielle, si l'on en croit Boulliau, s'élevait

---

271 Voir supra p. 19.

272 BnF, FF 13022, 245r-246v.

273 On peut compter dans FF 13022, 171 lettres de des Noyers à Boulliau entre le 31 janvier 1687 et le 17 octobre 1692. Toutes sont datées de Varsovie, hormis 3 de Dantzig (6 août 1689 ; 15 et 23 septembre 1690) et l'on note une interruption entre le 14 septembre 1691 et la dernière lettre du 17 octobre 1692.

274 « Climactérique » : « Année dangereuse à passer et où on est en danger de mort au dire des astrologues » (*Dictionnaire* de Furetière) ; « Année climactérique » : « Une certaine année que l'on croit fatale, soit dans la vie des hommes, soit dans la durée des Etats » (*Dictionnaire de l'Académie*). Notons qu'en 1685, Hevelius célèbre 49 années (7x7) d'observations célestes. Il parle lui-même de « [son] année climactérique d'observations » (n° 234). Sur ce sujet : Max Engammare, *Soixante-trois. La peur de la grande année climactérique à la Renaissance*, Genève, Droz, 2013.

275 *CJH*, I, Ch. Grell, « Hevelius en son temps », L'incendie p. 119-120.

INTRODUCTION

85

à 30 000 écus, soit 90 000 livres[276]. Le 8 décembre 1679, Boulliau écrit à des Noyers [à Monsieur des Noyers] de retour en Pologne après l'incendie :

> Je me représente l'émotion d'esprit que vous ressentirez arrivant à Dantzig et le renouvellement de la douleur que vous souffrirez en voyant la désolation lamentable et la perte qu'a soufferte M. Hevelius, et je participe tellement à son affliction et à sa mauvaise fortune, que je peux dire sans desguisement, mais avec une sincerité parfaicte, que depuis le premier jour que j'appris cette disgrâce jusques a celluy ci, il ne s'en est passé aucun qu'elle ne me soit revenuë dans la pensée avec un desplaisir si sensible qu'il me cause de la tristesse. Je plains son malheur autant que l'on peut le faire, et l'estat où il se trouve excite de la compassion dans mon ame plus forte que je ne le peux dire[277].

Seuls furent sauvés sa correspondance, son Catalogue des Fixes (n° 205, 6 décembre 1680), son nouveau globe céleste corrigé et les précieux manuscrits de Kepler en sa possession. Il lui restait aussi l'*Uranographia*, le *Prodromus astronomicus*, l'*Annus Quinquagesimus Observationum Uranicarum*, [ses] principaux opuscules arrachés aux flammes cruelles par une faveur divine particulière » (n° 207, 27 décembre 1680) ; mais toutes les tables dressées pour calculer le mouvement des planètes étaient entièrement détruites, qui devaient lui permettre de corriger les Tables Rudolphines. Hevelius réagit en homme pieux face à ce désastre : il y voit une épreuve voulue par Dieu pour ses péchés. Dans l'*Annus Climactericus*, il rend hommage à Dieu de l'avoir conservé en bonne santé et de lui avoir donné la force d'affronter ce grand malheur avec la grâce du Saint Esprit. Hevelius ne baisse pas les bras et envoie dans les semaines qui suivent des demandes d'aide à tous ses mécènes et à ses amis. Boulliau, qui n'a pas les moyens de lui venir en aide, confie à Philippe Pels, le représentant des Provinces-Unies à Dantzig :

> Il serait glorieux aux grands Princes de l'aider à se relever, et d'autant plus que sa constance et la grandeur de son courage résistent si généreusement à ce terrible accident de la mauvaise fortune... J'apprens qu'il est résolu d'employer tout son bien pour réparer son observatoire. Si les grands Princes étoient touchés de quelque compassion de la ruine de ce bel ornement de l'Europe et de l'infortune arrivée à M. Hevelius, ils contribueroient quelque chose qui le consoleroit dans son malheur ; il auroit besoin de Patrons dans les cours qui représentassent qu'il seroit avantageux aux Princes pour leur réputation et leur gloire de subvenir en quelque chose au malheur de ce célèbre personnage, mais des particuliers comme je suis, qui n'ont aucun accès dans les cours, écriroient pour néant et sans fruit[278].

276 Lettre à Philippe Pels, représentant des Provinces-Unies à Dantzig, du 9 février 1680, dans Olhoff, 1683, p. 202.

277 Dans cette même lettre, Boulliau évoque une lettre que lui a envoyée des Noyers d'Amsterdam le 27 novembre. Des Noyers lui écrit de Dantzig le 6 janvier 1680 (BnF, FF 13021, 1rv).

278 Olhoff, p. 202-203.

Hevelius se heurte parfois au silence. Ainsi Edmund Halley, avec qui il avait testé ses instruments entre juin et juillet 1679, ne répond-il pas à ses lettres : « Je vous prie de bien vouloir demander [à Boulliau] si le très célèbre Edmond Halley, qui voici deux ans était venu me visiter à Dantzig, réside à Londres ou à Oxford ou au contraire serait mort car, jusqu'à présent, il ne m'a même pas envoyé en réponse la plus petite lettre, alors que je lui ai envoyé, voici plusieurs mois, une très longue lettre » (n° 226, 14 novembre 1681). Il reçoit aussi beaucoup de bonnes paroles, comme il l'écrit dans son *Prodromus Astronomiæ,* mais peu d'aides concrètes. En 1685, l'*Annus Climactericus,* publié à compte d'auteur (*sumptibus Auctoris*), est dédicacé à Gabriel Krumhausen (bourgmestre de Dantzig entre 1666 et 1685) en remerciement pour son soutien. Il a écrit à Jean Sobieski dès le 13 octobre, déplorant la perte d'instruments que le Roi avait lui-même tenus dans ses mains pour observer le ciel. Sobieski s'était en effet rendu à Dantzig en 1677 pour rétablir l'ordre dans la ville (n° 192) et avait rendu plusieurs visites à Hevelius, qu'il avait nommé Astronome royal le 21 octobre 1677 avec une pension de 1000 florins à prélever sur les revenus du port. En outre, le 3 décembre 1677, il avait exempté de taxes la vente des bières des brasseries d'Hevelius. Le Roi confirma sa pension (à la charge de Dantzig) et lui accorda de plus, au printemps 1680, une aide supplémentaire peut-être à l'instigation du père Kochański à qui Hevelius demande « en toute occasion [de gérer ses] affaires » tant auprès du Roi très clément que du Prince Jacques, mais aussi auprès des mécènes et protecteurs « pour rétablir et conserver mes études célestes » (n° 208, 27-31 décembre 1680).

Pour le remercier, Hevelius offre au Roi, au lendemain de la libération de Vienne (le 12 septembre 1683), une constellation dans le ciel : l'Ecu de Sobieski, le *Scutum Sobieskianum,* qui symbolise dans le ciel la victoire de la Chrétienté et la protection accordée par le Roi aux sciences et notamment à l'astronomie[279]. Il en informe des Noyers le 6 avril 1684, à qui il demande de garder le secret (n° 245) :

> Hier... j'ai transmis à notre Majesté Royale et Sacrée un dessin de cette nouvelle étoile observée par moi à Dantzig et reportée au nombre des autres astres, à savoir l'Ecu de Sobieski. Cette constellation consiste en sept étoiles très brillantes, observées seulement par moi avec méthode. Elle est placée dans mon Uranographie et sur mes globes célestes dans un lieu tout à fait noble dans le ciel, à savoir entre l'Aigle, le Sagittaire, Antinoüs et le Serpentaire, là où on n'en trouve aucune autre sur les globes.

Des Noyers trouve ce vide céleste très dignement rempli (n° 246, 19 mai 1684).

Au lendemain de l'incendie, Colbert avait annoncé une aide de 2000 écus, qui mit deux années à se concrétiser[280]. Alors que Pierre des Noyers n'avait pas été tenu

---

279 Lettre à Jean Sobieski du 30 mars 1684. Cette constellation est encore reconnue, dite *Scutum,* Ecu ou Bouclier. Voir : Jaroslaw Włodarczyk, Maciej Jasiński, « Jan III Sobieski and the 17th. Century political Uranography », dans : *Primus inter pares*, Varsovie, 2013, p. 141-145.

280 *CJH*, II, n° 106, à Louis XIV (15 octobre 1679) ; n° 107 à Colbert (20 octobre 1679). Colbert informe Hevelius de la générosité du Roi : « Le Roy mon Maistre à bien voulu mesme prendre quelque part, et à cette perte commune que la Littérature a fait, et à la vostre particuliere ; et Sa Majesté veut bien

INTRODUCTION

87

informé par Hevelius des échanges avec Chapelain et Colbert, il doit désormais suivre le conflit avec les Formont[281] qui n'ont pas reçu l'ordre d'honorer la promesse de Colbert. Hevelius lui demande instamment d'intervenir auprès des ambassadeurs. Le 31 mai 1680 (n° 204) :

> Mais je ne peux nullement vous cacher que jusqu'à présent je n'ai rien reçu de notre Monsieur Fromond quoique je lui aie montré un autographe de l'Illustrissime et Excellentissime Monseigneur Colbert. C'est pourquoi je voudrais vous demander en toute courtoisie d'aller trouver au plus tôt les illustrissimes et excellentissimes Messieurs les Ambassadeurs... Autrement je ne puis ni restaurer ma maison avec l'observatoire astronomique, ni mettre sur pied mes études célestes[282].

Le 6 décembre 1680 (n° 205) : « Je crois devoir vous dire à l'oreille que nos marchands n'ont pas encore jusqu'à présent donné satisfaction au mandat de Sa Majesté Royale Très Chrétienne... Si vous pouvez faire quelque chose auprès des illustrissimes et excellentissimes Ambassadeurs... vous ferez pour moi un geste grandement agréable [et] vous redresserez merveilleusement mes études célestes qui jusqu'à présent ont été perturbées à l'extrême ». Même demande, le 10 janvier 1681 (n° 211) : « Quant à vous, si vous pouvez contribuer à cette affaire si peu que ce soit, par les illustrissimes Messieurs les Ambassadeurs, ne négligez rien, je vous le demande encore et encore ». Et encore le 20 mars (n° 214) : « Qui dois-je persuader ou entreprendre, pour obtenir enfin des marchands, que je tiens pour seuls responsables, l'incomparable munificence du Roi Très Chrétien pour soulager mon Uranie ? » Hevelius écrit encore à Boulliau pour lui demander d'intervenir à Paris (n° 214, 215). C'est Boulliau qui lui recommande d'écrire à Baluze, le bibliothécaire de Colbert (n° 215, 2 mai 1681), ce qu'il fait le 27 juin 1681[283] (n° 220, 20 juin 1681, 221, 27 juin 1681). Cette intervention décisive (n° 223, 12 septembre 1681) va enfin débloquer le paiement. Il annonce la bonne nouvelle à des Noyers mais « comme la chose n'a pas encore été menée à son terme, elle doit être laissée dans le doute » (n° 224, 19 septembre 1681). L'affaire enfin résolue (n° 226, 14 novembre 1681, 227, 28 novembre) et Hevelius remercie Baluze après le versement des fonds, le 3 janvier[284].

---

pour l'adoucir et vous donner les moyens de continuer vos exercices vous faire un present de deux mil escus... Vous reconnoistrez par la, que le Roy mon Maistre n'est pas moins admirable dans les exercices de la paix, qu'il l'est à la teste de ses armées lorsque ses ennemis l'obligent de les faire agir » (*CJH*, II, n° 109, 28 décembre 1679). Les 2000 écus ne furent versés à Hevelius qu'en septembre 1681 (n° 119, 120).

281 Une famille de banquiers protestants au service de Mazarin, puis de Colbert, que l'on retrouve à Amsterdam, Hambourg, Dantzig ou Königsberg : *CJH*, II, p. 35-36, 109-115.

282 Hevelius profite de l'occasion pour se plaindre du non-paiement des gratifications de 1672 et 1673.

283 *CJH*, II, n° 118.

284 *CJH*, II, n° 122.

Le nouvel observatoire

De retour à Varsovie, des Noyers lui offre ses propres instruments (n° 201, 22 janvier 1680) : « Je vous envoie mon quart de cercle comme vous l'avez desire. J'y aurois joint la machine de vostre invention sy elle avoit esté chez moy, mais elle est chez M. Buratin a la campagne d'ou je la fairé venir incessemment pour vous l'envoyer avec les oculaires pour l'objectif que je vous ay laissé. Je vous envoye outre le quart de cercle encore un demy cercle dont je vous ay laissé la boussole ». Il complète ce premier envoi l'année suivante : « Je vous envoye, Monsieur, le baston de demy cercle et les instruments qui manquoient au quard de cercle que je vous ay envoyez qui estoient dans un coffre a la campagne » (n° 209, 4 janvier 1681). Burattini, de son côté, lui prête des lentilles de Divini « qu'il dit avoir achettez cherement et pour cela vous prie de les luy rendre lors que vous en aurez eu d'autre part » (n° 203, 23 avril 1680).

Grâce à ces instruments, Hevelius va progressivement reprendre ses observations. La correspondance est interrompue entre le 28 avril 1679 (n° 199) et le 22 janvier 1680 (n° 201). Le voyage à Paris de des Noyers explique cette lacune. À son retour, il s'est arrêté à Dantzig où il a pu prendre la mesure du désastre. Quelques mois plus tard, Hevelius écrit sa lettre du 6 décembre 1680 (n° 205) de son « cabinet reconstruit avec l'aide de Dieu... Je ne doute pas qu'avec moi vous vénérerez de tout votre cœur Dieu, fondateur et recteur de toutes choses, qui m'a permis jusqu'à présent de reconstruire certaines de mes maisons et, dans sa grande clémence, de surmonter tant de labeur, de soucis et de chagrins ». Le 10 décembre 1682, il décrit même son nouvel observatoire (n° 234) : « Je me suis construit un nouvel observatoire et je l'ai équipé avec les nécessaires instruments de bronze, sextants et quadrants, et avec de remarquables tubes très longs ; je n'ai rien négligé à propos de la récente comète et je n'ai laissé passer aucune nuit claire sans noter quantité d'observations avec les instruments adéquats, le sextant, le quadrant et les tubes. »

Hevelius envoie ses observations dès le 27 décembre 1680 (n° 207), réalisées au début avec les moyens du bord : « Je me rangerais parmi les plus heureux, Ami très respectable, si je pouvais observer et décrire cette comète de mon observatoire avec mes grands instruments d'autrefois, mais jusqu'à présent cela n'a pu se faire en raison de la reconstruction de ma maison et de l'achat d'autres choses très nécessaires, en particulier à cause des frais excessifs ». À présent qu'il n'a plus son imprimerie sous la main, cette communication vaut publication est des Noyers est censé diffuser ces écrits à la cour et auprès de ses amis (n° 209, 4 janvier 1681) : « J'ay receue vostre paquet du 27 decembre avec la figure de la comete, dont j'envoyé hier copie a la Cour pour la faire voire au Roy. J'en envoye aussy copie a Vienne et en France a nostre amy M. Boulliau, ensemble la copie de vos lettres ». Et encore : « J'ay donné quantité de copies de vostre lettre qui contient toutes ces observations de la comete, et particulierement a Paris » (n° 213, 14 mars 1681. Des Noyers transmet aussi à Hevelius les observations du père Kochański réalisées à la cour (n° 211, 10 janvier 1681, 212, 14 février) ou en Italie (n° 213). D'autres observations de comètes suivent qu'Hevelius entend faire connaître à la communauté savante sans attendre la publication de l'*An-*

INTRODUCTION 89

nus Climactericus. Sa nouvelle stratégie consiste à envoyer un long texte à des Noyers, à charge pour lui de le reproduire (ou faire reproduire) et de le diffuser. Deux textes de ce type ont été retrouvés, publiés ultérieurement : l'*Historiola cometæ anni 1682*, dans l'*Annus Climactericus* (p. 120-123) et l'*Historiola cometæ anni 1683*, dans les *Acta Eruditorum* (II, p. 484-491). À l'en croire ses amis se sont « arraché » l'Historiola de la comète de 1682 (n° 234). Il a aussi rédigé « une petite histoire succincte des trois grandes conjonctions » de l'an 1683, qui ne se trouve plus dans la correspondance (n° 236, 25 juin 1683).

Construire un observatoire est une opération extrêmement coûteuse. Dans les années 1650, Hevelius avait installé sur ses terrasses de ses maisons, l'un des observatoires les plus performants d'Europe. Il était très fier de la qualité de ses instruments :

> J'ai entrepris par la bonté de Dieu, avec mes instruments célestes de grande taille faits de métal solide, d'examiner toute l'armée des étoiles fixes, c'est-à-dire de mesurer avec précision leurs distances, longitudes et latitudes. Pour accomplir correctement ce travail, je me suis acheté voici peu de temps des instruments remarquables et j'ai construit un observatoire très commode, ouvert de tous côtés, d'une conception étonnante, au-dessus de ma maison. Je souhaite une occasion propice pour que vous puissiez voir tout cela en personne. Je ne doute pas que vous trouverez chez nous des inventions de tout genre, entièrement nouvelles, que vous ne regretterez pas d'avoir vues » (n° 85, 12 juillet 1659).

Boulliau, lors de son voyage en Pologne en 1661, en est si impressionné qu'il dresse pour le Prince Léopold la liste des principaux instruments d'Hevelius (n° 98, septembre 1661) :

> Il possède deux très grands quadrants en laiton, divisés si subtilement qu'ils dépassent tout à fait ceux de Tycho et les dominent en grandeur excepté le quadrant mural de Tycho auquel le plus grand des quadrants précités est inférieur d'un pied et demi. Parmi les quadrants, un plus petit est azimuthal, construit voici bien des années sous l'autorité et aux frais du Sénat de Dantzig, et divisé par un artisan bien expérimenté. Un autre grand quadrant, un octant à deux fourches et un sextant, tous très grands et entièrement en laiton ont été construits par la magnificence d'Hevelius lui-même et sont très subtilement divisés de sa main ; avec eux on peut distinguer clairement à un douzième de scrupule près la hauteur du Soleil et la distance des étoiles. Il possède aussi des instruments de bois, semblables et égaux, munis de lames de cuivre sur lesquelles se trouvent des divisions très subtiles et très précises ; et en outre deux sextants en bronze massif. Sur le plus petit on peut noter 30 secondes ; sur le plus grand, 15 secondes. Je renonce à vous parler de son matériel pour mesurer les grandeurs, tracer des cercles et les diviser, ainsi que de son outillage pour former des verres de lunettes, soit lenticulaires, soit concaves, qui surpassent les outils des autres fabricants d'Europe par l'abondance et l'excellence.

Boulliau insiste particulièrement sur le matériau, le laiton, mieux à même de permettre des mesures précises, ainsi que sur la qualité des divisions qui représentait la partie la plus délicate de la fabrication des instruments. Ce sont ces instruments d'observation, les mêmes que ceux de Tycho mais perfectionnés par ses soins, dont il vante l'excellence dans sa *Machina Cœlestis* (1673) dédicacée à Louis XIV où l'on trouve une gravure de l'observatoire dont Hevelius était si fier et pour lequel il avait englouti les revenus de ses brasseries [illustration n°10, HT]. Il en convenait lui-même espérant que des Noyers l'aiderait à trouver un généreux mécène (n° 93, 18 décembre 1660) :

> En vérité, ce n'est pas à un simple particulier mais à un Prince qu'il appartient de faire ces dépenses ; et en premier, j'atteste que j'ai payé de ma bourse des sommes très considérables pour ce matériel astronomique, comme vous l'avez bien vu de vos yeux. Bien plus, il me reste tous les jours des dépenses peu communes ; ajoutez que la guerre de Suède nous a ravi l'argent qui était préparé et que l'occasion fait défaut pour le reconstituer... J'ai besoin d'une aide disponible et concrète... Quelle décision prendre, mon intime Ami ? Ou bien il faut arrêter l'entreprise, ou bien il faut apporter des ressources. Où chercher aide et patronage : est-ce sur notre sol natal polonais ou à l'étranger ? Personne ne le comprendra mieux que vous... C'est à vous, infatigable défenseur des lettres, vous qui voulez à profusion notre bien, de me le faire savoir. Vous ajouterez un bienfait à un autre bienfait...

Des Noyers ne l'ignorait pas qui lui répond (n° 94, 23 janvier 1661) : « Je vois et connoist la grandeur de vostre entreprise. Je say combien Alphonse Roy d'Aragon a despencé pour une pareille entreprise et qu'un Empereur et un Roy ont contribué a celle de Tycho et l'un et l'autre n'ont point fait ce qu'il y a esperance que vous paracheverez. ». Avant même qu'Hevelius ait achevé l'équipement de son observatoire, des Noyers était conscient de l'importance des dépenses : « Vous estes un Heros en la science de l'Astronomie qui [ne] peut subsister par sa propre vertu sans un apuÿ estranger » (n° 60, 10 décembre 1654). Equiper un nouvel observatoire alors qu'Hevelius devait reconstruire ses maisons représentait, à la fin des années 1670, une dépense d'autant plus considérable que les équipements s'étaient complexifiés et multipliés[285], sans compter la très coûteuse fantaisie du *maximus tubus*. Les dépenses réalisées par les Bâtiments du Roi pour l'Observatoire de Paris dans les années 1670 montrent très clairement qu'un simple particulier, si riche fût-il, ne pouvait que très difficilement suivre[286]. Pour se maintenir dans la course et achever ses ouvrages, Hevelius devait donc faire l'acquisition d'instruments coûteux. De là son acharnement, après le décès de Burattini, à mettre la main sur des instruments prétendument promis par le défunt (n° 228, 19 décembre 1681) :

---

285 En outre, le port de Dantzig ne retrouve plus le trafic d'antan après le Déluge suédois, les affaires se sont ralenties et la ville est touchée par la crise.

286 À ce sujet, Ch. Grell, « Pouvoir, science et politique en France, XVIIᵉ-XVIIIᵉ siècles », *Archives internationales d'Histoire des sciences* n° 169 (décembre 2012), p. 458-459.

INTRODUCTION 91

Quelques semaines avant sa mort, il m'avait promis dans une lettre de m'attribuer généreusement tout ce qui dans ses réserves se trouverait d'approprié pour restaurer mon Uranie. Vous pourrez sans difficulté voir combien ce geste m'a encouragé à cette époque, moi qui, comme vous le savez, suis totalement privé de matériel de ce genre et le recherche de tout côté avec passion.

Hevelius ne demande rien moins à des Noyers que d'« obtenir des héritiers de me céder le quadrant précité, certains verres et en premier ce tube de 11 pieds construit à Augsbourg par Wiesel[287] tel que j'en ai possédé un », de racheter les instruments « à leur juste prix », sinon de les emprunter. Il lui écrit, le 5 mars 1682 (n° 230) :

J'ai eu grand plaisir d'apprendre que vous remuez ciel et terre pour acquérir l'équipement mathématique de feu Monsieur Burattini. Faites-en sorte, je vous prie, d'acquérir le matériel qui concerne l'optique, l'élaboration et le polissage des lentilles : je le posséderai volontiers. En effet, mon atelier d'optique très bien équipé a été entièrement consumé par les flammes de sorte que je n'ai pas même gardé un seul creuset, ni la plus petite parcelle de laiton.

La veuve opposa une fin de non-recevoir aux demandes répétées de Pierre des Noyers qui n'en obtint pas même un dessin (n° 229, 231), ce qui donne à penser qu'Hevelius n'était pas très apprécié par la famille.

À la recherche d'une nouvelle pension

Hevelius manque cruellement d'argent pour ses publications et s'en ouvre à Boulliau qui a rencontré le même problème avec sa propre *Mathématique des infinis*[288] :

Pour le reste, quoi qu'il en soit, je travaillerai assidument avec l'aide de Dieu à poursuivre mes publications pour le bien des lettres, et surtout mon Uranographie, mes nouveaux globes célestes, le Prodrome de l'astronomie avec un catalogue des Fixes nouveau et augmenté, et mon année Climactérique d'observations, avec la continuation de mes observations menées jusqu'à présent, ainsi que certains autres opuscules, tout particulièrement les lettres des hommes illustres qui m'ont été envoyées avec

287 Johann Wiesel (ou Wiessel), alors décédé. Peut-être le beau-père de Campani (M. Daumas, *Les instruments scientifiques*, p. 89).

288 Boulliau dès 1669 avait pensé éditer son *Opus ad arithmeticam infinitorum* avec un court traité le *Systema Saturni* (à Léopold de Toscane, 10 avril 1669, BnF, Fr. 13 027, 35rv). En 1674, il avait mis la dernière main à son ouvrage sur les séries mathématiques infinies qui devait, pensait-il, rendre service aux mathématiciens. Il en avait fait graver les figures à ses frais, et fait le tour des imprimeurs, peu empressés d'éditer un ouvrage qui se vendrait mal. Un seul était mieux disposé, à condition que Boulliau se charge des frais des illustrations gravées, et d'une partie des frais d'impression : ce qui lui était alors impossible, après l'achat de ses deux maisons. (à Hevelius, 11 juin 1677, BnF, Fr. 13 027, 200v. L'ouvrage paraît finalement en 1684.

mes réponses. Hélas, mon Ami, l'argent me fait défaut pour publier toutes ces belles choses car vous savez comme ma perte a été grande... Néanmoins, je garde toute ma confiance en Dieu Très Bon, Très Grand qui veillera sur moi et sur mes affaires afin que je puisse encore exposer, en ce temps de ma vieillesse, pour la gloire de son nom, tout ce que la bonté de Dieu m'a laissé et tout ce que j'ai à nouveau élaboré au lende-main de mon infortune[289].

Pour achever ses ouvrages, il a besoin de nouveaux instruments. Pour acheter ces instruments, il lui faut de l'argent. Pour obtenir une pension, il propose des dédicaces d'ouvrages qu'il ne peut achever que grâce à cette aide généreuse. Le Trésor de Jean Sobieski n'est pas ruiné comme l'était celui de Jean-Casimir au lendemain du Déluge suédois (n° 94), mais tous les efforts financiers se concentrent sur la guerre contre l'en-nemi turc. En septembre 1683, il envoie, à toutes fins utiles, une longue lettre à Francis Aston[290], sollicitant une aide de la Royal Society pour imprimer ses travaux récents. Il y expliquait que Blaeu[291] s'était engagé à publier ses cartes du Ciel mais que, dans les années 1680, son fils[292] refusait d'honorer cette obligation et avait même informé Hevelius de la disparition de l'officine. Hevelius expose donc le détail des dépenses engagées : un excellent peintre (*optimus pictor*) pour le dessin des constellations qui a porté un soin particulier pour dresser des cartes plus précises et plus belles du point de vue artistique que celles des atlas de Bayer et de Schiller. En l'absence de graveur de talent à Dantzig, il demande à la Royal Society de lui envoyer un excellent graveur (*egregius sculptor*) qui travaillerait sous son contrôle, une année entière, parlant l'alle-mand ou le flamand. Lord Aston ne donna pas suite[293].

Aussi Hevelius tente-t-il sa chance auprès de Louis XIV et, après le paiement des 2000 écus promis, se prend-il à espérer qu'avec de nouvelles dédicaces, il pourra à nouveau bénéficier des largesses du Roi de France. C'était d'ailleurs son intention initiale d'offrir à Louis XIV son catalogue des Fixes, comme il l'écrit au printemps 1679, lorsqu'il procède aux envois de la *Machina Cælestis* II : « L'an prochain, si Dieu m'accorde la vie et les forces, j'ai décidé de consacrer à nouveau au Roi Très Chrétien mon prodrome céleste avec un nouveau Catalogue des Fixes » (n° 199, 28 avril 1679). Quand il reprend ses observations, des Noyers lui conseille de faire parvenir à Baluze l'*Historiola* de la comète de 1682 « afin qu'il y voye la confiance que vous avez en son amitié, et que cela le dispose a vous servir aupres de M. Colber. Car on ne peut rien

289 Hevelius à Boulliau, 17 juin 1683, BnF, Fr 13 044, 171v ; Lat. 10 349-XV, 242.

290 Secrétaire de la Royal Society entre 1681 et 1685.

291 Johannes I Blaeu, 1596-1673. Sur la route du retour de Pologne, en 1661, Boulliau avait été char-gé par Hevelius de toute une série de courses. À Amsterdam, en novembre 1661, il se rend chez Blaeu et achète des livres pour Hevelius. Il demande aussi au libraire s'il est prêt à éditer les lettres de Kepler et l'*Almageste* de Ptolémée et se heurte à un double refus. En revanche, Blaeu s'est alors montré tout disposé à publier les cartes célestes d'Hevelius. (H. Nellen, *Boulliau*, p. 267-268).

292 Johannes II Blaeu, 1650-1712.

293 Karolina Targosz, « 'Firmamantum Sobiescianum', The magnificent Barok Atlas of the Sky », dans: *On the 300th. Anniversary*, 1992, p. 132-133.

INTRODUCTION

93

faire aupres du Roy que par ce Ministre qui est le dispensateur des grâces » (n° 235, 18 décembre 1682). Le 22 juillet 1683 (n° 238), Hevelius croit encore qu'une intervention de Baluze pourra convaincre Colbert : « J'ai achevé mon Uranographie qui consiste en soixante grandes figures. Il ne reste qu'à les faire graver sur cuivre par un excellent graveur et à fournir les ressources financières pour que je puisse déposer ce travail de cinquante ans aux pieds de Sa Majesté Royale et Sacrée ». Mais Colbert, encore aux affaires, a définitivement renoncé au système des gratifications abandonné durant la Guerre de Hollande[294]. Après le décès de Colbert, Hevelius s'inquiète des interlocuteurs nouveaux : « L'Illustrissime et Excellentissime Monseigneur Colbert est-il mort ? Et qui est maintenant le principal Mécène des lettres et le promoteur des choses célestes ? Qui a le pouvoir de conserver et de protéger les études auprès de Sa Majesté Royale Très Chrétienne ? Enfin, qu'est-il avisé pour moi de faire, par quelle voie et avec quel promoteur entreprendre l'affaire ? » (n° 242, 15 octobre 1683). La réponse à ces questions lui est donnée par Boulliau le 22 octobre (n° 244) qui lui conseille d'attendre : « En ce qui concerne vos affaires, il me paraît raisonnable d'attendre quelque temps et de moins se hâter avant de demander quoi que ce soit à ces hommes illustrissimes [Louvois et les siens] et d'en consulter d'autres sur ce qu'il faut faire pour le succès de vos affaires. Je vous informerai de tout et vous rapporterai tout sincèrement ».

Quand Hevelius annonce à des Noyers l'offrande de la constellation de l'Ecu à Sobieski, il lui demande « de n'[en] envoyer aucun exemplaire à Paris pour des raisons bien connues (n° 245, 6 avril 1684). Il est en effet très soucieux de ne pas froisser le Roi de France dont il espère toujours obtenir une gratification. Il se réserve même de lui offrir une constellation entière et de la publier dans son Uranographie, s'il en reçoit une aide :

J'ai aussi plusieurs étoiles nouvelles observées à un autre endroit, parmi les autres astres, que je consacrerai aussi à quelque autre grand Mécène des Lettres, mais comme vous le comprenez facilement, j'ose à peine à moins que, selon les conventions, on me donne du courage pour réaliser cette affaire. Sinon je susciterais une jalousie encore plus grande envers moi. Mon Uranographie, composée de soixante-dix grandes figures est tout entière dessinée, de sorte qu'il faut seulement la graver, mais je ne trouve dans ces régions aucun graveur sur cuivre assez compétent et expérimenté ; il faut le chercher à l'étranger, à grands frais, qu'il me paraît déraisonnable de prendre à ma seule charge.

Le 19 janvier 1685 (n° 250), il revient à la charge :

Quant à moi, je travaille uniquement de toutes mes forces à publier le reste de mes œuvres, mon Uranographie en soixante-dix gravures in folio, mes globes célestes, mon Prodrome d'astronomie avec un catalogue nouveau de toutes les Fixes, ainsi

---

294 Ch. Grell, « Pouvoir, sciences et politique », art. cit., 2012.

que mes Tables solaires de Dantzig et les lettres qui m'ont été envoyées par tous les hommes célèbres avec mes réponses. Mais comme cela nécessite des frais excessifs, j'attends avec avidité des Mécènes, des soutiens et des promoteurs qui viennent à mon secours.

Le 29 juin 1686 (n° 256), aucune bonne nouvelle ne lui est encore parvenue. Hevelius explique à des Noyers qu'eu égard au passé, il lui serait particulièrement agréable de recevoir une aide du Roi de France :

Pour épancher en vous le fond de mon cœur, Ami très cher, j'aimerais dédier et consacrer cet ouvrage, avec le catalogue des Fixes, sans doute le dernier et le plus important de tous, au Roi Très Chrétien, comme à mon plus grand Mécène si munificent depuis tant d'années... Sa Majesté Royale m'a constamment encouragé et enflammé, dans sa grande clémence, à continuer ces œuvres et à les publier au plus vite pour le bien des lettres... Ainsi, je ne devrais offrir très humblement ces œuvres à aucun autre Prince qu'à ce Roi Très Glorieux.

Et à Boulliau il écrit le même jour :

Pour continuer ces ouvrages et les mener à bonne fin, personne parmi les Rois et les Princes ne m'a plus souvent encouragé, avec une plus grande ardeur et une âme plus royale et plus clémente, et même me l'a fait savoir par l'Illustrissime Monseigneur Colbert, que le Très Glorieux Roi de France, comme l'attestent abondamment de nombreuses lettres que l'Illustrissime Monseigneur Colbert m'a envoyées (et qui ont même été publiées sous le nom d'Olhoff). C'est pourquoi j'ai jugé qu'il m'incombait aussi de dédier et de consacrer au seul Roi Très Chrétien, comme à mon Mécène très munificent, cet ouvrage qui est sans doute mon dernier, à savoir le Catalogue des Fixes[295].

À cette date, il ne lui manque que l'argent pour publier. Ses travaux ont été, pour l'essentiel, menés à terme :

J'ai fait avancer mes œuvres à tel point que les images de l'Uranographie qui sont environ soixante ont été très élégamment gravées par un distingué graveur français, sauf deux ou trois, et même imprimées, toutes en grand in-folio, avec deux hémisphères très grands qui montrent in-plano toute la sphère céleste. De même j'ai pareillement fait transcrire mon Prodrome de l'astronomie avec le double catalogue des Fixes. Ainsi, si Dieu le veut, on pourra le mettre sous presse dans un mois et même plus tôt. De tous mes livres publiés jusqu'à présent, c'est le principal et le plus difficile. Pour ce seul livre, j'ai dépensé tant et tant d'argent ; pour le mener à bien, j'ai fait construire à mes seuls frais tant et tant d'instruments des plus somptueux. Et je tairai le nombre

---

295 Hevelius à Boulliau, 29 juin 1686, n° 256.

INTRODUCTION   95

de lustres d'années que j'ai passés en labeurs et en veilles, jour et nuit, comme l'atteste ma Machine pour construire le catalogue des Fixes. C'est pourquoi je souhaiterais qu'il me soit permis de dédier et de consacrer cet ouvrage à quelques grands Mécènes des lettrés ; non certes dans le but de récupérer tous mes frais, loin de là ! Mais que j'obtienne quelque consolation digne d'un grand Prince après tant de labeurs épuisants et après le lamentable désastre que j'ai subi de ce cruel et atroce incendie. (n° 256)

Ce qu'Hevelius ignore, c'est qu'au lendemain de la mort de Colbert, Louvois a pris le contrepied de la politique de son prédécesseur et les dépenses sont désormais focalisées sur les grands travaux versaillais. Il n'a donc plus aucune chance d'obtenir un quelconque soutien côté français et n'obtint rien de Louvois qui se désintéresse de l'astronomie. Le *Prodromus Astronomiæ,* qui contient le *Catalogue des Fixes* promis de longue date et l'*Uranographie,* est publié à titre posthume par son épouse en 1690. Les démarches d'Hevelius pour convaincre un généreux bienfaiteur de l'aider à publier les quinze volumes de sa correspondance n'ont pas eu plus de succès. Même le choix de lettres[296] publié en janvier 1683 par Jean Eric Olhoff, secrétaire du Conseil municipal de Dantzig et apparenté à l'astronome, n'a pu convaincre le Prince Electeur Frédéric-Guillaume, ni son fils Philippe Guillaume, ni les autres Princes. Par un tour malicieux de l'histoire, deux des volumes de cette correspondance (avec la Cour de France et Pierre des Noyers) ont été financés par le Centre de recherche du château de Versailles, signe d'une reconnaissance tardive qu'Hevelius n'eût pas même imaginé.

L'obsession de la persécution

Si Hevelius échoue dans sa quête éperdue d'un généreux mécène, c'est parce qu'il est entouré d'ennemis jaloux qui ont juré sa perte. Après la querelle de la comète (1666-1668) qui, du fait de l'obstination d'Hevelius, s'est achevée sur un désaveu des membres de l'Académie des sciences comme de la Royal Society, rendu public par le *Journal des Savants* et les *Philosophical Transactions*[297] ; après la nouvelle querelle qui l'oppose à Hooke au sujet des instruments d'observation[298] et qu'il estime heureusement conclue avec les observations réalisées avec Edmund Halley lors de son séjour à Dantzig entre le 26 mai et le 18 juillet 1679 : Hevelius attend sinon des louanges et des encouragements, du moins des remerciements de la part des savants à qui il avait envoyé sa *Machina Cælestis* II, tout juste sortie des presses. Or la polémique rebondit en 1685, au lendemain de la publication de l'*Annus Climactericus,* lorsque William Molyneux présente cet ouvrage à la Philosophical Society de Dublin, le 9 novembre 1685, soulignant les limites de l'observation *oculo nudo* et tous les avantages du télescope.

296 197 lettres soigneusement choisies et découpées : *Excerpta ex Literis illustrium virorum ad Johannem Hevelium perscriptis, judicia de rebus astronomicis ejusdemque scriptis exhibentia,* Gedani, Johann Waesberg, 1673.
297 *CJH,* II, p. 67-84 et Supplementa.
298 *CJH,* I, p. 109-117. Et Saridakis Voula, « The Hevelius-Hooke Controversy in context : transforming Astronomical Practice in the late 17th. Century », *Studia Copernicana,* XLIV, 2013, p. 103-135.

En outre, les astronomes parisiens n'ont pas pris fait et cause en sa faveur et Hevelius a même trouvé le moyen de froisser Cassini et l'abbé Picard[299] qui mettent un terme à leur correspondance. Halley, sur l'appui duquel comptait beaucoup Hevelius, se tait : il réalise en fait, son grand tour d'Europe (226, 14 novembre 1681). Le silence des académiciens parisiens obsède littéralement Hevelius qui n'a de cesse de se plaindre de leur ingratitude à partir de 1680 (n° 213, 224, 226, 232, 233, 235, 250, 256) au point de soupçonner un véritable complot.

À l'Académie des sciences, en effet, personne ne l'a remercié pour l'envoi de la *Machina Cœlestis* II. Les volumes, expédiés en avril 1679, ont été distribués par Perrault le 15 septembre. Seuls Colbert, Perrault et Boulliau se sont manifestés. Les académiciens n'ont pas même accusé réception au lendemain de l'incendie, ce dont Hevelius se plaint amèrement à Boulliau[300] et à Perrault : « Ce n'est pas pour moi un petit surcroît de malheur que de voir l'intérêt de mes amis me faire défaut. Depuis si longtemps, je ne reçois plus de lettres. Monsieur Carcavi se tait. Ils se taisent, Cassini, Picard, Gallois et les autres, même s'ils ont été relancés par des lettres et par mon livre que je leur ai donné »[301]. Les semaines passent, Hevelius comprend qu'il ne recevra jamais ni de remerciements, ni de réponse et se montre très inquiet quant aux raisons véritables d'un silence à ses yeux concerté. L'hostilité des académiciens parisiens à son encontre se mue, au fil des lettres, en une véritable obsession, Hevelius les soupçonnant d'avoir collectivement juré sa perte et de nuire à toute demande de gratification. Dans une lettre du 3 juillet 1682, transmise par des Noyers (n° 233, 3 juillet 1682, pj.), Boulliau écrit à Hevelius qu'il se « plaint à bon droit de nos Académiciens qui après avoir reçu les présents magnifiques de tous vos livres ne vous ont envoyé aucune de leurs œuvres pour témoigner leur gratitude ; à leur tour, ils vous ont posé et transmis des querelles, surtout quand cela pouvait se faire en dehors des problèmes. » Hevelius interroge son ami Boulliau dans une longue lettre pathétique [17 juin 1683, pj] :

> Aux mathématiciens de Paris, je souhaite tout ce qu'il y a de plus souhaitable et je vous demande de les saluer à la prochaine occasion, même s'ils sont à ce point irrités contre moi qu'ils n'ont pas répondu un seul petit mot depuis quatre années entières jusqu'à présent, aux lettres très polies que je leur ai envoyées. Ils ne m'ont pas non plus adressé le moindre remerciement pour l'envoi en son temps de la Machina, partie II, et ils ont encore moins daigné porter un jugement sur mes petits travaux astronomiques (ce que j'ai pourtant toujours fait et toujours demandé avec courtoisie). Si cette malveillance venait d'un seul d'entre eux, elle pourrait s'excuser ; mais comme cette mauvaise volonté vient de tous, même de Monsieur Gallet... j'ignore à coup sûr ce que je dois présumer et comment cette attitude pourrait être excusée devant le monde savant et sa postérité. À mon avis, la postérité honnête en viendra facilement à cet avis que cela s'est fait uniquement par jalousie ou parce que la fortune m'a de-

---

299 Guy Picolet, « La correspondance de J. Picard avec J. Hevelius, 1671-1679 », 1978, p. 17-18.

300 Dans sa lettre du 31 mai 1680, BnF, FF 13044, 181r-182v ; Lat 10 349-xiv, 257-259.

301 Hevelius à Perrault, 1ᵉʳ juin 1680, *CJH*, II, n° 110, p. 394.

INTRODUCTION

97

puis quelques années regardé d'un œil torve... J'ignore d'où viennent leurs intentions malveillantes envers moi.

Le 22 octobre, Boulliau qui informe Hevelius des changements apportés par la mort de Colbert, revient sur « les vraies causes du silence blâmable » des académiciens : « et, à dire vrai, vous reconnaîtrez que mon pronostic était vrai et non trompeur quand je vous ai fait savoir que vous ne deviez rien attendre de leur part. Monsieur Gallet s'est comporté avec vous de façon incivile et indécente. Je m'en étonne, car il n'a pas été admis à l'Académie ; n'étant pas intégré, il n'aurait pas dû les imiter » (n° 244). En conséquence, Hevelius demande à des Noyers de ne pas envoyer d'exemplaires de l'*Annus Climactericus* aux académiciens (n° 250, 19 janvier 1685) :

> Je n'enverrai aucun exemplaire au très illustre Monsieur Cassini et aux autres Parisiens, sauf, comme je l'ai dit, à notre cher Monsieur Boulliau ; en partie parce que tous, à l'unisson, n'ont pas même répondu un petit mot à ma lettre de l'an 1679 alors que je leur avais envoyé en même temps, comme cadeau, ma Machina Cœlestis, et qu'ils ne m'ont pas adressé le plus petit remerciement ; en partie parce qu'ils ont Hevelius en aversion (je ne sais pourquoi) et que la matière même de l'Annus Climactericus leur est tout à fait opposée ; mais qu'ils pensent ce qu'ils veulent, cela m'est bien égal, il me suffit d'avoir composé cet opuscule pour la vérité et d'avoir démontré de façon claire et détaillée cette controverse qui m'a opposé à l'Anglais Hooke, non pas avec des paroles vantardes à la manière de Hooke, mais par des faits et des observations faites en présence de l'illustre Halley envoyé dans ce but à Dantzig par notre très illustre Société Britannique.

Hevelius en vient à soupçonner les académiciens de lui nuire et d'être les responsables de l'indifférence du Roi de France à son égard. Il s'en confie à Boulliau en 1683 dans une lettre poignante :

> À mon avis, la postérité honnête, qui m'aura vu au travail sur mon toit, en viendra facilement à penser que cette attitude est préméditée et provient uniquement de la jalousie, mais je ne suis pas en mesure d'en persuader en aucune manière des hommes distingués et lettrés, même si vous connaissez bien ce proverbe commun 'Pour l'homme malheureux les amis sont loin', parce que des études semblables produisent assez souvent une grande jalousie. Cependant, quoique je compte à peine parmi les plus petits admirateurs des choses célestes et que j'aie simplement produit des œuvres en fonction des petits moyens que m'a concédé Dieu, aucune jalousie ne devrait m'accabler d'autant que Dieu m'a enjoint de lever les yeux vers le ciel et d'admirer ses merveilles. Quant à moi, je n'interdis certainement à personne de faire de plus grandes choses, de produire des résultats plus certains et plus précis ; je voudrais au contraire demander à tous ceux qui s'adonnent à l'astronomie et même à la postérité de ne pas se borner à de simples mots glorieux (comme la plupart des gens en ont l'habitude en ces temps), mais que par les faits eux-mêmes, examinés avec des instruments précis

et performants, ils corrigent ce qui doit l'être, ils complètent ce qui doit l'être, ils illustrent ce qui doit être illustré et expliqué, ils l'exposent dans le plus grand détail : et certainement, n'importe qui jusqu'à la fin du monde aura des choses à chercher, même s'il est de tous le plus ingénieux, le plus sagace, le plus expérimenté et le plus habile, car personne n'épuisera jamais les œuvres de Dieu dans le Ciel au point qu'il ne reste plus rien à étudier car la sagesse de Dieu est impénétrable. On ne peut donc citer aucune raison valable, honorable Ami, pour expliquer qu'ils s'enflamment contre moi, ou doivent se fâcher, d'autant qu'à aucun moment je ne me suis montré hostile à leur égard, que je ne les ai harcelés dans aucun écrit, que j'ai toujours fait mention honorable de leurs travaux, qu'en toute occasion, je leur ai exposé clairement les inclinations de mon âme quoique il m'ait été impossible de leur donner raison en tout point dans l'affaire des pinnules et que je persiste toujours fermement dans mon opinion comme je l'exposerai dans les observations de mon Année Climactérique qui paraîtra prochainement. Je ne sais donc d'où vient leur hostilité à mon égard. Si d'aventure vous en connaissez la véritable cause, ou si vous pouvez vous en enquérir, je vous demande instamment de m'en faire part[302].

« Je crains que ces hommes dont j'ai fait mention plus haut, soit en personne, soit avec l'aide de leurs amis, me résistent soit publiquement soit en secret par un travail de sape, pour que Sa Majesté Royale et Très Sacrée n'accueille pas mes œuvres d'un front serein et que je doive en espérer encore moins quelque consolation » écrit-il encore le 28 juin 1686 (n° 256). Des Noyers lui répond (n° 257, 19 juillet 1686) : « Je ne puis rien dire sur le dessein que vous avez pour la dedicace de vos ouvrages. J'en ay escrit a nostre Amy et j'attand sa response, et celle encore d'autres personnes a qui j'en ay parlé. J'ay bien quelque amy parmi ces Messieurs de l'Academie, mais je n'oserois leur en escrire de crainte qu'ils ne receussent pas mes propositions comme je le souhaitterois pour vostre service ». Les ultimes échanges de lettres restent marqués par cette hantise.

Hevelius achève ainsi sa vie dans le plus grand isolement, heureusement secondé par son épouse qui assurera la publication posthume de son œuvre et soutenu par deux amis fidèles, des Noyers et Boulliau à qui il reproche de n'écrire que très irrégulièrement. Tout au long de sa vie, Hevelius s'est plaint que ses correspondants ne lui répondaient pas par retour de courrier même si lui-même, de son côté, tardait fréquemment à leur écrire, faute de temps expliquait-il. Dans ses vieux jours, sachant son temps compté et se croyant persécuté, il est encore plus impatient et contrarié. Il bouscule ainsi des Noyers (n° 245, 6 avril 1684) : « Je n'ai reçu aucune lettre depuis longtemps, ni aucune réponse à ma dernière lettre écrite déjà le 19 novembre de l'année passée. Je suis donc très inquiet de votre santé, c'est pourquoi je vous demande très poliment de prendre la peine, à la première occasion, de me dire en quel état sont vos affaires ». Sans doute est-il un peu jaloux de l'échange hebdomadaire de lettres de Boulliau et de des Noyers.

---

302 Hevelius à Boulliau, 17 juin 1683, BnF, FF. 13 044, 170r-171v ; Lat. 10 349-XV, 238-242.

INTRODUCTION

99

Lui qui se sent de plus en plus isolé et de la communauté scientifique et de nombre de ses amis, exige sa part d'informations. Boulliau, trouve-t-il, met toujours trop de temps à lui répondre :

> Quoique depuis les lettres du 16 et du 18 avril de l'année 1681 je n'aie rien reçu de vous, ni de réponse à mes lettres du 27 juin 1681, ni du 3 janvier 1682, je reste néanmoins persuadé de votre ancienne et sincère affection pour moi. Entre nous, l'amitié a poussé de si profondes racines qu'elles ne peuvent en aucune manière être arrachées, même par nos pires ennemis. Je soupçonne que la principale cause de votre long silence tient à votre mauvaise santé qui vous a grandement affaibli jusqu'à présent, comme je l'ai appris de notre ami commun. Puissiez-vous être pleinement rétabli, rien ne pourrait m'être plus agréable afin que vous puissiez à l'avenir servir les lettres comme vous l'avez fait jusqu'à présent[303].

Aussi harcèle-t-il des Noyers pour qu'il demande à Boulliau de lui écrire ou de lui répondre, et pour qu'il lui communique tout ce qui le concerne. Ainsi, le 28 juillet 1683 (n° 238) : « Pour le reste, saluez le très célèbre Monsieur Boulliau et demandez-lui, en mon nom, qu'il veuille bien me visiter par une petite lettre ». Des Noyers, pour faire un peu lâcher prise à Hevelius, croit avoir trouvé la parade : il demande à Formont qui réceptionne son courrier à Dantzig et le lui renvoie à Varsovie, de communiquer à Hevelius toutes les lettres de Boulliau qui le concernent, à un titre ou un autre : « J'ay prié M. Formont d'ouvrir les lettres que m'escrit toutes les semaines nostre dits Amy M. Boulliau, et vous les communiquer toutes les fois qu'il parlera de vous » (n° 237, 16 juillet 1683). Il insiste : « Depuis que j'ay prié M. Formont de vous communiquer ce qui me viendroit de Paris de curieux, je n'ay point eu matiere de vous importuner de mes lettres : c'est ce qui m'a empesché de vous escrire » (n° 246, 19 mai 1684). Et (n° 247, 4 août 1684) : « J'ay prié M. Formont d'ouvrir toujours mon paquet de Paris pour vous communiquer ce qui y sera pour vous d'astronomie et de mathematiques. Je ne say pas s'il le fait. C'est à vous de l'en solliciter de temps en temps afin qu'il ne l'oublie pas ». Il se lasse d'ailleurs de jouer les commissionnaires. Il suggère à Hevelius de s'adresser à Formont pour expédier les exemplaires de l'*Annus Climactericus* à Paris (n° 251, 15 février 1685) : « M. Formont trouvera plus tost que moy ocasion de les envoyer par mer » et de conclure un peu sèchement : « Je suis derechef vostre tres obeissant Serviteur ». Le 13 avril (n° 254), il écrit : « Je croy que vous aurez veu ce que M. Boulliau me dit dans sa lettre du 23 mars, en respondant a ce que vous desirez savoir, dans la lettre que vous me fittes l'honneur de m'escrire le 19 janvier dernier. J'avois donné ordre a Dantzigt que l'on y ouvrit mon paquet pour vous faire voir laditte lettre ». Mais Formont se venge des attaques d'Hevelius dont il fut la cible et transmet directement les paquets à Pierre des Noyers, allongeant d'un mois sinon plus l'arrivée des nouvelles (n° 258, 27 septembre 1686) : « J'avois prié M. Formont d'ouvrir mon paquet de Paris et de vous communiquer tousjours les lettres de M. Boulliau ou il parleroit de vous et comme j'ay apris qu'il ne l'a pas tousjours fait je

---

303 Hevelius à Boulliau, 17 juin 1683, BnF, Fr 13 044, 170r ; Lat. 10 349-XV, 238.

vous en envoye quatre ou il me parle de vos affaires, afin que vous les voyez commodément ». En lui rendant la monnaie de sa pièce, Formont isole plus encore Hevelius qui avoue dans sa dernière lettre : « Je vous remercie comme il se doit, de m'avoir transmis ces quatre lettres du très célèbre Boulliau que Monsieur Formont m'a refusées. J'en retire peu de consolation, bien plus je n'en retire absolument rien, mais je comprends plutôt que je n'obtiendrai rien » (n° 259, 18 octobre 1686). Ces mots très pessimistes concluent une longue amitié.

Dans cette correspondance, la dernière lettre de Boulliau est datée du 22 octobre 1683. En fait, Boulliau n'écrit plus qu'à Pierre des Noyers, qui lui fait part des lettres reçues où il est question de ses affaires. Les lettres d'Hevelius à Boulliau s'espacent de même : les deux dernières que nous connaissons sont du 21 avril 1685 et du 29 juin 1686.

Hevelius est maintenant malade. Il avait déjà eu, plus jeune, de sérieux problèmes[304]. Mais avec la ruine et les soucis quotidiens, les attaques de l'âge se font plus cruelles. Il le reconnaît dans sa lettre du 28 juin 1686 (n° 256) : « L'infirmité de mon corps qui m'a souvent cloué au lit cet été et votre absence, Ami très cher, m'ont empêché de vous visiter par lettre depuis quelques mois ». Et encore dans son ultime lettre, du 18 octobre 1686 (n° 259) : « Je poursuis avec entrain mes travaux... quoique une infirmité de corps peu commune, et divers soucis et occupations très sérieux y fassent grand obstacle ». Hevelius, attaqué par de violentes crises de colique néphrétique, est obligé de garder le lit douze semaines. Epuisé, il décède le 28 janvier à 4h. 46m.

La marginalisation de Boulliau

C'est à la fin d'une existence qu'on en peut véritablement dresser le bilan. Boulliau eut le triste privilège de constater, longtemps avant de finir ses jours, que sa vie n'avait été qu'une suite d'échecs, de revers, d'occasions non saisies et de malchances : « Les dernières années des 'papiers Boulliau' donnent l'image d'un vieillard qui, encore vif et énergique au début, lutte contre la déchéance physique et, fidèle à ses choix scientifiques, s'accroche à son travail mais qui, ensuite, tracassé par les infirmités et la décrépitude, s'aigrit de plus en plus et finit, de guerre lasse, par abandonner la partie : jusque dans sa vieillesse la route de notre prêtre érudit ne fut pas semée de roses »[305].

Boulliau était pourtant, dans les années 1660, un astronome très réputé. Christian Huygens, de passage à Paris en 1660, écrivait à Léopold de Toscane qu'il ne s'y trouvait aucun homme pour s'occuper sérieusement d'astronomie puisque Boulliau en était absent[306]. Il comptait à son actif une œuvre impressionnante[307], il avait un excellent télescope, il entretenait une importante correspondance et jouissait d'une grande notoriété.

---

304 En 1646, 1649, 1653 (voir n° 49, 1653 et n. 3). Il est encore malade un mois en 1668 (n° 147, 1er juin 1668).

305 H. Nellen, *Boulliau*, 1994, p. 318.

306 *OCCH*, III, p. 197, à Léopold de Toscane, 28 novembre 1660.

307 L'*Astronomia Philolaica*, publiée en 1645, est la pièce maîtresse. Il a aussi un *De lineis spiralibus demonstrationes novæ*, Paris, Cramoisy, 1657.

INTRODUCTION

101

Mais il était d'une prudence pusillanime. Il voulait s'assurer une carrière à Paris et, malgré des désillusions, ne sut saisir l'opportunité offerte par la Reine de Pologne qui, au fait des courriers hebdomadaires échangés avec son secrétaire et de leur passion commune pour l'astrologie, voulait en faire son agent diplomatique auprès des Provinces-Unies à l'époque du Déluge suédois, puis l'attirer à Varsovie à sa cour en 1660. Boulliau voulait bien rester à Dantzig auprès d'Hevelius, mais non pas entrer au service de la Reine. À cette date, il espérait encore trouver à Paris des occasions plus intéressantes qu'à Varsovie où l'atmosphère était empoisonnée par l'hostilité à l'encontre des réformes proposées par la Reine et des Français plus généralement. Boulliau a toujours fui le conflit et les empoignades avec les Diètes (notamment en 1661), prélude à la guerre civile, n'avaient rien pour le séduire. Son retour à Paris fut amer. Colbert ne l'appréciait pas[308] : il ne figure pas sur la liste des pensionnés élaborée par Chapelain en 1663 (où se trouve Hevelius) ; son nom n'apparaît pas parmi les « mathématiciens » de la nouvelle Académie des sciences (1666) et il est écarté de l'Observatoire à sa fondation (1667-1671). Boulliau est ulcéré de cette injustice et cet échec brise définitivement sa carrière. Il s'est toujours plaint du coût prohibitif des instruments d'observation : en 1663 déjà, il écrit à Hevelius qu'un homme de sciences sans ressources est contraint à l'inaction[309]. Désormais sans pension ni protecteur[310], écarté de l'Observatoire où non seulement les astronomes sont rémunérés mais où, en outre, les Bâtiments du Roi financent l'achat des équipements les plus performants, il se sent abandonné au bord de la route et dans l'impossibilité matérielle de participer aux progrès de l'astronomie.

Il assiste donc impuissant, aux débuts de l'Académie en 1666. Inconsolable, il donne libre cours à son amertume dans sa correspondance même si, à Paris, il se force à fréquenter les académiciens, voire à les courtiser. Il n'aime pas Carcavy, l'homme de Colbert. Il rompt ses relations amicales avec Huygens, mais il ménage Auzout. À son arrivée, en 1669, il apprécie Cassini, mais dès 1670, il révise son jugement : « Mr. Cassini ne produit rien, et il prend la teinture des esprits de l'Académie, quelque personne m'assuré, que l'hyver dernier il apprenoit à dançer, et faisoit la cour à une Damoiselle, avec qui il apprenoit conjointement. Mr. Hevelius ne doit donc point craindre que les ouvrages de ces Mrs. la effacent les siens » [25 juin 1670, à des Noyers]. Dans cette même lettre, il se fait le chroniqueur malveillant des débuts de l'Observatoire :

> Vous pourrez luy dire que jusques icÿ l'observatoire n'est point achevé, et ne le sera pas si tost. Qu'il n'a jusques icy qu'un quart de cercle, que l'on m'a dit qui est de quatre pieds de demi diametre, mais assez mal faict. J'asseure que toute la celebre Academie ne produira jamais aucune chose, ou si elle en produit, qu'elle ne sera d'aucune

---

308 Selon H. Nellen, qui cite les mémoires de Philibert de la Mare, Boulliau n'avait pas reçu de pension parce que « Mr. Colbert luy ayant offert la charge de bibliothécaire du Cardinal Mazarin après la mort de Mr. Naudé il refusa de l'accepter aux conditions que Mr. Colbert vouloit », c'est-à-dire de la partager avec la Poterie alors que Boulliau la vouloit pour lui seul.

309 9 mars 1663, à Hevelius, H. Nellen, *Boulliau*, p. 474 n. 14.

310 C'est en 1666 qu'a lieu la rupture avec Jacques-Auguste II de Thou dont il était le protégé.

consideration. S'il sçavoit quels esprits la composent, leur capacité et en quoi gist leur aplication, et la maniere dont ils agissent, il n'en auroit pas trop bonne opinion. Je le trouve tres habile en une chose et tres heureux aussi, c'est qu'ils gagnent de l'argent en faisant un metier qu'ils n'entendent pas.

Le 11 janvier 1669, c'est une partie des fondations qui a cédé sous le poids des lourdes voûtes[311]. Le 18 décembre 1672 (n° 165), des Noyers évoque la tempête du 21/22 septembre qui, selon Boulliau, a « abbatu le grand quart de cercle que Messieurs les academistes de Paris avoient porté sur l'observatoire... Il s'est tout fracassé et le fer et la lame de cuivre ont estez entierement faulcees et pliees. Il n'y avoit point encore de division que de quelque degrez, qui encore estoient a ce que l'on dit assez mal divisez ». À en croire Boulliau, avec ses petits moyens, il a plus fait que tous les académiciens réunis qui ne sont qu'une bande d'ignorants, d'arrogants, de dilettantes et d'orgueilleux privilégiés qui se prélassent aux frais de l'Etat et dont on ne peut rien attendre de valable. À Hevelius encore sous le choc de l'incendie, Boulliau relate, le 7 octobre, la vieille histoire des académiciens, réunis au grand complet, pour observer une éclipse de Lune alors que l'Observatoire n'était pas encore achevé : ils s'étaient rendus à Saint-Cloud mais, affamés par le voyage, s'étaient mis à table avant le début de l'éclipse, oubliant la Lune, déjà partiellement éclipsée alors qu'ils étaient encore attablés, et qui avait repris sa nouvelle forme les laissant penauds et déconcertés[312]. Dans ses lettres à Hevelius ou destinées à être lues par Hevelius, il déverse tout son fiel sur l'Académie des sciences et les académiciens. Il écrit à des Noyers [21 avril 1673] :

Je suis surpris de l'étonnement dans lequel vous estes et Mr. Hevelius aussi a cause que je ne vous escris rien des ouvrages de Mrs. nos Academiciens. Je n'ay point manqué de vous en advertir lors qu'ils ont produict quelque chose mais cela arrive fort rarement... J'ay peu de pratique avec ces Mrs. nos Academiciens, que je laisseray agir a leur mode.

Il critique l'abbé Picard qui n'a pas jugé utile de faire le détour par Dantzig lorsqu'il s'est rendu au Danemark. Il stigmatise la grossièreté et l'ingratitude des académiciens qui n'ont pas remercié pour la *Machina Cælestis*, ce dont Hevelius se plaint régulièrement. La lettre du 5 juin transmise par des Noyers le 3 juillet 1682 (n° 233) sue la haine :

Dans votre lettre du 27 juin dernier, vous vous êtes plaint à bon droit de nos Académiciens qui après avoir reçu les présents magnifiques de tous vos livres, ne vous ont envoyé aucune de leurs œuvres pour vous témoigner leur gratitude ; à leur tour, ils vous ont posé et transmis des querelles surtout quand cela pouvait se faire en dehors des problèmes. Leurs œuvres sont peu nombreuses et de peu de poids. Il ne fallait pas

---

311 H. Nellen, *Boulliau*, p. 486.
312 FF. 13 026, fol. 201rv.

dépenser beaucoup d'argent pour le transport, mais ils n'ont pas daigné vous écrire, pas même un petit mot pour vous remercier. Ils ont eu honte d'échanger du bronze contre des cadeaux en or, tirés de votre royal trésor astronomique ; ils n'ont pas voulu envoyer des choses indigentes et empruntées à vos lares privés, riches de vos travaux et de la célébrité de votre nom. La bile tient leurs mains liées, de peur qu'en vous remerciant par lettre, ils ne soient forcés de faire votre éloge et de se diminuer eux-mêmes et leur réputation pour échapper au blâme des hommes de bien et de cœur. J'ai compris dans votre lettre suivante, écrite le 3 janvier, qu'ils ne vous avaient ni écrit, ni transmis quoi que ce fût. Ils persévèrent avec constance dans leur opinion. Je ne crois guère que vous recevrez d'eux un livre ou une lettre quelconque. Aucun ouvrage d'eux n'est présent en vente chez les libraires[313].

Hevelius ne croit pas Boulliau, qui le presse de questions. Il prend au sérieux l'Académie des sciences et se montre impatient d'en avoir des nouvelles, craignant que les travaux de l'Académie ne lui portent ombrage et préjudice : « Je n'ai encore reçu aucune réponse des mathématiciens parisiens... Qu'observent-ils ? Que font-ils ? Que publient-ils ? J'aimerais le savoir » (n° 224, 19 septembre 1681) ; « J'aimerais savoir où les astronomes français en sont avec l'Observatoire royal ; bénificient-ils toujours de l'ancienne munificence ? » (n° 242, 15 octobre) ; ou encore « J'aimerais savoir ce que font les académiciens parisiens installés dans une telle tranquillité et une telle félicité, ce qu'ils ont publié et dans quel état sont les affaires littéraires, tant des Parisiens que des étrangers » (n° 250, 19 janvier 1685). Il ne sait évidemment rien des relations pacifiques que Boulliau entretient à Paris avec les académiciens, qu'il ménage évidemment. Mais si Boulliau se venge et se fait plaisir en déversant son fiel, ces propos critiques ont aussi une autre fonction : celle de réduire au silence Hevelius, prompt à la querelle et dont Boulliau doit défendre les intérêts à Paris. Le petit monde des astronomes s'enflamme facilement et Hevelius est particulièrement âpre dans la polémique comme il l'a montré dans la querelle de la comète de 1664-1665 et dans ses polémiques avec Hooke sur l'instrumentation. Pour défendre son ami, Boulliau doit éviter qu'il attaque et l'Académie et les académiciens (n° 257, 19 juillet 1686) :

Les astronomes de Paris ne produisent rien ; ils sont en disputes savoir s'ils produiront le livre qu'ils ont imprimé depuis plusieurs mois, sous le seul nom de l'Academie, sans nommer aucun de leurs corps, ou s'ils nommeront en particulier chacun de ceux qui y a contribué quelque chose. C'est la difficulte qui retarde la publication de leur ouvrage. L'on avoit commencé d'imprimer au Louvre les manuscrits de Tico Brahe apportez de Danemarc par l'abbé Picard, mais on ne continue pas par menage a ce que l'on dit. C'est tout ce que nostre amy m'a escrit des astronomes de Paris qui n'ayment pas tous ceux qui comme vous, Monsieur, travaillent plus qu'eux pour le publique. Et vous ne pouvez pas mieux vous vanger de ceux qui ne vous ayment pas et de vos envieux, qu'en continuant vos immortels travaux, qui subsisteront autant que le monde.

---

313 N° 233, 3 juillet 1682.

Cette tactique a, certes, mis fin aux polémiques mais elle laissa à Hevelius l'impression que les académiciens menaient contre lui, par jalousie, une campagne de diffamation.

Victime de son attitude timorée, Boulliau fut aussi marginalisé par ses choix scientifiques, notamment son goût pour l'astrologie lui porta préjudice à une époque où le pouvoir royal se passait non seulement des astrologues, mais bientôt condamnait l'astrologie judiciaire, écartée de fait à l'Académie des sciences[314]. Morin était mort en 1655 et, avec lui, le dernier astrologue « royal ». À son retour de Pologne, Boulliau fréquente l'Académie de Melchisedech Thévenot (1620-1692) qui cesse ses activités en 1664 par manque d'argent quand Thévenot se retire à Passy. Puis le cercle savant d'Henri Justel prend la relève. Protestant, Henri Justel (1620-1693), avait hérité de son père d'une des plus belles bibliothèques de la capitale. Secrétaire du Roi, il avait été l'ami des frères Dupuy, dont Boulliau avait été le protégé, et s'intéressait aux sciences de la nature et aux belles lettres. Justel fréquentait Chapelain, Petit, Auzout, Thévenot et Monconys, il avait un contact suivi avec Oldenburg. C'est à lui que Boulliau devait son élection à la Royal Society, ainsi que l'écrit Oldenburg : « Ayant vû dans la lettre de Monsieur Justel le respect que vous portez à la Société Royale, et considéré au mesme temps vostre merite et le rang que vous tenez parmy les Scavans de ce Siecle ; je l'ay crû estre, et du service de cet illustre corps et du vostre, que vous y fussiez receu pour membre »[315]. Boulliau lui adresse en retour une lettre de remerciement pour le moins obséquieuse :

Monsieur,
J'ay receu par les mains de Monsieur Justel la lettre que vous m'avez faict l'honneur de m'escrire le 22 avril dernier, par laquelle vous me donnez advis que vous m'avez faict la faveur de representer a Messieurs, qui composent l'Illustre Societe Royale d'Angleterre, la veneration et le respect que j'ay pour eux ; et l'estime singuliere que je fais de leur eminente vertu et profond scavoir, et de leurs travaux merveilleux et continuels a observer les effects de la nature, par des experiences tres-subtiles et tres-ingenieuses ; et a rechercher les voyes et les moyens de faire et executer exactement des choses judicieusement pensees, et elevees au dessus des autres ; d'une si belle et extraordinaire invention, qu'elles surprennent tout le monde, auquel jusques icy elles ont esté incognues. Vous pouvez bien estre persuadé, Monsieur, qu'ayant l'esprit touché par des motifs si puissants, j'ay creu qu'il seroit tres avantageux pour ma reputation, et pour ma satisfaction propre, d'avoir l'honneur d'estre adopté dans cette celebre societe par ces Messieurs qui la composent... C'est une obligation tres-particuliere que je vous ay Monsieur, d'avoir conduict cette affaire au poinct, qu'ils ont approuvé mon dessein et mon invention, m'ayant faict l'honneur de me recevoir dans leur illustre Société. Ce que j'estime infiniment, ny ayant rien qui me touche plus sensiblement que la

---

314 H. Drevillon, *Lire et écrire l'avenir*, notamment, p. 212-213.
315 *CHO*, III, n° 633, Oldenburg à Boulliau, 22 avril 1667, p. 398.

INTRODUCTION

bonne reputation et l'approbation des personnes illustres et celebres par leurs merites et vertus[316].

Cette réception à la Royal Society en 1667[317] ne met pas fin à son isolement. Surtout, elle ne résout pas ses problèmes financiers car, à la différence des académiciens du Roi qui recevaient une pension, les fellows de la Royal Society devaient, eux, s'acquitter d'une cotisation. Par Justel, Boulliau eut connaissance des nouvelles découvertes d'Angleterre dont il fit part à des Noyers : la lunette de « Nettun » qui doit permettre « de discerner s'il y a des habitants dans la Lune » (n° 154, 19 février 1672 ; n° 157, 25 mars 1672) ou la fameuse speaking trumpet de Samuel Morland (n° 154) « qui n'a pas reussy sy parfaitement que l'autheur le promet » (n° 161, 13 mai 1672). Justel est d'ailleurs reçu à la Royal Society en 1681 (F 394). Son cercle est d'abord une société privée d'information, en son domicile, 22 rue Monsieur le Prince, à côté de l'Hôtel de Condé.

Boulliau tombe ainsi peu à peu dans l'oubli. Signe de cette relégation, on ne connaît plus son adresse ; il se plaint que les lettres lui arrivent avec retard (à Hevelius, 15 juin 1668 ; à Hevelius, 18 avril 1681 ; à Hevelius, 22 octobre 1683). C'est par Justel qu'il reçoit une lettre sans adresse chez les Formont : « Copie du billet escrit a Mr. Justel le mercredi 16 avril au soir. Voyla une lettre de Dantzigh pour Mr. Boulliau comme les banquiers n'ont point son adresse, sans moy elle seroit encore sur leur bureau »[318] Précieuse relation, c'est Justel encore qui conseille de faire appel à Etienne Baluze pour toucher Colbert (n° 215).

Son horizon se rétrécit : après avoir été logé chez les de Thou rue des Poictevins, il en est expulsé 1666[319] et se retrouve sur le pavé. Il se loge, comme locataire, au collège de Laon comme il l'écrit à Hevelius le 18 avril 1681 : « Si rescribere mihi volueris literas sic inscriptas : A Mr., Mr. Boulliau Prieur de Magni demeurant au College de Laon, pres la Place Maubert, rue Sainte Genevieve ». Il reste à cette adresse jusqu'en avril 1689, date à laquelle il va s'installer à l'Abbaye de Saint-Victor où il décède le 25 novembre 1694[320].

Boulliau se consacre à sa correspondance, mais sans parvenir à enrayer le processus d'isolement et de déclin intellectuel. Il met moins de soin à répondre : le 11 juin 1677, il répond à une lettre d'Hevelius du 2 juillet 1676 lui expliquant l'avoir négligé,

---

316 Boulliau à Oldenburg, 6 mai 1667, *CHO*, III, n° 638, p. 409. Boulliau avait croisé Oldenburg de passage à Paris en 1659-1660.

317 Reçu (F 224) à la Royal Society le 14 avril 1667 en même temps que Petit (F 225), tous deux avaient été écartés de l'Académie des sciences.

318 N° 215, 2 mai 1681. On peut raisonnablement soupçonner les Formont de n'avoir pas cherché à transmettre la lettre d'Hevelius.

319 Voir H. Nellen, *Boulliau*, p. 311-313.

320 R. Pintard, *Le libertinage érudit*, p. 430 : « C'est dans un collège où il est réduit à faire sa soupe lui-même, que le pauvre homme vivotte dès lors, avec six cents livres de rente ; il s'éteindra, en 1694, à Saint-Victor, âgé de quatre-vingt-neuf ans, dans l'oubli. De temps à autre, depuis la fin du « cabinet », une lettre lui aura apporté — sur la possession des Ursulines d'Auxonne par exemple — un écho des conversations libertines d'autrefois ».

mais non pas oublié car il lui suffisait de lever les yeux au ciel pour qu'aussitôt la physionomie d'Hevelius lui apparaisse avec le souvenir de son exquise courtoisie. Il n'a pas non plus oublié la dextérité avec laquelle il servait l'astronomie[321]. Henk Nellen signale que les étrangers qui venaient lui rendre visite de temps à autre étaient frappés par sa solitude : dans leurs lettres ou récits de voyage, on trouve des remarques navrantes sur l'oubli dans lequel il était tombé, méprisé par la fortune, obstiné comme un hérétique, encore fidèle à des méthodes d'observation et à des idées scientifiques dépassées, qui inspiraient un certain mépris. Leibniz, à Paris au début des années 1670 qualifie Boulliau de « très expérimenté astrologue » ; il mentionne son grand âge et ajoute : « Mais il me parut fort entêté, et attaché comme les vieillards aux opinions des anciens, sans vouloir écouter les modernes[322]. »

Boulliau achève son existence dans le dénuement. Il se débat dans les difficultés. Pour assurer ses vieux jours, il a acheté deux maisons. Le voici aux prises avec les charpentiers et autres corps de métier, source de dépenses que les maigres loyers ne compensent pas[323]. Il a les plus grandes difficultés à publier sa *Mathématique des infinis*[324]. Comme il n'a plus les instruments de précision pour observer, il compte sur les mesures d'Hevelius pour corriger ses *Tables Philolaiques* pour qu'elles puissent supporter la comparaison avec celles de Kepler. C'est à ses yeux l'ultime tâche de sa vie de savant. Aussi presse-t-il sans cesse Hevelius d'achever sans tarder son catalogue des Fixes. Il écrit ainsi à des Noyers : « Si par malheur il venoit à mourir, son ouvrage ne paroistroit jamais au monde ny si promptement, ny si beau, qu'il le peut donner pendant sa vie. Comme ce sera le plus excellent et le plus considerable de ses ouvrages, il en doit préférer l'accomplissement et la perfection à tous les autres » [25 juin 1670]. Boulliau est, en effet, totalement dépendant d'Hevelius pour achever ce travail, d'autant qu'il soupçonne les académiciens parisiens incapables d'une tâche si pénible et si délicate. La destruction d'une partie des observations d'Hevelius dans l'incendie de ses maisons l'a plongé dans le désespoir, alors qu'il sentait ses forces l'abandonner et la mort s'approcher : ce fut la fin d'une illusion.

Le poids des années retentit sur sa santé. Dès 1665, il avait évoqué son grand âge pour excuser sa lenteur à répondre à Portner et Lubieniecki, leur expliquant que toute besogne lui était devenue pénible ; que ce qui naguère l'occupait un jour lui demandait à présent deux ou trois jours. Il se plaignait d'avoir petit à petit perdu le goût et l'odorat, puis toutes ses dents, ainsi réduit, mis à part le pain frais, à ne plus prendre d'aliments solides. Toutefois, il avait conservé bonne vue et bonne ouïe ; mais observer le ciel les nuits d'hiver lui était devenu pénible, même s'il ne perdait pas courage[325]. Il ne semble pas avoir eu de graves soucis de santé, sinon quelques crises de goutte avant 1682. Mais en juillet 1682, il est terrassé par une très forte crise de scia-

---

321 Boulliau à Hevelius, 11 juin 1677, BnF, FF. 13 026, 192rv. (Nellen, p. 319-320).

322 H. Nellen, *Boulliau*, p. 319.

323 H. Nellen, *Boulliau*, p. 320-321.

324 *Opus novum ad arithmeticam infinitorum*, Paris, J. Pocquet, 1682.

325 Lettres à Lubieniecki, 11 décembre 1665, à Portner, 1er mars 1667, à Grævius, 9 décembre 1672, à Viviani, 16 mars 1678 ; et à Hevelius le 4 juin 1682, le 22 octobre 1683 ; le 29 août 1684. (Nellen, p. 323).

INTRODUCTION

tique, avec des douleurs insupportables de la hanche jusqu'au mollet. Le mal s'aggrave et, d'octobre 1682 à la mi-mai 1683, il lui est impossible de quitter la chambre et de voir des amis. Il écrit à Hevelius, dans une lettre transmise par des Noyers le 3 juillet 1682 :

> En peu de mots, mon silence doit s'excuser auprès de vous, mon Ami, qui savez que je compte 77 années écoulées. L'âge s'alourdit, mes forces physiques ne suffisent plus au travail comme autrefois, mes mains moins solides sont devenues plus paresseuses pour tracer des lettres ; la plume ne suit pas toujours les idées de l'esprit qui s'envolent vite ; il en résulte qu'en écrivant, un mot tombe souvent, et cette omission corrompt le sens des mots et rend l'esprit du lecteur hésitant et le rebute... Ce qui est plus grave, il m'est arrivé des affaires domestiques très désagréables, qui m'ont causé de la peine, une maladie de l'âme et des soucis[326].

Son écriture est devenue tremblée et sénile. Le 27 septembre 1686, des Noyers confie à Hevelius (n° 258) : « J'ay escrit a nostre ami... Il ne peut quasy plus marcher a cause de son aage et mesme il a de la peine a escrire ». Boulliau eut le triste privilège de survivre à ses amis.

La mystérieuse retraite de des Noyers

Les dernières années de Pierre des Noyers sont tout aussi mystérieuses que ses débuts au service des Gonzague-Nevers. Il a envisagé, au lendemain de la mort de la Reine, le 10 mai 1667, de rentrer en France. Cette mort fut une tragédie pour lui : deux jours durant, il refusa d'entrer dans la chambre où était exposé le corps. Il écrit à Boulliau le 13 mai :

> Je suis sy accablé de douleur que je n'ay plus la force de respondre a vostre lettre du 22 avril. Enfin la Reyne est morte en 16 ou 17 heures de temps quand sa sante paroissoit restablie... Jugez s'il vous plaist de ma douleur extreme pour la perte d'une si grande Maistresse qui m'honoroit de toute sa confiance. Elle est sy grande que je ne croy pas m'en pouvoir jamais consoler que par la mort[327].

La Reine lui avait laissé, dans son testament, 20 000 livres et la starostie de Tuchola, près de Dantzig, source pour lui de longs ennuis jusqu'à ce que son ami Jan Andrzej Morsztyn la lui rachète en décembre 1667[328]. C'est sans doute au sujet du testament qu'il sollicite l'entremise d'Hevelius auprès des autorités de la Ville (n° 142, 14 septembre 1667). Pierre des Noyers entre alors au service de Jean-Casimir pour préparer l'élection d'un Condé à son abdication. Il éprouvait de l'aversion pour le Roi : il ne faut pas oublier ce portrait, brossé en 1658 à son ami Boulliau :

---

326 N° 233 : dans la lettre de Pierre des Noyers du 3 juillet 1682.
327 AMAE, Corr. Pol. Pologne, 25, fol. 189.
328 Damien Mallet, *Ce pays de Cocagne*, 2017, p. 761 et 790-792.

Il faut que je vous dise quelque chose de l'humeur du R P [Roi de Pologne]. Je crois pourtant l'avoir déjà fait. Il a de la mine ; il pourrait parler s'il voulait, et au moins payer de belle apparence. Et pourtant, e da cosi poco, il ne peut s'appliquer à rien. Il n'a jamais lu en sa vie un livre en entier. Il aime à être seul, hormis ses familiers qui sont tous de sa nature, c'est-à-dire gens sans esprit. Jamais personne n'a été plus enclin alle donne que lui, et pourtant il est quasi impuissant ; sa qualité les débauche toutes, et personne n'est cependant si enclin au changement. La reine ne sait rien de tout cela parce que personne ne le lui veut dire, parce qu'elle est jalouse et maladroite sur ce chapitre-là. Il est vrai qu'elle s'en soucie très peu : sa passion dominante est l'ambition, qui étouffe toutes les autres. Elle fait aussi tout, et sans elle je ne crois pas que l'autre demeurât longtemps roi. Il a autour de lui des nains en quantité, des chiens, des petits oiseaux et guenons. On ne parle dans sa chambre que de luxure ; c'est l'entretien ordinaire. Le vendredi saint, comme un autre jour, il conduit toujours avec lui cinq ou six jésuites, va souvent à la confesse, mais cela ne produit rien. Ces jésuites ne se peuvent accorder ensemble, et sont toujours logés séparément. Il fait porter avec lui une image de la Vierge qu'on dit miraculeuse, à laquelle, quand il n'y a pas d'église proche, on fait l'office dans son antichambre ; mais il n'y va jamais. Il ne démord jamais d'une première impression, quand même celui qui l'a donnée s'en dédirait ; il ne se soucie ni de perte, ni de gain, pourvu qu'il ait ses divertissements ordinaires. Voilà le portrait de celui dont je vous parle, que vous garderez en vous s'il vous plaît[329].

Pierre des Noyers songe sérieusement à rentrer en France. Il demande à Boulliau de lui trouver une propriété près de Paris[330]. Pour ce faire, il doit d'abord se procurer des liquidités, vendre sa starostie et trouver le moyen de transférer les fonds en France car l'exportation de l'argent est difficile. Il a aussi fait un gros prêt à (30 000 risdales, prêtées en 1667[331]) à Burattini qui n'est pas en mesure de le rembourser et qui ne le fera jamais (n° 228, 19 décembre 1681 et 231, 27 mars 1682). Il remet son départ et travaille à mettre sur pied un parti français pour soutenir l'élection d'un Condé[332] sur le trône de Pologne après l'abdication de Jean-Casimir. Des Noyers refuse aussi de rentrer en France à la suite de Jean-Casimir, au lendemain de son abdication (16 septembre 1668), qui lui a proposé un poste de trésorier à sa cour[333].

L'élection contre toute attente de Michel Wiśniowiecki, le rejette dans l'opposition. À la cour de Varsovie, on parle d'un rapatriement des étrangers séjournant en Pologne. Il décide de prendre les devants et d'accompagner Morztyn en 1670 à Dantzig où se sont regroupés tous les opposants au Roi. Des Noyers envisage de rentrer. Il a d'ailleurs fait l'acquisition de toute une série d'ouvrages qui témoignent de sa volonté de s'informer de la situation politique et religieuse du royaume. Ces livres sont impri-

329   Lettre à Boulliau du 1er octobre 1658, *LPDN*, p. 446-447.
330   AMAE, Corr. Pol. Pologne, 25, 13 avril, 1er juin 1668.
331   Il s'agit d'une somme très importante, d'un montant équivalent aux pertes subies par Hevelius lors de l'incendie de 1679.
332   Henri Jules de Bourbon Condé ou son père le Grand Condé.
333   Jean-Casimir se rend en France en 1670.

INTRODUCTION   109

més par Pierre Marteau (ou du Marteau) à Cologne : il s'agit d'une fausse adresse, qui paraît en 1664, où sont publiés des ouvrages politiques ou religieux (et aussi érotiques) censurés en France : l'enseigne de la sphère sur la page de titre désigne Elzevier à Amsterdam. Nous sommes informés de ces achats par les lettres qu'il adresse à Boulliau dans lesquelles il s'inquiète des contrôles pointilleux faits à Paris sur les livres venus de l'étranger, notamment les écrits jansénistes et les livres imprimés en Hollande. Parmi ces ouvrages, on trouve des mémoires qui relèvent de la politique et beaucoup d'écrits jansénistes, qui montrent que des Noyers suit de près l'actualité. L'affaire de la signature du formulaire, imposée par l'archevêque de Paris remonte à 1664. Pour avoir refusé de le signer, les religieuses de Port-Royal de Paris sont expulsées à Port-Royal des Champs (février 1665). L'année 1668 est marquée par une courte trêve entre les jansénistes, le pouvoir royal et le Pape (Clément IX), prélude à de nouveaux affrontements. Trois lettres de 1670, écrites de Dantzig, témoignent de son inquiétude quant au rapatriement de sa bibliothèque. Le 14 juin 1670 :

> L'on me dit icy qu'il y a une inquisition establie a Paris pour voir tous les livres qui y entrent et que l'on y confisque tous les imprimez en Holande et tous les livres ecrits de Porte Royal et enfin que l'on y epluche fort tous les livres. J'avois dessein d'y envoyer les miens parmy lesquels il y en a beaucoup de Holande et d'Alemagne et mesme des manuscrits outre trois ou quatre grands coffres de papiers que j'ay, et des manuscrits curieux. Je ne prendrois pas plaisir qu'on me les prit. Je vous suplie de vous enquerir comment on se pouroit gouverner en cela et m'en donner advis[334].

Le 2 août, il revient sur le sujet :

> Je vous prie de me dire sy en visitant mes livres on les retiendroit tous ou seulement ceux qui sont imprimez en Holande. Je serois pourtant bien fasché qu'on me prist tout ce que j'ay des jansenistes et qui m'a esté envoyé de Paris. Je suis un particulier et je ne trafique pas de livres. N'a t-on point d'égard a cela. Des livres comme les memoires du Card. de Richelieu[335], les ambassades des marechals de Bassompiere[336], le procez de M. Fouquet[337], les memoires de M. de la Rochefoucaux[338], Brantome[339] et

---

334 AMAE, Corr. Pol. Pologne, 37, 14 juin 1670, fol. 56.

335 Probablement l'ouvrage d'Aubéry, *Mémoires pour l'histoire du cardinal de Richelieu*, Cologne (Amsterdam), Pierre du Marteau (Elzevier), 1666-1667, 2 vol.

336 *Ambassade du Mareschal de Bassompierre en Espagne, l'an 1621*, Cologne, Pierre du Marteau, 1668 ; *Ambassade du Mareschal de Bassompierre en Suisse l'an 1625*, Cologne, Pierre du Marteau, 1668.

337 *Recueil des Defenses de M. Fouquet, suite du Recueil des conclusions des defenses, contenant son interrogatoire, le journal de ce qui s'est passé depuis le jour de sa capture, ses remarques sur le procédé qu'on a tenu contre luy, les avis de ses juges, les conclusions des procureurs du Roy et sa sentence de bannissement*, sl (D. Elzevier), 1668.

338 *Mémoires de M.D.L.R. sur les brigues à la mort de Louis XIII, les guerres de Paris et de Guyenne et la prison des Princes ; Apologie pour Monsieur de Beaufort...* Cologne, Pierre van Dyck, 1662.

339 *Memoires de Messire Pierre de Bourdeille Seigneur de Brantome, contenans les vies des hommes illustres et grands Capitaines estrangers de son temps*, Leyde, J. Sambix (Fr. Foppens ?), 1665.

autres semblables sont ils deffendus en France. Je croy bien que les amours des Gaules de M. de Rabutin[340] n'y seroient pas bien receuës. Des traitez de paix, le code Louis[341] n'est il pas permis de l'avoir que de l'imprimerie de Paris et tout ce qui s'imprime en Holande est il censuré. Je vous prie de m'en donner advis. Adieu. Je suis tout a vous[342].

La Guerre de Hollande n'est pas encore déclarée. Des Noyers a quelque mal à penser qu'une telle censure ne relève pas d'une propagande ennemie. Boulliau l'a manifestement détrompé. Le 13 septembre 1670[343] :

> Je vois bien qu'il faudra quand je partiré que je laisse icy mes livres imprimez en Holande. Il n'y en a pas beaucoup. Je n'ay que les mesmoires et l'histoire du Card. de Richelieu, les ambassades du marechal de Basompiere, les memoires de M. de la Rochefoucaut et les provinciales[344], l'heresie imaginaire[345], la theologie morale des jesuites[346], le procez de M. Fouquet et ses defences, l'histoire amoureuse de France et quelques petits mesmoires d'Estat, le memoire de M. de Guise [347].

Dans ses lettres à Boulliau, il se défend contre les accusations de la cour. Il retourne brièvement à Varsovie à l'automne 1671 pour rencontrer Burattini qui a gagné son procès contre le Trésor royal sans pouvoir toutefois être dédommagé. Aussi retourne-t-il à Dantzig en 1672. Il y passe trois années (1670-73) aux côtés d'Hevelius, tout en préparant son retour en France et en multipliant les démarches pour obtenir une lettre de rapatriement. L'élection sur le trône de Pologne de Jean Sobieski, un ancien partisan des Français, lui-même marié à une Française qui avait accompagné Louise-Marie en Pologne, Marie-Casimire de la Grange d'Arquien le 21 mai 1674, le décide à s'installer définitivement à Varsovie où il reste jusqu'à son décès, sans toutefois reprendre du service auprès du Roi. Il passe ses dernières années dans le « Palais du jardin » la résidence favorite de Louise-Marie, dans un appartement avec vue sur la Vistule.

Pourtant, malgré son âge, il fait d'incessants et mystérieux voyages en France, parfois très brefs, sans aucun doute éprouvants. Il s'y rend en 1679. Dans une lettre du 8 décembre 1679, Boulliau fait état d'une lettre à lui envoyée d'Amsterdam le 27 no-

---

340 *Histoire amoureuse des Gaules*, à Liège sd (1665). Cet ouvrage valut à Bussy-Rabutin d'être embastillé le 17 avril 1665.

341 Le Code Louis, touchant la réformation de la justice. Pour l'édition parisienne : *Ordonnance de Saint-Germain en Laye d'avril 1667*, Paris, Henault, Cramoisy et Coignard, 1668.

342 AMAE, Corr. Pol. Pologne, 37, 2 août 1670, fol. 70.

343 AMAE, Corr. Pol. Pologne, 37, 13 septembre 1670, fol. 81.

344 [Pascal], *Les Provinciales ou Lettres ecrites par Louis de Montalte a un provincial de ses amis, et aux RR PP Jesuites sur le sujet de la morale et de la politique de ces Peres*, Cologne, Pierre de la Vallée, 1667.

345 [Pierre Nicole], *Les imaginaires ou Lettres sur l'heresie imaginaire*, 1666 ; *Les Visionnaires ou seconde partie des Lettres sur l'heresie imaginaire*, Liege, Adolphe Beyers, 1667.

346 [Antoine Arnauld], *La Theologie morale des Jesuites et nouveaux casuistes, représentée par leur pratique et leurs livres...* première édition : 1643.

347 *Les Memoires de feu Monsieur le duc de Guise*, Paris, Edme Martin, Seb. Marbre Cramoisy, 1668.

vembre, où des Noyers parle de « ses fatigues et incommodités ». À Dantzig, le 6 janvier 1680, il précise à Boulliau : « Je suis party de Paris en une heure si tardive... »[348]. Il est à Varsovie le 26 du même mois.

En 1680-81, toutes ses lettres à Boulliau sont datées de Varsovie, il n'y a pas de voyage dans cette période. Son père, Claude le Retondeur, seigneur des Noyers est décédé en 1680 ; ses biens sont répartis entre ses héritiers en mars 1681 (à cette date survivent, un neveu, Grégoire qui réside à Neufville à Festigny et une nièce, Simone Dorgeat, alors veuve).

Mais il fait un bref aller-retour en 1682[349]. Il est à Paris fin juin 1682 et en part le 29 août. On note une interruption de la correspondance de Varsovie avec Boulliau entre le 8 juin et le 11 septembre.

Il effectue un nouveau voyage, plus long, en 1685-1686. Sa correspondance de Varsovie est interrompue entre entre le 5 janvier 1685 et le 22 mars 1686, mais le voyage lui-même est plus court. Il écrit de Varsovie le 5 mars 1685 : à Paris « si j'y fais un voyage » (n° 252). Le 13 avril 1685, il écrit encore à Hevelius de Varsovie (n° 254).

Hevelius lui écrit le 28 juin 1686 à Varsovie et des Noyers lui répond, de Varsovie le 19 juillet : « Je n'aurois pas esté si long temps sans me donner l'honneur de vous escrire, apres mon retour de France, sy je n'avois pas attandu un paquet que nostre amy M. Bullialdus m'a donné a mon depart de Paris pour vous le rendre. Il n'y a que quatre jours que je l'ay receu estant venu par mer avec les hardes de Monsieur le Grand Chancelier de la Couronne. » (n° 257). Une note manuscrite de Boulliau apporte quelques précisions : « M. des Noyers partit de Pologne avec M. Morstin et tout sa famille, sa femme et son fils au commencement d'août 1685 et arrivèrent à la fin du mois. M. des Noyers tomba malade d'un rhume qui lui dura longtemps. Il passa une grande partie à Paris et arriva à Varsovie le 15 mars 1686 »[350]. La seule raison apparente de ce nouveau voyage est de rendre service à Andrzej Morsztyn en France : celui-ci, très lié au parti français, a été contraint de prendre l'exil dès 1683 pour la France où il s'installe avec le titre de comte de Chateauvillain. Morsztyn a quitté Varsovie pour Dantzig vers la mi-septembre 1683. Il y séjourne un mois, en repart le 20 octobre et se trouve le 4 novembre avec sa famille à Berlin. Les voyages de des Noyers se situent avant que la Diète de 1686 ne le prive de tous ses titres et offices et ne le bannisse du royaume. Il est possible que le voyage précédent ait eu pour objet de préparer l'installation de Morsztyn. On peut invoquer à l'appui de cette hypothèse

---

348 Lettre à Boulliau de Dantzig du 6 janvier 1680, FF. 13 021, 11rv.

349 D'après des notes de Boulliau sur les courriers : « M. Des Noyers arriva à Paris à la fin de Juin » (P. des Noyers à Boulliau, le 8 juin 1682 d'Amsterdam, BnF, Correspondance et papiers privés d'Ismaël Boulliau, FF. 13021, fol. 231) et « M. Des Noyers partit de Paris le 29 août pour retourner en Pologne ». (des Noyers à Boulliau, le 11 septembre 1682 d'Amsterdam, BnF, Correspondance et papiers privés d'Ismaël Boulliau, FF. 13021, fol. 232-323v). Ces courriers ne révèlent rien sur ses intentions. Il envoie de Paris une lettre de Boulliau à Hevelius le 3 juillet 1682, n° 233.

350 P. des Noyers à Boulliau, le 5 janvier 1685 de Varsovie, BnF, Correspondance et papiers privés d'Ismaël Boulliau, ms. FF. 13022, fol. 158. La correspondance avec Boulliau de Varsovie s'interrompt entre le 27 juillet 1685 et le 22 mars 1686 (FF. 13022).

le témoignage de Vauquelin des Yvetaux qui écrit au sujet de des Noyers : « Enfin il est mort depuis, apres avoir fait acquisition pour plus de deux millions de terres autour de Paris, sous le nom de M. Plantier, dont ses héritiers n'ont pas profité, ny sceu faire un bon usage de la quantité de manuscrits et autres livres curieux qu'il avoit ramassés »[351]. François Secret commente en ces termes ce passage : « Il ne me semble pas... que des Noyers ait disposé d'une telle richesse. Sa correspondance permet de chiffrer la fortune qu'il eut à la mort de la Reine ; elle montre les difficultés qu'il eut à faire argent de la starostie [de Tuchola]... et la perte qu'il fit des sommes prêtées à son ami, le savant italien Tito Livio Burattini. Quant à la quantité de manuscrits et autres livres curieux, il semblerait qu'ils soient restés en Pologne ou à Dantzig, où serait mort des Noyers. » Et d'ajouter que le nom de « Plantier » revient souvent dans la correspondance (avec Boulliau), à l'en croire « un des agents parisiens de la Couronne de Pologne, qui s'entremit en faveur d'Hevelius »[352]. Une hypothèse beaucoup plus vraisemblable est qu'il s'agirait du nom sous lequel Pierre des Noyers, lors de ses mystérieux voyages en France, acquit, pour le compte de Morsztyn, des terres autour de Paris, pour la coquette somme de 2 millions de livres. Lorsqu'à la veille du siège de Vienne, en 1683, Sobieski fait condamner Morsztyn pour trahison (pour avoir condamné le rapprochement avec Vienne et être resté fidèle à l'alliance française), celui-ci avait déjà préparé sa retraite en France : « il y avoit longtemps qu'il s'étoit rendu suspect par son attachement à la France où il avoit acheté des terres qui marquoient une envie d'y fixer sa fortune »[353]. Des Noyers l'aida peut-être à réaliser le transfert d'une partie de sa fortune. Une fois encore, c'est la fidélité à ses amis qui est la marque distinctive de Pierre des Noyers.

Il sent venir sa fin prochaine. Dans sa dernière lettre, il dit adieu à Ismaël Boulliau, le 17 octobre 1692 :

Monsieur,

J'ay eu une double joye en recevant vostre lettre du 20 septembre, en voyant que vous vous portiés bien et que vous ne m'aviez pas oublié. J'espère de vous en aller remercier moy mesme en personne quand les passages seront ouverts ne voulant pas partir de ce monde sans vous dire adieu. Je say que vous voulez voir le nouveau siecle, j'ay la mesme

351 Caballes I, fol. 514. Cité par Fr. Secret, « Astrologie et alchimie », p. 470-472.

352 Fr. Secret, art. cit., p. 472-473.

353 Abbé Coyer, *Histoire de Jean Sobieski, Roi de Pologne*, Varsovie, 1761, II, p. 234. « La Diète vouloit le juger sommairement et à la rigueur comme coupable de haute trahison. Le Roi modéra cette chaleur ; et l'accusé entreprit de se justifier à la face de la République : mais ce ne fut que par des traits d'une éloquence vague, par des protestations de sa soumission respectueuse pour le Roi, à qui il recommandoit son honneur, sa fortune et sa vie. La Diète s'apercevant que le Roi inclinoit à la douceur, lui remit le jugement du coupable. On exigea de lui la clé des chiffres ; on l'obligea à fournir à l'Armée une troupe qu'il entretiendroit à ses frais : l'entrée du Sénat et des Diètes lui fut interdite. Il fut dépouillé de sa chage de Grand-Trésorier, avec injonction de rendre ses comptes lorsque la République les demanderoit dans un tems plus commode. Morstyn profita sans délai de la planche qui lui restoit après le naufrage. Il s'échappa pour chercher un asyle en France où il finit ses jours dans un repos qu'il ne méritoit pas » (*ibidem*, p. 234-236, an 1683).

envie sy Dieu me le permet. J'ay este a la porte de l'autre monde. Je [la] trouvé fermee. C'est pour cela que j'en suis revenu. J'escrivis a Paris 4 jours apres l'extreme onction pour dire que je n'estois pas mort, et je voulois apres l'avoir receue m'en aller en carosse, et je sortis du lit ou cru en sortir pour cela. J'estois seul (ou cru l'estre) mais une fort belle femme estandit ses bras a la porte et ne voulut pas me permettre de sortir, quelque prieres et quelque promesse que je luy fisse de revenir. Et je fus en ce temps la à six lieuës d'icy nud pied et en chemise pour chercher un jardinier qui me semat quelque graine. Notez que j'estois en continuelle resverie et que je croyois faire toutes ces choses et beaucoup d'autre que j'ay oubliee et dont je me souvien quand on me les redit. Je voyois des femmes a genoux pleurants aupres de moy. Je leur demandois pourquoy elles pleuroit. Elle me faisoist entendre que je me mourois et je disois que je n'estois pas malade. Les medecins disoient qu'on se hastoit ou que je passerois devant qu'on achevat de me donner l'extreme onction. Je croyois estre a la campagne et j'y voyois aporter mes meuble et mes livres. Je m'en fachois et l'on me disoit que mes amis l'avoient voulu pour me divertir. Tout cela se faisoit dans ma chambre et dans mon lit que je ne connoisssois plus, car ma resverie estoit continuelle, mais douce ; peut estre manque de force, il me falloit remuer dans mon lit sans le pouvoir faire moy mesme. Enfin en m'acordant mes resveries on faisoit de moy ce qu'on vouloit mais je voulois avoir raison… Sy j'avois plus de forces aux mains je vous ecrirois davantage. Je n'en ay que pour vous assurer que je suis tousjours vostre tres humble et tres obeissant serviteur[354].

Pierre des Noyers est décédé le 26 mai 1693.

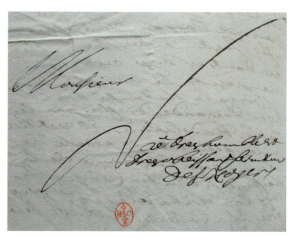

Illustration 1: signature de Pierre des Noyers
(Archives du Musée Condé, Domaine de Chantilly)

---

354 BnF, fonds Boulliau, FF. 13 023, fol. 116.

5 : Les principes de l'édition

Le corpus

Le corpus repose essentiellement sur les lettres conservées à l'Observatoire de Paris (BO, C1-I-XVI) et sur la copie de la BnF (Lat. 10 347-48-49) qui présente une lacune entre 1661 et 1667. Hevelius ayant prélevé les observations et les dessins que des Noyers lui adressait en pièces jointes, et dont il ne reste que de rares témoins, on ne peut, en l'état, se faire une idée exacte de la richesse de cette correspondance. En outre, quelques lettres ont été perdues : celles qui subsistent permettent d'en repérer quelques-unes [pièce annexe n°4]. La perte n'est pas très grave : il n'y a pas de lacunes, sauf lorsque Pierre des Noyers se trouve à Dantzig entre 1670 et 1673 ; d'une lettre à l'autre, l'on peut suivre les échanges. La correspondance de des Noyers n'ayant pas été conservée (sauf les lettres adressées à Boulliau), il n'était pas possible de retrouver les pièces manquantes quand la copie de la BnF faisait défaut[355].

Il s'agit, nous l'avons dit, d'une correspondance qui engage quatre interlocuteurs. Seules les lettres échangées entre Hevelius et Pierre des Noyers sont numérotées. Les rares pièces jointes rattachées aux lettres se trouvent au numéro de la lettre. Beaucoup de ces pièces jointes étaient des lettres de Boulliau : parfois sous forme de citations, parfois il s'agit de lettres à part entière renvoyées par des Noyers. Nous avons évidemment consulté les fonds Boulliau à la BnF, comme au Ministère des Affaires étrangères (MAE). Toutefois, Boulliau n'ayant pas conservé de minutes de ses lettres, il n'était pas possible d'y retrouver les lettres adressées à Hevelius ou qui ont transité par Pierre des Noyers. En revanche on peut trouver dans les lettres reçues nombre d'informations émanant de des Noyers ou d'Hevelius utiles pour reconstituer les échanges [pièce annexe n°2].

Les pièces jointes [pièce annexe n°3] sont insérées à leur date et figurent entre crochets ; il en est de même des quelques lettres ajoutées pour la cohérence de l'ensemble. La plupart des dessins et des observations qui ne se trouvaient pas dans le corps des lettres ont été soustraits ou par Hevelius pour la préparation de ses publications, ou par le grand prédateur que fut Libri. Le *Maximus tubus* de Divini, récupéré par Léopold Delisle, se trouve ainsi dans le fonds Boulliau de la BnF, et non plus à l'Obser-

---

355 On dispose des volumes 1-4 (Lat. 10 347), 9-12 (Lat. 10 348) et 13-16 (Lat. 10 349) ; mais il manque les volumes 5-8 (1661-1667).

vatoire ce qui était très probablement sa place d'origine bien qu'aucune cote d'origine n'y figure.

Selon les normes de la collection, les lettres latines sont traduites intégralement ; les lettres en français de Pierre des Noyers sont reproduites dans leur orthographe d'origine. Les lettres en italien ont été transcrites telles quelles. Nous avons renoncé aux abréviations astronomiques pour restituer le nom des planètes, des signes du zodiaque, des étoiles dans le texte des lettres. En revanche nous avons conservé les abréviations du temps pour désigner les heures [H], les minutes ['] et les secondes ["]. Les abréviations ont été complétées.

L'annotation

Les allusions à l'actualité polonaise et la variété des sujets abordés ont imposé une annotation détaillée. Pierre des Noyers, qui écrit toujours très rapidement et sait être compris par Hevelius, ne facilite pas la tâche. Par exemple, il mentionne des titres très abrégés ou fantaisistes d'ouvrages qu'il faut identifier ; il écorche les noms ou les orthographie phonétiquement (Nettun pour Newton en est un exemple). Quand il s'agit de personnages et de correspondants peu connus ou inconnus dont les noms varient d'une lettre à l'autre, il est bien difficile de les repérer. En outre, Pierre des Noyers est un diplomate : il excelle à manier l'allusion et sait aussi se taire, à la différence d'un Boulliau beaucoup plus disert.

Pour les observations astronomiques : il importe tout d'abord de remarquer qu'il y a des observations importantes dont il n'est peu question dans ces lettres, comme par exemple celles de la comète de 1664-1665. On ne pourra donc pas suivre dans cette correspondance l'actualité des observations astronomiques. Pour celles dont il est question, les *Annales célestes* d'Alexandre-Guy Pingré (1711-1796)[356], publiées, sous les auspices de l'Académie des sciences par M. G. Bigourdan en 1901[357], constituent l'ouvrage de référence. Selon Lalande, c'est Le Monnier qui inspira à Pingré le projet des *Annales célestes* et Joseph-Nicolas Delisle, qui avait rapporté de Russie la correspondance d'Hevelius[358], mit à sa disposition tous ses manuscrits. Le projet en fut présenté à l'Académie et approuvé le 14 février 1756, mais ce long travail fut interrompu par d'autres travaux. Après avoir réuni, pendant 30 années, de très nombreux documents

356 Né en 1711, Alexandre Guy Pingré fit des études chez les Génovéfains de Senlis et entra dans leur séminaire à 16 ans. Il travaille sur la théologie, impliqué dans les querelles du jansénisme, relégué d'abord dans d'obscurs collèges de province. Il se trouve à Rouen lorsqu'est fondée l'académie où il accepte de remplir la place d'astronome. Le calcul de l'éclipse de Lune du 23 décembre 1749, pour laquelle La Caille avait fait une erreur de 4' lui vaut, en 1753, de devenir le correspondant de Le Monnier à l'Académie des Sciences. Appelé à Paris par sa congrégation, il devient bibliothécaire de Sainte-Geneviève et chancelier de l'Université et « associé libre » de l'Académie.

357 Alexandre Guy Pingré, *Annales célestes du Dix-Septième Siècle*, publiées par M. G. Bigourdan, Paris, 1901, abrégé en [Pingré, *Annales*], pour distinguer des références à la *Cométographie ou Traité historique et théorique des comètes*, Paris, Imprimerie royale, 1784, 2 vol. , du même, notée : [Pingré, *Cométographie*].

358 *CJH*, I, Ch. Grell, « Hevelius en son temps », « De Dantzig à Paris », p. 159-164.

INTRODUCTION

et, surtout, un très grand nombre de pièces détachées, Pingré présenta son travail à l'Académie des sciences, qui fit l'objet d'un long rapport de Lalande et Le Monnier :

> Nous avons examiné par ordre de l'Académie... un manuscrit de Monsieur Pingré intitulé *Annales célestes du 17ᵉ siècle*. Cet ouvrage, que M. Pingré avoit annoncé dès 1756 par un prospectus imprimé, approuvé avec éloge de l'Académie, étoit attendu avec impatience par les astronomes. Il contient le recueil de toutes les observations importantes faites dans le dernier siècle par Tycho Brahé, Kepler, Lansberge, Hortensius, Hévélius, Horroccius, Cassini, Picard, La Hire, Halley, Flamsteed, Auzout, Riccioli, Boulliau, Gassendi, Longomontan, Schickard, Hodierna, Agarrat, Féroncé, Vendelio, Mut, Kirch, Sedileau, Wurzelbau, Margraff, Eimmart, Zimmermann, Malvasia, Elie de Lewen etc.
>
> Ces observations sont extraites d'un grand nombre d'ouvrages, de brochures, de journaux, de feuilles volantes qu'il seroit impossible de rassembler, et de divers manuscrits précieux, tel que celui de M. Boulliau que possède M. Le Monnier, ceux de l'Observatoire royal que M. Cassini a communiqués à M. Pingré, les manuscrits de La Hire, Kirch, Sedileau, Margraff, de plusieurs autres que Joseph De l'Isle a rassemblés et qui sont au Dépôt de la marine. On y trouve des calculs exacts et des résultats pour les principales observations, des corrections importantes pour les livres où elles sont imprimées, par exemple pour Tycho...
>
> On jugera l'étendue de ce travail par celle du manuscrit qui contient près de 500 grandes pages in folio ; on jugera de son importance par les progrès de l'astronomie dans le dernier siècle qui vit éclore des instruments nouveaux, des découvertes nouvelles, des lois inconnues jusqu'alors, qui vit construire des observatoires partout, établir des académies et donner une nouvelle face à l'astronomie. L'ouvrage de M. Pingré rassemble toutes les données dont les astronomes ont besoin pour leurs recherches, pour leurs tables, pour leurs calculs des révolutions planétaires[359].

La section d'astronomie de l'Académie des Sciences recommanda la publication in extenso. Une souscription permit d'en imprimer une partie (364 pages). Bigourdan eut en main le manuscrit de Pingré annoté par Lalande ; il mit en forme les notes de Pingré et republia l'ensemble. Dans les papiers dont disposa Pingré, on trouve des manuscrits astronomiques de Boulliau[360] et nombre de notations et observations notamment de Varsovie, c'est-à-dire de des Noyers.

Jérôme de Lalande commente en ces termes le travail réalisé par Pingré :

> Cette année [1789] vit terminer aussi un ouvrage de Pingré, qu'il avait entrepris et annoncé dès 1756 ; c'est un recueil des observations du dernier siècle, discutées, comparées et calculées : il commence même à Tycho Brahé, c'est-à-dire à la fin du XVIᵉ siècle. Cet ouvrage, que Pingré entreprit avec des forces et un courage peu communs,

---

359 Cité dans Pingré, *Annales célestes* (éd. Bigourdan, 1901), p. IX-X.
360 Dont il semble que seule une petite partie se trouve dans le fonds Boulliau de la BnF.

était digne du savant qui avait calculé toutes les éclipses pour l'espace de 2800 ans, et qu'aucun travail n'effrayait quand il devait être utile à l'astronomie. L'auteur est mort en 1796 ; mais l'ouvrage est à moitié imprimé[361].

On ne fera pas à Pingré l'injure de s'être trompé dans ses calculs des tables des éclipses auxquelles plusieurs générations d'astronomes se sont référés. C'est son éditeur, Guillaume Bigourdan (1851-1932), directeur du Bureau international de l'heure de l'Observatoire de Paris, membre du Bureau des longitudes et de l'Académie des sciences qui a, semble-t-il, décalé d'une journée une partie des éclipses de Lune et de Soleil. Les dates erronées ont ici été rectifiées[362] [pièce annexe n°5]. Ces corrections faites, l'ouvrage, tel quel, reste néanmoins irremplaçable.

Un second type de notes relatives à l'astronomie concerne les publications dont les titres sont systématiquement tronqués. L'ouvrage clef est ici la *Bibliographie astronomique de Lalande : la Bibliographie astronomique avec l'Histoire de l'astronomie depuis 1781 jusqu'en 1802* (n. 361) de Jérôme de La Lande. Cet ouvrage, sur le métier depuis 1775, repose non seulement sur la bibliothèque considérable que possédait l'astronome, mais en outre, sur le dépouillement systématique de tous les répertoires bibliographiques précédents, des journaux et périodiques, ainsi que des fonds des principales bibliothèques. Le domaine germanique, familier à Hevelius, y est bien représenté grâce aux catalogues de Weidler[363] et de Scheibel[364]. L'ordre chronologique permet de retrouver aisément, au fil des lettres, la plupart des ouvrages dont il est question.

On trouvera beaucoup de références au volume II de la *Correspondance d'Hevelius*, avec la Cour de France. Bien qu'Hevelius ait soigneusement mis à part ses échanges avec Chapelain et les obligés de Colbert, il mentionne des personnages impliqués dans ces échanges parmi lesquels, par exemple, les Formont. Beaucoup de notes ont aussi été réalisées par croisement de lettres et les correspondances de Mersenne, de Gassendi, d'Oldenburg et de Huygens, fréquemment mises à contribution.

---

361 Jérôme de la Lande, *Bibliographie astronomique avec l'Histoire de l'astronomie depuis 1781 jusqu'à 1802*, Paris, Imprimerie de la République, an XI, 1803, p. 685 (1789).

362 Sont concernées ici les éclipses de Soleil des 12 août 1654 (non le 11), 2 juillet 1666 (non le 1ᵉʳ), 23 juin 1675 (non le 22), 11 juin 1676 (non le 10) ; et pour la Lune les éclipses des 14 mars 1653 (non le 13), 26 mai 1668 (non le 25), 7 juillet 1675 (non le 6) et 29 août 1681 (non le 28). Denis Savoie que j'ai consulté à ce sujet — et que je tiens à remercier — estime Guillaume Bigourdan coupable : « C'est bien Bigourdan le fautif et pas Pingré ! Lorsque l'on consulte par exemple *L'Art de Vérifier les Dates*, édition de 1770, où Pingré a donné une « Chronologie des éclipses », on constate qu'il donne correctement les dates d'éclipses de Soleil et de Lune ; si on prend l'éclipse de juin 1676, Pingré la place dans *L'Art de Vérifier les Dates* à la date du 11 juin (ce qui est correct) alors que Bigourdan donne le 10 juin (p. 331). Et ce n'est pas le seul exemple d'erreur que j'ai trouvé chez Bigourdan ; je me méfie donc de cet ouvrage, pas fiable ».

363 J. Friderici Weidleri, *Bibliographia astronomica, temporis quo libri vel compositi vel editi sunt, ordine servato : ad supplendam et illustrandam astronomiæ historiam digesta*, Wittemberg, 1755.

364 J. E. Scheibel, *Einleitung zur mathematischen Bücherkenntnis*, Breslau, 1769-1798.

INTRODUCTION

Pour ce qui concerne les affaires polonaises, il a fallu souvent se reporter à des témoignages du temps[365] ou à des histoires événementielles très détaillées, comme celle de N. A. de Salvandy[366]. Les annotations réalisées à partir de la bibliographie polonaise ont été réalisées par Damien Mallet auteur, à l'Université de Bordeaux III, d'une thèse sur Pierre des Noyers et Louise-Marie de Gonzague. Ses initiales [DM] désignent les notes qui lui sont dues. Il a réalisé, pour ce volume, une brève biographie de Pierre des Noyers, qui n'existe dans aucun dictionnaire, utile pour mieux situer le personnage dans la Pologne du temps, ainsi qu'une présentation chronologique assez succincte pour présenter les principaux événements de l'histoire tragique et embrouillée de la Pologne qui constitue la toile de fond de cette correspondance. Il s'agit, dans le présent volume, des Supplementa 1 et 2.

---

365 Gaspard de Tende, *Relation historique de la Pologne, par le sieur de Hauteville*, Paris, Nicolas le Gras, 1686.

366 N. A. de Salvandy, *Histoire de Pologne avant et sous le Roi Jean Sobieski*, Bruxelles, 1841.

6 : Pièces annexes

1 : Répartition chronologique des lettres

Année	Total	D'Hevelius	Des Noyers
1646 : XX	2	2	
1647 : XXXXXXXXXX	10	4	6
1648 : XX	2	1	1
1650 : XXXXX	5	2	3
1651 : X	1	1	
1652 : XXXXXXXXXXXXXXXXXXX	19	7	12
1653 : XXXXXXXXXX	10	3	7
1654 : XXXXXXXXXXXXXX	14	5	9
1655 : XXXXXXXXXX	10	2	8
1656 : X	1	1	
1657 : XXX	3	1	2
1658 : XXXXXX	6	1	5
1659 : XXXXX	5	1	4
1660 : XXXXX	5	1	4
1661 : XXXXXX	6	4	2
1662 : XXXXXXX	6	2	4
1664 : XXX	3	2	1
1665 : XXXXXXXXXXXXXXX	15	6	9
1666 : XXXXXXXXXXXXX	13	6	7
1667 : XXXXXXXXXX	7	3	4
1668 : XXXX	4	1	3
1670 : X	1	1	
1671 : XXXX	4	3	1
1672 : XXXXXXXXXXXXX	13	6	7
1674 : XXX	3	1	2

Année	Total	D'Hevelius	Des Noyers
1675 : XXXXXXX	9	3	6
1676 : XXX	3	1	2
1677 : XXXXXXXX	9	2	7
1678 : XXXXXX	6	2	4
1679 : XXXXX	5	3	2
1680 : XXXXXXXX	8	5	3
1681 : XXXXXXXXXXXXXXXXXXXX	20	9	11
1682 : XXXXXXX	7	3	4
1683 : XXXXXXXXX	9	5	4
1684 : XXXXX	5	1	4
1685 : XXXXXX	6	3	3
1686 : XXXX	4	2	2
	259	103	156

2 : Lettres et pièces intercalées dans la correspondance

25 janvier 1648 : Valeriano Magni à Hevelius
9 mars 1648 : Hevelius à Valeriano Magni
17-24 septembre 1670 : lettres de Boulliau à des Noyers, copies d'Hevelius
21 avril 1673 : Boulliau à Pierre des Noyers
15 septembre 1673 : Boulliau à Pierre des Noyers
25 janvier 1675 : Boulliau à Pierre des Noyers
10 mars 1679 : Pierre des Noyers à Madame Hevelia
8 décembre 1679 : Boulliau à M. des Noyers
1680 : Pierre des Noyers à Madame Hevelia
3 janvier 1681 : Boulliau à Pierre des Noyers
20 janvier 1683 : Boulliau à Baluze ?

3 : Liste des pièces jointes et des dessins de la correspondance

n° 7 : 28 juin 1647/31 juillet, Roberval à Pierre des Noyers
n° 10 : Valeriano Magni, *Monostycon* [illustration n° 14]
n° 24 : dessin de l'éclipse de Soleil du 8 avril [illustration n° 15]
n° 38 : dessin de la comète le 20 décembre 1652 [illustration n° 16]
n° 42 : nouvelle étoile observée par Boulliau en 1652
n° 44 : copie d'une lettre de M. Boulliau du 17 janvier 1653 ; observation de la comète par le père Kircher ; autres observations de la comète de 1652
n° 45 : observation de M. Boulliau du passage de la Lune dans les Pléiades ; observation de la comète de 1652 faite dans un monastère de Westphalie ; observation de la comète
n° 98 : copie d'une lettre de Boulliau à Léopold de Toscane, 1661
n° 113 : observation de la comète en décembre 1664
n° 146 : observation de la queue de la comète réalisée à Bologne par G. D. Cassini, le 10 mars 1668 : observation du phénomène de mars 1668 (Boulliau) et [illustration n° 20]
n° 148 : observation de l'éclipse de Lune du 26 mai 1668 (Boulliau)
n° 159 : comète de Hongrie [illustration n° 21]
n° 177 : deux dessins de Burattini [illustration n° 22]
n° 181 : comète, avril 1677 [illustration n° 24]
n° 183, tableau d'observations [illustration n° 25]
n° 186 : dessin de la comète de Breslau, mai 1677 [illustration n° 26]
n° 190 : tableaux de l'observation de Gallet concernant la conjonction de Mercure et du Soleil [illustration n° 27]
n° 191 : observations diverses de Boulliau
n° 196 : observation de Boulliau de l'éclipse de Lune du 29 octobre 1678

n° 234 : *Historiola cometæ anni 1682*, tableau [illustration n° 30] et dessin de la comète [illustration n° 31]

n° 236 : copie de la lettre d'Hevelius à Boulliau du 17 juin 1683

n° 242 : *Historiola cometæ anni 1683* et tableau [illustration n° 32]

4 : Liste des lettres manquantes mentionnées dans la correspondance

12 juin 1646 (n° 2) : lettre perdue d'Hevelius

10 août 1648 : lettre non reçue par des Noyers (n° 14)

15 juin 1655 (n° 72) d'Hevelius : lettre reçue absente de la correspondance

21 août 1655 (n° 73) d'Hevelius : lettre reçue absente de la correspondance

20 juin 1656 (n° 76) de des Noyers (mars 1656) : non reçue par Hevelius

2 septembre 1657 (n° 77) d'Hevelius : reçue, absente de la correspondance

12 septembre 1661 (n° 98) de des Noyers : reçue et absente de la correspondance

3 mars 1665 (n° 115) d'Hevelius : reçue et absente de la correspondance

4 décembre 1672 (n° 165) d'Hevelius : reçue et non conservée

19 juin 1675 (n° 172) de des Noyers : reçue et non conservée

27 juin 1679 (n° 200) de Pierre des Noyers : perdue

Sd., Avril 1686 ? (n° 246) d'Hevelius

5 : Liste des observations astronomiques mentionnées dans la correspondance

Note : une éclipse totale ou annulaire de Soleil peut être vue comme partielle.

1646, 24 décembre : immersion de Jupiter sous le disque de la Lune, n° 3, 5

1647, 20 janvier : éclipse de Lune, n° 3, 5 (éclipse partielle)

    Mercure cornu, n° 8

1649, 4 novembre : éclipse de Soleil, n° 16 (éclipse partielle)

1650 : observation de la Lune avec Strophium, n° 17, 18

1652, 25 mars : éclipse de Lune, n° 24 (éclipse partielle)

    8 avril : éclipse de Soleil, n° 24, 28, 29, 30 (éclipse totale)

    17 septembre : éclipse de Lune, n° 33, 34, 44 (éclipse partielle)

    décembre : comète de Noël, n° 38, 40, 41, 42, 43, 44, 45, 46

    nouvelle étoile, n° 42

1653, 14 mars : éclipse de Lune, n° 46 (éclipse totale)

    passage de la Lune par les Pléiades, n° 45

1654, janvier-février : fausse comète de Prague, n° 50, 51

    météore tombé près de Dantzig, n° 52

    16 avril : distance Mercure-Vénus, n° 52

    12 août : éclipse de Soleil, n° 53, 57, 59, 60, 66 (éclipse totale)

    27 août : éclipse de Lune, n° 60 (éclipse partielle)

1656, 26 janvier : éclipse de Soleil, n° 74 (éclipse annulaire)

1657, 20 décembre : éclipse de Lune, n° 78, 79 (éclipse partielle)

1659 : mesures de Mars [Boulliau 9 janvier 1660] (éclipse annulaire)
1660 : observation de Saturne par Divini, n° 90, 91
    septembre-décembre : Mira Ceti, n° 93, 94
    parasélénies et parhélies à Dantzig, n° 93, 95
1661, 3 février-10 mars : comète, n° 95, 96, 97
    20 février : parhélie des sept soleils, n° 96
    30 mars : éclipse de Soleil, n° 98 (éclipse totale)
    3 mai : transit de Mercure devant le Soleil, n° 94
1664, décembre : nouvelle comète de « Noël », n° 109, 110, 111, 112, 113, 114,115, 122, 123, 124, 125, 126, 127
1665, avril : nouvelle comète, n° 116, 117, 118, 119, 120, 122, 123, 127
    4 mai : globe igné, n° 119, 120
    taches de Vénus, n° 123
1666 : révolution de Mars (et de Jupiter), n° 128, 129, 136
    16 juin : éclipse de Lune, n° 133, 135 (éclipse partielle)
    2 juillet : éclipse de Soleil, n° 133, 135 (éclipse annulaire-totale)
    Septembre : variations de l'étoile dans le cou du Cygne, n° 133
1667 : observations de Vénus, n° 139, 140
    Mira Ceti, n° 139
1668, mars : nouvelle comète, n° 145, 146
    26 mai : éclipse de Lune, n° 148 (éclipse partielle)
1670 : observation de Mars, Boulliau (17/09/1670)
1671 : observation de Saturne, n° 150
    18 septembre : éclipse de Lune, n° 151 (éclipse totale)
1672, mars-avril : comète, n° 156, 158, 159, 162, 182
    prodige de Hongrie, n° 159
    mai : conjonction Jupiter-Lune, n° 165
1671-1672 : observation des satellites de Saturne et des taches du Soleil, n° 173
1674, 17 juillet : éclipse de Lune, n° 168 (éclipse totale)
1675, 11 janvier : éclipse de Lune, n° 169, 172 (éclipse totale)
    23 juin : éclipse de Soleil, n° 172, 175 (éclipse annulaire)
    7 juillet : éclipse de Lune, n° 175 (éclipse totale)
1676, 1er janvier (ou 31/12) : éclipse de Lune, n° 178 (éclipse partielle)
    mars : calcul date équinoxe, n° 179
31 mars : météorite, n° 178
    11 juin : éclipse de Soleil, n° 180 (éclipse annulaire)
    décembre : Mira Ceti, n° 182
1677, avril-mai : comète, n° 181, 182, 183, 184, 185, 186, 187, 189
    6-7 novembre : transit de Mercure, n° 190, 191
1678, mai : observation de la nébuleuse du Sagittaire, n° 194
    juin : hauteur de la méridienne au solstice, n° 195
    29 octobre : éclipse de Lune, n° 196 (éclipse totale)

INTRODUCTION

1680, novembre- février 1681 : comète, n° 207, 208, B. 3/01/1681, 209, 210, 211, 212, 215, 216

décembre : « œuf cométaire », n° 210

1680 (juillet)-1681 (août) : observation de Mira Ceti, B. 5/06/1682

1681, 1er janvier : occultation d'Aldébaran (Palilicium) par la Lune, n° 209, 211

janvier : petite comète de Linz, n° 213

29 août : éclipse de Lune, n° 230, 231 (éclipse partielle)

1682, 21 février : éclipse de Lune, n° 230, 231 (éclipse totale)

août-septembre : comète, n° 234 (Historiola)

septembre : occultation de Regulus par la Lune, n° 234

octobre : Jupiter et Saturne, n° 234

1682-1683 : conjonction des trois planètes, n° 236, 237

1683, juillet-septembre : comète, n° 240, 241, 242 (Historiola), 243, 248

1684, 12 juillet : éclipse du Soleil, n° 247 (éclipse annulaire-totale)

Illustration 2 : Sceau de Pierre des Noyers
(Archives du Musée Condé, domaine de Chantilly)

Illustration 3 : Portrait de Louise-Marie de Gonzague-Nevers, Reine de Pologne (coll. part.)

Illustration 4: Portrait d'Ismael Boulliau par Van Schuppen (coll. part.)

Illustration 5 : Médaille de Gassendi par Varin, 1648 (coll. part.)

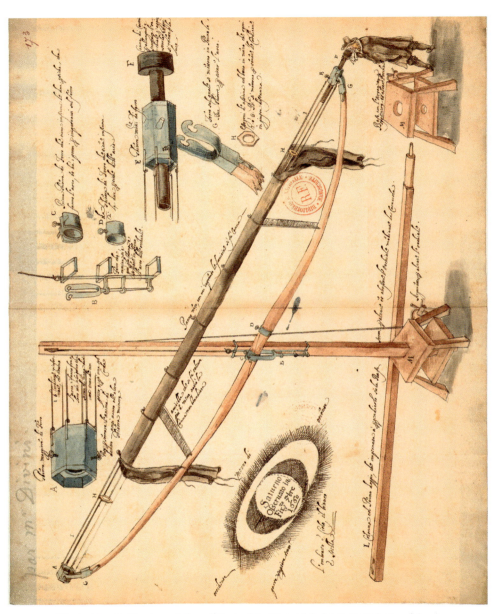

Illustration 6 : Maximus tubus d'Eustachio Divini (cliché BnF, Nal 1639, fol. 73)

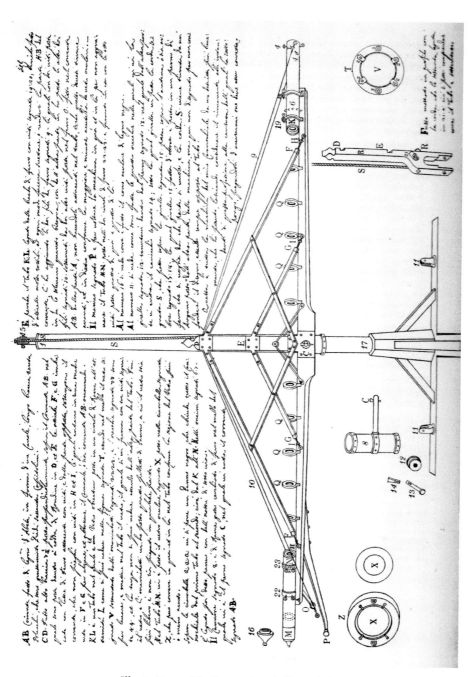

Illustration 7 : Maximus tubus de Burattini,
dans Antonio Favaro, *Tito Livio Burattini*, p. 102

Illustration 8: Maximus tubus d'Hevelius, *Machina Cœlestis*, 1
(from the collections of the Polish Academy of Sciences, the Gdańsk Library)

INTRODUCTION

Illustration 9 : Thomassin, *Différents systèmes de visée à l'Observatoire de Paris*, *Theses mathematicæ de optica propugnabuntur a Jacobo Cassini in collegio Mazarinaeo*, 1691 (coll. part.)

Illustration 10 : Observatoire d'Hevelius, *Machina Cœlestis*, I (from the collections of the Polish Academy of Sciences, the Gdańsk Library)

Illustration 11 : vignette en remerciement au Roi Jean Sobieski pour la pension accordée (*Uranographia*, from the collections of the Polish Academy of Sciences, the Gdańsk Library). Cette vignette est une reprise de celle qu'Hevelius avait fait graver pour Louis XIV (voir : couverture *CJH*, II) à laquelle Hevelius a ôté la pluie d'or.

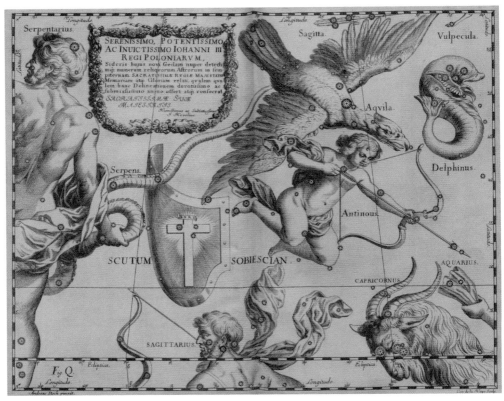

Illustration 12 : L'écu de Sobieski, *Firmamentum Sobiescianum*
(from the collections of the Polish Academy of Sciences, the Gdańsk Library)

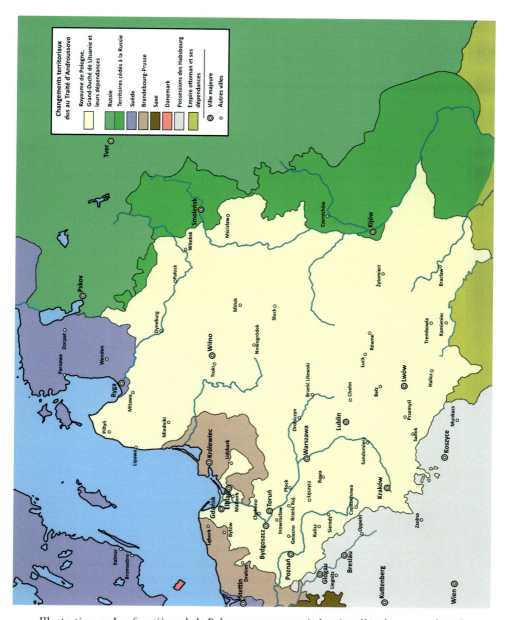

Illustration 13 : Les frontières de la Pologne avant et après la trêve d'Androussovo [D.M]

CORRESPONDANCE D'HEVELIUS
AVEC DES NOYERS

1.

[1646], Pierre des Noyers à Hevelius

BO : C1-I, 63/130/63(35)[1]
BnF : Lat. 10 347, I, 50

Clarissimo viro Domino
Domino Evelio Mathematico celeberrimo
Dantisci[2]
Clarissimo viro Domino Domino Joanni Evelio Insigni Mathematico P. Desnoyers
Salutem plurimum dicit

Ubi primum data est ad te promissam Lunæ figuram mittendi occasio officio meo non defeci ; vellem adesse tibi propius quo cœtera curiosa a me ex Galliis allata communicarem quoque maiora honoris in tuam virtutem mei darem argumenta ; si quid mea officia ~~aliquid~~ possint amplius efficere, impera ; intelliges me esse tui obsequentissimum. Vale

À l'homme très illustre, insigne mathématicien Jean Evelius,

Pierre Desnoyers adresse son plus grand salut,

Dès que l'occasion m'a été donnée de vous envoyer la figure de la Lune que j'avais promise, je n'ai pas manqué à mon devoir ; j'aimerais être plus près de vous pour vous communiquer les autres curiosités qui m'ont été apportées de France et pour vous donner de plus grandes preuves de l'honneur dans lequel je tiens votre qualité. Si mes bons offices peuvent faire quelque chose de plus, commandez ; vous comprendrez que je suis tout à vos ordres. Portez-vous bien.

---

1 Figure en gras la cote de la lettre qui a servi à l'établissement du texte.

2 Billet non daté, selon Jean Mesnard, contemporain de la visite d'Hevelius, dans la suite de la reine Louise-Marie lors de sa halte à Dantzig (11-21 février 1646) si l'on en croit sa place dans la copie de la BnF. Dans : Pascal, *OCP*, II, p. 452, n. 2.

2.

13 juillet 1646, Pierre des Noyers à Hevelius

BO : C1-I, 68/138//68(38)
BnF : Lat. 10 347-I, 57-58
BO : C2-5, 59-60

SM

Accepi cum litteris tuis datis die 12 Junii instrumentum quod non solum ad me mittere, sed quo me tibi totum devincire voluisti ; nihil non tentabo ut possim gratiam referre parem. Simulatque acceperim mittendum mihi parisiis Horologium tibi, ut puto gratum cujus brevi ad me venturi datur spes, ad te remittam. Dubium mihi non est quin probe intellexeris multa posse addi instrumento quo me dignatus es. Si enim divideretur plures inde orirentur operationes quemadmodum si superponeretur parvula acus magnetica sumerentur ex eo angulorum declinationes ; posset insuper ex eodem fieri angularis regula ad æquandum multis in locis in quibus tali instrumento est usus. Hoc ipso iterum tanquam proportionis circino uti possemus.

Scriptis ad dominum de Roberval mirabilibus tuis observationibus quæ domi tuæ lustraveram, proposuit mihi per litteras ut te rogarem velles per unicam noctem observare Jovem in quo cum perspiciliis aperuisti quasdam maculas quia si opinio ejus qua vult Jovem habere diurnum motum celeriorem, multoque rapidiorem motu terestri, (non aberrat) agnosces rem facili negotio istarum macularum beneficio, quæ dubio procul situm mutabunt. Supradictus a me Robervallus author est libri Aristarchi de sistemate mundi. Ut vero inter honestos non mediocrem locum obtinet, te, ipsum tibi arctissime obligaturum si de rogatis comperta aperias certo scio. Audit celeberrimus inter Europæ Geometras et valde notus Domino Gassendi. Nisi pene ultimam manum poneres insigni tuo libro observationem istam adjungere posses, quæ quidem magnum esset pro motu terrestri præ judicium si secundum mentem Domini Robervalli caderet. Interea credas velim meme reputaturum felicissimum, si quanta sit virtutis doctrinæ, luminumque tuorum apud me æstimatio innuere possim, quamque sim

Datum Lubzovæ, Anno 1646 die 13 Julii
Tuæ Eruditioni
Devotus

Petrus des Noyers

SM

J'ai reçu l'instrument avec votre lettre du 12 juin[1]. Non seulement vous avez bien voulu me l'adresser, mais vous m'avez ainsi fait tout entier votre obligé. Dès que j'aurai reçu l'horloge qui doit m'être envoyée de Paris — et à mon avis j'ai l'agréable espoir qu'elle arrivera bientôt — je vous la remettrai. Je ne doute pas que l'on pourrait ajouter beaucoup de choses à l'instrument dont vous m'avez honoré. En effet, s'il était divisé, on pourrait effectuer avec lui maintes opérations. De même, si on superposait une toute petite aiguille magnétique, on pourrait avec lui prendre les déclinaisons des angles ; on pourrait en faire une règle angulaire pour le nivellement en beaucoup de lieux où il y a usage d'un tel instrument. De même, nous pourrions nous en servir comme compas de proportion.

Après vos étonnantes observations écrites à Monsieur de Roberval[2], que j'avais parcourues dans votre maison, il m'a proposé par lettre de vous demander de bien vouloir observer pendant une seule nuit Jupiter sur lequel vous avez observé à la lunette certaines taches, car si son opinion est exacte que Jupiter a un mouvement diurne plus rapide, bien plus rapide que le mouvement de la Terre, vous reconnaîtrez la chose par une opération simple à l'aide de ces taches, qui sans aucun doute changeront de place. Ledit Roberval est l'auteur d'un livre intitulé Aristarque sur le système du monde[3]. Comme

---

1 Lettre non conservée.

2 Gilles Personne de Roberval (1602-1675) né dans une famille paysanne des environs de Senlis, a vécu en donnant des leçons de mathématiques. Il gagne Paris en 1628 où il se lie avec divers savants, dont le père Mersenne, frappé par sa vive intelligence. Professeur de philosophie au collège de Maître Gervais en 1634 et, la même année, au Collège Royal, Roberval a peu publié : en 1636, un *Traité de Mechanique des poids soustenus par des puissances sur les plans inclinez a l'horizon ; des puissances qui soustiennent un poids suspendu a deux chordes* ; et en 1644, un traité d'astronomie — *Aristarchi Samii de Mundi Systemate* — qui lui valut le surnom d'Aristarque Français. Au service, de longue date, de la famille de Gonzague-Nevers, des Noyers était très lié à Roberval (au point de se présenter comme son disciple) qu'il attira à l'hôtel de Nevers. Dès son arrivée en Pologne, il entretient une correspondance avec son ami. Dans l'inventaire des papiers de Roberval figuraient 129 lettres de M. des Noyers de Pologne (Inventaire des manuscrits ayant appartenu à Roberval dans Léon Auger, *Un savant méconnu. Gilles Personne de Roberval (1602-1675)*, p. 202). La Bibliothèque nationale de Vienne en possède 24, entre le 16 mars 1646 et le 13 février 1651 (Ms 7049, fol. 419-475) ; une grande partie de ces lettres est publiée en extraits dans la *Correspondance de Mersenne*, aux tomes XV et XVI.

3 *Aristarchii Samii de mundi systemate partibus et motibus ejusdem libellus ; adjectæ sunt A.E. P. de Roberval Mathem. Scient. In Collegio Regio Franciæ Professoris*, Paris, Ant. Bernier, 1644. Roberval, dans cet opuscule prétendument attribué à Aristarque, présente les trois systèmes du monde — de Copernic, Tycho et d'Aristarque — présentant ce dernier ouvrage (d'un manuscrit arabe traduit en latin) comme le plus simple et le plus vraisemblable. Ce titre se fait l'écho de l'*Anti-Aristarque* de Libert Froimont (Fromondus), professeur de théologie, publié à Louvain en 1631, qui réfute Copernic : *Libert Froimont et les résistances aux révolutions scientifiques*, A.-C. Bernès éd., Haccourt, 1998. Après le procès de Galilée (1633), Roberval prend fait et cause pour le savant italien. Titulaire au Collège de France de la chaire de Ramus, Roberval devait y enseigner sept matières différentes, dont l'astronomie.

Dans cet ouvrage, Roberval évoque l'attraction exercée par le Soleil qui entraîne la rotation de chaque planète autour du Soleil et autour d'elle-même. Les taches permettent de calculer la vitesse de cette rotation (comme il sera fait avec les taches solaires). Voir Léon Auger, « Les idées de Roberval sur le système du monde », *Revue d'Histoire des Sciences*, 10-3 (1957), p. 226-234.

il occupe une place non négligeable parmi les gens honorables, je suis sûr qu'il vous sera étroitement obligé si vous lui révélez ce que vous aurez trouvé sur l'objet de sa demande. Il a une grande renommée parmi les géomètres d'Europe et il est bien connu de Monsieur Gassendi[1]. A moins que vous ne mettiez la dernière main à votre remarquable livre, vous pourriez y joindre cette observation qui serait une grande présomption en faveur du mouvement de la Terre si elle coïncidait avec l'opinion de Roberval. Entre temps, je voudrais que vous croyiez que je tiendrais pour un grand bonheur si je pouvais vous faire savoir combien grande est chez moi l'estime de votre qualité, de votre savoir et de vos lumières, et combien je suis dévoué à votre érudition. Donné à Lubzov[2], le 13 juillet 1646.

Tout dévoué à votre savoir,

Petrus Des Noyers

3.

11 janvier 1647, Pierre des Noyers à Hevelius

BO : C1-I, 64/132-133 / 64(36)
BO : C2-5, 56-58
BnF : 10 347-I, 54-56

Varsavie, le 11 de janvier 1647,

Monsieur,

Je croy que je m'expliqueré mieux en françois qu'en latin et vous en entendez assez pour me permettre de ne vous plus escrire en une autre langue. Je vous envoye, dans ce paquet, un quadran, un horloge au Soleil, de la façon de ceux que vous m'avez tesmoignez desirer; il vous montrera les heures astronomiques, hebraique, babilonique et italique[3].

---

1 Hevelius a peut-être rencontré Pierre Gassendi lors de son séjour à Paris en 1631, car Gassendi se trouvait dans la capitale entre 1628 et 1632. 22 lettres ont été échangées avec Gassendi, dont la première remonte à 1644. Gassendi a beaucoup encouragé Hevelius à réaliser son atlas lunaire et a même limité la diffusion des planches de la Lune de Mellan, qu'il avait fait réaliser avec Peiresc en 1634-1635, et dont il fait part à Hevelius (lettre du 6 mars 1644). Voir *CJH*, I, p. 65-67. Il n'est pas prévu dans la présente édition de publier à nouveau cette correspondance, ces lettres ayant été traduites et annotées par Sylvie Taussig (*LLPG*).

2 Lubzona, résidence bâtie par Etienne Báthory (1533-1586) à un quart de lieue de Cracovie. La reine s'y arrête le 10-11 juillet, dans l'attente de son entrée à Cracovie le 14 juillet, où devait avoir lieu son couronnement.

3 Ces différentes divisions du temps sont évoquées par Christophorus Clavius, *Gnomonices libri octo*, Rome, 1581, dans le livre 1. Denis Savoie, « Les représentations astrologiques sur les cadrans solaires », *Recherches sur les cadrans solaires*, Turnhout, Brepols, 2014, p. 134.

Le plus grand des cercles qui composent ce quadrant ou horloge represente le meridien, le second represente l'Equateur au limbe duquel sont marquee les heures astronomiques, dans ce dernier cercle, il y en a un autre ou sont marquee les heures italique, qui a un petit acroq à l'endroit ou 6 heures sont marquee qui y a esté mis pour avec l'ongle le faire tourner, et mettre les 24 heures vis a vis de l'heure astronomique que le Soleil se couche et qu'on sait tousjours par les arcs semidiurnes, et seminocturnes. Que si vous mettez les 24 heures de ce petit Cercle, à l'heure que le Soleil se leve, comme vous avez fait, a celle qu'il se couche il vous montrera les heures babilonique. Pour les astronomique, le Cercle en est fixe et par consequent il n'y a rien a dire. Sur le premier et plus grand, il y a un quart de Cercle divisé, qui marque les hauteurs des regions, et vous le trouverez sur celle de Varsavie, que j'ay trouvee par plusieurs observations estre d'environ 52° 12'. L'axe du grand Cercle represente le Zodiaque et la pinule sert a mettre le Soleil au degrez du signe ou il se rencontre, voila en gros l'usage de cette horloge[1]. Je me suis faché qu'en ma la portant de Paris l'estuy en aye esté mouillé ce qui l'a gasté. S'il y eut eu icy des ouvriers pour en faire faire un autre je ne vous l'aurois pas envoyé en sy mauvais estat.

Je n'ay pas encore eu le temps de calculer une observation que je fis le 24 jour de decembre[2] au soir environ a 8 heures et un quart de l'horloge au soir, qui fut que Jupiter entra sous le disque de la Lune lequel estoit quand il entra à 11°43' et l'estoille d'Hercules qui est dans environ au 18ᶜ degré de Gémeaux estoit au mesme temps eslevee sur l'orison oriental de 30°1'. Jupiter passa à ce que j'en peu juger à la veuë à 4' ou 5' du centre de la Lune. Lors qu'il en sortit Hercules estoit à 39°38' sur l'orison et Jupiter 19°52' sur le mesme orison. Le grand froid et le vent firent que je ne suis pas sy assuré de cette derniere observation que de la premiere. J'observé l'entree de Jupiter sous la Lune, avec une lunette, sans laquelle j'y aurois esté trompé. Peut estre aurez vous pris garde a la Lune à la mesme heure. Sy cela est il seroit aisé de savoir quelle difference de longitude il y a d'icy à Dantzigt. S'il fait beau le 20ᶜ de ce mois je prendré garde à l'Eclipse de Lune qui s'y doibt faire[3]. Cependant je vous suplie de me croire, Monsieur,

Vostre tres humble Serviteur,

Des Noyers

---

1 Selon Denis Savoie, l'instrument décrit semble être un anneau équatorial : c'est un cadran solaire de hauteur portatif, universel, composé de deux cercles principaux (méridien, équateur), réglable en latitude et qui comporte un système de pinnule pour le régler sur le Soleil. Celui décrit ici comportait en plus du cercle équatorial (sur lequel on lit l'heure solaire ou astronomique) un autre cercle tangent, réglable, sur lequel on pouvait lire l'heure italique voire babylonique en effectuant une simple rotation de l'ensemble. De tous les cadrans portatifs, c'est le plus élaboré (communication personnelle).

2 Immersion de Jupiter sous le disque de la Lune du 24 décembre : *Selenographia*, p. 477-478. Il y avait des nuages à Dantzig, mais Linemann put l'observer à Königsberg. Pingré (*Annales*, 1646, p. 181) mentionne une observation faite à Varsovie, qui doit être celle de Pierre des Noyers.

3 Eclipse de Lune du 20 janvier, observée par Hevelius : Pingré, *Annales*, 1647, p. 182-184. Pingré précise : « J'omets une observation de Varsovie que Boulliau et Gassendi regardent avec raison comme insoutenable ». Il s'agit très probablement de celle de des Noyers qui était en relation avec Gassendi.

4.

6 mars, 1647, Pierre des Noyers à Hevelius

BO : C1-I, 67/137 / 67(37)
BO : C2-5, 58-59
BnF : 10347-I, 56-57

A Monsieur
Monsieur de Noyers
A Warsavie
Varsavie, le 6 mars 1647,
Monsieur,

En escrivant à Monsieur de Roberval (qui certeinement est un des grands Mathematiciens de ce siecle) j'ay taché en luy parlant de vous de luy imprimer l'estime que tous ceux qui vous connoisent doivent faire de vostre meritte et de vostre belle ouvrage[1]. Il l'a conçeu tel que je me l'estois imaginé et par sa derniere lettre, il me prie de luy faire avoir, tout aussy tost qu'il sera imprimé, le livre de vos belles observations sur les maculles de la Lune. Je me suis de tant advancé que de luy promettre, et de l'assurer qu'il auroit beaucoup de satisfaction de vostre bel ouvrage, peut estre, Monsieur, luy voudrez vous envoyer vous mesme, mais sy cela n'estoit point, je vous suplie qu'au temps que vous voudrez bien que tout le monde voye vos œuvres, en donner un à Monsieur de la Vairie[2] qui est celuy qui vous donnera cette lettre, lequel je prie qu'il l'envoye au dit Sieur de Roberval. C'est luy qui a pris soing de m'envoyer le petit horloge solaire que je vous ay envoyé[3]. J'espere cette grace de vous et que vous me croirez, Monsieur,

Vostre très humble Serviteur,

Des Noyer

---

1 La *Selenographia* paraît en 1647.

2 De la Vayrie est un marchand banquier qui, à Dantzig, sert d'intermédiaire avec Paris. Dans la correspondance d'Hevelius avec Mersenne, son nom figure dans la lettre d'Hevelius à Mersenne du 24 avril 1648, in fine : « J. Hevelius, dans la rue des 5 diamans, chez Mr de la Veyrie marchand banquier » (*CMM*, n° 1788, XVI, p. 271) ; ainsi que dans la lettre de Mersenne à Hevelius, du 1er juin 1648 adressée à : « A Mr, Mr Hevelius, recommandé à Mr de la Verio, banquier de la rue des 5 diamant, le port, 40 sols » (n° 1806, XVI, p. 342).

3 Lettre n° 3.

LETTRES [1647]

5.

8 avril 1647, Hevelius à Pierre des Noyers

BO : **C1-I, 69/139-140-69**
BnF : Lat.10 347-I, 58-60
BO : C2-5, 60-63

A Monsieur,
Monsieur des Noyers
A Warsavie

Nobilissime Domine,

Miraberis, et quidem non injuria, me tanto temporis intervallo nihil prorsus literarum, ac nequicquam responsi hucusque ad tuas mihi large gratissimas, ad te dedisse : scire autem te cupio, quod diuturni illius silentii culpa, non nisi gravissimis meis selenographicis occupationibus, quibus undique distrahor, sit adscribenda. Idcirco vero te minus dubito, quo magis tuam in amore constantiam perspectam habeo, quin facile hac in parte veniam sim impetraturus. Maculas Joviales non semel quidem vidi, perspexi, atque adumbravi. Num vero nedum perpetuæ semper sint apparitionis, nec ne hac vice nondum indicare possum : cum eas nunquam per integram noctem observaverim, et quamtumlibet etiam hac hyeme, cum Jupiter esset acronychus, maxime id deprehendere voluerim, nullo tamen modo, tum ob cœlum frequentissime nubilum, tum ob occupationes multifarias quibus admodum impeditus istud fieri potuit. Differendum itaque hoc negotium in annum sequentem, quo lubens promtusque, si DEUS vitam sanitatemque concesserit, jucundissimas istas, et ejus generis alias speculationes aggrediar. Quicquid vero id temporis circa maculas istas Joviales sum deprehensurus, et tibi, et celeberrimo illi viro Robervallo haud gravate scire faciam. Cæterum gratias quas unquam possum maximas, tibi ago, pro horologio isto universali nuper transmisso accepto ; verum sane nescio, quibus id iterum demereri debeam : interim sed tamen unice dabo operam (licet polliceri mihi hoc nequeam, ut par pari referam) ne non quavis occasione ad omnis generis officia tibi gratissima, me accinctum sistam. Observatio tua Jovis a Luna occulti Warsavia instituta, mihi vehementer profecto grata accidit ; eo præsertim, quod talibus quam rarissime in Polonia susceptis beemur. Quid vero mihi quoque circa illam ipsam contemplationem hic videre obtigerit, brevibus commemorabo. Initium quidem nullo prorsus modo ob ærem nimis turbidum quam maxime id etiam optaverim, animadvertere integrum fuit ; Jovem autem tectum, ut ut momentum emergentis ejus optime observare mihi successit. Namque clarissimi vidi egressum ex umbra Lunæ hic Dantisci, secundum horologium per altitudines correctum, hora 8 39' 30". Contra Regiomonti initium occultationis, a M. Alberto Linemanno Mathematum Professore fuit deprehensum, humerus sinister Orion, ad ortum cum elevatus esset 29° 31' hoc est hora 7 53' 3", cui tempori si addas differentiam meridianorum inter Dantiscum et Regiomontum, observationibus fide dignissimis, stabilitam 7' 30", habebis quoque et verum initium occultationi Gedanensi. Fusiorem et accuratiorem descriptionem hujus observationis, tum et nupera eclipseos Lunaris, nec non aliarum quarundam observationum, una cum schematismis haud vulgaribus, atque vix inaccurate delineatis in Selenographico meo opere exspectabis. Interim tamen hic illico initium finemque eclipseos Lunæ commemorabo. Initium ejusdem eclipseos contigit hic Gedani, Jupiter cum elevaretur 42° 40', hoc est hora 9 19' 12"; atque finis cor Leonis cum esset elevatum 42° 5', hoc est hora 11 27' 44", reliquæ 26 phases itidem modo dicto operi reservantur. Si quicquam de hac Eclipsi et Warsaviæ, vel alibi locorum animadversum fuerit, rogo ut me certiorem facias. De cætero magnopere lætor, Præclarissimum Dominum Robervallum (Cui meis verbis salutem impertias velim, quaeque a me proficisci possunt omnia pollicearis ac deferas) opusculum meum quod sub manibus versatur videndi cupidine flagrare; utinam tanti viri palato arrideat id ipsum! Nihil certe accideret jucundius. Idque quam primum autem penitus ad umbilicum fuerit perductum, prima data occasione, aut per Dominum de la Vayrie aut per nostrum bibliopolam Georgium Forsterum, una cum aliquot aliis exemplaribus, Parisios perferendum curabo: id quod post festum Pentecostes fieri posse spero; interea fac ut valeas atque amare persevera,

Tuæ Nobilitatis
Amantissimum

J. Hevelium

Gedani, anno 1647, Die 8 Aprilis

Très noble Monsieur,

Vous serez étonné, et à juste titre, que pendant si longtemps je ne vous aie envoyé aucune lettre, et aucune réponse jusqu'à présent à votre lettre qui me fut grandement agréable; je désire que vous sachiez que la faute de ce long silence ne doit être attribuée qu'à mes très sérieuses occupations de sélénographie, qui me distraient de tous côtés. Je doute d'autant moins d'obtenir facilement votre indulgence sur ce sujet, que j'ai davantage sous les yeux la constance de votre affection.

J'ai vu plus d'une fois les taches de Jupiter, je les ai observées et dessinées[1]. Pour le moment, je ne puis indiquer si elles sont perpétuelles ou non, car je ne les ai jamais observées pendant une nuit entière et quelle qu'ait été ma volonté de le saisir cet hiver, quand Jupiter était au début de la nuit, cela n'a pu se faire en aucune manière, soit à cause du ciel très souvent nuageux, soit à cause de diverses occupations qui m'en ont complètement empêché. Il faut reporter cette affaire à l'année prochaine, où avec plaisir et prompti-

---

1 *Selenographia*, p. 44-45.

tude si Dieu me donne la vie et la santé, je m'attaquerai à ces très agréables spéculations et à d'autres du même genre. Tout ce que je saisirai à ce moment sur les taches de Jupiter, je le ferai savoir sans déplaisir à vous-même et à ce très illustre Monsieur Roberval. Par ailleurs, je vous rends les plus grandes grâces que je puisse jamais pour cette horloge universelle qui vous a été transmise et que j'ai reçue; à vrai dire j'ignore tout à fait comment je puis vous témoigner ma reconnaissance; entre temps toutefois je mettrai uniquement mes efforts (puisque je ne puis promettre de vous rendre la pareille) à me tenir prêt à vous rendre toute espèce de service à n'importe quelle occasion. Votre observation, menée à Varsovie, de Jupiter occulté par la Lune m'a été à coup sûr grandement agréable; surtout parce que nous sommes très rarement gratifiés de telles entreprises en Pologne. Ce qu'il m'a été donné de voir ici à propos de ce spectacle, je vous le rappellerai brièvement. Je n'ai pu en aucune manière observer l'intégralité du début, malgré mon vif souhait, à cause du ciel très troublé, mais j'ai eu la chance d'observer Jupiter couvert, de même que le moment de son émergence. Car j'ai vu très clairement sa sortie de l'ombre de la Lune ici à Dantzig selon l'horloge corrigée par l'altitude à 8 heures, 39', 30". En revanche, à Königsberg, le début de l'occultation a été saisi par Maître Albert Linemann, professeur de mathématiques[1], alors que l'épaule gauche d'Orion, à son lever, était élevée de 29° 31' c'est à dire à 7 heures 53' 3". Si vous ajoutez à ce temps la différence de méridiens entre Dantzig et Königsberg, établie par des observations très dignes de foi à 7' 30", vous aurez aussi le vrai début pour l'occultation de Dantzig. Vous pouvez attendre de mon ouvrage sélénographique une description plus ample et plus précise de cette observation, comme de la récente éclipse de Lune[2] et aussi d'autres observations avec des dessins hors du commun et non dénués de précision.

En attendant, je mentionnerai immédiatement le début et la fin de l'éclipse de Lune. Le début de l'éclipse survint ici à Dantzig alors que Jupiter était élevé de 42°40', c'est-à-dire à 9 heures 19' 12"; et à la fin, alors que le cœur du Lion était élevé de 42°5' c'est-à-dire à 11 heures 27' 44", les 26 autres phases sont de même réservées pour l'ouvrage précité. Si quelque chose a été remarqué sur cette éclipse à Varsovie ou ailleurs, je vous demande de m'en assurer. Pour le reste, je me réjouis grandement que le très illustre Monsieur Roberval (je vous prie de le saluer en mon nom et de lui promettre de lui apporter tout ce qui peut provenir de moi) brûle de voir mon opuscule

---

1 Albert Linemann (1603-1653) a fait des études de théologie et de mathématiques à l'Université de Königsberg. Il y fut l'élève du mathématicien Johann Strauss, auquel il succéda en 1630. Après un voyage de trois années dans les Provinces-Unies, de retour à Königsberg, il fut nommé Professeur de mathématiques en titre. Il y défendit les théories de Copernic. Entre 1634 et 1654, il a donné des Ephémérides. Sa veuve a publié à titre posthume les *Deliciae Calendario-graphicae, das ist die sinnreichsten und allerkünstlichsten Fragen und Antworten, darinnen die edelste Geheimnisse der Physik, Astronomie, Astrologie, Geographie, etc. bestermassen Gelehrten und Ungelehrten zum Besten anmuthig und verständlich ausgeführet und verabschiedet werden, aus den jährlichen Calender-Arbeiten des weiland hochgelehrten und weitberühmten Hn. M. Alb. Linemanni Fischerhusio Borussi mathematum professoris publici bei der löblichen Königsbergischen Akademie dem Kunstliebenden Leser zum ergötzlichen Nutzen zusammengetragen*, Königsberg, 1657. Son observation est mentionnée par Pingré, *Annales*, 1646, p. 181.

2 L'éclipse de Lune du 20 janvier 1647. L'observation de l'occultation de Jupiter par la Lune du 20 janvier est publiée dans la *Selenographia*, p. 479.

qui est entre mes mains ; puisse-t-il plaire au goût d'un tel homme ! Rien ne serait plus plaisant. Dès qu'il sera amené à son terme, à la première occasion, je le ferai parvenir à Paris avec quelques autres exemplaires, soit par Monsieur de la Vayerie, soit par notre libraire Georg Forster[1] ; j'espère que cela pourra se faire après la fête de la Pentecôte. Entre temps, portez-vous bien et continuez à aimer,

De votre Noblesse,
Le très aimant

J. Hevelius

A Dantzig, le 8 avril 1647.

6.

3 juillet 1647, Hevelius à Pierre des Noyers

BO : C1-I, 71/145-146/71
BnF : Lat. 10 347-I, 67-70
BO : C2-5, 68-71

SOLI DEO GLORIA qui gratiosa sua luce nos semper irradias
A Monsieur,
Monsieur des Noyers
A Warsavie

Nobilissime Domine,

Cum DEO, ad finem penitus perducta Selenographia mea, priusquam in lucem publicam prodeat, Sacræ Regiæ Majesti quam citissime oculis ut usurpanda tradatur, æquissimum esse profecto duxi eo præsertim attento, Dominum nostrum longe clementissimum, mathematicarum artium Mæcenatem longe esse celebratissimum. Id quod ipse ego ante aliquot annos, summa animi lætitia, certissimo indicio mihi videor esse expertus ; cum inventiunculam meam Polemoscopii, sciatericumque quoddam universale, nec non observationes quasdam macularum Solarium (munuscula utique tanto Monarcha multo inferiora) per ingeniosissimum Fredericum Gethkant rei tormentariæ præfectum, oblata, non solum benignissimis manibus accipere minime fuerit

---

1 Georg Förster (1615-1660) est un libraire de Dantzig et le correspondant, sur place, de Cramoisy. Voir Isabel Heitjan : "Kaspar und Georg Förster, Buchhändler und Verleger zu Danzig im 17. Jahrhundert » dans : *Archiv für Geschichte des Buchwesens*, 15.

LETTRES [1647]

dedignatus; sed et autorem, de facie plane ignotum (qui nunquam id sperare ausus fuisset) laudibus ornavit. Atque hinc, animos mihi quam maxime additos esse sensi, ut item omnibus modis curarem, quo Selenographicum nostrum opusculum, Suæ Regiæ Majestatis clementiæ opportune insinuaretur; ea spe fretus cum sollicitudinem meam ab obsequio et veneratione subjectissima id Regiæ auræ impetraturam, quam ipsum opus non meretur. Ex intimis equidem animi mei præcordiis hoc voveo voveboque semper, quemadmodum hac ratione Suæ Regiæ Majestatis oculis hac ex cælo in chartam deducta Luna modo spectanda objicitur; ita DEO OPTIMO MAXIMO placeat, prorogranti dies et annos Suæ Regiæ Majestati Luna Ottomannica magis magisque calcanda ut subjiciatur. Enimvero etiam in sinu, fateor, mihi plaudo quod diu et longe non sit opus quærere illum cujus ope utar, ut quam commodissime ad Suam Regiam Majestatem pagellæ meæ perveniant. Namque jam pridem ejus venit in mentem, Te nobilissime vir atque amice multis nominibus mihi plurimum observande, ei negotio omnino esse parem utpote cujus propensum, partim erga me, partim erga studia nostra communia mathematica (qua gratia, quasi pignus aliquod mihi servabitur, ille a te nuper missus Aristarchus, liber utique auro contra carus) nimis quam perspectum habeo. Non igitur dubito quin eo te ad tam præclarum amico tui cupidissimo præstandum officium accinctum exhibiturus. Cæterum ad compellandam Suam Regiam Majestatem, viam, opinor, tibi strabis Regiam si, quod potes optime, Serenissimam Reginam, Dominam nostram clementissimam nobis primum omnium concilies, cui, (si ita videtur) non minus exemplar, ex illis duobus jam compactis, obsequentissimo meo nomine offeras, addito flagrantissimo nostro voto, ut Luna hæc nostra cum Sole nostro, universæ Sarmatiæ horizontem plenissimo jubare diu illuminet. Enimvero ad Suam Regiam Majestatem sic aditum fore non difficilem, ut quid mihi non pene persuadeam? Quibus omnibus ex voto confectis quamprimum a te benevolum exspecto responsum. Et ut nihil habeam, quo operam tuam mihi comparem, cum quantumlibet me totum, meamque certam supellectilem excutiam, nihil inveniam quod aut tuis virtutibus, aut doctrina singulari dignum sit: arbitror tamen hoc nostrum opusculum in vicem tibi posse offerri; ne dicam de animo nostro quem jam dudum tibi habes devinctissimum. Accipe itaque et tu hilari fronte pagellas illas nondum colligatas, et pariter ut autorem ipsum posside; ita ut de illis judicium tuum nobis libere aperias, et hunc minime celes quæ velis grata ab ipso tua gratia unquam fieri. Ego sane data quacunque occasione summis adnitar viribus, quo illum me ostendam, quem te mihi jam pollicere. Neque nescire te velim quod brevi Domino Robervallo exemplar itidem quoddam, aut per M. de Vaÿrie, aut per nostrum bibliopolam Parisios sim transmissurus. Vale et cœpto amore fac prosequaris,

Tuæ Nobilitatis,
Studiosissimum

J. Hevelium

Gedani, Anno 1647, die 3 Julii.

GLOIRE A DIEU seul qui nous irradie toujours de sa lumière généreuse.

À Monsieur
Monsieur Des Noyers, à Varsovie

Très noble Monsieur,

Avec l'aide de Dieu, ma Sélénographie est entièrement achevée. Avant qu'elle paraisse en public, j'ai estimé tout à fait juste qu'elle soit au plus vite mise sous les yeux de Sa Majesté Royale et Sacrée, en tenant compte surtout de ce que notre Seigneur très clément est un très célèbre mécène des arts mathématiques. Je crois l'avoir expérimenté voici quelques années par une preuve très certaine pour la plus grande joie de mon âme. En effet, il n'a nullement dédaigné de recevoir dans ses mains avec grande bénignité ma petite invention du polémoscope[1], et un cadran solaire universel, et aussi certaines observations des taches solaires[2] (des petits cadeaux bien inférieurs à un tel monarque) offerts par l'intermédiaire du très ingénieux Frédéric Gethkant, préfet de l'artillerie[3]; mais il a aussi orné de louanges l'auteur dont la figure lui était inconnue et qui n'aurait jamais osé l'espérer. Ainsi, j'ai senti que mon courage s'en trouvait grandement accru pour faire en sorte pareillement de toutes les manières, que notre opuscule sélénographique soit introduit dans la clémence de la Sa Majesté Royale; sûr de cet espoir que mon très humble dévouement, avec respect et vénération, obtiendra du rayonnement royal ce que l'ouvrage lui-même ne mérite pas. Quant à moi, du plus profond de mon âme, je forme et je formerai toujours un vœu: de même que cette Lune ainsi descendue du ciel sur le papier soit donnée bientôt à voir aux yeux de Sa Majesté Royale, qu'ainsi au fil des jours et des années la Lune ottomane soit toujours davantage soumise à Sa Majesté Royale pour être foulée aux pieds[4]. En vérité, même en particulier, je me félicite de n'avoir pas eu besoin de chercher longtemps au loin la personne dont le secours m'était nécessaire pour que mes petites pages parviennent le plus commodément possible à Sa Majesté Royale. Car depuis longtemps, il est venu à mon esprit que vous, un homme très noble et un ami qui est l'objet particulier de mon respect, êtes tout à fait à la hauteur de cette tâche. Car je connais trop bien votre inclination, partie pour moi, partie pour nos communes études mathématiques (j'en

---

1 Le polémoscope est présenté dans la *Selenographia*, chap. II-4, p. 26-31, planche p. 27. C'est l'ancêtre du périscope de tranchée. Le polémoscope est un tube coudé muni de lentilles et de miroirs. Cet instrument a deux réflexions et deux réfractions.

2 La *Selenographia* comporte de nombreuses observations de taches solaires, réalisées entre novembre 1642 et octobre 1644. Sur les macules et facules solaires, chap. V, p. 76-108; Observations quotidiennes, Annexes, p. 500-525.

3 Frederik Getkant (1600-1666), le « nouvel Archimède polonais », ingénieur d'origine allemande, venu dans les années 1620 au service de la Pologne. Spécialisé dans l'art militaire et la balistique, il a dressé de nombreuses cartes et des plans. Il mit au point, pour le siège de Torun en 1658, un mortier permettant de lancer des boulets très lourds.

4 Ladislas IV envisageait de faire la Guerre à la Sublime Porte avec la dot de son épouse, mais la Diète, manœuvrée par la Reine, s'y opposa.

tiendrai pour gage le fameux Aristarque que vous m'avez récemment envoyé, un livre qui par ailleurs vaut de l'or. Par conséquent, je ne doute pas que vous vous montrerez prêt à rendre un service aussi notoire à un ami qui le désire tellement. Par ailleurs, pour motiver Sa Majesté Royale, vous vous frayerez, je pense, une voie royale si, ce dont vous êtes très capable, vous vous conciliez, avant tout le monde, la Sérénissime Reine, notre Maîtresse très clémente[1]. Si cela vous paraît bon, vous lui offrirez également, en mon nom et avec tout mon respect, un des deux exemplaires déjà reliés, en ajoutant notre vœu très ardent que notre Lune que voici, avec notre Soleil, illumine longtemps d'un plein éclat l'horizon de notre Sarmatie[2]. En vérité, comment ne pas être presque persuadé qu'ainsi l'accès à Sa Majesté Royale ne sera pas difficile ? À tous ces vœux, j'attends de vous une réponse bienveillante. Je n'ai rien par quoi je puisse m'acquérir votre aide car, quoique je me presse tout entier ainsi que tout mon matériel, je ne trouve rien qui soit digne de vos qualités et de votre savoir singulier. Je pense cependant que notre opuscule que voici peut vous être offert en échange, pour ne pas parler de mon âme que vous tenez liée à vous depuis bien longtemps. Recevez donc d'un visage souriant ces petites pages non encore reliées, et possédez-les comme vous possédez l'auteur lui-même ; découvrez-nous librement votre jugement à leur sujet et ne nous cachez nullement ce que vous voulez que je fasse pour vous en témoigner toute ma gratitude. Pour moi, à toute occasion, je mettrai toutes mes forces à me montrer celui que vous m'avez déjà promis d'être pour moi. Je voudrais que n'ignoriez pas que bientôt je transmettrai un exemplaire à Monsieur Roberval à Paris, soit par Monsieur de Vaÿerie[3], soit par notre libraire[4]. Portez-vous bien et continuez votre affection commencée à

Tout affectionné à Votre Noblesse,

J. Hevelius

---

1 Louise-Marie de Gonzague (1611-1667) dont Pierre des Noyers est le secrétaire des commandements.

2 Hevelius fait ici référence à l'entrée de Louise-Marie à Dantzig le 11 février 1646. La reine passa sous un splendide arc de triomphe en forme d'arc en ciel soutenu par Hercule et Atlas sous lequel était figurée la ville de Dantzig, éclairée par un Soleil levant figurant la monarchie.

3 Lettre n° 4.

4 Georg Förster.

7.

24 juillet 1647, Pierre des Noyers à Hevelius

BO : C1-I, 73/150/73(72)
BnF : Lat. 10 347-I, 73-75
BO : C2-5, 71-72
Olhoff, p. 3-5

Doctissime et Eruditissime Domine,

Litteræ vestræ multo mihi jucundissimæ ad me perlatæ sunt, cum illa mirabili Selenographia, cujus memoria æternum vigebit, quas ut accepi, non destiti quin ex duobus voluminibus illud quod destinaveras Reginæ Serenissimæ nomine vestro tradiderim. Munus arrisit multum, et id præstitit Sacræ Majestatis erga viros doctos et bene meritos propenso, ut ad Regem Serenissimum ipsamet mihi viam sponte straverit, qua duce (quod enim non sperassem) id accidit, ut eo ipso tempore, quo librum vestrum Sacræ Regiæ Majestati obtuli, priusquam authoris nomen Regina Serenissima innuisset ex Hevelio statim fonte et non alio tantum opus emanasse Sua Majestas judicaverit; certiorem se dicens, nullum præter Hevelium sagacem satis ac laboriosum tam reconditas et obstrusas observationes indagasse; meminit quoque se aliquando libellum (quem mihi videndum pollicitus est) una cum caniculato Isoptro ex quo pone murum in subjecta fossa quæ agerentur facile esset conspicere ab eodem Hevelio habuisse, et ut sua Regia Majestas istarum rerum cupidissima est, istud isoptron perquiri jussit ut Serenissima Regina videret; curavitque ita per alium apparari ut illo uti posset (non enim per se bene componere novit.) Evolvit studiose operis vestri folia omnia; præfationem attente legit et ea præsertim loca notavit, non sine magno gaudio et authoris commendatione, ubi de astris VLADISLAVIANIS est sermo; animadvertit etiam ubi de incisione crystallorum, addidit insuper Sua Majestas speculare Batavicum quo Lunæ maculas inspexerat habuisse, quod cum videre cupiisset Regina Serenissima, fracta omnino ac contrita crystalla inventa sunt. Quid plura? uno verbo dicam Regem Serenissimum per duas aut tres horas in tanto opere extollendo et authore ipsius commendando totum fuisse. Placuit et Suæ Majestati videre hanc quam ad me tranmiseras epistolam, comptam adeo et politam ut exemplaria multi non indocti transcribere non neglexerint. Reliquum est ut ego pro mea virili parte gratias quam maximas agam humanitati vestræ, quod tam grato munere me ditaverit et eum me judicaverit qui possem hoc summi laboris et sagacissimæ eruditionis monumentum vestræ, suis Majestatibus deferre. Quapropter Dominationem Vestram vehementer oro atque obtestor, ut si quid in me sit quod optet, exploret, meque semper ad obsequia sua promptissimum credat et paratissimum.

Warsaviæ, die 24. Julii Anno 1647

LETTRES [1647]

Très savant et très érudit Monsieur,

Votre si agréable lettre m'est parvenue avec cette admirable Sélénographie, dont la mémoire durera éternellement. Dès que je l'ai reçue, je n'ai eu de cesse de remettre en votre nom à la Reine Sérénissime celui des deux exemplaires que vous lui avez destiné. Le cadeau lui a beaucoup plu, et il a tant incité l'inclination de Sa Majesté Sacrée envers les hommes de savoir et de mérite qu'elle m'a ouvert elle-même la voie à Sa Majesté Royale et Sacrée. Sous sa conduite (ce que je n'aurais jamais espéré) il s'est fait que, au moment où j'ai offert votre livre à Sa Majesté Royale et Sacrée, avant que la Reine n'ait indiqué le nom de l'auteur, Sa Majesté jugea que l'ouvrage avait pour source Hevelius et personne d'autre. Il se dit sûr que, à part Hevelius, personne n'était assez sagace et laborieux pour réaliser des observations si cachées et si abstruses ; il se rappela aussi qu'il avait reçu un jour d'Hevelius un petit livre (qu'il promit de me montrer) avec un tuyau à double miroir avec lequel on pouvait voir facilement d'une tranchée au-dessus du rempart ce qui se passait[1] ; et comme Sa Majesté Royale était très intéressée par ces choses, elle fit chercher ce périscope pour que la Reine Sérénissime le voie ; il fit en sorte que l'appareil soit préparé par un autre pour pouvoir s'en servir (car lui-même ne savait pas le monter seul). Il a parcouru avec attention tous les folios de votre livre, il a lu avec attention la préface et il a particulièrement noté, non sans grande joie et éloge de l'auteur, les passages où il est question des astres de Ladislas[2] ; il a fait des remarques sur la taille des cristaux. Sa Majesté a ajouté qu'Elle avait eu un miroir hollandais avec lequel Elle avait examiné les taches de la Lune[3]. Comme la Reine Sérénissime avait souhaité le voir, on en trouva les cristaux complètement cassés et broyés. Que dire de plus ! En un mot, je dirai que le Roi Sérénissime a été pendant deux ou trois heures, tout entier à la louange d'un tel ouvrage et à la recommandation de son auteur. Il a plu à Sa Majesté de voir cette lettre que vous m'aviez envoyée, soignée et polie à tel point que beaucoup de personnes non dénuées de savoir n'ont pas négligé de la transcrire[4]. Il me reste à rendre, de toutes mes forces, les plus grandes grâces à

---

1 Il s'agit du « polémoscope », lettre n° 6.

2 Galilée avait offert les satellites de Jupiter (« *Medicea sidera* ») à Côme de Médicis dans son *Sidereus Nuncius* (1610) : voir Galileo Galilei, *Le Messager des étoiles*, Paris (Seuil), 1992, introduction de Fernand Hallyn, p. 29-34. Le capucin Anton Maria Schyrleus de Rheita (1604-1660), avait observé, en 1642, 9 lunes autour de Jupiter (« *Astra Urbanoctaviana* ») offertes au pape Urbain VIII : *Novem stellæ circa Jovem visæ*, (1643). Hevelius se fait un plaisir de montrer que les observations de Rheita sont fausses et qu'il a confondu des étoiles fixes (au nombre de 5) considérées comme de nouvelles Lunes de Jupiter, d'où le nombre de 9. Il débaptise les *stellæ Urbanoctavianæ* et fait hommage de ces nouvelles Fixes à Ladislas IV : voir la *Selenographia*, p. 53-63 et planche 64. Rheita, en qui il voit un rival, a publié en 1645 un ouvrage qui traite d'optique et d'astronomie : *Oculus Enoch et Eliæ, sive Radius sideromysticus*. On y trouve une gravure de la Lune, antérieure donc à celles d'Hevelius et une description des télescopes qui a eu une grande influence sur les fabricants d'instruments.

3 Le « miroir (spéculaire) hollandais » (speculum batavum) désigne probablement dans le cas présent une simple lunette.

4 Cette lettre est d'ailleurs publiée en bonne place par Johann Erich Olhoff, *Exerpta ex literis illustrium et clarissimorum virorum*, Dantzig, 1683, p. 3-5.

votre humanité, de m'avoir enrichi d'un cadeau si agréable et de m'avoir jugé capable d'apporter à Leurs Majestés ce monument de votre très grand travail et de votre très sagace érudition. C'est pourquoi je prie et je supplie votre Seigneurie pour que, s'il y a quelque chose qu'elle souhaite ou cherche à savoir, elle me croie toujours tout prompt et tout prêt à son service.

À Varsovie, le 24 juillet 1647

[28 juin 1647/31 juillet], Roberval à Pierre des Noyers

Lettre destinée à Hevelius du 28 juin 1647, transmise par des Noyers avec sa lettre du 31 juillet

BO : C1-I, 74b/152rv
BO : C2-5, 73-74

Transcriptum epistolæ Domini Roberval ad P. Desnoiers

H. Quæ observavit Dominus Hævelius de duratione eclipsis Lunæ quæ hoc ultimo Januario visa est, concordant omnino cum his quæ Parisiis observavimus unde colligi potest quod vestris in partibus eclipsis initia et finem eodem tempore quo et nos observastis in quo quidem cum Parisiis 8h 8' supputavimus Gedani esse 9h 19'. Sequetur differentiam longitudinis inter has duas civitates 17° 45' esse posse. Libentissime rescirem num aut tu ipse aut Dominus Hævelius conjunctionem Lunæ cum Jove de qua jam scripseram observaveritis. Interea dicam librum me aliquem vidisse excusum Neapoli circa quasdam observationes Batavicis factas specularibus, iis quidem optimis quibus conspicitur cornutus Mercurius ut et Luna et Venus. Ab authore libri cujus sæpius notatur planetas omnes Luna excepta circum se ipsos moveri oportere, nihil tamen distincte notat de istius motus periodis. Sed quod peius est accidit ut maculæ quæ satis aperte in Jove distinguuntur círculos esse quibus ambitus secundum magnum sui motus diurni circulum appareat. Quapropter nisi quædam inter círculos istos maculæ quibus distinguantur notari possint, motus iste difficillime observabitur. De his si videbitur Dominum Hævelium certiorem facere poteris. Do operam ut citissime Paschalium habere possis. Culpare poteris artificem ad opera lentum, me quoque ad observationes temporis et ventorum non ita promptum. Hoc tum me reficit nactum me vicarium cujus eruditio satis est perspecta qui libentissimo animo et ea præstabit quæ ad satisfaciendum animum vestrum conferre judicabit. Ex ipsius litteris quod reliquum est arripies. Quod si rescripseris litteras vestras ad ipsum perferri curabo. Publice docui in amplissimo cœtu Aristarchi sub Copernici nomine opinionem nullo refragante et maioribus caracteribus hac doctrinam affixam propalam edidi. Vale etc. Parisiis, 28 Junii 1647.

LETTRES [1647/31]

Transcription d'une lettre de Monsieur Roberval à Pierre des Noyers[1]

Ce que Monsieur Hevelius a observé sur la durée de l'éclipse de Lune qui a été vue à la fin de janvier dernier[2] concorde tout à fait avec ce que nous avons observé à Paris. On peut en tirer que dans vos régions vous avez observé le début et la fin en même temps que nous si nous supputons qu'à 8 heures 8 minutes à Paris il est 9 heures 18 minutes à Dantzig. Il s'ensuit que la différence de longitude entre les deux villes peut être de 17 degrés 45 minutes. J'aimerais bien savoir à mon tour si vous, ou Monsieur Hevelius, avez observé la conjonction de la Lune avec Jupiter sur laquelle j'avais déjà écrit. Entre temps je vous dirai que j'ai vu un petit livre imprimé à Naples sur certaines observations faites à Naples avec des spéculaires (specularibus) hollandais, en vérité les meilleurs avec lesquels on peut voir Mercure cornu, la Lune et Vénus[3]. L'auteur de ce livre note assez souvent que toutes les planètes, sauf la Lune, tournent sur elles-mêmes, mais il ne note rien distinctement sur les périodes de ce mouvement. Mais ce qui est pire : il ajoute que les taches qui se distinguent assez clairement sur Jupiter sont des cercles dont la périphérie apparaît selon le grand cercle de son mouvement diurne. C'est pourquoi, à moins de pouvoir distinguer entre les cercles ces taches par lesquelles les mouvements sont distingués, ce mouvement sera observé très difficilement. Si vous le jugez bon, vous pouvez en informer Monsieur Hevelius. Je m'efforce de vous faire avoir au plus vite un Pascal[4]. Vous pouvez accuser l'artisan

---

1 Cette lettre est parvenue à Pierre des Noyers avec la lettre de Roberval (au même) du 24 juillet.

2 Il s'agit de l'éclipse de Lune du 20 janvier 1647. Elle fut observée en grand détail par Hevelius. Voir Pingré, *Annales*, 1647, p. 182-183.

3 Les *Novæ cælestium terrestriumque observationes* de Francisco Fontana (Naples, 1646, 152 p. in-8°) comprennent une première partie sur les télescopes (*Tractatus primus : de tubo optico*). On trouvera au chapitre V (*Tractatus quintus : de Mercurii et Veneris observationes*) deux planches de Mercure cornu (23 mai 1639, p. 89 ; 26 janvier 1646, p. 90) et au chapitre VI des observations sur Mars et Jupiter, représenté avec deux bandes.

4 Blaise Pascal (1623-1662) a conçu sa machine à calculer en 1642. La première « paschaline » réalisée fut offerte en 1645 au chancelier Séguier. Une vingtaine furent construites entre 1645 et 1654 pour lesquelles Pascal obtint un privilège royal (1649). Marie de Gonzague et Pierre des Noyers en emportèrent deux en Pologne en 1645. L'un des deux exemplaires prit place dans la chambre du Roi. Des Noyers commanda encore deux autres machines. Il écrit, le 16 mars 1646, à Roberval : « Par l'ordinaire du dernier, je vous écrivis une longue lettre... je vous demandais dedans deux Paschals promptement. Je vous disais qu'ici on usait de gros, que trois gros valaient deux sols, et que vingt sols valaient un florin... ». Le 26 juin 1646, il écrit au même : « J'ai grand joie des Paschals que vous envoyez. Jamais le Roi n'a voulu souffrir qu'on ôtât celui que j'avais apporté de sa chambre et veut s'en servir, dit-il, à l'armée. Pour vous rendre raison de la monnaie de ce pays-ci, je vous dirai que la plus petite sont (sic) de certaines pièces dont on voit fort peu et desquelles 4 font un gros : ces pièces sont comme nos deniers. Après les gros sont les pultarakt, qui sont comme nos sols. Tout le reste est composé de ceux-ci, parce que 20 de ces pultarakt font un florin et trois florins font un thaler, qui sont nos écus. Mais comme nous comptons par livres, ils comptent par florins ce qui est la même chose. 20 pultarakt font donc un florin et trente gros un florin. On ne parle guère de l'autre monnaie, qui est trop petite, de sorte que les Pascals comme ils sont faits peuvent admirablement bien servir ici. » ; le 6 mars 1647, des Noyers écrit à Roberval : « Pour les Pascals, ils sont heureusement arrivés sans être gâtés, et seulement dans la fin de décembre. Ils ont pensé périr deux fois sur la mer ; c'est ce qui les a tant retardés. Je ne doute pas que votre invention soit merveilleuse, puisque

lent au travail, mais aussi moi-même qui n'ai pas la même promptitude dans l'observation du temps et des vents. Ce qui me réconforte, c'est que j'ai engagé un assistant dont l'érudition est assez connue et qui de bon cœur vous fournira ce qu'il estimera contribuer à satisfaire votre désir. Vous apprendrez le reste par ses lettres. Si vous répondez, je lui ferai porter les vôtres. J'ai enseigné en public, devant une nombreuse assemblée, l'opinion d'Aristarque sous le nom de Copernic, sans aucune objection et j'ai affiché en public cette doctrine fixée en grands caractères. Portez-vous bien. À Paris, le 28 juin 1647.

8.

31 juillet 1647, Pierre des Noyers à Hevelius

BO : C1-I, 74/151 / 74(43)
BO : C2-5, 73
BnF : 10 347-I, 76
Olhoff, p. 5 (quatre premières lignes)

Varsavie, le 31 juillet 1647[1]

Monsieur,

Je vous remercie encore, en ma langue maternelle de la faveur du Livre que vous m'avez envoyé. Je vous puis assurer que le Roy fait une estime particuliere de vous l'ayant encore depuis peu entendu dire. Et veritablement vous avez dit des choses sy nouvelles et vous les faitte voire sy nettement, que vous vous attirez les louanges et l'admiration de tout le monde. Je vous ay ces jours passé envoyé un Livre fait pour la

---

vous-même vous le dites. C'est pourquoi je vous en demande un... » (lettres conservées à Vienne, citées dans Pascal, *OCP.* II, p. 446-447, si l'on en croit des Noyers, les Pascalines ne demandaient aucune adaptation aux monnaies polonaises et pouvaient être utilisées telles quelles. Ce n'est donc pas un « Paschal » dont Pierre des Noyers a passé commande, mais de la machine conçue par Roberval lui-même qui utilisait un tambour prismatique à quatre faces. Cette machine n'a jamais été réalisée. Sa description (ms BnF, Naf 5175, 5-8) porte la mention « Ce mémoire n'est que pour moi seul ». Sur la vingtaine de Pascalines réalisées, 4 ont donc pris le chemin de la Pologne. L'une d'entre elles est aujourd'hui conservée à Dresde. Dans sa lettre du 16 mars 1646, Pierre des Noyers précise que Monsieur Moulin remboursera les instruments envoyés, à savoir les deux Pascalines, un compas à trois branches et un cadran à heure italique et française. Quatre prix sont notés en marge au crayon, dont deux fois 40 livres 10s que J. Mesnard suppose être le prix de la machine arithmétique (*OCP*, p. 446, n. 2).

1 Le même jour Pierre des Noyers écrit à Roberval et à Pierre Bruslart de Saint-Martin, *CMM*, XV, n° 1649 et 1650, p. 335, 338.

deffance de Monsieur Morin[1] et maintenant je vous envoye la copie d'une lettre que m'escrit Monsieur de Roberval[2]. Vous n'y verrez rien de nouveau pour vous ; on avoit peu veu Mercure cornu, mais vostre Livre leur fera connoitre qu'il y a long temps que vous l'aviez observé tel[3]. Je ne say si cet observateur de Naple ne seroit point ce Fontana, dont vous me parlé dans vostre Livre[4]. Si j'en aprend plus de nouvelles[5], je vous les feré savoir, cepandant croyez moy

Monsieur,
Vostre tres humble et tres affectionné Serviteur,

Des Noyers

---

1 Protégé de Marie de Médicis, Jean-Baptiste Morin de Villefranche (1582-1656) est l'astrologue le plus réputé en France au XVIIe siècle. Partisan du géocentrisme et de Ptolémée, de caractère irascible, sa vie est ponctuée d'affrontements, notamment avec Gassendi sur le géocentrisme et le mouvement de la Terre. Elu professeur de mathématiques au Collège Royal (en 1629 sur la chaire de du Hamel), il fut aussi l'inventeur d'une méthode de calcul des longitudes (1633), soumise à Richelieu et déboutée par une commission d'experts après un second jugement, en avril 1634, accompagné d'un libelle diffamatoire (*L'advis à Monseigneur l'éminentissime Cardinal-Duc de Richelieu sur la proposition faicte par le sieur Morin pour l'invention des longitudes*) qui présentait Morin, à l'en croire, comme un ignorant, un fourbe et un imposteur. Morin a immédiatement contre-attaqué, et il s'en est suivi un échange de violents pamphlets (dont le *Parturient montes, nascetur ridiculus Mus* que Morin attribue à l'Ecossais Hume) auquel il répond en 1636, sous le masque d'une réponse à Hume avec sa *Défense de la vérité contre la fausseté et l'imposture, Réponse à l'advis au Cardinal et Response à la dernière invective de Hume par un des amys de M. Morin*. C'est sans doute ce dernier texte — de Morin lui-même — que des Noyers communique à Hevelius. La querelle devait durer une dizaine d'années (1634-1644 et s'acheva lorsque Mazarin lui attribua une pension de 2000 livres après la publication en 1636 du *Factum du Sieur Jean-Baptiste Morin*, s.l.n.d. [1644]. Morin remercie Mazarin dans la dédicace de sa *Science des longitudes* (1647). L'affaire Morin (où fut impliqué le père de Pascal) est présentée par J. Mesnard, *OCP*, II, p. 82-99 ; par Jean Parès dans sa thèse (inédite, 1976) : *Jean-Baptiste Morin et la querelle des longitudes de 1634 à 1647* et, pour les réseaux de patronage, par A. Ruellet, *La Maison de Salomon. Histoire du patronage scientifique et technique en France et en Angleterre au XVIIe siècle*, PUR, 2016, p. 178-213.

2 Document précédent. Lettre inédite du 28 juin 1647.

3 Observations de Mercure dans la *Selenographia*, p. 74-76. Mercure y est dit « bissectus » et « gibbosus ».

4 Francesco Fontana (c.1580, mort de la peste en 1656). Cet avocat astronome a observé les taches sur Mars, les bandes de Jupiter (1636) et les phases de Mercure (en 1639). Il déclare en 1645 avoir découvert un satellite de Vénus. Il a réalisé une carte de la Lune (1644) et des gravures sur bois de la Lune et des planètes, publiées en 1646 dans ses *Novæ cælestium terrestriumque rerum observationes et fortasse hactenus non vulgatæ*. Fontana s'est spécialisé dans la taille des verres et prétend avoir mis au point une lunette longue en 1608 et un microscope en 1618. Ses verres sont très appréciés en Italie à la fin des années 30. Mersenne le qualifie « d'excellent lunetier de Naples ». Dans sa lettre du 15 juillet 1647 à Mersenne, Hevelius lui demande de lui procurer cet ouvrage (*CMM*, XV, n° 1641, p. 304).

5 Le même jour, Pierre des Noyers écrit à Roberval avoir suggéré à la Reine de se procurer « des lunettes de Naples » : « J'ay dit a la Reyne ce que vous ecriviez de l'observation de Mercure de Naples : elle l'a dict au Roy qui faict ecrire au Resident qu'il a là, de luy envoyer s'il seu trouver de ses bonnes lunettes et que pour cela il cherche l'autheur de l'observation dont vous me parlez. », *CMM*, XV, n° 1649, p. 336.

9.

14 aout 1647, Hevelius à Pierre des Noyers

BO : C1-I, 75/153/75
BnF : Lat. 10 347-I, 77-78
BO : C2-5, 74-76

A Monsieur,
Monsieur des Noyers,
A Warsawie.

Nobilissime Domine,

Quod res meas, tam fideliter curare, opusculumque meum tam opportune Majestatibus insinuare haud gravatus fueris, ut id clementissime excipere minime fuerint dedignatæ, habeo certe cur primum felicitati meæ gratulari quam maxime possim, deinde quoque tibi gratias agam immortales. Non minus vero et inde tibi insuper multum debeo, quod me libello quodam pro Morino scripto, ac copia literarum eximii Robervalli, quem salvere quam humanissime jubeo, donare volueris. De libelli istius autore impræsentiarum nihil quidem dicere habeo (cum Antagonistam ejus nondum legerim) nisi quod tædiosissimis ac intolerabilibus calumniis, ad nauseam usque lectoris, oppugnatorem Morini oneret : quod certe, me judice, viros literatos minime decet. Literas vero Domini Robervalli volupe fuit perlegere ; eo præsertim attento, quod publice in amplissimo cœtu Aristarchi opinionem, nullo plane refragante docuerit : optarem si quid hac de re publici fecisset juris, ut ejus quoque particeps redderer. Cæterum cum Te novarum rerum, præsertim mathematicarum, avidissimum esse sciam en ecce igitur icones aliquot observationis cujusdam circa Jovem et Lunam, non ita pridem a me institutæ ærique incisæ ; quam et cum amicis, dummodo tanti mereatur, communicare poteris. Nec non autem parvam ephemeridem, ad annum proximum 1648 a præclarissimo Domino nostro Eichstadio computatam, transmitto ; quarum aliquot exemplaria, brevi etiam ad amicos in Galliam perferenda curabo. Denique telescopium batavicum Tuæ Nobilitatis dominus de la Vayrie nuper tradidit mihi videndum, simulque vires ejus explorandas petiit ; id quod ea ipsa die beneficio macularum lunarium animo perquam lubenti a me susceptum : deprehendi vero perspicillum istud objecta, pro sua longitudine satis quidem ampliare, sed nondum sufficenter clare prout deberet ac posset, repræsentare. Vale.

Dabam Gedani anno 1647, die 14 Augusti
Tuæ Nobilitatis
Cultor

J. Hevelius

LETTRES [1647]

A Monsieur,
Monsieur des Noyers
A Varsovie

Très noble Monsieur,

Que vous ayez pris la peine de soigner si fidèlement mes affaires et d'introduire si opportunément mon opuscule auprès de Leurs Majestés, en sorte qu'Elles n'ont pas dédaigné de l'accepter avec grande clémence, voilà de quoi me féliciter grandement de mon bonheur et ensuite de vous rendre des grâces immortelles. En outre, je ne vous dois pas une moindre reconnaissance de m'avoir fait don du petit livre écrit en faveur de Morin, et de la copie de la lettre du distingué Roberval à qui je souhaite, très poliment, de se bien porter[1]. Sur l'auteur de ce libelle, je n'ai rien à dire pour le moment (comme je n'ai pas encore lu son contradicteur) si ce n'est qu'il accable l'adversaire de Morin de calomnies très pénibles et intolérables, jusqu'à la nausée du lecteur ce qui, à mon avis, ne convient nullement à des lettrés. Ce fut un plaisir de lire la lettre de Monsieur Roberval ; en remarquant surtout qu'il a enseigné en public, dans une très vaste assemblée, l'opinion d'Aristarque, sans que personne ne le réfute[2]. Je souhaiterais que, s'il publiait quelque chose à ce sujet, il m'en fasse part. Pour le reste, comme je vous sais très avide de nouveautés, surtout mathématiques, voici quelques images d'une observation relative à Jupiter et à la Lune, menée par moi il n'y a pas si longtemps et gravée sur cuivre ; vous pouvez la communiquer aux amis, pourvu qu'ils le méritent. Je vous transmets aussi une petite Ephéméride pour l'année prochaine 1648, calculée par notre très illustre Monsieur Eichstadt[3]. J'en ferai bientôt parvenir aussi quelques exemplaires à nos amis en France. Enfin, Monsieur de la Vayrie m'a récemment fait voir un télescope hollandais de Votre Noblesse et en même temps m'a demandé de rechercher sa puissance ; je l'ai entrepris le même jour avec grand plaisir, grâce aux taches lunaires ; j'ai découvert que cette lunette grossissait les objets assez pour sa longueur, mais qu'elle ne les représentait pas encore avec une netteté suffisante comme elle le devrait et le pourrait. Portez-vous bien.

Donné à Dantzig en l'an 1647, le 14 août.
De votre Noblesse,
Le dévot,

J. Hevelius

---

1 Voir n° 8 : la *Défense de Morin*, et la lettre de Roberval du 28 juin.

2 Roberval a défendu le système copernicien à travers celui d'Aristarque jugé plus simple et plus conforme aux lois de la nature que ceux de Ptolémée et de Tycho.

3 Lorenz Eichstadt (1596 ?-1660). Médecin de la ville de Stettin en 1624, il vient exercer en 1645 à Dantzig comme médecin et professeur de médecine, de mathématiques et de physique au Gymnase académique. Il a régulièrement publié des Éphémérides entre 1634 et 1644, notamment : *Cælestium motuum ab anno 1636 ad annum 1640*, Stettin, 1634 ; surtout : *Ephemeridum novarum et motuum cælestium ab anno 1651 ad 1665*, Amsterdam, 1644 et les *Tabulæ harmonicæ cælestium motuum, tum primorum, tum secundorum, innixæ observationis Tychonis*, Stettin, 1644 (Ses tables du Soleil et de la Lune, de 1400 à 1800 ont été tirées à part).

10.

13 novembre 1647, Pierre des Noyers à Hevelius

BO : C1-1, 76/185-186/73A (sans le « De vacuo narratio » de P. de Roberval ad nob. Virum des Noyers)
BO, C2-5, 116-117
BnF, NAL 2338 47r-50r (avec la lettre)[1]
CMM, XV, p. 534-536
Olhoff, p. 6 (extrait)

A Varsovie,
Le 13 novembre 1647

Monsieur,

Au retour du grand voyage que nous avons fait[2] j'ay reçeut la petite Ephemeride que vous m'avez envoyez, dont je vous rend grace.

Je n'ay point encore en responce que vos Livre soient arivé a Paris[3], j'en ay pourtant grand impatiance, afin que ceux a qui vous en avez envoyez se puissent promener dans ce premier Ciel pour y considerer les merveilles que vous y avez remarquee. Le Pere Mercene Religieux Minime, mathematicien et curieux m'a escrit[4]. Je croy qu'il est connu de vous car il me prie de vous faire ses recommadation et me dit que vous luy escrivittes il y a environ un an[5], et luy envoyates le premier feuillet de vostre Livre, en luÿ promettant un exemplaire, lors qu'il seroit achevé avec une lunette de vostre façon[6]. Il m'escrit encore que Toricelli Mathematicien du grand Duché de Toscane luy a envoyee une proposition qui donne une ligne droitte esgal a une spirale geometrique[7]. Il me promet de m'en faire escrire par Monsieur de Roberval. S'il le fait, je

---

1 La *Narratio de vacuo* (du 20 septembre 1647) de Roberval adressée à des Noyers a été publiée dans *CMM*, XV, n° 1674, p. 427-441 et traduite par Jean Mesnard dans *OCP*, p. 459-477. C'est le texte qui a été publié par le père Magni, *Admiranda de vacuo*, Varsovie, P. Elert, 1647, p. 29-42.

2 À l'occasion du premier voyage en Lituanie du Roi et de la Reine en août-septembre, au lendemain de la mort du fils de Ladislas, le prince Sigismond-Casimir, le 9 août.

3 Deux exemplaires de la *Selenographia*, pour Mersenne et Boulliau.

4 Lettre perdue.

5 Le 15 novembre 1646. Lettre publiée dans *CMM*, XIV, p. 605-611. Il s'agit d'une réponse à la lettre envoyée par Mersenne le 25 novembre 1645.

6 *CMM*, XIV, p. 605-606.

7 Torricelli a proposé à Roberval dans sa lettre du 7 juillet 1646 une rectification de la spirale logarithmique. Evangelista Torricelli (1608-1647) a été l'élève de B. Castelli, un disciple de Galilée, dont les écrits lui ont inspiré un traité de mécanique sur le mouvement des corps (*De motu gravium naturaliter descendentium et projectorum* (1641). Ce traité fut présenté à Galilée par Castelli, en visite à Arcetri et Torricelli servit de secrétaire à Galilée dans les derniers mois de sa vie. À sa mort (le 6 janvier 1642), Tor-

LETTRES [1647]

vous l'envoyeré. Le mesme Roberval m'escrit une lettre latine dont je vous envoye copie sur la proposition qu'a fait icy un capucien nommé le Pere Valeriani Magni de la possibilité du vuide[1]. Peut estre en aurez vous ouÿ parler desja. J'envoye a Monsieur de Roberval le Livre qu'il en a fait imprimer icÿ ou il m'a fait la responce que je vous envoye[2]. Ce mesme Pere Magni, a esté encore attaque par un autre Religieux, auquel il a fait la response que je vous envoye[3]. On me vien tout presentement d'envoyer un Livre de la part de M. Brucius de Cracovie[4] encore contre ce Pere Magni, et sa proposition du vuide ensemble sur un autre Livre qu'il a fait De Luce Mentium[5]. Je

---

ricelli fut invité par Ferdinand II de Médicis à Florence où il mit au point divers instruments (thermomètres, objectifs optiques, baromètre à tube de mercure) et où il travailla à des problèmes de mécanique et d'hydraulique. Dans les *Opera geometrica* (1644) qui contient un *De motu aquarum*, il n'a pas décrit ses expériences sur le vide (à partir de juin 1644) pour ne pas heurter de front les jésuites et l'Inquisition pour qui le vide était impossible. Il est mort prématurément de la typhoïde.

1 Le 13 juillet 1647, des Noyers a écrit à Roberval : « Il y a ici un capucin qui veut prouver qu'il y peut avoir du vide en la nature contre Aristote. Il fait imprimer un livre que je vous envoierai » (J. Mesnard, *OCP*, p. 455. L'original se trouve à la Bibliothèque nationale de Vienne, ms 7049, fol. 432). Il y décrit une expérience réalisée par le père Valeriano Magni, qui reproduit en fait celle de Torricelli, refaite avec succès à Rouen en 1646 et donc connue en France. Le 24 juillet, des Noyers fait le même récit à Mersenne. Le 31 il envoie à Pierre Brûlart de Saint-Martin l'opuscule du père Magni qui affirme, sur la base de cette expérience, l'existence du vide.

2 *Demonstratio ocularis : Loci sine locato ; Corporis successive moti in vacuo ; Luminis nulli corpori inhaerentis* ; ouvrage daté du 12 juillet 1647, en tête d'un appendice (« *Disputatio theologorum contra vacuum ex nostra fistula illatum* »), relation d'une controverse qui se tint au palais du roi le 18 juillet à l'occasion de la répétition de l'expérience, imprimé à la fin du mois. Le paquet, expédié par des Noyers à Paris le 31 juillet arriva un mois plus tard. Les savants français ne furent pas surpris par l'expérience relatée, mais par le fait que Magni en réclamait la paternité. De là, une querelle de priorité. Les *Expériences nouvelles touchant le vide*, de Pascal, sont publiées en octobre 1647, tandis que le père capucin ne cesse de donner de nouvelles éditions augmentées de sa *Demonstratio ocularis*. Au même moment, Magni se voit attaqué dans le *Peripateticus Cracoviensis* de Brocius et, au début de l'année 1648, par un père jésuite de Vilnius, le père Albert Kojalowicz dans l'*Oculus ratione correctus, id est Demonstratio ocularis cum Admirandis de vacuo a Peripatetico Vilnensi per demonstrationem rationis rejecta*.

3 Des Noyers à Roberval, 4 décembre 1647 : « Nous avons ici un augustin qui tourmente fort le Père Magno. Je vous envoie le commencement de ses objections. On ne lui veut pas permettre d'imprimer, mais il m'a promis pour un autre ordinaire des raisons manuscrites si fortes qu'il les croit capables de remplir le vide. C'est celui auquel le capucin répondit par un vers. » dans : J. Mesnard, *OCP*, II, p. 449. Ce vers unique est la seule réponse de Magni à ce religieux, une page unique, pièce jointe [CI-1, 186r] à cette lettre d'Hevelius : *Valeriani Magni fratris capucini, ad A.R.P. Reginaldum Maori, ordinis eremitarum S. Augustini Sacræ theologiæ magistrum, protestantem se non confutaturum Demonstrationem ex vitro de possibilitate vacui nisi sibi satisfiat, editis thesibus, demonstranti quietem terræ motumque cœli, MONOSTYCON : Tu ne cede vitro, stat terra, movetur Olympus. Cum facultate Superiorum, Varsaviæ.*

4 Broscius (Jan Brożek, 1585-1652) y enseigne et en a été recteur. Il a fait des études de mathématiques et enseigné l'astrologie à Cracovie avant de faire des études de médecine à Padoue. De retour à Cracovie, il embrasse l'état ecclésiastique en 1629. Broscius est alors l'un des mathématiciens les plus réputés en Pologne pour ses travaux sur les nombres parfaits. Dans le but d'écrire une vie de Copernic, il s'était rendu en 1612 au chapitre de Warmie où il préleva un grand nombre de lettres et de documents en vue d'écrire une biographie de l'astronome, jamais réalisée. Pierre des Noyers a fait sans doute sa connaissance à Cracovie, lors du couronnement de la Reine en juillet 1646.

5 *Valeriani Magni Mediolanensis, de Luce mentium et ejus imagine*, Anvers, 1643.

voudrois pouvoir rencontrer quelque chose d'assez considerable pour [illisible] vous tesmoigner combien j'ay d'estime pour vous et combien je suis,

Monsieur,
Vostre tres humble Serviteur,

Des Noyers

Je vous prie de me vouloir mander sy maintenant Saturne est en quelqu'une des façon que vous les despeignez dans vostre Selenographie[1], parce que je n'y puis rien connoitre avec la lunette que l'on m'a envoyee de Holande, avec laquelle il ne me paroist qu'ovale. Je croy que mes lunettes ne sont pas si bonnes qu'on me les avoit fait esperer. Le Roy m'a dit qu'il m'en montreroit que vous luy aviez donnez

In fine : une page collée Valeriani Magni, fratris capuccini,... Monostycon

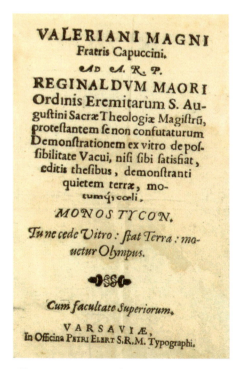

Illustration 14 : page de titre du *Monostycon*
(Cliché Observatoire de Paris)

---

1 *Selenographia*, Prolegomena, cap. IV, p. 42-45 et planche en regard de la page 42.

11.

9 décembre 1647, Hevelius à Pierre des Noyers

BO : C1-I, 75/188/75A
BO : C2-5, 130-132

A Monsieur,
Monsieur des Noyers
A Warsavie

Nobilissime Domine

Jam quintus agitur mensis, cum amicis communibus et literas et exemplaria aliquot selenographici mei opusculi, Parisios per dominum de la Vayrie, perferenda traderem; verum nihil quicquam hucusque accepimus responsi: num id temporum injuriæ, aut tabellariorum incuriæ adcribendum? Sane nescio; qua de re, si quicquam ad te perlatum erit quæso ut id haud ignorem. Multoque certe erit gratissimum, si suo tempore, nobilem illam propositionem, de recta atque spirali linea, addideris. Proposuit utique nobis item reverendus pater Mersennus, præclarum quoddam problema, quod sit resolvendum, in ultimis suis ad me perscriptis; sed cum illud minus distincte nobis explicuerit petii clariorem descriptionem, qua impetrata illius exemplum ad te quamprimum mittam. Cæterum gratias habeo ingentes qui tot jam nominibus tibi sum obstrictus, quod ingeniosissimas et elaboratissimas istas præclarissimi Robervalli literas, de abstruso illo vacui experimento, transmittere haud fueris gravatus; quæ ut perlegenti mihi multum attulere gratæ voluptatis, ita certe, patris Valeriani caussa, aliquem ingeneravere ingratum sensum, percepto, id singularis inventi, jam ante aliquot annos, in Italia, a Torricellio aliisque eruditis fuisse sub manibus: id quod ut Valerianum in Italia nuper commoratum vix fugit, ita meo quoque judicio, ingenuitatis ergo, silentio abscondere, haud consentaneum fuit. Omnes enim et singuli, hic loci persuasi sumus, ex editis Valeriani pagellis illum omnino primum tantæ rei inventorem esse autoremque: sed habebit forsitan excusationes aliquas quibus se purget, publicabitque sui honoris causa. Quid porro dominus Broscius, inter geometras haud postremus, de quæstione modo dicta in scenam sit allaturus, erit equidem scitu consideratuque dignissimum. Percipere denique gestis, Vir Nobilissime, qua hoc tempore Saturnus appareat forma, an ovali, an vero brachiis sive ansulis conspicuus, ac tali plane figura, quali in Selenographia nostra delineatus? Quia ut intelligo, nonnisi ovali facie, perspicillo tuo Batavico se offert. Id quod profecto nihil miror. Namque jam arte, vires illius tubi explorans, optime prævidebam, illum ad Saturnum, resque longissime dissitas, non satis fore idoneum: cum claritatis ac debitæ expers sit longitudinis quæ quidem eo necessario requiritur: de quibus plura in Selenographico meo opusculo pag. 43 et 44 leguntur, quo te ablego. Non nescias tamen ne etiam nuperrime, præsentibus clarissimis viris, nostrorum sacrorum consciis, Domino Nostro Eichstadio atque Magistro Alberto Linnemanno (qui, eo tempore, Regio Monte me visitatum Saturnumque in primis ut et similia quædam phænomena cœlestia, spectatum venerat) die scilicet 7 Septembris hoc anno currente Saturnum eadem plane specie, ut depictum eum dedimus, observasse; præterquam quod aliquanto brevior apparuerit: sicut ipse tu, ex adjuncta ejus figura cognosces. Ita, tibi persuadeas velim, oculos tuos a telescopio falsos fuisse. Vale, et vive quam diutissime, optime in modum memor,

Tuæ Nobilitatis
Cultoris,

J. Hevelius

Gedani, anno 1647, die 9 Decembris.

À Monsieur
Monsieur des Noyers
À Varsovie,

Très noble Monsieur,

Déjà le cinquième mois s'écoule, depuis que j'ai fait parvenir à Paris, par Monsieur de la Vayrie, pour nos amis communs, des lettres et quelques exemplaires de mon opuscule sélénographique; mais nous n'avons, jusqu'à présent, reçu aucune réponse[1]; faut-il l'attribuer au malheur des temps ou à l'incurie des postes? À vrai dire, je l'ignore; à ce sujet, si quelque chose vous est parvenu, je vous demande que je ne l'ignore pas et il me sera grandement agréable, si vous ajoutez cette noble proposition sur la ligne droite et spirale. Quoi qu'il en soit, le Révérend Père Mersenne nous a semblablement proposé un problème célèbre à résoudre dans la dernière lettre qu'il m'écrivit; mais comme il nous l'a expliqué moins distinctement, j'ai demandé une description plus claire[2]. Quand je l'aurai obtenue, je vous en enverrai immédiatement copie. D'ailleurs, je vous rends d'immenses grâces, moi qui suis votre obligé à tant de titres, d'avoir pris la peine

---

1 Mersenne a répondu pour remercier en août ou septembre 1647 (*CMM*, XV, n° 1668 p. 402); Gassendi lui répond le 25 octobre: il a remis tous les exemplaires à leurs destinataires: « Au très célèbre et très savant D. Johann Höwelke, Je viens juste de recevoir, très célèbre Höwelke, le paquet d'exemplaires de ton très noble ouvrage que tu as daigné me transmettre depuis le 15 juillet avec tes lettres. J'ai aussitôt donné à chacun le sien, d'abord à Mersenne, ensuite à Roberval, enfin à Boulliau (il vient juste de nous revenir), et j'ai gardé pour moi celui que tu as voulu mien et pour lequel je te remercie mille fois. », *LLPG*, n° 517, I, p. 515. Gassendi complimente Hevelius: « Ton ouvrage (pour autant qu'il m'a été du moins permis de l'apprécier en le parcourant) m'a semblé digne de passer à la postérité et d'apporter l'immortalité à ton nom, tant que survivra la passion pour les bonnes choses. » (*ibidem*).

2 Du 1er janvier 1647: *CMM*, XV, n° 1580, p. 6-16.

LETTRES [1647]

de m'envoyer cette lettre du très illustre Roberval, si ingénieuse et si élaborée, sur cette abstruse expérience du vide[1]. De même que sa lecture m'a apporté beaucoup de plaisir, ainsi, à cause du Père Valérien, elle m'a produit un sentiment désagréable, quand on sait que cette singulière invention a été faite en Italie, voici quelques années, dans les mains de Torriccelli et d'autres érudits. Cela n'a pas dû échapper au Père Valérien qui a séjourné récemment en Italie. Ainsi, à mon avis, en toute ingénuité, il n'a pas été raisonnable de la cacher dans le silence. Comme tout un chacun en ce lieu nous sommes persuadé, d'après les petites pages du Père Valérien, qu'il fut tout à fait le premier inventeur et l'auteur d'une si grande chose, mais il aura peut-être quelques excuses pour se disculper, et il les publiera pour son honneur. Ce que Monsieur Broscius, qui n'est pas le dernier des géomètres, apportera sur la scène quant au sujet précité, sera certainement très digne d'être connu et considéré. Enfin, très noble Monsieur, vous désirez savoir sous quelle forme Saturne apparaît en ce moment, ovale ou visible avec des bras ou des anses et avec une figure telle qu'elle est dessinée dans notre Sélénographie. Parce que, à ce que je comprends, il ne se présente dans votre lunette hollandaise, qu'avec une figure ovale[2]. Cela ne m'étonne nullement car, en étudiant la puissance de votre tube avec art, j'avais excellemment prévu qu'il ne serait pas assez adéquat pour Saturne et des choses situées au loin ; car il manque de la netteté et de la longueur qui sont nécessairement requises pour cela et à ce sujet, on peut en lire davantage dans mon opuscule sélénographique, pages 43 et 44, auquel je vous renvoie[3]. N'ignorez pas cependant que tout récemment, en présence d'hommes illustres qui partagent nos préoccupations sacrées, notre Monsieur Eichstadt[4] et Maître Albert Linnemann (qui à cette époque était venu de Königsberg pour me visiter et regarder d'abord Saturne et certains phénomènes célestes semblables)[5] le 7 septembre de cette année je l'avais observé avec exactement la figure que j'avais donnée en peinture, à part le fait qu'il était apparu quelque peu plus court ; comme vous l'apprendrez par sa figure ci-jointe[6]. Ainsi j'aimerais que vous vous persuadiez que vos yeux ont été trompés par la lunette. Portez-vous bien et vivez le plus longtemps possible, en vous souvenant de la meilleure manière,

Du dévot à votre Noblesse,

J. Hevelius

À Dantzig, en l'an 1647, le 9 décembre.

1 Il s'agit de la *Narratio*.
2 Hevelius a expérimenté la lunette de des Noyers : voir lettre n° 9.
3 Sur Saturne : *Selenographia*, p. 42-44 et planche p. 42. Les idées d'Hevelius sur Saturne restent très vagues car il n'a pas identifié l'anneau. Il parle de deux « globules » (« globuli », p. 42), des « bras » de Saturne (« brachiola », p. 43) ; il n'a aucune idée de leur nature et comme la révolution de cet astre est fort lente, il faudra de nombreuses années pour expliquer ces phénomènes (p. 44).
4 N° 9.
5 N° 5.
6 Manque dans la correspondance.

12.

18 décembre 1647, Des Noyers à Hevelius

BO CI-I, 81/195-196/81A
BO C2-5, 138-139
BnF : Lat 10 347-I, 122-123

CMM, XV, 574-575

Varsavie, le 18 Decembre 1647
Monsieur,

J'ay receu vostre lettre du 9 de ce mois. Je vous rends grace tres humbles du soing qu'il vous a pleu de prendre pour m'envoyer le dessein de la figure de Saturne. Je [vois] maintenant mes lunettes ne peuvent ariver a une sy grande distance. Monsieur Krem-suze[1] les a maintenant chez luy avec vostre livre pour les esprouver.

J'ay demandé a Monsieur de la Vayrie nouvelles de vos livres qu'il a envoyé en France. Il m'a dit n'avoir point encore eu nouvelle de leurs reception. Les amis de de la les attendent avec beaucoup d'impatiance. Sy vous prenez la peine d'envoyer au [porteur] dudit sieur de la Vayrie nommé Helie Trabitz[2] peut estre luy en sera-il arrivé quelque nouvelles. Cependant je vous envoye ce que le pere Valeriano Magni a fait ; vers la fin vous y verrez la narration de Mr. De Roberval et en suitte la response dudit pere, et apres la response qu'il a fait a Mr. Brocius dont je vous envoye le livre[3]. J'en

---

1 Gabriel Krumhausen (1614-1685), bourgmestre de Dantzig entre 1666 et 1685, chroniqueur et burgrave du Roi de Pologne. Après des études au Gymnasium academicum de Dantzig, il étudie le polonais avec son frère pendant deux ans à Łobżenica en Grande Pologne, avant d'entrer à l'Université de Strasbourg pour y étudier le droit. Il rentre à Varsovie en 1646. Il est député de Dantzig dans de nombreuses diètes et diétines, notamment à la Diète de couronnement de Jean Casimir en 1649 et siège au moins une fois à la commission des finances du royaume de Pologne. Il est élu échevin en 1652, puis conseiller municipal en 1655 et enfin bourgmestre en 1666. À quatre reprises, les rois de Pologne lui attribuent la dignité de burgrave, c'est-à-dire gouverneur de la ville au nom du souverain : en 1665, 1669, 1676 et 1682. Il meurt sans enfant le 4 septembre 1685 (*DFB* 1929, p. 40) et laisse derrière lui une grande collection d'armes, de tableaux et de livres, incluant ses *Mémoires* où il relate ses fonctions entre 1646 et 1653. Faussement transcrit « Kremonte » : *CMM*, XV, n° 1715, p. 575. [D.M.].

2 Personnage non identifié.

3 Le 9 décembre, des Noyers a fait envoyer à Mersenne un paquet transmis par le père Magni contenant une brochure de 60 pages, *Admiranda de vacuo et Aristotelis Philosophia*, contenant 1 : la *Demonstratio ocularis* et ses deux parties ; 2 : la *narratio* latine de Roberval ; 3 : la réplique à cette narration ; 4 : un traité dédié à Mersenne du 19 novembre 1647, *De Atheismo Aristotelis* ; 5 : la *Responsa ad Peripateticum Cracoviensem*, à Broscius (Bibliothèque Mazarine, 56 559, pièce n° 4). Seul Mersenne a reçu *De l'athéisme d'Aristote*. Jan Brożek (Broscius) enseignant à l'Université de Cracovie, était un péripatéticien convaincu. Sur cette querelle du vide : Jean Mesnard, *ODP*, II, « Narration de Roberval sur le vide », p. 455-477 ; Abel Mansuy, *Le monde slave et les classiques français*, « La question de Pascal en Pologne », p. 244-290.

ay depuis receu un de Monsr. Paschal sur le mesme subjet du vuide fort beau et bien raisonné[1]. Je l'ay envoyé a Mr. Brocius ; quand il me l'aura renvoyé je vous le feré voir.

Le Pere Valeriano a retranché du Livre que je vous envoye devant que de le laisser voire un chapitre intitulé de l'Ateisme d'Aristote qu'il adressait au pere Mercenne. Ses amis dit il le luy ont ainsi conseillé[2]. Si vous desirez davantage de ses exemplaires je vous en envoyeré.

Cepandant croyez moy

Monsieur
Vostre tres humble Serviteur,

Des Noyers

1 Il s'agit de la première mention des recherches de Pascal sur le vide dans cette correspondance. C'est Roberval qui a fait connaître dans sa *Narratio* les expériences de Pascal et la revendication de priorité du père Magni a décidé Pascal à les publier. Mersenne, dans sa lettre à Hevelius du 25 octobre 1647 (*CMM*, XV, n° 1693, p. 507) a déjà fait allusion à l'opuscule de Pascal, sans mentionner son nom. Les *Expériences nouvelles touchant le vide, faites dans des tuyaux, seringues, soufflets et siphons de plusieurs longueurs et figures ; avec diverses liqueurs comme vif-argent, eau, vin, huile, air etc. Avec un discours sur le même sujet où est montré qu'un vaisseau si grand qu'on le pourra faire peut être rendu vide de toutes les matières connues en la nature et qui tombent sous les sens, et quelle force est nécessaire, pour faire admettre ce vide*, dédié à Monsieur Pascal, conseiller du Roi en ses conseils par le sieur B.P. son fils ; le tout en abrégé et donné par avance d'un plus grand traité sur le même sujet (Paris, P. Margat, 1647) ont reçu le permis d'impression le 8 octobre 1647.

2 Le *De Atheismo Aristotelis*, contre Brocius, est un ouvrage très violent que des Noyers n'a pas transmis à Roberval, ni à Hevelius. Le père Magni a limité la diffusion de cet ouvrage imprudent qui ne pouvait que nuire à ses ambitions romaines. Un exemplaire de l'*Athéisme d'Aristote* (*De Atheismo Aristotelis*, 13 des calendes de décembre), envoyé à Mersenne est aujourd'hui à la Bibliothèque Mazarine. Des Noyers écrit à Mersenne le 9 décembre 1647 qu'il ne pourra adresser cette brochure à Roberval parce qu'on avait conseillé à Magni de la supprimer (*CMM*, XV, n° 1710, p. 565).

13.

7 janvier 1648, Hevelius à Pierre des Noyers

BO : C1-I, 82/197/82A
BnF : Lat. 10 347-I, 124
BO : C2-5, 139-140

CMM, XVI, 14-16

A Monsieur Desnoyers a Warsovie

Nobilissime Domine,

Magnas certe habeo gratias, quod libellos istos, cum Patris Valeriani, tum aliorum clarissimorum virorum transmittere haud fueris gravatus; majoresque adhuc habebo, si Domini Paschalii addideris commentatiunculam. Nec non vero animus valde gestit videre, non tantum istas Valeriani pagellas, de Atheismo Aristotelis e publico conspectu semotas: sed ut quæcunque ejusdem autoris de philosophia, ut opinor, typis jam exscripta, quibus si me bees, rem profecto præstabis multo gratissimam. Quod reliquum est, rogo perquam humanissime, et data occasione a Domino Robervallo scisciteris, num Selenographiam literasque meas acceperit, nec ne ? Siquidem nihil quicquam responsi hucusque, tam ab ipso, quam reliquis amicis, Gassendo scilicet et Mersenno me accipisse non nescias: quod qui fiat ? Me plane fugit. Quod tamen attinet elevationem Poli Warsaviensis, a te ipso ex astris nuper deductam, sic scias quod aliquanto mihi suspecta videatur: quippe nimium a Rhetii[1] aliorumque astronomorum recedit observationibus. Quæso itaque ut quæsita occasione, optimo quodam instrumento denuo periculum facias: multum namque non jam interest eam elevationem ut et aliorum præcipuorum in Polonia locorum, recte cognoscere; nec solum vero latitudines, sed et longitudines. Constitutum enim mihi est, cum Deo ex die si suppetiæ quædam exoptatæ a rerum gnaris ferantur, accuratam tabulam Poloniæ generalem, omniumque regionum adjacentium, secundum longitudines latitudinesque construere: cum nullum hactenus omnibus modis hac in parte absolutum prodiisse certum sit. Quare, si bono publico hisce vel aliis tabulis specialibus

---

1 « Rhetici » : *CMM*, XVI, n° 1728, p. 15.

LETTRES [1648]

quorundam tractuum, mihi subvenire poteris, profecto tum apud me tum apud alios, talem expectantes tabulam haud exiguam inibis gratiam. Interea hunc novum annum, ut et multo plures faustos felicesque ex animo tibi comprecor. Vale et fave,

Tuæ Nobilitatis
Addictissimo

J. Hevelio

Gedani, Anno 1648, Die 7 Januarii.

À Monsieur des Noyers
À Varsovie,

Très Noble Monsieur,

Je vous suis à coup sûr très reconnaissant d'avoir pris la peine de me transmettre les petits livres du père Valerian, et d'autres hommes illustres[1]; je le serai encore davantage si vous ajoutez le petit commentaire de Monsieur Pascal[2]. Mon esprit brûle du désir de voir non seulement ces petites pages de Valerianus sur l'Athéisme d'Aristote, soustraites à la vue du public[3], mais tout ce qu'il y a déjà d'imprimé de cet auteur. Si vous m'en gratifiez, vous feriez à coup sûr un geste bien agréable. Pour le reste, je vous demande très poliment de chercher à savoir de Monsieur Roberval, s'il a ou non reçu ma Sélénographie et ma lettre. En effet, sachez que je n'ai jusqu'à présent reçu aucune réponse, ni de lui, ni des autres amis, Gassendi et Mersenne[4]: comment cela se fait-il? cela m'échappe tout à fait. En ce qui concerne l'élévation du pôle de Varsovie, que vous avez récemment déduite des astres, sachez qu'elle me paraît quelque peu suspecte; en effet, elle s'écarte trop des observations de Rhetius[5] et d'autres astronomes. Je vous demande donc qu'en cherchant une occasion vous fassiez à nouveau l'expérience avec quelque excellent instrument; car il n'est plus important aujourd'hui de connaître exactement cette élévation et celle d'autres principaux endroits de Pologne,

1 Envoyés le 18 décembre.

2 Voir lettre n° 12.

3 Voir lettre n° 12.

4 Voir lettre n° 11, note 1. Le 20 janvier 1648, puis encore le 1er mars, Mersenne confirme à Hevelius avoir bien reçu la *Selenographia* et l'en remercie. Ces lettres sont très tardivement parvenues à Hevelius qui accuse réception le 20 avril 1648. L'envoi remonte au 15 juillet 1647. À la suite de cette lettre, Pierre des Noyers écrit à Roberval le 14 janvier: « Je vous prie de me mander si vous avez reçu le livre et la lettre de Monsieur Hevelius : il m'en demande des nouvelles. Il y a longtemps que Monsieur Cramoisy les a reçues, à qui tout le paquet s'adressait. Il y en a aussi pour le père Mersenne. Je ne sais si vous êtes encore en vie, tant il y a longtemps que je n'ai eu de vos nouvelles. » (*CMM*, XVI, n° 1735, p. 39).

5 Georg Joachim Iserin dit Rheticus (de Rhétie) (1514-1574), mathématicien et astronome disciple de Copernic a publié des *Epheremides novæ* en 1550 à Leipzig; puis les premières tables trigonométriques (*Canon doctrinæ triangulorum*, Leipzig, 1551), perfectionnées avec l'aide de Valentin Otto, corrigées par Pitiscus et publiées à titre posthume: *Opus Palatinum de triangulis*, Neustadt, 1596.

mais il faut fixer non seulement les latitudes, mais aussi les longitudes. J'ai décidé, avec l'aide de Dieu, si certains matériaux souhaités me sont fournis par des gens compétents en la matière, de constituer une carte générale de la Pologne, et de toutes les régions adjacentes selon les longitudes et les latitudes, car il est certain que rien de ce côté n'a été publié d'achevé de toutes les manières[1]. C'est pourquoi, si pour le bien public, vous pouvez m'aider avec ces cartes ou avec d'autres cartes spéciales de certaines régions, vous vous acquerrez une reconnaissance non négligeable non seulement auprès de moi, mais auprès des autres qui attendent une telle carte. Entre temps, je vous souhaite, du fond du cœur, cette nouvelle année, comme beaucoup d'autres, favorable et heureuse. Portez-vous bien et favorisez,

Le tout soumis à Votre Noblesse,

Jean Hevelius

À Dantzig, en l'an 1648, le 7 janvier.

25 janvier 1648, Valeriano Magni à Hevelius

BO : C1-I, 95(A)/95 (manque)
BO : C2-5, 157-158
BnF : Lat 10 347-1, 140-141
BnF : Naf 5856, 172rv.

Molto illustrissimo Signore mio observatissimo

L'appetito di qualche oggetto talvolta è argomento di mancamento, talvolta di perfettione. Chi appetisa il cibo, manca di nutrimento : chi ama la virtù, talvolta ama e desidera cio' che le manca, talvolta piace negli altri cio' che ti possiede. Io sono avido

---

1 Le géographe français Guillaume Le Vasseur de Beauplan (1595-1685), né à Dieppe, travailla durant dix-sept années au service des rois de Pologne Sigismond III et Ladislas IV avec rang de capitaine d'artillerie (entre 1630 et 1647). De ses campagnes en Ukraine contre les Tatars, il rapporta une carte d'Ukraine publiée en 1648 à Dantzig. Négligé par Jean Casimir, il rentra en Normandie et publia à Rouen, en 1650, une *Description d'Ukraine qui sont plusieurs provinces du royaume de Pologne contenues depuis les confins de la Moscovie jusques aux limites de la Traniylvanie.* Beauplan avait fait une carte générale de Pologne (avec la figure des hommes, des animaux et des plantes) que devait graver Wilem Hondius (~1598-1652 ou 1658), Chalcographus regius, marié à Dantzig. Cette carte ne fut pas éditée.

La carte de Nicolas Sanson (1600-1667) : *Estats de la couronne de Pologne où sont les royaumes de Pologne, duchés et provinces de Prusse, Cuiavie, Mazovie, Russie noire, duchés de Lithuanie, Volhynie, Podolie, de l'Ukraine*, est postérieure : 1655.

Guillaume Delisle publia la carte de Pologne rectifiée par les observations d'Hevelius en 1702 : « La Pologne dressée sur ce qu'en ont donné Stavorolsk, Beauplan, Hartnoch et autres auteurs, rectifiée par les observations d'Hevelius.

di tutte le virtù e amator grande de' virtuosi, per il desiderio di acquistare cio' che mi manca, restando pero' sinceramente [illisible] affetto alle persone virtuose tra le quali numero V.S. alla quale in testimonio dell'accennata mia devotione comunico il primo trattato, ch'esce in luce, della mia filosophia. Io per esser di conditione religioso povero son privo degli instrumenti, et altre comodità, necessarie per la contemplatione delle stelle, [illisible] soglit esercitare l'ingegno sotto il raggio di una luce delle menti assai occulta con che scuopro molti e molti nuovi enti in rerum natura, i quali beni intesi, scuoprono gli arcani della divina Sapienza, et la maestà del Creatore, con tal corrispondenza alla verità rivelataci da Dio per mezo del mio Salvatore, che quindi l'huomo christiano accresce di vigore nella nostra Santa Fede. A tanta luce s'oppone diametralmente, qual nube oscurissima, la filosophia d'Aristotele, qual io essamino nell'accennato trattato. Desidero percio' che V.S. lo consideri, e facci considerare di chi più le piace, et mi favorisca delli [illisible] et altrui sensi, mentre da Dio le prego felicità, et le offro la mia servitù. Di Varsavia, 25 gennaio 1648.

Di vestra Signoria molto illustre
Servo affectissimo

Pater Valeriano lap. Manu propria

9 mars 1648, Hevelius a Valeriano Magni

BO : C1-I, 96/210/96A
BO : C2-5, 158-159
BnF : Lat. 10 347-I, 141-142 (avec le **postscriptum**)

Præclarissimo atque doctissimo Patri Valeriano Domino humanissime colendo Warsaviam

Præclarissime atque doctissime Vir,

Pro studiorum literarumque tuarum humanissima communicatione, qua me dignare voluisti, nihil tale exspectantem, nec expectare audentem, cum mihi certe multum gratulor, tum tibi gratias ago meritissimas. Inprimis autem maximo id duco honori, quod me inter illos numerare visum, quibus opus tuum philosophicum (munus utique multo gratissimum) in singularem benevolentiæ tesseram, dono mitteres; quid? Quod judicium super id meum ex propensa quadam affectione expeteres etiamsi vero hac in parte morem lubens tibi gerere vellem haudquaquam tamen a moribus meis id impetrare queo. Quippe de talibus rebus ferre judicium quibus parum unquam fui deditus (fateor) naturæ meæ admodum repugnat. Utplurimum namque mathematicarum artium speculationibus ac præsertim vel unico isto cognoscibili objecto externa videlicet cæli facie et quicquid sub cæli fornice est rerum naturalium ingenii mei tenuitas fere hactenus fuit contenta. Ex tuis vere scriptis nuper transmissis sat clare percepi te eo plane collimare quo modum cognoscendi certiorem planioremque reddere non nequeas. Atque sic quantum inde colligere licuit tuus tot annorum indefessus labor, egregie, meo judicio, vestræ communionis hominibus potissimum philosophis inserviet, ut secum bene reputent an potius eundum sit qua itur an qua sit eundum ? Quod ut fiat cum maximo omnigeneræ veritatis incremento etiam atque etiam precor. Quantumlibet igitur pluribus de philosophia tua pronunciare sententiam mihi non liceat, tu tamen quæso ne intermittas tuam, ut facile potes, super Selenographiam nostram prolixius nobis aperire existimationem nec si quid imposterum ex tuis lucubrationibus in lucem emiseris præprimis de rebus physicis quibus valde sane delector nobis item communicare graveris. Id quod profecto non solum tam gratum erit quam quod maxime sed et pro eo ac debeo dabo operam ut quavis occasione ad aliqua officia tibi non minus jucunda me semper promptum exhibeam. Vale Vir eximie et literarum bonum publicum adaugere curæ habeto

Tuo Præclarissimo nomini humanitatis studio
Deditissimus

J. Hevelius

Gedani, anno 1648, die 9 Martii.

Citius doctissime literam hanc excusatoriam misissem si meis seriis occupationibus aliquid temporis furari potuissem, sed ita negotiis fui obrutus, ut me quadrantem quidem laxationis habuerim. Nunc vero cum Dei Optimi Maximi gratia finita sint die crastina si per[]lo[1] et cœlum sit serenum licuerit una locuturus te conveniam. Enim vero tam grata mihi fuit et jucunda ultima tua conversatio ut adhuc ista recreer cogitatione. Utinam sufficientem capacitatem haberem ut arcana tua clare miraculosa intelligere possem. Nihilominus tamen tanta est dominationi vestræ doctissimæ urbanitas ut gemmas suas et oracula liberaliter porrigat. Finem dicendi faciam ne auribus meis eruditissimis abuti videar. Vale
Tuus obsequentissimus

Au très illustre et très savant père Valerien,
Seigneur très courtoisement respectable,
À Varsovie,

Très illustre et très savant Monsieur,
Je me réjouis grandement et je vous rends des grâces bien méritées pour la si aimable communication de vos études et de votre lettre dont vous m'avez jugé digne, alors que je n'attendais rien de tel et que je n'osais rien espérer. Avant tout, je tiens

---

1 Pliure.

pour un très grand honneur qu'il vous ait paru bon de me compter parmi ceux à qui vous envoyez votre ouvrage philosophique, (un cadeau de toute façon bien agréable) en témoignage singulier de bienveillance. Quoi ? Quand vous me demandez, avec une certaine inclination pour moi, mon avis à son sujet, à dire vrai, même si en ce domaine je vous ferais volontiers plaisir, je ne puis en aucune manière transiger avec mes habitudes ; car, je l'avoue, il répugne tout à fait à ma nature de porter un jugement sur de telles matières auxquelles je ne me suis jamais beaucoup consacré. Jusqu'à présent, la minceur de mon génie s'est contentée des spéculations des arts mathématiques et de cet unique objet de connaissance, c'est à dire du visage du ciel, et de tous les phénomènes naturels sous la voûte des cieux. D'après vos écrits, que vous m'avez récemment transmis, j'ai clairement compris qu'ils avaient pour objectif de pouvoir rendre la méthode de connaissance plus claire et plus facile ; et ainsi, pour autant que j'aie pu le comprendre, votre travail infatigable de tant d'années servira surtout excellemment à mon avis, les hommes de votre communion, et spécialement les philosophes pour qu'ils se demandent s'il vaut mieux aller par où on va, ou par où il faut aller. Je prie encore et encore pour que cela se fasse pour le progrès de la vérité. Il ne m'est guère permis d'en dire davantage sur votre philosophie. Quant à vous, je vous prie de ne pas négliger de nous donner plus en détail votre avis sur notre Sélénographie, comme vous le pouvez facilement et si, dans l'avenir, vous publiez de vos réflexions, spécialement sur des choses physiques qui me plaisent tout particulièrement, vous vouliez bien me les communiquer. Cela me sera bien agréable, et je consacrerai mes efforts à être prêt à vous rendre des services qui ne vous seront pas moins agréables. Adieu, éminent Monsieur, et ayez le souci d'accroître le bien public,

À votre très illustre nom
Par le lien de la courtoisie
Votre tout dévoué

Jean Hevelius

Très savant Monsieur, je vous aurais envoyé cette lettre d'excuses si j'avais pu dérober un peu de temps à mes sérieuses occupations ; mais j'ai été tellement accablé de tâches que j'ai à peine eu un quart d'heure de repos. Maintenant, puisque par la grâce de Dieu, ces travaux sont achevés, demain, si le Ciel serein le permet, je viendrai vous rencontrer pour parler. En effet, votre dernière conversation m'a été si agréable et réjouissante que son souvenir me donne encore de la récréation. Puissé-je avoir une capacité suffisante pour comprendre clairement vos merveilleux arcanes. Néanmoins, Votre Seigneurie très savante a une telle urbanité qu'elle prodigue ses gemmes et ses oracles. J'arrête ici pour ne pas paraître abuser de votre érudition. Adieu,

Votre serviteur dévoué,

Hevelius

14.

10 août 1648, Pierre des Noyers à Hevelius

BO : C1-I, 83/198/83A
BO : C2-5, 141

De Varsavie, le 10 août 1648

Monsieur,

Je vous rends grace tres humble des Longitudes que vous m'avez fait la faveur de m'envoyer de Dantzigt et de Kunisberg[1]. Je les avois bien trouvee dans les Tables Rudolphine mais je doutois qu'elle y fussent juste[2]. Celle de Kunisberg y est differente de celle que vous m'avez envoyee. Je croy que la vostre est la meilleure. Ce qui me les avait fait souhaitter exacte estoit pour mieux juger d'une Carte de Pologne nouvellement imprimee qu'on m'a envoyee de France, et qui est toute remplie de faulte. Je vous en envoyë une copie[3]. Vous en jugerez vous mesme mieux que moy.

Monsieur [Piat] qui me fait la faveur de vous porter ce paquet m'a dit que vous m'aviez escript une lettre a laquelle je n'avois pas fait de response. Je vous prie de croire que c'est dont je n'ay nulle memoire, et cette lettre pouroit estre perduë devant que d'ariver entre mains, car vous honorant comme je faits, je n'aurois pas manqué de vous y faire aussy tost responce. Si c'estoit quelque chose en quoy je peut vous rendre service, vous m'obligerez infiniement de me le faire savoir de nouveau, vous assurant que je m'y porteré avec un zele egal a l'estime que j'ay pour vous. Faitte moy s'il vous plaist la Grace de le croire et que personne n'est plus que moy

Monsieur,
Vostre tres humble et aff[ection]né Serviteur,

Des Noyers

---

1 Königsberg.

2 Voir lettre n° 13. Les tables de référence sont celles des *Ephémérides* de Rheticus (G. J. Rhetici, *Ephemeris ex fundamentis Copernici*, 1550), sur les observations de Copernic; celles de Reinhold (*Tabulæ Prutenicæ*: 1551), sur la base du système copernicien; celles d'Origan (1609) et celles de Kepler (*Tabulæ Rudolphinæ*, 1627) sur la base des observations de Tycho. À quoi l'on peut ajouter celles de Philippe van Lansbergen, *Tabulæ motuum cælestium* (1632) et celles de Boulliau (*Astronomia Philolaica*, 1645).

3 Probablement de la carte générale de Pologne de Beauplan qui ne fut pas éditée (voir lettre n° 13).

LETTRES [1650]

179

15.

7 janvier 1650, Pierre des Noyers à Hevelius

BO : C1-II, 155
BO : C2-5, 272-273
BnF : Lat. 10 347, II, 1-2

Monsieur
Monsieur Hevelke, a Dantzigt
De Paris[1], le 7 jenvier de l'an 1650,

Monsieur,

J'ay donné voste Lettre a Mr. Cramoisy[2] qui m'a dit qu'il ny avoit pas plus de six semaine qu'il avoit receu vos livres de la Selenographie. Un Mathematicien qui a commanté le Centiloque de Ptolomee et traduit le Quadripartit[3] luy en demandoit un, mais il ne s'en est plus trouvé, qui est un signe qu'il les a tous vendus. D'autres libraires me parloient pour en avoir, mais leur disant qu'ils valoyent dix Risdales a Dantzigt[4], l'envie d'en faire venir leurs est passee, trouvant le prix trop grand pour en pouvoir retirer le prix et les fraix du voyage.

Vous n'avez pas expliqué dans le mesmoire que vous m'avez donné si l'Almageste que vous voulez sera en grec qui est l'original ou en latin[5]. Le grec vaut vingt Florins

1 Les dates de ce voyage sont inconnues. Approximativement de janvier à juin 1650. Son voyage par mer à l'aller fut mouvementé : voir la lettre du père Rose à des Noyers (30 janvier 1650) : « Et nous avons remercié Dieu qui vous a tiré du naufrage arrivé aus vaisseaus sur qui vous aviez jetté les yeux » (AMCCh, série R, tome II, fol. 209).

2 Sébastien Cramoisy (1584-1669), ami et éditeur de Mersenne, était l'un des très grands libraires parisiens, rue Saint-Jacques, à l'enseigne des deux cigognes. Il fut un protégé de Richelieu dont il a édité les premières œuvres. Entre 1628 et 1643, il est syndic de la communauté des imprimeurs, libraires et relieurs. Il est, en 1639, échevin de la ville et l'un des cinq libraires autorisés à publier les actes royaux. En 1640, il est nommé premier directeur de l'Imprimerie royale du Louvre et, en 1656, le Conseil du Roi le désigne pour contrôler le dépôt des publications.

3 Ce client peut être Nicolas Bourdin, marquis de Vilennes (1583-1676), lié à Gaston d'Orléans. On lui doit le *Tetrabible ou les Quatre livres des jugemens des astres* (en latin : *De astrorum judiciis aut quadripartitæ constructionis libri IIII*) : *L'Uranie de Messire Nicolas Bourdin, Seigneur de Villennes, ou la traduction des Quatre livres des jugements des astres de Claude Ptolémée* (1640) ; et le *Centilogue de Ptolomée ou la seconde partie de l'Uranie*, 1651 qui donne la recette pour l'élaboration des « nativités ».

4 Selon *Le Livre des Monnoies etrangeres ou le Grand Banquier de France dédié à Colbert* (Paris, Denys Thierry, 1696) de Barrême, le « richedale » vaut 3 florins, ou 3 livres de France.

5 En ce qui concerne l'*Almageste* de Ptolémée, *seu Magnæ constructionis mathematicæ opus plane divinum*, il existe plusieurs éditions : la grande édition de Bâle (1541, 1551) ; l'édition en grec de Bâle (1538) et l'édition en latin de Venise (1515, 1528). Hevelius a déjà demandé cet ouvrage dans une liste de titres qu'il souhaite recevoir en échange de la *Selenographia*, adressée à Mersenne, en appendice à une lettre

et le latin dix, ou environ[1]. Vous n'avez point encore expliqué quelle sorte de crayons vous voulez, sy ce sont des noires ou des rouges, s'il seront enfermez dans du bois ou non[2]. Vous ne ditte point encore de quels Autheurs vous voulez des tailles douces, et vous ne nommez que la Belle[3]. Il y a icy des gens qui ont un volume entier des piesces de ce dernier. Sy vous les voulez touttes il me faut envoyer un mesmoire de celles que vous avez afin que je ne les prenne pas. Et je prendré apres toutes les autres. Expliquez vous donc sur toutes ces choses et m'en mendez vostre sentiment certein qu'avec joye je m'efforceré de vous tesmoigner que je suis,

Monsieur,
Vostre tres humble Serviteur,

Des Noyers

arrivée après le décès du minime : « Claudii Ptolemaei Almagestum, latina versio sive græca et latina », *CMM*, XVI, p. 500.

    1 Le florin vaut approximativement 1 livre (voir n. 4, p. 179).

    2 Les artistes, en général, utilisaient, de préférence aux crayons, des porte-mines, communs dans les trousses d'instruments mathématiques.

    3 On sait qu'Hevelius collectionnait les gravures. Il les montra à la Reine, lorsque celle-ci le vint visiter le 20 décembre 1659. Des Noyers mentionne ses gravures dans une lettre à Boulliau de cette date (*LPDN*, n° 236, p. 564-566). Il connaît les bonnes adresses parisiennes. Stefano della Bella (dit Etienne de la Belle à la cour de France, 1610-1664) est un artiste florentin, protégé de Ferdinand 1er, qui fit le voyage de Rome, entre 1633 et 1636. En cette occasion, il grava la cavalcade célébrant l'entrée à Rome de l'ambassadeur de Pologne, le 27 novembre 1633. Entre 1639 et 1649, il séjourne à Paris où il travaille pour la cour (il réalise notamment les jeux de cartes pour l'éducation du dauphin). Il est présent lors de l'entrée des ambassadeurs venus chercher la reine en 1645 : « Lorsque l'ambassadeur de Pologne vint à Paris en 1645 pour le mariage de Ladislas-Sigismond VI (sic), avec la princesse Louise Marie de Gonzales (sic) de Cleves, la Belle dessina la magnifique cavalcade des Polonois. Comme cet ouvrage étoit trop grand, il n'entreprit point de graver cette entrée, comme il avoit fait douze ans auparavant, celle d'un ambassadeur de Pologne à Rome... » (Ch. Ant. Jombert, *Essai d'un catalogue de l'œuvre d'Etienne de la Belle, peintre et graveur florentin*, Paris, 1772, p. 23. À la date du séjour à Paris de des Noyers, Della Bella est retourné à Florence. Des Noyers put trouver, chez Henriet, ses dernières productions: "Outre les desseins des conquêtes du Roi, qui employerent une bonne partie de son tems, et les gravures des divertissements qui se donnoient alors fréquemment à la cour, la Belle fit encore une quantité surprenante d'ouvrages de toute espèce, tant pour Israël Henriet... que pour d'autres marchands. Nous citerons entre autres une suite de huit petites estampes longuettes, qui ont pour titre : *Diverse figure e paesi...* à Paris, chez Israël, rue de l'Arbre sec, 1641 ; et le frontispice d'une édition in-4° des *Œuvres* du sieur Desmarets... il fit ensuite un petit livre de treize pièces, sous le titre d'agréable diversité de figures (chez I. Henriet, 1642). On peut remarquer dans cette suite une petite vue de la place Dauphine, et une autre de la place royale, à Paris, qui sont deux chefs-d'œuvre pour la gentillesse des figures et la légereté de la pointe. On peut en dire autant de douze petites feuilles intitulées : desseins de quelques conduites de troupes, canons et attaques, qui sont sans contredit ce que la Belle a fait de mieux en ce genre, et une des plus jolies suites de tout son œuvre. En 1645, il grava une seconde fois les huit moyennes marines qu'il avoit déjà gravé à Rome en 1634... Quelques années après, il mit au jour un recueil de douze grands cartels et six moyens [*Raccolta di varii cappricci*, 1646). Vers le même tems, il grava la magnifique vue perspective du Pont-Neuf à Paris, pour laquelle il obtint un privilège du Roi... C'est le morceau le plus intéressant de tout son œuvre, tant pour l'étendue et la variété de tous les objets de cette vue d'ensemble, que pour l'abondance et le génie et la multitude des figures dont il a su orner son dessein. » (*op. cit.*, p. 25-27).

LETTRES [1650]

Je vous prie de faire mes baisemains a Monsieur Krumhauser[1] et qu'il m'explique sy ce n'est pas les chiffres de Vigenere[2] qu'il veut parce que dans son mesmoire il a escrit Vignier. Je vous suplie de m'envoyer en me faisant response un calendrier de Monsieur Eickstadius pour cette année 1650[3]. Monsieur Buratin vous baise les mains[4].

Je vous envoye cy joint un gros paquet de Monsieur Cramoisy et de Monsieur Bulliau. Je n'ay encore peu rencontrer ce dernier chez luy[5]

16.

18 février 1650, Hevelius à Pierre des Noyers

BO : C1-II, 156
BnF : Lat. 10 347-II, 14
BO : C2-5, 273-274

A Monsieur,
Monsieur des Noyers, a Paris,

Salutem plurimum,

Quam sponte, Vir Nobilissime, tu omnem negotiorum meorum curam in te suscipis,tam certe sedulam daturus sum operam ut, si non paribus officiis, animo tamen semper eam pensem. Precium, quod attinet Selenographia, quantum percipio, vix bene meministi : si quidem eam bibliopolis hic Gedani 8 imperialibus vendi signifi-

---

1 Gabriel Krumhausen, ami d'Hevelius, voir n° 12.

2 Blaise de Vigenère (1523-1596) auteur de *Chroniques ou Annales de Pologne* (Paris, J. Richer, 1573) ne fut pas seulement diplomate, mais aussi cryptographe. Son *Traité des chiffres ou Secrètes manières d'écrire* est de 1586 (Paris, l'Angelier).

3 Lorenz Eichstadt.

4 Niccolò Tito Livio Burattini (1617-1681) est un ami de Pierre des Noyers qui l'a précédé en Pologne (il est à Cracovie dès 1642). Il accompagne des Noyers à Paris en 1650 pour une mission diplomatique inconnue. Burattini rappelle dans une lettre à Boulliau du 12 novembre 1665, publiée par A. Favaro, *Intorno alla vitae ed ai lavori di Tito Livio Burattini* (1896, doc. XXIV, p. 106-109), avoir eu l'honneur de faire connaissance de Pierre Petit « a Parigi l'anno 1650 » (p. 109). Sans doute devait-il consulter les savants français au sujet de son « dragon volant ».

5 Des Noyers apporte avec lui une lettre d'Hevelius à remettre à Ismaël Boulliau. Il s'agit peut-être de leur première rencontre, bien que Pierre des Noyers ait pu le croiser dans les cercles parisiens avant son départ en Pologne. Hevelius et Boulliau sont, quant à eux, en relation depuis 1648 selon H. Nellen (*Boulliau*, p. 251). Sans doute plus tôt car Gassendi, dans une lettre du 26 mars 1644 à Hevelius écrit : « Boulliau, que je t'ai cité plus haut, t'envoie son salut et s'apprête à bien mentionner dans ses tables astronomiques tes observations que je lui ai communiquées pour en tirer la différence de longitude ou des méridiens entre Dantzig et Paris. », *LLPG*, I, p. 339.

catum. Qua propter si qui etiam Parisiis forte sint, qui exemplaria quædam desiderant, illis pariter pro modo dicto precio, hic tamen Gedani, quodlibet exemplar redimendum concedam. Quod si vero nolint maris experiri fortunam, lubens ipse ego omnem casum in me recipiam, atque Parisiis tot exemplaria quot velint tradi curabo; dummodo supra dicto 8 imperialium precio unicum superaddere voluerint, hoc est, 9 imperiales in universum solverint. Almagesti Ptolemæici non nisi latinam expeto versionem. De coloribus (quos crayons vocatis) hoc te scire velim, quod de omni genere, tam rubro, quam nigro ut et reliquis. Si quos preterea nancisci datur gratum foret aliquid possidere. Catalogum iconum æreis tabulis expressarum quæ penes me sunt (quod bene notetur) a M. R. de la Bella, a Israele Sylvestro exsculptæ sunt præsentibus his adjunxi. Unde tam tibi, quam ipsis artificibus facile constabit, quas adhuc desiderem: fortassis istorum autorem vix unquam et alter deerit libellus, quem emere haud gravaberis. Comparabis vero item mihi, ut dixi effigies quasdam clarissimorum virorum ex vestris Gallis utque Gassendi, Mersenni, Bullialdi, Robbervalli, Morini etc. Si qui prodiere addes beneficium beneficio. Cæterum ante octiduum tibi et domino de la Vayrie transmisi parvam domini Eichstadii ephemeridem, ad annum currentem computatam, ut et observationem meam Solaris eclipseos typis mandatam; quam utramque te bene accepisse nullus certe dubito. Domino Buratino nec non Bullialdo (cui simul literas hisce inclusi tradere humanissime peto) vicissim plurimum salutem impertiri velim. Vale, Vir Nobilissime, atque in amore erga me perseverato. Dabam Gedani, anno 1650, die 18 Februarii,

Nobilitatis tuæ
Cupidissimus

J. Hevelius, manu propria

À Monsieur,
Monsieur des Noyers, à Paris,

Un très grand salut,

Autant vous prenez spontanément sur vous, très noble Monsieur, tout le souci de mes affaires, autant je mettrai de zèle pour juger vos efforts à leur juste valeur, à défaut de leur rendre la pareille. En ce qui concerne la Sélénographie, vous ne vous êtes pas bien rappelé le prix, puisqu'ici à Dantzig, il se vend huit Impériaux[1]. C'est pourquoi s'il y a par hasard des gens à Paris qui souhaitent un exemplaire, je les leur céderai au prix d'un volume acheté à Dantzig. S'ils ne veulent pas tenter les hasards de la mer, je prendrai volontiers tous les risques à ma charge; pourvu qu'ils ajoutent un Impérial aux huit précités, c'est-à-dire un total de neuf Impériaux. De l'Almageste de Ptolémée, je ne demande que la version latine. Sur les couleurs (que vous appelez crayons),

---

1 Le Reichsthaler vaut approximativement 1 écu (3 livres).

LETTRES [1650]

j'aimerais que vous sachiez qu'elles sont de tout genre, aussi bien rouge que noir et autres. S'il vous est possible d'en obtenir en plus, il me serait agréable d'en posséder. J'ajoute un catalogue des portraits gravés sur cuivre qui sont chez moi (ce qui doit être bien noté) de M. R. de la Bella. Ils sont gravés par Israël Sylvestre[1]. C'est pourquoi vous-même et les artistes comprendrez facilement ce que je désire encore. Peut-être manquera-t-il l'un ou l'autre petit livre que vous prendrez la peine d'acheter. Vous achèterez aussi pour moi, comme je l'ai dit, certains portraits de certains hommes illustres parmi vos Français comme Gassendi, Mersenne, Boulliau[2], Roberval, Morin etc. Si certains sont publiés, vous ajouterez un bienfait à un autre. Par ailleurs, il y a huit jours, je vous ai transmis, ainsi qu'à Monsieur de la Vayrie, une petite éphéméride de Monsieur Eischstadt calculée pour l'année en cours; de même que mon observation imprimée de l'éclipse du Soleil[3]. Je ne doute pas que vous ayez reçu l'une et l'autre. À mon tour, je vous prie de remettre mon plus grand salut à Monsieur Burattini et à Monsieur Boulliau, à qui je vous prie poliment de remettre la lettre incluse dans les présentes.

Adieu, très Noble Monsieur, et persévérez dans votre affection pour moi.
Donné à Dantzig, en 1650, le 18 février.
À votre Noblesse, le très attaché,

J. Hevelius de sa propre main

1 Israël Sylvestre (1621-1691), lorrain, orphelin à dix ans, a été recueilli par son oncle Israël Henriet, peintre et dessinateur du roi, grand marchand de gravures à Paris. Israël Sylvestre se forma chez son oncle, fit des voyages en Italie et hérita des fonds de son oncle, Israël Henriet (1590-1661) en 1661. Ce dernier était un ami d'enfance de Jacques Callot, à Nancy. Son père, Claude Henriet, fut premier peintre de Charles III de Lorraine. Après s'être formé en Italie, il s'installa à Paris où il enseigna la gravure et le dessin au roi Louis XIII. Peintre, graveur, éditeur d'estampes (il eut l'exclusivité des eaux fortes de Jacques Callot après 1629 et possédait ses cuivres, il édita della Bella, Le Clerc et Audran), il faisait aussi office de marchand. Il donne comme adresse, rue de l'Arbre sec, au logis de M. Le Mercier, orfèvre de la Reyne, proche de la Croix du Tiroir. Jombert écrit au sujet d'Israël Henriet : « Né vers l'an 1590, étoit le fils de Claude Henriet, peintre sur verre, originaire de Châlons en Champagne, né en 1551, qui fut s'établir à Nancy en 1596, à l'invitation de Charles II, duc de Lorraine, où il resta jusqu'à sa mort. Israël Henriet ayant appris de son pere les élémens du dessein, avec Callot, Bellange et Deruet, alla ensuite à Rome avec ce dernier, et étudia sous Antoine Tempeste. Quelque tems après, il vint à Paris, et travailla avec un peintre nommé Duchesne, qui avoit un logement au palais du Luxembourg. Il imita beaucoup la maniere de Jacques Callot, avec qui il avoit étudié ; et dans ce séjour que ce célèbre artiste fit à Paris, vers l'an 1622, ils logerent ensemble au petit Bourbon ; alors il fut convenu entre eux que tout ce que Callot graveroit seroit pour Henriet : ce qui eut son exécution. Israël Henriet fit aussi le même arrangement avec Etienne de la Belle, qui vint passer dix années à Paris, ayant fait connoissance avec lui à son arrivée en cette ville, en 1640. Henriet mourut à Paris en 1661, laissant son neveu, Israël Sylvestre, héritier de toutes les planches qu'il avoit, tant de Callot que de la Belle ». (*op. cit.*, note, p. 26-27.

2 Pour le portrait de Boulliau : illustration n° 4. Sur ces premiers contacts de Pierre des Noyers avec Boulliau, voir introduction p. 20-23.

3 Eclipse du 4 novembre 1649, publiée dans une lettre à L. Eichstadt ; Pingré, *Annales*, 1649, p. 189.

17.

18 juillet 1650, Pierre des Noyers à Hevelius

BO : C1-II, 182
BnF Lat 10 347, II, 49-51
De Varsavie, le 18 juillet 1650

Monsieur,

Je pansois passer a Dantzigt et avoir l'honneur de vous y rendre moy mesme les choses que j'avois apportee pour vous, mais les commandement de la Reyne m'ont fait prendre un chemin plus court.

J'ay prié Monsieur de la Vayrie de faire partir chez vous une caisse dans laquelle il y a un rame du plus grand papier que j'ay pu trouver, le Livre de Morin contre du liris[1], l'horographe de Sarazin, des piesces de lad., des tailles douces de la Belle et d'Israel, une suitte de la maison d'Autriche[2], les hommes illustres de la gallerie du Palais Royal de Paris[3], les obseques du duc de Loreine.[4] J'ay pris ce dernier sur le raport de quelque

---

1 Le P. Léonard Duliris (1588-1656), récollet de La Rochelle a publié en 1647 *La science des longitudes réduite en exacte et facile pratique sur le globe céleste avec la censure de la nouvelle théorie et Pratique du secret des longitudes*, Paris, aux dépens de l'autheur, chez Jacques Villery. En réponse, Jean-Baptiste Morin (1582-1656) publie deux ouvrages : *La Science des longitudes de Jean-Baptiste Morin reduite en exacte et facile pratique par luy mesme sur le globe celeste tant pour la terre que pour la mer avec la censure de la nouvelle theorie et pratique du secret des longitudes par le P. Leonard Duliris* (1647) et la *Response de Jean Bapt. Morin docteur en medecine, et professeur du Roy aux mathematiques a Paris à l'Apologie scandaleuse du P. Léonard Durilis recollect, touchant la Science des longitudes ; pour les navigations*, Paris, aux dépens de l'autheur, chez Jacques Villery et chez Jean le Brun, 1648. Jean-Baptiste Morin, professeur de mathématiques au Collège royal (1629) avait soumis à Richelieu une nouvelle méthode pour le calcul des longitudes, examinée par une commission qui rendit d'abord un avis favorable puis, quelques jours plus tard, une sentence contraire (mars-avril 1634). Pour obtenir réparation, Morin publia en 1635 les lettres de soutien qu'il reçut en cette occasion : *Lettres écrites au sieur Morin par les plus celebres astronomes de France approuvant son invention des longitudes contre la derniere sentence rendue a ce sujet par les sieurs Pascal, Mydorge, Beaugrand, Boulenger et Herigone* puis sa *Longitudinum terrestrium nec cælestium nova et hactenus optata scientia* en 1638). En 1635, Gassendi avait témoigné en sa faveur. La brouille entre les deux savants, dont il est question plus loin (n° 31, 50, 57, 63 et 64) se développe dans les années 1640.

2 Peut-être le *Livre des Portraits des Princes de la maison d'Autriche, peints par Fr. Terzo de Bergame, et gravé par Gaspard de Avibus, Citadelensis*, à Venise, 1632.

3 *Les Portraits des hommes illustres françois qui sont peints dans la galerie du Palais Cardinal de Richelieu, avec leurs principales actions, armes, devises et éloges latins*, desseignez et gravez par les sieurs Heince et Bignon,... *Ensemble les abrégez historiques de leurs vies*, composez par M. de Vulson, sieur de La Colombière, Paris (H. Sara), 1650. Le Palais Cardinal est devenu Royal, à la mort de Richelieu (décembre 1642) qui l'a légué au roi.

4 Il s'agit de la célèbre et somptueuse suite de planches gravées à l'occasion de la pompe funèbre de Charles III de Lorraine (1608), dessinée par Claude de la Ruelle, Herman de Loye et Léonard Périn

LETTRES [1650]

curieux qui m'ont dit qu'il estoit rare et que c'estoit bon marché que ce que j'en ay peÿé.

Je ne say si les crayons sont dans ladite caisse, s'il n'y sont ils seront avec mes hardes qui vienne et je vous les envoyeré aussy tost que je les auré receu. Je vous envoye cependant des lettres de Monsieur Bulliaud avec la medail de Mr. Gassendi[1], des lettres de Mr. De Roberval et quelque uns de ses escrits. Sy vous en desirez davantage, je vous envoyeré encore ce que j'en ay ou je vous les preteré lors que la Reyne ira en Prusse qui sera dit lors qu'elle sera relevee de ses couches[2].

Je croy que vous trouverez dans le paquet de Mr. Bulliau l'observation de la Lune avec Strophium le 14 d'apvril[3]. Si d'avanture elle n'y estoit pas, il me l'a donnee, je vous l'envoyeré. Vous trouverez celle de Mr. De Roberval pour la mesme estoille dans sa lettre ; il m'a encore prié de vous assurer qu'il estoit vostre Serviteur et que sy vous luy vouliez envoyer l'asimut commun de Paris et Dantzigt que vous pouriez observer ensemble la vraye paralax de la Lune, vous pourez calculer cet azimut et le luy envoyer, ou bien luy envoyer l'observation du 14 d'apvril que vous aurez faitte et il le calculera. La vraye hauteur du pole de Paris est 48°. 54' 30"[4].

Je vous envoye encore des burins qui se sont trouvé dans mon coffre avec moy. Vous trouverez encore dans la caisse que Mr. De la Vayrie vous portera les lettre capital de la Bible Royal, que Mr. Cramoisy m'a donnee pour vous et dont il n'a point voulu d'argent. Il m'a dit qu'il vous avoit envoyé des livres, et que parmy il y avoit mis l'Almageste de Ptolomee et l'Horographe de Sarazin[5] comme il luy avois dit. Vous debvriez des il y a long temps avoir receu ces livres la. Il me dit qu'il avoit receu vostre paquet et vostre lettre a laquelle il a fait responce.

Je vous prie sy parmi les piesces de taille douce que vous trouverez de la Belle et d'Israel il y en a quelque une de double de me les renvoyer parce ce qu'elles seront a Mr. Buratin[6], et que sy dans les sienne qui viennent icy il y en a aussy deux fois, je vous

---

et gravée par Friedrich Brentel. Sous la direction de Philippe Martin : *La pompe funèbre de Charles III (1608)*, Metz (éditions La Serpenoise), 2008.

1 Réalisée par Varin en 1648.

2 La princesse Marie Anne Thérèse Vasa est née le 1ᵉʳ juillet 1650 et baptisée le 2 août (elle décède le 1ᵉʳ août 1651).

3 Sur cette observation de Boulliau de Gamma de la Vierge, A.G. Pingré, *Annales*, 1650, p. 196. Sur Boulliau et ses relations avec Pierre des Noyers et Hevelius, voir Introduction p. 20-23 et 33-34.

4 Paris se trouve à 48° 51' 12" de latitude Nord.

5 *Horographum Catholicum seu universale... dicat et consecrat invento Ioannes Sarazinus Cænomanensis*, Paris, (Séb. Cramoisy), 1630.

6 Burattini s'intéresse à la technique de la gravure. Il écrit à Hevelius, lui-même initié à cette technique, le 9 janvier 1651 : « Je possède un secret qui m'a été donné par mon ami particulier Monsieur Della Bella quand j'étais à Paris : avec une certaine eau forte (non pas l'eau forte caustique des chimistes), il peut représenter des figures dans la cire (comme dans le travail de gravure sur cuivre). C'est avec une grande délectation que j'ai vu des spécimens assez beaux et fins de ce procédé, et ceci avec une rapidité étonnante, sans aucune corrosion de travers, au point que même un graveur ne pourrait faire mieux et plus subtil. Avec cet art, ce même artiste pense, à Florence où il séjourne pour le moment, publier comme il me l'écrit l'Ambassade de l'Illustrissime Seigneur Palatin de Poznan en France et, comme on dit vulgairement, sa cavalcade dans le bois. C'est un artifice certainement admirable et jamais vu

en renvoÿeré. Tout cela fut embalé avec un peu de desordre et les choses ont esté ainsy brouillee.

Dans vostre caisse, il y a quelque chose pour Mr. Krumhausen et pour Mr. Hondius[1] ; ils reconnoitront bien ce qui est pour eux.

Si nous allons en Prusse[2] comme je l'espere, je porteré mes instruments de mathematique afin que vous les voyez. Cependant croyez moy tousiours,

Monsieur,
Vostre tres humble Serviteur,

Des Noyers

La Reyne m'a dit qu'elle vous avoit fait recommander le soin de quelque horloge pour elle. Sa Majesté m'a commandé de vous en faire souvenir.

jusqu'à présent. Il veut me donner quelques centaines d'exemplaires de ce travail à cette condition qu'on puisse le distribuer ici en Pologne à un certain prix. Si cela intéressait Votre Seigneurie, je les lui enverrai à Dantzig où il pourrait les vendre très commodément par l'un ou l'autre de ses amis. Ce secret, s'il ne le dédaigne pas, il l'obtiendra facilement de moi. Une chose seulement me manque pour exécuter cela : à savoir une presse d'imprimeur pour imprimer les simulacres des choses et l'image. Comme je sais que Votre Seigneurie a une compétence spéciale, je lui demande humblement qu'il me transmette son portrait. Quand j'en aurai fait l'expérience, ce dont je ne doute pas, il me liera d'autant plus à son service, pourvu qu'il contribue à me recommander par son ancienne amitié et sa faveur. » (« Est mihi secretum a singulari (dum essem Parisiis) amico Domino Dellabella donatum, per certam aquam fortem (non illam chymicorum causticam) imagines in cera (quasi chalcographico opere) effingendi, uti cum summa animi mei delectatione apud eundem ipsum Authorem ejus rei satis pulchra et subtilia vidi specimina idque mira celeritate sine ulla distorta corrosione, uti neque sculptor melius et subtilius elaborare queat : qua arte dictus Author cogitat Florentiæ (ibi enim jam pro tempore degit) legationem Illustrissimi domini Palatini Poznaniensis in Galliam, ejusque (ut vulgo vocant) cavalcatam in lucum (uti mihi scripsit) edere, artificio certo admirando et nunquam antehac viso, cujus operis aliquot centena exemplaria vult ad me transmittere ea conditione ut hic in Polonia certo precio distrahi possint : proinde si ita visum fuerit Dominationi Vestræ, eadem relegarem ad se Dantiscum ut ibi per aliquem amicum suum tanto commodius divendantur. Quod secretum, si non dedignabitur, facile a me obtinebit. Unum mihi deest ad illud exequendum, torcular videlicet impressorium ad excudenda rerum simulacra et imaginem ; quod quia Dominationem Vestram speciale habere compertum habeam, submisse oro ut ejus iconem mihi transmittere dignetur quod si (ut nihil dubito) expertus fuero, tanto me promptiorem ad obsequia sua devincet, modo me pristino amore et favore suo commendatum habeat ». Favaro, *Burattini*, n° VI, p. 77). L'ambassade du Palatin de Poznań concerne la demande en mariage de Louise-Marie de Gonzague.

1 Personnage non identifié.
2 En Prusse « royale ».

18.

18 août 1650, Hevelius à Pierre des Noyers

BO : Cɪ-II, 183
BnF : Lat. 10 347-II, 51-53

Domino,
Domino des Noyers,
Warsaviam

Nobilisime Domine, atque amice plurimum observande

Quamvis jam dudum tua nobilitas gratissimorum officiorum omni genere ita me obstrinxerit, ut vix videam, cui solvendo esse possim nihilominus tamen grande beneficium beneficiis superaddere placuit, dum non es gravatus, res meas Parisiis ita expedire, ut ipsemet nunquam certe potuissem melius. Quare cum mihi persuadeam, tantis officiis respondere me non posse, studium tibi meum vel agnoscendo, vel prædicando tanto beneficio invicem offero. Volumina illa desideratæ illius majoris papyri, cum reliquis rebus omnibus optime mihi per dominum de la Vayrie sunt tradita. Morini autem librum minime accepi ; non fasciculo fuit inclusus. Literas clarissimorum Bullialdi et Robbervalli jucundissimum fuit perlegere, ac relegere : abundant enim iis rebus, quibus ut verum fatear animus meus exsatiatur nunquam. Gratissimum pariter fuit, te adjunxisse scripta aliquot celeberrimi Robbervalli ; cujus reliqua omnia videre et possidere utinam aliquando contingat ! Occultationem Strophii [Virginis] hic Gedani, ob cœlum nubilum minime observare nobis obtigit. Hinc utut maxime velim, Domino Robbervallo morem gerere haud possum. Azimuth vero cum id fieri poterit suo tempore non denegabo. De cætero iconismos illos, tum Domini Israelis, tum De la Bellæ abundanter cum his simul tuæ Nobilitati mitto : si autem item quídam invenientur apud Dominum Buratinum, qui ad me spectant, quæso idem faciatis. Non parum vero, credito, contristatus sum, percepto, Dominum Buratinum (quem officiossissime saluto) me inscio et absente huc transiisse ; si quidem varios sermones quorum mea et illius plurimum interfuisset reciprocare habuissemus : quod cum fortuna nobis denegavit differendum in aliam occasionem quæ se se brevi, ut cum voluptate intelligo, offeret. Interea Domino Buratino suo promissu in memoriam haud gravate revoces rogo : de vitro nempe Venetiis conflato, deque modo figuras atque icones ex vitro fundendi, sive in vitrum inprimendi. Quod arcanum ut mihi aperire sponte est pollicitus ; sic ego vicissim, si quid possum, faciam ipsius gratia quam lubentissime. Sed de conficiendo aliquo horologio quo Sacræ Suæ Reginali Majestati mihi esse aliquid demandatum, id ego plane ignoro. Idcirco maximopere rogo ut me optimis modis apud Serenissimam Reginam excuses. Quod si vero indicet Sacra Sua Majestas per me aliquid confici posse, quod ipsi gratum sit acceptumque, per te solummodo jubeat, mandet, imperet servulo suo obsequiosissime devoto, qui ad officia suæ clementissimæ Dominæ se paratum esse tum lubens quam debite profitetur. Quo amplius nihil restat nisi ut te humanissime orem, quo mihi ad tempus perlegendam concedat vitam Mersenni ; quam cum perlegero, quantocyus remittam. Penitus quidem fui persuasus futurum ut a Domino Cramoisio mihi transmitteretur ; sed et hujus, et aliorum fere omnium, exceptis pauculis admodum spe sum frustratus. Vale, Nobilissime Domine, ac fave

Tuæ Nobilitatis
Ex animo,
Gedani, anno 1650, die 18 Augusti.

J. Hevelio, manu propria

À Monsieur,
Monsieur Des Noyers,
À Varsovie

Au très Noble Seigneur et à l'Ami très respectable,

Quoique depuis bien longtemps votre noblesse m'ait obligé par toute espèce de services très agréables, au point que je vois à peine comment je pourrais m'en acquitter, cependant vous avez ajouté un grand bienfait à des bienfaits puisque vous avez pris la peine d'arranger mes affaires à Paris, comme je n'aurais pu mieux le faire moi-même. Je suis persuadé que je ne puis répondre à ces services qu'en reconnaissant ou en proclamant à mon tour mon attachement pour vous. Les rouleaux de ce grand papier que je recherchais m'ont été remis avec les autres objets par Monsieur de la Vayrie. Je n'ai pas reçu le livre de Morin ; il n'était pas inclus dans le paquet. Ce fut une grande joie de lire et de relire les lettres des très illustres Boulliau et Roberval ; elles regorgent de ces choses dont, pour dire vrai, mon esprit n'est jamais rassasié. Il m'a été pareillement très agréable que vous ayez ajouté quelques écrits du très célèbre Roberval ; puissé-je les voir et les posséder tous un jour ! Nous n'avons pas eu l'occasion d'observer ici à Dantzig l'occultation de la ceinture de la Vierge à cause du ciel nuageux[1]. Quel que soit mon désir de faire plaisir à Monsieur Roberval, je ne le puis. Quand cela pourra se faire, je ne refuserai pas de lui communiquer l'azimuth en son temps. Pour le reste, j'envoie à votre noblesse, avec cette lettre, abondance de portraits de Monsieur Israël et de della Bella[2]. S'il s'en trouve

1 L'occultation a eu lieu le 14 avril. Pierre des Noyers a envoyé les observations de Boulliau dans sa lettre du 18 juillet, n° 17.

2 Israël Henriet comme Israël Sylvestre faisaient commerce de gravures et notamment de portraits gravés.

chez Monsieur Burattini qui me concernent, je vous demande de faire de même. Je n'ai pas été peu attristé, croyez-le, d'apprendre que Monsieur Burattini (que je salue très poliment) était passé par ici à mon insu et en mon absence, car nous aurions pu échanger divers propos de grand intérêt pour lui et pour moi ; comme le hasard nous en a empêchés, il faut le reporter à une autre occasion qui, je l'espère, se présentera bientôt, comme je l'apprends avec plaisir. En même temps, j'aimerais que vous preniez la peine de rappeler à Monsieur Burattini sa promesse sur le verre fondu à Venise et sur la manière de fondre des figures et des images en verre et de les imprimer dans le verre. Il m'a promis spontanément de me révéler ce secret ; moi, à mon tour, si je puis faire quelque chose pour lui, je le ferai avec le plus grand plaisir. Mais sur la fabrication d'une certaine horloge qui m'aurait été commandée par Sa Majesté la Reine, je suis dans une totale ignorance. C'est pourquoi je vous demande avec insistance de m'excuser de la meilleure manière auprès de la Sérénissime Reine. Mais si Sa Majesté Sacrée indique que je peux fabriquer quelque chose qui lui soit agréable et convenable, qu'Elle ordonne, mande et commande par votre intermédiaire à son petit serviteur totalement dévoué qui se fait un plaisir et un devoir d'être prêt à rendre service à sa très clémente Maîtresse. Par ailleurs, il ne me reste qu'à vous prier de nous laisser le temps de lire jusqu'au bout la vie de Mersenne[1]. Quand je l'aurai lue entièrement, je vous la renverrai. J'ai été tout à fait persuadé qu'elle me serait envoyée par Monsieur Cramoisy, mais j'ai été frustré de cet espoir, et de tous les autres, à quelques petites exceptions près. Adieu, très noble Seigneur et favorisez celui qui est,

À votre noblesse,
Du fond du cœur
Dantzig en l'année 1650, le 18 août,

J. Hevelius, de sa propre main

---

1 *La vie du R.P. Marin Mersenne, Theologien, Philosophe et Mathematicien de l'ordre des Peres Minimes*, par F. H. D C. (Hilarion de Coste), religieux du mesme ordre, Paris, Cramoisy, 1649.

19.

2 septembre 1650, Pierre des Noyers à Hevelius

BO : **C1-II, 198**
BnF : Lat. 10 347, II, 84-86

De Varsavie, le 2 septembre 1650

Monsieur,

Lors que j'ay eu vuidé tous mes coffres j'ay trouvé encore au fond d'un d'iceux plusieurs figures de la Belle et d'Israel. Je vous les envoyë toutes afin que vous voyez tout ce qui sera double, et vous prendrez s'il vous plaist le peine de mettre a part toutes les pieces que vous aurez deux fois pour me les renvoyer.

Pour respondre a vostre lettre du 18 aoust[1], je vous diré que je mets aussy dans le paquet que je vous envoye deux exemplaire de Morin[2]. J'ay encore quelques escrits de Mr. De Roberval desquels si vous en estes curieux je vous les envoyeré ; ils traittent des poids soutenus par des puissances sur les plans inclinez a l'horison[3].

Monsieur Buratin vous assure de son service. Il fut tres faché de ne vous pas rencontrer à Dantzigt. Il vous envoyera des verre de Venize qu'il en a reçeu, qui sont fort bons[4]. Je vous envoye un verre de lunette dont je vous prie de me dire votre sentiment.

---

1 N° 18.

2 Voir la polémique avec Duliris (n° 17). Dans les années 1640, la querelle entre Gassendi et Morin donne lieu à un échange d'ouvrages dont le ton se fait violent. À cette date, il peut aussi s'agir d'ouvrages touchant à la polémique sur le mouvement de la Terre : *Alæ Telluris fractæ, cum physica demonstratione quod opinio copernicana de Telluris motu sit falsa... adversus clarissimi viri Petri Gassendi* est publié en juin 1643 contre les positions exposées par Gassendi dans son *De motu impresso a motore translato Epistolæ duæ, in quibus aliquot præcipuæ tum de motu universo, tum speciatim de motu Terræ attributo difficultates explicantur* (1642). Accusé d'hérésie par Morin, Gassendi répond dans une *Apologie* qui n'était pas destinée à la publication, mais que Neuré fit imprimer à son insu : *Apologia in Io. Bap. Morini librum cui titulus Alæ* Telluris fractæ, Lyon, 1649. Morin rétorque avec sa *Response de Iean Baptiste Morin à une longue lettre de Monsieur Gassend, prevost en l'église épiscopale de Digne, & professeur du roy aux mathématiques. Touchant plusieurs choses belles et curieuses de physique, astronomie, & astrologie*, Paris, 1650.

3 Peu après la nomination de Roberval au Collège royal, Mersenne publie, dans la première partie de l'*Harmonie universelle*, un traité de Roberval, publié par ailleurs : *Traité de Mechanique des poids soustenus par des puissances sur les plans inclinez a l'horizon ; des puissances qui soustiennent un poids suspendu à deux cordes*, par G. Pers. De Roberval, professeur royal ès mathematiques au College de Maistre Gervais et en la Chaire de Ramus au College Royal de France, Paris, R. Charlemagne, 1636.

4 Les Vénitiens avaient un secret pour fabriquer un verre très pur et sans défauts, très recherché pour les lentilles, dit « cristallo », « detto in passato anche « cristallo artifiziale o bollito » e « cristallo in tutta perfezione » ; vetro incolore di grande purezza, ottenuto nel XV secolo mediante l'abbinamento della polvere di quarzo, ricavata per macinazione dai ciottoli del fiume Ticino, con la cenere depurata (bollito). Con l'uso di tali materie prime e con l'aggiunta del manganese come decolorante il vetro risultante era molto più limpido e incolore del vetro comune prodotto sino alla metà del XV secolo, tanto da ricordare, quanto a limpidezza e assenza di colore, il cristallo di rocca ; da ciò, il nome di cristallo. Parti-

LETTRES [1651]

Quand vous l'aurez examiné, vous le redonnerez à Monsieur de la Vayrie qui me le renvoyera. Il se tire 7 pied ½. Je ne vous envoye point le concave parce que je n'en ay point avec qui il ne soit trouble et on me l'a pourtant donné pour une chose extraordinaire.

Je vous envoye aussy la vie du pere Mercenne[1] que vous garderez autant qu'il vous plaira. Je suis tres fache que vous n'ayez pu faire l'observation de l'estoille de la Vierge qu'on a fait si exactement a Paris[2]. Cela auroit servy pour le calcul d'un asimut commun pour observer la paralaxe de la Lune. Faites moy l'honneur de me croire,

Monsieur,
Vostre tres humble Serviteur,

Des Noyers

La Reyne avoit commandé qu'on vous priat de sa part de luy faire deux horloges a Dantzigt, mais a ce que j'ay apris, d'autres en ont pris le soings, c'est pourquoy il n'y a plus rien a faire.

Je vous envoye dans vostre mesmoire le compte que vous me demandez.

20.

27 novembre 1651, Pierre des Noyers à Hevelius

BO : Ci-II, 240
BnF : Lat. 10 347, II, 173-174

Monsieur,

Je vous envoye une lettre de notre bon amÿ Monsieur Bulialdus. Il m'escrit qu'il n'a point reçeu response aux lettres que je vous aporté de sa part l'annee passee[3], et ne say si vous avez reçeu la medaille de Monsieur Gassendus[4]. Il me prie de tirer une response de vous a sa lettre. Je vous prie donc de m'en envoyer une afin qu'il voye que je vous ay bien rendu son paquet et la medaille. Il vous prie aussy de luy envoyer les

---

colare cura doveva essere posta anche nella regolazione della fiamma a legna, durante la fusione » : Cesare Moretti éd., *Glossario del vetro veneziano, dal Trecento al Novecento*, Venise, Marsilio, 2006, p. 34-35.

1 *La vie du R.P. Marin Mersenne, par* Hilarion de Coste, n° 18.

2 N° 17.

3 Dans la correspondance, nous avons une lettre d'Hevelius à Boulliau du 18 février 1650 ; la suivante est du 14 septembre 1651, que Boulliau n'avait pas dû recevoir à la date où il a écrit à des Noyers (il faut compter un mois entre Paris et Dantzig).

4 Lettre n° 17 [illustration n°5, HT].

mesmoires qu'il vous a demandé de cette illustre femme de Bric[1] en Silesie qui a escrit en astronomie[2].

Je croy que vous aurez retiré de Monsieur Eikstadius ce petit traitté des Mecaniques fait par Monsieur de Roberval[3]. Faittes moy la grace, si ledit sieur Eikstadius audit fait imprimer sa pettite Ephemeride pour 1652 de m'en envoyer une couple d'exemplaires, et me faitte toujours l'honneur de me croire

Monsieur,
Vostre tres humble Serviteur

Des Noyers

Monsieur Buratin vous baise les mains.

21.

13 janvier 1652, Hevelius à Pierre des Noyers

BO : Cɪ-II, 241
BnF : Lat. 10 347-II, 174-176

Generose Domine

Literæ tuæ nec non clarissimi Bullialdi optime redditæ : spero item dictum modo Bullialdum meas ultimas per Dominum de la Vayrie transmissas accepisse. Vitam Mariæ Cunitiæ hucusque ab ejus marito nondum extorquere potui ; quam primum autem factum fuerit non deero, quin prima occasione Parisios transmittam. Ephemeris vero parva domini nostri Eichstadii ad annum currentem, jam quidem typis est exscripta sed Luneburgi : hinc destituimur exemplaribus sufficientibus. Unicum autem quod suppetit en ecce tibi, quam primum plura dabuntur, eadem habebis.

---

1 De Brzeg en Silésie.

2 Maria Cunitia (Cunitz, 1610-1664). Virtuose dans l'étude des langues anciennes (hébreu, grec et latin) et modernes, elle fut aussi très savante en histoire, en médecine et en astrologie. Son maître (Elie von Löwen), qu'elle épouse en 1630, la dirige vers les mathématiques et l'astronomie, sans pour autant délaisser l'astrologie. Jugeant les tables de Longomontanus inexactes, et celles de Kepler difficiles à pratiquer (du fait de l'emploi fréquent des logarithmes), elle chercha un moyen de les rendre plus commodes. Réfugiée pendant la Guerre de Trente Ans en Pologne, dans un couvent (à Oloboki), elle consacra plusieurs années à rédiger en latin et en allemand son *Urania propitia sive Tabulæ astronomicæ mire faciles vim hypothesium physicarum a Keplero proditarum complexæ... quarum usum pro tempore præsente* ; communicat Maria Cunitia, Olsnæ, 1650. En 1655, un incendie ravage sa maison et détruit tous ses papiers (lettre de P. des Noyers à Boulliau du 23 novembre 1655, *LPDN*, p. 15).

3 Lettre n° 19.

Automa insuper Serenissimæ Reginæ, ab artifice omnibus modis correctum ut ut hactenus maximopere sollicitaverim nondum obtinere potui; brevi tamen promisit. Clarissimo excellentissimoque viro Domino Davidsonio salutem meo nomine impertias gratiasque maximas pro libro Les elements nimirum de la philosophie, nuperrime dono mihi misso, ipsi agas, rogo. Arrisit profecto liber iste mihi multum præsertim quod tam libere et aperte modoque haud vulgari sit conscriptus. Utinam alicujus exemplaris latine conscripti copia mihi det, longe majorem ex eo sine dubio caperem utilitatem! Denique literas has inclusas ad Dominum Bullialdum, magnum nostrum amicum quæso haud gravatim cura perferri, pariterque ejus auxilio responsorias mihi a Domino Gassendo (si adhuc est in vivis) ad ternas vel quaternas meas impetra, rem facies certe mihi multo gratissimam. Hisce bene feliciterque vale, non istum dumtaxat, quem Dei gratia exorsi sumus; sed et plures insecuturos annos faustos felicesque experire. Dabam Gedani, anno Christi 1652, die 13 Januarii,

Generositati tuæ,
Ad quævis amici officia
Paratissimus

J. Hevelius manu propria

Addo his Selenographiam nostram laudato Davidsonio, cum prolixa studiorum nostrorum pollicitatione, exhibendam.

Noble Seigneur,

Votre lettre et celle du très célèbre Boulliau me sont bien parvenues : j'espère de même que ledit Monsieur Boulliau a reçu ma dernière lettre transmise par Monsieur de la Vayrie. Je n'ai pu encore arracher à son mari la vie de Maria Cunitia ; dès que ce sera fait, je ne manquerai pas de l'envoyer à Paris à la première occasion[1]. La petite éphéméride de notre Monsieur Eichstadt pour l'année en cours est déjà imprimée, mais à Lunebourg ; ici, nous manquons d'exemplaires suffisants. Voici pour vous ce qui est disponible ; dès que l'on m'en donnera davantage, vous les aurez. Je n'ai pas encore pu obtenir l'automate de la Reine Sérénissime, corrigé de toutes les manières par l'artisan, quoique je l'aie demandé avec insistance ; il me l'a cependant promis pour bientôt. J'aimerais que vous transmettiez mon salut, en mon nom, au très illustre et très excellent Monsieur Davidson[2] et que

---

1 Hevelius reçoit une lettre d'Elias a Leonibus (Theodor Löwenstein) en date du 21 décembre 1651, BO, C1-II, 199 ; BnF, Lat. 10347-II,88-91, mais qui ne répond pas aux questions de Boulliau.

2 William Davidson (ou Davison ou d'Avisonne, 1593-1669) est un médecin, chimiste et botaniste français d'origine écossaise. En 1614, il vient en France et étudie la médecine à Montpellier. Lié à Jean-Baptiste Morin, il donne, en France, le premier cours de chimie au Jardin du Roi et devient conseiller et médecin du Roi en 1644 puis administrateur du Jardin du Roi en 1647. En 1651, il gagne la

vous lui rendiez les plus grandes grâces pour son livre les Eléments de la Philosophie[1] dont il m'a récemment fait cadeau. Ce livre m'a beaucoup plu, surtout parce qu'il est écrit de façon si libre et si ouverte, et d'une manière qui n'est pas vulgaire. Puisse-t-il me donner une copie de la version écrite en latin, j'en tirerais sans doute une grande utilité. Enfin, je vous demande de prendre la peine de faire parvenir la lettre ci-jointe à Monsieur Boulliau, notre grand ami, et avec son aide, d'obtenir une réponse de Monsieur Gassendi (s'il est encore de ce monde) à mes trois ou quatre lettres, vous me feriez grand plaisir[2]. Ainsi portez-vous bien et heureusement, non seulement pendant cette année, que nous avons entamée par la grâce de Dieu, mais pendant les nombreuses années qui suivront, favorables et heureuses.

Donné à Dantzig, en l'an du Christ 1652, le 13 janvier
Pour Votre noblesse, tout prêt à tous les services de l'amitié,

J. Hevelius, de sa propre main

J'ajoute ici notre Sélénographie à présenter au louable Davidson, avec une promesse détaillée de nos études.

Pologne où il devient premier médecin du roi et surintendant des jardins de leurs Majestés Polonaises (1651-1667). À la mort de la Reine, il retourne en France chez Condé. Disciple de Paracelse et spécialiste d'iatrochimie, il fut aussi un pionnier en matière de cristallographie et de taille des cristaux. Voir Ernest Hamy, *William Davisson, intendant du Jardin du Roi et professeur de Chimie*, Paris, 1898. John Read, « William Davidson of Aberdeen. The first British Professor of Chemistry », *Ambix*, IX, 1961, 70-101.

1 *Philosophia pyrotechnica seu cursus chymiatricus*, Paris, 1635 ; *Les Elements de la philosophie de l'art du feu ou chemie contenant les plus belles observations qui se rencontrent dans la resolution, preparation et exhibition des vegetaux, mineraux et animaux et les remedes contre toutes les maladies du corps humain, comme aussi la Metallique, appliquee a la Theorie, par une verité fondee sur une neccesité geometrique et desmontree a la maniere d'Euclides*, Paris, J. Piot, 1657 (2ᵉ édition) : cette traduction est due à Jean Hellot. La première édition française, publiée en 1651 est dédicacée à Jean Casimir.

2 Hevelius a envoyé trois lettres à Gassendi les 24 avril 1648, 21 août 1648 et 28 janvier 1649. La correspondance est, depuis lors, interrompue et ne reprend que le 29 octobre 1652, après la dédicace de la deuxième *Epistola : De Eclipsi Solis anno 1652... ad illustres viros PET GASSENDUM et ISM. BULLIALDUM, philosophos ac Mathematicos nostri seculi summos, Epistolæ IV*, Gedani, 1654.

22.

29 janvier 1652, Pierre des Noyers à Hevelius

BO : CI-II, 255
BnF : Lat 10 347, II, 198-199

À Monsieur
Monsieur Hevelius,
Consul de la Ville
De Dantzigt

De Varsavie, le 29 jenvier 1652
Monsieur,

J'ay reçeu vostre paquet dans lequel j'ay trouvé votre Selenographie que j'ay donnee a Monsieur Davisonne qui vous en remerciera. J'ay pris pour moy la pettite ephemeride dont je vous rend tres humble grace. J'avois pris la liberté de vous en demander trois ou quatre, c'estoit pour les envoyer a Monsieur de Roberval, Monsieur Bulialdus et a Monsieur Morin qui m'en avoient bien fort prié. Ils en font grande estime. Je leurs ay escrit que vous m'en aviez promis quand il en seroit venu de Luneburg ou Monsieur Eikstadius les a fait imprimer. Si vous me faitte la grace de m'en faire avoir, je les leurs envoyeré.

J'ay envoyé vostre letre a Monsieur Bouliau a Paris. Monsieur Davisonne vous auroit envoyé son livre des Elements de chimie en latin s'ils n'eusent tous esté donné. J'en ay un que j'ay presté au Medecin de Monsieur le Prince Charle[1] qui est a la campagne. Quand il sera de retour et qu'il me l'aura rendu, je vous l'envoyeré. L'Auteur en fait venir de Paris et m'en donnera un autre.

J'ay escrit a Monsieur de la Vayrie qu'il seut de vous quand le petit horloge de la Reyne seroit racomodé, afin qu'il payat l'ouvrier selon ce que vous aurez acordé avec luy.

Si Monsieur Gasendy ne vous a point fait de responce c'est peut estre parce qu'il y a long temps qu'il n'est venu a Paris et qu'il demeure tousjours en Provence.

Faitte moy l'honneur de croire que je suis,

Monsieur,
Vostre tres humble Serviteur,

Des Noyers

J'ay donné vostre lettre a Monsieur Buratin.

---

1 Charles Ferdinand Vasa (1613-1655), frère cadet de Jean Casimir Vasa, prince évêque de Breslau (Wrocław) en 1625, évêque de Płock (1640) et duc d'Opole (1648). Grand protecteur des jésuites, le prince Charles se fit construire dans les années 1640, à Varsovie, un palais sur un bastion nord des fortifications du Château de Varsovie, détruit durant le « Déluge ».

23.

12 mars 1652, Pierre des Noyers à Hevelius

BO : Cɪ-II, 256
BnF : Lat 10 347, II, 200

Monsieur

Sy on m'eut plus tost rendu le livre de Monsieur Davison que j'avois presté au Medecin de Monsieur le Prince Charle, je vous l'aurois ausy plus tost envoyé. Je le faits maintenant et souhaitterois d'avoir autre chose, qui vous fust agreable : je vous l'envoyeré ausy de bien bon cœur. L'Autheur, qui vous baise les mains, en fait venir de France ayant donné tous ceux qu 'il avoit aporté. Vous le trouverez un peu different du francois en quelque endroit.

J'ay encore un autre livre qui c'est trouvé parmy d'autre qu'on m'a envoyé que je vous offre sy vous ne l'avez point. Il est intitulé Suplementi Francisci Vietae ac geometriae totius instauratio Authore A. S. L., imprimé a Paris, 1645.[1]

S'il estoit venu de Luneburg quelques Ephemerides de l'annee courante pareille a celle que vous m'avez envoyee, sy vous m'en faitte part, je les envoyeré a nos amis de Paris.

Je suis
Monsieur, Vostre tres humble Serviteur,

Des Noyers

A Varsavie le 12 mars 1652

---

1 *Supplementi Francisci Vietæ ac Geometriæ totius instauratio*, Authore A.S.L., Paris, des Heyes, 1644.

24.

15 avril 1652, Pierre des Noyers à Hevelius

BO : Cᵢ-II, 257
BnF : Lat 10 347- II, 200-202

A Monsieur,
Monsieur Hevelius
A Dantzigt

Monsieur,

Je croy que vous aurez recue par Monsieur Gratta[1] le livre en latin de Monsieur d'Avison que je vous ay envoyé. J'avois ausy dessein de vous envoyer le calcul et l'observation des deux dernieres Eclipses. Le Ciel fut tout couvert a celle du 25 de Mars et il fut impossible de rien voire[2]. A celle du Soleil le 8 Apvril, j'avois preparé une chambre avec une lunette dans le dessein de faire cette observation bien exacte, mais Monsieur Buratin et moy en fume empeschez par le Roy et la Reyne, et toutes leurs suites, qui la voulurent voire[3]. Tout ce que je vous en puis donc dire est que dans son commancement il y avoit beaucoup de vapeurs dans l'air et que lors que la Lune toucha le bort du Soleil il estoit elevé sur l'orison oriental 44° 9' qui corrigez par la substraction de fraction de son tiers et adition de la paralaxe donnait de vraye hauteur 44°11" 3' qui donnent par le calcul 11 heures 10" 16' devant midÿ. A la fin de l'eclipse, le ciel estoit fort net et beau, la hauteur du Soleil estoit sur l'orison occidental 41° 41' 30" qui corigez comme au commancement donneront de vraye hauteur 41° 43' 38" qui donneront

---

1 Franciscus Gratta, riche marchand et patricien de Dantzig, qui servait aussi d'intermédiaire financier. Il est désigné par Hevelius comme « maître des postes » dans une lettre à Chapelain du 5 septembre 1670. Issu d'une famille d'origine italienne, Francesco Gratta (1613-1676) est Maître des postes à Dantzig (1654), puis des postes royales en Prusse, Courlande et Livonie (1661), ce qui en a fait un agent important en matière de crédit et l'a mis en relation avec les villes de Prusse et les autorités monarchiques. Il est aussi secrétaire royal et négociant. Voir : Michał Salamonik, *In their Majesty Service. The career of Francesco de Gratta (1613-1676) as a royal Servant and Trader in Gdańsk*, Södertörns högskola (doctoral dissertation), 2017. Après son passage en Pologne, Boulliau est resté en contact avec lui.

2 Sur l'éclipse de Lune du 25 mars : Pingré, *Annales*, p. 204 (l'observation de Boulliau est publiée dans les *Tables Philolaïques*).

3 Jean-Baptiste Morin relate la même mésaventure au palais du Luxembourg où il avait minutieusement préparé une chambre obscure donnant sur un balcon exposé au midi avec un télescope. Il raconte qu'au début de l'éclipse, le prince est entré avec son épouse, de très nombreux ducs, maréchaux et autres grands, et qu'il dut se tenir à l'écart pour réaliser l'observation et les calculs, mais que, saisi d'une forte fièvre et de courbatures, il dut y renoncer : *Eclipsis Solis observata Parisiis in Aurelianensi Palatio*, s.l.s.d., Bibl. Mazarine 274A 13 (4). Le père Bourdin eut aussi pour spectateurs, au collège de Clermont, le Roi d'Angleterre, le duc d'York et l'archevêque de Reims.

par le calcul pour la fin de l'eclipse 1 heure, 29' 48" apres midy, de sorte que sa duree icy, a Varsovie, ou le pole est elevé de 52° 14', fut de 2 h. 19' 32". J'avois dessein de mesurer durant l'eclipse sa grandeur sur le disque du Soleil et la vraye latitude de la Lune, mais comme je vous ay dit, la foule du monde m'en empecha. Je vous envoye ce que nous avons fait et vous prie de me vouloir dire si vous l'avez veuë a Dantzigt et a quelle heure.[1]

Je vous dis par ma derniere lettre que j'avois un Suplement de Viete que je vous offrois, si desja on ne vous l'avoit envoÿé. C'est tout ce que je vous diré en vous assurant que je suis,

Monsieur,
Vostre tres humble et tres affectionné Serviteur,

Des Noyers

A Varsavie, le 15 d'apvril 1652

---

1 Sur l'éclipse de Soleil du 8 avril : Pingré, *Annales*, 1652, p. 199-203 (à Dantzig : Hevelius, Eichstadt, Hecker, p. 199 ; à Varsovie, des Noyers, p. 199 ; 7 observations à Paris, p. 200-201 ; Digne : Gassendi, p. 202). En Europe, cette éclipse de Soleil fut observée par quelque 27 astronomes. Les mesures précises de des Noyers sont à mettre en relation avec les discussions, à Paris et ailleurs, sur le calcul précis de l'heure, en fonction de la latitude. Pour Paris, par exemple, Pagan et Moret calculaient une hauteur du pôle de 48° 50' ; Boulliau de 48° 51' ; Gassendi et Mydorge de 48° 52' ; Roberval de 48° 54' et Petit de 48° 53'. Soit 5 ' d'écart. D'où des incertitudes pour la mesure de l'heure : Boulliau la fait commencer à 9h. 13' et s'achever à 11 h. 42' ; Morin à 9 h. 30' et 12 h. 12'. Gassendi (qui l'observe à Digne) et Hevelius furent les deux seuls à profiter de l'opportunité pour calculer les diamètres apparents du Soleil et de la Lune : pour Gassendi, de 1 à 1000/1028 ; pour Hevelius, de 1 à 1000/1033. Pierre Petit, qui a observé l'éclipse de son hôtel avec Jacques Buot, Jacques Alexandre le Tenneur et Adrien Auzout, a envoyé à Hevelius ses mesures du 8 avril (BO : C1-II, 290 ; BnF : Lat 10 347, II, 260-265).

LETTRES [1652] 199

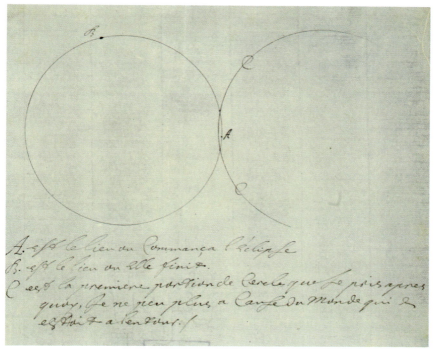

Illustration 15 : éclipse de Soleil du 8 avril 1652 (Cliché Observatoire de Paris)

A est le lieu ou commança l'eclipse
B est le lieu ou elle finit
C est la premiere portion de cercle que je pris, apres quoy je
ne peu plus, a cause du monde qui estoit a l'entour.

25.

18 mai 1652, Hevelius à Pierre des Noyers

BO : C1-II, 258
BnF : Lat. 10 347-II, 202-205

A Monsieur
Monsieur des Noyers
Warsavie,

Generose Domine,

Et tibi, et ipsi autem, cui plurimum adscribo salutem, pro transmissa Philosophia Pyrotechnica gratias sane habeo ingentes ; tibi vero adhæc quod nuperam eclipseos Solaris observationem nobiscum communicare fueris dignatus. Gratulor quidem vobis initium et finem eijusdem deliquii accurate observantibus ; sed et credo vos vobismetipsis gratulaturos, si et reliquas phases intermedias, maximamque observationem annotare licuisset. Me quod attinet, scivi tum initium, tum 30 circiter phases, cum ipso fine, et eclipseos magnitudine accuratissime potuisse delineare. Atque initium hic apud nos contigit hora 11, 3 '30" ; maxima obscuritas hora 12 10' 20" circiter et finis hora 1 19' 0". Magnitudo vero 9 3/8 exæquabat digitos etc. Sed integram observationem cum reliquis phasibus omnibus, schemateque ipso, quam primum in ordinem fuerit reducta, typisque exscripta, tibi amicisque transmittam. De eclipsi vero Lunari, ob summam æris inclementiam, nihil quicquam deprehendimus id quod Regiomonti quoque Domino Linnemanno accedit ; qui tamen eclipsim Solis pariter ex sententia annotavit : initium nimirum hora 10 19' 54", medium hora 12 10' 15", in finem hora 1 21' 38". Cæterum pro Supplemento Vietæ quod nondum videre hactenus concessum fuit, tam sponte mihi oblato, grates iterum iterumque tibi ago maximas, annitarque ut vicissim gratissimo aliquo officiolo id demereri possim. Porro horologium Serenissimæ Reginæ quod simul accepi, nunc demum ante paucos dies ab artifice impetravi, omnem quidem mecum adhibente operam, et omnibus numeris corrigeret ; sed videtur de integra illius plenaque restitutione fere desperandum esse : quanquam hucusque in prioribus 12 horis satis accurate officium præstiterit ; at in posterioribus plerumque aliquantulum variat. Causa potissima hæc est, quod ab unico tam tenui calamo chalybeo, ob ingentem laborem adeo copiosus rotarum comitatus, vix æqualiter et constanter secum circumduci omni tempore possit. Excuses igitur optimis modis apud Serenissimam Reginam, quod melius restaurari nequiverit ; humillima mea omnis generis officia Dominæ nostræ clementissimæ obsequentissime deferens. Scias denique me nuperrime literas a Patre Kirchero Roma obtinuisse, ex iisdem percepisse, quod opus quoddam ingens Hieroglyphicum cui Œdipi titulus, sub manibus habeat ; at quod promovendum consilio auxilioque vario se maxime indigere scribit. Petit itaque officiose, ut si quid hic in nostris partibus lateat hieroglyphicæ antiquitatis, id cum ipso haud gravate communicare velimus. Qua circa, cum in mentem venerit, talia quædam summe notatu digna apud Dominum Burattinum me aliquando vidisse, rogo autoris nomine humanissime, si vobis ita visum fuerit, ut illorum particeps reddatur : promittit cooperatores suos, et honoris, et gloriæ titulo ut jure merentur, extollere se velle. Vale, generose Domine atque Dominum Burattinum peramanter saluta.

Tuus
Quem nosti

J. Hevelius

Promissa exemplaria Ephemeridum quæ tandem bibliopolis Lunnibergicis extorsimus, simul mitto ; si pluribus tibi opus est, verbulo tantum significa, promptum, ut super me experieris. Vale iterum

Gedani, anno 1652, die 18 Maii.

À Monsieur,
Monsieur Des Noyers
À Varsovie

Noble Monsieur,

Je vous rends d'immenses grâces, à vous-même et à l'auteur, à qui j'adresse mon plus grand salut, pour l'envoi de la Philosophia Pyrotechnica[1] ; mais surtout à vous parce que vous avez daigné nous communiquer vos observations récentes de l'éclipse solaire[2]. Je vous félicite d'avoir observé avec précision le début et la fin de cette éclipse ; mais je crois que vous vous seriez félicité vous-même si vous aviez pu noter les phases intermédiaires et la plus grande observation. En ce qui me concerne, j'ai pu dessiner non seulement le début, mais encore 30 phases avec la fin et la grandeur de l'éclipse. Le début se produisit ici chez nous à 15 heures 3' 30". La plus grande obscurité, à 12 h. 10' 20" environ et la fin à 1 h. 19' 0". La grandeur égalait 9 doigts 3/8ᵉ etc. Mais je vous transmettrai, à vous et aux amis, l'observation complète avec les autres phases et le schéma dès qu'elle aura été mise en ordre et reproduite par l'imprimerie[3]. Sur l'éclipse lunaire, à cause de l'inclémence du temps, nous n'avons rien saisi, ce qui est aussi arrivé à Monsieur Linnemann à Königsberg qui a noté l'éclipse de Soleil également selon mon avis : début à 10 h. 19' 54" ; milieu 12 h. 10' 15" ; fin 1 h. 21' 38". Je vous rends encore et encore les plus grandes grâces pour le Supplément de Viète que

1 De Davisson. Voir lettre n° 21.

2 Lettre n° 24.

3 Hevelius publiera cette observation dans *Epistolæ IV* (Dantzig, 1654) : II, « De eclipsi Solis anno 1652 observata, ad Illustres Viros Pet. Gassendum & Ism. Bullialdum, Philosophos ac Mathematicos nostri Seculi summos ».

je n'ai pas encore pu voir et que vous m'avez si spontanément offert. Je ferai en sorte de la mériter par quelque petit service. Quant à l'horloge de la Reine Sérénissime que j'ai reçue en même temps, maintenant enfin je l'ai obtenue voici quelques jours de l'artisan qui y a mis tous ses soins avec moi et l'a corrigée dans tous les nombres. Mais je pense qu'il faut désespérer de sa réparation pleine et entière quoique, jusqu'à présent, elle ait fait son travail avec assez de précision pendant les douze premières heures ; mais dans la suite, elle varie en général un peu. La cause principale est qu'un si copieux appareil de roues dépendant d'une seule tige mince en acier peut difficilement tourner en tout temps avec égalité et constance à cause de l'immense travail. Présentez donc de la meilleure manière mes excuses auprès de la Reine Sérénissime pour n'avoir mieux pu la restaurer et remettez à notre Reine très clémente mes devoirs les plus humbles de toutes sortes. Sachez enfin que j'ai reçu de Rome tout récemment une lettre du père Kircher[1], que j'y ai appris qu'il a entre les mains un immense ouvrage hiéroglyphique qu'il a intitulé Œdipe[2], mais qu'il a grand besoin de conseils et d'une aide variée pour le faire avancer. Il me demande poliment que si nos régions recèlent quelque antiquité hiéroglyphique, nous prenions la peine de les lui communiquer. À ce propos, il m'est venu à l'esprit que j'avais vu un jour chez Monsieur Burattini de telles choses extrêmement intéressantes[3]. Je vous demande très poliment, au

---

1 Il s'agit de la lettre du 17 février 1652 (BO, C1-II, 317 ; BnF, Lat. 10 347-II, fol. 309). Kircher écrit : « Præterea si quid vestris in partibus lateat hieroglyphicæ antiquitatis id mihi pro tuo erga hujus modi studia affectu communicare non ommittas ; meum deinde erit cooperatores meos eo honoris et gloriæ titulo extollere quem et suo jure merentur et posteritas universa mirabitur » : « En outre, s'il se trouve dans vos régions quelque objet de l'antiquité hiéroglyphique n'oubliez pas de me le communiquer en raison de votre affection pour ce genre d'étude. Ma tâche sera de mettre en valeur mes collaborateurs avec le titre d'honneur et de gloire qu'ils méritent à bon droit et que toute la postérité admirera ».

2 Il s'agit de l'*Oedipus aegyptiacus, hoc est Universalis hieroglyphicae veterum doctrinae, temporum injuria abolitae, instauratio...; Athanasii Kircheri,... Oedipi aegyptiaci tomus secundus. Gymnasium, sive Phrontisterion hieroglyphicum in duodecim classes distributum... Pars prima [-altera]; Athanasii Kircheri,... Oedipi aegyptiaci tomus III. Theatrum hieroglyphicum, hoc est nova et hucusque intentata obeliscorum coeterorumque hieroglyphicorum monumentorum... interpretatio...*— Rome (Mascardi), 1652-1654, 3 tomes en 4 vol. Cet ouvrage, qui n'est pas le premier du Père Kircher sur l'Egypte, mais dont le pape Innocent X et l'empereur Ferdinand III suivaient les progrès, fut le fruit de 20 années de recherches pour déchiffrer les hiéroglyphes.

3 Burattini a passé quatre années en Egypte. Dans sa lettre du 14 mars 1664, confiée à Pierre des Noyers pour être remise à Marin Cureau de la Chambre, il y décrit son activité d'antiquaire : « Après avoir fait en gros la charte de toute l'Egypte, j'ay fait en suite les desseins particuliers de ces fameux et admirables ouvrages comme sont les pyramides, les obélisques, les sphynx, les mumies, les fondemens d'Alexandrie, le lac de Miris et les autres superbes monumens... », et durant quatre années, il a observé les crues du Nil. « Depuis ce temps là, estant venu en Pologne, j'ay eu souvent l'occasion de parler des choses d'Egypte avec Monsieur Fleury, docteur de Sorbonne, et Confesseur de la Reine ma Maîtresse », Marin Cureau de la Chambre, *Discours sur les causes du desbordement du Nil,* Paris, 1665, p. 153, 155. Burattini dit aussi, en 1639, avoir pénétré pour la troisième fois dans la pyramide de Giseh. Il rencontra John Greaves, un antiquaire anglais auteur d'importants ouvrages portant sur les traditions astronomiques grecques, arabes et persanes, titulaire de la chaire savilienne d'astronomie (1643-1648), qui le mentionne dans sa *Pyramidographia or a Description of the Pyramids of Ægypt,* Londres, 1646. Il a dit avoir été dépouillé de ses notes et mémoires lors d'une agression en Hongrie en 1645.

nom de l'auteur, de lui en faire part, si vous le jugez bon. Il promet à ses collaborateurs la gloire et l'honneur comme ils le méritent à bon droit. Portez-vous bien, très noble Monsieur, et saluez Monsieur Burattini avec toute mon affection.

Votre Ami, que vous connaissez,

Jean Hevelius

Je vous envoie en même temps les exemplaires des Éphémérides que j'ai finalement extorqués au libraire de Lunebourg. S'il vous en faut davantage, faites-le savoir simplement par un petit mot et vous me trouverez tout prêt comme auparavant. À nouveau, portez-vous bien. À Dantzig en 1652, le 18 mai.

26.

10 juin 1652, Pierre des Noyers à Hevelius

BO : C1-II, 274
BnF : Lat 10 347, II, 237-238
Hartlib, 49/16/9

De Varsavie, le 10 juin 1652

Monsieur,

En respondant a vostre lettre du 18 du mois passé, je vous diré que sans la presence du Roy et de la Reyne, j'aurois observé toutes les phases de l'Eclipse, mais leurs presence et de leurs suitte m'en empescha. Je vous rend grace tres humble de celle que vous m'avez participee. Je vous dirois celle de Mr. Gassendi a Digne si je ne croyois que vous la trouverez dans le paquet de Monsieur Bulialdus que je vous envoÿe ou sera assurement celle qu'il a faitte a Paris que j'ay par ci-devant envoyee a Mr. Eikstadius avec celle de Roberval[1].

J'ay rendu a la Reyne l'horloge que vous m'avez renvoyé, et j'ay donné charge a Mr. de la Vayrie de peÿer l'ouvrier.

Je vous rend grace des petittes ephemerides. J'en aye sufisemment. J'en envoye a Monsieur Bulialdus, a Monsieur de Roberval, a Monsieur Morin et a quelques autre en Italie ; Monsieur Buratin vous baise les mains. Il prepare tout ce qu'il a aporté

---

1 Boulliau a fait imprimer son observation sur une feuille volante in fol.

d'Egipte et du Mont Sinaÿ pour l'envoyer au Pere Kircher[1] qui luy en a fait parler icy par le Confesseur du Roÿ[2].

Je vous envoyeré le suplement de Viette, puisque vous ne l'avez pas par la premiere comodité qui s'offrira pour Dantzigt.

Nous venons de recevoir Nouvelle que l'armee Polonoise a esté entierement deffaite par les Tartares et les Kosakes le 2 de ce mois[1], ou Monsieur Priemski[4] a esté tué.

Croyez moy comme je le suis,
Monsieur,
Vostre tres humble Serviteur,

Des Noyers

---

1 Burattini a répondu à l'appel du père Kircher : dans le tome III, *Theatrum hieroglyphicum*, dédicacé à Ferdinand III (Rome, 1654), Kircher utilise ses travaux dans le chapitre sur l'obélisque d'Heliopolis (p. 330-337) et de celui d'Alexandrie (p. 338-346). Il cite encore une longue lettre sur les cryptes des momies (p. 399-401) et publie (p. 400) le plan en coupe d'une crypte : « quæ omnia illustravit et delineavit in Ægypto Titus Livius Burrattinus Regis Poloniæ Architectus ». Burattini a composé pour lui des dissertations. Kircher mentionne : « Titus Livius Burattinus multa hieroglyphica monumenta ex Ægypto allata communicat Authori » (p. 330) ; « Epistola Titi Livii Burattini de Obelisco Heliopolitano » (p. 330), « Mensuræ obelisci Heliopolitani » (331) et fait état de ses dessins sur lesquels il s'est fondé (planche, p. 333) ; « Obeliscus Alexandrinus a Tito Livio Burattino ad Authorem missus » (p. 339) et il reprend p. 341 un « Epilogismus totius Obelisci Alexandrini ex literis Titii Livii Burattini ».

2 Personnage non identifié.

1 La bataille de Batog, Batoh ou Batih, les 1er et 2 juin 1652, est une défaite polonaise face aux Tatares et Cosaques. Elle est célèbre à cause du massacre de 3 à 8 000 prisonniers polonais par les Cosaques qui ont été jusqu'à racheter aux Tatares leurs prisonniers polonais avant de les massacrer, sans doute en représailles de la lourde défaite cosaque à Beresteczko un an plus tôt. Parmi les victimes, Marek Sobieski, frère du futur roi Jean Sobieski. [D.M.]

4 Zygmunt Przyjemski (?-1652), général d'artillerie de l'armée polonaise (1650-1652), officier commandant l'artillerie sur le champ de bataille, ainsi que notaire de camp de Pologne (1649-1652), un officier chargé de l'administration des troupes. [D.M.]

27.

15 juin 1652, Pierre des Noyers à Hevelius

BO : Cᵢ-II, 275
BnF : Lat. 10 347-II, 238

De Varsavie, le 15 juin 1652

Monsieur,

Je croy que vous aurez recue les paquets de Mr. Bulialdus que je vous ay envoyé : maintenant je vous envoye le Suplements de Viette que je vous avois promis. Je souhaitterois d'avoir autre chose qui fut digne de vous : je vous l'offrirois d'ausy bon cœur comme je suis,

Monsieur,
Vostre tres humble Serviteur

Des Noyers

28.

1ᵉʳ juillet 1652, Pierre des Noyers à Hevelius

BO : CI-II, 276
BnF : Lat. 10 347-II, 239

Monsieur,

Je vous envoye une foeuille des observations faitte de l'eclipse du Soleil, que m'a adressé Monsieur Bulialdus. Vous y verrez toutes celles qui ont esté faittes a Paris[1].

Je croy que vous aurez receu le livre que je vous ay envoyé du Suplement de Viette.

Je suis tousjours,
Monsieur,
Vostre tres humble Serviteur,

Des Noyers

De Varsavie, le 1 de juillet 1652

---

1 Voir lettre n° 24.

29.

8 juillet 1652, Hevelius à Pierre des Noyers,

BO: Cɪ-II, 277
BnF: Lat. 10 347-II, 239

Salutem plurimum,

Nobilissime Domine, binas tuas literas non ita pridem, cum fasciculo literarum Bullialdi, et supplemento Vietæ nec non hodie item observationes parisienses (pro quibus magnas gratias) optime accepi: ego, credas, vicissim haud deero exspectationi tuæ quin prima occasione, et tibi, et amicis communibus, quamprimum tantum observatio mea eclipseos solaris, quæ jam sub prælo sudat, edita omnino fuerit, uberius cum ipso opere respondebo. Interim tecum illos humanissime per tuam nobilitatem salvere et valere multum cupit

Tuus
Affectu et effectu omnique studio deditus
Gedani anno 1652, die 8 Julii.
Raptim

J. Hevelius

CORRESPONDANCE DE JOHANNES HEVELIUS. TOME III

Hevelius à Pierre des Noyers
Un très grand salut,

Très Noble Monsieur, j'ai bien reçu, il n'y a pas très longtemps, vos deux lettres avec le paquet des lettres de Boulliau et le Supplément de Viète et, aujourd'hui même, les observations parisiennes (pour lesquelles mes vifs remerciements) ; quant à moi, croyez-le, à mon tour, je ne ferai pas défaut à votre attente et à la première occasion, dès que mon observation de l'éclipse solaire, qui transpire déjà sous la presse, sera tout à fait imprimée, je répondrai plus longuement à vous et à nos amis communs, avec l'œuvre elle-même[1]. Entre temps, je leur souhaite bonheur et santé par l'intermédiaire de Votre Noblesse,

Tout dévoué
En affection et en action
À Dantzig, en 1652, le 8 juillet,
En hâte,

J. Hevelius

30.

22 juillet 1652, Pierre des Noyers à Hevelius

BO : C1-II, 300
BnF : Lat. 10 347, II, 293

Monsieur,

Afin de vous faire part de tout ce qu'on peut m'envoyer de Paris, je vous adresse cette observation de l'exclipse du soleil[2]. Je voudrois en autre chose vous pouvoir tesmoigner combien je suis,

Monsieur,
Vostre tres humble et tres affectionné Serviteur,

Des Noÿers

---

1 Hevelius la publie dès 1652 sous forme de brochure : « Illustrissimis viris Pet. Gassendo et Ismael Bullialdo, Observatio eclipseos Solaris, Gedani, anno æræ Christianæ 1652, die 8 Aprili », Dantisci, s.n., 1652. Cette observation est reprise dans les *Epistolæ IV* (2ᵉ lettre) en 1654.

2 Il s'agit de l'observation de Morin et d'Agarrat (voir lettre nᵒ 31).

31.

29 juillet 1652, Hevelius à Pierre des Noyers

BO : Ci-II, 301
BnF : Lat. 10 347-II, 294-295

Domino Des Noyers
Warsavie

Generose Domine,

Tandem demum et nostram observationem tuis aliorumque clarissimorum virorum subjicio oculis. Id quod quidem multo fieri potuisset citius si eam in lucem animus fuisset edendi ; sed, ut verum fatear, constitueram penitus mecum eam mihi ipsi reservari, donec aliquid amplius, ut brevi quidem sperabam, simul typis occureret mandandum. Percepto vero, Parisienses suas observationes, rei literariæ bono, publici fecisse juris, nolui certe et ego diutius officio meo deesse. Quamobrem rogo te perhumaniter, ut aliquot exemplaria communibus amicis communicanda tibi velis reservare ; reliqua autem, quando commodo tuo fieri potest, Parisios transmittere. Inprimis autem literas hisce inclusas cum duobus exemplaribus Domino Bullialdo et Gassendo, quibus observatio hæc est inscripta perferri quantocyus cures. Experieris vicissim promtissimum paratissimumque amicum

Tuum
Dabam Gedani, anno 1652, die 19 Julii [sic]

J. Hevelium, manu propria

Postscriptum

Obsignanti mihi has literas, tuæ de 22 Julii cum observatione Morini (quo nomine tibi item gratias habeo debitas) exhibentur. Quæ sane observatio ab autore, ut ipsi mos est, stylo admodo acuto conscripta est. Audivi eum alia nuper conscripsisse contra Gassendum, nempe anatomiam ridiculi muris. Quam cum Apologie pour Epicure, nec non Francisco Bernerii ode et palinodiam avide expecto. Si hos tractatus item tua intercessione impetrare a Parisiensibus possum, addes certo beneficium beneficio. Vale.

À Monsieur Des Noyers,
À Varsovie,

Noble Monsieur,

Enfin je mets notre observation sous vos yeux et ceux d'autres hommes très illustres. Cela aurait pu se faire bien plus vite, si j'avais eu la volonté de la mettre au jour[1]. Mais, à vrai dire, j'avais décidé de la tenir en réserve jusqu'à ce que quelque chose de plus important, comme je l'espérais bientôt, se présente pour être imprimé. Mais quand j'ai appris que les Parisiens avaient publié leurs observations pour le bien du monde lettré[2], j'ai refusé moi aussi de manquer plus longtemps à mes devoirs[3]. C'est pourquoi je vous demande très courtoisement de bien vouloir vous réserver quelques exemplaires à communiquer à nos amis communs; les autres quand vous en aurez la commodité, de les transmettre à Paris et d'abord, veillez à transmettre dès que possible les lettres ci-jointes avec deux exemplaires à Messieurs Boulliau et Gassendi à qui cette observation est dédiée. Vous ferez à votre tour l'expérience d'un ami tout prompt et tout prêt.

Votre

J Hevelius, de sa propre main

Donné à Dantzig, en 1652, le 19 juillet (sic)

Post scriptum

Au moment où je signais cette lettre, on m'apporte votre lettre du 22 juillet avec l'observation de Morin (au nom de qui je vous rends les grâces qui vous sont dues)[4]. L'auteur a écrit cette observation dans un style tout à fait pointu[5], à son accoutumée. J'ai appris qu'il avait récemment écrit d'autres choses contre Gassendi, c'est-à-dire, la

---

1 N° 29.

2 Pierre Petit a réuni les observations parisiennes sous le titre d'« Observationes aliquot eclipsium ». On peut les trouver à la fin de l'*Astronomia physica (1659)* de Jean-Baptiste Duhamel : les observations qu'il a réalisées en compagnie de J. Alexandre Le Tenneur, d'Adrien Auzout, de Jacques Buot, du cardinal de Retz et d'une foule de curieux, en son hôtel; celles de Roberval et de Claude Milon, dans le jardin de l'abbé Bruslart; et celles du père Bourdin et de François Gaynot, au collège de Clermont.

3 C'est pourquoi Hevelius publie, en hâte, l'*Observatio eclipseos Solaris, Anno æræ Christianæ 1652, die 8 Aprilis,* dédiée à Gassendi et à Boulliau, en 1652.

4 Petit n'a pas retenu l'observation (comme imprécise) de Jean-Baptiste Morin et d'Agarrat, au palais d'Orléans, ce qui lui a valu une bordée d'injures en latin. Morin l'a traité de menteur, d'imposteur, d'ignorant, d'impudent qui a osé s'attaquer à un Professeur royal émérite, « restaurateur de la véritable astronomie ».

5 Au sens de plein de pointes, agressif.

LETTRES [1652]

Dissection d'une souris ridicule[1]. Je l'attends avec avidité avec l'Apologie pour Epicure, ainsi que l'Ode et la Palinodie de François Bernier. Si je puis, par votre intercession, obtenir ces traités des Parisiens, vous ajouterez à coup sûr un bienfait à un autre.

Portez-vous bien.

32.

12 août 1652, Pierre des Noyers à Hevelius

BO : CI-III, 319/A.76/319
BnF : Lat 10 347, III, 1rv.

Monsieur,

J'ay recue avec la lettre que vous m'avez fait la faveur de m'escrire, les deux paquets pour Mr. Bouliau que je luy envoÿe et les deux exemplaire de l'observation de l'eclipse solaire, que je feré tenir a ceux a qui vous les adressez. J'ay desja donné icy ceux qui estoient pour Mrs. Corade[2] et Davison. J'en ay ausy donné a Mr. Gnefel premier medecin du Roy[3] qui a espousé une Niepce de Kepler et qui fait les Mathematiques. J'en ay encore envoyé a Rome, a Ravenne et a Venize a des Mathematiciens. Je vous rend grace de m'avoir donné les moyens de faire ces liberalitez.

En considerant vostre observation avec celle de Mr. Linneman faite a Kunisberg, je me suis aperçeu qu'il en met le Commencemant 3' plus tost que vous bien que vous fussiez en un lieu plus occidental et par consequent c'estoit a vous a la voire plus-

---

1 La polémique Gassendi-Morin (n° 19) prend un nouvel élan quand, en 1649, Gassendi publie sa Vie d'Epicure : *Animadversiones in decimum librum Diogenis Laertii, qui est de vita, moribus placitisque Epicuri*. Morin, qui attaque Gassendi sur son orthodoxie, fait paraître en 1650 un opuscule (32 p.) : *Dissertatio de atomis et vacuo contra Petri Gassendi Philosophiam Epicuream*. Bernier riposte en février 1651 avec un ouvrage de plus de 200 p. intitulé : *Anatomia ridiculi muris, hoc est dissertatiunculæ J. B. Morini astrologi, adversus expositam a Petro Gassendi Epicuri Philosophiam. Itemque obiter prophetiæ falsæ a Morino ter evulgatæ de morte ejusdem Gassendi*. La ridicule souris (32 p.) est une allusion au vers d'Horace « Parturient montes, nascetur ridiculus mus » (*Art poétique*, v. 139). Toute cette polémique est évoquée par Monette Martinet, « Chronique des relations orageuses de Gassendi et de ses satellites avec Jean-Baptiste Morin », *Corpus* 20/21 (1992), p. 47-64.
2 Augustin Courade (1602- ?) fait partie de la clientèle nivernaise des Gonzague. Le médecin ordinaire de la princesse Marie — dont l'unique ouvrage porte sur les eaux (déjà connues) de Pougues — *l'Hydre féminine combattue par la Nymphe pougoise, ou Traité des maladies des femmes guéries par les eaux de Pougues*, Nevers, 1634 — devint médecin de la Reine de Pologne et la suivit à Varsovie. À la cour, il fut l'un des adversaires et rivaux de Pierre des Noyers et les deux hommes ne s'appréciaient guère. Il rentra en France à la mort de la Reine, en 1667.
3 Gnefel, premier médecin du Roi, marié à une nièce de Kepler, écrit d'Elbing (22 janvier 1653).

212   CORRESPONDANCE DE JOHANNES HEVELIUS. TOME III

tost que luy, car je ne croy pas que la difference de Latitude qui est entre Dantzigt et Kunisberg soit assez considerable, pour faire une difference de trois minutes.[1]

Je voudrois estre assez heureux pour vous pouvoir tesmoigner que personne n'est plus que moÿ

Monsieur,
Vostre tres humble et tres affectionné Serviteur

Des Noyers

De Varsavie, le 12 Aoust 1652

33.

20 octobre 1652, Pierre des Noyers à Hevelius

BO : Cı-III, 324
BnF : Lat. 10 347-III, 7v

De Skernievis[2]

Monsieur,

Je vous envoye une lettre que Monsieur Boulliau a mise dans mon paquet toute ouverte afin que je vis son observation de l'eclipse de Lune[3]. Je vous l'envoÿe, faute de tables je n'ay pas encore peu calculer l'heure de la fin de cette eclipses que j'observé a Varsavie parce que mes livres ne sont pas avec moy. Je ne peu voire la Lune que lors qu'elle estoit environ 8 degrez sur l'orison. Elle estoit desja dans l'ombre et aparamment devant qu'elle montat sur l'orison, des nuages empescherent qu'on en peut observer les phases a Varsavie ; mais quand elle finit le ciel estoit fort net, je pris pour la fin la hauteur de la plus lumineuse et plus septentrionale des trois estoilles qui sont aux cornes d'Aries que je trouvé de 28° 30' sur l'orison oriental. C'est tout ce que j'ay

1   L'observation de Linnemann à Königsberg est mentionnée par Pingré (*Annales*, 1652, p. 199) sans commentaires.
2   Certainement Skierniewice, près de Łódź, au sud de Varsovie. [D.M.]
3   Sans doute, celle du 17 septembre 1652 : Pingré, *Annales*, 1652, p. 205-206). Elle fut observée par Hevelius à Dantzig. Pingré mentionne une mesure de des Noyers (p. 205) à Varsovie. Boulliau a publié dans une brochure in-4° son observation au début de l'année 1653 (et dans Gassendi, IV, p. 473).

LETTRES [1652]

peu observer de cette eclipse qui estoit fort rousse dans son commancement et dans son milieu et noire à la fin ; quand j'auré des table j'en calculeré l'heure, pour la longitude de Varsavie. Je suis,

Monsieur,
Vostre tres humble Serviteur,

Des Noyers

34.

23 octobre 1652, Hevelius à Pierre des Noyers

BO : Cı-III, 320
BnF : Lat. 10 347-III, ıv-2r

Domino Des Noyers
Warsavie

Nobilissime Domine,

Pluribus me tibi demeruisti obsequiis, quod et aliis quibusdam, quam petii, virtute atque doctrina perquam conspicuis viris, observationes nostras Gedanenses communicare haud fueris gravatus. Si quicquam item ex Italia hujuscemodi tuas pervenerit ad manus idem nobiscum ut facias, obnixe rogamus. Recte præterea judicas, observationem meam cum Domini Linnemanni ex parte dissentire ; verum discrepantia hæc, non nisi ex errore quodam Regiomonti commisso, evenit : quemadmodum in epistola quadam ad Dominum Linnemannum nuperrime data, certissimis luculentissimisque demonstravi rationibus : quas pariter ut non nescias omnesque eo melius percipias, copiam simul ipsarum literarum, cum responsione dicti Linnemanni hisce adjicio. Penes te jam erit omnia bene ponderare, examinare, atque imposterum tuum judicium, cui sane multum tribuo, nobis detegere. Eclipsin vero Lunarem novissimum, non quidem omnino pro voto delineare concessum fuit ; attamen duodecim phases cum ipso fine (id quod hora 9. 9' 15'' incidit) diligenter admodum annotavimus ; quam observationem e suo tempore totam habebis. Altitudines stellarum quæcunque sese obtulerunt, quadrante nostro magno, splendido illo azimuthali orichalcico, cujus parem nec ipse incomparabilis Tycho possedit) fuerunt captæ, quem observationis gratia non ita pridem ex armamentario nostro Gedanensi, in speculam meam transtuli : faxit Deus totius universi director, ut hujus præstantissimi ope, tales plures observationes cælestes, nec non reliquarum stellarum, ad quas me accingo, ad Divini Nominis sui gloriam, reique astronomicæ incrementum instituere, feliciterque peragere non nequeam. Vale prosperrime amicis perpetuum honorande. Dabam Gedani, anno 1652, die 23 Octobris stylo novo.

Summo amore affectus

J. Hevelius manu propria

À Monsieur Des Noyers
À Varsovie,

Très Noble Monsieur,

Vous avez bien mérité de moi par de nombreux services, car vous avez bien voulu communiquer nos observations de Dantzig à d'autres sans que j'en fasse la demande, des hommes remarquables par la vertu et le savoir. Si quelque chose de ce genre parvient d'Italie dans vos mains, nous vous demandons avec insistance que vous fassiez de même pour nous. En outre, vous avez raison de juger que mon observation est en partie différente de celle de Monsieur Linnemann, mais cette différence ne provient que d'une erreur commise à Königsberg; comme je l'ai démontré par un raisonnement très certain et très détaillé dans une lettre tout récemment envoyée à Monsieur Linnemann. Pour que vous ne l'ignoriez pas et pour que vous la compreniez mieux je joins à la présente une copie de la lettre elle-même, avec la réponse dudit Linnemann[1]. Il vous appartiendra de tout bien peser, examiner et à l'avenir, de me donner votre avis dont je fais grand cas.

Il ne m'a pas été possible de dessiner aussi bien que je le souhaitais la dernière éclipse de Lune[2]. Cependant nous avons noté, avec grand soin, douze phases avec la fin (ce qui est arrivé à 9 heures, 9 minutes, 15 secondes). Vous aurez cette observation tout entière en son temps. J'ai pris les hauteurs des étoiles qui se présentèrent avec le splendide azimuthal de laiton dont même l'incomparable Tycho ne possédait pas de pareil) et que j'ai transporté tout récemment de notre arsenal de Dantzig sur mon observatoire[3]. Que Dieu Recteur de tout l'univers fasse qu'avec l'aide de cet excellent instrument je sois capable de concevoir et de réaliser de nombreuses observations cé-

---

1 Plusieurs lettres sont échangées entre les deux hommes en cette année 1652 (à Hevelius: 9 avril, 24 avril, 20 juin); d'Hevelius (1er juin). Hevelius se réfère à sa lettre du 29 juillet, et aux réponses de Linemann du 28 août et peut-être du 24 septembre.

2 Du 17 septembre.

3 Ce quadrant azimuthal que Crüger avait commencé à construire en 1618, avait été offert à Hevelius par la ville de Dantzig en 1644. Le Français Charles Ogier, de passage à Dantzig en 1635-1636, l'avait admiré. C'était un instrument très luxueux, avec une grande abondance d'ornements et même de statuettes, auquel Hevelius a apporté quelques perfectionnements et de nouvelles pinnules. Ce cadran, dont il était très fier, est représenté dans *Machina Cælestis*, I (*CJH*, I, Hors texte, illustration 4).

LETTRES [1652]

lestes de ce genre, ainsi que d'autres étoiles pour lesquelles je me prépare pour la gloire de son Divin Nom et le progrès de l'astronomie. Portez-vous bien en prospérité, vous perpétuellement honorable par vos amis.

Donné à Dantzig, en l'an 1652, le 23 octobre, nouveau style.
Avec la plus grande affection,

J. Hevelius, de sa propre main

35.

9 novembre 1652, Hevelius à Pierre des Noyers

BO : C1-III, 325
BnF : Lat. 10 347-III, 7v-8r

Domino
Domino des Noyers
Warsavie

Salutem

Paucis hisce significare tantum volui, amice plurimum observande, me literas tuas 20 Octobris exaratas, cum præclarissimi Bullialdi observatione eclipseos Lunæ optime accepisse : meas de 23 Octobris item tibi esse traditas spero. Domino Bullialdo quidem, ob temporis penuriam, jam non respondeo ; sed responsionem rejicio usque dum prolixiores suas, quas brevi promittis, literas accepero. Interea rogo officiose, ut, prævia salutatione, ipsi magnas, meo nomine, pro diligentissima sua observatione, referas gratias ; atque ei, si haud est grave literas cum meas, tum Domini Linnemanni nuper exhibitas communices ; facies forte non ipsi haud ingratam. Meam vero observationem integram, tum in redhostimentum mittam, quando fuerit edita ; id quod autem vix ante vernum tempus (papyro enim destituor) fieri poterit. Vale

Tuum,
Quem nosti
Gedani, anno 1652, die 9 Novembris

J. Hevelius, manu propria

À Monsieur,
Monsieur Des Noyers
À Varsovie,

Salut.

Par ce bref message j'ai seulement voulu, très respectable Ami, vous faire savoir que j'ai bien reçu votre lettre du 20 octobre[1], avec l'observation de l'éclipse de Lune par le très illustre Boulliau[2]. J'espère que ma lettre du 23 octobre[3] vous a de même été remise. Je ne réponds pas encore à Monsieur Boulliau, mais je reporte ma réponse jusqu'au moment où j'aurai reçu de lui la lettre plus détaillée que vous me promettez pour bientôt. Entre temps, je vous demande poliment que, après l'avoir salué, vous lui rendiez de grandes grâces en mon nom pour sa très soigneuse observation et que, si cela ne vous gêne pas, vous lui communiquiez ma lettre et celle, récemment arrivée, de Monsieur Linnemann ; vous lui ferez plaisir. Quant à mon observation complète, je l'enverrai, pour lui rendre la pareille, quand elle sera publiée ; ce qui pourra difficilement se faire avant le printemps (car je manque de papier). Portez-vous bien.

Celui
Que vous connaissez bien,
À Dantzig, l'an 1652, le 9 novembre,

J. Hevelius, de sa propre main

---

1 N° 33.

2 Boulliau a publié son observation dans une petite brochure in-4° au début de l'année 1653. Gassendi l'a reprise telle quelle (Gassendi, IV, p. 473).

3 N° 34.

36.

5 décembre 1652, Pierre des Noyers à Hevelius

BO : Cɪ-III, 343
BnF : Lat. 10 347-III, 24rv

De Leowicz[1], le 5 décembre 1652

Monsieur,

En vous renvoyant vostre lettre a Monsieur Linneman, et la response qu'il vous a faite, dont j'ay envoyé des copies a nos Amis, recevez en mesme temps celle que Monsieur Bouliau m'a envoyee toute ouverte me priant qu'apres que je l'auré veuë, je vous l'envoye comme je fais dans ce paquet.

Je vous rend grace tres humble de la communication de la vôtre et vous suplie de me croire tousjours autant que je le suis,

Monsieur,
Votre tres humble Serviteur,

Des Noyers

37.

5 décembre 1652, Pierre des Noyers à Hevelius

BO : Cɪ-III, 344
BnF : Lat 10 347-III, 24v

Monsieur,

Je pansois en faisant aujourdhuy response a vostre lettre du 23 octobre[2] vous renvoyer les deux lettres que vous m'avez fait l'honneur de me communiquer desquelles j'ay desja pris et envoyé des copie a nos amis de Paris. Mais il c'est trouvé que ces mesme lettres sont enfermee dans un Coffre, dont un de mes valets qui est allé a Varsovie a la clefs, mais je vous les renvoyeré par le premier ordinaire.

---

1 Lowicz, ou Lowiecz, ou Lowitz, Lovicium ou Lovitium, ville de Pologne, au Palatinat de Rava, et entre Rava au midi, et Ploczko au nord, sur le ruisseau de Bzura.
2 N° 34.

Les objections que vous faittes a Mr. Linneman meritoient d'estre veuë, et la response qu'il vous a faitte, c'est pourquoy j'en ay envoyé des copies a Paris a Messieurs Boulliau, Roberval et autres. Monsieur de Roberval m'a fait par sa derniere lettre une quasi pareille objection sur la mesme eclipse disant que la duree en devoit estre plus courte a Varsovie que je ne l'aye mise, parce que Varsovie estoit, dit il, au temps de l'eclipse plus esloigné du 90 degré que Dantzigt ny Paris, et que pourtant la duree a Dantzigt est marquee plus courte. Je ne puis respondre a son objection que nous ne soyons de retour a Varsovie, n'ayant avec moy ny Tables ny mes papiers et, depuis que nous sommes sortis de Varsovie, nous n'avons fait que changer continuellement de demeure. Et dans dix jours, Leurs Majestez partiront pour aller en Lithuanie, afin d'estre plus proches des armees[1].

Croyez moy tousjours,
Monsieur,
Vostre tres humble Serviteur,

Des Noyers

38.

24 décembre 1652, Hevelius à Pierre des Noyers

BO : Ci-III, 329
BnF : Lat. 10 347-III, 13r-14r

Domino
Domino des Noyers

Nobilissime Domine,

Quanquam variis hocce tempore præpedier occupationibus laboribusque, nihilominus tribus verbis multo lubentissime, pro arctissima nostra necessitudine te scire volui, imo debui, me nimirum die 20 Decembris hora vespertina 6 30' rarissimum et insolitum quoddam phænomenon in cælo conspexisse ac observasse. Quodque cometam esse, et in ipso extare æthere, multis persuadeor rationibus. Initio caudam aliquos graduum orientem atque cingulum Orionis versus exhibuit ; hesterna vero

---

1 Suite à la bataille de Batoh, le front sud contre les Cosaques est particulièrement calme. L'armée polonaise anéantie ne peut lancer la moindre opération d'envergure, mais les Cosaques sont eux-mêmes affaiblis depuis la bataille de Beresteczko en 1651 et recherchent de nouveaux alliés. Pendant plusieurs mois, seule l'armée de Lituanie est en mesure de combattre. [D.M.]

die 23 (dies enim 21 et 22 prorsus fuerunt nebulosi) caudam longe breviorem ostendit ipsaque minor etiam aliquanto ac debilior extitit. Caput ejus non speciem alicujus stellæ, sed lunulis rotundissimæ, diffuso lumine tamen terminatæ, præ se ferebat : cujus diameter ad aliquot 20' excurrebat. Lumen ejus fuit pallidum instar Lunæ nubecula dilutissima obductæ ; nec non cauda ejusdem coloris fere, atque circa finem pyramidata multumque tenuissima est deprehensa. In tui aliorumque amicorum gratiam, quantum ob temporis licuit penuriam, eo in positu, in quo prima vice hora nempe 6 30' vesperi decimo decembris Gedani mihi sese obtulit, illud ipsum phænomenon sic delineavi. Reliquas accuratiores delineationes, observationesque, si Deus vitam sanitatemque concesserit, suo tempore tum tibi, tum omnibus communicabo haud invitus. In Situs ejus eo tempore circa crus Orionis meridiem versus, supra stellam alias nominatam Regel primæ magnitudinis inventus est, atque cum hac et illa supra pedem Orionis in Eridano in sinistro calcaneo (ni fallor) fere triangulum constituebat æquilaterum. Præterita nocte inter Aldebaran et Pleiades circa commorabatur ; cursum suum caput Medusæ et Cassiopeiam versus dirigit. Quid vos de eo observastis, avidissime exspecto. Vale et omnes nobis bene cupientes saluta humanissime

Tuæ Nobilitatis
Studiosissimus

J. Hevelius, manu propria

Anno 1652, die 24 Decembris Gedani, raptim

Constitutio Cometæ ad diem 20 Decembris, hora 6. 30', rudi minerva adumbrata

Illustration 16 : dessin de la comète au 20 décembre 1652 (cliché Observatoire de Paris)

À Monsieur,
Monsieur Des Noyers

Très Noble Monsieur,

C'est très volontiers, en raison de notre très étroite amitié, quoique je sois, en ce moment, empêché par des occupations et des travaux variés, que j'ai voulu, bien plus, que j'ai dû vous faire savoir en quelques mots que le 20 décembre, à 6h. 30 du soir, j'ai vu et observé dans le ciel un phénomène très rare et insolite[1]. Que ce soit une comète, et qu'elle se trouve dans l'éther, j'en suis persuadé par de multiples raisons. Au début, elle a présenté la queue quelques degrés à l'est et du côté de la ceinture d'Orion ; hier, le 23 (car les 21 et 22 ont été nuageux), elle a montré une queue plus courte de beaucoup et elle-même est apparue un peu plus petite et plus faible. Sa tête ne montrait pas une figure d'étoile, mais très ronde, avec des lunules, limitée par une lumière diffuse ; son diamètre s'étendait à quelque 20 minutes. Sa lumière était pâle, comme celle de la Lune, voilée par un petit nuage très ténu ; j'ai trouvé sa queue à peu près de la même couleur, mais avec une extrémité en forme de pyramide et très ténue. Pour vous plaire, ainsi qu'à nos autres amis, j'ai dessiné ce phénomène autant que le manque de temps me le permettait, dans la position où il s'est présenté à moi pour la première fois à Dantzig, c'est-à-dire à 6h. 30 du soir, le 10 décembre. Je communiquerai bien volontiers en son temps, à vous et à tous, d'autres dessins et observations plus précis, si Dieu me donne la vie et la santé. Sa position, à ce moment, a été repérée autour de la jambe d'Orion, vers le sud, au-dessus de l'étoile de première grandeur appelée ailleurs Regel et, avec celle-ci et celle-là constituait un triangle à peu près équilatéral au-dessus du pied d'Orion dans Eridan. La nuit dernière, elle séjournait à peu près entre Aldébaran et les Pléiades. Elle dirige sa course vers la tête de Méduse et Cassiopée. J'attends avec avidité ce que vous avez observé à son sujet. Portez-vous bien et saluez courtoisement tous ceux qui nous veulent du bien.

De votre Noblesse,
Le très affectionné,

J. Hevelius, de sa propre main

En l'an 1652, le 24 décembre, à Dantzig, en hâte.

Constitution de la comète, le 20 décembre à 6h. 30 esquissée avec un art malhabile.

---

1 Cette comète pâle et livide fut observée depuis le 18 décembre jusque dans les premiers jours de janvier par Gassendi (Digne), Boulliau (Paris), Cassini (Bologne) et Golius (Leyde). La plupart de ces observations sont publiées dans la *Brevis dissertatio de cometa* d'Andrea Argoli, Padoue, 1653 (voir lettre nº 46 du 7 avril 1653). Hevelius a laissé les données les plus précises (*Machina Cælestis*, livre II : qui ont servi à Halley) : en 20 jours, il l'observa à 16 reprises. (Pingré, *Cométographie*, II, p. 9-10).

LETTRES [1652]

39.

27 décembre 1652, Pierre des Noyers à Hevelius

BO : Cɪ-III, 346
BnF : Lat. 10 347-III, 27r

De Grodna[1], le 27 décembre 1652

Monsieur,

Je vous envoye un paquet de Mr. Gassendy que Mr. Boulliau m'a adressé ; il vous prie de luy faire avoir response de Madame Maria Cunitia. J'ay desja escrit pour ce mesme effet[2].

Obligé moy, si Monsieur Eikstadius a fait imprimer l'ephemeride pour 1653 que j'en puisse envoÿer a nos amis de Paris, et me croyez tousjours autant que je le suis,

Monsieur,
Vostre tres humble Serviteur,

Des Noyers

40.

22 janvier 1653, Pierre des Noyers à Hevelius

BO : Cɪ-III, 360
BnF : Lat. 10 347-III, 44v-45v.

De Grodna, le 22 janvier 1653

Monsieur,

Je suis bien oblige a vostre Civilité du souvenir que vous avez eu de moy en me faisant [part] de l'observation que vous avez faittes de la Comette.[3] Je vous en remercie

---

1 Grodno : Ville de Lithuanie sur la rive droite du Niemen, au Palatinat de Troki. La ville abritait une importante citadelle, le palais du roi, une écurie royale, un collège jésuite et un pont sur le Niemen. Grodno tenait après Wilna le premier rang entre les villes de Lithuanie. Ville frontalière, Grodno fut particulièrement exposée aux ravages de la guerre.

2 N° 20.

3 Voir lettre du 24 décembre.

donc de tout mon cœur. J'ay fait cinq ou six copies de vostre lettre, lesquelles j'envoye en France et en Italie, afin qu'on voÿe ce que vous avez observez. Monsieur Boulliau a qui j'en envoye une me prie dans sa derniere lettre de luy envoyer encore quelques exemplaires de votre observation de l'eclipse de soleil derniere et celle de la Lune. Il vous prie aussy, sy vous avez receu quelques observations et remarques sur ces deux dernieres eclipses de Hafnia[1] de Kopenhagen et autres lieux de luy en vouloir faire part.

Pour revenir a la Commette, je vous diré que je ne l'ay veuë qu'une seule fois qui fut la nuit du 25.au 26 decembre a deux heures apres minuit. Je revenois de l'eglise avec le Confesseur de la Reyne[2] et regardant au ciel je vis ce phénomene un peu au dessus des Pleyades. Je le montré a ceux qui estoient avec moy auxquels je dis qu'en ce lieu la il n'y avoit point d'estoille parce que quelque vous disoient que c'estoit un nuage et qu'il falloit que ce fut une Commette elle n'avoit point alors de queuë et ressembloit a une estoille de la premiere grandeur couverte d'un voile blanc. Je me proposé le lendemain de l'observer plus exactement et de prendre sa distance aux estoilles voisines (ne sachant ce que m'escrirez de son mouvement, aussy n'en avez je point encore ouÿ parler) mais le Ciel se trouva couvert de nuages et dans les autres suivant, et lors qu'il c'est esclaircy, je n'ay plus trouvé la Commette. Ce qui mesme me faisoit doutter que s'en fut une, mais votre lettre m'a fait voire que je ne m'estois point trompé dans ma conjecture. Monsieur Gnefel premier Medecin du Roy[3] m'escrit d'Elbing l'avoir aussy observee, et qu'il s'en va vous voir a Danzigt pour vous en parler. J'ay aussy receu des lettres de Venize datee du 21. décembre dans lesquelles on me dit l'avoir veuë et on me promet de m'en dire plus de particularitez dans le prochain ordinaire. Sy ce qu'on m'en escrira merite de vous estre mandé, je vous l'envoyeré. Je ne doute pas que nos Amis de France n'en escrivent encore quelque choses. C'est ce que je vous feré savoir tout aussy tost que j'en auré receu les lettres.

Pour les nouvelles de ces quartiers, le Roy se dispose pour partir d'icy et pour aller commander l'armee, le 6 de febvrier. On doit ces jours cÿ tenir un grand Conseil avec les generaux et la plus grande partie des Senateurs du Royaume qui sont icy pour adviser au chemin que tiendra l'armee pour aller attaquer les Kosaques lesquels n'auront point de secour a ce qu'on croit des Tartares[4].

Sy vous m'envoyez quelques exemplaires de l'ephemeride de Monsieur Eikstadius pour 1653 j'en feré part a nos amis de France qui m'en demandent.

---

1 Hafnia : nom latin de Copenhague.

2 À cette date, le père François de Fleury († 1658) qui, pour avoir accompagné le comte d'Avaux en Pologne en 1636, parlait le polonais et fut donc nommé pour accompagner la Reine. Janséniste tout comme la Reine et des Noyers, il était très lié à ce dernier.

3 Voir lettre n° 32 du 12 août 1652. Gnefel ne figure pas au nombre des correspondants d'Hevelius.

4 Bogdan Chmielnicki, à la recherche de nouveaux alliés, s'est embourbé dans une aventure militaire en Moldavie en 1652 pour marier son fils Timofeï à Rozanda, fille de l'Hospodar de Moldavie Basile le Loup, dans le but de rallier la Moldavie à sa cause. Cette nouvelle alliance quelque peu forcée entre les Cosaques et les Moldaves inquiète les États voisins, notamment la Transylvanie. Dès octobre 1653, l'action conjointe de la Valachie, de la Transylvanie et d'un contingent polonais met fin à cette aventure, et Timofei Chmelnicki meurt au siège de Suceava. Contrairement à ce qui est espéré dans ce courrier, les Tatares restent fidèles aux Cosaques, malgré l'implication de vassaux ottomans contre Chmelnicki. [D.M.]

Depuis dix jours nous avons icy de continuels brouillards avec des pluyë et fort peu de froid et depuis le commancement du mois jusques au 17 un grand vent continuel tousjours ouest, sud ouest et sud est.

Je suis tousjours, Monsieur,
Votre tres humble Serviteur,

Des Noyers

À Monsieur,
Monsieur Hevelius,
Consul de la Ville de Dantzigt,
À Dantzigt.

41.

24 janvier 1653, Hevelius à Pierre des Noyers

BO : Cɪ-III, 352
BnF : Lat. 10 347-III, 39v

Domino Des Noyers,
Gradno

Nobilissime Domine,

Demiror sane, qui factum fuerit quod novissimis literis de die 27 Decembris nullam plane cometæ feceris mentionem; num illum initio minime videris nec postea ob tenuitatem invenire potueris scire gestio. De me jam quædam de isto phenomeno procul omni dubio, ex literis die 24 Decembris datis, intellexisti; nunc etiam plura, si lubet, ex generali mea cometæ historiola Bullialdo destinata percipies. Quam cum perlegeris, Parisios quam citissime ut mittas, majorem in modum rogo. Ceterum vellem equidem me Domini nostri Eichstadi parvam ephemeridem ad annum currentem computatam transmittere posse; sed nullam omnino, ob temporis penuriam, aliasque rationes, composuit; nec imposterum quicquam hac in parte, ut puto est editurus. Ad Dominam Mariam Cunitiam prima occasione sum scripturus, quo pariter Domino Bullialdo pariter mihi ipsi responsionem impetrare possim. Vale et fave

Tuæ Nobilitati
Addictissimo,

J. Hevelio, manu propria

Gedani anno 1653, die 24 Januarii, stylo novo

À Monsieur Des Noyers
À Grodno

Très Noble Monsieur,

Je me demande avec un véritable étonnement comment il s'est fait que dans votre lettre du 27 décembre[1] vous ne fassiez aucune mention de la comète; j'ai très envie de savoir si vous ne l'avez pas vue au début, ou si par la suite, vous n'avez pu la trouver à cause de sa ténuité. Par ma lettre du 24 décembre[2], vous avez sans aucun doute reçu de moi certaines informations sur ce phénomène. À présent, vous en apprendrez davantage, si vous voulez, par ma petite histoire générale des comètes[3], destinée à Boulliau. Je vous demande avec insistance quand vous l'aurez lue jusqu'au bout de l'envoyer à Paris au plus tôt. Quant à moi, j'aurais voulu vous transmettre la petite éphéméride de notre Monsieur Eichstadt, calculée pour l'année en cours; mais il n'en a composé aucune à cause du manque de temps et d'autres raisons et, à mon avis, il ne publiera plus rien à l'avenir à ce sujet. J'écrirai à la première occasion à Madame Maria Cunitia pour pouvoir obtenir une réponse, tant pour moi que pour Monsieur Boulliau[4]. Portez-vous bien et gardez votre faveur au tout dévoué,

À votre Noblesse,

J. Hevelius, de sa propre main

À Dantzig, en l'an 1653, le 24 janvier, nouveau style.

1 N° 39.
2 N° 38.
3 Ce texte manuscrit ne figure pas en pièce jointe.
4 Voir n° 20. Boulliau souhaitait prendre connaissance de ses travaux astronomiques.

42.

30 janvier 1653, Pierre des Noyers à Hevelius

BO : Cɪ-III, 358
BnF : Lat. 10 347, III, 43v-44r

De Grodna, le 30 jenvier 1653

Monsieur,

Je n'ay encore rien recue sur la Comette du costé d'Italie. Par ce dernier ordinaire, Monsieur Bouillau me dit l'avoir regardee et qu'il allait faire des observations avec un intrument. Que la premier fois qu'elle fut veuë a Paris ce fut le samedy 21 decembre hors le bouclier d'Orion, a l'occident faisant quasi un triangle isoscele avec l'espaule et le pied gauche, mis que pour luy, il ne l'avoit veuë que le 22ᶜ qu'elle luy parut plus boreal un peu au dessous d'une ligne tiree a genu dextra in oculum Tauri estant quasi en angle droit avec la premiere des Huyades, quæ in manibus Tauri et a genu dextrum. Que sa couleur estoit blanchatte et un peu blaffarde et ressemblant a quelque partie de la Voyë de laict ; qu'avec la lunette il n'y reconnut point de chevelure, mais seulement un extension de lumiere fort tenuë et deliee autour du corps qui paroisoit plus danse en matiere et lumiere, et une scintillation comme de plusieurs petites estoilles. Les 23 et 24 furent obscures. Mais le 25 il vit que cest astre avoit gagné quelque 19 degrez vers le septentrion et il parut entre les Pleyades et le pied de Perseus. Il dit encore qu'il a trouvé son chemin par un mesme cercle, et son mouvement bien diminué depuis le 25 du mois car du 22 au 25 elle a fait pres de 19 degrez et du 25 au 26 environ 3 degrez seulement[1]. Je vous envoye dans un feuillet separé ce qu'il m'envoye de l'observation qu'il a faitte. S'il m'en vien d'Italie, je vous en feré part, estant tousjours

Monsieur,
Votre tres humble Serviteur,

Des Noyers

---

1 Pingré (*Cométographie*, II, p. 9) ne donne aucune précision.

Pièce jointe **BnF, Lat. 10347-III, 44rv.**

Parisiis 1652 observata stella nova ab Ismaele Boullialdo

Decembris 25 alto Aldebaran ad ortum 32° 18' id est Hora 6. 1' erant in eadem recta linea, stella quæ in sinistro calcaneo Persei novum sidus et lucida Pleiadum

Alto eodem 37° 22', hora 6. 33' erat in recta linea cum calcaneo sinistro Persei et boreali quadranguli Pleiadum.

Alto sinistro pede Orion 13° 42' hora 6. 47' erant in eadem recta linea calcaneus, nova stella, et angulus occidentalis quadranguli Pleiadum. A die 22 hora 7. ad hoc tempus progressa est 9° 19'circiter, longe vicinior erat Persei stellis quam Pleiades.

Decembri 26 altitudo Aldebaran 35° 23', hora 6. 16' inventa est nova stella in recta linea stellarum pedis et calcanei sinistri Persei, a calcaneo cui erat propior distans sesquigrada ut conjicere licuit a die antecedente motu est non ultra 3° et imminuta apparuit magnitudine tamen superans stellas primæ magnitudinis sed lumine longe inferior.

Nouvelle étoile observée par Ismaël Boulliau à Paris en 1652

Le 25 décembre quand Aldébaran à son lever était à 32° 18', c'est-à-dire à 6h. 1', se trouvaient sur la même ligne droite l'étoile qui est dans la talon gauche de Persée, le nouvel astre et la Lucida des Pléiades. Quand le même était élevé à 37° 22' à 6 h. 33', il était en ligne droite avec le talon gauche de Persée et la boréale du carré des Pléiades.

Quand le pied gauche d'Orion était haut de 13° 42' à 6 h. 47' se trouvait, dans la même ligne droite, le talon, la nouvelle étoile et l'angle occidental du carré des Pléiades. Depuis le 22 à 7 h. jusqu'à présent, elle a progressé de 9° 19' environ, elle était de loin plus voisine des étoiles de Persée que les Pléiades. Le 26 décembre, hauteur d'Aldébaran 35° 23', à 6 h. 16', on a trouvé une nouvelle étoile dans la ligne droite des étoiles du pied et du talon gauche de Persée, distantes du talon dont elle était la plus proche d'un 1° ½ autant qu'on a pu le conjecturer. Depuis le jour précédent, elle ne s'est pas déplacée au-delà de trois degrés et est apparue diminuée, dépassant cependant en grandeur les étoiles de première grandeur, mais de loin inférieure en lumière.

43.

19 février 1653, Pierre des Noyers à Hevelius

BO : CI-III, 357
BnF : Lat. 10 347-III, 43v

De Grodna, le 19 febvrier 1653

Monsieur,

J'ay envoyé a Monsieur Bulliau le paquet que vous m'avez adressez pour luÿ. J'en ay par cette ordinaire receu une lettre. Je vous envoye cy joint la copie de ce qu'elle contient, sur la Comette. Je croy que vous aurez veue la Gazette d'Anvers[1] qui dit que cette Commettes y fut veuë des le 19 decembre, et qu'elle avoit pris son commancement proche du Liepvre, et qu'en 24 heures elle avoit marché 15 degrez ; que le 20 elle estoit proche du pied droit d'Orion. Sy j'aprend que vous n'ayez point veu cette Gazette, je vous l'envoyerez.

Le froid nous est venu revoir des le 12 de ce mois ; il continue assez grand.

Le voyage du Roy pour l'armee est remis pour apres la diette[2]. Leurs Majestés partiront d'icy le 4 de mars. C'est ce que vous peut dire,

Monsieur,
Vostre tres humble Serviteur,

Des Noyers

---

1 La « Gazette ordinaire » est une feuille d'annonces (format in folio sur deux colonnes) récemment fondée (1648 ?) dont il ne reste que de très rares exemplaires : *Dictionnaire des Journaux, 1600-1789*, notice « Gazette ordinaire (d'Anvers) ».

2 Une diète extraordinaire, qui s'est tenue à Brest-Litovsk, *alors dans le grand-duché de Lituanie*, entre le 24 mars et le 7 avril 1653. Les articles du *Volumina Legum* résumant les constitutions votées lors de cette diète mettent en avant la « sécurité de la République », notamment la levée de fonds, le paiement des armées, les questions de discipline et d'autorité des chefs etc. (*VL*, tome 4, Petersburg, Nakładem i drukiem Jozafata Ohryzki, 1860, p. 398-442). [D.M.]

44.

27 février 1653, Pierre des Noyers à Hevelius

BO : CI-III, 361
ci-joint : lettre de Boulliau à Des Noyers du 17 janvier 1653 : CI-III, 362
BnF : Lat. 10 347, III, 45v-46r (dont pièces jointes : Boulliau et observations de la comète de 1652)

De Grodna, le 27 febvrier 1653

Monsieur,

J'ay receu par cet ordinaire de Rome l'observation que je vous envoÿe faitte par le Pere Kircher Jésuiste[1]. Je vous ay envoyee celle de Monsieur Boulliau, et vous ay dit que sy vous n'aviez vuë celle faitte a Anvers, je vous l'envoÿerez. Je n'en ay point encore receu la suitte.

Je croyois pouvoir observer l'eclipse de lune qui arivera le 14 de mars[2]. Mais en ce temps la, nous serons en voyage, ce qui men empeschera. J'ay escrit a M. Buratin de la faire a Varsovie.

Leurs Majestés partent d'icy le 3 jour de Mars, mais elles ne veulent ariver a Bresz où la diette se tiendra que vers le 20 du mesme mois[3].

Je suis,
Monsieur,
Vostre tres humble Serviteur,

Des Noyers

---

1 Hevelius, lors de son séjour en France en 1631, a eu l'occasion de croiser le père Kircher (1601-1680) en Avignon où il s'était réfugié en fuyant les armées de Gustave-Adolphe (*CJH*, I, p. 58). Il y travaillait alors à un cadran solaire et à un court traité d'optique (qui annonce L'*Ars magna lucis et umbræ* de 1646) dont le frontispice est l'un des premiers essais de gravure d'Hevelius (*Primitiæ gnomonicæ catoptricæ*, 1635, reproduit *CJH*, I, Hors texte, illustration 2). Nommé professeur de physique, de mathématiques et de langues orientales au Collegium Romanum en 1635, il y enseigne jusqu'en 1646 puis se consacre exclusivement à la recherche. Génie universel, il a publié 39 livres sur tout type de sujets. Burattini lui a transmis des informations sur l'Egypte (lettre du 18 mai 1652). Pour autant, il n'a pas abandonné l'astronomie, lui qui avait observé à Spire les taches solaires dès 1627. Kircher fut l'un des premiers à dépeindre Jupiter et Saturne et il s'intéressa aux éclipses et aux comètes, correspondant sur ces sujets avec Hevelius (14 lettres échangées entre 1647 et 1655), Cassini et Riccioli (qui lui attribua un cratère lunaire). Son voyage extatique céleste, où l'ange Cosmiel conduit Théodidacte dans un univers organisé selon les principes de Tycho Brahé (*Itinerarium Exstaticum*, 1656) est dédicacé à Christine de Suède.

2 Pingré, *Annales*, 1653, p. 207-208 (dite du 13 mars).

3 Voir *supra* n° 43.

LETTRES [1653]

27 février/17 janvier 1653   Copie de la lettre de Monsieur Boulliau de Paris
Jointe à la lettre de Pierre des Noyers du 27 février 1653
BO, Ci-III, 362
BnF : Lat. 10 347, III, 47v

Monsieur,

Quelques occupations que j'ay euës m'ont empesché de vous escrire depuis le 27ᵉ du passé que je vous donnay advis de la Comete qui a paru : je l'observay au soir ce mesme jour a 11h. 45' en droite ligne de l'avant pied gauche de Persee, et avec la precedente, celle qui est soubs la teste de Meduse. Le 29 alto corde Lion 9 h. 30'. 56" ; 11 h. 21' je la trouvay tout proche de la teste de Meduse n'en estant esloignée, qu'autant que la Luisante des Pleiades l'est de l'angle occidental du Quadrilatere c'est a dire 35' 40". L'azimuth de la Comete estoit plus oriental que celuy de la teste de Meduse de la moitie de la distance de 17' 50" dont l'angle de la difference des azimuths 31'12" et la hauteur de la Comete plus que celle de l'estoile fixe 30' 55". La hauteur de la teste de Meduse 55° 10' 30" et son azimuth du meridien 92° 48' 30". La hauteur de la Comete 55° 41' 25". Azimuth. 92° 17' 18" De la se tire la declinaison de la Comete 39° 33' 14" Boreal. A R. 42° 16' 14" Longitude Taureau 21° 58'. 20" ; latitude boréale 22° 8' 30". Si quelqu'un l'a observe, ou vous estes, vous m'obligerez de m'en faire part.

Monsieur le Prince Leopold de Toscane m'a fait l'honneur de m'escrire[1] et de m'envoyer ce qui a esté observé de la Comete a Pise, ou elle fut veuë des le 19 et a Florence. Je feray imprimer ce que j'en ay observé, affin de le communiquer plus facilement[2].

In fine : (BnF, 48r) : Le Ciel estoit nubileux ; quand il m'aura envoyé l'observation entiere, je vous l'envoyeray.

Cometa anno 1652[3]
Comparuit hoc anno mense Decembris hic Roma cometa ex eorum numero quos crinitos appellant, cujus observatio a Patre Athanasio Kirchero aliisque collegii Romani Patribus est talis.

Die 19 Decembris primum a nobis visus fuit hora 4 noctis stylo horologii Italici ; situs ejus erat in linea recta cum duabus stellis Leporis.

---

1 De passage en Italie sur la route de Constantinople, Boulliau s'était arrêté à Florence où il avait rencontré Léopold de Toscane et Torricelli. Le prince l'avait reçu à deux reprises, les 13 et 26 septembre 1646.

2 *Observatio secundi deliquii lunaris anno 1652 mense septembri facti, una cum calculo illius, et futuri alius lunae defectus mense martio 1653 ex tabulis Philolaicis, et Observationes circa cometam qui mense decembri 1652 fulsit, tam ab ipso quam ab aliis factae*, Paris, E. Martin, 1653.

3 Copie de l'observation du père Kircher : BnF, Lat. 10 347-III, 46rv. Le texte comporte des pliures, marquées [**], où le texte est illisible. La lettre manque à l'Observatoire. Cette observation n'a pas été publiée.

Die 20 ortus cometæ cum Eridani Stella, quam et Quadrilaterio fere tempore eclipsabat.

Die 21 observatus a nobis fuit hora secunda, tertia et quarta noctis circa scutum Orionis

Die 22 in naribus Tauri inventus fuit

Die 23 non procul ab oculo Tauri quem Aldebaran seu [Seliticium] astrologi apellant

Die 24 juxta Gallinam vel Pleiades

Die 25 in fura Persei inventus fuit, qui quidem recta et [**]ea línea qua progredi cœperat, in Medusæ caput ferebatur. Reliquis diebus usque ad 28 ejusdem observationem pluviosum Cœlum nobis invidit. A primo observationis die, id est 19 usque ad 25 Decembris semper proportionaliter et in motu suo proprio et in augmento suo decrescebat.

Scribit Cardinalis Brucatius Episcopus Viterbensis Patro Athanasio die 16 Decembris primo apparuisse rusticis et pastoribus insigniter caudatum, quæ cauda tamen sic decrevit ut 21 non caudatum sed barbatum viderent. Colore plumbeus erat Saturninæ malignitatis luculenta prebens indicia. Superlunarem fuisse ex motu raptus colligimus, quem 24 horarum spatio cum iisdem fere stellis fixis videmus conjunctum. Quid ostendere possit semita per quam tendit non obscure patefecit cum ex una parte armatus et minax clava constipat Orion ex altera parte Taurus ferociens et cornibus minax et Martius Tauri oculus, Gallina Venus Basiliscum quam ova excludens ferale denique et dirissimum Medusæ caput Perseique evaginatus gladius minacis signum.

Comète de l'an 1652

Au mois de décembre de cette année est apparue ici à Rome une comète de l'espèce que l'on appelle chevelue (crinitus). Voici l'observation par le Père Athanase Kircher et les autres Pères du Collège Romain.

Le 19 décembre, nous l'avons vue pour la première fois à 4 heures de la nuit, style de l'horloge italique ; sa position était en ligne droite avec les deux étoiles du Lièvre.

Le 20, lever de la comète avec l'étoile d'Eridan qu'elle éclipsait en même temps sur le Quadrilatère.

Le 21, nous l'avons observée à 2, 3 et 4 heures autour du bouclier d'Orion.

Le 22, on l'a trouvée dans les narines du Taureau.

Le 23, pas loin de l'œil du Taureau, que les astrologues appellent Aldébaran ou Seliticium.

Le 24, à côté de la Poule ou des Pléiades.

Le 25, on l'a observée dans la [fura] de Persée. Sur la ligne droite où elle avait commencé d'avancer, elle se portait vers la tête de Méduse. Les autres jours, jusqu'au 28 de ce mois, le ciel pluvieux nous a interdit l'observation. Du premier jour d'observation, c'est-à-dire le 19, jusqu'au 25 décembre, elle a toujours décru dans son mouvement propre et dans sa taille.

LETTRES [1653]

Le cardinal Brucatius, évêque de Viterbe[1], écrit au Père Athanase qu'elle est d'abord apparue le 16 décembre aux paysans et aux bergers avec une queue remarquable. Cette queue a cependant diminué, de sorte que le 21, elle n'avait plus de queue, mais une barbe. Elle était couleur de plomb, présentant d'abondants indices de la malignité de Saturne. Nous concluons qu'elle est supra-lunaire, d'après son mouvement : dans l'espace de 24 heures, nous la voyons en conjonction avec les mêmes étoiles fixes. Elle a révélé sans obscurité ce que peut montrer le chemin par lequel elle s'avance, puisque d'un côté Orion armé et menaçant la presse avec sa massue, et de l'autre côté le Taureau furieux menaçant de ses cornes et l'œil martien du Taureau, la Poule, Vénus, le Basilic et ses œufs, la tête sauvage et monstrueuse de Médée et le glaive brandi de Persée, signe de menace.

---

1 Francesco Maria Brancaccio (1591-1675), créé cardinal par Urbain VIII en 1633, et évêque de Viterbe entre 1638 et 1670.

45.

Avril 1653 (1ᵉʳ ou 2 ?), Pierre des Noyers à Hevelius

BO : Cɪ-III, 364
BnF : Lat. 10 347-III, 47rv

Monsieur,

Je vous suis tres oblige de songer a moy parmy tant d'ocupations serieuses que vous avez, et publique et privee. Je voudrois par quelque services vous pouvoir tesmoigner qu'il n'ÿ a personne qui ayt tant de veneration pour vostre vertu que moy. Je vous rend graces tres tres humbles de l'imprimé que vous m'avez envoyé de Mr. Eikstadius. Tout le monde attand le vostre sur la mesme Comette avec impatiance et plusieurs desja m'ont escrit d'Italie de le leurs envoyer ausy tost que vous l'aurez mis au jour. Il faudra que nous ayons patience püis que ce ne sera que pour l'annee qui vient que vous donnerez cet ouvrage publique, cepandant je vous envoyeré tout ce qui me tombera entre les mains sur cette matiere. J'en vien tout maintenant de recevoir ce qui a esté observé a Munster et je vous l'envoye[1]. De Venize, on m'escrit que des pescheurs disent avoir veus la Comette fort grande des le 12 de decembre et qu'en 12 jours de bien esloignee qu'elle estoit au commancement, elle vint aux Pleyades vers la fin de decembre. Ils la virent evanouir. Voici comme ils racontent ce que je tien pour fabuleux. Que n'estant plus grande que l'estoille de Venus, ils la virent a environ deux heures apres minuit qui s'avancoit du costé de l'orient et puis du costé de l'occident, comme si elle eut esté balancee et qu'ausy tost ils virent qu'elle s'enflamoit et ensemble enflamoit tout le Ciel du costé du septentrion, et ensuitte ils l'entendirent faire un bruit comme un grand coup de tonnerre ou de canon. Vous jugerez bien que ces pescheurs ont confondu quelque exallaison avec la Comette, estant les seuls qui racontent un prodige qui tien de la fable.

Je prie Monsieur Krumhausen a qui j'adresse cette lettre de vouloir rendre a Mr. Eikstadius l'observation de Monsieur Boulliau qu'il me prie de luy faire tenir.

Faites moy tousjours l'honneur de me croire autant que je le suis,
Monsieur,
Vostre tres humble Serviteur,

Des Noyers

A Brzesc[2], le d'apvril 1653

---

1 Pièce ci-jointe nᵒ 2. Munster en Westphalie.
2 A Brest-Litovsk.

LETTRES [1653]

Trois pièces jointes[1] :

Observation de Monsieur Boulliau à Paris du passage de la Lune par les Pleiades[2]
Alto corde Leonis 38° 40' id est hora 7. 43' JA. At medio horizontis occiden-
talissima quadranguli Pleiadum Lunam subiit, punctus ingressus distitit a cornu
inferiori triente semicirculi Lunæ obscuri, ergo distitit stella a centro Lunæ penes
longitudinem hujus orbita 15' 4" penes latitudinem 8' 51" locus stellæ tunc erat Taurus 24° 34' 17" latitudine Boreali 4° 11' ergo Lunæ locus apparens in 24°19' 13" et latitudine boreali 4° 19' 51"; altitudo Lunæ apparens 42° 31', correcta 43° 16' 42" locus
Lunæ ex tabulis philolaicis in orbita Tauri 25° 15' 3"; in eclíptica 25° 8' 44" latitudine
boreali 44° 4* **; paralaxis longitudinis 39' 16" latitudinis 22' 32"; locus ergo Lunæ
apparens Tauri 24° 29' 28" boreali Latitudine 4° 19' 12"; differentia cœlo et calculi
10' 15" quibus calculus excedit.
    Alta cauda Leonis 38° 56' id est hora 9 h. 11' 24" tempore apparente, et medio hora
9h 20' 2" Lucida Pleiadum incidit in recta per cuspides cornuum Lunæ transeunte
ab inferiore 20 sejuncta, fuerant itaque fixa et Luna in eadem longitudine Tauri
25° 11' 17" et latitudine boreali 4° 17' 45", locus Lunæ in Tauro 26° 16' 44" in ecliptι-
co Tauri 26° 1' 14" latitudine boreali 4° 43' 26"; altitudo Lunæ correcta 34° 54' 17";
paralaxis longitudinis 45' 37" latitudinis 26° 15' ergo locus Lunæ apparens Tauri
25° 21' 7" latitudine 4° 17' 44" excedit cœlum calculus penes longitudinem 9' 50"
consentit penes latitudinem.
    1653 die 13 Martii alto Polluce 17' 50", hora 14, 8' 39" initium eclipseos Lunæ
e regione stagni Myris et montis Thermæ alto corde Leonis 9° 19' 49" totalis juxta
Hippoci montes circa ergo recuperatio luminis ½ digiti alto limbo inferiori Lunæ
10° 56' [***] altitudo correcta 11° 57', hor. 16, 57' 32".

    Le ciel estoit nubileux; quand il m'aura envoyé l'observation entiere je vous l'en-
voyeray.

Observatio cometæ anni 1652 in Decembri facta Monasterii Westphalie tali 52 graduum
    Vigesimo primo Decembris Hora 7. 25' fuit visus directe supra 65° Æquatoris a
quo distitit recta polum versus gradibus fere 3 ab oculo Tauri 13° ab humero sinistro
Orionis 11° 20'.
    Die 22, hora 7. 30' vesperi versus Polum borealem ascenderat distans ab oculo
Tauri gradibus 7 ½ ab humero sinistro Orionis 4° 20' minus accurata observatione
utpote solo tubo et inspectione oculari in aula Illustrissimi Principis facta.
    Die 23, 24, 25 cœlum perpetuo turbidum.
    Die 26 hora 9. 50' vesperi seu potius 1 lineam rectam fecit cum 2 quæ sunt in solea
sinistri pedis Persei .in æquali distantia cum illis consistens occidentem versus, infra

1 BnF, Lat. 10 347-III, 47v, 48rv. Les pliures sont marquées par des astérisques [**].
2 Cette observation est mentionnée par Pingré, *Annales*, 1653, p. 208-209.

caput Medusæ. Profecit igitur ab æquatore polum versus 22° 10' fere, pervertita velocitate motum firma menti 19° fere et diebus tribus 12 fere deinceps tardior.

Die 27 hora 6. 20' vesperi distabat a capella Erichthonii 24° ab oculo Tauri 26° 14'.

Die 28 turbidum.

Die 29 hora 7. vesperi stetit inter lucidam capitis Medusæ et ibi sub Lucida altero mane hora 4 eandem lucidam nondum omnino pertransierat sed partim adhuc eclipsabat.

Die 30 hora 6 vesperi hæsit juxta lucidam capitis Medusæ distans a lucida Persei 7° 40', a lucida in pede Andromedæ 12° 23' sed valde imminutus et vix spectabilis.

Die 2 Januarii hora 8 vesperi dissidebat a lucida in capite Medusæ fere 6° cum ½ totidem a lucida in lumbis Persei obtusum cum illis triangulum efficiens, diametro totius confusi et obscuri luminis 2 digitorum cum debili cauda longitudo digiti experrecti.

Die Januarii (sic) vesperi hora 7 ½ visebatur proxime ad illam. Humero sinistro Persei insistit distans ab eodem occidentem versus 1° fere, deinceps ob Lunæ incrementa et cœlum perpetuo turbidum amplius non conspicuus.

NB Certa relatio est Patris Martini Hertink ejusque Fratris Coadjutoris. Constat visum ab illo primo esse dies 13 Decembris sed stellam indiderunt halone cinctam. Iterum fide duorum patrum testificatione visus est ab ipsis ipsorumque rusticis.

Minimum 9 Decembris sive 8 sed valde humilis et orizonti proximus qui ha[**] vera loquuntur ortum imum traxit et in tempore ut aiunt Colonienses et Romani sed in Columba Noachi ultra Tropicum Capricorni et quidem circa olivæ ramum *alterum. Cauda ipsius a die 21 Decembris usque ad 30 semper spectabilis oblique in orientem conversa sed nunquam longior quam die 27 hora 8 vesperi quando [***] apparentis longitudinem æquabat in hac cum corpore cometæ proportione lumine admodum tenui et per intervalla radiante corpus ejus sive nucleus sæpe tubo astronomico diligenter inspectus nil nisi massam informem fere triangularem retulit lumine æquali tinctam partibus hinc inde plusculum illustratis ...

Ex quo ominari placet virtute columbæ Pontificiæ una cum pace qua fruimur apostolicæ sedis primatum circum orbem universum cui luxit cometa ad ipsum usque Perseum seu præsectores capitum Anglos unquam anni forte 30 (quod diebus fere fulsit) felicissime propagandum et denique bellum multorum capitum anguinosæ hæresin Medusæ caput expressum forte Persei manu obtruncandum.[1]

---

1 Texte recopié avec lacunes et ratures, mal déchiffré par le secrétaire.

LETTRES [1653]

Pièce jointe n°1 :
Monsieur Boulliau à Paris

Quand le cœur du Lion était haut à 38° 40', c'est-à-dire à 7h. 43 JA, au milieu de l'horizon la plus occidentale du carré des Pléiades passa sous la Lune ; le point d'entrée était distant de la corne inférieure d'un tiers du demi-cercle obscur de la Lune ; donc l'étoile était distante du centre de la Lune en longitude de son orbite de 15' 4", en latitude 8' 51" ; la position de l'étoile était alors de 24° 34' 17" du Taureau, latitude boréale 4° 11', donc la position apparente de la Lune était à 24° 19' 13" et en latitude boréale 4° 19' 51" ; la hauteur apparente de la Lune 42° 31', la hauteur corrigée 43° 16' 42" ; la position de la Lune sur son orbite selon les Tables Philolaïques, 25° 15' 3" du Taureau ; sur l'écliptique 25° 8' 44", latitude boréale 4 4° 4' [**], la parallaxe de longitude 39' 16", de latitude 22' 32" ; donc la position apparente de la Lune était 24° 29' 25" du Taureau, en latitude boréale 4° 19' 12" ; la différence du ciel et de calcul 10' 15" en faveur du calcul.

Quand la queue du Lion était haute à 38° 56' du Lion c'est-à-dire à 9h. 11' 24" en temps apparent et en temps moyen[1] 9 h. 20' 2", la brillante des Pléiades est tombée dans une ligne droite passant par les pointes des cornes de la Lune séparées de 20' de la corne inférieure. Donc l'étoile fixe et la Lune étaient dans la même longitude 25° 11' 17" du Taureau et en latitude boréale 4° 17' 45", la position de la Lune à 26° 16' 44" ; sur l'écliptique à 26° 1' 14" du Taureau, latitude boréale 4° 43' 26", hauteur de la Lune corrigée 34° 54' 17" ; parallaxe de longitude, 45° 37' ; parallaxe de latitude 26° 15' ; la position apparente de la Lune 25° 21' 7" du Taureau, latitude 4° 17' 44" ; le calcul dépasse le ciel de 9' 50" en longitude mais s'accorde en latitude.

Le 13 mars 1653 quand Pollux était haut à 17' 50" à 14 h. 8' 39", début de l'éclipse de Lune de la région du Lac Myris et du Mont Phermaï quand le cœur du Lion était haut de 9° 19' 49", total à côté des Monts Hippocus[2], donc retour de la lumière avec un demi doigt quand le bord inférieur de la Lune était à 10° 50', hauteur corrigée 11° 57' à 16 h. 57' 32".

Pièce jointe n°2 :
Observation d'une comète en décembre 1652 faite à Munster en Westphalie, latitude 52°

Le 21 décembre à 7 h. 25 on la vit directement à 65° au-dessus de l'équateur dont elle était distante sur la droite vers le pôle d'environ 3° de l'œil du Taureau de 13°, de l'épaule gauche d'Orion de 11° 20'

---

1 Le temps solaire moyen est fondé sur un Soleil fictif qui se déplace autour de l'équateur à une vitesse constante. Le temps solaire vrai (ou apparent) en un lieu et un moment donné est donné par l'angle horaire du Soleil en ce lieu et en ce moment.

2 Le stagnum Miris, le mons Pherme et les Hippoci montes appartiennent à la nomenclature hévélienne : voir Ewen A. Whitaker, *Mapping and naming the Moon*, CambridgeUP, 1999, Appendix E, p. 201-208.

Le 22 à 7 h. 30 du soir elle était montée en direction du pôle Nord distante de l'œil du Taureau de 7° ½, de l'épaule gauche d'Orion 4° 20', observation moins précise car faite seulement avec le tube et à l'œil nu dans la cour du Prince Illustrissime[1].

Les 23, 24, 25, ciel continuellement nuageux.

Le 26 à 9 h. 50' du soir ou plutôt [5]1, elle fit une ligne droite avec les deux étoiles qui sont à la semelle du pied gauche de Persée se trouvant à distance égale de celles-ci vers l'Occident en dessous de la tête de Méduse. Elle s'avança de l'équateur vers le pôle de 22° 10' environ, puis modifia sa vitesse à 19° du mouvement du firmament, et en trois jours 12°, puis plus lente.

Le 27 à 6 h. 20 du soir, elle était distante de 24° de la petite chèvre d'Erichtonius, et de 26° 14' de l'œil du Taureau.

Le 28, ciel troublé.

Le 29 à 7 h. du soir, elle s'arrêta entre la brillante de la tête de Méduse et là, sous la brillante, le matin suivant à 4 h., elle n'avait pas encore complètement dépassé la brillante mais l'éclipsait en partie.

Le 30 à 6 h. du soir, elle resta près de la brillante de la tête de Méduse distante de la brillante de Persée de 7° 40', de la brillante dans le pied d'Andromède de 12° 23', mais très diminuée et à peine visible.

Le 2 janvier à 8 h. du soir, elle était distante de la brillante dans la tête de Méduse de 6° ½, et autant de la brillante de Persée formant avec elles un triangle obtus. Son diamètre était de 2 doigts, sa lumière toute confuse et obscure avec une queue faible, longueur d'un doigt tendu.

Le [] janvier à 7 h. ½ du soir, on la voyait tout près de ces étoiles. Elle s'arrêta à l'épaule gauche de Persée, distante d'environ un degré vers l'Occident, ensuite, à cause de l'accroissement de la Lune et d'un ciel perpétuellement troublé, elle ne fut plus visible.

NB. La relation du Père Martin Hertink et de son Frère assistant est certaine. Il est évident que le Père a vu la comète pour la première fois le 13 décembre, mais on vit l'étoile entourée d'un halo ; en outre, au témoignage des deux Pères, la comète a été vue par eux-mêmes et par leurs paysans.

Pièce jointe n°3 :

Le 9 décembre ou le 8, elle se leva très humble et très basse, proche de l'horizon, s'ils disent vrai. Dans ce temps, comme disent les gens de Cologne et les Romains[2], elle était dans la Colombe de Noé au-delà du tropique du Capricorne et même autour

---

1 Christophe Bernhard von Galen (1606-1678), prince évêque de Munster entre 1650 et 1672. Cette précision signifie que les autres observations ont été faites dans le collège jésuite de Munster, fondé en 1588.

2 Les « gens de Cologne », alors principauté ecclésiastique. Maximilien Henri de Bavière en est à cette date Prince-archevêque (1650-1688), qui prend appui sur les jésuites. Les « Romains » : expression qui doit désigner la Cour pontificale.

du Rameau d'olivier[1]. Du 21 au 30 décembre sa queue fut toujours visible, tournée obliquement vers l'Est, mais jamais plus longue que le 27 à 8h. du soir où sa longueur égalait celle du corps de la comète. Sa lumière était très ténue et rayonnait par intermittence. Son corps ou son noyau examiné souvent et avec diligence par le tube astronomique ne montra qu'une masse informe, à peu près triangulaire, teinte d'une lumière égale, avec çà et là des parties un peu plus brillantes.

Il nous plaît d'en présager que par la vertu de la colombe pontificale avec la paix dont nous jouissons, la primauté du Siège Apostolique doit se propager très heureusement à tout l'univers sur lequel a brillé la comète jusqu'à Persée c'est-à-dire les Anglais coupeurs de têtes[2] dans un délai de trente années (le nombre de jours qu'elle a brillé) et que la guerre doit égorger de la main de Persée l'hérésie à multiples têtes représentée par la tête serpentine de Méduse.

46.

7 avril 1653, Hevelius à Pierre des Noyers

BO : Cɪ-III, 367
BnF : Lat. 10 347-III, 48v-49r

Domino,
Domino Des Noyers,
Grodno,

Nobilissime Domine ac Amice multum observande,

Ex multifariis negotiis publicis hoc anno humeris meis impositis, itemque speculationibus cælestibus, ob opusculum quoddam edendum avidissime susceptis, altum meum ortum est silentium : hinc pluribus apud te amicum permagnum id ipsum excusare haud operæ duco prætium. Observationes Domini Bullialdi scriptas, nec non Romanorum (pro quibus singulares gratias) optime accepi ; quod si et iis, quas typis evulgavit noster Bullialdus me beare vales, facies, crede, me multo adhuc gratissimum. Tibi vero invicem disputationem de eodem cometa ab excellentissimo

---

1 La Colombe de Noé — la colombe lâchée de l'arche après le reflux du Déluge – se trouve, dans la carte murale de Petrus Plancius (1592) et dans l'atlas céleste chrétien de Julius Schiller (1627) à proximité de l'Arche de Noé (le navire Argo). Elle est représentée avec dans son bec un rameau d'olivier. Les références de cette prédiction prennent appui sur Le *Cælum stellatum christianum* de Julius Schiller (Augsbourg, 1627).

2 Persée tient dans sa main la tête coupée de Méduse. Ici allégorie des Anglais qui ont décapité Charles Iᵉʳ le 30 janvier 1649. Notons que chez Schiller, cette constellation s'appelle S. Paulus. La prédiction reprend ici la constellation classique de Persée et de la Tête de Méduse.

nostro Eichstadio publice habitam mitto. Opus autem meum, de eadem aliaque interjecta haud forte injucunda materia vix adhuc intra annum et amplius, ratione praesertim amplitudinis immensique laboris in lucem prodibit : atque sic ultimum in ordine inter hujus cometae scriptores me fore spero. Reliqui quotquot fuerint, ut ut sublato utroque velo currant ; ego tamen pedetentim sequar, colophonemque tandem imponam. Sat enim cito, si sat bene. Interea si quid ad scopum meum tibi spectare videbitur, quibus me hoc in negotio, sive aliorum extraneorum observationibus, sive opusculis quibusdam de ejusmodi materia editis adjuvare possis quaeso facies rei literariae bono haud gravatim, credas vicissim me,

Tui,
Promtissimum,

J. Hevelium

Gedani anno 1653, die 7 Aprilis.

De eclipsi nupera Lunari nobis nihil quicquam in conspectum venit.

À Monsieur,
Monsieur Des Noyers
À Grodno

Très Noble Monsieur et Ami très Respectable,

Diverses charges publiques ont pesé sur mes épaules cette année[1] et j'ai mené de nombreuses spéculations célestes pour éditer un certain petit livre[2]. C'est la cause de mon profond silence. Il est, je crois, inutile de m'excuser plus longuement auprès de vous, mon très grand Ami. J'ai bien reçu les observations écrites de Monsieur Boulliau et celles des Romains (pour lesquelles je rends des grâces singulières)[3]. Si vous vouliez bien me gratifier des observations que notre cher Boulliau a fait imprimer, vous me rendriez je crois encore bien plus reconnaissant. En échange, je vous envoie la petite disputation sur la même comète soutenue en public par notre très excellent Eichstadt. Mon ouvrage, sur le même sujet, avec des matériaux intercalés, assez réjouissants, aura du mal à paraître encore cette année et même au-delà, surtout en raison de sa longueur et de l'immensité du travail ; ainsi j'espère que je serai le dernier dans l'ordre parmi les auteurs sur cette comète. Les autres, si nombreux

---

1 Depuis 1651, il est conseiller de la Vieille Ville et seul représentant de la Vieille Ville au Conseil de la cité de Dantzig ; il est aussi nommé juge en 1653. Il compte alors parmi les premiers citoyens de la cité. Astronome célèbre, il était aussi sollicité par les grands, curieux de la configuration politique du ciel, mais Hevelius était étranger à toute spéculation astrologique (J. Włodarski, « Johannes Hevelius the City Councillor and Politician », dans : *J. Hevelius and his Gdańsk,* p. 63-64).

2 Les *Epistolae IV,* publiées en 1654.

3 3ᵉ pièce jointe de la lettre précédente.

qu'ils soient, avancent à voiles déployées[1] ; moi je les suivrai pas à pas et je mettrai enfin le colophon. Ce sera bien assez vite si c'est assez bien. Entre temps, si quelque chose vous paraît concerner mon propos, par quoi vous puissiez m'aider dans cette affaire, soit avec des observations d'autrui, soit avec certains opuscules publiés sur cette matière, je vous demande de prendre la peine de le faire pour le bien des lettres et de me croire,

Tout à votre service,

J. Hevelius

À Dantzig, l'an 1653, le 7 avril.

Sur la récente éclipse de Lune[2], rien n'est venu à notre connaissance.

47.

12 juin 1653, Pierre des Noyers à Hevelius

BO : Cɪ-III, 368
BnF : Lat. 10 347, III, 49rv.

De Varsavie, le 12 juin 1653

Monsieur,

Je croy que vous aurez receu par Monsieur Krumhausen tous les exemplaires que je vous ay envoyez de l'observation de Monsieur Boulliau[3]. Je vous en envoye maintenant encore un, avec une autre qu'il vous adresse dans mon paquet qui est du pere

---

1 Hevelius accumule le retard. Le débat sur les comètes (leur trajectoire, leur nature) qui oppose les tenants de la tradition aux défenseurs de l'astronomie nouvelle, fut très vif en Italie à l'occasion de la « Comète de Noël » : notamment à Bologne où les jésuites, bien organisés autour de Riccioli se sont montrés mieux organisés que Malvasia et Jean-Dominique Cassini tout juste nommé professeur, en 1650, à 25 ans (ils ont réalisé le double d'observations). La publication d'Andrea Argoli (*Brevis dissertatio de cometa 1652 et 1653*, Padoue, 1653) est un texte important qui réunit des contributions européennes (notamment les observations de Boulliau, Gassendi et van Langren) et témoigne du fossé entre l'astronomie ancienne et moderne. Jean-Dominique Cassini a aussi publié ses observations : *De cometa anni 1652 et 1653*, Modène, 1653. Sur ces débats : Andrea Gualandi, *Teorie delle comete da Galileo a Newton*, Milan (Angeli), 2006, chap. 1 : « Bologna e la cometa di 1652 ».
2 Du 14 mars 1653.
3 L'*Observatio secundi deliquii Lunaris*, voir n° 44, lettre de Boulliau du 17 janvier.

Bourdin sur la derniere eclipse de lune[1]. Ledit sieur Boulliau m'escrit qu'il m'adresse par la mer un paquet dans lequel il y a un livre pour vous de la vie de feu Mr. Dupuy, que Mr. Le Prieur de St. Sauveur vous envoye[2]. Ausy tost qu'il sera arivé je vous le ferez tenir. Il ne viendra qu'avec des filles que la Reyne fait venir de France par mer et qui ne sont pas encore partie de Paris[3].

Nous n'avons point de nouvelles qui merite de vous estre escrite c'est pourquoy je ne vous en dits point. Le Roy est allé est allé a Leopol[4] et la Reyne est demeuree icy.

Je suis,
Monsieur
Vostre tres humble Serviteur,

Des Noyers

48.

30 octobre 1653, Pierre des Noyers à Hevelius

BO : Cɪ-III, 392
BnF : Lat. 10 347, III, 70v

De Varsavie, le 30 octobre 1653

Monsieur,

J'ay enfin tiré la response que vous demandiez et que vous devoit Mr. Boulliau. Il me l'a adressee toute ouverte dans son paquet. Je vous l'envoye de la mesme sorte que je l'ay reçeuë[5]. Il m'escrit qu'il m'adresse quelques livres pour vous les envoyer ; ils viennent par mer, mais comme les Anglois ont retenu assez longtemps le vaisseau et qu'ils ont pris dedans pour environ dix mille florins de divers hardes, je ne puis savoir sy vos livres ce seront sauvez que lors que les balots seront icÿ, ce que j'espere qui sera

1 Pas de pièce jointe. Il s'agit de l'éclipse du 14 mars 1653 : Pingré, *Annales*, observations à Paris de Boulliau et du père Bourdin, au collège de Clermont, p. 207.

2 Il s'agit de la Vie de Pierre Dupuy (1582-1651), auquel Boulliau était très lié, écrite par Nicolas Rigault, *Viri eximii Petri Puteani Regi christianissimo a consiliis et bibliothecis vita*, Paris, 1652.

3 Dès les premières années de son règne, la Reine Louise-Marie, proche des jansénistes, souhaitait établir près de son palais un monastère pour s'y retirer (à l'image du Val de Grâce de la Reine Anne d'Autriche). Elle voulait installer à Varsovie une petite communauté de religieuses françaises et en demanda l'autorisation au Pape qui donna son accord après de longues négociations en 1649. Ce n'est que 5 ans plus tard que douze religieuses s'embarquèrent à Dieppe.

4 Léopol : Lembourg ou Lwow. Dans le Palatinat de Russie.

5 Pas de pièce jointe.

LETTRES [1653]

bien tost[1]. Je ne manqueré tout ausy tost de vous les envoyer par la premiere ocasion qui s'en offrira, ne souhaittant rien plus passionnement que de vous tesmoigner combien je suis,

Monsieur,
Vostre tres humble et tres affectionné Serviteur,

Des Noyers

49.

1653[2], Hevelius à Pierre des Noyers

BO : Ci-III, 369
BnF : Lat. 10 347-III, 49-50

Domino
Domino Des Noyers,

Generose Domine,

Quanquam nullum aliud habeam ad te scribendi argumentum, nisi hoc unum, quod semper abunde suppetit ; nimirum ut tibi denuo singulas referam gratias, quod non solum e memoria tua me haudquaquam elabi patiaris ; sed et insuper gratissimo munere affectum tuum erga me sincerum testeris ; tamen cum

---

1 Les Anglais n'ont pas seulement pris des hardes. Les douze sœurs de la Visitation, attendues par la Reine, s'étaient embarquées en août à Dieppe sur un vaisseau aménagé pour elles, avec une chambre clôturée et une ample réserve de provisions, sous la garde spirituelle d'un prélat (Monsieur de Monthoux) et la protection du capitaine Jean Crip. Le navire fut d'abord abordé par des corsaires anglais, les religieuses fouillées et les provisions pillées. Il poursuivit sa route avec ce nouvel équipage, essuya une forte tempête et vint jeter l'ancre à Douvres où les religieuses furent débarquées et enfermées sous bonne garde. La Reine de Pologne l'apprenant, menaça les marchands anglais de représailles en Pologne. Il fallut racheter les captives, ce à quoi s'appliqua M. des Essarts avec les banquiers, qui lui fit rentrer à Calais où les religieuses hésitèrent à tenter à nouveau l'aventure. En dépit des « saintes impatiences » de la Reine, tout l'hiver 1653-1654 se passa en tergiversations et, au printemps, elles prenaient la route par terre, déguisées, attendues à chaque étape. Elles arrivèrent, à la Pentecôte, devant Varsovie, sous un violent orage et furent reçues par la Reine au château royal, et installées dans le couvent avant de fuir Varsovie, avec la Reine à Głogów. Voir : Marie-Louise Plourin, *Marie de Gonzague. Une princesse française Reine de Pologne*, Paris, Renaissance du Livre, 1946.

2 Dans la copie de la BnF, cette lettre suit celle de Pierre des Noyers du 12 juin ; mais le secrétaire a inversé quelques lettres échangées par des Noyers et Hevelius, aussi ne peut-on tirer aucune conclusion de cette situation. Cette lettre, qui ne fait pas allusion aux sujets abordés dans les autres lettres, ne peut être datée.

nihil mihi gratius et jucundius accidere possit, ideoque tanto sum ad respondendum promptior quanto minus hæc omnia merui ; proinde nil quicquam aliud in vicem hoc tempore rependere valeo, nisi totum tibi vicissim defero Hevelium. De cœtero non dubito quin horarium istud P. Bourdin sit inventio optima et facile ad praxin deducenda ; sed unicum desidero, quod nimis obscure sit descripta ut vix omnia et singula, sicut quidem debent, intelligi ab omnibus possint : quemadmodum et ego ut verum fatear, haud recte omnia assequor. Idcirco te etiam atque etiam rogatum volo, ut si tu melius id intelligas, vel fusius descriptum id horarium habeas, me eodem bees. Sin vero et tibi, quod mihi, circa dictum horologium obtigisset, petas haud gravatim ab autore planiorem et fusiorem istius rei descriptionem, facies, crede, rem longe gratissimam. Denique noli quicquam secius alto meo suspicari silentio : partim namque multifaria negotia, quibus distringor, partim morbus, ex nimiis ut autumo, lucubrationibus contractus, qui me per temporis aliquod intervallum acriter afflixit in caussa fuerunt, quominus id hucusque fieri potuerit. Jam vero gratia divina plane sum restitutus, quanquam studiis meis, ut quidem ex toto corde exopto, invigilare adhuc vix audeam. Denique miror, qui fiat, quod nullum omnino ad meas 24 Januari datas a Domino Bullialdo, quem hisce multum salvere peto, recipiam responsum. Vale. Dabam Gedani, anno 1653, die

Tuæ generositati,
Addictissimus,

Johannes Hevelius

À Monsieur,
Monsieur Des Noyers,

Noble Monsieur,

Je n'ai pas, pour vous écrire, d'autre motif que celui qui est toujours présent : à savoir que je vous rends à nouveau des grâces singulières, non seulement de ne pas m'avoir oublié, mais en outre de m'avoir témoigné votre sincère affection par un très agréable cadeau. Comme rien ne peut m'être plus agréable et plus réjouissant, je suis d'autant plus prompt à répondre que je ne l'ai moins mérité ; je ne puis vraiment rien vous offrir en échange, si ce n'est Hevelius tout entier. Pour le reste, je ne doute pas que cette horloge du père Bourdin soit une invention excellente et facile à mettre en pratique[1] ; mais je regrette seulement qu'elle soit décrite de fa-

---

1 Le père Pierre Bourdin (1595-1653), jésuite, a enseigné les mathématiques entre 1634 et 1649 au collège de Clermont, à Paris. Il est connu surtout pour sa réfutation de la *Dioptrique* de Descartes. Il a laissé, à titre posthume : *L'Architecture militaire ou l'art de fortifier les places régulières ou irrégulières* (1655) et un *Cours de mathématiques contenant en cent figures une idée générale de toutes les parties de cette science* (1661). Aucune information n'a pu être trouvée sur ladite horloge ou un mémoire à son sujet.

çon trop obscure pour que l'ensemble et les détails soient compris de tous, comme ils le doivent ; pour ma part, à vrai dire, je ne comprends pas tout correctement. C'est pourquoi je veux vous demander, encore et encore, que si vous le compreniez mieux, ou si vous avez une description plus détaillée de cette horloge, vous veuilliez bien m'en gratifier. Mais s'il vous est arrivé la même chose qu'à moi au sujet de cette horloge, j'aimerais que vous preniez la peine de demander à son auteur une description plus claire et plus détaillée. Enfin, ne soupçonnez rien d'autre dans mon profond silence ; d'une part, diverses affaires qui me retiennent, d'autre part, la maladie contractée[1], à ce que je suppose, par de multiples veilles, qui m'a accablé pendant un certain temps, ont fait que je n'ai pu vous écrire jusqu'à présent. Aujourd'hui, par la grâce de Dieu, je suis pleinement rétabli, quoique j'ose à peine veiller pour mes études, comme je le souhaite de tout mon cœur. Enfin, je me demande avec étonnement comment il se fait que je n'aie reçu de Monsieur Boulliau — à qui je souhaite une parfaite santé — aucune réponse à ma lettre du 24 janvier[2]. Portez-vous bien.

Donné à Dantzig, l'an 1653, le
À votre Noblesse,
Très attaché,

J. Hevelius

1 Sur les problèmes de santé d'Hevelius : Hevelius a eu de graves problèmes de santé en 1646 et, à nouveau, l'année de la mort de son père en 1649. Dans une lettre du 3 mars 1649 adressée à Christian Otter à Königsberg — mentionnée par Johannes Hevelke, *Gert Havelke und seine Nachfahren*, Dantzig, 1927, p. 111 — il dit avoir dû garder le lit à la suite d'une attaque et de terribles douleurs de colique dont il a été près de mourir et pour lesquelles les médecines restèrent sans effet. Il souffrait d'une éventration. « Ich empfinde Schmerz um deinen und um meinen unglücklichen Zustand. Obgleich ich nämlich, um dich zu besuchen, mehrere Male bis zu Deiner haustür gelangt bin, habe ich es doch aufgegeben, Dich zu besuchen, einmal weil Du schliesst ein andermal weil Du nicht wohl warst. Unterdessen habe ich auch wegen eines ausgetretenen Bruches und heftiger Kolikschmerzen fast bis in den Todeskampf hinein geworden, mehrere Tage zu Bette gelegen. Ich war sehr elend, um so mehr als ich von den Medizinen im Stiche gelassen, keine Kraft besass, für meine Gesundheit einigermassen zu sorgen. Jetzt, da ich durch Gottes Gnade einigermassen wiederhergestellt bin, rüste ich mich zur Reise, beunruhigt, ob ich auch ins Vaterland werde zurückkehren können ».

2 Boulliau lui répond le 10 mars 1653. Il faut ajouter un mois pour le trajet de la lettre.

50.

19 février 1654, Pierre des Noyers à Hevelius

BO : C1-III, 391
BnF : Lat. 10 347-III, 69v-70r

De Varsavie, le 19 febvrier 1654,

Monsieur,

J'ay apris de Monsieur Schultz vostre neveu[1] que vous aviez perdu Madame vostre Mere[2] et comme je vous honore particulierement, je n'ay peu apprendre cette nouvelle sans prendre part a vostre douleur. Je n'entreprend pas pourtant de vous consoler dans cet accident, ausy naturel que necessaire a tous les humains, sachant bien que dans vostre propre vertu vous trouverez tout ce qui vous est necessaire pour vostre consolation, mieux que dans les marques qu'une simple lettre vous pourroit donner de l'affection que j'ay pour votre service.

J'ay receu de France un paquet que Monsieur Boulliau m'a envoyé dans lequel j'ay trouvé pour vous ce que maintenant je vous envoÿe. J'y ay joint ce que Mr. Morin a fait contre la philosophie de Mr. Gassendi[3]. Sy on m'eut envoyé ce que ledit Gassendi a fait contre Morin, je vous l'aurois ausy envoyé, mais je ne l'ay peu avoir. Sy vous voyez quelque injure dans celuy cy, croyez qu'il n'y en a pas moins dans celuy de Mr. Gassendi qu'on dit qui en est tout remply. C'est ce que je n'aprouve point parmy les

---

1 Daniel Schultz dit le jeune (1616-1683) est peintre à la cour de Varsovie depuis 1649, date de son premier portrait de Jean-Casimir. Après avoir suivi l'enseignement de son oncle, il se rend en Hollande et en France et subit l'influence de la peinture hollandaise qu'appréciait particulièrement le Roi qui acquit une importante collection de tableaux grâce à son agent Gerrit van Uylenburgh. On lui doit plusieurs tableaux et portraits de Jean-Casimir (le dernier, âgé, de 1670, à Paris au Musée Carnavalet) et le dernier portrait de la Reine, en 1667. Il a peint un portrait d'Hevelius en 1677. Le catalogue de son œuvre a été publié par Bożena Steinborn, *Malarz Daniel Schultz, gdańszczanin w służbie królów polskich*, Warszawa, 2004. On ne trouve aucune information sur sa qualité de « neveu » d'Hevelius. K. Targosz, pour sa part, se fonde sur cette seule lettre.

2 Cordula Hecker (1592-1653). Sur la date de sa mort, aucune information trouvée.

3 Le ton de la polémique se fit violent lorsque Gassendi laissa à Neuré et Bernier le soin d'affronter Morin. Après la publication, par Bernier, de l'*Anatomia ridiculi muris* (n° 31), Morin donna sa *J.B. Morini Defensio suæ dissertationis de Atomis et vacuo adversus P. Gassendi Philosophiam Epicuream, contra Francisci Bernerii andegavi Anatomiam ridiculi muris*, en mai 1651. La réponse de Bernier, rédigée en 1651, mais imprimée en 1653, s'intitule *Cendres de la souris ridicule* : *Favilla ridiculi muris, hoc est Dissertatiunculæ ridiculæ defensæ a J.B. Morino, astrologo, adversus expositam a P. Gassendo Epicuri philosophiam*, véritable procès contre l'astrologie judiciaire. La riposte de Morin paraît en 1654 : *Vincentii Panurgi Epistola de tribus Impostoribus, ad clarissimum virum J.B. Morinum doctorem Medicum atque Regium Matheseos Professorem*.

LETTRES [1654]

hommes de lettres qui debvroient, sy me semble, chercher a se convaincre par des raisons plustost que par des injures.

Sy vous avez quelque occasion d'escrire a Mademoiselle Maria Cunitia, Monsieur Boulliau vous prie de la faire resouvenir qu'elle luy doit une response, et qu'au moins apres un ausy long temps, elle luy face savoir qu'elle a receu son paquet.

On m'escrit de Vienne qu'on a veu une fort grande Comette a Prague pres de 20 jours continuels. Mais elle n'a point esté veue autre part, ce qui marque qu'elle estoit fort basse. On dit qu'elle avoit une queuë fort lumineuse. Cest tout ce qu'on m'en a escrit.[1] Croyez moy tousjours, s'il vous plaist,

Monsieur,
Vostre tres humble et tres affectionné Serviteur,

Des Noÿers

51.

10 avril 1654, Hevelius à Pierre des Noyers

BO : Cı-III, 394
BnF : Lat. 10 347-III, 71v-72v

Domino,
Domino Des Noyers
Warsaviæ

Generose Domine,

Quod ultimis suavissimis tuis literis, et tuum singularem dolorem, quem super obitum charissimæ Dominæ meae matris percepisti, tuamque constantissimam erga me benevolentiam, consolatione scilicet afflictionem tristitiamque meam minuendo, fuse contestari haud nolueris, gratias sufficientes tibi persolvere sane nequeo. Atque utinam nobis mortalibus Numinis Divini voluntatem inde agnoscere, discereque detur pariter mortalitatem suo tempore nobis exuendam, vitamque ita esse instituendam, non ut diu, sed recte et cum virtute vivere, nec non vitæ rationem Deo simul et hominibus aliquando reddere possimus, quod ut fiat faxit Deus Optimus Maximus! Grates insuper tibi debeo, pro transmisso librorum fasciculo; profecto libri isti gratissimi fuerunt; quare operam dabo, ut vicissim grato aliquot officiolo id rependere queam. Nuperrime item fasciculum quoddam Gratianopolim ad illustrissimum Dominum de Valois transmisi, qua occasione simul Domino Bullialdo (cui has literas perferri haud gravatim velim) aliquot exemplaria observationis meæ

---

1 Il n'en est pas question dans la *Cométographie*, II de Pingré.

eclipseos solaris, uti jam pridem petiisti, destinavi. Dominam Mariam Cunitiam ejusque maritum De Leonibus jam aliquoties admonui debitæ responsionis; quemadmodum etiam proxima septimana, Deo volente, iterum id facturus: quid caussæ autem fuerit diuturni illorum silentii certe nescio. Pragæ cometam visam esse, per dies circa viginti, valde dubito; nisi id ab astrorum perito fuerit perscriptum, indicatumque, in qua cæli plaga, et circa quas stellas observatus, quove motu, tum longitudinis latitudinisque, quave cauda fuerit præditus: alias, crede, facillime decipimur, sicuti nuperrime etiam hic Dantisci, alibique locorum in Borussia, ut inter alios generosissimo Domino Prziemskij obtigit, qui cum aliis permultis sibi imaginatur novam stellam, vel cometam Corum vel Circium versus, animadvertisse, sic ut etiam per literas de eo admonuerit. Verum egregie fuerunt hallucinati: nam Hesperum in maxima circiter elongatione a Sole existentem, miramque inde magnitudinem se se ferentem, nec non circa 9 et 10 vespertinam vicinissimum horizonti vaporibus cinctum pallidoque inde lumine, et quasi spuria coma aliquali gaudentem, pro nova stella ac cometa arripuerunt. Quare haud facile cuidam rumori præsertim qui a plebeis, ac rerum cœlestium ignaris hominibus spargitur, in tali arduo cometarum negotio fides est adhibenda: sic ut penitus existimem et illum Pragensem cometam hujuscemodi suppositii aliquid fuisse. Si vero quicquam certi magis de hoc phenomeno tibi innotuerit fac, quæso ut pariter non ignorem. Denique cum præstantissimus ac ingeniosissimus Dominus Daniel Schultz literis humanissime sollicitaverit, ut eum, uti etiam optime meretur, tum ob egregias animi dotes, virtutesque, tum singularem artis pictoriæ peritiam, tibi, amice honoratissime quem valde suspicit, ac magni æstimat quemque apud Serenissimas Majestates plurimum posse probe novit, de meliori nota commendem; id quod etiam nunc, cum citius fieri nequiverit ex animo facio: majorem in modum rogans, ut data quavis occasione, ubicumque opus fuerit, re ipsa experiatur, hanc meam commendationem maximo sibi apud te et adiumento, et ornamento fuisse: id quod ita sum interpretaturus, ac si in me ipsum redundassent omnia. Hincque non solum me, sed et dictum Dominum Schultzium summo officio et summa observantia tibi in perpetuum devincior. Vale, Vir generose ac amare perge,

Tuum
Quem nosti

J. Hevelium, manu propria

Gedani, anno 1654, die 10 Aprilis.

LETTRES [1654]

À Monsieur,
Monsieur Des Noyers
À Varsovie,

Noble Monsieur,

Je ne puis assez vous remercier d'avoir bien voulu me témoigner à profusion, dans votre dernière lettre si douce, votre chagrin particulier pour la mort de Madame ma très chère mère, et votre constante bienveillance envers moi, en diminuant mon affliction et ma tristesse par vos consolations. Puissions-nous, nous autres mortels, y reconnaître la volonté de la puissance divine et apprendre en même temps qu'il nous faudra un jour dépouiller notre corps mortel et organiser notre vie pour vivre, non pas longtemps, mais correctement et dans la vertu pour que nous puissions alors rendre compte de notre vie à Dieu et aux hommes. Dieu fasse qu'il en soit ainsi.

Par ailleurs, je vous remercie pour le paquet de livres que vous m'avez transmis. Ces livres m'ont été bien agréables. Je m'efforcerai de vous rendre la pareille par quelques petits services. J'ai récemment envoyé un paquet de livres à Grenoble à l'illustre Monsieur de Valois[1]. À cette occasion, j'ai fait parvenir en même temps quelques exemplaires de mon observation de l'éclipse du Soleil à Monsieur Boulliau, ainsi que vous me l'avez demandé depuis longtemps[2]. J'aimerais que vous preniez la peine de lui donner cette lettre. J'ai rappelé à Madame Maria Cunitia et à son mari De Leonibus[3] la réponse qu'ils vous doivent ; la semaine prochaine, si Dieu veut, je ferai de même. Je ne connais pas la cause de leur long silence.

Je doute fort qu'une comète ait été vue à Prague pendant environ vingt jours ; à moins que cette comète n'ait été décrite par un astronome expérimenté, en indiquant dans quelle région du ciel et autour de quelles étoiles elle a été observée, avec quels mouvements, en longitude et en latitude, et de quelle queue elle était dotée. Autrement, croyez-moi, nous sommes facilement trompés. Ainsi tout récemment, ici à Dantzig, et dans d'autres endroits de la Prusse, cela arriva entre autres, au très noble Monsieur Prziemski[4] qui avec beaucoup d'autres croit avoir remarqué une nouvelle

---

1 Louis Emmanuel de Valois [Valesius], comte d'Alais (1596-1653) évêque d'Agde (1612-1622) et homme de guerre après le décès de ses deux frères. Il est, en 1637, gouverneur de Provence (1637-1650), duc d'Angoulême et comte d'Auvergne en 1650 à la mort de son père. Au cœur de la Fronde en Provence, les parlementaires obtiennent sa destitution et il est un moment emprisonné pour avoir soutenu la fronde des Princes (par sa mère, il est neveu du père de Condé). Riche d'une belle bibliothèque, il a fréquenté Gassendi et Mersenne lui a dédié plusieurs traités ; il meurt le 13 novembre 1653 et n'a pu donc recevoir les livres envoyés par Hevelius. Il fut un correspondant fidèle de Mersenne et de Gassendi.

2 Du 8 avril, imprimée à part : Illustrissimis viris Pet. Gassendo et Ism. Bullialdo, *Observatio eclipseos Solaris*, Gedani, 1652.

3 Le second mari de Maria Cunitia, épousé en 1630, est le médecin, mathématicien et astronome Elias Kretzchmayer (ou Craitschmair, dit aussi Elias von Löwen ou en latin, Elias a Leonibus, (~1602-1661) qui a publié à Breslau en 1626 l'*Horologium zodiacale sive Tabulæ perpetuæ* et trois calendriers astronomiques entre 1626 et 1629.

4 Personnage non identifié.

étoile ou une comète en direction de Chorus et de Circius, comme il en a donné l'information dans une lettre à ce sujet[1]. À vrai dire, ils ont tous été remarquablement hallucinés car ils ont pris pour une nouvelle étoile ou une comète Hespérus[2], étant dans environ sa plus grande distance du Soleil et montrant ainsi une étonnante grandeur et aussi vers 9 ou 10 heures du soir, très proche de l'horizon, entouré de vapeurs et donc bénéficiant d'une lumière pâle et comme d'une fausse chevelure. C'est pourquoi, dans cette affaire si difficile des comètes, il ne faut pas ajouter foi à une quelconque rumeur, surtout si elle est propagée par des gens vulgaires et ignorants des choses célestes. C'est pourquoi je crois profondément que cette comète de Prague est quelque chose d'imaginaire. Si des informations plus sûres viennent à votre connaissance sur ce phénomène, faites, je vous prie, que de mon côté je ne l'ignore pas. Ensuite, le très distingué et très ingénieux Monsieur Daniel Schultz m'a très poliment demandé par lettre de vous le recommander, comme il le mérite tout à fait à cause de ses talents, de ses vertus et de sa singulière expérience de la peinture. Ami très honoré, il vous admire beaucoup, vous tient en haute estime et il connaît votre pouvoir considérable auprès de Leurs Majestés Sérénissimes[3]. Je le fais de grand cœur maintenant car cela n'a pu se faire plus tôt et je vous demande avec insistance qu'à la première occasion, dès qu'il en aura besoin, il éprouve par les faits que ma recommandation est pour lui une grande aide et un grand honneur. J'interpréterai tout cela comme devant rejaillir sur moi. Ainsi, je vous lie pour toujours, non seulement moi-même, mais ledit Monsieur Schultz, avec tout mon devoir et tous mes respects.

Adieu, Noble Monsieur et continuez d'aimer,
Celui que vous connaissez bien

J. Hevelius, de sa propre main

À Dantzig, en l'an 1654, le 10 avril.

---

1 Aucune trace dans la correspondance.
2 L'étoile du soir.
3 Daniel Schultz est déjà peintre à la cour depuis 1649 (voir lettre du 19 février, nᵒ 50).

52.

4 juin 1654, Pierre des Noyers à Hevelius

BO : Cι-III, 401
BnF : Lat. 10 347-III, 77v

De Varsavie, le 4 juin 1654

Monsieur,

J'avois resolus de ne me point donner l'honneur de vous escrire que je n'eus reçeu la response aux dernieres lettres que vous m'envoyattes pour Paris. Mais me voyant pressez de nos amis de ce peÿs la de leur dire quelque choses d'un certein Meteore que Mr. Colmer m'escrivit il y a quelque temps estre tombé sur la montagne aupres de Dantzigt ; et particulierement Mr. Boulliau me prie de vous en demander des Nouvelle et savoir de vous, sy c'estoit quelque chose de solide, s'il tomba avec tonnerre ou autrement. Ledit sieur Boulliau voudroit bien, sy c'est chose considerable, que vous en voulussiez donner la description au publique[1]. J'attandré donc a luy faire response sur ce particulier la, que vous men aÿez dit vostre advis et ce que c'estoit que ce Meteore. Cepandant je vous diré que Mr. Boulliau m'escrit que le 16 d'apvril au soir, il observa la distance de Mercure et Vénus assez precisement estre 5° 56' et a l'instant mesme altitudo Vénus supra horizontem 6°22' / Mercure 7° 40'[2]. C'est tout ce que je vous diré pour ceste fois et que je suis tousjours,

Monsieur
Vostre tres humble et tres affectionné Serviteur

Des Noyers

---

1 Pas d'information sur M. Colmer, ni sur ledit météore.
2 Mesure consignée dans Pingré, *Annales*, 1654, p. 217.

53.

11 septembre 1654, Hevelius à Pierre des Noyers

BO : Cɪ-III, 402
BnF : Lat. 10 347-III, 78r

Domino
Domino Des Noyers
Warsavie

Generose Domine,

Literas tuas 4 Junii datas optime accepi, ad quas crede citius etiam respondissem nisi opusculum aliquod Selenographicum, quod hactenus sub manibus versavit, ac jam sub prælo sudat, me impedivisset. De isto autem meteoro, cujus mentionem facis nihil prorsus inaudivi ita ut dubitem revera sic apud nos extitisse. Multa quidem a plebecula narrantur, ac pro miraculo habentur quæ interdum in rerum natura nunquam extiterunt : idcirco ejusmodi rumori haud facile fides est adhibenda. Si cuicquam apparuisset, sane et ad me perlatum fuisset. Nuperam eclipsin solarem pro voto observare mihi haud obtigit, ob ærem admodum nebulosum, excepto initio, a phase circa 13 ; deliquium vero lunare eo annotavi melius : de quibus omnibus brevi pleniorem exspectabis descriptionem : utinam tibi reliquisque omnibus cælum fuisset magis propitium. Quid tu autem observaveris de hac eclipsi solari et lunari, ac quid de reliquis perceperis, fac ut suo tempore non nesciam. Salutes quæso Dominum Bullialdum perquam humanissime. Quamprimum opusculum meum editum fuerit, quod intra paucas septimanas spero, lubens aliquot exemplaria in Galliam amicis distribuenda mittam : dummodo tua ope et consilio id fieri poterit. Cæterum scire gestio, num occasio tibi adsit, exemplar aliquod dicti opusculi Bononiam ad reverendum Patrem Societatis Jesu Johannem Baptistam Ricciolum Professorem Bononiensem : nam valde cupio, ut prima occasione istud ipsi traderetur. Si tibi igitur adsit occasio, qua id commode fieri poterit fac ut primo quoque tempore id sciam, devincior me tibi quam maxime. Vale. Raptim. Dabantur Gedani anno 1654, die 11 Septembris.

Tuæ Generositati
Addictissimus,

J. Hevelius, manu propria

LETTRES [1654]

À Monsieur,
Monsieur Des Noyers
À Varsovie,

Noble Monsieur,

J'ai bien reçu votre lettre du 4 juin. Croyez-bien que je vous aurais répondu plus tôt si le petit opuscule sélénographique ne m'en avait empêché[1]. Il a été jusqu'à présent entre mes mains et déjà il sue sous la presse. Sur ce météore, dont vous faites mention, je n'ai absolument rien appris, au point de douter qu'en vérité il se soit ainsi produit chez nous. Beaucoup de choses se racontent dans le petit peuple et on tient pour des merveilles des faits qui n'ont parfois jamais existé dans la nature. C'est pourquoi il ne faut pas facilement ajouter foi à ce genre de rumeur. Si quelque chose était apparue, on me l'aurait certainement rapporté. Je n'ai pu observer la récente éclipse de Soleil comme je le souhaitais[2], à cause d'un ciel complètement nuageux, excepté au début, à partir de la phase 13 j'ai mieux noté l'éclipse de Lune[3]. De tout cela, vous pouvez attendre bientôt une description plus complète. Puisse le ciel vous être plus propice, à, vous et à tous les autres. Ce que vous aurez observé de cette éclipse de Soleil et de Lune, et ce que vous avez appris sur les autres phénomènes, faites qu'en temps utile, je ne l'ignore pas. Je vous prie de saluer très poliment Monsieur Boulliau. Dès que mon opuscule sera publié, ce que j'espère pour les prochaines semaines, j'en enverrai volontiers quelques exemplaires en France pour les amis, pourvu que cela puisse se faire avec votre aide et votre conseil. Par ailleurs, je désirerais savoir si vous avez une occasion d'envoyer un exemplaire dudit opuscule à Bologne au Révérend Père jésuite Jean-Baptiste Riccioli, professeur à Bologne; car je désire beaucoup qu'il

---

1 Il s'agit d'une étude sur les librations de la Lune : *De Motu Lunæ libratorio, in certas Tabulas redacto*, dédiée au père Riccioli, publiée dans les *Epistolæ II* (Dantzig, 1654) et *Epistolæ IV* (3ᵉ lettre, Dantzig, 1654). Les librations de la Lune ont successivement intéressé Van Langren (depuis 1626), Gassendi (depuis 1636), Boulliau (depuis 1643), Hevelius (depuis 1645) et Grimaldi (depuis 1649). Hevelius a exposé ses premières conjectures dans la *Selenographia*. Riccioli dans l'*Almagestum novum* (1651) ne s'est pas montré convaincu. Dans sa lettre, Hevelius le désavoue et prend appui sur de nouvelles séries de mesures et attribue aux librations de la Lune deux mouvements et deux causes : un mouvement d'occident en orient et vice versa, lié à l'inégalité du mouvement périodique de la Lune autour de la Terre, combinée à l'égalité de sa rotation sur son axe; une libration nord/sud produite par le mouvement de la Lune en latitude. Par la suite, Riccioli inséra la lettre d'Hevelius dans son *Astronomia reformata* (Bologne, 1665) pour la réfuter. À ses yeux, seule une partie des observations d'Hevelius confirmait cette théorie, mais non toutes. Il estimait qu'exposer des causes ne valait pas démonstration. Hevelius avait négligé un troisième facteur : l'inclinaison de l'équateur de la Lune sur son écliptique. Sur Hevelius et la question des librations, voir J. Włodarczyk, *Księżyc w nauce XVII wieku*, Varsovie, WUW, 2005.

2 Du 12 août. Hevelius ne peut observer que son commencement : à 22h.40, « ténèbres épaisses, on ne pouvoit plus lire, les oiseaux se cachoient », Pingré, *Annales*, 1654, p. 211 (dite du 11 août).

3 Du 27 août. Les observations d'Hevelius sont rapportées dans Pingré, *Annales*, 1654, p. 214.

lui soit remis à la première occasion. Si l'opportunité se présente que cela se réalise commodément, faites que je le sache au plus vite, tant je suis votre obligé. Portez-vous bien En hâte,

Donné à Dantzig en l'an 1654, le 11 septembre,
À votre Noblesse,
Le tout dévoué

J. Hevelius, de sa propre main

54.

1ᵉʳ octobre 1654, Pierre des Noyers à Hevelius

BO : Cı-III, 403
BnF : Lat. 10 347, III, 78v-79

De Varsavie, le 1. Octobre 1654

Monsieur,

En respondant a vostre lettre du 11 de septembre, je vous diré que c'est avec joye que je l'aye receuë puis quelle m'est une marque de vostre bonne santé, et du souvenir que vous avez de moÿ. Monsieur Boulliau de qui je reçois toutes les semaines des lettres, me demande tousjours de vos nouvelles et me prie de luy faire savoir les observations que vous aurez faitte du soleil et de la lune. Il m'a envoyee la sienne du Soleil ainsy en attandant qu'il l'ayt mise au net. Le commancement a Paris fut altitudo Solis 31°.33', 8 h.4'. La fin altitudo Solis 51°.20', 10h. 29' fere, la plus grande obscurité 9 h. 15' fere 9 doigts ¼'. L'entree de la Lune sur le Soleil environ 13° du vertical a l'occident. La sortie environ 47° du vertical a l'orient. Ses Tables l'ont montree trop tost de 12'.

Pour moy, comme j'estois pres de faire l'observation dans ma chambre que j'avois preparee pour cela, le Roÿ m'envoya commander d'aller dans son cabinet et ainsi il n'y eut pas de temps pour se pouvoir preparer. Le Ciel estoit couvert d'un nuage deliez au travers duquel on ne laissait pas de discerner le disque du Soleil que je receu par une lunette sur un papier. Elle commança altitudo Solis a Varsovie 43° 10', 9 h. 37'. La fin altitudo [Soleil] 52° 38' 30", 0 h. 12' pm. La plus grande obscurité 10 h. 49' altitudo Solis 50° 14'. Durant cette grande obscurité, plusieurs personnes virent diverses estoilles,

---

1 9 doigts un quart, pour la plus grande phase. Observation reproduite dans dans Pingré, *Annales*, 1654, p. 212.

LETTRES [1654]

qui selon la distance qu'ils m'en ont donnee je juge estre Mars, Vénus, le Grand Chien et plusieurs autres[1]. Pour moy je ne les vit point parce qu'ils ne me vint point dans la pansee de les regarder, dont je me suis bien repenty parce que j'aurois peu prendre leurs distance au Soleil.

Sy vous m'envoyez quelque choses pour le faire rendre a Boulogne[2] au R.P.S. Jes. Johanem Baptistam Ricciolum je le feré tenir a Venize d'ou on luy envoyera.

Cepandant croyez moy tousjours,
Monsieur,
Vostre tres humble et tres obeissant Serviteur

Des Noyers

55.

Novembre 1654, Pierre des Noyers à Hevelius

BO : CI-III, 414
BnF : Lat. 10 347-III, 110

J'avois tousjours esperé que les exemplaire que vous m'envoyez de vostre observation ariveroient et que je vous rendrois contes de la distribution que j'en aurois faitte mais jusques a cette heure il n'est venu que le seul exemplaire que vous m'avez envoyez par la Poste, et que j'envoyé dans le mesme moment a Paris esperant qu'il m'en ariveroient d'autres. Je ne say a qui ils ont esté donné. Si on les eut mis entre les mains de Monsieur Gratta, il y a long temps que je les aurois receus.[3]

---

1 Observation publiée par Pingré, (*Annales*, p. 211), retrouvée dans les papiers de Boulliau. Gassendi a aussi publié cette observation (Gassendi, I, p. 690) qui précise que l'éclipse y excéda douze doigts (duodecim digitos excessisse) et qu'on put voir Saturne, Mars, Vénus et le Grand Chien.

2 Bologne.

3 Billet non daté inséré dans la copie BnF entre les lettres de des Noyers du 5 novembre et du 10 décembre 1654. L'observation en question est celle de l'éclipse solaire du 8 avril 1652 qu'Hevelius avait dédicacée à P. Gassendi et I. Boulliau : *Illustrissimis viris Prt. GASSENDO et Ism. BULLIALDO, observatio eclipseos solaris, Gedani, Anno æræ Christianæ 1652, die 8 Aprilis*, Dantisci, 1652.

56.

4 novembre 1654, Hevelius à Pierre des Noyers

BO : Cɪ-III, 404
BnF : Lat. 10 347-III, 80-81

Domino Des Noyers
Warsaviæ

Generose Domine,

Tandem binas hasce meas typis exscriptas, alteras tuo illustri nomini, alteras vero reverendo Ricciolo inscriptas, tanquam testes propensionis et amoris erga te mei, ad te mitto literas : quas ut serena excipias fronte, easque perlegere, tuumque super iis judicium detegere mihi digneris, etiam atque etiam rogo. Reliqua autem exemplaria, amicis, quibus sunt destinata, tam in Galliam, quam Italiam, prima data occasione, et quam citissime præsertim utrumque fasciculum, minorem quidem Bononiam, majorem vero Cracoviam perferri haud gravatim curabis. Si quid vicissim tua gratia potero, faciam certe ex animo. Cæterum accepi nuperrime pagellas quasdam ex Anglia de Emendatione Annua, quas itidem tecum, amice multum observande, communicare lubens volui : si quæ occurrant quorum mea scire pariter intersit, peto ut par pari referas. Vale, et fave

Tuæ Generositati
Addictissimo

J. Hevelio, manu propria

Gedani, anno Christi 1654, die 4 Novembris

Amicos tanquam omnes nobis bene cupientes salutabis quam officiosissime. Vale iterum.

Postscriptum

Quod hac vice ad præclarissimum Dominum Bullialdum nullas prorsus dederim literas, caussa hæc est, quod prius ad meas præcedentes responsionem ab ipso avidissime exspectem, quam primum illius mihi facta fuerit copia, non deero, quin vicissim statim ipsi respondeam. Interea exemplaria aliquot mearum literarum ei transmittere atque eum, quem animitus amo ac colo, multum meo nomine salvere jubebis. Vale iterum iterumque.

LETTRES [1654]

Monsieur des Noyers
À Varsovie,

Noble Monsieur,

Enfin je vous envoie mes deux lettres imprimées, l'une dédiée à votre illustre nom, l'autre au révérend Riccioli comme témoins de votre inclination et de votre affection pour moi[1]. Je vous demande avec insistance de les accueillir d'un front serein, de daigner les parcourir et me révéler votre avis à ce sujet. Quant aux autres exemplaires, vous prendrez la peine de veiller à ce qu'ils soient transmis aux amis à qui ils sont destinés, tant en France qu'en Italie, à la première occasion et surtout le plus vite possible. Le petit paquet part pour Bologne, et le plus gros pour Cracovie. Si de mon côté je puis faire quelque chose qui vous soit agréable, je le ferai de bon cœur. Par ailleurs, j'ai reçu tout récemment d'Angleterre des pages sur la correction annuelle[2], que j'ai voulu avec plaisir vous communiquer, ami très respectable. S'il se présente des nouvelles qui puissent m'intéresser, je vous demande de me rendre la pareille. Adieu et favorisez

Le tout dévoué à votre Noblesse

J. Hevelius, de sa propre main

Vous saluerez bien courtoisement nos amis communs et tous ceux qui nous veulent du bien. A nouveau, portez-vous bien.

---

1 Dans : *Epistolæ II* : Prior, « De Motu Lunæ Libratorio, in certas tabulas redacto » Ad Perquam Rev. Præclarissimum atque Doctissimum Virum P. Johannem Bapt. RICCIOLUM Soc Jes... Posterior : « De utriusque Luminaris defectu Anni 1654 » ad Generosum et Magnificum Dominum Petrum NUCERIUM, Gedani, 1654. Repris dans *Epistolæ IV*, 1654.

2 Il peut s'agir des *Tabulæ Britannicæ* de Jeremy Shakerley : *The British Tables wherein is contained logistical arithmetic, the doctrine of the sphere, astronomical chronology, the ecclesiastical accompt, the equation and reduction of time, together with the calculation of the motions of the fixed et wand'ring stars, et the eclipses of the luminaries calculated from the meridian of London, from the hypothesis of Bullialdus et the observations of M. Horrox*, Londres, 1653. Grand lecteur de Kepler et de Boulliau, Jeremy Shakerley (1626-1655), protégé par les Towneley, catholiques et royalistes, fut aussi le correspondant, notamment sur des questions astrologiques, du parlementaire protestant William Lilly. C'est chez les Towneley qu'il a pu travailler sur les papiers inédits d'Horrox, sur le transit de Vénus de 1639 et sur la théorie de la Lune (utilisés dans les *Tabulæ*). Dans le supplément à l'Almanach de 1651, où il utilise les observations d'Horrox sur le transit de Vénus et de Gassendi sur celui de Mercure (1631), il a prédit le transit de Mercure du 24 octobre 1651. En 1650, il émigre en Inde où il observe le transit annoncé de Mercure. Il y observe aussi la comète de 1652 et étudie l'astronomie des Brames. Il y décède en 1655. Cette mention est intéressante car elle témoigne de contacts avec l'Angleterre (où il s'était rendu lors de son Grand Tour) avant que ne commencent ses échanges avec Oldenburg. Hevelius eut connaissance des papiers d'Horrox : il publie pour la première fois ses observations sur le transit de Vénus de 1639 : *Mercurius in Sole visus Gedani A.C. 1661, d. 3 ii, st.n. cum aliis quibusdam rerum cælestium observationibus, rarisque phænomenis cui annexa est Venus in Sole pariter visa, anno 1639, d. 24 nov. st.v. Liverpoliæ a Jeremia Horroxio, nunc primum edita notisque illustrata*, Gedani, S. Reiniger, 1662.

Postscriptum

La raison pour laquelle je n'ai, cette fois-ci, envoyé aucune lettre au très illustre Boulliau est que j'attends d'abord de lui, avec une grande avidité, une réponse à ma lettre précédente[1]. Dès qu'elle sera en ma possession, je ne manquerai pas de lui répondre à mon tour. En attendant, vous lui ferez transmettre quelques copies de mes lettres et vous lui souhaiterez une parfaite santé, car je l'aime et le vénère de tout mon cœur. Portez-vous bien encore et encore.

57.

5 novembre 1654, Pierre des Noyers à Hevelius

BO : Ci-III, 413
BnF : Lat. 10 347-III, 109-110

De Varsavie, le 5 novembre 1654

Monsieur,

J'ay recue de Paris dans un paquet qui s'adressait a moy les observations cÿ jointe de l'eclipse du soleil et de celle de la lune[2]. Mr. Boulliau en me les adressant m'a escrit qu'il les avoit laissee sans estre cachettee affin que j'en eut la communication. Je joins encore a ce qu'il m'a envoyé pour vous un imprimé du calcul de la mesme eclipse de soleil qu'un autre de mes amis m'a envoyez pour m'en faire voir la nouvelle maniere[3]. Sy vous m'en voulez dire vostre sentiment, je le feré savoir a l'Autheur qui sans doute en fera beaucoup d'estime.

Mr. Boulliau me donne advis que Mr. Morin a de nouveau fait imprimer contre la Philosophie de Monsieur Gassendi dans lequel imprimé il a dit audit Gassendi les injures qu'il luy avoit ditte avec Neuré[4]. Mr. Boulliau blasme et Mr. Morin et Mr.

---

1 Du 4 octobre 1654.

2 Pas de pièce jointe.

3 Il s'agit du *Calcul astronomic et figure de l'éclipse de Soleil qui arrivera le 12 aoust 1654* (Paris, in-4°) de Bernard Frénicle de Bessy (1605-1675), comme le révèle par la suite la lettre du 28 mai 1655 (n° 70). Mathématicien, astronome, spécialiste de la théorie des nombres dans les années 1640, il s'est intéressé à l'astronomie et à la mécanique. Connu pour la rapidité de ses calculs, il est l'inventeur de la méthode des exclusions et a travaillé sur la théorie des nombres et la combinatoire.

4 Voir lettres n° 17, 19, 31 et 50. Laurent Mesme Neuré (1594-1676 ou 1677), chartreux défroqué, se vit offrir par Gassendi en 1642 une place de précepteur chez M. de Champigny, intendant de Provence, à Aix jusqu'en 1644. Par la suite, il fut secrétaire de Louis de Valois, puis précepteur du fils de Madame de Longueville, contre laquelle il a écrit une satire. Sa biographie se trouve dans Dreux du Radier, *Bibliotheque historique et critique du Poitou*, Paris, 1754, IV, p. 140-157 qui note : « De la maniére dont on

LETTRES [1654]

Gassendi sur les injures et sur les redittes[1]. Je croy qur l'on m'envoyera cet imprimé. Sy vous en estes curieux quand je l'auré reçeu, je vous en feré part.

Cepandant croyez moy,
Monsieur,
Vostre tres humble Serviteur,

Des Noÿers

58.

27 novembre 1654, Hevelius à Pierre des Noyers

BO : Cɪ-III, 410
BnF : Lat. 10 347-III, 105-106

Domino des Noyers,
Warsaviæ

Nobilissime Domine,

Cum nunc primum, ob temporis angustiam, ea quæ prælo nuper commisi, relegerim, animadverti statim, tum literas aliquas in figuris diverse, tum errata quædam typographica, correctoris incuria in contextu esse commissa, quæ sensum turbare quodammodo videntur. Quamobrem etiam atque etiam rogo, ut omnia illa exemplaria, quæ adhuc Warsaviæ apud te ac amicos extant, una cum fasciculo illo ad Ricciolum dato, si forte eum adhuc possides, mihi prima quaque occasione remittas. Ego sane abjecta omni mora alia exemplaria vicissim transmittam. Imprimis vero rogo, ut ea exemplaria omnia, quæ in Galliam perferrentur, quando Dantiscum pervenient mihi iterum pateant quo ea quorum supra memini restaurentur : facies certe me omnino gratissimum. Vale. Dabantur raptim Dantisci, anno 1654, die 27 Novembris.

Tuæ Nobilitati
Officiosissimus,

J. Hevelius, manu propria

---

s'emporta, jamais Philosophes n'en mériterent moins le nom. Les injures les plus grossiéres, les anecdotes les plus chagrinantes furent les armes des combattants » (p. 146).

1 L'échange d'injures, dont le ton fut très violent, fut très intense entre 1649 et 1654.

À Monsieur des Noyers
À Varsovie,

Très noble Monsieur,

C'est aujourd'hui que je relis, pour la première fois, ce que j'ai récemment mis sous presse[1]. J'ai immédiatement remarqué que certaines lettres étaient de travers dans les figures et j'ai vu aussi certaines erreurs typographiques commises dans le contexte par la négligence du correcteur et qui me paraissent d'une certaine manière troubler le sens du texte. C'est pourquoi je vous demande avec insistance de me renvoyer à la première occasion tous les exemplaires qui sont encore à Varsovie chez vous et chez nos amis, ainsi que le paquet destiné à Riccioli, si par hasard vous le détenez encore ; de mon côté, j'enverrai sans aucun retard d'autres exemplaires ; en particulier je vous demande, quand les exemplaires destinés à la France parviendront à Dantzig, qu'ils me soient restitués pour réparer la faute dont je vous ai fait mention. Vous m'en rendrez très reconnaissant. Portez-vous bien.

Donné à Dantzig en hâte, l'an 1654, le 27 novembre,
Tout dévoué à votre Noblesse,

J. Hevelius, de sa propre main

---

1 Il doit s'agir des *Epistolæ* II et/ou IV où le « De Motu Lunæ libratorio » est dédié au père Riccioli.

59.

[9] Décembre 1654, Hevelius à Pierre des Noyers

BO : Cɪ-III, 411
BnF : Lat. 10 347-III, 106-107

Domino Des Noyers,
Warsaviæ,

Nobilissime Domine ac Amice charissime,

Miror sane magnopere, qui factum fuerit, quod fasciculus iste, quem adeo sancte Domino de la Vayrie 5 Novembris concredidi haud ad tuas hucusque pervenerit manus. Profecto nemini, nisi Domino de la Vayrie culpam assigno, qui nimis negligenter res nostras communes curavit; nec ab eo rescire adhuc possum, cui fasciculum tradidit, nisi quod significavit, te eum sine dubio jam accepisse. Quicquid tamen sit, discam imposterum cautius mercari : tutiusque erit tabellario ejusmodi negotia committere. Sed enim cum adhuc hæream, num fasciculus editarum epistolarum fuerit translatus, idcirco denuo hac occasione data alia tibi transmitto exemplaria : unicum exemplar ut tibi reserves, alterum ut Parisios, reliqua vero quatuor ut Bononiam ad reverendum Patrem Ricciolum quam citissime mittas. Priusquam autem id fiat, rogo quam humanissime, ne fasciculum istum supradictum (spero enim eum tandem advenisse Warsaviæ) ac in specie Ricciolo inscriptum resignes, atque literas meas scriptas una cum pagellis adjunctis, schematibus nempe quibusdam (absque tamen istis exemplaribus editarum epistolarum) memorato Ricciolo cum 4 nunc missis exemplaribus, perferri cures. Reliqua autem exemplaria ad unum omnia ne distribuas quæso ; sed remittas mihi, uti jam nuperis literis 27 Novembris datis petii, quo typographica illa a me corrigi queant : ego sane remota omni mora, statim alia exemplaria in locum substituam, amicis Warsaviæ distribuenda. Illa autem quæ in Galliam sunt perferenda, si ita videtur tempus redimendi gratia statim M. de la Vayrie tradam ut hinc recta Parisios transmittantur. Te vero interim literas ad Bullialdum cujus cura distribui possent facillime iis exemplaribus haud gravatim adjunges : quod si feceris multum me obstringes. Vitam Tychonis cum literis Domini Gassendi nuper accepi, ad quas, nec non ad binas tuas prima occasione sum responsurus. Interim saluta meo nomine communes amicos ac bene feliciterque vale, Vir generose et amice charissime ac me ut facis amare perge. Dabam raptim, Gedani anno 1654 die [9] Decembris.

Tuæ Nobilitatis,
Studiosissimus,

J. Hevelius, manu propria

À Monsieur des Noyers
À Varsovie

Très noble Monsieur et Ami très cher,

Je me demande avec grand étonnement comment il s'est fait que ce paquet, que j'ai remis si soigneusement à monsieur de la Vayrie le 5 novembre, ne soit pas encore parvenu entre vos mains. À vrai dire, je n'accuse personne, sinon Monsieur de la Vayrie qui traite nos affaires communes avec trop de négligence. Je n'ai pu savoir de lui à qui il avait confié le paquet : sinon qu'il me signifia que sans aucun doute vous l'aviez déjà reçu. Quoi qu'il en soit, j'apprendrai désormais à négocier avec plus de précaution et il sera plus sûr de confier les affaires de ce genre à la poste. Mais alors que je me demande encore si le fascicule de lettres imprimées a été transmis et comme à nouveau l'occasion se présente, je vous envoie d'autres exemplaires : un exemplaire pour que vous vous le réserviez ; un autre pour Paris ; les quatre autres à Bologne pour que vous les remettiez dès que possible au révérend Père Riccioli. Avant cela, je vous demande, avec la plus grande politesse, de me ne mettre, ni dans les mains, ni sous les yeux de Riccioli, le petit paquet précité (j'espère en effet qu'il est arrivé à Varsovie), mais bien de lui faire parvenir mes lettres manuscrites avec leurs annexes, avec certains schémas et les quatre exemplaires envoyés, mais sans les exemplaires des lettres imprimées. Je vous supplie de ne pas distribuer les autres exemplaires, jusqu'au dernier, mais de me les renvoyer comme je vous l'ai demandé dans ma lettre du 27 novembre, pour que je puisse corriger les fautes typographiques[1]. Je leur substituerai immédiatement, sans aucun retard, d'autres copies à distribuer aux amis de Varsovie. Quant à ceux qui doivent être transportés en France, si le temps paraît favorable à sa repentance, je les donnerai immédiatement à Monsieur de la Vayrie pour les transmettre directement à Paris. Quant à vous, vous ajouterez sans peine à ces exemplaires ma lettre à Boulliau par le soin de qui ils pourront être distribués très facilement ; si vous le faites, vous m'obligerez beaucoup. J'ai reçu récemment la vie de Tycho[2] avec une lettre de Monsieur Gassendi à laquelle je répondrai[3], ainsi qu'à vous, deux lettres, à la première

---

1 Lettre n° 58.

2 En préparant cet ouvrage, Gassendi s'était aussi informé auprès d'Hevelius : voir lettre du 13 mars 1648 où il lui demande d'interroger le fils de Kepler sur son père, mais aussi sur Tycho Brahé : n° 539, *LLPG*, I, p. 528-530.

3 Curieusement, dans sa lettre du 31 mars 1655, Hevelius réclame encore à Gassendi la *Vie de Tycho* pour Eichstadt et lui-meme, qu'il reconnaît avoir reçus dans cette lettre ! Dans sa lettre du 1er septembre 1654, Gassendi demandait à Hevelius s'il avait bien reçu sa lettre du 15 juillet et les deux exemplaires des *Vies de Tycho et Copernic* (*Tychonis Brahei, equitis Dani, astronomorum coryphaei vita... accessit Nicolai Copernici, Georgii Puerbachii et Joannis Regiomontani astronomorum celebrium vita*, Paris, Mathurin Dupuis, 1654, in-4°) : « Sans doute avais-je l'intention que tu en gardes un exemplaire et que tu offres l'autre à notre ami commun, l'excellent Eichstadt mais je crains que le paquet ne soit pas encore venu entre tes mains : il a dû être adressé par bateau à un marchand d'Amsterdam pour être à nouveau confié à un autre navire en partance pour Dantzig. Quoi qu'il en soit, il suffira bien qu'il finisse par te parvenir. » Gassendi lui adresse aussi ses observations des éclipses de Lune (27 août) et de Soleil (12 août) « Je te demande encore

LETTRES [1654]

occasion. Entre temps, saluez en mon nom nos amis communs et portez-vous bien et heureusement, noble Monsieur et Ami très cher, et continuez-moi votre affection.

Donné en hâte, à Dantzig, en l'an 1654, le 9 décembre.
À votre Noblesse,
Le très attaché

J. Hevelius de sa propre main

60.

10 décembre 1654, Pierre des Noyers à Hevelius

BO : C1-III, 415
BnF : Lat. 10 347-III, 110-111
Olhoff, 45-46[1]

Monsieur,

L'honneur que vous me faitte m'oblige a ne pas attandre davantage a vous rendre toutes les graces que je dois[2]. Vostre meritte est sy grand que je ne puis rien dire a vostre louange qu'au dessous de luy. Et je confesse que je reçois une preuve de vostre amitié egal a l'estime que j'ay tousjours faitte de vostre meritte. Tous vos ouvrages

---

de les mettre en commun avec l'excellent Eichstadt. » ; il confie cette lettre à Boulliau, à charge pour lui de la joindre à sa prochaine lettre. Les deux livres ont mis cinq mois à lui parvenir (*LLPG*, I, n° 683, p. 618-619). L'éclipse du 12 août a suscité un grand émoi populaire. Des libelles ont circulé, tels ceux du père Andreas de Padoue : *Prédiction et sentiment du sieur Andreas, astrologue et mathématicien de Padoue, sur l'année 1654 et 1655, où est fondé le dernier jour* (12 août 1654) et la : *Prédiction merveilleuse du sieur Andreas sur l'éclipse de Soleil qui se fera le douzième jour d'aoust 1654, avec son explication et l'approbation d'Eickstadius,* qui annonce la conjonction de Saturne avec la queue du Dragon, celle qui précéda le Déluge. Il parut, en France, huit réfutations d'Andréas, dont une, anonyme, de Gassendi : *Contre le sieur Andréas.* Eichstadt (auteur d'une *Exercitatio astronomica de Cometa* 1652, Dantzig, 1653) était aussi frotté d'astrologie et le succès de ses éphémérides tient à leur popularité chez les astrologues. Claude Auvry, évêque de Coutances, a demandé à Gassendi un opuscule pour calmer les esprits. Le *Discours de l'éclipse* (anonyme), blâme « cette enfantine crédulité de notre populace, et la terreur panique qui lui avait saisi si fort le cœur, que quelques-uns achetaient de la drogue contre l'éclipse, d'autres se tenaient à l'obscurité dans leurs caves ou dans leurs chambres bien closes, et les autres se jetaient à la foule dans les églises ; ceux-là appréhendant quelque maligne et périlleuse influence, et ceux-ci croyant d'être parvenus à leur dernier jour ». (*LLPG*, II, n. 7450-51).

1 Extrait : jusqu'à « étranger ».
2 Il remercie ici, pour la dédicace, dans les *Epistolæ II* (1654), de la seconde lettre « De utriusque luminaris defectu, anni 1654 », Ad generosum et magnificum Dominum PETRUM NUCERIUM, Serenissimæ Reginæ Poloniæ & Sueciæ Consiliarum & Secretarium ; à nouveau publiée dans les *Epistolæ IV* (4e lettre, 1654), qui remplacent les *Epistolæ II*.

sont sy illustres par l'excellence de leur Autheur qu'ils n'ont point besoing d'aprobation et qu'il suffit de dire qu'ils sortent de vos mains pour faire connoitre qu'ils sont tres parfaits. Vostre observation des eclipses du soleil le 12 d'Aoust dernier et de la lune le 10. de Septembre[1] confirment cette verité, et font voire que vous estes un Heros en la science de l'Astronomie qui ne peut subsister par sa propre vertu sans un apuÿ estranger. Ausy ceux a qui comme a moy vous avez la civilité de donner de vos œuvres, vous en doivent estre eternellement redevable et je confesseré tousjours cette debte en recherchant les moyens de vous tesmoigner que je la connois et que l'inclination que j'ay euë a vous honorer me l'a attiree. Je m'en tiendré glorieux toute ma vie et par consequent infiniment vostre obligé et souhaitteré tousjours les moyens de m'en pouvoir acquitter et de vous faire connoitre qu'on ne peut estre plus que moy,

Monsieur,
De Varsavie, le 10. decembre 1654,
Vostre tres humble et tres obeissant Serviteur,

Des Noÿers

61.

14 décembre 1654, Pierre des Noyers à Hevelius

BO : Cɪ-III, 416
BnF : Lat. 10 347-III, 111-112

Varsavie le 14 decembre 1654

Monsieur,

Je n'ay peu rencontrer plus tost les moÿens de vous renvoÿer les exemplaire de vos observations. J'ay fait le paquet pour Paris, comme il doit estre fait c'est a dire j'adresse a Monsieur Boulliau, ce qui est pour luÿ et ce qu'il doit distribuer, et apres j'envoÿe a un homme qui fait les affaire de la Reyne tout le paquet. Je luy escrit par la Poste comme il en doit faire la distribution, au moins de ceux sur lesquels vous n'avez point escrit, et je les fait tous donner a des personnes illustres et savantes ; quand donc vous aurez fait les corrections que vous voulez faire il ne sera plus necessaire de me renvoyer ce paquet pour Paris, vous le remettrez en l'estat qu'il est maintenant avec les mesmes adresse, et le mettrez entre les mains de M. Helias Zacharias[2] bourgeois et marchand de Dantzigt auquel j'ay

---

1 Pingré, *Annales*, p. 214, mentionne des éclipses de Lune les 2 mars et 27 août 1654, mais non le 10 septembre.

2 Helias Zacharias, bourgeois de Dantzig.

LETTRES [1654]

desja donné ordre de l'envoyer a Hamburg, s'il n'avoit lui mesme une occasion prompte pour le faire tenir a Paris. Et si vous desirez que j'en envoÿe quelque uns par la Poste, vous me les envoyerez icÿ, et j'en feré comme de celuy pour le Pere Kirker[1] que j'envoyé aussy tost. J'en voulois ausy envoyer un a Monsieur Boulliau, comme vous pourez voire ayant desja commancé a le couper, affin qu'il ne tint pas tant de place, et Monsieur Buratin sans y prendre garde coupa une des figure qu'il faudra s'il vous plaist changer. Sy vous me faitte l'honneur de me dire la quantité que vous mettrez desdits exemplaires dans le paquet qui sera en la disposition de Monsieur l'Evesque[2], je luy envoyeré ordre par la Poste, a qui il faudra qu'il les donne. Sy vous voulez que je retire l'exemplaire que j'ay donné de vostre part a Monsieur Corade[3], mandez le moÿ. Croyez au reste que personne n'est plus veritablement que moy, qui vous souhaitte un heureux commancement d'annee,

Monsieur,
Vostre tres humble et tres obligé Serviteur,

Des Noÿers

62.

17 décembre 1654, Pierre des Noyers à Hevelius

BO : Cı-III, 417
BnF : Lat. 10 347-III, 112-113

De Varsavie, le 17. decembre 1654

Monsieur,

Le jour mesme que les exemplaires de vos observations que vous m'avez envoyez ariverent, je fis partir par la poste celuy pour le Pere Kircher et j'en aurois envoyé un aujourdhuy par cette (sic) a Mr. Boulliau, sy vostre lettre du 27 de novembre ne me faisoit connoitre que vous desirez que vous les renvoye tous, ce que je feré par la premiere commodité qui s'en offrira. Sy lors que vous priste la peine d'escrire cette derniere lettre qui est du 27 du mois pasez vous eussiez demandé vos exemplaires à Mr. De la Vayrie il vous les auroit peu rendre parce qu'ils estoient encore chez luy, en ce temps la n'y ayant que cinq jours que je les ay reçeu par Monsieur Canasilles[4]. La premiere comodité vous

---

1 Le père Athanase Kircher, à Rome.
2 Levesque, qualifié d'argentier de la Reine (lettre n° 64, du 14 janvier 1655).
3 Augustin Courade.
4 Henri de Canasilhes (ou Canazilles), consul de France à Dantzig à partir de 1634 selon *L'Annuaire Historique pour l'année 1848*, et au moins jusqu'en 1657 selon le *Dictionnaire des dictionnaires*. Il est mention-

reporta donc tout ce que j'ay entre mains, ou il ne manque que celuy du Pere Kircher et celuy de Mr. Courade. En vous les renvoyant je mettrez par paquets ceux qui seront France affin que vous les puissiez faire de mesme, et j'y joindré une lettre pour l'adresser afin que sans les renvoyer icÿ, vous les envoyez droit en France, pour ne point perdre de temps.

Je vous rends grace encore du petit traitté que vous m'avez communiqué De emendatione Annua[1] que je n'avois point veu. Je seré tousjours et de tout mon cœur,

Monsieur,
Vostre tres humble et tres obeissant Serviteur,

Des Noyers

On m'escrit de Paris que l'on vous a envoyé par mer les vies de Tycho et de Copernic faite par Mr. Gassendi[2]

63.

31 décembre 1654, Pierre des Noyers à Hevelius

BO: Ci-III, 418
BnF: Lat. 10 347, III, 113-114

De Varsavie, le 31 decembre 1654

Monsieur,

Je vien de recevoir avec vostre lettre du 24. de ce mois, le paquet pour le Pere Riccioli, que je feré tenir a Boulogne[3] le plus tost que je pouré et pour cela je l'envoye a Vienne. Je ne puis pas envoÿer vostre lettre au susdit Pere parce que je vous l'ay renvoyee avec tout le paquet de vos exemplaires, mais ausy tost que vous me la renvoye-

---

né à de nombreuses reprises dans la *Mission de Claude de Mesme, comte d'Avaux, Ambassadeur extraordinaire en Pologne*, où le comte précise notamment dans une lettre du 15 septembre 1635 (AMAE, Pologne 25, fol. 322-324) qu'il est au service de du roi de France, à ses frais, depuis « huit ou neuf ans », p. 67-70. [D.M.]

1 De Nicolas Mercator: N. Mercatoris *De Emendatione Annua. Diatribæ duæ quibus exponuntur et demonstrantur cycli Solis et Lunæ, qui ex principiis Astronomiæ hactenus cognitis elici potuerunt accuratissimi*, in 4°, 1650. Nicolas Mercator, né dans le Holstein et mort en 1687 à Paris, a publié à cette date une *Cosmographia sive Descriptio cæli et terræ*, Dantzig, 1651. Ce géomètre, qui fut membre de la Royal Society à ses débuts, est connu pour sa *Logarithmotechnia, sive Methodus construendi logarithmos nova* (1668). Il a laissé des manuscrits, dont une *Astrologia rationalis*.

2 Voir lettre n° 61, du 9 décembre 1654.

3 Bologne.

LETTRES [1654]

rez, je la feré tenir par la poste, et ainsi elle y sera ausy tost que les paquets que vous luy envoyez. J'envoye par l'ordinaire d'aujourdhuy en France un de vos exemplaire a Monsieur Boulliau, lequel dans la lettre que je recoit aujourdhuy, vous baise les mains et vous prie de luÿ faire savoir des nouvelles de Mademoiselle Maria Cunitia[1] et de son marÿ[2]. Il me mande que Monsieur Gassendi estoit a l'extremite d'une inflamation de polmont et qu'on desesperoit de sa vie[3]. Il me dit encore que Mr. Morin a failly d'estre estoufé par la fumee du charbon mal alumé qu'il avoit fait mettre dans sa chambre. Une autre fois je me donneré l'honneur de vous escrire plus a loisir, estant maintenant pressé du despart du courier.

Je suis,
Monsieur,
Vostre tres humble et tres obeissant Serviteur

Des Noyers

Le paquet de vos exemplaire que je vous ay renvoyé est adresse a Mr. Elias Zacharias bourgeois et marchand de Dantzigt qui vous le doit remettre en main.

---

1 Sur la « nouvelle Hypatie » ou la « Pallas de Silésie », Maria Cunitia, voir la lettre n° 20 (27 novembre 1651). Boulliau attend donc toujours sa réponse.

2 Elias von Löwen ou en latin, Elias a Leonibus : voir lettre n° 51, 10 avril 1654).

3 Gassendi est retombé malade le 27 novembre. Le médecin Samuel Sorbière a noté que son enseignement au Collège royal (1645) provoquait chez Gassendi une toux et une inflammation du poumon. Il ajoute : « Gassendi était tout entier consacré à préparer l'assemblage de sa philosophie après les vies de Tycho et de Copernic, quand il fut atteint d'une maladie en 1654 dont il se releva par la prudence qu'il eut d'interrompre ses études et grâce à une saignée de son vieux corps, si importante toutefois qu'elle diminua quelque peu ses forces... Au début de l'automne, il présenta les symptômes de la maladie [une péripneumonie] qui devait causer sa mort. », « Vie de Gassendi », préface aux *Opera omnia* (1658), dans : *Mémoire de Gassendi. Vies et célébrations écrites avant 1700*, S. Taussig et A. Turner éd., Turnhout, Brepols, 2008, p. 403.

64.

14 janvier 1655, des Noyers à Hevelius

BO : CI-III, 419
BnF : Lat. 10 347-III, 114-115

De Varsavie, le 14 jenvier 1655
A Monsieur,
Monsieur Hevelius, Consul de la ville de Dantzigt,
A Dantzigt.

Monsieur,

Je vous ay dit que j'avois reçeus les derniers exemplaires que vous m'aviez envoyez. J'en ay fait tenir par la Poste 7 en deux fois au Pere Riccioli a Bologne auquel j'ay escrit que par mesgarde une lettre que vous luy escriviez estoit retournee a Dantzigt. Les deux autres je les ay envoyez, ausy par la poste a Paris, un a Monsieur Boulliau, et l'autre a une personne entenduë et curieuse de tous vos ouvrages, et ainsi il ne m'en est demeuré pas un. J'attandré que vous me dissiez combien vous en enfermerez dans le paquet pour Paris affin qu'apres que vous aurez escrit ceux a qui vous voulez qu'ils soient distribuez, je donne les ordres necessaire a celuy qui les doibt recepvoir qui est Mr. Levesque, Argentier de la Reyne de Pologne. Ce qu'il devra faire du reste, sy vous avez dessein d'en faire tenir encore quelques uns en Italie, je vous y serviré de tout mon pouvoir.

On me dit de Paris que Mr. Gassendÿ avoit esté tiré du grand perille ou il c'estoit rencontré par un Medecin apellé M. Martin qui est fort curieux des Mathematiques[1]. C'est luy qui m'a donné un complement de Viette[2] que je vous ay une fois envoyé, apres qu'il l'eut fait imprimer. Je voudrois vous pouvoir tesmoigner, en quelque bon rencontre combien veritablement je suis,

Monsieur,

Vostre tres humble et tres obeissant Serviteur.

On travaille a faire que Monsieur Gassendi et Monsieur Morin se reconcilient ensemble[3]. Je croy qu'on en viendra a bout. La maladie perilleuse de Mr. Gassendi a produit ce bon effet.

---

1 Claude Martin Laurendière (dates inconnues), qualifié par Pierre Borel de « Médecin de Paris, notre ami très doux, imprégné de savoir » (*Historiarum et Observationum Medico-physicarum Centuriæ IV*, Paris, 1657, p. 354). Louis Jacob dans son *Traicté des plus belles bibliotheques du monde* (Paris, 1644) qualifie la sienne de « considerable pour les livres de médecine et de mathématiques » (p. 537). Il a joué un rôle important dans le défi de Fermat sur la théorie des nombres en 1657-1658.

2 Voir lettre n° 23 du 12 mars 1652.

3 Sur les instances expresses de Gassendi.

65.

23 janvier 1655, Hevelius à Pierre des Noyers

BO : Cι-III, 421
BnF : Lat. 10 347-III, 116

Domino Des Noyers,
Warsaviæ,

Generose Domine,

Quod morem mihi adeo lubenter gesseris in remittendis mearum epistolarum exemplaribus, grates certe tibi persolveo permagnas. Nunc autem ea tibi iterum restituo, ex quibus 4 tibi soli reservare potes, nisi unicum exemplar Domino Gassendo, si adhuc est in vivis per tabellarium ordinarium transmittere placeat. Domino Conrado etiam aliud offeres quo antecedens data occasione Dantiscum remittitur. In eodem præterea fasciculo literas illas ad Ricciolum datas, cum pagellis quibusdam Selenographicis, nec non exemplar aliquod Nicolao Zucchio Societatis Jesu Romæ (ni fallor) commoranti destinatum reperies quæ ut brevissima via transferantur omnia, vehementer rogo. Reliqua autem exemplaria in Galliam perferenda jussu tuo in duos dispartitus sum fasciculos : ad Dominum L'Evesques exemplar Robervalli cum aliis quatuor absque inscriptionibus misi, quæ pro tuo beneplacito viris doctis nobis bene cupientibus distribui possunt. Ad Bullialdum vero 10 misi videlicet ad illustrissimos Dominos Thuanum, Puteanum, Valesium, præclarissimum Gassendum et Bernierium, reliqua quæ supersunt Bullialdo distribuenda committo. Cæterum Gassendum nostrum adeo gravi afflictari morbo vehementer doleo, cum optime norim, quantum in hoc uno capite universæ rei literariæ intersit : o utinam meliora nova de eo, quem animitus diligo perscribere brevi possis, nihil unquam accideret gratius ! Animus enim est mihi si convaluerit prima occasione ad binas suas respondere, quas non ita pridem cum Tychonis et Copernici vita ad me misit. Interim Bullialdum multum multumque salutes velim. Vale amice suavissime, et ut annus hic novus, quem Deo propitio feliciter sumus ingressi, tibi felicissime etiam decurrat ex intimis præcordiis exopto.

Tuus
Ad nutum maxime addictus
J. Hevelius, manu propria

Anno 1655, die 23 Januarii, stylo novo, Gedani

À Monsieur des Noyers
À Varsovie,

Noble Monsieur,

Vous m'avez fait un grand plaisir en me renvoyant les exemplaires de mes lettres et je vous en rends de très grandes grâces. À présent, je vous les restitue. Vous pouvez en garder quatre pour vous seul, à moins qu'il ne vous plaise d'envoyer un unique exemplaire, par poste ordinaire, à Monsieur Gassendi s'il est encore de ce monde[1]. Vous en offrirez aussi un autre à Monsieur Conrad[2] car le précédent a été renvoyé à Dantzig. Dans le même paquet, vous trouverez mes lettres adressées à Riccioli, avec quelques pages de la Sélénographie, ainsi qu'un exemplaire destiné à Niccolo Zucchi de la compagnie de Jésus qui séjourne (si je ne me trompe) à Rome[3]. Je vous demande avec insistance que tout cela soit transporté par le chemin le plus court. À votre demande, j'ai réparti en deux paquets les exemplaires à faire parvenir en France. J'ai envoyé à Monsieur l'Evesque l'exemplaire de Roberval avec quatre autres sans dédicace qui peuvent être distribués, selon votre bon plaisir, aux savants qui nous veulent du bien. J'en ai envoyé dix à Boulliau, à savoir pour les illustrissimes Messieurs de Thou, Dupuy[4], Valesius, pour le très célèbre Gassendi et pour Bernier. Quant à ceux qui restent, j'ai confié leur distribution à Boulliau. Par ailleurs, je suis bien chagriné que notre cher Gassendi soit affligé d'une si grave maladie car je connais très bien l'importance de cette seule tête pour les lettres. Puissiez-vous bientôt m'écrire de meilleures nouvelles d'un homme que j'aime du fond du cœur. Rien ne pourrait m'être plus agréable. S'il

---

1 Pierre Gassendi est mort le 24 octobre 1655, à Paris.

2 Balthasar Conrad (1599-1660), jésuite, a enseigné l'astronomie et les mathématiques à l'Université de Prague, fondue dans l'Académie jésuite (le Clementinum, 1567) en 1622. Il s'est intéressé à la lumière et aux arcs en ciel et aux perfectionnements des télescopes, sur lesquels il préparait un livre (manuscrit perdu). En 1658, il envoya une lettre circulaire à tous les savants d'Europe, préconisant leur coopération pour perfectionner la lunette. Cette lettre circulaire — *Epistola ad omnes Europae mathematicos, Operis Teledioptrices nuntia, missa à R.P. Balthasare Conrado Societatis Jesu* — a été envoyée à Huygens de Varsovie le 17 juillet 1658 (*OCCH*, II, 1657-1659, n° 498, p. 193-194. Huygens y répondit avec enthousiasme le 22 février 1659 : n° 590, p. 356). Hevelius a échangé 10 lettres avec Conrad entre 1651 et 1656. Voir : Jiri Marek, « Un physicien tchèque au XVIIᵉ siècle. Ioannes Marcus Marci de Kronland (1595-1667), collègue de Conrad », *Revue d'Histoire des Sciences*, XXII-2 (1968), p. 109-130.

3 Niccolo Zucchi (1586-1670), jésuite, recteur du collège de Ravenne, a conçu en 1616 le premier télescope à réflexion concave qui lui permet d'observer la ceinture de Jupiter (17 mai 1630) et les taches de Vénus, en 1640. Accompagnant le cardinal des Ursins auprès de Ferdinand II, il rencontre Kepler qu'il ne parvient pas à convertir, mais qui lui donne la passion de l'astronomie. Zucchi prit position contre le vide. Il a publié un traité d'optique : *Optica Philosophia experimentis et ratione a fundamentis constituta* (1652-1656). Il achève sa carrière à Rome, au Collegium romanum. Dans le *Somnium* (1634), Kepler mentionne une observation de la Lune du 17 juillet 1623, réalisée « à l'aide du télescope du père Nicolas Zucchi, qui a une très longue portée. » voir : Kepler, *Le Songe ou astronomie lunaire*, trad. de M. Ducos, Nancy, 1984, p. 145 (notes sur l'appendice géographique).

4 De Thou (Jacques-Auguste II, 1609-1677) et Dupuy (probablement Jacques, 1591-1656) sont les protecteurs de Boulliau. Louis Emmanuel de Valois et François Bernier sont liés à Gassendi.

guérit, j'ai l'intention de répondre à la première occasion aux deux lettres qu'il m'a envoyées il n'y a pas si longtemps avec la vie de Tycho et de Copernic[1]. Entre temps, j'aimerais que vous adressiez mes multiples saluts à Boulliau. Portez-vous bien très doux ami, et du plus profond de mon cœur, je forme le vœu que cette nouvelle année, où nous sommes heureusement entrés par la faveur de Dieu, s'écoule pour vous en toute félicité.

À vous
Tout soumis à votre volonté,

J. Hevelius, de sa propre main

En l'an 1655, le 23 janvier, nouveau style, à Dantzig.

66.

4 février 1655, Pierre des Noyers à Hevelius

BO : Ci-III, 434
BnF : Lat. 10 347-III, 140-141.

De Varsavie, le 4 febvrier 1655

Monsieur,

Je reçois tout maintenant vostre paquet, avec vostre lettre du 22 de Jenvier[2]. Je feré la distribution des exemplaires que vous m'envoyez selon vostre desir. Je retireré celuy qu'a eu Monsieur Corade et vos le renvoyerez. Monsieur Gassendi est guerÿ a ce que Mr. Boulliau m'escrit[3]. Sa maladie a servy a le racomoder avec Mr. Morin.

Quand au paquet de vos exemplaires que vous voulez qui soit envoyez a Paris, il est vrai que M. Helias Zacarias est sorty de Dantzigt dans le temps que je vous ay adressé a luy, pour venir en Pologne, mais il s'en retournera bien tost et je luy enchargeré particulierement d'avoir soin de ce paquet et de l'envoyer par la plus courte voÿe qui se rencontrera. Et cepandant j'en envoÿeré encore un par la poste pour Monsieur Gassendi. Mr. Boulliau comme je croy luy aura desja communiqué celuy que je luy aÿ envoyé.

---

1 Des lettres restées sans réponse (16 juillet et 1er septembre 1654) en dépit de l'état de santé de Gassendi qu'Hevelius ne prendra la peine de remercier que le 31 mars 1655.
2 N° 65.
3 N° 63.

Je vous envoye dans ce paquet l'observation des deux dernieres eclipses de soleil, faite par Mr. Agarat devant Mr. Le duc d'Orleans[1]. Je voudrois avoir occasion de vous mieux tesmoigner combien je vous honore et combien je suis,

Monsieur,
Vostre tres humble et tres obeissant Serviteur

Des Noyers

67.

18 février 1655, Pierre des Noyers à Hevelius

BO : CI-III, 435
BnF : Lat. 10 347-III, 141

De Varsavie, le 18 febvrier 1655

Monsieur,

Je vous renvoye l'exemplaire premier que vous aviez destiné pour Mr. Conrade, et que j'ay retiré de luy, lors que je luy en ay donné un autre de vostre part. Je vous envoye ausy une observation venüe des Indes occidentalles[2] ne sachant pas sy vous l'aurez desja veüe, qui a esté adressee au Pere Kircher. J'ay envoyé en Italie, ce que vous avez destiné pour les PP Riccioli et Zucchio[3]. Je suis tousjours avec la mesme passion,

Monsieur,
Vostre tres humble et obeissant Serviteur

---

1 Antoine Agarrat (1615-166-), Provençal. Il fut le secrétaire de Peiresc puis de Gassendi et était un très habile observateur des astres, un des plus habiles selon Boulliau. Il observa, à Blois, pour le duc d'Orléans qui se piquait d'astronomie, les deux éclipses de 1652 et 1654, et en publia les résultats dans les *Eclipses de Soleil observées aux années 1652 et 1654 par les ordres de son Altesse royale*, Paris, in-4°. Pingré, *Annales célestes*, mentionne son observation de l'éclipse du 12 août 1654, p. 213. À cette date, Hevelius comme Boulliau flattent le duc d'Orléans pour en obtenir pensions ou gratifications (voir *CJH*, II, p. 14-20). Pour l'ensemble des observations, Pingré, *Annales*, 1654, p. 211-214.
2 Observation non repérée.
3 Niccolo Zucchi : voir lettre n° 65 (23 janvier 1655).

68.

11 mars 1655, Pierre des Noyers à Hevelius

BO : Cɪ-III, 436
BnF : Lat. 10 347-III, 141

De Varsavie, le 11 Mars 1655

Monsieur,

Je vous envoye un paquet que le Pere Athanase Kircher m'a adressé pour vous. Je ne vous diré point ce qu'il m'ecrit. Je croy qu'il vous dira dans sa lettre[1] ce qu'il me dit dans la mienne. Quand les autres a qui j'ay envoyé vos observations m'en feront savoir le reçeu, je vous en donneré ausy tost advis, et cepandant faittes moy tousjours l'honneur de me croire,

Monsieur,
Vostre tres humble et tres obeissant Serviteur

Des Noyers

69.

Mars 1655, Hevelius à Pierre des Noyers

BO : Cɪ-III, 437
BnF : Lat. 10 347-III, 142-43 [après le 21 mars : PDN paquet Kircher]

Domino Des Noyers
Warsaviæ,

Generose Domine,

Tum illas, die 18 Februarii datas, quibus adjunctæ fuerunt observationes in India occidentali habitæ, tum novissimas tuas, cum literis celeberrimi viri Patris Kircheri mihi multo desideratissimis, suavissimisque recte accepi. Gratulor mihi, opusculum meum coripheo illi literatorum haud displicuisse ; quid tibi vero de rebus istis dic-

---

1 Sans doute la lettre du 30 janvier 1655, SBB Darmstaeder F2c 1641(1) ; BnF Lat. 10 347-III, 136 ; Olhoff, p. 46-47.

tus Kircherus exposuerit, itidem percipere exopto ; pariter ac aliorum clarissimorum virorum sententias, quæ si tibi innotescerent, quæso fac eas ut habeam ; valde me tibi devincies. Edidit nuper Johannes Placentinus pagellam unam atque alteram de longitudinis negotio, quam hisce simul, par pari ut aliquot modo referam, transmitto. Num motum omnino, uti quidem sibi persuadet, attigerit nec ne, ipsemet pro summo tuo judicio judicabis : satius fuisset, mea quidem opinione, manum de tabula illa abstinuisse. Literas quas vides, rogo, ut prima occasione in Galliam perferantur : facies rem mihi pergratam. Inprimis vero te oro atque obtestor ut in certo quodam negotio me concernente, mentem judiciumque tuum aperire haud graveris ; id quod negotium tibi oretenus pluribus Dominus Daniel Schultz, cui has literas tradi cupio, exponet. Si res ista, magno absque strepitu, tuoque incommodo, ea ratione ad optatum deduci poterit finem, rogo iterum atque iterum ne quicquam intermittas quod in honorem meum, perpetuamque memoriam nostram vergere queat : ego vicissim gratissimo animo id semper agnoscam. Vale amice honoratissime, et me ama, qui et sum, et sum futurus æternum tuæ virtutis admirator, dignitatisque cultor. Dabam Gedani anno 1655, die

Tuæ Generositati
Officiosissimus,

J. Hevelius, manu propria

Postscriptum

Has dum claudo, amice suavissime, literæ mihi a Reverendo Patre Ricciolo humanitate atque benevolentia erga me summa plenissimæ traduntur, quarum copiam (cum bene norim, te simul mecum avidissime exspectasse, quid dictus Ricciolus ad meas esset responsurus) tibi simul transmitto. Fateor autem ultro nimis largum fuisse in extollendis meis leviusculis inventiunculis : verum, cum ex mero amore optimi illius viri, atque sincero affectu profluxisse ea omnia certum sit facile Ricciolo condonamus. Percupit ut legere est exemplar aliquod Selenographiæ, id quod etiam nunc lubentissime transmitto bene consignatum, rogans magnopere, ut viro illi magno prima occasione data, sed tuta quadam tradatur quo illius satisfiat desiderio. Sed condones temeritati meæ, quod tam audacter rebus odiosis onerare haud erubesco. Literis autem ejus, quia jam non vacat cum primo tabellario sum responsurus. Interim eum peramanter meo nomine salutes. Vale iterum.

LETTRES [1655]

À Monsieur des Noyers
À Varsovie,

Noble Monsieur,

J'ai bien reçu votre lettre du 18 février avec en annexe les observations faites aux Indes occidentales[1], ainsi que votre dernière lettre, avec la lettre du très célèbre père Kircher que je désirais beaucoup et qui me fut très agréable[2]. Je me félicite que mon opuscule n'ait pas déplu à ce coryphée des lettrés ; je souhaite de même avoir connaissance de ce que ledit Kircher vous a exposé sur ces questions et si vous êtes informé des avis d'autres hommes illustres, je vous prie de faire en sorte que je les reçoive. Vous m'obligerez beaucoup. Johannes Placentinus a récemment publié l'une ou l'autre petite page sur la question de la longitude que je vous transmets avec cette lettre pour vous rendre, en quelque sorte, la pareille[3]. Vous jugerez vous-même avec votre profond discernement s'il a atteint complètement le mouvement comme il s'en persuade. Il eût été préférable à mon avis de ne pas mettre la main à cette table. Quant à la lettre que vous voyez, je vous demande qu'à la première occasion, elle soit transmise en France : vous me rendrez un service bien agréable. Mais avant tout, je vous prie et je vous conjure, que dans une certaine affaire qui me concerne vous preniez la peine de me révéler votre avis et votre jugement. Cette affaire, Monsieur Daniel Schultz vous l'expliquera oralement en plus grand détail[4]. Je souhaite que vous lui donniez cette lettre. Si cette affaire pouvait, sans grand tapage et sans inconvénient pour vous, être menée de cette façon, jusqu'à son terme, je vous demande encore et encore de ne rien omettre qui puisse contribuer à mon honneur et à ma mémoire perpétuelle ;

1 Nº 67.

2 Nº 68.

3 Johannes Placentinus (1630-1683), mathématicien de l'électeur de Brandebourg Frédéric-Guillaume. Originaire de Bohême, il a fréquenté le collège de Comenius à Leszno, puis différentes institutions universitaires (Dantzig, 1648, Königsberg, 1649, Groningue, 1651, Leyde, 1652, Heidelberg, 1653). Il arrive à l'Université de Francfort/Oder en 1653 et y devient professeur de mathématiques en 1654. Il s'intéresse notamment à l'application des calculs logarithmiques à l'astronomie, à la géodésie et à la géographie ; ainsi qu'à l'optique (lentilles, lunettes). Il publie en 1654 une *Observatio eclipseos Solaris peracta in Alma Viadrina* ; en 1655, un *Renatus Des Cartes triumphans i.e. Principia Philosophiæ cartesianæ*, Francfort/Oder. Les travaux dont fait état Hevelius sont réunis en 1657 sous le titre de : *Geotomia sive Terræ sectio exhibens præcipua et difficiliora problemata, explorandi latitudines locorum... inquirendi longitudines... determinandi distancias per trigonometriam logarithmicam soluta*, Francfort/Oder, 1657. Voir Pietro Odomeo, "Central European polemics over Descartes : Johannes Placentinus and his academic opponents at Francfurt on Oder, 1653-1656", *History of Universities*, M. Feinglod éd., XXIX-1, Oxford, 2016, p. 29-63.

4 Daniel Schultz et l'affaire non élucidée de 1655 : dans son catalogue, Bozena Steinborn, *Malarz Daniel Schultz*, 2004, mentionne qu'Hevelius a confié à Schultz une lettre à remettre à Pierre des Noyers à Varsovie (p. 13). Elle mentionne encore (sans référence) que des Noyers demande à D. Schultz des informations sur la mort de la mère d'Hevelius (avant novembre 1654), p. 221. [D.M.]

quant à moi, c'est avec une âme très reconnaissance que je le reconnaîtrai toujours. Portez-vous bien, ami très honoré, et aimez-moi, moi qui suis et serai éternellement l'admirateur de votre vertu et le dévot de votre Noblesse.

À votre Noblesse,
Tout à son service,

J. Hevelius de sa propre main

Postscriptum

Au moment où je ferme cette lettre, mon très doux Ami, on m'apporte une lettre du révérend Père Riccioli toute pleine d'humanité et de bienveillance à mon égard[1]. Je vous en envoie copie car je sais qu'avec moi, vous avez attendu avec grande impatience ce que ledit Riccioli allait me répondre. J'avoue spontanément qu'il a été trop généreux en exaltant mes légères petites inventions ; mais comme il est clair que tout cela provient simplement de l'amour de cet homme et de sa sincère affection, nous pardonnons facilement à Riccioli. Il souhaite lire un exemplaire de la Sélénographie, je le lui transmets avec plaisir par pli consigné en demandant qu'il lui soit remis à la première occasion sûre pour satisfaire son souhait. Mais pardonnez-moi ma témérité si je ne rougis pas de vous charger si audacieusement de choses ennuyeuses. Je répondrai à sa lettre par le premier courrier car actuellement je n'en ai pas le temps. Entre temps, saluez le père Riccioli en mon nom avec toute mon affection.

---

1 Lettre du 24 février 1655, publiée dans Olhoff, p. 47-50. Les remerciements n'empêchant pas les critiques : sur la question des librations : voir lettre n° 53, du 11 septembre 1654.

70.

28 mai 1655, Pierre des Noyers à Hevelius

BO : Cɪ-III, 457
BnF : Lat. 10 347- III, 169-170

A Monsieur,
Monsieur Hevelius,
Consul de la ville de Dantzigt

De Paris[1], le 28 May 1655

Monsieur,

A mon arivee a Paris, j'ay fait chercher le papier que vous desiriez et dont vous m'aviez donné une foeille. Je l'ay fait voir a plusieurs, et il a esté impossible d'en trouver a Paris de cette marque et de cette condition plus de cinq ou six rames. Il se fait en Auvergne[2]. Un marchand se veut bien obliger par contract, a en fournir les deux cents rames que vous demandez dans le mois d'octobre et de les rendre a Nantte en Bretagne pour le prix de sept florins la rame qui seroit pour 200. rames, 1400 florins qu'il luy faudroit peyer icy. Le papier est maintenant fort rencheri a cause des imposts qu'on a mis dessus[3]. Outre les 1400 (livres) que je vous vient de dire qu'il faudroit que vous fissiez tenir icy, vous seriez encore obligé de peyer ce qu'il couterait a faire porter le susdit papier depuis Nantes jusques a Dantzigt, le marchand ne se voulant obliger qu'a le fournir a Nantes. Sur cela j'attandré vostre resolution laquelle j'effectueray avec tout le soin que vous sauriez desirer.

J'ay veu Monsieur Boulliau qui se porte fort bien et qui vous baise les mains. Il est apres a respondre a un Anglois[4] qui a escrit contre ses Tables et qui le reprend

---

1 Les dates de ce séjour nous sont inconnues. Pour le retour, nᵒ 73.

2 Au milieu du siècle, les papetiers de Troyes ne sont plus en mesure d'approvisionner le marché parisien en rames de grand format et de bonne qualité. Les libraires doivent donc se fournir en Normandie, en Poitou et surtout en Auvergne. À Thiers, Pierre Ferrier et à Limoges, Jean Poylevé, approvisionnent l'Imprimerie royale (Cramoisy) qui doit faire face à des difficultés d'approvisionnement: Henri-Jean Martin, *Livre, pouvoirs et société à Paris au XVIIᵉ siècle*, Genève, Droz, 1969, I, 388-389.

3 Richelieu avait institué en 1633 un « droit de marque » de 5 à 9 sols par rame. Entre 1648 et 1653, les libraires parisiens ont obtenu l'abolition de cet impôt, rétabli et aggravé en 1653 : ce qui a considérablement enchéri le prix du papier, les taxes et le transport pouvant représenter la moitié du prix: Henri-Jean Martin, *op. cit.*, II, p. 583-585.

4 Seth Ward (1617-1689), successeur de John Greaves à la chaire savilienne d'astronomie (Oxford) de 1649 à 1662, évêque de Salisbury en 1667. Il fut l'un des premiers à enseigner la théorie de Copernic. C'est en 1653 qu'il publie sa critique de Boulliau: *Ismaelis Bullialdi astronomiæ philolaicæ fundamenta*

d'avoir manqué a quelque prostapherese[1] en quoy il dit qu'il a raison mais cet Anglois ne donne pas les moyens de coriger cette faute et c'est ce que Mr. Boulliau donnera. Je n'ay pas encore veu Mr. Gassendy qui n'est pas tout a fait remis de sa maladie. Un Monsieur de Bessy[2] duquel je vous envoyé de Varsavie la facon d'un nouveau calcul pour les eclipses, va faire imprimer un commentaire qu'il a fait sur les dialogues de Galilee[3]. Mr. Bouliau n'a point ouy parler d'un livre que je luy ay dit avoir veu sur vostre table fait en alemagne contre son Philolaus[4]. Sy je descouvre icy quelque chose de curieux je ne manqueré pas de vous en faire part estant comme je suis,

Monsieur,
Vostre tres humble et obeissant Serviteur,

Des Noyers

Je vous suplie d'assurer Monsieur Kromhausen de mon tres humble service. J'ay oublié a mon despart de luy parler des Tables de feu Mr. Kruger Je les aurois fait imprimer icy[5].

inquisitio brevis. Boulliau lui répondra en 1657 : *Astronomiæ Philolaicæ fundamenta clarius explicata et asserta adversus clarissimi Sethi Wardi, Oxoniensis Professoris, impugnationem*, Paris, Cramoisy, 1657.

1 Selon le *Dictionnaire de l'Académie* (édition 1798), en astronomie ancienne, différence entre le lieu moyen d'une planète et son lieu vrai.

2 Bernard Frénicle de Bessy (1605-1675) mathématicien, astronome, spécialiste de la théorie des nombres (voir lettre n° 57 du 5 novembre 1654). Il a échangé des questions arithmétiques avec Pierre de Fermat (1607-1665). Ils se posaient l'un à l'autre des problèmes, se communiquaient des règles, des méthodes et peut-être des démonstrations. Le petit théorème de Fermat, des considérations sur les sommes des carrés, sur les carrés magiques et des problèmes d'origine diophantienne sur les triangles rectangles en nombre firent l'objet de ces échanges. Lorsqu'après 1643, Frénicle travailla avec Pierre Brulard de Saint-Martin, Fermat soumit au nouvel interlocuteur une série de problèmes (voir lettre du 1er novembre 1657). Ces documents se trouvent dans le fonds Roberval (Institut de France, Académie des sciences) qui a sans doute communiqué ces problèmes à des Noyers : Catherine Goldstein, *Un théorème de Fermat et ses lecteurs*, Saint-Denis, PUV, 1995.

3 Galileo Galilei, *Dialogo sopra i due massimi sistemi del mondo*, Florence, 1632. Frénicle n'a pas publié ce commentaire. On ne lui connaît pas de Commentaire du *Dialogo* de Galilée. Voir lettre n° 57.

4 D'abord paru anonymement en 1639 (*Philolaüs sive Dissertatio de vero systemate mundi*), puis sous son nom, en 1645 : *Astronomia Philolaica opus novum in quo motus planetarum per novam ac veram hypothesim demonstratur, mediique motus, aliquot observationum authoritate, ex manuscripto Bibliothecae regiae, quae hactenus omnibus astronomis ignotae fuerunt stabiliuntur. Superque illa hypothesi tabulae constructae omnium, quotquot hactenus editae sunt, facillimae.* Les « Tables Philolaiques » se trouvent dans cette édition. Leur critique allemande n'a pu être identifiée. Précisons, pour information, que Boulliau était en très mauvais termes avec Morin qui publia contre le *Philolaus* (de 1639) un premier pamphlet (*Tycho Brahaeus in Philolaum pro telluris quiete*) sans lever l'anonymat, puis un second, de huit pages, très mordant : *J. B. Morinus, mathematicum Professor Regius, ab Ismaelis Bullialdi convitiis iniquissimis juste vindicatus*, sp., sd. Dans son *Astronomia Philolaica*, Boulliau s'était proposé de corriger la théorie de Kepler et de rendre le calcul plus exact et plus géométrique. Morin réédita les *Tabulæ Rudolphinæ* en 1650 (Paris), « ad accuratum et facile compendium redactæ ».

5 Peter Crüger (1580-1639), le maître de mathématiques d'Hevelius au *Gymnasium academicum* (1627-1630). Enseignant renommé, Crüger était aussi chargé de l'établissement des pronostications et des calendriers de la ville de Dantzig et le censeur des ouvrages scientifiques qui y étaient imprimés. Pour

LETTRES [1655]

71.

23 juillet 1655, Pierre des Noyers à Hevelius

BO : Ci-IV, 472
BnF : Lat. 10 347-IV,7- 8

De Paris, le 23 juillet 1655

Monsieur,

Je vous renvoye la response que vous fait Monsieur Boulliau qui est venu ce matin me la porter dans ma chambre. Je fait ce que je puis pour l'obliger a faire un voyage en Pologne affin de luy faire voire vos beaux instruments[1]. Je l'ay quasy a demy desbau- ché et sy vous me vouliez un peu ayder par vos lettres, je pouré l'emmener avec moy lorsque je m'en retourneré.

Je vous ay dit par ma derniere l'advis[2] que ledit sieur Boulliau m'avoit donné qu 'on vous fourniroit du papier selon la feuille que vous m'en aviez donnee, a Bor- deau, pour 6 florins ½. Sy vous me voulez ordonner quelque choses, je croy que je seré encore assez long temps a Paris pour y recevoir vos lettres et pour vous y tesmoigner que je seré tousjours,

Monsieur,
Vostre tres obeissant Serviteur,

Des Noÿers

Crüger, l'établissement de pronostications — brefs écrits de 6-8 pages évoquant les événements astrono- miques de l'année à venir (éclipses, conjonctions) et les tables (suite de données qui indiquent les situa- tions et les mouvements célestes et servent à les calculer) — étaient l'affaire des mathématiciens (comme il l'expose dans ses *Cupediæ astrosophicæ Crugerianæ*,1631) et non pas des faux prophètes.

1 En 1656, la Reine de Pologne a voulu confier une mission diplomatique à Boulliau en le chargeant de négocier auprès des États Généraux de la Haye une alliance entre les Provinces-Unies et la Pologne contre la Suède (alliée de la France) qui avait envahi la Pologne et la Lituanie. Lorsque des Noyers écrit cette lettre, il ne sait sans doute pas encore que les armées de Charles-Gustave, qui veut se rendre maître de la Baltique, ont attaqué la Pologne à l'ouest par la Poméranie suédoise et la Lituanie au nord par la Livonie. Le 25 juillet, à la bataille d'Ujscie, les nobles de Grande Pologne se sont rendus à Arvid Wit- tenberg et les Suédois installent une garnison à Poznań. Cette lettre de des Noyers montre qu'avec l'aide d'Hevelius, il a déjà tenté, par lui-même, d'attirer Boulliau en Pologne. En vain : d'une part, Gassendi est fort malade et Boulliau ne désespère pas de lui succéder au Collège royal (ce sera Roberval). D'autre part, après la mort de Pierre Dupuy (14 décembre 1651), Boulliau est resté auprès de son frère Jacques dans l'espoir, à sa mort, d'être nommé directeur de la Bibliothèque du roi (poste qui lui échappera aussi). Pour ces deux raisons, Boulliau devait rester à Paris veiller au grain.

2 Lettre apparemment manquante. Dans celle du 28 mai (n° 70), il était question d'un papetier de Nantes.

72.

26 juillet 1655, Pierre des Noyers à Hevelius

BO : Cı-IV, 473
BnF : Lat. 10 347-IV, 8

Mr. Hevelk
De Paris, le 26 juillet 1655

Monsieur,

J'auré tousjours beaucoup de joÿe de vous tesmoigner en tous les rencontres la passion que j'ay pour vostre service. Vostre lettre du 15 de juin[1] me dit que je ne prenne point de papier pour vous a 7 florins, ce prix estant trop excesif ce que je vous advoüé estre vray. Monsieur Boulliau qui s'estoit ausy mis en peine pour trouver le mesme papier que vous demandez m'a dit qu'il avoit connoissance d'un marchand qui vous le fourniroit rendu a Bordeau pour 6 livres 10 sols la rame. Le mesme Mr. Boulliau ne croit pas que vous puissiez avoir de bon papier a Rouan et crain que la vous n'y soÿez trompé. Il vous baise les mains et m'a dit qu'il feroit responce a vos lettres du 31 de mars qu'il a receuë. J'auré soin en m'en retournant de chercher tout ce qu'il y aura icy de curieux pour vous en faire part. Et cepandant si vous me voulez commander quelque choses je seré encore icy assez long temps pour y recevoir vos lettres et vos ordres que je tacherez d'executer avec toute la punctualité possible comme estant tousjours,

Monsieur,
Vostre tres humble et tres affectionné Serviteur

Des Noÿers

Je vous prie de trouver bon que je saluë icy Monsieur Krumhausen.

---

1 Lettre qui ne se trouve pas dans la correspondance.

LETTRES [1655]

279

73.

17 septembre 1655, Pierre des Noyers à Hevelius

BO : C1-IV, 471
BnF : Lat. 10 347, IV, 7

De Paris le 17 septembre 1655

Monsieur,

J'ay fait voire a Monsieur Boulliau la lettre que vous me faitte l'honneur de m'es-crire du 21. d'aoust[1]. Il vous a voulu remercier des marques d'amitié que vous luy tes-moignez. Je croy que je l'aurois obligé de faire le voyage de Pologne sans la guerre[2]. Il vous dit dans sa lettre que je vous envoye comme il a envoyé vos Epistres a Monsieur le duc d'Orleans qui ayme si fort les personnes vertueuse comme vous, qu'il vous l'a voulu tesmoigner de sa main[3]. Un gentilhomme qui est a luy nomme Mr. De la Motte Goulas[4] luy en a encore voulu porter un autre exemplaire que je luy ay donné. Je ne vous diré rien pour ce qui concerne le papier que vous avez demandé. Quand vous en voudrez avoir Monsieur Boulliau prendra le soing de vous en envoyer. Je partiré d'icy la semaine prochaine pour m'en retourner en ~~Alemagne~~ Pologne mais l'iruption des suedois m'empesche de passer a Dantzigt. Je prendré donc le chemin d'Alemagne

1 Cette lettre ne se trouve pas dans la correspondance.

2 Rien n'est moins sûr, Boulliau ne voulant point s'écarter de Paris. Il pensait succéder un jour prochain à Gassendi (au Collège royal) et à Jacques Dupuy (à la Bibliothèque du Roi). Lors de son séjour à Paris, Pierre des Noyers fit ce qu'il pouvait pour le faire venir en Pologne, faisant notamment valoir l'amitié d'Hevelius pour Boulliau.

3 Par le petit mot du 29 août 1655. Les « épitres » en question sont les *Epistolæ IV* (1654). Gaston reçut aussi la *Selenographia*. À cette époque, Hevelius espère un mécénat de Gaston d'Orléans : *CJH*, II, p. 14-20. Boulliau qui souhaite aussi une pension pour lui-même et Pierre des Noyers le seconde dans cette tâche.

4 Nicolas Goulas de la Motte (1603-1683) est gentilhomme ordinaire de Gaston d'Orléans en 1626 et gentilhomme de la chambre entre 1652 et 1660, date de la mort du Prince. Après cette date, il rédige des mémoires (qui vont jusqu'en 1651). Pierre des Noyers le connaît personnellement.

280 CORRESPONDANCE DE JOHANNES HEVELIUS. TOME III

pour aller gagner Cracovie[1] d'ou quand je seré arivé je me donneré l'honneur de vous escrire pour vous protester que je seré tousjours,

Monsieur,
Vostre tres humble et tres obeissant Serviteur,

Des Noÿers

Je vous suplie de me permettre que je puisse assurer icy Monsieur Krumhausen de mon tres humble estime.

74.

20 juin 1656, Hevelius à Pierre des Noyers

BO : Cι-III, 458
BnF : Lat. 10 347-III, 170-172

Nobilissimo Domino Petro Nucerio[2]

Johannes Hevelius Salutem,

Quod tanto temporis intervallo, nil quicquam literarum ad te dederim, non mea negligentia, nec remissione observantiæ erga te meæ accidit, sed quod variæ occupationes hocce turbulentissimo statu obsteterint, quominus id fieri nequiverit : quare non dubito, quin facile veniam sim impetraturus. Nosti amice optime, me non adeo pridem literas a Regia Sua Celsitudine Duce scilicet Aurelianensium, per Bullialdum nostrum accepisse ad quas autem nudis literis vicissim respondere veritus sum : idcirco dissertatiunculam conscripsi de Saturni nativa facie ejusque variis phasibus, certa periodo redeuntibus ; nec non eclipseos Solaris, anni 1656 observatione, quam Serenissimo Principi dicavi, quo eo faciliorem mihi ad illustrem ejus gratiam compararem aditum. Hanc dissertatiunculam jam et tibi transmitto, rogans ut benevole eam accipias, judiciumque de istis omnibus meis inventis libere aperies, quod si feceris maximo beneficio me tibi devinctum habebis. Domino Bullialdo aliisque amicis per Monsieur Gratonem etiam aliquot exemplaria cum istis quæ Duci Aurelianensium tradi debeant, transmisi : utinam feliciter et quam citissime perferantur ! De quibus admodum sum sollicitus. Poteris, si ita videbitur, data occasione, Bullialdo

1 Les Suédois sont devant Varsovie le 8 septembre. La cour se réfugie alors à Cracovie, occupée le 19 octobre. Pierre des Noyers rentre de Paris par la route de Ratisbonne.
2 Aucune adresse : Pierre des Noyers suit la cour, alors à Głogów, en Silésie.

LETTRES [1656]

(quem officiose velim salutes) significare me fasciculum exemplarium ejusdem dissertationis, adjunctis literis Parisios ad Dominum L'Eveques perferendum curasse, quo non nescias, cujus fidei sit concreditum. Cæterum, quo in statu hic Gedani res nostræ versentur, spero te a M. de Canaseilles probe cognovisse, sic ut nihil dicere restet, quam quod nihil antiquius habemus omnes hoc calamitoso tempore, nisi ut Deo salvam conscientiam, Regi vero nostro integram fidem in omnibus nostris actionibus conservemus. Deus autem supremus ille rerum arbiter bello isto teterrimo et periculosissimo tandem finem imponat, ut vicissim pace exoptatissima frui liceat! Si opportunitas detur ad Patrem Ricciolum Bononiam scribendi, rogo haud graveris ipsi indicare, me primo quoque tempore literis suis responsurum, eique etiam exemplar aliquod dissertationis meæ de Saturno transmissurum; quod et Kirchero facere proposui. Interea omnes officiose salutes velim. Vale et me inter eos adscribe, tibi qui toto sunt addicti pectore. Dabam Dantisci, anno 1656, die ipso Solstitii.

Au très noble Monsieur Pierre des Noyers,
Jean Hevelius, Salut,

Je ne vous ai plus envoyé aucune lettre depuis longtemps. La cause n'en est ni ma négligence, ni un manquement à mes devoirs, mais en ces temps très turbulents[1] diverses occupations ont rendu la chose impossible; c'est pourquoi je ne doute pas d'obtenir facilement votre pardon. Vous savez, Excellent Ami, que j'ai reçu voici peu de temps, par notre cher Boulliau, une lettre de son Altesse Royale le Duc d'Orléans[2]; j'ai craint de lui répondre par une simple lettre; c'est pourquoi j'ai écrit une petite dissertation sur la figure native de Saturne et sur ses diverses phases[3], qui reviennent

---

1 Au lendemain de l'abdication de la Reine Christine, le 6 juin 1654, Jean-Casimir a l'imprudence de se proclamer Roi de Suède et proteste contre l'avènement de Charles-Gustave. Les Suédois rompent la trêve de Stumsdorff (1635) et envahissent la Pologne par l'ouest (Poméranie suédoise) pour gagner le centre et le sud du pays. Une grande partie des villes, dont la capitale, s'est livrée aux ennemis, par traitrise ou faiblesse. Jean-Casimir a fui en Silésie suivi par le résident de Dantzig à la cour, qui a continué d'aider financièrement le roi. Les habitants de Dantzig ont, d'autre part, rejeté la proposition suédoise de neutralité et clamé leur fidélité à la couronne polonaise qui leur avait accordé de nombreux privilèges, source de la prospérité de la ville. Charles-Gustave a donc entrepris de réduire la ville et, début 1656, ses troupes l'encerclent et s'emparent d'*Oliva*. L'étau se desserre lorsque Charles-Gustave quitte la Prusse royale fin janvier 1656, pour reprendre en main la situation dans le centre et le Sud, Jean-Casimir ayant quitté son exil silésien. En mars 1656, Dantzig libère *Oliva*; mais les troupes suédoises, de retour, organisent le blocus de la ville et la paralysie de son commerce en s'emparant du site stratégique de Głowa Dantziga. Le pays est dévasté et les digues détruites. Cette guerre est très préjudiciable pour Hevelius, tant pour l'approvisionnement de ses brasseries, que pour l'exportation de ses bières.

2 Du 29 aout 1655 (*CJH*, II, n° 2, p. 141-142). Gaston le remercie et l'assure de son estime et de son affection.

3 *Dissertatio de Nativa Saturni Facie, ejusque variis phasibus; qui addita est, tam eclipseos Solaris anni 1656, quam diametri Solis apparentis accurata dimensio*, ad ...GASTONEM BORBONIUM AURELIANENSIUM DUCEM, Dantzig, Reiniger, 1656.

à des périodes fixes ; et aussi sur l'observation de l'éclipse du Soleil, faite en 1656[1], que j'ai dédiée au Sérénissime Prince pour qu'il me ménage un accès plus facile à sa faveur illustre. Je vous envoie aussi cette dissertation, en vous demandant de l'accueillir avec bienveillance et de me découvrir librement votre jugement sur toutes mes inventions nouvelles ; si vous le faites, vous m'obligerez par un grand bienfait. J'ai transmis par Monsieur Graton[2], pour Monsieur Boulliau et nos autres amis, quelques exemplaires avec ceux qui doivent être remis au Duc d'Orléans. Puissent-ils lui parvenir heureusement et le plus vite possible. J'en suis très préoccupé. Vous pourrez, si vous le jugez bon, faire savoir à l'occasion à Monsieur Boulliau (que je vous prie de saluer poliment) que j'ai chargé Monsieur L'Eveques[3] de faire parvenir à Paris un paquet d'exemplaires de cette même dissertation en ajoutant des lettres afin que vous sachiez à qui il a été confié. Par ailleurs, j'espère que vous avez été informé en toute objectivité par Monsieur de Canaseilles[4] de l'état dans lequel mes affaires se trouvent ici à Dantzig. De la sorte, il ne me reste rien à dire, si ce n'est qu'en ce temps calamiteux, rien n'est pour nous tous plus important que de garder pour Dieu une conscience intacte et pour notre Roi, une totale fidélité en toutes nos actions. Que Dieu, arbitre suprême des choses, mette enfin un terme à cette guerre monstrueuse et dangereuse pour que nous puissions enfin jouir d'une paix très souhaitée. Si vous avez l'occasion d'écrire au Père Riccioli à Bologne, je vous demande de prendre la peine de lui indiquer que je répondrai au plus tôt à sa lettre et que je lui transmettrai un exemplaire de ma dissertation sur Saturne, ce que j'ai aussi proposé pour Kircher. En attendant, j'aimerais que vous saluiez courtoisement tout le monde. Portez-vous bien et inscrivez-moi au nombre de ceux qui vous sont dévoués de tout cœur. Donné à Dantzig, l'an 1656, le jour même du solstice.

---

1 Eclipse de Soleil du 26 janvier, observée par Hevelius aidé par Eichstadt, en dépit du blocus (Pingré, *Annales*, 1656, p. 225). L'observation fut aussi faite à Blois par Antoine Marchais, professeur de mathématiques.

2 Francesco Gratta ?

3 Argentier de la Reine, déjà mentionné comme intermédiaire.

4 Henri de Canasilhes (ou Canazilles), consul de France à Dantzig : n° 62.

75.

21 mars 1657, Hevelius à Pierre des Noyers

BO : Cɪ-IV, 501
BnF : Lat. 10 347-IV, 48-49

Generose Domine ac amice
Plurimum observande,[1]

Injuriæ temporum adscribendum est, quod literarum commercium inter nos fuerit interruptum ; jam vero occasione hac commoda data, volui quantocyus hisce te invisere, tum ut promtitudinem meam tibi inserviendi denuo declararem, tum ut cognoscerem an literæ meæ ad te et Ricciolum die ipso solstitii æstivi anni 1656 datæ, una cum dissertatiuncula mea De nativa Saturni facie bene fuerint traditæ. Verum cum nihil quicquam responsi a te acceperim, quid aliud, quæso, præsumendum quam in itinere ea omnia periisse : idcirco dabo operam ut prima effulgente occasione alia exemplaria tibi reddantur. Sperassem quidem te nos Gedani invisurum fuisse ; sed jam de tuo adventu spem fere omnem deposui, cum Konitzio Poloniam versus cum Serenissima iter direxeris. O utinam pacata ac felicia forent tempora, quo tandem aliquando coram sermones reciprocare liceat ! Quod ut brevi fieri possit, faxit Deus Optimus Maximus. Cæterum officiose rogo haud graveris verbulo primo quoque tempore significare cui, bibliopola iste Parisiensis, si recte memini M. Piget, cui ante biennium circiter, te id procurante, aliquot exemplaria Selenographiæ et Ephemeridem Eichstadii a me acceperat pecuniam pro hisce libris mihi numerandam commiserit. Si quidem nil penitus mihi solutum est summa est 135 florini polonici. Nam anno 1655 die 20 Aprilis a te accepit

6 exemplaria Selenographia Selenographiæ 18 florinorum ...	108 florini
6 exemplaria Ephemeridum 3 partis Eichstadii	27 florini
Summa	135 florini
Sive	45 imperiales

Quare iterum iterumque rogo ne id male vertas, quod te alias occupatissimum hocce negotiolo turbare haud fuerim veritus. Si vicissim aliquid tui caussa possum,

---

1 Aucune adresse n'est indiquée. Il est alors à Częstochowa.

modo jubeas, mandes, promtum paratumque me nullo non tempore invenies. Vale feliciter et porro amore persequi non cessa.

Tuæ Generositati
Devinctissimum

J. Hevelium, manu propria

Gedani anno 1657, die 21 Martii.

Noble Monsieur et Ami
Grandement respectable,

C'est au malheur des temps[1] qu'il faut attribuer l'interruption de notre correspondance ; à présent que s'offre une occasion favorable, j'ai voulu vous visiter au plus vite, à la fois pour vous déclarer à nouveau ma promptitude à vous servir et pour savoir si vous avez bien reçu la lettre que je vous ai envoyée, ainsi qu'à Riccioli, le jour même du solstice d'été de l'an 1656[2], avec ma petite dissertation sur la figure native de Saturne. Cependant, comme je n'ai reçu de vous aucune réponse, que faut-il présumer, je vous le demande, sinon que tout cela a péri en route. C'est pourquoi je m'efforcerai de vous faire remettre d'autres exemplaires à la première occasion qui se présentera. J'avais espéré que vous me feriez visite à Dantzig[3], mais j'ai perdu à peu près tout espoir de votre arrivée. Vous avez pris avec Konitz[4] le chemin de la Pologne avec la Reine Sérénissime. O ! Puissent ces temps être apaisés et heureux pour que nous puissions un jour échanger nos propos directement en personne. Que Dieu très bon, très grand, fasse que cela se réalise vite. Par ailleurs, je vous demande comme un service de prendre la peine de faire savoir dès que possible par un petit mot à qui ce libraire parisien, si je me souviens bien Monsieur Piget[5], qui avait reçu de moi

---

1 En juillet 1656 le Roi de Suède livre la bataille de Varsovie (28-30 juillet). Le sort de Dantzig est toutefois plus favorable car ce même mois des navires hollandais et danois parviennent à rompre le blocus. Les Hollandais accordent à la ville un prêt d'un demi-million de guilders et lui assurent une garnison de 1300 soldats pour 14 mois. En octobre 1656, la ville s'empare même de deux navires suédois. Le 11 septembre 1656, les États Généraux négocient avec Charles-Gustave à Elbing un traité d'alliance et de commerce qui garantit la circulation sur la Baltique et le commerce de Dantzig. Jean-Casimir vient à Dantzig en novembre pour remercier la ville de sa fidélité. Il y est accueilli en grande pompe mi-novembre et la ville lui accorde un prêt de 200 000 złotys. Toutefois Dantzig ne parvient pas à libérer Głowa Dantziga, le trafic de la Vistule reste totalement paralysé (jusqu'en 1659), les pillages des troupes ont totalement ravagé le pays et la ville est ruinée.

2 Lettre n° 74 (20 juin 1656).

3 Lors de la venue du Roi dans la ville. Des Noyers, selon sa correspondance avec Boulliau (*LPDN*), était alors à Wolbourg.

4 Konitz : Chojnice, ville de Pologne.

5 L'officine Morel-Piget est l'une des douze maisons d'édition les plus puissantes d'Europe. Simon Piget, libraire le 30 juin 1639, adjoint de la communauté des libraires le 14 mai 1652, syndic le 9 septembre 1665, mort le 6 mars 1668, fut l'un des plus savants libraires de son temps et entretenait des correspon-

LETTRES [1657]

par votre entremise quelques exemplaires de la Sélénographie et de l'Ephéméride d'Eichstadt[1], a confié l'argent qui m'est dû pour ces livres. Si absolument rien ne m'a été payé, la somme est de 135 florins de Pologne, car l'année 1655, le 20 avril, il a reçu de vous

6 exemplaires de la Sélénographie à 18 florins pièce,	soit 108 florins.
6 exemplaires de la troisième partie des Ephémérides d'Eischstadt,	27 florins
Total :	135 florins
Soit	45 Impériaux

C'est pourquoi je vous demande encore et encore de ne pas prendre en mal le fait que je n'ai pas craint de vous déranger avec cette petite affaire alors que vous êtes très occupé par ailleurs. Mais si à mon tour je peux quoi que ce soit pour vous, ordonnez et mandez simplement, et vous me trouverez en tout temps prompt et prêt.

Portez-vous heureusement et ne cessez de poursuivre de votre affection

À votre Noblesse
Le très attaché,

J. Hevelius, de sa propre main

À Dantzig, le 21 mars 1657.

---

dances dans toute l'Europe pour son commerce de livres dont il faisait un grand trafic. Il a surtout édité des ouvrages religieux. Il avait pour emblème la Prudence et pour devise : *Vicit Prudentia vires*. Il avait accepté, avec Cramoisy, de vendre à Paris les ouvrages d'Hevelius. Dans les années 1660, il est encore dépositaire des ouvrages d'Hevelius qui ne trouvaient plus guère d'acheteurs. À la mort de Piget, en 1667, Boulliau dut intervenir pour qu'Hevelius soit au moins partiellement dédommagé. (H. Nellen, *Boulliau*, p. 479-480).

1 N° 9.

76.

Le 20 juin 1657, Pierre des Noyers à Hevelius

BO : C1-IV, 509
BnF : Lat. 10 347-IV, 62

Czestokowa, le 20 juin 1657

Monsieur,

La joye que j'avois euë d'aller a Dantzigt estoit principalement pour avoir l'honneur de vous ÿ voire. Vous avez seu comme nous en fusmes empeschez, au commencement de cette annee[1]. Je ne vous ay point escrit depuis la response que je fis il y a tantost un an a une lettre escritte du solstice et que je voy par la vostre du 21 de mars que vous n'avez pas ressuë[2]. Je vous disois que j'avois envoyé celle que vous escriviez au Pere Riccioli, mais que n'ayant point receu les observations que vous aviez faittes sur les diverses façes de Saturne, je n'avois pu les luy envoÿer. Et jusques a maintenant ces observations ne me sont point arivee. Quant a une lettre que je recois maintenant de Monsieur Parszman[3] et qui est datee du 21 de mars, il me dit qu'il croit que vous vous estes mespris a la datte et que ce doit estre le 21 de maÿ parce qu'elle luy est venuee avec celles de cette mesme datte.

Pour ce qui regarde l'argent que vous devoit donner Mr. Piget[4], libraire de Paris, je vous donnez advis par ma lettre de l'annee passee que je l'avois entre les mains, et que je l'ay plusieurs fois voulu donner a Mr. Parszman pour vous le faire tenir, qui m'a dit n'en avoir pas la commodité. Sy quelqu'un vous le veut donner a Dantzigt pour le recevoir icy je le donneré tout ausy tost.

---

1 Dans sa lettre à Boulliau du 8 janvier 1657, il explique pourquoi la Reine n'a pu entrer dans Dantzig (« nous avons été prêts d'entrer à Dantzick et le Roi de Suède nous avait même envoyé un passeport ; mais la Reine s'étant rencontrée avec notre armée qui allait au quartier d'hiver, elle trouva à propos de rebrousser chemin », *LPDN*, n° xcviii, p. 289).

2 Cette réponse à la lettre du 20 juin 1656 manque dans la correspondance.

3 Gregorius Barckman, dit aussi M. Parszman, Barchman (1/11/57) ou Barckmann (23/06/58) est secrétaire de la ville de Dantzig depuis 1654. Après 1660, il entre au service du roi de Pologne (*DSD*. p. 131). [D.M.]

4 Voir lettre n° 75 (21 mars 1657).

LETTRES [1657]

J'ay envoyé une lettre a Mr. Boulliau qui est maintenant en Hollande secrettaire de l'Ambassade de France qui est maintenant le président de Thou[1]. Il m'escrit qu'il a enfin receu ce que vous aviez dediez a Monsieur le duc d'orleans et qu'il l'a envoyé a son Altesse[2]. Je croy qu'il vous en aura donné advis.

Une observation du satelite de Saturne sera trouvee belle par tous les astronomes et il faut que vostre lunette soit excellente puisque personne ne s'en est aperçeu devant vous[3].

Nous n'avons icy rien de nouveau que l'entree du secour qui nous vient d'alemagne[4]. Le roy est allé a trois lieuë d'icy conferer avec les generaux.

Je suis tousjours,
Monsieur,
Vostre tres humble et obeissant Serviteur,

Des Noyers

1 Boulliau n'a pas donné suite aux ouvertures de la Reine de Pologne (qui lui demandait de négocier une alliance Pologne-Hollande contre la Suède que soutenait la France au printemps 1656). En 1657, Boulliau qui a rejoint de Thou après le décès de Jacques Dupuy (6 novembre 1656), l'accompagne dans son ambassade au printemps 1657 en Hollande comme secrétaire. Il est de retour à Paris à l'automne pour chercher Madame de Thou et ses enfants. Ils ne regagnent La Haye qu'en octobre 1660 ; Boulliau repart, cette fois-ci en Pologne. L'ambassade de de Thou fut un échec : il fut remercié en 1662.

2 La *Dissertatio de nativa Saturni facie*, 1656.

3 Saturne est alors l'un des grands sujets d'étude. En 1656, Christopher Wren publie son *De corpore Saturni* ; cette même année, Huygens formule l'hypothèse de l'anneau, rendue publique en 1659 (*Systema Saturnium*). Il la présente à Boulliau en Hollande en 1657. Pour Hevelius, la planète Saturne présente parfois un seul globe, ou est composée de trois sphères, ou d'une sphère et de deux anses, ou d'une ellipse et de deux anses, ou d'une sphère et de deux pointes lumineuses.

4 Le nouvel empereur, Léopold 1er, qui accède au trône impérial le 2 avril 1657 fournit des troupes à Jean-Casimir. Les armées autrichiennes entrent en Pologne par le sud, arrêtant la progression des Suédois. Des Noyers écrit à Boulliau ce même jour : « Notre secours ne se hâte pas ; il n'est pourtant retardé qu'à cause des grandes pluies qui ont tellement gâté les chemins qu'on ne peut faire faire que de fort petites journées au canon. Cependant les Suédois ont passé la Vistule et assiégé Varsovie... Enfin 6000 chevaux du secours qui nous vient, entrèrent hier en Pologne sous le général Spor ; ils vont droit à Cracovie bloquer cette place-là. Ce secours est de 18 000 hommes, et 10 000 qui demeurent sur la frontière avec le général Montecuculli, pour le besoin qu'on en pourrait avoir. », *LPDN*, n° CXIX, p. 330-332.

77.

1ᵉʳ novembre 1657, Pierre des Noyers à Hevelius

BO : C₁-IV, 539 manque
BnF : Lat. 10 347, IV, 92-93
BnF : NAL 1639, 88rv.

Mr. Hevelius
A Bidgos[1], le 1. de novembre 1657

Monsieur,

Vostre lettre du 2 septembre[2] ne me fut rendue qu'hier par Mr. Barchman[3]. Si je l'avois receue plustost je n'aurois pas manqué de vous y faire responce. Si vous m'envoyez quelque chose pour le Pere Riccioli, je ne manqueré pas de le luy faire tenir. J'ay donné suivant vostre ordre a Mr. Burchman l'argent que j'ay receu pour vous de M. Piget (soit) 156 florins qu'il vous doit faire tenir[4].

Nous n'avons rien icy de bien considerable que la venue de Monsieur l'Electeur[5] pour un abouchement avec le Roy qui je croy donnera le repos à la Pologne[6] ; aujourduy on luy fait un grand banquet.

Un de mes amis de Paris apellé Monsieur Claude Martin[7] m'a envoyé les problemes cy joinct, que je vous envoyë. Il m'escrit que M. de Bessÿ fait imprimer un petit

1 Bydgoszcz (Bromberg).
2 Lettre qui manque dans la correspondance.
3 Dit dans la lettre précédente : Parszman.
4 Lettres du 21 mars (n° 75) et 20 juin 1657 (n° 76).
5 Frédéric-Guillaume 1ᵉʳ (1620-1688), électeur (1640-1688) comme Duc en Prusse (1640-1660), puis comme Duc de Prusse (1657-1688).
6 Le même jour, des Noyers écrit à Boulliau (*LPDN*, CXXVIII, p. 348-351) : « Nous sommes arrivés en cette ville le 26 d'octobre ; M. l'Electeur de Brandebourg y arriva le 30. Le Roi fut à cheval et la Reine en carrosse le rencontrer à un quart de lieue d'ici. M. l'Electeur voyant le Roi, mit pied à terre et vint pour le saluer ; le Roi descendit aussi et l'embrassa. L'Electrice descendit assez loin du carrosse de la Reine et vint la saluer. S.M. descendit aussi et prit Mme l'Electrice à sa gauche, dans son carrosse... » Il parle du banquet et de la disposition des convives et évoque le caractère « très secret » de l'entrevue de deux heures. Le 19 septembre 1657, le roi de Pologne s'était engagé à remplacer l'ancien vasselage de l'électeur de Brandebourg (pour la Prusse ducale) en alliance perpétuelle. Ce traité fut ratifié à Bydgoszcz, à la suite de conférences très secrètes le 6 novembre 1657.
7 Claude Martin (de) Laurendière, médecin, a édité, en 1658 la *Metoposcopia* de Cardan (la « métoposcopie » est une science antique, redécouverte à la Renaissance, qui interprète les lignes du front). Il y eut deux exemplaires du premier défi de Fermat. L'un envoyé de Toulouse à Paris à Laurendière (le 3 janvier 1657) fut transmis à William Boreel, l'ambassadeur des Provinces-Unies, qui l'envoya à Golius et Van Schooten à Leyde. L'autre exemplaire fut envoyé de Paris à Londres : le but de Fermat étant de défier tous les mathématiciens. Fermat était alors à Toulouse. Frénicle a étudié les problèmes en passant à Paris et dé-

LETTRES [1657]

livre pour la solution des susdits problemes et qu'on me l'envoyera[1]. C'est tout ce dont je puis vous faire part en vous assurant que je suis tousjours,
Monsieur,
Vostre tres humble et obeissant Serviteur,
Des Noyers.

Pièce jointe :[2]

Problemata duo numerica tanquam indissolubilia Gallis, Anglis, Hollandis, nec non cœteris Europæ Mathematicis proposita a Dno. De Fermat in suprema Tholosatum Curia Senatore Castris Parisios ad Dominum Claudium Martinum Laurenderium Parisiensem doctorem medicum transmissa.

Problema prius

Invenire cubum qui additis omnibus suis partibus aliquotis conficiat quadratum : ut numerus 345 est cubus a latere 7 omnes ejus partes aliquotæ sunt 1.7. 49 quæ adjunctæ ipsi 343 conficiunt numerum 400 cui est quadratus a latere 20 quæritur alius Cubus ejusdem naturæ.

Problema posterius

Quæritur etiam numerus quadratus qui additis omnibus suis partibus aliquotis conficiat numerum cubum.

Deux problèmes numériques considérés comme insolubles proposés aux Français, aux Anglais et aux autres mathématiciens d'Europe, par Monsieur de Fermat, conseiller au Parlement de Toulouse, transmis de Castres à Paris à Monsieur Claude Martin Laurendière, docteur en médecine de Paris.

---

couvrit immédiatement une solution qu'il envoya à Fermat. Voir l'édition critique de la correspondance Fermat/ Frenicle/ Schooten/ Wallis / Brouncker dans *Correspondence of John Wallis*, Philip Beeley et Christoph J. Scriba éd., Oxford UP, 2003, p. 269-270 et aussi Michael Sean Mahoney, *The mathematical Career of Pierre de Fermat, 1601-1665*, Princeton UP, 1994, p. 336-339.

1 *Solutio duorum problematum circa numeros cubos & quadratos, quae tanquam insolubilia universis Europae mathematicis a clarissimo viro D. Fermat sunt proposita, & ad D. Cl. M. Laurenderium doctorem medicum transmissa. A D. B. F. D. B. inventa. Nec non alia duo problemata numerica a D. Cl. M. Laurenderio vicissim proposita, cum quibusdam solutionibus ab eodem D. F. D. B. datis. His accessit inquisitio in solutionem prioris problematis à D. Francisco à Schooten in academia Lugduno Batava matheseos professore datam. In qua continentur sex aliae solutionnes prioris problematis terminis analiticis ab eodem D. B. F. sub forma problematis datae. Insuper et solutio alterius problematis ab eodem Cl. viro D. Fermat circa numeros unitate à quadrato deficientes propositi, cum ipsius solutionis constructione (1657).*

2 Cette pièce jointe ne se trouve que dans la copie BnF. Ces problèmes semblent avoir été envoyés avec la lettre du 23 juin 1658. Voir infra, n° 80.

Premier problème. Trouver un cube qui, en ajoutant toutes ses parties aliquotes, fasse un carré comme le nombre 345 est un cube de côté 7, toutes ses parties aliquotes sont 1, 7, 49 qui ajoutées à 343 font le nombre 400 qui est un carré de côté 20. On cherche un autre cube de même nature.

Second problème. On cherche aussi un nombre carré qui, en ajoutant toutes ses parties aliquotes fasse un nombre cube.

78.

13 janvier 1658, Pierre des Noyers à Hevelius

BO : C1-IV, 560
BnF : Lat. 10 347-IV, 142

Posna[1] le 13 jenvier 1658

Monsieur,

J'ay des lettres de Mr. Boulliau qui me prie de vous baiser les mains de sa part. Il m'escrit qu'il observera l'eclipse de Lune qui c'est faite le 20. du mois passé[2]. Peut estre par le premier ordinaire il m'en dira quelque chose. Cepandant il a observé la conjonction de Saturne et Vénus die Novembris 14 mane Hor 6 distabat Venus a Saturno 29' superior et borealior erat Saturnus. Venus superaverat Saturni longitudine 12' vel 13'. Il vous prie sy vous avez faite la mesme observation de la luy vouloir participer[3]. C'est ce que je vous diré pour le present et que je suis,

Monsieur,
Vostre tres humble et tres affectionné Serviteur

Des Noyers

J'espere que vous aurez reçeu l'argent que je vous ay envoyé par Mr. ~~Barchman~~[4]

---

1 Poznań.

2 Pingré (*Annales*, (1657, p. 233) mentionne les observations de cette éclipse de Lune du 20 décembre 1657 d'Hevelius, mais non pas celles de Boulliau.

3 Cette observation n'est pas mentionnée par Pingré.

4 Nom barré : supposition.

LETTRES [1658]

79.

12 avril 1658, Hevelius à Pierre des Noyers

BO : C1-IV, 517
BnF : Lat. 10 347-IV, 69

Generose Domine,[1]

Pecuniam pro Selenographiis per Dominum Barckmannum, secretarium nostrum, recte accepi; et insuper plusquam mihi debetur, siquidem mihi non nisi 45 imperiales solvendi sunt. Rogo itaque ut mihi significes utrum M. Pigeit pro istis 7 imperialibus hoc est 21 florinis polonicis libros desideret, an vero alicui, et cui velit ut id pecuniæ restituam. Interea gratias habeo pro solutione. Eclipsin nuperam Lunarem hic quoque Dantisci observatam esse scias, quam observationem prima occasione Domino Bullialdo (quem meo nomine humanissime salutabis) transmittam. Conjunctionem vero Saturni et Veneris, ob cælum admodum nubilum, animadvertere haud obtigit, alias plusquam lubenter communicarem. Cæterum transmisi tibi per modo dictum Barckmannum Dissertationem meam De nativa [Saturni] facie, ut et aliud exemplar Ricciolo tradendum ; num ea acceperis nondum a te rescivi. Interim te bene valere cupio, et amare perge

Tuum
Quem nosti

J. Hevelium

Gedani, anno 1658, die 12 ~~Februarii~~ Aprilis

Noble Monsieur,

J'ai bien reçu l'argent pour la Sélénographie par Monsieur Barckmann, notre secrétaire, et même plus qu'il ne m'est dû, puisqu'il ne fallait me payer que 45 Impériaux. J'aimerais donc que vous me fassiez savoir si Monsieur Piget désire des livres pour ces 7 Impériaux c'est-à-dire 21 Florins polonais ou s'il veut que je rembourse cet argent et à qui. Entre temps, je vous remercie pour le paiement. Sachez que la récente éclipse de Lune a été aussi observée ici à Dantzig[2]. J'enverrai à la première occasion cette observation à Monsieur Boulliau, que vous saluerez très poliment en mon nom. Je n'ai pu observer la conjonction de Saturne et de Vénus, à cause d'un ciel tout à fait nuageux, sinon je vous

---

1 Pierre des Noyers est alors à Poznań.
2 Du 20 décembre 1657. Observations d'Hevelius : Pingré, *Annales*, p. 234-235.

l'aurais communiquée très volontiers. Par ailleurs, je vous ai transmis par ledit Monsieur Barckmann ma dissertation sur la figure native de Saturne, ainsi qu'un autre exemplaire à remettre à Riccioli ; je n'ai pas encore appris de vous si vous les avez reçus. Entre temps, j'espère que vous allez bien et continuez d'aimer votre ami que vous connaissez,

J. Hevelius

À Dantzig, en l'an 1658, le 12 avril.

80.

23 juin 1658, Pierre des Noyers à Hevelius

BO : Ci-IV, 535
BnF : Lat. 10 347, IV, 90

Sierakow le 23 juin 1658

Monsieur,

En vous envoyant les problemes cy joints qu'un de mes Amis de Paris m'a envoyez et lequel me prie de vous les communiquer[1], je vous dire, que je n'ay point encore eu de response du Pere Riccioli, sur vos observations de Saturne que je luy aÿ envoyee de vostre part par un frere de Mr. Buratin[2], qui les a portez jusques a Venize et par lequel encore j'envoyé l'exemplaire que vous m'aviez donné a don Placido Titi, professeur de mathématiques a Pavie. Il a fait un nouveau commantaire sur l'Almageste de Ptolomee, qu'il promet de m'envoyer[3]. Pour ce qui concerne l'argent que j'ay raporté de Paris pour vous, tout vous apartient parce que tout est provenu de vos livres que Mr. Piget a pris. Nous avons de Cracovie un ecolier de Galilee ; c'est un mathematicien du grand duc de Toscane apellez Paulo del Bono qui est tres savant[4] ; il a esté icy a Posna-

---

1 Lettre n° 77 (1ᵉʳ novembre 1657).

2 Le nom d'usage de la famille est Tito Livio Burattini. L'ami de Pierre des Noyers s'appelle Niccolò, prénom de son père. Ce frère est Filippo (1634-1669) qui a aussi vécu en Pologne et s'est battu dans les armées durant le Déluge suédois. On sait de lui fort peu de choses sinon qu'il reçut avec son frère l'indigénat en 1658 (I. Tancon, 2005, p. 50).

3 Placido Titi ou de Titis (Placidus, 1603-1668), moine olivétain, astronome/astrologue et professeur de mathématiques, physique et astronomie à Pavie de 1657 à sa mort. On lui attribue la division temporelle des quadrants et des douze maisons (dit système de Placidus). L'ouvrage dont il est question est le *Commentaria in Ptolemæum de siderum judiciis*, 1658.

4 Paulo del Buono (1620-1659) est mentionné par Balthasar Monconys, lors de son passage à Florence en novembre 1646, « jeune homme, affectionné à la géométrie » : *Journal des voyages de M. de Monconys*, Lyon, 1665, I, p. 132. Elève de Galilée, protégé du Grand-Duc, il fut appelé au service de l'Empereur Ferdi-

nie et je luy ay montré les problemes que je vous envoye maintenant qu'il a fort esti-mé[1]. Je voudrois avoir quelque autre chose qui fut digne de vous estre communiquee, et les moyens de vous tesmoigner que je suis tousjours, Monsieur,

Vostre tres humble et tres affectionne Serviteur,

Des Noyers

81.

18 août 1658, Pierre des Noyers à Hevelius

BO : Cɪ-IV, 536
BnF : Lat. 10 347-IV, 90

Varsavie, le 18 Aoust 1658

Monsieur,

Il y a quelque temps que je vous escrivis et vous envoyez les problemes de Monsieur de Fermat avec les annotations de M. de Bessÿ[2]. Aujourdhuy je vous envoye deux piesces qui ont esté faitte par Monsieur Boulliau[3], et qu'il m'a adressee pour vous et pour M. Eickstadius a qui vous en ferez part s'il vous plaist, et me croirez tousjours,

Monsieur,
Vostre tres humble et obeissant serviteur

Des Noyers

nand III en 1655, puis passa au service de la Pologne en 1658 et travailla à la Monnaie avec Burattini. Pierre des Noyers en parle à plusieurs reprises à Boulliau : À Ismaël Boulliau, de Glogow, le 30 mars 1656 : « Un certain Paulo del Buono, matematico del Granduca, est à Vienne auprès de l'Empereur qui lui afferme toutes les minières de l'Empire. Il a composé une machine que M. Buratini a vue, avec laquelle il peut élever l'eau à deux ou trois milles d'Italie, et cinq ou six hommes, sans beaucoup de fatigues, en peuvent épuiser environ soixante mille muids en un jour. Il a fait à l'Empereur un miroir qui brûlera de 40 brasses. Il fait tailler des verres meilleurs, dit-on, que ceux de Torricelli. Il en a donné un à M. Buratini, que nous éprouverons bientôt. Je vous dirai ce qui m'en semblera. Il fait des thermomètres de quatre pouces et demi de longueur, dont j'ai un, qui font leurs effets contraires aux autres. Le chaud y fait hausser l'eau, et le froid la fait abaisser et augmenter la sphère de l'air. Il ne s'en exhale rien, car ils sont fermés hermétiquement. Il vous connaît, car il a parlé de vous avec estime à M. Buratini. » (*LPDN*, n° xlɪ, p. 125-126).

1 Lettre n° 77 et pj.
2 Voir lettres n° 77 et 80.
3 Pas de pièces jointes.

82.

27 septembre 1658, Pierre des Noyers à Hevelius

BO : C1-IV, 537
BnF : Lat. 10 347, IV, 91

Du camp devant Thörn[1]
Le 27 septembre 1658

Monsieur,

Je vous escrit cette letre par l'ordre du Roÿ et de la Reyne pour vous prier de leur part que sy on vend des lunettes a longue veuë a Dantzigt, d'en vouloir choisir deux bonnes pour le Roy et la Reyne, et m'escrire ce que vous les aurez peyee, et je vous en feré tout aussi tost rendre l'argent. Vous en aviez autrefois donné une au Roy, mais Sa Majesté dit qu'elle a esté cassee et ne l'a plus[2]. Enfin s'il ne s'en vendoit point a Dantzigt, vous feriez grand plaisir a leurs Majestez de leurs en donner quelque unes des vostres. Il ne s'en trouve pas un dans toute leur cour. J'en avois huit ou dix et d'assez bonnes, mais les Suédois les ont toutes prises lors qu'ils pillerent Varsavie, de sorte qu'il ne m'en est point du tout resté[3]. Si vous en trouvez quelqu'un, l'expres qui

---

1 Torun, dont le siège fut interminable et commença le 2 juillet 1658. Pierre des Noyers y accompagne le Roi et la Reine et campe devant les fossés de la ville de fin septembre 1658 à la capitulation de la ville, fin décembre. Il écrit à Boulliau le 3 décembre : « Je m'ennuie si fort de vous dater toujours mes lettres d'un même lieu, et il me semble si honteux que ce soit toujours de Thorn, qu'il n'y a que la distance des lieux qui m'empêche d'en rougir. » *LPDN*, p. 471.

2 Ladislas IV avait reçu de Galilée, qu'il avait soutenu, une lunette. Durant le Déluge suédois, la Reine n'a cessé de s'intéresser aux instruments. Elle veut ainsi se procurer la nouvelle horloge de Huygens (« Nous avons déjà écrit en Hollande, pour avoir l'horloge ou pendulum de Christian... » à Boulliau, 1er décembre 1657, *Ibid.*, p. 360). Des Noyers s'informe des lunettes de Fra Odoardo de Vicence dont Burattini a passé commande (28 juillet 1658).

3 Pierre des Noyers a fait part à Boulliau du pillage de ses biens par les Suédois qui occupaient Varsovie depuis 1655 : « Je crois Varsovie prise... on avait gagné par force le pont qu'ils ont sur la Vistule, et pris tous les faubourgs et la ville neuve où sont tous les palais. Mais tout a été brûlé ; pour s'en venger, tous les Suédois ont été passés par le fil de l'épée, et on a écrit qu'il ne s'en est pas sauvé quatre. Sans Wittemberg qui est dans la ville, elle se serait aussitôt rendue. Mais il la défend pour tâcher de sauver quasi tout leur pillage qui est dedans et qu'ils n'ont pu conduire à Thorn. Les tortures qu'ils ont données à plusieurs personnes leur ont fait découvrir toutes les caches, et la mienne aussi, dont je suis au désespoir à cause de la quantité de papiers curieux que j'avais et qui sont tous perdus avec le reste (de Glogau (Głogów), le 25 mai 1656, *Ibid.*, p. 173). À Varsovie, à la veille de la grande bataille (28-30 juillet 1656), il constate de visu les pertes : « Je n'ai pu me donner l'honneur de vous écrire depuis le 3 de de mois, à cause que nous étions continuellement en marche, et depuis que nous sommes arrivés, j'ai tâché de retrouver quelque chose de ce que les Suédois m'ont pris, mais ça été vainement ; et hormis un quart de cercle qui s'est retrouvé dans le butin d'Oxenstiern, tout est perdu. J'ai très grand déplaisir de mes papiers » (lettre du 20 juillet 1656, *Ibid.*, p. 201). La ville est reprise par les Polonais en juillet 1657.

vous portera cette lettre, les raportera. Cepandant faites-moy tousjours la grace de me croire, Monsieur,

Vostre tres humble et obeissant Serviteur,

Des Noyers

83.

8 octobre 1658, Pierre des Noyers à Hevelius

BO : Cɪ-IV, 538
BnF : Lat. 10 347, IV, 91-92

Du camp devant Thorn, le 8 octobre 1658

Monsieur,

J'ay receu vostre paquet du 1. de ce mois et j'ay presenté de vostre part a leurs Majestez les lunettes que vous leurs envoÿez, qu'elles ont esté bien [aise] de recevoir et dont elles vous remercient, ce qu'elles m'ont commandé de vous faire savoir, et de vous assurer de la continuation de leurs estime. J'ay aussi receu le paquet pour le R.P. Caramuel[1] que j'envoyeré a Naple par la premiere occasion qui s'offrira, ce que j'espere qui sera entre cy et quinze jours ou trois semaine par un secretaire du grand duc de Toscane qui doit retourner a Florence. Ou si vous aviez quelque chose a envoyer, il me le faudrait faire tenir promptement, parce que l'occasion est seure et bonne. Nous

---

1 Juan Caramuel y Lobkowitz (1606-1682), religieux cistercien, fut qualifié par ses contemporains de « Leibniz espagnol ». Savant universel (on lui attribue 262 ouvrages dont 60 imprimés), il fit ses études de philosophie à Alcala, et de théologie à Salamanque et Louvain. Polyglotte (il connaissait plus de vingt langues dont le chinois et l'arabe ; il a réfuté le Coran et élaboré une grammaire du chinois) il s'est intéressé à tous les sujets : langue, littérature, théâtre et poésie, pédagogie, cryptographie, philosophie, théologie, histoire, politique, peinture, architecture, mathématiques, physique et astronomie ; il a correspondu avec les plus grands savants du temps : notamment Descartes, Gassendi, Kircher, Hevelius (avec qui il échange 8 lettres entre 1650 et 1674), mais aussi le pape Alexandre VII (Fabio Chigi) dont il était le protégé et Valeriano Magni. En matière de sciences, il a condamné la scolastique, frondé l'autorité d'Aristote et s'est montré ouvert à la théorie physique de l'atomisme. Il s'est intéressé aux mathématiques : il a travaillé sur la théorie de la probabilité, sur le système binaire (trente ans avant Leibniz), sur les tables de logarithmes (qu'il a développées en base 109). Auteur à 12 ans de tables astronomiques, il a aussi élaboré une méthode pour le calcul des longitudes à partir de la position de la Lune. En trigonométrie, il a proposé une méthode nouvelle pour la trisection de l'angle. Abbé de Melrose en Ecosse, de l'abbaye des bénédictins de Vienne, grand vicaire de l'archevêque de Prague, il s'installa à Prague en 1647 pour une dizaine d'années, puis gagna l'Italie, comme évêque de Satriano y Campagna, puis de Vigevano, près de Milan dont il dessina la façade de la cathédrale.

esperons dans peu de jours la reddition de Thorn. Cepandant le Roy a envoyé M. le Palatin de Sandomire[1] pour s'emparer de l'isle de Marienburg affin d'attaquer cette place tout aussy tost que celle cy sera reduitte en sa premiere obeissance[2]. Nous irons a Dantzigt en ce temps la ou j'auré l'honneur de vous assurer de la continuation de mes services et que je suis tousjours,

Monsieur,
Vostre tres humble et tres obeissant Serviteur,

Des Noyers

84.

6 mars 1659, Pierre des Noyers à Hevelius

BO : Cɪ-IV, 548
BnF : Lat. 10 347-IV, 106

Varsavie, le 6 mars 1659

Monsieur,

Je vous avois desja envoyé un termomettre semblable a celui cy, mais sachant qu'il ne vous est pas arivé, et que mesme vous n'avez pas seu l'accident qui luy est arivé, je vous en envoye un autre que vous trouverez dans cette petite boette[3]. Il vous servira a

---

1 Alexandre Koniecpolski. « Samedi matin on fit partir de ce camp le Palatin de Sandomir avec un grand corps de cavalerie, vers Marienbourg pour boquer cette place, afin qu'il n'entre rien dedans, le roi en voulant faire le siège aussitôt que Thorn se sera rendu », P. des Noyers, à Boulliau, 8 octobre 1658, *LPDN*, n°CLXXIII, p. 450.

2 Malbork : forteresse bâtie par les chevaliers teutoniques en Poméranie. Marienburg a été prise par les Suédois en avril 1656. P. des Noyers à Boulliau : « Vous avez su que Marienburg s'est rendu traitreusement aux Suédois ; ils n'avaient que 1800 hommes devant la place... Cette perte est de très grande conséquence. » (*LPDN*, n°XLII, du 6 avril 1656, p. 127). La ville est toujours occupée par les Suédois à la fin de 1659.

3 C'est à Ferdinand II de Médicis que l'on doit l'invention du thermomètre gradué, à partir de la dilatation, avec la chaleur, d'esprit de vin dilué dans un tube de verre scellé. Il en existait trois modèles de 50, 100 et 200 graduations. Celui de Pierre des Noyers est le « thermomètre florentin », de 50 graduations, (10° en hiver, 40 en été, avec la glace qui fond à 13,5°). Des Noyers a déjà envoyé un thermomètre à Boulliau. Il écrit à ce dernier, de Varsovie, en date du 21 juillet 1658 : « La beauté de cet instrument est qu'ils sont tous faits sur un même point et, ainsi, il vous sera facile de comprendre les degrés de chaleur de ces lieux-là, par la relation que je vous en ferai pourvu que vous conserviez bien votre thermomètre. On en a cinq à Florence pour un écu, de l'émailleur du Grand-Duc. » Des Noyers et Boulliau se sont appliqués à faire des relevés de température, selon les recommandations de l'Accademia del Cimento, fondée en

examiner les degrez du froid et du chaud, sy vous l'exposez a l'air, ou a considerer la temperature dans votre Cabinet.

J'ay advis d'un amis d'Italie[1] que bien tost il donnera au jour une lettre dans laquelle il marquera les observations qu'il a faitte d'une 9e sphere estoilee, et pretend prouver la paralaxe que plusieurs estoilles de la 8e font avec celles de la 9e, en faveur du sisteme de Copernique, entre lesquelles il marque particulierement Cor Scorpionis et la 17e du Draco qui se conjoint maintenant avec une autre de la 9e sphere. En son temps, je vous en diré davantage et vous envoyeré les preuves qu'on m'en promet quand je les auré recuë.

Je suis,
Monsieur
Votre tres humble et tres obeissant Serviteur,

Des Noÿers

85.

12 juillet 1659, Hevelius à Pierre des Noyers

BO : C1-IV, 540
BnF : Lat. 10 347-IV, 93-95
BnF : FF. 13 043 86vr et 93v.

Domino Nucerio
Warsoviæ,

Generose Domine, ac Amice honoratissime,

Culpa diuturni mei silentii non mihi, sed multifariis occupationibus, præsertim vero studiis meis astronomicis, quibus quotidie distringor est adscribenda. Quocirca a te amice amicissime, cui animus meus erga te maxime propensus optime est notus, facile veniam sum impetaturus. Gratias habeo debitas pro transmisso ther-

---

1657 : « Je vois par vos observations que, le 22 juin, vous eûtes un grand chaud, puisqu'il fut à 30°. Nous eûmes ce jour-là une continuelle pluie, et l'instrument ne marque que 24°. Ce que je remarque, c'est qu'en un même jour, vous avez une plus grande variation de la température de l'air que nous, comme le 23, qu'il vous marqua 26° à 7 heures, et à 9 heures 23° ; à midi nous l'eûmes à 25° et après 27°. J'ai, en grand papier, les variations de l'air et les degrés du thermomètre ; je ne sais si je vous ai dit que la gelée commençait à 14°. » (*LPDN*, n°CLXI, p. 423).

1 Il s'agit de Candido del Buono, le frère de Paolo del Buono, l'associé de Burattini et l'ami de des Noyers. Son nom est livré dans sa lettre du 13 septembre 1659 (n° 87).

moscopio, quod plane alia ratione quam hactenus adornatum est; sed, ut mihi videtur, non ita oculariter differentiam tempestatis commonstrat, quam illud usitatum: interim tamen inventio laudanda, sicuti etiam eorum omnium conatus, qui ad aliquid novi inveniendum in posteritatis commodum omnem adhibent operam. Quid Galli et Itali in re literaria laborent, nihil compertum habeo, siquidem intra biennium et amplius, nil quicquam literarum, a communi nostro amico Domino Bullialdo (quem plurima salute impertiri velim) accepi, nec ad meas 1 Novembris anno 1657 responsum tuli. Quid moram hactenus et impedimentum intulerit, num adversa valetudo (quam Deus Optimus Maximus clementer avertat, atque ipsum in rei literiæ maximum commodum quam diutissime conservet) vel aliæ graviores occupationes obstiterint, plane nescio. Mea vero quod attinent studia cometographica, lento procedunt gradu, cum aliæ contemplationes supervenerint, quæ me diu noctuque occupatissimum detinent. Suscepi enim, bono cum Deo instrumentis meis vastissimis, ex solido metallo confectis, totum fixarum stellarum exercitum examinare, earum scilicet distantias, longitudines et latitudines accurate dimetiri. Ad quod autem rite peragendum præclara organa mihi haud ita pridem comparavi atque commodissimam, undique patentem, super ædes meas, mira quadam ratione instruxi speculam. Quæ ut omnia ipsemet coram lustrare possis, occasionem opto exoptatissimam; non dubito, quin varii generis prorsus novas inventiones hic apud nos inveneris, quas vidisse vix pænitebit. Interea faxit Deus Omnipotens ut longe desideratissima pax nobis restituatur, atque animo tranquilliori speculationibus istis uranicis jucundissimis invigilare queamus. Vale. Dabam Gedani, anno 1659, die 12 Julii,

Tuæ Generositatis
Studiosissimus,

J. Hevelius

Postscriptum

Cum jam his literis finem imposuissem, incidit iterum in manus meas epistola tua posterior die 6 Martii Warsaviæ data quam perdiderunt antequam perlegissem. Ex qua percepi amicum quendam Italum opusculum, in favorem Copernicorum editum, de parallaxibus quarundam fixarum stellarum. Quod ut aliquid singulare erit, ita profecto nihil gratius mihi unquam obtinget, quam istud quantocyus possidere; præsertim cum de isto negotio jam etiam valde fuerim sollicitus. Sed ut libere amico intimo judicium meum super istud negotium aperiam, penitus existimo. Si autor iste statuat valde notabilem aliquam parallaxin fixarum, hallucinatur; sin vero satis exilem, dubito, quin suis instrumentis animadvertere potuerit, ut suo tempore tempus docebit. Interea iterum iterumque rogo, si scriptum istud jam lucem viderit atque in tuis versetur manibus, ut quam citissime tali gratissimo munere me beare velis. Rursum vale.

LETTRES [1659]

À Monsieur des Noyers
À Varsovie,

Noble Monsieur et Ami très honoré,

La faute de mon long silence ne m'incombe pas, mais à de multiples occupations, en particulier à mes études astronomiques qui me distraient quotidiennement[1]. C'est pourquoi j'obtiendrai facilement votre pardon, mon grand Ami, car je connais votre inclination à mon égard. Je vous remercie, comme il se doit, pour l'envoi du thermoscope qui est orné selon une tout autre proportion que précédemment[2] ; mais à mon avis, il ne montre pas aussi visuellement la différence de temps que celui qui est en usage. Par ailleurs, c'est une invention louable comme les efforts de tous ceux qui œuvrent à trouver quelque chose de nouveau pour le bien de la postérité. Je n'ai rien appris sur ce que font les Français et les Italiens en matière littéraire puisque plus de deux ans, je n'ai reçu aucune lettre de notre ami commun Boulliau (à qui je vous prie de transmettre mon plus grand salut), ni aucune réponse à ma lettre du 1er novembre 1657[3]. Je ne sais ce qui a causé ce retard et cet empêchement. Est-ce une santé contraire ? Que Dieu très bon, très grand y remédie dans sa clémence et qu'il le conserve très longtemps pour le bien des lettres. Ou bien d'autres occupations plus graves ont-elles fait obstacle ?[4] En ce qui concerne mes études cométographiques, elles progressent pas à pas, quoique d'autres contemplations interfèrent, qui me tiennent tout occupé jour et nuit. J'ai entrepris en effet, par la bonté de Dieu, avec mes instruments célestes de grande taille faits de métal solide, d'examiner toute l'armée des étoiles fixes, c'est-à-dire, de mesurer avec précision leurs distances, longitudes et latitudes. Pour accomplir correctement ce travail, je me suis acheté voici peu de temps des instruments remarquables et j'ai construit un observatoire très commode, ouvert

---

1 On notera qu'Hevelius trouve toujours de bonnes excuses pour répondre tardivement, mais qu'il exige de ses correspondants une réaction rapide.

2 Hevelius utilise l'ancien terme de « thermoscope » qui soulignait les écarts de température sans les mesurer, pour désigner le thermomètre « florentin ». Comme à l'accoutumée, il déprécie les inventions qui ne sont pas de son fait.

3 La dernière lettre (reçue) de Boulliau est du 4 mai 1657, à laquelle il répondit le 1er novembre 1657. Boulliau lui a en fait écrit une lettre le 6 juin 1659, qu'il n'a pas encore reçue. Hevelius révèle ici sa jalousie : car il n'est pas sans savoir que Pierre des Noyers et Ismaël Boulliau s'écrivent chaque semaine.

4 Au printemps 1657, Boulliau doit suivre son protecteur, Jacques-Auguste II de Thou, nommé Ambassadeur à La Haye. Il lui sert de secrétaire et se plaint que cette tâche ne lui laisse aucun temps. Dès l'automne 1657, il est de retour à Paris. Mais le décès de Jacques Dupuy a coupé court à sa carrière puisqu'il n'est pas nommé directeur de la Bibliothèque du Roi. En quittant la demeure des Dupuy, il a perdu sa familiarité avec les amis de « l'académie putéane » et il ne parvient pas à les attirer rue des Poitevins. Il joue donc son avenir. Il profite de son passage à Paris pour publier ses *Exercitationes geometricæ tres*, avec la réponse à Seth Ward (Cramoisy, 1657), ses *De lineis spiralibus demonstrationes novæ* (Cramoisy, 1657) et il s'applique à convaincre Cramoisy de prendre son édition latine du *De judicandi facultate* de Ptolémée (Cramoisy, 1663). Il recherche surtout un mécène et tente en vain sa chance auprès de Gaston d'Orléans à qui il dédicace les *Exercitationes*, et de Henri de Bourbon à qui il fait hommage du *De Lineis*.

de tous les côtés, d'une conception étonnante, au-dessus de ma maison[1]. Je souhaite une occasion propice pour que vous puissiez voir tout cela en personne. Je ne doute pas que vous trouverez chez nous des inventions de tout genre, entièrement nouvelles, que vous ne regretterez pas d'avoir vues. En attendant que Dieu tout puissant fasse que la paix longuement désirée nous soit rendue et que nous puissions veiller, d'une âme plus tranquille, à ces très agréables spéculations célestes, portez-vous bien. Donné à Dantzig en l'an 1659, le 12 juillet.

À votre Noblesse
Le très attaché

J. Hevelius

Postcriptum

Comme j'achevais cette lettre, il m'est tombé dans les mains votre dernière lettre datée de Varsovie le 6 mars que l'on avait perdue avant que je ne la lise. J'y ai appris l'existence d'un petit livre d'un ami italien, écrit en faveur des coperniciens, sur les parallaxes de certaines étoiles fixes[2]. Comme ce sujet est singulier, rien ne me serait plus agréable que de posséder ce livre, d'autant que je suis très préoccupé de cette affaire. Mais j'aimerais découvrir librement à un ami intime mon jugement sur ce sujet. Si cet auteur établit une parallaxe de fixes vraiment notable, il a des hallucinations ; si au contraire il a établi une parallaxe assez faible pour qu'il puisse la remarquer avec ses instruments, le temps le montrera au moment opportun. Entre temps, je vous demande avec insistance que si cet écrit voit le jour et se trouve entre vos mains, vous acceptiez de me gratifier dès que possible d'un si agréable cadeau. De nouveau, portez-vous bien.

---

1 Le grand observatoire d'Hevelius —Stellæburgum, représenté dans la *Machina Cælestis*, [illustration 10, HT] — est installé avant même que la guerre ne prît fin, sur une terrasse de 14m/7m environ, construite sur trois maisons jointives au 47-48 et 49 Pfefferstadt. Tous les instruments y furent installés, de manière à disposer d'une visibilité dans toutes les directions (avec pour seul obstacle le clocher de l'église au Nord) sans avoir à déplacer les instruments, manipulables avec un système de câbles et de poulies. Il y fit installer le « splendide quadrant azimuthal de laiton » (lettre du 23 octobre 1652 : déménagé de l'arsenal dans son premier observatoire) et de nouveaux instruments (en laiton) exécutés sur ses dessins et sous sa direction par Wolfgang Günther entre 1656 et 1659. Entre autres : un quadrant de 1,8 m de rayon ; un sextant d'1,7 m de rayon ; un octant de 2,5 m de rayon ; sans compter les lunettes et télescopes dont il avait lui-même taillé les lentilles. Ces instruments étaient équipés de micromètres de son invention car la précision des mesures dépendait de celle de la graduation. Description par Jarosław Balcewicz, « J. Hevelius as entrepreneur and inventor », dans *J. Hevelius and his Gdańsk*, 2013, p. 24-26.
2 Ouvrage non identifié. Voir lettre n° 87.

86.

19 juillet 1659, Pierre des Noyers à Hevelius

BO : Cı-IV, 561
BnF : Lat. 10 347-V, 142

Varsavie, le 19 Juillet 1659

Monsieur,

Je n'ay point encore seu sy vous aviez receu les termomettres que je vous ay envoyez. Je veux croire qu'ils ne se seront pas cassez. Je vous envoÿe maintenant une lettre de M. Boulliau, qui demande souvent de vos nouvelles dans ses lettres[1]. Je voudrois avoir ocasion de vous servir icy pour vous tesmoigner que je suis toujours,

Monsieur,
Vostre tres humble et tres obligé Serviteur

Des Noÿers

---

1 Dans une lettre du 25 juin 1659, des Noyers informe Boulliau, qui s'est décidé à se rendre en Pologne à l'invitation de la Reine, qu'il a écrit à ce sujet à Hevelius : « Par votre lettre du 23 mai, j'apprends avec joie que vous persistez dans la volonté de faire un voyage en ces pays-ci. J'en ai donné avis à M. Hevelius ; mais je n'ai réponse ni à cette lettre [perdue], ni à deux autres, dont je ne m'étonne pas car c'est sa coutume d'être long à répondre. », *LPDN*, n° CCXIV, p. 525.

87.

13 septembre 1659, Pierre des Noyers à Hevelius

BO : Ci-IV, 562
BnF : Lat. 10 347-IV, 142-143

Varsavie, le 13 septembre 1659

Monsieur,

Je croy que dans les mesme temps que j'ay receu vostre lettre date du 12 de juillet, vous en aurez receuë une de M. Boulliau que je vous aye envoyee. Je puis vous assurer qu'il me demande tres souvent de vos nouvelles et qu'il fait dessein de faire un voyage en ce pays-cÿ pour vous y voire[1]. Il m'a depuis peu adressé pour vous les propositions cy jointe que je vous envoye. Pour ce dont je vous ay parlé de la paralaxe des Estoilles, l'Autheur de cette opinion n'a point encore donné au publique l'espitre circulaire qu'il promet. C'est un frere[2] de M. Paulo del Buono Mathematicien du Grand Duc de Toscane, lequel Paulo del Buono[3] est mort depuis peu en cette ville, au grand regret de tous ceux qui l'ont connu. Galilee avoit pris plaisir a l'eslever a cause de l'inclination qu'il avoit aux Mathematiques ou il avoit sy bien reussi qu'il n'y avoit que peu de Geometres au monde qui le devansassent[4]. Sy cet epistre des paralaxe m'arive, je

---

1 Une venue sans cesse différée : Boulliau a reçu plusieurs invitations de la part de la Reine et de des Noyers. Il décline une première invitation en 1656. La reine voulait alors lui confier une mission diplomatique délicate pour sauver la Pologne envahie de toutes parts : négocier à La Haye une alliance avec les États généraux (contre la Suède, alliée à la France). Il devait agir vite et dans le secret (car toute sympathie pour la cause polonaise était alors mal vue à Paris). En cas de réussite, elle lui promettait une importante récompense, l'indigénat et de riches bénéfices (et même l'évêché de Gniesno). Mais Boulliau voulait rester en France où il visait les successions de Gassendi et de Jacques Dupuy. Nouvelle invitation à l'heure où se préparent les négociations. En février, Boulliau fait part à la Reine de sa décision de se rendre en Pologne. Mais il est toujours secrétaire de de Thou et il y accompagne son épouse à La Haye en octobre 1660. H. Nellen, *Boulliau*, p. 228-231, 253-258.
2 Paulo del Buono avait deux frères à Florence : Antonio Maria et Candido (1618-1676) dont il est ici question, camerlingue de l'Hôpital Santa Maria Nuova et membre de l'Accademia del Cimento. Ce prêtre était aussi un fabricant d'instruments, qu'il présentait à l'Accademia, comme un aréomètre et une machine pour mesurer la densité de la vapeur. Il a été (ou Antonio Maria, fabricant d'instruments de physique) l'inventeur de l'Arcicanna, un système pour résoudre les problèmes de l'aberration chromatique avec de longs télescopes. Il est déjà mentionné dans la lettre n° 84.
3 Voir lettre n° 80 (23 juin 1658). Boulliau informe Léopold de Médicis de ce décès dans sa lettre du 19 décembre (*OCCH*, II, n° 697, p. 532. Paolo del Buono serait donc mort en 1659, même si certains auteurs le font décéder en 1658.
4 Paolo del Buono fut effectivement un disciple de Galilée, « de qui il apprit les mathématiques et le goût de la bonne philosophie » : J. J de Lalande, *Voyage d'un François en Italie*, édition 1786, III, p. 90. Il fut correspondant, pour l'Allemagne, de l'Accademia del Cimento.

LETTRES [1659]   303

vous en feré part tout aussi tost. On parle tousjours de notre voyage en Prusse. J'aurois
grand joÿe que ce fust a Dantzigt[1] pour vous y reverer et pour y voire le Cabinet de vos
instruments[2], et cette excellente lunette qui vous est venuë d'Ausburg[3]. En quelque
part que je sois et en quelque temps que ce soit, je seré tousjours

Monsieur
Vostre tres humble et tres aquis Serviteur

Des Noÿers

1 Où des Noyers se trouve effectivement en décembre.

2 Des Noyers décrit ce cabinet à Boulliau à l'occasion de la visite de la Reine, le 18 décembre : « Je
fus le voir avant-hier, mais aussitôt la reine y arriva avec toutes ses dames et filles d'honneur auxquelles,
pour les amuser, il présenta un miroir concave pour se regarder, tandis qu'il montra les raretés de son
cabinet à Sa Majesté, qui vit ainsi, à son tour, la médaille que vous lui avez envoyée de M. Gassendi.
Elle vit aussi ses gravures, ses compas, ses burins, ses livres rangés, ses tailles douces dont il a un grand
nombre. Alors, en présence de tout ce monde, je lui ai offert ce que vous m'aviez adressé pour lui. Ensuite il conduisit la Reine sur deux terrasses qui sont sur le toit de la maison, d'où, non seulement on
voit une grande partie de la ville, mais encore la mer et le port, qui sont à une grande lieue. Il ajusta cette
excellente lunette qu'il a fait venir d'Augsbourg, et pour laquelle il a payé cinq cents francs. On voyait
non seulement très distinctement ce qui était au rivage de la mer, mais encore le mouvement de l'eau à
l'horizon. Ensuite nous regardâmes comme le soleil se couchait, et je vous avoue que je n'ai jamais vu
ses macules si grandes ni si distinctes. Sur une terrasse et sur une autre, tout auprès, sont ses instruments qui sont plus grands et plus justes que ceux de Tycho : parce que la plupart de ceux de celui-ci
étaient de bois, et ceux de M. Hevelius sont de laiton renforcé de fer, et si gros qu'il n'y a pas à craindre
qu'ils ployent. Son quart de cercle a huit pieds de semi-diamètre et montre juste, jusqu'aux minutes et
secondes. Il y a un autre instrument de 60 degrés, dont le semi-diamètre est quasi une fois aussi grand
que celui du quart de cercle, lequel a deux indices, pour pouvoir faire des observations à deux fois sur la
distance des étoiles. C'est le travail dont il s'occupe maintenant, et qui est grand et difficile. Il a observé
75 étoiles en la constellation où Tycho n'en met que 35. Ce qui est beau et rare, c'est de voir avec quelle
facilité il observe ; comme la disposition des machines sur lesquelles et par lesquelles ses instruments
se meuvent est admirable ; comment, dans la plus obscure nuit et sans chandelle, il les dresse juste au
méridien. En un mot, la chose est digne que vous la veniez voir quand même vous habiteriez encore deux
fois plus loin que vous ne faites. Seulement prenez votre temps, pendant que nous sommes ici, où sans
doute nous passerons l'hiver. Je n'ai encore vu M. Hevelius chez lui que cette seule fois, tant j'ai eu d'occupations depuis notre arrivée en une ville où j'ai quelques amis particuliers. » *LPDN*, n° CCXXXVI,
p. 564-566.

3 Un télescope de Johann Wiesel (1583-1662), facteur d'instruments de Ferdinand II et de Christian IV qui a travaillé pour de nombreux savants (dont Rheita). Pierre des Noyers, dans une lettre à Boulliau du 20 décembre 1659, fait état « d'une excellente lunette qu'il [Hevelius] fit venir d'Augsbourg, et
pour laquelle il a payé cinq cents francs [livres], *LPDN*, p. 564.Hevelius perdit cette lunette dans l'incendie de 1679 et voulut (en vain), à la mort de Burattini, récupérer la sienne qui échut au Roi : voir n° 228.

88.

6 novembre 1659, Pierre des Noyers à Hevelius

BO : C1-IV, 563
BnF : Lat. 10 347-IV, 143-144

Szubinole[1] 6 novembre 1659

Monsieur,

L'on m'a envoyé de Rome l'indice d'un livre que l'on veut faire imprimer mais auparavant l'Autheur voudroit avoir les sentiments des gens savants sur la matiere dont il traitte. C'est ce qui m'oblige a vous l'envoyer et vous prier de m'en dire vostre opinion que j'envoyeré sy vous le trouvé bon, a cet Autheur[2]. Je vous prie apres que vous l'aurez veus de le vouloir fermer dans l'envelope ou il est, et le rendre a M. Gratta[3] qui le fera tenir a M. Boulliau qui me prie dans sa derniere lettre de vous assurer de son service. Il loue vostre labeur des estoilles fixe, et dit que c'est ce qui est de plus grande importance dans l'astronomie. Il m'adjoute dans sa lettre que Christian Hugens a fait imprimer un systeme de Saturne dans lequel il ne convient pas avec le vostre pour ce qui est des diverses faces de ce planette, et de leurs causes[4]. Il me promet de me les envoyer. Quand je l'auré receu je vous en feré part, et cepandant je suis tousjours,

Monsieur,
Vostre tres humble et obeissant Serviteur

Des Noyers

---

1 Szubin.

2 Non identifié.

3 Sur Gratta, maître des postes, voir lettre n° 24 (15 avril 1652).

4 Boulliau a déjà été informé par Huygens lui-même de sa théorie sur les anneaux de Saturne lors de son séjour en Hollande durant l'été 1657. Le *Systema Saturnium sive de causis mirandorum Saturni phænomenon et comite ejus planeta novo* est publié à La Haye, A. Vlacq, en 1659. En 1656, Hevelius avait dédié sa *Dissertatio de nativa Saturni facie* à Gaston d'Orléans, dans l'espoir d'en obtenir une pension (lettre n° 74 du 20 juin 1656). Dans la *Selenographia*, il parle, au sujet de Saturne, de « deux globules », des « bras de Saturne » dont il ne saisit pas la nature et comme la révolution de la planète est fort lente, il estime qu'il faudra des années d'observations pour comprendre ce phénomène. En 1656, dans sa Dissertation, il se demande si Saturne est rond ou elliptique, s'il s'agit d'un simple corps ou s'il y en a trois, s'il a deux lunules sphériques ou hyperboliques, si les corps qu'on voit à ses côtés sont des satellites, ou s'il s'agit d'un seul corps qui, en tournant, présente diverses figures. Il suppose la planète composée de trois parties : une partie centrale, elliptique et deux parties latérales, plus petites, formant des espèces d'anses (brachiola) ou croissants attachés par leurs pointes au corps central et distingue six phases pour expliquer ces différentes formes.

LETTRES [1659]

89.

Décembre 1659/Janvier 1660, Pierre des Noyers à Hevelius

BO: Cɪ-IV, 587
BnF: Lat. 10 347-IV, 185

Monsieur,[1]

Le Roy et la Reyne vont loger aupres d'Olive en une maison de M. Cölmer[2]. On a marque la vostre qui est aupres[3], pour M. Le Morstain Referendaire du Royaume[4]. Il desire que je vous escrive ce billet, pour vous le recommender ce que je fait pour luÿ obeir, bien que le meritte de sa personne, soit assez recommandable sans qu'il soit besoing d'autre choses. Il desireroit que vous y fissiez mettre les vitre qu'on luy a dit que vous avez fait aporter en cette Ville. Je suis, Monsieur,

Vostre tres humble Serviteur

Des Noyers

9 janvier 1660, Extrait d'une lettre de M. Boulliau

BO: Cɪ-IV, 114.
BnF: Lat. 10347-IV, 186-187

De Paris, le 9ᵉ Janv. 1660

Je vous supplie de vouloir advertir M. Hevelius que M. Christian Hugens Autheur du Systeme de Saturne trouve un peu estrange qu'il ne luy ait point respondu

---

1 Pierre des Noyers est arrivé à Dantzig avec le Roi le 12 décembre 1659. Il se promet de voir rapidement Hevelius (lettres à Boulliau du 13 et 20 décembre 1659, *LPDN*, n° CCXXXV et CCXXVI, p. 560-566). La Reine lui rend visite le 18 décembre, avec ses filles d'honneur, à qui il montre son nouvel observatoire (voir lettre n° 87, 13 septembre 1659).

2 Non identifié.

3 Hevelius possédait une maison de campagne à proximité d'Oliva, sur une colline. Il y faisait, à l'occasion, des observations qui nécessitaient un horizon plus bas qu'à Dantzig (par exemple, l'éclipse de Lune du 16 juin 1666).

4 Jan Andrzej Morsztyn (1621-1693), d'une grande famille calviniste, fit ses études à Leyde, puis un tour d'Europe en France et en Italie. Valet de chambre du roi à Sandomierz (1647-1658), secrétaire royal (1656) puis Grand Référendaire de la Couronne (1658-1668), il était très lié à la Reine dont il soutint les tentatives de réforme politique. En 1660, il participe aux négociations d'Oliva en tant que diplomate, qui aboutirent au traité signé le 3 mai. Il fut l'un des plus grands francophiles de Pologne, poète, il a traduit le *Cid* en polonais (1660) et fit jouer Molière dans son palais (voir aussi n° 162).

a ses lettres et qu'il ne luy ait point dit son advis sur son livre[1]. Je luy ay fait une objection, qui est que pour verifier son hypothese, il me semble qu'il faut attendre que Saturne soit vers la fin du Sagittaire pour ce que si la planette paroist comme je l'ay veuë a la fin des Gémeaux de sorte qu'elle paroisse en ellipse parfaite, je doute que l'horizon qu'il donne a Saturne puisse subsister parce que dans son hypothese cet horizon devra paroistre couper le corps de Saturne et ainsy il ne seroit pas elliptique comme je l'ay veu avec des lunettes d'onze pieds.

Par cette mesme lettre que j'ai receu de M. Hugen il improuve la maniere dont je me suis servy pour mesurer le diametre apparent de Mars peu de jours avant qu'il fut en l'opposition du Soleil que je trouvois de 54" 57'''comparant au petit diametre de Sinaÿ, ce fut [les] 28 et 29 novembre que je fis cette observation. M. Hugens le 25 decembre ne l'a trouvé a ce qu'il m'escrit que de 17" et 40''' qui n'est pas le 1/3 de ce que je croy qu'il m'est apparu[2].

C'est le 28 octobre a 11 heures devant minuit que j'obser[vois] Mars dans un mesme cercle avec les cornes du Taureau en suitte le 22 novembre a 7 heures 20', je le veis en droitte ligne de la corne boreale, et d'Aldebaran, mes tables representent lors Gémeaux 13° 18' 19" Borealis 1° 35' 30" posant la latitude calculée pour certaine Mars par l'observation se trouvoit alors Gémeaux 13° 23' 16".[3]

Vous communiquerez encores a M. Hevelius cette observation faite le 27 decembre 1659[4], hora 11, 30' Jupiter a stella fixa quartæ magnitudinis. Quæ in genu posteriori Leonis in meridiano 13° 58'. 30" et latitudine boreali 1° 40' distare 24' vel 25. Erat Jupiter in verticali occidentaliori 23' vel 24' et Almicantharat in inferiori 7' vel 8' videbatur ex situ zodiaci longitudinem stellæ non attigisse. Tabulæ Philolaicæ il-

---

1 Dans une lettre du 1er janvier 1660 : « Je n'ay pas encore receu response de Monsieur Hevelius dont je suis un peu estonné. », *OCCH* III, n° 704, p. 5. Huygens avait écrit le 17 octobre 1659 (*OCCH*, II, n° 676, p. 498-499). Hevelius a prétendu n'avoir reçu la lettre qu'en juillet 1660. Il a répondu à Huygens le 13 juillet (lettre de ce jour, *OCCH*, III, n° 758, p. 91.

2 Boulliau se montre ici diplomate. Voici ce qu'a écrit Huygens : « Pour ce qui est de votre mesure du diametre de Mars je vous asseure qu'elle n'approche pas seulement de la veritè, et vous prie de ne vous fier aucunement a la methode d'Hevelius, parce qu'elle est tout à fait incertaine et trompeuse. La mienne aussi que j'avois esperé d'y employer, à sçavoir celle que j'ay expliquè en mon systeme, ne m'a servi de rien à cause de la petitesse de Mars tellement que je desesperois desja d'en pouvoir avoir cette fois aucune exacte mesure, mais en fin je me suis advisé d'une maniere tres assurée, trop longue pour estre rapportée icy, dont je me suis servy le 25 decembre et j'ay trouvè que le diametre apparent estoit de 17" 40''' ou plustost un peu moins ; d'ou j'ay calculè en suite que quand il nous approche le plus il sera environ de 30" 30''' ce qui s'accorde tout à fait, et mieux que je n'eusse osè esperer avec ce que j'en ay escrit sur la fin de mondit systeme » (*OCCH*, III, p. 4).

3 Pour ces mesures de Mars : Pingré, *Annales*, 1659, p. 241-242.

4 « Le 27 décembre 1657 à 11h. 30 Jupiter était distant de 24 ou 25' d'une étoile fixe de 4e grandeur qui se trouvait dans le genou postérieur du Lion dans une longitude de 13° 58' 30" et une latitude boréale de 1° 40'. Jupiter était dans la verticale plus occidentale à 23 ou 24' et l'Almicantarat dans la verticale inférieure de 7 ou 8' paraissait de sa position du zodiaque ne pas avoir atteint la longitude de l'étoile. Les Tables Philolaiques le montrent en longitude 13° 53' 51" et en latitude boréale 1° 14'. Monsieur Eichstadt, d'après les tables de Longomontanus l'a en longitude 14° 6' et en latitude boréale 13' ».

LETTRES [1660]

lum exhibent in meridiano 13° 53' 51" boreali latitudine 1° 14'. M. Eichstadius ex Longomontani tabulis habet in meridiano 14° 6', borealis gradus 13'.

En luy communiquant cette lettre vous m'obligerez de luy faire mes tres humbles baisemains comme aussy au bon homme M. Eichstadius.

90.

30 octobre 1660, Pierre des Noyers à Hevelius

BO : CI-IV, 610
BnF : Lat. 10 347-IV, 223-224[1]

Monsieur,
M. Hevelius, a Dantsic

Cracovie, le 30 octobre 1660

Monsieur,

Selon ce que M. Boulliau m'a escrit, je le croy maintenant aupres de vous, sa lettre du 24 septembre me dissant qu'il espere estre a Dantzigt vers le 8 de novembre[2]. Je l'invite a nous venir voir a Cracovie et luy dis qu'a son retour il s'arestera aupres de vous pour y voir toutes vos belles curiositez.

Je vous envoyé il y a quelque temps l'Horografum[3] par M. le Syndic de Dantzigt[4]. Je ne doute qu'il ne vous l'ayt mis entre les mains avec son livre ou l'usage et l'ins-

---

1 Porte par erreur la date du 30 septembre.

2 Dans une lettre du 25 juin 1659, des Noyers informe Boulliau qui s'est décidé à se rendre en Pologne à l'invitation de la Reine, qu'il a écrit à ce sujet à Hevelius : « Par votre lettre du 23 mai, j'apprends avec joie que vous persistez dans la volonté de faire un voyage en ces pays-ci. J'en ai donné avis à M. Hevelius ; mais je n'ai réponse ni à cette lettre [perdue], ni à deux autres, dont je ne m'étonne pas car c'est sa coutume d'être long à répondre. », *LPDN*, n° CCXIV, p. 525. Boulliau a quitté Paris le 30 septembre 1660. Il accompagnait Mme de Thou à La Haye qu'il atteint le 13 octobre. Il y séjourne, peut-être en attendant que la peste s'éloigne de Pologne, en dépit des nouvelles rassurantes d'Hevelius qui lui écrit que cette dernière semaine, la peste n'a fait que 132 victimes pour plus de 250 chaque semaine en octobre. Il le presse de se hâter car en mai-juin, les nuits sont moins propices à Dantzig à l'observation des étoiles (lettre du 27 novembre 1660). Boulliau quitte La Haye fin janvier pour Amsterdam ; il est à Hambourg le 10 février et le 15 mars 1661 à Dantzig.

3 Jean le Sarazin, *Horographum catholicum seu universale quo omnia cujuscunque generis horologia sciotherica in quacunque superficie data compendio ac facilitate incredibili describuntur*, Paris, Cramoisy, 1630. Jean le Sarazin était mathématicien du Prince de Condé.

4 Vincent Fabricius, Vincenz Faber ou encore Wincenty Fabricius (Hambourg, 1613 - Dantzig, 1667), syndic de Dantzig en 1644 puis Ratsherr en 1666 (DSD, p. 127). Il prononce en 1646 le discours de bienvenue adressée par la Ville à Louise-Marie de Gonzague alors en route pour Varsovie, ainsi que

trument sont descrits. Sy vous n'en avez plus que faire, vous le pouvez donner a M. Boulliau pour me le raporter.

Nous avons d'assez bonnes nouvelles d'Ukraine, ou les Moscovitte se sont voulu sauver pour la troisieme fois, ils ont esté battus et resserez plus estroitement qu'auparavant et les Kosakes sy pressez qu'ils ont esté obligez de venir demander la paix et de se soubmettre en l'obeisssance du Roy, qu'ils ont juree[1]. Je suis,

Monsieur,

Vostre tres humble et tres obeissant Serviteur,

Je vien d'aprendre qu'on a fait à Rome une lunette de 22 pieds pieds de longueur[2] et d'une nouvelle methode, avec laquelle on dit avoir veu des merveilles dans le ciel et particulierement [Saturne]. Quand j'en auré apris plus de particularitez je vous en feré part. L'autheur en est Eustachio Divini[3]

Des Noÿers

celui prononcé pour la première entrée à Dantzig de Jean-Casimir en tant que roi de Pologne en 1656. Ces discours ont été imprimés après sa mort dans *Orationes Civiles, ad Poloniae Reges nomine publico habitae* (Hambourg, 1685). Sa correspondance ainsi qu'un ouvrage sur le sénat polonais ont également été publiés sous le nom de *De comitis Polonorum* (*PSB*, t. 6, p. 402). [D.M.]

1 La guerre entre la République des deux nations et la Russie (1654-1667) n'est pas réglée au traité d'Oliva. Mais Jean-Casimir peut désormais concentrer ses troupes sur le front est. La bataille de Połonka se déroule entre le 23 mars et le 29 juin 1660 et s'achève sur une victoire polonaise. La bataille de Tchoudniv, entre le 27 septembre et le 2 novembre se conclut aussi sur une nouvelle victoire polonaise. Côté Cosaques, Ivan Vyhovsky, hetman d'Ukraine entre 1657 et 1659 qui a échoué dans ses négociations avec la Républque des deux nations pour obtenir l'autonomie du Grand-Duché de Ruthénie, abdique le 17 octobre 1659 et laisse la place à Iouri Khmelnytsky, hetman entre 1659 et 1660 qui a signé avec le tsar le traité de Pereïaslav; mais après les défaites des Russes, Iouri est battu à Korsun, fait prisonnier par les Polonais. Après la bataille de Tchoudniv, il bascule dans le camp polonais et jure fidélité à Jean-Casimir.

2 Plus de 7 mètres.

3 Eustachio Divini (1610-1685) célèbre constructeur de microscopes et de télescopes. Ami d'Evangelista Torricelli, il s'installa à Rome en 1646 et s'y illustra comme facteur d'instruments, notamment de télescopes optiques (tubes de bois de 4 lentilles de longueur focale supérieure à 15 mètres) qu'il utilisa aussi lui-même pour des observations astronomiques : de la Lune dont il publia une carte gravée en 1649 (du même type que celles d'Hevelius de 1647 mais fondée sur des observations personnelles réalisées sur ses propres instruments) et des satellites de Jupiter et des anneaux de Saturne (dont il revendiqua, contre Huygens la priorité de la découverte) : Antonella del Prete, « Gli astronomi romani e i loro strumenti. Christiaan Huygens di fronte agli estimatori e detrattori delle osservazioni di Saturno (1655-1665) », *Rome et la science moderne entre Renaissance et lumière*s, A. Romano éd., Rome, EFR, 2008, p. 473-489.

91.

22 novembre 1660, Pierre des Noyers à Hevelius

BO : Cɪ-IV, 611 (manque)
BnF : Lat. 10 347-IV, 224-225
BnF : Nal 1639, 89rv

M. Helvelk
Cracovie[1] le 22 novembre 1660

Monsieur,

Je vous ay promis que tout aussitost que j'aurois le dessein de la lunette de Divinis, je vous l'envoyerois ; le voicy donc[2] que j'ay copier sur celuy qui a esté envoyé de Florence où cette lunette est entre les mains du Grand Duc. Il me semble que Saturne n'y est point different de celuy de vos observations.

Je croyois nostre Mr. Boulliau auprés de vous lors que par une de ses lettres j'aprends qu'il est encore en Hollande[3]. Je l'invite à venir icy tout droit et en suitte à vous aller voir en s'en retournant.

Un amy que j'ay à Venise[4] me promet une invention pour tailler le verre des lunettes si excellentes qu'il dit qu'on n'en a point encore inventé une pareille ; il me promet et la machine et une lunette. S'il me tient parolle, je vous communiqueré tout. Je suis tousjours,

Monsieur,
Vostre tres humble et tres obeissant Serviteur,

Des Noyers

---

1 Le 20 juillet, les souverains quittent Varsovie en direction de Léopol puis Sambor (Des Noyers à Boulliau, 17 juillet 1660 de Varsovie, AMAE Corr. Pol. Pologne, 14, fol. 104-105). Aller jusqu'à Cracovie n'est initialement prévu que « si la situation le requiert » (Des Noyers à Boulliau, 6 août 1660 de Léopol, AMAE CPP Pol, vol. 14, fol. 106-107v). La situation militaire, c'est-à-dire la guerre qui reprend de plus belle contre la Russie et les Cosaques, semble justifier ce voyage vers le sud, où la plupart des opérations militaires ont lieu. [D.M.].

2 La lettre originale, soustraite par Libri, se trouve à la BnF en Nal 1639, 89rv. Le dessin se trouve dans un paquet perdu (voir lettre n° 92). Le second dessin est ici reproduit [illustration n° 6 HT].

3 Voir lettre n° 90 du 30 octobre 1660. Boulliau arrive le 15 mars 1661 à Dantzig.

4 Les meilleurs verres étaient alors taillés à la main. C'est vers le milieu du siècle que les premières machines pour tailler les lentilles font leur apparition. Le premier tour est celui conçu vers 1650 par Méru, avocat de Nevers, que Petit conserva comme curiosité dans son cabinet. Le bruit court en 1664 que Campani travaillait ses verres au tour. En 1671 dans sa *Dioptrique oculaire*, le père Chérubin décrit plusieurs machines dont rien ne prouve qu'elles aient été utilisées. Pas d'invention notable en ce domaine, semble-t-il, à Venise à cette date.

92.

12 décembre 1660, Pierre des Noyers à Hevelius

BO : CI-V, 627

Cracovie, le 12 décembre 1660

Monsieur,

Je vous avois envoyé le dessein de la lunette dont je vous ay parlé dans une de mes lettres precedentes des le 22 de novembre, mais aprenant que le paquet a esté perdu dans une riviere ou la glace s'est ouverte sou celuy qui le portait, j'en ay fait faire un autre que je vous envoye[1]. Cette lunette est maintenant entre les mains du grand duc de Toscane.

M. Boulliau devroit desja estre aupres de vous. Je luy ay escrit de ne s'y point arester mais de nous venir voir tout droit, et lors qu'il s'en retournera il y poura demeurer quelque temps[2]. Je vous prie de luy monter le dessein que je vous envoÿe, et de luy donner l'Horograf que je vous envoyer par Mons. Le Sindic de Dantzigt, sy vous n'en avez plus a faire[3].

Mons. Buratin a ordre du Roy de luy faire faire un anneau astronomique et pour cela il vous prie de luy vouloir envoyer les lieux des principales estoilles pour y mettres.

Je vous baise les mains et suis tousjours,

Monsieur,
Vostre tres humble et tres obeissant Serviteur

Des Noÿers

---

1 Ce second dessin [illustration n° 6, HT] se retrouve aujourd'hui isolé, BnF, Nal 1642, fol. 173.
2 Boulliau, arrivé mi-mars, passera six semaines chez Hevelius.
3 Voir lettre n° 90 (30 octobre 1660).

93.

18 décembre 1660, Hevelius à Pierre des Noyers

BO : Cı-IV, 612
BnF : Lat. 10 347-IV, 225-229

Domino Nucerio
Cracoviam,

Illustrissime Domine,

Debita gratiarum actione agnosco, amice perquam honorande, singularem tuum erga me amorem affectumque, quo me hucusque inprimis vero hic Gedani prosequutus fueris. Tibi enim unice acceptum refero, quod a Majestatibus Regiis tanto inexspectato honore et immerita clementia non fuerim dedignatus; tibique omnino adscribo, quod Rex noster longe clementissimus, ad ipsam portam, urbe cum egrederetur, non solum ad osculum suæ manus benignissime me admiserit; sed iterum iterumque de Regia sua gratia securum reddiderit, sic et etiam brevi symbolum sive insigne illius gratiæ transmissurum mihi clementissime fuerit pollicitus. Hincque profecto, cum viderim, speculationes meas quales quales cœlestes tantis Heroibus haud displicuisse, nimium quantum Urania non fuit excitata, atque desiderium plus ultra perveniendi in animo crevit; usque eo ut nihil amplius in votis habeam, quam quomodo ea ipsa, quæ diu noctuque meditatus ac speculatus sum summisque vigiliis, maximoque labore, non sine sanitatis facultatumque bonæ partis dispendio acquisita, quantocyus in lucem proferantur. Divino etiam annuente numine eo conatibus meis sum progressus, ut sperassem, proxima æstate, prælo, et primo quidem Cometographiam volumen satis ingens, deinde si Deus vitam sanitatemque concesserit etiam alterum illud opus Machinam nostram cœlestem, me commissurum. Verum enimvero, cum non tantum integra typographia mihi sit comparanda, quatuor vel quinque typographi, quid? Quod pictor, sculptor, automaturgus, cæli observatores, calculatores, alios ut taceam, nec non papyrus, cum rebus aliis necessariis magno utique pretio sit coemenda, vires fere meas res illa excedere videtur. Equidem non civis cujusdam privati, sed Principis est, tantos facere sumptus: eo inprimis attesto, quod longe amplissimos, in supellectilem illam astronomicam, uti oculis tuis optime perspexisti, ex meo marsupio impendere, imo quotidie adhuc non vulgares impendendi supersint: accedit quod bellum suecicum paratam pecuniam nobis surripuit, occasioque desit, illam resarciendi; præprimis, cum uxor mea, diutino et acri morbo ita conflictata ac debilitata amplius rei domesticæ gerendæ haud sufficiat. Parato igitur et reali auxilio opus est; quo deficiente, dubito num ea omnia, tanto molimine acquisita, lucem unquam videant. Ergo, quid consilii, amice intime? Aut profecto a cœptis abstinendum, aut suppetiæ ferendæ erunt; ut vero ubinam locorum, an in natali nostro polonico solo, an vero aliunde apud exteros auxilium ac patrocinium quærendum sit? Nemo utique te melius perspiciet. Si ex nostro Regno, aurea hæc aura conatibus nostris adspiret, nihil, crede, nobis obtinget optatius; sin ex alio quopiam solo exspectanda sit? Eundem quidem obtinebimus finem; sed nescio, anne Patriæ opprobrio quadantenus id esse possit aliquando; si nimirum Musæ Polonicæ vacillantes, exterorum viribus suffulciri debeant. De quibus omnibus, quid judices, an aliquod præsens remedium sive solatium adhuc supersit, priusquam illud extremum arripiendum sit, quæso, tanquam indefessus rei literariæ promotor, nobisque impense cupiens ne graveris communicare, addes beneficium beneficio, nec non posteritatem, in cujus inprimis, post Dei Omnipotentis gloriam, maximum commodum ea omnia suscipiuntur, maximopere tibi devincies. Sed hæc tibi in aurem dicta sunto. Nam in tuum tantummodo sinum intima pectoris mei effundo. Jam ad binas literas respondendum erit; gratias denuo habeo ingentes, pro transmisso novo isto telescopiorum apparatu; quid de eo sentiam, libere, sine tamen prejudicio inventoris, quem semper magni facio, edicam. Modus ille tubos funiculo elevandi, ac quaquaversum dirigendi jam olim mihi cognitus fuit, et forte Eustachio per Dominum Brunettum Florentinum qui modum istum probe apud me vidit, communicatus. Reliqua ad istam rationem spectantia, fateor, anxie valde esse conquisita; sed rebus abundantibus plane esse referta. Quicquid enim per pauciora fieri potest, quid attinet per plura? Ego, profecto, absit tamen gloria, longe faciliorem brevioremque methodum habeo longissimos tubos dirigendi, minoreque sumptu ac labore acquirendam, tum in plurimis præstantiorem; de quibus alio tempore, inprimis in Machina nostra cœlesti nobis sermo erit. Non video autem quicquam amplius (nedum miracula, quæ tam pleno ore ebuccinavit) per istud telescopium Eustachium de Divinis deprehendisse quam quod jam olim a me observatum est: Saturnus si quidem eadem omnino facie est depictus, quali eo in cœli loco in decimo nempe gradu Scorpionis in tabula meæ dissertationis prædixerim, nimirum sphærico-ansatum; sic ut prorsus nobis adstipuletur. Quid ad hæc Hugenius, avide exspecto. Gratum erit, quam quid gratissimum, novam istam rationem lentes elaborandi Venetiis inventam percipere. Decrevi pariter in Machina nostra cœlesti mundo detegere, quomodo lentes hyperbolicæ expoliri debeant accurate, quidem methodo hucusque plane incognita, tum perfacili ac summe plana. De cætero num novam stellam in Collo Ceti hoc anno denuo reducem observaveris nondum compertum habeo. Mense augusto adhuc nusquam apparebat, sed mense primum Septembris conspiciendum de die instar minutissimæ stellulæ; deinde in dies crevit sic ut ultimo Octobris non solum lucidam mandibulam Ceti secundi honoris, sed et lucidam Arietis magnitudine et splendore excederet; a quo tempore autem multum decrevit. Hisce diebus æqualis erat illi in Nodo Lini, et paulo minor illa in aure Ceti tum lumine multo debilior; quandiu permansura sit tempus docebit; semper fixa in eodem ætheris loco expers omnino parallaxeos hæret. Mirum dictu est, quam me exhilaravit præsentia M. Le Blond, quod nimirum tantum celeberrimum artificem mechanicumque in ædibus meis excipere atque de rebus nostris sermones cum illo commutare mihi obtigerit; sed doleo vix per horulam tantum ejus suavissimæ conversationis participem me fecit. Dominus namque de Grata valde eum tum temporis sollicitavit ut iter quantocyus maturaret Warsaviam cum tamen lubentissime Dominus Le Blond diutius hic apud nos commoratus fuisset. Supellectilem meam astronomicam, quantum in tantillo temporis spatio fieri potuit ipsi monstravi: profecto, nullus eo melius de iis omnibus judicium feret; non solum in sua arte insignis est, sed judicio maxime pollet. Quare longe foret acceptissimum si ejus judicium manu sua consignatum mihi comparare posses; quo habeam quæ placuerint, quæ displicuerint, atque sic semper plus ultra pervenire detur. Illustrissimo Domino Burrattino (quem officiosissime salvere velim) in memoriam revoces, rogo, promissionem de transmittendis vitris diversæ crassitiei Venetiis conflatis, nec non accurata delineatione pareliorum Warsaviæ observatorum; operam daturus quo, suo tempore, par pari referre queam. Dominus noster Bullialdus communis amicus uti nuperrime ex literis die 25 Octobris percepi, adhuc commoratur Hagæ Comitis, hæret ex parte animo, quid sibi faciendum sit, cum intellexerit pestem hic grassari; sed Deo sit laus et gloria, jam hucusque remisit sic ut non nisi hac septimana 86 decesserint. Num autem prius Dantiscum, an vero Cracoviam profecturus, et quando, avidissime exspecto. Longe mihi erit exoptatissimus. Optarem ut nobiscum circa finem martii et eclipsi Solis a Mercurio invigilare liceret, tum etiam illis obscurioribus noctibus fixarum planetarumque observationibus adesse: nam mense Maio et Junio noctes minus lucidæ vix id pro voto permittunt. Denique quod instrumentum illud sciatericum per amplissimum Dominum Syndicum nostrum transmisisti summopere tibi sum obnoxius; quam primum ejus generis aliud mihi comparavero quantocyus transmittam. Hisce vale illustrissime Domine ac fautor singularis; cui me meaque studia optimis modis commendo. Dabam Gedani, anno 1660, die 18 Decembris.

M. Le Blond pollicitus est singularem rationem circini alicujus divisorii nobiscum communicare; sed videtur oblivioni id tradidisse; quare ut data occasione id adhuc faciat, humanissime admonendus erit. Vale iterum.

À Monsieur des Noyers
À Cracovie,

Très illustre Monsieur,

En vous rendant les grâces que je vous dois, Ami très honorable, je reconnais votre inclination et votre affection pour moi, qui m'ont accompagné jusqu'à présent, particulièrement ici à Dantzig: car c'est à vous seul que je dois que leurs Majestés Royales ne m'aient pas jugé indigne d'un honneur si inattendu et d'une clémence imméritée[1]; et c'est à vous que j'attribue entièrement le fait que notre Roi Très Clément m'a admis avec bénignité à baiser sa main à la porte de la ville au moment où il en sortait. En outre, il m'a assuré, à diverses reprises, de sa faveur royale, et il m'a

---

1 La visite de la Reine du 18 décembre (lettre n° 87), et la visite plus officielle du Roi et de la Reine du 29 janvier 1660.

promis dans sa grande clémence qu'il m'enverrait bientôt un symbole ou un signe de sa faveur[1]. En conséquence, lorsque j'ai vu que mes spéculations célestes, en leur état, n'ont pas déplu à de tels héros, mon Uranie s'en est trouvée grandement excitée et le désir d'aller plus loin grandit dans mon esprit ; à tel point que mon plus cher désir est de mettre au jour, au plus vite, ce que j'ai médité et observé, jour et nuit, dans de très longues veilles, avec un grand travail, non sans dommage pour ma santé et mon patrimoine. Avec l'assentiment de la Volonté divine, j'ai avancé dans mes efforts si bien que j'espère mettre sous presse à l'été prochain d'abord la Cométographie, un volume assez immense et ensuite, si Dieu me concède la vie et la santé, aussi un autre ouvrage, notre Machine Céleste[2]. À vrai dire, je dois acheter une typographie complète et payer quatre ou cinq typographes, le peintre, le graveur, le constructeur d'automates, les observateurs du ciel, les calculateurs, sans parler du papier[3] et de tout ce qui est nécessaire. Cela coûte un grand prix. L'affaire me paraît dépasser mes forces[4]. En vérité, ce n'est pas à un simple particulier, mais à un Prince qu'il appartient de faire ces dépenses[5] ; et en premier, j'atteste que j'ai payé de ma bourse des sommes très considérables pour ce matériel astronomique, comme vous l'avez bien vu de vos yeux[6]. Bien plus, il me reste tous les jours des dépenses peu communes ; ajoutez que la guerre de Suède nous a ravi l'argent qui était préparé et que l'occasion fait défaut pour le reconstituer[7] ; en particulier, depuis que mon épouse, accablée et affaiblie par

---

1 Il s'agit d'un privilège d'impression.

2 La *Cometographia* paraîtra beaucoup plus tard, en 1668 et la *Machina Cælestis* pars prior, en 1673.

3 Sur le papier acheté en France, n° 70, 71 et 72.

4 Hevelius n'a pas attendu le retour de la paix pour construire son observatoire. Il envisage à présent, comme Tycho, d'imprimer lui-même ses propres livres. Il décrit plus précisément les frais engagés à Chapelain dans sa lettre du 22 avril 1671 (*CJH*, II, n° 81). Pensionné par le Roi de France, il plaide pour le renouvellement de sa pension : « Le premier livre de la *Machina Cælestis* est entre mes mains. Pour le publier plus vite, j'ai fait venir de Hollande un graveur remarquable qui puisse m'aider à graver sur cuivre les figures et les caractères spéciaux ; mais c'est à grands frais qu'il vivra dans ma maison en plus du gîte et du couvert. En outre, pour que mon travail tout entier aille plus vite, j'ai fait venir de Leyde un étudiant de mathématiques, qui n'est pas un novice, pour s'occuper avec moi des corrections typographiques, des descriptions, et de certains calculs plus faciles ; de sorte que dans les prochaines années, s'il plaît au Dieu Très Haut, avec l'observateur et six ou sept typographes que je devrai payer jusqu'au bout, sans parler des autres artisans comme les peintres, les constructeurs d'automates, les forgerons, les charpentiers et quantité d'autres de divers genres dont j'utilise la travail presque tous les jours. On peut aisément calculer ce que coûtent des gens qui, comme vous le savez, estiment leur travail à haut prix, sans dire combien il faut payer pour le papier, les instruments, l'appareillage et les autres accessoires au point que (sans me vanter) même au détriment de ma fortune, je ne néglige rien qui me paraisse pouvoir contribuer à faire avancer et à continuer mes études astronomiques... ».

5 Ses premières tentatives auprès de Gaston d'Orléans, décédé le 2 février 1660, ont échoué : *CJH*, II, p. 14-20. Hevelius se tourne à nouveau vers la Pologne.

6 Lors de la visite de Stellæburgum, le 18 décembre 1659 et le 29 janvier 1660.

7 Sans doute s'exprime-t-il ici à la fois pour la ville de Dantzig et pour lui-même. Le commerce de la ville s'est littéralement effondré. Les exportations de grains sont passées (moyenne annuelle en milliers de tonnes) de 44,5 en 1651-1655 à 4 en 1656-1660. (E. Cieslak, C. Biernat, *History of Gdańsk*, Gdańsk, 1995, p. 189). À la fin de la guerre, les finances de la ville sont désastreuses : Elle a dépensé plus de 5 millions de złotys dans la guerre, dans l'aide au roi et le financement de troupes royales. Les campagnes environ-

LETTRES [1660]

une maladie longue et pénible, n'a plus la force de gérer mes affaires privées[1], j'ai besoin d'une aide disponible et concrète : si elle me fait défaut, je me demande si toutes ces œuvres, acquises par tant de peine, verront jamais le jour. Quelle décision donc prendre, mon intime Ami ? Ou bien il faut arrêter l'entreprise, ou bien il faut apporter des ressources. Où chercher aide et patronage : est-ce sur notre sol natal polonais ou à l'étranger ? Personne ne le comprendra mieux que vous. Si c'est de notre royaume que cette brise d'or souffle sur nos efforts, rien, croyez-moi, ne peut nous arriver de plus souhaitable ; sinon faudrait-il l'attendre d'un autre pays ? Nous obtiendrons le même but, mais je ne sais si cela peut se faire sans quelque honte pour notre patrie si les muses polonaises vacillantes devaient être soutenues par des forces extérieures. Sur tout cela, je vous demande si, à votre avis, il existe encore quelque remède immédiat ou quelque consolation avant de devoir recourir à cette extrémité. C'est à vous, infatigable défenseur des lettres, vous qui voulez à profusion notre bien, de me le faire savoir. Vous ajouterez un bienfait à un autre bienfait et vous vous attacherez la postérité pour le bien de laquelle, après la gloire de Dieu Tout Puissant, j'ai entrepris tout cela. Mais que ces propos vous soient dits à l'oreille car c'est seulement en votre sein que je déverse l'intimité de mon cœur. Il me faudra déjà répondre à votre lettre.

Je vous rends à nouveau de grandes grâces pour l'envoi de ce nouvel appareillage de télescope[2]. Je vous dirai ce que j'en pense et je vous l'expliquerai librement, sans aucun préjugé contre l'inventeur que je tiens toujours en grande estime. Le moyen d'élever les tubes avec un câble et de les diriger dans tous les sens m'est connu depuis longtemps et il a peut-être été communiqué à Eustache par Monsieur Brunetti[3] de Florence qui a vu cette méthode chez moi. Les autres éléments qui concernent cette

---

nantes ont été ruinées ; l'économie est en pleine stagnation. Le trésor étant vide, la Ville n'a reçu que de vaines promesses (*ibidem*, p. 217). Quant à l'industrie de la brasserie, elle a aussi beaucoup souffert et, dans la seconde moitié du siècle, on assiste à un important mouvement de concentration et à une compétition pour la fabrication de bières de qualité.

1 Hevelius s'était reposé de tout le soin de ses affaires sur son épouse Catherina Rebeschke, morte en mars 1662, à 42 ans. On ne sait rien de sa maladie.

2 N° 92.

3 Hevelius ne supporte pas l'idée qu'Eustachio Divini ait pu mettre au point un long tube qui concurrence le sien. Il soupçonne Cosimo Brunetti de lui en avoir donné le modèle entrevu chez lui. L'abbé Cosimo Brunetti († après 1677), gentilhomme Florentin (ou Siennois) issu d'une famille marchande (il a un frère dans le négoce à Londres, un autre en Pologne) a réalisé en 1653 un premier tour d'Europe (en Allemagne, dans les Provinces-Unies et les Pays-Bas, en Angleterre et en France) dans le but de « conoscer tutte le persone celebri in ogni sorta di scienze, e massime in quel che concerne la matematiche ». Il rencontre ainsi Sluse, Huygens, Roberval et Pascal et s'intéresse de près à la controverse entre jansénistes et jésuites en France et aux Pays-Bas. Il se rend à Port-Royal. Lié au cardinal Fabio Chigi élu pape (Alexandre VII, 1655-1667), il défend la cause janséniste. Après la condamnation de Jansenius (1656), il revient à Paris et entreprend un nouveau voyage de deux années en Poméranie, en Prusse, en Livonie et en Pologne. À Dantzig, il rencontre Hevelius qui lui remet un exemplaire de chacun de ses ouvrages pour le Grand-Duc de Toscane. Après un retour par l'Allemagne, les Provinces-Unies et l'Angleterre (où il rencontre Wallis), il est à Paris en 1659, chargé d'une mission par la duchesse de Chevreuse et le duc de Luynes qui souhaitent acquérir des Antilles. Il s'agit d'un voyage exploratoire de deux années. À Paris, il a commencé la traduction en italien des *Provinciales* de Pascal (qui ne paraît qu'en 1684, à Cologne).

technique ont été, je l'avoue, élaborés à grand'peine mais ils sont pleins de choses superflues. Ce qui peut se faire avec peu de moyens, à quoi sert-il de le faire avec beaucoup ? Moi, en tout cas, sans vantardise, j'ai une méthode beaucoup plus simple et plus courte pour diriger les tubes très longs. Elle coûte moins d'argent et de travail et elle est meilleure dans la plupart des cas. Nous en reparlerons à un autre moment, surtout dans ma *Machina Cælestis*. Je ne vois pas qu'Eustachius de Divinis ait vu davantage avec ce télescope (pas même les merveilles qu'il a claironnées à pleine voix) que ce que j'avais observé depuis longtemps, puisque Saturne est représenté avec la même figure avec laquelle je l'avais prédit dans un lieu du ciel dans le dixième degré du Scorpion dans la table de ma Dissertation, c'est-à-dire sphérique avec une anse, comme nous l'avons toujours prétendu. J'attends avec impatience l'opinion de Huygens sur ces questions. Il me serait agréable, et même très agréable, de connaître cette nouvelle méthode d'élaborer les lentilles inventée à Venise.

J'ai décidé pareillement dans ma *Machina Cælestis* de révéler au monde comment les lentilles hyperboliques doivent être polies avec précision, avec une méthode tout à fait inconnue jusqu'à présent, mais très facile et très claire. Par ailleurs, je ne sais pas encore si vous avez observé une étoile nouvelle de retour cette année dans le cou de la Baleine[1]. Au mois d'août, elle n'apparaissait encore nulle part. Mais au début de septembre, on la voyait en plein jour comme de toutes petites étoiles. Ensuite elle grandit

---

1 Mira, dans le cou de la Baleine. De blanche, elle est devenue rousse en décembre, puis elle disparaît en mars 1661. L'étoile Omicron de la constellation de la Baleine (Cetus) a été observée par Fabricius le 13 août 1596, qui note que sa luminosité diminue de jour en jour jusqu'à disparaître. Il pense avoir affaire à une Nova. Elle l'est à nouveau par Holwarda, en 1638 : le 16 décembre, alors qu'il est occupé à mesurer, pour une éclipse de Lune, par ciel nuageux, des hauteurs d'étoiles éloignées de l'horizon, les nuages s'ouvrant révélèrent « par trois fois, quelque chose de brillant et de nouveau scintiller dans la constellation de la Baleine ». Après quelques jours de temps couvert, voulant vérifier les mesures précédentes, il tombe à nouveau sur la Baleine : « Il y vit encore scintiller quelque chose de nouveau et que, jusqu'alors, il n'avait jamais vu ». Il pense à un météore temporaire et, conseillé par son professeur de Mathématiques Bernard Fullenius, il reprend l'examen de la constellation et de l'étoile, dont il détermine la position le 25 décembre 1638, alors, à l'œil nu ou à la lunette, semblable aux étoiles voisines : « Son éclat surpassait celui des étoiles de 3ᵉ grandeur de la bouche et de la joue de la Baleine ou de l'épine dorsale des Poissons. » Plus tard, il vit à nouveau cette étoile qu'il croyait disparue, à la même place, le 7 novembre 1639, avec un éclat semblable à celui de sa première apparition. Les astronomes jugèrent qu'il s'agissait d'une Nova et Holwarda eut beaucoup de peine à faire admettre que Bayer avait déjà fait figurer cette étoile dans son catalogue en 1603 (« O » Baleine, 4ᵉ grandeur) : identification de grande importance qui prouve la variabilité rapide et périodique de l'étoile. Par la suite, Fullenius et Jurge (Hambourg) furent les seuls à l'observer : le 1ᵉʳ en septembre 1642 et peut-être en 1643 ; le second, en février 1647 (3ᵉ grandeur) et la cherche en vain en 1648. Hevelius l'observe à partir de 1659 — c'est lui qui la nomme Mira, la « Merveilleuse » et, avec Boulliau, lors de son séjour à Dantzig, en 1661 (du 15 mars au début mai et de la fin août au 12 septembre) comme l'atteste des Noyers. Deux publications présentent ces observations : d'Hevelius : « *Historiola Miræ Stellæ in Collo Ceti* », 1662, dans *Mercurius in sole visus*, p. 146-171 et planche p. 164. De Boulliau : *Ad astronomos monita duo*. (« Primum de stella nova, quæ in collo Ceti ante annos aliquot visa est... », Paris, Marbre Cramoisy, 1667, p. 5-14) où il traite de la variation lumineuse de certains astres, notamment de Mira dont il calcule la période — la première période calculée d'une étoile variable — à 333 jours. À ses yeux, ce phénomène est dû à la rotation de l'étoile sur elle-même qui montre des parties plus ou moins sombres, ou à un compagnon plus sombre, qui tourne autour d'elle.

LETTRES [1660]

de jour en jour de sorte qu'au dernier jour d'octobre, elle dépassait en grandeur et en éclat non seulement la mâchoire brillante de la Baleine de deuxième rang, mais aussi l'étoile brillante du Bélier; depuis cette époque, elle a beaucoup diminué. Ces jours-ci, elle était égale à celle qui se trouve dans le nœud de Linus et un peu plus petite que celle qui est dans l'oreille de la Baleine, mais alors, bien plus faible en lumière. Combien de temps durera-t-elle? Le temps nous l'apprendra. Elle s'attache au même lieu de l'éther, toujours fixe et tout à fait dépourvue de parallaxe.

Il est merveilleux de dire combien la présence de Monsieur Le Blond[1] m'a réjoui car j'ai eu la chance de recevoir dans ma maison un si célèbre artisan mécanicien et de converser avec lui de nos affaires; mais je regrette de n'avoir participé à sa conversation qu'à peine une petite heure. À ce moment Monsieur de Gratta le pressait de hâter au plus vite son départ pour Varsovie alors que Monsieur Le Blond serait très volontiers resté plus longtemps chez nous. Je lui ai montré mon équipement astronomique autant que ce fut possible dans un temps si court; à coup sûr, personne mieux que lui ne pourra porter un jugement sur tout cela: non seulement il est remarquable dans son art, mais son jugement est excellent. C'est pourquoi je serais très heureux si vous pouviez me procurer un avis signé de sa main pour que je sache ce qui lui a plu, ce qui lui a déplu et qu'ainsi il me soit donné d'aller plus avant. J'aimerais que vous rappeliez à l'illustrissime Monsieur Burattini (que je souhaite en bonne santé) sa promesse de me transmettre des verres de diverses épaisseurs fondus à Venise, et aussi un dessin précis des parhélies observées à Varsovie[2]. Je mettrai mes efforts à lui rendre la pareille en son temps. Monsieur Boulliau, notre ami commun, est encore à La Haye à ce que j'ai compris par sa lettre du 25 octobre[3]. Il hésite sur la décision à prendre, car il a compris que la peste se répandait ici. Mais, louange et grâce à Dieu, elle a déjà jusqu'à présent diminué de sorte que la semaine dernière 86 personnes seulement sont mortes. J'attends avec impatience de savoir s'il partira d'abord pour Dantzig et pour Cracovie et quand. Je le désire grandement. Je souhaiterais qu'il ait la possibilité, vers la fin mars, de travailler avec nous sur le transit de Mercure devant de Soleil et aussi, dans les nuits plus obscures, d'assister aux observations des fixes et des planètes; car au mois de mai et de juin, les nuits moins limpides sont peu conformes à ce souhait. Enfin, je

---

1 Hevelius parle aussi de ce facteur d'instruments à Oldenburg: « Gallum quendam, egregium mechanicum in urbe vestra operam dare expoliendis vitris hyperbolicis, gaudeo; si forte est Dominus Le Blon, qui ante aliquot annos hic Dantisci adfuit, ille lentes meas hyperbolicas iam eo tempore vidit, quas elaborari posse prius plane negabat. Ego isti negotio, hoc tempore minime vacare possum, ob contemplationes meas cœlestes ». « Je me réjouis qu'un certain Français, remarquable mécanicien, travaille dans votre ville à polir des verres hyperboliques; si par hasard c'est Monsieur Le Blon, qui voici quelques années fut ici à Dantzig, celui-ci vit dès cette époque mes lentilles hyperboliques dont il avait auparavant estimé la fabrication impossible. Pour moi, je n'ai pour le moment pas de loisir pour cette affaire à cause de mes contemplations célestes », *CHO*, III, n° 478, p. 4, du 16 janvier 1666. Oldenburg lui répond qu'il ne connaît pas de Le Blon, mais un De Son.

2 Hevelius a observé des parasélénies et parhélies à Dantzig les 30 mars, 6 avril et 17 décembre 1660: « De rarissimis quibusdam paraselenis ac pareliis Gedani observatis », *Mercurius in Sole visus* (Reiniger), 1662, p. 171-176.

3 Voir lettre n° 90 (30 octobre 1660).

vous suis très obligé pour cet instrument gnomonique que vous m'avez fait parvenir par notre très honorable Syndic[1]. Dès que j'aurai pu m'en procurer un autre du même genre, je vous le retournerai aussitôt. Ainsi, portez-vous bien, très illustre Monsieur et mon protecteur particulier. Je vous recommande de la meilleure façon moi-même et mes études. Donné à Dantzig, l'an 1660, le 18 décembre.

Monsieur Le Blond nous a promis de nous communiquer une singulière méthode de compas de proportion, mais il me semble l'avoir oubliée. C'est pourquoi il faudrait lui rappeler poliment de le faire quand il en aura l'occasion.

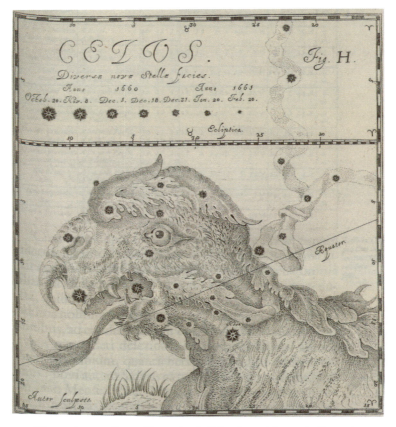

Illustration 17 : Cetus, *Mercurius in Sole visus*, 1662, p. 164 (from the collections of the Polish Academy of Sciences, the Gdańsk Library)

---

1 Vincent Fabricius à qui des Noyers a confié l'*Horographum*.

94.

23 janvier 1661, Pierre des Noyers à Hevelius

BO : Cı-V, 635.

Cracovie, le 23 janvier 1661,

J'ay veu par vostre belle et grande lettre le souvenir que vous avez de moy. Elle est du 18 de decembre, accompagnee de cette Croix lumineuse que vous avez observee le 17 de decembre 1660 et des caracteres qui furent veus au Ciel le 9 de novembre[1], lesquels j'ay envoyez en diverses lieux et entre autre a Rome au pere Kircherus pour en avoir son jugement. Je vous ferez part des responses que j'en auray. Cependant je vous rends grace de la confiance que vous me tesmoignez avec beaucoup de raison puis qu'il est vray qu'il n'y a personne qui puisse avoir plus d'estime pour vostre vertu que j'en ay ny qui souhaitte plus que moy les occasions de vous le tesmoigner, et de vous servir. Je vois et je connoist la grandeur de vostre entreprise. Je say combien Alphonce Roy d'Aragon[2] a despencé pour une pareille entreprise et qu'un Empereur et un Roy ont contribué a celle de Tycho[3] et l'un et l'autre n'ont point fait ce qu'il y a esperance que vous paracheverez et je conçois bien qu'il vous faut l'ayde de quelque grand Prince pour finir un aussi grand ouvrage que celuy que vous avez entrepris ; et vous demandez la dessus mon advis je connois bien avec vous qu'il seroit honteux a la Pologne de vous laisser chercher du secour dans un pays estranger, mais je vois bien aussi que nos Princes ne sont pas maintenant en estat de vous donner toute l'assistence qui vous est necessaire, les ruines que les guerres ont causee dans la Pologne et leurs revenus n'estant pas restablis. Que s'il se rencontroit en Prusse quelque vacance qui fut en la disposition du Roÿ, je ne doute point qu'il ne vous la donnat. Enfin quand M. Boulliau sera icy nous parlerons de vous plus d'une fois et nous chercherons les moyens de vous donner quelque bon et utile conseil pour pouvoir achever vostre grand ouvrage. S'il n'est maintenant aupres de vous, j'espere qu'il y sera bien tost et qu'il nous viendra voir ensuitte.

Je suis bien aise que vous ayez receu la machine d'Eustache de Divinis[4], elle n'a point pleu a M. Buratin qu'a vous, et pour l'effet que cette lunette a produit, il n'y a rien d'extraordinaire.

---

1 Nᵒ 93. Aucun de ces dessins ne subsiste. La croix lumineuse du 17 décembre est représentée dans *Mercurius in Sole visus*, p. 172, en bas de page, 3ᵉ figure [illustration nᵒ18].

2 Alphonse X de Castille (1221-1282) dit « le Sage » ou « le Savant », à qui l'on doit les Tables alphonsines ou de Tolède réalisées entre 1262 et 1272. La première édition : Venise, 1483.

3 Tycho Brahé (1546-1602), protégé et financé par Frédéric II de Danemark puis par Rodolphe II, à Prague.

4 Eustachio Divini (1610-1685) et sa lunette de 22 pieds de longueur : voir lettre nᵒ 91 et illustration nᵒ 6, HT.

Sy M. Blondeau[1] eust esté icy je luy aurois parlé de ce qu'il vous a promis, mais il est aupres de M. Buratin a Varsavie auquel j'escrit de le solliciter de vous envoyer ce qu'il vous promit en passant a Dantzigt, et je fais souvenir aussi M. Buratin du verre de Venize qu'il vous a promis et que je sais qu'il attand.

J'espere que M. Boulliau sera aupres de moy au temps de la petite eclipse du Soleil par Mercure[2] et que nous la pourrons observer ensemble et nous discourerons de la nouvelle estoille que vous avez observee in collo Ceti[3].

Du reste, je vous suplie d'estre persuadé qu'il n'y a personne qui honore vostre vertu plus que moy, ny qui soit davantage

Monsieur,
Vostre tres humble et tres obeissant Serviteur

Des Noyers

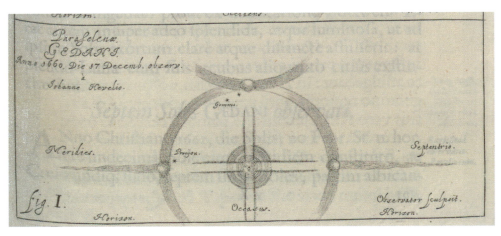

Illustration 18 : Parasélénie observée le 17 décembre à 1660 à Gdańsk,
dans : *Mercurius in Sole visus*, p. 172, 1662 (from the collections
of the Polish Academy of Sciences, the Gdańsk Library)

---

1 Roch Blondeau, célèbre facteur d'instruments qui travaillait à Paris pour Roberval et que des Noyers fit connaître en Pologne où il se fit une clientèle.

2 Passage de Mercure devant le Soleil prévu le 3 mai 1661. Hevelius fut gêné par les nuages : Pingré *Annales célestes*, p. 248-249.

3 La variable Mira : voir lettre précédente.

95.

8 février 1661, Hevelius à Pierre des Noyers

BO : Ci-V, 617/A.78/617

Domino
Domino Des Noyers
Cracoviam

Illustrissime Domine,

Nuper portentum quoddam ignitum, nec non paraselenus, meteora nempe aërea, jam vero sidus crinitum, æthereum corpus, cometam videlicet caudatam mitto. Quem primus omnium in hac urbe die 3 Februarii mane paullo ante sextam, circa ipsum horizontem æstivum, sub Delphini sidere in 16 circiter gradu Aquarii, et in latitudine boreali 22 gradus circiter conspexi.

Caudam 7 vel 8 plus minus gradus, easdem stellas Delphini versus, satis conspicuam circa extremitates divaricatam porrigebat. Caput vero satis lucidum subflavi coloris exhibebat. Quo conspecto, cum per totam eandem noctem observationibus fixarum stellarum invigilassem, paratusque essem meo supellectili astronomico, illico observationibus illis me accingi et annuente divino Numine tales etiam acquisivi, quales unquam optare possem. Die 4 Februarii cœlum erat subnubilum, ut nihil pariter observatum fuerat. At die 5 6 et 7, affulgente serenitate, perquam diligentissime istum vero rimatus sum; hodie vero die scilicet 9 nubes iterum obstiterunt observationibus nostris: cursum suum dirigit per Aquilam, caput Serpentis et Herculis versus, motu satis tardo; singulis diebus vix ½ gradus in propria orbita conficit; secundum longitudinem retrogradus est. At paucula tantum hisce significare volui; tempore enim plane destituor. Singulis namque noctibus jam vigilandum est, et de die dormiendum nec non observationes in ordinem redigendæ sunt. Sed dum finem hanc epistolam en ecce, tua de die 23 Januarii mihi traditur, ad quam amoris et benevolentiæ plenam hac vice respondere nequeo: differendum igitur in proximam occasionem, ubi simul plura de nostro cometa. Quod tu de eo observaveris vel alibi ab aliis deprehensum fuerit, rogo communices, quo eas omnes meæ Cometographiæ adhuc inserere possim. Ubinam nunc lateat noster clarissimus amicus Dominus Bullialdus sane nescio siquidem nihil quicquam responsi ad meas ultimas, die 19 Novembris anno præterito datas, accepi. Ex animo optarem ut meis observationibus cometæ aliorumque siderum adesse jam posset; profecto, honori mihi magno ducerem, in isto labore socium habuisse magnum Bullialdum. Si quid igitur de illo acceperis, ejusque itinere fac quæso quantocyus ut resciam. Denique nova stella illa in collo Ceti quæ adeo splendida fuit, ut ultimo circiter octobris stellas secundi honoris splendore et magnitudine, fere vicerit, postquam menses circiter sex, inter ipsas fixas immota effulsit, nunc adeo iterum evanuit, ut omnem aciem oculorum penitus eludat : num denuo proximo anno et quando apparitura sit, tempus docebit. Hisce vale feliciter, et porro fave

Illustrissime Domine
Tuo quam nosti

J. Hevelio

Dabam Gedani raptim die 8 Februarii anno 1661

À Monsieur
Monsieur des Noyers
À Cracovie

Très illustre Monsieur,

Je vous envoie l'observation d'un prodige igné et aussi une parasélénie, c'est-à-dire des météores aériens, mais encore un astre à chevelure, un corps éthéré, à savoir une comète à queue[1]. Je l'ai observée le premier avant tout le monde dans cette ville le 3 février au matin, un peu avant 6 heures, aux alentours de l'horizon d'été sous l'étoile du Dauphin, à peu près au 16ᵉ degré du Verseau et à 22° environ de latitude Nord. Elle étendait sa queue sur 7 ou 8 degrés vers les mêmes étoiles du Dauphin, assez visible et dispersée à ses extrémités. Elle montrait une tête assez brillante, de couleur jaunâtre. Quand je la vis, j'avais veillé toute cette nuit à observer les étoiles fixes et j'étais prêt avec mon équipement astronomique. Je m'attelais donc immédiatement à ces observations et avec l'appui de la volonté divine, j'ai fait des observations telles que je n'aurais jamais pu les souhaiter. Ce 4 février, le ciel était légèrement nuageux, en sorte que rien d'équivalent ne fut observé, mais les 5, 6 et 7, quand l'air était clair, je l'ai examinée avec la plus grande diligence ; aujourd'hui le 9, les nuages ont à nouveau fait obstacle à mes observations : elle dirige sa course par l'Aigle vers la tête du Serpent et d'Hercule, d'un mouvement assez lent ; chaque jour, elle fait à peine un demi degré sur sa propre orbite et elle rétrograde selon la longitude. Dans cette lettre, j'ai voulu seulement vous faire savoir un petit nombre de choses, car je manque de temps. Il faut veiller chaque nuit et le jour dormir et mettre mes observations en ordre. Voici que l'on me remet votre lettre du 23 janvier[2], pleine d'affection et de bienveillance, quand j'ai fini cette lettre. Je ne puis vous répondre cette fois-ci. Il faut reporter la réponse à la plus proche occasion. En même temps, j'en dirai davantage sur notre comète. Je vous demande de me com-

---

1 Comète observée par Hevelius entre le 3 février et le 10 mars (*Machina Cœlestis*, livre II). Halley, sur la base des observations d'Hevelius, a calculé qu'il s'agit de la comète de 1532 (Apien), Pingré, *Cometographie*, II, p. 10. Aucun dessin dans la correspondance.

2 N° 94.

muniquer ce que vous avez observé à son sujet ou ce qui a été trouvé ailleurs par d'autres, afin que je puisse encore insérer ces informations dans ma *Cométographie*. Où se cache à présent notre très illustre Ami Monsieur Boulliau ? Je l'ignore : car je n'ai reçu aucune réponse à ma dernière lettre datée du 19 novembre de l'année passée. De tout cœur je souhaiterais qu'il puisse assister à mes observations de la comète et d'autres astres ; je tiendrais à coup sûr pour un grand honneur d'avoir le grand Boulliau comme compagnon de travail. Si donc vous avez appris quelque chose sur lui-même et sur son voyage, faites, je vous prie, que je l'apprenne au plus vite[1]. Enfin, cette nouvelle étoile dans le cou de la Baleine est à ce point brillante que vers le dernier jour d'octobre, elle dépassait presque les étoiles de deuxième rang en éclat et en grandeur[2]. Après environ six mois, elle brilla immobile parmi les fixes elles-mêmes ; puis de nouveau s'évanouit au point d'échapper à l'œil le plus aigu ; le temps nous apprendra si elle réapparaîtra l'année prochaine, et quand. Ainsi ayez le bonheur de vous bien porter et gardez votre faveur, illustrissime Monsieur, à votre Ami que vous connaissez,

Johannes Hevelius

Donné à Dantzig, en hâte, le 8 février 1661.

96.

22 février 1661, Hevelius à Pierre des Noyers

BO : Ci-V, 619

Domino,
Domino des Noyers,
Cracoviam

Nobilissime Domine,

Etsi pene totus multifariis negotiis, atque observationibus, diu noctuque sim obrutus, tamen quo magis magisque promptitudinem erga te meam declarem, intermittere haud potui, quin denuo literis te invisam. Et quidem eo magis, cum nudiustertius iterum aliud phenomenon, tam insolens ac admirandum, quam visu jucundissimum, mihi primo in hac urbe observare, per integram et dimidiam horam obtigerit. Quale profecto, quod sciam, nunquam adhuc a quopiam et quidem adeo

---

1 Il est à cette date à Hambourg : voir lettre n° 90 (30 octobre 1660).
2 Mira : lettre n° 93 (18 décembre).

accurate (absit tamen gloria) animadversum, nec memini in ulla historia simile annotatum esse. Quare rogo quam humanissime, ut cum humillima et submississima officiolorum meorum oblatione, ac prolixissima optimaque studiorum uranicorum meorum commendatione Suis Regiis Majestatibus hocce phænomenon mirabile adspiciendum offeras. Septem nimirum hos Soles, cum duabus albicantibus crucibus, et duabus longissimis caudis subinde reciprocantibus, die inquam 20 Februarii stilo novo hora ante meridiana undecima circiter observatos. Imo parum abfuit, quin novos soles simul viderim, dummodo citius id advertissem. Constitutio et apparitio autem circulorum et pareliorum, ut breviter dicam, hæc fuit. Non ita plene, ut quidem deprehensa est, angustia non permisit temporis, tum Deo dante, historiæ nostræ cometarum, ostentorum ignitorum, paraselenarum ac pareliorum ea omnia reservo; nollem itaque ut in cujuspiam manus hæc observatio incideret, qui eam citius, quam ipse ego, et forte meo suppresso nomine, ut fieri plerunque solet, in publicum edat. Quæso etiam atque etiam rogo ut hoc schema atque has speciales observationes tibi soli reserves et nulli alio, veram et genuinam horum pareliorum delineationem transmittas. Interim si ita lubet poteris omnibus significare me septem Soles dilucide, imo fere novem in diversis admodum mirabilibus circulis observasse et delineasse quos sub accurata delineatione, cum aliis quamplurimis paraselenarum et pareliorum observationibus, a me ab aliquot annis summa diligentia deprehensis, quamprimum nostra Cometographia prodibit, publico simul expositurum. Ipsam autem observationem quod spectat: primam, Sol genuinus, cœlo perquam sereno et sudo circa meridiem in A, in altitudine 25° circiter extabat. Ex eo descriptus erat, circulus pene integer coloribus variis, instar iridis tinctus G B I C, cujus diameter erat 45°; sic ut supra Serpentem limbo inferiori 2½ plus minus gradus elevaretur. Ab utroque latere ad B et C, ortum occasumque versus, duo parelii videbantur variegati, ac longissimis caudis, satis spissis sed albicantibus, se in mucronem terminantibus valde conspicui. Deinde alius circulus ex Sole A ductus quod diametrus 90°, sed prope Serpentem decurtatus, qui a parte superiore, coloribus admodum erat insignis, quanquam ad latera nempe VZ et XY colore aliquanto tristior. 3 : duo circuli gratiores versicolores elegantissimi et lucidissimi, ex puncto tamquam centro zenith descripti ad G et H conspiciebantur, illius arcus C G R diameter erat 90° et alterius superioris S H T 95°. In intersectione autem inferioris arcus ad G alius parelius obtusus notabatur. 4 : ingens circulus non omnino integer, unicolor albicans horizonti parallelus sive ab horizonte undique 25° æquidistans B E I D C, magnitudine 130° quod diametrum ortum quasi ex caudis pareliorum B et C trahens, deprehensus est: in hoc inquam circulo tres iterum Soles colore argenteo et albescente affulgebant inde ad orientem, omnino 90° gradibus a Sole genuino, eorum unus extabat, ad septentrionem in F alius; et tertius in 2 ad occasum, omnes vero similis coloris et splendoris: per Solem D in E orientalem et occidentalem sectiones iterum circuli alicujus magni atque 4 polum K eclipticæ ad ipsum horizontem P et N incidenter apparebant, quæ duas cruces per Solem nimirum D et E distincte referebant. Sic ut septem Soles simul clare admodum spectarentur nimirum A Sol genuinus B et C collaterales variegatæ ac caudatæ, cum superiori G reliquis debiliori; vicissim in circulo illo albo horizontali B E F D C tres utpote in D et E, uterque cum cruce alba; a F vero septentrionem versus sine cruce. Penitus autem censeo, si phænomenum istud citius advertissem, sine omni dubio, adhuc duos parelios nempe in I circa horizontem, atque alium in H deprehendissem; aderant enim talia vestigia, de quibus tamen nihil certi affirmare possem, cum illos distincte non conspexerim; atque hæc de his septem miris pareliis, de cometa vero, cujus delineationem cum literis 8 februarii transmisi. Sic scias, me istum adhuc quotidie annuente serenitate observare; sed facie adeo debilis est ut vix a quopiam alio alioque tubo, Luna nunc splendente videbitur; interea tamen penitus mihi persuadeo illum toto hoc mense adhuc appariturum. Dominus noster Bullialdus nondum advenit, ubi terrarum nunc degat? Sane nescio; de cujus incolumitate valde sum sollicitus. Ad literas illas ultimas tuas nondum respondeo, ne gravissima tua negotia diutius interpellem. Vale et porro complectere

Tuæ illustrissimæ dominationi
Impense deditum

J. Hevelium

Multi præclarissimi viri hodie a me petierunt Selenia pareliorum; sed nemini illud extradidi; sic ut certus esse possis, nullum omnino veram illorum habere delineationem, quotquot etiam unquam ab aliis exhibeantur.

Anno 1661, die 22 Februarii,
Gedani, raptim.

À Monsieur,
Monsieur des Noyers
À Cracovie,

Très illustre Monsieur,

Quoique je sois quasiment tout entier écrasé d'affaires diverses et d'observations de jour et de nuit, cependant je n'ai pu interrompre notre correspondance afin de vous déclarer toujours plus ma disponibilité envers vous. Et cela d'autant plus qu'avant hier j'ai eu la chance d'être le premier à observer dans cette ville un autre phénomène aussi inaccoutumé qu'étonnant et réjouissant à voir. À ma connaissance, un tel phénomène n'a encore jamais été observé par personne et, en tout cas, avec une telle précision (sans vantardise) et je ne me souviens pas qu'il soit relaté dans une quelconque histoire. C'est pourquoi je vous demande très poliment d'offrir ce phénomène étonnant à la contemplation de leurs Majestés Royales avec la très humble et très soumise offrande de mes petits services, et la recommandation la plus prolixe et la meilleure de mes études astronomiques. Le 20 février nouveau style, vers 11 heures avant midi, sept Soleils ont été observés, avec deux croix tirant sur le blanc et de très longues queues qui se recoupaient. Bien plus, il s'en est fallu de peu que je ne voie en même temps d'autres soleils à condition de l'avoir remarqué plus vite. Pour parler bref, ce fut une constitution et une apparition de cercles et de parhélies. Le manque de temps ne me permet pas d'exposer en détail comment elle a été observée, mais si Dieu me l'accorde, je réserve tout cela pour mon histoire des comètes, des prodiges ignés, des parasélénies et des parhélies. Je ne voudrais pas que cette observation tombe dans les mains de quelqu'un qui la publierait plus vite que moi[1] et peut-être en supprimant mon nom, comme cela se fait ordinairement. Je vous prie encore et encore, et je vous demande de garder pour vous seul ce schéma et ces observations particulières, et de ne transmettre à personne le dessin véritable et authentique de ces parhélies. Entre temps, si cela vous plaît, j'ai observé et dessiné sept Soleils clairement. Bien plus neuf Soleils dans des cercles divers, tout à fait étonnants. Très bientôt paraîtra notre *Cométographie* qui démontrera au public, avec un dessin précis, avec quantité d'autres observations de parasélénies et de parhélies, que j'ai recueillies avec un soin extrême pendant plusieurs années. En ce qui concerne l'observation elle-même : d'abord le Soleil lui-même dans un ciel parfaitement serein en A, se trouvant dans une hauteur d'environ 25°. Hors de lui était tracé un cercle à peu près entier de couleur variée, comme un arc en ciel, comprenant G, B, I, C dont le diamètre était de 45° ; de la sorte son limbe inférieur était élevé au-dessus du Serpent de plus ou moins 2° ½. Des deux côtés, en B et en C, du côté du Levant et du Couchant, apparaissaient deux parhélies de couleur variée très visibles avec de longues queues, assez épaisses mais blanchâtres, se terminant en pointe. Ensuite, un autre cercle, mené à partir du Soleil A avait un diamètre de 90°, mais écourté près du Serpent. Dans sa partie supérieure, il était remarquable par ses couleurs quoique, sur ses côtés V et XY il fût de couleur un peu plus triste. Troisièmement, on voyait deux cercles plus jolis de couleur variée, très élégants et très brillants, tracés à partir d'un point comme le centre du zénith en G et H. Le diamètre d'un de ces arcs CGR était de 90° et celui de l'autre, qui était au-dessus, de 95°. Dans l'intersection de l'arc inférieur en G, on obtenait une autre parasélénie obtuse. Quatrièmement, un immense cercle, pas tout à fait entier, de couleur uniforme blanchâtre, parallèle à l'horizon, c'est-à-dire équidistant de 25° de tout côté B, E, I, D, C d'une grandeur de 130°, traçant son diamètre comme les queues des parhélies B et C ; dans ce cercle, dis-je, brillaient encore trois Soleils de couleur argentée et tirant sur le blanc. L'un d'entre eux à l'Est était à 90° du Soleil véritable. Le deuxième au Nord en F ; et le troisième en 2 au couchant. Tous de la même couleur et du même éclat. Par le Soleil D en E, à l'Est et à l'Ouest, des sections de quelques grands cercles apparaissaient incidemment et par 4, le pôle de l'écliptique par l'horizon P et N. Elles évoquaient distinctement deux croix par le Soleil D et E. De la sorte, 7 Soleils étaient contemplés en même temps : à savoir A le Soleil véritable ; B et C, les collatéraux multicolores et pourvus d'une queue, avec le Soleil supérieur G

---

1 Il va la publier dans *Mercurius in Sole visus*, 1662, p. 171-176, planche p. 174. Le dessin joint à la lettre a disparu.

LETTRES [1661]

plus faible que les autres ; à l'inverse, dans ce cercle blanc horizontal B, E, F, D, C, 3 en D et E ; l'un et l'autre avaient une croix blanche ; F du côté du Nord n'avait pas de croix. Je suis persuadé que si j'avais remarqué ce phénomène plus vite, j'aurais sans aucun doute encore observé deux autres parhélies, c'est-à-dire en I près de l'horizon, et l'autre en H. Il y avait des indices en ce sens dont cependant je ne pourrai rien affirmer de certain car je ne les ai pas observés distinctement. Voilà pour ces sept parhélies et pour la comète dont je vous ai transmis le dessin avec ma lettre du 8 février[1]. Sachez que je l'observe tous les jours quand le ciel est clair, mais son aspect est tellement faible qu'un autre avec un autre tube peut à peine la voir à présent que la Lune brille[2] ; entre temps toutefois, je suis bien persuadé qu'elle apparaîtra encore tout ce mois. Notre cher Monsieur Boulliau n'est pas encore arrivé. En quel pays séjourne-t-il actuellement ? Je l'ignore et je suis bien préoccupé de sa santé. Je ne réponds pas encore à votre dernière lettre pour ne pas troubler plus longtemps vos très sérieuses occupations. Portez-vous bien et embrassez

Le tout dévoué
À votre très illustre Seigneurie,

J. Hevelius

Beaucoup d'hommes illustres m'ont demandé mes Selenia et mes parhélies ; mais je ne les ai données à personne : en sorte que vous puissiez être sûr qu'absolument aucun d'entre eux ne possède le vrai dessin, si nombreux que soient les dessins qui sont exhibés par les autres.

En 1661, le 22 février à Dantzig, en hâte.

1 Dessin qui a disparu.
2 La comète n'est plus observable le 10 mars.

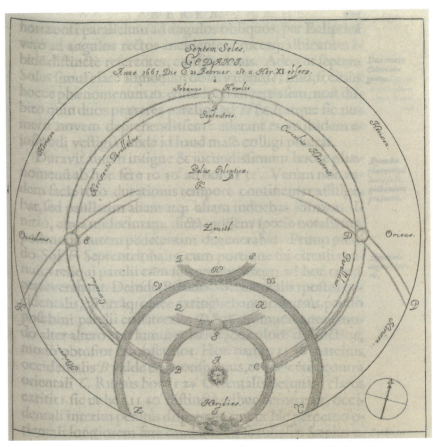

Illustration 19 : Les sept soleils observés à Dantzig le 20 février 1661, dans *Mercurius in Sole visus*, 1662, p. 174 (from the collections of the Polish Academy of Sciences, the Gdańsk Library

97.

14 mars 1661, Pierre des Noyers à Hevelius

BO : Ci-V, 636

Varsavie, le 14 mars 1661

Monsieur,

J'ay receu avec vostre lettre du 8 febvrier l'observation que vous avez faite alors de la comette[1] ; je l'ay veuë une fois seulement dans notre voyage en venant de Czestokowa[2], mais je n'avois nul instrument avec moy, ainsy je n'en ay peu rien observer. Voicy ce qu'on m'en a envoyé d'Olmütz[3]. L'Autheur a pris plus de soing a bien peindre les constellation, qu'a les bien observer. Vous verrez encore ce que nostre Mercure Polonois[4] en dit. Je l'ay fait voir au Roy et a la Reyne aussi bien que la figure que vous m'avez envoyee d'une parelie admirable de sept soleils et quasi neuf[5]. Leurs Majestés souhaittoient bien de l'avoir veuë. Je vous rends grace de me l'avoir communiquee et vous assure que je n'en desineré aucune copie. M. Buratin qui l'a veuë m'a dit en avoir observé une en cette ville qui estoit encore plus belle. Je l'ay prié d'en chercher l'observation qu'il dit en avoir faitte pour vous l'envoyer.

J'avois retardé a vous escrire pour vous envoyer l'observation que nous avions faitte luy et moy de Mercure sous le corps du Soleil, mais le ciel qui avoit esté fort beau ce jour la ne nous le permit pas dans le temps que nous en avions besoing et ainsi nos aprest se trouverent inutiles.

Dans le calcul que je fais du voyage de M. Boulliau, je le juge aupres de vous. On m'a escrit qu'il estoit parti de Holande, et ainsy je m'imagine qu'il ne doit pas estre loing de Dantzigt[6]. Je luy avois escrit de se haster dans le temps que je croyois que nostre Diette se deust faire au mois mars, mais ayant esté remise a celuy de maÿ[7], j'espere

---

1 N° 95. Hevelius observe la comète entre le 3 et le 10 mai : Pingré, *Annales*, 1661, p. 251.

2 Où se tint le Conseil des sénateurs que le Roi et la Reine voulaient gagner à leur projet de réforme, avant la Diète générale.

3 Le collège jésuite d'Olmutz (Olomuc, en Moravie) fondé en 1579 était doté d'un observatoire.

4 Le *Mercure Polonais* (*Merkuryusz Polski*), première gazette hebdomadaire imprimée en Pologne, commence à paraître le 3 janvier 1661. La rédaction en fut confiée à Jérôme Pinocci, secrétaire du roi. La Gazette disparut le 22 juillet 1661, après l'échec des projets de réforme présentés par le Roi à la Diète. Le tirage était compris entre 100 et 300 exemplaires. Le numéro 14, extraordinaire, daté du 23 février 1661, contient deux observations de cette comète sous les titres « Observatio Cometae die 8. Februarij 1661, super Horizontem Olomucensem facta », p. 103, et « Observatio eiusdem 9. Februarij », p. 104. [D.M.]

5 Voir lettre n° 96 (22 février)

6 Il arrive effectivement à Dantzig mi-mars 1661.

7 Cette Diète se tient à Varsovie du 2 mai au 18 août 1661. Elle est encore largement consacrée à la guerre et son financement : on y trouve des rappels à la loi sur la quarte, un impôt censé financer l'armée, ainsi que des discussions sur un impôt par tête touchant la population juive. Le premier article concerne

330 CORRESPONDANCE DE JOHANNES HEVELIUS. TOME III

qu'il sera icy assez a temps pour la voire. Je vous prie donc de ne le pas retenir que jusque au 20 d'apvril afin qu'il soit icy au commencement de la Diete et qu'il en voye l'ouverture[1]. Lors qu'il sera icy nous parlerons plus de vous luy et moy, que de tout le reste des hommes. Cependant faitte moy tousjours la grace d'estre tres persuadé que j'honore vostre vertu comme elle le merite et que je seré tousjours,

Monsieur,
Vostre tres humble et tres obeissant Serviteur,

Des Noyers

98.

Septembre 1661, Lettre mutilée d'Hevelius à P. des Noyers

Avec la copie d'une lettre de Boulliau à Léopold de Toscane, postérieure au 15 mars, transmise par Hevelius à Pierre des Noyers, après le 12 septembre[2]
BO : C1-IX, 1260 manque
BnF : NAL 1642, 116rv-117r

À Monsieur
Monsieur des Noyers
À Warsavie[3]

Serenissimo Principi Leopoldo ab Hetruria
Ismaël Bullialdus Salutem plurimum dicit[4]

Celsitudinis tuæ Serenissimæ litteræ Januarii 11 et 18 hujus anni scriptæ, postquam 15 Martii Dantiscum perveni sunt mihi redditæ[5], quæ Pauli Parentii Lucensis,

cependant les Ariens, parfois appelés Sociniens ou encore Petite Eglise de Pologne (*VL*, tome 4, Petersburg, Nakładem i drukiem Jozafata Ohryzki, 1860, p. 691-828). [D.M.]

1 Boulliau a quitté Dantzig avec Francesco Gratta fin avril pour Varsovie. Il est en route le 3 mai et ne peut observer le passage de Mercure devant le disque du Soleil. Le trajet prit 10 jours. Cette diète était capitale : car les souverains voulaient y faire passer le principe de l'élection *vivente Rege* avec, comme candidat à la succession, le duc d'Enghien marié à la nièce de la Reine, Anne de Bavière, adoptée pour l'occasion. Le projet, présenté par le Roi, fut écarté par l'opposition, mais le mariage fut néanmoins célébré le 11 décembre 1663.

2 Lettre mutilée postérieure au 12 septembre 1661, dont il ne reste que le postscriptum et l'annexe. Elle ne peut être datée précisément et se trouvait, à l'origine, faussement intégrée dans le volume IX à l'année 1668. Il s'agit d'une lettre d'Hevelius à des Noyers qui reproduit une lettre de Boulliau envoyée à Léopold de Toscane, écrite quand Boulliau était logé chez Hevelius en avril 1661.

3 Mention sur le revers de la deuxième page servant d'enveloppe (117v).

4 La première partie de cette lettre mutilée (116rv) est une copie, dont l'écriture n'est ni celle de Boulliau, ni celle d'Hevelius et qui est interrompue au bas du verso.

5 Boulliau est arrivé le 15 mars 1661 à Dantzig et est logé chez Hevelius. Elle peut donc être datée précisément.

LETTRES [1661]

qui Amstelodami negotiatur, cura et diligentia fuerunt suppletæ. Citius ad illas respondere non potui, cum hic multis me esse intentum necesse omnino fuerit. Illustrissimi enim viri celeberrimique astronomi Domini Johannis Hevelii veteris Gedani Consulis supellectilem astronomicam et opticam, omnemque apparatum illius, et de observandis sideribus industriam et diligentiam incomparabilem ac indefessam inspicere ac contemplari debui. Utque commodius ipso ejusque eximiis inventis fruerer Fixarumque stellarum ac planetarum loca accuratissime observantem intuerer, et ac in ædibus suis habitarem, pro eo quo me prosequetur benevolo affectu voluit.

Item in eadem epistola sub finem de illustrissimo porro viro Domino Johanne Hevelio quoniam supra quædam promisi, non ingratum fore Celsitudini Tuæ Serenissimæ arbitror, si brevem et qualemcumque præcipuorum ipsius instrumentorum astronomicorum aliisque supellectilis enumerationem subjecero. Possidet ille Quadrantes duos maximos orichalcicos, tam subtiliter divisos, ut Tychonis omnino superent, magnitudine quoque vincant excepto murali illo, a quo deficit major prædictorum semisse pedis unius. Horum autem quadrantum unus, isque minor est azimuthalis, Dantiscani Senatus ante multos annos auctoritate a sumptibus fabrefactus, et ab artifice divisus bene perito. Alter major quadrans, octans bifurcatus præterea ac sextans maximi toti orichalcici magnifico ipsius Hevelii sumptu affabrefacti, et ipsius manu subtilissime divisi sunt; in quibus postremis tribus ad scrupuli unius primi duocedimam partem altitudines Solis et stellarum distantias clare discernere potest. Alia præterea similia ac æqualia prædictis lignea laminis æneis munita, in quibus divisiones subtilissimæ quoque sunt et accuratissimæ, possidet instrumenta, duosque insuper sextantes ære solido constantes, in quorum minori 30" adnotare potest in majori vero 15". De illius instrumentali supellectili ad metiendas magnitudines, circulos describendos dividendosque hic supersedeo dicere, ut et de illa, quæ ipsi ad formanda subspicillorum vitra aut lenticularia aut concava inservit, quæque cæterorum per Europam artificum instrumenta et copia et præstantia vincit. Hisce proximis diebus Solis eclipsim observavi, cui observationi diligentissimæ ac accuratissimæ adfui. Ipsi Celsitudini Tuæ...

Postcriptum[1]

Has dum obsignare volebam, en ecce tuæ literæ die 12 Septembris datæ mihi offeruntur; ex quibus percepi clarissimum dominum Bullialdum spem aliquam facere de feliciori exitu mei desiderii: sed cum res nondum ad finem omnino sit producta, in dubio relinquenda. Nam de futuris nihil quicquam certi statuendum; meliora tamen speremus. Interea clarissimo Domino Bullialdo maximas ago gratias quod nihil intermiserit quod ad promovendum istud negotium spectare ipsi visum fuerit; utinam amicis meis ac fautoribus gratitudinem meam haud ingratis quibusdam officiis vicissim declarare possim. Vale iterum iterumque amice honoratissime

---

1 De la main d'Hevelius, adressé à Pierre des Noyers.

À Monsieur
Monsieur Des Noyers
À Warsavie

Au Sérénissime Prince Léopold de Toscane,
Ismaël Boulliau adresse son plus grand salut[1]

Les lettres de votre Altesse Sérénissime écrites les 11 et 18 janvier de cette année me sont parvenues après mon arrivée à Dantzig le 15 mars. Elles ont été fournies par le soin et la diligence de Paulus Parentius qui fait des affaires à Amsterdam[2]. Je n'ai pu leur répondre plus tôt, car il a été bien nécessaire que je m'occupe ici de multiples choses. J'ai dû visiter et contempler l'équipement astronomique et optique d'un homme très illustre, le très célèbre astronome Johannes Hevelius Consul de la Vieille Ville de Dantzig et en même temps apprécier tous ses appareils, son ingéniosité et sa diligence incomparables et infatigables dans l'observation des astres. Pour que je puisse plus commodément profiter de lui et de ses remarquables inventions, et le voir observer très précisément la position des étoiles fixes et des planètes, il a voulu que j'habite sa maison avec l'affection bienveillante dont il m'entoure.

Dans la même lettre, à la fin, je vous ai promis de vous parler du très illustre Monsieur Jean Hevelius. C'est pourquoi je pense qu'il ne déplaira pas à Votre Altesse que j'ajoute une brève énumération de ses principaux instruments astronomiques et du reste de son équipement. Il possède deux très grands quadrants en laiton, divisés si subtilement qu'ils dépassent tout à fait ceux de Tycho et les dominent en grandeur excepté le quadrant mural de Tycho auquel le plus grand des quadrants précités est inférieur d'un pied et demi. Parmi les quadrants, un plus petit est azimuthal, construit voici bien des années sous l'autorité et aux frais du Sénat de Dantzig[3], et divisé par un artisan bien expérimenté. Un autre grand quadrant, un octant à deux fourches et un sextant, tous très grands et entièrement en laiton, ont été construits par la magnificence d'Hevelius lui-même et sont très subtilement divisés de sa main ; avec eux, on peut distinguer clai-

---

1 Boulliau, sur la route de Constantinople, s'était arrêté en Toscane en septembre, octobre et novembre 1646. Il y rencontra d'abord Torricelli, successeur de Galilée en 1642 et mathématicien du Grand Duc, Ferdinand II ; puis le Grand Duc lui-même et son frère cadet Leopold, tous deux élèves de Galilée et passionnés de science. Boulliau a visité leurs collections d'instruments scientifiques, et notamment la collection de lunettes et de lentilles taillées par Torricelli. Ferdinand II lui offrit un hydromètre et un télescope de Torricelli. De retour en France, Boulliau a entretenu une correspondance régulière avec Léopold. (H. Nellen, *Boulliau*, p. 131-134).

2 Boulliau a quitté Paris le 30 septembre et est arrivé à La Haye le 13 octobre. Il y prolonge son séjour jusqu'à fin janvier 1661, avant de partir pour Hambourg et la Pologne. Durant le Déluge suédois, la Reine de Pologne avait déjà voulu confier une mission diplomatique dans les Provinces-Unies (négocier l'alliance des Provinces-Unies avec la Pologne) à Boulliau qui avait décliné l'offre, contraire aux intérêts français. Après le retour de la paix, la Reine renouvela son invitation, peut-être pour une autre mission diplomatique qui nous est inconnue (H. Nellen, *Boulliau*, 1994, p. 258). Voir n° 87, n° 90.

3 Il s'agit du splendide quadrant de Peter Crüger, qui se trouvait à l'arsenal et dont la ville de Dantzig fit cadeau à Hevelius en 1644. Voir n° 34 et *CJH*, I, illustration 4.

rement à un douzième de scrupule près, la hauteur du Soleil et la distance des étoiles. Il possède aussi des instruments de bois, semblables et égaux, munis de lames de cuivre sur lesquelles se trouvent des divisions très subtiles et très précises ; et en outre deux sextants en bronze massif. Sur le plus petit, on peut noter 30 secondes ; sur le plus grand, 15 secondes. Je renonce à vous parler de son matériel pour mesurer les grandeurs, tracer des cercles et les diviser, ainsi que de son outillage pour former des verres de lunette, soit lenticulaires, soit concaves, qui surpassent les outils des autres fabricants d'Europe par l'abondance et l'excellence. Avec eux j'ai observé ces derniers jours une éclipse de Soleil et j'ai assisté à cette observation très soigneuse et très précise[1].

Postscriptum

Quand je voulais sceller cette lettre, voici que l'on m'apporte votre lettre du 12 septembre[2]. J'y ai compris que le très illustre Monsieur Boulliau concevait quelque espoir d'une issue plus heureuse pour mon souhait ; mais comme l'affaire n'est pas encore menée à bonne fin, il faut la laisser en doute. Car sur l'avenir, on ne peut rien établir de certain ; espérons simplement une amélioration. Entre temps, je rends les plus grandes grâces à Monsieur Boulliau parce qu'il n'a rien négligé qui lui parût concerner le progrès de cette affaire. Puissé-je à mon tour témoigner par quelques services agréables ma gratitude à mes amis et à mes protecteurs.
Portez-vous bien encore et encore,
Ami très honoré.

99.

22 décembre 1661, Hevelius à Pierre des Noyers

BO : Cɪ-V, 720

Illustrissimo Domino
Petro Nucerio
Johannes Hevelius Salutem plurimum dicit

Cum hactenus nullum scriptionis argumentum sese obtulerit, nolui profecto tuas gravissimas occupationes publicas interpellare ; jam vero cum tua opera peropus habeam, te rursus quam humanissime compello, non dubitans, quin pro tua erga me propensissima voluntate, mihi, Musisque meis sis gratificaturus. Nosti optime, quam serio, absit gloriola ! bono publico excolam studia uranica, nullum laborem, sive diu

---

1 Il s'agit de l'éclipse du 30 mars. Voir Pingré, *Annales*, 1661, p. 245. La mention « proximis diebus » indique que la lettre est de peu postérieure et précède la venue de Boulliau à Varsovie.

2 Lettre qui manque dans la correspondance.

sive noctu subterfugiens sed sumtibus quibuscunque etiamsi haud parvo facultatum mearum dispendio parcens; sic ut nuper etiam quo lucubrationes nostræ eo accuratius excudi possint, peculiarem bene instructam typographiam propriis item impensis mihi comparaverim. Sed vereor quin cupidissima mea voluntas ut rem sideralem quacumque ratione promovendi mihi imposterum in maximum cedat detrimentum. Quare tuam illustrissimam Dominationem quam officiose rogo atque obtestor quo Serenissimam Regiam Majestatem Dominum meum clementissimum submisse meo nomine accedas, rogesque, ut porro sua erga me prolixissima clementia quam hic Gedani abunde multoties testata privilegio aliquo adversus eos omnes qui vel libros, sive jam editos, sive adhuc edendos sub ullo aliquo prætextu typis imitari, edere, vel excudere, vel alibi excusos venundari, intra regni ac Dominiorum Regiæ suæ Majestatis fines, annis viginti quinque proximis absque meo sive hæredum, et successorum eorum scitu et consensu forte velint munire clementissime dignetur, ne mihi quo viribus publico operam danti, rebusve meis aliquod damnum a quopiam homine perverse, ac lucri cupido inferatur. Ut autem breviori via res expediri queat, Privilegium in forma, ex tuo consilio, simul hisce transmitto; quod si non omnino displicuerit, iterum iterumque tuam illustrissimam Dominationem rogo, ut prima occasione (Mercurius enim meus jam sub prælo sudat) Serenissimo humillime ad subscribendum offeratur; deinceps quoque curetur, ut Sigillo Regni muniatur. Id si feceris non solum me ad pergendum eo alacrius in susceptis arduis illis conatibus, nimium quantum invitabis, sed et plus plusque, imo Uraniam universam tibi devincies. Vale.

Hasce inclusas quæso haud graveris Neapolim ad illustrissimum et reverendissimum Episcopum Caramuelem Lobkovitzium transmittere; si quid vicissim possum, pro mea tenuitate, tui causa, experieris me nunquam non promtum paratumque, imo dum vixero, honoris, nominisque tui celeberrimi studiosissimum. Dabam Dantisci anno 1661, die 22 Decembris. Vale iterum iterumque

Au très illustre Monsieur
Pierre des Noyers
Jean Hevelius adresse son plus grand salut,

Comme jusqu'à présent aucun sujet ne s'est présenté pour vous écrire, je n'ai pas voulu interrompre vos très importantes occupations publiques. Mais aujourd'hui, j'ai grand besoin de votre aide et je m'adresse à nouveau très poliment à vous. Je ne doute pas que dans votre grande inclination pour moi, vous me rendrez service, à moi-même et à mes Muses. Vous connaissez parfaitement (sans vantardise) avec quel sérieux je cultive les études astronomiques pour le bien public, sans leur soustraire aucun travail de jour ou de nuit, mais en épargnant tous les frais, même si c'est largement aux dépens de mes propres ressources; c'est pourquoi j'ai récemment acquis à mes propres frais une imprimerie spéciale, bien équipée, pour que les résultats de mes recherches puissent être imprimés avec plus de précision. Mais je crains que mon désir passionné de faire progresser l'astronomie par tous les moyens ne tourne à mon grand désavantage. C'est pourquoi je prie et je supplie le plus courtoisement du monde votre illustre Seigneurie d'approcher

LETTRES [1662]

humblement le Roi en mon nom et de lui demander que dans sa grande clémence à mon égard qu'il m'a si abondamment témoignée ici à Dantzig, il daigne par un privilège me protéger contre ceux qui voudraient imiter par l'imprimerie, ou imprimer, ou faire imprimer ailleurs et vendre sous un prétexte quelconque tous mes livres, soit déjà parus, soit à paraître, à l'intérieur des frontières du royaume ou des possessions royales, pour les prochaines 25 années, ceci sans la connaissance et le consentement de moi-même, de mes héritiers et de leurs successeurs[1]; ce pour éviter que quelques personnes perverses par goût du lucre ne me fassent tort, à moi et à mes affaires, alors que j'œuvre de toutes mes forces pour le public. Pour abréger cette démarche, je joins à cette lettre le privilège mis en forme selon vos conseils. Si cela ne vous déplaît pas, je prie encore et encore votre illustrissime Seigneurie qu'à la prochaine occasion (car mon Mercure sue déjà sous la presse[2]) il soit humblement offert à la signature du Sérénissime et qu'ensuite on veille à ce qu'il soit muni du sceau royal. Si vous le faites, non seulement vous m'inciterez grandement à continuer avec d'autant plus d'ardeur les difficiles efforts entrepris, mais bien plus, vous vous attacherez Uranie tout entière. Portez-vous bien.

Je vous demande de prendre la peine de transmettre la lettre incluse à Naples à l'illustrissime et Révérendissime Evêque Caramuel de Lobkovitz[3]; si je puis à mon tour, malgré ma petitesse, quelque chose pour vous, vous me trouverez toujours prompt et prêt, bien plus, tant que je vivrai, affectionné à votre honneur et à votre très célèbre nom.

Donné à Dantzig en l'an 1661, le 22 décembre,

Portez-vous bien encore et encore.

100.

1662, Pierre des Noyers à Hevelius

BO : Cɪ-V, 618

M. Hevelius

Monsieur,

Il y a long temps que je vous aurois renvoÿé le privilege[4] que vous m'avez adressez et que je le fis signer au Roy a Bielsko[5], au voyage que la Reyne y a fait, sy je l'avois

---

1 Il s'agit du privilège d'impression accordé par Jean Casimir lors de sa visite chez Hevelius en janvier 1660, mais signé seulement le 3 février 1662, pour 25 années.

2 *Mercurius in Sole visus, anno MDCLXI, iii Maii*, 1662.

3 Voir lettre n° 83 (8 octobre 1658).

4 Voir n° 99.

5 En avril 1662, la cour quitte Varsovie pour séjourner à Léopol en raison de la confédération de l'armée polonaise qui s'est formée contre le Roi. Le retour à Varsovie n'a lieu qu'en août 1663. À quelques

peu faire sceler. Mais ne s'estant point trouvé en ce lieu de boëtte pour le sceau, j'ay esté obligé de le raporter icy. J'en faits faire une, et aussy tost que l'orfebvre l'aura achevee, je feray mettre le seau, audit privilege et vous l'envoyeray par la prochaine poste. Je vous en aÿ voulu donner advis par celle cy affin que vous sachiez la cause du retardement du susdit privilege. Je ne vous en diray rien davantage dans cette lettre me remettant a celle que je vous escriray la semaine qui vient. Et cependant je suis,

Monsieur,
Vostre tres humble et tres obeissant Serviteur

Des Noÿers

101.

1662, (billet), Pierre des Noyers à Hevelius

BO : Cɪ-V, 741

M. Hevellius
Varsavie,

Monsieur,

Je ne peu vous envoyer la commission (en) la semaine a cause du seau qui icy peut estre mis assez a temps pour le depart du courier[1]. La voicy donc que je vous envoye avec une lettre du Roy pour Messieurs vos commissaires dont je vous envoye aussi la copie. Je souhaitterois de tout mon cœur de rencontrer de plus favorables occasions de vous servir. Je m'y porterois avec toute l'assiduité possible. Commendez moy donc tousjours librement quand vous croirez que je vous pouré estre utille, et me croyez comme je le suis,

Monsieur,
Vostre tres humble et tres obeissant Serviteur

Des Noyers

---

kilomètres de Leopol se trouve la ville de Belz, dans le palatinat du même nom. Cependant, la transcription « Bielsko » renvoie plutôt à Bielsko-Biała, en Silésie, ce qui est impossible dans ce contexte. [D.M.]
    1 Il s'agit du sceau du privilège.

102.

9 février 1662, Pierre des Noyers à Hevelius

BO : C1-V, 732

M. Hevellius
Varsavie, le 9 febvrier 1662

Monsieur,

Je vous envoye votre privilege[1]. Sy je n'avois esté obligé d'y faire faire une boette, il y a un mois que vous l'auriez receu, mais nous estions alors a la campagne ou il n'y avoit point d'orfebvre et M. le grand chancelier[2] n'est arrivé en cette ville que quelque temps apres nous. J'ay aussi envoyé une lettre a Naple et je l'ay adressee a M. Buratin qui est en Italie[3]. Je ne vous dis rien davantage pour le peu de temps que j'ay maintenant. Faite moy la grace de croire que je suis tousjours,

Monsieur
Vostre tres humble et tres obeissant Serviteur

Des Noyers

---

1 Le privilège d'impression est accordé à Hevelius le 3 février 1662. *Mercurius in sole visus* est, en avril 1662, le premier livre composé par Hevelius à domicile.

2 Mikołaj Prażmowski, entre 1658 et 1666.

3 Burattini a eu une importante activité diplomatique, notamment à Vienne et en Italie où il négocia, contre un prêt à la couronne polonaise, la candidature de Mathias de Médicis au trône de Pologne (entre 1656 et 1659). Au cours de ses nombreux voyages, il se lia avec le prince Léopold de Médicis, les pères Riccioli et Zucchi. Il était en échanges constants avec Léopold qui lui envoya les œuvres de Campani et de Cassini ainsi que les *Saggi di naturali esperienze* de l'Accademia del Cimento. C'est notamment par son intermédiaire que Pierre des Noyers suivait l'actualité italienne.

103.

24 février 1662, Hevelius à Pierre des Noyers

BO : Cɪ-V, 733

Domino Nucerio

Generose Domine,

Tibi unice referendum habeo, quod Serenissimus Rex, dominus noster clementissimus privilegio desiderato ratione meæ Typographiæ tam clementissime me donare fuerit dignatus. Quo nomine non solum submississimas Suæ Regiæ Majestati habeo gratias, sed et tibi amico plurimum colendo debeo permaximas, pro tot ac tot in me collatis hucusque mulivariis[1] beneficiis, quæ vicissim demereri tenues meæ vires neutiquam sane permittunt. Nihil igitur reliquum est, quam quod te pio voto prosequar, quin DEUS Optimus Maximus in rei literariæ maximum commodum quam diutissime te servet salvum et incolumem. Quo in omine desino, rogans ut porro tui studiosissimis annumeres

Tuum
Ex asse,

J. Hevelium Manu propria

Gedani, anno 1662,
die 24 Februarii.

À Monsieur des Noyers

Noble Monsieur,

C'est à vous seul qu'il faut attribuer le fait que le Roi Sérénissime, notre Maître très clément, a daigné me gratifier du privilège que je désirais pour ma typographie. Pour cela, je ne dois pas seulement à Sa Majesté Royale mes grâces les plus humbles, mais à vous aussi, Ami très respectable, je dois la plus grande reconnaissance pour tant et tant de bienfaits divers que vous m'avez apportés jusqu'à présent et que mes faibles forces ne me permettent de vous rendre en aucune manière. Il ne me reste donc qu'à vous accompagner du pieux souhait que Dieu Très Bon, Très Grand, vous

---

1 Multivariis ou plutôt multifariis.

conserve très longtemps sain et sauf pour le plus grand bien des lettres. Je termine sur cet augure en vous demandant de compter au nombre de vos plus fidèles

Jusqu'à mon dernier sou,

J. Hevelius, de sa propre main

À Dantzig, le 24 février 1662.

104.

19 mai 1662, Hevelius à Pierre des Noyers

BO : Cı-V, 740

Illustrissimo Domino Nucerio,
Warsaviæ,

Illustrissime Domine, ac amice multis nominibus colende

Vicissitudinem rerum omnium, ut universa regna civitates, mortalesque omnes, sic et ego (proh dolor!) satis superque nunc experior. Percepisti, sine dubio, illustrissime Domine, ac amice intime, non ita pridem, dimidium animæ meæ, conjugem nempe charissimam, maximo meo damno, ex vita ereptam esse. Scis enim optime quali amore quantoque affectu me nunquam non prosequuta fuerit, tum a quot curis domesticis me sublevaverit, ut studiis et speculationibus cœlestibus, in rei literariæ commodum, pro modulo a Deo concesso, animo tranquillo invigilare potuerim. Sed, eheu! quantum mutatus ab illo : circuli isti mei jucundissimi cœlestes, a circulis odiosissimis terrestribus ac domesticis jam admodum turbantur et confunduntur, ut vix ultra in istis susceptis arduis laboribus progredi liceat. Non quidem ex eo solum, quod suavissima conjuge vitæque incomparabili socia sim privatus, sed quod aliunde a malevolis hominibus, et quidem ab iis, in quos, tot ac tot sumptuosa collocavi beneficia, ab uxoris pie defunctæ scilicet heredibus et fratribus, variis gravissimis curis et sollicitudinibus totus pene obruar. Qui tantum mihi nunc facessunt negotii, immemores omnium beneficiorum in suos hactenus collatorum, ut nisi mihi ex alto, salutari quodam remedio, contra injustas et iniquas illorum machinationes illico subveniatur, parum aberit, quin non solum studiis meis, bono publico, adeo promptissimo animo (absit jactantia) hucusque diu noctuque continuatis remoram plane injiciant ; sed ut res familiares meas omnes in pessimum redigant statum. Allaborant enim unice, ut non solum bibliothecam, ac inprimis instrumenta mea astronomica, meo ingenio, ut plurimum inventa, et ad perfectionem mea manu deducta, sed et ipsas ædes in quibus habito, observationibus, et publico usui partim etiam dicatis, aut pro enormi pretio mihi obtrudant (cum iis carere plane nequeam, nisi res meas, studiaque anteacta plane evertere velim) aut mihi instinctu invidorum quorundam, ex manibus omnino eripiant; cætera ut taceam. Proinde, cum nullum amplius remedium mihi supersit, quam Serenissimi et Clementissimi Regis nostri Protectio et Clementia, securus ad istud asylum confugio, certissima spe fretus, huic imminenti malo facile, hac ratione obicem poni, imo penitus præveniri posse. Cum autem nullus alius aditus mihi eo perveniendi detur, quam te, amice summe, comite et procurante, obnixe et quam officiose puto, ut Sacra Regia Majestas meo nomine, supplex accedatur, quo mihi commissionem et commissarios certos a me denominatos clementissime concedat ac constituat, ad quos toties confugere mihi liceat, quoties viderim, me heredem, circa extradendam hereditatem iniquissimis petitis opprimi, posse. De quibus autem omnibus ut dominum Beniancinum Crusium secretarium nostræ civitatis plene informavi, sic ab illo mentem meam fusius propediem percipies; simul instrumentum istud commissoriale in ipsa forma mundi descriptam accipies adscriptis commissariorum desideratorum nominibus; quod nisi grave est, prævia submississima et humillima servitiorum meorum oblatione, detectis ac meliori modo commendatis desideriis meis ad pedes Serenissimi deponas, quo quantocyus, pro Sua erga me summa clementia, cum res maturato opus habeat et vix ullam patiatur moram a Sacra Regia Majestate subscribatur ac postmodum etiam ab illustrissimo et reverendissimo Cancellario Sigillo Regni firmetur. Sicque malis heredum artibus, bono cum Deo, resisti, ac res absque omni fusiori difficultate, et molestissimis processibus, quos immane quantum abhorreo, ad exoptatam et amicabilem compositionem perduci posse prorsus confido. Sed ægre his curis illustrissimam tuam dominationem publicis occupationibus alias occupatissimam onero; at cum sinceriorem amicum te neminem habeam, tum præter te nemo adsit, qui desideria mea adeo plene ac dextre Regiis Majestatibus exponat, tum omnia facilius et expeditius impetret, secus facere nequivi. Secretarius namque noster, ut ut vel maxime velit adeo prompte ea omnia peragere haud potest; tum vereor ne tarde sic tandem multo tempore interea elapso, ac nimio sumptuum dispendio impetrentur. Necessarios vero sumptus, qui pro sigillo requiruntur, maxima gratiarum actione prima occasione refundam. Primitias novi illius privilegii regii a te nuper impetrati (pro quo denuo maximas refero gratias) ut et Typographiæ meæ, Mercurium nempe meum, hesterna die primum ad umbilicum perductum hisce simul transmitto ut juxta tenorem dicti privilegii ut Serenissimo et Illustrissimo a Reverendissimo Cancellario unum aut alterum exemplar, si ita videbitur, submisse offeratur; non quod pagellæ istæ tanti mereantur, sed quo promissis stem, atque pateat, etiamsi vires desint tamen animus inserviendi devotissimus nunquam non deficiat: reliqua exemplaria tibi, amicisque reservabis, quorum judicia avidissime suo tempore exspecto. Quamprimum plura, quæ præ manibus habeo, utpote Cometographia, ac Machina Cœlestis lucem viderint, opera majoris laboris (quod annuente Divino Numine prope diem fieri poterit, dummodo ab istis supra dictis heredum vexationibus quantocyus fuero

LETTRES [1662]

liberatus, mihique redditus) idem me facturum promitto. Vale, illustrissime domine, feliciter, et me voti redde compotem quam ociissime. Dabam Gedani, anno 1662, die 19 Maii, stilo novo.

Tuæ illustissimæ Dominationis
Observantissimus

J. Hevelius

Au très illustre Monsieur des Noyers,
À Varsovie,

Très illustre Monsieur et Ami respectable à de multiples titres,

Tous les royaumes, toutes les cités, tous les mortels connaissent les vicissitudes de toutes choses. Aujourd'hui c'est moi (Ô douleur) qui l'éprouve assez et bien au-delà. Vous savez, sans aucun doute, très illustre Monsieur et mon Ami intime, que tout récemment la moitié de mon âme, mon épouse très chère a été arrachée à cette vie pour mon plus grand malheur. Vous savez de quel amour et de quelle affection elle m'a toujours entouré, de combien de soucis domestiques elle m'a soulagé pour que je puisse travailler l'esprit tranquille aux études et aux spéculations célestes pour le bien des lettres et dans la mesure concédée par Dieu[1]. Mais hélas! quel changement depuis lors. Mes réjouissants cercles célestes sont entièrement troublés et confondus par de très odieux cercles terrestres et domestiques, en sorte que je peux à peine progresser dans le dur labeur que j'ai entrepris. Non seulement je suis privé d'une épouse très douce et de l'incomparable compagne de ma vie, mais en outre je suis tout entier écrasé de diverses peines et de soucis très graves de la part d'hommes malveillants et aussi de ceux à qui j'ai dispensé tant et tant de bienfaits somptueux, c'est-à-dire, les héritiers et les frères de ma pieuse épouse défunte. À présent, ils me harcèlent d'affaires, oublieux de tous les bienfaits rendus aux leurs jusqu'à présent. Si on ne vient immédiatement à mon secours, avec quelque remède salutaire venu d'en-haut contre leurs machinations injustes et iniques, il s'en faudra de peu qu'ils mettent un arrêt à mes études continuées jusqu'aujourd'hui, jour et nuit, pour le bien public, d'un cœur toujours prêt (sans vantardise); mais aussi qu'ils réduisent mon patrimoine familial dans le pire état. Ils travaillent uniquement à m'imposer un prix énorme ou à arracher de mes mains, à l'instigation de certains jaloux, ma bibliothèque et d'abord mes instruments mathématiques, pour la plupart inventés par mon ingéniosité et menés à la perfection par ma main, mais aussi, les maisons dans lesquelles j'habite, en partie

---

1 Katharina Rebeschke (1613-1662), épousée le 21 mars 1635, malade depuis plusieurs années (voir lettre n° 93 : 18 décembre 1660 : « accablée et affaiblie par une maladie longue et pénible »), est décédée le 11 mars 1662. S'occupant de la gestion de toutes ses affaires, elle avait permis à Hevelius de se consacrer pleinement à ses recherches astronomiques.

consacrées aux observations et à l'usage public[1]. Je ne puis absolument pas m'en passer, à moins que l'on ne veuille entièrement détruire mes affaires et toutes mes études antérieures. Je tairai le reste. Le seul remède qui subsiste pour moi c'est de chercher asile dans la protection et la clémence de notre Roi Sérénissime et Clémentissime. Je suis absolument sûr que de cette manière on pourra faire obstacle au malheur imminent et même le prévenir. Je n'ai aucun autre accès pour y parvenir que vous, mon suprême Ami, pour qu'avec votre entremise et votre assistance, ma supplique parvienne à Sa Majesté pour qu'Elle m'accorde, dans sa grande clémence, une commission et des commissionnaires nommés par mes soins, auprès desquels je puisse me réfugier chaque fois que je verrai que moi, comme héritier, je suis opprimé par des réclamations injustes sur la dévolution de l'héritage. De toutes ces affaires, j'ai informé en détail Monsieur Beniancinus Crusius, secrétaire de notre Ville[2]. Vous apprendrez bientôt de lui plus de détails, et en même temps vous recevrez ce document commissorial rédigé selon la forme, avec les noms des commissaires souhaités. Si cela ne vous gêne pas, en offrant d'abord mes services très humbles et très soumis, en expliquant et en recommandant de la meilleure manière mes souhaits, vous déposerez le document aux pieds du Roi Sérénissime pour que, au plus vite, puisque l'affaire est mûre et urgente, Sa Majesté Royale, dans sa grande clémence le signe et finalement le fasse confirmer du sceau du Royaume par l'Illustrissime et Révérendissime Chancelier[3]. Ainsi, j'ai la ferme confiance que je résisterai, avec l'aide de Dieu, aux mauvais procédés des héritiers, et que les choses pourront être menées à un compromis souhaitable et amiable sans difficultés supplémentaires et sans procès très pénibles que j'abhorre comme une monstruosité. C'est à contrecœur que j'accable de ces soucis votre très illustre Seigneurie, par ailleurs très occupée par des activités publiques. Mais comme je n'ai pas d'Ami plus sincère et qu'à part vous il n'y a personne qui puisse exposer la situation clairement et habilement à Leurs Majestés, et qui puisse tout obtenir plus facilement et plus rapidement, je n'ai pu faire autrement. Car notre secrétaire, si grande que soit sa bonne volonté, ne peut obtenir ce résultat avec une telle promptitude. Je crains qu'ainsi, la décision soit obtenue lentement, après beaucoup de temps et avec des frais excessifs. Je vous rembourserai à la prochaine occasion, avec mes plus grands remerciements, les frais nécessaires requis pour le sceau. Je joins à cette lettre les prémices du nouveau privilège royal que vous m'avez récemment obtenu (pour lequel je vous rends à nouveau les plus grandes grâces), comme de ma typographie, à savoir mon *Mercure*

---

1 Le couple n'ayant pas eu d'enfant, la dot revient légitimement à la famille. Or, K. Rebeschke avait apporté en dot deux des trois maisons sur lesquelles était bâtie la terrasse de son observatoire (n° 53 et 54 Pfefferstadt), une brasserie qui jouxtait la maison d'Hevelius (n° 55) et la brasserie de son père. Les deux brasseries ont été réunies après la mort de son père, en 1649. La famille de son épouse a donc demandé la restitution des deux maisons (donc le démantèlement de l'observatoire) et de la brasserie. Ils réclament aussi leur part des instruments et de la bibliothèque au titre des bénéfices réalisés.

2 Benjamin Krause, secrétaire de la ville de Dantzig à partir de 1654 (*DSD*. p. 131) [D.M.].

3 Mikołaj Prażmovski.

LETTRES [1662]

achevé hier¹ pour que, selon la teneur dudit privilège, l'un ou l'autre exemplaire — si cela vous paraît bon — soit offert au Révérendissime Chancelier; non que ces petites pages aient un tel mérite, mais je veux tenir ma promesse pour qu'il soit évident que si les forces me manquent, la volonté de servir avec dévouement ne me fera jamais défaut. Vous réserverez les autres exemplaires pour vous et pour vos amis dont j'attends avec impatience les avis en leur temps. Dès que possible, plusieurs ouvrages que j'ai entre les mains verront le jour, à savoir la *Cométographie* et la *Machina Cœlestis*: ouvrages d'un grand travail et je les enverrai de même. Avec l'aide de Dieu, cela pourra se faire prochainement, pourvu que je sois libéré au plus vite de ces vexations des héritiers et rendu à moi-même. Portez-vous bien, très illustre Monsieur. Soyez heureux et réalisez mon vœu au plus vite. Donné à Dantzig en l'an 1662, le 19 mai nouveau style

De votre très illustre Seigneurie
Très respectueux,

J. Hevelius

105.

2 juin 1662, des Noyers à Hevelius

BO : Cɪ-V, 758

Varsavie le 2 de juin 1662

À Monsieur
Monsieur Hevelius,
Consul de la Vieille Ville
À Dantzic

Monsieur,

Vostre lettre du 19 de may m'a apris la perte que vous aviez faitte de Madame vostre femme²; ne l'ayant point seuë auparavant j'en suis tres sensiblement touché pour la douleur qu'un tel accident vous a causé et pour la perte que vous avez faitte. Je ne doute point qu'outre l'affliction que vous en recevez ce ne vous soit encore une

---

1 *Mercurius in Sole visus.* Il est écrit sur la page de titre: « Autoris typis et sumptibus, imprimebat Simon Reiniger, Anno 1662 ».
2 N° 104.

incomodité tres grande, mais tout estant mortel, il se faut consoler en Dieu qui fait toute choses pour un plus grand bien.

Le Roy a promis de signer ce que vous luy demandez[1] et cela sera fait aujourd'huy, Sa Majesté veut encore escrire une lettre en alemant a Messieurs du Magistrat en vostre faveur pour leurs recommander vostre personne et vos travaux, sy advantageux pour le publique et pour la posterité et sy glorieux pour la ville de Dantzigt. Sy tout cela peut estre achevé devant que le courier parte, je les donneray a M. Kraussen[2] pour vous les envoyer, sinon ce sera pour le courier prochain.

J'ay presentay au Roy de vostre part un des exemplaire[3] que vous m'avez envoyez, et je donneray l'autre a M. Le grand chancelier[4] en luy faisant sceler la commission. Je voudrois pouvoir rencontrer de meilleurs ocasions de vous tesmoigner combien j'honore la vertu en vostre personne, et le desir que j'ay de vous faire connoitre de plus en plus combien je suis,

Monsieur
Vostre tres humble et tres obeissant Serviteur

Des Noyers

106.

27 octobre 1662, Pierre des Noyers à Hevelius

BO : C1-V, 771

Leopol[5], 27 octobre 1662

Monsieur

Je vous fais ce petit mot de lettre pour vous adresser la delineation d'un feu qui a este veu icy, et que le Roy m'a donné pour vous envoyer. Monsieur Buratin fait faire un ins-

---

1 Pour conserver son observatoire et ses instruments, Hevelius a demandé à Jean-Casimir d'intervenir auprès du Conseil de la ville pour débouter les héritiers légitimes au nom du « bien public ».

2 Probablement Benjamin Krause, voir *supra* n° 104.

3 Du *Mercurius in Sole visus*, 1662.

4 Mikołaj Prażmowski, à cette date.

5 À l'époque de la confédération de l'armée de Pologne (1661-1662), les souverains sont exilés à Léopol (Lvov). Il existe en fait à cette date deux confédérations des armées. La première, celle que fuit la cour, est opposée aux souverains et exige le paiement des soldes aux troupes. Certains versements ont en effet trois ans de retard à cause des événements du Déluge, ce qui précipite nombre de soldats dans le dénuement et augmente les pillages et les réquisitions. Elle est très puissante en Grande Pologne, ce qui pousse la cour à s'éloigner de Varsovie. Une seconde confédération est au contraire favorable au souverain et le suit à Léopol. [D.M.]

trument qui a beaucoup de l'astrolabe[1], mais il servira a plusieurs autres usages. Il y voudroit mettre les principales estoilles fixe. Il vous prie de luy vouloir donner pour cela leur vray lieu dans le Ciel, celles de matines luy suffiront pour mettre sur son instrument.

Nous ne savons pas encore a quoy se termineront les affaires de ce paÿs cÿ. On en pourra juger au retour de l'armee de M. le Vice Chancelier[2] et de M. le Prince Dimitre[3] que le Roy y a envoyé. Faitte moy la grace d'estre tousjours tres persuadé que je suis,

Monsieur
Vostre tres humble et tres obeissant Serviteur

Des Noyers

---

1 Il peut s'agit de « l'anneau astronomique » commandé par le Roi (voir lettre n° 92, 12 décembre 1660).

2 Le vice-chancelier de la Couronne est, à cette date, Jan Leszczynski (1660-1666). Issu de la noblesse moyenne, il a été par le passé maréchal de la Reine Louise-Marie, un titre de faible importance, puis castellan de Gniezno, palatin de Łęczyca, de Posnanie avant d'être désigné vice-chancelier de la Couronne en 1661. Il est un opposant politique de Jean Casimir lors de la Diète de 1654 aux côtés de Janusz Radziwiłł et Jerzy Sebastian Lubomirski. En 1661, il sabote les discussions de la Diète, toujours avec Jerzy Sebastian Lubomirski, et s'oppose ainsi aux projets de réforme de l'État voulus par les souverains. [D.M.]

3 Dymitr Jerzy Wiśniowiecki (Wiśniowiec, 1631 – Lublin, 1682), nommé « duc » ou « prince » Dimitre non en raison d'un office en Pologne mais grâce à l'ancienneté de sa famille, les Vyshnevetski, puissants magnats de Ruthénie. Il est un cousin éloigné du roi Michel mais est appelé duc bien avant son élection. Il étudie à l'université de Cracovie puis combat contre les Cosaques dès 1649. Pendant le Déluge, il fait partie des généraux qui se rendent à Charles X Gustave, après l'avoir affronté sur le champ de bataille, avant de rallier le Roi de Pologne pendant l'hiver 1656. Il prend part à la campagne contre George Rakoczi de Transylvanie. Il est nommé *strażnik*, c'est-à-dire Grand Garde de la couronne, en 1659, ce qui le place à la tête des forces de reconnaissance et de l'avant-garde de l'armée en l'absence des généraux. Il négocie sa fidélité à la Reine de Pologne. Il obtient de nombreuses starosties, le palatinat de Belz en 1660 et la promesse du bâton de général : il devient général de camp en 1658 et grand général en 1676. En 1678, il est nommé palatin de Cracovie puis, en 1681, castellan de la même ville, ce qui en fait le premier sénateur séculier de Pologne dans l'ordre de préséance. [D.M.]

107.

29 février 1664, Pierre des Noyers à Hevelius

BO : Ci-VI, 843

Monsieur Hevelius,
Paris[1], 29 febvrier 1664

Monsieur,

Vous devez estre estonné de ce que j'ay esté sy long temps sans vous dire des nouvelles de vos livres, mais vous devez savoir que le vaisseau dans lequel ils sont venus avec mes hardes est arrivé tard a cause des vents contraire, et parce qu'il estoit de Holande ou la peste est, on luy a fait faire une longue quaranteine a Rouan[2]. Tout cela donc a retardé l'arrivee de mes hardes, et de vos livres. Aussi tost qu'ils furent arrivez je fus chez M. Colbert avec vos livres, et vos lettres que je luy donnez, et le livres que vous luy envoyéz, et le priez de prendre l'heure que je pourois presenter au Roy ceux que vous luy envoyez, ce qui se fit le jour mesme dans le temps que Sa Majesté vouloit tenir Conseil. Je luy fis vostre compliment et luy dis que les marques qu'il vous avoit donnee de son estime[3], vous estoient bien plus cheres que le present qu'il vous avoit fait, et que pour mieux luy en tesmoigner vostre reconnoissance vous supliez Sa Majesté de vouloir accepter le present que vous luy faisiez de toutes vos œuvres qui estoient imprimees. Il les prit, les ouvrit, leut quelque chose dedans car il entend la langue latine, et en les regardant il me dit que vous estiez un scavant homme et pour lequel il avoit beaucoup d'estime[4]. Et ayant mis la Selenographie sur la table pendant

---

1 Pierre des Noyers est chargé de missions diplomatiques (entre autres du rachat par l'Empereur des duchés d'Oppeln et de Ratibor, dot de Cécile-Renée et dont la Reine perçoit les revenus) et est venu en France avec l'abbé Louis Fantoni, secrétaire de Jean-Casimir, et Saint-Martin, un agent de la Reine. Il a aussi pour mission, à Paris, de chercher un nouveau confesseur pour la Reine (le père Jourdan), après le décès du père Fleury ; ainsi qu'un médecin habile car elle souffre beaucoup. Des Noyers s'en préoccupe avec le Prince de Condé et son fils, le duc d'Enghien et prépare une candidature future du Prince ou de son fils sur le trône de Pologne.

2 À l'automne 1663, des vaisseaux hollandais de retour de Smyrne et des îles grecques apportent le mal à Amsterdam et, de là, dans les Provinces-Unies. Il passe en Angleterre en 1663-1664 et a gagné, à l'été 1664 Anvers, Bruxelles et les Pays-Bas. La France du Nord-Ouest n'est alors pas touchée : les mesures de contrôle et de protection décidées par les autorités administratives se sont révélées efficaces.

3 Depuis 1663, Hevelius figure sur la liste des gratifications dressée par Colbert et Chapelain : voir lettre de Colbert à Hevelius du 21 juin 1663 (*CJH*, II, n° 8).

4 Chapelain complimente Hevelius de l'accueil que le roi fit à ses ouvrages dans sa lettre du 10 avril 1664 : « Vous aurez sçeu par la relation de Mr. Desnoyers avec quelle grâce et avec quelle humanité le Roy a receu le present de vos ouvrages astronomiques lorsqu'il le luy a fait de vostre part, et que le soin que Sa Majesté a eu de commander qu'ils fussent mis entre les livres qui composent sa biblioteque favorite. » (*CJH* II, n° 14, p. 161).

LETTRES [1664]

qu'il consideroit le second volume, M. le Mareschal de Villeroy[1] la prit et la considera. Ensuitte ayant fait la reverence pour me retirer, le Roy m'ordonna de vous bien remercier de sa part et de vous bien tesmoigner l'estime qu'il faisoit de vostre vertu.

J'ay aussi presenté a M. le Duc d'Orleans[2] celuy que vous luy avez envoyez apres l'avoir bien fait relier par le conseil de M. Boulliau. Il a aussi accepté avec beaucoup de marque d'estime pour vostre personne. Je fus aussi chez M. de Lionne[3] luy en porter, il me dit qu'il l'avoit achepté et leu tout entiere et qu'il estoit dans son cabinet, qu'il ne laissoit pas d'accepter celuy que vous luy envoyez me priant de vous en remercier. Je portay aussi a M. Chapelain celuy qui estoit pour luy[4]. Il me dit qu'il vous escriroit pour vous en remercier[5], et nous nous entretimmes assez long temps de vostre merite, et il me tesmoigna avoir pour vous toutes l'estimes possible. Je n'ay pas encore donnez ceux que vous aviez destinez pour M. le chancelier et M. le Telier[6]. C'est jusques a cette heure le compte que je vous puis rendre de la commission que vous m'aviez donnee. Je ne vous dis rien de M. Boulliau : je crois qu'il vous aura escrit et vous aura dit comme je luy ay aussi donnee les ephemerides que vous luy avez envoyée. J'espere un peu apres Pasque avoir l'honneur de vous redire de bouche et plus au long ce que je vous excrit. Cependant faitte moy tousjours la grace de croire que je suis,

Monsieur
Vostre tres humble et tres obeissant Serviteur

Des Noyers

Je vous prie que M. Krumhausen et M. le sinditz[7] trouvent icy mes tres humbles baisemains.

---

1 François de Neufville maréchal et duc de Villeroy (1644-1730), ami d'enfance du roi et de son frère, à cette date, il n'est que gouverneur et lieutenant général du Lyonnais à la suite du décès de son père (1651). Il est nommé brigadier en 1672, maréchal de camp en 1674, lieutenant général en 1677 et maréchal de France en 1693.

2 Philippe d'Orléans (1640-1701), frère du Roi.

3 Hugues de Lionne, marquis de Fresnes, seigneur de Berny : diplomate, il a négocié le Traité des Pyrénées (1659). Ministre d'État en 1659, nommé au Conseil d'en Haut en 1661, il est nommé Secrétaire d'État aux Affaires étrangères le 3 avril 1663 et le reste jusqu'à sa mort, le 1ᵉʳ septembre 1671.

4 Sur Jean Chapelain, à qui Hevelius doit sa gratification, voir : *CJH*, II, notamment p. 21-33.

5 Lettre nᵒ 14 du 10 avril 1664 : « Le remerciment que je vous fais icy de ces deux rares volumes, le futur ornement de mon cabinet, est un remerciment d'un cœur dont vous estes devenu le maistre. » Chapelain, en retour, fait don à Hevelius de sa *Pucelle* (*CJH*, II, p. 162).

6 Michel Le Tellier (1603-1685) est le grand rival de Colbert. Conseiller d'État au Grand Conseil (1624), procureur du Roi au Châtelet (1631), maître des requêtes (1639), il est nommé par Mazarin Secrétaire d'État à la guerre en 1643. C'est à lui que l'on doit toutes les grandes ordonnances militaires des années 1660. Le 27 octobre 1677, il devient chancelier de France.

7 Vincent Fabricius. Voir lettre 90.

108.

28 mars 1664, Hevelius à Pierre des Noyers

BO : Cı-VI, 844

Domino Nucerio
Parisios

Illustrissime Domine,

Obruisti me omnino, tot tantisque beneficiis, et sinceri erga me affectus testimoniis, ut jam amplius non videam qui unquam par esse possem, vel aliquo saltem officiolo ea omnia rursus demereri. Quare gratias tibi amice magne, non quidem quantas debeo, sed quantas possum maximas, et ago ac habeo, nihilque intermissurus, quod tui honoris ac dignitatis interesse, quavis occasione putabo ; profecto si non aliter ob tenues meas vires licebit, voto tamen flagrantissimo te quoad vivam, prosequar : quo te Deus Optimus Maximus prosperrima valetudine, omnisque generis felicitate quam diutissime beet, in rei literariæ, ejusque cultorum maximum commodum. Gratiam autem illam Regiam, summumque honorem quem mihi tum apud Christianissimum Regem, tum alios Principes ac illustrissimos viros conciliasti, nunquam, ingenue fateor, meritus sum ; atque exinde, eo submissiori animo eam benignitatem benevolentiamque agnosco, ac deprædico : faxit omnipotens, ut in ea felicitate quæ præter omnem spem, et supra votum mihi obtigit, porro conserver ; ac pro sua divina voluntate id unicum tantum superaddatur, ut posthac aliquid præstantius, in nominis sui gloriam moliri quo grati ac devotissimi animi mei significationem illi eminentissimo ac incomparabili Heroi, aliisque Ducibus ac Principibus debite contestari suo tempore queam. Vale et me solito amore fac prosequare. Dabam Gedani, anno 1664, die 28 Martii,

Tuæ illustrissimæ Dominationi,
Affectu, officio, omnique studio
Devinctissimus

Hevelius, manu propria

À Monsieur des Noyers
À Paris,

Très illustre Monsieur,

Vous m'avez couvert de bienfaits si nombreux et si grands, et de témoignages de votre sincère affection tels que je ne vois pas comment vous rendre la pareille et mériter à mon tour tout ces bienfaits par quelque service, même petit. C'est pourquoi, mon grand Ami, je vous ai et je vous rends non point les plus grandes grâces que vous dois, mais celles que je peux. Je n'omettrai rien que j'estime en toute occasion intéresser votre honneur et votre dignité. Si mes faibles forces ne me permettent rien d'autre, je vous accompagnerai de mes vœux les plus ardents tant que je vivrai. Que Dieu vous gratifie le plus longtemps possible d'une santé très prospère et de tout type de bonheurs pour le plus grand bien des lettres et de ceux qui les cultivent. Je n'ai jamais mérité, je l'avoue ingénument, cette faveur royale et les suprêmes honneurs que vous m'avez ménagés auprès du Roi très Chrétien, des autres Princes et des hommes les plus illustres. Ainsi c'est d'une âme d'autant plus soumise que je reconnais et proclame cette bénignité et cette bienveillance. Fasse le Tout Puissant que je sois maintenu dans ce bonheur qui m'est échu contre tout espoir et au-delà de mes vœux et que dans sa Divine Volonté, une seule chose soit ajoutée : que dans l'avenir je puisse construire une œuvre plus importante pour la gloire de son nom. Je pourrais ainsi donner dûment un signe de mon âme reconnaissante et dévouée à ce Héros éminentissime et incomparable, ainsi qu'aux autres ducs et Princes. Portez-vous bien et veillez à m'accompagner de votre affection coutumière.

Donné à Dantzig, en l'an 1664, le 28 mars

À votre illustrissime Seigneurie
Tout lié par l'affection, le service et l'attachement,

J. Hevelius, de sa propre main

109.

18 décembre 1664, Hevelius à Pierre des Noyers

BO : Cı-VI, 886

Domino,
Domino Nucerio,
Warsaviæ

Illustrissime Domine,
Amice plurimum observande,

Quanquam non sum nescius te nunc ac semper esse occupatissimum, nihilominus hac vice hisce te compellare volui ; quo tibi quantocyus significarem quid denuo novi æther exhibuerit : nimirum insignem cometam capite caudaque satis conspicuum. Hunc prima vice die Solis 14 Decembris mane hora 4 observavi in Corvo ad ejus rostrum in 7° circiter Libræ et in 22° latitudinis australis. Motu satis fertur lento, vix unum inter diem 14 et 15 confecit gradum. Nunc vero aliquanto progreditur velocius, et quidem motu retrogrado cornu S.S ad partes australiores per tropicum Capricorni, sub angulo orbitæ et eclipticæ 53 circiter graduum. Nodus ejus hæret in 26° circiter Libræ quantum ex globo conjicere licet. Si gradum in dies concitabit fieri potest ut brevi horizontem assequatur ac si se visui nostro subducat. Rumor est, illum Lugduni Batavorum jam 30 Novembris deprehensum esse. Nos hic a primo Decembris ad 10 fere usque continuum habuimus cælum nubilum. Si quæ observationes de hoc cometa ex aliis regionibus ad tuas pervenient manus, quæso nobiscum communices quo eo magis Cometographiam nostram exornare possim. Hisce quævis felicia vobis omnibus comprecor. Salutes meo nomine dominum Buratinum ; cui significes, Anglos nuper construxisse tubum 60 pedum.

Vale
Tuæ illustrissimæ dominationis,
Studiosissimus,

J. Hevelius

Dabam Gedani, Anno 1664, die 18 Decembris.

À Monsieur
Monsieur des Noyers
À Varsovie,

Très illustre Monsieur,
Ami hautement respectable,

Quoique je n'ignore pas que vous êtes actuellement, comme toujours, très occupé, j'ai néanmoins voulu vous interpeller aujourd'hui pour vous faire savoir au plus vite ce que l'éther nous a encore montré de nouveau, à savoir une remarquable comète assez visible de la tête et de la queue. Je l'ai observée pour la première fois le dimanche 14 décembre à 4 heures du matin dans le Corbeau, près de son bec, à 7° environ de la Balance et à 21° de latitude australe[1]. Elle est portée par un mouvement assez lent ; elle a parcouru à peine 1° entre le 14 et le 15. Maintenant elle avance un peu plus vite et même d'un mouvement rétrograde de la corne SS vers la région plus australe par le tropique du Capricorne sous un angle d'environ 53° entre l'orbite et l'écliptique. Son nœud est fixé à 26° environ de la Balance, autant que l'on puisse conjecturer d'après le globe. Si elle accélère sa marche de jour en jour, il peut se faire que bientôt elle atteigne

---

1 La comète de « Noël » est apparue fin novembre, elle est observée le 2 décembre par Huygens, mais les premières observations précises et suivies ne remontent qu'au 14 décembre. Sur cette comète : Pingré, *Cométographie*, II, p. 10-22 ; *CHJ*, II, introduction p. 67 sv. et « Subsidia de cometis », p. 451-489.

LETTRES [1665]

l'horizon comme si elle se soustrayait à notre vue. La rumeur court qu'elle a été repérée à Leyde dès le 30 novembre. Ici nous avons eu du 1er décembre jusqu'au 10 environ un ciel presque continuellement nuageux. Si quelques observations parviennent
d'autres régions dans vos mains, je vous prie de nous les communiquer pour que je
puisse en orner davantage notre *Cométographie*. Par cette lettre, je vous souhaite tout
le bonheur possible. Saluez en mon nom Monsieur Burattini et faites-lui savoir que
les Anglais ont récemment construit un tube de 60 pieds[1]. Portez-vous bien.

À votre illustre Seigneurie
Le très affectionné

J. Hevelius

Donné à Dantzig, en 1664, le 18 décembre.

110.

2 janvier 1665, Pierre des Noyers à Hevelius

BO : C1-VI, 909

M. Hevelius,
De Varsavie 2 de l'an 1665

Monsieur,

   Lors que j'ay receu vostre lettre du 18 de decembre je n'avois pas encore veu la comette a cause que le ciel estoit tousjours nebuleux. Plusieurs personnes me disoient
l'avoir veüe des le mois de novembre et qu'elle avoit une fort longue queux. Enfin le
ciel s'estant esclaircy, je la vids le 31 decembre, mais je ne luy vids plus la queux. Je ne say
sy la lumiere de la lune l'empeschoit, ou sy c'est parce quelle est proche de l'oposition
du soleil. Je la consideré avec une lunette, mais je ne peu voir que comme une estoille
au millieu d'une blancheur. A ce que j'en peu juger, elle estoit vers le 2. degré des Gémeaux a 33. degrés de latitude australe au nuage d'Eridanus. Hier premier jour de jenvier je la vids encore, mais parce que le ciel n'estoit pas bien net et que plusieurs estoilles
ne se pouvoient pas bien voir, je ne peu pas bien juger de combien de degrez elle avoit
retrogradé et ce que j'en peu voir alors estoit huit ou neuf degrez. Je vids avec la lunette
qu'elle estoit environ 30 mi[nutes] plus occidental qu'une petite estoille de l'Eridanus

---

1 Boulliau, informé par Huygens, avait écrit dès 1661 que les Anglais allaient sous peu monter des
télescopes de 60 à 80 pieds (Boulliau à Hevelius, 11 juillet 1661).

que je croy estre celle que Baierus[1] marque A decimatertre de la 5. grand[eur] ou celle marquee g decimaquarta de la troisieme. J'ay escrit en Italie pour avoir les observations qui se feront de cette comete afin de vous envoyer tout ce que j'en recevray.

La Diette continuë encore mais on croit qu'elle se rompra la semaine prochaine[2]. On y a condanné M. Lubomirski[3] accusé d'avoir fait et maintenu la derniere confederation et pour d'autres desseins encore qui alloient a la ruine du Royaume[4]. On fait maintenant le procez a ceux qui sont accusez d'avoir trempez dans ses desseins. On a aussi condamné a la mort ceux qui tuerent M. Gonsieski[5] ; il y en a six de prisonniers icy que demain on fera mourir. Je suis tousjours,

Monsieur,
Vostre tres humble et tres obeissant Serviteur,

Des Noyers

---

1 Johann Bayer (1572-1625) publia son *Uranometria* à Augsbourg en 1623. On y trouvait des cartes des constellations célestes, et un nouveau mode de désignation des étoiles d'une constellation par une lettre grecque, en fonction de leur luminosité, alpha étant la plus brillante.

2 La Diète s'est tenue à Varsovie du 26 novembre 1664 au 7 janvier 1665, rompue par Piotr Telefus.

3 Jerzy Sebastian Lubomirski (1616-1667), grand maréchal de la couronne (1650), Hetman de la couronne (1658), a pris la tête de l'opposition au roi dans les Diètes, notamment celle de 1661, après s'être montré favorable à l'élection du duc d'Enghien sur le trône de Pologne. Pierre des Noyers ne sait pas expliquer son hostilité à toute élection *vivente rege* : refus de la centralisation souhaitée par le pouvoir royal ? ou de Condé ? ou volonté de provoquer la destitution de Jean-Casimir pour s'emparer lui-même de la couronne ? Ou de mettre à sa place un souverain très faible ? Il a paralysé tout le processus politique entre 1661 et 1664. La Diète de 1664 l'a condamné en décembre pour avoir projeté de renverser le roi.

4 Suite à sa condamnation, la confédération (ou *rokosz*, droit à la désobéissance) de Lubomirski a paralysé les diètes de 1664, 1665 et 1666, toutes « rompues ». Accusé de trahison, Lubomirski a retourné ses troupes contre le Roi, provoquant les défaites royales de Częstochowa (14 septembre 1665) et de Mątwy (19 juillet 1666). Il est exilé, dépouillé de ses titres et de ses starosties. Le Roi, privé du soutien de la France, se voit contraint de renoncer à son projet d'élection *vivente rege* et de lui accorder l'amnistie en 1666. Il meurt le 31 janvier 1667.

5 Wincenty Gosiewski (1620-1662), grand général de Lituanie et ferme soutien du Roi, est assassiné par les confédérés le 29 novembre 1662 alors qu'il était chargé par le Roi de négocier avec les troupes rebelles en Lituanie. Ses assassins ont été décapités en place publique.

LETTRES [1665] 353

111.

3 février 1665, Hevelius à Pierre des Noyers

BO : Ci-VI, 923

Warsoviæ

Illustrissime Vir,

Eo majores profecto tibi debeo gratias, quo promtius ea quæ desideravi transmiseris. Agnosco exinde tuum singularem tum erga me meaque studia uranica affectum, quem ut demereri aliquo saltem grato officiolo suo tempore possim, summis annitar viribus. Si quæ porro de nupero cometa in tuas inciderint manus, quæso ut pariter ea mecum communices, rem facies multo gratissimam. Quod superest rogo quam humanissime, ut primo tabellario titulum et cumprimis nomen proprium illustrissimi et excellentissimi domini Colbert, tam in lingua gallica, quam romana mihi suppedites. Literis enim nuper me cohonestare dignatus est ; quare officii mei ratio efflagitat ut quantocyus ad illas respondeam. Solitus quidem sum hactenus hunc usurpare titulum, sed dubito num sit genuinus et in omnibus ipsi competat : quamobrem tuum hac de re judicium avidissime exspecto.

Illustrissimo ac Excellentissimo Domino
Domino Colberto
Christianissimi Regis Summo Ærarii Præfecto
Nec non a consiliis, secretis, omnibusque mandatis
Domino gratiosissimo.

Num aliquid desit vel supersit, imprimis ut dixi nomen ejus proprium haud gravate significabis.

Vale et pristino favore tuo complectere
Tuæ illustrissimæ dominationi
Additissimum

J. Hevelium

À Varsovie,

Très illustre Monsieur,

Je vous dois une reconnaissance d'autant plus grande que vous avez transmis plus promptement ce que j'ai demandé. Je reconnais là votre affection singulière envers moi et mes travaux astronomiques, que je mettrai toutes mes forces à mériter quelque jour au moins par un petit service de reconnaissance. Si quelques écrits sur la récente comète tombent entre vos mains, je vous prie également de me les communiquer, ce geste me sera très agréable. Pour le reste, je vous demande très poliment de fournir pour moi au premier courrier le titre et surtout le nom propre du Très illustre et très excellent Seigneur Colbert, tant en langue française qu'en langue latine, car il a récemment daigné m'honorer d'une lettre et dans mes devoirs la raison me commande de lui répondre au plus tôt. J'ai l'habitude jusqu'à présent d'utiliser le titre suivant, mais je me demande s'il est authentique et s'il lui convient en tout point : c'est pourquoi j'attends avec la plus grande impatience votre avis à ce sujet.

À l'Illustrissime et Excellentissime Seigneur
Monseigneur Colbert
Intendant des Finances du Roi Très Chrétien
Conseiller, Secrétaire et titulaire de tous mandats
Seigneur Très Généreux

S'il manque quelque chose ou quelque chose est de trop, surtout, comme je vous l'ai dit dans son nom propre, vous n'aurez pas de peine à me le faire savoir. Portez-vous bien et embrassez de votre ancienne faveur,

À votre illustre Seigneurie
Le tout dévoué

J. Hevelius

112.

19 février 1665, Hevelius à Pierre des Noyers

BO : CI-VI, 941

Illustrissime Vir,

A Domino Bullialdo certior sum factus, tibi per Sartorem Serenissimæ Reginæ transmissa esse folia quædam de nupero cometa a clarissimo Auzutio conscripta. Quare rogo magnopere, ut ea quantocyus mihi perlegenda tantum concedas; non solum mihi facies rem pergratam, sed et multum promovebis opusculum illud, quod de eodem cometa propediem edendum meditor; rogo magis, quo quid præterea, quæ alibi accurate observata sunt, adjeceris. Cometam autem ipsum scias me hesterna die adhuc observasse.

Vale et me ut facis amare perge. Dabam Gedani, anno 1665, die 19 Februarii.
Tuæ illustrissimæ dominationi
Devinctissimus,

J. Hevelius, manu propria

Très illustre Monsieur,

J'ai appris de Monsieur Boulliau que le couturier de la Reine Sérénissime vous avait transmis certaines feuilles sur la récente comète, écrites par l'illustre Auzout[1]. C'est pourquoi je vous demande avec insistance que vous me permettiez seulement de les lire au plus vite : non seulement vous ferez un geste très agréable pour moi, mais vous ferez beaucoup avancer l'opuscule que je médite de publier bientôt sur cette comète. Je vous demande davantage : d'y ajouter ce qui a été observé ailleurs avec précision. Quant à la comète elle-même, sachez que je l'ai encore observée hier. Portez-vous bien et continuez à m'aimer comme vous le faites.

Donné à Dantzig en l'an 1665, le 19 février,
À votre illustre Seigneurie,
Très attaché,

J. Hevelius, de sa propre main

---

1 Adrien Auzout (1622-1691) a connu Pascal et Mersenne ; membre de l'académie de Montmor, il a beaucoup observé avec Pierre Petit et Roberval, régulièrement depuis 1655. À cette date, il aspire à figurer dans la liste des premiers académiciens des sciences, en cours d'élaboration. De là son zèle à publier, sur la base des premières observations, la trajectoire future de la comète. L'*Ephéméride du comète*, daté du 2 janvier mais publié le 12, invite aussi le Roi à doter son royaume d'un grand observatoire. Sur la comète de 1664, *CJH*, II, p. 67-84 et « Subsidia de cometis », p. 451-489. Le courrier entre Paris et Varsovie mettant un mois en moyenne, on notera que Pierre des Noyers a reçu très tôt ce petit ouvrage.

113.

20 février 1665, Pierre des Noyers à Hevelius

BO : C1-VI, 943

M. Hevelius,
Varsavie 20 febvrier 1665

Monsieur,

Je vous envoye l'observation que j'ay euë de Rome sur la comette. Celuy qui me l'envoÿe me prie de luy communiquer celles que j'auré d'autre part parce qu'il voudroit travaïller a trouver la paralaxe et la distance de la comette[1].

Je vous envoye encore un imprimé que l'on m'a envoyé de Paris sur laditte comette. Celuy qui l'a fait sera peut estre connu de vous, c'est un mathematicien qui se delecte fort de lunettes[2].

Je vous envoye encore ce que M. Boulliau m'a envoyé de ses observations et aussi ce que j'en ay peu faire, qui n'a esté qu'a peu pres et sans instrument.

M. Buratin a travaillé un verre de lunette qui contient de diamettre 2 pieds et 3 poulces et qui se tire 64 brasse[3]. Nous ne l'avons pas encore esprouvé et ce ne pourra estre qu'au printemps.

---

1 À cette date, il ne peut s'agir que des premières observations qui circulent, probablement manuscrites. Trois astronomes italiens se penchent sur la question de la parallaxe et en débattent, dont aucun n'observe à Rome : Geminiano Montanari publie, fin janvier 1665, ses *Cometes Bononiæ observatus anno 1664 et 1665 astronomicophysica dissertatio* (Bologne) ; G. A. Borelli, publie début mars son *Del movimento della cometa aparsa il mese di dicembre 1664 spiegato in una lettera scritta da Pier Maria Mutoli* (Pise) ; et Gian Domenico Cassini, alors à Bologne, qui donne à Rome ses *Theoriæ motus cometæ anni 1664*, dédicacées à Christine de Suède le 21 avril 1665 avec la carte du passage de la comète dans l'hémisphère austral entre le 18 décembre et le 15 janvier 1665. Voir, A. Gualandi, *Teorie* (2009), « Montanari, Borelli e la parallasse : un confronto sul metodo », p. 138-144.

2 L'*Ephéméride du comète* d'Auzout. Adrien Auzout a cherché à appliquer la lunette au quart de cercle astronomique. Il a aussi mis au point un micromètre, machine qui permet de mesurer avec précision les distances avec des filets ajustés par des tours de vis. Il en a donné la description dans une lettre à Oldenburg du 28 décembre 1666, publiée à part (Paris, J. Cusson, 1667) sous le titre d'*Extrait d'une lettre de M. Auzout du 28 décembre 1666 à Monsieur Oldenburg, secrétaire de la Société Royale d'Angleterre, touchant la manière de prendre les diamètres des planètes. Manière exacte de prendre les diamètres des planètes, la distance entre les petites étoiles, la distance des lieux etc.*

3 Burattini s'est occupé d'optique depuis, selon des Noyers, 1648. Dans les années 1660, il entend rivaliser avec Giuseppe Campani et Eustachio Divini, les facteurs les plus réputés de lentilles optiques en Italie. Pour information, 1 pied vaut 12 pouces. Le pied du roi vaut 32, 5cm (et le pouce du roi, 2,7cm). Le pied de Varsovie, 29, 7 cm. Soit, approximativement, un diamètre de 70 centimètres. La brasse est une mesure qui sert à la mesure des terres (arpentage) ou dans la Marine. Une brasse de France vaut 5 pieds, soit 1,6 mètre. 64 brasses font plus de 100 mètres.

LETTRES [1665]

On me donne advis que l'on a imprimé a Rome un livre intitulé Raguaglio di nuove osservationi di Giuseppe Campani, in 12° Roma dans lequel ledit Campani pretend avoir trouvé le moyen de faire de bonnes lunettes[1]. Ledit Campani y dit avoir observé les ombres que font les satelittes de Jupiter sur son corps et les avoir observee sortir de son disque, que Jupiter a beaucoup d'inegalitez qui sont fort grandes. C'est ce que je vous puis dire maintenant; quand j'aprendray autre chose je vous le feré faire savoir, estant tousjours,

Monsieur,
Vostre tres humble et tres obeissant Serviteur,

Des Noyers

Je vous envoyeré l'ordinaire prochain ce que j'ay observé icÿ.

Observation jointe[2] :
Paris

Le 21 décembre 1664. Le comete parut de la grandeur de Jupiter avec une queue longue d'environ 6 degrés blanchastre comme du lait et large de 30' sous la constellation du Corbeau, esloignee de l'Epi de la Vierge de 39 degrés.

Le 22 decembre elle s'estoit advancee vers l'occident de 2 degrés et quelque peu vers le midy;

Le 23 et 24 on ne la peu voir.

Le 25 on la vit esloignee de Spica de 51°45'. La queuë estoit fort faible de la longueur de 24 degres.

Le 26 on remarque qu'elle s'estoit advancee de 7 degres obliquement vers le midy et l'occident.

Les 27, 28, 29 et 30, le ciel estoit couvert.

Le 31 elle estoit esloignee de Rigel de 9 degrez vers l'occident; elle avoit quitté le mouvement vers le midy parce qu'elle estoit ellevee 27 degrez sur le meridien; et le 26 seulement de 22 et qu'elle peut avoir fait 15° de parcour.

---

1 Le *Ragguaglio di due nuove osservazioni vna celeste in ordine alla stella di Saturno; e terrestre l'altra in ordine a gl'istrumenti medesimi, co' quali s'e fatta l'una e l'altra osservazione. Dato al sereniss. principe Mattia di Toscana da Giuseppe Campani da San Felice dell'Umbria di Spoleto* (Rome, 1664). Giuseppe Campani (1635-1715) était très réputé pour ses instruments d'optique (télescopes et lentilles à grande longueur focale) et pour son polissage des lentilles. Campani a mis au point un oculaire qui porte son nom : il s'agit d'une lentille convergente très large qui se place entre la lentille de l'objectif et l'image réelle de manière à ramener dans le cercle du diaphragme les faisceaux de rayons autrement perdus pour l'œil. L'image obtenue est plus petite mais aussi plus nette et elle peut supporter des grossissements considérables. En 1664 et 1665, il observe ainsi les satellites de Jupiter et les anneaux de Saturne.

2 Vraisemblablement, il s'agit d'observations de Boulliau.

114.

27 février 1665, Pierre des Noyers à Hevelius

BO : Cɪ-VI, 955

Varsavie 27 febvrier 1665

Monsieur,

Je vous envoyé l'imprimé de M. Auzout (que vous me demandez par vostre lettre du 20 de ce mois[1]) des la semaine passee, avec ce que l'on a observé a Rome. Je vous envoye dans une table de Bayerus ce que j'en ay pu observer icy. J'ay bien veu la comette depuis mais les nuages m'empeschant la veuë des estoilles je n'en ay pas fait d'observation.

Je vous envoye encore ce qu'un journal qui se fait a Paris toutes les semaines de ce qui se fait de plus curieux[2], dit de la comete, mais je vous prie de me le renvoyer parce que je fais un recueil de ce journal et afin que cette feuille ne me manque pas. Je vids encore la comette lundy dernier avec mes lunettes qui ne me firent voir qu'une blancheur sans estoille de lumiere au millieu.

M. Buratin prepare une machine pour esprouver celle qu'il a travaillee dont une se tirera 64 brasses et l'oculaire a une brasse et un quart de diamettre[3]. Je vous en diray des nouvelles quand nous en aurons fait la preuve.

La pensee de M. Auzout touchant les comete est dans un commentaire du marquis de Vileine qu'il a fait sur le Centiloque de Ptolomee imprimé en 1651[4]. Je suis,

Monsieur,
Vostre tres humble et tres obeissant Serviteur,

Des Noyers

---

1 Du 19 : n° 112.

2 Il s'agit des tout premiers numéros du *Journal des Sçavans* hebdomadaire (qui a paru avant les *Philosophical Transactions,* mensuelles). Il y est question à plusieurs reprises de la comète, le 26 janvier, le 2 février, le 16 février et le 23 mars. Ces textes sont reproduits dans *CJH,* II, « Subsidia de cometis », p. 462-468.

3 N° 113 ; il travaille à un *maximus tubus.*

4 Nicolas Bourdin, marquis de Vilenne (ou Villaines), 1583-1676 : *Le Centilogue de Ptolomée ou la seconde partie de l'Uranie* de Messire Nicolas de Bourdin, Paris, Cardin Besongne, 1651. Il n'y a pas de référence à Auzout, ni rien qui puisse évoquer sa théorie des comètes.

115.

13 mars 1665, Pierre des Noyers à Hevelius

BO : Cɪ-VII, 956

Varsavie, 13 mars 1665

Monsieur,

Vostre lettre du 3 de ce mois[1] m'aprends que vous avez receu celles que je vous ay escritte, avec les observations qui y estoient jointes. En voicy encore d'autres que j'ay receuë de divers lieux d'Italie que je vous envoÿe[2]. Je continueré a vous envoyer tout ce que je recevrez sur cette matiere la. Je vous ay indiqué que le marquis de Vileine a fait imprimer en 1651 un commentaire qu'il a fait sur le Centiloque de Ptolomee, a la fin duquel il parle des Comettes dans la mesme opinion que M. Auzout[3].

Pour ce qui regarde les tiltres de M. Colbert, vous trouverez de l'autre part ce que j'en ay apris, on m'a dit qu'encore qu'il fît la charge de surintendant des finances, il n'en vouloit pas prendre le tiltre ny fonction qu'on luy donnat[4]. Sy vous n'estiez point pressez de le savoir, j'escrirois en France pour cela, ou vous mesme le pourriez demander a M. Boulliau. J'en diray un mot dans la lettre que je luy escrit aujourd'huy. Et cependant croyez moy tousjours, s'il vous plaist,

Monsieur,
Vostre tres humble et tres obeissant Serviteur

Des Noÿers

---

1 La lettre du 3 mars n'existe pas dans la correspondance.

2 Auzout a publié son *Ephéméride du comète,* daté du 2 janvier, à la mi-janvier 1665. En Italie, Cassini et Montanari (Bologne), Borelli (Pise) et le père Gilles François de Gottignies (Collegium Romanum, Rome) ont observé la comète (voir *CJH,* II, « Subsidia de Cometis », p. 451 sv.).

3 Nicolas Bourdin, marquis de Vilennes, *Le Centilogue de Ptolomée,* (nᵒ 114) ; les aphorismes XCVIII, XCIX et C traitent des comètes.

4 Nᵒ 111 (3 février). À la suite de l'arrestation de Fouquet, voulue par Colbert, le 5 septembre 1661, Louis XIV supprima la charge de surintendant des finances. À l'instigation de Colbert, il institua un Conseil royal des finances que Colbert dirigea sous le titre d'intendant des finances.

Monsieur Colbert s'apelle Jean Baptiste. Ses tiltres en francois sont
À Monsieur
Monsieur Colbert Conseiller du Roy Tres Chrestien en tous ses Conseils, Ministre d'Estat et Directeur general des finances sous l'authorité de Sa Majesté

En latin
Domino Joanni Baptista Colbert, Regis Christianissimus (sic) a sanctioribus consiliis, nec non summi Galliarum ærarii moderatori fidelissimo totiusque Regni rerum gerendarum ministro vigilantissimo.

On n'est pas asseuré que ces derniers tiltres luy soient agreable parce qu'il est fort modeste.

116.

7 avril 1665, Hevelius à Pierre des Noyers

BO : C1-VII, 958

Domino des Noyers,
Warsaviæ

Illustrissime Domine,

Initio breviter quidem, sed prolixissimo affectu, vir amicissime, tibi gratias habeo, pro omnibus illis transmissis opusculis materiam cometicam concernentibus; eaque quæ voluisti etiam prompte remitto. De cætero scias velim me hesterna die Lunæ 6 Aprilis, mane a 1 ½ hora ad 4. 30' matutinam novum denuo cometam observasse in pectore Pegasi; et quidem in 14° Piscium et in latitudine boreali 26 ½ qui merito non minus inter præcipuos numeratur cometas ob ejus luciditatem motumque satis velocem. Clarissimus enim est coloris albicantis ex subflavo, caudam præ se ferens ea die 15° gradu. Tendit motu directo secundum seriem signorum, caput Andromedæ versus. Non est autem quod existimes illum esse, quem referunt nuper visum esse in catena Andromedæ. Nam ea in parte cæli, ut dominus Bullialdus ipse fatetur, nullus sane hoc tempore apparuit; neque idem omnino est qui nuper de Ariete si se nobis subduxit (ut ut noster Professor Matheseos dominus Büthnerus adstruere conatur) sed plane novus est cometa, qui sine dubio quantum dijudicare adhuc datur ex Sagittario prodiit atque infra sinistrum genu Antinoi, per caput Equulei viam duxit, ad Pegasum in quo etiamnum haeret. Adhuc ille nuperus sub angulo inclinationis orbite et ecliptici 53° circa incessit; sic vero sub angulo 26° tantum progreditur; et quidem sic motu directo, illi vero motu retrogrado. Hæc sunt quæ tibi festinanti calamo pro aliis primum significare volui; quæ præterea subsequentibus diebus observatus sum, prima occasione perscribam. Vale et me porro amare perge.

Tuæ illustrissimæ Dominationis,
Die 7 Aprilis 1665
Studiosissimus

J. Hevelius

À Monsieur des Noyers
À Varsovie,

Très illustre Monsieur,

D'abord je vous remercie brièvement, mais avec profusion d'affection, de m'avoir transmis tous ces opuscules concernant la question des comètes : je vous renvoie immédiatement ceux que vous avez voulus. Pour le reste, j'aimerais que vous sachiez qu'hier, lundi 6 avril, au matin, depuis 1 heure et demie jusqu'à 4h.30 du matin j'ai de nouveau observé une nouvelle comète sur la poitrine de Pégase et même à 14° des Poissons et en latitude Nord 26 ½. À juste titre, elle peut compter parmi les principales comètes à cause de son éclat et de son mouvement assez rapide[1]. Elle est très claire, d'une couleur tirant sur le blanc et le jaunâtre et montrait ce jour-là une queue du 15ᵉ degré. Elle tend d'un mouvement droit selon la série des signes vers la tête d'Andromède. Il n'y a aucune raison d'estimer que c'est celle que l'on rapporte avoir vue dans la chaine d'Andromède. Car dans cette partie du ciel, comme Monsieur Boulliau l'avoue lui-même, aucune n'est apparue ces temps-ci; et ce n'est pas non plus celle qui récemment, du Bélier, s'est soustraite à nous (quels que soient les efforts de notre Professeur de mathématiques, Monsieur Büthner[2], pour l'établir) mais c'est une comète toute nouvelle qui sans aucun doute, pour autant qu'on puisse encore en juger, est venue du Sagittaire et a tracé son chemin en-dessous du genou droit d'Antinoüs, par la tête du Petit Cheval, vers Pégase où elle est actuellement fixée. Cette comète récente a encore avancé sous l'angle d'inclinaison de l'orbite et de l'écliptique de 53° environ; ainsi elle avance seulement sous un angle de 26° et ici d'un mouve-

---

1 Hevelius a observé la comète de 1665 entre le 6 et le 20 avril. Ses observations et la route détaillée sont consignées dans la *Cometographia* (1668).

2 Friedrich Büthner (1622-1701) a étudié à Königsberg auprès de Linemann la théologie, les mathématiques et l'astronomie. En 1653, il est recteur de la Johannisschule à Dantzig où il enseigne aussi les mathématiques. Pendant près d'un demi-siècle, Büthner a été chargé de la confection des calendriers et des éphémérides. Büthner estimait que la comète de 1665, comme la précédente, devait avoir une trajectoire parabolique : « Lineam quod attinet, quam motu suo describere est visus, negavi... circulum fuisse. Propendi vero ad parabolam », « Communicatio Gedano-Büthneriana », *Theatrum Cometicum*, 21 mars 1665, p. 802. À cette date, Büthner a déjà publié des *Anmerkungen und natürliche Gedanken von der Natur des Cometen*, Königsberg, 1661.

ment droit, mais là d'un mouvement rétrograde. Voilà c'est que j'ai voulu vous faire savoir d'abord, avant les autres, d'une plume pressée ; ce que j'ai observé dans les jours suivants, je vous l'écrirai à la première occasion. Portez-vous bien et continuez dans l'avenir à aimer

De votre illustre Seigneurie
Le 7 avril 1665, le très affectionné

J. Hevelius

117.

10 avril 1665, Pierre des Noyers à Hevelius

BO : C1-VII, 964

Varsavie 10 apvril 1665.

Monsieur,
Monsieur Hevelius

Nous voyons icy une nouvelle Commette vers le Nort d'est[1]. Je ne doute pas que vous ne l'ayez desja observee. Pour moy je ne l'ay point encore veue et ainsy je ne puis dire en quelle constellation elle est ; mais M. Buratin qui l'a observee m'a desine son observation pour vous l'envoyer[2]. Je vous en envoye encore d'autres que j'ay receuë d'Italie, d'ou on me demande aussi ce que vous en avez observez. Je suis tousjours

Monsieur
Vostre tres humble et tres obeissant Serviteur,

Des Noyers

---

1 Cette comète a été observée par Hevelius entre le 6 et le 20 avril.
2 Il n'y a plus de pièce jointe.

118.

1er mai 1665, Pierre des Noyers à Hevelius

BO : Ci-VII, 978

Varsavie 1. May 1665

Monsieur
M. Hevellius

J'ay encore receu l'imprimé que je vous envoye sur la precedente Commette, lors que j'en recevray sur cette derniere je ne manqueré pas de vous les participer[1].

J'ay prié M. Gratta[2] de m'envoyer deux exemplaires des ephemerides de M. Hecher[3]. Je vous prie de luy en faire prendre de celles qui ont esté corrigee. M. Boulliau m'escrit qu'il vous a envoyé les tiltres de M. Colbert. Je vous baise les mains et suis tousjours,

Monsieur,
Vostre tres humble et tres obeissant Serviteur,

Des Noyers

---

1 Information trop vague pour une identification.

2 Voir lettre n° 24 (15 avril 1652).

3 Johann Hecker (1625-1675) est le cousin d'Hevelius (dont la mère s'appelait Kordula Hecker). Après la mort de Lorenz Eichstadt (1596-1660), c'est lui qui prit la relève pour la publication des éphémérides. L'ouvrage parut en 1665 : *Johannis Heckeri Motuum Cælestium Ephemerides ab anno a.e. v. M. DC.LXVI ad M. DC.LXXX, ex observationibus correctis Tychonis Brahei et Jo. Kepleri hypothesibus physicis Tabulisque Rudolphinis*, Gedani, 1665.

119.

13 mai 1665, Hevelius à Pierre des Noyers

BO : Cɪ-VII, 979

Domino
Domino des Noyers,
Warsaviæ

Illustrissime Vir

In grati animi significationem pro tot tantisque in me hucusque collatis beneficiis, transmissisque variis opusculis, de cometa anni elapsi, iamnunc aliquot exemplaria mitto Prodromi mei Cometici ; quod munusculum, ut ut tenue, tamen æqui bonique hac vice consulas, tuumque nec non aliorum suo tempore judicium detegas, rogo. Si pagellæ illæ tanti merentur, tibique consultum videtur, possunt cum humillima officiorum meorum oblatione ad pedes Sacrarum Regiarum Majestatum deponi ; illustrissimoque domino Cancellario quoque meo nomine debite offerri nec non residuum exemplar generoso domino Burattino, amico nostro communi prævia salutatione exhiberi. Cur titulum illustrissimi domini Colberti adeo desideraverim nunc satis intelligis ; accepi quidem istum a domino Bullialdo ; sed pagellæ priores jam erant editæ ; sic ut eo titulo a te mihi concesso usus fuerim. Num autem recte fecerim quod eo modo istud opusculum illi dedicaverim, sane nescio ; factum tamen est ex singulari observantia, quæ merito ipsi debetur ab omnibus Literarum cultoribus. Vale et pristino me non dedignare favore tuo ; tum si quid præterea de novissimo cometa acceperis, fac ut quantocyus possideam ; nam animus pene est, dummodo paullulum respiravero, descriptionem aliquam hujus cometæ astrophilis præmittere. Dabam Gedani, anno 1665, die 13 Maii,

Tuus
Plurimo Affectu, Deditissimus

J. Hevelius, manu propria

Postscriptum

Percepisti jam sine dubio, die 4 Maii vespertina hora 11 ½, haud vulgarem ac quidem lucidissimum globum igneum hic ex ære, magno cum sonitu decidisse ; quem

LETTRES [1665]

tamen ipsemet non observavi : hinc etiam cujusquam fuerit speciei adeo distincte dicere nequeo. Vale iterum

À Monsieur
Monsieur des Noyers
À Varsovie,

Très illustre Monsieur,

En témoignage de reconnaissance pour les bienfaits si nombreux et si grands que vous m'avez accordés et pour l'envoi de divers opuscules sur la comète de l'année écoulée, je vous envoie à présent quelques exemplaires de mon *Prodromus cometicus*[1]. Ce petit cadeau, malgré sa minceur[2], considérez-le, cette fois, avec justice et bonté ; et je vous demande de me révéler en temps opportun votre avis et celui des autres. Si ces petites pages le méritent, et si cela vous paraît avisé, elles peuvent, avec la très humble offrande de mes services, être déposées aux pieds de leurs Majestés Royales et Sacrées ; elles peuvent être offertes en mon nom à l'illustrissime Seigneur Chancelier[3] et l'exemplaire qui reste, au noble Monsieur Burattini, notre Ami commun, avec mon salut. Vous comprenez bien à présent pourquoi j'ai tellement désiré connaître le titre du très Illustre Monseigneur Colbert. Je l'ai reçu de Monsieur Boulliau ; mais les premières pages étaient déjà imprimées de sorte que je me suis servi du titre que vous m'aviez communiqué[4]. Je ne sais si j'ai bien fait de lui dédier mon opuscule de cette manière ; cela fut fait avec un respect tout particulier, qui à coup sûr lui est dû par tous ceux qui cultivent les lettres. Portez-vous bien et ne me jugez pas indigne de votre ancienne faveur ; ensuite si vous apprenez quelque chose sur la dernière comète, faites que je le sache dès que possible car j'ai l'intention, pourvu que je puisse un peu respirer, d'envoyer quelque description de cette comète à ceux qui aiment les astres. Donné à Dantzig, en l'an 1665, le 13 mai,

À vous,
Très dévoué avec la plus grande affection,

J. Hevelius de sa propre main

---

1 Nº 111 et 115. Le *Prodromus cometicus* est dédié à Colbert le 7ᵉ jour des calendes de mai (25 avril). Sur la dédicace de cet ouvrage, offert à Colbert pour prendre rang en attendant l'achèvement de la *Cometographia*, *CHJ*, II, p. 71-76. Colbert a renouvelé la gratification de 1200 livres.

2 Un opuscule de 64 pages dont l'objet est la publication immédiate des observations et du chemin de la comète « de Noël » : l'observation d'Hevelius du 18 février qui lui en a fait dévier la trajectoire est contestée par tous les astronomes, voir *CHJ*, II.

3 Toujours encore Mikołaj Prażmowski (1658-1666).

4 Voir lettre nº 115 (13 mars 1665). La dédicace à Colbert est reproduite et traduite dans *CHJ*, II, p. 435-437.

Postcriptum

Vous avez appris sans aucun doute que le 4 mai, à 11h. ½ du soir un globe de feu peu commun et très brillant était ici tombé du ciel avec un grand bruit[1]. Je ne l'ai pas observé personnellement, donc je ne peux pas encore dire distinctement de quelle espèce il était. De nouveau, portez-vous bien.

120.

29 mai 1665, Pierre des Noyers à Hevelius

BO : Cı-VII, 996

Varsavie 29 may 1665

Monsieur
Monsieur Hevellius

Je receu des la semaine passee vostre lettre du 13. De ce mois avec les exemplaires que vous m'avez envoyez de l'observation que vous avez faitte de la Comette. J'en ay presenté un au Roy de vostre part, et un a M. le grand Chancellier de la Couronne[2]. J'en ay donné un a M. Buratin. J'en ay encore envoyé un a Naple[3] et le dernier qui me restoit et que je voulois garder, m'a esté demandé par M. l'Evesque de Beziers Ambassadeur extraordinaire de France en cette Cour[4] pour l'envoyer a Florence de sorte qu'il ne m'en est point resté. C'est un ouvrage sy acomply qu'il y a plaisir de l'envoyer aux personnes curieuses. Je vous rends grace de me l'avoir participé. Nostre M. Bullialdus m'escrit qu'il vous a envoyé les observations de la derniere Commettes faittes par M. Agarat[5] ce qui m'empesche de vous les envoyer aussi. Je vous envoye une observation que l'on m'a envoyee de Bologne.

---

1 Friedrich Büthner mentionne le globe igné observé à Dantzig le 4 mai 1665, auquel il a consacré une note : *Buthneri Commentarius de globo ignito qui 1665, die 4 Maii ad Dantiscum decidere visus est* (mentionnée dans la « Communicatio Gedano-Buthneriana », *Theatrum Cometicum*, 17/27 mai, p. 818).

2 Mikołaj Prażmowski en fonction entre 1658 et 1666.

3 Probablement pour Caramuel de Lobkowicz ; n° 83.

4 Pierre de Bonzi (1631-1703), Florentin de naissance, avait été très lié à Ferdinand II de Medicis dont il avait été le gentilhomme de la chambre et le résident auprès du roi de France en 1658. Il négocia le mariage de son fils avec Marguerite-Louise d'Orléans (19 avril 1661), qu'il accompagna en Toscane. Evêque de Béziers depuis 1659, il fut nommé ambassadeur de France à Florence puis à Venise (1662-1665). Ambassadeur extraordinaire à Varsovie en février 1665, il a pour mission de négocier l'élection *vivente Rege* sur le trône de Pologne du grand Condé ou de son fils marié à la nièce de la Reine, Anne de Bavière, en 1663. Parti en février 1665, il passe par Vienne et Cracovie et arrive le 3 avril à Varsovie.

5 Antoine Agarrat, voir n° 66.

LETTRES [1665]

367

Je n'avois point encore ouye parler de ce globe de feu qui est tombé le 4 de ce mois[1]. Le Roy mesme n'en avoit rien ouy dire.

M. Buratin fait faire une fort grande machine qui sera achevee la semaine qui vient, pour les grandes lunettes qu'il a faittes[2]. Je vous en diray des nouvelles quand j'en auray veu l'effet. Cependant je suis toujours,

Monsieur,
Vostre tres humble et tres obeissant Serviteur,

Des Noyers

121.

5 juin 1665, Hevelius à Pierre des Noyers

BO : C1-VII, 997

Domino des Noyers
Warsoviæ

Generose Domine ac Amice observande.

Gratulor mihi magnopere, tibi aliisque viris illustribus, tenue nostrum opusculum, ut ut rapidissimo calamo inter tot curas occupationesque conscriptum, non usque adeo displicuisse. Si Deus vitam otiumque concesserit, allaboraturus sum, ut primo tempore de posteriori cometa generalia quædam vobis quoque exhibeam. Cum vero exemplar Prodromi Cometici tibi destinatum illustrissimus et Excellentissimus legatus Christianissimi Regis benigne accipere, præter omne meritum, haud fuerit dedignatus (quod utique in maximum mihi cedit honorem, cumprimis si obtingeret occasio officiola mea alia etiam ratione offerendi) bina alia exemplaria in vicem tibi transmitto, quibus pro lubitu disponere potes. De cætero gratias magnas pro hypothesi illa Bononiensi commu-

1 Le globe igné du 4 mai, voir lettre n° 119.

2 Il s'agit du mât et du système de poutrelles destiné à supporter le *maximus tubus* d'Hevelius et à assurer sa rigidité, avec les articulations nécessaires pour le mouvoir dans tous les sens. Cette machine a fait l'objet d'un dessin que Burattini envoie à Boulliau dans sa lettre du 24 septembre 1665 reproduit par A. Favaro (*Burattini*), p. 102 avec la dite lettre (document XXIII): [illustration n°7, HT]

nicata tibi habeo; DEUM vero precor, ut te quam diutissime salvum et felicem servet, quo tuo favore ac amore porro frui nobis liceat. Dabam Gedani, die 5 Junii, anno 1665.

Tuæ generosissimæ Dominationis
Studiosissimus

J. Hevelius

À Monsieur des Noyers
À Varsovie,

Noble Monsieur et respectable Ami,

Je me réjouis grandement que notre mince opuscule, quoique écrit d'une plume très rapide parmi tant de soucis et d'occupations, n'ait déplu ni à vous, ni aux autres hommes illustres. Si Dieu me donne la vie et le loisir, je vais travailler à vous montrer aussi, dès que possible, certaines informations générales sur la deuxième comète. L'illustrissime et excellentissime Ambassadeur du Roi Très Chrétien[1] n'a pas dédaigné d'accepter, en dépit de son petit mérite, l'exemplaire du Prodromus cometicus que je vous avais destiné. Cela me fait grand honneur, surtout s'il se présentait une occasion d'offrir aussi mes petits services d'une autre manière. Je vous envoie en remplacement deux exemplaires dont vous pouvez disposer à votre guise. Pour le reste, je vous ai de grandes grâces pour cette hypothèse de Bologne que vous m'avez communiquée[2]; je prie Dieu qu'il vous conserve le plus longtemps possible sain et sauf et heureux; pour que nous puissions à l'avenir continuer à jouir de votre amour et de votre faveur. Donné à Dantzig, le 5 juin en l'an 1665

De votre très noble Seigneurie
Le très affectionné

J. Hevelius

---

1 Pierre de Bonzi: n° 120.

2 Il doit s'agir d'un ouvrage de Jean-Dominique Cassini dont le nom est cité plusieurs fois dans les lettres suivantes: l'*Ephemeris Prima motus cometæ novissimi* ou plutôt la *Theoria motus cometae anni 1664* (dédiée à la Reine Christine le 11 des Calendes de mai 1665). Il y avait aussi, à Bologne Geminiano Montanari qui publie alors la *Cometes Bononiæ observatus anno 1664 et 1665 astronomicophysica dissertatio* (Bologne, 1665). Montanari (1633-1687), qui s'intéressait à la fabrication des lentilles, a observé les anneaux de Saturne avec Léopold de Médicis en 1658. Il est nommé en 1661 mathématicien du duc Alphonse IV d'Este et, à sa mort (1663), il gagne Bologne où il dessine, avec un micromètre oculaire de sa fabrication, une carte de la Lune. En 1664, il est nommé à la chaire de mathématiques de l'Université de Bologne. En 1669, il succèdera à Cassini comme professeur d'astronomie à l'observatoire de Panzano (Modène). Chargé de compiler des almanachs astrologiques, il en édite un, en 1665, de sa pure invention. Sur les théories élaborées au sujet de la comète: A. Gualandi (2009), chap. II.

LETTRES [1665]

122.

19 juin 1665, Pierre des Noyers à Hevelius

BO : CI-VII, 1005

Varsavie 19 juin 1665

Monsieur,

J'ay receu les deux derniers exemplaires de vostre Prodromus que vous me faittes la graces de m'envoyer, dont je vous remercie. J'en ay envoyé un a Rome, et l'autre a Vienne d'ou on m'a envoyé le petit livre que je vous envoye qui traitte de toutes les deux comettes[1]. Je voudrois vous pouvoir servir en d'autres affaires qu'en celle cy pour avoir un meilleur [moyen] de vous tesmoigner combien je vous honore et combien je suis

Monsieur,
Vostre tres humble et tres obeissant Serviteur

Des Noyers

123.

11 septembre 1665, Pierre des Noyers à Hevelius

BO : CI-VII, 1041

Varsavie 11 septembre 1665

Monsieur
M. Hevellius

Un de mes amis qui m'envoye l'observation du Casini sur la Comette[2] m'a en mesme temps prié de luy faire avoir la vostre, pour la donner audit Casini. Je luy ay

---

1 Probablement l'ouvrage de Cassini : *Theoriæ motus cometæ anni MDCLXIV pars prima, ea præferens quæ ex primis observationibus ad futurorum motuum prænotionem deduci potuere, cum nova investigationis methodo tum in eodem, tum in comete novissimo anni MDCLXV ad praxim revocata*, Rome, F. de Falco, 1665.

2 L'ami est sans doute Girolamo Pinocci (n° 128, 11 juin 1666) qui vit à Cracovie. Cassini publie ses observations dans : *Ephemeris prima motus cometæ novissimi mense aprili 1665*, Romæ, F. de Falco, 1665.

envoyee celle que vous m'aviez donnee et que je gardois pour moy, et je vous envoye celle que j'ay receuë qui vous pourra mieux eclaircir de ce que dit M. Auzout dans sa feuille volante[1]. Je ne croy pas recevoir davantage de ces observations, mais s'il m'en venoit encore d'autres, je vous les envoyeré toutes. Je n'ay plus la vostre ayant tout distribué en Italie et en Alemagne. Si vous me faitte la grace de m'en envoyer une autre, je la joindré a vos autres Œuvres.

M. Buratin acheve la machine pour esprouver une lunette qu'il a faitte de 35 à 40 brasses de longueur[2] ; elle multiplie l'objet 160 fois en son diametre et 20324 en sa superficie[3]. Il en a encore une autre que fera le double de celle la ; on en a fait encore que de legeres espreuves. Jupiter vous paroist aussi grand que la lune et les satelittes plus grands que Jupiter ne nous paroist a l'œil[4]. Il a aussi decouvert quelques inegalites au limbe de la lune, et des taches en Venus[5]. Apres que tout sera adjusté je vous en diray plus de nouvelles. Je suis cependant

Monsieur,
Vostre tres humble et tres obeissant Serviteur,

Des Noyers

---

1 Il doit s'agir à cette date, de la lettre de M. Auzout du 7 juin à M. Petit, que Petit a publiée dans sa *Dissertation sur la nature des comètes*, en juillet 1665, in fine. Elle a aussi été imprimée en format in-4° s.l.s.d. sous le titre de « Lettre de M. Auzout du 17 juin à M. Petit ». En effet, il est question d'observations divergentes dans la lettre suivante.

2 Entre 53 et 64 mètres, s'il s'agit de brasses.

3 La surface divisée par le carré du rayon $(80^2) = 3,17$ (approximativement Pi : 3,14).

4 C'est en janvier 1610 que Galilée a observé avec sa lunette les quatre « lunes » de Jupiter. Leur nom — Io, Europe, Ganymède et Callisto — leur fut donné par l'astronome allemand Simon Marius (1573-1624) qui prétendit les avoir, le premier, observées, en 1609. Cassini s'intéresse alors beaucoup à Jupiter. En 1665 il publie ses *Quattro lettere al signor abb. Falconieri sopra la varietà delle macchie osservate in Giove, e loro diurni rivoluzioni, con le tavole* et les *Tabulæ quotidianæ revolutionis macularum Jovis* (Rome, 1665, in-fol.). Il évoque aussi ses observations des taches découvertes sur Mars et Jupiter dans ses *Dissertationes astronomicæ apologeticæ* (Rome, 1665). La grande tache rouge de Jupiter est découverte par Cassini en 1665.

5 Ses premières observations remontent au printemps 1665. Auzout écrit à Oldenburg, le 22 juin 1665 : « je navois pas mesme sceu jusques a present qu'elles [les plus grandes lunettes] y eussent fait decouvrir des taches semblables a celles que nous voions fort distinctement dans la lune mais jay apris depuis deux jours qu'on avoit mandé de Pologne que M. Burattini disoit y en avoir observé. Je croy que cest avec une lunete denviron 60 piés » (*CHO*, II, p. 416). Burattini en informe Boulliau dans sa lettre du 12 novembre 1665 (Favaro, doc. XXIV) et la découverte est publiée dans le *Journal des Sçavans* en 1666 : « M. Auzout rapporte qu'il a receu des lettres de Pologne dans lesquelles on luy donne advis que M. Buratini par le moyen des grandes lunettes a observé dans la Planete de Venus des taches semblables a celles qu'on voit dans la Lune » (*JS*, 1666, p. 55).

124.

2 octobre 1665, Hevelius à Pierre des Noyers

BO: Ci-VII, 1042

Domino
Des Noyers,
Warsaviæ[1]

Illustrissime Vir

Iterum iterumque maximopere me tibi devinxisti quod clarissimi domini Cassini Theoriam cometæ transmittere volueris; utinam et ipsas observationes ejus possiderem: cum ne unicam quidem accuratam in illo opusculo invenerim, vel posuerit. Dominum Auzotium a meis observationibus plane in multis dissentire, sine dubio ex epistola ejus ad dominum Petitum lata jam percepisti. Operæ igitur pretium erit ut prima occasione debite ipsi respondeam meaque defendam. Videbis Deo volente, non solum ex verbis, sed factis atque ipsis genuinis observationibus quis nostrum loca motumque diurnum cometæ, ejusque faciem atque magnitudinem rectius determinaverit. De cætero cum exemplaria illa Prodromi mei Cometici, quod gratissimum accidit amicis jam distribueris, rursus alia transmitto rogans ut ea æqui bonique consulas, mihique porro favere pergas; nec non perscribas quid insuper generosissimus dominus Buratinus quem officiose salutes velim in negotio isto telescopiorum peregerit, et quomodo res ipsa successerit. Ad hæc animitus exopto ut talem longissimum tubum voto respondentem possiderem, quo illum feliciter ad phænomena cælestia dirigere possem. Mihi etenim ob sublimiores speculationes meas cœlestes præsertim ob fixas corrigendas jam non vacat, ut expoliendis vitris, ut ut non minus aliquid in ista arte me præstare posse (absit tamen gloria) mihi videas, operam dare possim. Idcirco allaborandum ut aliunde aliquem obtinuam[2]. Vale feliciter

Tuæ illustrissimæ Dominationi,
Dabam Gedani, anno 1665, die 2 Octobris

---

1 Cette lettre n'est pas de l'écriture d'Hevelius.
2 Obtineam.

À Monsieur
Monsieur des Noyers
À Varsovie

Très illustre Monsieur,

Encore et encore vous m'avez grandement obligé en voulant bien m'envoyer la théorie de la comète du très illustre Monsieur Cassini[1]. Puissé-je avoir ses observations elles-mêmes ! Car je n'ai trouvé aucune observation précise dans cet opuscule et il n'en a pas donné. Vous avez compris que Monsieur Auzout diffère complètement de mes observations sur beaucoup de points[2]. Il en vaudra la peine qu'à la première occasion je lui réponde dûment et que je défende ma position. Vous verrez, si Dieu le veut, non seulement à partir des mots, mais des faits et des observations authentiques elles-mêmes lequel de nous deux a déterminé plus correctement les positions et le mouvement diurne de la comète, sa figure et sa grandeur. Pour le reste, comme vous avez déjà distribué à nos amis les exemplaires de mon *Prodromus cometicus*, je vous en envoie d'autres pour que vous ayez soin du bon et du juste et que vous me conserviez votre faveur ; et aussi que vous m'écriviez ce que le très noble Monsieur Burattini (que je vous demande de saluer poliment) a réalisé dans cette affaire de télescope, et comment la chose elle-même a abouti. Dans ce but, je souhaite du fond du cœur posséder un tel tube très long correspondant à mon vœu pour que je puisse le diriger avec succès vers les phénomènes célestes. Du fait de mes spéculations célestes plus sublimes, à cause surtout de la correction des fixes, je n'ai pas de loisir pour travailler au polissage des verres quoique vous ne me voyiez pas moins capable de réaliser quelque chose dans cet art (sans vantardise). Il me faut donc œuvrer à chercher ailleurs. Portez-vous bien et soyez heureux

À votre très illustre Seigneurie,
Donné à Dantzig en l'an 1665, le 2 octobre.

---

1 Ce n'est pas l'objet de la *Theoria motus cometæ*.

2 Le point litigieux est l'observation d'Hevelius du 18 février : voir *CJH*, II, p. 67-84. C'est pour la défendre qu'il a rédigé le *Prodromus cometicus*, dédié à Colbert.

125.

1er janvier 1666, Hevelius à Pierre des Noyers

BO : C1-VII, 1085

Domino
Domino des Noyers,
Warsaviæ
Illustrissime Domine,

Controversiam inter clarissimum Auzotium ac me versari jam pridem sine dubio intellexisti; qua de materia etiam clarissimus Petrus Petitus opusculum conscripsit ad partes Domini Auzotii defendendas. Cum autem libellum istum necdum videre obtigerit, mihi vero ad ista omnia necessario quantocyus respondendum sit, idcirco rogo quam officiose, ut si tibi copia datur dicti libelli domini Petiti de natura cometarum, haud graveris quanto fieri potest citius istum mutuo concedere, quo cum perlegere, tum eo accuratius respondere ad singula possim. Non solum me tibi magis magisque obstringor; sed rem literariam pariter more tuo laudabili admodum promovebis. Interim si quando ad viros literatos dare literas tibi obtingat, rogo, præcaveas ne me inauditum ad unius instantiam protinus condemnent, sed prius Mantissam meam Prodromi mei Cometici eo fine mox edendam exspectent, perlegant atque examinent, tum denique liberum esto de meis observationibus nec non clarissimi Auzotii sententiam pronunciare omnibus. De cætero, an successus circa telescopia illa procerissima construenda generoso domino Burattino ex voto respondeat, scire perquam gestio: utinam et nostræ lentes ad Italorum Gallorumque lentium perfectionem accedant! Quo paria circa umbram maculasque Jovialium præstare queamus, ne in hac quoque parte nobis minimum cedendum sit, id quod animitus precor, simul ac annum hunc ineuntem, quem sine dubio prosperrime es ingressus, aliosque subsequentes plurimos felicissime absolvas. Vale. Dabam Dantisci ~~31 decembris~~ 1 Januarii anno 1666 stilo novo

Tuæ illustrissimæ Dominationi
Addictissimus

J. Hevelius

À Monsieur
Monsieur des Noyers
À Varsovie
Très illustre Monsieur,

Depuis longtemps vous avez, sans aucun doute, compris qu'il y avait controverse entre le très célèbre Auzout et moi-même. Sur ce sujet, l'illustre Pierre Petit a lui aussi écrit un opuscule pour défendre le parti de Monsieur Auzout[1]. Quoique je n'aie pas encore eu l'occasion de voir ce libelle[2], il me faut nécessairement répondre à tout cela dans les meilleurs délais. C'est pourquoi je vous demande très poliment que si on vous a donné une copie dudit libelle de Monsieur Petit sur la nature des comètes, vous preniez la peine de me le prêter au plus vite. Je pourrais non seulement le lire, mais y répondre avec plus de précision point par point. Non seulement je suis de plus en plus votre obligé, mais vous ferez en même temps avancer considérablement les lettres. Entre temps, s'il vous arrive d'écrire quelquefois aux hommes lettrés, je vous demande de prendre vos précautions pour qu'ils ne me condamnent pas immédiatement sans m'entendre, à l'insistance d'une seule personne, mais qu'ils attendent, lisent et examinent la *Mantissa* de mon *Prodromus cometicus* qui sera très bientôt publiée dans ce but[3]; et qu'enfin chacun ait la liberté de se prononcer sur mes observations et sur celles de l'illustre Auzout. Pour le reste, je brûle de savoir si le succès a répondu aux vœux du noble Monsieur Burattini dans la construction de ses télescopes très allongés; puissent nos lentilles arriver à la perfection des lentilles des Italiens et des Français. Que nous puissions ainsi arriver au même résultat sur l'ombre et les taches de Jupiter, que de ce côté aussi nous ne soyons pas inférieurs : voilà ce que je souhaite du fond du cœur. En même temps, je souhaite que vous passiez dans le bonheur cette année qui commence et les nombreuses autres qui suivront. Portez-vous bien. Donné à Dantzig le 1er janvier 1666, nouveau style,

À votre très illustre Seigneurie,
Le très fidèle

J. Hevelius

---

1 Pierre Petit, *Dissertation sur la nature des comètes*. L'ouvrage, publié en juillet 1665, Paris, Louis Billaine, comprend, p. 380-389, la « Lettre de M. Auzout à M. Petit » du 17 juin, qui met en cause l'observation d'Hevelius du 18 février et le trajet qu'il prête à la comète dans le *Prodromus Cometicus* (1665). Voir *CJH*, II, p. 473-478.

2 C'est surtout Auzout dont le ton est agressif. On la trouvera sa lettre dans *CJH*, II, « Subsidia de cometis », p. 473-478.

3 La « *Mantissa* », *Descriptio cometæ anno æræ 1665 exorti cum genuinis observationibus, tam nudis quam enodatis, mense Aprili habitis, cui addita est Mantissa* (Dantzig), dédiée à Léopold de Toscane, ne paraîtra qu'en juin 1666.

126.

15 janvier 1666, Pierre des Noyers à Hevelius

BO : Cɪ-VII, 1086

Varsavie 15 jenvier 1666

A Monsieur,
M. Hevelius,
Consul de la Ville de Dantzic, A Dantzic

Franc (cachet)

Monsieur,

Je n'ay peu me donner plus tost l'honneur de respondre a vostre lettre du [premier] de ce mois par laquelle vous me demandez ce que M. Petit a escrit touchant vos observations sur la Comettes et celles de M. Auzout[1]. Je n'ay point eu cet opuscule et ainsy je ne vous le puis envoyer ; mais j'escrit a notre Amy M. Bullialdus qu'il me l'envoye pour vous. Si vous m'eussiez fait savoir plus tost que vous ne l'aviez pas eu et que vous desiriez de le voir, je l'aurois fait venir. Nostre Amy m'a escrit qu'il ne changeroit point l'opinion qu'il avoit que vos observations ne fussent les plus justes. Aussi tost que j'auré cet opuscule, je ne manqueré pas de vous l'envoÿer, ne desirant rien avec plus de passion que de vous tesmoigner l'envie que j'ay de vous servir, et tout ce qui me sera possible.

Je vous rend graces tres humble des souhaits qu'il vous plaist de me faire d'une bonne annee. Je vous la souhaitte toute plaine de felicitez et de bonheur et qu'elle me produise des moyens de vous tesmoigner que je suis tousjours,

Monsieur
Vostre tres humble et tres obeissant Serviteur

Des Noyers

La grande lunette de M. Buratin n'est pas encore entierement achevee ; il y travaille tousjours et fait plusieurs sortes de differents occulaires. Quand on en fera les preuves je ne manqueré pas de vous donner alors advis de leurs effets.

---

1 Dans Pierre Petit, *Dissertation sur la nature des comètes*.

127.

29 mai 1666, Hevelius à Pierre des Noyers

BO : Cɪ-VII, 1114

Domino
Domino des Noyers
Warsaviæ,

Illustrissime Domine

Opusculum meum, descriptio nempe cometæ posterioris cum Mantissa Prodromi mei Cometici, contra clarissimos Auzutium et Petitum intra mensem, ut spero, in lucem prodibit; cujus exemplar unum aut alterum Italis destinavi; quare te etiam atque etiam rogatum velim ut mihi subvenias, quo illa exemplaria, commoda quadam occasione perferantur, in primis unicum exemplar si fieri possit ad communem nostrum honoratissimum amicum dominum Bullialdum. Exopto enim quo saltem unicum exemplar, tutissima quadam occasione, quam citissime Parisiensibus et antagonistis meis exhibeatur. Etiamsi mare illud transmittere vellem, non solum maxime periculosum nunc est, sed menses aliquot excurrent, priusquam Lutetiam transferri poterit. Tu pro amore erga literas literatosque optime, ut spero, huic negotio prospicies. De cætero, a biennio a quo in Regiam Societatem Britannicam pro Scientia Naturali promovenda adoptatus sum, crebris literis laudabilis illa Societas per ejus secretarium Henricum Oldenburg me alloquitur, ac de variis jucundissimis rebus de re literaria me certiorem reddit. Nuperrime mihi quoque varias res perquirendas commisit; cum autem a me solo in omnibus vix unquam illi satisfactum iri possit. Idcirco amicos compello nomine lauditissimæ illius Societatis, quo pro viribus operam navent sedulam, ut desiderio illius, quantum fieri possit, satisfiat. Tu si quid certi ipse ad propositas quæstiones respondere, vel ab amicis earum rerum gnaris impetrare poteris, fac quæso, ut non nesciam. Inprimis scire desiderat Societas Anglica, quid moliatur dominus Burattini, num telescopium suum 120 pedum longitudinis jam ad exoptatum produxerit finem; item, an artem noverit vitra parandi, quæ Venetiis excellentia minime cedant etc.: prout ex quæstionibus propositis tum etiam ex copia illarum literarum, quas ad me nuper dederunt, perspicere potes. Denique si viros quosdam egregios et peritos noveris in Polonia, Livonia et Ukrania, quibus non adversum esset literas cum dicta Societate commutare, rogo pariter significes, facies tum ei, tum mihi rem multo gratissimam. Vale. Dabam Gedani anno 1666, die 29 Maii

Tuæ illustrissimæ Dominationis,
Studiosissimus

J. Hevelius, manu propria

LETTRES [1666]

377

À Monsieur
Monsieur des Noyers
À Varsovie

Très illustre Monsieur,

Mon opuscule, à savoir la description de la deuxième comète avec la *Mantissa* de mon *Prodromus cometicus*, contre les célèbres Auzout et Petit, paraîtra, je l'espère, dans le courant du mois[1]. J'ai destiné l'un ou l'autre exemplaire aux Italiens. C'est pourquoi j'aimerais vous demander encore et encore que vous me veniez en aide pour que ces exemplaires soient acheminés à quelque occasion commode : en premier lieu, un unique exemplaire, si possible, à notre ami commun, le très honoré Monsieur Boulliau. Ensuite, qu'un exemplaire unique, à l'occasion la plus sûre, soit montré au plus vite aux Parisiens et à mes adversaires. Si je voulais les transmettre par mer, c'est non seulement aujourd'hui très dangereux, mais plusieurs mois s'écouleront avant qu'ils n'arrivent à Paris. Vous, par amour pour les lettres et les lettrés, vous veillerez, je l'espère, excellemment à cette affaire. Par ailleurs, depuis deux ans que j'ai été adopté dans la Société royale britannique pour l'avancement des sciences naturelles[2], cette louable Société s'adresse à moi dans de nombreuses lettres par son secrétaire Henry Oldenburg[3] et m'informe de diverses choses très réjouissantes dans les affaires littéraires. Tout récemment elle m'a confié diverses recherches[4] : comme je ne puis leur donner seul satisfaction dans tous les domaines, je m'adresse à mes amis au nom de cette très louable Société pour que, selon leurs forces, ils travaillent avec assiduité à satisfaire autant que possible son désir. Quant à vous, si vous pouvez répondre quelque chose de certain aux questions posées, ou si vous pouvez en obtenir d'amis experts en ces choses, faites, je vous prie, que je ne les ignore pas. En premier, la Société anglaise souhaite savoir ce qu'entreprend

---

1 La *Mantissa* paraît le 14 juin.

2 Hevelius a été reçu à la Royal Society en 1664 le 30 mars/9 avril. Henry Oldenburg l'en informe dans sa lettre du 11/21 mai et le diplôme est signé par le président, lord Brouncker, le 21 mai. Il est conservé aux Archives de Gdańsk, WAP Gdańsk, call n° 300 d, 82 B7.

3 Originaire de Brême, Henri Oldenburg (1618-1677) est secrétaire de la Royal Society depuis sa fondation (1662), ce qui le conduit à faire office d'« agent littéraire », d'informateur et de nouvelliste et d'entretenir un très important réseau de correspondants dans toute l'Europe. Il a échangé 118 lettres avec Hevelius. Voir Marie Boas Hall, *Henry Oldenburg : Shaping the Royal Society*, Oxford UP, 2002.

4 Oldenburg transmet toute une série de questions à Hevelius, dont une grande partie concernent les effets du froid, impossible à reproduire en laboratoire, en relation avec les recherches de Boyle. Les deux premières concernent le « grand tube » et la taille des lentilles :

« Quid præstiterit, quidve porro moliatur in dioptricis Dominus Burattini rei Monetariæ in Polonia Præfectus. Etsi verum quod incumbit expoliendæ lenti 120 pedum Telescopio destinatæ quodnam paretur ab ipso artificium commode huiusmodi tubos versandi ? » (« Qu'a produit et qu'entreprend pour l'avenir en dioptrique Monsieur Burattini, maître des Monnaies en Pologne. Et s'il est vrai qu'il s'applique à polir une lentille destinée à un télescope de 120 pieds, quel mécanisme prépare-t-il pour mouvoir commodément des tubes de ce genre »).

« Num artem noverit Vitra parandi, quæ Venetis excellentia non cedant, magnitudine vero bis terve ea superent ? » (« Connaît-il l'art de préparer des verres qui ne le cèdent pas en excellence aux verres de Venise, mais qui en grandeur les dépassent de deux ou trois fois »).

378 CORRESPONDANCE DE JOHANNES HEVELIUS. TOME III

Monsieur Burattini et s'il a mené à bonne fin son télescope de 120 pieds de long[1] ; de même, s'il connaît l'art de préparer des verres qui ne le cèdent pas aux Vénitiens en excellence etc. Vous pourrez voir les questions proposées par la copie de la lettre qu'ils m'ont récemment envoyée[2]. Enfin, si vous connaissez des hommes distingués et compétents en Pologne, Livonie et Ukraine qui ne sont pas opposés à un échange de lettres avec cette Société, je vous prie de me le faire pareillement savoir. Vous ferez un geste et pour elle, et pour moi. Portez-vous bien. Donné à Dantzig, en l'année 1666, le 29 mai,

À votre très illustre Seigneurie,
Le très attaché

J. Hevelius, de sa propre main

128.

11 juin 1666, Pierre des Noyers à Hevelius

British Library, Egerton Ms. 2429, fol. 14r-15v.[3]

Varsavie 11 juin 1666

A Monsieur
Monsieur Hevelius
Consul de la Ville de Dantzic

J'ay receu avec vostre lettre du 29 de may, les memoires de la societe d'Angleterre que vous me faitte l'honneur de m'envoyer[4]. J'en ay desja envoyé des copies a

---

1 Oldenburg, dans sa lettre du 30 mars 1666 (vieux style) à Hevelius (*CHO*, III, n° 503, p. 72-79), évoque Burattini : « Fama fert, Dominum Burattini, rei monetariæ in Polonia præfectum, ingentia plane in dioptricis moliri, et hoc ipso tempore expoliendæ Lenti, 120 pedum Telescopio destinatæ, operam dare ; nec ei quicquam deesse, sive peritiam spectes, sive divitias, quod ejusmodi sit instituto necessarium. Quid veri huic famæ subsit, a Te, Polonis tam vicino, edoceri velimus » (« La rumeur rapporte que Monsieur Burattini Maître des Monnaies en Pologne entreprend des choses immenses en dioptrique et qu'en ce moment même, il travaille à polir une lentille destinée à un telescope de 120 pieds et que rien ne lui manque, ni l'habileté, ni l'argent nécessaires à un tel projet. J'aimerais apprendre de vous qui êtes si proche des Polonais ce qu'il y a de vrai dans cette rumeur ») (p. 73). L'information sur les recherches de Burattini lui est parvenue via Boulliau et Auzout : voir Favaro, *Burattini*, documents XXIII et XXIV, notamment.
2 Pas de pièce ici jointe. On trouvera la liste des questions dans les *Philosophical Transactions*, en date du 19 novembre 1666, p. 344-346.
3 La lettre porte le numéro 1118 de l'Observatoire de Paris (sans doute C1-VIII). Il s'agit très probablement d'une lettre dérobée par Libri, revendue en Angleterre. Le manuscrit Egerton en propose une traduction anglaise (fol. 16r). La lettre porte deux cachets non brisés aux armes de des Noyers avec des fils de soie.
4 N° 127. On trouvera l'ensemble des questions dans *CHO*, III, lettre n° 503 (30 mars 1666), p. 72-78.

LETTRES [1666]

quelqu'un de mes amis pour avoir leur advis sur ce qu'ils contiennent dont je vous ferez part aussi tost.

Quand je recevrez ce que vous me faittes esperer sur vos precedentes observations de la Comette, je le feray tenir dans les lieux ou vous l'aurez destiné.

Je viens de recevoir les observations qui ont esté faittes a Rome et a Bologne de la revolution que Mars fait autour de son axe[1]. Je vous les envoyerez avec cette lettre sy M. Pinocci[2] ne m'escrivoit du 4 de ce mois qu'il vous en envoye autant qu'a moy ne la part de Dominico Cassino[3]. Cette revolution et celle de Jupiter osteront tous les doubtes que l'on a de celle de la terre.

M. Buratin travaille tousjours a des oculaire de son invention avec lesquels il espere que l'on verra mieux qu'avec tout ce qui a esté fait jusques icy. Je vous en diray des nouvelles apres les espreuves. Je suis cependant, Monsieur,

Vostre tres humble et tres obeissant serviteur

Des Noyers

Trouvez bon que j'asseure icy M. Kromuse[4] et M. le Sinditz[5] de mes tres humbles services.

---

1 La rotation de Mars : la planète Mars a fait l'objet d'observations par Riccioli et son élève Fr. Grimaldi en 1651, 1653 et 1655, alors que la planète était au plus proche de la Terre. Ils remarquèrent des taches. Huygens a réalisé la première « carte » en novembre 1659, il a réussi à fixer la période de rotation de la planète à 24 heures et a estimé que son diamètre était 60 % de celui de la Terre. La première mention des calottes polaires est due à Cassini en 1666 qui remarque la tache blanche du Sud. Cassini utilise la rotation des taches pour évaluer la période de rotation à 24 heures, 40 minutes.

2 Girolamo Pinocci (1613-1676), originaire de Lucques, beau-fils d'un des plus grands marchands de Cracovie, Raffaelle del Pace, dont il hérita de la bibliothèque, riche en ouvrages d'astrologie, de magie et d'alchimie (elle comptait 1874 livres et manuscrits rares). Secrétaire du roi Ladislas IV (1640), ami de des Noyers et de Burattini, il fut l'éditeur, en Pologne, du premier journal, l'éphémère *Mercure polonais* (1661). Il réorganisa la Monnaie et la chancellerie royale. Jean-Casimir l'envoya en mission en Hollande et en Angleterre en 1658 et 1659. Il s'intéressait tout particulièrement à la magie, à l'alchimie et à l'astrologie. Il reçut l'indigénat polonais à la diète de 1662. Voir Karolina Targosz, *Hieronim Pinocci. Studium z dziejów kultary naukowej w Polsce*, Wrocław, Ossolineum, 1967.

3 La première mention de Cassini remonte au 11 septembre 1665, n° 123.

4 Gabriel Krumhausen (1614-1685), bourgmestre de Dantzig entre 1666 et 1685, voir n° 12.

5 Vincent Fabricius.

129.

23 juin 1666, Hevelius à Pierre des Noyers

Cı-VII, 1119 (manque)
BnF : NAL 1639, 90rv

Domino
Domino des Noyers
A Warsavie,

Illustrissime Domine,

Nunc illud ipsum, tuo instinctu, imo jussu exequor, quod nuperis literis promisi. Absoluto enim, Dei auxilio, opusculo meo, volui Patronis, fautoribus atque amicis id debite quantocyus offerre, cumprimis vero tibi, Amico honorando, ac bonarum artium maximo promotori ; quod ut hilari vultu accipias meque porro, ut facis, amare pergas, vehementer rogo. Si graviora negotia permittant, non dedigneris et tuum et aliorum clarissimorum virorum judicium super istas controversias nobis communicare : an nimirum istis omnibus rebus tenear, quibus me clarissimus Auzoutius epistola sua coarguit. De cætero haud graveris unum aut alterum exemplar Serenissimo Principi Leopoldo ab Etruria, cui pagellas illas devovi quanto possis citissime una cum hisce literis meo nomine submisse transmittere, simul meliori modo me meaque studia Uranica suæ Serenissimæ Celsitudini commendare ; debuisset quidem merito exemplar illud eleganter compingi sed veritus ne id latorem plus molestiæ crearet ; idcirco decenter hoc ipsum excusabis. De reliquis exemplaribus unicum generoso Domino Burattino ; alterum admodum Reverendo Patri Ægidio François de Gottignies Societatis Jesu in Romano Collegio mathematum professori ; ac tertium perillustri Domino Cassino, Bononiensi astronomo cures perferri. Nuperrimis literis tuis ab hoc clarissimo viro per generosissimum Dominum Hieronymum Pinoccium novissimas observationes in Marte habitas ratione circumgyrationis corporis sui circa axem, gratissimo animo accepi ; exoptato, profecto, accedit, ut nunc rursum aliqua ratione possim celeberrimi illius viri benevolentiam erga me eousque demereri, donec luculentiori aliquo officio id præstandi affulgeat occasio. Pariter Reverendo Patri de Gottignies studia mea prolixe, si lubet, deferas ; cui prima occasione, ad suas longe gratissimas literas responsurus sum. His exemplaribus septimum adjeci, pro communi nostro Amico Domino Bullialdo datum commoda prima occasione perferendum. Volui per tabellarium ordinarium id exequi, sed ob nimios sumptus id relinquere coactus sum. Mittam tamen prima navi per Hollandiam plura exemplaria Parisios pro amicis ; sed vereor quin tuto ac intra menses plusculos eo deferri possint. Proximo tabellario Warsaviensi tibi plura exemplaria amicis, quibus tibi visum fuerit meo nomine distribuenda transmittam ; cumprimis etiam unicum generoso Domino

LETTRES [1666]

Hieronimo Pinoccio: nam hac vice simul plura mittere ob nimis vastum fasciculum haud ausus sum. Vale ac tuo favore me porro prosequere.

Tuæ illustrissimæ Dominationi
Omni studio deditissimum
Gedani, Anno 1666, Die 23 Junii.

J. Hevelium

Postscriptum

Hisce simul etiam mitto solam epistolam dedicatoriam cum libelli titulo, præfatione atque figuris ut si tibi ita videatur, ac consultum sit, in antecessum simul cum literis has pagellas Suæ Illustrissimæ Serenissimæ Celsitudini transmittere possis: tarde namque, ut puto, totus liber eo perveniet. Has dum obsignare volebam, percepi a Domino Grata hæc exemplaria per Tabellarium ordinarium haud posse perferri; idcirco simul adhuc et exemplaribus prioribus 7 addidi, quo possis amicis pro tuo lubitu ea distribuere. Vale iterum.

À Monsieur,
Monsieur des Noyers
À Varsovie,

Très illustre Monsieur,

J'exécute aujourd'hui, à votre instigation, bien plus, à votre ordre, ce que j'ai promis dans ma récente lettre. Mon petit livre étant fini avec l'aide de Dieu, j'ai voulu l'offrir au plus tôt à mes patrons, à mes soutiens et à mes amis, comme il se doit et d'abord à vous, honorable Ami et grand promoteur des bonnes disciplines; je vous demande avec insistance de l'accueillir d'un visage souriant et de continuer à m'aimer comme vous le faites. Si des affaires plus importantes le permettent, ne dédaignez pas de me communiquer votre avis et celui d'autres hommes très fameux sur ces controverses: suis-je vraiment responsable de toutes ces choses dont le très illustre Auzout m'accuse dans sa lettre?[1] Par ailleurs, prenez la peine de transmettre, avec cette lettre, l'un ou l'autre exemplaire au Sérénissime Prince Léopold de Toscane à qui j'ai dédié ces petites pages[2]. Faites cela le plus rapidement possible, en mon nom et humblement et en même temps recommandez-moi, ainsi que mes études célestes, de la meilleure manière à Son Altesse Sérénissime. Cet exemplaire aurait dû, à juste titre, être élégamment relié mais j'ai craint

1 Il s'agit toujours de la lettre du 17 juin publiée dans la *Dissertation* de Pierre Petit.
2 Hevelius, dont les observations ont aussi été contestées en Angleterre, recherche une caution en Italie. Mais Léopold, qui a fondé avec son frère le Grand-Duc l'Accademia del Cimento en 1657, est nommé cardinal par Clément IX (le 12 décembre 1667) et l'Accademia del Cimento se dissout peu après, voir *CJH*, II, p. 80.

que ce travail ne crée davantage d'embarras. C'est pourquoi vous m'excuserez décemment. Parmi les autres exemplaires, faites-en parvenir un au noble Monsieur Burattini ; un autre au très Révérend Père Gilles François de Gottignies de la Compagnie de Jésus[1], professeur de mathématiques au Collège Romain ; et le troisième au très illustre Dominique Cassini, astronome de Bologne. Dans une récente lettre, j'ai reçu avec reconnaissance de cet homme très fameux, par l'intermédiaire du très noble Monsieur Jérôme Pinocci[2] des observations très nouvelles sur Mars à propos de la rotation de son corps autour d'un axe[3]. Conformément à mon souhait, il se fait que je puisse, aujourd'hui, à mon tour mériter de quelque manière la bienveillance que me témoigne cet homme très célèbre, en attendant que brille une occasion de lui rendre un service plus important.

Pareillement, exposez mes études en détail au Révérend Père de Gottignies, si vous le voulez bien ; à la première occasion, je répondrai à sa lettre si agréable. À ces exemplaires, j'en ai ajouté un septième pour notre ami commun, Monsieur Boulliau, à lui remettre à la première occasion favorable. J'ai voulu faire cet envoi par la poste ordinaire, mais j'ai été contraint d'y renoncer à cause des coûts excessifs. J'enverrai cependant à Paris, via la Hollande par le premier bateau plusieurs exemplaires pour les amis ; mais je crains qu'ils ne soient pas transportés en sécurité, ou qu'ils le soient en plusieurs mois. Je vous enverrai par le prochain courrier pour Varsovie plusieurs exemplaires à distribuer en mon nom aux amis, comme il vous plaira. Mais un exemplaire au noble Monsieur Jérôme Pinocci, car cette fois je n'ai pas osé en envoyer plusieurs en même temps car le paquet était trop gros. Portez-vous bien et continuez à m'accompagner de votre faveur.

À votre très illustre Seigneurie,
Passionnément dévoué
À Dantzig le 23 juin 1663

J. Hevelius

Postscriptum

Dans cette lettre j'envoie seulement l'épitre dédicatoire avec le titre du livre, la préface et les figures ; si cela vous paraît bon et avisé, vous pourrez transmettre à l'avance ces petites pages avec la lettre à Son altesse Sérénissime car, comme je le crains, le livre entier arrivera lentement. Au moment où je voulais sceller cette lettre, j'ai appris, par Monsieur Gratta, que ces exemplaires ne pouvaient être transportés par la poste ordinaire ; c'est pourquoi j'ai ajouté sept exemplaires aux premiers pour que vous puissiez les distribuer aux amis, à votre guise. À nouveau, portez-vous bien.

---

1 Le père Gilles François de Gottignies (1630-1689), né à Bruxelles, est entré dans la Compagnie en 1653. Remarqué pour ses compétences scientifiques, il est envoyé au Collegium Romanum (1660) où il devient l'année suivante professeur de mathématiques. Très savant en logique et en astronomie, il a mis en doute certaines observations de Cassini réalisées à l'occasion de l'éclipse de Jupiter : *Astronomicæ epistolæ duæ*, Bologne, 1665. Il a aussi dessiné un grand nombre d'instruments scientifiques.
2 N° 128.
3 N° 128.

130.

9 juillet 1666, Hevelius à Pierre des Noyers

BO : Cι-VIII, 1146

Illustrissime Domine,

Nullus dubito, quin literas meas, die 23 Junii scriptas nec non fasciculum, cum undecim illis exemplaribus recentioris mei opusculi optime per dominum Gratam acceperis, ac suum etiam cuique si fieri potuit, transmiseris; nunc quoque debita mea officia illustri domino Pinnoccio defero. Quare humanissime te rogo ut haud gravatim etiam exemplar hocce utriusque mei recentioris opusculi, una cum hisce literis ipsi perferri cures. Ego vicissim quæ ad dignitatem tuam pertinere arbitrabor studiose diligenterque curabo. Interea tibi vitam longam, omnemque felicitatem a DEO Optimo Maximo ex toto pectore adprecor. Dabam Gedani, anno 1666, die 9 Julii,

Tuæ illustrissimæ Dominationi,
Addictissimus,

J. Hevelius, manu propria

Très illustre Monsieur,

Je ne doute nullement que vous ayez bien reçu par Monsieur Gratta ma lettre du 23 juin, ainsi que le paquet avec les onze exemplaires de mon récent opuscule et que vous ayez remis à chacun le sien, si c'était possible. À présent, je rends les devoirs que je lui dois à l'illustre Monsieur Pinnocci[1]. C'est pourquoi je vous demande très poliment que vous preniez la peine de lui remettre, avec cette lettre, un exemplaire de mes deux opuscules récents. De mon côté, je veillerai avec zèle et diligence à tout ce que j'estimerai contribuer à votre dignité. Entre temps, je prie du fond du cœur Dieu, très bon, très grand, de vous donner une longue vie et toute espèce de bonheur. Donné à Dantzig, l'année 1666, le 9 juillet,

À votre très illustre Seigneurie
Le très dévoué

J. Hevelius de sa propre main

1 N° 128.

131.

16 juillet 1666, Pierre des Noyers à Hevelius

BO : Cɪ-VIII, 1137A

Varsavie 16 juillet 1666

Monsieur

J'ay receu vostre lettre du 23 de juin[1] et ensuitte les exemplaires[2] que vous m'envoyez. J'ay aussi tost fait partir avec vostre lettre les deux que vous aviez mis a part pour M. le Prince Leopold, ayant rencontré une ocasion favorable pour cela. J'en ay aussi fait partir un pour M. Boulliau il n'y a que deux jours et j'espere de luy en pouvoir envoyer encore un ou deux autres bien tost. J'ay donné a M. Buratin celuy que vous luy aviez destinez qui vous en remercie. J'en ay aussi envoyé un M. Pinocci[3] par la poste pour l'envoyer aussi tost al signor Giovanni Dominico Cassini a Bologne et luy ay dit que par les postes suivantes je luy en envoyeré encore d'autres exemplaires. J'ay depuis receu avec vostre lettre du 9 de ce mois celle que vous luÿ escriviez et encore deux exemplaires[4]. Enfin soyez certain que je les distriburez tous en Italie et en Alemagne. Je vous rend grace tres humble de celuy que je retiens, que j'ay desja tout parcouru, et je ne doute pas que tout le monde ne demeure convaincu de vostre observation, et de vos raisonnements, et j'aye impatience d'apprendre ce que Mrs. Auzout et Petit en diront a qui je prie M. Boulliau de communiquer aussi tost celuÿ que je luy ay envoyé de vostre part. M. Buratin travaille tousjours a la perfection de ses lunettes. Il a d'excellents objectifs et fait de toutes sortes d'occulaires pour examiner de quelles sortte ils seront les meilleurs ; il y en a mesme d'une nouvelle sorttes qu'il ne veut pas publier qu'apres qu'il en aura fait la preuve. Aussi tost qu'on en aura veu quelques effets je vous en donnerez advis et rechercheré tousjours tous les moyens possible pour vous tesmoigner que je suis,

Monsieur,
Vostre tres humble et tres obeissant Serviteur,

Des Noyers

---

1 N° 129.
2 De la *Mantissa*.
3 Girolamo Pinocci : voir lettre n° 128.
4 Hevelius a aussi écrit le 9 juillet à Pinocci (BO : Cɪ-VIII, 1148).

On envoye toutes les semaines le Journal des Savant[1] qui s'imprime a Paris dans lequel il y a tousjours quelque chose de Mathematique. Sy vous ne l'avez d'autre part vous pourriez aller chez M. Gratta quand la poste arrive qui vous le feroit voir.

Varsavie, 16 juillet 1666

132.

25 août 1666, Pierre des Noyers à Hevelius

BO : C1-VIII, 1138A

Varsavie le 25 aoust 1666

Monsieur,

Ce gentilhomme nommé Caillet[2] qui estoit allé en Hongrie avec le secour que la France y envoya et qui depuis a tousjours demeuré icy, s'en retournant en France a souhaitté en passant a Dantzigt de vous voir et vostre Cabinet, comme une des raretez du Septentrion. Je luy ay donné deux de vos exemplaires pour les porter a Monsieur Boulliau, n'ayant point trouvé d'autres comoditez depuis que je les ay receus[3]. Je luy donne cette lettre pour vous prier de luy faire voir vos belles raretez et affin que vous le recommandiez a Monsieur Krumhausen[4] pour luy faire voir l'arcenal et les autres belles choses de la ville. Je me donnerois l'honneur de luy escrire sy je ne croyois que vous le feriez bien mieux que moy. Je suis cependant

Monsieur,
Vostre tres humble et tres obeissant Serviteur,

Des Noyers

---

1 Le premier numéro du *Journal des Sçavan*s parut le 5 janvier 1665, avant les *Philosophical Transactions*.

2 Sept Caillet ont été attachés, à un titre ou à un autre, à Condé (Duc d'Aumale, *Histoire des princes de Condé*, VI, p. 350). Deux ont été en Pologne : Pierre Caillet dit « Caillet-Denonville », en mission diplomatique en Pologne entre 1661 et 1663, tombé en disgrâce auprès du prince ; et son jeune frère, François Caillet dit « le Capitaine » qui sert en 1665 dans les armées de Jean-Casimir. Après la bataille de Mątwy (juillet 1666), il quitte la Pologne pour rentrer en France. Le 7 septembre 1666, il écrit de Dantzig à des Noyers pour le remercier du bon accueil qu'il a reçu en cette ville (AMCCh, Série R, X, fol. 365).

3 Toujours de la *Mantissa*.

4 Gabriel Krumhausen, bourgmestre de Dantzig de 1666 à 1685, voir n° 12.

133.

29 octobre 1666, Hevelius à Des Noyers

BO : Cɪ-VIII, 1139A

Domino des Noyers
Warsaviam

Illustrissime Domine,

Cum amici nonnulli meam utriusque Luminaris observationem hujus anni expetiverint, mearum partium esse duxi eas æri incidere, illisque morem gerere. Quare et tibi, quoniam inter præcipuos horum studiorum fautores merito es reponendus eas quantocyus transmitto, obnixe rogans, ut unicum exemplar tam deliquii Solaris, quam Lunaris, cum ipsis numeris data prima occasione haud gravatim Serenissimo Principi Leopoldo ab Hetruria transmittas; reliqua vero exemplaria si ea tanti æstimes, per me licebit aliis rerum cœlestium cultoribus ac amicis, quibus videbitur distribuere, inprimis generosissimo domino Burattino, clarissimo Cassino, Reverendissimo Patri de Gottignies, numeros vero ad iconismos spectantes, cum amanuensem nullum modo habeam ipsemet describere et quidem correcte curabis. Si plura schemata desideraveris propediem ad te perferri curabo. Si jam resciveris Serenissimum Principem Leopoldum Mantissam meam Prodromi jam accepisse, rogo perquam officiose facias data occasione ut pariter id ipsum non ignorem. Nuper 29 Septembris novam illam stellam in pectore Cygni, quæ a quinque annis penitus latuit denuo sextante observavi, et eo ipso loco, quo antea. De cætero omnia tibi fausta et felicia apprecor. Dabam Gedani, anno 1666, die 29 Octobris

Tuæ illustrissimæ Dominationi
Addictissimus

J. Hevelius

À Monsieur des Noyers
À Varsovie

Très illustre Monsieur,

Comme certains amis m'ont demandé l'observation de l'un et l'autre luminaire pour cette année, j'ai décidé qu'il m'appartenait de les graver sur cuivre et de leur faire plaisir[1]. C'est pourquoi je vous les envoie au plus vite, car il faut à bon droit vous placer parmi les principaux soutiens de ces études. Je vous demande avec insistance de prendre la peine de transmettre à la première occasion au Sérénissime Prince Léopold de Toscane l'unique exemplaire de l'éclipse lunaire et solaire, avec les chiffres. Quant aux autres exemplaires, si vous estimez qu'ils en valent la peine, je vous autorise à les distribuer aux autres amateurs d'astronomie et aux amis et, en premier lieu, au très noble Monsieur Burattini, au très célèbre Cassini, au très Révérend Père de Gottignies. Quant aux chiffres qui se rapportent aux images, comme je n'ai aucun secrétaire, vous veillerez vous même à les transcrire correctement. Si vous souhaitez d'autres schémas, je vous les ferai immédiatement porter. Si vous savez déjà que le Sérénissime Prince Léopold a reçu la *Mantissa* de mon *Prodrome*, je vous demande très poliment qu'à l'occasion je ne l'ignore pas. Récemment, le 29 septembre, j'ai observé à nouveau avec un sextant cette nouvelle étoile dans la poitrine du Cygne, qui est restée complètement cachée depuis cinq ans, et au même endroit qu'auparavant[2]. Pour le reste, je vous souhaite toutes choses agréables et heureuses. Donné à Dantzig, en l'année 1666, le 29 octobre

À votre illustre Seigneurie
Le très soumis,

J. Hevelius

---

1 Il s'agit de feuilles volantes, représentant l'éclipse de Lune du 16 juin (observée de sa maison de campagne, près d'Oliva) et l'éclipse de Soleil du 2 juillet. Cette dernière observation, il la publie dans les nouvelles *Philosophical Transactions* (n° 21, 21 juillet 1666, p. 369-371) puis dans le *Journal des Sçavans* (X, 13 juin 1667, p. 118-120. Pingré, *Annales*, 1666, p. 267-270, dite du 1er juillet).

2 Observations réalisées au mois de septembre: il observe les étoiles de la poitrine et du cou du Cygne et, pour cette dernière, est peut-être le premier à remarquer ses variations (avant Gottfried Kirch): Pingré, *Annales*, 1666, p. 272.

134.

3 novembre 1666, Hevelius à Des Noyers

BO : Ci-VIII, 1140A

Domino des Noyers
Warsaviam

Illustrissime Domine,

Nuper inter festinandum cum literas meas clauderem, oblitus sum illis adjicere præcipuam partem observationum eclipsium Serenissimo Principi Leopoldo destinatam. Quare hisce ea tibi quantocyus transmitto, quo haec simul cum iconismis, uti petii Serenissimo Principi perferri possint. Vale et si quid judicii de Mantissa nostra a viris eruditis præprimis domino Bullialdo, (cum mihi nondum verbulum ad eam reposuerit) impetraveris nobiscum communica. Dabam Gedani, anno 1666, die 3 Novembris,

Tuæ illustrissimæ Dominationi
Addictissimus

J. Hevelius

À Monsieur des Noyers
À Varsovie

Très illustre Monsieur,

Comme tout récemment je fermais ma lettre dans la hâte, j'ai oublié de lui ajouter la partie principale des observations d'éclipse destinée au Sérénissime Léopold. C'est pourquoi je vous les envoie au plus vite, pour qu'elles puissent être remises au Prince Sérénissime avec les images, comme je l'ai demandé[1]. Adieu et si vous obtenez quelque jugement sur ma *Mantissa* de la part des hommes érudits, en particulier de Monsieur Boulliau (car il ne m'a pas encore mis un tout petit mot en retour), faites-nous en part. Donné à Dantzig, en 1666, le 3 novembre

À votre très illustre Seigneurie
Très soumis

J. Hevelius

---

1 Il n'y a pas de pièce jointe.

135.

12 novembre 1666, Pierre des Noyers à Hevelius

BO : Cı-VIII, 1168

Varsavie 12 novembre 1666,

Monsieur,

J'ay receu avec vostre lettre du 29 d'octobre les observations d'eclipses que vous m'avez adressee[1], et avec celle du 3 de ce mois, le calcule des dittes eclipse dont j'ay fait transcrire des copies pour le Père Gottignies et pour M. Casini, que je leur ay desja envoyee. Et M. l'Ambassadeur de France escrivant au Prince Leopold de Toscane, j'ay mis dans son paquet, ce que vous luy adressez. Pour les autres exemplaires, je les ay dispersez en divers lieux et en ay aussi envoyé a M. Boulliau. Quant au Mantissum Prodromi ils ont esté tous envoyez, et M. Buratin qui vous baise les mains est celuy qui a envoyez celuy pour le Prince Leopold ; M. Pinocci a fait tenir ceux qui estoient pour le Pere Gottignies et pour M. Casini. M. Boulliau m'escrit qu'il n'avoit pas encore receu les deux exemplaire que je donné a ce gentilhomme francois[2] qui passa a Dantzigt pour les luy porter parce qu'il n'estoit pas encore arrivé a Paris, mais qu'on l'attendoit tous les jours. Quand j'en auray des nouvelles, je vous en feray savoir, estant tousjours et de tout mon cœur,

Monsieur,
Vostre tres humble et tres obeissant Serviteur,

Des Noyers

---

1 Des éclipses de Lune du 16 juin et de Soleil du 2 juillet 1666, n° 133.
2 François Caillet « le capitaine » : voir lettre n° 132 (25 août).

136.

26 novembre 1666, Pierre des Noyers à Hevelius

BO : CI-VIII, 1167

Varsavie 26 novembre 1666
Monsieur Hevellius

Monsieur

J'ay receu advis de M. Boulliau comme il avoit receu les deux exemplaires que je luy ay envoyez de vostre Mantissa. Il n'en a point encore dit son sentiment parce qu'il n'avoit pas eu assez de temps pour le lire ; mais je ne doubte pas qu'il ne vous l'escrive luy mesme. Je vous ay desja dit que tout ce que vous avez adressé au Prince Leopold luy a esté envoyé. Je vous envoye maintenant une observation de Mars, ne sachant pas si vous l'avez receuë d'autre part[1]. Et je suis tousjours de tout mon cœur,

Monsieur,
Vostre tres humble et tres obeissant Serviteur

Des Noyers

---

1 Pas de pièce jointe. Peut-être une observation de Cassini, transmise par Pinocci ? Sur les observations de Mars, voir les lettres n° 123 et 129.

137.

17 décembre 1666, Pierre des Noyers à Hevelius

BO : Cı-VIII, 1169

A Monsieur,
Monsieur Hevelius
Consul de la ville de Dantzigt,
A Dantzigt

Varsavie 17 decembre 1666

Monsieur

La Reyne me commande de luy faire faire a Dantzigt une horloge a pandule, et m'ordonne de vous prier de vouloir prendre la peine de bien faire entendre a celuy qui la fera comment elle doit estre. Sa Majesté la veut petite autant qu'elle le pourra estre pour estre bonne; qu'il y ait deux monstre, une pour les heures et les minutes, l'autre pour les secondes, et que cette horloge batte une fois a chacune minute. Mais il faut qu'il y ayt une invention pour arester cette sonnerie quand on ne voudra pas qu'elle sonne. Il n'y faut point de batterie pour les heures, et celle des minutes suffit. Cette horloge doit estre dans une boette de bois toute simple et sans fasson, et faitte pour pendre a la muraille et pour estre sur une table quand on voudra. M. Gratta dira le reste parce que je luy envoye un memoire. La Reyne a creu que vous estiez plus intelligent qu'un autre pour bien faire entendre a l'ouvrier ce qu'elle desire. M. Boulliau ne m'a encore rien dit sur vostre observation. Peut estre vous l'escrirat il a vous mesme. Il a receu des verres que M. Buratin luy a envoyé qu'il dit estre fort bons. Sans l'embarats de la Diette nous en aurions esprouvez de fort grands[1]; ce sera pour quand elle sera finie. Je suis

Monsieur,
Vostre tres humble et tres obeissant Serviteur

Des Noyers

---

1 En 1665, Lubomirski annonce un rokosz et, le 13 juillet 1666, à la bataille de Mątwy, l'armée royale, qui a attendu en vain des secours français, est défaite face aux confédérés. Par l'accord de Łęgonice, le Roi renonce définitivement au projet d'élection *Vivente Rege*. C'est donc une grave défaite pour la cour et la Reine. En octobre 1666, Jean Sobieski doit affronter les Tatars et les Cosaques, et l'empire ottoman menace de soutenir les Tatars. La Diète s'est tenue à Varsovie entre le 9 novembre et le 23 décembre. Elle a été rompue par Lubomirski.

138.

7 janvier 1667, Hevelius à Pierre des Noyers

BO : Cı-VIII, 1170

Domino des Noyers

Illustrissimo Viro

Quid sentiamus de horologio fabricando quantocyus jam a domino Grata percepisti. Quod si sane nihilominus consultum esse ducas ut hic Gedani perficiatur lubentissimo animo omnem meam operam in id impendam, ut ea qua fieri possit diligentia elaboretur ; fac igitur ut mentem tuam amplius cognoscam. Qualia vitra ea fuerint quæ domino Bullialdo fuerint transmissa ab illustrissimo domino Burattino libenter scirem, utrum vitra solummodo cruda, an vero jam elaborata et expolita pro telescopio quodam construendo, et cujus fuit sectionis vel quantæ longitudinis constituunt tubum. Ego quamquam aliis negotiis ac studiis occupatissimus sum nihilominus tamen cum aliunde præstans aliquod telescopium mihi comparare nequeam constitui mihi ipsemet lentes quasdam expolire. Quare si illustrissimi domini Burattini lamella vitrea una aut altera ab utroque latere plana, satis tamen crassa, imprimis si sint arena bullulis et verticibus omnino expertes mihi subvenire possis faceres vere gratiam mihi multo gratissimam sed omnibus modis id demereri suo tempore anniterer. Quid præstet telescopium 120 pedum avidissime cum aliis expecto. Hisce diebus a Serenissimo Leopoldo Etruriæ Principe a primo octobris literas accepi, [in quibus indicat] quibus certum facit se prima occasione fasciculum quoque librorum a domino Burattino ad me transmissurum quod quamprimum accepero ipsi quantocyus transmittam. Mantissam vero Prodromi mei suam Celsitudinem accepisse intellexi. Vale et novum hunc annum ut et plurimos subsequentes felicissime transfige.

Tuæ illustrissimæ Dominationis
Studiosissimus
7 Januarii 1667

J. Hevelius

À Monsieur des Noyers
Très illustre Monsieur,

Vous avez déjà appris immédiatement de Monsieur Gratta ce que nous pensons de la fabrication de l'horloge. Si néanmoins vous estimez raisonnable de la fabriquer ici à Dantzig, c'est de grand cœur que je mettrai tout en œuvre pour qu'elle soit élaborée avec toute la diligence possible ; faites-moi connaître votre opinion plus en détail.

J'aimerais bien savoir quels sont ces verres qui ont été transmis à Boulliau par l'illustrissime Monsieur Burattini : s'il s'agit simplement de verres bruts ou de verres déjà élaborés et polis pour construire un certain télescope, quelle est leur section et quelle est la longueur du tube qu'ils équipent. Pour moi, quoique très occupé par d'autres affaires et études, puisque je ne peux m'acheter ailleurs un télescope de qualité, j'ai cependant décidé de polir moi-même certaines lentilles pour mon propre usage. C'est pourquoi, si vous pouviez me fournir l'une ou l'autre lamelle de verre de Monsieur Burattini, planes des deux côtés mais assez épaisses, surtout si elles sont exemptes de sable, de petites bulles et de tourbillons, vous me rendriez un service particulièrement agréable et je m'efforcerai de vous le rendre en son temps de toutes les manières. Avec les autres, j'attends avec impatience de savoir ce que produit ce télescope de 120 pieds[1]. Ces jours-ci, j'ai reçu du Sérénissime Léopold, Prince de Toscane, une lettre du 1er octobre[2]. Il m'y assure qu'à la prochaine occasion, il m'enverra, par Monsieur Burattini, un paquet de livres. Dès que je l'aurai reçu, je le transmettrai immédiatement. J'ai compris que son Altesse a reçu la *Mantissa* de mon Prodrome. Portez-vous bien et passez cette année, comme les nombreuses qui suivront, dans le plus grand bonheur.

De votre très illustre Seigneurie,
Tout passionné
Le 7 janvier 1667,

J. Hevelius

139.

7 février 1667, Hevelius à Pierre des Noyers

BO : Cı-VIII, 1184

Domino des Noyers,
Warsaviæ

Illustrissime Domine,

Et tibi et illustrissimo domino Burattino gratias ago maximas, tibi quidem quod adeo sollicite ea quæ e re mea fuerunt procuraveris, huic vero quod tam prompte tum cruda vitra, tum expolita, pro telescopio construendo mihi transmittere, iisque me do-

---

1 En pieds du roi : 39 mètres.
2 Il n'y a pas de lettre de Léopold de Toscane du 1er octobre 1666 dans la correspondance ; seulement du 23 octobre.

nare pollicitus est. Quam benevolentiam vestram, ut vicissim aliquando gratissimis quibusdam officiis possim animitus exopto. Ex literis posterioribus Serenissimi Principis Leopoldi percepi, opusculum meum Suæ Celsitudini dicatum die 18 Decembris, nondum oblatum fuisse; qui factum sit et an in itinere perierit? Rogo, data occasione inquiras. Observationes illas circa Venerem a Domino Cassino habitas nec non pagellas domini Bullialdi de novis stellis, avidissime exspecto. Interea has literas Suæ Illustrissimæ Celsitudini perferri cures, meque porro favore tuo prosequaris decenter peto. Vale ac saluta illustrissimum dominum Burattinum. Dabam Gedani, anno 1667, die 7 Februarii

Tuæ illustrissimæ Dominationi,
Impense deditus

J. Hevelius, manu propria

À Monsieur des Noyers
À Varsovie

Très illustre Monsieur,

Je vous rends les plus grandes grâces, à vous et à Monsieur Burattini, à vous parce que vous avez arrangé mes affaires avec tant de sollicitude, à lui, parce qu'il m'a promis de m'envoyer, et même de me donner des verres tant bruts que polis pour la construction d'un télescope. Je souhaite du fond du cœur pouvoir un jour rendre quelques services en échange de cette bienveillance. Par la dernière lettre du Sérénissime Prince Léopold, j'ai appris que mon opuscule dédié à son Altesse le 18 décembre ne lui avait pas encore été offert[1]. Comment cela s'est-il produit? et aurait-il péri en route? Je vous demande de vous en informer à l'occasion. J'attends avec impatience les observations de Vénus menées par Monsieur Cassini[2] et les petites pages de Boulliau sur les étoiles nouvelles[3]. En attendant, je vous demande en toute convenance de veiller à ce que cette lettre parvienne à son Altesse très illustre et que vous m'entouriez à l'avenir de votre faveur. Portez-vous bien et saluez le très illustre Monsieur Burattini. Donné à Dantzig, en 1667, le 7 février.

À votre Seigneurie illustrissime
Profusément soumis

J. Hevelius, de sa propre main

---

1 Il n'est pas question de cet envoi du 18 décembre dans la correspondance dont nous disposons. La dédicace de la *Mantissa* est du 14 juin 1666 et les demandes d'envoi à Léopold sont plus précoces.

2 Hevelius est très bien informé. Cassini observe plus particulièrement Vénus en février-avril 1667. Il publie cette année sa *Disceptatio apologetica de maculis Jovis et Martis ann. 1666 et 1667 et de conversione Veneris circa axem suum*, Bologne, in-4°.

3 I. Boulliau, *Ad astronomos monita duo : primum de stella nova quæ in collo Ceti ante aliquot annos visa est; alterum de nebulosa in Andromedæ cinguli parte borea, ante biennium iterum orta* (Paris, in-4°, 19 p.).

140.

18 février 1667, Pierre des Noyers à Hevelius

BO : Cı-VIII, 1189

M. Hevellius
Varsavie 18 febvrier 1667

Monsieur

Les mauvais chemins et le retardement des couriers est cause que vous n'avez pas receu plus tost ce que M. Bouilliau vous envoye que vous trouverez dans ce paquet. Je suis bien aise que vous ayez receu les verres que vous avez desirez de M. Buratin, qui m'assura avoir remarqué, le jour de la dernière plaine lune, beaucoup d'eminences aux extremitez du disque de la lune. Il travaille tousjours malgré ses autres occupations, a la perfection de ses verres. C'est par luy que j'ay adressé vostre Mantissa a M. le Prince Leopold, et il la donna au baron Tassis[1] Maître des postes de l'Empereur a Venise qui estoit lors icy, et qui ayant esté longtemps a son retour par les chemins aura causé le retardement dont vous me parlez. Je luy en faits escrire. Cependant j'envoye vostre seconde lettre que j'ay receuë par le dernier courier, dans le paquet de M. l'ambassadeur de France[2] qui escrit souvent a M. le Prince Leopold. Quand j'auré les observations de M. Cassini sur le mouvement de Venus[3] je vous en feray part estant cependant

Monsieur
Vostre tres humble et tres obeissant Serviteur

Des Noyers

---

1 Il s'agit du comte Lamoral Claude François de Thurn und Taxis (1621-1676), Maître général des postes impériales en 1646, puis grand Maître des postes et Grand Chambellan des empereurs Ferdinand III et Léopold Iᵉʳ. La famille Taxis a reçu de Charles Quint cette charge impériale héréditaire.

2 À cette date, Pierre de Bonsi (1631-1707) encore, qui a en vain demandé son rappel en 1666. Bonsi a été ambassadeur en Toscane et à Venise : lettre nᵒ 120 (25 mai 1665).

3 Jean-Dominique Cassini (1625-1712) a déterminé, en 1664-1665, les périodes de rotation de Jupiter et de Mars. Vénus, du fait de sa couverture nuageuse, est plus difficile à observer. Cassini lui attribue une vitesse de rotation inférieure à un jour, sans se décider entre un mouvement de rotation ou de libration. Des Noyers est, on le voit, très vite informé.

141.

22 juillet 1667, Pierre des Noyers à Hevelius

BO : Cɪ-VIII, 1232

M. Hevellius
Varsavie 22. Juillet 1667

Monsieur

Je vous envoye dans ce paquet une nouvelle maniere de prendre le diamettre des planettes[1], que M. Boulliau m'a envoyee par ce dernier ordinaire. Vous verrez ce que c'est, et sy l'invention vous plaira que l'on pretend estre fort exacte. Je n'ay rien autre choses a vous dire, et je vous assure seulement que je suis tousjours

Monsieur,
Vostre tres humble et tres obeissant serviteur,

Des Noyer

142.

14 septembre 1667, Pierre des Noyers à Hevelius

BO : Cɪ-VIII, 1240

Varsavie 14. Septembre 1667

Monsieur

Ne sachant pas si vous avez veue les observations de M. Casini sur les dernieres Comettes[2] et les ayant receuë a Cracovie en ce dernier voyage que j'y ay fait, je vous les envoyë.

---

1 Le micromètre à fil mobile servant à mesurer le diamètre apparent des corps célestes est mis au point par Auzout et J. Picard en 1667. Des Noyers ne nomme pas Auzout, l'un des principaux adversaires d'Hevelius dans la querelle de la comète. Auzout a publié en 1667 son *Traité du micrometre, ou maniere exacte pour prendre le diametre des planetes et la distance entre les petites estoiles* (Paris, in-4°).

2 Les *Theoriæ Motus Cometæ anni MDCLXIV… cum nova investigationis methodo, tum in eodem, tum in comete novissimo anni MDCLXV*, Rome, Fabius de Falco, 1665 ; ou bien les *Lettere astronomiche*

LETTRES [1667]

Je vous demande en mesme temps la grace de vouloir recommander mes interets à M. le Président Krumhausen[1] pour quelques affaires que j'auré a Dantzigt d'une cession que l'on me doit faire de m/50 sur la Rathause[2], ou je crois qu'il faudra passer quelques actes en la vieille ville, ou je vous demande la grace de me vouloir servir de votre credit et authorité, puis que je suis tousjours

Monsieur,
Vostre tres humble et tres obeissant Serviteur

Des Noyers

143.

21 octobre 1667, Hevelius à Pierre des Noyers

BO : Cɪ-VIII, 1229

Domino
Domino des Noyers

Illustrissime Domine,

Non potui intermittere, quin tibi amico magno, ac singulari benevolentia mihi dedito, dolorem meum significarem, qui mihi ex eo obtigit, quod ex recentioribus Serenissimi Principis Leopoldi literis intellexerim necdum Mantissam meam Prodromi Cometici suæ Serenissimæ Celsitudini dicatam, ac per illustrissimum baronem de Tassis transmissam, redditam esse. Quare te etiam atque etiam rogo, ut porro haud graveris curare alia quadam commoda occasione, si fieri potest, hocce exemplar Florentiam perferri ne incomparabilis illius Principis gratia excidam, quem totus orbis eruditus mecum suspicit ac veneratur, et in cujus exoptatissimo patrocinio conservari nihil potius expeto. De cætero gratias habeo debitas quod hactenus lubentissime mihi concesseris, singulis septimanis legendum eruditorum diarium; sed cum jam ab aliquis mensibus id amplius impetrare nequiverim, rogo officiosissime ut hunc favorem mihi denuo apud Dominum Gratam concilies; ego vicissim quæcunque ad tuam dignita-

---

di Gian Domenico Cassini al Signor abbate Ottavio Falconieri sopra il confronto di alcune osservazioni delle comete di quest'anno MDCLXV, Roma, Di Falco.

1 Gabriel Krumhausen, bourgmestre de Dantzig entre 1666 et 1685, voir n° 12.

2 50 000 florins ? Peut-être relation avec le testament de la Reine et la liquidation de la succession. Cependant, rien dans la correspondance de Pierre des Noyers ou dans le testament de la Reine de Pologne ne fait état de la moindre cession d'un bien à Dantzig ou d'une pension adossée sur un bien. La starostie de Tuchola qu'il reçoit n'est pas dépendante de la ville de Dantzig.

tem, atque honorem spectare videbuntur, faciam ex animo. An clarissimus Cassini maculas in Venere, quarum mentionem non ita pridem fecisti, acceperis, tum an telescopium illud longissimum illustrissimi domini Burattini ad absolutam perduxerit perfectionem lubenter quoque cognoscerem. Interea ei salutem adscribo atque studia mea promptissime defero. Vale et porro fave mihi meisque studiis, qui sum eroque semper

Tui illustrissimi nominis
virtutumque tuarum
perpetuus cultor
Gedani, anno 1667, die 21 Octobris

J. Hevelius

Postscriptum

Grates tibi insuper debeo ingentes, quod me nullo non tempore earum rerum participem reddere haud gravaris, quarum mea scire maxime interest, præsertim quod non adeo pridem transmiseris methodum dimetiendi stellarum diametros: quæ, sane, perplacet; num autem omnibus tubis conveniat, et an omnia illa, quarum mentionem facit, adeo exacte detegi queat? Experiendum erit: iterum iterumque vale, vir illustrissime.

Has dum obsignare volebam, ecce tuæ literæ die 14 Octobris datæ mihi redduntur, cum observationibus cometarum recentiorum clarissimi Cassini, pro quibus denuo mirificas tibi habeo gratias; utinam summum tuum erga me affectum quadantenus rursus demereri queam. De isto negotio cessionis, pro tuo desiderio, crastina die mane quantocyus cum præconsule nostro domino Krumhausen loquar. Non dubito quin ad officia tui gratia subeunda sit paratissimus; nec ego quicquam intermittam, ubi tibi inservire hac gratificare potero; dummodo penitius cognoscam, qua ratione id fieri debeat. Interim etiam atque etiam, vale.

À Monsieur
Monsieur des Noyers

Très illustre Monsieur,

Je ne puis m'empêcher de vous faire savoir, à vous mon grand Ami, lié à moi par une bienveillance singulière, le chagrin qui m'est arrivé quand j'ai appris par la dernière lettre du Sérénissime Prince Léopold, que la *Mantissa* de mon *Prodromus cometicus*, dédiée à Son Altesse Sérénissime, et transmise par le très illustre baron de Tassis, ne lui avait pas encore été remise[1]. C'est pourquoi je vous demande encore et encore qu'à l'avenir vous preniez la peine, en quelque autre occasion favorable, si

---

1 Lettre 140 (18 février).

LETTRES [1667]

possible, de faire parvenir cet exemplaire à Florence pour que je ne tombe pas en dis-grâce auprès de ce Prince incomparable, que tout le monde érudit avec moi exalte et vénère. Mon plus cher désir est de rester sous son très souhaitable patronage[1]. Pour le reste, je vous rends les grâces qui vous sont dues pour m'avoir permis si volontiers de lire chaque semaine le Journal des Savants[2] ; mais comme depuis quelques mois, je ne peux plus l'obtenir, je vous demande très poliment de me ménager à nouveau cette faveur auprès de Monsieur Gratta. Moi de mon côté, je ferai de tout cœur tout ce qui peut contribuer à votre dignité et à votre honneur. Avez-vous appris si le très célèbre Cassini a trouvé des taches sur Vénus dont vous avez fait mention voici peu de temps ?[3] L'illustrissime Monsieur Burattini a-t-il mené à sa complète perfection son très long télescope ? Je l'apprendrais avec plaisir. Entre temps, je lui envoie mon salut et je lui soumets mes études avec la plus grande promptitude. Portez-vous bien et continuez à me favoriser, ainsi que mes études, moi qui suis et serai toujours

De votre très illustre nom et de vos vertus
Le perpétuel zélateur
À Dantzig, en 1667, le 21 octobre,

J. Hevelius

Postscriptum

En outre, je vous dois des grâces immenses d'avoir toujours pris la peine de me faire participer aux affaires qu'il est important pour moi de connaître, surtout parce que, voici peu de temps, vous m'avez transmis une méthode pour mesurer les diamètres des étoiles[4] : elle me plaît tout à fait[5]. Convient-elle à tous les tubes et peut-elle détecter si exactement ce dont l'auteur fait mention ? Il faudra l'expérimenter. Encore et encore, portez-vous bien, très illustre Monsieur. Au moment où je voulais sceller cette lettre on me remet votre lettre datée du 14 octobre[6] avec les observations des comètes récentes de l'illustre Cassini, pour lesquelles je vous ai les plus grandes grâces. Puissé-je mériter à ce point votre haute affection pour moi. Sur cette affaire de cession[7], conformément à votre désir, je parlerai demain au plus vite avec notre præconsul, Monsieur Krumhausen. Je ne doute pas qu'il soit tout prêt à assumer cet office pour vous ; quant à moi, je ne manque-rai aucune occasion où je pourrai vous servir avec reconnaissance pourvu que je sache plus en détail comment cela doit se faire. Entre temps, portez-vous bien encore et encore.

1 Léopold de Médicis est fait cardinal à Rome le 12 décembre 1667. Il est possible qu'il ait déjà quitté Florence à cette date.
2 Voir lettre n° 131.
3 Voir lettre n° 140.
4 Le micromètre d'Auzout, n° 141.
5 Voir lettre n° 141 du 22 juillet.
6 Du 14 septembre et non octobre.
7 Voir lettre précédente n° 142 du 14 septembre.

144.

18 novembre 1667, Pierre des Noyers à Hevelius

BO : Cı-IX, 1256
BnF : Lat. 10 348-IX, 15-16

M. Hevellius
Varsavie 18. Novembre 1667

Monsieur

Je n'ay point voulu faire des response a vostre lettre du 21 octobre que celle que vous escriviez a M. le Prince Leopold et l'ouvrage que vous luy envoyez en fut partis. Le premier dont vous ditte n'avoir point eu de response fut porté par le baron de Tassis[1], à Vienne, et donné entre les mains du Resident de Toscane pour le faire tenir. M. Buratin envoye au mesme Resident ce dernier paquet et luy demande raison du premier, qui ne peut estre perdu. Quand il aura fait responce je vous diray ce qui en sera.

Quant au Journal des Savant, on ne l'a plus envoyé de Paris depuis que la Reyne est morte[2]. C'est ce qui est cause que M. Gratta ne vous l'a pas peu communiquer. M. le Prince Leopold escrit a M. Buratin que de Divinis luy a envoyé de Rome un microscopia qui augmente les objets cinq millions de fois, et que l'on le voids en une seule veüe ce qui est merveilleux. Un poulx par exemple paroist de trois pieds de grandeur[3].

Je suis bien aise que mes soings a vous envoyer ce que je reçois vous soient agreables. Je voudrois pouvoir faire quelque chose de plus pour vostre service. Je vous rends tres humble grace du soing que vous avez prendre de mon affaire. Elle n'est pas encore conclue.

M. Buratin vous baise les [mains] m'envoye le dessein de sa machine pour vous la faire tenir[4] ; il n'a pas encore esprouvé sa grande lunette au ciel, il en a une de six

---

1 Lettre n° 140, (18 février 1667).

2 Le 10 mai 1667.

3 Eustachio Divini (1610-1685), n° 90. En 1667, il a mis au point un microscope monoculaire décrit dans les *Philosophical Transactions*, n° 42 (14 décembre 1668), p. 842 : « A description of a new Microscope by Eustachio Divini ». Il se composait de quatre lentilles plano-convexes, avec une lentille oculaire d'un diamètre de plus de trois pouces, montées sur un tube de 16 pouces. Le grossissement par l'oculaire le plus faible était de 41 ; par le plus fort de 143.

4 Pas de pièce jointe à cette lettre. On dispose d'un dessin de la machine du *Maximus tubus* que Burattini a envoyé à Pierre des Noyers (lettre du 24 septembre 1665, publiée par Favaro, XXII, p. 102 : illustration n° 7, HT), le priant de le transmettre à Boulliau (p. 101) : voir n° 120 (29 mai 1665). Hevelius, on le voit, reçoit ce dessin 18 mois plus tard.

LETTRES [1668]

a sept brasse[1] avec laquelle on void les faces de Jupiter et des macules en Venus et en Mars. Je suis,

Monsieur
Vostre tres humble et tres obeissant Serviteur

Des Noyers

145.

20 avril 1668, Pierre des Noyers à Hevelius

BO : Ci-IX, 1257
BnF : Lat. 10 348-IX, 16

M. Hevelius
Varsavie 20 avril 1668

Monsieur

Je vous envoye copie de la relation que l'on m'a envoyee de l'aparition d'une nouvelle comette.[2] Si vous en avez quelque chose et que vous me fassiez la grace de me l'envoyer je le participeré a M. Cassini a Bologne. Faitte moy cependant tousjours l'honneur de me croire

Monsieur
Vostre tres humble et tres obeissant Serviteur,

Des Noyers

1 De 10-11 mètres de distance focale.

2 Pingré, *Annales,* note pour 1668 (p. 281) : « Une comète parut au mois de mars cette année. On en vit que la queue dans les parties méridionales de l'Europe. La tête fut vue, mais non suffisamment observée au Brésil, en Inde » avec une référence à sa *Cométographie,* II, p. 22.

146.

27 avril 1668, Pierre des Noyers à Hevelius

BO : manque C1-IX, 1258-1259
BnF : Nal 1639, 60rv
BnF : **Lat. 10 348-IX, 16**, (Observatio caudæ cometæ, **17-18** : observations sur le phénomène du mois de mars 1668, 18-19, BnF, **NAL 1642, 150-151r**)

Varsavie 27 avril 1668

Monsieur,

Je vous envoye dans ce paquet des observations plus (amples) que celles de la semaine passée. Mr. Pinocci me les a envoyées de la part de Mr. Cassini ; je vous en envoye encore [**] une autre de France, où cette observation de comete s'est faite en plusieurs endroits à ce que Mr. Boulliaud m'escrit. Ce n'est pas luy qui m'envoye l'observation mais un Pere Jesuitte[1].

Je suis, Monsieur,
Vostre tres humble et tres obeissant Serviteur,

Des Noyers

---

1 Non identifié.

Observatio caudæ cometæ[1]
Habita Bononiæ
A Johanne Dominico Cassino in Bononiensi
Archigymnasio Rectore Primario Astronomiæ
1668, die 10 Martii, hora 1, noctis sequentis

Observavi lucis semitam a Ceto per Eridanum extensam, quam cometæ caudam judicavi, tum ex figura et colore, tum quod ejus directio imaginatione continuata procedere videretur a gradu 21 Piscium, ubi tunc Sol reperiebatur, et perinde in partem Soli oppositam vergeret more aliorum cometarum. Apice pertingebat stellam in Eridano, quæ 14 dicitur a Bayere. Egrediebatur autem e nubibus horizontalibus ita ut censerem cometæ caput, vel iisdem tendi vel infra horizontem latere. Sequebatur motum diurnæ revolutionis ad occasum, conspicique potuit ad horam secundam noctis, tunc enim inter horizontales nebulas demersa est. Apparuit non procul ab ejus cuspide ad ortum stella quædam æqualis spendidioribus quartæ magnitudinis in eodem ferme loco in quo observatus fuit cometa die 31 decembris 1664 quæ nec tunc nec alias visa est nec in catalogis globis aut mappis describitur, quam ideo novæ apparitionis censeo.

Die 11 vesperi horizon occidentalis raris nubibus fuit obductus, inter eas tamen post horam primam noctis visus est splendor in Ceto saltem per horæ semissem, erat autem simillimus splendori Veneris tunc pariter raris nubibus obductæ.

Die 12 vesperi nubes humiliores cœli partem occidentalem occupabant, cumque cœlum mediaret Syrius, apparuit rursum eadem cauda, transibat per stellam in Eridano quem Bayerus 15^{am} vocat, relinquebatque ad Austrum 14^{am} ad quam die 10 terminabatur, perducebatur vero ulterius ad tres circiter gradus, ulteriusque per imaginationem producta mediante filo arco tenso dirigebatur ad Australiorem in præcedente auricula Leporis. Septentrionalior igitur erat quam nudius tertius et orientalior pariterque in plagam Soli oppositam vergebat. Ad Occidentem ejus egressio erat e nubibus. Itaque utrum ab illis occultaretur caput cometæ an infra horizontem tenet incertum. Linea autem a Jove ad terminum caudæ in nubibus est ipsi cauda perpendicularis. Erat igitur in Ceto.

---

1 Une observation plus détaillée a été publiée par Cassini dans le *Journal des Sçavans*, le 2 juillet 1668, « Apparizioni celesti dell'anno 1668, osservate in Bologna da Gio. Domenico Cassini, astronomo dello Studio publico ». Il parle, le 10 mars, d'une « longue trace de lumiere qui sortoit des nuées voisines de l'horizon à l'endroit du ventre de la Baleine... de longueur au moins de 30 degrez d'un grand cercle... sa couleur étoit semblable à celle d'un nuage éclairé, mais dont le milieu paroissoit un peu clair... Au reste il ne determine rien precisement de la durée de cette trace, ny du chemin qu'elle doit tenir... Comme on n'a encore vû jusqu'icy aucune sorte d'étoile à la teste de ce phenomene, quelques-uns pretendent qu'on doit le mettre au nombre des meteores que les philosophes appellent Poutres ; mais M. Cassini juge plus vray-semblable que c'est une veritable Comete... Mais ce qu'il y a de plus admirable, c'est ce que remarque M. Cassini, qu'environ 500 ans avant l'Incarnation on vit, au rapport d'Aristote et de Seneque, un phenomene de la mesme grandeur, de la mesme figure, qui avoit le mesme mouvement, et qui se trouvoit au mesme endroit dans le ciel, dans la mesme situation, et entre les mesmes etoiles fixes ; de sorte que l'on peut douter si ce n'est point le mesme phenomene qui apres avoir été caché l'espace de plus de 2000 ans, a paru de nouveau. » p. 58-60.

Observation de la queue de la comète
réalisée à Bologne
par Jean Dominique Cassini,
Recteur primaire d'astronomie à l'archigymnase de Bologne,
le 10 mars 1668 à 1 heure de la nuit suivante.

J'ai observé un sentier lumineux qui s'étendait de la Baleine à Eridan. Je l'ai considéré comme la queue d'une comète, non seulement à cause de sa figure et de sa couleur, mais parce que sa direction prolongée par l'imagination partait du 21ᵉ degré des Poissons où se trouvait alors le Soleil et tendait vers la partie opposée au Soleil à la manière des autres comètes. Avec sa pointe, elle atteignait une étoile dans Eridan qui est appelée 14 par Bayer. Elle sortait de nuages horizontaux, de sorte que je pensais que la tête de la comète ou bien était couverte par eux, ou bien se cachait sous l'horizon. Elle suivait le mouvement de révolution diurne vers le couchant et pouvait être vue à la deuxième heure de la nuit. Ensuite, elle fut engloutie dans les nuages horizontaux. Non loin de sa pointe, à son lever, apparut une étoile égale aux plus brillantes de la quatrième grandeur, à peu près à la même position où fut observée la comète du 31 décembre 1664, qui n'a été vue ni alors, ni ailleurs et qui n'est pas décrite dans les catalogues, globes et cartes et que je considère pour cette raison comme une nouvelle apparition.

Le 11 au soir, l'horizon occidental fut couvert de nuages rares, mais entre eux, après la première heure de la nuit, on a vu un éclat dans la Baleine pendant une demi-heure. Il était très semblable à l'éclat de Vénus alors pareillement couverte par des nuages rares.

Le 12 au soir, des nuages plus humbles occupaient la partie occidentale du ciel et comme Sirius partageait le ciel en deux, la même queue apparut à nouveau ; elle passait par l'étoile dans Eridan que Bayer appelle 15ᵉ. Elle laissait au Sud la 14ᵉ à laquelle elle s'était terminée le 10. Elle s'avançait environ de 3 degrés, et prolongée par l'imagination au moyen d'un fil tendu par un arc, elle se dirigeait vers la plus australe dans la petite oreille du Lièvre. Elle était plus septentrionale qu'avant-hier et plus orientale et tendait pareillement vers le côté opposé au Soleil. À l'occident, elle sortait des nuages. C'est pourquoi on ne peut dire avec certitude s'ils cachaient la queue de la comète ou si elle était en dessous de l'horizon. La ligne tracée de Jupiter à l'extrémité de la queue dans les nuages est perpendiculaire à la queue elle-même. Elle était donc dans la Baleine.

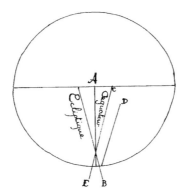

Illustration 20 : Sur le phénomène du mois de mars 1668[1], d'après BnF Nal 1642, 150-151r.

Au comencement de mars de l'an 1668 a paru un phenomene etrange du costé du couchant que je ne pu bien observer que le 12 un peu après sept heures du soir à la fin du crépuscule ... c'est une espece de trait ou de poutre semblable à la queuë des dernieres cometes. Elle est blanchastre et d'une matiere assez deliée, puis qu'on descouvre un peu à travers les estoilles sous lesquelles elle se trouve. Sa largeur visible est presque par tout egalle de 35 ou quarante minutes, excepté qu'elle est sans apparance a la fin de l'horizon, du costé du couchant, à cause sans doute, soit de la clarté du crepuscule de ce costé la, soit de la nouvelle Lune, soit de venus qui est respective ; sa longueur au dessus de nostre hemisphere a plus ou moins 60 degres. Sa hauteur est fort au dessus de la Lune, m'ayant toujours paru sans parallaxe elevée et abaissée sur l'horizon observant depuis l'apparition jusques au coucher la mesme distance sensible avec la premiere estoille du Fleuve qui est apres l'intervalle un peu plus de 48 degrés de longitude. Son mouvement est fort petit. Elle s'alonge pourtant tous les jours vers nostre meridian et à mesme temps monte chaque jour de 15 ou de 20 de la partie australe de l'équateur comme on voit en la figure de B. D. en E. Le 12 donc de mars un peu apres sept heures, j'observay ce phœnomene se levant du couchant d'Aries, et estant entre l'æquateur et le tropique du Capricorne, se terminer un peu au dessus de la premiere estoille du Fleuve après l'intervalle, son bord interieur estoit de 6 ou de sept minutes plus elevé que cette estoille, et garda tousjours la mesme distance, jusques vers son coucher. Je dis vers son coucher parce qu'on ne peut voir precisement coucher ce phœnomene disparoissant insensiblement à mesure qu'il s'approche de son couchant pour les raisons que j'ay desja dites.

Le 13 le temps estant couvert, il fut impossible de rien observer.

Le 14 j'ay trouvé le bout de ce phœnomene avancé de plusieurs degrez vers la teste du Lievre, et son bord interieur environ 45 minutes plus eslevée que l'estoille desja marquée.

---

1 L'original de cette observation se trouve en BnF Nal 1642, 150-151r et comprend un petit schéma ci-joint.

Le 15 tousjours à mesme heure du soir le bout du phœnomene me paru presque avancé jusques aux oreilles du Lievre, et le bord interieur qui passoit au dessus de l'estoille, estoit de 15 ou 20 minutes plus elevé que le jour d'auparavant, en sorte que le bord superieur de ce phœnomene commençoit à couvrir les estoilles du Fleuve qui sont sous la gueule de la Baleine hormis la plus septentrional sous le col de la Baleine qui paroissoit encore hors du bord

Les jours suivans le clair de la Lune elevé sur nostre horizon fit disparoistre ce phœnomene. Il est bien difficile de scavoir si ce phœnomene est une comette. Car premierement s'il y avoit une teste, elle seroit entre le Soleil et la Terre, et je doute si on a veu des cometes plus basses que le Soleil. Secondement la teste estant si voisine du Soleil, il est malaisé de luy donner une si grande queue au dessus de nostre horizon le soleil estant au dessous. Enfin comme le Soleil monte tous les jours d'un degré, la queue ne monteroit pas, mais descendroit au moins vers le bout ou si elle s'elevoit ce seroit ou autant ou plus que le Soleil. C'est a dire d'un degrez ou davantage contre l'observation qui ne s'eleve chaque jour que de 15 ou 20 minuttes, tout cela est clair par l'optique. C'est au moins quelque matiere de comete comme une poutre semblable à celle dont parle Argolus[1] et quelques autres qui parut en l'an 1618 avant l'apparition de la comette.

147.

1er juin 1668, Hevelius à Pierre des Noyers

BO : Cı-IX, 1261
BnF : Lat. 10 348-IX, 20-21

Domino,
Domino Nucerio
Warsaviam,

Illustrissime Domine,

Multis denuo nominibus me tibi devinxisti, quod nuperrime clarissimi domini Cassini observationes caudæ alicujus cometæ transmiseris. Ego eo tempore per mensem fere aegrotavi, sic ut nihil quicquam de isto phænomeno deprehenderim ;

---

1 Andrea Argoli (dit Argolus, 1570-1657). Professeur de mathématiques à la Sapienza (1622-1627), il dut quitter Rome pour s'être trop passionné pour l'astrologie. Il enseigna par la suite à Padoue. Il a publié des Éphémérides et dans son *Pandosion Sphæricum* (1644), il évoque cette « poutre » : « Ante cometam apparuit trabs die 18. Novembris ejusdem anni ; quæ erat in parte ærea ; per quam enim collucebant stellæ fixæ ; perduravit diebus undecim, et evanuit cum emersit cometa. » (« Avant la comète apparut une poutre le 18 novembre de la même année ; elle était en partie constituée d'air, car les étoiles fixes brillaient à travers elle. Elle dura onze jours et s'évanouit quand la comète émergea »), p. 297.

alias lubentissime tecum et mea qualia qualia observata communicassem. De cætero scias me tandem, Deo favente, Cometographiam meam penitus ad finem perduxisse, quam nunc tibi quoque transmitto, quo non solum reciprocum meum affectum, sed et gratitudinem tibi debitam quadantenus contester. Accipe igitur illud benevolo animo, auctoremque tui studiosissimum, ejusque studia cælestia meliori modo tum apud Serenissimum Regem, tum apud alios Mæcenates commendatum habe. Quod ut eo commodius exequi possis quattuor exemplaria hisce transmitto ; ex quibus Serenissimo Regi unicum, meo nomine, debita qua par est veneratione et subjectione offeres, alterum illustrissimo et excellentissimo domino legato Galliæ, cum voto omnigenæ felicitatis ac prosperitatis, tertium tibi in tesseram sinceri affectus et singularis amicitiæ, quæ inter nos, a tot jam annis intercedit, reservabis ; quartum vero illustrissimo domino Burattino, officiose exhibere curabis. Opus istud uti ex epistola dedicatoria liquet, Christianissimo Regi literatorum ac studiorum meorum cumprimis maximo Mæcenati ac promotori humillime ac subjectissimæ gratitudinis erga consecravi, omnino confisus a nemine id male interpretatum iri. Quis enim ignorat, me jam ab annis aliquot maximo honore ac clementia, et quidem ultro, præter omnem scilicet spem atque exspectationem meam, a Christianissima Regia Majestate affectum esse. Hincque summæ ingratitudinis notæ apud orbem eruditum incurrerem, nisi incomparabilem gratiam illam regiam devotissimo animo, publico aliquot testimonio agnoscerem, ac pro modulo meo deprædicarem. Illustrissimus Dominus Burattinus quid suis telescopiis agat, et quousque ea produxerit, libenter scirem, etiam suo tempore ipsemet vires eorum explorarem. Interea eum ut et omnes nobis bene cupientes humanissime salutes, eisque officiola nostra debite offeres. Vale et fave,

Tuæ illustrissimæ Dominationi
Toto corde addictissimo

J. Hevelio, manu propria

Dantisci anno 1668, die 1 Junii

Postscriptum

Literas hasce Serenissimo Principi Leopoldo rogo transmittas ; cui pariter exemplar Cometographiæ meæ per Dominum Blaw transmisi ; utinam quantocyus ad ejus manus perveniat. Si commodior occasio adesset, libenter eam arriperem. Vale iterum.

À Monsieur
Monsieur des Noyers
À Varsovie,

Très illustre Monsieur,

Vous m'avez encore lié à vous à bien des titres en me transmettant les observations de la queue d'une certaine comète par le très célèbre Monsieur Cassini. Quant à moi, j'ai été malade ces temps-ci pendant près d'un mois. Sinon, je vous aurais très volontiers communiqué mes propres observations en leur état. Pour le reste, sachez qu'enfin, par la faveur divine, j'ai complètement achevé ma *Cométographie*[1] que je vous envoie aussi aujourd'hui pour vous témoigner non seulement mon affection réciproque, mais aussi dans une certaine mesure la gratitude que je vous dois. Recevez donc ceci d'une âme bienveillante et continuez à recommander l'auteur, qui vous aime tant, auprès du Roi Sérénissime et auprès des autres mécènes. Pour que vous puissiez réaliser ce projet plus commodément, je vous transmets avec cette lettre quatre exemplaires : vous offrirez en mon nom un exemplaire unique au Roi Sérénissime avec la vénération et la soumission qui lui sont dues ; un autre, à l'illustrissime et excellentissime Ambassadeur de France, avec mes vœux de bonheur et de prospérité en tout genre[2] ; le troisième, vous le garderez pour vous en gage de sincère affection et de la singulière amitié qui nous unit depuis tant d'années ; vous offrirez avec les formes le quatrième à l'illustrissime Monsieur Burattini. Comme il apparaît dans la lettre dédicatoire, j'ai dédié ce livre au Roi Très Chrétien, le plus grand mécène et promoteur des lettrés, et en particulier de mes études, avec une très humble et très soumise reconnaissance[3]. Je suis tout à fait confiant que personne ne l'interprétera mal. Qui, en effet, ignore que depuis quelques années Sa Majesté Royale Très Chrétienne m'accorde un grand honneur et sa clémence spontanément, contre tout espoir et toute attente de ma part ? C'est pourquoi j'aurais une réputation de grande ingratitude auprès du monde érudit, si je ne reconnaissais par quelque témoignage public, d'une âme toute dévouée, cette incomparable faveur royale et si je ne la proclamais pas dans la mesure de mes moyens. J'aimerais savoir ce que l'illustrissime Monsieur Burattini fait avec ses télescopes et jusqu'à quel point il les a perfectionnés ; j'explorerai moi-même leur capacité en temps utile. Saluez-le très poliment, ainsi que tous ceux qui nous veulent du bien et offrez-leur, comme il se doit, mes petits services. Portez-vous bien et favorisez,

À votre Seigneurie illustrissime,
Le très attaché de tout son cœur

J. Hevelius de sa propre main

À Dantzig, l'an 1668, le 1er juin

---

1 La dédicace de l'ouvrage à Louis XIV est datée du 20 mars.
2 Toujours encore Bonsi.
3 Sur la dédicace de la *Cometographia*, *CJH*, II, p. 83-88 ; texte, p. 439-443.

LETTRES [1668]

Postcriptum

Je vous prie de transmettre cette lettre-ci au Sérénissime Prince Léopold, à qui j'ai pareillement fait parvenir un exemplaire de ma *Cométographie* par Monsieur Blaw[1]. Puisse-t-elle parvenir dès que possible entre ses mains. Si une occasion plus commode se présentait, je la saisirais volontiers. À nouveau, portez-vous bien.

148.

6 juillet 1668, Pierre des Noyers à Hevelius

BO : Ci-IX, 1274
BnF : Lat. 10 348, IX, 37-38
Joint : BO : Ci-IX, 1274+1 (observation de Boulliau du 26 mai 1668)
BnF : Lat. 10 348, IX, 38-39

Varsavie 6 juillet 1668

Monsieur

Je n'ay pas fait plus tost response a vostre lettre du 1 de juin, parce que j'ay voulu attandre que les 4 exemplaires[2] que vous m'ordonniez de distribuer de vostre part au Roy a M. l'ambassadeur de France,[3] a M. Buratin et a moy fussent arrivez, et ils ne l'ont pas esté plus tost. J'en ay donc fait vos present qui ont partout esté bien receu et avec l'estime que vous meritez. Je vous rend grace en mon particulier du souvenir que vous avez de moy et de l'exemplaire que vous m'avez voulu donner. M. Buratin vous veut envoyer une verre de sa facon de quinze brasse de longueur affin que vous jugiez vous mesme de son travail. Les autres affaires qu'il a[4] l'empeschent de faire quantité de preuves qu'il voudroit bien faire.

M. l'ambassadeur de France a mis dans son paquet pour Florence le lettre que vous excrivez a M. le cardinal de Medicis Prince Leopold[5] et elle sera assurement renduë.

1 Johannes Blaeu (1596-1673), le grand éditeur d'Amsterdam avec qui Hevelius était en relation. Echaudé par les envois de la *Mantissa*, Hevelius essaye une autre voie d'acheminement.

2 Il s'agit de la *Cometographia*, dédicacée à Louis XIV en date du 20 mars 1668.

3 Pierre de Bonzi, ambassadeur entre 1665 et 1668.

4 Pierre des Noyers fait ici allusion aux procès de Burattini. Burattini, responsable de la Monnaie avait dû procéder à d'importantes frappes de monnaie de cuivre vite dévalorisées et qui ont accentué la crise monétaire. Engagé aux côtés du Roi durant la guerre civile de 1665-1666, il se vit accusé par la noblesse de malversations et détournements de fonds. En 1667, il doit se défendre devant le tribunal à Leopol. Il est acquitté, mais son cas est encore discuté à la diète de convocation de 1668 (15 novembre-6 décembre), puis à la diète d'élection de 1669 (2 mai-19 juin).

5 Léopold a été fait cardinal par Clément IX le 12 décembre 1667.

Il y a quelque temps que nostre M. Bullialdus se plaignoit a moy comme s'il n'eut plus esté dans vostre souvenir par le long temps qu'il y avoit que vous ne luy aviez donné de vos nouvelles. Je luy ay mandé que je croyois que vostre maladie en estoit cause, il ne l'a pas seuë non plus que moy, parce que vous n'en avez rien escrit dont je luy donné part. Je vous envoye l'observation qu'il a fait de la derniere eclipse de Lune.[1]

Continuez moy la grace de m'aymer puisque je vous honore infiniment et que je suis tousjours

Monsieur
Vostre tres humble et tres obeissant Serviteur

Des Noyers

Eclipsis Lunæ. Observatio facta Parisiis ab Ismaele Bullialdo, 26 Maii anni 1668

Penumbra jam cœpta ante horam	2. 7' mane 26 Maii. Penu	
Penumbra adulta hora	2. 7' 33"alto Arcturo gradus	31 **
Initium	2. 12' 42"	30°58'
Digiti 0 ½	2. 15' 57"	30°**
Umbra in medio locorum		
Paludosorum insulæ Corsinnæ	2. 21' 43"	29°**
Digiti 2	2. 26' 24"	28° 50'
Digiti 4 per Æthnam Montem	2. 41' 48"	26°14'
Digiti V	2. 48' 39"	25° 7'
Digiti IX sed non bene observati	3. 10' 43"	21° 30'

Cum Luna esset horizonti vicina 3° umbra 2 lucidi remanebant digiti. Capit a regione montis Germaniciani, non attigit montem Sinaï et digiti X obscurati non fuerunt. Umbra crispa apparuit et quamvis cœlum esset serenum postquam 6 digiti sub umbra fuerunt maculæ partis illuminatæ telescopio clare non videbantur, ita ut idem acciderit quod alias observavimus ut cælo valde sereno maculæ Lunæ non clare viderentur, unde opinio nasci potest citra Lunæ molem vapores generari et nubes; quod in ære nostro et circa Terram fieri quotidie experimur.

1 Hevelius, du fait des nuages, n'a pu observer l'éclipse de Lune du 26 mai. Boulliau l'a observée à Issy, chez Thévenot. Pingré, *Annales célestes*, 1668, p. 278 (dite du 25 mai). Les données incomplètes sont dues à des pliures.

	Tabulæ Philolaicæ exhibent		Juxta Heckeri Ephemerides
	Uraniburgi	Parisiis	Parisiis
Initium	2h 52' 23"	2h 12' 23"	2h 20' 28"
Maxima obscuratio	4h 20' 45"	3h 10' 45"	3h 11' 44"
Verum oppositionis tempus apparens	4h 25' 54"	3h 45' 54"	
Finem	5h 49' 7"	5h 9' 7"	17h 23' 0
Digiti	IX 44	Sol oriebatur, 4, 14	Digiti X 29

Quantum ad initium et magnitudinem eclipsis conveniunt Philolaicae cum cælo.

Comme la Lune était voisine de 3° de l'horizon dans l'ombre, il restait [**] doigts de lumière.

Elle commença dans la région du Mont Germanicianus[1]. Elle n'atteignit pas le Mont Sinaï et dix doigts n'ont pu être obscurcis. L'ombre apparut onduleuse et quoique le ciel fût serein, après que six doigts furent dans l'ombre, les taches de la partie illuminée ne se voyaient pas bien au télescope. C'est ainsi qu'il arriva la même chose que nous avons observée par ailleurs à savoir que dans un ciel tout à fait serein, les taches de la Lune ne se voyaient pas clairement, ce qui peut faire naître l'opinion qu'en deçà de la masse de la Lune se forment des vapeurs et des nuages : ce que nous voyons se faire dans notre air et autour de la Terre.

Sur le début et la grandeur de l'éclipse, les Tables Philolaïques s'accordent avec le ciel.

149.

6 septembre 1670, Hevelius à Pierre des Noyers

BO : C1-X, 1407/26
BnF : Lat. 10 348-X, 40

Domino
Domino des Noyers Dantisci,

Illustrissime Vir,

Cum literæ meæ, de quibus valde eram sollicitus, tandem recte illustrissimo domino Capellano et domino Bullialdo sint redditæ, non opus est ut copiam illarum denuo Parisios transmittam. Idcirco etiam atque etiam rogo, ut hesternæ literæ

---

1 Boulliau utilise comme repères les reliefs de la Lune selon la nomenclature d'Hevelius.

meæ quas Parisios destinaveram mihi remittas; nunc nihil plane novi fasciculus iste continet, sed solummodo priores literas die 5 Julii ad Illustrissimum et Excellentissimum Dominum Colbertum, illustrissimum Capellanum et Bullialdum exaratas. De cætero gratias habeo magnas pro communicatis literis communis nostri amici; quamprimum ad binas meas ultimas ab ipso responsum accepero, non deero quin ipsi quantocyus respondeam, ac de omnibus circa sidera peractis perscribam. Interea dominum Bullialdum humanissime salutes velim. Vale et porro fave,

Illustrissime Domine,
Tuo impense dedito

J. Hevelio manu propria

Anno 1670, die 6 Septembris

À Monsieur
Monsieur des Noyers
À Dantzig

Très illustre Monsieur,

Mes lettres dont j'étais très préoccupé[1], ont enfin été correctement remises au très illustre Monsieur Chapelain et à Monsieur Boulliau. Il n'est donc pas nécessaire que j'en envoie de nouveau copie à Paris. C'est pourquoi je vous demande encore et encore de me renvoyer mes lettres que j'adressais hier à Paris; à présent ce paquet ne contient rien de nouveau, mais seulement mes lettres antérieures envoyées le 5 juillet à l'illustrissime et excellentissime Monsieur Colbert, aux illustrissimes Chapelain et Boulliau. Pour le reste, je vous rends de grandes grâces pour la communication de la lettre de notre ami commun[2]. Dès que j'aurai reçu de lui une réponse à mes deux dernières lettres[3] je ne manquerai pas de lui répondre au plus vite et de lui faire rapport sur toutes mes activités astronomiques. Portez-vous bien et gardez votre faveur

Très illustre Monsieur
À votre grandement dévoué

J. Hevelius, de sa propre main

En l'an 1670, le 6 septembre.

---

1 Il s'agit des lettres du 5 juillet à Colbert (pour remercier pour la pension), Chapelain et Boulliau, confiées à Gratta. Le 5 septembre, Hevelius écrit à Chapelain qu'il vient d'apprendre par Pierre des Noyers que ces lettres ne sont toujours pas parvenues à destination (*CJH*, II, n° 73, p. 295-297).

2 De Boulliau, du 25 juin 1670, ci-dessous.

3 Des 27 août et 5 septembre.

Epistola celeberrimi Bullialdi

Ad amicum[1]

Je vous rends graces pareillement des nouvelles que vous m'avez donnees de Mr. Hevelius, je lui suis obligé du souvenir qu'il a de moy, je lui baise tres humblement les mains, et je lui souhaitte bonne santé et toute prosperité. Je vous prie de l'exhorter à faire imprimer le plus tost qu'il pourra ses observations. Il peut luy arriver tel accident qu'il n'en viendroit pas a bout, et si par malheur il venoit a mourir, son ouvrage ne paroistroit jamais au monde ny si promptement, ny si beau, qu'il le peut donner pendant sa vie. Comme ce sera le plus excellent et le plus considerable de ses ouvrages, il en doit préferer l'accomplissement et la perfection à tous les autres. J'auray bien du plaisir de sçavoir quel sera l'effet de ces grandes lunettes de 60 pieds[2] ; veu que je suis en deffiance d'une telle longueur, qui est tres difficile à manier, et je doute que les formes en quoi les verres ont esté taillez puissent bien reussir en une telle longueur. Je suis bien aise que les manuscrits originaux de Tycho et de Kepler soient tombez entre les mains, si il y a quelque chose qui n'ayt point esté imprimée, il doit la donner au public[3]. Vous luy pourrez dire que jusques icÿ l'observatoire n'est point achevé, et ne le sera pas si tost[4]. Qu'il n'y a jusques icy qu'un quart de cercle, que l'on m'a dit qui est de quatre pieds de demi diametre, mais assez mal faict[5]. J'asseure que toute la celebre Academie ne produira jamais aucune chose, ou si elle en produit, qu'elle ne sera d'aucune consideration. S'il sçavoit quels esprits la composent, leur capacité et en quoi gist leur aplication, et la maniere dont ils agissent, il n'en auroit pas trop bonne opinion[6]. Je le

---

1 BO, C1-X, 1400/19. Il ne s'agit pas d'une pièce jointe, mais d'une copie, de la main d'Hevelius, d'une lettre de Boulliau adressée à Pierre des Noyers, sans doute transmise par Gratta pour lecture avant envoi à Varsovie.

2 19 mètres.

3 C'est dans la *Machina Cælestis* I (1673) qu'Hevelius révèle détenir les manuscrits et la correspondance de Kepler (p. 35). Le médecin Ludwig Kepler (1607-1663), fils du premier mariage de l'astronome, a eu une existence très mouvementée et n'a cessé de déménager. Avant qu'il ne quitte Königsberg pour Lubeck, Hevelius était venu examiner tous les manuscrits qu'il avait en sa possession. Il nous reste trois lettres de Ludwig Kepler à Hevelius (1648-1661), de Lübeck. À sa mort, en 1663, ses héritiers ont vendu à Hevelius l'ensemble de ces papiers ; mais les manuscrits de Tycho ont été cédés au Roi de Danemark. Hevelius, comme le montre cette lettre, en a informé Boulliau et sans doute des Noyers avant de rendre la nouvelle publique. Il publie en 1674 un bref catalogue des manuscrits en sa possession dans les *Philosophical Transactions* (n° 102, 1674, p. 27-31). Voir : *Kepler's Somnium. The Dream or posthumous Work on Lunar Astronomy*, édition d'Edward Rosen, New York, 1967, Appendice B : « Ludwig Kepler », p. 194-206.

4 Boulliau qui n'a pas été désigné comme académicien, n'a de cesse de critiquer l'institution. Le bâtiment fut érigé entre 1667 et 1672, sur des plans de Claude Perrault (dont Auzout a réclamé la paternité), à l'extérieur de Paris, au-delà du Val de Grâce et de l'abbaye de Port-Royal. À son arrivée, Cassini qui ne le trouvait pas fonctionnel a fait procéder à quelques modifications.

5 Pure médisance. Les comptes des Bâtiments du Roi témoignent du soin apporté à l'achat d'instruments de précision coûteux. On en trouvera la description dans Charles Wolf, *Histoire de l'Observatoire de Paris de sa fondation à 1793*, Paris, Gauthier-Villars, 1902, chap. X.

6 Les premiers « mathématiciens » (astronomes) nommés sont : Carcavi, Huygens, Roberval, Frénicle, Auzout, Picart et Buot, sans compter Cassini.

trouve tres habile en une chose et tres heureux aussi, c'est qu'ils gagnent de l'argent en faisant un metier[1] qu'ils n'entendent pas, qui selon opinion du defund cardinal du Perron, et l'une des plus grandes addresses et diverses qui soient au monde et qu'il admirait, et se moquait de ceux qui louoient un homme de ce qu'il estoit estoit intelligent en sa profession, dont il tiroit la subsistance de sa vie. M. Cassini[2] ne produit rien, et s'il prend la teinture des esprits de l'Académie, quelque personne m'assuré, que l'hyver dernier il apprenoit à dançer, et faisoit la cour à une Damoiselle, avec qu'il apprenoit conjointement. M. Hevelius ne doit donc point craindre que les ouvrages de ces Mrs. la effacent les siens.

À Paris, le 25 Junii 1670

1 L'un des grands avantages du statut d'académicien en France est la pension qui y est attachée, dès la création de l'Académie, en 1666. Ils disposent de toute liberté en matière de recherche à l'époque de Colbert. Les pensions sont le plus souvent de 1500 livres, avec deux exceptions notables : Huygens (6000 livres) et Cassini (9000 livres) : Alice Stroup, *Royal Funding of the Parisian Académie royale des sciences during the 1690s*, Philadelphie, 1987, p. 16.

2 Cassini a travaillé à l'observatoire de Panzano de 1648 à 1669. Il a publié en 1666 dans ses *Opera astronomica* (Rome, in-folio) les premières tables des mouvements des satellites de Jupiter. En 1668, les *Ephemerides bononienses Mediceorum syderum* (Bologne, in-4°) prévoient les rotations des satellites à partir des calculs des tables. L'exactitude des calculs assure une très grande réputation à Cassini qui, en 1669, est invité par Colbert à rejoindre la nouvelle Académie royale des sciences. Clément IX finit par accepter pour une durée de six années. Cassini quitte Bologne le 25 février 1669. Cassini figure sur la table des gratifiés de 1668 (pour 3000 livres). Nommé pour prendre en main le nouvel Observatoire le 11 septembre 1671, il perçoit une rémunération exceptionnelle.

17-24 septembre 1670

Boulliau à des Noyers, copies d'Hevelius, insérées dans la correspondance[1]

BO : C1-X, 1402/20
BnF : Lat. 10 348-X, 27-30

Paris, 17 septembre 1670
Domino Nucerio
Bullialdus

Je vous suis particulierement obligé de la part que vous m'avez donnée des obser-vations que vous faites avec Mr. Hevelius. Il y a trois semaines que je luy escrivis et je luy envoyez ma lettre soubs vostre addresse. Je voudrois avoir la commodité d'un lieu pour observer. J'ay des lunettes qui sont bonnes, et je pourrois faire quelque chose, mais je suis privé de toute bonne fortune. J'ay peur que Mr. Hevelius ne diffère l'edi-tion de ses observations des planettes et estoiles fixes, pour s'occuper à dessiner une seconde fois la surface de la Lune. Il faut neantmoins qu'il considere, que ce travail ne produira autre chose, sinon les remarques de plusieurs parties plus petites, mais dont l'on ne pourra tirer aucune autre consequence ny plus claire ny plus certaine que celles que l'on a desja : et s'il n'y remarque des animaux, il n'y a que peu d'utilité à tirer de ce long travail, qu'il doit remettre apres l'edition de sa Machine Celeste ; nous avons certitude mathematique que le corps de la Lune est inegal, qu'il a des montagnes et vallées, qu'il a des parties qui ont analogie à nos mers, à nos plaines et s'y adjouste à nos rivieres, ayant observe avec des lunettes de 20 pieds des lieux plans, qui moins clairs que les autres parties, si faisoient voir encore distinguez, et des parties plus luisantes les unes que les autres, et l'on y appercevoit des veines plus obscures, comme des rameaux de rivieres ; je ne blasme pas son dessein ; mais il ne luy sera pas si glorieux, ny si utile au public, que sa Machine Celeste.

Je veu Saturne avec Mr. Hugens en l'an 1657[2] estant a La Haye, de la mesme forme ou figure que vous l'avez veu ; j'ay un discours tout prest touchant le Systeme de Sa-turne, pour ce qui est de ses phases, ou je diray quelque chose [de] nouveau. Je vous supplie de me tracer la figure de sa machine, qui porte ses lunettes et de le bien exhor-ter à nous donner son Catalogue des estoiles fixes, et ses autres observations.

Je receu la lettre que Mr. Hevelius m'a escrite du 27 du [mois] passé[3]. Je me rends à son opinion, l'estoile nouvelle a present est plus petite que de la 3 grandeur et est

---

1 Les lettres envoyées par Boulliau à Pierre des Noyers sont ici recopiées de la main d'Hevelius, sans doute avant leur envoi à Varsovie.

2 Alors qu'il accompagnait l'ambassadeur de Thou comme secrétaire.

3 BO : C1-X, 1404/23.

seulement tout au plus de la 4 ; je luy consideré depuis quelque jours. Je luy feray response d'icy à quelque temps. Je vous prie de luy dire qu'il considere l'estoile de la teste
d'Hercules, il me semble qu'elle diminue fort. Elle n'est plus de la 3 grandeur ; toutes
ses variations montrent que le ciel n'est point exempt d'alteration, comme l'eschole
d'Aristote a opiniatré jusques icy. Vous m'obligerez de luy faire mes tres humbles baisemains et de l'assurer de mon service.

Le 12 et 13 du courrant [mois][1], j'ay observé le passage de Mars per humerum sinistrum Sagittarii. Die 12 postquam Mars ante 30' temporis transierat meridianum
distabat a fixa 21' azimuth, Mars erat occidentalium 14' vel paulo plus et altitudo
ipsius minor supra horizontem quam fixa 16 die 13 in eodem azimuth posita Marte
distabat ipse a stella 18' ut plurimum, et illius azimuth erat orientalis 15', et altitudo
ipsius minor erat super horizontem, quam fixa 13' circiter. Unde colligitur conjunctio Martis et fixæ penes longitudinem facta die februarii 19 circiter Parisiis. Fixa
tunc tenuit 7° 50' 10'' Jovis latitudinis australis 3° 31'. Juxta Tychonem oportuit ergo
latitudinem Martis meridionalem fuisse 3° 45', quod nequit esse. Nam die 18 hora
fere eadem ex transitu Martis prope illam quæ est in jaculo Sagittarii illius latitudine apparuit 3° 45', oportet ergo latitudo fixæ a Tychone perperam fuisse definitam.
Illam enim Ozius Ferencaeus Hortulanus Ducis Lesdiguierii Vizilie in Delfinato[2]
observavit in 3° 18' cum quadrante ligneo duorum in semidiametro pedum acceptis
illius a fixis distantiis. Si exacta igitur haecce est observatio, Mars die 8 hujus mensis vesperi in latitudine meridionali 3° 39' ; citatus Heckerus ex Rudolphinis reponit
illum Austrinum 3° 39' et in Capricorno 7° 30' et aliquot secundis ; sed ex observatione posito loco fixæ Tychoni definito fuit Mars in Capricorni 7° 36' circiter. Je vois
encore le 15 du courrant l'estoile du col du col de la Baleine aussi grande que Lucida
Mandibulæ.

Paris le 24 septembre 1670

1 « Les 12 et 13 du courant mois j'ai observé le passage de Mars par l'épaule gauche du Sagittaire. Le
12, après que Mars eut passé le méridien avant 30' de temps, il était distant de la Fixe de 21' ; l'azimuth de
Mars était de 14' ouest ou un peu plus et sa hauteur sur l'horizon moins que la fixe 16 ; le 13, dans le même
azimuth, la position de Mars était distante de l'étoile de 18° au maximum, son azimuth était 15' Est et
sa hauteur sur l'horizon était plus petite que la fixe de 13' environ. On en tire la conjonction de Mars et
de la Fixe faite aux alentours du 19 février à Paris. À ce moment la Fixe se trouvait à 7° 50' 10'' de Jupiter,
latitude australe 3° 31'. Selon Tycho, il aurait fallu que la latitude méridionale de Mars ait été de 3° 45', ce
qui ne peut être, car le 18, à peu près à la même heure du passage de Mars près de l'étoile qui est dans la
flèche du Sagittaire, il apparut avec une latitude de 3° 45'. Il faut donc que la Fixe ait été faussement définie
par Tycho. Ozius Peroncaeus, jardinier du Duc de Lesdiguières à Vizille l'a observée dans le Dauphin à
3° 18' avec un quadrant de bois d'un demi diamètre de 2 pieds, en prenant ses distances par rapport aux
Fixes. Si cette observation est exacte, Mars était le 8 de ce mois au soir à une latitude méridionale de 3° 39'.
Hecker précité, d'après les Tables Rodolphines, le place à 3° 39' au Sud et à 7° 30' et quelques secondes
dans le Capricorne. Mais d'après l'observation, si on pose la position de la Fixe définie par Tycho, Mars
se trouvait environ à 7° 36' du Capricorne. Je vois encore le 15 du courrant... ». Sur cette observation de
Mars, Pingré, *Annales*, 1670, p. 287.

2 François de Bonne de Créqui (1596-1677), comte de Sault, duc de Lesdiguières, lieutenant général
du Dauphiné en 1638, gouverneur du Dauphiné en 1642. Il a embelli le château de Vizille.

LETTRES [1670]

417

Je vous remercie de la part que vous m'avez faitte de ce que vous avez observé avec Mr. Hevelius le 2 du courrant. Vous devez s'il vous plaist continuer vos exhortations envers luy, pour l'inciter à nous donner ses observations l'annee prochaine, et a n'y perdre aucun temps. Il luy est tres important qu'il le face, afin que ses peines et son travail avec lequel celluy de touts les astronomes et leurs observations ne peuvent entrer en comparaison, et la reputation qu'il merite subsistent à l'advenir, et que la memoire n'en perisse jamais. Vous le saluerez s'il vous plaist de ma part. Ce sera perte pour les curieux, si ces mémoires de Kepler se perdent parce que tout ce qu'il a produit est plein de pensees spirituelles, encore que souvent elles ne soient pas solidement fondees. Un libraire qui entreprendroit de les imprimer y trouveroit assez son compte ; et un peu de soin d'un homme intelligent suffiroit pour mettre en ordre ces papiers ; le plus difficile seroit la despence de la transcription[1]. S'il y a quelque chose plus que de l'astrologie judiciaire, il faut le mettre separement, et cela merite plus de travail et d'attention que non pas ce qui est des genethliaques[2].

---

1 Cette lettre de Boulliau montre qu'Hevelius avait d'abord l'intention de publier les manuscrits de Kepler dont il venait de faire l'acquisition, ce dont Boulliau veut le détourner pour qu'il achève le catalogue des Fixes. Ces papiers, achetés pour la plus grande part par Catherine II, ont finalement fait l'objet d'une édition par la Kepler-Kommission der Bayerischen Akademie der Wissenschaften (25 volumes, 1938-2009), le dernier volume (les manuscrits astrologiques) étant celui qui aurait intéressé au premier chef Boulliau.

2 Thèmes astrologiques ou « nativités ».

150.

6 août 1671, Hevelius à Pierre des Noyers

BO : C1-X, 1475/120
BnF : Lat. 10 348-X, 215

Domino
Domino Nucerio, Dantisci

Illustrissime Domine,

Non potui intermittere, quin tibi significarem quanto desiderio ac cupidissimo animo tota Illustrissima Societas Anglica, aliique quam plurimi rerum cœlestium indagatores exspectent effectum longissimi tubi 140 pedum toties a nobis promissi. Ego hucusque illis omnibus nihil quicquam aliud referre potui, quam quod illustrissimus dominus Burattini (quem officiosissime meo nomine data occasione salutes) lentes brevi transmittere promiserit, et quod ipse tubus cum tota machina, quem construere suscepi, omnino jam sit constructus. Profecto, existimatio nostra utriusque valde in orbe erudito periclitabit, nisi allaboremus, ut quantocyus id in effectum demus, quod hactenus de die in diem promisimus ; præsertim cum hoc mense Saturnus singulari ac rarissima facie splendeat. Quare ut propediem id fieri possit, atque totum negotium pro voto nostro in Dei gloriam, atque scientiarum incrementum succedat animitus precor. Vale et Salve a

Tuæ illustrissimæ Dominationi
Addictissimo
Anno 1671, die 6 Augusti, Dantisci

J. Hevelio, manu propria

À Monsieur,
Monsieur des Noyers,
À Dantzig[1]

Très illustre Monsieur,

Je ne peux m'empêcher de vous faire savoir avec quel désir, avec quelle avidité toute l'illustrissime Société anglaise et tous les autres investigateurs des choses célestes at-

---

1 L'interruption de la correspondance est liée à la présence de Pierre des Noyers à Dantzig où il séjourne après la mort de la Reine, la démission de Jean-Casimir et la disgrâce du parti français qui s'en est suivie.

tendent l'effet du tube de 140 pieds[1] qui nous a été promis tant de fois. Pour ma part, je puis seulement jusqu'à présent leur rapporter à tous que le très illustre Monsieur Burattini (que je vous prie de saluer très poliment de ma part à l'occasion) m'a promis de me transmettre bientôt des lentilles, et que le tube lui-même, avec toute sa machinerie, est déjà entièrement construit[2]. À coup sûr, notre réputation à l'un et à l'autre vacillera fort dans le monde savant si nous ne travaillons pas à le rendre opérationnel au plus vite, ce que nous avons jusqu'à présent promis de jour en jour ; surtout qu'en ce mois, Saturne brille d'un aspect singulier et très rare[3]. C'est pourquoi je prie du fond du cœur pour que cela puisse se faire bientôt et que toute l'affaire puisse réussir selon notre vœu pour la gloire de Dieu et l'accroissement des sciences. Portez-vous bien et recevez le salut du

Très dévoué à votre Seigneurie
En l'an 1671, le 6 août à Dantzig

J. Hevelius, de sa propre main

151.

16 septembre 1671, Hevelius à Pierre des Noyers

BO : C1-X, 1456/94
BnF : Lat. 10 348-X, 180-181.

A Monsieur
Monsieur des Noyers
Dantisci,

Illustrissime Domine,

Nuper die 29 Augusti ad reverendissimum dominum Picard ut et ad reverendissimum patrem Michaelem Antonium Hackium literas dedi Hamburgum sub inscriptione illustrissimi domini Dupré commissionaire de Sa Majesté Tres Chrestienne ;

---

1 44 mètres.

2 Pour ce qui est de Burattini, ses travaux ont été très perturbés par les accusations de malversations auxquelles il a dû faire face lors des diètes de convocation (1668) et d'élection (1669). Il a été acquitté mais, pour fuir les harcèlements, il s'est rendu à Paris en juillet-octobre 1669 avec une lettre du Roi pour Jean-Casimir qui a quitté la Pologne en avril. Il doit en outre s'occuper de la Monnaie à Cracovie. Burattini a donc d'autres priorités.

3 Huygens avait annoncé que l'anneau de Saturne devait disparaître en juillet pour réapparaître l'année suivante. Fin mai, Cassini observe un Saturne tout rond et brillant, jusqu'au 11 août. Dès le 14, les anses réapparaissent très minces. Hevelius les observe les 11 et 12 septembre. Pingré, *Annales*, 1671, p. 292-293.

sed eæ ipsæ literæ die 8 Septembris nondum fuerunt oblatæ. Quare eas periisse plane puto, cujus incuria plane nescio. Idcirco humanissime rogo ut hasce Hamburgum sub involucro tuo transmittere digneris; prima occasione etiam ad Reverendissimum Dominum Picard et ad Clarissimum Dominum Fogelium nec non illustrissimum dominum Cassinum scriptas a quibus hesterna die literas accepi. Die veneris volente Deo rogo me invisas, ut possimus conjunctim instantem eclipsim debite, si dies modo cœlum serenum concesserit, observare, ubi simul de aliis quibusdam sermones reciprocabimus. Vale et porro ama

Tuæ illustrissime Dominationis
Dabam Gedani anno 1671, die 16 Septembris
Studiosissimum

J. Hevelium, manu propria

À Monsieur
Monsieur des Noyers
À Dantzig,

Très illustre Monsieur,

Récemment, le 29 août, j'ai écrit au Révérendissime Monsieur Picard[1] et au Révérendissime Père Michael Antonius Hackius, à Hambourg[2], à l'adresse de l'illustrissime Monsieur Dupré, commissionnaire de Sa Majesté Très Chrétienne[3]. Mais

---

1 Jean Picard (1620-1682) est l'un des premiers membres de l'Académie des sciences, en 1666. Il s'était distingué aux côtés de Gassendi dont il avait suivi les enseignements au Collège royal et avec qui il a observé plusieurs éclipses. Spécialiste des mesures de précision, il a travaillé avec Auzout à l'installation de micromètres à fil mobile sur les instruments d'observation (1667-1668). En juin 1667, il a participé au tracé de la ligne méridienne à l'emplacement du futur Observatoire de Paris (Uranoscope). On lui doit la mesure de l'arc méridien par triangulation entre Paris et Amiens (1668-1669). Sa mission à Uraniborg et au Danemark a pour objet de définir la position exacte d'Uraniborg. Elle se déroule en 1671-1672. Picard part de Paris le 21 juillet, passe par Leyde et Amsterdam, puis Hambourg où il se trouve vers le 16-17 août. De là il gagne Lubeck et Copenhague où il séjourne entre le 24 août et le 6 septembre. Puis il se rend à Uraniborg où il reste jusqu'au 28 octobre avant de regagner Copenhague et de prendre le chemin du retour à partir de mai 1672.

2 Le Révérend Père Michał Antoni Hacki (c.1630-1703) théologien et diplomate polonais a servi d'intermédiaire. Il envoie à Hevelius la lettre de Picard du 18 août. Hevelius a répondu dès le 29 août à Picard (BO: C1-X, 1454) et à Hacki (BO: C1-X, 1452).

3 Conformément aux recommandations de Hacki. François Dupré est banquier à Hambourg. Il est le beau-frère de Pierre Formont, en relation d'affaires avec les plus grandes places européennes. Son frère Nicolas était agent du Grand Électeur de Brandebourg et du Roi de Danemark et ses frères Jean et Daniel étaient respectivement installés à Dantzig et à Königsberg. Deux beaux-frères, François Dupré et Pierre Dupré défendaient les intérêts à Hambourg et à Amsterdam. Hevelius, qui n'appréciait pas Gratta, a fait beaucoup appel aux Formont (*CJH*, II, p. 35, 111-115) sans en avoir toujours eu la satisfaction attendue.

LETTRES [1671]

le 8 septembre, ces lettres n'ont pas encore été remises[1]. C'est pourquoi je pense bien
qu'elles sont perdues, je ne sais par l'incurie de qui. C'est pourquoi je vous demande
très poliment de daigner transmettre ces lettres à Hambourg sous votre couvert à la
première occasion, aussi au Révérendissime Monsieur Picard et au très célèbre Monsieur Fogel[2], ainsi qu'à l'illustrissime Monsieur Cassini de qui j'ai reçu une lettre
hier[3]. Vendredi, si Dieu veut, venez me visiter pour que nous puissions ensemble observer comme il se doit l'éclipse qui approche, pourvu que ce jour nous offre un cie
l serein[4]. Nous pourrons ensemble échanger des propos sur divers autres sujets. Portez-vous bien et continuez à aimer

À votre très illustre Seigneurie
Donné à Dantzig en 1671 le 16 septembre,
Le très affectionné

J. Hevelius de sa propre main

152.

30 septembre 1671, Pierre des Noyers à Hevelius

BO : Cɪ-X, 1474/119
BnF : Lat. 10 348-X, 214

Varsavie, 30 septembre 1671[5]

Monsieur,

Je croyois que la lettre que je vous envoye, seroit dans le paquet que je laisse ordre
d'ouvrir a Dantzigt. Je vous la renvoÿe Monsieur et suis bien faschee qu'elle vous ayt
esté retardée.

---

1 Picard les reçut à la mi-septembre.

2 Martin Fogel (1634-1675), médecin hambourgeois, mathématicien et disciple le plus important
de Joachim Jungius.

3 Cassini a écrit à Hevelius le 20 août, mais envoie sa lettre via Picard qui la renvoie à Hevelius le 31
août de Copenhague, mais en passant par l'intermédiaire de Martin Fogel, qui expédie le courrier le 8
septembre. Sur cette affaire embrouillée de courriers, Guy Picolet, *CJP*, p. 10-11 (qui publie cet échange
de 6 lettres).

4 Il s'agit de l'éclipse de Lune du 18 septembre. Pingré ne mentionne aucune observation à Dantzig
(*Annales*, 1671, p. 289-291).

5 La correspondance est rare du fait de l'exil forcé de des Noyers à Dantzig entre 1670 et 1673, années qu'il passe aux côtés d'Hevelius, participant à ses observations et préparant son retour en France.

M. Buratin dit qu'il fera response a vostre lettre et mesme qu'il envoyera le verre de 140 pieds, il s'excuse sur les affaires qu'il a euë[1]. Je n'ay pas encore veu ces verres mais il m'a assuré qu'ils estoient faits. Il est affligé de ce qu'on luy demande l'argent qu'il doit, mais ceux qui luy en ont presté, en ont besoing.[2]

Les nouvelles que l'on a icy d'Ukraine sont fort bonne, mais on croit que Hanenko ne sera pas meilleur que Dorodzenko[3], car il trouve desja mauvais que l'on mette garnison polonoise dans les places qui se sont renduë et en gronde fort. Dorodienko est allé dit on querir 40 mille Tartares de Krim et 20 mille de Bialograd pour le restablir en Ukraine. L'armee polonoise n'est que de cinq mille hommes et ne peut pas presidier toutes les places qui se rendent.[4]

Le roy doit estre icy de retour dans quinze jours a ce que l'on escrit de la cour. Il y a encore si peu que je suis arrivé[5] que je n'ay pas eu encore le temps de me bien instruire des nouvelles. Faitte moy s'il vous plaist tousjours la grace de me croire comme je le suis,

Monsieur,
Vostre tres humble et tres obeissant Serviteur

Des Noyers

---

1 Voir lettre n° 150.

2 Burattini devait notamment 62 000 livres (lettre de des Noyers à Chauveau du 28 octobre 1668, AMCCh, XXXVII, 305v) réclamées par le duc d'Enghien, qui menace en vain : « Les Princes ont les bras longs et s'étendant loin, [M. Burattini] doit les appréhender en quelque endroit qu'il aille s'il ne satisfait pas ce qu'il doit » (Chauveau à des Noyers, 22 février 1669, XIII, 329). Il devait aussi beaucoup d'argent à Pierre des Noyers qui souhaitait le récupérer avant de rentrer en France.

3 Piotr Dorochenko (1627-1698) a d'abord soutenu Kmielnitski dans son soulèvement contre la domination polonaise de l'Ukraine en 1648. En 1663, avec le soutien des Tatars de Crimée et de l'Empire ottoman, il a écrasé les Cosaques pro-russes, ce qui lui a valu d'être nommé hetman de la rive droite de l'Ukraine en 1665. Il y mène une politique pro-polonaise jusqu'au traité d'Androussovo qui consacre la partition de l'Ukraine entre la Russie et la Pologne. Il recherche alors le soutien du sultan et, avec les Tatars de Crimée, il est vainqueur de l'armée polonaise en Podolie (Brailiv). En juin 1668, hetman de toute l'Ukraine, il fait alliance avec Méhémet IV (mai 1669). Il est attaqué par les Cosaques zaporogues avec à leur tête Khanenko, défait à la bataille de Stebliv (octobre 1669). En septembre 1670, les envoyés de Khanenko ont conclu un traité avec les Polonais qui l'ont reconnu comme hetman et lancent une invasion en Ukraine.

4 Dorochenko réunit à cette date une armée et prépare, avec le Sultan, une nouvelle invasion de la Pologne.

5 Les étrangers étaient mal vus à la cour au lendemain de l'élection de Michel Korybut Wiśniowiecki. Le Roi parlait même ouvertement de leur expulsion. Des Noyers, pour sa part, avait décidé de quitter la Pologne et avait accompagné à Dantzig Morsztyn, Grand Trésorier de la couronne. Ce départ pour Dantzig, où s'étaient retrouvé nombre d'opposants, n'avait fait qu'accroître la méfiance à son encontre. Il rentre toutefois à Varsovie à l'automne 1671 pour demander à Burattini, qui avait gagné son procès contre le Trésor royal, de lui rembourser ses dettes. En vain. Des Noyers se retira à nouveau à Dantzig.

153.

4 décembre 1671, Hevelius à Pierre des Noyers

BO : Cι-XI, 1477/2
BnF : Lat. 10 348-XI, 2-3

Domino Nucerio
Warsaviæ,

Illustrissime Domine,

Jucundissimum quidem mihi accedit, percepisse a te, amice honoratissime, illustrissimum dominum Burattinum lentes promissas, pro tubo meo 140 pedum transmittere velle ; sed longe gratius foret, si illas jam accepissem. In eo enim totus jam sum, ac Machinam meam Cœlestem cum omni apparatu astronomico, uti scis in lucem edere deproperem ; incumbitque nunc mihi ut Machinam istam pro tubo 140 pedum plene describam : quemadmodum in reliquis organis jam factum est ; sed hacce Machina descripta, quid proferam de lentibus, deque earum effectu ? Nollem profecto indicare me nondum eas accepisse, et contrarium etiam non possum. Quid igitur consilli ? Aliud prorsus non suppetit, quam ut meo nomine iterum iterumque quam officiosissime illustrissimum dominum Burattinum roges, quo honori nostro, pro amore erga me suo, atque erga rem literariam propensissimo affectu prospicere, Machinamque nostram Cœlestem amplius exornari, ingeniosissimis suis inventis non dedignetur. Quæ ut merentur prolixissime, optimisque modis publice sum deprædicaturus. Quod in æternam nominis Burattiniani memoriam, sine omni dubio cedet, sic non dubito quin exspectationi nostræ, suisque promissis, pariter transmittendo illo instrumento tubo inserendo pro determinandis distantiis minoribus, quantocyus satisfaciat. Vale et si quid notatu dignum Parisiis obvium isti quod mea scire intersit, fac ut ea non nesciam.

Tuæ illustrissimæ Dominationis
Perpetuus cultor

J. Hevelius

Gedani, anno 1671, die 4 Decembris

À Monsieur des Noyers,
À Varsovie,

Très illustre Monsieur,

J'ai été fort réjoui d'apprendre de vous, très honorable Ami, que l'illustrissime Monsieur Burattini avait l'intention de m'envoyer les lentilles promises pour mon tube de 140 pieds ; mais ce serait bien plus agréable si je les recevais. En effet, je suis tout entier dans ce travail et je voudrais, comme vous le savez, publier ma Machina Cœlestis avec tout l'appareillage astronomique ; il m'incombe à présent de décrire en détail cette machine pour le tube de 140 pieds, comme je l'ai fait pour les autres instruments ; mais la machine une fois décrite, que vais-je dire des lentilles et de leur effet ? Je ne voudrais absolument pas indiquer que je ne les ai pas encore, et je ne peux dire le contraire. Quelle décision prendre ? La seule solution est qu'en mon nom vous demandiez encore et encore le plus poliment du monde au très illustre Monsieur Burattini qu'il veille à ma réputation en raison de son affection pour moi et de sa grande inclination pour les lettres ; et qu'il ne dédaigne pas d'orner notre Machina Cœlestis de ses très ingénieuses inventions. J'en ferai par les meilleurs moyens l'éloge public qu'elles méritent amplement. Cela contribuera à la mémoire éternelle de Burattini. C'est pourquoi je ne doute pas qu'il satisfasse au plus tôt à nos attentes et à ses promesses et en même temps, qu'il nous transmette cet instrument à insérer dans le tube pour déterminer les distances plus petites. Adieu et si vous rencontrez à Paris une chose digne de mention qui puisse m'intéresser, faites que je ne l'ignore pas.

De votre illustre Seigneurie
Le perpétuel zélateur,

J. Hevelius

À Dantzig, en 1661, le 4 décembre

154.

19 février 1672, Pierre des Noyers à Hevelius

BO : Ci-XI, 1487/14
BnF : Lat. 10 348-XI, 23-24

Monsieur,

Comme je ne doute pas que vous n'ayez recue avec une lettre de M. Buratini les verres qu'il vous a envoyez nous attandrons dans le temps d'entendre de vous quel

LETTRES [1672]

effets ils auront fait pour le ciel. Cependant je vous ay voulu dire que M. Boulliau nostre bon amy m'escrit que l'ouvrier d'Angleterre a donné a ce Roy la une lunette d'un pied de longueur qui produit l'effet des meilleures ordinaires de 16 pieds, et que ce mesme ouvrier qui s'appelle Nettun,[1] en fabrique plusieurs pour les disperser, et entre les autres il en fait de cent pieds de long qui feront l'effait d'une de 1600 pieds des ordinaires avec laquelle on espere pouvoir discerner s'il y a des habitans dans la Lune. Il dit que le secret est en la disposition des verres.[2]

Un autre ouvrier a trouvé l'invention de se faire entendre d'une lieue de loing par le moyen d'une trompette dont il a fait imprimer l'invention et peut estre l'aurez vous desja veuë.[3]

Les academiciens de Paris pretendent avoir descouvert quelque choses dans la composition du corps humain qui n'avoit point encore esté remarqué. Ils tiennent la chose secrete. Nous saurons avec le temps ce que ce sera.[4]

M. l'abbé Picard[5] retourne a Paris avec un Danois[6] qui porte les manuscrits de Ticho Brahe, qu'il n'y a que lui seul qui les puisse lire. L'on saura avec le temps ce que ce sera. Ce ne seront peut estre que des brouillons de Ticho, parce qu'il avoit

1 L'ouvrier en question est Isaac Newton.

2 Il s'agit d'un instrument à objectif réflecteur. Newton, l'a conçu en 1668, décrit dans une lettre à Oldenburg en février 1669. Il a présenté en janvier 1672 son second modèle (élaboré en 1671) au roi Charles II et à la Royal Society. Oldenburg en a adressé à Huygens une description accompagnée d'un dessin, en vue de la publication de la nouvelle lunette (*OCCH*, VII, n° 1861, dessin p. 128). Oldenburg écrit à Huygens, le 11 janvier 1672 : « En mesme temps je fais estat de vous expliquer l'invention d'une nouvelle sorte de telescope par Monsieur Isaac Newton, Professeur de mathematiques à Cambridge. Tout ce que je vous en diray à present, c'est que par le premier essay, qui en a esté vû et examiné icy, il apparoit qu'un telescope d'environ 6 pouces, a représenté l'objet 9 fois plus grand qu'un telescope ordinaire de 25 pouces, en comparant la mesure de l'une et l'autre image. Cela se fait par deux reflexions, dont l'une reflechit l'objet d'un concave metallin à un miroir metallin plan, l'autre de ce miroir à un petit verre oculaire plano-convexe, qui envoye l'objet à l'œil, et l'y represente sans aucune couleur et fort distinctement en toutes ses parties. » (*OCCH*, VII, n° 1858, p. 124-125). La description et la figure sont publiés dans le *Journal des Sçavans* du 29 février. La publication dans les *Philosophical Transactions* est plus tardive d'un mois (n° 81, 25 mars 1672).

3 Il s'agit de Samuel Morland (1625-1695), diplomate, espion et mathématicien anglais qui mit au point une petite machine à calculer et un Tuba, porte-voix dit « trompette parlante » (speaking Trumpet) présentée à Charles II en 1672, peut-être inspirée d'une invention du père Kircher. La description en a été publiée : *Description of the tuba stentorophonica, or speaking trumpet, an instrument of excellent use, as well at see as at land, invented and variously experimented in the year 1670*, Londres, in folio. Morland était « master of mechanics » du Roi.

4 Découverte non identifiée : Gallois, chargé de la tenue des registres de l'Académie depuis le 2 avril 1668, s'est interrompu entre 1670 et 1674. Il n'y a rien dans les *Mémoires* de l'Académie.

5 Jean Picard (1620-1682) est de retour en juin 1672. Lorsque Des Noyers écrit cette lettre, il est donc encore à Copenhague. Hevelius était directement informé de ce voyage par Picard lui-même : six lettres ont été échangées dont quatre concernent cette expédition. Picard a publié son *Voyage d'Uranibourg ou Observations astronomiques faites au Danemark* en 1680 (Paris, Imprimerie royale).

6 Olaus Römer (1644-1710), assistant d'Erasmus Bartholin, s'était familiarisé avec l'astronomie en révisant et recopiant les observations de Tycho Brahé dont le roi Christian V de Danemark avait racheté les manuscrits au fils de Kepler. Il accompagna Picard en France et travailla à l'Observatoire de Paris entre 1672 et 1681 (infra n° 161).

fait mettre au net toutes ses observations, et l'histoire celeste a esté imprimee sur cet exemplaire par les soings du père Albert Curts[1]. Le voyage erudit [de] M. Picard n'aura rien produit.

C'est Monsieur ce que j'ay de nouveau digne de vous. Faitte moy tousjours la grace deme croire comme je le suis,

Monsieur,
Vostre tres humble et tres obeissant Serviteur,

Des Noyers

On avoit eu icy quelque aprehension d'une confederation,[2] mais l'on a nouvelles du 12 de ce mois que la prudence de M. le Mareschal[3] l'a prevenue et en a rompu le dessein et fait retourner en leurs quartiers les troupes qui en estoient sortie pour cela. Pour la diete, elle se continue a l'ordinaire[4].

---

1 Mersenne, dans une lettre à Constantijn Huygens du 17 mars 1648, écrit que Ludwig Kepler (1607-1663) cherchait un libraire pour éditer les huit tomes des Observations célestes de Tycho Brahé et plusieurs traités de son père. Les tables de Tycho furent publiées en 1666 sous le titre d'*Historia Cælestis ex libris commentariis manuscriptis observationum vincennalium viri generosi Tichonis Brahe Dani*, Augsbourg, Simon Utzschneider, 1666, 2 vol. in folio, dite *Historia cælestis Tychonica*. Le père jésuite Albert Curtz (Albertus Curtius) a contribué à cette édition sous le pseudonyme de Lucius Barrettus.

2 Dans le contexte difficile de la guerre polono-turque, défavorable à la République, une partie de la noblesse forme un groupe appelé les « malkontenty », malcontents, qui dénoncent la politique du Roi Michel et le manque de vigueur face à la Sublime Porte. Les finances de l'État n'allant guère mieux que lors de la décennie précédente, il est également à craindre que l'armée réclame de nouveau les arriérés de solde. Une confédération, dite de Gołąb, se forme finalement en octobre 1672, mais elle est fondée par les partisans du Roi qui affirment vouloir défendre la couronne contre les malcontents. Sobieski y répond le mois suivant par la confédération de Szczebrzeszyn qui rassemble les malcontents contre le Roi de Pologne. [D.M.]

3 Le grand maréchal de la Couronne est alors Jean Sobieski, qui cumule cette fonction avec celle de grand général, ou hetman. Le cumul de ces deux charges, l'un des rares autorisés dans le droit polonais, lui donne un très grand pouvoir à la fois judiciaire et militaire. Son office de général explique qu'il ait pu retenir les troupes mécontentes, car ce poste exige de son détenteur qu'il soit toujours avec les troupes dès lors que l'État est en guerre. [D.M.]

4 La Diète se déroule entre le 26 janvier et le 14 mars. Elle a été rompue.

155.

27 février 1672, Hevelius à Pierre des Noyers

BO : Cɪ-XI, 1488/15
BnF : Lat. 10 348-XI, 24-25

Domino
Domino Nucerio,
Warsaviam

Illustrissime Domine,

Summo quidem gaudio ex gratissimis tuis literis intellexi illustrissimum dominum Burattinum promissas lentes pro tubo 140 pedum transmisisse, sed eas necdum accepi ; quid caussæ sit sane nescio. Idcirco rogo ut haud gravatim illustrissimum dominum Burattinum adeas, eique referas, prævia officiosissima salutatione, quod nihil quicquam adhuc viderim, ne in itinere plane pereant inquirendum erit, tum cui eas lentes transferri tradiderit : quamprimum eas accepero, quantocyus significabo, atque illustrissimo domino Burattino debitas agam gratias. Jucundissimum mihi quoque fuit perceptu de nova illa inventione telescopiorum. Si id fieri poterit, ut pariter puto, magnum in rem literariam redundabit commodum ; si aliquid amplius vel specialius hac de re percipies, rogo nobiscum communices, ut et nos incolas Lunæ deprehendere non nequeamus. Nam si tubo 100 pedum id fieri posse, cum putent, quidni nostro 140 pedum : qui ea ratione compositus, æquabit in effectu telescopium vulgare 2240 pedum. De altera illa inventione qua auditum nihil adhuc cognovi, si quicquam editum est et ubi, quo tempore quæso significes, gratissimum erit quam quod maxime. Clarissimus dominus Picardus et clarissimus dominus Cassinus ad ultimas meas bene longas literas nihil quicquam adhuc responderunt, qui fiat prorsus ignoro. Manuscripta illa Tychonica quæ reverendissimus dominus Picardus secum portat Parisios non nisi sunt eædem observationes cœlestes quas reverendissimus pater Curtius ante annos aliquot jussu imperatoris jam edidit. An aliquid certi notatu dignum reverendissimus dominus Picard Uraniburgi observaverit nondum ab ipso rescivi ; ego tecum dubito quin plurima fuerint. Nos hic Gedani adeo infelices in isto Parisiensium negotio extitimus, ut ne unicam quidem observationem ex condicto cum illis susceptam (ut ut in reliquis observationibus felicissime mihi successerint omnia) accurate omnino ex cælo impetrare potuerimus. Præclarissimum dominum Bullialdum humanissime meo nomine salutes, eique significes peto me avidissime ab ipso responsum ad meas 5 Decembris datas exspectare. Denique iterum iterumque rogo ut serio inquiras in transmissa vitra, ne res adeo pretiosissima in alicujus incidat manus. Vale feliciter. Dabam Gedani, anno 1672, die 22 Februarii.

À Monsieur
Monsieur des Noyers
À Varsovie,

Très illustre Monsieur,

Par votre aimable lettre j'ai appris, à ma grande joie, que l'illustrissime Monsieur Burattini avait envoyé les lentilles promises pour le tube de 140 pieds, mais je ne les ai pas encore reçues, ce dont j'ignore la cause. C'est pourquoi je vous demande de prendre la peine d'aller voir l'illustrissime Monsieur Burattini, de le saluer très poliment, de lui rapporter que je n'ai encore rien vu et qu'il faut chercher à savoir si elles n'ont pas péri en route et à qui il a confié le transport de ces lentilles. Dès que je les aurai reçues, je le ferai savoir au plus tôt et je rendrai à l'illustrissime Monsieur Burattini les grâces que je vous dois. J'ai été fort réjoui d'apprendre cette nouvelle invention des télescopes[1] ; si cela peut se faire, comme je le crois, une grande commodité en rejaillira sur les lettres. Si vous apprenez quelque chose de plus, ou de plus précis, je vous demande de me le communiquer pour que nous soyons capable de saisir les habitants de la Lune, car si cela peut se faire avec un tube de 100 pieds, à ce que l'on pense, pourquoi pas avec notre tube de 140 pieds ? Composé selon ce modèle, il égalera en effet un télescope vulgaire de 2240 pieds. Sur cette autre invention[2], dont je n'ai rien entendu dire, si quelque chose est publié, j'aimerais que vous me fassiez savoir où et quand. Cela me sera bien agréable. Le très célèbre Monsieur Picard et le très célèbre Monsieur Cassini n'ont pas encore répondu à mes lettres, pourtant bien longues ; j'ignore complètement comment cela se fait[3]. Les manuscrits de Tycho que le Révérendissime Monsieur Picard apporte avec lui à Paris ne sont que les observations célestes que le Révérendissime Père Curtius avait déjà publiées voici quelques années par ordre de l'Empereur[4]. Je n'ai pas encore appris du Révérendissime Monsieur Picard s'il avait observé à Uraniborg quelque chose de certain et digne de mention ; avec vous, je doute que ces observations soient bien nombreuses. Ici, à Dantzig, nous sommes si malheureux dans cette affaire de Parisiens, que nous n'avons pas pu obtenir du ciel une seule information précise en accord avec eux, quoique dans mes autres observations tout ait très heureusement réussi. Saluez très poliment de ma part le très célèbre Monsieur Boulliau et faites-lui savoir que j'attends avec avidité sa réponse à ma lettre du 5 décembre. Enfin, je vous demande encore et encore de faire une enquête sérieuse sur la transmission de ces verres

---

1 Le télescope de Newton, voir lettre n° 154.

2 Le speaking trumpet de Samuel Morland, voir lettre n° 154.

3 Hevelius a répondu le 7 octobre aux lettres de Cassini du 20 août 1671, et de Picard du 31 août. Il a envoyé ces lettres à Hacki, qui les a reçues à la fin du mois et les a communiquées à Fogel pour les transmettre à leurs destinataires dont on ne sait quand ils les ont trouvées. Dans la lettre adressée à Picard, qu'il invitait à Dantzig, Hevelius critiquait sans détour les observations de Saturne de Cassini et de Picard de juin-août 1671. C'est peut-être la raison de cette absence de réponse qui perdura jusqu'aux remerciements assortis de réserves, en 1674, pour l'envoi de la *Machina Cœlestis*, I.

4 Voir lettre n° 154.

LETTRES [1672]

pour qu'une chose à ce point précieuse ne tombe pas dans les mains de quelqu'un. Portez-vous bien et soyez heureux. Donné à Dantzig, en 1672, le 22 février.

156.

11 mars 1672, Hevelius à Pierre des Noyers

BO : Cɪ-XI, 1495/21
BnF : Lat. 10 348-XI, 32-33

Domino des Noyers

Illustrissime Domine,

Cum denuo recens cometa in cælo prodierit, non potui profecto, quin tibi amico honoratissimo quantocyus id quoque significarem. Quid vero de eo hisce diebus observavi brevibus et generatim domino Bullialdo pridie literis explicavi; cujus copiam hisce transmitto. Quæ porro observaturus sum, proxime te quoque scire faciam. An vos Warsaviæ eundem conspexeritis, vel alii alibi, tum quid de eo notaverint quæso suo tempore nobiscum communices. De reliquo lentes illas ab illustrissimo Domino Burattino transmissas necdum accepi, quid causæ sit plane ignoro; id quod haud gravatim cum officiosa salutatione ei significabis. Die 8 martii post meridiem hora circiter dimidia quarta parelius deprehensus est; hac vero nocte præterita post horam undecimam ingens globus igneus ab Euro quasi proveniens, ex ære Austrum versus, absque tamen omni fragore decidit. Vale et fave,

Tuæ illustrissimæ Dominationi
Omni officio atque cultu
Gedani anno 1672, die 11 Martii

J. Hevelio

À Monsieur des Noyers

Très illustre Monsieur,

Comme une comète est de nouveau apparue récemment dans le ciel, je n'ai pu m'empêcher, Ami très honorable, de vous en faire part[1]. J'ai expliqué hier,

---

1 Hevelius découvrit le premier cette comète le 2 mars et l'observa entre le 6 mars et le 21 avril; Cassini entre le 26 mars et le 7 avril (Pingré, *Cometographia*, p. 23). Hevelius a fait imprimer son *Epistola*

par lettre, à Monsieur Boulliau, de façon brève et générale, ce que j'ai observé ces jours-ci à ce sujet ; je vous en envoie copie ci-jointe. Ce que je vais observer dans la suite, je vous en ferai part prochainement. Avez-vous vu la même comète à Varsovie, ou d'autres l'ont-ils vue ailleurs et qu'ont-ils noté à son sujet ? Je vous demande de nous le communiquer en temps utile. Pour le reste, je n'ai pas encore reçu les lentilles envoyées par le très illustre Monsieur Burattini ; je n'en connais pas la cause : j'aimerais que vous le lui fassiez savoir en le saluant poliment. Le 8 mars après-midi, vers 3 heures et demie, on a remarqué une parhélie. La nuit dernière, après 11 heures, un immense globe de feu, comme provenant de l'Eurus [de l'Est] est tombé du ciel vers l'Auster [le Sud] sans aucun fracas. Portez-vous bien et favorisez,

À votre illustrissime Seigneurie
Avec tout devoir et tout respect
À Dantzig, l'an 1672, le 11 mars,

J. Hevelius

157.

25 mars 1672, Pierre des Noyers à Hevelius

BO : Ci-XI, 1497/23
BnF : Lat. 10 348-XI, 34-36

Varsavie 25 mars 1672
Monsieur,
Monsieur Hevelius consul de la ville de Dantzic
A Dantzic

Monsieur,

Je n'ay pas fait plus tost response a vostre lettre du 27 de febvrier parce que quelque indisposition et l'absence de M. Buratin a qui je la voulois montré m'ont empesché de le voir plus tost. Je luy ay donc demandé le nom de celuy auquel [il] a donné les verres de 140 pieds pour vous les porter. Il ne me l'a pas voulu dire mais m'a repondu qu'il

---

de Cometa, anno 1672, mense Martio et Aprili, Gedani observato, dédiée à Henri Oldenburg, mais elle ne paraît qu'en juin (n° 162), après les observations de Cassini, publiées dans le Journal des Sçavans du 11 avril 1672 (p. 73-88) et dans les Philosophical Transactions n° 82 (22 avril 1672). Chapelain envoie à Huygens les observations de Johann Boecler le 2 avril 1672 (OCCH, VII, n° 1877).

vous l'escriroit luy mesme, ce qui me fait juger qu'il ne les a point envoyé et que c'est une excuse qu'il prend. Je luy ay parlé des merveilles que ces verres pourroient faire si on y adjoutoient l'invention de ce Nettun[1] d'Angleterre qui a trouvé l'invention d'en multiplier la bonté jusques a 16 fois et luy en fis voire la maniere qu'il trouva belle, mais advoua qu'il n'en comprenait pas la pratique. Et enfin je n'ay pu tirer de luy autre eclaircissement sinon qu'il vous escriroit a qui il avoit donné les verres de 140 pieds.

La structure de la lunette d'Angleterre qui multiplie l'objet 16 fois plus que les autres, est qu'il y a un mirouër concave a l'un des bouts de la lunette qui recoit l'espece de l'objet, dont les rayons s'unissent apres la reflection dans le focus sy c'est une parabole, ou dans le point d'union sy c'est une sphere, tombent sur un mirouer plan qui est dans la lunette, qui par reflection renvoye l'espece sur la lentille, ou convexe qui est l'oculaire, de sorte que l'espece de l'objet est emplifiee comme dans le microscope, et l'on peut appeler cette lunette microscope pour les objets eloignez. C'est tout ce que M. Boulliau m'en a escrit apres avoir veu la lunette mesme[2].

Quant a M. Picard il n'estoit pas encore de retour a Paris, ou il ne l'avoit pas veu.[3] J'ay envoyé audit sieur Boulliau la lettre que vous m'avez fait l'honneur de m'escrire du 27 febvrier pour l'obliger a responde a ce que vous en desirez ; et quand j'en recevrez quelque choses je vous donneray tousjours advis des curiositez qui le meriteront, estant tousjours tres parfaittement

Monsieur,
Vostre tres humble et tres obeissant Serviteur,

Des Noyers

---

1 Newton, voir n° 154.
2 Boulliau disposait aussi de la description du *Journal des Sçavans* : voir n° 154.
3 Il est de retour à la mi-juin.

158.

1er avril 1672, Hevelius à Pierre des Noyers

BO : C1-XI, 1498/24
BnF : Lat. 10 348-XI, 36-37
BnF : FF. 13 043, 53bis rv

Domino,
Domino des Noyers,
Warsaviæ

Illustrissime Domine,

Cum literarum mearum die 11 Martii datarum haud feceris mentionem in tuis 25 ejusdem mensis scriptis, merito dubito te eas recte accepisse. Idcirco denuo tibi significandum quantocyus duxi sidus quoddam crinitum in æthere illuxisse, quod a secundo martii hucusque singulis fere diebus, cælo annuente a me diligentissime observabatur. Initio intra catenam et caput Andromedæ apparuit, caudam præ se ferens haud usque adeo longam : hinc iter suum per Andromedam, infra caput Medusæ, ad binas stellas in sinistro pede Persei versus instituit, 2 fere gradus peragrando cursu scilicet directo. Die 22 et 23 Martii versabatur sub capite Medusæ ; die vero 28, inter binas illas stellas in sinistro pede Persei ; die 29 Martii jam lucidiorem transierat haerens in 28 gradu circiter Tauri, et in latitudine circa 10 gradus septentrionis pergit modo utrumque cornu Tauri versus, ad eclipticæ gradus circa 10 sub anguli orbitæ et eclipticæ 35 circa gradus. Spero illum cometam adhuc per spatium aliquot septimanarum me observaturum, non solum tubo, sed instrumentis majoribus meis ; plurimas observationes jam impetrare feliciter, quas suo tempore astrophilis lubens communicabo. An alibi sit quoque observatus ab aliis inprimis Parisiis, a te exspecto. Lentes promissas ab illustrissimo domino Burattino necdum accepi ; an tandem illas accepturus sim tempus docebit. Si nova illa telescopiorum inventio etiam in longioribus tubis feliciter procedat, haud parum scientia siderea crescet ; sed pariter cum domino Burattino fateor, me rationem nondum plane intelligere, donec rem ipsam videro ; nihilominus tentabo quid alio modo olim a me invento præstare potero. Vale et saluta illustrissimum dominum Burattinum

Tuæ illustrissimæ Dominationi
Omni affectu deditus
Gedani, anno 1672, die 1° Aprilis

J. Hevelius, manu propria

LETTRES [1672]

À Monsieur,
Monsieur des Noyers
À Varsovie,

Très illustre Monsieur,

Comme dans votre lettre du 25 mars vous ne faites aucune mention de ma lettre du 11 du même mois[1], je doute avec raison que vous l'ayez bien reçue. C'est pourquoi j'ai estimé nécessaire de vous faire savoir au plus tôt qu'un astre chevelu avait brillé dans le ciel. Je l'ai observé avec le plus grand soin du 2 mars jusqu'à présent, presque tous les jours, sous un ciel favorable. Il apparut d'abord entre la chaîne et la tête d'Andromède en montrant une queue pas trop longue. De là, il a entamé son chemin par Andromède sous la tête de Méduse vers les étoiles dans le pied gauche de Persée à environ 2 degrés en parcourant une course à peu près droite. Les 22 et 23 mars, il se trouvait sous la tête de Méduse ; le 28, entre ces deux étoiles, dans le pied gauche de Persée ; le 29 déjà, il passait devant la plus brillante et se fixait à 28° environ du Taureau et en latitude vers 10° Nord. Il continue vers les deux cornes du Taureau à environ 10° de l'écliptique, sous un angle entre l'orbite et l'écliptique de 35° environ. J'espère pouvoir observer cette comète pendant l'espace de quelques semaines, non seulement avec le tube, mais avec mes plus grands instruments, et que j'obtiendrai avec bonheur de nombreuses observations que je communiquerai volontiers en temps opportun aux amis des astres. J'attends de vous de savoir si elle a été observée ailleurs par d'autres, en particulier à Paris[2]. Je n'ai pas encore reçu les lentilles promises par le très illustre Monsieur Burattini. Le temps montrera si je les recevrai. Si cette nouvelle invention des télescopes réussit aussi sur les tubes plus longs, la science des astres ne grandira pas peu. Mais j'avoue, avec Monsieur Burattini, que je ne comprends pas encore tout à fait le principe, avant de voir la chose ; néanmoins, j'essayerai ce que je pourrai réaliser avec une autre méthode que j'ai autrefois inventée. Portez-vous bien et saluez le très illustre Monsieur Burattini.

À votre illustre Seigneurie,
Soumis en toute affection,
À Dantzig le 1er avril,

Hevelius, de sa propre main

1 N° 156.
2 Les observations de Cassini dans le *Journal des Sçavans* n'ont pas encore été publiées (voir n° 156). Le même numéro publie celles réalisées au collège de Clermont, p. 87-88.

159.

15 avril 1672, Pierre des Noyers à Hevelius

BO : C1-XI, 1507/34
BnF : Lat. 10 348-XI, 45-46

Varsavie 15 avril 1672

Monsieur,

Je me donné l'honneur de vous escrire le 25 de mars et de respondre a vostre lettre de l'11[1]. Je vous dis encore que je l'avois envoyee a M. Boulliau. J'ay depuis receu la vostre du premier de ce mois[2] en laquelle vous descrivez le cours de la nouvelle commette. Et depuis deux jours j'en ay encore receu une des vostre Monsieur par la voÿe de Konisberg qui est celle pour moy de l'11e mars. Et celle pour M. Boulliau qui y est attachee du 9 mars. Je la luy envoye aujourdhuy. Elle m'a esté renduë par M. Vanderlind[3] qui a esté bani de Dantzigt qui me l'a apparemment long temps gardee.

Et quant aux verres de M. Buratin, il dit les avoir donnez a un marchand qui vous connois nommé Henrico Döringh,[4] et s'estonne que vous ne les ayez pas encore receus.

Je n'ay point d'advis que personne ayt veu la commette. Je l'ay veuü ou trois fois sans y appliquer et je l'ay pris pour une estoille nebuleuse. Je la recherche depuis que j'ay receu vostre lettre mais je ne l'ay peu retrouver. Je ne say sy c'est la clarté de la Lune qui m'en empesche, ou sy c'est qu'elle s'esvanouist. Je le rechercheré quand la Lune sera plus tardive. Cependant en voicy une autre que je vous envoye qui a esté veuë en Hongrie en cette mesme sorte a ce que l'on en escrit. J'ay peine a croire ces petites estoilles rangee en esquadron et ce sabre, car pour le reste il est assez ordinaire. Il est mal

---

1 N° 157 et 156.

2 N° 158.

3 Le *PSB* contient la biographie de plusieurs membres de la famille von der Linde. L'un d'eux, Adrian von der Linde (1610-1682), est vivant au moment de l'écriture de cette lettre, mais sa biographie ne fait aucunement mention d'un bannissement. Sa carrière ne mentionne pas d'interruption autour de l'année 1672. Le *DSD* (p. 100) et le *DFB* 1929 (p. 44) ne mentionnent pas non plus de bannissement au sujet des trois von der Linde qui y sont décrits. Il y a en revanche un cas de destitution touchant Valentin von der Linde, échevin en 1650 et Ratsherr en 1659. Il a été démis de ses fonctions en 1665 pour avoir utilisé de l'argent public à des fins personnelles et pour mauvaise gestion de son office public. Il a par la suite porté plainte devant la justice de la ville car il estimait illégal son renvoi. La cour ne statue qu'en 1667 sur le bien-fondé de cette destitution (*Ius publicum civitatis Gedanensis*, p. 156). Il s'agit certainement de cette personne. [D.M.]

4 Heinrich Döring, marchand à Dantzig.

representé mais il est justement comme on l'a envoyé de Hongrie. Sy j'aprend autre chose, je ne manqueré pas de vous le faire savoir estant comme je le suis tousjours

Monsieur,
Vostre tres humble et tres obeissant Serviteur

Des Noyers

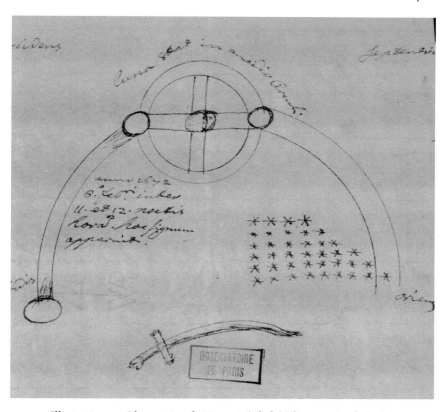

Illustration 21 : Observation de Hongrie (Cliché Observatoire de Paris)

160.

29 avril 1672, Hevelius à Pierre des Noyers

BO : C1-XI, 1510/38
BnF : Lat. 10 348-XI, 51-52
AMAE Correspondance politique, Pologne, vol. 37, 265rv

Domino
Domino Nucerio
Warsaviæ

Illustrissime Domine,

Et illustrissimo domino Burattino et tibi singulares debeo grates; illi quidem quod lentes illas pro longissimo tubo nunc transmittere, tibi vero quod illas expetere haud es dedignatus; utrumque maximi beneficii loco habeo; hincque optarem ut vestrum erga me summe benevolum affectum gratissimo aliquo officiolo rursus demereri possem. Literas ab illustrissimo domino Burattino nullas cum lentibus accepi; vellem tamen ut haud gravatim significaret quid admonendum haberet. Prima namque occasione vires illarum explorabo, ex animo precatus ut voto amicorum omnium effectus respondeat. Cometam ad diem 21 Aprilis adhuc observavi, ab eo tempore vero cœlum prorsus obstitit quominus vel quicquam de eo deprehenderem; quid hodie futurum avidissime exspecto. Brevi plura quædam de isto phænomeno æthereo te scire faciam. Dominum Bullialdum salutes rogo, eique significes, me illi nuper copiam illarum literarum die 5 Decembris datarum per generosissimum Dominum Pelsium denuo transmisisse, ad quas responsum quantocyus exspecto. Quomodo literæ imposterum ad dominum Bullialdum perferri debeant, ut tuto in illius manus incidant profecto nescio; jam aliquoties expertus sum a domesticis nobilis Domini Gratæ literas meas ad Dominum Bullialdum plane negligi, ut ut illas quas maxime commendem. Vale et fave illustrissime Domine

Tuo S[ervo]

J. Hevelio, manu propria

Dabam Gedani, anno 1672, die 29 Aprilis

À Monsieur
Monsieur des Noyers
À Varsovie,

Très illustre Monsieur,

Je dois des grâces singulières à Monsieur Burattini et à vous-même. À lui, parce qu'il n'a pas dédaigné de me transmettre à ce jour ces lentilles pour le très long tube ; à vous, parce que vous avez bien voulu les lui réclamer. Je vous attribue à l'un et à l'autre ce très grand bienfait et j'aimerais pouvoir mériter par quelque petit service officieux votre affection suprêmement bienveillante à mon égard. Je n'ai reçu de Monsieur Burattini aucune lettre avec les lentilles ; je voudrais, cependant, qu'il prenne la peine de me faire savoir quel avis il attend de moi ; à la première occasion, j'explorerai leur puissance en priant de tout cœur que l'effet réponde au vœu de tous ses amis. J'ai encore observé la comète jusqu'au 21 avril. Depuis ce moment, le ciel a fait obstacle à ce que je saisisse quoi que ce soit à son sujet. J'attends avec avidité ce qui va se passer. Bientôt je vous en ferai savoir davantage sur ce phénomène éthéré[1]. Je vous demande de saluer Monsieur Boulliau et de lui faire savoir que je lui ai à nouveau transmis, par le très noble Monsieur Pelsius[2], une copie de ma lettre du 5 décembre de laquelle j'attends une réponse rapide. Je ne sais vraiment pas comment, à l'avenir, les lettres peuvent parvenir en sécurité dans les mains de Monsieur Boulliau ; car j'ai souvent expérimenté du domestique de Monsieur Gratta, que mes lettres à Monsieur Boulliau étaient tout à fait négligées, si grande que fût ma recommandation. Portez-vous bien et favorisez,

Très illustre Monsieur,
Votre

J. Hevelius, de sa propre main

Donné à Dantzig, l'an 1672, le 29 avril.

---

1 Hevelius va publier à part ses observations : lettre n° 156.
2 Philips Pels (1623-1682), consul des Provinces-Unies à Dantzig entre 1659 et 1682. Un des correspondants de Boulliau.

161.

13 mai 1672, Pierre des Noyers à Hevelius

BO : C1-XI, 1512/40
BnF : Lat. 10 348-XI, 53-54

M. Hevelius
Varsavie 13 may 1672

Monsieur

J'ay receu vostre lettre du 29 d'apvril dont je vous rend tres humble grace. Je l'ay fait voir a M. Buratini qui s'est estonné que l'on ne vous ayt pas rendu une lettre avec les verres qu'il vous a envoyez et qu'il y a plus de deux mois qui sont partis pour vous estre porté. J'espere que lors que vous les aurez esprouvez vous nous ferez la grace de nous en dire des nouvelles.

M. Boulliau m'escrit du 21 d'apvril, qu'il n'a point receu votre lettre du 5 decembre dont il est tres fasché. Il me dit avoir receu celle dont vous me fittes la grace de m'escrire l'11 de mars, que je luy ay envoyée. Je n'ay rien de luy en particulier sinon que M. Casini et M. Picard observent tousjours, mais ils doute que leurs observations soient bien justes.[1] On n'a pas encore examiné les papiers de Ticho,[2] conduits a Paris par le retour de M. Picard[3].

On a fait l'observation de cette trompette d'Angleterre[4] pour se faire entendre de fort loing ; elle n'a pas reussy sy parfaitement que l'autheur le promet, mais il est vray que la trompette que l'on avoit faitte a Paris n'estoit pas bien parfaitte et on avoit escrit en Angleterre pour en avoir une faitte ou est l'autheur.

Le Roy de France a fait faire quantité de bateaux de cuivre qui sont plus legeres que ceux de bois et capables de porter 30 hommes. On en fera des ponts sur les rivières pour passer le canon. Un chariot en peut porter trois, et ceux de bois il n'en pouvait

---

1 Les *Mémoires de l'Académie royale des sciences* signalent, pour 1672, les observations de Cassini, Picard et Römer concernant Mars, le 2ᵉ satellite de Saturne découvert par Cassini en 1671 (le 1ᵉʳ l'avait été par Huygens en 1655) et la découverte de deux nouveaux satellites (I, « Histoire », p. 105-106).

2 Comme de nombreuses tables étaient encore réalisées à partir des mesures de Tycho, Picard avait pour tâche de mesurer l'exacte position d'Uraniborg. Voir n° 154.

3 Picard avait fait connaissance d'Erasmus Bartholin (1625-1698) lors de son voyage en France, à la suite de quoi il le retrouva lors de sa mission au Danemark. Il y rencontra Olaus Römer (1644-1710), un élève de Bartholin, qui travaillait sous ses ordres à classer les papiers de Tycho Brahé dont il préparait la publication. Römer suivit Picard à l'Observatoire avec les observations de Tycho. Il s'y illustra de 1672 à 1682, mais les papiers de Tycho ne furent jamais publiés. En effet, l'abbé Picard en avait fait mettre au net une copie corrigée mais, à sa mort, en 1682, La Hire reçut la mission de publier ce qui, dans ses papiers (il avait en héritage ceux de Roberval et de Frénicle) était le plus digne d'intérêt. Les observations de Tycho ne furent pas retenues (*Mémoires de l'Académie royale des sciences*, II, « Histoire », année 1693, p. 195-200).

4 Voir lettre n° 154.

porter qu'un. Ils ne peuvent estre brulez ce que l'on tient a un grand advantage[1]. C'est Monsieur ce que j'ay qui merite de vous estre communiqué.

Je suis tousjours
Monsieur
Vostre tres humble et tres obeissant Serviteur

Des Noyers

162.

10 juin 1672, Hevelius à Pierre des Noyers

BO : **Ci-XI, 1513/41**
BnF : Lat. 10 348-XI, 54

Domino des Noyers
Warsaviæ

Illustrissime Domine,

Suasu amicorum intermittere haud potui, quin quantocyus descriptionem aliquam generalem atque delineationem itineris cum genuinis recentioris cometæ observationibus hic Gedani habitis in publicum proferrem. Quod cum hisce diebus factum sit, volui et tibi amico honorando aliquot exemplaria illius historiolæ primo hocce tabellario offerre ; rogans ut quales quales has pagellas boni consulas, auctoremque porro ut sic hactenus amore prosequaris. De cætero si ita videbitur poteris meo nomine fautoribus atque literarum Mæcenatibus aliquot exemplaria debite offerre : utpote illustrissimo Domino Mareschaldo, illustrissimis Cancellariis, illustrissimo Thesaurario, reverendo domino Bonszky, illustrissimo domino Burattino et quibus præterea consultum erit, id quod tuo arbitrio committo. Si posses illustrissimo et reverendissimo Leopoldo Cardinali de Medici unum exemplar transmittere gratum quoque foret, literas ad ipsum

---

1 En vue de la préparation du passage du Rhin, réalisé le 12 juin 1672 : « Louis XIV ayant déclaré la guerre à la Hollande, en 1672, se mit en campagne à la tête d'une armée de cent trente mille hommes, soutenue d'une artillerie prodigieuse. Les capitaines qui commandaient sous lui étaient Condé, Turenne, Luxembourg, Vauban, le chevalier de Fourilles, qui le premier disciplina la cavalerie, et le célèbre Martinet, qui forma l'infanterie sur le pied où elle est aujourd'hui ; qui mit en usage dans quelques régiments la baïonnette dont avant lui on ne se servit pas d'une manière constante et uniforme ; enfin qui imagina des bateaux de cuivre qu'on portait aisément sur des charrettes ou sur le dos des mulets, à l'aide desquels on pouvait franchir les ruisseaux, les rivières et les fleuves les plus rapides. » [Jean-François de Lacroix], *Dictionnaire historique des sièges et batailles mémorables de l'histoire ancienne et moderne*, III, Paris, 1771, article RHIN (passages du).

proximo forte tabellario transmittam. Parisios quomodo perferantur sane nescio. Si aliter non licebit, mittam aliquot exemplaria Londinum ut sic possint Parisios per Dominum Oldenburgium transmitti, id quod Domino Bullialdo significes peto. Vale et fave

Tuo
Raptim
Anno 1672, die 10 Junii

J. Hevelio

À Monsieur des Noyers
À Varsovie,

Très illustre Monsieur,

Sur le conseil de nos amis, je n'ai pu laisser passer du temps sans donner au public, au plus vite, une description générale et un dessin de la récente comète, avec les observations authentiques réalisées ici à Dantzig[1]. Comme cela s'est fait ces derniers jours, j'ai voulu vous offrir à vous, très honorable Ami, par le premier courrier, quelques exemplaires de cette petite histoire, en vous demandant de prendre en bien ces petites pages en leur état et d'entourer l'auteur de votre affection habituelle. Pour le reste, si vous le jugez bon, vous pourrez, comme il se doit, offrir en mon nom quelques exemplaires aux protecteurs et aux Mécènes des lettres ; par exemple, à l'illustrissime Monsieur le Maréchal[2], aux illustrissimes Chanceliers[3], à l'illustrissime Trésorier[4], au Révérend Monsieur Bonszky[5] ; à l'illustrissime Monsieur Burattini. Je

---

1 C'est l'*Epistola de Cometa* (voir n° 155). Hevelius ne pouvait attendre la publication de la *Machina Cœlestis*, I où ces observations sont reprises : n° 156.

2 Jean Sobieski.

3 Le Grand Chancelier de la couronne est Jan Leszczyński depuis 1666 (voir *supra* n° 106). Celui de Lituanie est Krzysztof Zygmunt Pac depuis 1650. Fidèle soutien de Louise-Marie, il profite avec sa famille du déclin de la famille Radziwiłł pour s'établir comme un des plus puissants magnats de Lituanie. Son frère Michał Kazimierz devient grand général de Lituanie. Krzysztof est un des plus ardents défenseurs des réformes et de la candidature du prince de Condé à l'élection de 1669, mais, après la mort de la reine en 1667, des différends majeurs avec plusieurs membres du parti français, tout particulièrement Jean Sobieski, l'éloignent des intérêts français. Il se rallie à la candidature de Michel Wiśniowiecki et, en tant que Chancelier de ce Roi peu vigoureux, devient l'homme fort de l'État. Karolina Targosz suppose qu'Hevelius inclut parmi les « illustrissimes chanceliers » le vice-chancelier de la Couronne Andrzej Olszowski (K. Targosz, *Jan III Sobieski*, p. 314). [D.M.]

4 Jan Andrzej Morsztyn (1621-1693), voir n° 89. Sa fidélité à la Reine le conduit à mener de nombreuses missions diplomatiques, puis il devient Grand Trésorier en 1668. Il accumule une richesse considérable et finit par subir les foudres de la faction autrichienne dans les années 1680. Condamné pour intelligence avec un royaume étranger en 1683, il doit s'exiler en France où Louis XIV lui octroie le titre de comte de Châteauvillain. Il y meurt en 1693. [D.M.]

5 « Dominus Bonszky » est le nom d'emprunt de Jan Stanisław Zbąski, doyen de Łówicz et secrétaire royal. Hevelius s'est adressé à lui deux ans auparavant pour tenter d'obtenir les faveurs du nouveau

LETTRES [1672]

laisse à votre jugement de choisir ceux à qui un tel envoi est avisé. Si vous pouviez transmettre un exemplaire à l'illustrissime et Révérendissime Léopold, cardinal de Médicis[1], cela me serait agréable. Je lui enverrai la lettre par le prochain courrier. Mais comment les faire parvenir à Paris ? Je l'ignore[2]. Si ce n'est pas possible autrement, j'enverrai quelques exemplaires à Londres pour qu'ils puissent être transmis à Paris par Monsieur Oldenburg[3]. Je vous demande de le faire savoir à Monsieur Boulliau. Adieu et favorisez votre

J. Hevelius

En hâte, en l'an 1672, le 1er juin.

163.

17 juin 1672, Pierre des Noyers à Hevelius

BO : CI-XI, 1523/50
BnF : Lat. 10 348-XI, 65-66

Varsavie 17 juin 1672

Monsieur

J'ay recue avec vostre chere lettre du 10 de ce mois[4] les exemplaires que vous m'avez envoyez de l'observation que vous avez faitte de la comete, dont je vous rends Monsieur tres humble grace. J'en aye desja distribué pour Rome M. le cardinal Vidoni[5] qui en est curieux, a Florence pour M. le Prince Leopold et a Venize. Pour la semaine qui viens j'en envoyeré a Vienne, et j'auré bien tost ocasion pour en envoyé a Paris a nostre ami M. Bullialdus auquel cependant j'en envoye un exemplaire par la poste. J'en viens de donner un a M. Burattini, qui m'a demandé sy vous n'aviez point encore fait aucune preuve des verres de 140 pieds. Je luy ay respondu que vous ne m'en disez

---

roi Michel et reçut de Zbąski une réponse sans équivoque où il précise que ses liens avec la cour de France sont mal perçus. La réponse du roi Michel consiste quant à elle en de vagues promesses. (K. Targosz, *Jan III Sobieski*, p. 314). [D.M.]

1 Cardinal depuis décembre 1667.

2 La Guerre de Hollande a interrompu les communications par terre et par mer. Elle débute en mars-avril 1672 et s'achève avec la paix de Nimègue, signée le 10 août 1678.

3 La France est alors alliée à l'Angleterre.

4 Nᵒ 162.

5 Pietro Vidoni (1610-1681), nonce ecclésiastique en Pologne entre 1652 et 1660 et fait cardinal le 5 avril 1660. Légat à Bologne (1662), il a participé au conclave de 1669-1670, mais s'est heurté au veto de l'Espagne.

rien ce qui estoit une marque que vous ne l'aviez pas encore peu faire. C'est ce que je vous diray pour le present et que je suis tousjours,

Monsieur
Vostre tres humble et tres obeissant Serviteur

Des Noyers

164.

23 juin 1672, Hevelius à Pierre des Noyers

BO : Cɪ-XI, 1524/51
BnF : Lat. 10 348-XI, 66-67
BnF : FF. 13 026, 186rv.

Illustrissime Domine,

Ante quatuordecim dies literas cum duodecim exemplaribus Historiolæ meæ de nupero cometa tibi transmisi, patronis Mæcenatibus fautoribus atque amicis distribuendis ; quæ te bene jam accepisse nullus dubito. Inter cætera te rogaveram, ut unicum exemplar Serenissimo Principi Leopoldo quam primum perferendum traderes ; quod si nondum factum est, haud graveris simul hasce literas adjungere ; ego omnibus modis annitar, ut hocce gratissimum officium aliis quibuscunque modis demereri rursus non nequeam. Communi nostro amico domino Bullialdo lubenter etiam unicum minimum exemplar transmisissem, sed qua via id debeat plane hoc turbulentissimo rerum statu nescio. Misi tamen aliqua exemplaria Londinum ad clarissimum dominum Oldenburgium, ut ea rursus Parisios mitteret ad dominum Bullialdum, quod sic possent ab ipso reliquis amicis distribui : id quod ei cum plurima salute significes responsumque ad meas 5 Decembris datas literas urgeas iterum atque iterum rogo. Vale semper nostri memor.
Dabam Dantisci, die 23 Junii

Postscriptum

Has dum claudere volebam tuas 17 Junii datas accipio, ac intelligo te jam fautoribus quibusdam distribuisse Historiolam meam de cometa, pro qua promptitudine gratias ago debitas. Circa experimentum longissimi tubi 140 pedum nihil adhuc tentare potui ob gravissima negotia, ac Machinam meam Cælestem quæ serio sub prelo fervet, nihilominus tamen dabo operam ut id prima occasione fieri possit.

Tuæ illustrissime Dominationis
Cupidissimus

J. Hevelius, manu propria

Très illustre Monsieur,

Je vous ai adressé une lettre voici 14 jours avec douze exemplaires de ma petite histoire de la récente comète à distribuer à nos patrons, à nos Mécènes, à nos promoteurs et à nos amis[1]. Je ne doute nullement que vous les ayez reçus. Entre autres, je vous avais demandé qu'avant tout vous transmettiez un unique exemplaire au Sérénissime Prince Léopold ; si ce n'est déjà fait, prenez la peine d'y joindre cette lettre[2]. Je mettrai tout en œuvre pour être capable de mériter ce très gracieux service par toute espèce d'autres moyens. J'aurais transmis, avec plaisir, à notre ami commun Monsieur Boulliau, même un petit exemplaire unique, mais j'ignore complètement par quel chemin cela peut se faire dans une situation si troublée[3]. J'ai cependant envoyé quelques exemplaires à Londres[4] au très célèbre Monsieur Oldenburg pour qu'à son tour il les envoie à Monsieur Boulliau afin que celui-ci puisse les distribuer aux autres

---

1 Voir lettre n° 162 (10 juin).

2 Du 13 juin : BO, C1-XI, 1525/52 ; BnF, Lat. 10 348-XI, 67-68.

3 À cette date, les armées françaises, traversant la principauté de Liège, ont passé le Rhin (12 juin) à Tolhuis et commencé à envahir les Provinces-Unies. Les Hollandais ont envoyé d'urgence des négociateurs. Le 20 juin, ils ont rompu les écluses de Muyden et provoqué l'inondation du pays. La Guerre de Hollande a quasiment interrompu la correspondance. Il n'y avait pas de liaison directe : les courriers devaient ou être acheminés par les Pays-Bas et emprunter les services du Baron de Taxis, Maître général des postes de l'Empire mais, de Bruxelles, la route par l'Allemagne était coupée et, de toute façon, la France était en guerre contre l'Espagne ; d'autre part, par voie maritime, le courrier passait par Amsterdam vers les ports de la Baltique et là, il était intercepté par les Hollandais, maîtres de la mer.

4 L'Angleterre est alliée à la France. Sa flotte a essuyé, le 7 juin, à Solebay, une défaite face à l'amiral Ruyter. Les communications avec Londres peuvent donc aussi être rendues difficiles par les Hollandais. Hevelius a écrit à ce sujet à Oldenburg le 31 mai : « Literas meas per tabellarium ordinarium die 10 Junii datas spero Te accepisse nunc quoque promissa exemplaria Historiolæ de cometa Tibi mitto, ut possis unum aut alterum exemplum Tibi reservare atque amicis et fautoribus meo nomine distribuere ; reliqua ac residua bibliopolis concredere, nimirum 7 exempla pro uno Imperiali ; si plura imposterum voluerint, mittam quantocyus. Fasciculum autem alterum exemplarium rogo, data occasione Domino Bullialdo transmittas Parisiæ, magis magisque me tibi devincies. Vale et saluta amicos omnes. Dabam Gedani, anno 1672, die 10 Junii. » (« J'espère que vous avez reçu ma lettre envoyée le 10 juin par la poste ordinaire ; aujourd'hui, je vous envoie les exemplaires promis de la petite histoire de la comète pour que vous puissiez vous réserver un ou l'autre exemplaire et les distribuer en mon nom à nos amis et protecteurs. Le reste confiez-le au libraire, à savoir, 7 exemplaires pour le prix d'un impérial. S'ils en veulent davantage à l'avenir, je les enverrai au plus vite. Je vous demande qu'à l'occasion vous tranmettiez à Monsieur Boulliau à Paris un autre paquet d'exemplaires, j'en serai de plus en plus votre obligé. Allez et saluez tous nos amis. Donné à Dantzig en 1672, le 10 juin »), *CHO*, IX, n° 1986 bis, p. 87.

amis. Je vous demande encore et encore de le lui faire savoir, avec mon plus grand salut et de presser sa réponse à ma lettre du 5 décembre. Portez-vous bien et souvenez-vous toujours de moi

Donné à Dantzig, le 23 juin

Postscriptum

Au moment où je voulais fermer cette lettre, je reçois votre lettre du 17 juin[1] et je comprends que vous avez déjà distribué ma petite histoire de la comète à certains de nos promoteurs. Je vous rends les grâces que je vous dois pour cette promptitude. Je n'ai pas encore pu expérimenter le très long tube de 140 pieds à cause de très graves affaires et de la Machine Céleste qui chauffe sérieusement sous la presse. Néanmoins je ferai en sorte que cet essai puisse se faire à la plus proche occasion.

De votre illustre Seigneurie,
Le très affectionné

J. Hevelius

165.

18 décembre 1672, Pierre des Noyers à Hevelius

BO : Ci-XI, 1486/12
BnF : Lat. 10 348-XI, 20-21

A Monsieur
Monsieur Hevellius, Consul de la Vieille Ville de Dantzigt
Dantzigt
Varsavie, 18 décembre 1672

Monsieur,

Je ne respondis pas la semaine passee a la lettre que vous m'avez fait l'honneur de m'escrire du 4 de ce mois,[2] parce que je ne peu voire M. Buratini en sy peu de temps. Je l'ay veu depuis et l'ay pressé de satisfaire a ce qu'il vous a promis par moy, et j'ay tiré parolle de luy qu'il m'envoyera le verre chez moy pour vous le faire tenir. Je le presseré

---

1 N° 163.
2 Cette lettre est perdue.

incessemment de me le donner comme il me le promet, et je vous l'envoyeré ensuitte par la premiere occasion qui s'offrira.

Pour l'instrument pour prendre la distance des estoilles il n'est pas prest encore mais je le soliciteré incessemment de l'achever afin de vous l'envoyer ensuitte. Je luy ay fait lire la lettre que vous m'escriviez sur ces matieres pour le stimuler davantage a ce qu'il a promis. Il m'a dit qu'il vous avoit escrit.

Monsieur Boulliau me dit dans sa lettre du 12 decembre que l'on n'a pas peu observer a Paris la conjonction de Jupiter et de la Lune parce que le temps estoit trouble.[1] Il me dit encore que le grand vent qu'il fit le 21 au 22 de septembre avoit abbatu le grand quart de cercle que Messieurs les academistes de Paris avoient porté sur l'observatoire et que cette tempeste l'avoit jetté du haut de la terrasse en bas de la hauteur de plus de six toises, qui font 36 pieds. Il s'est tout fracassé et le fer et la lame de cuivre ont estez entierement faulcees, et pliees. Il n'y avoit point encore de division que de quelque degrez, qui encore estoient a ce que l'on dit assez mal divisez.[2] Voilà tout ce que j'ay apris touchant l'astronomie.

Nous avons icy a Varsavie un chiaoux[3] de la part du grand seigneur qui menace fort insolement d'une guerre a ce printemps sy la Pologne ne quitte toutes ses pretentions sur l'Ukraine et sur tout ce qui appartient aux Kosakes qu'il appelle ses sujets parce qu'ils se sont donnez a luy et qu'estant membres d'une Republique ils se peuvent donner a qui il leur plaist.[4] Il appelle encore Dorozinko son sangiak, ou beÿ.[5]

---

1 Conjonction observée par Hevelius à Dantzig le 4 mai 1672 à 11h 37'; Jupiter étant distant de 45" au plus de la corne inférieure (*Machina Cœlestis*, livre 2, p. 603 et livre 3, p. 60): Pingré, *Annales*, 1672, p. 299.

2 Un ouragan dans la nuit du 21 au 22 septembre 1671 renversa et détruisit le grand quart de cercle de Gosselin hissé sur la terrasse avant tout usage. L'incident est relaté dans la Vie de J. D. Cassini: « Je fis placer dans ce lieu enfoncé un grand quart de cercle construit par Gosselin, et divisé avec soin par Le Bas. Un coup de vent terrible le renversa dans la nuit du 21 au 22 septembre 1671 et le rendit inutile aux observations. » Cité par Ch. Wolf, *Histoire de l'Observatoire*, p. 109. Gosselin fut chargé de la réparation de son instrument. L'incident s'est donc produit 14 mois avant que Des Noyers en informe Hevelius.

3 Un chiaoux est un envoyé, un ambassadeur turc.

4 Depuis 1648, les Cosaques sont en rébellion plus ou moins ouverte contre la Pologne-Lituanie. Au fil du temps les Cosaques se divisent en au moins trois camps: pro-polonais d'une part, pro-russes d'autre part, avec toujours une volonté d'indépendance de la part du chef de la rébellion, Bogdan Chmielnicki, et de certains de ses successeurs. La bataille de Beresteczko en 1651 cause tellement de morts dans les rangs cosaques qu'ils ne disposent plus des moyens de maintenir leur indépendance. De plus, la paix d'Androussovo de 1667 qui divise leur territoire entre Polonais et Russes et ne reconnaît en rien leur indépendance ou autonomie, ne fait qu'aigrir une partie des chefs, dont Petro (ou Piotr) Dorochenko. La « république » que mentionne ici Pierre des Noyers renvoie au fait que les Cosaques sont organisés en une société militaire gouvernée par conseils et où les régiments élisent leurs officiers, qui à leur tour désignent un Hetman. L'Hetman est le chef des armées et de l'État et, n'en déplaise aux suzerains russes ou polonais, il dispose d'une influence indéniable sur le territoire et les Cosaques dans leur ensemble. L'appel de Dorochenko à l'Empire ottoman en est la meilleure preuve. Il espère par là non tant une indépendance qu'une autonomie plus grande et la reconnaissance de l'Hetmanat que les cosaques n'ont pu obtenir des Polonais ou des Russes. [D.M.]

5 Sur Piotr Dorochenko (1627-1698), voir lettre n° 152. En 1672, l'armée ottomane envahit la Pologne avec le soutien de Dorochenko et remporte la victoire de Chertvenivka. Lvov est saccagé. La guerre prend fin

446 CORRESPONDANCE DE JOHANNES HEVELIUS. TOME III

On retiendra ce chiaoux jusques a la Diette[1] auquel temps on luy donnera sa responce et on envoyera demander du secours a tous les Princes chrestiens.

Faitte moy tousjours la grace, Monsieur, de me croire autant que veritablement je le suis

Monsieur,
Vostre tres humble et tres obeissant Serviteur

Des Noyers

21 avril 1673, Boulliau à Pierre des Noyers[2]

BO : C1-XI, 1569/83
BnF : Lat 10 348-XI, 121-122

Paris le 21 avril 1673

Je commenceray la response a la vostre dit 1 du courrant, en vous disant, Monsieur, que je suis surpris de l'estonnement dans lequel vous estes et M. Hevelius aussi a cause que je ne vous escris rien des ouvrages de Mrs. nos Academiciens. Je n'ay point manqué de vous en advertir lors qu'ils ont produict quelque chose, mais cela arrive fort rarement[3]. Je vous escrivis il y a 15 jours que l'on avoit imprimé un livre in fol. de M. Cassini qui contient 20 pages, dans lequel il nous a donné les satellites de Saturne qu'il dit avoir descouverts avec la grande lunette de Campani qui est de 36 pieds[4]. Et afin que cette observation soit accompagnee de quelque autre nouveauté, il a adjousté les descriptions des spirales que font les planetes emportez dans leurs epicycles[5], ou par le Soleil. Je panse qu'ils ne se sont pas souvenus que ces figures dont l'invention n'est

---

avec la signature de la paix de Buczacz (18 octobre 1672) qui fait de la Podolie une province ottomane et place la Voïvodie de Bratslav et du sud de Kiev, territoires cosaques confiés à Dorochenko, sous protectorat turc.

1 La Diète s'est tenue entre le 4 janvier et le 8 avril 1673 à Varsovie.

2 Pièce jointe aujourd'hui isolée.

3 Ce qui est évidemment faux, mais Boulliau s'applique à systématiquement jeter le discrédit sur les activités de l'Observatoire.

4 Après Titan découvert par Huygens, il s'agit de Japet, observé le 25 octobre 1671 et de Rhéa, le 23 décembre 1672. Découvertes publiées dans : *Découverte de deux nouvelles planètes autour de Saturne*, Paris, Marbre-Cramoisy, 1673, 20 pages. L'ouvrage est dédicacé à Louis XIV. Cassini a observé Japet avec une lunette de 17 pieds. Colbert, en septembre 1691, écrit au cardinal d'Estrées, ambassadeur à Rome : « Le 10 septembre 1671... Notre Académie des sciences a besoin d'une des lunettes d'approche du sieur Campani ; je vous prie de l'envoyer quérir et de luy ordonner d'en faire deux des meilleures et des plus longues qu'il pourra. Comme il est extrêmement appliqué à en multiplier la vertu, je vous prie de luy dire qu'au cas qu'il trouve le moyen de l'augmenter de la moitié ou du double des dernières qu'il a faites qui ont 55 palmes de longueur, qui reviennent à peu près à 36 ou 37 pieds de France, outre l'avantage qu'il aura de les débiter, le Roi lui fera encore un présent considérable. », *Lettres de Colbert,* n° 72, V, p. 315 : cité par Ch. Wolf, *Histoire de l'Observatoire*, p. 157.

5 *Découverte*, p. 14.

pas fort subtile, sont dans le commentaire de Kepler in Stellam Martii et dans l'Almageste du P. Riccioli ; et comme les macules du Soleil ne sont pas si communes, ils ont aussi adjousté l'observation de quelques unes[1]. Vous vous estonnerez si je vous dis, que je n'ay jamais pû voir leur livre de la mesure de la Terre, tant ils ont de soign (sic) de le tenir caché[2]. Mais je me console aisement de cette privation, asseuré que je n'y perds pas beaucoup. Je prevoi qu'ils seront redouits pour grossir leur reputation, de faire comme l'un de nos beaux esprits, qui pour augmenter un petit volume de vers qu'il faisoit imprimer, il adopta entre ses ouvrages des vers que ses amis lui avoient addressez et dediez et institula son livre Poëmata N. tam propria quam adoptiva ; cela se peut faire entr'amis quorum unum et idem est cor, unus idemque sermo. Lors que les ouvrages de Mr. Hevelius seront imprimez, ils les feront reimprimer icy, et en feront un appendice a leurs fueiles volantes, et intituleront leurs ouvrages Academicorum Regiorum observationes astronomicæ tam propriæ quam adoptivæ Gedanenses. Vous me respondrez peut estre qu'ils se donneront bien de garde de tomber en cet inconvenient, puis qu'ils n'ont pas voulu que Mr. Picard allast voir M. Hevelius de peur que l'on n'eust creu qu'ils l'avoient envoyé consulter pour apprendre quelque chose de luy, et prendre son advis touchant les instruments et la maniere d'observer[3]. Mais je vous prie de me faire scavoir si ces deux Mrs. Picard et Casini ont fait response a M. Hevelius, car j'ay peu de pratique avec ces Mrs. nos Academiciens, que je laisseray agir a leur mode. Je suis asseurer que la nouvelle invention, dont vous me parlez de Mr. Hevelius pour avoir jusques aux tierces et quartes dans un instrument de six ou 7 pieds de demidiametre ne leur agreera pas, pour ce qu'ils n'en peuvent pas inventer une pareille ; et certainement je la tiens pour admirable. Vous luy ferez s'il vous plaist Monsieur mes tres humbles baisemains et l'asseurerez que je suis son tres humble Serviteur.

A Monsieur,

Monsieur Des Noyers Conseiller et Premier Secretaire des Commandemens de la
Serenissime Reine de Pologne,

A Dantzigk

---

1 *Découverte*, p. 15-20.

2 *Mesure de la Terre* de l'abbé Jean Picard a paru en 1671 (Paris, Imprimerie royale).

3 Picard s'est rendu au Danemark pour calculer la localisation précise d'Uraniborg en juillet 1671. Il reste au Danemark jusqu'en juin 1672. Selon Guy Picolet, « Tout porte à croire que les académiciens parisiens avaient formellement décidé à l'avance que les membres directement concernés par l'expédition, à savoir Picard et J.-D. Cassini, prendraient contact avec Hevelius le plus rapidement possible pour lui demander son concours » ; mais après un premier échange, les Français ont cessé de répondre à Hevelius : « Peut-être peut-on supposer que, devant les critiques relatives à l'apparence de Saturne en 1671 que renferment les lettres d'Hevelius à Cassini (20 août) et à Picard du 7 octobre 1671, Picard s'est volontairement abstenu de répondre à Hevelius afin de ne pas ouvrir de polémique avec lui à ce sujet. Quoi qu'il en soit de cette conjecture, il était fatal dans ces conditions, que l'invitation qu'Hevelius avait faite à Picard de le voir à Dantzig ne reçût aucune suite. » (Guy Picolet, *CJP*, p. 8 et 14).

15 septembre 1673, Boulliau à Pierre des Noyers[1]

BnF : Lat. 10 348-XI, 122-124.

Monsieur des Noyers,
Conseiller et Premier Secretaire des Commerces (sic)
De la Serenissime Reine de Pologne
A Dantzig

Paris, le 15 septembre 1673

J'ay receu avec la vostre du 26 aoust la lettre que Monsieur Hevelius m'a fait l'honneur de m'escrire[2], je luy feray response la semaine prochaine. Cependant je vous prie de prendre la peine de luy dire, que je vids hier Monsieur Chapelain, à qui je communiqué sa lettre, qui de son costé me communique aussi la sienne[3]. Il me temoigna qu'il avoit fort à cœur de rendre service à Monsieur Hevelius, et qu'il peut l'asseurer qu'il employera tout ce qu'il a d'advis et de credit pour luy faire avoir la gratification qu'il a cy-devant receu du Roy, et qu'il en traittera avec Monsieur Perault. Je vous supplie de l'asseurer que l'un et l'autre y travaillent de tres bon cœur, et que si l'affaire est possible dans le temps où nous sommes, et dans la rareté d'argent où l'on se trouve, ils la feront reussir. Je le remercie de l'exemplaire qu'il m'envoye[4], mais j'ay grand peur qu'auparavant que ses livres puissent arriver icy, qu'ils ne tombent entre les mains des gens de guerre, si la paix ne se fait pas bientost, à quoi je ne vois pas grande apparence[5]. Je suis bien attristé de ne pouvoir pas jouir bientost de ses ouvrages, afin de m'en pouvoir servir au dessein que j'ay si je vis encore quelques années, pour mettre mes Tables à un point plus parfait qu'elles ne sont, mais il faut avoir patience.

Je vous supplie de luy dire que nos observateurs ne feront jamais de si beaux ouvrages que luy, et que de long temps ils n'en produiront, si ce ne sont quelques feuilles volantes. Ils ont un Danois avec eux, qui s'appelle Romer, que Monsieur Picard amena l'an passé de Dannemarck, l'on m'a dit qu'il calcule pour eux[6]. La plus grande application est à considerer la Lune, et les Planetes avec les lunettes. L'on m'a dit que quelques fois ils prenoient des distances des estoilles fixes, mais ce qu'ils ont d'instruments n'est pas dans la

---

1 Pièce jointe aujourd'hui isolée.

2 BnF, Nal 1642, 88r-90r et Lat. 10 348-XI, 180-181.

3 Hevelius a écrit à Chapelain le 25 août 1673, *CJH*, II, n° 90, p. 336-339. Chapelain, déjà très affaibli, n'a pas répondu à cette lettre. Il décède le 22 février 1674. C'est à Charles Perrault, premier commis aux Bâtiments du Roi, qu'Hevelius aura désormais affaire.

4 De la *Machina Cœlestis*, I.

5 Il est question de l'envoi de la *Machina Cœlestis* dédiée à Louis XIV. Hevelius a expédié les exemplaires en France le 25 août 1673 ; Charles Perrault en accuse réception le 30 octobre 1674, soit 14 mois plus tard. La Guerre de Hollande (1672-1678) a rendu difficile l'acheminement des paquets (voir *CJH*, II, p. 36 et n° 89-92).

6 Olaus Römer (1644-1710) accompagne Picard de retour du Danemark en 1672. Il travailla dix années à l'Observatoire, avant de rentrer à Copenhague en 1681 (n° 161).

LETTRES [1674]

perfection necessaire et l'usage n'en est pas si facile qu'ils facent tout ce qu'il leur plaira, je connois leur portée et je n'ay pas peur qu'ils prejudicient à la reputation de Monsieur Hevelius, ny à la mienne : elles sont tres bien establies. Je ne manqueray pas de m'informer de ce qu'ils diront de son livre lors qu'il sera icy[1]. Je ne doubte pas que cela leur face de la peine et s'ils sont forcé de l'approuver, et d'en cognoistre le merite, comme je croy qu'ils le feront, ils le feront d'une maniere que l'on recognoistra que le proverbe est vray *pessimum genus inimicorum laudantes.* Je vous prie encore de dire à nostre amis, que je ne manqueray point d'escrire à Londres à Monsieur Oldenbourg, afin de sçavoir ce que sont devenus les livres que je luy envoyai il y a bientost 18 mois par Monsieur Henri Smith[2], qui mourut à Londres de la petite verole au mois de may dernier.

166.

28 mai 1674, Hevelius à Pierre des Noyers

BO : Cɪ-XI, 1646/178
BnF : Lat. 10 348-XI, 282-285

Illustrissime Domine,

Quamprimum exoptatissimum illum nuncium accepimus, Regis electionem Warsaviæ pro Gedanensium omnium voto felicissime expeditam esse, vix verbis, tibi, amice honorande, exprimere possum, quanta animi lætitia perfusus fuerim, percepto inprimis illustrissimum et excellentissimum dominum dominum supremum Marechalcum et Generalem Regni gratiosissimum dominum meum, meorumque studiorum singularem Evergetam, qui me meamque Uraniam toties, tantaque faventia, tantoque honore dignatus, nunc tandem præ omnibus reliquis candidatis unanimi Polonæ gentis consensu in regem electum, et ad thronum regiæ majestatis evectum esse. Id quod ut singulari divina gratia nostro bono accidit, sic Deum Optimum Maximum toto pectore veneror ut Sacræ Regiæ Majestati domino meo clementissimo plurimos vitæ annos, exoptatissimam valetudinem, perpetuamque felicitatem, ad Nominis Divini Gloriam ac orbis Poloni maximum incrementum clementissime largiatur. Spes etiam haud levis nobis affulget Sacram Regiam Majestatem, pro sua erga literas literatosque maxime propensa voluntate ut hactenus sic et porro me, meaque studia uranica sua Regia singulari gratia et protectio non dedignaturam, atque benignissime prospecturam ne non et nostris qualibus qualibus studiis sideralibus pro necessitate subveniatur : quo eo maturius cælum nostrum stellatum, atque residua maxima pars Machinæ Cœlestis, splendidiusque quam hactenus, in Creationis Gloriam, orbis Poloni honorem, atque rei literariæ incrementum in

---

1 La *Machina Cœlestis* présente toute l'instrumentation des observations d'Hevelius.
2 Lettre de Boulliau à Oldenburg du 24 avril 1672, n° 1968, *CHO*, IX, p. 47-49.

publicum prodeant. Tu igitur, amice honorande, pro ea necessitudine qua obstringimur, officio tuo non deeris; inprimis humanissime te rogatum volo, ut prima data occasione Sacræ Regiæ Majestati et meo nomine humillime submississimisque verbis, meliori ratione, uti decet congratulationem meam deponas ac subjectissimum devinctissimumque animum meum, ad quævis servitia paratissimum prolixe exponas atque offeras, quo me porro inter suos subjectissimos fidelissimosque numerare clementissime dignetur. Cæterum hac occasione data commemorare tibi volui, quid acciderit in museo meo plane eo ipso tempore cum illustrissimus et excellentissimus supremus dux exercitium atque regni Mareschallus anno præterito, me pro sua erga me faventia inviserit museumque meum gratia sua cohonestarit: nimirum citrum meam in altero cubiculo tum demum prima vice floruisse atque nunc primum et quidem eo ipso tempore quo illustrissimus Mareschallus omnium suffragio Regium diadema Polonicum adeptus, matura poma citrea et quidem bina ex uno eodemque cauliculo, quæ alioquin hic Gedani vix unquam hactenus maturaverunt, protulisse. Id quod cum mihi bono ex aliquo omine sine dubio factum esse videatur, haud potui intermittere (etiamsi sit res nullius plane momenti) quin ea ipsa poma, hac primum die ab arbore una cum foliis decerpta tibi bono animo transmitterem. Adhuc cum nulla adhuc hoc anno ex Hispania navibus fuerint advecta, tum vix alia hujus generis in tota nostra Prussia imo forte in Polonia nunc obvia sint, quæ ibidem nempe prognata, tuo judicio committo, an possit res adeo leviuscula Regiis Majestatibus submississime offerri; non dubito tamen, quin pro earum magnanimitate non rem sed submississimum animum offerentis Serenissimo vultu clementissime respiciant. Quod si vero tibi etiam aliter visum fuerit non esse e dignitate, poteris nostro nomine cuicunque placuerit ea offerre. Vale, vir illustrissime, saluta illustrissimum dominum Burattinum nec non inquire qui factum fuerit, quod exemplar Machinæ meæ Cœlestis Serenissimo Leopoldo ab Hetruria Cardinali de Medici destinatum, nondum oblatum fuerit. Nam si Florentiam pervenisset, absque omni dubio, jam dudum per literas mihi significasset. Vale iterum. Dabam Gedani, anno 1674, die 28 Maii,

Tuæ illustrissimæ Dominationi
Addictissimus

J. Hevelius, manu propria

Très illustre Monsieur,

Nous avons appris la nouvelle éminemment souhaitée qu'à Varsovie l'élection du Roi s'était très heureusement passée, conformément au vœu de tous les habitants de Dantzig[1]. Je ne trouve pas de mots, honorable Ami, pour exprimer la joie qui m'a

---

1 Jean Sobieski (1629-1696) est resté fidèle à Jean-Casimir durant la rébellion de Lubomirski (1665-1666) ce qui lui valut d'être nommé Maréchal (1665) puis Grand Hetman en mai 1666. Militaire de grand talent, il remporte en octobre 1667 une victoire sur les Cosaques de Pierre Dorochenko et ses alliés Tatars à Podhajce. Après avoir soutenu les candidatures de Condé et de l'électeur palatin en 1667, il passe dans l'opposition au Roi Michel et forme une confédération contre la cour en 1672 qui lui vaut d'être déchu,

inondé quand j'ai appris que l'excellentissime Seigneur Monseigneur le Grand Maréchal et Général du Royaume, mon très gracieux Maître, le Bienfaiteur particulier de mes études qui déjà m'a jugé tant de fois digne, moi et mon Uranie, d'une si grande faveur et de tant d'honneur[1], avait été élu Roi, avant les autres candidats, par l'accord du peuple polonais tout entier et porté au trône de la Majesté Royale. Cet événement survient par une grâce divine particulière pour notre bien. C'est pourquoi, de tout mon cœur, je vénère Dieu Très Bon, Très Grand, pour qu'il dispense, dans sa grande clémence, à Sa Majesté Royale et Sacrée, mon Maître très bienveillant, de longues années de vie, une santé parfaite, un bonheur perpétuel pour la gloire de son Divin Nom et plus grand accroissement du Royaume de Pologne. Ce n'est pas un mince espoir qui brille pour nous que Sa Majesté Royale et Sacrée, dans sa grande inclination pour les lettres et les lettrés, ne nous jugera pas indignes, moi et mes études astronomiques, de sa grâce et de sa protection particulière dans l'avenir, comme il l'a fait jusqu'à présent ; et qu'il veillera avec bénignité à venir en aide, selon la nécessité, à nos études célestes en leur état, pour que paraisse plus tôt, en public, notre ciel étoilé et la plus grande partie qui reste de la Machina Cœlestis[2] plus splendidement qu'à présent, pour la gloire de la Création, l'Honneur du monde polonais et le développement des lettres. Quant à vous, honorable Ami, à cause de ce lien qui nous lie, vous ne manquerez pas à votre devoir, en particulier, je voudrais vous demander très poliment, qu'à la première occasion vous déposiez en mon nom, comme il convient, très humblement et avec les paroles les plus soumises, mes félicitations aux pieds de Sa Majesté Royale et Sacrée ; et que vous lui exposiez en détail, et lui offriez mon âme, toute soumise, toute dévouée, toute prête à toute espèce de service pour qu'il daigne, dans sa grande clémence, me compter à l'avenir parmi ses plus soumis et ses plus fidèles. Par ailleurs, à cette occasion, j'ai voulu vous rappeler ce qui est arrivé dans mon musée juste au moment où l'illustrissime Commandant et Maréchal des armées me fit, l'année dernière, la faveur de me visiter et honora mon musée de sa gloire ; que dans une autre pièce, mon citronnier fleurit alors pour la première fois et que maintenant, au moment même où l'Illustrissime Maréchal reçoit la Couronne de Pologne, par le suffrage de tous, les citrons sont mûrs et même deux sur la même tige, alors qu'ici à Dantzig ils n'ont quasiment jamais mûri. Comme cela me paraissait sans aucun doute un bon présage, je n'ai pu m'empêcher (même si la chose n'a aucune importance) de vous envoyer de bon cœur ces fruits, cueillis ce jour sur l'arbre, avec leurs feuilles. Comme aucun n'est encore arrivé d'Espagne par bateau cette année et qu'il ne s'en trouve presque pas

---

ses biens confisqués et déclaré ennemi de l'État. Il remporte néanmoins sur les Turcs la bataille de Khotin (11 novembre 1673), le lendemain du décès du Roi. Il est élu Roi de Pologne le 19/21 mai 1674.

1 Karolina Targosz consacre un chapitre entier aux relations entre Hevelius et Sobieski. K. Targosz, *Jan III Sobieski*, 1991, p. 308-357. Jean Sobieski rappelle fréquemment dans ses courriers sa proximité avec le savant (p. 23). Un de ses officiers, Stanisław Solski, achète régulièrement à l'étranger des instruments scientifiques en faisant appel à Hevelius (p. 120). De plus, lorsque le savant fait l'acquisition de nouveaux instruments, il cède ses anciens à Sobieski (p. 206-207). Autre exemple, les deux hommes montrent un certain intérêt pour le jardinage. Hevelius offre à Sobieski après son élection des citrons cultivés dans sa propriété. [D.M.]

2 Le second volume, dédicacé à Jean Sobieski, a paru en 1679.

d'autres de ce genre dans toute notre Prusse et même en Pologne qui ait poussé sur place, je soumets à votre jugement la question de savoir si un présent si léger peut être offert à Leurs Majestés Royales en toute soumission. Je ne doute pas cependant que dans leur magnanimité ils ne considèrent d'un visage serein, en toute clémence, non point l'objet mais l'âme très soumise de celui qui l'offre. S'il vous paraît au contraire indigne d'eux, vous pourrez en mon nom, les offrir à n'importe qui. Portez-vous bien, très illustre Monsieur, saluez le très illustre Monsieur Burattini et demandez-lui comment il s'est fait que l'exemplaire de ma Machina Cœlestis destiné au Sérénissime Léopold de Toscane, cardinal de Médicis, ne lui a pas encore été offert : car si le livre était parvenu à Florence, sans aucun doute, il me l'aurait depuis longtemps fait savoir par lettre. À nouveau, portez-vous bien. Donné à Dantzig, l'an 1674, le 28 mai

À votre Seigneurie illustrissime
Le tout dévoué

Hevelius, de sa propre main

167.

4 juin 1674, Pierre des Noyers à Hevelius

BO : CI-XI, 1647/179
BnF : Lat. 10 348-XI, 285-286

Varsavie le 4 juin 1674

Monsieur,

Je receu hier au matin avec la lettre que vous me faite l'honneur de m'escrire du 28 de may la boette contenant trois beaux citrons, qui ont estez tres bien consevez. Je fus au diner du Roy et de la Reyne[1] et je leur presenté sans vouloir dire ce que c'estoit, ce qu'ils tesmoignoient avoir grande envie de savoir. Je donné vostre lettre a lire au Roy qui la leut tout au long. Et puis sans dire ce que c'estoit, descouvrit trois beaux citrons et raconta ensuitte a la compagnie tout ce que la lettre que vous m'avez fait la grace de m'escrire, contenoit[2]. Ils furent admirez pour leur beauté, et pour leur bonne odeur. La Reyne les prit ensuitte et mangea l'escorce et puis fit

---

1 La Française Marie Casimire Louise de la Grange d'Arquien, née à Nevers en 1641, a accompagné à cinq ans Marie-Louise de Gonzague en Pologne. Mariée à Jan Zamoyski en 1658 et veuve en 1665, elle épouse Jan Sobieski en juillet 1667. Ils eurent 12 enfants dont 4 ont atteint l'âge adulte.
2 Voir lettre n° 166.

serrer soigneusement les deux autres, parce qu'il n'y en a point du tout icy. Ensuitte toute la compagnie s'enquit bien particulierement par quelle invention vous pouviez faire venir a maturité un sy beau fruit, veu qu'icy a Varsavie ou le climat est plus chaud plusieurs s'efforçoient d'en faire croistre et n'y pouvoient reussir. Le Roy fit luy mesme la description de ce qu'il avoit veu lors qu'il fut chez vous[1]. Et apres que l'on en eut bien discouru on parla de vostre meritte et de vos ouvrages avec l'eloge qui vous est dubt.

J'ay fait vos baisemains a M. Buratin qui vous en rend tres humbles graces, et vous assures de la continuation de ses services. Il m'a dit avoir advis que le paquet de livres que vous aviez envoyé pour M. le Cardinal de Medicis, avoit esté rendu a Vienne entre les mains du comte Chiaromani son Résident[2] et je l'ay obligé d'escrire pour savoir si lesdits livres ont estez receus a Florence. C'est ce que je vous ferez savoir aussy tost que la responce en sera venuë. Cependant je voudrois vous pouvoir rendre icy quelque service plus important pour vous mieux faire (connaître) la passion avec laquelle je suis tousjours,

Monsieur,
Vostre tres humble et tres obeissant Serviteur,

Des Noyers

168.

10 août 1674, Pierre des Noyers à Hevelius

BO : Cɪ-XI, 1661/198
BnF : Lat. 10 348-XI, 323-325

De Varsavie le 10 aoust 1674

Monsieur,

Je vous envoye cy joints un lettre de M. le Cardinal de Medicis, en laquelle vous verrez que les livres que vous luy avez envoyez, luy estoient arrivez. Celuy qui les porta d'icy a Vienne en avoit gasté ou rompu le dessus de l'adresse et ne peut dire au

---

1 Jean Sobieski, comme nombre de Polonais mécontents de la politique du Roi Michel ou persécutés par la cour pro-autrichienne, s'exile à Dantzig pendant plusieurs mois pendant l'été et l'automne 1670. L'observatoire d'Hevelius est alors un des lieux de rassemblements de ces « malcontents » (K. Targosz, *Jan III Sobieski*, p. 311). Des Noyers fait sans doute référence à cette période-là, car entre 1671 et 1674, Sobieski est à la tête des armées dans le sud du pays contre les Tatars et l'Empire ottoman. [D.M.]
2 Giovanni Chiaromani, résident à Vienne du Grand-Duc auprès de l'Empereur.

Resident de Toscane pour qui estoit le paquet mais seulement qu'on luy avoit ordonné de le remettre entre ses mains, et le Resident le gardoit chez luy, quand par la recherche que j'en fis a mon arrivee en cette ville[1], il seut que c'estoit pour les envoyer a Florence. Il les fit partir aussy tost, ou ils sont bien arrivez comme vous le verrez par le remerciment que l'on vous en fait.

Je ne peu observer l'eclipse de Lune le 17 du mois passez par ce que mon quart de cercle estoit chez M. Buratin ou on y travailloit pour y faire des pinulles pour les estoilles. Sy j'avois eu une de vos estampes generales je n'aurois pas laissé d'observer les phases avec l'horloge a pandulle, mais je n'avois rien de tout cela. M. Buratin en observa exactement la fin avec une lunette. Voicy ce que je vous en puis dire. Il y avoit un nuage a l'orizon qui empescha que l'on en vit sortir la Lune. Elle estoit desja assez eclipsee lors qu'elle sortit du nuage, et assez pour juger qu'elle estoit desja entree dans l'ombre de la Terre, lors qu'elle arriva a l'orizon, le ciel fut tousjours clair et net depuis ; elle estoit alors eclipsee d'environ la quatrieme partie et sy j'avois eu icy vostre livre de la Selenographie j'aurois marqué les lieux que l'ombre parcouroit. Enfin la plus grande obscurité parut a environ 10 heures et 4'. Et a 11 heures 41' de l'horloge, la Lune sortit de l'ombre. Et a 11 heures 57' elle sortit du penombre[2]. Sagita estoit quasy au mesme meridien de la Lune au dessus, mais au moment que la Lune sortit de l'ombre, l'estoille a. marquee cy apres estoit eslevee sur l'orizon occidental de 43° 41'. Je ne vous puis pas dire quelle estoille c'estoit parce que je n'ay point icy de table, ny je ny en ay peu trouver, ny de globe[3]. Quand je seray a Dantzigt je pourray vous la montrer sur le globe.

Les Turcs ont repris Chotzin a discretion et s'en vont chasser les Moscovites de l'Ukraine pour s'y establir[4]. Le Roy doit bien tost partir pour l'armee[5]. Je suis tousjours,

Monsieur,
Vostre tres humble et tres obeissant Serviteur,

Des Noyers

1 Vienne.

2 Eclipse du 17 juillet 1674. Hevelius ne put l'observer que très partiellement, Boulliau de même du fait de l'état du ciel. Boulliau a eu aussi connaissance de cette observation de Pierre des Noyers : Pingré, *Annales*, p. 317.

3 Il s'agit d'Alpha d'Ophiuchus.

4 Le 11 novembre 1673, les Polonais avaient remporté sur les Turcs une importante victoire à Khotin. Alors que Sobieski affermissait sa position sur le trône de Pologne, Mahomet IV voulut prendre sa revanche et ses troupes reprirent Khotin en juillet 1674. Au lieu de se porter vers Léopol et Cracovie, elles se tournèrent vers l'Ukraine, ainsi que le signale Des Noyers.

5 Le Roi part en campagne le 23 septembre.

169.

[11 janvier 1675 : observation][1], Pierre des Noyers à Hevelius

BO : Cɪ-XI, 217 (manque)
BnF : Lat. 10 349-XI, 362-363
BnF : Nal 1639, 91r

Eclipse de l'11 jenvier à Varsavie 1675[2]

Elle comenca à 6. 47' de l'horloge à pandule.
Le pied droit d'Orion[3] estant à 20° 22' de hauteur sur l'horison oriental.
La Lune se cacha dans l'ombre à 7h. 51' de l'horloge, le pied droit d'Orion estant 25° 30' sur l'orison
A 8h. 49' de l'horloge j'aperceu une petite estoile qui sembloit sortir de dessous la Lune, et paroissoit ainsi [] mais je croy, que la Lune ne l'avoit pas couverte. Baierus marque cet estoille au 22 degré de Cancer en l'ecliptique, Canis Major[4] estoit alors 16° 52' sur l'orison.
La Lune commenca à sortir de l'ombre à 9 heures 12' de l'horloge, Canis Major estant 17° 40' sur l'horison.
Elle sortit tout à fait de l'ombre à 9 heures 20' Canis Major estant 18° 24' sur l'horison.
Quand l'eclipse voulut commencer, la Lune parut environnee d'un cercle des couleurs de l'Iris ou arc en ciel.
Et à la fin d'un autre, dont le dedans estoit blanc comme neige et ensuitte estoit de la couleur de l'Aurore rouge verd de mer et puis aurore, et le ciel estoit tout pommelé, mais fort transparent.
Il parut comme un penombre sur la Lune, jusqu'à 10h. 29' de l'horloge.
On vid tousjours tout le corps de la Lune durant tout le temps de l'eclipse aparemment par une refraction des rayons du Soleil, causez par les vapeurs qui estoient alors à l'orison de la Terre.
Pour Mr. Hevellius, à qui je suis tousjours tres humble et tres obeissant Serviteur, Des Noyers

---

1 Document isolé.

2 Pingré (*Annales*, p. 322), note une semblable observation réalisée à Varsovie, dans les papiers de Boulliau. Les données correspondent. Il s'agit donc de celle de des Noyers. Pingré note deux anomalies. Hevelius l'a aussi suivie : *Machina Cœlestis*, II, *Philosophical Transactions* n° 113 (26 avril 1675), p. 289. Sur cette éclipse, assez généralement observée : Pingré, *Annales*, p. 321-324.

3 Beta Orionis.

4 Sirius.

25 janvier 1675, Boulliau à Pierre des Noyers [1]

BnF : Lat. 10 348, XI- 350-351

Ismael Bullialdus
Ad illustrissimum Dominum des Noyers
Warsaviæ

Paris, le 25 janvier 1675.

Il ne faut pas s'étonner si dans les plus courts jours de l'année les ordinaires manquent quelquefois, s'il a negé en Pomeranie, le courier de Hambourg n'aura pû arriver si tost à Dantzigk.

J'ay receu le billet que Mr. Burattini vous a escrit, et j'attens à sa commodité ce qu'il promet qu'il envoyera ; cependant je le salue tres humblement. J'ay appris depuis 8 jours que Mr. Picard a envoyé à Mr. Hevelius un escrit par lequel il veut preuver que sa methode d'observer la distance ou la hauteur des estoiles avec le telescope, au lieu de pinnules, est la seule certaine, et que ceux qui ne se servent que de pinnules ne font rien d'exact [2]. Proposition fort hardie et tres difficile a prouver, estant tres certain que la refraction se faisant en tous les points du convexe, celluy excepté qui passe le centre de la sphære, l'on ne peut estre asseuré que l'on regarde l'object par le rayon qui passe par ce centre a cause de la difficulté, qu'il y a pour le trouver. Et il y a un autre inconvenient qui est qu'il est necessaire que le rayon qui tombe dans le centre de la sphere sur la portion de laquelle est formé l'objectif, doit aussi passer par le centre de la sphere de l'oculaire, ce qui est presque impossible à executer [3]. Mr. Hevelius ne doit pas faire [grand] compte de cette objection, dont la [fin] ne tend a autre chose, qu'a rendre suspecte la grande exactitude de ses observations, et d'en rendre l'autorité douteuse ; mais sa reputation on n'en diminuera pas, parce que l'on voudroit faire icy, pour elever celle des gens de deça. Je vous supplie de luy faire scavoir, qu'il [ne] faut pas s'estonner si Mr. Picard autorise l'observation avec le telescope, sans l'ayde duquel a peine peut il voir les estoiles de 3ᵉ grandeur, a cause qu'il a la veue abaissee myopia laborat, aussi bien que Mrs. Cassini et Hugens, qui sont 3 clignotiers. J'ay aussi appris

---

1 Pièce isolée.

2 Il est ici question de la lettre de l'abbé Picard à Hevelius, du 16 novembre 1674 au sujet de l'instrumentation présentée dans la *Machina Cælestis*, I : Guy Picolet, *CJP*, p. 33-40.

3 Le système adopté pour les lunettes astronomiques est celui de Kepler (*Dioptrice*, 1611) avec un oculaire et une lentille convexe qui oriente les rayons vers l'axe optique (à la différence de la lentille concave de Galilée, qui les disperse). Pour échapper aux effets de l'aberration chromatique des verres simples, il fallait limiter le rapport d'ouverture. Huygens a imaginé de combiner un dispositif avec deux lentilles distantes ce qui a permis de construire des objectifs avec des distances focales de plus en plus grandes avec des lentilles dont les courbures étaient de plus en plus petites : une spécialité de Campani. Au lieu d'utiliser un long tube difficile à manipuler, Huygens a mis au point un télescope sans tube, la lumière passant d'une lentille fixée sur la « tour de Marly » à une autre, proche de l'observateur, ce système optique permettant une grande distance focale, le tout relié par des câbles rigides.

LETTRES [1675]

qu'ils vont publier l'observation de l'eclipse de Lune de l'11 du present mois qu'ils ont faite et qui leur tardoit bien à finir, pour aller se chauffer. Nous verrons si eux et moy nous entendons ensemble[1]. Ne croyez pas, que les productions de Mr. Hevelig ne leur causent une violente jalousie, leur conscience leur dictant, qu'ils ne peuvent arriver a son industrie, s'ils ne l'imitent. Je luy aurois escrit cecy, si je l'avois sceu la semaine passee, mais je n'ay pas a pris le loisir ?

170.

2 mai 1675, Hevelius à Pierre des Noyers

BO : C1-XI, 1678/231
BnF : Lat. 10 348-XI, 388-389

Illustrissime Domine,

Non nisi ex singulari Sacræ Regiæ Majestatis propensione erga literas, atque summa clementia erga auctorem factum esse ultro humillime agnosco, quod Rex invictissimus noster atque clementissimus etiam mea qualiacunque opuscula uranica, tuæ illustrissimæ generositatis, sine dubio, benevola commendatione excitatus, adeo clementer expetierit quod ut in maximum auctori cedit honorem, sic nihil unquam mihi exoptatius accidit, quam quod occasio modo detur Sacræ Regiæ Majestati simul humillimum obedientissimum, subjectissimum, et ad quævis servitia paratissimum animum meum deferendi. Tuam igitur Illustrissimam generositatem perobservanter etiam atque etiam rogo, non dedigneris, pro tuæ illustrissimæ generositatis erga me benevolentia hæcce qualia qualia Hevelii opuscula, pro tenui ingenii sui modulo conscripta ad Regis nostri invictissimi pedes meo nomine deponere, auctoremque simul, pro tuæ illustrissimæ generositatis singulari faventia Sacræ Regiæ Majestati optimis modis, humillime tamen ac devotissime commendare; quo hasce opellas non solum serenissimo vultu clementissime intueri annuat, sed etiam porro ut hactenus auctori, suisque conatibus, atque studiis cœlestibus in Dei Optimi Maximi honorem hucusque constanter continuatis clementissime favere, eaque promovere, inprimis protectione sua Regia non dedignetur. Ego non desinam, cum pro tenuitate mea nihil amplius possim, Supremum Numen venerari, quo Sacram Regiam Majestatem, quam diutissime salvam felicem et triumphantem, Poloni orbis maximo bono et incremento clementissime tueatur. In quo omine desino, tuam illustrissimam generositatem simul Divinæ protectioni commendans, iterum

---

1 Les observations de Cassini, de Römer et de Picard ont été publiées dans le *Journal des Sçavans*, 1675, p. 44 sv ; et dans les *Philosophical Transactions*, n° 111 (22 février 1674/75), p. 238 et 112, p. 257. Sur l'éclipse : Pingré, *Annales*, p. 323.

iterumque maxime contendens, ut me suo favore et amore constanter beet, qui sum, eroque semper,

Tuæ illustrissimæ Generositati
Omnium officiorum nexu
Devinctissimus
Gedani anno a Nativitate Christi 1675, die 2 Maii, stylo novo

J. Hevelius manu propria

Très illustre Monsieur,

L'inclination particulière de Sa Majesté Royale et Sacrée envers les lettres et sa grande clémence envers l'auteur ont fait, je le reconnais spontanément en toute humilité, que Notre Roi, très invincible et très clément, stimulé sans doute par la recommandation bienveillante de votre illustrissime générosité, a réclamé mes petits ouvrages célestes en leur état. C'est un grand honneur pour l'auteur et rien ne me serait plus agréable que d'avoir l'occasion d'offrir au Roi en même temps mon âme très humble, très soumise et toute prête à tout service. Par conséquent, je demande encore et encore, avec déférence, à votre illustrissime générosité de daigner, par bienveillance à mon égard, déposer en mon nom, aux pieds de Notre Roi invincible, ces opuscules d'Hevelius tels quels, écrits à la modeste dimension de son esprit et en même temps, de recommander l'auteur à Sa Majesté Sacrée de la meilleure manière, mais très humblement et très dévotement en raison de la faveur particulière de votre illustrissime générosité pour que, non seulement il accepte, dans sa grande clémence, d'examiner ces petites œuvres d'un visage très serein, mais qu'à l'avenir il daigne continuer de favoriser l'auteur, ses efforts et ses études célestes poursuivies jusqu'à présent avec constance pour l'honneur de Dieu Très Bon et Très Grand, et les promouvoir par sa royale protection. Mais je ne cesserai pas, puisque ma petitesse m'empêche d'en faire davantage, de vénérer la Divinité Suprême pour qu'Elle garde dans sa grande clémence Sa Majesté Royale et Sacrée sauve, heureuse et triomphante pour longtemps pour le plus grand bien et le plus grand profit du monde polonais. C'est sur ce vœu que je termine en recommandant en même temps votre illustrissime générosité à la Protection Divine et en faisant, encore et encore, les plus grands efforts pour qu'elle me gratifie constamment de sa faveur et de son affection. Moi qui suis et serai toujours

À votre illustrissime Noblesse
Par tous les liens de mes devoirs
Très attaché
À Dantzig, en l'an de la Nativité du Christ 1675, le 2 mai nouveau style

J. Hevelius, de sa propre main

171.

3 mai 1675, Pierre des Noyers à Hevelius

BO : Cı-XI, 1679/232
BnF : Lat. 10 348-XI, 390

Monsieur
Monsieur Hevelius Consul de la ville de Danzigt
Dantzigt

Varsavie le 3 may 1675

Monsieur

Je me donne l'honneur d'interrompre vos belles speculations par ce billet pour vous apprendre que je suis prié de notre amy M. Bullialdus de vous dire qu'il a rendu a M. Perrault les quatre exemplaires que vous luy avez envoyez par Angleterre[1], et que ledit M. Perrault a fait signer par M. Colbert les ordonnances pour le peyement des gratifications des annees 1672 et 73 et que bien tost vous en toucherez l'argent[2]. M. Bullialdus vous fera responce aussy tost que M. Perault luy aura envoyé la sienne pour vous. C'est tout ce qu'il m'escrit de vous faire savoir. Du reste je vous demande pour moy la continuation de vos bonnes graces, puis que l'on ne peut estre plus que je le suis,

Monsieur
Vostre tres humble et tres obeissant Serviteur

Des Noyers

Le Roy arriva a Sloczoma le 25 d'avril et en devoit partir deux jours apres pour Jaworow[3]. Le feu a entierement consomme la ville de Kameniec[4] et l'on a pris un

---

1 Le premier envoi par voie terrestre n'étant pas parvenu à bon port, Hevelius a écrit à Charles Perrault le 18 avril 1674 qu'il a procédé à un second envoi, par mer, via Londres. Perrault en a accusé réception le 30 octobre 1674 : Voir *CJH*, II, p ; 35-36 et lettres nᵒ 89-92.

2 Hevelius en fait n'a jamais pu toucher les gratifications de ces deux années : *CJH*, II, p. 42 et lettres nᵒ 95 et 112.

3 Les mois d'avril-mars 1675 sont marqués par une grande offensive des Ottomans (et des Tatars) en Podolie, en Ukraine, à Kiev et dans les Carpates. Sobieski est contraint de se retirer à Léopol pour défendre la Volhynie et la Russie rouge. Jaworów est sa propriété personnelle. Złoczów est une ville fortifiée à quelques kilomètres à l'est de Léopol. Jean Sobieski y pratique également la chasse (Des Noyers à Boulliau, 1ᵉʳ mai 1682 de Varsovie, BnF, FF. 13021, fol. 227-228). [D.M.]

4 Kamianets Podilsky, dans l'Ouest de l'Ukraine, dans la région de Podillia. Après le traité de Buczacz (1672) la ville est rattachée à l'Empire ottoman et devient capitale de l'elayet de Podolie. Pour

grand convoy que l'on y conduisoit. On espere que la faim en chassera les Turcs et qu'ensuitte on aura la paix.

172.

Juin 1675, Hevelius à Pierre des Noyers

BO : Cɪ-XII, 1718/41
BnF : Lat. 10 348-XII, 117-118

Illustrissimo Domino
Des Noyers
Warsaviæ,

Illustrissime Domine

Quod me adeo constanter amore tuo prosequaris ac omni occasione sincerum te esse amicum, tum studiis atque speculationibus meis singularem promotorem ostendas, iterum iterumque gratissimo agnosco animo, nihil magis a Deo Optimo Maximo exoptans, quam ut te diutissime salvum et felicem servet, ac mihi occasionem commodam præbeat, ad quævis servitia tui gratia subeunda. Bullialdi observatio mihi pergrata extitit ; cui rursus in gratiarum actionem eclipsim Solis hic nuperrime observatam repono ; quam ut cum responso ad literas suas mense Decembris datas, nec non adjunctis ad Reverendum Patrem de Chasles reliquisque pagellis et observationibus ut et duabus figuris ex Machina nostra Cœlesti, quas desiderat, Parisios transmittas obnixe peto. Illustrissimum dominum Burattinum plurimum salvere cupio, cujus præclara inventa avidissime exspecto. Lentes ejus quod attinet, utique illas tubo meo 140 pedum aliquoties applicavi et exploravi sed reperi illas sine omni dubio tubum adhuc multo longiorem exposcere : quippe in nulla distantia usque ad 140 pedes nihil quicquam præstare voluerunt ; sic ut censeam ad tubum meum construendum ex parte brevioribus lentibus opus fore. Vale. Fave porro

Tuæ Illustrissimæ Generositatis

Cupidissimo

---

contrer la menace ottomane, Jean Sobieski a construit une forteresse près des remparts de la Sainte Trinité. La ville fut rendue à la Pologne par le traité de Karlowitz en 1699.

LETTRES [1675]

461

Postscriptum

Has cum obsignare volebam traduntur mihi tuæ literæ 19 Junii scriptæ; quid ad quæstionem illam honoratissimi nostri amici responderim ex literis adjunctis ad Dominum Bullialdum percipies; sed veniam rogo, Vir clarissime, quod adeo magnum fasciculum literarum ad te destinaverim. Verum cum sciam et te rerum nostrarum uranicarum singularem esse fautorem, tibique haud usque adeo ingratum fore, ea omnia prius perlegere, quæ ad amicos nuper dederim. Haud veritus sum, tibi prius ea communicare, ut possis iis perlectis Parisios ad communem amicum tranmittere. Vale iterum.

Au très illustre Monsieur des Noyers
À Varsovie,

Très illustre Monsieur,

Je reconnais d'une âme très reconnaissante, encore et encore, que vous m'entourez de votre affection si constante et qu'en toute occasion vous vous montrez un ami sincère et un promoteur exceptionnel pour mes études et mes spéculations. Je demande à Dieu plus que tout qu'il vous conserve bien longtemps heureux et en bonne santé et qu'il me fournisse une occasion propice pour vous rendre un quelconque service. L'observation de Boulliau m'a été bien agréable[1] ; pour le remercier, j'envoie l'éclipse de Soleil observée ici récemment[2]. Je vous prie avec insistance de la transmettre à Paris, avec ma réponse à sa lettre du mois de décembre, et de transmettre aussi les autres petites pages et observations pour le Révérend Père de Chales[3], ainsi que deux figures de notre Machina Cœlestis qu'il désire. J'espère que l'illustrissime Monsieur Burattini se porte au mieux et j'attends avec grande avidité ses fameuses inventions. En ce qui concerne ses lentilles, je les ai plusieurs fois appliquées et éprouvées sur mon tube de 140 pieds et j'ai trouvé que sans aucun doute elles réclamaient un tube encore beaucoup plus long : car elles n'ont rien voulu donner dans aucune distance jusqu'à 140 pieds; de sorte que je pense que pour construire mon tube, j'ai besoin de lentilles plus courtes. Portez-vous bien et favorisez

À votre illustre Noblesse,
Le très affectionné

J. Hevelius

---

1 Sans doute de l'éclipse de Lune du 11 janvier 1675 : cette pièce jointe et la lettre de Des Noyers qui l'accompagnait sont perdues. Celle du 19 juin est aussi manquante.

2 L'éclipse de Soleil s'est produite le 23 juin. La lettre est donc postérieure à cette date. Hevelius a publié ses observations dans les *Philosophical Transactions*, n° 127 (18 juillet 1676), p. 660-661.

3 Le père Claude François Milliet de Chales, sj. (1621-1678) enseigne depuis 1674 au collège de la Trinité de Lyon la philosophie, les mathématiques et la théologie. Il a publié les *Huit livres des Elements d'Euclide*, Lyon, B. Coral, 1660-1672 et, en 1674, le *Cursus seu Mundus Mathematicus* (Lyon, Anisson).

462 CORRESPONDANCE DE JOHANNES HEVELIUS. TOME III

Postscriptum

Au moment de sceller cette lettre, on me remet votre lettre du 19 juin. Dans ma lettre ci-jointe à Monsieur Boulliau, vous apprendrez ce que je réponds à la question de notre très honoré Ami. Mais je demande votre indulgence, très illustre Monsieur, parce que je vous adresse un si gros paquet de lettres. Mais je sais que vous êtes le soutien exceptionnel de nos études célestes et qu'il ne vous déplaira pas de lire d'abord ce que j'ai récemment donné aux amis. Je n'ai pas craint de vous le communiquer d'abord pour que vous puissiez, après lecture, les transmettre à Paris à notre Ami commun. À nouveau, portez-vous bien.

173.

23 août 1675, des Noyers à Hevelius

BO : Ci-XI, 1686/239
BnF : Lat. 10 348-XI, 415-416

Varsavie 23 aoust 1675

Monsieur,

Il y a quelque temps que j'ay recue de Paris, l'invention dont on s'y sert maintenant pour rendre les petites horloges aussy justes que les pandules[1], et comme je croy que vous la verrez volontiers je vous l'envoye par celuy qui la pourra mettre en pratique sy vous la luy faitte entendre.

Je n'ay plus de nouvelles de nos amis de Paris depuis que M. l'electeur[2] retient nos lettres.

---

1 Il doit s'agir de l'invention de la montre à ressort spiral, dont Huygens confia la réalisation à l'horloger parisien Thuret. Cette invention est présentée dans le *Journal des Sçavans* en date du 25 février 1675, p. 68-70 : « Extrait d'une lettre de Mr. Hugens touchant une nouvelle invention d'horloges très justes et portatives » (avec un dessin). Pierre des Noyers est abonné au *Journal des Sçavans*.

2 D'après la correspondance de Pierre des Noyers, une querelle éclate en 1680 entre les Maîtres des postes du Brandebourg, de Stettin et de Gdańsk. Le Maître des postes brandebourgeois souhaite voir les paquets passer par Berlin au lieu de Stettin, territoire suédois, « pour pouvoir voir toutes les lettres en particulier et les taxer » (Des Noyers à Boulliau, 1er mars 1680, de Varsovie, BnF ms 13021, fol. 2). Après Stettin, le courrier passe de toute façon par le territoire électoral. Faire passer tous les courriers en un seul point permet aussi fort opportunément de pouvoir plus facilement les contrôler. Le Roi de Suède s'y oppose puisque le traité d'Oliva de 1660 lui attribue justement le passage des courriers par Stettin. L'événement qui est ici mentionné par des Noyers pourrait fort bien être une histoire similaire, ou cette même querelle qui aurait en fait commencé plus tôt.

LETTRES [1675]

La Reyne de Pologne qui estoit a Jaroslavie est allee avec ses enfants[1] a Leopol ce qui est une marque que le peril n'y est pas grand[2].

M. Buratin n'a point encore fait l'instrument des minutes mais il le promet tousjours et demande si vous n'avez point esprouvez les verres de 140 pieds. Je suis tousjours,

Monsieur,
Vostre tres humble et tres obeissant Serviteur

Des Noyers

Un nommé Gadrois[3] a fait imprimer un livre en faveur du cisteme de Copernic, ou par les raisons qu'il aporte suposant de la matiere en mouvement, il fait voir comment le cahos s'est peu debrouiller en maniere qu'il prist la forme d'un monde tel que celuy cy. Il fait voir encore par quelle loix de mechanique les planettes se sont pu disposer de la maniere que Copernic les suppose et suivre les routes qu'elles font aujourd'huy.

---

1 À cette date, Jacques, né en 1667 et Louise, née en 1671.

2 La Reine fut appelée par le Roi à Léopol le 17 août pour ranimer le courage des quelques troupes qui s'apprêtaient à défendre la ville attaquée par les Turcs. Le péril était au contraire très grand. Le 24 août, le lendemain de cette lettre, commençait le siège de la ville, la 3ᵉ en importance du royaume, la capitale du Palatinat de Russie, grand centre commercial entre Asie et Europe, principale place d'armes de la République dotée d'une fonderie de canons, d'un arsenal et de magasins pour les troupes. Elle fut sauvée par le Roi, en dépit de la grande inégalité des forces en présence. La victoire de Jean Sobieski fut saluée comme un miracle.

3 Claude Gadroys (1642 ?-1678) a publié en 1675 Un *Système du monde selon les trois hypothèses où conformément aux loix de la Mechanique l'on explique dans la supposition du mouvement de la Terre, les apparences des Astres, la Fabrique du Monde, la formation des Planetes, la Lumiere, la Pesanteur etc.*, Paris, Guillaume Desprez, in-12. On trouve un compte rendu de l'hypothèse copernicienne dans le *Journal des Sçavans*, 1ᵉʳ juillet 1675, p. 184-188. L'année précédente Gadroys a publié un *Discours sur les influences des Astres, selon les principes de M. Descartes*, Paris, J.-B. Coignard, 1674.

174.

26 septembre 1675, Hevelius à Pierre des Noyers

BO : Cɪ-XI, 1688/240
BnF : Lat. 10 348-XI, 417-419

Domino Nucerio
Warsaviæ

Illustrissime Domine,

Literas tuas die 23 Augusti Warsaviæ datas optime accepi, nec non descriptionem novi illius horologii, quæ mihi sane pergrata accidit ; sed doleo quod non plene inventionem illam intelligam. Utinam suo tempore Horologium ejus generis videre nobis obtingeret, quo possimus pariter hic Gedani tale construere. Lentes illas pro tubo 140 pedum exploravi quidem aliquoties, sed cum exigent, meo judicio, multo longiorem tubum, nihil quicquam earum beneficio perficere potui. Idcirco aut longior tubus mihi est construendus (quod occupationes neutiquam permittunt) aut aliæ lentes breviores adhibendæ sunt, quas autem haud possideo : si quidem præter illam lentem 70 pedum nullæ mihi sunt in promptu. Hasce literas clarissimo domino Bullialdo communi nostro amico prima occasione transmittas etiam atque etiam rogo. In quibus cum nonnulla habeantur quæ et tibi, sine dubio, haud erunt ingrata, poteris prius ea perlegere, nec non literas illas quas nuper ad clarissimum Oldenburgium misi tanquam Prodromum responsionis, quem data occasione adversus clarissimum Hoockium editurus sum. Inter reliqua operose commonstravi, sed nudis solum modo verbis et sermonibus conatus, nos minime posse, nostra ratione per nostra pinnacidia[1], nudisque oculis, observationes ad integra minuta prima ut ut habeamus maxima instrumenta dirimere ; ad hæc rationem divisionis per nudas transversales, atque per lineolas rectas (more illo tam tibi in quadrante tuo, quam mihi in omnibus meis organis usitato) plane esse eandem et quod æque accurate et precise possimus particulas in instrumentis discernere, ope scilicet linearum transversalium. Quid tu amice honorande pariter illustrissimus dominus Burattinus hac de re sentiatis, haud gravatim exponatis rogo. Ego puto plurimum differentiæ intercedere inter utramque divisionem ; nunquam enim, neque tu in tuo quadrante unius circiter pedis minuta cognosces singula ex lineis transversalibus, æque accurate quam ex lineolis rectis ; et ego etiam uti bene ex oculari inspectione exploratum habes quina secunda nunquam dignoscere possum adeo præcise ex solis transversalibus quam per lineolas rectas. Deinde cum sæpius nostris observationibus interfueris, poteris tanquam ocularis testis attestari te nosse et vi-

---

1 Pinnacidia : Alidade à pinnule.

disse nos unam eandemque distantiam ad 5 vel summum 10", si non prima statim, altera tamen vice semper dirimere posse, prout omnes nostræ observationes a tot ac tot annis habitæ manifestissime ostendunt. Quod si nec perpendiculum, nec regulam ad integram minutam, ut ipse vult, unquam dirigere nobis liceret, profecto nunquam adeo accurate ad 5 vel 10" distantiæ et altitudines toties dirimere concederetur, sed ut plurimum ad aliquot integra minuta prima nunc in defectu, nunc excessu a veritate nobis aberrandum esset. Quæ cum tibi probe sint cognita, atque tu ipse instrumenta illa optime cognoscas, rogo haud graveris cum illustrissimo domino Buratino (quem officiosissime saluto), judicium tuum hac de re exponere ut videat curiosulus ille Hoockius et alios eo in negotio exercitatissimos reperiri, qui mecum plane aliter sentiant; facies profecto rem mihi multo gratissimam et ego operam daturus, ut gratissimis quibuscunque officiis id iterum demereri non nequeam. Qui sum

Tuæ illustrissimæ Dominationis
Studiosissimus
Gedani, anno 1675, die 26 Septembris

J. Hevelius, manu propria

À Monsieur des Noyers
À Varsovie,

Très illustre Monsieur,

J'ai bien reçu votre lettre datée du 23 août à Varsovie, ainsi que la description de cette nouvelle horloge qui m'a certainement intéressé. Cependant, je regrette de ne pas comprendre complètement cette invention. Puissé-je le moment venu, avoir l'occasion d'examiner une horloge de ce genre pour que nous puissions pareillement en construire une semblable, ici à Dantzig. J'ai éprouvé plusieurs fois ces lentilles pour un tube de 140 pieds, mais comme elles exigent à mon avis un tube beaucoup plus long, je n'ai rien pu faire avec leur aide. C'est pourquoi ou bien je dois construire un tube plus long (ce que mes occupations ne me permettent nullement), ou bien employer des lentilles plus courtes que je ne possède pas, car je n'ai à ma disposition qu'une lentille de 70 pieds. Je vous demande, encore et encore, de transmettre à la première occasion cette lettre au très illustre Boulliau notre Ami commun[1]. Comme cette lettre contient certaines choses qui, sans doute, ne vous déplairont pas, vous pourrez d'abord la parcourir ainsi que la lettre que j'ai récemment envoyée au très illustre Oldenburg comme Prodrome de la réponse que je publierai à l'occasion contre très célèbre Hooke[2] ; entre

1 Écrite le même jour : BO, CI-XI 1685/1483/238.
2 Lettre du 21/31 août, *CHO*, XI, n° 2727, p. 458-475 ; *Annus Climactericus*, p. 54-60. Avant même la publication de la *Machina Cælestis* I (1673), Robert Hooke a mis en cause les observations d'Hevelius

autres, j'ai laborieusement démontré, mais seulement avec des mots et des discours, que nous ne pouvons pas, avec notre calcul, nos alidades à pinnules et à l'œil nu, distinguer les observations à la minute près, si grands que soient nos instruments ; pour ce faire, la proportion de la division est tout à fait la même par des transversales nues et par de petites lignes droites (méthode que vous utilisez dans votre quadrant et moi dans tous mes instruments) et que nous pouvons, avec la même exactitude et précision, distinguer de petites parties dans les instruments avec l'aide de lignes transversales. Je vous demande, honorable Ami, de prendre la peine de m'exposer ce que vous-même et l'illustrissime Monsieur Burattini en pensez. Moi je pense que la plus grande différence intervient entre les deux divisions et que jamais, dans votre quadrant d'environ un pied vous ne distinguerez les minutes une à une par les lignes transversales avec la même précision qu'avec les petites lignes droites et, comme vous l'avez vous-même constaté de visu, je ne peux jamais distinguer 5 secondes avec la même précision par les seules transversales que par les petites lignes droites. Ensuite, comme vous avez souvent participé à nos observations, vous pourrez comme témoin oculaire attester, pour l'avoir vu, que nous pouvons toujours diviser une et même distance à 5 secondes ou au plus à 10 secondes, sinon à la première fois, du moins à la deuxième, comme le montrent très manifestement nos observations menées depuis tant et tant d'années. S'il nous était possible, comme il le prétend, de diriger le fil à plomb ou la règle à la minute entière, à coup sûr, nous n'aurions jamais pu distinguer avec autant de précision tant de fois les hauteurs et les distances à 5 ou 10 secondes ; mais dans la plupart des cas, nous nous serions éloignés de la vérité de quelques minutes entières par excès ou par défaut. Comme vous savez parfaitement tout cela et que vous avez une excellente connaissance de ces instruments, je vous demande de prendre la peine de m'exposer avec l'illustrissime Monsieur Burattini (que je salue très poliment) votre jugement pour que ce petit malin de Hooke voie qu'il y a des gens très expérimentés en la matière qui, avec moi, pensent tout autrement que lui. Vous ferez un geste qui me sera très agréable et je mettrai mes efforts à pouvoir le mériter par toute sorte de service gracieux, moi qui suis,

À votre très illustre Seigneurie
Le très affectionné
À Dantzig, l'an 1675, le 26 septembre,

> J. Hevelius, de sa propre main

---

et préconisé l'usage du télescope : voir lettre d'Oldenburg à Hevelius du 21/11 mai 1668 (*CHO*, IV, n° 858, p. 393-398). Hevelius s'est hâté d'achever la description dans le menu détail de ses instruments d'observation *oculo nudo* et a envoyé son ouvrage aux principaux savants d'Europe — Hooke excepté. Au lendemain de la parution de la *Machina Cœlestis*, I (1673), Hooke a publié ses *Animadversions on the first part of the* Machina Cœlestis *of the honourable, learned and deservedly Famous Astronomer Johannes Hevelius Consul of Dantzick, together with an Explication of some Instruments made by Robert Hooke, Professor of Geometry in Gresham College*, Londres, J. Martyn, 1674. Voir : V. Saridakis, « The Hevelius-Hooke controversy in context : transforming astronomical practice in the late 17th. Century », *Studia Copernicana*, XLIV (2013), p. 103-135 ; avec un tableau des arguments échangés p. 109.

175.

15 novembre 1675, des Noyers à Hevelius

BO : CI-XII, 1725/51
BnF : Lat. 10 348, XII, 145-146

M. Hevellius
Varsavie, 15 novembre 1675

Monsieur,

J'aurois plus tost fait response a vostre lettre du 26 de septembre[1] sy M. Buratini n'eust point esté absent et malade[2]. J'ay cependant envoyé a M. Boulliau ce qui estoit pour luy, j'en attands responce. Je vous rends tres humble grace de l'observation de l'esclipse que vous m'avez envoyee, rien au monde ne peut estre plus exacte que tout ce que vous faittes[3].

J'ay confere de tout ce que vous envoyé a M. Boulliau, avec M. Buratini, qui m'en a envoyé son opinion en Italien que j'ay fait mettre en Latin afin qu'elle vous fust plus intelligible.

Il m'a encore dit pour les verres de 140 pieds que sy vous le vouliez, il en reduiroit un plan d'un coste pour l'accourcir.

Quant a l'horloge de nouvelle invention sy j'en avois une je l'envoyerois a Dantzigt pour vous la faire voir, mais il n'en est point encore venu icy, a cause de la guerre et de la difficulté des passages[4]. On espere la paix cet hiver, Dieu nous la donne de tous costez.

Les Turcs font proposer une treve avec la Pologne mais seulement pour cet hiver ce que le Roy a refusé. On l'attendoit a Zolkiers le 9 ou 10 de ce mois[5]. Les Turcs et les Tartares se sont retirez. On dresse les universaux pour le couronnement et on croyt qu'il se fera vers la fin de jenvier. Le jour n'en est pas encore fixé[6]. On va travailler

---

1 N° 174.

2 Probablement la goutte dont il a beaucoup souffert dans ses dernières années : voir n° 201.

3 Il peut s'agir de l'éclipse du Soleil du 23 juin, ou de Lune du 7 juillet, toutes deux observées par Hevelius. Voir Pingré, *Annales*, 1675, p. 321 et 324 (dite du 6 juillet).

4 Par terre, comme par mer. La Suède, poussée par la France, est entrée en guerre au début de l'année et a attaqué le Brandebourg ; ses armées sont repoussées à Fehrbellin le 28 juin. En Rhénanie, la guerre s'enlise. Après la mort de Turenne (Salzbach, 28 juillet), les Impériaux ont pénétré en Alsace, mais sont repoussés par Condé.

5 Żółkiew où Jean Sobieski retrouve son épouse le 9 novembre après avoir sauvé la forteresse de Trembowla, aux confins de la Podolie, du siège des Turcs et avoir ainsi, une nouvelle fois, libéré la Pologne.

6 Le couronnement a lieu le 2 février 1676, à Cracovie.

468 CORRESPONDANCE DE JOHANNES HEVELIUS. TOME III

aux quartiers d'hiver pour les troupes. Le Prince Dimitre Palatin de Belz[1] en fera la distribution.

J'espere d'avoir l'honneur de vous revoir au printemps et de vous porter la nouvelle invention de M. Buratin pour la division des minutes. Il n'en a pas encore fait l'instrument a cause de ses incommoditez mais je ne doute pas qu'il ne reussisse quand il sera bien fait. Continué moy l'honneur cependant de ma croire comme je le suis tousjours,

Monsieur,
Vostre tres humble et tres obeissant Serviteur,

Des Noyers

176.

29 décembre 1675, Pierre des Noyers à Hevelius

BO : C1-XII, 1724/50
BnF : Lat. 10 348-XII, 143-145

Varsavie le 29 décembre 1675

Monsieur,

Je ne me donne l'honneur de vous escrire aujourd'huy que pour vous souhaitter les bonnes festes de la Nativité de Nostre Seigneur Jesus Christ et une heureuse nouvelle annee ; et ensuitte pour vous dire que nostre bon amy M. Bullialdus m'escrit qu'il a receu la lettre que vous luy avez adressee par moy avec la copie de celle que vous aviez escritte a M. Oldenburg[2], secretaire de la Societe Royale d'Angleterre. Voicy ce que me dit M. Boulliau a cet egard[3] et qu'il me prie de vous faire entendre en attendant la responce qu'il vous fera.

Monsieur Hevellius ne doit point craindre ceux qui ont de l'emulation et de l'envie contre luy. Il pourroit remettre a un autre temps la responce a leurs objections, qui ne feront jamais d'impression dans l'esprit des personnes spirituelles et esclairees, et il feroit mieux de produire ses observations qui fermeront la bouche de ses envieux et

---

1 Le prince Demetrius Wiśniowiecki, qui a fidèlement servi le roi dans ses guerres contre les Turcs et les Tatars. Le 4 mars 1676, il est fait Grand Hetman, lors de la Diète du couronnement : n° 107.

2 La lettre à Boulliau est du 26 septembre ; celle à Oldenburg, du 31 août (*CHO*, n° 2727, XI, p. 456-475) ; Hevelius, qui la juge importante, la publie dans l'*Annus climactericus*, p. 54-60.

3 La lettre à Oldenburg est une longue réponse aux critiques de Hooke.

LETTRES [1675]

rendront leur artifice inutils, confondront leurs faux et mal fondez raisonnements et les couvriront de confusion. Et apres avoir donné ses ouvrages, il pourroit responde a ces escrivains, qui seroient bien aises de l'occuper toute sa vie a faire des apologies, et de l'empescher de produire ses ouvrages qui estant veus dissiperont eux mesmes tout ce que la jalousie, que je say que certaines gens ont contre luy, peut jetter aux yeux des personnes qui n'entendent point ces matieres. Et M. Hook[1] ne reussira jamais dans le dessein qu'il a de faire mespriser les observations de Monsieur Hevellius. J'ay receu les trois exemplaires de la Machine Celeste que M. Oldenburg m'a envoyez de Londre.[2] / Jusques icy, M. Boulliau/

Vous voyez Monsieur que son sentiment est que l'on vous veut occuper a faire des apologies pour retarder la production de vos observations, et c'est ce qui vous les doit faire haster pour prevenir les desseins que peuvent avoir vos envieux de donner quelque choses au publique devant que vos ouvrages soient au jour. Et quand ils y seront sy quelqu'un a la hardiesse de les descrier, alors vous pourrez faire des apologies pour les deffendre et demander a ses jaloux qu'ils produisent les moyens qu'ils ont de faire mieux.

M. Buratin n'a pas encore fait l'instrument qu'il avoit promis que je croy qui pourra reussir, il promet d'y travailler a son retour de la Diette ou il va a Cracovie[3].

M. Boulliau me dit la mort de M. de Roberval vers la fin d'octobre dernier[4]; il estoit né au mois d'aoust de l'annee 1602. Continuez moy l'honneur de me croire tousjours,

Monsieur,
Vostre tres humble et tres obeissant Serviteur,

Des Noyers

1 Voir lettre n° 174.
2 Voir lettre n° 171.
3 La Diète s'est tenue à Cracovie entre le 2 février et le 5 avril 1676. Elle devait se tenir en ce lieu, du fait des funérailles de Jean Casimir (décédé à Nevers le 16 décembre 1672 et dont les restes étaient revenus de France) et du Roi Michel ainsi que du couronnement de Jean Sobieski.
4 Né le 10 août 1602 et décédé le 27 octobre 1675.

177.

Manuscrit de Pierre des Noyers

Déclaration de la machine [de Burattini]

La platine A.B.C.D.E. est la bare de toute la machine. F.G.H.I. est une ouverture fait en icelle, qui estant en la lunette doit estre plus large que n'est pas le disque du Soleil et de la Lune, au moins deux fois en diamettre.

K.O.P.R. est une lamine d'une piesce, qui passe par les attaches ou liens a b.b.

M.R.S.T. est une autre bare ou lamine semblablement d'une piesce, qui passe dans les mesmes attaches ou liens, de l'autre costé opposé.

En ces deux lamines ou barres est attaché le rombe K.L.M.N. aux points K et M.

Les fils ou cheveux marquez ccc. Doivent estre au nombre de treize pour faire douze intervales, et la distance du premier au treizieme doit estre (: quand le rombe fait le quaré, c'est a dire quand tous ses angles sont droits :) un peu plus grandes que celle du Soleil et de la Lune de quelques minutes. C'est a dire de leurs diamettres, pour les pouvoir resserer quand il est necessaire, lequel resserement se fait facilement par le moyen du roquet V. qui entre dans les dents de la sie des barres ou lamines. En tournant le roquet d'un costé ou d'autre il fera tousjours l'effet desiré parce que les fils se resserent de tous les costez, quand les angles N S* seroient aigus ou obtus et de mesme des angles L. N. comme de K.M. ce qui peut estre ne se fait pas en un autre instrument.

Je n'ay pas le temps d'enluminer le dessein ny de le faire en profil avec les deux bouts de la lunette, pour en mettre l'un au canon qui tient le verre objectif et l'autre a l'oculaire, mais M. Hevellius qui est le maistre des maistre, le comprendra bien. Je n'ay pas mesme le temps de le rescrire. J'escrire a M. Hevellius lors que vous envoyé le dessein pour les estoilles et les planettes.

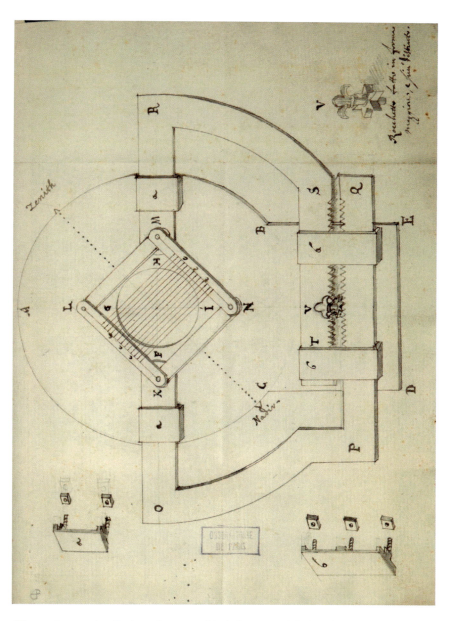

Illustrations 22 A et B: deux dessins isolés de Burattini (Cliché Observatoire de Paris)

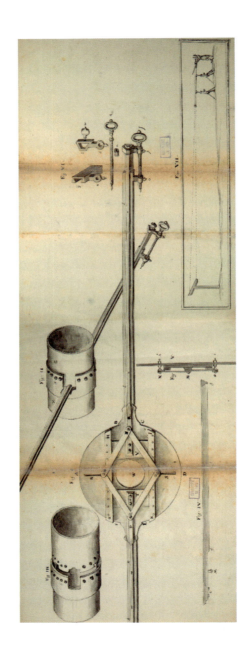

178.

15 mai 1676, Pierre des Noyers à Hevelius

BO : CI-XII, 1716/39
BnF : Lat. 10 348-XII, 114-115

Varsavie 15 may 1676

Monsieur,

Je me sers de l'ocasion qui s'offre de vous envoyer ce que M. Boulliau m'adresse pour vous, pour vous assurer tout ensemble de la continuation de mes tres humbles services. Il a voulu que je vids l'observation de l'eclipse du premier de jenvier, et pour cela il me l'a adressee ; je vous l'envoye cy jointe[1].

M. Buratin n'a point encore fait ce qu'il avoit promis pour joindre a l'observation des astres et la faciliter ; il me promet d'y travailler maintenant ce qui vous sera communiqué dans le temps, qu'il l'achevera. Quand je luy en parle il me repond que vous n'avez pas non plus, encore, fait l'espreuve de ses grands verres d'optique.

Les nouvelles que nous avons en ce peys cy sont que les Turcs viennent puissant en Pologne, que les Tartares sont desja aupres de Kamenieç et qu'ils ont ordre de penetrer le plus avant qu'ils pourront en Pologne et de tout destruire[2].

Le Palatinat de Sandomire a envoyé des deputez au Roy pour se plaindre de ce qu'on avoit refusé de recevoir au Grotte[3] leurs protestations lesquels ils ont faittes a

---

1 Hevelius n'a pu observer que partiellement l'éclipse du 1er janvier 1676 à Dantzig, mais elle était très visible à Paris. Les observations en ont été publiées dans les *Philosophical Transactions* pour Picard et Cassini, n° 123 (25 mars 1676), p. 361 ; pour Hevelius, n° 124 (24 avril 1676), p. 389 ; pour Boulliau (la plus détaillée), n° 125 (22 mai 1676), p. 610 : Pingré, *Annales*, 1675, p. 325-326 (dite du 31 décembre).

2 Suite à l'appel de Petro Dorochenko en 1672, l'Empire ottoman mène une invasion rapide et sans réelle opposition qui conduit à la paix honteuse de Buczacz qui soumet la Pologne-Lituanie à un tribut, comme n'importe quel autre vassal ottoman. Cette paix n'est jamais ratifiée par la Diète qui, dans un sursaut d'orgueil, vote de nouveaux crédits et la mobilisation des troupes. La guerre reprend dès l'année suivante. C'est dans ce contexte que Jean Sobieski remporte la victoire de Khotin, dont le prestige lui ouvre la voie au trône de Pologne. Dès 1674, la guerre prend des allures de guerre larvée : la Diète refuse de voter de nouveaux crédits puisque la fortune a changé de camp et l'Empire est pris dans une nouvelle guerre contre la Russie. En 1676, l'Empire relance une offensive à partir de la Podolie, que Sobieski n'a pas pu reprendre faute de moyens suffisants, et assiège sans succès Żurawno. La lassitude l'emporte des deux côtés et la paix est signée en octobre. L'Empire ottoman garde les deux tiers des territoires accordés par la paix de Buczacz, principalement la Podolie, mais la Pologne n'a plus à payer de tribut. [D.M.]

3 Translittération maladroite du mot « gród » de la part de Pierre des Noyers. Le gród représente à la fois un bâtiment et le territoire sur lequel s'exerce une autorité judiciaire : les starosties disposant d'un pouvoir judiciaire possèdent un gród, de même que les palatinats. Les protestations, actes de confédération et autres formes de doléances qui s'expriment lors des diètines de relation faisant suite aux diètes générales doivent être déposés au gród du palatinat dans lequel ils sont exprimés, ce que l'on a visiblement empêché ici. [D.M.]

Sa Majesté mesme contre toutes les constitutions de la derniere Diette hormis celle qui regarde la deffence du Royaume[1].

Faittes moy la grace Monsieur de me croire tousjours

Monsieur,
Vostre tres humble et tres obeissant Serviteur,

Des Noyers

Je viens d'apprendre qu'a Florence que le 31 mars dernier a 7 heures 45' du soir une heure et demie apres le Soleil couché l'air estant tout couvert de nuée, il en sortit un metheore semblable a un serpent qui fut veu passer dal greco a sirocco, et a Venize di levante a tramontana. Il fit une si grande lumiere que pendant qu'il passoit l'on pouvoit voire et lire les plus petites lettres. Il se perdit dans une nuee ou il entra et d'ou il sortit un bruit comme un coup de canon. C'est ainsy qu'on l'escrit de Florence, mais de Venize on n'a point entendu le bruit. Il n'a duré qu'autant de temps qu'il en faut pour dire un Miserere[2].

---

1 Nous avons ici un bref aperçu de ce que peut produire une diétine de relation. Une fois la Diète générale conclue, chaque diétine auditionne ses députés et débat des lois qui ont été votées lors de la Diète. Le but est de déterminer si les députés ont agi en conformité en rapport à leurs instructions et à la loi, et si les lois votées sont légales et ne viennent pas contredire des lois plus anciennes. En cas de Diète rompue, ces diétines permettent de gérer les affaires courantes : un palatinat peut par exemple décider de lui-même de lever des troupes ou des fonds pour la guerre même si la Diète s'est déchirée sur cette question et n'a rien conclu. Ici, le palatinat s'oppose à de nombreuses décisions prises lors de la Diète, hormis celles qui ont trait à la guerre et qui incluent sans doute des levées de troupes et de fonds. [D.M.]

2 Des Noyers n'a pas reçu cette information par le *Journal des Sçavans* qui ne publie l'Extrait d'une lettre écrite de Florence touchant un feu prodigieux...que dans la livraison du 25 mai. Le « prodige » (« les uns assurerent avoir veu un Dragon volant qui vomissoit des flammes et avoir entendu des sifflemens ; les autres l'appelerent une colomne, une poutre, une massuë de feu et quelques uns lui donnerent le nom de comete funeste » fait l'objet d'une illustration. « Son cours ne fut pas d'une longue durée. Elle parut dans ses commencemens sous Arcturus, de la courant avec une impetuosité surprenante contre le mouvement du premier mobile, et sifflant d'une manière épouvantable elle vint rencontrer le cercle vertical, et traverser le zodiaque sous les signes de l'Écrevisse et des Gémeaux ; mais en arrivant à l'épaule droite d'Orion, elle tomba dans un nuage qui estoit à l'Occident, où comme si elle avoit esté entierement éteinte, on ne vit plus ny feu, ny clarté ; mais pendant l'espace de huit minutes on entendit un bruit qui se fit sentir plus fort en quelques lieux qu'en d'autres et qui pouvoit passer pour un tremble-terre. » Le bruit de la déflagration (« plusieurs fusées lorsqu'elles sont poussées dans l'air ») s'accompagna d'une forte odeur de soufre et de bitume. Ce phénomène [la chute d'une météorite ?] fut aussi observé à Rome, Gênes et Bologne où M. Vittori l'observa pour Cassini (*Journal des Sçavans*, 25 mai, p. 118-120).

Illustration 23: Le prodige de Florence, *Journal des Sçavans*, mai 1676, p. 119

179.

19 juin 1676, Pierre des Noyers à Hevelius

BO: CI-XII, 1717/40
BnF: Lat. 10 348-XII, 116

M. Hevellius
Varsavie le 19 juin 1676

Monsieur,

Nostre bon amy M. Boulliau me prie de vous faire entendre que les astronomes de l'Academie de Paris disent qu'ils ont observé l'equinoxe et pretendent avoir trouvé que le calcul de M. Hecker s'esloigne du Ciel de 7' en longitude pour le mouvement du Soleil ce qui va a 5 heures 48' de temps.[1] M. Boulliau doute que l'observation soit bien juste et bien exacte et vous prie pour en pouvoir mieux juger, que sy vous avez observé cet equinoxe, de luy communiquer vostre observation, et du reste, il vous salue.

Les nouvelles de ce peys sont que les Tartares ont brulé Sloczow[2] et d'autres terres peu esloignee de Leopol. Dimidocki, en a deffait quelques uns et repris quantitez de gens qu'ils emmenoient[3].

---

1 Les Tables de Hecker (*Motuum cœlestium Ephemerides ab anno 1666 ad ann. 1680*) ont fait l'objet d'une impression à Paris (1666). Selon les calculs de Cassini et de Picard, à Paris, l'équinoxe s'est produit, en temps universel, le 19 mars 1676 à 18h. 41' 7".
2 Zolotchiv en Ukraine (n° 171).
3 Le Sultan voulant imposer sa loi au Roi de Pologne et laver l'affront de la dernière défaite, a mobilisé une nouvelle armée, évaluée à 300 000 hommes, dont 130 000 Tatars, commandée par un général habile, Ibrahim Shaïtan Pacha, surnommé « Satan ». Maître d'une partie de la Podolie et d'une partie de la Russie rouge, il est déterminé à s'emparer de la Galicie. Les habitants des pays ravagés étaient revendus comme esclaves en Turquie.

On parloit fort de la paix la semaine passee, mais celle cy on ne parle que de guerre et le Roy se mettra en campagne aussy tost que l'argent des contributions sera receu et que l'on en pourra donner aux soldats[1]. La Reyne s'est encore trouvee indisposee d'un mal de costé que les medecins jugent estre la ratte, et pour cela luy ordonnent de boire des eaux de Bourbon[2]; mais comme le voyage est fort long, on ne sait point encore sy elle le fera.

Croyez moy tousjours s'il vous plaist
Monsieur,
Vostre tres humble et tres affectionné Serviteur,

Des Noyers

180.

[1er ou 2 Juillet] 1676, Hevelius à Pierre des Noyers

BO : C1-XII, 1718/41
BnF : Lat. 10 348-XII, 117-118

Illustrissimo Domino
Des Noyers
Warsaviæ,

Illustrissime Domine

Quod me adeo constanter amore tuo prosequaris ac omni occasione sincerum te esse amicum, tum studiis atque speculationibus meis singularem promotorem osten-

---

1 Lors de la Diète du couronnement (4 février-5 avril 1676), Jean Sobieski, fort de sa victoire, obtint le vote d'une capitation sur tous ainsi que la levée d'un fantassin par foyer dans les villages, « infanterie agraire » de 30 000 hommes en temps de paix. Le roi comptait sur ces mesures pour préparer une nouvelle campagne en Ukraine, nécessaire à ses yeux pour écarter le danger et négocier une paix glorieuse. Les diétines de relation se sont bien passées en mai mais, lorsqu'en juin Jean Sobieski entreprend de mettre sur pied son armée, la résistance se fait jour à la fois contre la capitation et contre le recrutement des troupes. Nobles et paysans se dérobent et le trésor reste vide.

2 Les médecins français de la Reine lui avaient recommandé de prendre les eaux de Bourbon-l'Archambault. La Reine se préparait au voyage et Madame de Sévigné même en était informée (« La reine de Pologne vient à Bourbon. Je crois qu'elle joindra fort agréablement au plaisir de chercher la santé, celui d'avoir le dessus sur la Reine de France » 24 juillet). Elle attendait son beau-frère, le marquis de Béthune, nommé ambassadeur extraordinaire, qui devait représenter le Roi de France au baptême de son dernier-né, Thérèse Cunégonde (4 mars 1676). Elle partit en grande pompe avec le prince Jacques le 22 juillet à la rencontre de Béthune, à qui la traversée de l'Empire était interdite et qui fut retardé plusieurs semaines dans la Baltique. Le 5 août, lorsqu'ils se retrouvèrent, la Reine avait renoncé à son voyage en France (où Louis XIV avait opposé un ferme refus à ses prétentions protocolaires).

das, iterum iterumque gratissimo agnosco animo, nihil magis a Deo Optimo Maximo exoptans, quam ut te diutissime salvum et felicem servet, ac mihi occasionem commodam præbeat, ad quævis servitia tui gratia subeunda. Bullialdi observatio mihi pergrata extitit; cui rursus in gratiarum actionem eclipsim Solis hic nuperrime observatam repono; quam ut cum responso ad literas suas mense Decembris datas, nec non adjunctis ad Reverendum Patrem de Chasles reliquisque pagellis et observationibus ut et duabus figuris ex Machina nostra Cœlesti, quas desiderat, Parisios transmittas obnixe peto. Illustrissimum dominum Burattinum plurimum salvere cupio, cujus præclara inventa avidissime exspecto. Lentes ejus, quod attinet, utique illas tubo meo 140 pedum aliquoties applicavi et exploravi sed reperi illas sine omni dubio, tubum adhuc multo longiorem exposcere: quippe in nulla distantia usque ad 140 pedes nihil quicquam præstare voluerunt; sic ut censeam ad tubum meum construendum ex parte brevioribus lentibus opus fore. Vale. Fave porro

Tuæ Illustrissimæ Generositatis
Cupidissimo

J. Hevelio

Postscriptum

Has cum obsignare volebam traduntur mihi tuæ literæ 19 Junii scriptæ; quid ad quæstionem illam honoratissimi nostri amici responderim ex literis adjunctis ad Dominum Bullialdum percipies; sed veniam rogo, Vir clarissime, quod adeo magnum fasciculum literarum ad te destinaverim. Verum cum sciam et te rerum nostrarum uranicarum singularem esse fautorem, tibique haud usque adeo ingratum fore, ea omnia prius perlegere, quæ ad amicos nuper dederim. Haud veritus sum, tibi prius ea communicare, ut possis iis perlectis Parisios ad communem amicum tranmittere. Vale iterum.

Au très illustre Monsieur
Des Noyers
À Varsovie

Très illustre Monsieur,

Vos m'entourez de votre affection avec une telle constance et en toute occasion vous vous révélez un Ami sincère et un promoteur exceptionnel de mes études et de mes spéculations. Je le reconnais encore et encore, d'une âme très reconnaissante, et je demande par-dessus tout à Dieu Très Bon, Très Grand,qu'il vous conserve très longuement heureux et en bonne santé, et qu'il me fournisse une occasion commode de vous rendre n'importe quel service. L'observation de Boulliau m'a été très agréable[1]. Pour le remercier, je lui adresse à mon tour une éclipse de Soleil observée ici tout récemment[2]. Je vous demande avec insistance de la transmettre à Paris avec ma réponse à sa lettre du mois de décembre[3] ainsi que, pour le révérend père de Chasles[4], les petites pages et les observations jointes de même que deux figures de notre Machina Cœlestis qu'il désire. J'espère que le très illustre Monsieur Burattini se porte à merveille, et j'attends avec avidité ses fameuses inventions[5]. En ce qui concerne ses lentilles, je les ai par ailleurs appliquées plusieurs fois à mon tube de 140 pieds, et je les ai essayées ; mais j'ai trouvé sans aucun doute qu'elles réclamaient un tube bien plus long car elles n'ont rien voulu donner à aucune distance jusqu'à 140 pieds. Je pense donc que pour construire mon tube, on aura besoin de lentilles en partie plus courtes. Portez-vous bien et conservez votre faveur,

De votre Noblesse illustrissime
Au très affectionné

J. Hevelius

Postscriptum

Au moment où je voulais sceller cette lettre, on me remet votre lettre du 19 juin[6]. Vous verrez par la lettre jointe pour Monsieur Boulliau ce que je réponds à la question de notre très honoré Ami ; je vous demande pardon, très illustre Monsieur, de vous envoyer un aussi gros paquet de lettres[7], mais je sais que vous êtes un promoteur exceptionnel de mes affaires astronomiques et qu'il ne vous sera pas désagréable de lire d'abord tout ce que j'ai envoyé récemment aux amis. Je ne crains pas de vous les communiquer d'abord pour que vous puissiez, après lecture, les transmettre à Paris à notre Ami commun. À nouveau, portez-vous bien.

---

1 Les pièces jointes manquent.

2 L'éclipse de Soleil du 11 juin qu'Hevelius a soigneusement observée avec une pendule : Pingré (*Annales*), 1676, p. 331 (dite du 10 juin).

3 Du 21 décembre 1675, BnF, Nal 1642, 94r-95v ; BnF Lat. 13 026, 197r-198v, BnF Lat. 10 348-XII, 119-126. Une lettre plus récente du 11 juin 1676 ne lui est sans doute pas encore parvenue.

4 Le père Claude François Milliet de Chales, n° 172 (juin 1675).

5 Dans la lettre n° 176 (29 décembre 1675), des Noyers dit que Burattini travaille à un instrument, sans autre précision. Il a envoyé deux dessins avec une page d'annotations : n° 177.

6 N° 179.

7 Les deux lettres à transmettre à Boulliau et au père Milliet de Chales sont datées du 2 juillet : au père Milliet, BO, C1-XII, 1697/12, BnF, lat. 10 348-XII, 21-25 ; à Boulliau, BO, C1-XII, 1720/44 ; BnF Lat. 10 348-XII, 129-132.

181.

30 avril 1677, Pierre des Noyers à Hevelius

BO : C I-XII, 1739/66
BnF : Lat. 10 348-XII, 175

Varsavie le 30 avril 1677

Monsieur,

Je vous viens renouveler les voeux de mes tres humbles services par cette lettre et vous dire que mardy 27 de ce mois a deux heures et demy du matin, durant les altercations de la Diette on vids une comette[1] qui se levoit au Nord'est, ce qui fit que la Diette en fut plustost concluë.[2] Je ne doute pas que vous l'ayez decouverte plus tost que nous. Je la vids hier au matin a environ 8 degrés sur l'orizon a 3 heures apres minuit. Je ne l'ay peu voire aujourdhuy a cause que le temps est nebuleux. Je la croy en la constellation de Perseus, Jupiter qui est au 24 degré de Verseau se leve presque en mesme temps, au Sud'oest ; elle m'a paru ainsi disposee avec les estoilles d'aupres

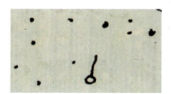

Illustration 24 : petit dessin de la comète (cliché Observatoire de Paris)

Les affaires[3] et les maladie que M. Buratin a euës, l'ont empesché d'achever ce qu'il avoit commencé sur mon quart de cercle ce qui m'a empesché de vous en escrire jusque a ce qu'il soit parachevé.

Je recois toutes les semaines des lettres de M. Boulliau, mais elles ne contiennent rien que des nouvelles. Celles de ce peys cy sont l'heureuse conclusion de la Diette[4],

---

1 Comète découverte par Hevelius à Dantzig le 27 avril. Il l'observa du 29 avril au 8 mai. Pingré, *Cométographie*, II, p. 24. Hevelius a publié ses observations dans les *Philosophical Transactions*, n° 135 (26 mai 1677) : « Monsieur Hevelius's letter containing his observations of the late Comet seen by him the 27, 29 and 30 April and the first of May 1677 in Dantzig », p. 869-870 ; et suite p. 871-873.

2 La Diète s'est tenue à Varsovie entre le 14 janvier et le 27 avril.

3 Burattini a en charge les frappes de la Monnaie de Cracovie depuis 1668 ; il en était aussi burgrave à cette date. Il a publié à Vilnius sa *Misura Universale* en 1675.

4 Une Diète qui, ouverte en janvier 1677, s'annonçait houleuse du fait de l'hostilité de la faction d'Autriche qui reprochait au roi d'avoir trahi la République en abandonnant un tiers de l'Ukraine au

l'homage que l'on a rendu au Roy pour le Duc de Courlande[1]. Et la semaine qui vient le depart de leurs Majestez pour Dantzigt[2], apres avoir ratifiez les traittez d'aliances avec les Princes voisins.

Continuez moy s'il vous plaist l'honneur de me croire tousjours,
Monsieur,
Vostre tres humble et tres obeissant Serviteur,

Des Noyers

182.

30 avril 1677, Hevelius à Pierre des Noyers

BO : Cɪ-XII, 1757/83
BnF : Lat. 10 348-XII, 215-218

Illustrissimo viro, domino Nucerio
Johannes Hevelius salutem

Scribendi argumento hactenus destitutus, nolui, amice summe colende, occupationes tuas gravissimas interpellare. At vero cum nuper diversa cœli phænomena prodiere, volui et tibi quantocyus ea, quantum adhuc licet exponere : ut possis, si ita visum fuerit humillime, ac summa cum submissione sacræ Regiæ Majestati, domino meo longe clementissimo, illustrissimis legatis Galliæ aliisque magnatibus, patronis, atque fautoribus, hæc ætherea nova ex parte detegere ; de quibus alias, uti scis haud parum sum sollicitus, ut ea pro dignitate mundo in honorem Mæcenatum,

traité de Zurawno (octobre 1676), d'avoir trahi la guerre sacrée contre l'infidèle pour tourner ses armes contre les chrétiens (l'Empereur et le Prince-Électeur), d'avoir violé les lois de la République en se portant chef de l'armée au lieu des grands hetmans ; de jouer en plus l'alliance française en vassalisant la Pologne : le Roi sut éviter le veto (février) et obtenir la victoire du parti de la cour.

1 Louis XIV avait promis au Roi de Pologne Königsberg et la Prusse ducale s'il acceptait de tourner ses armes contre le Brandebourg. L'opération devait être menée de concert avec le Roi de Suède, Charles XI dont Stettin, dernier rempart de la Poméranie suédoise, était menacée par Frédéric-Guillaume. Il s'agissait, par la Livonie (suédoise) d'attaquer par l'est la Prusse ducale. Cette opération nécessitait la traversée de la Courlande et de la Samogitie par les troupes suédoises. D'où l'importance de l'hommage obtenu.

2 Le Roi avait alors plusieurs raisons de se rendre à Dantzig où, le trésor étant désespérément vide, les évêques avaient négocié (en avril) avec les négociants un prêt de 100 000 livres, nécessaire au Roi pour l'ambassade auprès la Sublime Porte et la confirmation de la paix. Surtout, le Prince-Électeur s'appliquait à semer la discorde dans ce riche port, sous la protection de la couronne de Pologne. Le peuple avait été soulevé par les prêches du tribun Strauch (luthérien) qui, condamné par les magistrats, avait été arrêté en fuyant vers Hambourg par Frédéric-Guillaume qu'il avait menacé des feux de l'Enfer.

illustrare queam. Die 23 Decembris præterito anno 1676, stella illa Mira in collo Ceti rursus emicuit quæ per 4 continuos annos plane sese omnium conspectui subduxerat. Quid cum hoc successu temporis contigerit, tum in plurimis antecedentibus annis a me observatum sit, ex Historiola hujus stellæ quam nuper illustrissimæ Regiæ Societati Britannicæ transmisi clare elucet, sic ut hac vice de hac stella fusius disserere, cum tempore modo destituar haud sit opus. Inprimis, cum aliud novum phænomenum cœleste nuperrime ex insperato prodierit, cometa nempe novus, qui notari ab omnibus bene meretur. Qui primum hic Gedani visus est die 27 Aprilis stili novi mane ab hora circiter 2 ad 3½ usque ante solis ortum : eo quidem tempore etiamsi per totam illam noctem, ad primam usque observationibus operam dederim, ego ipse non observavi ; altera etiam die 28 aprilis licet ad eam valde essem intentus, nulla tamen ratione propter nubes et vapores densissimos eum deprehendere potui ; at vero die 29 Aprilis, existente cœlo aliquanto benigniori licet non omnimodo defecato pro viribus illum dimensus sum. Oriebatur vel potius in oculos incurrebat hora 1. 52' mesaquilonem versus (hoc est nord osten tot norden) capite quidem haud adeo amplo, sed tamen satis splendido, uno solo clarissimo nucleo composito, adinstar illius anno 1665. Caudam lumine notabilem radiis divaricatis sursum versus duorum fere graduum exponebat ; línea directionis continuata corda incedebat inter Alamac[1] lucidum scilicet pedem Andromedæ ejusque Cingulum, et quasi distantiam harum stellarum bificabat. Versabatur eo tempore supra caput Arietis in triangulo, inter apicem et boraliorem in ejus basi, nempe in 5 gradu Tauri et in latitudine 19 boreali. Distabat hoc tempore secundum longitudinem a Sole tantummodo 5 gradibus, Sole nimirum existente in 10 gradu Tauri. Hincque cum adeo vicinus hic cometa extiterit Soli haud potuit longiorem caudam, ut ut mea opinione revera longe prolixiorem habuerit, ostendere, imo ut puto proximis diebus aliquanto adhuc breviorem exhibebit. De ejus tramite et via itineraria nihil adhuc certi pronunciare possum, cum semel tantummodo illum observaverim atque ex una sola observatione nihil accurate determinari queat. Videtur tamen mihi motu incedere directo, satisque veloci sub latitudine boreali ; de cujus motu, tramite ac phænomenis mira forte significare in posterum potero, si solummodo per aliquot dies sereniorem habuero cœlum, ut omnia et singula debite notari concederentur. Interea transmitto tibi, amice honorande duo schemata, in quibus, prima apparitio hujus cometæ exquisite videre est, simul etiam orbita alterius cometæ anni 1672 a 2 Martii ad 20 Aprilis hic Gedani a me observati. Qui cum a paucis tam diu haud deprehensus fuerit, accidit is ipse Astrosophis eo gratius. Alterum schema, si consultum est, invictissimo Regi nostro, domino meo longe clementissimo, animo submississimo offeres, studiaque mea qualia qualia uranica porro optimis modis commendabis. Alterum illustrissimis et excellentissimis dominis legatis Regis Christianissimi, cum submissa officiorum meorum oblatione exhibebis ; simul dolorem meum decenter et modeste meo nomine expones, quod necdum ad literas

---

1 Almach, Gamma d'Andromède.

Reverendissimi et Excellentissimi Episcopi Mass[illiæ][1] commendatias, mercatores tam Parisienses, quam nostri mandato Christianissimi Regis satisfecerint. Quod si feceris in maximum id ipsum Uraniæ meæ redundabit emolumentum; sic ut gravissimos meos labores qui modo sub prælo fervent eo promptius et alacrius luci exponere non nequeam ac nimii sumptus me non plane deprimant; non dubito quin tu apud Sacram Regiam Majestatem allaboraturus sis, ut subditum suum validissima sua intercessione apud illustrissimos et excellentissimos dominos legatos clementissime subveniat, ac sua protectione porro dignetur; quam apud illustrissimos et excellentissimos dominos legatos pro tuo erga me amore desiderium hocce meum porro exponas, quin porro in eorum benignitate et faventia conserver, meque meaque studia leviuscula cœlestia Christianissimæ Regiæ Majestati, nec non illustrissimo et excellentissimo domino Colberto optimis modis commendent; ego interea cum nihil amplius possim pro earum incolumitate ac maxima felicitate devotissima ad Deum Optimum Maximum mittam suspiria. Vale vir illustris, et ignosce festinationi, omniaque meliori modo expone, pro tuo summo erga me affectu. Dominum Bullialdum communem amicum multum salvere jubeo; sed maximopere miror qui fiat mei adeo oblitum esse ut ne quidem ad ultimas meas literas nullum dederit hactenus responsum. Dabam Gedani summa festinatione anno 1677, die 30 Aprilis stilo novo,

Tuæ illustrissimæ Dominationi
Summo studio deditus

Joh. Hevelius, manu propria

À l'homme illustrissime, Monsieur des Noyers
Johannes Hevelius, Salut

Privé jusqu'à présent de sujet de correspondance, je n'ai pas voulu, Ami hautement respectable, interrompre vos très sérieuses occupations. Mais comme récemment divers phénomènes célestes se sont produits, j'ai voulu autant que possible vous les exposer au plus vite pour que vous puissiez, si vous le jugez bon, révéler en partie ces nouveautés éthérées, avec toute mon humilité et toute ma soumission à Sa Majesté Royale et Sacrée, mon Maître très clément, aux très illustres ambassadeurs de France[2] et aux autres magnats, patrons et protecteurs. Comme vous le savez, je

---

1 Massiliæ: Forbin-Janson était évêque de Marseille.

2 A cette date, Forbin-Janson et François Gaston de Béthune-Sully (1638-1692), comme ambassadeurs « ordinaires ». Toussaint de Forbin-Janson (1631-1713), évêque de Digne (1656-1668), de Marseille (1668-1679) puis de Beauvais (1679-1713), ambassadeur auprès de Côme de Médicis, puis ambassadeur extraordinaire en Pologne pour la diète d'élection (1674) où il contribua, avec l'aide du Palatin de Russie, à faire élire Jean Sobieski. Le marquis de Béthune (en fait de Chabris et comte de Selles, dit) a servi auprès du Roi de France en Flandre en 1667. En 1671 il est envoyé extraordinaire en Bavière pour négocier le mariage de Monsieur, frère du Roi, avec Elisabeth-Charlotte. Il sert par la suite en Hollande. Gouverneur de

LETTRES [1677]

ne suis pas peu soucieux de les faire connaître au monde, selon leur importance, en l'honneur de mes mécènes. Le 23 décembre de l'année dernière, 1676, cette étoile Mira au cou de la Baleine a de nouveau brillé, alors que pendant quatre années complètes, elle s'était entièrement soustraite au regard[1]. Ce qui est arrivé dans le cours du temps et ce que j'ai observé pendant les nombreuses années qui précèdent, tout cela est bien connu par la petite histoire de cette étoile que j'ai récemment transmise à la très illustre Société Royale Britannique, de sorte que cette fois-ci, il n'est pas nécessaire de disserter plus longuement sur cette étoile puisque je manque de temps[2]. Mais surtout parce qu'un nouveau phénomène céleste inespéré est apparu, c'est-à-dire une nouvelle comète qui mérite bien d'être connue de tous. Elle a été vue ici à Dantzig le 27 avril, nouveau style, depuis environ 2 heures ou 3h.½ jusqu'avant le coucher du Soleil ; à ce moment, quoique j'aie travaillé aux observations pendant toute cette nuit jusqu'à la première heure moi-même je ne l'ai pas observée ; le lendemain 28 avril, quoique j'aie été très attentif à cette comète, je n'ai pu en aucune manière la saisir à cause des nuages et des vapeurs très denses. En revanche, le 29 avril, alors que le ciel était plus favorable quoique non entièrement nettoyé, je l'ai mesurée selon mes moyens. Elle se levait, ou plutôt accourait aux yeux à 1h. 52' vers le Mésaquilon (c'est-à-dire Nord, Nord-Est) avec une tête pas vraiment grande mais assez splendide, composée d'un seul noyau à l'instar de celle de l'année 1665. Elle exposait une queue remarquable par sa lumière avec des rayons dispersés vers le haut d'environ 2° ; la ligne de sa direction en continuant la corde passait entre Almach brillant, c'est-à-dire entre le pied d'Andromède et sa ceinture et divisait comme en deux la distance entre ces étoiles. Elle se trouvait à ce moment au-dessus de la tête du Bélier dans le triangle entre la pointe et la partie Nord dans sa base, c'est-à-dire au 5e degré du Taureau, et en latitude 19° Nord. A ce moment, elle était distante du Soleil de 5° seulement en longitude, le Soleil étant au 10e degré du Taureau. Par suite, comme cette comète se trouvait tellement proche du Soleil, elle ne put montrer une queue plus longue quoique, à mon opinion, elle ait eu une queue plus étendue ; bien plus, à mon avis, elle montrera dans les prochains jours une queue plus petite. Sur son chemin et son itinéraire, je ne peux encore rien affirmer de sûr puisque je l'ai observée une seule fois et que d'une seule observation on ne peut rien déterminer de précis. Elle me paraît cependant avancer en ligne droite et assez rapide en latitude Nord ; sur son mouvement, son chemin et les phénomènes, je pourrai peut-être faire savoir à l'avenir des choses étonnantes si j'ai un ciel plus serein pendant quelques jours seulement, pour que j'aie la

---

Clèves, il est fait prisonnier. Il est juste libéré lorsque le Roi l'a envoyé en Pologne féliciter Jean Sobieski pour son élection. Béthune avait épousé Louise-Marie de La Grange d'Arquien en 1668 : il était donc le beau-frère du Roi de Pologne qui avait épousé Marie-Casimire en 1665.

1 Les variations de Mira de la Baleine (Mira Ceti) en 1676 ont été observées par Hevelius, Boulliau, Cassini et Flamsteed. Après avoir brillé, elle disparut du ciel et l'on put la voir briller à nouveau à la fin de décembre et en janvier-février 1677. Puis elle déclina à nouveau. On trouve les observations d'Hevelius dans la *Machina Cœlestis*, II, et dans l'*Annus Climactericus*, p. 92 sv.

2 *Philosophical Transactions*, n° 134 (23 avril 1677), p. 853-858.

possibilité de noter dûment l'ensemble et les détails[1]. Entre temps je vous transmets, honorable ami, deux schémas dans lesquels on peut voir excellemment la première apparition de cette comète et en même temps l'orbite de l'autre comète de l'année 1672, observée par moi ici à Dantzig du 2 mars au 20 avril[2]. Comme peu de gens l'ont observée aussi longtemps, ce schéma sera d'autant plus agréable aux astronomes. Vous offrirez l'autre schéma, si vous le jugez bon, à notre Roi invincible, mon Maître clément, d'une âme très soumise, et vous lui recommanderez de la meilleure manière mes études célestes en leur état. L'autre, vous le montrerez avec l'offrande soumise de mes services aux illustrissimes et excellentissimes Messieurs les ambassadeurs du Roi Très Chrétien ; en même temps vous leur expliquerez en mon nom, avec décence et modestie, que les marchands, tant Parisiens que les nôtres, malgré les lettres de recommandation du révérendissime et excellentissime évêque [de Marseille] n'ont pas encore satisfait au mandat du Roi Très Chrétien[3]. Si vous le faites, cela rejaillira sur le plus grand profit de mon Uranie, de sorte que je serai capable de mettre au jour plus promptement et plus rapidement mes très lourds travaux qui déjà chauffent sous la presse, et que les frais excessifs ne m'écrasent pas. Je ne doute pas que vous œuvrerez auprès de Sa Majesté Royale pour qu'Elle me vienne en aide à ce sujet par une solide intercession auprès des illustrissimes et excellentissimes Messieurs les ambassadeurs et qu'ils me jugent à l'avenir digne de la protection du Roi Très Chrétien. Par amour pour moi, continuez à expliquer aux illustrissimes et excellentissimes ambassadeurs mon désir d'être conservé dans leur bénignité et dans leur faveur et d'être recommandé par eux de la meilleure manière, moi et mes petites études astronomiques, à Sa Majesté Très Chrétienne et à l'illustrissime et excellentissime Monsieur Colbert. Moi, entre temps, comme je ne peux rien de plus, j'enverrai à Dieu Très Bon, Très Grand,mes soupirs les plus dévots pour leur santé et pour leur plus grande prospérité. Portez-vous bien, illustre Monsieur, et pardonnez-moi ma hâte et exposez tout de la meilleure manière, avec la grande affection que vous avez pour moi. J'adresse un grand salut à Monsieur Boulliau notre Ami commun, mais je me demande avec grand étonnement, comment il s'est fait qu'il m'ait oublié au point de ne pas même répondre à ma dernière lettre[4]. Donné à Dantzig, en grande hâte, en l'an 1677, le 30 avril, nouveau style.

À votre illustre Seigneurie
Dévoué en toute affection,

J. Hevelius, de sa propre main

---

1 Voir lettre n° 180.

2 Voir lettres n° 155, 157, 158 et 159. Les dessins n'existent plus.

3 Il est question ici des Formont qui n'ont pas réglé à Hevelius le montant des pensions de 1672 et 1673, budgétées en 1674 : *CJH*, II, notamment p. 42 et lettre n° 95.

4 Du 2 juillet 1676, selon ce dont nous disposons.

183.

13 mai 1677, Hevelius à Pierre des Noyers

BO : C1-XII, 1759/85
BnF : Lat. 10 348-XII, 222-224

Illustri Viro
Domino Nucerio
Amico honorando

J. Hevelius salutem,

Nuperis literis meis, amice plurimum colende, de apparitione recentioris cujusdam cometæ tibi perscripsi, nunc quoque de ejus motu, tramite, et disparitione nonnulla tibi referam. Vidimus autem illum a die 27 Aprilis ad 8 Maii, singulis fere diebus cœlo sereno, non solum tempore matutino, sed etiam vespertino, a secunda maii ad ejus interitum ; citius quoque vesperi detegi potuisset, uti amicis circa primam apparitionem ejus prædixeram, sed cœlum continuo nubilum id nobis minime permisit. Cursum suum uti ex ejus tramite conjicio, ex Pisce Boreo infra Andromedam duxit ; sic ut circa 25 Aprilis, si ullibi a quopiam deprehensus est, sub cingulo Andromedæ in latitudine 22 graduum circiter extiterit. Die 27 Aprilis, cum primum hic Gedani animadversus, circa finem Arietis et initium Tauri versabatur ; ubi autem sequentibus diebus repertus fuerit, annexa tabella ostendit

Illustration 25 : tableau (cliché Observatoire de Paris)

Ex quibus luculenter patet, cometam hunc motu directo incessisse per Triangulum, sub capite Medusæ ad sinistrum pedem Persei, nodis descendens, quantum absque calculo colligere licet, extitit circa 20 gradum Geminorum, sub inclinatione orbitæ ab ecliptica 27 graduum circiter ; sed sine dubio, si diutius observatus fuisset, tam Nodum quam hunc inclinationis angulum successu temporis variasset more cometarum omnium ; de quibus, si licet vide Cometographiam nostram. De cætero, capite satis splendido, sed uno solo nucleo præditus fuit ; magnitudo ejus quoad diametrum, vix semidiametrum Jovis æquabat, tubo sic examinata. Caudam initio sursum erectam, divaricatis radiis vel 2 vel 3 gradus exhibuit ; postmodum de die in diem, a recta línea jam deflexit, mane sinistram vesperi vero dextram vel quoad scilicet apparentiam, revera tamen semper ad Boream, modo longiorem modo breviorem pro majore æris serenitate, atque adultiori crepusculo : prout ex quibusdam faciebus elucet. Atque ita hunc cometam, hic videlicet Gedani nonnisi per 12 dies conspeximus. Nam die 8 Maii ultimo visus et quidem non absque telescopio, quippe nudis oculis sese jam plane subduxerat ; at vero tubo 12 pedum satis clarus cum breviori cauda videbatur et quidem ad horam 3. 45' in altitudine 9 graduum, paullo ante Solis ortum ; quo tempore omnes jam stellæ, excepto Jove disparuerant, quoad nudos scilicet oculos. Si motum suum proprium contra seriem signorum instituisset, multo longius, etiam procerissima cauda fulsisset ; verum cum indies propior factus fuerit Soli, tum latitudo ejus decreverit, etiam ultimo cum Sole fere pari passu incesserit, aliter fieri haud potuit, quam quod tantummodo brevi tempore nobis luxerit. Hæc sunt quæ brevibus, atque rudiori tantum Minerva tantum, tibi, amice honorande, amicisque de hocce cometa exponere volui ; suo tempore ex ipsis observationibus adhibito calculo accuratiora deducentur. Tu si quid amplius ab aliis intellexeris, fac ut ea pariter non nesciat

Tuus
Studiosissimus

J. Hevelius, manu propria

Dabam Gedani, anno 1677, die 13 Maii

Dominum Bullialdum saluta meo nomine quam humanissime et si vis poteris binas literas meas de hoc cometa ad te scriptas ei communicare, Vale

À l'illustre Monsieur
Monsieur des Noyers
Jean Hevelius, Salut

Très honorable Ami,

Dans ma dernière lettre, très honorable Ami, je vous ai écrit sur l'apparition d'une comète récente. À présent, je vous rapporterai quelques détails sur son mouvement, son chemin et sa disparition. Nous l'avons vue du 27 avril au 8 mai, à peu près tous les jours dans un ciel serein, non seulement au matin, mais aussi le soir du 2 mai jusqu'à sa disparition. On aurait pu la découvrir plus vite le soir, comme je l'avais prédit à mes amis à sa première apparition, mais le ciel, continuellement nuageux, ne nous l'a pas permis. Elle a conduit sa course comme je l'avais conjecturé par un chemin qui passe du Poisson boréal en dessous d'Andromède ; de sorte que vers le 25 avril si quelqu'un l'a saisie quelque part, elle se trouvait sous la ceinture d'Andromède à une latitude d'environ 22°. Le 27 avril, quand on l'a remarquée pour la première fois ici à Dantzig, elle se trouvait vers la fin du Bélier et au début du Taureau. La table ci-jointe montre où l'a trouvée dans les jours suivants [voir illustration 25, page 485].

Il en ressort à l'évidence que cette comète a avancé d'un mouvement droit par le Triangle jusqu'au pied gauche de Persée, descendant par nœuds ; autant qu'on peut le conclure sans calcul, elle s'est trouvée environ dans le 20ᶜ degré des Gémeaux sur une inclinaison de l'orbite à l'écliptique d'environ 27°. Mais sans aucun doute, si elle avait été observée plus longtemps, elle aurait varié ce nœud aussi bien que cet angle d'inclinaison au fil du temps à la façon de toutes les comètes ; à ce sujet, voyez si possible notre Cométographie. Par ailleurs, elle était dotée d'une tête assez brillante, mais avec un seul noyau. Sa grandeur examinée ainsi au tube égalait dans son diamètre à peu près le demi-diamètre de Jupiter. Elle montrait une queue dressée vers le haut dans son commencement, avec des rayons écartés de 2 ou 3° ; ensuite, de jour en jour, elle écarta sa queue de la ligne droite, le matin à gauche, le soir à droite, en ce qui concerne son apparence, mais en réalité, toujours vers le Nord, tantôt plus longue, tantôt plus courte selon la plus grande pureté de l'air et l'avancement du crépuscule comme cela apparaît de diverses manières. C'est ainsi que nous avons vu cette comète ici à Dantzig pendant pas moins de douze jours. Car le 8 mai, on l'a vue pour la dernière fois, et non sans télescope, car elle s'était déjà soustraite à l'œil nu. Mais avec un tube de 12 pieds, elle paraissait assez claire, avec une queue plus courte et au moins jusqu'à 3h. 45' à une hauteur de 9° peu avant le lever du Soleil ; à ce moment déjà toutes les étoiles avaient disparu, au moins à l'œil nu, excepté Jupiter. Si elle avait suivi son mouvement propre contre la série des signes, elle aurait brillé bien plus longtemps et même avec une queue très longue. Cependant, comme de jour en jour elle était plus proche du Soleil, que sa latitude décroissait et qu'à la fin elle marchait du même pas que le Soleil, il allait de soi qu'elle ait brillé pour nous seulement pendant un temps bref. Voilà, honorable Ami, ce que j'ai voulu exposer à vous-même et aux amis sur cette comète en peu de mots et d'un esprit mal dégrossi ; des indications plus précises seront déduites en leur temps des observations elles-mêmes en utilisant le

---

1 Hevelius adresse le même jour à Oldenburg des observations beaucoup plus précises : *CHO*, XIII, n° 3102, p. 272-275.

calcul. Quant à vous, si vous en apprenez davantage d'autrui, faites que je ne l'ignore pas

Votre très affectionné

Jean Hevelius, de sa propre main

Donné à Dantzig, l'an 1677, le 13 mai.

Saluez en mon nom, très poliment, Monsieur Boulliau et, si vous le voulez, vous pourrez lui communiquer les deux lettres que je vous ai écrites sur cette comète.

184.

14 mai 1677, Pierre des Noyers à Hevelius

BO : C1-XII, 1767/94
BnF : Lat. 10 348-XII, 246-248

M. Hevellius
Varsavie le 14 may 1677

Monsieur,

Je vous rends tres humble grace de vostre lettre du 30 avril dernier et de l'observation de la nouvelle comette, avec sa suitte[1]. Je la porté aussy tost au Roy, qui non contant d'avoir ouy lire vostre lettre, la voulut encore lire luy mesme, et Sa Majesté tesmoigna beaucoup d'estime pour vostre personne. Je vous ay dit dans ma precedente que l'on avoit descouvert icy cette comette le 27 avril au matin en sortant de la conclusion de la Diette[2]. On escrit de Vienne du 2 de ce mois que l'on l'avoit aussy veuë sans dire quel jour. J'envoyé la semaine passee copie de tout ce que vous m'avez adressez a M. Boulliau ; il y verra les reproches que vous luy faittes de ce qu'il ne vous a pas encore fait responce. J'ay envoyé une semblable copie de vos observations cette semaine a Vienne et en Italie ; s'il me vient quelque choses de tous ces lieux la, je vous le participeré aussy tost.

M. L'Evesque de Marseille[3] a veu aussy dans vostre lettre le peu d'effet que ces recommandations a M. Colbert on fait pour vous[4]. Il dit n'avoir point receu de responce a ces lettres, et qu'il doute qu'elles soient arrivee a bon port. Il s'en retourne en France,

1 N° 182 et 183.
2 Lettre n° 181.
3 Voir lettre n° 181.
4 Voir lettre n° 182.

et promet qu'aussy tost qu'il y sera arrivé qu'il sollicitera fortement pour vos interets. Et c'est en presence du Roy qu'il l'a dit car il estoit present a la lecture de vostre lettre.

Je n'ay rien peu observer de la comette depuis le 30 avril a cause d'une fluction que j'ay euë sur la gorge qui m'a empesché de m'exposer a la fraischeur du matin. Et seulement ces deux derniers jours je l'ay cherchee dans le ciel sans la pouvoir voire, ce qui me fait soubsonner qu'elle s'est avancee sous les rayons du Soleil. La journee d'aujourdhuy est fort belle ce qui me fait esperer que je la pourray retrouver demain au matin.

J'ay oublié a vous dire cy dessus que celuy qui escrit de Vienne l'avoir veuë, dit qu'elle est en la constellation d'Andromede, d'ou je connoist qu'il ne l'avoit pas mieux observee que moy qui la croyois dans Perseus. Et cela parce que je n'ay point icy d'autres tables astronomiques que celles de Baÿerus[1].

Nous n'avons point de lettres de France depuis le 2 avril. Elles demeurent toutes arrestees chez M. l'Electeur[2]. On espere que le Roy y mettra quelque ordre lors qu'il sera a Dantzigt. Il doit partir pour y aller par la Vistulle au commencement de la semaine prochaine, mais l'on dit que voulant aller tous les jours a la chasse, il n'y pourra arriver que vers le 8 ou dixieme de juin[3].

M. le Palatin de Culm partit hier au soir de cette ville pour son ambassade a Constantinople[4]. M. le Prince Czartoricki Palatin de Volhimmie doit aussy partir pour Moscovie[5], et M. L'Archevesque pour Rome[6].

Continuez moy la grace de me croire autant que je le suis,

Monsieur,
Vostre tres humble et tres obeissant Serviteur,

Des Noyers

---

1 L'*Uranometria* de Johann Bayer (1572-1625), publiée à Augsbourg en 1603 — avant l'usage de la lunette — est le premier atlas céleste où figurent pour chaque constellation (les 48 de Ptolémée et les nouvelles constellations australes) une carte et une table référençant ses étoiles, désignées par des lettres grecques. L'atlas, qui représentait plus d'un millier d'objets célestes, était déjà un instrument de travail dépassé dans les années 1670.

2 Frédéric-Guillaume de Brandebourg (1620-1688), Électeur de Brandebourg et Duc de Prusse (1640-1688) dit le « Grand Électeur ». Il est alors allié au Danemark et aux Provinces-Unies contre la France et la Suède.

3 L'objet de ce voyage était de conclure une alliance secrète avec la Suède contre l'Électeur de Brandebourg et, grâce aux subsides français, de récupérer la Prusse ducale. Mais l'allié suédois était très affaibli, et les subsides français attendus en vain. Ce voyage était aussi nécessaire pour calmer la sédition qui, à Dantzig, s'était déclenchée le 7 mai après que les Luthériens s'en soient pris à des processions catholiques (le 3 mai).

4 Jan Gninski, voïvode de Chelmno (Culm), désigné par la Diète réunie en janvier 1677 pour négocier à Constantinople la ratification de la paix de Zurawno (17 octobre 1676). Il ne put partir qu'en mars, après que les évêques se soient entendus avec les négociants de Dantzig pour lui fournir 100 000 livres nécessaires à son ambassade que le Trésor ne pouvait lui donner.

5 Le prince Michał Czartoryski, accompagné dans cette ambassade par Casimir-Jean Sapieha.

6 L'élection à Rome d'Innocent XI le 21 septembre 1676 était un atout pour le Roi. Benedetto Odescalchi (1611-1689) avait béni l'union du Roi et de Marie-Casimire, alors comtesse Zamoyska et il avait représenté le Saint Siège auprès la République. Il s'agit du primat de Pologne, l'archevêque de Gniezno Andrzej III Olszowski (1674-août 1677).

185.

28 mai 1677, Pierre des Noyers à Hevelius

BO: C1-XII, 1740/67
BnF: Lat. 10 348-XII, 176-177

M. Hevelius
Varsavie le 28 may 1677

Monsieur,

En vous rendant tres humble grace de vostre curieuse lettre du 13 de ce mois[1], je vous diray qu'apres en avoir fait des copies pour Vienne et pour l'Italie je l'ay participee a nostre amy M. Boulliau, qui par la lettre que je recois de luy du 7 de ce mois, me dit les parolles suivantes.

L'on a veu depuis 12 jours une comette qui au commencement estoit proche le Triangle et depuis s'est avancee vers la teste de Meduse. Je n'ay peu la voir, d'autant que je suis incomodement logé pour cela[2], et que pour la voir il faut avoir l'horison tout libre d'autant qu'elle s'est levee au commancement avec le crepuscule, et nos observateurs ne l'ont veue que quatre fois, et comme ils ont fait ils n'ont rien observé d'exact. M. Cassini a dit a quelques uns qu'il l'avoit trouvee fort diminuee la derniere fois qu'il l'a veuë. Elle a paru petite. Je vous suplie de savoir de M. Hevellius ce qu'il aura observé de cette comete et vous m'obligeré de l'assurer de mes tres humbles services. J'ay eu tant d'occupation d'esprit pour des affaires ennuyeuses et fascheuses, que je n'ay pu me trouver en posture de lui pouvoir faire responce encore[3].

Jusque icy M. Boulliau. J'espere que lors qu'il aura receu vos observations que je luy ay envoyee qu'il en dira davantage.

Les lettres de Holande disent que cette comete y a esté veue la premiere fois le mardy 27 avril au matin. La Gazette d'Amsterdam[4] le 11ᵉ may dit en l'article de La Haye du 9 may que les advis de Londre du 4ᵉ disoient que l'on avoit veu cette comete

---

1 Lettre n° 183.

2 Après sa rupture avec de Thou, Boulliau a quitté l'hôtel de de Thou le 1ᵉʳ juin 1666 pour le collège de Laon, près de la place Maubert.

3 H. Nellen décrit le Boulliau de ces années-là, accablé de soucis domestiques: il avait acheté deux maisons avec ses économies, pour vivre de leur location. Il était d'abord obligé de batailler avec les maçons et les charpentiers. Puis il y eut un froid exceptionnel; il fut victime de crises de rhumatisme; enfin, il avait mis fin à son ouvrage sur les séries arithmétiques infinies, mais ne trouvait pas d'éditeur (H. Nellen, p. 320). Il ne répond que le 11 juin 1677 à la lettre d'Hevelius du 2 juillet 1676.

4 Qui paraît depuis 1663 ou 1668.

LETTRES [1677]

dont le peuple faisoit un mauvais presage[1] ; comme encore de ce qu'une baleine s'estoit jettee dans la riviere de Chatan. Le peuple est partout superstissieux.

Je vous ay dit Monsieur que M. l'Evesque de Marseille[2] promettoit aussy tost qu'il seroit a Paris de soliciter fortement vostre pension. Il part demain de cette ville et passera a Dantzigt ou vous le pourrez encore voir. Sans le refus des passeports de l'Empereur il seroit desja en France.

Je vous donnerez advis de tout ce que j'apprendray de la comete. Continué moy cependant l'honneur de me croire comme je le suis

Monsieur,
Vostre tres humble et tres obeissant Serviteur

Des Noyers

186.

2 juillet 1677, Pierre des Noyers à Hevelius

BO : CI-XII, 1785/113
BnF : Lat. 10 348-XII, 279

Varsavie le 2 juillet 1677

Monsieur,

Cette lettre n'est que pour acompagner celle que nostre amy M. Boulliau m'a adressee pour vous[3]. Je vous envoye aussy ce que j'ay eu de Bresslaw[4] touchant la comette. Je n'ay encore rien eu d'Italie ; s'il m'en vient quelque chose je ne manqueré pas de vous l'envoyer. Je pris le 20 de ce mois la hauteur meridienne du Soleil qui estoit 61° 14' et le 21 elle estoit 61° 14' 30".

1 Cette comète fut le « 1er acte » du Popish Plot (1678) un complot monté de toutes pièces par Titus Oates, prétendument préparé par les catholiques qui envisageaient d'assassiner Charles II et de le remplacer par le duc d'York.

2 Forbin-Janson.

3 Probablement la lettre du 11 juin 1677 (BnF, Fr. 13 027, Boulliau à Hevelius, 11 juin 1677) dans laquelle il se plaint qu'après avoir achevé son *Arithmetica infinitorum* et en avoir fait graver à ses frais les planches, aucun éditeur ne veuille publier un ouvrage qui se vendra mal. Un seul s'est montré disposé à l'imprimer, à condition qu'il prenne lui-même en charge les frais de l'illustration gravée et d'une partie de l'impression : il explique avoir dû y renoncer, faute de liquidités car il avait acheté deux maisons dont les revenus à la location étaient très maigres.

4 Breslau.

M. Buratin n'a pas encore achevé son instrument ; il me promet qu'il le fera dans peu de jours, dont je ne manqueré pas de vous donner advis aussy tost.

N'y ayant rien icy qui merite de vous estre escrit, je ne feray cette lettre plus longue que pour vous prier de me croire tousjours autant que je le suis,

Monsieur,
Vostre tres humble et tres obeissant Serviteur,

Des Noyers

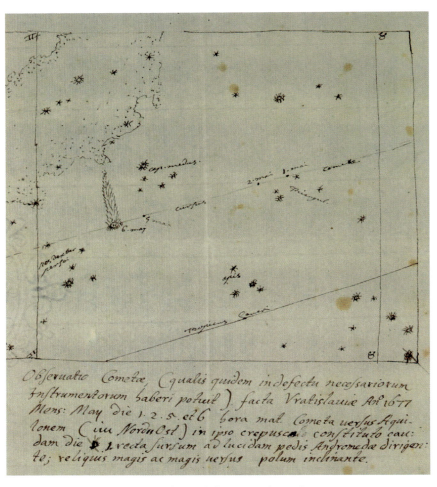

Illustration 26 : dessin de la comète de Breslau, 1, 2, 5 et 6 mai (cliché Observatoire de Paris)

187.

26 juillet 1677, Pierre des Noyers à Hevelius

BO : CI-XII, 1824/156
BnF : Lat.10 348- XII, 375

Varsavie le 26 juillet 1677

Monsieur,

Ce petit mot n'est que pour acompagner le billet cy joint de M. Boulliau[1] qui me recommande et me dit qu'il a receu tout ce que vous m'envoyat pour luy, tant l'observation contenues en vostre lettre du 13 de may[2] que les precedentes. Il me dit que M. Cassini a fait imprimer une feuille ou sont representee quatre observations qu'il a faitte du chemin de la derniere comette, et qu'il a chargé la mesme feuille de plusieurs lignes qui represente le chemin qu'on tenu plusieurs comettes depuis 200 ans qui ont paru proche la constellation d'Aries[3]. M. Boulliau ne savoit pas encore si ledit sieur Cassini y avoit joint quelque discours et s'en devoit enquerir, dont ensuitte il donnera advis.

Je suis tousjours,
Monsieur,
Vostre tres humble et tres obeissant Serviteur,

Des Noyers

---

1 Manque dans la correspondance.

2 Lettre à Pierre des Noyers n° 182.

3 BO, Ms B4/3 (117), p. 629-632 : « Théorie de la comète qui a paru aux mois d'avril et de may derniers, tirée des observations des plus celebres astronomes de l'Europe ». Cassini y fait état des observations publiées dans la *Journal d'Angleterre* en date du 26 mai (une lettre de lui-même, deux d'Hevelius et une de Flamsteed, avec leurs observations). Il y ajoute les observations du père Zaragoza, sj. qui la suivit depuis Argande, près de Madrid, dès le 25 avril. Ce faisant, il retire à Hevelius le privilège de la primauté des observations dont il se prévalait. Hevelius publie pour sa part, une *Epistola ad amicum de cometa anno 1677, Gedani observato*.

188.

30 juillet 1677, Pierre des Noyers à Hevelius

BO : Cɪ-XII, 1793/121
BnF : Lat. 10348-XII, 287

Varsavie le 30 juillet 1677

Monsieur,

J'ay recue parce dernier courier les billets cy joints[1] que M. Boulliau m'a adressé pour vous et que je vous envoye en vous demandant la continuation de vos bonnes graces puis que je suis tousjours,

Monsieur,
Vostre tres humble et tres obeissant Serviteur

Des Noyers

189.

8 septembre 1677, Pierre des Noyers à Hevelius

BO : Cɪ-XIII, 1880/46/48
BnF : Lat. 10 349-XIII, 94

M. Hevellius
De Varsavie le 8 septembre 1677

Monsieur,

Nostre bon amy M. Boulliau m'escrit et me prie de vous faire savoir que M. Cassini a fait imprimer dans le dernier Journal des Scavant du mois d'aoust[2], le mouvement de la derniere comete sur les observations qui luy ont esté envoyee d'Angleterre qui comprennent aussy la vostre, et d'autres encore qu'il a receuë d'ailleurs. Ce qui semble ridicule a beaucoup de gens, dans son raisonnoment est qu'il dit que par son

---

1 Les billets mentionnés manquent dans la correspondance.
2 Du 30 août, p. 214-216.

hipothese elle doit estre dans son perigee le 21 avril sans rapporter d'observation devant le 25 ; cette hipothese a esté publiee en 1665[1]. Il devoit dire qu'elle a pu estre plus esloignee de la Terre le 21 avril qu'elle n'a esté depuis, mais encore cela est incertein ; aussy bien que ces (sic) qu'il supose, que ce corps la se meuvent egalement d'autant que l'on n'en scait rien. Il veut aussy qu'elle puisse estre l'une des cometes qui ont esté veuë depuis 1652 ; ce qui fait croire que cet homme n'a pas la judicative bien bonne.

M. Boulliau me prie encore de luy mander si M. Hecker a continué ses Ephemerides, et s'il y en a de nouvellement imprimee[2]. Faitte moy la grace Monsieur de me l'apprendre, afin que je luy en donne advis, et me croyez tousjours s'il vous plaist,

Monsieur,
Vostre tres humble et tres obeissant Serviteur,

Des Noyers

190.

18 février 1678, Pierre des Noyers à Hevelius

BO : Cɪ-XII, 1827/158
BnF : Lat. 10 348-XII, 380-382

Varsavie le 18 febvrier 1678

Monsieur,

Dans la plus part des lettres que je recois de Monsieur Boulliau il y est fait presque tousjours mention de vous et de vos ouvrages. Il m'a prié par ses deux dernieres

---

1 Le *Theoriæ motus cometæ anni MDCLXIV, pars prima*, Rome, De Falco, 1665 est dédicacé à Christine de Suède. Cassini a observé la comète de 1652 avec la conviction que le mouvement des comètes n'était inégal qu'en apparence. En 1664, il observe avec la Reine Christine la comète les 17, 18, 22 et 23 décembre et en prédit son chemin, qui se vérifie. En avril, il observe la nouvelle comète et publie huit jours après sa première apparition, les tables de sa trajectoire. Pour Cassini, les comètes ont des révolutions et leur retour est périodique. Leur trajectoire suit une orbite circulaire, très excentrique à la Terre. C'est cette hypothèse – à savoir que durant le temps qu'elles sont visibles, elles se meuvent par une petite partie de la circonférence d'un grand cercle qui ne diffère pas sensiblement d'une ligne droite, et que leur vrai mouvement par cette circonférence est égal quoiqu'il paraisse fort inégal à cause de la grande excentricité de cette circonférence à l'égard de la Terre — qu'il a mise en 1677 à l'épreuve avec les observations d'Hevelius « d'autant plus volontiers que M. Hevelius dans sa Cometographie se montre fort éloigné de cette hypothese, croyant que leur vray mouvement soit inegal. » qui est ici reprise : *Journal des Sçavans*, 30 aoust 1677, p. 214-216.

2 Johann Hecker (1625-1675) est décédé à Dantzig le 27 août 1675. Ses Éphémérides portent jusqu'en 1680 : *Johannis Heckerii Motuum cælestium Ephemerides ab anno MDCLXVI ad MDCLXXX*, 1665.

lettres de vous envoyer l'observation de M. Galet faite en Avignon, en Provence[1], de la conjonction de Mercure au Soleil[2], que vous trouverez cy jointes. Il vous suplie de luy faire la grace de luy communiquer suivant vos observations, le lieu de l'estoile, quæ in cornu Australi Tauri Borealis cujus longitudo anno 1649 Aprilis 8 stylo novo erat Gemini 11 ° 45' cum latitudine Australi 1° 49' 30". J'observe /dit-il/ alors Saturne esloigné de 22' de cette estoile. Les tables philolaiques donnant alors le lieu de Saturne in Geminis 12° 24' 48" cum latitudine Australi 1° 18'. Eichstadius dans ses Ephemerides met Saturne in Geminis 1° 29' 30" cum latitudine Australi 1° 21'[3]. Selon les tables philolaiques Saturne devoit estre esloigné de l'estoile de 50', selon Kepler de 52'. Il pourroit y avoir erreur dans le lieu defini par Tycho.

C'est Monsieur ce que nostre amy me prie de vous communiquer en vous demandant de vos nouvelles. Il me prie encore que (sic) m'enquerir sy M. Hecker continue ses ephemeride[4], et s'il les fait imprimer. Comme je n'ay rien davantage a vous dire de ce peys cy je finis en vous assurant que je suis tousjours

Monsieur,
Vostre tres humble et tres obeissant Serviteur,

Des Noyers

---

1 L'abbé Jean-Charles Gallet (1640-1724), prévôt de l'Eglise Saint-Symphorien en Avignon, s'est fait connaître par son observation du transit de Mercure en 1677, de l'éclipse du Soleil en 1683 et par ses Tables astronomiques.

2 Ce transit a eu lieu les 6/7 novembre et fut peu observé en Europe du fait de la couverture nuageuse. Halley l'observa de l'île de Sainte-Hélène. Gallet ne put voir le début du transit, mais fit dix mesures entre 22h. 53' et 3h. 26'. Sur ces observations, Pingré, *Annales*, 1677, p. 341-343. Cette observation n'ayant pu se faire à Paris, Gallet la publia et l'envoya à Cassini : *Mercurius in Sole visus Avinione, Clarissimo Viro J.D. Cassino*, Avignon, 1677 (in-4°).

3 « Qui dans la corne australe du Taureau avait le 8 avril nouveau style une longitude boréale de Gémeaux 11° 45' avec une latitude australe de 1° 49' 30" ».

4 Décédé à cette date : n° 189.

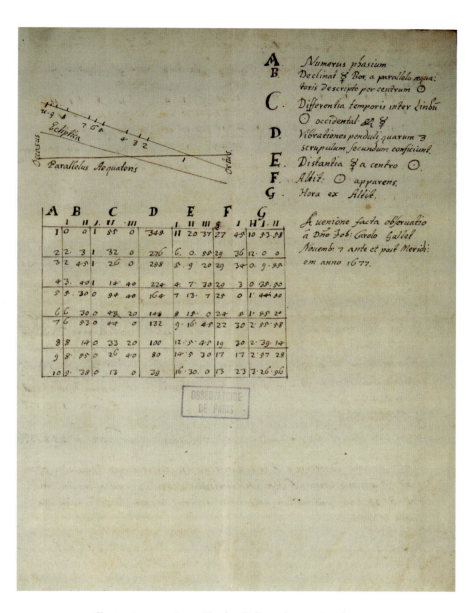

Illustration 27a : Jean-Charles Gallet : observation du transit de Mercure (cliché Observatoire de Paris)

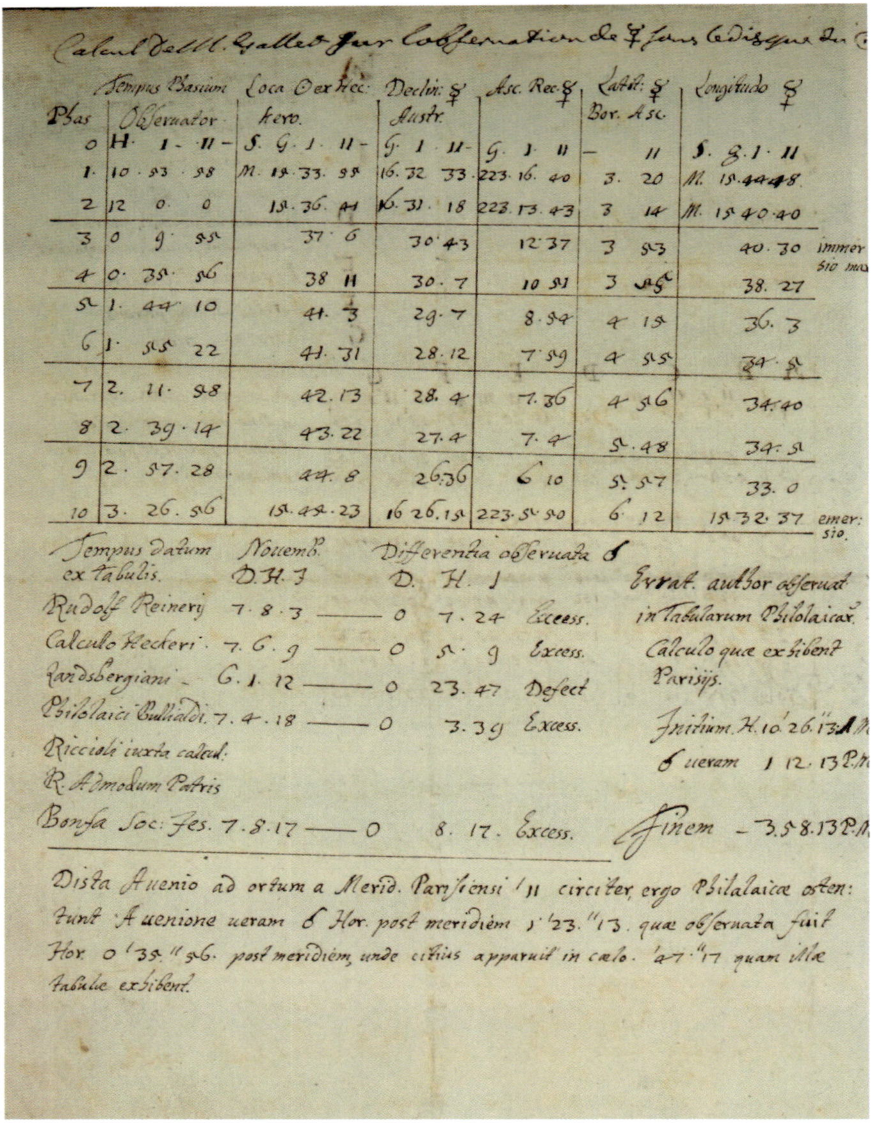

Calcul de M. Gallet sur l'observation de ☿ sur le disque du ☉

Phas	Tempus Basium Observator	Loca ☉ ex Hecc. Kero.	Declin. ☿ Austr.	Asc. Rec. ☿	Latit. ☿ Bor. Asc.	Longitudo ☿	
0	H. 1 - 11 -	S. G. 1. 11 -	G. 1 11 -	G. 1 11	— 11	S. G. 1. 11	
1	10. 53. 58	M. 15. 33. 58	16. 32 33	223. 16. 40	3. 20	M. 15. 44 48	
2	12 0 0	15. 36. 41	16. 31. 18	223. 13. 43	3 14	M. 15 40 40	
3	0 9 55	37 6	30 43	12 37	3 53	40 30	immersio ma…
4	0 35 56	38 11	30 7	10 51	3 [illegible]	38 27	
5	1 44 10	41 3	29 7	8 54	4 15	36 3	
6	1 55 22	41 31	28 12	7 59	4 55	34 5	
7	2 11 58	42 13	28 4	7 36	4 56	34 40	
8	2 39 14	43 22	27 4	7 4	5 48	34 51	
9	2 57 28	44 8	26 36	6 10	5 57	33 0	
10	3 26 56	15 44 23	16 26 15	223 50 50	6 12	15 32 37	emersio

Tempus datum ex tabulis	Novemb. D. H. I		Differentia observata ☌ D. H. I	
Rudolf Reineri	7. 8. 3	0	7. 24	Excess.
Calculo Heckeri	7. 6. 9	0	5. 9	Excess.
Landsbergiani	6. 1. 12	0	23. 47	Defect
Philolaici Bulliadi	7. 4. 18	0	3. 39	Excess.
Riccioli iuxta calcul. R. Admodum Patris Bonfa Soc. Jes.	7. 8. 17	0	8. 17	Excess.

Errat author observat in Tabularum Philolaicar. Calculo quae exhibent Parisijs.

Initium H. 10. 26. 13 A.M.

☌ veram 1 12. 13 P.M.

Finem — 3. 58. 13 P.M.

Dista Avenio ad ortum a Merid. Parisiensi 11 circiter, ergo Philolaicae ostentunt Avenione veram ☌ Hor. post meridiem 1. 23. 13. quae observata fuit Hor. 0. 35. 56. post meridiem, unde citius apparuit in caelo 47. 17 quam illae tabulae exhibent.

Illustration 27b : Jean-Charles Gallet : observation du transit de Mercure (cliché Observatoire de Paris)

191.

11 mars 1678, Pierre des Noyers à Hevelius

BO : C1-XII, 1825/157 Manque
BnF : Lat. 10 348-XII, 376-377 + p.j. 377-378

Varsavie le 11 mars 1678

Monsieur,

Je me donnay l'honneur de vous escrire le 18 febvrier en vous envoyant le passage de Mercure sous le disque du Soleil[1]. J'ay depuis receu de M. Boulliau deux lettres dont voicy des extraits.

De Paris le 25 janvier de M. Boulliau

J'attand des nouvelles de la nouvelle estoille descouverte par M. Hevelius, nos astronomes ne l'ont pas encore veu : ils croyent que les observations des phases de la Lune, qu'ils font faire et les observations des satellites de Jupiter et de Saturne valent incomparablement mieux que tout le catalogue des estoilles fixes, bien que toutes ces observations de ces satellites ne soient que petites appendices de l'Astronomie[2]. Elles sont curieuses et belles, mais servent plustôt aux considerations physiques qu'aux astronomiques.

De Paris 4 febvrier de M. Boulliau

Je vous suplie de vouloir prier M. Hevelius et le saluer de ma part, qu'il ait la bonté de me communiquer les lieux par luy observez tant en longitude que latitude des estoilles que je vous marque icy.

Borealissima[3] in cornu Australi Tauri quæ in catalogo Tychonis ad annum 1601 ponitur in Geminorum 11°, latitudo Australis 1° 49' 3" et magnitudinis quartæ.

---

1 Transit de Mercure du 6-7 novembre 1677. Voir lettre n° 190.

2 Cassini, Picard et Römer ont consacré de nombreuses veilles, dans les années 1675-1677 à observer minutieusement les éclipses lunaires et les satellites de Jupiter et de Saturne. C'est en 1676 que Cassini observe les ombres de l'anneau de Saturne. Ces observations permettent la publication, entreprise par Picard, de *La Connaissance des Tems, ou Calendrier et Ephemerides du lever et du coucher du Soleil, de la Lune et des autres Planetes avec les eclipses de l'année 1679... et plusieurs autres Tables et Traités d'astronomie et de physique et des Ephemerides de toutes les Planetes en figures* (Paris, 1678, in-12, 64 p.). Les *Ephémérides* d'Hecker prenaient fin en 1680. Ces nouvelles tables étaient calculées à partir du méridien de Paris.

3 « La plus boréale dans la corne australe du Taureau qui, dans le catalogue de Tycho, pour l'année 1601 est placée à 11° des Gémeaux latitude australe 1° 49' 3" et de quatrième grandeur. Celle qui est mise à 25° 22' des Gémeaux avec une latitude [ ]. Une double nébuleuse dans l'œil du Sagittaire que Kepler dans la dernière partie de son catalogue met à 9° 20' du Capricorne une latitude boréale de 0° 25' laquelle Ty-

500 CORRESPONDANCE DE JOHANNES HEVELIUS. TOME III

Propedis quæ ponitur in 25° 22' Gemellorum cum latitudine []. Nebulosæ duplicis in oculo Sagittarii quam Keplerus postrema parte catalogi ponit in Capricorni 9° 20' cum latitudine Boreali gradus 0° 25' laquelle Tycho n'a point mise dans son catalogue. J'adjouteray encore le lieu de celle qui in aure Tauri Australior in Gemellorum 2° 35' latitudine Boreali 0° 35' magnitudinis quartæ. Je luy en seray tres obligé. J'aprehende de ne voir jamais ses observations imprimees.

Il me dit dans une lettre precedente du mois de septembre, que les nuées l'avoient empesché de voir l'eclipse de Saturne qu'il vit seulement sur les 10 heures esloigné de la Lune de pres d'un degré.

C'est Monsieur tout ce que j'ay de nostre amy qui vous revere tousjours infiniment, et moy plus que personne, puis que je suis tousjours,

Monsieur,
Vostre tres humble et tres obeissant Serviteur,

Des Noyers

Tabulæ Philolaicæ[1] exhibent die 29 Septembris 1672 hora 8h. 35' Parisiis, hora 11h. 25' Uraniburgi locum Martis, Piscium 12° 26' 47" Australi latitudine 4° 28'.

Die 6 Octobris ejusdem anni hora 8 Gedani locum Martis, Piscium 11° 51' Australi latitudine 3° 54'. Transcriptor literæ ad Dominum Flamsted ad me missæ perperam adnotavit altitudinem Aquilæ 23° 47' nondum enim in ea altitudine Sol occubuerat hora 8 elegimus eum hora 8 factum. Observatio adnotetur.

Die 30 Novembris 1676 hora 10 Parisiis Martem exhibent eædem tabulæ in Cancri 13° 49' 38" boreali latitudine 2° 31'. Tunc visus est mihi Mars occidentalior illa linea recta, quæ ducitur a stella quæ Tychoni est in scapulis praec. Gemellorum in Cancri 14° 0' 29" cum latitudine Boreali 5° 42' 30" (Bayero 1) ad eam quæ Tychoni est

cho n'a point mise dans son catalogue. J'ajouteray encore le lieu de celle qui est plus australe dans l'oreille du Taureau à 2° 35' des Gémeaux, latitude boréale 0° 35' de quatrième grandeur ».

1 « Les tables philolaïques donnent le 29 septembre à 8h. 35' à Paris, à 11h. 25' à Uraniborg la position de Mars à 12° 26' 47" des Poissons, latitude australe 4° 28'.

Le 6 octobre de la même année à Dantzig, position de Mars 11° 51' des Poissons, latitude australe 3° 54'. Le transcripteur de la lettre à Monsieur Flamsteed qui m'a été envoyée indique erronément altitude Nord 23° 47', car à cette altitude le Soleil n'était pas encore couché à 8 heures. Nous avons donc déduit que cette observation avait été faite à 8 heures. À noter.

Le 30 novembre 1676 à 10h. de Paris, les mêmes tables montrent Mars à 13° 49' 38" du Cancer, latitude Nord 2° 31'. Mars m'apparut plus occidental que cette ligne droite qui est tracée à partir de l'étoile qui pour Tycho est dans les épaules des Gémeaux à 14° 0' 29" du Cancer, latitude Nord 5° 42' 30" (Bayer, 1) vers l'étoile qui pour Tycho est dans le ventre sud des Gémeaux à 14° 0' 29" du Cancer, latitude 0° 19' (pour Bayer, lire Lion). Mars était estimé plus occidental de 3' que la ligne précitée. Je demande avec insistance au très illustre et très considérable Monsieur Hévelius qu'il veuille bien m'indiquer les positions des Fixes précitées qu'il a délimitées. À Paris, juin 1677, Ismael Boulliau ».

in ventre meridiano Gemellorum in Cancri 14° 0' 29" latitudine 0° 19' (Bayero Leo) Mars estimabatur 3' occidentalior quam prædicta linea. Illustrissimum et amplissimum Dominum Hevelium impense rogo ut loca prædictarum Fixarum a se limitata mihi mittere velit. Parisiis die Junii 1677. Ismael Bullialdus

Hauteur meridienne à Varsovie

Decembre

Jours	19	14°.20'
	20	14.18
	31	14.51
Jenvier		
	3	14°.58'
	4	15.5
	5	15.17
Febvrier		
	17	25°.59'
	19	26.33
	27	39.41
Mars		
	2	30°.57'
	4	31.34
	7	32.43

De Paris 11 febvrier de M. Boulliau

Je vous suplie de vouloir prier M. Hevelius de m'envoyer les longitudes et latitudes des estoilles que je vous ay marquees dans mes precedentes telles qu'il les a observees. Je trouve de la bizarrerie dans le mouvement de Saturne par les applications aux estoilles fixes. Nous avons besoing des observations de M. Hevelius pour rectifier les Tables, et de son catalogue des estoilles fixes pour les verifier. S'il les avoit mises a jour, j'y aurois travaillé il y a longtemps.

Paris, de M. Boulliau 28 febvrier

Je vous supplie de solliciter de M. Hevelius pour le faire souvenir d'avoir la bonté de m'envoyer les lieux des estoilles que je vous ay marquees. Je n'ay pas assez de lumiere sans les observations qu'il a faites du mouvement de Saturne pour corriger mes tables qui s'esloignent du ciel d'un tiers de degré, moins pourtant que les Rudolphines; si l'on fait la correction dans le moyen mouvement l'on ne representera pas bien les observations de Tycho et surtout dans les oppositions de Saturne et du Soleil ce qui fait que je souhaite fort de voir ses observations imprimees, que je say estre plus exactes que celles de Tycho Brahe. Je vous prie de le saluer de ma part.

Je receu les deux articles cy dessus par ce derniere ordre

Ad annum compl. 1660

		Longitudo	Latitudo
Ad radicem cornu Tauri Australem superiorem	mihi	12° 2'43" Gemelli	1° 15' 15" A.
In cornu Australi quæ magis ad Boream	Tychoni	11° 55 Gemelli	1 49 30 A.
		7' 43" differentia	34' 13" diff
Propus Gemellorum	Mihi	26° 19' 58"	0 14 26 A.
	Tychoni	26 19 0	0 13 0 A.
		58 diff.	1 26 diff.

Nebulosæ illæ non sunt ad oculum Sagittari sed Jovis quas Kepler plane perperam adscripsit alterum ad 6° 20' Jovis cum latit 0 25'

Nebulosa ad oculum Jovis præcedens	mihi	2 4 Aquarii	1 1 51 Borealis
	Tychoni	29 48 0 Jovis	0 48 13
		14 4 diff	13 21 diff.
Nebulosa orientalis sequens	Mihi	0 29 17 Gemellorum	0 30 52 B.
	Tychoni	0 32 0 Jovis	0 34 25 B.
		2 48 2 52 B.	
In temporibus Tauri inferioribus	Mihi	3 26 36 Gemellorum	0 34 25 B.
In aure duarum Australi	Tychoni	3 29 0 Gemellorum	0 35 0 B.
		2 24 diff.	25 diff.

LETTRES [1678]

192.

18 mars 1678, Hevelius à Pierre des Noyers

BnF : FF. 13 044, 156r.[1]

Mr. Hevelius a Mr Desnoyers

Illustrissime Domine, ac Amice honoratissime,

Iterum iterumque veniam peto, quod hucusque nil ad te responsi dederim. Facile etiam me excusatum habebis; cum optime scias in quali turba lentissimo statu hactenus versati, tum quantis molestiis et impedimentis obruti fuimus; sic ut, et ego minime amicis vacare et ut maxime voluerim, debitaque officia mea deferre potuerim. Nunc vero aliquantulum otii rursus nactus lubens amicis satisfaciam, allaboraturus itaque ut etiam clarissimo Domino Bullialdo quam primum potero ea omnia quæ scire percupit transmittam. Interea rogo quam humillime salutet clarissimum Dominum Bullialdum; forte proxima septimana plene ad omnia illi respondebo. In observationibus meis edendis strenue quidem pergo, sed valde hoc autumno fui impeditus: alter enim ex typographis meis fato cessit, alter adhucdum gravissimo morbo conflictatur, ut minime aptus sit laboribus. Variam itaque viam remora mihi objicitur, nihilominus spero, Deo sic volente hac æstate totum illud opus, partem scilicet posteriorem Machinæ meæ Cœlestis me absoluturum. Vale, Vir honorande, brevi fusius et Tui

Amantissimum amare perge

J. Hevelium manu propria

Dabam Gedani, raptim anno 1678, die 18 Martii.

Monsieur Hevelius à Monsieur des Noyers
18 mars 1678[2]

Très illustre Monsieur et Ami très honoré

Je vous demande pardon encore et encore de ne vous avoir donné encore aucune réponse; mais vous m'excuserez facilement car vous savez dans quel trouble nous avons été mis jusqu'à présent par un ralentissement des affaires et de quelles difficul-

---

1 Ce manuscrit n'est pas de la main d'Hevelius.
2 Copie : cette lettre est d'une autre main.

tés et de quels embarras nous avons été accablés[1]. C'est pourquoi je n'ai pu avoir du temps pour mes amis et, malgré mon vif désir, pour leur rendre mes devoirs. À présent que j'ai récupéré un peu de loisir[2], je donnerai volontiers satisfaction à mes amis et je m'efforcerai de transmettre au très célèbre Monsieur Boulliau, dès que je le pourrai, tout ce qu'il souhaite savoir. Entre temps, je vous demande en toute humilité de saluer le célèbre Monsieur Boulliau ; la semaine prochaine peut-être, je répondrai en détail à toutes ses questions. Je poursuis assidûment l'édition de mes observations, mais j'en ai été fort empêché cet automne : un de mes typographes est décédé, un autre lutte contre une maladie très grave en sorte qu'il est très peu apte aux travaux. J'accumule les retards de divers côtés[3]. Néanmoins j'espère que, si Dieu le veut, j'achèverai cet été tout ce travail : c'est-à-dire la deuxième partie de ma Machina Cœlestis[4]. Portez-vous bien, honorable Monsieur. À bientôt plus longuement et continuez à aimer votre très affectionné,

J. Hevelius de sa propre main

Donné à Dantzig, en hâte le 18 mars 1678.

1 Dantzig eut une histoire mouvementée ces années-là. Les tensions qui y opposaient le Sénat et le peuple, les magistrats et les citoyens, les calvinistes et les luthériens, les riches et les pauvres, les partis prussien et polonais y furent exacerbées par un tribun luthérien, Ægidius Strauch qui mit le feu à la ville en réclamant l'abolition des impôts et des privilèges. Destitué par les magistrats, réintégré par le peuple, il dut fuir à Hambourg et fut arrêté par le Grand Électeur de Prusse. Ceci provoqua un délire populaire à Dantzig (1er août 1677) et la venue urgente du Roi et de la Reine qui y accoucha le 6 septembre. En cette occasion, le peuple luthérien accepta le faste catholique de la cour. Toutefois, en mai 1678, des processions publiques organisées par les religieux provoquèrent des émeutes sanglantes qu'une intervention efficace du Roi parut apaiser quand Frédéric-Guillaume décida de relâcher Strauch qui fut reçu à Dantzig dans l'allégresse le 22 juillet.

2 Après le départ du Roi. Au cours de ce séjour, le couple royal rendit plusieurs visites à l'astronome qui fut nommé, le 21 octobre 1677, Astronome royal, titre accompagné d'une pension de 1000 Florins à prélever sur les revenus du port à partir de mai 1678. De plus, le 3 décembre 1677, le roi exempta de taxes la vente des bières des brasseries d'Hevelius.

3 L'image latine est la remora, petit poisson mythique, qui se colle à la coque du navire et l'empêche d'avancer (du latin mora, retard).

4 Dans une lettre à Chapelain (CJH, II, n° 81, avril 1671) Hevelius explique employer pour sa Machina Cœlestis I, 6 ou 7 typographes sans compter de nombreux autres artisans pour les travaux d'impression et son observatoire. Le second volume de la Machina Cœlestis parut en avril 1679.

193.

24 mars 1678, Hevelius à Pierre des Noyers

BO : Cı-XIII, 1847/11/9
BnF : Lat. 10 349-XIII, 23

Illustrissime Domine, ac Amice perquam honorande,

Literas meas ante octiduum a te scriptas spero te bene accepisse; nunc ut promissis stem mitto tibi responsum tum ad literas tum ad petita clarissimi domini Bullialdi, simul etiam literas responsorias ad illustrissimum et amplissimum dominum Johannem Baptistam Latinum, quas perlectas haud gravatim Parisios simul transmittas rogo, admoneasque dominum Bullialdum ut porro haud gravetur nobis exponere, quid porro novi in re literaria Parisiis alibique geratur. Quæ quando resciveris, rogo quam humanissime ut ea ipsa nobiscum communices, facies rem sane mihi longe gratissimam. Salutes meo nomine illustrissimum dominum Burattinum, promisit quædam nova inventa, sed nihil adhuc accepi. Vale et me ama. Gedani, anno 1678, die 29 Martii,

Tuæ illustrissimæ Dominationis
Studiosissimus

J. Hevelius, manu propria

Très illustre Monsieur et très honorable Ami,

J'espère que vous avez bien reçu la lettre que je vous ai écrite il y a huit jours. Maintenant, pour tenir ma promesse, je vous envoie une réponse à la lettre et aux demandes du très célèbre Monsieur Boulliau et en même temps une lettre de réponse au très illustre et très considérable Monsieur Jean-Baptiste Latinus[1] ; quand vous les aurez lues, je vous demande de prendre la peine de les transmettre en même temps à Paris ; avertissez Monsieur Boulliau qu'à l'avenir il prenne la peine de nous expliquer ce qui se fait de neuf dans les lettres, à Paris et ailleurs. Quand vous l'aurez appris, je vous demande, le plus poliment du monde, de me communiquer ces informations. Vous me ferez un très grand plaisir. Saluez en mon nom l'illustrissime Monsieur Burattini.

---

1 Jean-Baptiste Lantin (1619-1695) avec lequel Hevelius a un bref échange en 1677 (2 lettres dans le fonds de l'Observatoire).

506 CORRESPONDANCE DE JOHANNES HEVELIUS. TOME III

Il nous a promis de nouvelles inventions, mais je n'ai encore rien reçu. Portez-vous bien et gardez-moi votre affection. A Dantzig, en 1678, le 29 mars,

À votre Seigneurie illustrissime
Le très affectionné

J. Hevelius, de sa propre main

194.

10 juin 1678, Pierre des Noyers à Hevelius

BO : C₁-XIII, 1862/27/27

BnF : Lat. 10349-XIII, 62-63

Varsavie le 10 juin 1678

Monsieur,

Je ne vous ay point accuse la reception de vos lettres des 18[1] et 25 mars[2] dernier, et pour ne pas vous importuner j'ay voulu attandre la responce de celles que vous escriviez a M. Boulliau qui me dit les avoir receuë avec bien de la joye avec le memoire des lieux de quelques estoiles fixes, ensemble l'Idea novi operis de Matthias Wasmuth[3]. Il adjoute encore qu'il vous fera responce, et vous escrira touchant les gratifications et les pensions. Il dit aussy que vous devez prendre garde a la nebuleuse de l'œil du Sagittaire que vous croyez estre l'une des petittes qui sont in rictu Capricorni / a la bouche dudit Capricorne. Il dit donc qu'au climat de Paris la nebuleuse du Sagittaire est tres visible, qu'Hiparque et Ptolomee l'ont observee et colloquee dans leur catalogue, que Bayerus l'a representee double comme de fait elle l'est. M. Boulliau croy que vous ne la pouvez pas voire bien facilement a Dantzigt a cause que la teste du Capricorne estant sur l'horison il y a tousjours du crepuscule. Il dit qu'il vous

---

1 N° 192.

2 N° 193.

3 Matthias Wasmuth (1625-1688), arabisant et théologien allemand. Il fit ses études à Wittemberg puis à Leipzig. Nommé professeur de langues orientales à l'Université de Kiel (1665), puis de théologie (1675), il s'est intéressé à la fin de sa vie aux questions de chronologie auxquelles Hevelius travaillait aussi. Il a ainsi laissé : *Annalium cæli et temporum restitutorum* (1683) et *Neuer astronomische Hauptschlüssel aller Zeiter der Welt* (1686). Le titre mentionné par Boulliau n'est pas répertorié. En 1678, il a publié à Kiel : *Matthiae Wasmuthi,... Idea restitutae astronomicae chronologiae antehac publicata in Anglicanis transactionibus, nunc vero recusa et comprobata novo experimento in Mathesi mosaica Reyheriana*, in-4°; il s'est aussi penché, dans ses recherches astronomico-chronologiques, sur la question des longitudes (*Commentarius in tabulas operis astronomico-chronologicarum in demonstranda vera locorum longitudine*).

envoyera une observation qu'il a faitte en 1665 le 21 de may, 2 heures 20' mane, dans laquelle dans laquelle (sic) il veid Saturne esloigné de 30' ou 31 de la boreale de ces deux nebuleuses, et Saturne estoit en un azimuth plus oriental de 10' que pas l'estoile. Ses Tables mettoient alors Saturne in Capricorno 8° 33' cum lat Bor 0° 45' et selon le calcul de Kepler l'estoile estoit alors in Capricorno 7° 15' qui assurement est moindre d'un degré. Selon qu'il la peu juger par estimation, elle est au 8° et tant de minutes du Capricorne.

Il adjoute que lors que le sieur Wasmuth aura executé et demontré ce qu'il promet, qu'il le croira et qu'il veut suspendre son jugement jusque la, mais cependant il doute qu'il reussisse, et croit qu'il a quelque fondement chimerique, aussy bien que Ravius[1]. C'est Monsieur ce qu'il m'escrit a vostre sujet en attandant qu'il responde a vos lettres.

Nous n'avons icy nulle nouveauté qui merite de vous estre escritte, que la paix faitte avec les Turcs[2], dont plusieurs ne sont pas bien contants, a cause qu'elle n'est pas fort honorable pour la Pologne. La desunion de la Pologne avec les Kosakes en est cause[3]. J'ay bien du deplaisir de celle de vostre ville[4]. Il faut pour la rendre heureuse que le peuple se reunisse avec Messieurs les Magistrats. Je le souhaitte de tout mon cœur, et les moyens de vous pouvoir tesmoigner que je suis tousjours,

Monsieur,
Vostre tres humble et tres obeissant Serviteur,

Des Noyers

---

1 Christian Rau dit Ravius (1613-1677) orientaliste allemand qui enseigna les langues orientales en Angleterre où il fut protégé par James Ussher et John Selden, dans les Provinces-Unies (Utrecht et Amsterdam), puis chez Christine de Suède à Uppsala avant de gagner Kiel en 1669, où il fréquenta Wasmuth. En 1672, Frédéric-Guillaume le fait nommer à Francfort/Oder.

2 Jan Gninski, voïvode de Chelmno, nommé ambassadeur auprès de la Sublime Porte (1677-1678) est très mal reçu à Constantinople et ne parvient pas à renégocier le traité de Zurawno (17 octobre 1676) qui avait permis à la Pologne de récupérer un tiers des territoires perdus au traité de Buczacz (1672) et la dispensait de verser un tribut annuel. Mais une partie de l'actuelle Ukraine était cédée à l'Empire ottoman et la Podolie érigée en Pachalik (jusqu'en 1699). Le parti autrichien, à Varsovie comme à Constantinople, s'appliquait à dénoncer comme honteuse pour chacun la paix de Zurawno, afin d'éviter que le Sultan ne retourne ses armes contre l'Empire.

3 La Pologne a négocié avec le Tsar Fedor (qui retenait dans ses geôles Dorochenko), pour éviter que Moscou ne s'allie à la Porte. Le traité, conclu le 26 juillet, renouvelle pour 13 ans la trêve d'Androussovo. Pendant ce temps, le Sultan extrayait de ses propres geôles le fils de Bogdan Chmielnicki pour le présenter aux Cosaques et aux Zaporogues comme leur nouvel Hetman. Après une nouvelle offensive en été, la Porte réunit le gouvernement de l'Ukraine à celui de la Moldavie.

4 Troubles à nouveau provoqués par les processions publiques des catholiques en mai 1678. Voir n° 192.

195.

23 décembre 1678, Pierre des Noyers à Hevelius

BO : Ci-XIII, 1928/94/97
BnF : Lat. 10 349-XIII, 151

Varsavie le 23 décembre 1678

Monsieur,

Trouvé bon qu'en vous envoyant ce que j'ay recue pour vous de nostre amy M. Boulliau, je vous renouvelle par cette ocasion les vœux de mes tres humbles services, a ces bonnes festes, que je vous souhaitte heureuse, avec la nouvelle annee, et a toute vostre famille. Nostre amy me dit qu'il vous escrit plus amplement par M. Vachslager de Thorn[1], qui vient de Paris avec M. le grand Trésorier[2] et qui doivent arriver bien tost selon les lettres que j'en ay receuë.

Je ne vois rien de considerable a vous dire de ce peys cy. Le ciel a esté fort obscure durant tout ce mois cy, il fut un peu plus claire le 21ᵉ on voyoit fort distinctement le Soleil au traver des vapeurs qui estoient dans l'air ; mais pourtant sa clarté ne pouvoit pas marquer d'ombre. Je pris sa hauteur meridienne que je trouve de 14° 18'. Le solstice s'estoit fait un peu auparavant selon les Ephemerides de M. Hecker. J'avois pris la mesme hauteur meridiene du Soleil les 17, 18, 20 et 21 de juin que j'avois trouvee le 17 de 61° 11', le 18 de 61° 13', le 20 de 61° 16', le 21 de 61° 16'. Ces derniers jours il y avoit un peu de vapeurs dans l'air. Je ne vous dis rien du Journal des Savant car M. l'abbé Dönhoff[3] me dit vous avoir communiqué ceux qu'il avoit reçeu. Il ne me reste donc qu'a vous assurer que je suis tousjours,

Monsieur,
Vostre tres humble et tres obeissant Serviteur,

Des Noyers

---

1 Non identifié.
2 Jan Andrzej Morsztyn (1621-1693) : n° 89 et n° 152.
3 Il s'agit sans doute de Jan Kazimierz Denhoff (ou Dönhoff, 1649-1697), abbé *in commendam* de Mogiła en 1666, puis chanoine de Varsovie et doyen de Płock, abbé de Clara Tumba. Jean Sobieski l'envoie à Rome à partir de 1682 pour y représenter les intérêts polonais. Il est créé cardinal en 1686 et occupe plusieurs fonctions à la curie romaine. [D.M.]

LETTRES [1679]

509

196.

27 janvier 1679, Pierre des Noyers à Hevelius

BO : Cı-XII, 1929/95/98
BnF : Lat. 10 349-XIII152-153

M. Hevelius
Varsavie le 27 jenvier 1679

Monsieur,

Je vous ay envoyé ce que j'avois recue des observations de M. Boulliau pour vous, ce que j'espere que vous aurez receu. J'ay encore receu depuis ce qui suit qu'il me [dit] de vous envoier.

/[1] Je vous suplie d'escrire a Monsieur Hevelius que dans l'observation de la derniere eclipse de Lune[2] je m'estois mesconté en escrivant sur le papier la hauteur de Jupiter au commencement de la veritable ombre, car ayant compté combien la hauteur de Jupiter estoit moindre de 27 degrez je trouvé 18', de sorte qu'au lieu de mettre 26° 42' j'escrivis 26° 18' qui donnent le commencement 6 h. 42' 12". Ce qui m'a fait resouvenir de l'erreur, c'est qu'environ 2' de temps apres je pris la hauteur du limbe superieur de la Lune 17° 30'. Corrigeant par la refraction et paralaxe cette hauteur de la Lune sur l'horison et prenant son centre l'on trouve qu'il ÿ a 6 h. 44' 13". Lors de cette hauteur qui est l'intervalle de 2' depuis le commencement de l'eclipse, elle fut toute eclipsee Jupiter altitudo 32° 44' hora 7 40' 15" a l'instant tres peu de temps apres Lucida Arietis fut trouvee en la hauteur de 37° 25' hora 7 41' 25". Le recouvrement de lumiere altitudo Aldebaran 29° 30', hora 9 17' 28" finis vero altus Aldebaran 34° 21', hora 10 18' 18".

A l'observatoire Initium hora	6. 43' 30"
Totale	7. 40 41
Emersion	9. 21 30
Fin	10. 20 0 /

C'est Monsieur ce que nostre amy me prie de vous communiquer. Quant aux nouvelles de ce peys cy je ne vous en diray point. Vous devez avoir a Dantzigt celles

---

1 Il s'agit d'une citation de Boulliau.

2 Il s'agit de l'éclipse de Lune du 29 octobre 1678 dont Hevelius, du fait des nuages, ne put observer que la fin (11h. 36'). Sur les observations réalisées en Europe, Pingré, *Annales*, 1678, p. 345-348 (Boulliau, p. 348, dite du 28 octobre). Les observations de Cassini à l'Observatoire ont été publiées dans le *Journal des Sçavans*, 1678, 21 novembre, p. 389-392.

de la Diette sur laquelle on ne peut encore faire aucun jugement[1]. Sy les seigneurs s'acommodent en leur querelles particuliere elle se terminera heureusement[2]. C'est jusque a cette heure ce que l'on nous en escrit. Continuez moy s'il vous plaist la grace de me croire tousjours comme je le suis,

Monsieur,
Vostre tres humble et tres obeissant Serviteur

Des Noyers

10 mars 1679, Pierre des Noyers à Madame Hevelia[3]

BO : C1-XIII, 1927/93

Varsavie le 10 mars 1679

Madame,

Je n'ay pas plus tost respondu a la lettre que vous m'avez fait l'honneur de m'escrire du 27 de fevrier. C'est que j'attendois celle de M. Buratini qui est a Grodna[4] qui me dit ne pouvoir pas maintenant responde a vostre lettre estant embarassé en des ocupations qui luy importes beaucoup. Comme aussy parce qu'il n'a pas la ce que vous desiré de luy, mais tout aussy tost qu'il sera icy de retour, il ne manquera pas de vous l'envoyer. Cependant il baise les mains a Monsieur Hevelius et le prie de vous faire ses excuses s'il ne vous escrit pas maintenant. Et moy Madame je vous suplie de luy vouloir dire que M. Boulliau luy a escrit une grande lettre par M. Wachschlager[5],

1 Convoquée pour le 5 décembre, la Diète s'est tenue à Grodno entre le 15 décembre 1678 et le 4 avril 1679.

2 Pierre des Noyers fait ici allusion à la querelle entre le Grand Enseigne Lubomirski et le Prince Demetrius, chacun étant venu avec son armée et ses hommes de main : « L'emportement était à son comble ; des hostilités, des envahissements de domicile, des rapts se succédèrent. Au lieu d'une assemblée délibérante, on aurait eu une guerre civile si, à force de patience et d'autorité, Jean n'était parvenu à étouffer ce funeste procès » (Salvandy, *Histoire de Jean III Sobieski*, II, p. 93).

3 La raison pour laquelle des Noyers écrit à Catherine Koopmann (1647-1693), seconde épouse d'Hevelius (épousée en 1663, à 16 ans) et sa plus proche collaboratrice, n'est pas explicite dans cette lettre. Le plus vraisemblable est qu'Hevelius étant accaparé par l'impression du second volume de la *Machina Cælestis,* il a délégué à son épouse le soin de sa correspondance courante. Les lettres qu'il envoie aux Français et en France au sujet de la parution de ce volume sont d'avril 1679 (*CJH*, II, n° 98-104). La dédicace à Sobieski est datée du « die quinto calendarum Februarii », soit du 28 janvier. Dans la lettre du 20 mars (n° 196), Hevelius dit que l'ouvrage « vient tout juste de sortir » des presses.

4 Auprès du Roi où se tient encore la Diète.

5 Non identifié (n° 195).

LETTRES [1679]

511

et qu'il seroit bien aise de savoir sy elle luy a esté renduë. Il me dit encore que l'on escrit de Londre que Monsieur Hevelius y a envoyé un second volume de sa Machine Celeste[1]. Et que M. Aleüs[2] qui a observé les estoiles de la plage australe dans l'isle de Saint Helene, ou il estoit allé expres, fait imprimer ses observations, et que l'esté prochain, il veut venir a Dantzigt visiter M. Hevelius. C'est ce que pour le present j'ay a luy faire entendre, et que je luy suis toujours, comme a vous,

Madame,
Tres humble et tres obeissant Serviteur,

Des Noyers

197.

20 mars 1679, Hevelius à Pierre des Noyers

BO : C1-XIII, 1930/96/99
BnF : Lat. 10 349-XIII, 153-156
BnF : FF. 13 044, 154r-155v.

Domino Nucerio
Warsaviam

Illustrissime Domine,

Nisi gravissimæ occupationes hactenus obstitissent, amice plurimum honorande, jam pridem ad tuas mihi gratissimas respondissem. Facile enim conjicere potes quantum negotii et laboris mihi facesserit opus hocce meum, pars scilicet posterior Machinæ meæ Cælestis (dum continuo ultra tres integros annos sub prelo sudaverit) quod tibi nunc, cum nuper tantummodo primum prodierit, sub oculos sisto, simul toti orbi literato; an omnibus et ab omni parte satisfecerim, præsertim iis me torto oculo adspi-

---

1 Le second volume est bien sorti des presses d'Hevelius avant l'arrivée de Halley, et non pas après son départ (selon Béziat, *La vie et les travaux de Jean Hevelius*, chap. XI). Il s'agit probablement ici de l'annonce de la publication.

2 Edmund Halley (1656-1742), se rendit, grâce à la générosité de Charles II, à Sainte-Hélène pour y dresser, entre autres, une carte du ciel austral. Parti en novembre 1676, il y resta dix mois, dressa un catalogue de 373 étoiles australes et observa de nouvelles nébuleuses ainsi que le transit de Mercure devant le Soleil le 28 octobre 1677. Son catalogue fut immédiatement publié en France : *Catalogue des estoiles australes, ou Supplement du catalogue de Tycho Brahé, par Edmond Hallai*, Paris, J.-B. Coignard, 1679, in-12. Halley, avec l'appui de la Royal Society, s'embarque pour Dantzig, pour effectuer des mesures avec Hevelius au début de 1679. Il y arrive le 26 mai. Il quitte Hevelius le 8/18 juillet 1679. Voir Alan Cook, *Edmond Halley : Charting the Heavens*, Oxford UP, 1998.

cientibus, ac invidia laborantibus, valde dubito. Sed bono sum animo, quicquid sit, nisi quis longe præstantiora ac maiora et accuratiora in lucem proferat, necesse est ut mea relinquat interea in aliquo esse pretio. Tu operas istas meas in optimam auctoris recordationem humanissime accipias rogo ac credas mihi nihil unquam exoptatius accidere posse, quam si tibi inservire queam. Alterum exemplar Domino Burattino cum plurima salute suo tempore nec non tertium illustrissimo et reverendissimo Domino Johannis Casimiro Denhoff Abbati Claræ Tumbæ exhibebis. Domino Bullialdo communi nostro amico quem salvere jubeo nec non aliis amicis in Gallia prima data occasione pariter nonnulla exemplaria sum transmissurus, dummodo scirem qua via perferenda sint. Animus mihi quoque est aliquot exemplaria istius partis posterioris Machinæ meæ Cælestis etiam magnatibus Galliæ imprimis Christianissimo Regi humillime offerre; cum prior pars istius operis Sacræ Christianæ Majestati fuerit consecratum. Verum, cum hæc posterior pars Serenissimo nostro Regi sit inscripta, ut optimo jure debui tanquam Regi meo ac quoque Mæcenati studiorum meorum maximo, hæreo sane an liceat absque offensione opus illud Regi Christianissimo quoque offerre. Idcirco etiam atque etiam te rogo ut mihi des consilium, quid mihi consultum et faciendum, tum qua occasione offerendum sit; omnium optimo id fieri possit, uti mihi videtur, cura videlicet Excellentissimi Domini Legati Galliæ Domini de Bethune; optarem ut brevi huc Dantiscum veniret, ut coram illum alloqui daretur atque hisce de rebus cum ipso conferre. Nam cum de illius singulari erga me meaque studia favore bene certus fiat, possit forte hac occasione suaque authoritate qua pollet in aula Christianissimi Regis gratiam ac munificentiam, quam jam a septem annis minime sum expertus, studiis meis rursus reconciliari. Si potes huic negotio aliquid contribuere, vel apud Excellentissimum Dominum de Bethune, vel alia quadam ratione, nihil pro amore nostro intermittas. Vellem etiam lubentissime ipsi opus dictum offerre, sed exspectabo tuum consilium, an istud in Poloniam mittendum ? An vero exspectandum donec in Prussiam, ut rumor fert, venerit ? Proposui etiam Illustrissimo Domino Cassino, Picardo nec non aliis quibusdam utpote M. Gallois, M. Gallet, M. Carcavy si tibi ita videatur quædam transmittere. De cætero tibi perscriptum esse percipio ex literis Charissimæ Consortis meæ, me jam aliquod exemplar in Angliam tranmisisse, sed figmenta sunt, nullum adhuc ad exteros misi, nisi quod Grodno Regi Nostro offerre per Dominum Sarnofsky curavi, et quæ hic in Prussia hisce diebus distribui et ea quæ modo Lipsiam transferri curo. In Angliam et Galliam quidem longe citius misissem, sed mare clausum id prohibuit et adhucdum prohibet. Literas Domini Bullialdi per Dominum Vaschschlager tandem accepi, brevi prolixe responsurus sum ad omnia; non est autem quod sit sollicitus me aberrasse in loco cujusdam stellæ fixæ; minime profecto aberravi; sed ille de cujus locutus est et ego de aliis respondi, ut suo tempore clare demonstrabo; stella illa de qua ego locutus sum existit, in capite Capricorni non Sagittarii. Percepi quoque ex literis tuis Dominum Halleium Anglum, qui observationes quasdam in insula Sancte Helenæ hactenus expidivit, proxima æstate me invisurum; profecto erit mihi gratissimus hospes, perjucundum mihi namque accidet cum ipso observationes quasdam expedire ut videam quid sua ratione præstare possit; et ille rursus ut videat quid nudis oculis, favente Divina Gratia peragere queam, tum an possim terna minuta integra discernere, dummodo secum afferat sextantem quo possimus observationes utriusque nostrum recte conferre. Vale et saluta meo nomine illustrissimum Dominum Burattinum. Dabam Gedani, anno 1679, die ipso Æquinoctii vernalis.

Tuæ Illustrissimæ Dominationi
Addictissimus

J. Hevelius, manu propria

À Monsieur des Noyers
À Varsovie,

Très illustre Monsieur,

Si des occupations très graves n'y avaient fait obstacle jusqu'à présent, très honorable Ami, j'aurais depuis longtemps répondu à votre très agréable lettre. Vous pouvez en effet conjecturer ce que m'a coûté de soucis et de labeur cet ouvrage, à savoir la deuxième partie de ma Machina Cœlestis (car elle a sué sous la presse sans interruption pendant trois années entières). Aujourd'hui, comme elle vient tout juste de sortir, je la mets sous vos yeux et ceux de tout le monde savant. Je ne suis pas sûr de satisfaire tout le monde, ni dans toutes les parties, spécialement ceux qui me regardent d'un œil torve et sont malades de jalousie[1] ; mais en tout cas, j'ai la ferme conviction que, si quelqu'un ne publie pas des choses supérieures, plus grandes et plus précises, il n'en restera pas moins que mes travaux auront une certaine valeur. Quant à vous, je vous demande d'accueillir en toute humanité mes travaux que voici, en bon souvenir de l'auteur et de croire que mon plus cher désir est de vous servir. Vous présenterez l'autre copie, en son temps, à Monsieur Burattini avec mon plus grand salut ; et la troisième à l'illustrissime et révérendissime Monsieur Johannes Casimir Denhoff abbé de Clara Tumba[2]. Je transmettrai à la première occasion quelques exemplaires à Monsieur Boulliau, notre Ami commun, à qui je souhaite une bonne santé ; ainsi qu'à nos autres amis en France, pourvu que je sache par quelle voie il faut les acheminer[3] ; j'ai aussi l'intention d'offrir très humblement quelques exemplaires de cette deuxième partie de ma Machina Cœlestis aux magnats de France, et en premier au Roi Très Chrétien puisque la première partie de l'ouvrage est dédiée à Sa Majesté Très Chrétienne. Cependant, la deuxième partie est dédiée à notre Roi Sérénissime, en tant que Notre Roi est le plus grand Mécène

---

1 Robert Hooke, Jean-Dominique Cassini et l'abbé Picard, entre autres.

2 Abbaye cistercienne, sur la Vistule, au delà de Cracovie. Sur Casimir Denhoff, n° 195.

3 La Guerre de Hollande a pris fin, mais les communications ne sont pas encore rétablies. Hevelius va faire appel aux Formont (*CJH*, II, n° 104). L'acheminement se passe mieux que pour le premier tome : les volumes, confiés à Formont le 24 avril, sont réceptionnés à Paris le 28 septembre.

de mes études, ainsi que je l'ai estimé à bon droit[1]. C'est pourquoi je me demande s'il est permis d'offrir aussi cet ouvrage au Roi Très Chrétien sans l'offenser. Je vous demande donc, encore et encore, de me conseiller ce qu'il faut faire, et à quelle occasion il faut l'offrir à Messieurs les ambassadeurs de France. Le mieux serait, à mon avis, que cela se fasse par les soins de Monsieur l'ambassadeur de France, Monseigneur de Béthune[2]. Je souhaiterais qu'il vienne bientôt ici à Dantzig pour que j'aie l'occasion de lui parler personnellement et de conférer avec lui de ces affaires. Car comme je suis certain de sa faveur singulière envers moi et mes études, il pourrait peut-être en cette occasion, et avec l'influence qu'il exerce à la cour du Roi Très Chrétien, réconcilier à nouveau avec mes études la faveur et la munificence royales que je n'ai plus éprouvées depuis sept ans. Si vous pouvez contribuer à cette affaire de quelque manière, soit auprès de l'excellentissime Monsieur de Béthune, soit par quelque autre moyen par amour pour nous, ne négligez rien. Je voudrais avoir le grand plaisir de lui offrir le livre, mais j'attendrai votre conseil. Faut-il envoyer le livre en Pologne ? Ou attendre qu'il vienne en Prusse, comme la rumeur le rapporte ? J'ai proposé aussi de transmettre certains exemplaires au très illustre Monsieur Cassini, à Monsieur Picard, ainsi qu'à certains autres, comme Monsieur Gallois[3], Monsieur Gallet[4], Monsieur Carcavi[5], si vous le jugez bon. Pour le reste, j'apprends par une lettre adressée à ma très chère épouse, qu'on vous aurait écrit que j'aurais envoyé une copie en Angleterre[6]. Ce sont des fables : je n'ai encore rien envoyé à l'extérieur, si ce n'est l'exemplaire que j'ai fait offrir à notre Roi, à Grodno, par Monsieur Sarnowski[7], ceux que j'ai récemment fait distribuer ici en Prusse et ceux que je fais transporter à Leipzig. J'en aurais certainement envoyé plus vite en Angleterre et en France, mais la fermeture de la mer l'empêche jusqu'à présent. J'ai enfin reçu la lettre de Monsieur Boulliau par Monsieur Vaschschlager[8]. Je répondrai bientôt à tout en détail ; il n'a pas de raisons de s'inquiéter que je me sois

---

1 Jean Sobieski, depuis 1677, est son principal mécène. L'envoi de ce second volume à Colbert et à Perrault, avec cette nouvelle dédicace, fait l'objet de commentaires un peu embarrassés d'Hevelius (le 24 avril 1679 : *CHJ*, II, n° 100 et 101), sans laisser à des Noyers le temps de répondre à cette lettre qu'il reçoit avec retard : voir lettre n° 198. Des Noyers récuse le principe d'une double dédicace, sauf à diviser l'ouvrage en deux.

2 Le marquis de Béthune, ambassadeur extraordinaire en Pologne entre 1676 et 1680, est le beau-frère du Roi de Pologne. Hevelius compte sur son entremise pour obtenir le paiement des pensions non soldées (1672 et 1673) et, le cas échéant, une nouvelle pension.

3 Jean Gallois (1632-1707), co-fondateur avec Denis de Sallo du *Journal des Sçavans*, puis son unique directeur après 1666. Il assure le secrétariat de l'Académie des sciences entre 1668 et 1670. À cette date, il passe au service de Colbert. (*CJH*, II, p. 40).

4 L'abbé Jean-Charles Gallet (1640-1724) : voir n° 190.

5 Pierre Carcavi (1603-1684), mathématicien à qui Colbert confia le soin de sa bibliothèque puis, après 1666, celui de la Bibliothèque du roi (*CJH*, II, p. 40, n. 104).

6 Voir lettre à Madame Hevelia du 10 mars 1679.

7 Adam Sarnowski, secrétaire du roi Jean III Sobieski. Il occupe avant cela les offices locaux mineurs de chanoine de Varsovie, gardien de Sandomir et recteur de Łęczyca. Voir K. Targosz, *Jan III Sobieski*, p. 77 et 237. [D.M.]

8 Voir lettre à Madame Hevelia du 10 mars.

LETTRES [1679]

trompé sur la position d'une certaine étoile fixe. À coup sûr je ne me suis pas trompé, mais j'ai répondu sur celle dont il parle et sur d'autres, comme je le démontrerai clairement en son temps. L'étoile dont j'ai parlé existe dans la tête du Capricorne, et non du Sagittaire. J'ai appris aussi, par votre lettre, que l'Anglais Monsieur Halley qui a jusqu'à présent réalisé des observations dans l'île de Sainte-Hélène viendra me visiter l'été prochain ; à coup sûr, ce sera pour moi un hôte très agréable et je me réjouis de réaliser avec lui certaines observations, pour que je voie ce qu'il peut réaliser avec sa méthode et que lui, de son côté, voie ce que je suis capable de réaliser à l'œil nu, avec la faveur de la grâce divine et si je puis distinguer 3 minutes entières, pourvu qu'il apporte avec lui un sextant, avec lequel nous puissions comparer nos observations respectives. Portez-vous bien et saluez en mon nom le très illustre Monsieur Burattini.

Donné à Dantzig, l'an 1679, le jour même de l'équinoxe de printemps.
À votre illustre Seigneurie,
Le tout dévoué

J. Hevelius, de sa propre main

198.

21 avril 1679, Pierre des Noyers à Hevelius

BO : Ci-XIII, 1951/118/133
BnF : Lat. 10 349-XIII, 261-264

Monsieur
Monsieur Hevelius Consul de la ville de Dantzigt
A Dantzigt.

Varsavie le 21 avril 1679

Monsieur,

Je n'ay recue la lettre que vous me faitte l'honneur de m'escrire du jour de l'equinox que le 19 de ce mois[1]. Et encore sans les livres que vous me faitte l'honneur de m'envoyer. M. Richter[2] m'escrit que c'est par le manquement d'ocasions pour me les apporter, et qu'il les envoyera par les premieres qui viendront. Je souhaitte passion-

---

1 Du 20 mars 1679, n° 197.
2 Différents Richter vivent à Dantzig. Personnage impossible à identifier.

nement que ce soit avant mon depart pour [la] France, ou je vais faire un voyage avec M. le Grand Tresorier Morstein qui y va [comme] Ambassadeur[1]. J'aurois esté bien aise d'y porter la seconde partie de vostre Machine Celeste tant desiree de tous les scavants, et sur tous de nostre amy M. Boulliau. Cependant Monsieur je vous rends toutes les tres humbles graces que je dois de l'honneur et du present que vous me faitte de vostre Machine Celeste encore qu'a mon grand deplaisir elle ne soit pas encore parvenue entre mes mains. Et sy je suis obligé de partir devant l'arrivee de ces livres je laisseré ordre icy pour la distribution de ceux que vous envoyez a M. l'abbé Dönhoff et a M. Buratini. Ce dernier n'est pas encore de retour de Grodna[2], c'est ce qui m'a empesché de respondre a la lettre de Madame Hevellia[3]. Je l'attand tous les jours et a son arrivee je le sollicitéré de faire responce que j'espere envoyer la semaine prochaine.

Un gentilhomme francois part demain d'icy pour aller a Paris. C'est M. de Vaubreuil qui a beaucoup de meritte, savant et qui ayme les belles lettres. Il a esté chez vous et vous connoist[4]; il y passera et se chargera des livres que vous luy voudrez donner pour Paris qu'il pourra envoyer par mer; que sy vous ne voulez pas vous servir de cette voye, et que vous me les vouliez adresser a Paris, il ne faudra que les donner a M. Formont[5], et j'en feray comme vous me l'ordonnerez par un mesmoire que vous m'envoyerez. J'espere estre de retour de France vers la fin d'aoust et vous apporteré des nouvelles de vos amys de ce peys la.

Quant a la pensee que vous avez de vouloir dedier cette seconde partie de la Machine Celeste au Roy de France, cela ne se peut plus ny ne se doit faire ayant desja esté dediee au Roy de Pologne[6], sy vous ne la divisiez en deux, auquel cas vous en pourriez dedier une partie au Roy de France. Je dis de cette seconde partie, car je say bien que vous avez dedié la premiere au Roy de France. C'est donc la seconde partie que je dis qu'il faudrait diviser en deux, s'il y a une section pour cela. Sy j'avois receu le livre, je vous en parlerois plus certeinement et vous marquerois le lieu ou je croirois que vous pourriez faire cette division, mais je ne l'ay pas encore receu. Ce que je vous dis icy

---

1 D'après les instructions envoyées à M. de Forbin-Janson ambassadeur de France en Pologne à partir de 1680, et à M. de Vitry qui l'accompagne, la mission de Morsztyn consistait en « donner des assurances que [la France] n'attaquera pas les pays de l'Empereur ni les États de l'Empire, tant qu'il ferait la guerre conjointement avec la Pologne contre les infidèles. » (L. Farges, *Recueil des instructions...*, p. 170-172). [D.M.] Sur Morstyn, n° 89, n° 162 et n° 195.

2 La Diète a pris fin le 4 avril.

3 Manque dans la correspondance.

4 *CJH*, II, n° 96 (29 juillet 1678), n° 97 (août1678 ?) et 98 (18 avril 1679). Girardin de Vaubreuil (secrétaire de Béthune ?) est déjà intervenu auprès de l'abbé Gallois pour le versement de la pension d'Hevelius. Dans sa lettre du 18 avril, Hevelius annonce qu'il a achevé la seconde partie de la *Machina Coelestis* et demande à Vaubreuil d'intervenir à nouveau auprès de l'abbé Gallois à qui il fera parvenir un exemplaire de l'ouvrage par l'intermédiaire de Formont.

5 Voir *CJH*, II, lettre n° 104 du 24 avril 1679 à Formont qui assure le transport; les ouvrages sont réceptionnés à Paris en septembre (n° 105, Perrault à Hevelius, du 28 septembre). Sur les Formont, *CJH*, II, p. 35-44 et 110-116.

6 Voir n° 196.

c'est le sentiment de M. le Marquis de Bethune, qui a escrit en vostre faveur en France et qui, lors qu'il y sera de retour[1], solicitera fortement pour vous, comme il l'assure encore presentement et ne doute pas que vous ne soyez restabli puis que la paix est faitte[2].

Je porteré cette lette (sic) que vous m'avez fait la grace de m'escrire a Paris avec moy pour faire voir a vos amis que vous vous souvenez d'eux et que s'ils n'en recoivent des marques, c'est le manquement des ocasions qui en est cause. M. Boulliau y verra que l'estoille dont il vous a parlé est en la teste du Capricorne et non au Sagitaire.

Sy je ne croyois que vous avez veu la lettre de M. du Castelet a M. Mallement de Messange sur les deux nouveaux sistemes qu'ils ont inventez[3], je vous l'envoyerois.

J'attand a tous moments M. Buratini. Aussy tost qu'il sera arrivé je feray responce a la lettre de Madame Hevelia a laquelle je suis et a vous ensemble

Monsieur,
Tres humble et tres obeissant Serviteur,

Des Noyers

1 La mission du marquis de Béthune, beau-frère de la Reine Marie-Casimire, s'achève en 1680 à cause du refroidissement marqué des relations entre la France et la Pologne. Plusieurs querelles opposant la Reine de Pologne au Roi de France ont eu raison de la bonne entente qui régnait depuis l'élection de Jean Sobieski. Béthune est alors remplacé par M. de Forbin-Janson, évêque de Beauvais, qui a déjà officié en 1674 en contribuant à l'élection dudit Sobieski. Il est assisté du Marquis de Vitry, ambassadeur de France à Vienne. Louis XIV entend ainsi empêcher toute alliance entre la Pologne et l'Autriche. [D.M.]

2 Allusion, peut-être, aux problèmes économiques que connut la ville de Dantzig du fait de la grande irrégularité du commerce maritime durant la Guerre de Hollande ; mais surtout au rétablissement de la pension royale, supprimée avec la Guerre de Hollande.

3 Référence au *Journal des Sçavans* qui a publié « l'Exposition d'un nouveau système du monde, plus surprenant et mieux prouvé que celui de Copernic, contenu dans une lettre de M. de Castelet à M. de S. Yon, médecin du Roy », en mars 1678 (p. 96-97) ; Claude Mallemant de Messange (1653-1729), oratorien, professeur de philosophie au collège du Plessis a publié plusieurs ouvrages : *Nouveau système du monde, inventé par M. Mallement de Messange... Paris, J. Cusson, 1678, in-4°, 22 p. ; Nouveau système du monde, par lequel, sans excentricité, trépidation et autres inventions d'astrologues, on explique méchaniquement tous les phénomènes*, inventé par le Sr Mallement de Messange, In-plano, fig. gravée. s. l., 1679 ; *L'Ouvrage de la création, traité physique du monde, nouveau système, raisonnement différens de ceux des anciens et des nouveaux philosophes*, par M. Mallement de Messange, Paris, Vve C. Thiboust et P. Esclassan, 1679, In-12.

199.

28 avril 1679, Hevelius à Pierre des Noyers

BO : CI-XIII, 1952/119/134
BnF : Lat. 10 349-XIII, 264-267
BnF : FF. 13 044, 174r-175v

Monsieur
Monsieur des Noyers
Warsaviæ

Illustrissime Domine,

Multo cum gaudio ex literis tuis, amice plurimum honorande, intellexi parare te, cum Illustrissimo et Excellentissimo Domino Regni Poloniæ Thesaurario qui ad Regem Christianissimum a Republica Polonica destinatus est Legatus iter in Galliam, ad quod felicissima omnia et prosperrima lubens meritoque apprecatus, intermittere insimul non possum, quin sedulo moneam, digneris data occasione, apud Mæcenates, patronos, et amicos, quos in Gallia plurimos habeo, nostri, studiorumque nostrorum benevole meminisse, ac meliori de nota commendare animum prolixissimæ voluntatis bene de iisdem bene merendi plenissimum ; inprimis vero si commode fieri poterit allaborabis apud Illustrissimum et Excellentissimum Dominum Colbertum ut sua benignitate ac promotione diutius frui liceat, quo porro in illis annumerer qui Christianissimæ Regiæ Majestatis clementia, protectione et munificentia digni judicantur. Librum quem offerre Sacræ Regiæ Majestati constitui, dedicatus est, uti scis, ex debita subjectione, Regi Nostro Poloniæ ; prima vero ejusdem Machinæ Cœlestis pars, ut meministi nomini Galliæ Regis inscripta est, quam etiam denuo adjungo ut totum opus sic sit completum et tanto gratius sit, dum duorum Amicorum Regum, Dominorum meorum clementissimorum titulus præfert. Non puto id male in Aula recipi posse, quod posteriorem partem Machinæ meæ Regi Nostro dedicaverim ; secus si id fiat apud quosdam obnixe rogo ut optimis modis id excuser. Nam optime scis quod jam a longo tempore Rex Noster clementissimus me meaque studia singulari gratia et benignitate prout etiam nuperrime cum nobis adesset factum est, prosequutus sit, sic ut maxime essem ingratus, nisi omni aliquo testimonio gratissimum ac subjectissimum animum erga suam Regiam Majestatem Polonicam contestatus fuissem. Proximo anno si Deus vitam viresque concesserit constitui Prodromum meum Cœlestem cum novo fixarum Catalogo Christianissimo Regi rursus consecrare. De cætero intra dies aliquot missurus sum dicta exemplaria decem Machinæ Cælestis partis posterioris in Galliam et quidem ad Dominum Perault fautorem alias meum singularem ut permissu Ilustrissimi et Excellentissimi Domini Colberti, primum completum exemplar suæ Christianissimæ Majestati atque alterum Illustrissimo

LETTRES [1679]

Domino Colbert submississime afferretur. Tertium exemplar Illustrissimo Domino Perault destinavi, quartum amplissimo Carcavy, quintum celeberrimo viro Domino Cassino, sextum celeberrimo Domino Picardo, septimum Monsieur Gallois, octavum optimo nostro amico Bullialdo, nonum Domino Johanni Carolo Gallet, decimum Reverendo Patri de Schales Societatis Jesu. Hos omnes data occasione meo nomine etiam plurimum salutabis, et si poteris quæso judicium illorum de conatibus nostris explora, illudque mihi haud gravatim expone. Ad omnes illos amicos ut et ad Dominum Bullialdum dedi etiam literas, quæ exemplaribus sunt annexæ; quas simul a Domino Perault accipient. Utinam brevi Nobilissimus Dominus Vaubreuil Dantiscum veniret, vellem ipsi fasciculum librorum illorum Parisios perferendum tradere, ut ipsemet Domino Perault exhibere possit; sin minus per Dominum nostrum Formont negotium istud curabo. Te autem nondum accepisse librum meum ad te jam pridem missum, valde miror, non omissurus investigare in quo lateat culpa. Si ante discessum tuum illum acceperis, rogo ut illum tecum in Galliam sumas. Nam si exemplar aliquod citius alicui in oculos incurrat priusquam mea exemplaria ad Regem pervenirent, possit sine dubio id quisquam male interpretari. Interea Deus Optimus Maximus te servet incolumem benignissime, nec non ubique te comitetur, ut salvus eas ac redeas nobis multum exoptatus

Tuæ Illustrissimæ Dominationi
Addictissimus

J. Hevelius

Anno 1679, die 28 Aprilis, Gedani

Postscriptum

Illustrissimum et Excellentissimum Dominum Morstein meo nomine inprimis submisse salutabis, eique gratias debitas ages, quod studia mea in Gallia adeo benevole commendaverit, et ut porro id facere dignetur apud Illustrissimum et Excellentissimum Dominum Colbertum aliosque submisso animo vehementer rogo. Destinavi ipsi etiam exemplar quoddam cui autem id tradi debeat quæso prima occasione id significes. Utinam Suæ Illustrissimæ Excellentiæ hic Dantisci alloqui mihi liceret.

Monsieur
Monsieur des Noyers
À Varsovie,

Très illustre Monsieur,

C'est avec une grande joie que j'ai appris par votre lettre, très honorable Ami, que vous prépariez un voyage en France avec l'illustrissime et excellentissime Trésorier du Royaume de Pologne qui est désigné comme Ambassadeur de la République polonaise auprès du Roi Très Chrétien. Je vous souhaite de bon cœur et comme il se doit tout succès et prospérité. En même temps, je ne puis m'empêcher de vous recommander avec insistance de daigner, en cette occasion, me rappeler, ainsi que mes études, au bienveillant souvenir de nos Mécènes, de nos patrons et des nombreux amis que j'ai en France ; et de leur prôner de la meilleure manière mon âme pleine d'une volonté profuse de leur rendre service ; en particulier vous œuvrerez auprès de l'Illustrissime et Excellentissime Monsieur Colbert pour que je puisse jouir plus longtemps de sa bénignité et de son appui afin d'être à l'avenir compté au nombre de ceux qui sont jugés dignes de la clémence, de la protection et de la munificence de Sa Majesté Royale Très Chrétienne. Le livre que j'ai décidé d'offrir à Sa Majesté Royale et Sacrée est dédié, comme vous le savez, à notre Roi de Pologne par la sujétion que je lui dois. Mais la première partie de ma Machina Cœlestis est, comme vous vous en souvenez, dédiée au Roi de France. Je la joins de nouveau à la deuxième, pour que l'ouvrage soit ainsi complet et d'autant plus agréable que le titre présente les noms de deux Rois amis, nos maîtres très cléments. Je ne pense pas que la cour verra d'un mauvais œil que j'aie dédié à notre Roi la deuxième partie de ma Machine[1] ; si cela se passe autrement chez certains, je vous demande avec insistance de m'excuser de la meilleure manière car vous savez très bien que depuis longtemps notre Roi Très Clément m'accompagne, ainsi que mes études, d'une grâce et d'une bénignité exceptionnelle, comme tout récemment encore quand il était avec nous. Ainsi, je serais bien ingrat si je n'avais attesté par quelque témoignage ma reconnaissance et ma soumission envers Sa Majesté Royale Polonaise.

L'an prochain, si Dieu m'accorde la vie et les forces, j'ai décidé de consacrer à nouveau au Roi Très Chrétien mon Prodrome céleste avec un nouveau catalogue des Fixes. Pour le reste, j'enverrai en France les dix exemplaires précités de la seconde partie de ma Machina Cœlestis, et surtout à Monsieur Perrault[2], mon protecteur particulier, pour que, avec la permission de l'illustrissime et Excellentissime Monsieur Colbert, le premier exemplaire complet soit apporté en toute soumission à Sa Majesté Très Chrétienne, et l'autre à l'Illustrissime Monsieur Colbert. J'ai destiné le troisième exemplaire à Monsieur Perrault ; le quatrième au très considérable Carcavy ; le cinquième au très célèbre Monsieur Cassini ; le sixième, au très célèbre Monsieur Picard ; le septième à Monsieur Gallois ; le huitième à notre excellent Ami Boulliau ; le neuvième à Monsieur Jean-Charles Gallet ; le dixième au Révérend Père de Chasles de la Compagnie de Jésus[3]. Vous leur remettrez à tous en cette occasion un grand

---

1 Dans la précipitation de la dédicace et signe qu'Hevelius n'a renoncé qu'en dernière instance à offrir son volume au Roi de France, il a réutilisé, en tête de la dédicace à Jean Sobieski le bandeau de la dédicace du premier tome le montrant offrant à genoux son livre à Louis XIV (*CJH*, I, illustration 12, HT).

2 Le 24 avril, Hevelius a envoyé des lettres à Colbert (*CJH*, II, n° 100°, à Perrault (n° 101), à Carcavi (n° 102), à l'abbé Gallois (n° 103) et à Pierre Formont dont il a confié au frère Jean, à Dantzig, le soin d'acheminer les livres. Perrault en accuse réception des volumes le 28 septembre (n° 105), deux jours après l'incendie qui ruine Hevelius.

3 Le père Claude-François Milliet de Chales (n° 172), éditeur d'Euclide, est décédé le 28 mars 1678.

salut en mon nom ; et si vous le pouvez, je vous le demande, tâchez de connaître leurs avis sur mes travaux et prenez la peine de me l'exposer. À tous ces amis et à Monsieur Boulliau, j'ai aussi écrit des lettres qui sont annexées aux exemplaires. Ils les recevront ensemble de Monsieur Perrault. Plaise au ciel que le très noble Monsieur Vaubreuil vienne à Dantzig : je voudrais lui remettre ce paquet de livres à transporter à Paris pour qu'il puisse les présenter lui-même à Monsieur Perrault. Sinon, je gérerai cette affaire par Monsieur Formont. Je suis bien étonné que vous n'ayez pas encore reçu mon livre envoyé depuis longtemps, je n'omettrai pas de chercher où est la faute. Si vous le recevez avant votre départ, je vous demande de l'emporter avec vous en France. Car si un exemplaire tombait sous les yeux de quelqu'un avant que mes livres parviennent au Roi, quelqu'un pourrait mal l'interpréter. Entre temps que Dieu très Bon, Très Grand,vous garde en santé dans sa grande bénignité et qu'il vous accompagne partout pour que vous alliez et reveniez sain et sauf comme nous le souhaitons grandement

À votre très illustre Seigneurie
Le très dévoué

J. Hevelius

En l'an 1679, le 28 avril à Dantzig.

Postscriptum

Vous saluerez d'abord respectueusement en mon nom l'illustrissime et excellentissime Monsieur Morsztyn et vous lui rendrez les grâces que je lui dois parce qu'il a recommandé mes travaux en France avec une grande bienveillance ; et je vous demande avec insistance qu'à l'avenir il daigne faire la même chose avec déférence auprès de l'Illustrissime et Excellentissime Monsieur Colbert et d'autres. Je lui ai destiné aussi un exemplaire et je vous prie de me faire savoir à la première occasion à qui je dois le remettre. Puissé-je avoir la possibilité de parler à son Excellence Illustrissime ici à Dantzig.

200.

27 juin 1679, Hevelius à Pierre des Noyers

Lettre perdue : mentionnée par Hevelius au verso d'une série d'observations de Boulliau envoyées à Hevelius à l'occasion de l'éclipse de Lune du 29 octobre 1678, BnF Nal 1642, 102v

« Lege literas M. des Noyers anno 1679, die 27 Junii ad me datas ».

8 décembre 1679, [Boulliau] A Monsieur des Noyers

BO : Cı-XIV, 1987
BnF : Lat. 10 349-XIV, 80-82

Paris le 8 décembre 1679

À Monsieur des Noyers,[1]

J'ay receu Monsieur vostre lettre du 27 du passé, que vous m'avez fait l'honneur de m'escrire d'Amsterdam dont je vous remercie de tout cœur ; j'ay esté grandement resjouy en apprenant qu'apres tant de fatigue, et d'incommodité si heureusement surmontees vous estes arrivé en bonne santé en cette grande ville[2]. Je prie Dieu qu'il vous conserve, et que vous puissiez arriver heureusement à Warsavie, ou vous desirez estre. Je me represente l'emotion d'esprit que vous ressentirez arrivant à Dantzig, et le renouvellement de la douleur que vous souffrirez en voyant la desolation lamentable et la perte qu'a soufferte M. Hevelius[3], et je participe tellement à son affliction et à

---

1 Lettre non signée, d'Ismaël Boulliau. Dans sa lettre à Hevelius du 8 octobre (Olhoff, p. 191-192), Boulliau le remercie pour *Machina Coelestis* II avec nombre de compliments. Compte tenu des délais de la poste, il n'a pas encore, à cette date, eu connaissance du désastre.

2 Pierre des Noyers a séjourné en France en 1679. Il est de retour à Varsovie le 26 janvier 1680 après être passé par Dantzig le 6 janvier. Il écrit sur le chemin du retour. Dans ses premières lettres depuis la Pologne, il évoque un trajet difficile en raison de l'hiver. Il est à noter qu'il voyage systématiquement avec les voitures de la poste, ce qui implique de passer plusieurs nuits à la belle étoile et n'offre que peu de temps de repos. [D.M.].

3 Il s'agit de l'incendie du 26 septembre dont Hevelius a informé Louis XIV le 15 octobre (*CJH*, II, n° 106), Colbert (n° 107) et Perrault (n° 108), le 20 octobre. Il écrit à Perrault : « Dans l'incendie ont péri les machines, les instruments, les lunettes, et tous les livres récemment publiés, avec les plaques d'imprimerie pour le plus grand dommage non seulement de mon patrimoine privé, mais aussi de celui de la République des lettres. Il en a résulté, par cette mutation subite d'une fortune furieuse, que de riche je suis devenu pauvre, de fortuné infortuné et malheureux, bouleversé et troublé et abandonné par tout espoir » (p. 390). Colbert a répondu le 28 décembre en promettant à Hevelius un présent de 2000 écus (6000 livres). Boulliau est plus amplement informé par Pels, auquel il répond le 9 février 1680 : « Je vous remercie aussi Monsieur, de l'information que vous m'avez donnée, de M. Hevelius, dont le desastre et la perte qu'il faite par l'incendie de sa maison, m'ont touché aussi sensiblement, que toutes les autres afflictions et desplaisirs, que j'ay souffert en ma vie. Dieu soit loué qu'il ait sauvé la plus grande partie de ses papiers et manuscrits à imprimer, et bonne partie de sa bibliotheque. La perte de ses œuvres imprimees est grande. J'ay veu des lettres de Dantzig, qui estiment m/30 escus le dommage qu'il a souffert par cet incendie ; il seroit glorieux aux grands Princes de l'ayder à se relever, et d'autant plus que sa constance et la grandeur de son ouvrage resistent si genereusement à ce terrible accident de la mauvaise fortune qui n'a pu abbattre son esprit ; j'apprens qu'il est resolu d'employer tout son bien pour y reparer son observatoire. Si les grands Princes estoient touchez de quelque compassion de la ruine de ce bel ornement de l'Europe, et de l'infortune arrivée à M. Hevelius ils contribueroient quelque chose, qui le consoleroit ; dans son malheur, il auroit besoin de patrons dans les Cours, qui representassent qu'il seroit avantageux en ces Princes pour leur reputation et leur gloire de soubvenir en quelque chose au malheur de ce celebre personnage ; mais les particuliers comme je suis, qui n'ont aucun accez dans les Cours, escriveroient pour neant et sans fruit.

sa mauvaise fortune, que je peux dire sans desguisement, mais avec une sincerité parfaicte, que depuis le premier jour, que j'appris cette disgrace jusques a jour celluy ci, il ne s'en est passé aucun qu'elle ne me soit revenue dans la pensee, avec un desplaisir si sensible qu'il me cause de la tristesse. Je plains son malheur autant que l'on peut le faire, et l'estat ou il se trouve excite de la compassion dans mon ame plus forte que je ne peux le dire ; vous en avez cognu quelque chose pendant vostre sejour à Paris. Il a perdu une bonne partie de son bien ; mais luy en restant encore, il pourroit se consoler, et porter avec moins de regret cette disgrace, mais considerant qu'une grande et considerable partie de ses travaux est irreparablement perdue par cet incendie qui les a reduits en cendre ; je ne peux me consoler, et je croy qu'avec toute la force du (sic) son esprit, il aura de la peine à trouver la consolation necessaire pour moderer son desplaisir. Le public perd infiniment en cette malheureuse rencontre, et l'on peut dire que l'Europe, se trouve privee du plus bel ornement qu'elle ayt jamais eu dans l'Astronomie. Nous sommes privez des ouvrages qu'il estoit prest de mettre au jour, et qui nous eussent encore donné de belles cognoissances. Ce catalogue des estoilles fixes estant perdu, est une des plus grandes pertes que les astronomes pouvoient faire. Je regrette aussi infiniment les memoires de Kepler, dont il nous auroit communiqué quelques bonnes et curieuses parties[1]. Je n'ose toucher à la destruction de ses instruments astronomiques, je ne peux ÿ penser, que je ne souffre une agitation d'esprit tres fascheuse. Il faut plus d'un siecle pour produire un homme tel que M. Hevelius, qui repare cette ruine ; je n'ose luy escrire sur ce funeste sujet, n'ayant pas de consolation à luy donner, puisque je n'en peux trouver pour moy mesme. Je vous supplie de luy tesmoigner le desplaisir que je souffre à cause de ce grand et deplorable malheur qui luy est survenu.

Je vous souhaite bonne et longue vie, et je demeure, Monsieur, Vostre tres humble et tres obeissant Serviteur. » (BnF. Lat. 10 349-XIV, 127-128 et Olhoff, p. 202-203). Boulliau qui a des revenus très modestes ne peut venir en aide à son ami. Il n'écrit à Hevelius que le 26 mars 1680. Ces différents indices donnent à penser que la présente lettre à Pierre des Noyers devait être remise à Hevelius, à Dantzig, à son retour.

1 Le catalogue des Fixes et les manuscrits de Kepler ont été heureusement soustraits à l'incendie. Le catalogue des Fixes sera publié dans le *Prodromus Astronomiæ*, 1690, p. 167-400. Delisle a racheté aux héritiers la correspondance et les 5 volumes in-folio d'observations en 1726 pour la somme de 100 ducats. Les manuscrits de Kepler avaient été cédés pour 100 florins à Michael Gottlieb Hantsch, de Dantzig qui les emporta à Leipzig où il en prépara la publication. 3 volumes furent cédés à la Bibliothèque impériale de Vienne, il emporta les autres à Francfort en 1721 où il les laissa en gage pour 828 florins et mourut en 1743 sans avoir pu les rédimer. En 1774, grâce aux démarches d'Euler et de Murr, Catherine II acheta l'ensemble pour 2000 roubles à la veuve Trümmer qui les avait reçus en héritage. Elle en fit don à l'Académie des sciences de Saint Petersbourg (*CJH*, I, p. 25).

1680, Pierre des Noyers à Madame Hevelia

BO : Ci-XIV, 2030/79
BnF : Lat. 10 349-XIV, 162-164

Madame, Monsieur, Madame Hevelichen
A Dantzigt[1]
Varsavie,

Madame,

Je vous ay dit que j'escrivois a M. Boulliau afin qu'il s'enquit a Paris, de l'usage du lait et comment on le prenoit pour en recevoir du soulagement. Voiez les articles de ces lettres que je vous envoye. Il dit donc

J'ay consulté plusieurs touchant l'usage du lait dont l'on s'est servy pour guerir la goute[2]. Il faut, sy faire se peut, avoir une vache naine dont le lait engendre moins de bile, en prendre le lait sortant du pix tout chaud, et manger du pain tendre en le prenant. L'on en peut prendre le matin, a diner, a colation et a souper, selon que l'on en a besoing pour se nourrir ; l'on peut sy cette nourriture n'est pas assez solide pour

---

1 Lettre isolée, impossible à dater. Elisabeth Koopman s'est parfois enquise de remèdes destinés en fait à son époux. Mais il s'agit ici de sa santé à elle. Akakia, en effet, écrit à Hevelius en 1680 : « Au reste, je suis fort obligé, Monsieur aux bontez que Madame vostre Espouse a de se souvenir de moy et j'ay beaucoup de joie du meilleur estat de sa santé. Je ne doute point qu'elle la conserve par le mesme regime, qu'elle se l'est restablie, et qu'elle ne l'affermisse de plus en plus. » (*CJH*, II, n° 115).

2 Mazarin soignait sa goutte avec du thé. Mais le régime lacté est le plus souvent préconisé pour les goutteux de tempérament froid et humide. Johann Georg Greisel le préconise dans son *Tractatus Medicus de cura lactis in arthritide*, Vienne (J.J. Kurner, 1670) dont on trouve un compte rendu dans le *Journal des Sçavans* (lundi 8 mars 1683, p. 49-53). Voici ses préconisations (art. 8) : « 1/ Que de tous les laits qu'on pourroit prendre pour la goute, celuy de vache est le meilleur. 2/ Qu'il faut se purger avant que de le prendre, & après cela en user autant que l'estomach le peut souffrir, ou que l'incommodité le requiert. 3/ Que le temps le plus ordinaire de cet usage est de trois mois. 4/ Qu'il faut le prendre tous les matins 4 ou 5 heures avant le repas, depuis 6 jusqu'à 10, 18 et 20 onces, et pareille quantité pour le souper, augmentant toujours peu à peu jusqu'à 40. 5/ Que le lait sortant du pis de la vache est toujours le meilleur : mais si cela ne se peut, on le fait chauffer et on le prend tiède. 6/Le 3ᵉ jour du 1ᵉʳ et 2ᵉ mois il faut prendre avant que de se coucher une demie drachme de Rhubarbe, ou quinze grains d'extrait de Rhubarbe, ou bien une pillule d'Aloë rosat. 7/ On pourra se purger tous les quinze jours avec un doux remède composé de manne, de séné et de casse, qu'on reïterera jusqu'à ce que la nature s'accoutume au lait. 8/Si le lait vient à s'aigrir ou à se cailler dans l'esthomach, il faut y ajouter du sucre quand on le prend. 9/ S'il échauffe le corps et le gosier, on dilaye dans le lait la quatrième partie d'eau commune ou autant d'eau d'orge. 10/ S'il lâche trop le ventre, on le fait boüillir avant que de le prendre, et on y ajoûte quelques grains de sel commun, ou on y jette en le faisant boüillir une crouste de pain. 11/ Si au contraire il resserre trop, on met dans la première prise du matin quinze grains de Rhubarbe. 12/ S'il altere, il faut boire de l'eau commune ou avec du sucre avant que de le prendre, ou bien les mêler ensemble en le prenant. 13/ Enfin il ajoute que quand on a ainsi commencé l'usage du lait, il ne faut pas le discontinuer qu'on ne soit geri ou les douleurs redoublent. » (p. 51-52).

celuy qui en use, prendre des [œufs] frais et les avaler cuits au point qu'on les donne aux malades, en sorte que le lait et le blanc de l'œuf ne soit point durcy. L'on peut aussy se servir d'œufs au lait comme on les fait en France ; il faut que ces œufs soient frais. Il faut s'abstenir de tous les autres aliments, et sur tout de fruits crud ou cuits, et principalement de ceux qui ont quelque petite pointe d'aigreur ; il faut se purger de deux en deux mois avec la rhubarbe. Je pourrai vous en escrire encore dans huits jours afin que vous en informiez Madame Hevelia que j'honore infiniment pour sa vertu et ses merites et a qui je souhaiterois de rendre service selon le peu de pouvoir que j'ay. Je vous suplie de l'en assurer et de luy vouloir presenter mes tres humbles baisemains et a Monsieur Hevelius aussy. Ce remede du lait a reussy a quelque personne, a d'autres il n'a fait ny bien ny mal, et la goute est revenuë selon ses periodes ordinaires ; mais pour se solager dans un mal si fascheux, il faut se servir d'un tel remede qui ne peut nuire. Cette vertueuse Dame est digne de compassion de se voir attaquee de ce mal si douloureux en la fleur de son aage. Je prie Dieu qu'elle ayt du soulagement par ce remede.

Je vous diray encore touchant l'usage du laict que M. du Clos en a usé pendant 37 ans, et qu'il le prenoit quelquefois sortant de la vache ; quelquefois il le faisoit bouillir, et s'il sentoit avoir besoing d'aliments un peu solides, il faisoit faire de la bouillie, avec de la plus fine fleur de farine, ou bien il faisoit du ris avec le lait comme on le fait a Paris ; autrefois il faisoit faire des œufs frais au lait, et avec tous ces aliments il mangeoit tousjours du pain, et ne beuvoit ny vin ny eau, ny autre chose ; quelquefois il mettoit deux ou trois cuillere d'eau dans le laict lors qu'il le faisoit bouillir, s'il sentoit qu'il luy pesast sur l'estomach. Apres ce temps il reconnut que le lait ne le nourrissait plus, ce qui le fit retourner a l'usage de la chair du vin et des autres aliments. Presentement il se porte encore bien et ne sent point d'incomodité. Vous m'obligerez de saluer de ma part M. et Madame Hevelius en leur faisant savoir ce que je vous escrit. /

Voilà Madame la copie de ce que m'escrit M. Boulliau. Je souhaitte que vous y trouviez quelque choses qui vous soulage ; il sera bon que vous le communiquiez a Messieurs les docteurs de Dantzigt afin qu'ils y joignent leurs advis. Cependant je voudrois estre propre a vous rendre quelque plus important service, et a Monsieur Hevelius. J'espere qu'il aura reçeu les verres d'aplique que je luy ay envoyez de la part de M. Buratin, et que tous deux vous me fairez la grace de me croire tousjours

Madame,
Vostre tres humble et tres obeissant Serviteur,

Des Noyers

201.

22 janvier 1680, Pierre des Noyers à Hevelius

BO : Cɪ-XIV, 2100/154/183
BnF : Lat. 10 349-XIV, 345

Varsavie le 22 jenvier 1680

Monsieur,

Je vous envoye mon quart de cercle comme vous l'avez desire. J'y aurois joints la machine de vostre invention sy elle avoit esté chez moy, mais elle est chez M. Buratin a la campagne d'ou je la fairé venir incessemment pour vous l'envoyer avec des oculaires pour l'objectif que je vous ay laissé. Je vous envoye outre le quart de cercle encore un demy cercle dont je vous ay laissé la bousole.

Je demande pardon a Madame Hevellius de la mesprise que j'ay faitte en luy donnant le tablier que je luy ay laissé. Je me suis mespris[1]. C'est celuy d'une petite fille qui est icy et voicy le sien que je luy envoye maintenant. Je la suplie de me renvoyer l'autre et me pardonner la mesprise que j'ay faitte dont je ne me suis apperceu qu'icy.

Je vous envoye aussy une lettre de M. Boulliau nostre Amy[2]. Et une bouteille d'eau pour les yeux dont je vous ay donné la recette par escrit[3]. Je vous prie d'en donner la moittié a M. Krumhausen auquel je ne me donne point l'honneur d'escrire pour ne le pas importuner inutillement.

---

1 Des Noyers utilise le terme de « tablier », Hevelius parle de « ceinture de dessous » ou succinctorium (n° 202) que les dictionnaires du temps traduisent en français par « devantier ».

2 Peut-être la lettre du 8 décembre, sans doute adressée à Varsovie.

3 Cette note sur le remède pour les yeux donne à penser que la vue d'Hevelius faiblissait avec l'âge. Pierre des Noyers connaissait la question. Lors d'un de ses passages à Paris, il s'était déjà préoccupé de trouver un remède pour la Reine Louise-Marie qui perdait la vue et mourut aveugle. Dans une lettre à Boulliau du 31 mars 1662 (AMAE Corr. pol., Pologne 14, fol. 189rv), il le remercie pour l'eau du sieur Borri : « Je trouve la vertu de son eau pour les yeux merveilleuse comme vous la racontez et je me suis quelque fois imaginé que l'abaissement de nostre veuë ou sa debilité pouvoit provenir de ce que ces eaux s'aipaississoient avec l'aage et ainsi que la veuë s'en debilitoit, et ce seroit un beau secret si une eau pareille la pouvoit restablir. Vous luy deviez bien demander si cette eau la ne fortifioit point la veuë, a propos de quoy la Reyne m'ordonne de vous faire souvenir de la lunette que vous luy avez promise pour sa courte veuë. Vous louez si fort la chimie et ses remede que je croy qu'on vous pourroit faire passer pour magicien ». Ledit Borri (Francesco Giuseppe, 1627-1695) était connu comme alchimiste et aventurier, mais aussi comme médecin, spécialisé dans les soins de l'œil et les problèmes de cataracte.

LETTRES [1680]

M. Buratin est indisposé[1]. C'est ce qui m'a empesché de tirer de luy les oculaires que j'auré lors qu'il sera guery et que je vous envoyeré. Cependant continué moy l'honneur de me croire,

Monsieur
Vostre tres humble et tres obeissant Serviteur,

Des Noyers

202.

15 février 1680, Hevelius à Pierre des Noyers

BO : Ci-XIV, 2011/60/80
BnF : Lat. 10 349-XIV, 107-108
BnF : FF. 13 044, 194rv.

Domino Nucerio,
Warsaviæ

Illustrissime Domine,

Sincerum et constantem tuum erga me affectum etiam exinde abunde cognosco, quod tam prompte quadrantibus tuis mihi subvenire volueris; si insuper ab illustrissimo domino Burattino tam vitra ocularia quam lentem aliquam objectivam 20 circiter pedum, qualem mihi olim dono dederat, in usum meum impetrare potueris, facies sane mihi rem multo gratissimam. Charissima mea conjux summas tibi agit gratias pro isto transmisso succinctorio; utinam tibi aliqua grata ac debita ratione inservire rursus possimus, nihil unquam nobis accideret gratius. Literæ clarissimi domini Bullialdi (quem officiosissime salutes rogo) haud parum me in hac mea calamitate erexerunt, cum videam non usque adeo labores meos Uranicos ipsi displicuisse. Utinam Deus Optimus Maximus vitam sanitatemque clementissime concederit, ut possim aliqua, quæ adhuc meditor, in lucem feliciter proferre, de quo minime etiam

---

1 Burattini était très affecté par la goutte. Le 10 décembre 1680, il confie à des Noyers : « Hier l'altro quando V.S. Illma. mi fece la gratia di mandarmi li doi libri, la lettera per Napoli e encora il biglietto, riposava un poco, doppo il gran dolore che ho havuto della Chiraga, Gonagra e Podagra, essendomisi gonfiate ambidoi le mani, ambidoi li ginocchi et ambidoi li piedi la notte del venerdi passato venendo il sabato ; ma come il male è stato violentissimo in tutte le parti, così ancora in tutte è scemato notabilmente e per fortuna la mano destra sta assai meglio della sinistra, e questa e la prima lettera che scrivo, stando in letto però, perché non posso stare encora sopra i piedi. » (Favaro, n° XLIV, p. 136).

despero, cum videam Regem Christianissimum qualium qualium studiorum meorum adhuc esse memorem: prout illustrissimus dominus Colbertus literis benignissimis ad me nuper datis clare testatus est. Vale et me porro amare perge. Dabam Gedani, anno 1680, die 15 Februarii.

Tuus,
Officiosissimus,

J. Hevelius

À Monsieur des Noyers
À Varsovie,

Très illustre Monsieur,

Je reconnais bien votre affection sincère et constante envers moi dans l'aide que vous avez bien voulu m'apporter si promptement avec vos quadrants; si vous pouviez obtenir de l'illustrissime Monsieur Burattini pour mon usage aussi bien des verres oculaires qu'une lentille objective d'environ 20 pieds, telle qu'il m'en avait donnée une autrefois, vous me rendriez un bien agréable service. Ma très chère épouse vous adresse ses vifs remerciements pour le tablier que vous lui avez envoyé. Rien ne nous serait plus agréable que de pouvoir à notre tour vous rendre service d'une manière gracieuse et appropriée. La lettre du très célèbre Monsieur Boulliau (que je vous demande de saluer très poliment) ne m'a pas peu réconforté dans mon malheur car je vois que mes travaux astronomiques ne lui ont pas trop déplu. Puisse Dieu Très Bon, Très Grand, dans sa grande clémence, m'accorder la vie et la santé pour que j'aie le bonheur de mettre au jour certaines choses que je médite encore. Je n'en désespère pas quand je vois que le Roi Très Chrétien se souvient encore de mes études en leur état, comme le très Illustre Monsieur Colbert me l'a clairement attesté dans une lettre très bienveillante qu'il m'a récemment envoyée[1]. Portez-vous bien et continuez à m'aimer dans l'avenir. Donné à Dantzig, l'an 1680, le 15 février.

Votre très officieux

J. Hevelius

---

1 Par une lettre du 28 décembre 1679, Colbert promet à Hevelius une aide de 2000 écus (*CHJ*, II, n° 109).

203.

23 avril 1680, Pierre des Noyers à Hevelius

BO : Cı-XIV, 2020/69/92
BnF : Lat. 10 349-XIV, 138

M. Hevelius
De Varsavie le 23 avril 1680

Monsieur,

Je vous aurois envoyé plus tost les verres cy joints sy j'avois rencontré une bonne occasion pour cela. Ils sont a M. Buratin qui vous baise les mains, qui vous preste seulement ceux du Divinis[1] qu'il dit avoir achettez cherement et pour cela vous prie de les luy rendre lors que vous en aurez eus d'autre part. Je luy ay promis que vous les luy rendriez toutes les fois qu'il vous les fera redemander. Il doit faire un voyage a Dantzigt ou il vous verra, et moy cependant je vous demande tousjours la continuation de vostre bienveillance puis que je suis tousjours,

Monsieur,
Vostre tres humble et tres obeissant Serviteur

Des Noyers

---

1 Eustachio Divini (1610-1685), facteur d'instruments et notamment de lentilles, connu dans l'Europe entière. Il a travaillé pour la cour de Florence et pour l'Accademia del Cimento, et pour Cassini en Italie. Il était le grand rival des frères Campani.

530 CORRESPONDANCE DE JOHANNES HEVELIUS. TOME III

204.

31 mai 1680, Hevelius à Pierre des Noyers

BO : Cɪ-XIV, 100 (manque)
BnF : Lat. 10 349-XIV, 148-150
DLW, Mss. 699 A

Domino Des Noyers
Warsaviæ

Illustrissime Domine

Molestissimæ et tædiosissimæ occupationes, uti facile intelligere potes hucusque obstiterunt, quominus citius ad tuas ultimas die 23 Aprilis datas respondere potuerim. Initio autem gratias habeo maximas quod vitris illis ab illustrissimo domino Burattino impetratis, donec alia obtineam aliunde, mihi subvenire volueris. Gratissimo animo ea remittam, dummodo prius ea exploravero ; utinam ipsi aliqua ratione rursus inservire possem. De reliquo non dubito quin jam ex parte exploratum habeas me jam ante aliquot menses literas ab illustrissimo et excellentissimo domino Colberto accepisse, quibus Christianissimæ Majestatis summam erga me clementiam et liberalitatem, uti ex copia literarum illarum intelligere potes, significare dignatur. Sed celare te minime possum quod hucusque a domino nostro Fromond nihil quicquam obtinuerim, licet autographum illustrissimi et excellentissimi domini Colberti ipsi monstraverim. Idcirco te humanissime rogatum volo, ut illustrissimos et excellentissimos dominos legatos, tam illustrissimum et excellentissimum dominum Bethune, quam illustrissimum et excellentissimum dominum Acacia quam primum adeas, eosque submisse meo nomine roges, tanquam patronos ac Mæcenates studiorum meorum maximos, qui mihi subvenire dignentur intercessione apud illustrissimum et excellentissimum dominum Colbertum, ut iterum iterumque serio domino Formond injungatur ne non quantocyus Christianissimæ Regiæ voluntati, atque mandato illustrissimi et excellentissimi domini Colberti satisfaciat atque sic absque ulteriori mora mihi eam pecuniæ summam, qua Rex Galliarum Augustissimus afflictiosissimæ meæ fortunæ succurrere clementissime voluit, persolvat. Secius profecto nec ædes meas cum specula astronomica restaurare, nec studia mea cælestia erigere valeo. Anno ni fallor 1674, quo primam partem Machinæ meæ Cælestis Christianissimo Regi consecraveram, dominus Formond idem fere mecum egit. Nam 800 illos imperiales quos illustrissimus et excellentissimus dominus Colbertus nomine Regis mihi assignaverat minime nec tunc nec hucusque persolvit : num id illustrissimo et excellentissimo domino Colberto innotuerit sane nescio ; si quidem verecundia ductus nunquam hujus rei apud Excellentiam Suam feci mentionem. Tu amice integerrime mecum dolebis quod non solum tum incredibilem tantam rerum mearum passus fuerim cladem, sed etiam tam adversam ratione beneficiorum experiar fortunam. Succurre igitur mihi vel intercessione apud illustrissimos et excellentissimos dominos legatos vel alia quacunque ratione ut tibi visum fuerit ; officiola mea iterum tibi prompte defero. Profecto adeo infelix modo sum ut ne unicus vel amicorum vel consanguineorum quibus tamen plurima olim dono dedi, ne unicam fenestellam (quarum tamen centenis in reparatione quattuor ædium mearum opus habeo) in bonam sui memoriam (ut apud nos moris est) dono sponte offerat ; sic ut mihi videor omnia et singula parata pecunia mihi curanda fore. Vale et me amare perge. Dabam Gedani, anno 1680, die 31 Maii,

Tuæ illustrissimæ Dominationi
Devinctissimus,

J. Hevelius

À Monsieur des Noyers
À Varsovie,

Très illustre Monsieur,

Comme vous pouvez facilement le comprendre, des occupations bien pénibles et bien rebutantes m'ont empêché jusqu'à présent de répondre plus vite à votre dernière lettre du 23 avril. D'abord je vous rends les plus grandes grâces d'avoir bien voulu me venir en aide avec ces verres obtenus de l'illustrissime Monsieur Burattini, en attendant que j'en obtienne d'autres d'ailleurs. Je les renverrai avec reconnaissance pourvu que je les aie d'abord éprouvés ; puissé-je lui rendre service à mon tour de quelque manière. Pour le reste, je ne doute pas que vous sachiez en partie que j'ai reçu voici quelques mois de l'Illustrissime et Excellentissime Monseigneur Colbert une lettre où il daigne me signifier l'extrême clémence et la libéralité de Sa Majesté Très Chrétienne à mon égard[1], comme vous pourrez le comprendre par la copie de ses lettres. Mais je ne peux nullement vous cacher que jusqu'à présent je n'ai rien reçu de notre Monsieur Fromond[2] quoique je lui aie montré un autographe de l'Illustrissime et Excellentissime Monseigneur Colbert. C'est pourquoi je voudrais vous demander en toute courtoisie d'aller trouver au plus tôt les illustrissimes et excellentissimes Messieurs les Ambassadeurs, tant l'illustrissime et excellentissime Monsieur Béthune que l'illustrissime et excellentissime Monsieur Acacia[3] et que, en mon nom,

---

1   *CJH*, II, n° 109, 28 décembre 1679, p. 391.

2   Jean Formont, consul à Dantzig. Le non-paiement de ces 2000 écus est systématiquement dénoncé par Hevelius à ses correspondants français : *CHJ*, II, n° 110-122.

3   À cette date, outre le marquis de Béthune, beau-frère du roi, Akakia semble aussi faire office d'ambassadeur. Roger Akakia sieur du Fresne a participé à diverses négociations entre la France et la Pologne (pour la paix d'Oliva, en 1660). Il fut agent de Louise-Marie auprès de Condé, puis agent auprès des ambassadeurs Forbin-Janson (1674-1676) et Béthune (1676-1680) en tant qu'envoyé. Il joua un rôle impor-

vous leur demandiez humblement, comme aux plus grands patrons et Mécènes de mes études, de daigner me venir en aide par une intercession auprès de l'Illustrissime et Excellentissime Monseigneur Colbert, pour qu'il enjoigne sérieusement encore et encore à Monsieur Formond de donner au plus vite satisfaction à la volonté du Roi Très Chrétien et au mandat de l'Excellentissime Monseigneur Colbert et que sans retard supplémentaire il me paye la somme d'argent par laquelle le très auguste Roi de France a voulu dans sa grande clémence secourir mon affligeante infortune. Autrement je ne puis ni restaurer ma maison avec l'observatoire astronomique, ni mettre sur pied mes études célestes. Si je ne me trompe, Monsieur Formond s'est comporté à peu près de la même manière avec moi en l'an 1674, où j'avais dédié la première partie de ma Machina Cœlestis au Roi Très Chrétien car, ni alors, ni jusqu'à présent, il ne m'a payé les huit cents impériaux que l'Illustrissime et Excellentissime Monseigneur Colbert m'avait assignés au nom du Roi[1]. Je ne sais si cela est venu à la connaissance de l'Illustrissime et Excellentissime Monseigneur Colbert car par timidité je n'ai jamais fait mention de cette affaire à son Excellence. Vous, Ami très intègre, vous partagerez ma peine de ce que non seulement j'ai subi un si incroyable désastre de mes biens, mais aussi que j'éprouve une fortune si contraire en ce qui concerne les bienfaits. Secourez-moi donc soit par une intercession auprès des illustrissimes et excellentissimes Messieurs les ambassadeurs, ou par tout autre procédé qui vous semblera bon. Je vous offre à mon tour promptement mes petits services. Vraiment, je suis à ce point malheureux que pas un seul de mes amis et de mes parents à qui j'ai jadis tant donné, ne m'offre spontanément en cadeau une seule petite fenêtre en souvenir de lui (comme c'est l'habitude chez nous) alors que j'ai besoin de cent fenêtres pour la réparation de mes quatre maisons, à tel point que je crois devoir réaliser l'ensemble et le détail avec mes économies. Portez-vous bien et continuez à m'aimer. Donné à Dantzig l'an 1680, le 31 mai,

À votre très illustre Seigneurie
Le très attaché

J. Hevelius

---

tant durant la Guerre de Hollande (1672-1678) dans la conclusion d'une alliance de revers avec la Transylvanie et les mécontents hongrois. Hevelius écrit à Béthune (*CHJ*, II, n° 112) et à Akakia (n° 113) le 1er juin.

1 Les gratifications de 1672 et 1673 n'ont jamais été, en effet, honorées: n° 182.

205.

6 décembre 1680, Hevelius à Pierre des Noyers

BO : Ci-XIV, 2041/91/119
BnF : Lat. 10 349-XIV, 192-194
BnF : FF. 13 044, 186r-187r.

Domino
Domino Nucerio
Warsaviæ

Illustrissime Domine,

Deberem quidem prolixis verbis gratissimum meum erga te animum exponere, ob plurima beneficia quibus me nunquam non affatim obruisti, sed ob urgentissima negotia in aliam commodiorem id differo occasionem. Nunc solummodo te certiorem facere volui, nisi aliunde id jam cognoveris, me hic Gedani cometam observasse, ante Solis ortum, in decliviori admodum situ, Euroaustrum versus, sub stellis in pedibus Scorpionis et postmodum sub Lance austrina Libræ : prout aliquanto plenius ex literis ad communem amicum nostrum 4 decembris datis percipies. Heri ut et hodie libenter illum fuissem contemplatus, prout etiam diligentissime ei invigilavi, sed cælum nubibus obscurissimis adeo fuit obductum, ut nihil penitus observare mihi obtigerit. Quibus feliciter vale, ac studia mea, ut hactenus fecisti, porro apud fautores et magnates data occasione promove, quo Uraniam meam eo promtius atque exactius erigere, exornare atque excolere non nequeam. Hac occasione, amice magne, tibi in aurem significandum duxi, mercatores nostros necdum hucusque mandato Christianissimæ Regiæ Majestatis, nec literis Illustrissimi et Excellentissimi domini Colberti satisfecisse. Si tu quicquam apud illustrissimos et excellentissimos legatos Christianissimæ Majestatis efficere possis ut singularis illius honorarii (2000 scilicet escu) compos fieri queam, quod Rex Christianissimus ad erigenda mea studia clementissime mihi jam anno præterito (uti ex literis Illustrissimi Domini Colberti anno 1679 die 8 Decembris ad me benigne datis intellexi) destinavit, facies sane non solum rem mihi multo gratissimam, sed studia mea cælestia quæ hactenus nimium quantum turbata, imo omnimode hucusque prostrata fuerunt, mirifice eriges ; quo possim ea, quæ gratia divina adhuc conservata, atque flammis erepta sunt, quantocyus in primis totum catalogum fixarum cum novis correctioribus et plurimis stellis novis adauctis globis cœlestibus, in medium rei literariæ bono proferre ; alias profecto nimium grave mihi accedet ex meo solo marsupio omnia et singula comparare, atque ad pristinum statum redigere. Quibus iterum iterumque vale, et porro favore tuo me honorato. Dabam Gedani, anno 1680, die 6 Decembris, e novo meo rursus divino annuente numine exstructo museo ; non dubito cum ad te omnium priores ex hocce museo dederim literas, quin mecum Deum rerum omnium conditorem et directorem ex toto corde veneraberis, quod nonnullas ædium mearum hucusque exstruere nec non sanitatem viresque clementissime mihi concesserit tantos superare labores, curas, animique ægritudines. Is porro uti plane confido, mihi studiisque meis, pro sua divina voluntate prospiciet. Vale iterum

Tuæ illustrissimæ Dominationi
Devinctissimus

J. Hevelius, manu propria

Gedani, anno 1680, die 6 Decembris.

À Monsieur
Monsieur des Noyers
À Varsovie,

Très illustre Monsieur,

Je devrais longuement vous exprimer ma gratitude pour les nombreux bienfaits dont vous m'avez toujours comblé en abondance, mais je le reporte à une autre occasion plus commode. Aujourd'hui, j'ai voulu vous faire savoir, à moins que vous ne l'ayez appris par ailleurs, que j'ai observé une comète ici à Dantzig avant le lever du Soleil dans une position plus déclive vers l'Euroauster sous les étoiles au pied du Scorpion et ensuite sous le plateau Sud de la Balance[1] ; vous en apprendrez davantage dans une lettre adressée le 4 décembre à notre Ami commun[2]. Hier et aujourd'hui, je l'eusse volontiers contemplée. J'ai veillé avec le plus grand soin, mais le ciel fut à ce point recouvert de nuées très opaques que je n'ai rien pu observer du tout. Ainsi portez-vous bien et heureusement et promouvez dans l'avenir à l'occasion mes études, comme vous l'avez fait jusqu'à présent auprès des protecteurs et des magnats pour que je puisse plus promptement et plus exactement redresser, orner et cultiver mon Uranie. À cette occasion, mon grand Ami, je crois devoir vous dire à l'oreille que nos marchands n'ont pas encore jusqu'à présent donné satisfaction au mandat de Sa Majesté Royale Très Chrétienne, ni à la lettre de l'Illustrissime et Excellentissime Monseigneur Colbert. Si vous pouvez faire quelque chose auprès des illustrissimes et excellentissimes Ambassadeurs de Sa Majesté Très Chrétienne pour que je puisse entrer en possession de cette gratification insigne (soit 2000 écus) que le Roi Très

---

1 Comète découverte par Gottfried Kirch à Cobourg en Saxe le 14 novembre. Hevelius l'observe les 2, 3 et 4 décembre, avant sa conjonction avec le Soleil, puis à nouveau le 24 décembre au soir, jusqu'au 17 février 1681. Mais il ne dispose plus des instruments de jadis. Il a publié ses observations dans *Annus Climactericus*, p. 106 sv.

2 BnF, Fr. 13 044, 183r-185v (pj. 184r) ; BO, C1-XIV, 2034/83/112 ; BnF, lat. 10 349-XIV, 172-175.

LETTRES [1680]

Chrétien m 'a destinée déjà l'année dernière dans sa grande clémence pour redresser mes études, comme vous l'avez compris par la bienveillante lettre que l'Illustrissime Monseigneur Colbert m'a adressée le 8 décembre, non seulement, vous ferez pour moi un geste grandement agréable, mais vous redresserez merveilleusement mes études célestes qui jusqu'à présent ont été perturbées à l'extrême, bien plus, complètement abattues. Ainsi je pourrai au plus vite donner au public, pour le bien des lettres, ce qui, par la grâce divine, est encore conservé et arraché aux flammes ; et d'abord tout le catalogue des Fixes avec de nouvelles corrections et quantité d'étoiles nouvelles, en ajoutant de nouveaux globes célestes. Dans le cas contraire, il serait à coup sûr trop lourd pour moi d'acheter de ma seule bourse l'ensemble et le détail et de les remettre dans leur état ancien. Sur ce, à nouveau, portez-vous bien et continuez à m'honorer de votre faveur. Donné à Dantzig, en l'an 1680, le 6 décembre, de mon Cabinet reconstruit avec l'aide de Dieu. Puisque c'est de ce Cabinet que je vous ai envoyé ma lettre précédente, je ne doute pas qu'avec moi vous vénérerez de tout votre cœur Dieu, fondateur et recteur de toutes choses qui m'a permis jusqu'à présent de reconstruire certaines de mes maisons et, dans sa grande clémence, de surmonter tant de labeur, de soucis et de chagrins, comme je le crois profondément, c'est lui qui veillera sur moi, sur mes études selon sa Divine Volonté. À nouveau, portez-vous bien.

À votre illustre Seigneurie
Le très attaché

J. Hevelius, de sa propre main

À Dantzig, l'an 1680, le 6 décembre.

206.

20 décembre 1680, Pierre des Noyers à Hevelius

BO : C1-XIV2040/90/118
BnF : Lat. 10 349-XIV, 191-192

Monsieur,

Je voulois me donner l'honneur de vous escrire lors que j'ay receu vos lettres du 6 de ce mois dans la presse que nostre amy M. Boulliau de luy dire de vos nouvelles. Je luy ay envoyé la lettre que vous luy escriviez et de plus celle que vous me faitte l'honneur de m'escrire afin qu'il voye que vous n'avez pas encore receu la gratification du Roy et qu'il agisse aupres de ses amis pour cela. J'en ay aussy escrit aux miens afin que trouvant les ocasions d'en parler ils le fassent. J'en ay aussy aujourdhuy escrit a Messieurs nos Ambassadeurs[1], auxquels j'ay dit que c'estoit par oubly afin que d'autant plus tost ils en parlent dans leurs lettres. Je les en solliceteré encore lors qu'ils seront icy. Enfin Monsieur ce sera tousjours avec joye que je rencontreré les moyens de vous servir; mais je ne puis m'empescher de croire que parmy nos academiciens il y en a quelques uns qui envieux de vostre merite de vostre savoir et de vostre reputation, travaillent aupres de M. Colbert contre vous et sont faschez et envieux de ce que seul, vous donnez tant de belles choses au publique et qu'eux ne produisent rien[2].

J'ay eu advis de Vienne que l'on y avoit veu la comette la premiere fois vers la fin d'octobre mais on n'en marquoit point le lieu[3]. Je ne l'ay point veuë, la clarté de la Lune m'en a empesché et je la croy maintenant sous les rayons du Soleil, selon le chemin que vous dittes qu'elle fait tous les jours.

M. Akakia m'escrit de Transylvanie[4] qu'il seroit bien aise d'apprendre sy vous avez reçeus la gratification du Roy, pour s'en resjouir avec vous. Cependant il vous baise les mains et a Madame vostre femme, comme je fais aussy, estant tousjours,

Monsieur,
Vostre tres humble et tres obeissant Serviteur,

Des Noyers

De Varsavie, le 20 decembre 1680.

---

1 À cette date, Béthune et Forbin-Janson et le marquis de Vitry, ambassadeur extraordinaire.

2 Pierre des Noyers se fait ici l'écho des médisances de Boulliau. Il est toutefois évident qu'Hevelius s'était fait des ennemis à l'Académie, notamment Cassini et Picard, dès 1671 et qui ne remercieront pas pour l'envoi de la *Machina Cœlestis* II.

3 Sur les observations et la comète de 1680 qui a conduit Newton à la découverte du mouvement des comètes, Pingré, *Cométographie*, II, p. 25-27. Cassini a publié ses observations (et celles réalisées en France, Espagne (Madrid), Italie et Amérique dans : *Observations sur la comète qui a paru au mois de décembre 1680 et en janvier 1681, présentées au Roy*, Paris, Et. Michallet, 1681, in-4°. Il y fait état de plusieurs observations entre le 20 novembre et le 7 décembre. Le jéuite Eusebio Kino l'observa de bonne heure à Cadix et publia à Mexico son *Exposicion astronomica de el cometa*, en 1681, premier ouvrage scientifique du Nouveau Monde.

4 Roger Akakia, sieur du Fresne : *CJH*, II, p. 43-44 et n° 203.

LETTRES [1680]

207.

27 décembre 1680, Hevelius à Pierre des Noyers

BO : Cı-XIV, 2035/84/113
BnF : Lat. 10 349-XIV, 175-178
BnF : Fr 13 044, 188v-189v.

Epistola
Ad amicum
De vespertina apparitione cometæ anni 1680

Nuperis literis die 6 Decembris datis tibi significavi, amice honorande, me cometam die 2, 3 et 4 decembris, mane, ante Solis ortum Euroaustrum versus observasse,
nunc eundem ipsum vesperi die videlicet 24 Decembris post Solis occasum Euroafri-
cum versus immensam atque lucidissimam caudam versus Zenith perpendiculum
exporrigentem ad quadraginta quinque fere gradus deprehendi. Mane in Libra a
Scorpione hærebat, in latitudine scilicet Australi uti ex prioribus literis meis percepisti, modo vero die nimirum 29 Decembris versatur in Capricorno et quidem in
11 circa ejus gradu, atque latitudine Boreali 6 ½ gradu[1] in distantia a Lucida Aquilæ
22 ½ gradus. Caudæ facies erat hac die 24 decembris cum prima vice nobis hic Gedani
in oculos incurreret (nam citius etiamsi potuisset videri ob cælum tamen omnino
nubilum haud concessum est) admodum notabilis, non solum quod instar erectæ lon-
gissimæ et splendidissimæ trabis apparuerit, sed quod diversissimæ notabiles stellæ
fixæ in ipsa vel per ipsam caudam, tum aliæ ab utroque latere clarissime conspectæ
fuerint ; hora 5 ante quam caput ipsum occiderit humerus Aquilæ in ipsa coma, non
tamen in ipso medio sed paullo ad lævam cuspis sagittæ ad dextram, lucida Aquilæ
vero et illa in cubito dextro Antinoi ad sinistram apparuerunt : prout ex schemate
nostro videre est. Ipsa longitudo caudæ initio hora fere 4° 30' tantummodo 25, atque
paullo post hora 5, decrescente magis magisque crepusculo 30 gradus et hora 6 et 7
ad 45 gradus videbatur, id quod exacte dimetiri mihi licuit ; siquidem ipsa extremitas
seu cuspis excurrebat (ad lineam illam rectam quæ ex lucida Lyræ ad collum Pegasi
extenditur), versus scilicet illam stellam quæ in ancone alæ australis Cygni alias appa-
ret. Quantum absque calculo conjicere mihi licet cometa qui modo in 11 gradu Capricorni longitudinis et 11 ½ gradu latitudinis borealis, supra videlicet caput Sagittarii
versatur, tendit magis magisque caput Aquarii et Equulei versus secundum scilicet
signorum seriem motu directo ut antea, cum matutinus esset ; qua vero velocitate
quia semel tantummodo adhuc postquam vespertinus factus est, illum conspexi : hoc
tamen certo affirmare possum cometam hunc a 2 decembris a quo ego observare illum
incepi ad 24 Decembris spatio videlicet 22 dierum in sua propria orbita sub circulo

1 Mss BnF ; BO : 10 ½ 11 circa.

nempe maximo peragrasse 76 gradus imo a die 1 Decembris hucusque 80° omnino, quod ut annotari ab omnibus rerum cælestium cultoribus meretur, sic operæ pretium ut ut porro ejus cursus phænomenumque probe usquedum conspicuus erit notentur : quippe dies 25 et 26 plane nubili et caliginosi fuerant uti nihil quicquam deprehendi potuerit. Utinam serenitas cæli hisce diebus id permisisset, plura profecto et longe accuratiora de eo significare potuissem ; imo, (quod non nemini forsitan mirum videbitur) sperassem notabilem partem caudæ versus Aquilonem inclinatum a matutino tempore me potuisse observare et quidem Arctapeliotem seu Hellespontium versus ante Solis exortum. Inter felicissimos me sane reponerem amice plurimum colende si hunc cometam ex mea ipsa specula, meisque instrumentis pristinis illis maioribus, tubisque longissimis observare et annotare mihi liceret ; sed hactenus ratione extruendarum ædium mearum et aliarum maxime necessariarum rerum mihi comparandarum, cumprimis ob sumptus nimios, nondum fieri potuit ; penitus tamen confido Deum Optimum Maximum mihi porro conatibusque meis Uranicis clementissime suppetias laturum, tum Mæcenates Regemque inprimis meum longe clementissimum pro sua, erga me, meaque studia, singulari clementia, etiamsi nullo meo merito, nec non derelicturum, quo sic non nequeam eoque promptius speculam meam Uranicam quam modo aggredior (faxit Deus ut opus feliciter cedat) erigere, restaurare, rebus eo pertinentibus instruere ; atque sic pro meo voto mihi liceat magna et mira Dei opera diutius quoad vivam celebrare et præcipua mea opuscula feralibus flammis singulari divina gratia erepta, sub felicissimo auspicio Augustissimi et Clementissimi mei Regis quantocyus in lucem protrudere. Vale mi amice et fave constanter studiis nostris Uranicis. Dabam Gedani, anno 1680, die 27 Decembris, stilo novo, festinanti calamo.

Lettre à un Ami[1]
Sur l'apparition vespérale d'une comète de l'année 1680

Dans ma récente lettre du 6 décembre[2], je vous ai fait savoir, honorable Ami, que j'ai observé une comète les 2, 3 et 4 décembre au matin, avant le lever du Soleil, vers l'Euro-Auster et maintenant j'ai saisi la même au soir du 24 décembre après le coucher du Soleil vers l'Euro-Africus. Elle étendait une queue immense et très brillante perpendiculaire au zénith, à environ 45°. Le matin, elle était entre la Balance et le Scorpion, c'est-à-dire en latitude australe, comme je vous l'ai indiqué dans ma lettre précédente. Actuellement, c'est-à-dire le 29 décembre, elle est dans le 11ᵉ degré du Capricorne, en latitude boréale de 6 ½ degrés et à une distance de 22 ½ degrés de la brillante de l'Aigle[3]. Le 24 décembre, quand pour la première fois, elle est apparue à

---

1 Hevelius qui n'a plus de presses pour publier ses observations et qui, de plus, ne possède plus ses meilleurs instruments, publie ainsi, via cette lettre, ses propres observations qui seront communiquées à Boulliau et aux principaux correspondants de des Noyers.

2 N° 205.

3 Hevelius a observé cette comète les 2, 3 et 4 décembre puis, après sa conjonction avec le Soleil, entre le 24 décembre et le 17 février. Il a publié par la suite ses observations dans l'*Annus Climactericus*, p. 106-114 (et planche).

nos yeux ici à Dantzig (car même si elle était visible plus tôt, le ciel tout à fait nuageux, ne nous a pas permis de la voir) l'aspect de sa queue était tout à fait remarquable non seulement parce qu'elle apparut comme une poutre dressée très longue et très brillante, mais aussi parce que des étoiles fixes remarquables et très diverses ont été vues très clairement dans la comète ou à travers sa queue, et d'autres de part et d'autre ; à 5 heures, avant que sa tête ne se couche, l'épaule de l'Aigle apparut dans sa chevelure même, non pas au milieu mais un peu à gauche ; la pointe de la flèche à sa droite ; la brillante de l'Aigle et celle qui est au coude droit d'Antinoüs à gauche, comme on peut le voir par notre schéma. La longueur de sa queue au début, vers 4 heures était de 30 minutes, puis seulement 25 et peu après 5 heures, comme le crépuscule déclinait de plus en plus, à 30 degrés et à 6 et 7 heures, on la voyait à 45 degrés, ce que j'ai pu exactement mesurer, car son extrémité ou sa pointe s'étendait sur cette ligne droite qui va de la brillante de la Lyre au cou de Pégase, en direction de cette étoile qui apparaît dans le coude de l'aile australe du Cygne. Autant que je puisse conjecturer sans calcul, la comète qui était récemment dans le 11ᵉ degré du Capricorne en longitude et à 11° ½ de latitude boréale, se trouve au-dessus de la tête du Sagittaire et tend de plus en plus vers celles du Verseau et du Petit Cheval, c'est-à-dire selon la série des signes en mouvement droit, comme autrefois, alors qu'elle était matinale. Cependant elle est rapide car je l'ai seulement observée une fois après qu'elle est devenue vespérale ; je puis seulement affirmer que du 2 décembre, où j'ai commencé à l'observer, jusqu'au 24 décembre, c'est-à-dire en l'espace de 22 jours, cette comète sur sa propre orbite, sous le plus grand cercle, a parcouru 76 degrés, c'est-à-dire depuis le 1ᵉʳ décembre jusqu'aujourd'hui, 80 degrés au total, ce qui mérite d'être noté par tous ceux qui cultivent les choses célestes ; ainsi, il est important qu'à l'avenir on note rigoureusement sa course et son apparence tant que la comète sera visible, car les 25 et 26 furent très nuageux et brumeux au point que rien ne put être saisi. Si un ciel serein l'avait permis en ces jours-là, j'aurais pu fournir à son sujet des indications plus nombreuses et plus précises. Bien plus, ce qui paraîtra étonnant à tout le monde, j'aurais espéré pouvoir observer depuis le matin une partie notable de la queue inclinée vers l'Aquilon et même vers Arctapeliotes et l'Hellespont avant le lever du Soleil. Je me rangerais parmi les plus heureux, Ami très respectable, si je pouvais observer et décrire cette comète de mon observatoire avec mes grands instruments d'autrefois, mais jusqu'à présent cela n'a pu se faire en raison de la reconstruction de ma maison et de l'achat d'autres choses très nécessaires, en particulier à cause des frais excessifs. Mais j'ai la ferme confiance que Dieu Très Bon Très Grand, dans sa grande clémence, fournira des ressources à mes efforts astronomiques et que des Mécènes et d'abord mon Roi très Clément, dans son exceptionnelle générosité envers moi et mes études, même si elles ne le méritent pas, ne m'abandonnera pas afin que je puisse redresser, réparer, équiper d'un matériel adéquat mon observatoire astronomique que je viens de commencer (Dieu fasse que l'ouvrage avance heureusement)[1]. Ainsi, selon mon vœu, je pourrai célébrer les

---

1 Nous avons vu dans les lettres précédentes qu'Hevelius a emprunté ses instruments à des Noyers et à Burattini. Plus d'un an après l'incendie, il a donc déjà reconstruit un observatoire.

540   CORRESPONDANCE DE JOHANNES HEVELIUS. TOME III

œuvres grandes et admirables de Dieu[1] tant que je vivrai et mettre au jour au plus tôt, sous les très heureux auspices de mon Roi Très Auguste et Très Clément, mes principaux opuscules arrachés aux flammes cruelles par une faveur divine particulière. Portez-vous bien, mon Ami, et favorisez constamment mes études astronomiques. Donné à Dantzig, l'an 1680, le 27 décembre nouveau style, d'une plume hâtive.

208.

27-31 décembre 1680, Hevelius à Pierre des Noyers

BO : Ci-XIV, 2035/85/114
BnF : Lat. 10 349-XIV, 178-181
BnF : FF.13 044, 188v-189r

Illustrissime Domine

Literæ tuæ 20 Decembris datæ nunc primum mihi redduntur, sed hac vice ob angustiam temporis ad illas plene respondere haud possum. Nunc saltem te certiorem facere placuit me nuperum cometam matutinum, nunc quoque vesperi sed semel tantum observasse; prout ex adjecta epistola festinanti calamo conscripta percipies, ea quæ nuper auguratus sum omnia evenerunt. Hodie spero illum cælo sic annuente iterum observaturum, de quibus postea sum scripturus. De cætero te amice rogatum volo ut Admodum Reverendum Patrem Adamum Alamandum Kochanski meo nomine salutes eique epistolam hanc annexam cum schemate communices; ad illius literas haud potui etiam hac vice respondere cum nunc primum hocce momento temporis mihi redduntur sed plene proxima occasione quando de hoc insigni cometa plura observavero sum responsurus. Interea humanissime illum rogatum volo ut omni data occasione tam apud Clementissimum Regem tum apud Principem nec non Mæcenates ac Fautores rem meam gerat, ad erigenda rursus conservandaque mea studia cœlestia. Vale illustrissime domine. Dabam raptissime Gedani, anno 1680, die 27 Decembris.

Die 27 Decembris vesperi post Solis occasum cælo perquam sereno cometam rursus observavi sed jam longe penitus [multo longius] a Sole distabat in maiorique altitudine. Nam hora 4.40 altitudo capitis cometæ erat 11° imo paullo citius adhuc in oculos incurrebat. Venus aliquanto citius accedit quam caput cometæ. Spatio trium dierum in sua orbita cometa circiter progressus est 5 vel 6 gradus. Sic ut hodie quantum absque instrumentis divinare datur in 17-18° Capricorni ultra medietatem Capricorni et latitudine boreali 15 fere gradus versaretur. Caudam vero insignem mireque longam ostendebat et quidem paullo incurrentem Septentrionem versus,

---

1 Référence au Psaume 18-1 : « Cœli ennarant gloriam Dei ».

LETTRES [1680]

longitudo ejus excurrebat ad stellas in Stellione Cassiopeam versus ad 56 imo 60 gradus. Diversissimæ stellæ in cauda affulgebant utpote tres illæ in ala Australi Cygni, pectus Aquilæ ad dextram ut et brachium dextrum Antinoi et in medio lata ipsa cauda erat fere ad 2 ½ tanta amplitudo quanta datur inter se distant Lucida Aquilæ ab humero. Eratque lucidissimum sic ob comam in præcipuos hujus seculi cometas merito numerari potest; maxime eo attento quod postea caudam per totam noctem hac die 27 Decembris exhibuerit; hora 6 mane præcipuam partem observavimus.

Die 28 Decembris vesperi Lunæ splendor quidem obstabat sed nihilominus cauda maxime extendebatur ad 60° imo 70° fere in qua diversissimæ rursus stellæ in ea conspiciebantur; in parte superiore ad dextram inferiores illæ in ala Australi Cygni item extrema alæ Australis Cygni [in ipsa cuspide stellæ quædam ex Stellione a catena Andromedæ] Delphinus vero haud procul aberat a limbo caudæ sinistro; inprimis hac die notandum occurrit quod caudæ latus dextrum multo obscurius apparuerit quam sinistrum. Caput erat satis lucidum etiamsi in crepusculo existeret: de cætero cometa in orbita sua paullo promotus factus erat et latitudine Boreali paullo creverat in quantum vero adeo accurate absque debitis instrumentis determinare haud licuit.

Die 29 Decembris mane hora 5,6 ante Solis exortum pariter maxima pars caudæ a me deprehensa, vesperi vero ob cælum penitus nubilum nihil videre potui. Cætero die 30 ære prorsus defæcato maximam rursus partem caudæ, fere ad ipsam Cassiopeiam usque excurrentem, atque circa extremitatem valde latam aliquot graduum notavimus. Vesperi ob nubes et vapores nihil deprehensum. Die 31 mane serenitas cœli rursus affulsit, sic ut potissima pars caudæ clarissime apparuerit; in ipsa coma iterum diversissimæ stellulæ conspiciebantur partim quæ in Stellione, partim in catena Andromedæ sunt constitutæ; annulus autem catenæ infra caudam apparuit, excurrebat caput Cassiopeiæ usque, sic ut illæ binæ in capite in ipsa extremitate dilucide affulserint: præprimis notatu dignum erat quod cauda incurvationem quandam præ se rursus tulerit et quidem concavitatem a parte superiori et convexitatem in parte inferiori. Longitudo caudæ haud minus erat 90 °. Ipse cometa adhuc motu directo progreditur [progressus erat s.l.]; versatur adhuc in Capricorno circa 20 gradus[1] quantum absque debitis instrumentis divinare datur. Motus in orbita sua videtur quotidie paullatim decrescere, crescente latitudine ad Boream.[2]

Très illustre Monsieur,[3]

Votre lettre du 20 décembre vient juste de m'être remise, mais cette fois, je ne puis vous répondre en détail faute de temps. Il me plaît cependant de dire que j'ai

---

1 BnF. Lat. 10 349-XIV, 180: « 26 » degrés.

2 *Ibidem*: rayé: quousque autem iter suum perficit, et quo in loco stationarius fiet sequentes observationes ostendent.

3 Il s'agit d'observations sur le vif, non retravaillées, destinées à être communiquées. Le manuscrit présente des ratures.

observé la récente comète matinale et maintenant aussi le soir mais une seule fois, comme vous le verrez par la lettre ci-jointe écrite d'une plume hâtive. Tout ce que j'avais prédit est arrivé aujourd'hui. J'espère que si le ciel le permet, je l'observerai à nouveau et je vous en écrirai par la suite. Par ailleurs, j'aimerais vous demander, mon ami, de saluer en mon nom le très révérend Père Adam Alamand Kochański[1] et de lui communiquer la lettre ci-jointe, avec le dessin[2]; je n'ai pu répondre à sa lettre cette fois, parce qu'elle m'est remise juste en ce moment, mais je lui répondrai en détail à la plus proche occasion quand j'aurai observé davantage cette comète insigne. Entre temps j'aimerais lui demander très courtoisement qu'à toute occasion il gère mes affaires tant auprès du Roi très clément qu'auprès du Prince[3] et aussi de nos Mécènes et protecteurs pour rétablir et conserver mes études célestes. Portez-vous bien, très illustre Monsieur. Donné en toute hâte à Dantzig en 1680, le 27 décembre.

Le 27 décembre au soir[4], après le coucher du Soleil, dans un ciel tout à fait serein, j'ai à nouveau observé la comète, mais elle était très éloignée [de beaucoup plus éloignée] du Soleil et dans une plus grande altitude car, à 4h. 40', l'altitude de la tête de la comète était de 11° et se présentait un peu plus vite à mes yeux. Vénus arriva un peu plus vite que la tête de la comète. Dans l'espace de trois jours, la comète a avancé sur son orbite d'environ 5 ou 6 degrés. Aujourd'hui, autant que je puisse le deviner, sans instrument, elle se trouvait à 17-18° du Capricorne au-delà de la moitié du Capricorne et à une latitude boréale de 15° environ. Elle montrait une queue remarquable et étonnamment longue qui s'étendait un peu vers le septentrion. Sa longueur s'étendait vers les étoiles dans le Lézard vers Cassiopée à 56 ou plutôt 60°. Des étoiles très diverses brillaient dans sa queue à savoir, trois dans l'aile australe du Cygne, dans la poitrine de l'Aigle à droite, comme aussi le bras droit d'Antinoüs. En son milieu, la queue était large de presque deux degrés et demi. Une largeur comparable à la distance entre la Lumineuse de l'Aigle et son épaule. Elle était très brillante et à cause de sa chevelure, elle peut être à bon droit comptée parmi les principales comètes de ce siècle, surtout en tenant compte du fait qu'elle a montré sa queue dans la suite pendant toute la nuit ce 27 décembre; à 6 heures du matin, nous en avons observé la principale partie.

Le 28 décembre au soir, quoique l'éclat de la Lune fît obstacle, néanmoins la queue s'étendait longuement à 60° ou plutôt 70°, de nouveau on y voyait des étoiles très diverses: dans la partie supérieure à droite les étoiles inférieures de l'aile australe du Cygne, de même, l'extrémité australe de l'aile du Cygne. [à sa droite certaines

---

1 Le père Adam Adaman Kochański (1631-1700), après des études à Toruń, est entré dans la Compagnie de Jésus à Vilnius en 1652 où il poursuit des études de philosophie, mathématiques, de physique et de théologie. Invité dans de nombreuses universités européennes, il se fixe en Pologne en 1680 où le Roi l'a nommé mathématicien du Roi, mais aussi son chapelain, son bibliothécaire et le tuteur de son fils Jacques (1678). Sans doute Hevelius a-t-il recommandé au Roi Kochański avec qui il était en relation depuis 1677. Le Roi avait séjourné à Dantzig à l'époque des troubles, entre le 1er août 1677 et le 18 février 1678.

2 Lettre qui n'existe pas dans la correspondance. Le père Kochański a écrit à Hevelius le 20 décembre (BnF, Nal 1640, 65r-66r. Hevelius lui répond seulement le 9 janvier 1681 (BO, C1-XIV, 2059/109/139).

3 Le Prince Jacques.

4 Hevelius poursuit ici la « lettre à un ami », interrompue le 27 décembre (n° 206).

étoiles du Lézard, depuis la chaine d'Andromède.] Le Dauphin n'était pas loin du bord gauche de la queue, mais il faut d'abord noter ce jour que le côté droit de la queue apparut beaucoup plus obscur que le côté gauche. La tête était assez brillante, même si elle était au crépuscule ; par ailleurs, la comète avait un peu avancé sur son orbite et avait un peu grandi en latitude boréale dans la mesure où je n'ai pu faire une détermination aussi précise, sans les instruments appropriés.

Le 29 décembre au matin, à 5 ou 6 heures, avant le lever du Soleil, j'ai repéré la plus grande part de la queue, mais le soir je n'ai rien pu voir à cause d'un ciel complètement nuageux. Par ailleurs, le 30, dans un ciel tout à fait dégagé, j'ai de nouveau noté la plus grande partie de la queue qui s'étendait presque jusqu'à Cassiopée et très large de quelques degrés à son extrémité. Le soir, à cause des nuages et des vapeurs, rien repéré.

Le 31 au matin, un ciel serein brilla de nouveau de sorte que la partie principale de la queue apparut clairement ; dans sa chevelure, de nouveau, de petites étoiles très diverses étaient visibles, en partie celles qui sont situées dans le Lézard, en partie dans la chaine d'Andromède. L'anneau de la chaîne apparut en dessous de la queue, elle s'étendait jusqu'à la tête de Cassiopée. De sorte que ces deux étoiles dans la tête brillaient distinctement à l'extrémité même ; avant tout, il est digne de mention que la queue présentait de nouveau une certaine incurvation et même une concavité à la partie supérieure et une convexité à la partie inférieure. La longueur de la queue n'était pas moins de 90°. Cette comète avance encore (avait avancé s.l.) en ligne droite ; elle se trouve encore dans le Capricorne aux alentours de 20°, autant que je puisse le deviner sans instruments adéquats. Le mouvement sur son orbite paraît diminuer peu à peu, la latitude croissant vers le Nord.

3 janvier 1681, Ismaël Boulliau à Pierre des Noyers

BO : CI-XIV, 2057/107/1503
BnF : Lat. 10 349-XIV, 227-228

Bullialdus a M. des Noyers,
Paris le 3 janvier 1681

Je commenceray la presente pour respondre a la vostre du 29 novembre par la conviction que je fais de l'observation que je fis de la comete le 26 du passé, je le vois ce jour la à 5 ½ du soir, la queue qui estoit fort longue, et dont pourtant je ne voyois pas tout n'estant pas en un lieu assez elevé, et occupoit à la veuë 55 degrez, presque à lors la luisante de l'Aigle estoit esloignée du bord occidental de la queue de la grandeur du diametre, et quasi autant en estoit esloignee l'estoile, qui est in ancone (c'est à dire au coude) de l'aile inferieure du Cygne, non pas celle de extremité de l'aile comme je vous l'avois escrit. Le lendemain 27 à la mesme heure, l'Aigle estoit esloignee du bord de la queue, quasi de 5 degrez, et la comete alloit tousjours selon l'ordre des Signes, et non pas loing du bord occidental, l'estoile de l'espaule gauche de l'Aigle, qui est au dessoubs de la luisante. Le 28 elle ne put estre veue à cause des nuees. Le 29 on la voit assez bien pendant peu de temps apres le Soleil couché ; les jours suivans 30 et 31 decembre, le 1 et 2 janvier 1681, elle n'a point esté [veue] à cause des nuages et de brouillas ; ces jours 26 27 et 29, on l'a veue à l'observatoire, la queue leur a paru de pres de 64 degrez dans le grand cercle.

Le Sieur Cassini a esté appellé 4 fois à la Cour pour entendre son advis sur les effects de ce phenomene, qui a espouvanté bien du monde[1]. Il doit donc faire un escrit sur ce subject pour remettre les esprits les plus emeus ; l'on a changé le nom de comete en poutre, c'est à dire en un espece[2] qui n'est pas si terrible ; quelques uns l'appellent une palme.

Je vous envoye ce que j'en ay pu observer la voyant passer proche de quelques estoiles. Depuis que j'ay scu qu'elle paroissoit, le regret de l'infortune arrivé en 1679 à M. Hevelius me vient continuellement dans l'esprit apprehendant avec un grand subject que nous n'ayons pas des observations si exactes. J'attens de ses nouvelles avec grande impatience.

Depuis 2 jours l'on vend un Discours de M. Cassini qu'il a fait sur la comete plustost moral pour rassurer les esprits, qu'astronomique comme j'ay appris[3]. Je le verray et vous en diray mon sentiment.

1 Cette comète qui parut entre le 14 novembre 1680 et le 19 mars 1681 fut la plus brillante du XVIIᵉ siècle, avec une longue chevelure bleue qui attira une foule de curieux, comme au port de Rotterdam, dans le tableau du peintre Lieve Verschuier. Sa réapparition aux alentours de Noël a provoqué des débats et des prêches millénaristes. D'où la réaction du Roi, qui fait appel à Cassini pour calmer les esprits, comme il avait fait appel en 1665 à Pierre Petit qui avait alors publié sa *Dissertation sur la nature des comètes*. Sur ce débat : Marta Cavazza, « La cometa del 1680-1681. Astrologi e astronomi a confronto », *Studi e Memorie per la storia dell'Università di Bologna*, Nouvelle série, 1983-3, p. 409-466.

2 BnF : « le genre en une espece ».

3 Les *Observations sur la comète*, de Cassini, pubiées en hâte « avec permission » mais sans privilège ne font pas état de cette demande mais s'ouvrent sur une observation réalisée devant le roi à Versailles le 28 décembre, et sur un discours à l'Académie des sciences du 4 janvier 1681 où Cassini parle d'une « des plus belles et des plus grandes comètes qui aient jamais été observées » (p. 5). Les *Observations* ont été précédées par la publication de *l'Abrégé des observations et des réflexions sur la comète qui a paru au mois de décembre 1680 et aux mois de janvier, février, mars 1681*, Paris, Et. Michalon, in-4°, 39 p. qui s'ouvre sur une adresse au Roi : « A l'occasion de cette comète, je me suis principalement arresté à la recherche de ces règles, n'ignorant pas que cela est bien plus agreable à Votre Majesté que la présomption vaine de prévoir les effets que le vulgaire a accoûtumé d'attribuer à des causes dont on ignore encore la nature. » (p. iv-v). C'est à l'occasion des réactions suscitées par cette comète que Pierre Bayle a publié sa *Lettre à M.L.A.D.C. docteur de Sorbonne, où il est prouvé, par plusieurs raisons tirées de la philosophie et de la théologie, que les comètes ne sont point le présage d'aucun malheur ; avec plusieurs réflexions morales et politiques et plusieurs observations historiques, et la réfutation de quelques erreurs populaires*, Rotterdam, R. Leers, 1682. Le titre complet de la deuxième édition est *Pensées diverses sur la comète écrites à un docteur de Sorbonne à l'occasion de la comète qui parut au mois de décembre 1680*, rédigées à Sedan ou il enseignait la philosophie en 1681, publiées à Rotterdam l'année suivante et qui connut quatre éditions successives. Le *Journal des Sçavans*, dans le premier numéro de 1681 (du 13 janvier) consacre un long article à la comète : « Tout le monde parle de la comète qui est sans doute la plus considérable nouveauté du commencement de cette année » (p. 9). Un chapitre s'intitule : « Si les comètes préparent des malheurs » : « L'ancienne philosophie l'a crû, parce que comme elle vouloit que les Cometes fussent sublunaires, & que leur matiere ne fût qu'un amas d'exhalaisons de la terre, quand il arrivoit que ces exhalaisons prenoient feu, ce qui

209.

4 janvier 1681, Pierre des Noyers à Hevelius

BO: CI-XIV, 2060/110/140
BnF: Lat. 10 349-XIV, 237-238

Varsavie le 4 jenvier 1681

Monsieur,

J'ay receu vostre paquet du 27 decembre avec la figure de la comette, dont j'envoyé hier copie a la Cour pour la faire voire au Roy. J'en envoye aussy copie a Vienne et en France a nostre amy M. Boulliau, ensemble la copie de vos lettres. La derniere que j'ay de luy sont du 6 decembre ; il n'avoit encore aucune connoissance de la comete matutine. L'on l'a veue vesperine icy la nuit du 24 au 25 mais imparfaittement. Le 25 on ne la vid point, mais le 26 le ciel estoit clair et serain et fut veuë de tout le monde, et comme le temps a tousjours esté beau depuis on l'a veuë tous les jours, elle diminue fort maintenant.

Le premier jour de l'an j'observé la sortie d'Aldebaran de dessous la Lune justement a 9 heures 3' selon mon horloge a pandule, que je trouvé juste le lendemain au Soleil[1]. Je n'observé pas l'entree parce que j'estois alors a table en compagnie. A ce que j'en peu juger l'estoile passa bien pres du centre de la Lune. Je tascheré d'observer son passage sur le cœur du Lion qui sera demain.

J'avois prié M. Boulliau de me dire s'il y avoit quelques autres ephemerides que celles d'Argoli[2], mais il m'a dit n'en savoir point. Je n'en ay plus, et bien qu'elles ne soient pas fort justes, je me resoudray a les achetter, s'il n'y en a point d'autres.

ne pouvoit que marquer une grande intemperie dans la Region Elementaire, il devoit s'ensuivre suivant cette opinion quelque grande & considerable revolution. Mais depuis que l'on a sceu que les Cometes estoient des corps celestes on s'est desabusé de cette erreur qui n'est plus qu'une erreur populaire, & on s'est aisément persuadé qu'il n'estoit pas necessaire de leur imputer les choses qui arrivent icy bas de temps en temps par des causes qui ne sont pas si éloignées. Outre qu'il passe bien des cometes dont on ne s'aperçoit pas, & que si l'on avoit fait un fidele rapport de toutes celles qui ont esté suivies d'aucun évenement extraordinaire, il y en auroit peut-estre autant de celles-là que des autres auxquelles on a attribué des accidens qui les ont suivies ou accompagnées. On peut en dire autant des Eclipses dont il y en a assez souvent quatre dans une mesme année, comme dans la presente & quelquefois plus, qu'on ne voit suivies d'aucun fâcheux évenement » (p. 11).

    1 Occultation d'Aldébaran par la Lune observée le 1er janvier par Hevelius, Pingré, *Annales célestes*, 1681, p. 361.

    2 Andrea Argoli (1570-1657): *Ephemerides exactissimae caelestium motuum ad longitudinem Almae Urbis, et Tychonis Brahe hypotheses, ad deductas è Coelo accuratè observationes Ab Anno MDCXLI ad Annum MDCC*, Lyon, J.A. Huguetan, 2 vol. Ces éphémérides couvrent les années 1641 à 1670 et sont donc, à cette date dépassées. En tête du premier volume il y a un *Astronomicorum liber primus*, dans lequel Argoli propose son propre système géocentrique du monde.

Je vous envoye Monsieur le baston de demy cercle, et les instruments qui manquoient au quard de cercle que je vous ay envoyez qui estoient dans un coffre a la campagne et que je n'ay pas eu plus tost.

Je suis tousjours,
Monsieur,
Vostre tres humble et tres obeissant Serviteur,

Des Noyers

210.

10 janvier 1681, Pierre des Noyers à Hevelius

BO : Ci-XIV, 2055/105/134
BnF : Lat. 1c 349-XIV, 224-225

Varsavie le 10 jenvier 1681

Monsieur,

Ne sachant pas sy vous avez eu communiction de l'observation faitte a Strasburg de la comette par M. Julius Reichelt professeur des mathemaques (sic)[1]. Je vous diray icy ce que M. Boulliau m'en escrit.

/L'on a receu de Strasburg l'observation imprimee de M. Reichelt qui a veue la comete les 16, 17, 18 et 19 novembre vieux style. Elle estoit le 16 environ le 4 degrez de la Balance et en latitude meridionale environ 1 degré. Le 17 environ le 8 degrez de la Balance, la latitude un peu plus meridionale. Le 18 elle estoit de 11 degrez de la Balance, latitude meridionale plus grande que le 17e. Le 19 environ 16 degrez de la Balance encore plus meridionale que le 18. Elle a passé un degré au dessus de Spica de la Vierge, son cours est selon l'ordre des signes. Elle trainoit sa queue apres elle. Nous n'avons point ouy dire que nos astronomes l'ayent veuë; ils se trouvent mieux dans leur lit que dessus une terrasse ou observatoire[2]. Vous jugerez de la du bon usage qu'ils font de l'argent du Roy. /

C'est ce que nostre amy m'escrit.

---

1 Julius Reichelt (1637-1719), astronome et professeur de mathématiques de l'Université de Strasbourg depuis 1567. Il fut le fondateur de l'observatoire de Strasbourg. Sur la comète : J. Reichelt, Jacob Honold, *Dissertatio De cometis, et speciatim eo, qui mense novembri anni 1680 apparuit*, Strasbourg, 1682.

2 Ce qui est une pure calomnie. Cassini et l'abbé Picard l'ont observée avec la plus grande attention.

Mercredi 8 de ce mois sur les 9 heures du soir, on vid une grosse boule de feu voler par l'air et venant du costé de l'orient alloit contre la comete et en aprochant de sa teste se fendit en deux pars, qui donnerent dans la comete et s'y perdirent. Elle parut ensuite aussy lumineuse que Jupiter, mais tout cela ne dura que le temps de deux ou trois minutes.

On n'a point veu a Vienne la comete vespertine, plus tost que le 26 décembre.

On escrit de Rome qu'une poule y a fait un œuf sur lequel la comete matutine estoit figuree comme on l'avoit veue des derniers jours de novembre.[1]

C'est Monsieur tout ce que j'ay a vous dire maintenant et que je suis tousjours

Monsieur,
Vostre tres humble et tres obeissant Serviteur,

Des Noyers

---

1 Il est question du « prodige » de cet œuf dans le *Mercure galant* de janvier 1681 : « La comète à Rome au mois de Decembre de l'année derniere, dans le signe de la Vierge, de treize degrez d'étendue, chacun raisonnoit selon la force de son esprit, ou sa timidité naturelle, lorsqu'une Poule voulut faire parler d'elle, aussi-bien que la comete. Elle estoit au Capitole chez Mr. Le Marquis Maximi. On dit qu'elle n'avoit jamais fait d'œufs. Sur la minuit elle commença à se faire entendre d'une façon extraordinaire, et réveilla par ses cris quantité de monde, comme autrefois les oyes du Capitole réveillerent les soldats qui le gardoient. Il sembloit que cette Poule attendist quelqu'un pour se lever de dessus un œuf qu'elle avoit pondu. Le grand bruit qu'elle avoit fait, excita de la curiosité, et fit prendre l'œuf. On apperçut aussitost de la lumiere au travers, et à la faveur de cette lunmiere on decouvrit, les uns disent la figure de la Comete, et les autres quelque chose d'approchant ; cet œuf encomété... a fait tant de bruit à Rome où il a esté porté dans les plus grandes Maisons, qu'il a presque fait oublier la veritable Comete ». (p. 270-274). Le *Mercure* publie deux figures de cet œuf et revient sur ledit œuf p. 325-328.

Le 10 janvier 1680, le *Journal des Sçavans* évoque aussi cet œuf (« Extrait de plusieurs lettres écrites de Rome ») avec une planche, et un commentaire quelque peu sceptique : « Dès que nous eûmes receu des Lettres de Rome touchant l'œuf qui a fait tant de bruit dans le monde, nous traitâmes cette nouvelle comme une autre qu'on nous envoya l'année derniere touchant un Monstre pretendu, laquelle se trouva aussi fausse que nous l'avions jugée d'abord ; mais depuis qu'on en a écrit à des personnes de la premiere qualité, que Madame la Grande Duchesse, Monsieur l'internonce en ont receu le détail, avec plusieurs autres, nous avons crû que du moins nous devions donner au public le dessein qu'on leur a envoyé de ce prodige avec la petite relation qui suit. » (p. 23). Pierre des Noyers est extrêmement sceptique dès le départ. Il écrit d'abord dès janvier : « On marque encore de Rome qu'une poule a pondu un œuf en la maison de *li signore Massini* sur lequel on voit la figure de la comète matutine comme elle fut les derniers jours de novembre, mais je suis persuadé qu'elle a été gravée. » (Des Noyers à Boulliau, 10 janvier 1681, de Varsovie, BNF, ms. 13021, fol. 94). Ses convictions sont renforcées par le fait que graver des œufs préalablement enduits de cire est une pratique courante en Pologne (Des Noyers à Boulliau, 7 février 1681, de Varsovie, BnF, FF. 13021, fol. 102v-103).

Illustration 28 : « L'œuf cométaire », *Journal des Sçavans*, 20 janvier 1681, p. 23

211.

10 janvier 1681, Hevelius à Pierre des Noyers

BO : CI-XIV, 2045/95/124
BnF : Lat. 10 349-XIV, 200-201

Domino,
Domino Nucerio
Warsaviæ

Illustrissime Domine,

Nuperrime die 27 Decembris miseram tibi descriptiunculam de vespertina cometæ apparitione, quam sine dubio etiam accepisti; continuationem illarum observationum, cum hucusque cometa adhuc sit conspicuus Admodum Reverendo Patri Kochanski SJ cum hoc tabellario una cum accurata delineatione Suæ Sacræ Regiæ Majestati humillime offerenda, quam tibi, ut petii, lubentissime commonstrabit. Nam tales plures delineationes et adumbrationes propter gravissimas occupationes, describere mihi haud licuit: cum alium insuper ejusdem generis lubenter etiam vellem Parisios transmittere una cum occultatione Palilicii a Luna facta; quam nuper accuratissime annotavi[1]. Utinam speculam meam rursus restauratam haberem, longe vobis accuratiora traderem : de quibus aliquanto plenius ad Reverendum Patrem Kochanski perscripsi, quas literas

---

1 On trouve, sur une page jointe à la lettre du 19 septembre 1681, cette observation ici remise à sa place : « Anno 1681 die 1 Januarii vesperi perfelix faustumque sit cælo admodum annuente cometam rursus contemplati sumus simul etiam rarissimum quidem phænomenon accuratissime observavi et annotavi quale a 40 annis non nisi tria deprehendere obtigit, occultationem nimirum Pelilicii a Luna Gibberosa ad [conjunctionem] tendenti, non solum immersionem [stellæ] dictæ sed ejus emersionem clare deprehendi, lineam ejus itinerariam necnon macularum Lunarium probe notavi : prout ipsa observatio ostenderit. » (BO : CI-XV, 2147/20/19).

sine dubio etiam tibi perlegendum concedit. Crastina die ad clarissimum Dominum Bullialdum nec non ad illustrissimum dominum Perrault et Illustrissimum et Excellentissimum Dominum Colbertum scripturus sum. Quid causæ sit facile intelligis, tu si quid huic negotio contribuere vales per illustrissimos dominos legatos, noli quicquam intermittere, etiam atque etiam rogo. Hesterna die hora 2 post meridiem parelies hic Gedani vidimus nempe duos Soles spurios cum genuino Sole in medio, diversisque circulis coloratis uti fieri solet; hoc inprimis notatu dignum erat, quod spurii Soles admodum lucidi erant, id quod non adeo frequens est. Vale et amare perge

Tuæ illustrissimæ Dominationi
Addictissimum

J. Hevelium manu propria

Gedani, anno 1681, die 10 Januarii.

Illustration 29 : occultation de Palilicium, *Annus climactericus*, p. 110 (from the collections of the Polish Academy of Sciences, the Gdańsk Library)

À Monsieur,
Monsieur des Noyers
À Varsovie,

Très illustre Monsieur,

Je vous avais envoyé tout récemment, le 27 décembre, une petite description de la comète vespérale, que vous avez sans doute reçue. Comme cette comète est encore visible, le Très Révérend Père Kochanski, de la Compagnie de Jésus, vous montrera très volontiers, comme je l'ai demandé par le présent courrier, la suite de ses observations, avec un dessin précis à offrir très humblement à Sa Majesté royale et sacrée, car il ne m'a pas été possible de tracer davantage de dessins et d'esquisses à cause de mes très pénibles occupations ; j'aimerais transmettre à Paris une autre description du même genre avec l'occultation de Palilicium par la Lune que j'ai récemment notée avec beaucoup de précision[1]. Plût au Ciel que mon observatoire fût restauré, je vous livrerais des informations plus précises ; j'ai donné un peu plus de détails au Révérend Père Kochanski dans une lettre qu'il vous a certainement donnée aussi à lire[2]. Demain j'écrirai au très célèbre Monsieur Boulliau ainsi qu'à l'illustrissime Monsieur Perrault et à l'illustrissime et excellentissime Monseigneur Colbert[3]. Vous en comprendrez aisément le motif. Quant à vous, si vous pouvez contribuer à cette affaire si peu que ce soit, par les illustrissimes Messieurs les ambassadeurs[4], ne négligez rien je vous le demande encore et encore. Hier, à 2 heures de l'après-midi nous avons vu des parhélies ici à Dantzig, c'est-à-dire deux faux Soleils avec un Soleil véritable au milieu,

---

1 « En l'an 1681, le 1er janvier au soir — que cela soit heureux et favorable — le ciel étant de nouveau propice, nous avons contemplé en même temps aussi un phénomène très rare. Je l'ai observé et décrit. En 40 ans, il m'est arrivé de n'en observer que trois, à savoir : l'occultation de Palilicium par la Lune gibbeuse tendant vers la conjonction. J'ai remarqué clairement l'immersion de l'étoile précitée, mais aussi son émersion et j'ai noté avec rigueur sa ligne itinéraire comme celle des taches lunaires, comme l'observation elle-même l'aura montré ». Cette observation est publiée dans *Annus Climactericus*, p. 110 avec une planche. Voir Pingré, *Annales*, 1681, p. 361. Palilicium est l'ancien nom d'Aldébaran.

2 Lettre du 9 janvier 1681, *KAAK*, p. 182-185.

3 Au sujet des 2000 écus dont Formont refuse le paiement. Voir lettres du 10 janvier 1681 à Perrault (*CJH*, II, n° 116) et à Colbert (n° 117) ; il écrit à Boulliau le même jour (BnF, FF. 13 044, 202r-204r ; Lat. 10 349-XIV, 243-247 ; BO : CI-XIV, 2063/113/144).

4 À cette date : Forbin-Janson, le marquis de Vitry et Jean-Casimir de Baluze (1648-1718), fils d'Antoine de Baluze, gentilhomme de la Chambre du Roi de Jean-Casimir, arrivé en Pologne dans la suite de Louise-Marie de Gonzague. Il est un cousin éloigné d'Etienne Baluze, le bibliothécaire de Colbert. C'est le marquis de Béthune qui en fit son secrétaire et lui a confié des missions de plus en plus importantes qui en ont fait un diplomate à part entière : J. Dumanowski, « Les Baluze et la cour française de Pologne sous Jean-Casimir et Marie-Louise et sous Jean Sobieski », J. Boutier éd., *Etienne Baluze (1630-1718). Erudition et pouvoirs dans l'Europe classique*, Presses Universitaires de Limoges, 2008, p. 37-53.

avec divers cercles colorés comme d'habitude ; une chose surtout digne de mention est que les deux faux Soleils étaient tout à fait brillants, ce qui n'est pas si fréquent. Portez-vous bien et continuez d'aimer,

À votre très illustre Seigneurie,
Le tout dévoué,

J. Hevelius de sa propre main

À Dantzig, l'an 1681, le 10 janvier

212.

14 février 1681, Hevelius à Pierre des Noyers

BO : C1-XIV, 2065/115/146
BnF : Lat. 10 349-XIV, 253-257
BnF : FF. 13 044, 209r-210r.

Domino Nucerio
Warsaviæ

Illustrissime Domine,

Condones, rogo, quod citius ad tuas 4 et 10 Januarii datas respondere haud potuerim. Interea tamen non dubito quin a Reverendo Patre Kochanski continuationem observationum mearum de cometa bene acceperis ad 9 Januarii productam. A die 9 Januarii ad 15 usque continuo cælum adeo nubibus fuit obductum, ut ne quidem semel vel stellulæ quædam apparuerint. Die vero 15 Januarii hora 12 noctis, cometa quidem prodiit sed caput ejus (quippe jam ad occasum erigebat) ob vapores conspicere haud obtigit. Videbatur quidem circa caput Andromedæ versari ; sed a qua parte, an infra, vel supra illam stellam consisteret nulla ratione discernere potui. Cauda protrudebatur ad sinistram scapulam Andromedæ, inter mediam cinguli et Mirach, per pedem sinistrum ejus prope Alamac lucidum latus Persei versus fere ad 38 gradus ; sic ut eum multo brevior et tenuior, tum obscurior apparuerit : quantum conjicere dabatur, versabatur jam in Ariete. Die 16 Januarii vesperi hora 8 per dehiscentes nubes cometa affulsit supra caput Andromedæ, in distantia ab hac stella 1° 30' fere, Lucidam Cinguli versus, inque eadem recta sic ut in 9 vel 10 gradu Arietis et in 26° latitudinis Borealis versaretur : unde mihi constitit limitem orbitæ suæ jam supergressum esse cometam, et quidem ut mihi videtur in 15° circiter gradu Piscium. Incidit igitur nodus ejus ascendens in 15° gradu Sagittarii et alter oppositus descendens in 15 gradu Geminorum.

Cauda excurrebat ad Perseum fere usque; in parte caudæ inferiori ad dextram, dexter humerus Andromedæ et superiori parte Alamac apparuit sic ut cauda inter Lucidam et medium cinguli Andromedæ incesserit prout ex schematibus adhuc clarius patet.

Die 17 Januarii vesperi hora 7 existebat fere in linea recta cum sinistra scapula et capite Andromedæ, nisi quod cometa paullo supra istam lineam elevaretur. Deinde scapula, cometa et illæ binæ in pectore Pegasi lineam referebant rectam. Item ex illa Australiori in basi Trianguli per sinistram scapulam Andromedæ ad cometam ducta recta videbatur. Caput vero Andromedæ a cometa tanto intervallo distabat, quanto dextra scapula a sinistro humero, hoc est 4 ½ gradus fere, vel paullo minus quam Lucida a media cinguli removetur. Cæterum sinistra scapula prope ipsam caudam, et Lucida cinguli in ipsa coma, nec non Alamac in ipsius fere medio visa est; excurrebat dicta cauda supra caput Medusæ ad 36 gradus Perseum usque. Longitudo cometæ erat fere 12 ½ gradus Arietis et latitudo 25 ½ gradus, elongatio a Sole fere 77 gradus. Cursum dirigebat ad sinistram scapulam Andromedæ per Triangulum, ad sinistrum pedem Persei descendendo eclipticam versus.

Die 18 Januarii vesperi hora 6 cometa non nisi 50' circiter a sinistra scapula deprehendebatur; distantia si quidem ejus minor erat, quam binæ inferiores stellulæ in cornu Tauri 54 scilicet minutorum, etiam minor quam extremæ Pleiadum hoc est 1° 1'; et maior tamen quam lucida Pleiadum a cuspide occidentali scilicet 37'; adeo ut revera vix amplius cometa a sinistra scapula Andromedæ destiterit quam 50'. Adhuc linea ex cuspide Trianguli ducta per scapulam et cometam recta videbatur: longitudo cometæ erat 15° Arietis, et latitudo 29° 40' Borealis, longitudo caudæ 25°; nam vix ultra Alamac excurrebat.

Die 23 Januarii cometa sub Lucida cinguli commorabatur; distantia fere ejus erat tanta a Lucida cinguli, quanta hujus fere a Boreali cinguli, aliquanto tamen minor. Pergebat ad Triangulum; existens jam in 28' Arietis et latitudine Boreali 20° 40' fere caudam projiciebat inter Triangulum et Alamac 15 circiter graduum supra caput Medusæ, non tamen illum attingebat sed admodum rarum tenuemque. A die 18 ad 23 Januarii motu proprio fere progressus est 12 gradus; hinc liquet motum ejus de die in diem decrevisse et hoc tempore non nisi 2° 29' extitisse.

Die 26 Januarii ob Lunæ splendorem vix ac ne vix deprehensus est; subsequentes dies extiterunt nubili.

Die 4 Februarii hora 6 ½ vesperi cometa rursus clarissime in oculos incurrebat; erat vicinus illis binis stellis in basi Trianguli, cum quibus quoque rectam constituebat, nec non aliam rectam cum Genu sinistro Persei et cuspide Trianguli. Longitudo erat 9 ½ gradus Arietis et latitudo 18 ¼ gradus Borealis. Cauda ad sinistrum genu Persei fere ad 18 circiter gradus excurrebat; in qua diversæ hactenus incognitæ stellulæ apparebant.

Die 9 vesperi hora 8 cometa quidem visus, sed caput ejus vix ac ne vix deprehensum est; hinc locus ejus recte determinari haud potuit, præsertim ob vapores; quantum divinare tamen dabatur, progressus circiter erat 4 gradus. Caudam projiciebat aliquem gradum ad caput Medusæ: binæ illæ stellulæ in crinibus sub capite jam ad caudam cometæ dextrum versus videbantur.

LETTRES [1681]

Die 10 hora 7 vesperi cometa in linea recta cum Algol et Lucida Arietis videbatur; item Algol, cometa et cuspis orientalis minoris Trianguli; item Cinguli Lucida Andromedæ et binæ vicinissimæ in basi Trianguli cum cometa. Longitudo cometæ fere erat 13 ½ gradus Tauri et latitudo 17 gradus fere Borealis. Motus proprius a die 4 ad 10 Februarii fere 4 gradus deprehensus est; sic ut motus diurnus fuerit fere 40'. Caudæ longitudo erat adhuc 7 circiter gradus; sed admodum tenuis sic ut ægre admodum conspiceretur.

Die 13 Februarii vesperi hora 7, cælo undique perquam sereno cometam vix mihi deprehendere obtigit; quantum ruditer conjicere licuit versabatur in 15 gradu Tauri et in latitudine 16 gradu. Caudam exporrigens inter caput Medusæ et Muscam inter Triangulum et pedem sinistrum Persei ad sinistrum fere genu, sed adeo dilutum tenuemque ut vix perciperetur.

Die 16 Februarii hora 9 vesperi vix ac ne vix apparuit licet cœlo perquam sudo: quantum tamen conjicere licuit longitudo cometæ erat 17° fere Tauri et latitudo Borealis 15°: caudam tenuissimam inter sinistrum pedem et genua Persei projiciebat.

Die 17 vesperi hora 8 paullo jam promotior cometa videbatur nam jam ex línea illa recta et Muscæ illis tribus ductis exiverat: sed caput vix ac ne vix amplius in conspectum veniebat. Cauda quidem satis adhuc longa sed tenuissima ac rarissima videbatur.

Hæc sunt amice honorande quæ mihi absque instrumentis deprehendere obtigit; si instructus jam fuissem maioribus instrumentis longe accuratiora vobis subministrare potuissem.

Denique maximas rursus habeo tibi gratias, quod mihi apparatum nonnullum instrumentorum transmittere volueris: tu unicus es amicorum omnium cui res meæ adeo miserabiliter prostratæ adhuc curæ cordique sunt; reliqui amici, mei plane sunt obliti, nec me amplius noscere volunt, juxta illud proverbium, Felicium multi sunt amici, inopis nullus. Fortassis ex hac ratione amici Parisienses licet unicuique illorum adjectis humanissimis literis Machinæ meæ Cœlestis, prout olim a me factum, cum prioribus meis operibus omnibus ne ulla quidem responsione hucusque me dignati sunt; sed quicquid sit ista morositate nihil quicquam obtinebunt[1], nec mihi quicquam Deo Volente decedet. Vale amice plurimum colende et porro fave,

Tuæ illustrissimæ Dominationi
Addictissimo

J. Hevelio

Gedani, anno 1681, die 14 Februarii, stilo novo.

---

1 Barré: acquerent.

À Monsieur
Monsieur des Noyers
À Varsovie

Très illustre Monsieur,

Pardonnez-moi, je vous prie, de n'avoir pu répondre à vos lettres des 4 et 10 janvier[1]. Entre temps, je ne doute pas que vous ayez reçu du Révérend Père Kochanski la continuation de mes observations sur la comète prolongée jusqu'au 9 janvier. Du 9 janvier jusqu'au 15, le ciel fut continuellement couvert de nuages de sorte que même de petites étoiles ne sont pas apparues une seule fois. Le 15 janvier, à 12 heures de la nuit, la comète s'est présentée mais, à cause des vapeurs, je n'ai pas eu l'occasion de regarder sa tête (car elle la dressait à l'Ouest). Elle paraissait se trouver autour de la tête d'Andromède, mais je n'ai pu distinguer de quel côté elle se positionnait, soit en dessous, soit au-dessus de cette étoile. Sa queue s'allongeait jusqu'à l'épaule gauche d'Andromède entre le milieu de la ceinture et Mirach[2], par son pied gauche, près de la brillante d'Alamach[3], vers le flanc de Persée, à peu près à 38 degrés ; de sorte qu'elle apparaissait tantôt beaucoup plus courte et plus mince, tantôt plus obscure. Autant que l'on pût conjecturer, elle se trouvait déjà dans le Bélier. Le 16 janvier, à 8 heures du soir, la comète brilla au-dessus de la tête d'Andromède, à une distance de cette étoile de 1° 30 environ, en direction de la brillante de la ceinture et dans la même droite, de sorte qu'elle était au 8ᵉ ou au 9ᵉ degré du Bélier et à 26° de latitude boréale ; il fut donc évident pour moi que la comète avait déjà outrepassé la limite de son orbite et qu'elle était, à ce qu'il me semble, au 15ᵉ degré des Poissons. Son nœud ascendant tombait au 15ᵉ degré du Sagittaire et l'autre, le nœud descendant à l'opposé, à 15° des Gémeaux. Sa queue s'étendait presque jusqu'à Persée ; dans la partie inférieure de la queue, à droite, apparut l'épaule droite d'Andromède, et à la partie supérieure, Alamach, de sorte que sa queue avançait entre la brillante et le milieu de la ceinture d'Andromède, comme il apparaît encore plus clairement par les dessins.

Le 17 janvier, à 7 heures du soir, elle se trouvait presque en ligne droite avec l'épaule gauche et la tête d'Andromède, si ce n'est que la comète s'élevait un peu au-dessus de cette ligne. Ensuite l'épaule, la comète et les deux étoiles sur la poitrine de Pégase dessinaient une ligne droite. De même, une ligne tracée de la plus australe à la base du Triangle par l'épaule gauche d'Andromède jusqu'à la comète paraissait droite. La tête d'Andromède était distante de la comète d'un intervalle égal à celui entre l'épaule droite et le bras gauche, c'est-à-dire de quatre degrés et demi environ, ou un peu moins que l'écartement entre la brillante et le milieu de la ceinture. Pour le reste, on a vu l'épaule gauche près de la queue et la brillante de la ceinture dans la chevelure même et Alamach en son milieu ; ladite queue courait au-dessus de la tête

---

1 Nᵒ 209 et 210.
2 Mirach ou Mirac Beta Andromedæ.
3 Almach ou Alamac, Gamma Andromedæ.

de Méduse à 36° jusqu'à Persée. La longitude de la comète était environ 12 et demi degrés du Bélier ; sa latitude de 25 et demi degrés ; son éloignement du Soleil, d'environ 77 degrés. Elle dirigeait sa course vers l'épaule gauche d'Andromède par le Triangle vers le pied gauche de Persée en descendant en direction de l'écliptique.

Le 18 janvier à 6 heures du soir, la comète était à seulement 50 minutes de l'épaule gauche, car sa distance était plus petite que les deux petites étoiles inférieures dans la corne du Taureau, c'est-à-dire 54 minutes, et même moindres que les extrêmes des Pléiades, c'est-à-dire 1°, 1', et plus grandes que la brillante des Pléiades par rapport à la pointe occidentale, c'est-à-dire 37' ; à tel point que la distance entre la comète et l'épaule gauche d'Andromède était à peine plus que 50'. En outre, une ligne tracée de la pointe du Triangle par l'épaule et la comète paraissait droite : la longitude de la comète était de 15° du Bélier et sa latitude de 29° 40' Nord, la longueur de sa queue de 25°, car elle dépassait à peine Alamach.

Le 23 janvier, la comète s'attardait sous la brillante de la ceinture. Sa distance par rapport à la brillante était également la distance entre cette dernière et la Boréale de la ceinture, quoiqu'un peu plus petite. Elle se dirigeait vers le Triangle, se trouvant déjà à 28' du Bélier et à une latitude boréale de 20° 40', elle projetait sa queue à peu près entre le Triangle et Alamach d'environ 15° au-dessus de la tête de Méduse. Mais elle ne l'atteignait pas, elle était seulement dispersée et ténue. Du 18 au 23 janvier, elle a avancé de son mouvement propre. Elle a avancé de 12°. Il est donc clair que son mouvement a décru de jour en jour et qu'à ce moment elle est seulement à 2° 29'.

Le 26 janvier, à cause de l'éclat de la Lune, elle n'a pas été saisie ; les jours suivants ont été nuageux.

Le 4 février, à 6 heures et demi du soir, la comète se présentait de nouveau clairement à nos yeux ; elle était voisine des deux étoiles à la base du Triangle, avec lesquels elle formait une ligne droite et elle formait une autre droite avec le genou gauche de Persée et la pointe du Triangle. Sa longitude était de 9 et demi degrés du Bélier et sa latitude boréale de 18 degrés un quart. La queue s'étendait vers le genou gauche de Persée à 18° environ ; diverses petites étoiles jusqu'à présent inconnues y apparaissaient.

Le 10 à 7 heures du soir, la comète apparaissait en ligne droite avec Algol et la brillante du Bélier ; il en allait de même d'Algol, de la comète, et de la pointe orientale du petit Triangle ; de même les brillantes de la ceinture d'Andromède et les deux plus proches à la base du Triangle formaient une ligne droite avec la comète. La longitude de la comète était à peu près 13 et demi degrés du Taureau, et sa latitude boréale, à peu près de 17°. Son mouvement propre du 4 au 10 février a été noté à environ 4° ; de sorte que son mouvement diurne était d'environ 40°. La longueur de sa queue était encore d'environ 7°, mais tout à fait ténue au point qu'on la distinguait très difficilement.

Le 13 février au soir, dans un ciel tout à fait serein de tout côté j'ai à peine eu l'occasion de repérer la comète ; autant que je puisse le conjecturer grossièrement, elle se trouvait à 15° du Taureau et à une latitude de 16°. Elle étendait sa queue entre la tête de Méduse et la Mouche, entre le Triangle et le pied gauche de Persée, à peu près vers son genou gauche mais à ce point diluée et ténue qu'on l'apercevait à peine.

Le 16 février[1], à 9 heures du soir, elle apparut à peine alors que le ciel était tout à fait clair, autant que l'on puisse conjecturer, la longitude de la comète était environ de 17° du Taureau et sa latitude boréale de 15° ; elle projetait une queue très mince entre le pied gauche et le genou de Persée.

Le 17 à 8 heures du soir, la comète paraissait un peu plus avancée car déjà elle était sortie de cette ligne droite et de trois lignes tracées de la Mouche ; mais sa tête venait à peine au regard. Sa queue paraissait encore assez longue, mais très ténue et très dispersée[2]. Voilà, très honorable Ami, ce qu'il m'est échu de repérer sans instruments. Si j'avais été équipé de plus grands instruments, j'aurais pu vous fournir des données de loin plus précises. Enfin je vous rends les plus grandes grâces d'avoir bien voulu me transmettre un équipement d'instruments qui n'est pas négligeable. Vous êtes le seul de mes amis à qui le souci de mes affaires misérablement effondrées soit encore à cœur ; mes autres amis m'ont tout à fait oublié et ne veulent plus me connaître selon ce proverbe : les gens heureux ont beaucoup d'amis, le pauvre n'en a aucun[3]. C'est ainsi que les amis de Paris ne m'ont, jusqu'à présent, jugé digne d'aucune réponse alors que j'avais envoyé à chacun d'entre eux, avec une lettre très polie, comme je le fais depuis longtemps, ma Machina Cœlestis avec mes œuvres antérieures[4] ; mais quoi qu'il en soit, avec ces mauvaises manières, ils n'obtiendront jamais rien ; et avec la volonté de Dieu, je ne céderai pas. Portez-vous bien, Ami très honorable, et continuez à favoriser

À votre illustre Seigneurie,
Le tout dévoué

J. Hevelius

À Dantzig, l'an 1681, le 14 février nouveau style.

---

1 Cette lettre datée du 14 février a manifestement été complétée pour intégrer les observations du 17.

2 Toutes ces observations sont publiées dans *Annus Climactericus*, p. 110-114.

3 « *Donec eris felix multos numerabis amicos/ Tempora si fuerint nubila, solus eris* », Ovide, *Tristes* 1, 9, 5.

4 Hormis Boulliau, Colbert et Perrault, aucun académicien n'a accusé réception de l'ouvrage distribué par Perrault.

213.

14 mars 1681, Pierre des Noyers à Hevelius

BO : C1-XIV, 2109/163/191
BnF : Lat. 10 349- XIV, 353-354

Varsavie le 14 mars 1681

Monsieur,

Je n'ay pas respondu plus tost a vostre lettre du 14 de febvrier[1]. C'est que j'esperois de recevoir encore d'Italie quelques observations de la comete, qui ne sont pas venue, bien qu'on me les eut promise. J'ay donné cependant quantité de copie de vostre lettre qui contient toutes ces observations, et particulierement a Paris afin que l'on y voye les justes plaintes que vous faittes des amis qui semble vous avoir oublié depuis l'accident de l'incendie dont vous avez esté affligé, et qui devoit estre le temps qu'ils devoient se souvenir de vous, et travailler a vostre consolation.

J'ay prié M. Formont d'ouvrir tousjours mon paquet a Dantzigt et vous faire voir la lettre de M. Boulliau toute les fois qu'il y aura quelque observation d'astronomie[2]. Il me dit dans sa lettre du 7 febvrier que le 16 de jenvier on avoit veu a Lintz une petite comete en mesme temps que la grande mais on marquoit point en quelle constellation. Et comme cela n'a point eu de suitte, on croit que l'on s'est trompé. Je vous envoye tout ce que j'ay touchant la comete[3] et je souhaitterois d'estre assez heureux pour vous pouvoir rendre de plus important services. Je m'y employerois d'aussy bon cœur que je suis tousjours

Monsieur,
Vostre tres humble et tres obeissant Serviteur,

Des Noyers

---

1 N° 212.

2 Pierre des Noyers reçoit ses lettres via Dantzig, par voie maritime. S'il a conservé de bonnes relations avec les Formont, ce n'est pas le cas d'Hevelius qui n'a eu de cesse de dénoncer leurs mauvais procédés. De ce fait, les lettres de Boulliau ne seront pas communiquées à Hevelius, en dépit des demandes de des Noyers.

3 Les pièces jointes manquent.

558 CORRESPONDANCE DE JOHANNES HEVELIUS. TOME III

214.

20 mars 1681, Hevelius à Pierre des Noyers

BO: Cɪ-XIV, 2097/151/179
BnF: Lat. 10 349-XIV, 329-331
BnF: FF. 13 044, 215r-216v

Domino,
Domino des Noyers,
Warsaviæ,

Illustrissime Domine,

Postquam cometa noster nunc plane connuit, nihil restat amplius de eo scribendum, nisi quod illum ad 18 Februarii usque adhuc nudis oculis conspexerim ; die 16 Februarii hora 9 vesperi versabatur in 17° Tauri et latitudine Boreali 15°, caudam tenuissimam projiciens inter sinistrum pedem et genu Persei. Exoptarem, ut haberem accuratissimas observationes de cometa mense novembri et initio decembri viso. (Romanorum observationes quidem possideo sed eas conciliare omnino in prioribus diebus haud possum) Quo possimus tandem quæstionem illam plane dirimere an unus, an vero bini cometæ extiterint diversi : quid hac de re Parisienses statuant vellem lubenter cognoscere. Ante bimestre spatium die videlicet 10 Januarii prolixas literas ad Dominum Bullialdum dedi in quibus inclusæ erant tam literæ ad illustrissimum dominum Perrault, quam etiam ad Illustrissimum et Excellentissimum Dominum Colbert ratione nostrorum mercatorum quod necdum literis Illustrissimi et Excellentissimi nec Heroicæ Voluntati Regiæ satisfecerint ; simul adjunxeram delineationes quasdam cometæ coloribus illuminatas Illustrissimo et Excellentissimo Domino Colberto offerendas ; sed cum hucusque a nemine, neque a Domino Bullialdo quicquam responsi obtinuerim, te nobilissime domine etiam atque etiam rogatum volo, ne haud gravatim a Domino Bullialdo indagare velis, an literas illas a Domino Formondo nostro, cui illas tradidi, bene acceperit, quid cum illis actum fuerit ? Quid illustrissimus Dominus Perrault responderit ? An de feliciori exitu quicquam sperandum ? Tum quid mihi porro suadendum vel suscipiendum, quo incomparabilem Christianissimi Regis Munificentiam tandem a mercatoribus quibus unice culpam adscribo ad sublevandam Uraniam meam obtineam. Si tu quicquam illustrissime domine huic negotio, vel per illustrissimos et excellentissimos Dominos Legatos, vel alia via contribuere valeas, ne quicquam pro tuo erga me sincero affectu intermittas rogo. Illustrissimo domino Burattino prævia humanissima salutatione multas ipsi meo nomine agas gratias, quod adeo prompte nuper Uraniæ meæ quibusdam lentibus ocularibus succurrere voluerit, adderet profecto beneficium beneficio si unicum vitrum adhuc objectivum pro tubo 20 pedum, quale olim etiam ex ejus gratia possedi, et mihi admodum commodum erit ad quasvis observationes illico expediendas ; si tale quoddam ab ipso meo bono impetrare poteris, valde me beabis. Quibus bene valeas. Dabam Dantisci anno 1681, die 20 Martii.

Tuæ illustrissimæ Dominationi

Postscriptum

Hasce dum obsignare volebam traduntur mihi tuæ die 19 Martii datæ cum quibusdam observationibus cometæ ; quæ ut plurimum mihi gratæ extiterunt, sic allaboraturus ut gratissimis officiis ea rursus demereri non nequeam. Vale iterum.

Addictissimus,

J. Hevelius, manu propria

À Monsieur
Monsieur des Noyers
À Varsovie

Très illustre Monsieur,

Après que notre comète s'est à présent tout à fait abaissée, il ne me reste plus rien à écrire à son sujet si ce n'est que je l'ai encore vue à l'œil nu jusqu'au 18 février ; le 16 février à 9 heures du soir, elle se trouvait à 17° du Taureau et une latitude boréale de 15°, projetant une queue très mince entre le pied gauche et le genou de Persée. Je souhaiterais avoir des observations très précises sur la comète vue au mois de novembre et au début de décembre (j'ai les observations des Romains, mais je ne peux absolument pas les concilier pour les premiers jours). Pour que nous puissions enfin pleinement trancher la question de savoir s'il y a eu une comète ou deux comètes différentes, j'aimerais bien savoir ce que les Parisiens décident à ce sujet. Voici deux mois, à savoir le 10 janvier, j'ai envoyé une longue lettre à Monsieur Boulliau où se trouvaient incluses des lettres à l'illustrissime Monsieur Perrault et à l'Illustrissime et Excellentissime Monseigneur Colbert au sujet de nos marchands qui n'ont pas encore donné satisfaction à la lettre de l'Illustrissime et Excellentissime et à l'héroïque volonté Royale[1]. J'y avais joint des dessins de la comète enluminée de couleurs à offrir à l'Illustrissime et Excellentissime Monseigneur Colbert. Mais comme je n'ai jusqu'à présent reçu aucune espèce de réponse de personne, pas même de Monsieur Boulliau, je voudrais vous demander, très noble Monsieur, que vous preniez la peine de demander à Monsieur Boulliau s'il a bien reçu ces lettres de notre Monsieur Formond à qui je les ai confiées, et ce qu'il en est advenu. Qu'a répondu l'illustrissime Monsieur Perrault ? Peut-on attendre une heureuse issue ? Qui dois-je persuader ou entreprendre, pour obtenir enfin des marchands, que je tiens pour seuls responsables, l'incomparable munificence du Roi Très Chrétien

1 N° 211.

pour soulager mon Uranie. Si vous pouvez, très illustre Monsieur, contribuer à cette affaire, soit par les illustrissimes et excellentissimes Messieurs les Ambassadeurs, soit par une autre voie, je vous demande de ne rien omettre, dans votre sincère affection à mon égard. Saluez très poliment de ma part l'illustrissime Monsieur Burattini et transmettez-lui mes plus vifs remerciements pour avoir bien voulu secourir mon Uranie avec certaines lentilles oculaires. Il ajouterait un bienfait à un bienfait s'il m'envoyait encore un unique verre objectif pour un tube de 20 pieds, comme j'en ai eu un autrefois grâce à lui. Il me sera très commode pour réaliser immédiatement toutes sortes d'observations, si pouvez obtenir de lui quelque chose de ce genre pour mon bien. Vous m'en rendrez très heureux. Portez-vous bien. Donné à Dantzig en l'an 1681, le 20 mars,

À votre Seigneurie illustrissime

Postscriptum

Au moment où je voulais sceller cette lettre, on me remet la vôtre du 19 mars avec certaines observations de la comète[1]. Elles m'ont été très agréables et je ferai en sorte d'être capable de les mériter par de gracieux services. À nouveau portez-vous bien.

Tout dévoué

J. Hevelius de sa propre main

215.

2 mai 1681, Hevelius à Pierre des Noyers

BO : CI-XIV, 2101/155/184
BnF : Lat. 10 349-XIV, 346

A Monsieur
Monsieur des Noyers
A Warsawie

Illustrissime Domine,

Die 20 Martii ad te dedi literas, in quibus significaveram quod jam 10 Januarii hujus anni 1681 prolixas literas cum delineationibus nuperi cometæ ad dominum Bul-

---

1 Du 14 mars : n° 213. Les pièces jointes par Des Noyers ont disparu. Dans l'*Annus Climactericus*, Hevelius ne cite que ses propres observations. Il est donc impossible d'identifier les correspondants de des Noyers.

lialdum dederim in quibus inclusæ erant literæ ad illustrissimum dominum Perault, Illustrissimum et Excellentissimum Dominum Colbertum ratione nostrorum mercatorum, quod necdum literis Illustrissimi Domini Colberti nec Heroicæ Voluntati Regiæ satisfecerint ; ad quas autem hucusque nullum obtinui neque a domino Bullialdo responsum, id quod maxime miror. Dubito igitur an literæ illæ meæ bene sint curatæ vel oblatæ ; quacirca iterum iterumque te amice honorande humanissime rogo ut haud graveris a domino Bullialdo percipere an literas illas recte acceperit, et quid cum literis illis actum fuerit, quid responderint, quid mihi faciendum, et cur ipse dominus Bullialdus hucusque ad meas 10 Januarii datas non responderit. Officiola mea rursus prompta parataque offero. Vale et fave porro,

Tuæ illustrissimæ Dominationis
Observantissimo,

J. Hevelio

Dabam Gedani raptim
Anno 1681, die 2 Maii.

À Monsieur
Monsieur des Noyers
À Varsovie,

Très illustre Monsieur,

Le 20 mars, je vous ai envoyé une lettre dans laquelle je vous faisais savoir que le 10 janvier de cette année 1681, j'ai envoyé à Monsieur Boulliau une lettre détaillée avec des dessins de la récente comète[1]. J'y avais inclus des lettres à l'illustrissime Monsieur Perrault, à l'Illustrissime et Excellentissime Monseigneur Colbert à propos de nos marchands qui n'ont pas encore donné satisfaction à la lettre de l'Illustrissime Monsieur Colbert, ni à la Volonté Héroïque du Roi ; je n'ai jusqu'à présent obtenu de Monsieur Boulliau aucune réponse à cette lettre, ce qui m'étonne grandement. Je me demande si on a bien pris soin de mes lettres et si on les lui a remises[2]. C'est pourquoi, honorable

---

1 N° 214.

2 Boulliau ne répond que le 16 avril (BnF Lat. 10 349-XIV, 363-365) et encore le 18 avril (BnF, Nal 1642, 106 ; Lat. 10 349-XIV, 366-367). On trouve dans cette dernière lettre un billet écrit à Justel (Henri Justel, 1619-1693, possesseur d'une des plus belles bibliothèques parisiennes, tenait cercle savant en son domicile, 22 rue Monsieur le Prince, à côté de l'Hôtel de Condé) : « Copie du billet escrit a Mr. Justel le mercredi 16 avril au soir. Voyla une lettre de Dantzigh pour Mr. Boulliau comme les Banquiers n'ont point son adresse, sans moy elle seroit encore sur leur bureau. Obligez moy s'il vous plaist de luy dire que Mr. Colbert a dict plus d'une fois a Mr. Baluze son Bibliothecaire qu'il y avoit deux mille escus ordonnez pour Mr. Hevelius si bien qu'un mot de lettre a Mr. Baluze achevera asseurement cette affaire car il ne demande qu'un pretexte pour en parler a son Maistre, je le scay bien car Mr. Colbert croid la chose consommez. Je vous baise tres humblement les mains et à Mr. Boulliau avec votre permission ». Et Boul-

562   CORRESPONDANCE DE JOHANNES HEVELIUS. TOME III

Ami, je vous prie très poliment de prendre la peine de chercher à savoir de Monsieur Boulliau s'il a bien reçu cette lettre, ce qu'on a fait de ces lettres, et ce qu'ils ont répondu, ce que je dois faire et pourquoi Monsieur Boulliau lui-même n'a pas répondu jusqu'à présent à ma lettre du 10 janvier. Je vous offre à nouveau mes petits services prompts et prêts.

Portez-vous bien et continuez à favoriser,
De votre Seigneurie illustrissime,
Le très respectueux,

J. Hevelius

Donné en hâte à Dantzig, le 2 mai 1681.

216.

2 mai 1681, Pierre des Noyers à Hevelius

BO : Ci-XIV, 2110/164/192
BnF : Lat. 10 349-XIV, 354-356

Varsavie le 2 may 1681

Monsieur,

Je n'ay retardé a respondre a vostre lettre que parce que j'attandais la relation cy jointes que je voulois envoyer[1]. Cependant j'ay envoyé vostre lettre, j'entend celle que vous m'avez fait l'honneur de m'escrire le 20 de mars a nostre amy M. Boulliau a Paris, afin qu'il peut voir quand, et par quelle voye, vous luy avez escrit. Il ne m'a point encore donné advis d'avoir reçeu votre ditte lettre mais j'espere qu'en responce a la mienne du 28 mars, il me rendra raison de tout, ce qui ne pourra estre que vers la fin de ce mois[2]. Cependant j'ay recommandé vos interests autant efficacement que je l'ay peu a Messieurs nos Ambassadeurs afin qu'ils en escrivissent, s'il vient quelque chose qui vous regarde. Dans mes lettres j'ay donné charge qu'elles fussent ouvertes a Dantzigt et que l'on vous les montrat. Je ne say si l'on l'a fait l'ordinaire precedent, c'est a dire sy on vous a fait voir la lettre de M. Boulliau du 4 avril, dans laquelle il me dit ce qui suit.

---

liau d'ajouter : « Si rescribere mihi volueris literas sic inscriptas : A Mr., Mr. Boulliau Prieur de Magni demeurant au College de Laon, pres la place Maubert, rue Sainte Genevieve ». À la suite de ce message, Hevelius écrit à Etienne Baluze le 27 juin 1681 (*CHJ*, II, n° 118), qui intervient efficacement et dénoue la situation (*CHJ*, II, n° 119, 120, 121).

    1 Pas de pièce jointe.
    2 Voir n° 215.

LETTRES [1681]

J'ay bien veu des lettres de Strasbourg escrites par un amy de M. Reichelt[1] qui a envoyé icy deux figures du chemin des deux cometes dont la premiere a paru en la Balance et au matin, et la seconde le soir. Il dit que M. Reichelt escrit contre l'opinion de M. Hevelius touchant le chemin des cometes. Nous verrons son opinion et comme il l'appuye. Le livre doit bien tost paroistre au jour. Celuy du sieur Cassini ne parroist point encore.[2]

C'est tout ce que je peux vous dire pour le present,

Monsieur,
Voste tres humble et tres obeissant Serviteur

Des Noyers

J'avois desja escrit cette lettre quand le paquet de France m'est arrivé, et ne sachant sy M. Formont vous a communiqué ce que nostre amy m'envoye de M. Reichelt, je vous l'envoye. M. Buratin qui est chez moy vous baise les mains.

217.

9 mai 1681, Pierre des Noyers à Hevelius

BO : Ci-XIV, 2111/165/193
BnF : Lat. 10 349-XIV, 356

Varsavie le 9 may 1681

Monsieur,

Je me donné l'honneur de vous escrire la semaine passee la raison qui m'avoit fait retarder sy long temps a respondre a vostre lettre du 20 de mars[3], et je vous ay aussy dit que j'avois envoyé a M. Boulliau cette mesme lettre en original que vous m'ecrivitte. Je n'en puis avoir la responce que vers la fin de ce mois, aussy tost que je l'auray je vous en fairé part. Il ne manquera pas d'aller chercher chez Messieurs Formont vostre paquet du 10 jenvier[4] et de dire ce qu'il en aura trouvé. Je luy envoye encore aujourdhuy en original, la lettre que vous m'escrivez, afin que sy la mienne du 28 mars[5] s'estoit

1 Voir n° 210.
2 La *Dissertatio de cometis* de J. Reichelt paraît en 1682 ; Les *Observations sur la comète* de Cassini, en 1681.
3 N° 216. Pour l'absence de réponse, n° 215.
4 Dans les bureaux parisiens, de Pierre et Nicolas Formont : voir *CJH*, II, p. 34-35, n. 89.
5 BnF, collection Boulliau, FF. 13021, 116r-117v.

par hazard perdue ce que je ne croy pas, il vid, au moins ce que vous m'en ditte dans celle-cy. Personne ne peut avoir plus de joye que moy de vous rendre mes services tres humbles quand les ocasions s'en offrent estant comme je suis,

Monsieur,
Vostre tres humble et tres obeissant Serviteur,

Des Noyers

218.

16 mai 1681, Pierre des Noyers à Hevelius

BO : Ci-XIV, 2115/169/198
BnF : Lat. 10 349-XIV, 262-263

Varsavie le 16 may 1681

Monsieur,

Je me donné l'honneur de vous dire la semaine passee que je vous ferois savoir, quand M. Boulliau auroit receu vostre paquet du 10 de jenvier. Il m'ecrit dans sa lettre du 25 avril qu'il l'avoit receu et qu'il alloit chercher M. Perault pour luy rendre celle que vous luy escriviez et la lettre pour M. Colbert. Le retardement de vostre paquet est venu de que celuy qui l'a porté a fait quelque sejour a Hambourg et a Amsterdam, et parce encore que vous n'aviez pas mis d'adresse sur le paquet[1]. Une autre fois il faut mettre A M. Boulliau, au college de Laon, c'est le lieu ou il est logé[2]. J'espere qu'il nous dira quelques choses cette semaine cy en responce a vos lettres. C'est Monsieur dont vous aurez advis et de tout ce qu'il m'escrira a vostre egard, estant tousjours bien veritablement,

Monsieur,
Vostre tres humble et tres obeissant Serviteur

Des Noyers

---

1 Voir lettre n° 215. À Hambourg et Amsterdam les Formont ont pour agent François Dupré (à Hambourg) et Pierre Dupré (à Amsterdam), leurs beaux-frères.

2 Un collège de l'Université de Paris, fondé en 1314 par Guy de Laon, Montagne Sainte-Geneviève. Boulliau n'a pas informé ses amis de ce changement d'adresse, mais Hevelius, qui prend mal la mesure d'une ville de quelque 450 000 habitants, néglige d'indiquer les adresses. Le problème s'est déjà posé avec Jean Chapelain, à qui il écrit en donnant seulement sa qualité : *CHJ, II*, n° 72 et p. 33.

LETTRES [1681]

219.

6 juin 1681, Pierre des Noyers à Hevelius

BO : C1-XIV, 2116/170/199
BnF : Lat. 10 349-XIV, 363

Varsavie le 6 juin 1681

Monsieur,

Je suis fasché de ce que l'on n'a pas ouvert mon paquet de Paris a Dantzigt pour vous faire recevoir plus tost la feuille cy jointe que nostre amy vous escrit et que je vous envoye et a laquelle n'ayant rien a adjouter[1], sinon qu'il m'assure qu'il vous rendra tousjours tous les services qui luy seront possible, et moy je vous demande la grace de me croire tousjours,

Monsieur,
Vostre tres humble et tres obeissant Serviteur,

Des Noyers

220.

20 juin 1681, Hevelius à Pierre des Noyers

BO : C1-XIV, 2119/173/204
BnF : 10349-XIV, 372

Domino
Domino des Noyers
Warsaviæ

Illustrissime Domine,

Quod citius tibi non responderim ex eo potissimum accedit, quod domini Bullialdi responsum ad literas meas 10 Januarii scriptas exspectaverim, quas cum tua cura die 16 Aprilis scriptas obtinuerim. Has ad te dari volui quantocyus. Video Do-

---

1 Pas de pièce jointe. Mais il peut s'agir de la lettre du 18 avril (n° 215).

minum Bullialdum rem meam pro viribus curasse, sed an aliquid ex voto obtinuero tempus docebit ; interea, amici nostri suasu, literas proxima septimana cum hac vice ob tædiosissima negotia id fieri haud potuerit, ad clarissimum Dominum Balusium bibliothecarium Illustrissimi et Excellentissimi Domini Colberti tradam, quo apud illustrissimum Dominum Colbertum negotium hocce meum optimis modis ipse promoveat. Interea vale optime et saluta communem nostrum amicum clarissimum Dominum Bullialdum. Dabam Gedani festinanti admodum calamo, anno 1681, die 20 Junii,

Tuæ illustrissimæ Dominationis
Studiosissimus,

J. Hevelius

À Monsieur
Monsieur des Noyers
À Varsovie

Très illustre Monsieur,

Si je ne vous ai pas répondu plus tôt, c'est que j'attendais la réponse de Monsieur Boulliau à ma lettre du 20 janvier. J'ai pu l'obtenir par vos soins, datée du 16 avril et j'ai voulu vous la donner au plus vite. Je vois que Monsieur Boulliau a pris soin de mon affaire, selon ses forces, mais le temps nous apprendra si j'ai obtenu quelque chose de conforme à mon vœu. Entre temps, sur le conseil de notre Ami, j'écrirai la semaine prochaine — car cela ne pourra se faire cette fois-ci à cause d'affaires très rebutantes — au très célèbre Monsieur Baluze, bibliothécaire de l'Illustrissime et Excellentissime Monseigneur Colbert, pour qu'il fasse avancer mon affaire par les meilleurs moyens auprès de Monseigneur Colbert[1]. Entre temps, portez-vous au mieux et saluez notre Ami commun, le très célèbre Monsieur Boulliau. Donné à Dantzig d'une plume très hâtive, en l'an 1681, le 20 juin.

À votre Seigneurie illustrissime
Le très affectionné

J. Hevelius

---

1 Voir n° 215. Etienne Baluze (1630-1718) est le bibliothécaire de Colbert depuis 1667, qui fit créer pour lui une chaire de droit canon au Collège royal (1670). Cet érudit s'intéressait aux Pères latins de l'Église et aux auteurs chrétiens du Moyen Âge, aux capitulaires des rois francs et aux actes des conciles.

LETTRES [1681]

221.

27 juin 1681, Hevelius à Pierre des Noyers

BO : Cι-XIV, 2120/174/205
BnF : 10 349-XIV, 373

Domino
Domino des Noyers
Warsaviæ

Illustrissime Domine,

Hisce tibi vir amicissime significare volui, quod ea quæ ante octiduum promisi ad effectum dederim, nempe me fusius scripsisse ad Dominum Bullialdum communem nostrum optimum amicum, tum etiam ejus hortatu, ad clarissimum Dominum Balusium illustrissimi et Excellentissimi Domini Colberti bibliothecarium ; qui cum plurimum apud dictum Excellentissimum Dominum Colbertum valeat, confido, nisi adversa fortuna plane obstiterit, in commodum studiorum meorum quicquam effectum iri. Literas illas ad Dominum Bullialdum, inclusis ad clarissimum Balusium Domino Formond hodie tradidi sub hac inscriptione : A Mr. Boulliau, prieur de Magni demeurant au college de Laon à Paris pres la place Maubert rue sainte Geneviefve ; utinam has melius dirigeret, quam meas præcedentes. Nuperrime illustrissimus Dominus Antonius Magliabechi, bibliothecarius Serenissimi Ducis de Hetruria literas ad me dedit, cui nunc respondeo, et cum nullam aliam securiorem viam sciam quam per Warsaviam, rogo quam humanissime, haud graveris hasce commodiori quadam occasione ei Florentiam transmittere, si quid iterum tui gratia expedire potero, faciam sane perquam lubentissimo animo. Vale et salve. Dabam Gedani, anno 1681, die 27 Junii,

Tuæ illustrissimæ Dominationi
Addictissimus

Joh. Hevelius, manu propria

À Monsieur
Monsieur des Noyers
À Varsovie,

Très illustre Monsieur,

Par cette lettre, j'ai voulu vous faire savoir, excellent Ami, que j'ai réalisé ce que j'avais promis il y a huit jours : j'ai écrit longuement à Monsieur Boulliau, notre excellent Ami commun[1], et sur son conseil, au très célèbre Monsieur Baluze, bibliothécaire de l'Illustrissime et Excellentissime Monseigneur Colbert. Comme il a une grande influence auprès dudit Excellentissime Monseigneur Colbert, je suis sûr que quelque chose se fera à l'avantage de mes études, à moins qu'une fortune adverse ne s'y oppose tout à fait. J'ai remis aujourd'hui à Monsieur Formont cette lettre à Monsieur Boulliau où j'ai inclus la lettre au très célèbre Baluze, avec cette adresse : à Monsieur Boulliau, prieur de Magni demeurant au collège de Laon à Paris, près la place Maubert, rue Sainte-Geneviève[2]. Puisse-t-il leur trouver une meilleure voie qu'à mes lettres précédentes. Récemment, le très célèbre Monsieur Antoine Magliabechi, bibliothécaire du Sérénissime duc de Toscane m'a envoyé une lettre à laquelle je réponds maintenant[3]. Comme je ne connais pas de chemin plus sûr que par Varsovie, je vous demande très poliment de prendre la peine de transmettre cette lettre à Florence, dès que l'occasion s'en présentera. Si je puis à mon tour faire quelque chose pour vous, je le ferai de bon cœur. Portez-vous bien et salut. Donné à Dantzig, l'an 1681, le 27 juin,

À votre illustre Seigneurie,
Le tout dévoué

J. Hevelius, de sa propre main

---

1 Ce même jour, le 27 juin. Il écrit aussi à Baluze, *CHJ*, II, n° 118.

2 En référence à la lettre du 18 avril : n° 215.

3 La précédente lettre de Magliabechi dans la correspondance est du 23 mars 1680 donc antérieure à la comète. Dans sa réponse, du 20 juin 1681, Hevelius le remercie de lui avoir envoyé les observations de Montanari (une lettre donc qui manque) et il lui demande de poursuivre cette correspondance, ses interlocuteurs italiens étant décédés (les pères Riccioli, Kircher et Zucchi) ou peut-être décédés pour Fortunato Vinaccesi († 1684), silencieux, qui n'a pas accusé réception de la *Machina cœlestis*, II). Il ne lui communique pas ses propres observations au prétexte qu'elles manquent de précision. Antonio Magliabechi (1633-1714), bibliothécaire du cardinal Léopold de Médicis et de Ferdinand II est nommé par Cosme III de Médicis bibliothécaire de la Bibliothèque Palatine en 1673. Il a entretenu pendant un demi siècle une volumineuse correspondance en Italie et en Europe. L'échange de 10 lettres (1680-1686) présent dans la correspondance d'Hevelius est incomplet. Magliabechi a sans doute envoyé à Hevelius la *Copia di due lettere* (du 5 décembre 1680 et du 15 janvier 1681) *scritte all'Illustrissimo Signor Magliabechi sopra i moti e le apparenze delle due comete ultimamente apparse sul fine di novembre 1680 nelle costellazioni di Virgine e Libra, e sul fine di decembre in quella di Capricorno*, Venise, Stampa del Poletti, 1681 (8 pages). Geminiano Montanari a succédé à Cassini en 1669 comme professeur pour l'astronomie à l'observatoire de Panzano. Il a déménagé en 1679 à Padoue et date ses lettres de Venise.

LETTRES [1681]

222.

11 juillet 1681, Pierre des Noyers à Hevelius

BO : Cı-XV, 2135/7/7
BnF : Lat. 10 349-XV, 11

Varsavie le 11 juillet 1681

Monsieur,

J'ay bien recue vos deux billet du 20 et 27 de juin[1], et la lettre pour M. Antonio Magliabechi a Florence[2]. J'ay aussy donné advis a M. Boulliau des lettres que vous luy avez escrittes le 27 juin afin que sy on ne les luy avoit pas encore portee, il les alla chercher chez M. Formont de Paris. Il m'escrit dans sa lettre du 20 de juin qu'il va souvent chez M. Perau pour tirer de luy la responce qu'il luy a promise de retirer de M. Colbert, mais qu'il n'a point esté a Paris et qu'il est tousjours a Versaille aux bastiments que le Roy fait faire la[3]; enfin qu'il ne perdra point d'ocasions de le rencontrer et de vous donner advis de ce qu'il aura operé. Je l'en solliciterois par toutes mes lettres sy je ne connoissois l'affection qu'il a pour vous. Pour moy Monsieur je m'estimerois heureux de vous pouvoir donner des marques de la mienne et combien je suis tousjours,

Monsieur,
Vostre tres humble et tres obeissant Serviteur,

Des Noyers

---

1 N° 220 et 221.

2 N° 221.

3 Louis XIV ayant décidé d'installer sa cour à Versailles en 1682, les travaux vont bon train. Mais Perrault n'a plus la faveur de Colbert qui a transmis la survivance de sa charge à son fils le marquis d'Ormoy; depuis ses 17 ans (1680), il apprend le métier et écarte progressivement Perrault, tandis que le crédit de Colbert diminue au profit de Louvois. Perrault s'est, en fait, en partie retiré à l'automne 1680.

223.

12 septembre 1681, Pierre des Noyers à Hevelius

BO : C1-XV, 2151/24[1]

Varsavie le 12 septembre 1681

Monsieur,

Bien que nostre amy m'ayt quasi tousjours parle de vostre affaire dans ses lettres, je ne vous en ay rien voulu dire parce que je n'y voyois rien de solide, mais j'espere par sa derniere du 22 aoust que tout ira bien. Voicy ce qu'il m'en escrit.

/Le 19 de ce mois d'aoust je parlay a M. Baluze qui m'assura qu'il avoit eu un moment favorable pour parler de l'affaire de M. Hevelius a M. Colbert qui luy avoit respondu tres favorablement et donné de bonnes paroles telles que j'espere presentement que bien tost il recevra la consolation qu'il espere il y a longtemps. Je m'apercois de plus en plus que M. Colbert ne veut pas que ceux qu'il employe luy parlent de toutes affaires mais seulement de celles dont ils sont chargez[2]. Je void que l'advis que l'on m'a donné de faire parler M. Baluze bibliotecaire de Mondit Sieur Colbert dont j'advertis M. Hevelius, estoit bon et que c'estoit l'unique moyen de parvenir au but[3]. Je vous suplie de donner advis de cecy a Mondit Sieur Hevelius qui peut estre, recevra responce de M. Baluze datee de ce jour, mais il verra que j'ay fait tout ce que j'ay peu pour luy faire avoir contentement. Je luy escriray au plus tost mais il m'est survenu des affaires particulieres qui m'en ont distrait ; et l'une est que finalement j'ay pris la resolution de faire imprimer mon ouvrage Ad Arithmeticam infinitorum[4]. J'ay esté obligé de donner de l'argent au libraire[5] qui l'a entrepris et de fournir du papier pour en avoir 20 exemplaires et 8 planches en cuivre pour les figures ; la premiere feuille est desja tiree et toutes les semaines j'en auroy deux./

---

1 Lettre non recensée dans *CJH*, I, p. 497.

2 Allusion à la disgrâce de Perrault (n° 222).

3 Voir n° 214 et *CJH*, II, lettre de Colbert à Hevelius n° 119 du 19 septembre 1681. Hevelius remercie chaleureusement Baluze dans sa lettre du 3 janvier 1682 (n° 122), date à laquelle il a enfin touché sa gratification.

4 *Opus novum ad arithmeticam infinitorum, libri sex.* Cet ouvrage était achevé en 1674, mais le livre n'a pas enthousiasmé les libraires. En fait Boulliau avait dû différer cette publication, faute de pouvoir faire face aux frais des illustrations et d'une partie des frais d'impression : il n'avait pas les liquidités nécessaires, tout son argent étant passé dans l'achat de maisons qui lui rapportaient de maigres loyers.

5 Jean Pocquet, qui publie l'ouvrage en 1682.

LETTRES [1681]

Jusque icy M. Boulliau. C'est Monsieur ce dont je vous ay voulu donner advis, et vous assurer que l'on ne peut estre plus que je le suis,

Monsieur,
Vostre tres humble et tres obeissant Serviteur,

Des Noyers

224.

19 septembre 1681, Hevelius à Pierre des Noyers

Ci-XV, 2147/20/19
BnF : Lat. 10 349-XV, 30-31
BCK, Dr. XVII Rkps 2580, IV/1, 71

Domino
Domino des Noyers
Warsaviæ

Illustrissime Domine,

Persuasu clarissimi nostri Bullialdi die 27 Junii literas dedi ad illustrissimum virum Balusium Excellentissimi Domini Colberti bibliothecarium quo desideratissimum illud meum negotium apud Illustrissimum Dominum Colbertum promoveret : nam hucusque Munificentiæ Regiæ nondum compos factus sum. Ad quas vero literas tam a Domino Bullialdo quam illustrissimo Balusio nullum adhuc obtinui responsum. Quare te etiam atque etiam rogatum volo, ne graveris percontari quo in statu res meæ versentur, tum quid illustrissimus Dominus Balusius nec non illustrissimus Dominus Perault ea de re sentiat : inprimis an consultum sit denuo Illustrissimum et Excellentissimum Colbertum literis compellare, et ad ejus benevolentiam confugere, deinde etiam an mihi male verti posset ? Si ad Christianissimam Regiam Sacram Majestatem ipsas literas dirigerem, et de pertinacia mercatorum conquererer quod hucusque Clementissimæ Regiæ erga me meaque qualia qualia studia voluntati nondum satisfecerint ; vel quid amplius mihi factu opus sit. De quibus et tuum judicium haud gravatim aperias, nec non aliorum amicorum mihi bene cupientium sententiam explores rogo. Denique nihil adhuc responsi a Mathematicis Parisiensibus accepi, ut ut rescribere quantocyus clarissimo Bullialdo promiserint. Quid observent ? Quid agant ? Et quid edant libenter admodum scirem. De nupero cometa non quicquam adhuc obtinui ; nimirum quid Parisienses statuant an duo diversi fuerint, an unus tantummodo matutinus et vespertinus extiterit ? Quibus vale amice magne et amare perge,

Tuum
Quem nosti tibi esse deditissimum

J. Hevelium, manu propria,

Gedani, anno 1681, die 19 Septembris.

Postscriptum

Has dum obsignare volebam, en ecce tuæ literæ die 12 Septembris datæ mihi offeruntur ; ex quibus percepi clarissimum Bullialdum spem aliquam facere de feliciori exitu mei desiderii : sed cum res nondum ad finem omnino sit producta, in dubio reliquenda. Nam de futuris nihil quicquam certi adhuc statuendum ; meliora tamen speremus. Interea clarissimo Domino Bullialdo maximas ago gratias, quod nihil intermiserit, quod ad promovendum istud negotium spectare ipsi visum fuerit ; utinam amicis meis ac fautoribus gratitudinem meam haud ingratis quibusdam officiis vicissim declarare possim. Vale iterum iterumque amice honoratissime.

À Monsieur,
Monsieur des Noyers
À Varsovie,

Très illustre Monsieur,

Sur le conseil de notre très célèbre Boulliau, j'ai écrit le 27 juin à l'illustrissime Monsieur Baluze, bibliothécaire de l'Excellentissime Monseigneur Colbert, pour qu'il fasse avancer mon affaire, que je désire tant, auprès de l'Illustrissime Monseigneur Colbert car jusqu'à présent, je ne suis pas encore en possession de la munificence royale[1]. Je n'ai encore reçu aucune réponse à cette lettre, ni de Monsieur Boulliau, ni de l'illustrissime Baluze. C'est pourquoi je voudrais vous demander, encore et encore, de prendre la peine de vous informer de l'état de mes affaires et de l'opinion de l'illustrissime Monsieur Baluze et de l'illustrissime Monsieur Perrault à leur sujet ; et d'abord s'il est avisé d'interpeller à nouveau l'Illustrissime et Excellentissime Monseigneur Colbert par lettre, et de me réfugier dans sa bienveillance ; et ensuite aussi de savoir si cela pourrait tourner à mon désavantage si je dirigeais la lettre elle-même vers Sa Majesté Royale et Sacrée et si je me plaignais de l'obstination des marchands parce qu'ils n'ont pas encore satisfait jusqu'à présent à la très clémente volonté du Roi envers moi et mes études telles quelles, ou que dois-je faire de plus ? À ce sujet, prenez la peine, je vous prie, de me donner votre

---

1 Le billet de Colbert qui accompagne la lettre de change est du 19 septembre 1681 : *CJH*, II, n° 119.

LETTRES [1681]

avis et cherchez à connaître l'avis de nos autres amis qui nous veulent du bien. Enfin je n'ai encore reçu aucune réponse des mathématiciens parisiens, quoiqu'ils aient promis au très célèbre Boulliau de lui répondre au plus vite. Qu'observent-ils ? Que font-ils ? Que publient-ils ? J'aimerais le savoir. Sur la récente comète, je n'ai encore rien obtenu, à savoir ce que les Parisiens décident, s'il y a deux comètes distinctes ou seulement une[1], matinale et vespérale. Portez-vous bien, mon grand Ami, et continuez à aimer,

Votre
Que vous savez être tout à vous,

J. Hevelius de sa propre main

À Dantzig, en 1681, le 19 septembre.

Postscriptum

Au moment où je voulais sceller cette lettre, voici que l'on m'apporte votre lettre du 12 septembre[2] ; j'y apprends que le très illustre Monsieur Boulliau forme quelque espoir d'une issue heureuse à mon souhait[3] ; mais comme la chose n'a pas été encore menée à son terme, elle doit être laissée dans le doute. Car sur l'avenir, on ne peut encore rien décider de certain ; espérons cependant une amélioration. Entre temps, je rends les plus grandes grâces au très illustre Monsieur Boulliau parce qu'il n'a rien négligé qui lui parût concerner le progrès de cette affaire. Puissé-je à mon tour proclamer ma gratitude à mes protecteurs et à mes amis par quelques services qui leur plaisent. Portez-vous bien, encore et encore, Ami très honoré.

---

1 Cassini avait élaboré une théorie du mouvement des comètes qui ne cadrait pas avec la trajectoire observée. Il supposa donc deux comètes : Pingré, *Cométographie*, I, p. 117-118.

2 N° 223.

3 Au sujet de la publication prochaine de l'*Opus novum ad arithmeticam infinitorum* (n° 223).

225.

17 octobre 1681, Pierre des Noyers à Hevelius

BO : C1-XV, 2152/25/27
BnF : Lat. 10 349-XV, 39

Varsavie le 17 octobre 1681

Monsieur,

J'attendois de respondre a la lettre que vous me fite l'honneur de m'escrire le 17 septembre qu'il m'en fut venu de M. Boulliau afin de vous pouvoir dire quelque chose de ce qu'il m'escrivoit. J'ay esté quelque temps sans en avoir, quand j'ay apris avec joye que M. Colbert vous avoit escrit, et envoyé la lettre de change qu'il y a si long temps que l'on vous avoit promise. M. Bouliau dit que M. Peraut n'est plus si bien dans l'esprit de ce ministre qu'il estoit autrefois et que M. Baluze y est beaucoup mieux ; ce dernier vous a servy.[1]

M. Bouliau m'a escrit que le matin du 29 aoust dernier il avoit observé que la Lire estant elevee sur l'horison de 27°30' il avoit observé le commencement de l'eclipse de Lune et la hauteur de la mesme estoille 25° 36' Sirbonis Sinus[2] estoit tout dans l'ombre. Il n'en observa pas davantage parce qu'il n'avoit pas, au lieu ou il estoit, assez de ciel decouvert, la Lune estant alors passee deriere des maisons qui luy en osterent la veuë. C'est tout ce qu'il m'en dit.[3]

M. Buratin prepare une caisse pour mettre le quart de cercle de son invention[4], et vous l'envoyer pour en avoir vostre advis, et cela sera par les premiers bateaux qui descendent a Dantzigt. Cependant continué moy l'honneur de me croire tousjours,

Monsieur,

Vostre tres humble et tres obeissant Serviteur,

Des Noyers

---

1 N° 222 ; *CJH*, II, p. 37-39.

2 Golfe de Sirbonis : Boulliau se réfère à la nomenclature sélénographique d'Hevelius qui a fait usage de noms antiques (voir *Selenographia*, Tabula Selenographica). Le lac de Sirbonis, selon Hérodote et Diodore, se trouvait à l'est de Péluse, en Égypte.

3 Pingré, *Annales*, p. 360-361, ne mentionne pas l'observation de l'éclipse de Lune du 29 août de Boulliau.

4 Dans la dernière lettre qu'il écrit à Hevelius, en date du 22 août (BO : C1-XV, 2145/17), Burattini écrit avoir remis à Gratta (fils), en départ pour Dantzig, deux verres pour des lunettes de 20 et de 56 pieds qu'il pourra comparer avec celui, déjà envoyé, réalisé par Eustachio Divini. Il lui confie avoir aussi mis au point un quadrant en ivoire d'un pied ½ de rayon avec une invention de son fait pour désigner le degré de latitude et les distances. Mais, ajoute-t-il, seul des Noyers est capable d'en comprendre le fonctionnement et il serait heureux de connaître le sentiment d'Hevelius. Il a aussi mis au point un sextant qui permet aussi à un seul observateur de mesurer les minutes et les secondes. À ses yeux, l'incendie de la maison d'Hevelius a causé plus de dommage au monde que celui de Troie. Mais la *Machina Cœlestis* assurera l'éternité de son auteur.

226.

14 novembre 1681, Hevelius à Pierre des Noyers

BO : C1-XV, 2153/26/28
BnF : Lat. 10 349-XV, XV, 40-41
UVAB, Ms 72 Gd.
ARSL, PH/2/14 (photocopie)

Domino
Domino des Noyers
Warsaviæ

Illustrissime Domine,

Magnopere miraberis sine dubio, quod haud citius ad tuas mihi multo gratissimas literas responderim ; sed amice honoratissime facile mihi culpam condonabis : cum resciveris nec ultra jam bimestre spatium plurimis tædiosissimis et urgentissimis negotiis fere totum fuisse et adhuc esse obrutum : et quidem ratione Regiæ commissionis quam singularis benignitas clementissimi mei Regis mihi indulsit, ob certam hæreditatem, quæ uxori meæ omni jure competit, sed ex malitia malevoli cujusdam hominis mihi non solum jam a biennio denegatur, sed quod maximum is ipse nunc etiam ex domo mortuaria omnem paratam pecuniam cum pignoribus pretiosis ad multa millia clam abstulit, atque sese ex civitate subduxit, sic ut nunc cogar contra ipsum in contumatiam procedere. Quantum id mihi creet negoti, et quantum temporis id mihi auferat, hoc meo alias turbulentissimo et tristissimo statu, vix eloqui valeo. Atque hæc est ipsa genuina caussa illustrissime Domine diuturni mei silentii. Nunc autem ut ad tuas respondeam, intelligo te quoque jam ab amicis parisiensibus percepisse me incomparabilem Regis Christianissimi munificentiam tandem a mercatoribus nostris obtinuisse, de qua felicitate habeo sane cur mihi multum multumque gratuler, amicis vero utpote Domino Balusio ac Domino Bullialdo maximas ago gratias. Illis namque unice adscribo, quod hujus singularis benevolentiæ ab Illustrissimo et Excellentissimo Domino Colberto particeps factus fuerim ; unde autem fiat, quod nec Dominus Bullialdus, nec Illustrissimus Dominus Balusius ad meas ultimas hucusque nondum responderint, nec quicquam hac de re mihi significaverint, profecto nescio : hæreo itaque an debeam exspectare donec rescripserint ; an vero non attentis illorum responsionibus rursus ad illos expedire, pro gratiarum actione literas, qua de re tuam exspecto sententiam. Ad Augustissimum Regem Galliæ ipsum ut et Illustrissimum et Excellentissimum Dominum Colbertum literas jam 17 Octobris dedi ; non dubito quin optime jam oblatæ fuerint. Ab amicis reliquis omnibus parisiensibus utpote Clarissimo Cassino, Picardo reliquisque necdum quicquam literarum accepi, multo minus quæcunque de cometa, vel ulla aliqua re hactenus ediderunt. Quibus vale et saluta haud gravatim communem nostrum amicum Dominum Bullialdum, cujus responsum ad meas ultimas avidissime exspecto. Quæso meo nomine illum roges, ut mihi indicare velit, an Clarissimus Egmondus Halleius, qui ante biennium hic Gedani me visitatum venerat Londini an Oxonii hæreat, an vero mortuus sit: nam hucusque ne literulam ad me rescripsit, ut ut ante plurimos menses longissimas ad illum dederim literas; faciet sane rem mihi multo gratissimam si quicquam certi hac de re rescivero. Vale iterum. Dabam anno 1681, die 14 Novembris, Gedani, raptim.

Tuæ illustrissimæ Dominationis
Studiosissimus,

J. Hevelius, manu propria

À Monsieur,
Monsieur des Noyers
À Varsovie,

Très illustre Monsieur,

Sans doute serez-vous bien étonné de ce que je n'aie pas répondu plus tôt à votre très agréable lettre, mais, Ami très honoré, vous me pardonnerez facilement ma faute lorsque vous saurez que depuis plus de deux mois, j'ai été et je suis encore totalement accablé d'affaires aussi rebutantes qu'urgentes, en raison de la commission royale que la singulière bénignité de mon Roi très clément m'a accordée, à cause d'un certain héritage qui revient de plein droit à mon épouse, mais qui m'est refusé depuis déjà deux ans, par la malice d'un homme malveillant[1]. Bien plus, il a lui-même enlevé secrètement de la maison mortuaire toutes les économies avec des gages précieux pour plusieurs milliers [de florins] et il s'est échappé de la ville, de sorte que je suis à présent forcé d'agir contre lui par contumace. Je peux à peine vous dire ce que cela me crée d'embarras, combien de temps cela me prend, dans ma situation par ailleurs si troublée et si triste. Voilà, très illustre Monsieur, la cause véritable de mon long silence.

Maintenant, pour répondre à votre lettre, je comprends que vous avez appris par les amis parisiens que j'avais enfin obtenu de nos marchands la munificence incomparable du Roi Très Chrétien. J'ai de quoi me féliciter bien grandement de cet honneur, et je rends les plus grandes grâces à Monsieur Baluze et à Monsieur Boulliau, car c'est à eux uniquement que j'attribue le fait que j'aie eu part à cette singulière bienveillance de l'Illustrissime et Excellentissime Monseigneur Colbert; je ne sais pas comment il s'est fait que ni Monsieur Boulliau, ni l'illustrissime Monsieur Baluze n'aient pas répondu

---

1 Elisabeth Koopmann-Hevelius a perdu sa mère, Joanna Mennings (ou Mennix) en 1679. Cette dernière avait épousé Nicholas Koopmann à Amsterdam en 1633 et le couple s'était installé à Dantzig en 1636. Il appartenait à la communauté des riches marchands. Il est question de ces « affaires très rebutantes » dans la lettre n° 220 (20 juin 1681).

LETTRES [1681]

jusqu'à présent à mes dernières lettres, ils ne m'ont rien fait savoir de cette affaire ; je me demande si je dois attendre qu'ils m'écrivent ou bien si, sans attendre leur réponse, je dois leur expédier une lettre de remerciement. Sur cette affaire, j'attends votre avis. J'ai déjà écrit le 17 octobre à l'Augustissime Roi de France en personne, comme à l'Illustrissime et Excellentissime Monseigneur Colbert[1]. Je ne doute pas que la lettre lui ait été bien remise. De tous nos autres amis parisiens, comme le très célèbre Cassini, Picard et les autres, je n'ai reçu aucune lettre et moins encore ce qu'ils ont publié sur la comète ou quelque autre sujet[2]. Sur ce, portez-vous bien et prenez la peine de saluer notre Ami commun, Monsieur Boulliau de qui j'attends avec impatience la réponse à ma dernière lettre. Je vous prie de lui demander en mon nom de bien vouloir m'indiquer si le très célèbre Edmond Halley, qui voici deux ans était venu me visiter à Dantzig[3], réside à Londres ou à Oxford, ou au contraire serait mort car, jusqu'à présent, il ne m'a pas même envoyé en réponse la plus petite lettre, alors que je lui ai envoyé, voici plusieurs mois, une très longue lettre[4]. Il fera un geste très agréable si j'apprends de lui quelque chose de certain. À nouveau, portez-vous bien. Donné à Dantzig, le 14 novembre, en hâte.

À votre Seigneurie illustrissime
Le très affectionné

J. Hevelius de sa propre main

1 *CJH*, II, n° 120 et 121.

2 N° 212. En 1683, dans une lettre du 17 juin, adressée à Boulliau, Hevelius avance son explication quant à l'ingratitude des savants parisiens (BO, C1-XV, 2243/118/1510/142 ; BnF, FF. 13044, 170r-171v ; Lat. 10 349-XV, 249-253). Voir n° 236, p.j.

3 Edmond Halley (1656-1742) a été envoyé à Dantzig, à son retour de Sainte-Hélène, par la Royal Society à la demande d'Hevelius qui souhaitait un arbitrage au sujet de ses querelles avec Hooke sur ses observations. Halley arrive le 26 mai 1679 à Dantzig et commence ses observations avec Hevelius, qu'il poursuit jusqu'au 18 juillet. Cette collaboration confirma Hevelius dans l'idée que le sextant pouvait être aussi précis que le télescope. Hevelius a évoqué ce séjour de Halley dans l'*Annus Climactericus* (1685) et dans le *Prodromus Astronomiæ* (1690).

4 Hélas non datée (BnF, Lat. 10 349-XV, 49-52). Halley fut de retour à Londres peu après l'incendie de l'observatoire d'Hevelius ; Hevelius lui reproche son silence après la catastrophe, dont les membres de la Royal Society avaient pu mesurer l'ampleur avec la relation envoyée par Peter Wyche (envoyé extraordinaire à Hambourg), présentée le 18 décembre 1679. Halley s'est absenté entre décembre 1680 et janvier 1682. Il fait son « grand tour » avec un ami d'études, Robert Nelson, gagne Paris, puis l'Italie et Rome, avant de revenir à Paris. À la date de cette lettre, il n'était pas encore rentré. Il écrit à Hevelius une lettre de Rome, en date du 15 novembre 1681, dans laquelle il explique s'être d'abord inquiété du long silence d'Hevelius ; puis avoir compris qu'occupé par les réparations et les pertes, il n'avait pas eu le temps d'écrire. Il précisait lui avoir d'abord écrit d'Oxford, au lendemain de la catastrophe et lui avoir alors envoyé deux exemplaires de son catalogue, confiés à un marchand écossais. En juin 1680, il lui avait écrit de Londres, suggérant d'observer l'occultation de l'œil du Taureau dans le monde entier ; en hiver 1680, il était à Paris où il avait observé la comète avec Cassini et avait comparé toutes les observations réalisées. Pour Hevelius, il avait décrit l'Observatoire de Paris et ses instruments car il le savait avide d'informations et il avait en vain attendu sa réponse jusqu'en mai 1681, date à laquelle il avait gagné l'Italie et Rome. Il envisageait de rentrer en Angleterre à la mi-janvier 1682 (BnF, lat. 10 349-XV, 49-52 ; on trouvera la traduction anglaise de cette lettre dans Eugene McPike, *Hevelius, Flamsteed and Halley. Three contemporary astronomers and their mutual relations*, Londres, 1937, p. 115-117).

227.

28 novembre 1681, Pierre des Noyers à Hevelius

BO : Ci-XV, 2163/37/36
BnF : Lat. 10 349-XV, 70-71

Varsavie le 28 novembre 1681

Monsieur,

Je vous rend Monsieur tres humbles [graces] de vostre lettre du 14 de ce mois qui m'aprend que l'on vous fait des affaires qui trouble assurement vos vertueuse ocupations, sy utile au publique. J'ay envoyé vostre lettre a nostre amy a Paris afin qu'il voye que vous ne l'oublié pas, et il estoit preparé a vous escrire et je croy que vous aurez de ses lettres aussy tost que celle cy. Il se resjouira que vous ayez receu ce qu'il y a sy long temps que l'on vous avoit promis[1] et sera d'advis assurement que vous escriviez pour remercier bien que l'on n'ayt point respondu a vos precedentes lettres. Les ministres ne respondent qu'aux lettres d'affaires et peu souvent a celles de compliment. Et sy Messieurs Boulliau et Baluze ne vous ont pas escrit c'est que M. Colbert ne leur a pas communiqué qu'il envoyoit la lettre de change afin de s'en reserver tout le merite pour faire voir que c'est luy seul qui a fait les choses et il est bon que vous luy tesmoigniez en le remerciant que c'est a luy seul que vous avez l'obligation pour la grace que vous avez receue du Roy, sans que cela vous empesche de remercier Messieurs Baluze et Boulliau de leur cooperation. Sans attendre responce a vos precedentes lettres, et dans celle cy vous pourrez faire mention desdites precedentes comme sy vous doutiez qu'ils les eusent recuës. Ils attendent assurement a vous escrire qu'ils ayent apris que vous avez receu la gratification. Vous aurez responce a tout ce que vous desirez.

Je suis dans une tres grande douleur de la perte que nous avons faitte de M. Buratini qui est mort d'un saisissement sans pouvoir parler[2]. J'en ay un si grand deplaisir

---

1 Les fameux 2000 écus promis par Colbert.

2 Décédé d'une attaque le 14 novembre. Des Noyers écrit à Boulliau (BnF, FF. 13 021 fol. 185, le 21 septembre 1681 : « Je receu lundy dernier 14 de ce mois une tres sensible douleur en la mort de M. Buratin qui rendit l'ame sur les huit heures et demie du matin (Il estoit ne aupres de Trevise dans les terres de Venize en 1617. Le 8 mars a 5h. 50 du matin) d'un saisissement d'une nouvelle deplaisante, et pour surcroît on donnoit dans la mesme chambre a sa femme aussy malade l'extreme onction. Elle est rechapee et luy mort. Il a esté trois jours sans pouvoir parler en façon quelconque et ne s'est confessé qu'en serrant la main a son confesseur qui l'interrogeoit et n'a ainsi peu faire ni testament ny disposition quelconque. Sa femme ne sait pas encore sa mort car apres l'extreme onction on la porta moribonde en une autre chambre ».

LETTRES [1681]

que cela ne se peut exprimer. Il n'y a encore nul ordre chez luy parce que sa femme estoit aussy a l'extremité. Elle se porte un peu mieux.

Continuez moy la grace de me croire,
Monsieur,
Vostre tres humble et tres obeissant Serviteur,

Des Noyers

228.

19 décembre 1681, Hevelius à Pierre des Noyers

BO : Ci-XV, 2165/39/38
BnF : Lat. 10 349-XV, 71-73

Domino
Domino des Noyers

Illustrissime Domine,

Factum est per plura et tædiosa negotia quæ me pene supprimunt, quod adeo sero ad ultimas tuas respondeo. In veniam mihi faventissimam non denegabis quia optime nosti, utut scribendi officium non tamen amorem aut affectum interim cessavisse. Quam vellem autem alia se respondendi materia suppeteret, quam qua dolorem meum accerrimum ex fato Illustrissimi Domini Buratini conceptum contestari compellor; quemadmodum enim mortem ipsius tibi plurimis modis lugendam accidisse facile possum conspicere, dum cum amico haud exigua fortunarum tuarum, seu magis pecuniarum recuperandarum spe excidisti, qua tua jactura me quoque tui causa haud parum afficit : ita non minus me quoque eadem haud leviter conturbavit, quod non videam amplius qua ratione quadrantem noviter a prædicto Illustrissimo dum in vivis esset constructum cum aliis variis vitris et tubis apparatuque ejusmodi ad Uraniam et observationes ex cælo captandas spectante obtinere valeam. Enimvero paucis ante fatum septimanis literis ad me scriptis promiserat mihi quicquid ad restaurandam Uraniam nostram in penu suo accommodatum inveniretur liberaliter impertiri. Quæ res quantum me tum temporis animaverit, liquere tibi haud difficile potest, qui me rebus istius modi penitus orbatum esse easdemque vero nunc summo studio undiquaque denuo conquirere optime perspectum habes; qua in re tamen ne quicquam, quod novam aliquam spem suggerere possit, omitterem, te decus grande mearum columenque rerum implorandum præsentibus hisce literis judicavi, quatenus promovendo desideria mea et provehendo studia prædictum istum quadrantem, vitra quædam cumprimis tubum illum undecim pedum Augusti Vindelicorum a Wiselio constructum qualem et ego possedi, impetrare ab hæredibus et conciliare mihi pro solita tua humanitate digneris. Quod tamen gratis postulare ac prætendere haudquaquam volo verum potius ut æquo solvantur omnia eo pretio aut si alienare quadrantem supra memoratum hæredes nolint post aspectum et usuram per unam alteramque septimanam concessam multis cum gratiis ut revertatur curabo. Tibi interea negotium hocce totum committens, utpote de cujus fide, et in me amore, ita judico, quod diligenter observaturus sis, quicquid commodo et utilitati nostræ cedere posse videbitur. Hisce incomparabilis tui in me amoris æternam conservaturus memoriam qui declinantem hunc annum feliciter prospereque tibi ut exeat, ac novus exoptatissime excipiat votis ardentissimis opto.

Tuæ illustrissimæ Dominationi,
Addictissimus,

J. Hevelius

Gedani anno 1681, die 19 Decembri

Monsieur,
Monsieur des Noyers

Très illustre Monsieur,

Des affaires nombreuses et rebutantes qui ne sont pas loin de me détruire[1] ont fait que je réponds si tard à votre dernière lettre. Avec votre indulgence et votre faveur pour moi, vous ne nierez pas que malgré l'interruption de la correspondance, mon amitié et mon affection n'ont pas entre temps cessé. J'aimerais tant avoir, pour vous répondre, une autre matière que mon vif chagrin sur le sort de l'illustrissime Monsieur Burattini. Je peux facilement voir les multiples raisons que vous avez pour pleurer sa mort car avec cet Ami vous avez perdu un espoir non négligeable de récupérer votre fortune, bien plus, votre argent[2]. Cette perte ne m'affecte pas peu, à cause de vous ; de même, je n'ai pas été peu troublé de ne plus voir comment je pourrais obtenir le quadrant récemment construit par l'illustrissime tant qu'il était vivant[3], avec d'autres verres variés et des tubes ; et un appareillage de ce genre concernant Uranie et les observations du ciel. Quelques semaines avant sa mort, il

---

1 N° 226.

2 Des Noyers a prêté à Burattini 30 000 risdalles, quinze années auparavant : voir n° 231. Selon Barême, *Le Livre des Monnaies étrangères ou le Grand Banquier de France, dédié à Monseigneur Colbert*, Paris, Denys Thierry, 1696, 1 risdalle vaut 3 livres de France. Soit un prêt de 90 000 livres (le montant des pertes d'Hevelius dues à l'incendie de 1679). Le 30 janvier 1682, il écrit à Boulliau : « Je perds l'expérence de rien tirer des trente mil escus que j'avois prestes a Mr. Burattini. Je m'en console... Pouquoy se melancolier quand on ne peut rien emporter de l'hostellerie » (FF, 13 023, fol. 2).

3 Voir n° 225.

LETTRES [1681]

m'avait promis, dans une lettre, de m'attribuer généreusement tout ce qui dans ses réserves se trouverait d'approprié pour restaurer notre Uranie[1]. Vous pourrez sans difficulté voir combien ce geste m'a encouragé à cette époque, moi qui, comme vous le savez, suis totalement privé de matériel de ce genre et le recherche de tout côté avec passion. Dans cette affaire, pour ne rien omettre qui puisse suggérer quelque nouvel espoir, j'ai décidé par la présente de vous implorer, vous le grand honneur et le soutien de mes affaires, dans le but de promouvoir mes souhaits et de faire avancer mes études pour que vous daigniez, avec votre humanité coutumière, obtenir des héritiers de me céder le quadrant précité, certains verres et en premier ce tube de 11 pieds construit à Augsbourg par Wiesel tel que j'en ai possédé un. Je ne veux en aucune manière demander et réclamer cela gratuitement, mais que tout soit payé à son juste prix. Ou bien si les héritiers ne veulent pas aliéner le quadrant précité, qu'ils me le prêtent pour une ou deux semaines, pour l'examiner et l'utiliser. Je ferai en sorte qu'il leur revienne avec mes remerciements. Je vous confie entre temps toute cette affaire. Je ne doute pas de votre fidélité et j'observerai avec diligence tout ce qui pourra contribuer à notre commodité et à notre utilité. Ainsi je conserverai une mémoire éternelle de votre incomparable affection pour moi et je vous souhaite ardemment que cette fin d'année se passe pour vous dans le bonheur et la prospérité et que la nouvelle année vous accueille conformément à tous vos vœux.

À votre Seigneurie illustrissime,
Le tout dévoué

J. Hevelius

1 Ce ne sont pas vraiment les termes de sa lettre du 22 août : n° 225. Burattini y explique que l'incendie de la maison d'Hevelius a causé plus de dommage au monde que celui de Troie, mais que sa *Machina Cælestis* lui assurera l'éternité ; qu'il lui a envoyé par Gratta deux lentilles de 20 et 56 pieds. Il souhaite qu'Hevelius — qu'il qualifie d'artisan des artisans et d'oracle en matière d'instruments — examine le nouveau quadrant de son invention, tout en ivoire et réalisé de sa main, et un sextant de son invention aussi, d'un pied et demi, qui donne toutes les minutes et les secondes à un seul observateur.

229.

23 janvier 1682, Pierre des Noyers à Hevelius

BO : Cɪ-XV, 2181/55/65
BnF : Lat. 10 349-XV, 131

Varsavie le 23 jenvier 1682

Monsieur,

Je ne me suis point encore donné l'honneur de respondre a vostre lettre du 19 decembre parce que jusques a cette heures je n'ay rien peu rien faire aupres des heritiers de feu M. Buratini a cause de la maladie de sa femme[1]. Je travaille pour les disposer a me laisser le quard de cercle pour cents ducats[2]. Je prendré de tout ce qu'il aura de curieux au prix qu'ils voudront en deduction de ce que le defunt me doit. Je vous donneré advis de tout ce que je pourré faire pour cela, et sy j'obtien ce que je pretend vous en serez advertis et vous feray tout voire ; c'est ce que je vous puis dire en attendant que je vous puisse faire une plus longue responce.

Je croy que vous aurez veu ce que M. Mallement de Messange[3] a fait imprimer sur les comettes, et sur un nouveau sisteme de l'ayman[4] et une lettre a un de ses amis du 16 juillet 1680. Et les ephemerides en feuilles avec un petit livre de l'usages d'icelles qui traitte du pandule et de plusieurs autres petitte choses de l'astronomie. Je suis,

Monsieur,
Vostre tres humble et tres obeissant Serviteur,

Des Noyers

---

1 Au chapitre de la mort lors du décès de Burattini : n° 227.

2 Selon Barrême, *Le livre des Monnoies etrangeres,* 1 ducat de Pologne vaut 6 livres de France, soit 600 livres.

3 Voir n° 198.

4 *Dissertation sur les comètes*, Paris, J. Cusson, 1681 ; *Nouveau systeme de laiman à Mr. L'abbé Dangeau*, Paris, J. Cusson, 1680. Au sujet du premier ouvrage J. de Lalande écrit que l'auteur « explique le mouvement des comètes par les tourbillons. Il n'est pas aussi absurde que de coutume » (*Bibliographie astronomique*, p. 302).

LETTRES [1682]

230.

5 mars 1682, Hevelius à Pierre des Noyers

BO : Ci-XV, 2182/56/66
BnF : Lat. 10 349-XV, 131-133
BnF : FF. 13 044, 199rv.

Monsieur,
Monsieur des Noyers
Warsaviæ,

Illustrissime Domine,

Literas tuas die 23 Januarii datas, non nisi ante octiduum, et quidem resignatas a Domino Formond primum accepi; unde id evenerit, tu forte citius exploraturus es. Gratissimum fuit percipere, te omnem movere lapidem, ut suppellectilem illam mathematicam defuncti Domini Burattini tibi compares; fac quæso ut etiam obtineas totam suppellectilem ad opticam et elaborandas et expoliendas lentes pertinentem, libenter illam possiderem. Instructissima enim mea officina optica plane etiam flammis consumpta est, ut ne unicam patellam, vel minimum orichalcicum globulum retinuerim. De cætero nihil quicquam adhuc vidi quod[1] Monsieur Mallement de Mesnage edidit; gratum igitur foret si ea minimum perlegere possem. Nuper anno 1682 mense januario inceperunt Lipsiæ edere, ad exemplum Gallorum, Anglorum atque Italorum Acta Eruditorum, quæ singulis mensibus continuare proposuit auctor, vir alias eruditissimus Christophorus Pfautz, mathematum Professor Lipsiensis: prout ex literis hisce ad me datis plenius prospicies: exemplar illorum Actorum pariter transmitto tibi reservandum et si sequentia obtenturus, non minus quantocyus tibi perferri curabo. En tibi nunc quoque eclipsin nuperam Lunarem cum duobus schematismis, quam cælo admodum annuente, ab ipso initio ad finem usque mihi ex nova mea rursus erecta specula pro voto observare obtigit. Si hujus eclipseos observationem aliunde sive ex Gallia, Italia, vel Polonia obtinueris, rogo haud graveris, cum aliis rebus nuper peractis vel editis mihi transmittere. Denique ante bimestre spatium rursus ad Illustrissimum Dominum Balusium nec non ad Clarissimum Dominum Bullialdum literas dedi; sed ab utroque nec ad hasce nec ad priores meas jam præterito anno die 27 Junii scriptas, vel quicquam responsi accepi. Nunquam autem mihi imaginari possum communem nostrum amicum Dominum Bullialdum ad exemplum amicorum parisiensium mei etiam plane jam oblitum esse ut pariter ne literula me amplius salutare proposuerit. Nam amicitia nostra tam altas jam egit radices, ut id fieri minime possit. Latet igitur alia causa, quam ab ipso primis

---

1 Dans le texte: « quæ ».

literis expiscari velis etiam atque etiam rogo; interea illum omnesque amicos nobis bene cupientes meo nomine officiosissime salutatos cupio. Vale, Vir Illustrissime ac Amice Integerrime et porro fave

Tuo,
Deditissimo

J. Hevelio manu propria

Gedani, anno 1682, Die 5 Martii.

Monsieur,
Monsieur des Noyers
Varsovie,

Très illustre Monsieur,

Je n'ai reçu qu'il y a huit jours votre lettre datée du 23 janvier et même décachetée par Monsieur Formont. Peut-être comprendrez-vous plus vite pourquoi. J'ai eu grand plaisir à apprendre que vous remuez ciel et terre pour acquérir l'équipement mathématique de feu Monsieur Burattini. Faites-en sorte, je vous prie, d'acquérir le matériel qui concerne l'optique, l'élaboration et le polissage des lentilles : je le posséderai volontiers. En effet, mon atelier d'optique très bien équipé a été entièrement consumé par les flammes, de sorte que je n'ai pas même gardé un seul creuset, ni la plus petite parcelle de laiton. Pour le reste, je n'ai encore rien vu de ce que Monsieur Mallement de Messange a publié. Il me serait très agréable de pouvoir au moins le parcourir[1]. Récemment, en janvier 1682, on a commencé de publier à Leipzig les *Acta Eruditorum*, à l'exemple des Français, des Anglais et des Italiens[2]. L'auteur se propose de les continuer mensuellement. Celui-ci, Christophe Pfautz[3] est par ailleurs un homme très érudit, professeur de mathématiques à Leipzig, comme vous le verrez en plus de détails par la lettre ci-jointe qu'il m'a adressée[4] ; je vous envoie également un exemplaire de ces Acta à garder pour vous et si j'obtiens les suivants, je vous les ferai envoyer aussi au

---

1 N° 229.

2 Après un premier projet soumis par Leibniz en 1668 à l'Empereur, les *Acta Eruditorum* voient le jour en 1682 à Leipzig. C'est une revue scientifique allemande, mensuelle, rédigée en latin. Christoph Pfautz en fut l'un des fondateurs et son beau-frère Otto Mencke (1644-1707), le premier éditeur. Hevelius y publie 5 articles pour la seule année 1682 (*CJH*, I, p. 578-579). Il fut l'un des premiers correspondants à publier dans ce journal, mais il interrompt sa collaboration à la fin de 1684 après la publication d'un bref article sur l'Écu de Sobieski (« *Scutum Sobiescianum* », août 1684, p. 395-396).

3 Christoph Pfautz (1645-1711), mathématicien, astronome et géographe. Il est professeur de mathématiques à l'Université de Leipzig depuis 1676. Entre 1681 et 1685, Hevelius échange 30 lettres avec Pfautz.

4 Lettre du 18 novembre 1681, BO, CI-XV, 2158/31/32.

LETTRES [1682]

plus vite. Je vous envoie aussi la récente éclipse de Lune avec deux dessins[1]. Grâce à un ciel particulièrement favorable, j'ai eu la possibilité de l'observer du début jusqu'à la fin, selon mes vœux, à partir du nouvel observatoire que j'ai construit. Si vous obtenez d'ailleurs une observation de cette éclipse, soit de France, d'Italie ou de Pologne, je vous demande de prendre la peine de me la transmettre avec d'autres choses récemment réalisées ou publiées. Enfin, j'ai écrit il y a deux mois à l'illustrissime Monsieur Baluze et au très célèbre Monsieur Boulliau[2], mais je n'ai reçu, ni de l'un, ni de l'autre, une réponse à ces lettres, pas plus qu'à celles que j'avais écrites l'année dernière le 27 juin. Je ne pourrai jamais imaginer que notre Ami commun Monsieur Boulliau, à l'exemple des amis parisiens, m'ait complètement oublié au point de décider de ne plus me saluer même par une petite lettre ; car notre amitié a poussé des racines si profondes que cela ne peut se faire. Un autre motif se cache. Je vous demande, encore et encore, de le lui soutirer dans votre prochaine lettre. En même temps, je désire que vous remettiez mon salut très poli à tous les amis qui nous veulent du bien. Portez-vous bien très illustre Monsieur et Ami très intègre, et continuez à favoriser

Votre
Tout dévoué

J. Hevelius de sa propre main

À Dantzig en 1682, le 5 mars.

231.

27 mars 1682, Pierre des Noyers à Hevelius

BO : Ci-XV, 2183/57/67
BnF : Lat. 10 349-XV, 133-135

Varsavie le 27 mars 1682

Monsieur,

J'ay retardé a respondre a vos lettres des 19 decembre et 5 de ce mois de mars dans l'esperence que j'avois d'optenir quelque choses des instruments et des verres d'op-

---

1 Eclipse du 21 février 1682. Pingré, *Annales*, p. 364. Cette observation est publiée dans les *Acta Eruditorum*, en avril 1682, p. 108-116 et dans l'*Annus Climactericus*, p. 116. Pas de pièce jointe à la lettre.

2 Deux lettres du 3 janvier : ainsi que des Noyers lui avait recommandé de le faire dans sa lettre du 28 novembre (n° 227). La lettre à Baluze : *CJH*, II, n° 122, p. 420-422.

tique de feu M. Buratin et que j'offre de peyer les choses au double de ce qu'elles seront estimee ̄et] les prendre en deduction de trente mille risdalles que je luy ay prestee et qu'il y a quinze ans[1] qu'il me doit sans en peyer d'interets. Mais je descouvre que c'est ce qui nuit a mon dessein et a ma pretention, et que sa veufve veut vendre toutes choses, et mesme a vil prix pour avoir de l'argent contant. Il a fait deux de ces quarts de cercles dont luy et moy vous avons parlez. Un d'iceux m'apartient ayant donné la matiere pour le faire. On me le refuse et on ne me le veut pas donner, bien qu'il soit a moy. Il avoit fait faire une caisse pour enfermer le sien, et nous n'attandions que le depart des bateaux pour vous l'envoyer. Je me suis voulu obliger par escrit, de le rendre si on me (sic) vouloit me le donner pour vous l'envoyer et vous le faire voir seulement mais je ne l'ay peu obtenir. J'en ay demandé le dessein en papier que le deffunt avoit designé pour vous l'envoyer, mais je ne l'ay peu non plus obtenir. Enfin Monsieur n'esperé rien par mon entremise, puisque mesme je ne puis avoir ce qui m'appartient. L'on m'a dit que l'on vouloit donner au Roy les instruments et les verres d'optique[2]. Et ainsy on ferme la bouche a tout le monde.

M. le Colonel Fredioni[3] qui a espousé une parente de Madame Buratin[4] est allé a Bidgotz d'ou il passera a Dantzigt et vous ira voir. Il demeure dans la mesme maison de M. Buratin, il fait toutes ses affaires vous pourrez parler avec luy des choses que vous desireriez avoir, et il en pourra traitter en vostre nom, avec la veufve. Il vous montrera un dessein en papier du quart de cercle, qui proprement est un quart de cercle double, c'est a dire qui en a un autre renversé au dessus.

Je ne puis pas maintenant vous envoyer le petit traitté que M. de Mesanges a donné a l'impression parce que je l'ay presté a M. le Grand Mareschal[5] qui l'a emporté a la campagne dont il n'est pas encore revenus.

---

1 N° 229. En 1667. À l'époque donc où Burattini, accusé de malversation comme responsable de la Monnaie, est jugé par le tribunal de Léopol. Son cas est encore examiné en 1668 par la Diète de convocation, et en 1669, par la Diète d'élection. Le risdale (nom néerlandais du Reichsthaler) correspond, grosso modo, à l'écu. Rentré en grâce en 1672, Burattini ne peut redresser sa fortune. Lors de la Diète de 1678, il a été reconnu que l'État était son débiteur, sans pour autant le rembourser ; même reconnaissance en 1683 avec promesse de rembourser les héritiers qui reçurent, en 1685 150 000 florins (Favaro, p. 27). Un florin (selon Barême, *Le Grand Banquier de France*) vaut 20 sols ou 1 livre.

2 Ces instruments d'optique ont été acquis pour le Roi par le père Kochanski, sj.

3 Fridiani : Colonel de l'artillerie lituanienne (mentionné dans une lettre de Burattini à Boulliau du 7 octobre 1672, Favaro, doc. XXXVIII, p. 126-129) ; ses efforts furent aussi vains et en définitive, les instruments échouèrent, pour partie, dans les mains du roi. Il semble que le quadrant se soit trouvé à Jaworov, chez Sobieski.

4 Burattini avait épousé à la fin des années 50, Teresa Opacka d'une famille de magnats. Six enfants sont nés de ce mariage. C'est sur la base de cette lettre que Karolina Targosz évoque le comportement retors de la veuve.

5 Stanisław Herakliusz Lubomirski (1642-1702), écrivain, mécène et homme politique. Fils de Jerzy Sebastian Lubomirski qui a mené en 1665-1667 un soulèvement contre Jean Casimir et Louise-Marie, il ne s'implique pas dans ce soulèvement et ne subit donc pas les foudres du tribunal de la Diète qui prive son père de ses titres et dignités. Il est nommé échanson de la couronne, un titre mineur, en 1669, puis maréchal de camp en 1673 et grand maréchal en 1676. Il s'oppose politiquement au roi Jean Sobieski puis à la succession de son fils. [D.M.].

LETTRES [1682]

M. l'abbé Dönhoff auquel j'ay montré Acta Eruditorum que vous m'avez fait le grace de m'envoyer, offre de vous envoyer, sy vous les voulez voir, les journaux des Savants que l'on luy a envoyé de Paris.

J'ay envoyé a M. Boulliau vostre observation de l'eclipse de Lune, et ce que l'on vous escrit de Leipzik. Il me parle de vous quasy toutes les semaines et me dit que ce qui l'a empesché de vous escrire est l'ocupation ou le tient l'impression de son livre qu'il est obligé de corriger a toutes les fueuilles, ce qui doit estre bien tost achevé, et ensuitte il promet de vous escrire amplement, et cependant il me demande sy vous ne faitte point travailler a l'impression de vostre Catalogue des estoilles fixe. Il dit que ses trois premiers livres sont desja achevez et qu'il a poussé ses speculations jusques aux sixiemes quantitez et qu'il espere que les geometres y trouveront quelque choses qui leur plaira, et cependant il vous baise les mains.

Je n'ay point encore veu de pas un lieu aucune observation de l'eclipse[1]; s'il en vient a ma connoissance, je vous les envoyeré aussy tost. M. Boulliau me dit dans la sienne du 16 de ce mois qu'il ne croy pas que Messieurs de l'Academie l'ayent observee[2]. Je suis tousjours,

Monsieur,
Vostre tres humble et tres obeissant Serviteur

Des Noyers

232.

15 mai 1682, Hevelius à Pierre des Noyers

BO : C1-XV, 68 manque
BnF : Nal 1639, 92rv
BnF : Lat. 10 349-XV, 135-136.

Illustrissime Domine,

Ex literis tuis die 24 Martii ad me datis non sine dolore intellexi te nihil quicquam a vidua illustrissimi Domini Burattini amici nostri summi nec precibus nec nummis extorquere potuisse. Acquiescendum igitur, atque Deo et tempori committenda sunt omnia. Cum Illustrissimo Domino Fedrian nuper etiam locutus sum de variis rebus, sed nihil certi promittere voluit, monstravit mihi quidem parvulam

---

1 Du 21 février.
2 Ce qui, une fois de plus, est faux. Cassini, mais aussi Picard et La Hire l'ont suivie. Pingré, *Annales*, p. 365-366.

588 CORRESPONDANCE DE JOHANNES HEVELIUS. TOME III

quandam delineationem sed eam relinquere noluit, nec quicquam solidi ex ea intelligere potui. Apparatum opticum et quædam vitra optica pro æquo pretio libenter etiam obtinerem, num autem ea omnia obtinuero tempus docebit. Interea nuper ex literis Reverendi Patris Koschanski percepi viduam dictum quadrantem istum jam Suæ Regiæ Majestati obtulisse; operam daturus sum ut eum a Sacra Regia Majestate obtinere possim quo alium ejus generis mihi fabricandum dare possim: eum in finem hodie ad Reverendum Patrem Koschanski literas dabo, si quicquam apud illum meo nomine etiam impetrare potes, rogo ut omnem adhibeas operam. Illustrissimus Dominus Dönhoff quem officiosissime salutes meo nomine si mihi communicare velit quovis tempore acta Parisiensium erit mihi gratum quam quod gratissimum. Literas Clarissimi nostri Bullialdi avidissime exspecto, ut reliquorum amicorum Parisiensium frustra omnino hucusque exspectavi. Catalogus meus fixarum omnino jam est absolutus sed eum typis committere haud possum antequam globi cœlestes erunt descripti omnes, quibus totus sum occupatus. Vale amice intime et me amare perge. Dabam Gedani, anno 1682, die 15 Maii

Tuus ex animo bene cupiens

J. Hevelius

Très illustre Monsieur,

Par votre lettre du 24 mars, j'ai appris, non sans chagrin, que vous n'aviez rien pu obtenir de la veuve de l'illustrissime Monsieur Burattini, notre très grand Ami, ni avec des prières, ni avec de l'argent. Il faut donc acquiescer et confier toutes choses à Dieu et au temps. J'ai récemment parlé de divers sujets avec l'illustrissime Monsieur Fedrian[1], mais il n'a rien voulu promettre de certain. Il m'a cependant montré un tout petit dessin, mais n'a pas voulu me le laisser et je n'ai rien pu y comprendre de solide. J'obtiendrais volontiers un appareil optique et certains verres optiques pour un prix équitable, le temps nous apprendra si j'aurai pu obtenir tout cela. Entre temps j'ai appris récemment par une lettre du Révérend Père Kochanski que la veuve avait offert ledit quadrant à Sa Majesté Royale[2]; je vais faire en sorte de pouvoir l'obtenir de Sa Majesté Royale et Sacrée pour que je puisse en faire fabriquer pour moi un autre du même genre; dans ce but, j'enverrai aujourd'hui une lettre au Révérend Père Kochanski[3]; si vous pouvez obtenir de lui quelque chose en mon nom, je vous demande d'y mettre tous vos efforts. Si l'illustrissime Monsieur Dönhoff (que je vous demande très poliment de saluer en mon nom) veut me communiquer n'importe quand les Actes des Parisiens[4], cela me sera des

---

1 Le colonel Fridani: voir n° 231.
2 N° 231.
3 Il lui écrit le 22 mai.
4 Le *Journal des Sçavans*.

LETTRES [1682]

plus agréable. J'attends avec avidité une lettre de notre Ami Boulliau ; de même j'ai jusqu'à présent attendu en vain des lettres des autres amis parisiens. Mon catalogue des Fixes est tout à fait terminé, mais je ne peux le confier à l'imprimerie avant que mes globes célestes ne soient tous dessinés, ce à quoi je m'occupe tout entier. Portez-vous bien, Ami intime, et continuez à m'aimer. Donné à Dantzig en 1682, le 15 mai.

Votre Ami, qui de tout cœur vous veut du bien

J. Hevelius

233.

3 juillet 1682, [Boulliau à Pierre des Noyers]-Pierre des Noyers à Hevelius

BO : manque
BnF : Nal 1642, 108-109rv
BnF : Lat. 10 349-XV, 170-173

Amplissimo Viro Domino Johanni Hevelio,
Veteris Gedani Consuli,

Ismael Bullialdus salutem plurimum dicit

Amplissime Vir, epistolam tuam Januarii elapsi die 3 scriptam quam Domini Petri Formond famulus mihi attulit ante sex dies accepi. Cui tam longæ moræ causam adscribam non habeo. Illi adjunctam et Domino Baluzio inscriptam ut in manus traderem, domum ipsius unde exierat, me contuli et ipsius famulo reverso reddendam commendavi, utque de animo erga ipsum tuo certiorem quoque reddam, iterum conveniam. Intermissi porro per annum revolutum commercii epistolici causas, amico communi nostro Illustrissimo Domino Nucerio scriptas, quin ipso curante, et excusationes meas apud te offerente, resciveris non dubito, quas prolixius hic repetere necessarium haud existimo. Paucis tamen verbis silentium meum diuturnum excusandum apud te amicum est, qui me septuaginta septem fere revolutos annos numerare novisti ; ingravescit ætas, nec labori ut antea corporis vires sufficiunt, manus ad pingendas literas minus validæ pigriores factæ sunt ; animi conceptus cito avolantes calamus non semper assequitur ; unde fit ut inter scribendum sæpe verbum aliquod intercidat, quod omissum sensum verborum corrumpit, et lectoris animum ancipitem reddit, tædioque afficit. Operis mei de Arithmetica infinitorum editioni, quæ nondum absoluta est, attendendum mihi fuit. Quod vero cæteris gravius, domestica negotia minime grata mihi acciderunt, molestiamque et animi ægritudinem curasque injecerunt.

Litteris tuis anno præterito Junii 27 ad me datis de Academicis nostris jure conquestus es, qui muneribus librorum tuorum omnium magnificis a te acceptis, nihil quicquam suorum operum, ut gratum erga te animum suum testificarentur, vicissim tibi res posuerunt et transmiserunt præcipue cum citra negotium id fieri potuerit. Pauca sunt enim, leviorisque ponderis, nec ratione vecturæ magna pecunia expendenda fuerit; sed ne verbulum quidem ut ut gratias agerent, tibi scribere dignati sunt. Puduit eos pro aureis donis ænea rependere; ex qua gaza regia astronomica, sed egena, deprompta ad privatos Lares tuos, operibus tuis, nominisque tui celebritate divites mittere. Liver manus ipsorum alligatas tenuit, ne gratias agendo per epistolas tua laudare, ut bonorum cordatorumque virorum reprehensionem fugerent, coacti suis suæque famæ detrahere viderentur. Ex posteriori vero epistola tua januarii die 3 scripta, istos hactenus nec scripsisse, aut aliquid ad te transmisisse, intellexi. In pari sententia constanter perseverant; quidquam ab illis sive librorum sive epistolarum te accepturum vix credo. Nullum ipsorum opus apud bibliopolas hactenus prostat. Aliquas Selenographias vulgo jactatas tabulas æneas sculptas esse audivi. In edendis Tychonis Brahei operibus, a Domino Picard ex Dania allatis operam, verum lente ac remisse, impendunt. Melius equidem astronomiæ consulunt, quam hactenus propriis observationibus ab ipsis factum, dum tanti viri lucubrationes in lucem edunt. Fixarum catalogum correctiorem aut novas tabulas astronomicas accuratiores ab eorum officina expectare noli; observationes cælestes ab illis factæ ad tam ardua opera perficienda insufficientes sunt, nec ipsi perficiendæ pares sunt.

Eclipsin Lunæ postremam ob æris frigidi humidi inclementiam, ne catarrhum provocaret ac tussim, inobservatam dimittere gravate ac invitus coactus fui.

Ut vero catalogum fixarum summa cum diligentia objectarum, publici juris ut tandem facias impensissime te rogo cum nunc post deplorandam calamitatem reparatis ex parte rebus domesticis respirare tibi a Domino Optimo Maximo concessum sit. Hæc et enim unica basis est condendarum astronomicarum tabularum.

Anno superiori 1681 Augusti die 10 hora 2 ½ matutina nova in collo Ceti major cernebatur illa quæ in ore et a die 16 ad 26 major quam lucida mandibulæ apparuit. Anno vero 1680 antecedenti eadem nova major ea, quæ in gena, in maxima fulsione visa non est, ante medium julii ad illam observatores sese convertere debent. Brevi epistolæ tuæ die februarii 18 anno 1650 ad me missæ exemplar describendum curabo, statimque transmittam denique persuasum tibi habeas, valde cupio, nunquam oblivione delendam apud me tui memoriam fore, nec unquam me prætermissurum occasionem officia mea tibi exhibendi, rebusque tuis serviendi ut anno præterito, cum tibi ad Dominum Baluzium scribendi consilium suggessi, feliciter, magna cum animi mei voluptate expertus es. Vale, Vir Amplissime, cum lectissima matrona conjuge tua tuisque. Vobis a Deo cuncta prospera precor. Scribebam Lutetiæ Parisiorum die 5 Junii anno 1682.

Cette lettre qui m'avoit esté adressé en Pologne m'est revenue icy à Paris[1], ou j'ay trouvé nostre amy en bonne santé. Je suis Monsieur tousjours vostre tres humble et tres obeissant Serviteur,

Des Noyers

À Paris le 3 juillet 1682

Lettre de Boulliau à Hevelius :

À l'homme très considérable, Monsieur Johannes Hevelius, Consul du Vieux Dantzig Ismaël Boulliau remet son plus grand salut.

Très considérable Monsieur, j'ai reçu voici 6 jours votre lettre du 3 janvier écoulé que le domestique de Monsieur Pierre Formont m'a apportée[2]. Je ne sais à qui attribuer la cause d'un tel retard. Pour remettre en mains propres à Monsieur Baluze la lettre jointe qui lui était adressée, je me suis transporté à sa maison, dont il venait de sortir et j'ai recommandé à son domestique, qui rentrait, de la lui remettre. Pour l'assurer de vos bonnes dispositions à son égard, je le rencontrerai à nouveau. J'ai décrit à notre Ami commun, l'illustrissime Monsieur des Noyers, les causes de l'interruption de notre commerce épistolaire pendant l'année écoulée. Je ne doute pas que vous les ayez apprises par ses soins avec mes excuses qu'il vous présente. Je n'estime pas nécessaire de vous les répéter plus longuement, mais, en peu de mots, mon silence doit s'excuser auprès de vous, mon Ami, qui savez que je compte 77 années écoulées[3]. L'âge s'alourdit, mes forces physiques ne suffisent plus au travail comme autrefois, mes mains moins solides sont devenues plus paresseuses pour tracer des lettres[4]; la plume ne suit pas toujours les idées de l'esprit qui s'envolent vite ; il en résulte qu'en

---

1 Pierre des Noyers quitte Varsovie début mai 1682 (Des Noyers à Boulliau, 8 mai 1682 de Varsovie, BnF, FF. 13021, fol. 229-230). Il arrive à Paris fin juin 1682 (Note de Boulliau sur Des Noyers à Boulliau, 8 juin 1682 d'Amsterdam, FF. 13021, fol. 231), en repart le 29 août (Note de Boulliau sur Des Noyers à Boulliau, 11 septembre 1682 d'Amsterdam, FF. 13021, fol. 232rv) et arrive à Varsovie fin octobre (Des Noyers à Boulliau, 23 octobre 1682 d'Amsterdam, FF. 13021, fol. 236-237). Dans ces courriers, rien ne transpire sur les intentions de Pierre des Noyers ni sur l'objectif de ce voyage. [D.M.]

2 Il s'agit de la lettre du 5 juin.

3 Selon Henk Nellen, « Boulliau n'eut pas trop à se plaindre de sa santé jusqu'au moment où, en 1682, le malheur s'installa. De temps en temps, il avait souffert d'accès de goutte ; mais, en juillet 1682, une forte crise de sciatique le terrassait : des tuméfactions enflammées lui causaient des douleurs insupportables dans les articulations de la hanche jusqu'au mollet. Le mal s'aggrava à tel point que, d'octobre 1682 à la mi-mai 1683, il lui fut impossible de quitter la chambre, de traverser la ville et d'aller voir ses amis. » *Boulliau*, p. 323.

4 L'écriture de Boulliau, très lisible, devient effectivement très tremblée et sénile.

écrivant, un mot tombe souvent et cette omission corrompt le sens des mots et rend l'esprit du lecteur hésitant et le rebute. Je dois veiller à l'édition de mon ouvrage sur l'arithmétique des infinis qui n'est pas encore terminé. Ce qui est plus grave, il m'est arrivé des affaires domestiques très désagréables, qui m'ont causé de la peine, une maladie de l'âme et des soucis[1].

Dans votre lettre du 27 juin dernier[2], vous vous êtes plaint à bon droit de nos Académiciens qui après avoir reçu les présents magnifiques de tous vos livres ne vous ont envoyé aucune de leurs œuvres pour vous témoigner leur gratitude ; à leur tour, ils vous ont posé et transmis des querelles surtout quand cela pouvait se faire en dehors des problèmes. Leurs œuvres sont peu nombreuses et de peu de poids. Il ne fallait pas dépenser beaucoup d'argent pour le transport, mais ils n'ont pas daigné vous écrire, pas même un petit mot pour vous remercier[3]. Ils ont eu honte d'échanger du bronze contre des cadeaux en or[4], tirés de votre royal trésor astronomique ; ils n'ont pas voulu envoyer des choses indigentes et empruntées à vos lares privés, riches de vos travaux et de la célébrité de votre nom. La bile tient leurs mains liées de peur qu'en vous remerciant par lettre, ils ne soient forcés de faire votre éloge et de se diminuer eux-mêmes et leur réputation pour échapper au blâme des hommes de bien et de cœur. J'ai compris dans votre lettre suivante, écrite le 3 janvier, qu'ils ne vous avaient ni écrit, ni transmis quoi que ce fût. Ils persévèrent avec constance dans leur opinion. Je ne crois guère que vous recevrez d'eux un livre ou une lettre quelconque. Aucun ouvrage d'eux n'est à présent en vente chez les libraires. J'ai appris que certaines Sélénographies présentées avaient été gravées sur cuivre[5]. Ils travaillent, mais très lentement et mollement à éditer les œuvres de Tycho Brahé rapportées du Danemark par Monsieur Picard[6]. Ils contribuent mieux à l'astronomie en éditant les travaux d'un tel homme qu'ils ne l'ont fait jusqu'à présent par leurs propres observations. N'attendez pas de leur

---

1 Boulliau, avec un petit capital mis de côté, avait acheté deux maisons et avait dû batailler avec les maçons et les charpentiers (Nellen, p. 320).

2 BnF, FF. 13 044, 172r-173v ; Lat., 10 349-XIV, 368-369 ; BO : C1-XIV, 2117/171/202.

3 Boulliau, lui-meme marginalisé dans la communauté scientifique, se venge des académiciens. Il invoque donc leur jalousie et leur avarice.

4 En référence à l'*Iliade* où les héros échangent des armes de bronze contre des armes d'or : *Ænea Aureis*, sous entendu, *commutare*.

5 La carte de la Lune de Cassini a été présentée à l'Académie des sciences en février 1679 et publiée en 1680.

6 On lit dans les registres de l'Académie des sciences : « Le 7 décembre (1680) sur ce que M. Perrault, contrôleur des Bâtimens, a dit à la Compagnie, de la part de Monseigneur Colbert, qu'on délibérât si les manuscrits de Tycho Brahe que MM. Picard et Roemer ont apporté de Danemark, méritoient d'estre imprimes, et en ce cas qu'on jugeât à propos de les faire imprimer, qu'on y travaillât incessamment. La Compagnie a été d'avis que l'ouvrage méritoit d'estre imprimé, comme contenant les observations de Tycho, et cela d'autant plus que l'ouvrage a esté imprimé en Allemagne sur une fausse copie et est plein de fautes. On arreste que l'ouvrage sera imprime en deux ou trois volumes in fol. M. Picard s'est chargé de l'impression. » (Pingré, *Annales*, p. 359). Picard ayant été chargé d'autres tâches, cette impression en fut retardée, puis abandonnée à la mort de Picard (12 juillet 1682) et de Colbert (6 septembre 1683). Voir n° 154. Voyant que l'impression du manuscrit n'avançait pas, les Danois le réclamèrent et il leur fut renvoyé.

officine un catalogue des Fixes plus correct, ou de nouvelles tables astronomiques plus précises ; les observations célestes qu'ils ont faites sont insuffisantes pour des tâches aussi ardues, et eux-mêmes ne sont pas capables de les réaliser.

A contrecœur et malgré moi, j'ai dû laisser la dernière éclipse de Lune sans l'observer, à cause de l'inclémence de l'air froid, de peur qu'il ne provoque le catarrhe et la toux[1].

Je vous demande avec insistance de donner enfin au public votre catalogue de Fixes, notées avec une grande diligence puisque maintenant, après cette déplorable calamité, vos affaires domestiques ont été en partie réparées et que Dieu Très Bon, Très Grand,vous a permis de reprendre haleine. C'est en effet la seule base pour fonder des tables astronomiques.

L'année dernière 1681, le 10 août, à 2h. 30 du matin, une nouvelle étoile se voyait dans le cou de la Baleine[2], plus grande que celle qui est dans sa gueule et du 16 au 26, elle est apparue plus grande que la brillante des mâchoires. L'année précédente, 1680, la même nouvelle étoile, plus grande que celle qui est dans la joue, n'a pas été vue dans sa plus grande brillance avant le milieu de juillet. C'est vers elle que les observateurs doivent se tourner. Bientôt, je ferai faire une copie de la lettre que vous m'avez envoyée le 18 février 1650 et je vous la transmettrai immédiatement[3]. Enfin, soyez bien persuadé, je le désire beaucoup, que votre souvenir en moi ne sera jamais effacé par l'oubli et que je ne laisserai jamais passer une occasion de vous témoigner mes devoirs et de servir vos affaires, comme l'année dernière quand je vous ai conseillé d'écrire à Monsieur Baluze et que vous avez heureusement réussi à ma plus grande satisfaction. Portez-vous bien, très considérable Monsieur, ainsi que votre épouse, cette personne éminente et tous les vôtres. Pour vous, je demande à Dieu toute prospérité. Écrit à Paris le 5 juin 1682.

---

1 La dernière éclipse de Lune est celle du 21 février.

2 Sur la variable de la Baleine, Pingré, *Annales*, p. 358, 362.

3 Hevelius a probablement demandé une copie de cette lettre, en vue de la préparation de l'édition de sa correspondance (BnF, FF. 13 043, 20r-21v ; Lat. 10 347-II, 3-5 ; BO : C1-II, 148). Il y évoque, notamment son envoi de lentilles et ajoute qu'il peut exister des « tubospilla » (un tube avec un miroir) plus efficaces, « puisque vous-même vous en possédez parmi d'autres plus longs, de plus courts et cependant plus précis qui servent aux usages quotidiens. Cependant en ces temps-ci et surtout par pénurie d'un verre plus commode et d'autres empêchements, il ne m'a pas été possible d'en élaborer de meilleurs que ceux que je vous ai transmis. Mais je vous promets que pourvu que mes forces et mes occupations me le permettent je vous en fournirai comme à un Ami très illustre qui peut-être vous satisferont davantage. ». Hevelius a été très malade en 1649.

234.

10 décembre 1682, Hevelius à Pierre des Noyers

BO : C1-XV, 2220/95/118
BnF : Lat. 10 349-XV, 207-208
BnF : FF. 13 044, 197r-198r

Domino Nucerio
Warsaviæ

Illustrissime Domine

Gratias habeo tibi maximas, Amice honorande, quod literas communis nostri amici mecum communicare jusseris. Ex nuperis intellexi eum admodum ægrotare, quod ex animo doleo ; faxit Deus Optimus Maximus ut in plurimos annos tam nostro quam rei literariæ maximo bono conservetur. Deinde nescio unde id intellexerit, quod apud Batavos quicquam sollicitaverim, quod profecto nunquam feci, nec facturus sum : novi enim illorum ingenium. Apud Regem Christianissimum vellem quidem adhuc suo tempore humillime sollicitare residuas pensiones annuas ab anno 1671, dummodo scirem per quem id commode fieri possit ; an consultum sit iterum eo nomine Illustrissimum Dominum Balusium literis compellare, id consilii a vobis exspecto. Libenter cognoscerem unde id factum sit quod dictus Illustrissimus Dominus Balusius cujus summum erga me favorem re ipsa expertus sum, ne semel quidem ad binas vel ternas meas literas rescripserit cum tamen omnia eo tempore per ipsum obtinuerim quæcumque eo tempore desiderabam. Præterea ex dictis Clarissimi Bullialdi literis liquet, illum dubitare, me quicquam solidi, ob infortunium meum, quod ante triennium passus sum, de nupero cometa observasse : ac si nunc segnior factus fuerim in rerum cœlestium observationibus. Sed velim ut sibi persuadeat etiamsi in illa calamitosissima strage, omnes pene facultates meas, totamque meam pretiosissimam Uraniam perdiderim, nihilhominus cum Deus Optimus Maximus, pro quo Ipsi immortales ago gratias integrum animum ardoremque pristinum studia cælestia pro modulo meo ulterius excolendi conservaverit, nihil adhuc magis, ut olim in votis habeo, quam contemplationibus cœlestibus sæpius invigilare, tum quo possim quantocyus globos meos cœlestes, Uranographiam cum universo omnium fixarum catalogo, aliisque opusculis nuper conscriptis in lucem proferre. Inprimis cum gratia divina nunc novam meam speculam rursus erexerim, eamque necessariis instrumentis æneis, sextantibus, quadrantibus nec non tubis egregiis longissimis restauraverim. Hinque etiam in nupero cometa nihil quicquam neglexi, nullamque serenam noctem præterlabi passus sum, in qua non plurimas observationes congruis organis, sextante nimirum, quadrante tubisque annotaverim ; quas autem omnes vobis communicare nimis longum foret. Quare tenete generalem historiolam hujus cometæ, quam amici

nonnulli extorserunt: accuratiora suo tempore in anno meo climacterico observationum mearum exspectabitis. Interea vale feliciter et amare perge,

Tibi, Illustrissime Domine,
Addictissimum

J. Hevelium

Dabam Gedani, anno 1682, die 10 Decembris.

À Monsieur des Noyers
À Varsovie,

Très illustre Monsieur,

Je vous rends les plus grandes grâces, honorable Ami, de m'avoir fait communiquer la lettre de notre Ami commun[1]. J'ai appris de cette récente lettre qu'il était très
malade. Cela me peine jusqu'au fond du cœur. Que Dieu Très Bon, Très Grand, fasse
qu'il se conserve de longues années pour notre plus grand bien et celui des lettres.
Ensuite, je ne sais où il aurait appris que j'aurais sollicité quelque chose en Hollande,
ce qu'à coup sûr je n'ai jamais fait et je ne ferai jamais car je connais leur caractère. Je
voudrais cependant encore solliciter très humblement du Roi Très Chrétien, le moment venu, le solde des pensions annuelles depuis l'année 1671, pourvu que je sache
par quel intermédiaire cela peut se faire commodément. Serait-il raisonnable d'interpeller à nouveau l'illustrissime Monsieur Baluze par une lettre à ce sujet? C'est un
conseil que j'attends de vous. J'aimerais savoir comment il se fait que ledit illustrissime Monsieur Baluze dont j'ai éprouvé par les faits eux-mêmes la très grande faveur à
mon égard, n'a même pas répondu une seule fois à mes deux ou trois lettres alors qu'à
ce moment j'avais obtenu par lui tout ce que je désirais. En outre, ladite lettre de l'illustrissime Boulliau montre clairement qu'il doute que j'aie observé quelque chose de
certain sur la comète à cause du malheur que j'ai subi il y a trois ans, comme si j'étais
devenu plus paresseux dans les observations des choses célestes. Mais je voudrais qu'il
se persuade que même dans un désastre aussi calamiteux, j'ai certes perdu presque
toutes mes ressources et toute ma très précieuse Uranie mais néanmoins, Dieu Très
Bon, Très Grand, à qui je dois des grâces immortelles, a conservé intacts mon courage
et mon ardeur ancienne à mener plus avant les études célestes, selon ma capacité et,
bien plus, comme c'est mon vœu depuis longtemps, à veiller plus souvent à l'observation du ciel. Ainsi, je pourrais au plus tôt mettre au jour mon Uranographie, avec le
catalogue complet des Fixes et d'autres opuscules que j'ai récemment écrits, en particulier, comme par la grâce divine, je me suis construit un nouvel observatoire et que
je l'ai équipé avec les nécessaires instruments de bronze, sextants et quadrants, et avec
de remarquables tubes très longs, je n'ai rien négligé à propos de la récente comète

---

1 Du 3 juillet 1682, n° 233.

et je n'ai laissé passer aucune nuit claire sans noter quantité d'observations avec les instruments adéquats, le sextant, le quadrant et les tubes; il serait trop long de vous les communiquer. C'est pourquoi voici la petite histoire générale de cette comète que nos amis m'ont arrachée. Vous pourrez attendre de plus grandes précisions en son temps dans mon Année Climactérique d'observations. En attendant, portez-vous bien heureusement et continuez d'aimer,

À vous,
Très illustre Monsieur,

Le tout dévoué

J. Hevelius

Johannis Hevelii Historiola cometæ anni M DC LXXXII

BnF, Nal 1642, fol. 163r-164v[1]

Cum novum rursus cœli phænomenum nobis præter omnem exspectationem affulserit, volui quantocyus tibi Amice Honorande breviter exponere quæ de eo a me observata fuere. Sedulo quidem ei invigilavi per totas noctes continuas, sed sæpissime cœlum nubilum obstitit, quo minus cometam nonnunquam adeo accurate sextante meo novo, ut quidem exoptaveram observare potuerim; attamen plurimas distantias a diversis Fixis, tum etiam nonnullas altitudines meridianas impetravi; quas autem omnes observationes hic adjicere nimis longum foret. Ideoque hocce negotium differendum censeo in aliam commodiorem occasionem, quando Annum Climactericum observationum mearum sum editurus; nec sane vacat modo has observationes hujus cometæ calculo subjicere: atque ita nunc tibi tantummodo laxiori modo paucis referam, quo loco omnium primo a me deprehensus, qua via, qua velocitate et sub quo angulo orbitæ et ecliptici progressus, tum quid præterea notatu dignum, in eo annotatum fuerit.

I: Omnium primo hic Gedani a quodam meo domestico, die scilicet 25 Augusti, stylo novo, post mediam noctem mane detectus est; ego vero illum die 26 Augusti, hora 3 matutina primum conspexi et observavi in Oriente inter Aquilonem et Hellespontium, caudam satis prolixam sursum versus exporrigentem. Existebat eo tempore inter Castorem et Armum sinistrum Ursæ Majoris in 23° 30' Cancri atque in latitudine

---

1 Dans sa lettre du 10 décembre, en réponse à Boulliau qui mettait en doute l'exactitude des observations de la comète d'Hevelius, Hevelius explique n'avoir rien négligé et rédigé cette petite histoire à la demande de ses amis. Comme à l'accoutumée, Hevelius en profite pour publier des observations plus tardives d'occultation des planètes de septembre à décembre (165r-166r). Le texte ici reproduit se limite à l'observation de la seule comète.

boreali 21° fere. Ex quo situ protinus providebam, illum non solum matutino, sed et vespertino tempore, imo per totam noctem proximis diebus fore conspicuum: prout etiam contigit. Vesperi quidem hac ipsa die 26 Augusti cœlum omnino fuit nubilum; ut illum minime mihi obtigerit; sed subsequente die 27 vesperi ab hora 10 nobis clare affulsit, ac per totam noctem ad 28 Augusti mane optime fuit conspicuus. Altitudo ejus meridiana erat 6° 26', caudæ vero longitudo ad 12° excurrebat, haud procul a binis illis stellis, quæ sunt in angulo sinistro pedis posterioris Ursæ Majoris, easque relinquendo ad sinistram.

Die 30 Augusti mane et vesperi observatus, et quidem novo meo sextante, quem omnium primo ad cometam direxi, eoque plurimas distantias, nec non altitudinem meridianam exquisito quadrante orichalcino: hora scilicet 11 56' nimirum 2° 48' obtinui. Caudam radiis divaricatis nunc scilicet diei 31 Augusti 11 fere gradus ad stellulam 6 magnitudinis in imo ventre Ursæ Majoris sitam (quæ in ipsa cauda ad dextram emicuit) exporrigebat; dicta autem stella in globis Tychonicis ejusque Catalogo non habetur, sed in nostris globis tantummodo invenitur, ejus longitudo est 18° 27' 57" Leonis et latitudo Borealis 34° 48' 20" unde elucet hac die cometam satis precise in oppositam cœli partem ratione Solis comam direxisse.

Die 1° Septembris mane, cometa caudam projiciebat inter femur sinistrum Ursæ Majoris et duas illas stellulas in eodem genu sitas ad 15 vel 16 gradus. Vesperi vero hora 8 in altitudine 16°: cometa cum stella sub cauda Ursæ Majoris (mihi in annulo) Charæ et capite Bootis; rursus cum prima Majoris et prima caudæ Draconis in recta videbatur linea; occidebat hora 10 57' inter Circium et Corum; adeo ut hac die non amplius pernox fuerit.

Die 2 Septembris mane cometam primum oriri vidimus hora 2.27', longe jam humilior existebat, quam die hesterna, ubi in altitudine 11°, hodie vero tantummodo in altitudine 8° nudis oculis cernebatur, cauda longe breviori. Conspectum tamen est caput cometæ tubo optico, sed exortum ipsum Solis, ob clarissimum nucleum, quem in meditullio referebat, de quo sub finem pluribus.

Die 3 Septembris vesperi: cœlo annuente denuo nobis cometa affulsit in altitudine 18° 30' hora 7. 32: versabatur tum inter stellas in Coma Berenices, caudam dirigens fere inter mediam et ultimam Ursæ Majoris. Unde manifestum evadit directionem caudæ non omni tempore præcise in oppositum Solis incessisse; sed nonnunquam notabilem deviationem habuisse, prout in plurimis cometis sæpius deprehensum est; quanta autem hac die deviatio revera extiterit, cum nulla stella in ipsa cauda affulserit, haud datur accurate determinare.

Die 6 Septembris vesperi (nam mane non amplius jam conspicuus erat) tarde admodum in oculos, ob nubes, incurrebat; nihilominus nonnullas distantias in ejus decliviori situ sextante obtinuimus; videbatur tum cum annulo Armillæ Charæ, nec non coxa Ursæ Majoris in linea recta; caudam adhuc longe breviorem referens: quorsum autem revera eam exporrexerit vix dijudicare dabatur; videbatur tamen notabiliter eam deflectere.

Die 8 Septembris vesperi cœlum observationibus parum admodum fuit propitium. Caput cometæ hac die per tubum opticum merebatur videri; non solum, quod constanter clarissimum nucleum figuræ ovalis conservaret sed simul incurvatum, splendidissimum radium ab ipso nucleo in caudam usque sese extendentem exhiberet.

Die 9 Septembris vesperi : cometa quidem conspectus, sed ob ejus declivitatem, tenuitatem, Lunæque crescentis splendorem leviter tantummodo observatus ; sic etiam diebus subsequentibus continuo obtusior cum cauda breviori apparuit.

Die 10 Septembris vesperi : cœlo rursus sereno cometam post Solis occasum in altitudine 13° conspeximus qui cum Arcturo et sequente in dorso Bootis lineam constituebat fere rectam. Ad ipsum caput, secundum orbitam cometæ ductum, in distantia 10', minutissima stellula videbatur, quam eo tempore jam prætergressus erat. Caudam non amplius sursum atque Aquilonem,ut hactenus, sed meridiem versus projiciebat.

Die 12, 13, et 14 Septembris, cometa adhuc conspectus et quantum cœlum indulsit etiam instrumentis observatus, ut et die 16 Septembris ; die vero 17 ultimo a me conspectus est ; subsequentibus namque diebus diligentissime quidem quæsitus ; sed partim ob densiores nubes, æremque subnubilum tenuitatem corporis, humilioremque ejus situm, nullo modo amplius detegi potuit.

Nunc exoptarem ut observationes meas omnes rigidissimo calculo subjicere liceret ; quemadmodum in plurimis ancedentibus cometis a me peractum est atque ex cometographia mea unicuique patet : quo ejus genuinus motus, ductus orbitæ ejusque inclinatio ad eclipticam, nodus, deviatio caudæ et quæ inde dependent ad oculum detegere possem, sed graviora mea studia nulla ratione id permittunt. Cum totus modo in eo sim, quo totam cohortem omnium stellarum fixarum nudo oculo visibilium, in novis globis inque novo correcto, atque plurimis stellis adaucto catalogo rerum cœlestium cultoribus quantocyus exhibere non nequeam. Id quod negotium, nisi me mea fallit opinio, sane omnibus majoris momenti ac longe sublimius videbitur, præsertim in hacce mea provectiori ætate expedire, quæ tempus istis rebus tenere, quas alii plus otii habentes perficere queant. Idcirco hac vice rudiori tantum modo viam cometæ ejusque motum, ductum orbitæ, longitudinem atque latitudinem in subsequente tabella tradam ; accuratiora si Deo Optimo Maximo ita visum fuerit, suo tempore exspectabis.

In antecessum tamen quædam notatu digna et haud vulgaria de constitutione capitis hujus cometæ referre lubet. Toto apparitionis tempore lucidius, ac etiam aliquanto majus caput exhibuit, quam præcedens iste anni 1681, utut hicce multo longiorem caudam retulerit. In ipso capite beneficio longioris telescopii, non nisi unicum nucleum figuræ ovalis et gibbosæ constanter notavimus ; nisi quod die 8 Septembris ex dicto nucleo clarissimus simul radius, ex parte etiam incurvatus in caudam exiret : quod ut notari meretur (cum ejus generis faciem in nullo adhuc cometa, quantum memini, observaverim) sic lubens volui simul hic faciem capitis et caudæ delineatam dare. Præterea sciendum quod non nunquam ut die 30 Augusti mane factum, caudam satis præcise in oppositum Solis direxerit ; sed sæpius etiam notabilem deviationem (prout in plurimis cometis fieri solet frequenter) exhibuerit. Longitudinem quoque cauda non semper eandem conservavit. Initio cauda fere 12° videbatur, deinde nonnunquam brevior ; interdum etiam longior ad 15° et 16° extitit ; circa finem vero quotidie diminuta est.[1]

---

1 Ce début est repris dans l'*Annus Climactericus*, p. 120-123. Le tableau reproduit est identique à celui du manuscrit. Le dessin très effacé du manuscrit corrrespond à la gravure de la comète, *ibidem*, p. 138.

Ann. 1682 Mens. Dies	Hor. Min.		Longitudo Cometæ Grad. Min.		Latitudo Cometæ Grad. Min.		Motus in Propr. Orbitâ Grad. Min.	Notanda.
Augusti. 26	3 0 man.	23 30 ♋		21 0 Bor.		10 0 ferè		
27	11 0 vesp.	5 0 ♌		23 30		13 20		Nodus Boreus in 24° ♉
30	3 30 man.	18 0 ♌		25 20		3 30		& Nodus Austrinus in 24°
Augusti. 30	9 0 vesp.	22 0 ♌		25 40 Bor.		2 20		♏; limites verò in 24° ♌
31	3 30 man.	24 30 ♌		26 0		5 45		& ♒ extiterunt. Angu-
Septemb. 1	3 30 man.	1 0 ♍		26 0 ferè				lus Orbitæ & Eclipticæ fuit
Septemb. 1	9 0 vesp.	6 0 ♍ ferè		25 40 Bor.		4 45		26° ferè. Utrum autem à
3	8 30 vesp.	20 0 ♍ ferè		24 30		11 30		toto durationis tempore o-
6	9 0 vesp.	5 0 ♎		20 30		15 0		mninò constans cum nodis ex-
						8 0 ferè		titerit? an verò, & quous-
Septemb. 8	8 0 vesp.	12 0 ♎		18 15 B.		3 30		que se se variaverit? ut sæ-
9	8 10 vesp.	15 30 ♎		17 15		3 0 ferè		pius fieri solet, ex calculo
10	8 0 vesp.	18 30 ♎		15 45		5 0		suo tempore patebit.
Septemb. 12	8 0 vesp.	23 0 ♎		14 0 B.		2 0		
13	7 30 vesp.	25 0 ♎		13 30				

En motum diurnum aliquantò accuratiorem ad singulos dies.

Mens. Dies vesperi:	Motus Com. diurnus.		Mens. Dies vesperi:	Motus Com. diurnus.	
	°	'		°	'
Augusti. 26	5	28	Septemb. 4	5	24
27	5	35	5	5	0
28	5	41	6	4	30
Augusti. 29	5	46	Septemb. 7	4	0
30	5	50	8	3	30
31	5	46	9	3	0
Septemb. 1	5	43	Septemb. 10	2	40
2	5	40	11	2	20
3	5	34	12	2	0
4			13		

Illustration 30: Tableau, *Annus climactericus*, p.123 (from the collections of the Polish Academy of Sciences, the Gdańsk Library)

Sic ut motu proprio in sua orbita confecerit a die 26 Augusti ad 3 Septembris 83° 27'; et in ecliptica 91° 30' latitudo vero borealis creverit ad 6°; rursus decreverit 12° 30'.[1]

Cœterum cum cometa sese oculis nostris prorsus subduxisset, cœpi tres superiores planetas Saturnum, Jovem et Martem qui haud multum ab invicem distabant, atque ad conjunctionem vergebant, aliquanto crebrius ac diligentius novo nostro sextante orichalcico dimetiri, ut suo tempore ipsæ observationes docebunt. Hac vice solummodo vobis referam, quid de 27 Septembris stylo novo a me peractum sit; eo præsertim intento quod nonnulli spem fecissent die 27° Lunam corniculatam decres-

---

1 Dans l'*Annus Climactericus*, Hevelius insère ici toute une série de tables. Ici, il quitte l'observation de la comète pour évoquer la conjonction des trois grandes planètes. Des morceaux de l'Historiola se retrouvent p. 134-137.

centem omnes tres modo dictos planetas omnino tecturam; quæ occultationes ut rarissimæ et quidem simul una eademque die accidunt, sic sane merentur observari a quibusvis rerum cœlestium scrutatoribus. Quare et ego officio meo nolui deesse sed summo mane, ab hora secunda, ad solis occasum diligenter his congressibus invigilavi et utut hæ occultationes de die inciderent, sperassem tamen me optime omnia notaturum, sed cœlum omnino nubilum ab ipso Solis exortu ad occasum usque id minime indulsit. Mane, hora 3 cœlo aliquanto sereniori, Lunam tum tres reliquos planetas nudo quidem conspexi oculo; sed Luna eo tempore adhuc ad septem circiter gradus removebatur S.S.S. occasum versus; unde certo concludere poteram, ante meridiem Lunam motu suo reliquos tres planetas haud assecuturam. Quantum autem ex inclinatione cornuum Lunæ quoad planetarum ductum colligere licuit, protinus perspiciebam, nullas fore occultationes, sed tantum transitus; sic ut Luna infra illos superiores planetas incederet. In qua opinione magis magisque etiam sum confirmatus: cum die subsequente 28 scilicet Septembris mane, nec Regulus fuerit a Luna tectus, quæ stella, ratione utriusque latitudinis potius occultari debuisset. Regulus namque in ipsa conjunctione, hora scilicet 4. 6' distabat a superiori Lunæ cornu boream versus adhuc 31' 56"; id quod optimo micrometro, tuboque egregio accurate observatum est: adeo ut nulla prorsus fuerit occultatio Reguli, sed tantummodo Lunæ transitus. Ita pariter accidit die 25 Octobris circa illas occultationes, quas nonnulli prædixerunt. Nam Jupiter et Saturnus nec non Mars die 26 Octobris stylo novo minime fuerunt a Luna attecti; sed Luna satis longe infra planetas incessit: quot vero minutis præcise, tempore conjunctionis a planetis abfuerit, cœlum subnubilum adeo accurate micrometro dimetiri minime tum concessit. Situm tamen Jovis et Saturni hac die 26, hora scilicet 1h. 40' mane tubo et micrometro dicto ex voto deprehendere mihi obtigit: quo tempore simul fixæ quædam satis conspicuæ (quod notatu dignum) dictis planetis satis prope adhærebant. Jupiter sese cum TRIBUS COMITIBUS TUM OFFEREBAT, forte quod quartus adfuit sed ob nubeculas haud fuit conspectus. Saturnus distabat a Jove 16' 44"; Jupiter a stella (ni fallor in armo dextro Leonis) 27' 55"; Rursus Saturnus a dicta stella 38' 1". Stella dicta versatur modo juxta nostrum catalogum in 19° 2' 9" Leonis et latitudine 9° 20' 45" borealis.

Die Veneris 30 octobris mane hora 5 rursus Jovis et Saturni distantiam dimensus sum ea nimirum intentione (cum secundum ephemerides conjunctio adhuc instaret atque 3 Novembris celebrari primum deberet) me Jovem jam aliquanto propriorem Saturno inventurum; sed spe plane sum frustatus. Siquidem distantia dicta quæ die 26 Octobris 16' 44", hac die 25' 5" extitit, atque sic notabiliter major reperta est. Unde certo colligere licuit conjunctionem jam ante complures dies cælebratam esse, quam ephemerides calculusque primum die 3 Novembris exhibent. Id quod subsequentes observationes adhuc clarius demonstrant. Nam loco, quod distantia Jovis et Saturni de die in diem (si conjunctio instaret) paullatim minor fieri debebat, continuo aucta est. Die Solis 1 Novembris hora 2 mane, ope micrometri nostri dicta distantia extitit 31° 31' 36" et die Lunæ 2 Novembris eandem distantiam rursus reperi 35' 21"; die martis 3 Novembris, mane hora 1 jam 39' 9"; die Mercurii 4 Novembris, cœlo perquam sereno adhuc paullo major dicta distantia inter Jovem et Saturnum deprehensa, sic ut amplius meo micrometro eandem dimetiri haud potuerim, sed sextante per distantias eam impetravi. Ex quibus iterum iterumque satis superque nunc patet, superiores planetas, ephemeridum computatores omnemque calculum egregie elusisse, conjunctionemque magnam non die 3 Novembris sed longe citius incidisse, sic ut Tabulæ omnes seria correctione, etiam in superioribus planetis (uti jam olim in Mercurio meo sufficienter demonstravi) indigeant.[1]

Jean Hevelius, Petite histoire de la comète de l'an 1682

Comme un nouveau phénomène céleste a encore une fois brillé pour nous contre toute attente, j'ai voulu au plus vite vous exposer, honorable Ami, ce que j'en ai observé. J'y ai veillé avec assiduité pendant des nuits entières sans interruption, mais très souvent le ciel nuageux m'a empêché plus d'une fois d'observer avec la précision désirable avec mon nouveau sextant; j'ai cependant obtenu de nombreuses distances par rapport à diverses Fixes, et même plusieurs hauteurs méridiennes; il serait trop long d'ajouter ici toutes ces observations. C'est pourquoi j'estime devoir reporter cette affaire à une occasion plus commode, quand je publierai mon *Année Climactérique* d'observations. Je n'ai pas pour le moment le loisir de soumettre au calcul les observations de cette comète; c'est pourquoi aujourd'hui je vous rapporterai, d'une façon plus relâchée en quel lieu je l'ai d'abord saisie, par quel chemin, avec quelle vitesse et sur quel angle de l'orbite et de l'écliptique elle avançait, et enfin les autres choses dignes de mention.

Le premier de tous à la découvrir fut un de mes domestiques, le 25 août nouveau style, après minuit; quant à moi, je la vis et je l'observai d'abord le 26 août à 3 heures du matin à l'Est, entre l'Aquilon et l'Hellespont, et tendant vers le haut une queue assez vaste. Elle se trouvait à ce moment entre Castor et le bras gauche de la Grande Ourse, à 23° 30' du Cancer et à une latitude boréale d'environ 21°. D'après cette position, je prévoyais que dans les prochains jours, elle serait visible non seulement le matin, mais encore le soir et même pendant toute la nuit; c'est ce qui arriva. Cependant, le soir même du 26 août, le ciel fut entièrement nuageux, de sorte que je n'obtins aucun résultat; mais le lendemain, 27 au soir, à partir de 10 heures, elle brilla clairement à nos yeux et fut parfaitement visible toute la nuit jusqu'au 28 août au matin. Sa hauteur méridienne était de 6° 26'; la longueur de sa queue s'étendait sur 12°, non loin de ces deux étoiles qui sont dans l'angle droit du pied postérieur de la Grande Ourse, en les laissant à gauche.

---

1 Dans l'*Annus climactericus*, ce passage a pris cette forme: « Hodie secundum Ephemerides, atque calculum Rudolphinum conjunctio magna incidere debuit; sed planetæ, utpote Jupiter et Saturnus egregie computatores et calculum eluserunt. Namque quantum absque calculo rudiori minerva dijudicare licet, ex distantiis mense Octobri tam micrometro quam sextante habitis, dicta conjunctio jam ante novem circiter dies celebrata fuit. Atque exinde affatim patet, tabulas omnes adhuc correctione indigere, etiam in superioribus planetis; id quod jam in Mercurio meo abunde est demonstrandum » (p. 136-137).

Le 30 août, je l'observais matin et soir, et même avec mon nouveau sextant que je dirigeais d'abord vers la comète. Je mesurais quantité de distances et même les hauteurs méridiennes avec mon excellent quadrant de laiton ; à 11h. 56, j'obtins 2° 48'. Aujourd'hui, c'est-à-dire le 31 août, elle étendait sa queue avec des rayons dispersés à 11° environ de la petite étoile de sixième grandeur placée dans le bas-ventre de la Grande Ourse (qui brillait dans la queue elle-même à droite) ; ladite étoile n'est pas sur les globes de Tycho ni dans son catalogue, mais on la trouve seulement sur nos globes ; sa longitude est 18° 27' 57'' du Lion et sa latitude boréale de 34° 48' 20'' d'où il ressort clairement que la comète dirige assez précisément sa queue vers la partie du ciel opposée au Soleil.

Le 1er septembre au matin, la comète projetait sa queue entre le fémur gauche de la Grande Ourse, et ces deux petites étoiles situées dans son genou, à 15 ou 16°. Le soir à 8 heures, à une hauteur de 16°, la comète paraissait en ligne droite avec l'étoile sous la queue de la Grande Ourse, pour moi dans l'anneau de Chara et la tête du Bouvier et de nouveau, avec la première de la Grande Ourse et la première de la queue du Dragon ; elle se couchait à 10 h. 57' entre Circius et Corus de sorte que le jour elle ne fut plus visible.

Le 2 septembre au matin, nous vîmes d'abord la comète se lever à 2 h. 27 ; elle était de loin plus basse que la veille où on l'avait vue à une hauteur de 11° ; mais aujourd'hui on la voyait à l'œil nu seulement à une hauteur de 8°, avec une queue bien plus courte. On a examiné la tête de la comète avec un tube optique, et au lever même du Soleil, le noyau très clair qu'elle portait en son centre ; j'en dirai davantage à la fin.

Le 3 septembre au soir, le ciel était à nouveau favorable ; la comète brilla de nouveau pour nous à une hauteur de 18° 30' à 7 h. 32 ; elle se trouvait alors parmi les étoiles de la chevelure de Bérénice, dirigeant sa queue entre la moyenne et l'extrême de la Grande Ourse. Il en résulte clairement que la direction de la queue n'a pas avancé en tout temps exactement à l'opposé du Soleil, mais qu'elle a subi quelquefois une déviation notable ; ce que l'on observe souvent dans la plupart des comètes. Il n'a pas été possible de déterminer avec précision quelle a été véritablement la déviation de ce jour car aucune étoile n'a brillé dans la queue.

Le 6 septembre au soir (car le matin elle n'était plus visible), elle se présenta tardivement au regard à cause des nuages ; cependant nous avons obtenu au sextant certaines distances dans sa position déclive ; on la voyait alors avec l'anneau du bracelet de Chara et la côte de la Grande Ourse en ligne droite ; elle portait une queue de loin plus courte ; on ne peut guère distinguer dans quelle direction elle étendait sa queue ; elle paraissait cependant l'infléchir notablement.

Le 8 septembre au soir, le ciel fut très peu propice aux observations. La tête de la comète méritait ce jour-là d'être observée au tube optique ; non seulement parce qu'elle conservait un noyau très brillant de figure ovale, mais qu'elle montrait en même temps un rayon incurvé, très resplendissant qui s'étendait du noyau jusqu'à la queue. Le 9 septembre au soir, la comète a été aperçue, mais à cause de sa déclivité, de sa ténuité, et de l'éclat de la Lune croissante, elle fut seulement observée légèrement.

De même, dans les jours qui suivirent, elle apparut continuellement plus obtuse, avec une queue plus courte.

Le 10 septembre au soir, dans un ciel à nouveau serein, après le coucher du Soleil, nous l'aperçûmes à une hauteur de 13°. Elle formait une ligne presque droite avec Arcturus et la seconde sur le dos du Bouvier. À sa tête, à une distance de 10' selon le tracé de l'orbite de la comète, on apercevait une toute petite étoile qu'à ce moment la comète allait déjà dépasser. Elle ne projetait plus sa queue en haut vers l'Aquilon comme jusqu'à présent, mais en direction du sud.

Les 12, 13 et 14 septembre, on vit encore la comète et autant que le ciel le permit, on l'observa même avec des instruments, comme aussi le 16 septembre ; le 17, je l'observais pour la dernière fois ; dans les jours qui suivirent, je la cherchais très diligemment ; mais en partie à cause de nuages plus épais et d'un air très brumeux, en partie à cause de la minceur de son corps et de sa position basse, on ne put rien découvrir davantage.

À présent, j'aimerais soumettre toutes mes observations à un calcul très rigoureux, comme je l'ai fait pour quantité de comètes précédentes et comme chacun peut le voir dans ma *Cometographia*, pour mettre sous les yeux son mouvement véritable, le tracé de son orbite et son inclinaison sur l'écliptique, son nœud, la déviation de sa queue et ce qui en dépend, mais des études plus sérieuses ne me le permettent en aucune manière. En effet, je consacre tous mes efforts à pouvoir montrer au plus vite aux amateurs d'astronomie toute la cohorte de toutes les étoiles fixes visibles à l'œil nu, sur de nouveaux globes et dans un nouveau catalogue corrigé et augmenté de nombreuses étoiles. Si je ne me trompe, chacun trouvera plus important et plus sublime que j'expédie cette affaire, surtout dans mon âge avancé, plutôt que de consacrer du temps à ces choses que peuvent réaliser des gens qui ont plus de loisir. C'est pourquoi, cette fois, de façon plus grossière, je donnerai dans la table qui suit le chemin de la comète, son mouvement, le tracé de son orbite, sa longitude et sa latitude. Vous attendrez des données plus précises en son temps, si Dieu le permet. Mais en attendant, il m'est agréable de vous rapporter certaines choses dignes de mention et peu communes sur la constitution de la tête de cette comète. Pendant toute la période de son apparition, elle a montré une tête plus lumineuse et quelquefois plus grande, que la comète précédente de l'an 1681, quoique celle-ci ait présenté une queue plus longue de beaucoup. Dans la tête elle-même, grâce à un télescope plus long, nous n'avons constamment observé qu'un seul noyau, de figure ovale et bossue ; excepté que le 8 septembre, un rayon très brillant, en partie incurvé, est sorti dudit noyau vers la queue. Cela mérite d'être noté, puisque je n'ai jamais observé cet aspect en aucune comète jusqu'à présent, autant que je me souvienne. C'est pourquoi j'ai voulu vous donner un dessin de la tête et de la queue. Ensuite, il faut savoir que quelquefois, comme le 30 août au matin, elle a dirigé sa queue avec assez de précision à l'opposé du Soleil, mais qu'elle a montré assez souvent aussi une déviation notable (comme cela arrive fréquemment dans la plupart des comètes). La queue n'a pas conservé toujours la même longueur. Au début, la queue paraissait avoir à peu près 12° ; ensuite, quelquefois elle était plus courte, quelquefois elle s'étendait plus longuement à 15° et 16° ; vers la fin elle diminuait de jour en jour.

Illustration 31 : dessin de la comète, d'après BnF, NaI 164v :

De sorte que, par son mouvement propre sur son orbite, elle a parcouru 83° 27' du 26 août au 3 septembre, et sur l'écliptique, 91° 30'. Sa latitude boréale a grandi jusqu'à 6° ensuite elle a diminué de 12° 30'.

D'autre part, puisque la comète s'était complètement soustraite à nos yeux, je commençai à mesurer plus fréquemment et plus soigneusement avec notre nouveau sextant en laiton, les trois planètes supérieures, Saturne, Jupiter et Mars qui n'étaient pas très éloignées l'une de l'autre et tendaient vers une conjonction ainsi que les observations elles-mêmes le montreront en son temps. Cette fois-ci, je me bornerai à vous rapporter ce que j'ai réalisé le 27 septembre nouveau style ; mon attention portait sur le fait que certains avaient formé l'espoir que le 27 le croissant de Lune décroissante recouvrirait complètement les trois planètes précitées. De telles occultations sont très rares, surtout si elles se produisent un seul et même jour. Ainsi, elles méritent certainement d'être observées par tous les scrutateurs des choses célestes. C'est pourquoi je n'ai pas voulu me dérober à mon devoir et, au petit matin, depuis 2 heures, jusqu'au coucher du Soleil, j'ai veillé soigneusement à ces réunions ; et quoique ces occultations se produisissent de jour, j'aurais cependant espéré que je noterais tout excellemment, mais le ciel, complètement nuageux depuis le lever du Soleil jusqu'à son coucher, ne me l'a nullement permis. À 3 heures du matin, quand le ciel était un peu plus clair, j'ai aperçu à l'œil nu la Lune et les trois autres planètes, mais la Lune à ce moment était encore éloignée de 7° environ vers le couchant ; je pouvais en conclure avec certitude qu'avant midi la Lune dans son mouvement ne rejoindrait pas les trois autres planètes. Autant que j'ai pu le conclure d'après l'inclination des cornes de la Lune par rapport au chemin des planètes, je m'aperçus clairement qu'il n'y aurait aucune occultation mais seulement des transits ; à mesure que la Lune passait en dessous de ces planètes supérieures j'ai été de plus en plus confirmé dans mon opinion puisque le lendemain, 28 septembre au matin, Regulus n'a pas été non plus recouvert par la Lune. Cette étoile aurait dû être occultée en raison de leur latitude respective. En effet, dans la conjonction elle-même, c'est-à-dire à 4h. 6' Regulus était encore distant de la corne supérieure de la Lune de 31' 56" au Nord, ce que j'ai observé avec un excellent micromètre et un tube de grande qualité : il n'y eut donc absolument aucune occultation de Regulus, mais simplement un transit de Vénus. C'est également ce qui arriva le 25 octobre, à propos de ces occultations que certains avaient prédites. Car Jupiter, Saturne, et Mars ne furent pas du tout recouverts par la Lune le 26 octobre nouveau style, mais la Lune passa assez loin en dessous des planètes. Le ciel légèrement nuageux ne m'a pas permis de mesurer assez précisément de combien de minutes elle était écartée des planètes au moment

LETTRES [1682]

de la conjonction. Ce 26 octobre, j'ai eu cependant la chance de saisir avec le tube et le micromètre précité la position de Jupiter et de Saturne à 1h. 40' ; à cette heure, en même temps, certaines Fixes assez visibles (ce qui mérite mention) étaient assez proches desdites planètes. Jupiter s'offrait alors avec ses trois compagnons, peut-être parce que le quatrième était présent mais, à cause des petits nuages je n'ai pu l'apercevoir. Saturne était distant de Jupiter de 16' 44", Jupiter, de l'étoile dans l'épaule droite du Lion (si je ne me trompe) de 27' 55" ; Saturne était à 38' 1" de ladite étoile. Ladite étoile se trouve, selon notre catalogue, à 19°2' 9" du Lion et à une latitude Nord de 9° 20' 45".

Le vendredi 30 octobre, à 5h. du matin, j'ai à nouveau mesuré la distance entre Jupiter et Saturne avec l'intention de trouver Jupiter un peu plus proche de Saturne (car selon les Éphémérides, la conjonction était proche et devait d'abord se produire le 3 novembre) ; mais mon espoir a été complètement déçu. En effet, ladite distance qui était le 26 octobre 16' 44", se trouva être ce jour-là de 25' 5", c'est-à-dire notablement plus grande. J'ai pu en conclure avec certitude que cette conjonction s'était déjà produite depuis plusieurs jours, elle que les Éphémérides et le calcul affichent pour le 3 novembre. Mes observations suivantes le démontrent encore plus clairement car, si la conjonction s'approchait, la distance de Jupiter et de Saturne devrait diminuer de jour en jour, or elle s'est accrue continuellement. Le dimanche 1er novembre à 2h. du matin, à l'aide de notre micromètre, ladite distance se trouva être de 31° 31' 36", et le lundi 2 novembre, je trouvais de nouveau la distance à 35' 21". Le mercredi 3 novembre, à 1h. du matin, elle était à 39' 9" ; le mercredi 4 novembre, dans un ciel tout à fait serein, la distance entre Jupiter et Saturne a été observée un peu plus grande, de sorte que je ne puisse plus la mesurer avec mon micromètre, mais je l'ai obtenue au sextant. Il en résulte suffisamment que les planètes supérieures ont excellemment échappé aux calculateurs d'éphémérides et à tous leurs calculs ; que la grande conjonction ne s'est pas produite le 3 novembre, mais longtemps auparavant, de sorte que toutes les tables ont besoin d'une sérieuse correction, même pour les planètes supérieures (comme je l'ai déjà démontré naguère à suffisance dans mon Mercure).[1]

---

1 Ainsi que la comparaison des deux fins de texte en témoigne, les calculs ici visés sont ceux de Kepler et des *Tables Rudolphines*. Hevelius, dans sa recherche fébrile de priorité et dans son souci de justification, publie cette erreur de calcul à la fois dans les *Acta Eruditorum* et dans les *Philosophical Transactions* : « Succincta historiola de tribus conjunctionibus magnis, Saturni scilicet Jovis, nec non Martis, Gedani exeunte anno 1682 et initio anni 1683 », *Acta Eruditorum*, II, p. 290-298 ; *Philosophical Transactions*, n° 151 (20 septembre 1683), p. 325-330. Mais il a reporté à plus tard la publication de tous ses calculs relatifs à la comète de 1682. C'est donc l'Historiola envoyée à des Noyers et diffusée par ses soins qui vaut première publication de l'observation de la comète, mais aussi des erreurs de calcul concernant la conjonction, à une époque où Hevelius ne dispose plus de presses d'impression pour diffuser sans délai ses travaux. L'*Annus Climactericus*, où il expose et commente toutes ses mesures, ne paraît qu'en 1685.

Dans son *Mercurius in Sole visus* (1661) déjà, Hevelius s'en est pris à l'inexactitude des tables. Un tableau comparatif des calculs réalisés sur l'éclipse solaire de 1661 à partir des *Tables Rudolphines*, de celles de Maria Cunitia et de Longomontanus souligne les inexactitudes (p. 13-14). La volonté d'élaborer des tables exactes et d'y attacher son nom fut le principal objectif d'Hevelius. La publication de ses Tables et de son catalogue des Fixes fut posthume : *Prodromus Astronomiæ*, 1690.

235.

18 décembre 1682, Pierre des Noyers à Hevelius

BO : C1-XV, 2242/17/140
BnF : Lat. 10 349-XV, 236-237.

Varsavie le 18 décembre 1682

Monsieur,

Les ballots qui me sont venus de Paris ne me sont arrivez que fort tard[1], ce qui a esté cause que je n'ay pas peu plus tost vous envoyer le livre que M. Boulliau m'avoit donné pur vous. J'en ay chargé M. le Podkonius de la Couronne[2] qui est allé a la petitte diette de Grodentz[3], et je l'ay prié de le donner a quelqu'un des deputez de la ville de Dantzigt pour vous le rendre.

Je recois aujourd'huy la lettre que vous me faitte l'honneur de m'escrire du 10 de ce mois avec l'Historiola Cometæ anno 1682 dont je vous rend toutes les graces que je dois. J'envoye l'un et l'autre a nostre amy a Paris afin qu'il les communique a M. Baluse pour l'obliger a porter vos interests aupres de M. Colbert, qui est le tout puissant pour la distribution des graces du Roy. Et si on vous le pouvoit rendre favorable, toutes les choses iroient bien mais il est le chef de l'Academie des sciences a Paris[4], et tous les membres de cette academie sont envieux, de ce que vous seul, faite plus qu'eux ne font tous ensemble. Nostre amy est encore malade de rumatisme[5]. Je luy conseille dans une lettre, en cas qu'il ne soit pas encore gueris, et qu'il ne puisse aller luy mesme voir M. Baluse de luy envoyer la lettre que vous me faitte la grace de m'escrire, l'Historiola afin qu'il y voye la confiance que vous avez en son amitié, et

---

1 Sur le voyage de Pierre des Noyers à Paris, n° 233. La lettre du 3 juillet 1682 est encore datée de Paris.

2 Marcin Kazimierz Borowski (1640-1709), podkoniuszy, office mineur semblable à un titre d'écuyer, depuis 1668 et également staroste de Grudziądz (Graudentz). Il vit à la cour du Roi Jean Casimir et épouse une française, Anne Andrault de Langeron. Il apporte son vote au Roi Michel en 1669, puis rejoint les malcontents en 1672. Il commande un régiment de dragons aux côtés de Jean Sobieski à la bataille de Khotin en 1673 puis vote en faveur de Jean Sobieski lors de l'élection de 1674. Il devient castellan de Dantzig en 1691. [D.M.]

3 Les petites diètes, ou diétines, sont rassemblées avant les diètes générales pour permettre à chaque palatinat d'y nommer leurs députés et pour discuter des sujets qui seront abordés, et après les diètes où elles prennent le nom de diétines de relation (n° 178). Grudziądz, Graudenz en allemand, est une ville royale qui a, parmi ses privilèges, celui de rassembler sa propre diétine avant une diète. La diétine mentionnée dans ce courrier précède la diète générale qui se tient du 27 janvier au 10 mars 1683 à Varsovie dont les diétines ont été convoquées pour le 16 décembre (W. Konopczyński, *Chronologia Sejmów Polskich*, Cracovie, Nakład Polskiej Akademii Umiejętności, 1948, p. 31). [D.M.]

4 En qualité de Surintendant des Bâtiments du Roi.

5 Voir lettre n° 233.

que cela le dispose a vous servir aupres de M. Colber. Car on ne peut rien faire aupres du Roy que par ce Ministre, qui est le dispensateur des graces[1]. Soyez au reste, s'il vous plaist persuadé que j'ay tousjours une passion extreme de vous pouvoir rendre quelque tres humble service et que dans la plus part des lettres que j'ecris a mes amis, je suis bien ayse d'avoir ocasion d'y parler advantageusement de vous. Car encore qu'ils ne vous puissent servir, ils parlent au moins de vos merites et ces discours s'espanchent parmy beaucoup de gens, et par rencontre cela peut faire du bien. Enfin Monsieur je fairé tousjours tout mon possible pour vous tesmoigner que je suis tres parfaitement,

Monsieur,
Vostre tres humble et tres obeissant Serviteur,

Des Noyers

20 janvier 1683, Boulliau à Baluze ?

BnF : Nal 1642, fol. 167.

Le 20 janvier 1683 du college de Laon.

Si j'avoy este en estat Monsieur de pouvoir marcher j'aurois eu l'honneur de vous voir pour vous rendre le discours de Monsieur Hevelius (bis) sur la derniere comete. Il l'a envoyé de Dantzigt a Warsavie a Monsieur Des Noyers, qui me l'a envoyé pour le voir, de vous le mettre entre les mains, afin que vous soyez d'autant plus asseuré de l'estime qu'il faict de vous et de vostre amitié, et de l'esperance qu'il a que dans les occasions vous luy rendrez tousjours de bons offices aupres de Monseigneur Colbert. Depuis 6 mois il m'est survenu un rhumatisme qui est degeneré en douleurs ischiatiques, je souffre des douleurs quasi continuelles, et depuis 3 mois je n'ay peu sortir qu'une fois. Vous m'excuserez donc comme j'espere, et vous me croirez s'il vous plaist, Monsieur, vostre tres humble et obeissant Serviteur. Boulliaud.

---

1 Mais Colbert va bientôt décéder, le 6 septembre 1683.

236.

25 juin 1683, Hevelius à Pierre des Noyers

BO : Cɪ-XV, 2244/119/1511
BnF : Lat. ɪc 349-XV, 237-238
BnF : FF. 13 044, 165rv.

Domino Nucerio,
Warsaviæ

Illustrissime Domine,

Debuissem, fateor, longe citius ad tuas multo mihi gratissimas die 18 Decembris datas respondere ; sed cum nullum momentosum scribendi argumentum habuerim, tum variis gravissimis negotiis, præsertim vero studiis meis uranicis, delineanda nimirum uranographia nostra cum globis cœlestibus, plurimisque observationibus circa ternas illas superiorum planetarum conjunctiones peragendis fuerim occupatissimus, non dubito quin culpam illam, pro tuo singulari et sincero erga me amore, atque affectu, facile condones. Et ut re ipsa videas me haud otiosum fuisse et pristino fervore singulari divina gratia rebus cœlestibus invigilare, en tibi succinctam historiolam de tribus illis conjunctionibus magnis, non quidem omnes meas observationes sextante et quadrante habitas ea de causa, sed solummodo ea quæ huic historiolæ sufficere videbuntur ; reliqua omnia in annum meum observationum climactericum, propediem edendum reservo. Hanc historiolam si tanti æstimaveris, poteris amicis communicare, inprimis communi nostro intimo amico Domino Bullialdo (o utinam optime valeret, esset mihi multo gratissimum) ut posset exemplar aliquod Illustrissimo Domino Balusio meo nomine offerre, eaque occasione, me meaque studia cælestia porro optimis modis commendare, quo labor iste meus quinquaginta annorum jussu Sacræ Regiæ Christianissimæ Majestatis continuatus ac nunc tandem, annuente Dei Optimi Maximi benignitate, inter tot ac tot molestias, non obstante illo crudelissimo incendio etiam feliciter in lucem produci et in honorem Invictissimi ac Christianissimi Regis ad ejus pedes deponi subjectissimo animo mihi liceat. Nuperrime literas ad ipsum Dominum Bullialdum die scilicet 17 Junii dedi, quarum copiam hisce transmitto. Brevi tibi etiam Amice Honorande abbreviatas nonnullas observationes circa diversissimas stellarum occultationes et Lunæ congressus a me ex cælo hoc anno impetratas, cum aliis notatu dignis rebus, transmittam : quæ pariter suo tempore amicis communicare poteris. Interea obnixe rogo ut pristinam illam et singularem erga me benevolentiam tuam quam diutissime porro conservare velis, et credas me tibi ex animo esse addictissimum, nihil quicquam magis exoptans quam ut tua sincera amicitia quoad vivam mihi frui liceat. Vale feliciter. Dabam Gedani anno 1683, die 25 Junii

Tuus,
Ex toto pectore

J. Hevelius manu propria

À Monsieur des Noyers
À Varsovie,
Très illustre Monsieur,

J'aurais dû, je l'avoue, répondre plus rapidement à votre très aimable lettre datée du 18 décembre, mais je n'avais aucun sujet important de correspondance et j'ai été très occupé par des affaires très sérieuses, et surtout par mes études astronomiques, à savoir le dessin de notre Uranographie avec les globes célestes et quantité d'observations concernant ces trois conjonctions des planètes supérieures[1]. Par conséquent, je ne doute pas que vous me pardonnerez cette faute en raison de votre affection exceptionnelle et sincère envers moi. Et pour que vous appreniez par les faits eux-mêmes que je n'ai pas été oisif et que j'ai veillé aux choses célestes avec mon ancienne ferveur, par une grâce particulière de Dieu, voilà que je vous envoie une petite histoire succincte de ces trois grandes conjonctions, non pas de toutes mes observations au quadrant et au sextant à leur sujet, mais seulement ce qui paraît suffire à cette petite histoire. Je garde tout le reste pour mon année climactérique d'observations que je publierai bientôt[2]. Si vous jugez que cette petite histoire a quelque valeur, vous pourrez la communiquer aux Amis, en particulier à notre commun Ami intime Boulliau (puisse-t-il se bien porter, cela me serait si agréable) pour qu'il offre en mon nom un exemplaire à l'illustrissime Monsieur Baluze et à cette occasion me recommande de la meilleure manière, avec mes études célestes, pour que mon labeur de cinquante années[3] continué par ordre de Sa Majesté Très Chrétienne, Royale et Sacrée, puisse enfin être mise au jour à travers tant et tant de peines, malgré ce très cruel incendie ; et que je puisse le déposer, d'une

---

1 Les astrologues sont très attentifs aux conjonctions des planètes supérieures (Jupiter et Saturne) qui peuvent avoir des effets pernicieux. Les grandes conjonctions (avec en plus Mars) sont encore plus périlleuses. Il y en eut une en 1682. Les astronomes étudièrent les trois conjonctions rapprochées de Jupiter et de Saturne qui eurent lieu en octobre 1682, en février 1683 et en mai 1683. Hevelius les observa attentivement. Pingré, *Annales*, 1683, p. 369-373.

2 Pas de pièce jointe à cette lettre. Il publie dans *l'Annus Climactericus* la « succincta Historiola de tribus conjunctionibus magnis, Saturni scilicet, Jovis nec non Martis, Gedani, exeunte anno 1682 et initio anni 1683 », p. 154-160.

3 *Annus Climactericus* célèbre 49 années d'observations réalisées depuis 1636 et son retour du grand tour. Pour les astrologues de la Renaissance, les années climactériques sont les multiples de 7 et de 9. La grande climactérique, qui peut être fatale, est 63 (7 × 9). Mais 49 (7 × 7) passe aussi pour maléfique. Toutefois il n'y a, dans cette référence d'Hevelius, aucune concession à l'astrologie (Max Engammare, *Soixante-trois. La peur de la grande année climactérique à la Renaissance*, Genève, Droz, 2013).

âme très soumise, à ses pieds en l'honneur du Roi Très Invincible et Très chrétien[1]. Tout récemment, le 17 juin, j'ai envoyé une lettre à Monsieur Boulliau dont je vous transmets copie par la présente[2]. Bientôt je vous enverrai aussi, honorable Ami, certaines observations sur les occultations les plus diverses des étoiles et les conjonctions de la Lune que j'ai obtenues du ciel cette année avec d'autres choses dignes de mention. Vous pourrez pareillement en son temps le communiquer aux amis. Entre temps, je vous demande avec insistance de bien vouloir me conserver le plus longtemps possible votre ancienne et particulière bienveillance et de croire que je vous suis tout dévoué du fond du cœur et que mon plus cher souhait est de pouvoir jouir de votre sincère amitié tant que je vivrai. Portez-vous bien et soyez heureux. À Dantzig, en l'an 1683, le 25 juin

À vous
De tout cœur

J. Hevelius de sa propre main

En p.j. mentionnée :

17 juin 1683, Hevelius à Boulliau

BO : C1-XV, 2243/118/1510/142
BnF : FF. 13 044, 170r-171v ; Lat., 10 349-XV, 238-242.

Illustrissimo ac celeberrimo viro Domino Ismaeli Bullialdo, amico summo Johannes Hevelius,

Salutem

Ut ut ab anno 1683 die 16 et 18 Aprilis hucusque nihil quidem literarum a te ipso acceperim, neque ad binas meas die 29 Junii anni 1681 et ad illas anno 1682 die 3 Januarii ad te exaratas ullum responsum obtinuerim, nihilominus tamen de tuo pristino ac sincero erga me affectu vel mínimum sum sollicitus, tam altas enim amicitia in animis nostris egit radices, ut eradicari a nostris etiam maximis inimicis nunquam valeat. Potissimam autem caussam diuturni tui silentii suspicor esse adversam valetudinem, quæ te, uti a communi nostro amico percepi) hactenus maxime afflixit. Utinam plane esses restitutus, nihil quicquam gratius mihi accideret, quo possis rei literariæ porro ut hactenus inservire. De opere tuo nuper edito tibi maximopere gratulor, gratiasque ago quod et mihi per Dominum Nucerium exemplar transmittere volueris. Quam primum

---

1 L'ouvrage paraît en 1685, mais Colbert († 1683) n'ayant pas versé le reliquat des pensions de 1672 et 1673, il est dédicacé à Gabriel Krumhausen.

2 Non jointe, mais voir lettre suivante.

aliquid ex meis lucubrationibus in lucem protulero, quod forte brevi, volente Deo, fieri poterit, par pari referam. Parisiensibus mathematicis omnia exoptatissima exopto, atque eos data occasione plurimum salvere jubeo, etiamsi mihi adeo sint irati, ut ad meas humanissimas ad illos datas literas nondum hucusque, utut jam quatuor integri anni effluxerint, ne verbulum adhuc reposuerint. Nec minimas gratias pro transmisso tum temporis meo quali quali opusculo Machinæ scilicet parte II egerint, multo minus judicium illorum de meis opellis Uranicis (quod tamen semper maxime feci atque eo tempore humanissime efflagitavi) exponere dignati fuerint. Si ab unico eorum illa malevolentia mihi obtigisset, posset id quadantenus excusari; sed cum ab omnibus, etiam a Domino Gallet (cui aliquoties ad suas debite, uti decet, respondi) ea ipsa adversa voluntas mihi obtigerit, nescio profecto quid inde praesumere debeam, vel quomodo id unquam apud orbem literatum ejusque posteritatem excusari possit: facile ut mihi videtur sincera posteritas in eam deveniet sententiam quasi id consulto atque unice ex invidia factum sit, vel quod fortuna me ante aliquot annos torto adspexerit oculo; sed id minime de illis viris egregiis ac literatis persuadere mihi ullo modo possum, etiamsi istud commune proverbium mihi sit notissimum: viri infortunati procul amici; tum etiam quod paria studia sæpius maximam pariant invidiam. Verum cum vix inter minimos rerum cœlestium cultores sim recensendus, ac pro meo modulo a Deo concesso tenuiora tantummodo præstiterim, nulla profecto invidia in me cedere potest: praesertim cum et mihi a Deo injunctum sit attollere oculos in sublime et admirari magnalia Dei. Ego, sane, nemini jam præcludo ad majora exantlanda, certiora et accuratiora præstanda, sed potius omnes et singulos Uraniæ addictos etiam atque etiam rogatos volo, totamque posteritatem ut mea debite non gloriosis nudisque tantum verbis (ut plurimi in hoc nostro aevo consueverunt) sed ipsis factis, correctissimis scilicet atque sufficientibus organis examinent, corrigenda corrigant, locupletanda augeant, exornanda et exploranda ulterius exornent ac plenius exponant, profecto quilibet ad exitum usque mundi satis habebit, quod agat, quod quærat etiamsi sit omnium ingeniosissimus, sagacissimus, peritissimus ac exercitatissimus. Nam nemo unquam divina opera cælestia penitus exhauriet ut nihil quicquam amplius remaneat, cum Dei sapientia sit imperscrutabilis. Nullas igitur rationes amice honorande comminisci possum quare mihi succenseant, vel irasci debeant, præsertim cum nullo unquam tempore illis, quod sciam, adversi quicquam fecerim vel ullo scripto eos lacessiverim; sed semper honorificam eorum omnium, uti merentur habuerim mentionem, ac omni data occasione propensissimum meum animum clare detexerim: quanquam non semper illis in omnibus potui adscribere, utpote in negotio pinnacidiorum factum est. In qua sententia firmiter adhuc persisto, ut suo tempore ad oculum, in Anno meo Climacterico observationum prope diem edendo, cuique demonstrabo. Nescio igitur unde eorum malevola erga me voluntas exoriatur; si tu forte genuinam hujus rei caussam vel jam noveris, vel explorare poteris, rogo omnimode, ut mihi jam significes. De cœtero quicquid etiam sit, allaborabo tamen cum Deo strenue, ut nonnulla nihilominus in rei literariæ commodum proferre adhuc possim, præsertim Uranographiam, cum globis meis novis cœlestibus, Prodromum Astronomiæ cum novo et adaucto Catalogo Fixarum et Anno meo observationum Climacterico, nec non continuatione observationum mearum hucusque habitarum, aliisque quibusdam opusculis præsertim Epistolis clarissimorum virorum ad me datis cum meis responsionibus; sed mi amice ad talia edenda sumptus fere mihi deficiunt: quippe optime scis quantam feci jacturam; ad hæc sculptor egregius nullus hic Gedani adest. Nihilominus penitus confido Deo Optimo Maximo qui porro mihi rebusque meis prospiciet ut ad nominis sui gloriam, ea adhuc quæ mihi Dei benignitas reliquit ac post infortunium illud meum iterum elaboravi, etiam in hocce meo senio luci exponere valeam. Denique hisce tibi latorem hujus nobilissimum Dominum Smieden Gedanensem optimis modis commendo, filium scilicet viri nobilissimi, amplissimi, doctissimi, ac consulis hujus civitatis amici mei optimi, tibi etiam addictissimi, hunc rogo ita excipias, ut meos amicos nunquam non solitus es, atque benevolo animo promptitudinem tuam in quibus fieri poterit, commendando scilicet atque consilio ubi opus erit subministrando ipsi declara. Ubi iterum vel tibi tuisque amicis, hisce in oris inservire potero faciam sane animo plusquam lubentissimo. Quid de tribus conjunctionibus magnis nec non de quibusdam occultationibus hactenus a me effectum est, brevi per Dominum nostrum Nucerium habebis; reliqua nonnulla quæ a me hactenus peracta in Actis Philosophicis Lipsiensibus invenies. Interea quam diutissime te valere jubeo ut possimus adhuc suavissimo literarum commercio, quam diu Altissimo visum fuerit, porro frui. Saluta quam officiosissime amicos omnes nobis bene cupientes, in primis illustrissimum Dominum Balusium cujus consilio maxime opus haberem: nimirum quid mihi faciendum, ut Uranographiam, globosque meos cœlestes, cum novo correcto et adaucto Fixarum Catalogo, reliquaque residua opera in honorem Christianissimi Regis qui me a plurimis annis per illustrissimum et excellentissimum Dominum Colbertum multoties ad istud opus promovendum et finiendum clementissime incitare jussit in publicum proferre queam. Nam cum sumptus ob cladem meam fere deficiant ac etiam mercatores annuam pensionem Clementissimi Regis olim consuetam a 12 annis mihi non amplius numerent, anxius sum quomodo opus istud 50 annorum sub auspicio tanti Monarchæ expedire feliciter debeam. Rogo itaque si occasio ferat loquaris cum illustrissimo Domino Balusio (quem officiosissime saluto) ut percipias, quid hac de re sentiat, et quid mihi tentandum. Ultimo copiam illarum literarum quas anno 1650, die 18 Februarii ad te dedi, rogo ut mihi prima data occasione transmittas. Nam literæ illæ mihi perierunt. Vale iterum iterumque,

Dabam Gedani,
Anno 1683, die 17 Junii.

Au très illustre et très célèbre Monsieur Ismaël Boulliau,
Son grand ami, Jean Hevelius, envoie son salut.

Quoique depuis les 16 et 18 avril 1683 je n'aie reçu aucune lettre de vous-même et que je n'aie obtenu aucune réponse à celles que je vous ai écrites le 29 juin 1681 et le 3 janvier 1682, néanmoins je n'ai aucun souci quant à votre ancienne et sincère affection pour moi. L'amitié a poussé dans nos âmes des racines si profondes que même nos ennemis ne peuvent l'éradiquer. Je devine que la cause principale de votre long

LETTRES [1683]

silence est votre mauvais état de santé qui m'a profondément affligé quand je l'ai appris de notre ami commun. Puissiez-vous être complètement rétabli pour continuer à servir les lettres comme vous l'avez fait jusqu'à présent. Rien ne pourrait m'arriver de plus agréable. Je vous félicite grandement pour votre ouvrage récemment publié[1] et je vous remercie d'avoir bien voulu m'en transmettre un exemplaire par Monsieur des Noyers. Dès que j'aurai mis au jour une de mes recherches, ce qui arrivera bientôt si Dieu le veut, je vous rendrai la pareille. Aux mathématiciens de Paris, je souhaite tout ce qu'il y a de plus souhaitable et je vous demande de les saluer à la prochaine occasion, même s'ils sont à ce point irrités contre moi qu'ils n'ont pas répondu un seul petit mot depuis quatre années entières jusqu'à présent, aux lettres très polies que je leur ai envoyées. Ils ne m'ont pas non plus adressé le moindre remerciement pour l'envoi en son temps de la Machina, partie II, et ils ont moins encore daigné porter un jugement sur mes petits travaux astronomiques (ce que j'ai pourtant toujours fait et toujours demandé avec courtoisie). Si cette malveillance venait d'un seul d'entre eux, elle pourrait s'excuser ; mais comme cette mauvaise volonté vient de tous, même de Monsieur Gallet (à qui j'ai répondu quelquefois convenablement)[2], j'ignore à coup sûr ce que je dois présumer et comment cette attitude pourrait être excusée devant le monde savant et sa postérité. À mon avis, la postérité honnête en viendra facilement à cet avis que cela s'est fait uniquement par jalousie ou parce que la fortune m'a depuis quelques années regardé d'un œil torve ; mais je peux difficilement croire cela d'hommes distingués et lettrés, même si je connais bien ce proverbe commun « de l'homme malchanceux, les amis sont loin » et aussi parce que de communes études génèrent souvent la plus grande jalousie. Quoique je puisse à peine être mis au nombre des plus petits praticiens des choses célestes et qu'avec les capacités que Dieu m'a données, je puisse seulement réaliser de minces travaux, aucune jalousie ne peut m'atteindre, surtout que Dieu m'a enjoint de lever les yeux vers le sublime et d'admirer la grandeur de son œuvre. Moi, je n'interdis à personne d'explorer de plus grandes choses, de fournir des données plus sûres et plus précises, mais plutôt je voudrais demander aux passionnés d'astronomie, à tous et à chacun, et à toute la postérité de ne pas juger mon œuvre avec seulement des paroles glorieuses et creuses (comme on le fait en général à notre époque), mais de l'examiner avec les faits, avec des appareils très corrects et suffisants. Qu'ils corrigent ce qu'il faut corriger, qu'ils complètent ce qu'il faut compléter, qu'ils continuent à embellir, à explorer et à expliquer plus pleinement. À coup sûr, chacun aura jusqu'à la fin du monde assez à faire et à chercher, même s'il est de tous le plus ingénieux, le plus sagace, le plus expérimenté et le plus exercé. Car personne, jamais, n'épuisera les œuvres divines au point de ne rien laisser, car la sagesse de Dieu est impénétrable. Je ne me rappelle donc aucun motif, honorable ami, pour qu'ils s'enflamment contre moi et se mettent en colère, d'autant que je n'ai jamais, à ma connaissance, rien fait contre eux, que je ne les ai jamais harcelés par écrit, mais j'ai toujours fait d'eux la mention honorable qu'ils méritent et à toute

---

1 Les *Ad arithmeticam infinitorum, libri sex*, parus en 1682 (n° 223).
2 N° 190.

occasion, j'ai clairement manifesté mes bonnes dispositions à leur égard, quoique je n'aie pas pu être d'accord avec eux sur tout comme dans l'affaire des alidades à pinnules. Je persiste fermement dans cette opinion comme je le démontrerai sous les yeux de chacun, en son temps, dans mon Année Climactérique d'observations à paraître bientôt[1]. J'ignore donc d'où viennent leurs intentions malveillantes envers moi. Si par hasard vous connaissez, ou vous pouvez chercher, la cause véritable de cette affaire, je vous demande de toutes les façons, de me la faire connaître. Pour le reste, quoi qu'il en soit, je travaillerai assidûment avec l'aide de Dieu à pouvoir encore publier diverses choses pour le bien des lettres, surtout mon Uranographie avec mes nouveaux globes célestes, mon Prodrome de l'astronomie, avec un Catalogue des Fixes nouveau et augmenté, mon Année Climactérique d'observations, la continuation de mes observations menées jusqu'à présent et d'autres petits ouvrages, notamment les lettres que des hommes illustres m'ont envoyées avec mes réponses. Mais, mon ami, pour publier ces choses, les ressources me font à peu près défaut. Vous savez quelles pertes j'ai faites ; pour cette tâche, il n'existe à Dantzig aucun graveur de qualité ; néanmoins j'ai une profonde confiance en Dieu Très Bon, Très Grand, qui à l'avenir veillera sur moi et sur mes affaires pour qu'à la gloire de son nom je puisse encore, même dans ma présente vieillesse exposer ce que la bénignité de Dieu m'a laissé et ce que j'ai à nouveau élaboré après mon infortune. Enfin je vous recommande de la meilleure manière le porteur de cette lettre, le très noble Monsieur Schmieden de Dantzig[2], fils d'un homme très noble, très considérable, très savant, Consul de cette ville et excellent ami qui vous est tout dévoué. Je vous demande de l'accueillir comme vous avez coutume d'accueillir mes amis et de lui manifester, d'une âme bienveillante, votre disponibilité dans les affaires où cela est possible en le recommandant et en lui prodiguant vos conseils où ce sera nécessaire. De mon côté, partout où je pourrai vous rendre service, à vous et à vos amis, dans ces régions, je le ferai avec le plus grand plaisir. Ce que j'ai réalisé jusqu'à présent sur les trois grandes conjonctions et aussi sur diverses occultations, vous l'apprendrez bientôt par notre Monsieur des Noyers. Le reste de mes travaux, vous les trouverez dans les Actes Philosophiques de Leipzig[3]. Entre temps, je vous demande de rester bien longtemps en bonne santé pour que nous puissions encore jouir de ce si agréable commerce littéraire aussi longtemps qu'il plaira au Très Haut. Transmettez poliment tous mes devoirs aux amis qui nous veulent du bien et en particulier à l'illustrissime Monsieur Baluze[4]. J'aurais grandement besoin de son

---

1 L'*Annus Climactericus* paraît en 1685.

2 Johann Ernst von Schmieden (1626-1707), fils de Nathanael von Schmieden, premier bourgmestre (consul) de Dantzig entre 1655 et 1663. Après de brillantes études au gymnase de Dantzig et deux années passées à l'Université de Königsberg, il effectua un grand tour d'Europe (Provinces-Unies, France, Italie, 1648-1652) puis, de retour à Dantzig, occupa des charges administratives avant de devenir lui-même premier bourgmestre (consul) de 1692 à sa mort. Il a rédigé dans les premières pages du *Prodromus Astronomicus* un éloge d'Hevelius, évoquant notamment ses charges publiques.

3 Dans les *Acta Eruditorum* I (1682) et II (1683) : voir la liste des articles dans *CJH*, I, p. 578-579.

4 Voir n° 220. C'est à l'intervention d'Etienne Baluze, contacté en 1681 seulement, qu'Hevelius doit le paiement de la gratification de 6000 livres promises par Colbert au lendemain de l'incendie : *CJH*, II, n° 118, 122, 123.

conseil pour savoir ce que je dois faire pour pouvoir publier mon Uranographie, mes globes célestes avec un nouveau Catalogue des Fixes corrigé et augmenté, et le reste de mes ouvrages en l'honneur du Roi Très Chrétien qui dans sa grande clémence m'a encouragé tant de fois, pendant de nombreuses années, par l'intermédiaire de l'illustrissime et excellentissime Monseigneur Colbert à faire avancer et à terminer ce travail. Car, comme à cause de ma ruine, les ressources me font quasiment défaut et que les marchands ne me payent plus depuis douze ans la pension annuelle, jadis habituelle, du Roi très clément, je ne sais comment je pourrais terminer heureusement cette œuvre de cinquante années sous les auspices d'un tel monarque. Je vous demande donc, si l'occasion se présente, d'en parler avec le très illustre Monsieur Baluze (que je salue très poliment) pour que vous appreniez son avis à ce sujet et ce que je dois tenter. Enfin, je vous demande de me transmettre à la première occasion la copie de la lettre que je vous ai adressée le 18 février 1650, car cette lettre a péri[1]. À nouveau, portez-vous bien.

237.

16 juillet 1683, Pierre des Noyers à Hevelius

BO : C1-XV, 2256/131/156
BnF : Lat. 10 349-XV, 260

Varsavie le 16 juillet 1683

Monsieur,

Je vous rend tres humble graces, du souvenir que vous avez, de l'affection que j'ay tousjours pour le merite de vostre personne, et pour la continuation de vos illustres travaux sy utils au publique. J'en faits faire des copies pour les envoyer en Italie et en d'autres lieux aux curieux de vos œuvres qui les recevront avec joye et avec l'estime que l'on fait par tout de ce qui vient de vous. J'ay escrit a nostre amy, qu'il communicat cette Historiola[2] a M. l'abbé de la Roch[3], afin qu'il l'inserat dans le Journal des

---

1 Hevelius met alors en ordre sa correspondance, sans doute à l'occasion de la publication d'Olhoff (*Excerpta ex Literis*), un choix des lettres les plus prestigieuses que reçut Hevelius, publié en 1683 (mais où cette lettre de Boulliau ne figure pas. Il existe plusieurs exemplaires de cette lettre (BO, C1-II, 148 ; C2-V, 247-252 ; BnF, FF. 13 043, 20r-21v ; Lat. 10 347-II, 3-5v), voir n° 233.

2 Il s'agit de l'*Historiola de tribus conjunctionibus*, n° 236.

3 L'abbé Jean-Paul de la Roque (~1630-1691), prédicateur mondain qui fréquentait les cercles érudits de l'abbaye de Saint-Germain et suivait les travaux de l'Académie des sciences et de l'Observatoire, se vit confier le périodique entre 1674 et 1687. Il organisait chez lui des réunions académiques les lundis et jeudis.

616 CORRESPONDANCE DE JOHANNES HEVELIUS. TOME III

Savant[1] qu'il a le soing de faire imprimer et qui s'envoye par tout, ce que je ne doute pas qu'il ne fasse apres l'avoir communiquee a M. Balus comme vous le desirez.

J'ay prié M. Formont d'ouvrir les lettres que m'escrit toutes les semaines, nostre dits amy M. Boulliau, et vous les communiquer toute les fois qu'il y parlera de vous. Il m'escrit qu'il commence a se mieux porter du cruel rhumatisme dont il a esté travaillé tout l'hiver[2]. Quant au reste j'espere que vous me fairez tousjours la justice de demeurer persuadé que personne ne vous honore plus que moy, ny ne desire davantage de vous pouvoir rendre les services que je vous ay vouez. Si jamais j'avois le bonheur d'en rencontrer les moyens comme je les souhaitte pour vous mieux tesmoigner que je suis et seray tousjours,

Monsieur,
Vostre tres humble et tres obeissant Serviteur,

Des Noyers

238.

22 juillet 1683, Hevelius à Pierre des Noyers

BO : C1-XV, 2255/130/155
BnF : Lat. 10 349-XV, 259

Domino
Domino Nucerio
Warsaviæ

Illustrissime Vir,

Litteras tuas die 16 Julii datas hodie accepi, ad quas tamen plene non respondeo, sed ob angustiam temporis differo id in proximam occasionem. Nunc solummodo tibi transmitto quæ nuper promiseram, ut ea quoque amicis et fautoribus, si ita tibi videbitur, communicare possis. Utinam communis noster amicus Illustrissimum Dominum Balusium mihi conciliare posset, quo literas meas, quas ad Illustrissimum et Excellentissimum Dominum Colbertum, nec non ad Christianissimam Regiam Ma-

---

1 Hevelius n'a publié que deux articles dans le *Journal des Sçavans* : tome X (1667), l'observation sur l'éclipse de Soleil du 2 juillet 1666 ; dans le tome XVIII (1676), sur l'éclipse de Soleil du 11 juin 1676. Il a publié 29 observations dans les *Philosophical Transactions* et 12 dans les *Acta Eruditorum*. Cette Historiola a été publiée dans les *Philosophical Transactions*, XIII, p. 325-330 ; et dans les *Acta Eruditorum*, II, juillet 1683, p. 290-298.

2 Sur l'état de santé de Boulliau, Voir : Boulliau à Baluze ?, 20 janvier 1683.

LETTRES [1683]

jestatem ipsam dare decrevi, submisse meo nomine offerre, cum valida quadam commendatione studiorum meorum haud dedignetur. Cum Uranographia mea, quæ ex 60 figuris magnis constat, jam penitus a me sit ad finem producta; deest nihil amplius quam ut æri incidantur a chalcographo quodam optimo atque sumptus suppeditentur, quo opus istud 50 annorum ad pedes Sacratissimæ Regiæ Majestatis deponi mihi liceat. De reliquo salutes Clarissimum Dominum Bullialdum, eumque roges meo nomine ut me literula quadam invisere velit, et quid Illustrissimus Dominus Balusius de proposito meo sentiet prima quaque occasione mihi detegat. Vale, et fave porro,

Tuo
Ex animo,

J. Hevelio

Dabam Gedani, anno 1683, die 22 Julii,
raptim

À Monsieur,
Monsieur des Noyers
À Varsovie

Très illustre Monsieur,

J'ai reçu aujourd'hui votre lettre du 16 juillet. Je n'y réponds pas en détail mais faute de temps je reporte ma réponse à une prochaine occasion. Aujourd'hui, je vous transmets seulement ce que je vous avais récemment promis pour que vous puissiez le communiquer à nos protecteurs et à nos amis[1], si cela vous paraît bon. Puisse notre Ami commun me concilier l'illustrissime Monsieur Baluze pour qu'il daigne offrir humblement, en mon nom, les lettres que j'ai décidé d'écrire à l'Illustrissime et Excellentissime Monseigneur Colbert ainsi qu'à Sa Majesté Royale Très Chrétienne, avec quelque solide recommandation de mes études[2]. J'ai achevé mon Uranographie qui consiste en soixante grandes figures[3]. Il ne reste qu'à les faire graver sur cuivre par un excellent graveur et à fournir les ressources financières pour que je puisse déposer ce travail de cinquante ans aux pieds de Sa Majesté Royale et Sacrée[4]. Pour le reste, saluez le très célèbre Monsieur Boulliau et demandez-lui, en mon nom, qu'il veuille bien me visiter

---

1 Il s'agit de l'occultation de deux étoiles (n° 239), mais il n'y a aucune pièce jointe.

2 Les dernières lettres dont nous disposons écrites par Hevelius à Colbert et à Louis XIV remontent au 17 octobre 1681 : *CJH*, II, n° 120 et 121.

3 Publiée sous le titre de *Firmamentum Sobiescianum sive Uranographia*, dans le *Prodromus Astronomiæ*, posthume (1690), p. 402 sv.

4 Notons qu'Hevelius envisage encore de dédicacer cet ouvrage à Louis XIV s'il reçoit à nouveau sa gratification.

par une petite lettre et qu'à la première occasion il me révèle ce que l'illustrissime Monsieur Baluze pense de ma proposition. Portez-vous bien et continuez à favoriser votre

De tout cœur

J. Hevelius

Donné à Dantzig en 1683, le 22 juillet, en hâte.

239.

6 août 1683, Pierre des Noyers à Hevelius

BO : C1-XV, 2273/148/176
BnF : Lat. 10 349-XV, 276-277

Varsavie le 6 aoust 1683

Monsieur,

Je n'ay pas manqué d'envoyer a nostre amy M. Boulliau vostre observation de occultatio duarum stellarum, avec la lettre que vous me faittes l'honneur de m'escrire afin qu'il communique le tout a M. Balus, ce qu'il ne manquera pas de faire puis qu'il a pour vous toutes l'estime et l'amitié que vous meritez et que l'on peut avoir. Il me dit dans sa lettre du 16 de juillet qu'il vous baise les mains et qu'il est tousjours vostre tres humble serviteur, et que M. Ronucci[1] que le Pape a envoyé en France a apporté a M. Colbert des verres de lunettes de 100, 150 et 200 pieds qu'il avoit envoyé ordre, et argent a Campani excellent ouvrier a Rome[2], de faire pour

---

1 Angelo Maria Ranuzzi (1626-1689) a été nonce apostolique en Savoie (1668) puis en Pologne (1671). Nommé évêque de Fano en 1678, il se voit confier des missions, comme nonce apostolique, en France entre 1683 et 1688.

2 Giuseppe Campani (1635-1715), l'un des meilleurs facteurs d'instruments du temps, grand spécialiste dans le polissage des lentilles à grande longueur focale (n° 113). Il fut l'un des fournisseurs de l'Observatoire. On lit dans une note manuscrite de J.-D. Cassini sur « L'usage des verres sans tuyaux pratiqué dans les dernières découvertes » : « La découverte du premier et du second satellite de Saturne, qui ont esté decouverts les derniers, a esté faite par les verres excellents que M. Campani a travaillé à Rome, et envoyé à l'Observatoire par ordre de Sa Majesté, par un de 100 et un de 136 pieds, et ensuite par un de 70 et un de 90. Je m'en servois au mois de mars 1684 sans tuyau mettant sur l'observatoire celuy qui estoit d'une telle portée, qui estant exposé à Saturne à son passage par le meridien portoit son foyer à l'hauteur de l'œil placé dans la cour inférieure du costé de septentrion » : Ch. Wolf, *Histoire de l'Observatoire*, p. 186. Cassini et Huygens utilisaient de grands objectifs sans tuyau, plus maniables. C'est qu'en 1685 que Cassini obtint de Louvois l'ordre de transporter la tour de Marly à l'Observatoire [Illustration n°9, HT].

LETTRES [1683]

l'Observatoire royale. Il a adjouté un dessein de machine pour s'en servir. C'est ce que m'en dit M. Boulliau dans cette derniere lettre. Au reste continuez moy l'honneur de me croire,

Monsieur,
Vostre tres humble et tres obeissant Serviteur,

Des Noyers

240.

6 août 1683, Hevelius à Pierre des Noyers

BO : C1-XV, 2257/132/157
BnF : Lat. 10 349-XV, 261
BnF : FF. 13 043, 3r-4v

Domino
Domino Nucerio
Warsaviæ

Illustrissime Domine,

Spero te bene literas meas die 22 Julii datas cum observatis meis nonnullarum occultationum accepisse; nunc tibi significo novum rursus cometam in cœlo illuxisse, quem a 30 Julii singulis fere noctibus hucusque observavi, sed est valde obscurus, et tenuissima brevissimaque cauda gaudet, ut vix ac ne vix nudis oculis conspiciatur inprimis Luna lucente. Versatur in Septentrione inter Ursum Majorem et Aurigam et quidem in Cancro sub notabili latitudine septentrionali, in novo meo Sydere nimirum Lynce seu Tigride, hodie ad ejus pectus a me observatus. Quam primum observationes in ordinem redegero atque absolvero, fusiorem quantum fieri poterit, descriptionem tibi transmittam amicis communicandam. Ab amico nostro nihil adhuc literarum accepi, qui fiat sane nescio. Quibus te bene valere cupio. Dabam Gedani raptissime, qui sum eroque semper

Tuæ Illustrissimæ Dominationi,
Addictissimus

J. Hevelius manu propria

Gedani, anno 1683, die 6 Augusti.

À Monsieur,
Monsieur des Noyers
À Varsovie

Très illustre Monsieur,

J'espère que vous avez bien reçu ma lettre du 22 juillet avec mes observations de certaines occultations. Maintenant je vous fais savoir qu'une nouvelle comète a brillé dans le ciel[1]. Je l'ai observée du 30 juillet presque chaque nuit jusqu'à présent, mais elle est très obscure, avec une queue très ténue et très courte, de sorte qu'on peut à peine la voir à l'œil nu quand la Lune brille. Elle se trouve au nord, entre la Grande Ourse et le Cocher et même dans le Cancer à une notable latitude nord dans une nouvelle constellation, c'est-à-dire le Lynx ou le Tigre où je l'ai observée aujourd'hui à sa poitrine. Dès que j'aurai mis en ordre et achevé mes observations, je vous enverrai une description plus étendue, autant que ce sera possible, pour la communiquer à nos amis. De notre Ami, je n'ai encore reçu aucune lettre, je ne sais comment cela se fait[2]. Je vous souhaite une bonne santé. Donné à Dantzig en toute hâte, moi qui suis et serai toujours

À Votre illustre Seigneurie
Tout dévoué

J. Hevelius de sa propre main

À Dantzig, en 1683, le 6 août.

---

1 Cette comète fut observée par Hevelius entre le 30 juillet et le 4 septembre, et par Flamsteed entre le 23 juillet et le 5 septembre (Pingré, *Cométographie*, II, p. 28). Hevelius a publié ses observations dans l'*Annus Climactericus*, p. 160-167.

2 Dans l'état actuel de la correspondance, il n'y a pas de lettres de Boulliau à Hevelius entre le 5 juin 1682 et le 22 octobre 1683. Hevelius recevait en revanche des nouvelles de Boulliau par des Noyers.

241.

27 août 1683, Pierre des Noyers à Hevelius

BO : C1-XV, 2274/149/177
BnF : Lat. 10 349-XV, 277

Varsavie le 27 aoust 1683

Monsieur,

J'ay venement attandu de respondre a vostre lettre du 6 de ce mois jusque a maintenant voulant vous parler de la nouvelle commette que je n'ay encore peu voir, tant a cause de la lumiere de la Lune que parce que le ciel a tousjours esté nebuleux en la partie ou vous marquez qu'elle apparoist. J'ay cependant participé vostre lettre a nostre amy M. Boulliau, mais encore j'en ay envoyé la copie a Rome. Je n'ay point encore apris que d'autres que vous ayt veu cette comete. Sy j'en aprend quelque chose je ne manqueré pas de vous le faire savoir[1].

Le ciel a esté fort serein ces deux derniers jours, et j'ay pourtant en vain cherché la comette avec les yeux ; ce que j'attribue a la tenuité de sa queuë qui fait qu'on ne la peut distinguer des petittes estoilles qui sont en cette partie du ciel. Je suis tousjours,

Monsieur,
Vostre tres humble et tres obeissant Serviteur

Des Noyers

---

1 Pingré, *Cométrographie,* II, p. 28 et n° 240. Flamsteed observa cette comète à Greenwich entre le 23 juillet et le 5 septembre.

242.

15 octobre 1683, Hevelius à Pierre des Noyers

BO : C1-XV, 2277/150/178
BnF : Lat. 10 349-XV, 277-278
BnF : FF. 13 044, 157rv + enclosure 158r-162v

Domino
Domino Nucerio
Warsaviæ

Illustrissime Domine,

Id quod nuper promisi, hisce tibi nunc transmitto, historiolam videlicet meam recentioris cometæ quam ut æqui bonique consulas, amicisque, si ita videbitur, inprimis Illustrissimo Viro Domino Antonio Magliabechi bibliothecario Magni Hetruriæ Ducis, meo nomine, si commode fieri poterit communices etiam atque etiam rogo. De communi nostro amico Domino Bullialdo nihil adhuc responsi obtinui, ad meas bene multas literas ; sic ut plane nesciam qua gaudeat valetudine. Nam Dominus Formondt, etiamsi ipsi a te injunctum sit, ut Domini Bullialdi literas, in quibus mei sit mentio mecum communicet, nihilominus nisi semel id tantum factum est ut ut ab Illustrissimo et Excellentissimo Domino Thesaurario perceperim, quod aliquoties Dominus Bullialdus, in illis ad te datis literis, et mei, et Illustrissimi Domini Balusii meminerit. Quare officiose rogo, si quid habeas, quod me concernat, mihi perscribas, ut intelligam quo in statu res meæ versentur, atque consilium ineam, qua via, et cujus auxilio, opera mea in lucem commode perferri possint. Inprimis libenter scirem, quo in cardine versentur astronomi parisienses cum Regia Specula ; an adhuc pristina munificentia gaudeant Illustrissimus et Excellentissimus Dominus Colbertus licet sit mortuus ? et quis nunc præcipuus sit Mæcenas literarum, et promotor rerum uranicarum ? Quis valeat apud Christianissimam Regiam Majestatem conservare et protegere studia ? Tum denique quid mihi sit consultum, qua via, ac quo promotore res suscipienda ? Intera salutes Clarissimum Dominum Bullialdum, cui firmissimam valetudinem et ut quam diutissime, sicut hactenus rem literariam plus plusque excolere atque maxime promovere valeat, animitus exopto. Vale feliciter, Vir illustrissime, viveque memor

Tui nominis
Observantissimi cultoris

J. Hevelii

Gedani, anno 1683, die 15 Octobris stylo novo.

LETTRES [1683]

À Monsieur
Monsieur des Noyers
À Varsovie

Très illustre Monsieur,

Je vous transmets, par la présente lettre, ce que je vous ai récemment promis, à savoir une petite histoire de la présente comète[1]. Je vous demande, encore et encore, de la traiter avec justice et bonté, et ensuite de la communiquer en mon nom aux amis, si cela vous paraît bon, et en particulier à l'illustrissime Monsieur Antonio Magliabechi, bibliothécaire du Grand-Duc de Toscane[2], si cela peut se faire commodément. Je n'ai encore obtenu de notre Ami commun Monsieur Boulliau aucune réponse à mes lettres bien nombreuses ; c'est pourquoi j'ignore tout de sa santé, car Monsieur Formont, malgré vos injonctions de me communiquer les lettres de Monsieur Boulliau qui faisaient mention de moi, ne l'a fait qu'une seule fois quoique j'aie appris par l'illustrissime et excellentissime Monsieur le Trésorier[3], que quelquefois Monsieur Boulliau dans des lettres adressées à vous faisait mention de moi et de l'illustrissime Monsieur Baluze[4]. C'est pourquoi je vous demande très poliment, si vous avez quelque chose qui me concerne, de me le transcrire pour que je comprenne dans quel état sont mes affaires et que l'on me conseille par quelles voies et avec l'aide de qui, mes ouvrages pourraient être correctement mis au jour[5]. En particulier, j'aimerais savoir où les astronomes français en sont avec l'Observatoire royal ; bénéficient-ils toujours de l'ancienne munificence quoique l'Illustrissime et Excellentissime Monseigneur Colbert soit mort ?[6] Et qui est maintenant le principal Mécène des lettres

---

1 L'*Historiola cometæ anni 1683* ; elle fut publiée aussi dans l'*Annus Climactericus*, p. 167-175.

2 N° 221.

3 Il s'agit encore à cette époque de Jan Andrzej Morsztyn : bien qu'exilé en France, il n'y a pas encore eu de diète pour désigner son remplaçant. Marcin Zamoyski, son successeur, n'est nommé qu'en 1685.

4 La mauvaise volonté de Jean Formont, consul à Dantzig, est évidente qui se venge ainsi de toutes les critiques formulées à l'encontre des siens au sujet du non-paiement des gratifications royales.

5 Hevelius espère toujours une nouvelle gratification.

6 Colbert est décédé le 6 septembre 1683. Il est possible qu'Hevelius ait écrit cette lettre après avoir eu connaissance d'un billet anonyme et sarcastique, qui se trouve aujourd'hui dans sa correspondance (BO : C1-XVI, 2339/77) : « Paris le 17 sept. 83. La mort de Mons. Colbert cause plus de bruit ici que celle de la Reine ; tout Paris retentit de ses Eloges ; et la Cour les approuve facilement. Voici de quelle nature ils sont : on a trouvé escrit sur ses Armes qui portent un Serpent, devant sa chapelle : Viva necem dat mortua vitam. Un autre a fait une allusion au Serpent de l'Ecriture, que Moyse eleva : Æneus es posses suspensus ferre salutem. Son nom Jean Baptiste Colbert a donné cette anagramme : Bete trop insatiable. J'ai trouvé enfin Mons. Bulialdus ici. Il ecrira bientost a Mons. Hevelius, (auquel je vous prie de faire mes baisemains) et cependant il luy fait sçavoir, qu'il ne sçait point ce que l'Observatoire deviendra Mons. Colbert estant mort, et sa mort changeant beaucoup de choses ». « Vivante elle donne la mort, morte elle donne la vie » est une allusion à l'extrait de vipère macérée dans l'eau de vie, donnée en médicament. « Tu es en bronze, tu pourrais suspendu apporter le salut » se réfère au serpent de bronze dressé par Moyse sur un mât pour guérir les Hébreux mordus par une invasion de serpents. Il suffisait de le regarder pour être guéri (*Nombres* 21,4). Appliquée à Colbert, la comparaison peut signifier : il est dur comme le bronze et

et le promoteur des choses célestes ? Qui a le pouvoir de conserver et de protéger les études auprès de Sa Majesté Royale Très Chrétienne ? Enfin, qu'est-il avisé pour moi de faire, par quelle voie et avec quel promoteur entreprendre l'affaire ? Entre temps, saluez le très célèbre Monsieur Boulliau. Je lui souhaite du fond du cœur la santé la plus robuste et que pendant très longtemps, il puisse toujours, comme jusqu'à présent, cultiver et promouvoir les lettres. Portez-vous bien et soyez heureux, très illustre Monsieur et vivez en vous souvenant,

De votre nom
Du très respectueux zélateur

J. Hevelius

À Dantzig, en 1683, le 15 octobre nouveau style

P.J. 15 octobre 1683, BnF FF. 13 044, 158r-162v.

Johannis Hevelii Historiola Cometæ, Anni 1683

Plurimi sine dubio, inprimis ii quibus Historia Cometarum non adeo plene cognita est, haud parum mirabuntur, quod ab anno 1680 in tribus scilicet annis, tres cometæ notabiles in cœlo affulserint, imo si accurate loquendum, spatio scilicet unius anni duo revera extiterint. Nam anno 1682 a mense 25 Augusti ad 17 Septembris satis conspicuus cometa luxit ; prout ex observatiunculis meis Actis Eruditorum Lipsiæ mensis Novembris dicti anni insertis, videre est. Nunc rursus, priusquam adhuc totus iste annus effluxit, alius novus exortus est, quem a die 30 Julii, ad 4 Septembris ex voto observavi, et ejus Historiolam hisce, Amice honorande, brevibus tibi trado. Verum enimvero non est quod adeo miremur tres Cometas in tribus hisce elapsis annis nobis apparuisse : cum id pluries acciderit, quod non solum in tribus, vel 4 annis, tres et quatuor illuxerint, sed etiam spatio 5 annorum 5 diversi et quidem maxime notabiles, sicuti ex Historia mea Cometarum cuilibet patebit. Anno enim post natum Christum 837, ad annum usque 840, tres ; secundo, ab anno 1312 ad 1315, quatuor ; tertio, ab anno 1337 ad annum 1340, tres vel quatuor ; quarto ab anno 1399, ad annum 1403, quinque ; quinto, ab anno 1531 ad annum 1533, tres ; et sexto ab anno 1556, ad annum 1560 rursus quinque in mundi conspectum venerunt. Inter quos haud pauci horrenda et terribili specie, nec non cauda longissima et lucida extiterunt. Inprimis de cometa anni 1401. Diversissimi auctores, utpote Lavatberg, Rockenbachius, Eckstormius, Ursinius et Buntigus referunt, quod fuerit magnus, horrendus, lucidus et clarus ; cau-

---

ferait beaucoup de bien s'il était pendu. Le serpent sur les armes de Colbert est une couleuvre. La Reine Marie-Thérèse est décédée le 30 juillet 1683 à Versailles.

da expansa, similis pavonis, comam erectam explicans, ignis flammantis specie, non secus ac hastam radios jaculabatur, et Sole infra horizontem demerso propriis radiis effusis, omnes orbis terminos collustrabat, nec aliis stellis lumen exferre concedebat, aut aërem nocti umbra infuscari; quod ejus lumen aliorum splendorem vinceret, et ad cœli verticem flammam pretenderetur, quamdiu supra horizontem exstabat. Sic ut certissimum sit et alio tempore tres et quatuor cometas altero statim anno sibi invicem subsequentes esse, aliudque seculum præ alio, Cometis multo fuisse frugalius. Nam plerumque, ab anno scilicet Christi uno seculo (si tantummodo omnes et singuli ab auctoribus fuerunt annotati) tantum 10, 12, vel 13 extiterunt nisi quod seculum 13 et 14, 20 cometas exhibuerit. Hucusque tamen omnium præcedentium seculorum nullum plures, quam proxime præcedens 15 scilicet seculum produxit stellas crinitas: quippe in eo 40 annotati sunt a fidissimis auctoribus; hocce vero seculum currens 16 hucusque ad mensem Octobris anni scilicet 1683 currentis tantummodo adhuc 15 sidera comata nobis in conspectum dedit. Interea tamen hocce seculo inprimis bene notandum est quod intra spatium unius solummodo anni, quatuor bene conspicui, utpote anno 1618 (uti tam ex nostra quam aliorum patet cometarum historia) apparuerint cometæ; id quod nullo alio seculo unquam extitisse legi.

Sed ut ad nostrum Cometam redeam, atque referam, qua occasione, et quo tempore, et ubinam primum a me visus, atque observatus sit; scias, mi amice, postquam triplicem illam conjunctionem magnam superiorum planetarum, satis frequenter ad Junium usque, cœlo annuente, observassem, accidit ut continuæ pluviæ diesque nubilosi in mensem usque Julium obstiterint quo cælum rite intueri sæpius potuerim; die vero 30 Julii aëre rursus depurgato, cum speculam ascendissem, atque stellam novam in collo Ceti quærerem, postmodum etiam faciem ad Aquilonem converterem, ex insperato obtigit mihi nihil tale quid exspectanti, ut hora vesperi 11.30 circiter phænomenum aliquod eo quidem in cœli loco, ubinam nullæ stellulæ valde conspicuæ existunt, nimirum in novo nostro sydere Tigride vel Lynce, quod inter Ursam Majorem Geminos et Aurigam situm est, et cujus maxima pars in Cancro conspicitur eo in loco inquam sidus crinitum hic Gedani deprehenderem, caudam haud adeo longam, inter stellam Polarem et Cassiopœam sursum cum aliqua inclinatione exporrigens; constituebat lineam rectam cum suprema capitis Aurigæ et dextro humero Persei non minus cum ventre Ursæ Majoris et dextro humere Aurigæ; item cum media caudæ et latere Ursæ Majoris. Deinde tubo 10 pedum arrepto, istud phænomenum contemplatus sum, caput erat quidem satis amplum, sed materia non admodum condensata sic ut nullus lucidus nucleus, neque distincta corpuscula, ut quidem alias in plurimis aliis deprehensum est, in eo apparerent; versabatur eo ipso tempore inter tres stellulas (sed telescopio tantum visibiles) quæ vix 20 ab invicem removebantur minutis, atque Triangulum fere æquilaterum constituebant. His annotatis sextante, diversas distantias ab isto novo cometa dimensus sum, utpote a Lucido latere Persei, a latere Ursæ Majoris et ab humero Ursæ Minoris. Hora 12 fere altitudo ejus erat 19° 57'; quantæ autem revera extiterint illæ distantiæ, hic minus longum foret recensere cum animus tantummodo sit hac vice breviorem ac generalem Historiolam Astrophilis tradere; reliqua omnia, ut et inter quas stellulas singulis diebus visus fuerit, in continuatione mearum observationum brevi edenda reservantur.

Die subsequente Saturni 31 Julii vesperi ab iisdem stellis fixis Cometa debite est observatus, altus cum esset hora scilicet 12.30, 21° 28'; qui cum pede Aurigæ et Capella rectam constituebat. Cauda erat dilutissima ac rarior quam die hesterna, sed paulo longior.

Die Solis primo Augusti vesperi, hora 11.30, Cometa quidem per dehiscentes nubes tubo detectus sed ob vapores densiores instrumentis minime observatus est.

Die Mercurii vero 4 Augusti mane, rursus cometam a capella a lucido lateri Persei, a latere Ursæ Majoris et ab humero Ursæ Minoris dimensus sum; cui 4 stellulæ nudo oculo invisibiles, adstabant. Removebatur eo tempore tanto spatio a dextro humero Aurigæ, quanto alias distat dictus humerus ac capite Hœdi. Cæterum sinistra tibia Persei, Capella et Cometa rectam referebant. Hac nocte hora fere 2, hoc inprimis notandum occurrit quod Venus a stella fixa 3 magnitudinis a ventre scilicet Pollucis non nisi 16' removeretur Austrum versus id quod ex micrometro accurate comperi.

Die 5 6 mane, item die 11, 12, 14 et 15 vesperi ob Lunæ splendorem, nubes, atque vapores, non nisi telescopio cometa observatus est, accurate tamen omni tempore delineatus, quibus stellulis erat circumdatus, et quanto spatio ab hac vel illa distabat, adeo ut locum phænomeni nihilominus ex parte cognoscere potuerim. Cauda vero vix ac ne vix amplius sub adspectum veniebat.

Die Lunæ 16 Augusti vesperi hora fere 11 Cometa inter quatuor stellulas rursus versabatur quarum una a parte cometæ superiori in ipsa conjunctione non nisi 1' distabat, adeo arcte limbo adhærebat: quo tempore simul diametrum cometæ micrometro meo dimensus sum, nimirum 6' 5" existere: inprimis ut successu temporis cognoscerem an crescat an vere decrescat. Qua etiam die rursus distantias a Lucida et sequente in pede sinistro nec non a Lucido latere Persei item a latere Ursæ Majoris feliciter impetravi.

Die Mercurii 18 Augusti vesperi eædem distantiæ sextante observatæ sunt a Cometa qui brevissimam ac rarissimam comam inter Capellam et Caput Hædi exporrigebat.

Die Veneris 20 Augusti vesperi ex voto iterum diversissimas distantias Cometæ a fixis obtinui; inprimis jucundissimum erat Cometam contemplari inter plurimas ac lucidissimas fixas. Nam utroque Hædo erat vicinissimus, ita ut cum his Triangulum fere æquilaterum constitueret, cujus latera fere distantiam Hædorum (quæ est 47' circiter) æquabant. Adhuc Cometa cum Capella et illa in planta dextri Pedis Persei Triangulum æquilaterum, cujus basis erat distantia dictarum fixarum exhibebat.

Die Martis, 24 Augusti vesperi capta est distantia Cometæ a dextro humero Aurigæ, ab Alamac, a Lucida in sinistro pede Persei et a Lucida Arietis; versabatur inter Capellam et Pleiadas sic ut a Capella et Pleiadibus in eadem fere remotione videretur. Deinde Capella Cometa et Pleiades; item Alamac, Caput Medusæ et Cometa; nec non dexter humerus Aurigæ, Cometa, et sequens sinistri pedis Persei lineam fere rectam constituebant, et hac tamen ultima constitutione Cometa fere infra paulo rectam jam incedebat.

Die Mercurii, 25 Augusti vesperi eaedem antecedentes distantiæ observatæ sunt, Cometa existente cum Capella et Caput Hædi in eadem fere recta.

Die Solis 29 Augusti mane (noctes enim antecedentes erant prorsus nubilosæ) denuo Cometam contemplatus sum in situ perquam notabili, prope Pleiadas; sic ut hora 1.5' plurimis minutissimis et clarissimis fixis stipatus esset, nempe stellis Subjeskianis atque a cuspide occidentali Pleiadum sursum versus, non nisi 42' 35" removeretur. Observatus insuper est eodem tempore a dextro humero Aurigæ a Lucida Arietis, a Lucido latere Persei et a Capella.

Eadem die vesperi 29 scilicet Augusti ab iisdem stellis Cometa deprehensus est, sed longe jam promotior contra seriem signorum spatio scilicet 24 fere horarum quatuor fere gradus reperiebatur.

Die 30 Augusti, die Lunæ vesperi Cometa a stellula quadam bene conspicua non nisi 32' 41" aberat; et cum Musca et in basi Trianguli, deinde etiam cum præcedente in pede et illa in genu Persei lineam constituebat rectam. Ad hæc a plurimis fixis sextante quoque observatus est.

Die Jovis 2 Septembris mane Cometa inter Pleiadas et Nodum Lini versabatur constituens lineam rectam cum Musca et Lucida mandibulæ Ceti et cum infima in armo Mercurii et Tauri et mandibula Triangulum fere æquilaterum, hujus vertex dicta erat mandibula. Præterea quoque lineam referebat rectam cum duabus in fronte Ceti; tum tanto fere spatio ab occidentaliori distabat quam alias utraque ab invicem removentur. Prout ex observatis distantiis sextante captis clarius patebit. Hac die iterum diametrum Cometæ capitis micrometro diligenter dimensus sum, ut rite explorarem, an diameter ejusdem adhuc esset magnitudinis an cresceret an vero decresceret. Erat autem Cometæ diameter die 16 Augusti eodem micrometro obtenta tantummodo 6' 5"; hodie vero jam 9' 7"; sic ut notabiliter spatio 17 dierum creverit. Non nemo diceret id factum esse quod in ultima observatione vicinior multo fuerit terræ atque ideo clarius et lucidius caput exhibere debebat, præsertim si corpus esset æternum (ut quidam statuunt) quod rursus certo tempore, absoluto suo circulo, nobis in conspectum redit. Sed e contrario caput longe obtusius, rariusque ultimo extitit, sic ut distinctissime notare potuerimus materiam capitis sensim sese dissolvere; id quod autem multo melius cum nostra convenit hypothesi.

Postremo die Saturni, 4 Septembris mane ex voto cometam observavi, videbatur in linea existere recta cum illa in fronte occidentali Ceti et Lucida Arietis, item cum illa in ore et mandibula Ceti; adhuc fere Triangulum æquilaterum cum illa in ore et ad genam Ceti constituebat. De cætero autem exoptato mihi extitit quod non solum sufficientes distantias pro vero loco ex calculo eruendo, sed etiam cometæ altitudinem meridianam in austro, exactissimo quadrante hora videlicet matutina 3. 40' fere, nimirum 38° 15' esse, impetraverim.

Posthac, diebus subsequentibus quoties cœlum tantummodo annuit, sedulo quidem illum quæsivi, sed ob Lunæ vicinitatem, ejusque splendorem, vaporesque circa horizontem crebriores, haud illum amplius deprehendere potui, ut ut ad 12 Septembris supra nostrum horizontem adhuc extiterit: prout ex subsequente tabella ejusque motu diurno liquidum est.

Ultimo, Mi Astrophile, etiamsi graviora studia, quibus quotidie occupatus, haud concesserint, universas meas hujus Cometæ observationes calculo subjicere, nihilominus, quantum fieri licuit, rudiori Minerva tibi sub adspectum ponam, quo loco, secundum longitudinem et latitudinem in quavis observatione et die extiterit, et qua ratione motus ejus diurnus contra seriem signorum creverit; nec non ad certos dies quanta fuerit Cometæ declinatio et ascensio recta.

Ex quibus nunc luculenter videre est, Cometam hunc continuo contra seriem signorum incessisse, ex Lynce videlicet seu Tigride (quod sydus ego primum cum aliis 10 in novos meos transtuli globos) per Aurigam, Taurum ad caput usque Ceti; hoc est ex 7° Cancri (ubi 30 Augusti primum a nobis visus) per Geminos 3°, Taurum usque; sic ut in ecliptica 63° 55', in sua vero orbita 74° 35' (nimirum a 30 Augusti ad 4 Septembris) peragraverit. Sub angulo videlicet orbitæ et eclipticæ 39° fere graduum, sub angulo vero orbitæ et equatoris 56°; latitudo initio 29° 15' Borealis et ultimo 11° 20' Australis extitit, adeo ut ad 41° fere gradus eam variaverit. Si Luna non fuisset pernox, nec adeo ei vicina ultimo, tum noctes extitissent serenæ, profecto adhuc diutius nempe ad 12 Septembris usque illum observassem : prout ex ejus altitudine meridiana, motuque diurno, quem in ultima observatione exercuit, satis superque patet.

De capite hæc notandum habeo, quod initio, quoad diametrum, longe minus quam ultimo, e contrario initio longe lucidius, quam circa finem extiterit; nullos tamen distinctos et fulgentes nucleos, prout in plurimis videre nobis obtingit exhibuerit, sed confusam materiam et circa finem multo tenuiorem. Jure hic cometa (cum plerumque absque omni cauda visus) inter sidera comata, vel crinita, sive inter Barbata et Hircos refertur. Nam nisi ad 18 Augusti brevissimam et dilutissimam comam sursum versus exporrigebat; quæ postmodum vero omnino evanuit.

Quibus ut quam diutissime valeas, Amice plurimum honorande, animitus precor; nihil potius exoptans, quam ut possim gravioribus quibusdam studiis, pro meo modulo a Deo concesso in Astronomiæ commodum, ac incrementum Astrophilis inservire. Dabam Gedani anno a nato Christo 1683, stylo novo, ipso die Æquinoctii autumnalis, sole existente in meridie alto 35° 27' quadrante parvo Orichalcino

Tuus
Ex animo

J. Hevelius manu propria

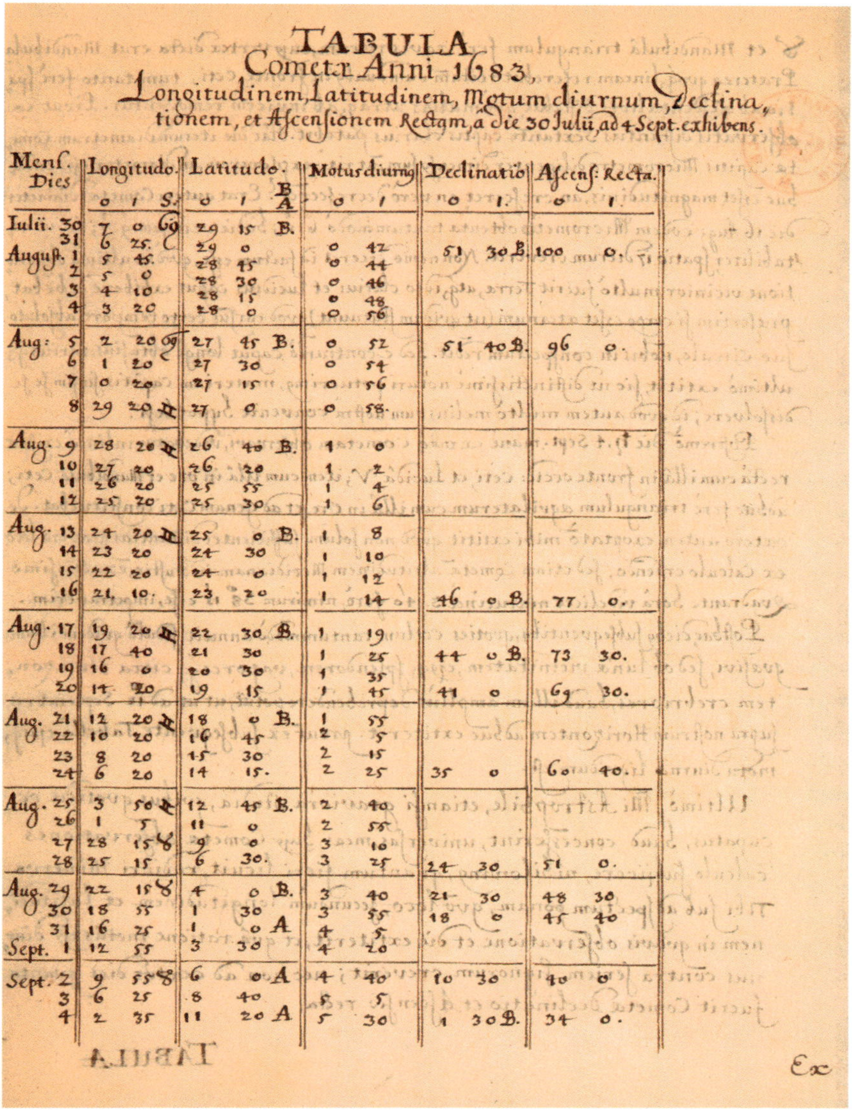

TABULA
Cometæ Anni 1683,
Longitudinem, Latitudinem, Motum diurnum, Declina,
tionem, et Ascensionem Rectam, à die 30 Iulii, ad 4 Sept. exhibens.

Mens.	Dies	Longitudo °	′	S.	Latitudo °	′	B / A	Motus diurnus °	′	Declinatio °	′	Ascens. Recta °	′
Iulii.	30	7	0	♋	29	15	B.						
	31	6	25.		29	0		0	42	51	30 B.	100	0.
August.	1	5	45.		28	45		0	44				
	2	5	0		28	30		0	46				
	3	4	10		28	15		0	48				
	4	3	20		28	0		0	56				
Aug.	5	2	20	♋	27	45	B.	0	52	51	40 B.	96	0.
	6	1	20		27	30		0	54				
	7	0	20		27	15		0	56				
	8	29	20	♊	27	0		0	58.				
Aug.	9	28	20	♊	26	40	B.	1	0				
	10	27	20		26	20		1	2				
	11	26	20		25	55		1	4				
	12	25	20		25	30		1	6				
Aug.	13	24	20	♊	25	0	B.	1	8				
	14	23	20		24	30		1	10				
	15	22	20		24	0		1	12				
	16	21.	10.		23.	20		1	14	46	0 B.	77	0.
Aug.	17	19	20	♊	22	30	B.	1	19				
	18	17	40		21	30		1	25	44	0 B.	73	30.
	19	16	0		20	30		1	35				
	20	14	20		19	15		1	45	41	0	69	30.
Aug.	21	12	20	♊	18	0	B.	1	55				
	22	10	20		16	45		2	5				
	23	8	20		15	30		2	15				
	24	6	20		14	15.		2	25	35	0	60	40.
Aug.	25	3	50	♊	12	45	B.	2	40				
	26	1	5		11	0		2	55				
	27	28	15	♉	9	0		3	10				
	28	25	15		6	30.		3	25	24	30	51	0.
Aug.	29	22	15	♉	4	0	B.	3	40	21	30	48	30
	30	18	55		1	30		3	55	18	0	45	40
	31	16	25		1	0	A	4	5				
Sept.	1	12	55		3	30		4	20				
Sept.	2	9	55	♉	6	0	A	4	40	10	30	40	0
	3	6	25		8	40		5	5				
	4	2	35		11	20	A	5	30	1	30 B.	34	0.

Ex

Illustration 32 : Tableau, *historiola cometæ* 1683, Fr. 13 044, fol. 161v (cliché BnF)

J. Hevelius : Petite histoire de la comète de l'année 1683

Bon nombre de gens, sans aucun doute, surtout ceux à qui l'histoire des comètes n'est pas familière, ne s'étonneront pas peu du fait que, depuis 1680, c'est-à-dire en trois années, trois comètes remarquables ont brillé dans le ciel ; bien plus, pour parler exactement, que deux comètes se sont présentées en l'espace d'une année. Car en l'an 1682, du 25 août au 17 septembre, une comète assez visible a brillé ; on peut le voir dans mes petites observations insérées dans les *Acta Eruditorum* de Leipzig de cette année[1] ; et maintenant de nouveau, avant que cette année soit entièrement terminée, une nouvelle comète s'est élevée, que j'ai observée à loisir du 30 juillet au 4 septembre. Je vous en livre brièvement l'histoire, honorable Ami. À vrai dire, il n'y a pas lieu de s'étonner tellement que trois comètes nous soient apparues au cours des trois années écoulées ; il arrive plusieurs fois que non seulement en trois ou quatre années, trois ou quatre comètes ont brillé, mais que même en l'espace de cinq ans, il y ait cinq comètes diverses et même tout à fait remarquables comme n'importe qui pourra le voir dans mon Histoire des comètes[2] : de l'an 837 après Jésus-Christ jusqu'en l'an 840 : trois ; de 1312 à 1315, quatre ; de 1337 à 1340, trois ou quatre ; de 1399 à 1403, cinq ; de 1531 à 1533, trois ; et de 1556 à 1560, de nouveau cinq sont venues aux yeux du monde. Bon nombre d'entre elles avaient un aspect horrifiant et terrible avec une queue très longue et lumineuse, et d'abord la comète de l'an 1401. Des auteurs très divers, comme Lavatberg, Rockenbach, Eckstorm, Ursinius et Buntigus rapportent qu'elle a été grande, horrible, lumineuse et brillante. Une queue étendue, semblable à celle du paon, déployait une chevelure dressée avec l'aspect d'un feu flambant, projetant des rayons comme des javelots. Une fois le Soleil couché, elle illuminait tous les confins du monde de ses propres rayons et ne permettait pas aux autres étoiles d'émettre leur lumière, ni à la nuit d'obscurcir le ciel car sa lumière dominait l'éclat des autres et sa flamme atteignait le sommet du ciel tant qu'elle était au-dessus de l'horizon. Il doit être sûr que trois ou quatre comètes peuvent se suivre d'une année à l'autre, mais qu'un siècle peut être plus frugal en comètes qu'un autre. Ainsi, depuis le premier siècle du Christ (si les comètes ont été toutes et chacune mentionnées) par les auteurs, il n'y en eut seulement dix, douze et treize ; tandis que, les siècles XIII et XIV ont montré vingt comètes. Jusqu'à présent, aucun des siècles précédents n'a produit autant d'astres chevelus que le XVe siècle car quarante y sont mentionnées par des auteurs très dignes de foi ; le XVIe siècle, jusqu'au mois d'octobre 1683, nous a donné à voir seulement quinze astres chevelus. Entre temps, il faut noter qu'en ce siècle, en l'espace d'une seule année, à savoir 1618, quatre comètes bien visibles sont apparues (comme il est démontré dans notre Histoire des comètes et les travaux d'autrui), ce qui, à ce que j'ai lu, ne s'était auparavant produit dans aucun siècle.

---

1 "Historiola cometæ anni 1683", *Acta Eruditorum* II, novembre, p. 484-491.
2 Dans la *Cometographia* (1668).

LETTRES [1683]

Mais je reviens à notre comète et je vous rapporte à quelle occasion, à quel moment et en quel lieu je l'ai d'abord vue et observée ; sachez, mon Ami, que j'avais observé assez fréquemment jusqu'en juin, quand le ciel était favorable, cette grande triple conjonction des planètes supérieures[1]. Il arriva que des pluies continuelles et des journées nuageuses m'empêchèrent jusqu'en juillet d'observer correctement le ciel. Le 30 juin, l'air étant de nouveau nettoyé, je montais à mon observatoire et je cherchais l'étoile nouvelle dans le cou de la Baleine. Quand je tournais mon visage vers l'Aquilon, il m'arriva une chose inespérée, alors que je n'attendais rien de tel. Vers 11h. 30 du soir, j'aperçus un phénomène dans un endroit du ciel où aucune petite étoile n'était visible, à savoir dans notre nouvelle constellation du Tigre ou du Lynx[2] qui se trouve entre la Grande Ourse, les Gémeaux et le Cocher et dont la plus grande partie se voit dans la Cancer. Dans ce lieu, dis-je, j'aperçus ici à Dantzig un astre chevelu qui étendait une queue pas très longue entre l'étoile polaire et Cassiopée vers là-haut, avec une certaine inclinaison ; il formait une ligne droite avec l'étoile supérieure de la tête du Cocher et l'épaule droite de Persée, et aussi avec le ventre de la Grande Ourse et l'épaule droite du Cocher ; de même, avec le milieu de la queue et le flanc de la Grande Ourse. Ensuite, je pris mon tube de 10 pieds et j'examinai le phénomène : la tête était assez large, mais sa matière très condensée, de sorte qu'il n'y apparaissait aucun noyau lumineux, aucun corpuscule distinct comme cela se produit dans quantité de comètes ; elle se trouvait à ce moment même entre trois petites étoiles visibles seulement au télescope, écartées l'une de l'autre d'à peine 20' et formant un triangle presque équilatéral. Après avoir noté cela, je mesurais au sextant les diverses distances de cette nouvelle comète à savoir : à partir de la brillante du côté de Persée, du flanc de la Grande Ourse et de l'épaule de la Petite Ourse, à 12 heures, sa hauteur était de 19° 57'. Il serait trop long de recenser ici ces distances puisque mon but, cette fois, est seulement de donner aux amateurs d'astronomie une petite histoire assez brève et générale. Tout le reste, notamment entre quelles étoiles on l'a vue chaque jour, je le réserve pour la continuation de mes observations que je publierai bientôt.

Le lendemain, samedi 31 juillet au soir, la comète a été dûment observée. Sa hauteur boréale était de 12° 30', 21°, 28' (sic) ; elle formait une ligne droite avec le pied du Cocher et la Chèvre. La queue était très déliée et plus poreuse que la veille, mais un peu plus longue.

Le dimanche 1er août au soir, à 11h. 30, la comète a été détectée au tube à travers une déchirure des nuages, mais à cause des vapeurs trop denses, elle n'a pas été observée aux instruments.

Le mercredi 4 août, au matin, j'ai mesuré la comète par rapport à la Chèvre à la brillante du côté de Persée, au flanc de la Grande Ourse et à l'épaule de la Petite Ourse. À ses côtés se trouvaient quatre petites étoiles invisibles à l'œil nu. À ce mo-

---

1 N° 236.
2 Hevelius a créé de nouvelles constellations : outre le Lynx ici mentionné, le petit Lion (Leo Minor), les Chiens (Canes venatici), le Renard qui tient l'oiseau (Anser et Vulpecula), le Lézard (Lacerta), les Serpents (Cerberus), représentés derrière Hevelius dans le frontispice du *Firmamentum Sobiescianum* et, bien sûr, l'Écu de Sobieski que l'astronome agenouillé tient dans sa main droite.

ment, leur distance par rapport à l'épaule droite du Cocher était égale à la distance entre cette épaule et la tête du Chevreau. D'autre part, le mollet gauche de Persée, la Chèvre et la comète formaient une ligne droite. Cette nuit, vers 2h., il faut d'abord noter que Vénus était éloignée de seulement 16° au Sud, de l'étoile fixe de 3e grandeur, c'est-à-dire du ventre de Pollux, ce que j'ai déterminé avec précision au micromètre.

Les 5 et 6 au matin et de même, les 11, 12, 14 et 15 au soir, à cause de l'éclat de la Lune, des nuages et des vapeurs, la comète n'a pu être observée qu'à la lunette; mais on a pu dessiner à tout moment avec précision de quelles petites étoiles elle était entourée et à quelle distance elle se trouvait de l'une ou de l'autre, de sorte que j'ai pu néanmoins reconnaître en partie la position du phénomène. Sa queue n'était plus guère visible.

Le lundi 16 août, vers 11h. du soir, la comète se trouvait à nouveau entre quatre petites étoiles dont l'une n'était distante que de 1' de la partie supérieure de la comète dans la conjonction même, tant elle adhérait étroitement au bord. À ce moment j'ai en même temps mesuré le diamètre de la comète avec mon micromètre, c'est-à-dire de 6' 5'', surtout pour savoir si au cours du temps elle croissait ou décroissait. Le même jour, j'ai eu à nouveau la chance d'obtenir la distance par rapport à la brillante et à la suivante au pied gauche de Persée et par rapport à la brillante à son flanc; et de même, par rapport au flanc de la Grande Ourse.

Le mercredi 18 août au soir, les mêmes distances ont été observées au sextant à partir de la comète qui étendait une queue très courte et très poreuse entre la Chèvre et la tête du Chevreau.

Le vendredi 20 août au soir, conformément à mes vœux, j'ai obtenu de nouveau les distances les plus diverses par rapport aux Fixes; il était en particulier très réjouissant de contempler la comète parmi des étoiles très nombreuses et très brillantes. Car elle était très voisine de l'un et l'autre Chevreaux au point de former presque avec eux un triangle équilatéral, dont les côtés égalaient à peu près la distance des Chevreaux qui est environ de 47°. De même, la comète formait avec la Chèvre et l'étoile qui est dans la plante du pied droit de Persée, un triangle équilatéral dont la base était la distance desdites Fixes.

Le mardi 24 août au soir, on a déterminé la distance de la comète par rapport à l'épaule droite du Cocher à Alamach, à la brillante dans le pied droit de Persée et à la brillante du Bélier; elle se trouvait entre la Chèvre et les Pléiades, à peu près mi-distance de la Chèvre et des Pléiades.

Ensuite, la Chèvre, la comète et les Pléiades; de même Alamach, la tête de Méduse et la comète; de même l'épaule droite du Cocher, la comète et la suivante du pied gauche de Persée formaient une ligne presque droite, et dans cette dernière disposition, la comète avançait déjà un peu en dessous de la droite.

Le mercredi 25 août au soir, on a observé les mêmes distances que précédemment. La comète était à peu près dans la même ligne droite avec la chèvre et la tête du Chevreau.

Le dimanche 29 août au matin (car les nuits précédentes étaient tout à fait nuageuses), j'ai de nouveau contemplé la comète dans une position tout à fait remarquable, près des Pléiades. De sorte que à 1h. 5' elle était entourée de quantité de Fixes très petites et très brillantes, à savoir les étoiles de Sobieski[1]. Elle n'était éloignée que de 42' 35" de la pointe occidentale des Pléiades vers le haut. On l'a observée au même moment par rapport à l'épaule droite du Cocher à la brillante du Bélier, à la brillante du flanc de Persée et à la Chèvre.

Le même jour, c'est-à-dire le 29 août au soir, la comète a été saisie par rapport aux mêmes étoiles, mais déjà plus avancée en sens contraire de la série des signes d'un espace d'environ 24° degrés, sa hauteur boréale était trouvée à près de 4°.

Le lundi 30 août au soir, la comète se trouvait seulement à 32' 41" d'une petite étoile bien visible. Elle formait une ligne droite avec la Mouche et l'étoile à la base du Triangle et ensuite avec l'étoile précédente dans le pied de Persée et l'étoile de son genou. On a observé au sextant sa distance par rapport à quantité de Fixes.

Le jeudi 2 septembre au matin, la comète se trouvait entre les Pléiades et le nœud de Linus. Elle formait une ligne droite avec la Mouche, la brillante de la mâchoire de la Baleine. Elle formait presque un triangle équilatéral avec la plus petite dans l'épaule de Mercure et du Taureau et la mâchoire. Le sommet de ce triangle était ladite mâchoire. En outre, il formait une ligne droite avec les deux étoiles au front de la Baleine ; elle était à la même distance de la plus occidentale d'entre elles que les deux étoiles l'une par rapport à l'autre, comme il apparaîtra par les distances prises au sextant. Ce même jour, j'ai à nouveau mesuré soigneusement le diamètre de la tête de la comète pour examiner selon les règles si son diamètre était encore de la même grandeur ou bien s'il grandissait ou diminuait. Le 16 août, le diamètre de la comète obtenu avec le même micromètre était seulement de 6' 5". Aujourd'hui, il était de 9' 7" : donc, en l'espace de 17 jours, il a grandi de façon notable. D'aucuns diraient que cela s'est fait parce que dans la dernière observation, la comète était bien plus proche de la Terre et devait par conséquent montrer une tête plus brillante et plus lumineuse surtout si elle est un corps éternel (comme certains le prétendent) qui à un moment précis, quand il a achevé sa révolution revient à notre vue. Mais au contraire, sa tête se trouvait à la fin de beaucoup plus obtuse et plus poreuse, de sorte que nous avons pu noter très clairement que la matière de la tête se dissolvait peu à peu, ce qui convient bien mieux à notre hypothèse.

Enfin, le samedi 4 septembre au matin, j'observai la comète comme je le souhaitais. Elle se trouvait en ligne droite avec l'étoile du front occidental de la Baleine et la brillante du Bélier. De même, avec celle qui est dans la gueule et la mâchoire de la Baleine ; de même elle formait à peu près un triangle équilatéral avec celle qui est dans la gueule et dans la joue de la Baleine ; par ailleurs j'ai eu la chance, non seulement de dégager par les calculs, les distances suffisantes pour l'un et l'autre lieu, mais aussi d'obtenir avec un quadrant très exact la hauteur méridienne de la comète au Sud, à 3h. 40' du matin environ, à savoir 38° 15'.

Dans les jours suivants, chaque fois que le ciel le permit, je la cherchais avec zèle. Mais à cause de la proximité de la Lune, de son éclat, des vapeurs plus abondantes sur l'horizon, je n'ai plus eu la possibilité de la saisir quoique, jusques au 12 septembre,

---

1 Du fameux Écu.

elle ait encore été sur notre horizon comme il est clair par le tableau qui suit et son mouvement diurne.

Finalement, cher Ami des astres, quoique les graves études qui m'occupent quotidiennement ne m'aient pas permis de soumettre au calcul toutes mes observations de cette comète, néanmoins autant que cela fut possible, je vous mets sous les yeux, avec ma Minerve un peu fruste, en quelle position de longitude et de latitude elle s'est présentée chaque jour dans chaque observation, et dans quelle proportion son mouvement diurne s'est accru en sens inverse de la série des signes et aussi, pour certains jours, quelle a été la déclinaison de la comète et son ascension droite

[TABLEAU]

On peut à présent voir en détail que cette comète a constamment avancé en sens inverse de la série des signes depuis le Lynx ou le Tigre (une constellation que j'ai été le premier à reporter sur mes nouveaux globes avec dix autres) par le Cocher, le Taureau jusqu'à la tête de la Baleine, c'est-à-dire depuis 7° du Cancer (où je l'ai vue pour la première fois le 30 août) par 3° des Gémeaux jusqu'au Taureau, de sorte qu'elle a parcouru du 30 août au 4 septembre 63° 55' sur l'écliptique et 74° 35' sur son orbite, sous un angle de 39° de l'orbite et de l'écliptique, sous un angle de 56° de l'orbite et de l'équateur. Sa latitude était au début de 29° 15' Nord, et à la fin de 11° 20' Sud, en sorte qu'elle a varié d'environ 41°. Si la Lune n'avait brillé la nuit et si elle n'avait pas été à la fin aussi voisine de la comète, si les nuits avaient été claires, à coup sûr j'aurais observé la comète plus longtemps, à savoir jusqu'au 12 septembre, comme on peut le conclure de sa hauteur méridienne et du mouvement diurne qu'elle exécuta lors de la dernière opération.

Au sujet de la tête, j'estime qu'il faut noter qu'au début son diamètre était bien plus petit qu'à la fin, mais qu'au contraire, elle était plus brillante au début qu'à la fin ; elle ne nous a pas montré de noyaux séparés et brillants comme nous avons pu l'observer dans bien des cas, mais une matière confuse et bien plus ténue vers la fin. C'est à bon droit qu'il faut classer cette comète (quoique dans la plupart des cas on l'ait vue sans queue) parmi les astres chevelus ou à crinière ou bien parmi les barbus et les boucs. C'est seulement jusqu'au 18 août qu'elle a étendu vers le haut une chevelure très courte et très diluée qui dans la suite s'est complètement évanouie.

Ainsi, très honorable Ami, je prie du fond du cœur que vous restiez très longtemps en bonne santé ; je ne souhaite rien de plus que de pouvoir rendre service aux amis de l'astronomie par des études plus sérieuses à la mesure des talents que Dieu m'a concédés pour le bien et le progrès de l'astronomie. Donné à Dantzig, en l'an de la nativité du Christ 1683, nouveau style, le jour même de l'équinoxe d'automne, la hauteur du Soleil étant à midi 35° 27' minutes selon mon petit quadrant de laiton.

À vous,
De tout cœur,

J. Hevelius de sa propre main

243.

5 novembre 1683, Pierre des Noyers à Hevelius

BO : CI-XVI, 2288/14/14
BnF : Lat. 10 349-XVI, 14-16

Varsavie le 5 novembre 1683

Monsieur,

J'ay tardé a respondre a la lettre que vous m'avez fait l'honneur de m'escrire du 15 octobre jusque a ce que j'eusse acomply le desir que vous aviez que j'en fisse passer des copies en Italie ce que j'ay fait, et en ay donné aussy a un religieux delle scole pie appelé le Pere Dominique[1] qui enseigne les matematique que l'on dit estre grand geomettre et qui ne veut pas dit-il, retourner a Rome sans avoir l'honneur de vous aller visiter a Dantzigt. Je vous rend maintenant tres humble grace de l'adresse que vous m'avez faitte de vostre Historiola de la derniere comette que vous avez sy exactement observee et que tant d'autres astronomes de l'Europe n'ont pas veüe hormis M. Eimmert[2] qui a commencé a observer la mesme comette a Norimberg le 26 juillet, style nouveau. C'est nostre amy M. Boulliau qui me le marque dans sa lettre du 24 septembre. Comme vous le pourrez vous mesme voir dans ses lettres que j'ay creu que vous auriez veue a Dantzigt, ayant prié M. Formont d'ouvrir mes paquet et de vous montrer toutes les lettres ou nostre amy parleroit de vous. Je vous en envoye trois[3] affin que vous y lisiez en original ce qu'il m'en a dit. Vous me les renvoyerez s'il vous plaist a vostre commodité.

Il me dit dans sa derniere du 15 d'octobre qu'il avoit commencé a vous escrire, mais que le temps luy a manqué pour achever sa lettre et qu'il l'acheveroit par la poste du 22ᵉ octobre[4], et je ne doubte pas que vous ne l'ayez receüe. Sy on ouvre mon paquet a Dantzigt plus tost que vous ne recevrez celle cy.

J'envoye a M. Boulliau l'original de vostre Historiola et la lettre que vous m'avez fait l'honneur de m'escrire et je prie M. Formont de nouveau de vous communiquer toutes les lettres ou il sera fait mention de vous et de vos ouvrages, ne souhaittant rien

---

1 Le Père piariste Dominik od Świętego Józefa ou Dominicus a Sancto Joseph, avec qui Hevelius a échangé 3 lettres en 1684 et 1685. Il est professeur de mathématiques à l'école piariste de Varsovie. Hevelius lui envoie, en même temps qu'à Pierre des Noyers, une copie de sa correspondance contenant des observations et des remarques où ses amis rejettent les accusations formulées par Hooke sur l'instrumentation d'Hevelius : K. Targosz, *Jan III Sobieski*, p. 345. [D.M.]

2 Georg Christoph Eimmart (1638-1705), graveur et dessinateur. On lui doit la création du premier observatoire de Nuremberg.

3 Les pièces jointes manquent.

4 Boulliau lui écrit effectivement le 22 octobre : BnF, Nal 1642, 111rv ; FF. 13 343, 1r-2r.

tant que de vous rendre tous les services qui seront en mon pouvoir puis que je suis bien veritablement,

Monsieur,
Vostre tres humble et tres obeissant Serviteur,

Des Noyers

244.

19 novembre 1683, Hevelius à Pierre des Noyers

BO: C1-XVI, 2289/15/15
BnF: Lat. 10 349-XVI, 16

Illustrissime Domine,

Gratias tibi habeo debitas quod tres illas literas Clarissimi Domini Bullialdi ad te datas mihi perlegendas transmiseris; ex quibus varia etiam intellexi quæ mihi fuerunt gratissima, sed fusiora adhuc percepi ex communis nostri amici literis die 22 Octobris hujus anni ad me datis, ad quas responsurus dummodo aliquantulum otii nactus ero: interea illum in antecessum salutes meo nomine, rogo, precatus ex animo ut Deus Optimus Maximus illum in rei literiæ maximum commodum quam diutissime salvum et felicem conservet, quo et nobis ejus suavissima amicitia porro ut hactenus frui liceat. De reliquo cum videam observatiunculas meas quales quales et tibi et amicis haud ingratas accidere, en tibi adhuc binos transitus Fixarum. Prior observatio eo nomine notari meretur, quod splendente Sole sit observata. Si ita videbitur, poteris et has amicis communicare. Quibus vale quam prosperrime, et si quædam obtinueris a Domino Bullialdo quarum mea intersit, peto ut quantocyus ea resciam. Dabam Gedani, anno 1683, die 19 Novembris, stylo novo.

Tuæ Illustrissimæ Dominationi,
Addictissimus,

J. Hevelius

Très illustre Monsieur,

Je vous rends les grâces que je vous dois pour m'avoir donné à lire ces trois lettres que le très célèbre Monsieur Boulliau vous a envoyées; j'y ai compris beaucoup de choses qui m'ont été très agréables, mais j'ai appris des informations encore plus détaillées par la lettre que notre Ami commun m'a écrite le 22 octobre de cette année[1].

1 Ces trois lettres à la suite l'une de l'autre sont conservées à la BnF, Nal 1642, IIIrv. Voir n° 233, lettre du 5 juin 1682.

En date du 22 octobre 1683, Boulliau informe Hevelius des changements consécutifs à la mort de Colbert : « In ea paucis verbis verasque causas vituperabilis silentii istorum academicorum expressas cognosces, ac veri dicum, minimeque fallax prognosticum meum agnosces, cum nihil ab illis tibi expectandum esse significavi. Incivili re vero nimis ac indecenter iste Dominus Galet tecum egit ; quod miror, cum in Academiam admissus non fuerit ; non adscitus itaque eos imitari minime debuit. Rerum faciem aliquatenus apud Aulam nostram mutatam, quin dextre conjeceris non dubito, ubi famosum illum Colbertum 6 Septembris obiisse fama libellique publici ad vos pertulerint. Ab ejus obitu altero die Gazæ regiæ, seu pecuniarum administratio sub eodem officii titulo ac defunctus fuit insignitus, nempe Contraritularii generalis (ab infimæ latinitatis sermone petito deductoque nomine) Thesaurii regii illustrissimo Domino Peletario in consilio sanctiori Consiliario perpetuo a Rege commissus fuit. Ædificorum regiorum Curator illustrissimus Dominus Marchio de Louvois status Minister et Secretarius a Rege appellatus est et Colberti defuncti, ejusque filii, qui superstiti patri jam suffectus fuerat, abdicato statim officio successor declaratus. Illi vero officio pro autoritate et gratia qua apud Regem antea pollebat Colbertus, Academiæ scientiarum singulisque academicis mercedem attributam solvendi curæ (quo unico subsidio stat fulciturque ipsa) Typographiæ regiæ Directio, ipsiusque bibliothecæ Inspectio annexæ erant. Quam novam a Rege factam officiorum distributionem ubi academici resciverunt, quo die illustrissimum Marchionem convenerunt, protectionem ejus benignam prone rogantes rationesque suas generositati ipsius commendantes, utque nobilis adeo a Rege instituta Academia, qua majestatis et famæ splendorem ac claritudinem adauxit salva et integra sub ejus præsidio perseveraret, enixe submisseque rogaverunt. Benigne ac comiter a Marchione excepti lætum gratumque responsum retulere benigne sperare (sine sponsione tamen) passi sunt. Ancipites suspensosque animos verborum ita generali qua usus forma tenet. Hinc fiet ut honorarii solutio moram ingratam atque incommodam pati posset ; si quidem illustrissimus Colbertus Rotomagensis Archiepiscopatus coadjutor qui Bibliothecæ regiæ magistri locum quem hactenus superstite patre occupavit, volente Rege, retinebit ut et Academiæ ac Typographiæ curam ; pecuniarum nullarum administer erit. Numismatum regiorum Custodiam a Bibliothecæ custodiendæ officio disjungendam fore audio, cum duos instituere cogitent. Hujus curam Domino Gallois destinatam aiunt ; cum ab utraque remotus sit iste Carcavi a quo acceptarum ad numismata et libros augendæ regiæ Bibliothecæ coemendos pecuniarum ratio reperitur, multaque turpiter ac infideliter patrata, numismatibus et libris regiis distractis deprehendantur. Dominum Balusium in Bibliotheca Colbertina permansurum omnes credunt. Quantum ad te tuasque res attinet, ut aliquanto tempore expectes, ac minus festinanter ab illis illustrissimis viris quicquam petas conducibile esse mihi videtur ; et aliorum periculo, quid agendum erit pro rerum sucessu cognoscendum. De omnibus certiorem te reddam cunctaque sincere significabo. Ut lætum negotia tua faustum sortiantur exitum, Deum precor illique parem cum sex milia florenorum a Rege Christianissimo accepisses. Momentum illud felix tibi fuit quo elapso nihil postea tibi sperandum erat ».

« Par cette lettre, vous connaîtrez en peu de mots les vraies causes du silence blâmable de ces académiciens et à vrai dire vous reconnaîtrez que mon pronostic était vrai et non trompeur quand je vous ai fait savoir que vous ne deviez rien attendre de leur part. Monsieur Gallet (n° 190) s'est comporté envers vous de façon incivile et indécente. Je m'en étonne, car il n'a pas été admis à l'Académie ; n'étant pas intégré, il n'aurait pas dû les imiter. Je ne doute pas que vous ayez habilement conjecturé que le visage des choses a quelque peu changé dans notre cour. La rumeur et les feuilles publiques ont porté jusque chez vous la nouvelle de la mort du fameux Colbert le 6 septembre. Le lendemain de sa mort, l'administration du Trésor royal et des finances, sous le même titre que portait le défunt, c'est-à-dire de Contrôleur général du Trésor royal (le mot contrôleur est repris et dérivé du bas latin), a été confiée par le Roi au très illustre Monsieur Pelletier [Claude Le Peletier de Villeneuve], Conseiller permanent au Conseil

J'y répondrai pourvu que je trouve un peu de temps. Entre temps, je vous demande de le saluer par avance en mon nom, en priant de tout cœur que Dieu Très Bon, Très Grand, le conserve en santé et bonheur le plus longtemps possible pour le plus grand bien des lettres et pour qu'il nous soit permis, à nous aussi, de continuer à jouir de sa très douce amitié, comme jusqu'à ce jour. Pour le reste, j'ai vu que mes petites observations, telles quelles, ne vous déplaisaient pas ainsi qu'à vos amis ; voici pour vous deux passages de Fixes. La première observation mérite d'être notée parce qu'elle a été faite quand le Soleil brillait. Si cela vous paraît bon, vous pourrez la communiquer aussi à nos amis. Sur ce, portez-vous bien, en toute prospérité, et si vous obtenez de Monsieur Boulliau des informations qui m'intéressent, je vous demande de me les faire connaître au plus vite. Donné à Dantzig, le 19 novembre, nouveau style.

À votre très illustre Seigneurie
Le tout dévoué

J. Hevelius

privé. L'illustrissime marquis de Louvois [François Michel le Tellier], Ministre d'état et Secrétaire, a été nommé surintendant des Bâtiments royaux comme successeur, après la suppression du titre de feu Colbert et de son fils [Jules Armand Marquis d'Ormoy, *CJH*, II, p. 38] qui en avait assuré la survivance de son vivant. À cet office était annexée, grâce à l'autorité et la faveur dont Colbert jouissait auparavant auprès du Roi, la charge de payer à l'Académie et aux académiciens en particulier la gratification qui leur était attribuée (l'unique subside grâce auquel elle existe et se soutient), la direction de l'Imprimerie royale et l'Inspection de la Bibliothèque. Quand les académiciens apprirent cette nouvelle distribution des charges, le même jour ils rencontrèrent l'illustre Marquis en demandant avec insistance sa bénigne protection et recommandant à sa générosité leurs projets. Ils demandèrent fermement et humblement qu'une Académie si noble, instituée par le Roi, par laquelle il accrut la splendeur et l'éclat de sa majesté et de sa renommée, persévère saine et sauve sous sa protection. Reçus avec bénignité et politesse par le Marquis, ils rapportèrent qu'ils espéraient une réponse agréable et favorable de sa bienveillance (mais sans engagement). La forme générale qu'il a donnée à son discours tient les esprits dans l'incertitude et l'inquiétude. Il en résulte que le paiement des honoraires pourrait subir un retard désagréable et incommode. En effet, l'illustrissime Colbert coadjuteur de l'archevêché de Rouen [Jacques Nicolas Colbert] gardera, par la volonté du Roi, la position de Maître de la Bibliothèque royale qu'il occupait déjà du vivant de son père, comme la charge de l'Académie et de l'Imprimerie. Il ne sera administrateur d'aucun argent. J'ai entendu dire que la Garde des monnaies royales sera disjointe de la charge de Garde de la Bibliothèque car on envisage d'en créer deux. On dit que cette dernière charge est destinée à Monsieur Gallois [n° 197] ; le fameux Carcavi est écarté de l'une et de l'autre car on a trouvé le compte de l'argent qu'il a reçu pour acheter des monnaies et des livres pour accroître la Bibliothèque royale et on trouve beaucoup de choses faites honteusement et malhonnêtement avec soustraction de monnaies et de livres du Roi [*CJH*, II, p. 40]. Tout le monde croit que Monsieur Baluze restera à la Bibliothèque de Colbert. En ce qui concerne vos affaires, il me paraît raisonnable d'attendre quelque temps et de moins se hâter avant de demander quoi que ce soit à ces hommes illustrissimes, et d'en consulter d'autres sur ce qu'il faut faire pour le succès de vos affaires. Je vous informerai de tout et je vous rapporterai tout sincèrement.

Je prie Dieu que vos affaires connaissent une issue heureuse, pareille à celle où vous avez reçu du Roi Très Chrétien six mille florins. Ce fut pour vous un moment heureux. Quand il fut passé, vous n'aviez ensuite plus rien à espérer ».

245.

6 avril 1684, Hevelius à Pierre des Noyers

BO : C1-XVI, 38
BnF : Lat. 10 349-XVI, 37-39

Lettre d'Hevelius à Pierre Desnoyers en date du 6 avril 1684. Soustraite aux collections par Guglielmo Libri en 1836, cette lettre passa dans la vente Martin en 1842 sous le numéro 135. Elle a été signalée dans la vente Piasa le 16 juin 2008 (lot n°222). Après demande de restitution, elle a réintégré les collections [de l'Observatoire] en 2009.

Hevelius astronome
Né 1611— mort 1687
L.A.S.[1]

Domino Nucerio Warsaviæ,

Illustrissime Domine,

Cum nihil prorsus literarum a longo jam tempore, nec quicquam responsi ad meas ultimas jam anno præterito die 19 Novembris scriptas acceperim, valde sollicitus sum de tua valetudine. Quare humanissime rogo, ne graveris prima occasione detegere quo in statu res tuæ versentur, gratum certe erit, quam quod gratissimum. Hic apud nos in cœlestibus nihil maxime notandum occurrit, nisi quod hesterna die delineationem novi illius sideris Gedani a me detecti atque in numerum reliquorum astrorum relati, Sacræ Regiæ Majestatis nostræ, Scuti scilicet Sobiesciani, instinctu honoratissimorum amicorum transmiserim. Sidus illud septem lucidissimis stellis a me solummodo rite observatis constat, atque convenienti admodum loco in cælo, atque sic in Uranographia mea globisque cœlestibus constitutum est, nempe inter Aquilam, Sagittarium, Antinoum et Serpentarium, ubi alias nullæ in globis reperiuntur. In hujus Scuti Sobiesciani honorem clarissimi quidam amici carmina nonnulla composuerunt, quorum exemplar tibi transmitto. Rogo autem ne ullum exemplar Parisiios adhuc transmittas, ob rationes tibi bene cognitas. Habeo et adhuc plures novas stellas alio loco inter reliqua astra observatas, quas etiam alii cuidam maximo literarum Mæcenati lubenter consecrare vellem, sed vix audeo ut facile intelligis, nisi animi mihi addantur ex composito ad hocce negotium exequendum, alias profecto majorem adhuc invidiam mihi concitarem. Uranographia mea ex 70 figuris maximis composita jam tota est delineata, sic ut sculpi tantummodo debeat, sed nullum idoneum ac satis exercitatum chalcographum his in regionibus in-

---

1 Commentaire ajouté au crayon en 2009, au dessus d'une fiche de libraire du XIXᵉ siècle. L.A.S. : lettre autographe signee.

venio, atque ita apud exteros quærendus magnis sumptibus, quos in me solum recipere, vix mihi consultum videtur. Confido tamen Deo, benignissime prospecturum, quo Herculeum illum 50 fere annorum laborem, Uranographiam videlicet, globos cœlestes cum catalogo novo Fixarum in Divini Numinis Gloriam atque rei sideralis commodum in lucem proferre non nequeam. Hac æstate Deo dante, editurus sum Annum meum Climactericum observationum. Vale Vir illustrissime et fave porro ut facis

Tuo
Toto pectori addictissimo

J. Hevelio manu propria

Gedani Anno 1684, die 6 Aprilis;

Postscriptum

Libenter perciperem quo in statu versentur Academici Parisienses, resque literaria, an constanti benignissimo adspectu gaudeant, et an cuipiam Exterorum etiam aliquid exoptati sperandum: inprimis scire aveo quid Academici moliantur et quid nuper ediderint. Vale.

À Monsieur des Noyers
À Varsovie

Très illustre Monsieur,

Je n'ai reçu aucune lettre depuis longtemps, ni aucune réponse à ma dernière lettre écrite déjà le 19 novembre de l'année passée[1]. Je suis donc très inquiet de votre santé, c'est pourquoi je vous demande très poliment de prendre la peine, à la première occasion, de me dire en quel état sont vos affaires[2]; cela me sera plus qu'agréable. Ici, chez nous, il ne se passe rien de notable en matière d'astronomie sauf que, hier, à l'instigation d'amis très honorés, j'ai transmis à notre Majesté Royale et Sacrée un dessin de cette nouvelle étoile observée par moi à Dantzig et reportée au nombre des autres astres, à savoir l'Écu de Sobieski. Cette constellation consiste en sept étoiles très brillantes, observées seulement par moi avec méthode. Elle est placée dans mon Uranographie et sur mes globes célestes dans un lieu tout à fait noble dans le Ciel, à savoir entre l'Aigle, le Sagittaire, Antinoüs et le Serpentaire, là où on n'en trouve aucune autre sur les globes. En l'honneur de cet Écu de Sobieski, de très célèbres

---

1 N° 244.

2 Des Noyers continue sa correspondance avec Boulliau sans interruption notable entre novembre 1683 et avril 1684. C'est sans doute là une simple inquiétude d'Hevelius qui, sans nouvelles, a pu craindre que des Noyers ne soit tombé malade. [D.M.]

LETTRES [1684]

amis ont composé des poèmes dont je vous transmets la copie[1]. Je vous demande de n'envoyer encore aucun exemplaire à Paris, pour des raisons bien connues[2]. J'ai aussi plusieurs étoiles nouvelles observées à un autre endroit, parmi les autres astres que je consacrerai aussi à quelque autre grand Mécène des lettres, mais comme vous le comprenez facilement, j'ose à peine à moins que, selon les conventions, on ne me donne du courage pour réaliser cette affaire. Sinon, je susciterai une jalousie encore plus grande envers moi. Mon Uranographie composée de soixante-dix grandes figures[3] est tout entière dessinée, de sorte qu'il faut seulement la graver, mais je ne trouve dans ces régions aucun graveur sur cuivre compétent et assez expérimenté ; il faut le chercher à l'étranger, à grands frais, qu'il me paraît déraisonnable de prendre à ma seule charge[4]. Mais j'ai confiance que Dieu y veillera avec une grande bénignité pour que je sois capable de mettre au jour mon Uranographie, c'est-à-dire mes globes célestes avec un nouveau catalogue des Fixes, pour la gloire de la volonté divine et le bien de l'astronomie. Cet été, si Dieu le veut, je publierai mon année Climactérique d'observations. Portez-vous bien, très illustre Monsieur, et continuez à favoriser comme vous le faites,

Votre
Tout dévoué de tout cœur

J. Hevelius de sa propre main

Postscriptum

J'aimerais bien savoir dans quelle situation se trouvent les académiciens de Paris et les affaires littéraires. Jouissent-ils d'une constante considération très bénigne et faut-il attendre quelque chose de souhaitable de l'un des étrangers[5] ? En particulier, je suis avide de savoir ce que les Académiciens entreprennent et ont publié récemment. Portez-vous bien.

1 Au lendemain de l'incendie, seul Sobieski avait apporté son soutien à Hevelius. Aussi l'astronome voulut-il, au lendemain de la libération de Vienne (12 septembre 1683) célébrer cette victoire de Sobieski. Il écrivit au Roi le 30 mars 1684 pour lui annoncer la création d'une nouvelle constellation symbolisant la victoire de la Chrétienté et la protection apportée par le Roi à de nombreux pays ainsi qu'aux sciences, notamment l'astronomie. Il lui fit part début avril de la description de cette constellation et ses amis rédigèrent des poèmes en cette occasion. Dès mars, Hevelius envoya aux *Acta Eruditorum* la description de cette nouvelle constellation située entre l'Aigle et le Sagittaire. Voir J. Włodarczyk, M. Jasinski, « Jan III Sobieski and the 17th century political Uranography », *Primus inter Pares. The Story of King Jan III*, Wilanow Palace Museum, 2013, p. 140-145.
2 Hevelius craint de froisser les autorités françaises.
3 L'*Uranographie* fut publiée à titre posthume dans le *Prodromus Astronomiæ*, 1690, par son épouse. Le *Firmamentum Sobiescianum sive Uranographia* en constitue la dernière partie. Il comporte 54 planches, et les deux voûtes célestes des hémisphères Nord et Sud.
4 Il fit appel au peintre Andreas Stech (1635-1697), installé à Dantzig, qui a aussi réalisé son portrait, pour le frontispice. Les gravures ont été réalisées par Carolus de La Haye, un Français (Charles de la Haye, né en 1641).
5 Cassini, Huygens et Römer.

246.

19 mai 1684, Pierre des Noyers à Hevelius

BnF : Nal 1639, 93rv

Varsavie le 19 may 1684

Monsieur,

Depuis que j'ay prié Monsieur Formont de vous communiquer ce qui me vien-droit de Paris de curieux, je n'ay point eu matiere de vous importuner de mes lettres ; c'est ce qui m'a empeschez de vous escrire. Je le faits aujourd'huy pour vous rendre tres humble grace de la lettre que j'ay receuë de vous que je juges bien du mois passez estant sans datte[1]. Elle estoit accompagnee de deux exemplaires des beaux vers que vos amis ont faits, sur vos observations celestes et sur la place que vous donnez dans le ciel a l'escu des Armes Royales de la Maison Sobieski[2]. J'ay desja visité le lieu ou vous le placé dans une mappe celeste que j'ay apportee d'Holande qui a laissé un grand vuide inter Aquilam Sagittarium, Antinoum et Serpentarium, que vous allez sy di-gnement remplir. Je n'envoye point ces exemplaires en France, et je ne dis rien a nostre amy M. Boulliau. C'est a vous a l'en informer quand vostre globe sera parfaittement disposé. Il me parle quelquefois de vos observations et souhaitte passionnement que le catalogue des fixes que vous avez sy exactement observee soit reduit sur le globe. Il me prie de vous faire ses baisemains. Il n'a receu que maintenant les exemplaires des lettres qui vous ont esté escrittes et que Monsieur Oloffe a fait imprimer[3], que je luy ay envoyee par le retour de M. le Marquis de Vitry[4], dont le bagage a esté arresté sur la mer par la glace.

---

1 Cette lettre ne se trouve pas dans la correspondance.

2 N° 245 [illustration 12 H.T.].

3 Les *Excerpta ex Literis illustrium et clarissimorum Virorum ad nobilissimum, amplissimum et consultiss. Dn Johannem Hevelium Consulem Gedanensem perscriptis, Judicia de Rebus Astronomicis ejusdemque scriptis exhibentia*, studio ac Opera Johannis Erici Olhoffii Secretarii, Gedani, 1683. Il s'agit d'un choix d'extraits de 197 lettres (1644-1681), les plus prestigieuses réalisé, par Johann Erich Olhoff, secrétaire du Conseil municipal, apparenté (il était le mari d'une nièce d'Hevelius, Cordula Sielmann) et lié d'amitié avec Hevelius. C'est une gerbe de compliments, composée de lettres de remerciements de princes, de ministres, d'ambassadeurs et de savants, qui témoigne de la mise en ordre par Hevelius de sa correspondance et de sa volonté de la publier (s'il trouve un Mécène pour l'y aider).

4 Nicolas-Louis de l'Hospital, marquis de Vitry, fut ambassadeur à Vienne avant d'être nommé à Varsovie comme ambassadeur extraordinaire en 1680, puis en 1682 et 1683. Il est décédé le 11 février 1685.

Nostre amy me dit de plus touchant Messieurs de l'Academie de Paris qu'il n'y a encore rien de reglé a leur egard[1] non plus que pour les pensions estrangers[2] et qu'aparement on ne fera rien sur cela qu'apres que la paix ou la treve sera faitte et l'on esperoit l'un ou l'autre a cause de la foiblesse des ennemis de la France qui aymeront mieux ceder quelque chose que de risquer de tout perdre[3].

C'est tout ce que j'en say, si nostre amy escrit quelque choses qui vous regarde j'ay prié M. Formon d'ouvrir ma lettre pour vous la communiquer. Cependant continué moy l'honneur de vos bonnes graces puis que je suis tousjours,

Monsieur
Vostre tres humble et tres obeissant Serviteur,

Des Noyers

1 L'Académie des sciences était une fondation de Colbert et elle était placée sous les ordres directs du ministre. Son successeur Louvois était hostile par principe à tous les projets de son prédécesseur et aux hommes qui l'entouraient. Louvois privilégia ainsi l'anatomie et l'histoire naturelle et négligea l'astronomie et les mathématiques. En huit années, il nomma six nouveaux académiciens, sans se préoccuper d'assurer la relève des générations, ni de financer des voyages ou des missions d'étude. Les mathématiciens furent contraints de faire des calculs pour le nivellement des terrains à Versailles, pour le détournement du cours de l'Eure, pour les chantiers des aqueducs (de Buc et de Louveciennes) entre autres. Les gratifications des nouveaux membres furent révisées à la baisse : entre 300 et 600 livres, alors que les pensions de Colbert allaient de 1200 à 2000 livres, la moyenne se situant à 1500.

2 Jean-Dominique Cassini a continué de percevoir sa pension et d'exercer les fonctions de directeur de l'Observatoire. En revanche, avant même le décès de leur protecteur Colbert (1683) et la révocation de l'Edit de Nantes (1685) qui a contraint les protestants à se convertir ou prendre le chemin de l'exil, Huygens et Römer ont quitté le royaume. Huygens est rentré en Hollande en 1676-1678 pour des raisons de santé. Il quitte définitivement la France en 1681 et Louvois ne l'autorise pas même à rapatrier ses effets personnels. Römer qui avait accompagné Picard à Hveen puis à Paris en 1671 où il avait été logé à l'Observatoire et nommé maître d'astronomie du Dauphin, a quitté Paris en 1681 pour Copenhague où il est nommé professeur d'astronomie à l'Université, astronome royal et directeur de l'Observatoire, et entame bientôt une brillante carrière administrative. Hevelius s'inquiète d'abord du renouvellement de sa gratification.

3 La Guerre dite des « réunions » (26 octobre 1683-15 août 1684) oppose la France qui exige les territoires jouxtant les villes conquises lors des Guerres de Dévolution (1667-1668) et de Hollande (1672-1678), à l'Espagne alors isolée (l'Empereur livrant alors combat aux Turcs). Elle s'achève avec la Trève de Ratisbonne (15 août 1684) qui reconnaît, pour 20 ans, les acquisitions françaises en Alsace et dans les Pays-Bas espagnols. La France occupe alors Strasbourg, le Luxembourg et la Sarre.

247.

4 août 1684, Pierre des Noyers à Hevelius

BO : CI-XVI, 2395/134

Varsavie le 4 aoust 1684

Monsieur

Comme je ne say point sy on vous a fait voir la lettre de M. Boulliau en passant a Dantzigt, je vous envoye ce qu'il me mande de l'observation qu'il a faitte de l'eclipse du 12 juillet[1], dont nous n'avons rien veu icy, a cause que le ciel fut pluvieux jusques a 7 heures apres midy. Nostre amy me prie tres souvent de vous faire ses baisemains et j'ay prié M. Formont d'ouvrir tousjours mon paquet de Paris pour vous communiquer ce qui y sera pour vous d'astronomie et de mathematique. Je ne say pas s'il le fait. C'est a vous de l'en soliciter de temps en temps afin qu'il ne l'oublie pas. Comme nous n'avons rien icy qui merite de vous estre communiqué que le petit billet cy joint, qui a esté envoyé de Rome au reverend Pere Dominique delle scole pie[2] qui me l'a donné d'une comete qu'ils pretendent a Rome avoir descouverte[3], je vous l'envoye et vous assure que je suis tousjours,

Monsieur,
Vostre tres humble et tres obeissant Serviteur
Des Noyers

Tourné le feuillet[4]

---

1 Eclipse de Soleil observée par Hevelius (*Annus climactericus*, p. 181 sv), par Boulliau à Paris (*Philosophical Transactions*, n° 162 (1684), p. 693) et par de très nombreux astronomes : Pingré, *Annales,* 1684, p. 384-386.

2 N° 243.

3 Les seules observations connues de la comète de 1684 sont celles réalisées à Rome par le père Bianchini entre le 1er et le 17 juillet (*Philosophical Transactions*, n° 196 (janvier 1693), p. 920) : Pingré, *Cométographie*, II, p. 28.

4 Verso : blanc.

LETTRES [1684]

645

248.

11 août 1684, Pierre des Noyers à Hevelius

BnF : Nal 1639, 94r

Varsavie le 11 aoust 1684

Monsieur,

Je me donné l'honneur de vous escrire la semaine passee pour vous donner advis de ce que l'on escrivoit de Rome d'une nouvelle comette[1] et comme le Reverend Pere Dominique delle Scuole Pie a receu la suitte de l'observation de cette comette et que l'autheur nomme Blanchinus[2] vous l'envoyes, il m'a prié de vous l'adresser. C'est le sujet de ce billet, n'ayant pour le present rien a vous dire davantage qu'a vous assurer tousjours que je suis,

Monsieur
Vostre tres humble et tres obeissant Serviteur,

Des Noyers

1 N° 247.

2 Francesco Bianchini (1662-1729) a fait des études auprès des pères jésuites de Bologne, puis à l'Université de Padoue. Elève de l'astronome Geminiano Montanari (1633-1687) — le successeur de Cassini à Bologne et à Panzano, qui avait gagné Padoue en 1679 — il fut aussi le protégé du cardinal Ottoboni (1610-1691) dont il fut le bibliothécaire à Rome. Le cardinal ne fut que brièvement pape (Alexandre VIII : 1689-1691). Son successeur, Clément XI, le nomma secrétaire de la Congrégation du calendrier et lui confia en 1701 la création d'un gnomon dans la Basilique Sainte-Marie des Anges et des Martyrs d'où fut tirée une méridienne à travers l'Italie.

Bianchini a perfectionné les instruments d'observation, observé les taches de Vénus et découvert trois comètes, en 1684, en 1702 et en 1723. Il découvrit celle de 1684 dans la constellation de la Vierge, le 30 juin et la suivit jusqu'au 19 juillet. Ses observations furent publiées dans les *Acta Eruditorum* en 1685 : « Cometes Anno 1684, mense Junio Julioque Romæ observatus », p. 189-190 (et planche) et développées dans l'« Ulterior relatio de cometa », p. 241-245. Ces observations firent aussi l'objet d'un bref échange épistolaire avec Hevelius (3 lettres échangées en 1684 et 1685).

249.

23 aoust 1684, Pierre des Noyers à Hevelius

BnF : Nal 1639, 95r

Varsavie le 23 aoust 1684

Monsieur,

Le Reverend Pere Dominique delle Scuole Pie estant nommé a Rome pour enseigner les mathematique, ou il est apellé, ne veut pas y retourner sans avoir l'honneur de vous voir[1]. L'estime que tout le monde a pour vous et luy particulierement, l'oblige a vous aller visiter. C'est a luy que l'on a envoyé de Rome l'observation de la comete que je vous envoyé le 4 de ce mois. A son retour de Dantzigt ou il ne va que pour vous voir, il partira pour Rome et passera a Florence, sy vous le chargé de quelque commission.

Je l'ay assuré qu'il seroit satisfait de vostre civilité, dans la passion qu'il a de vous visiter pour pouvoir dire a Rome qu'il vous a veu, et vostre belle observatoire. Je suis tousjours,

Monsieur,
Vostre tres humble et tres obeissant Serviteur,

Des Noyers

---

1 Dominique de Saint Joseph. Voir *supra*, lettre n° 243.

250.

19 janvier 1685, Hevelius à Pierre des Noyers

BnF : Nal 1639, 96rv-97r

A Monsieur
Monsieur des Noyers
A Warsavie,

Illustrissime Domine, Amice observande,

Noli existimare me tui prorsus oblitum esse, neque ex negligentia id factum fuisse, quod ad tuas ternas (ni fallor) mihi multo gratissimas literas hucusque nihil penitus responderim ; sed cum simul opusculum hocce, quod hac æstate typis exscribi curavi, plurimum temporis mihi abstulerit scribendo, corrigendo ac figuras æri incidendo ut citius absolvi haud potuerit, volui eousque responsionem meam consulto differre : atque ita spero te pro summa tua erga me benevolentia id haud secus interpretaturum. Ex binis illis exemplaribus, quæ hisce modo transmitto, unicum tibi reserves, alterum vero si Warsaviæ adhuc degit, Reverendo Patro Dominico a Sancto Joseph, qui me ante aliquot menses visitatum venerat, et quem pro merito excipere eo tempore haud potui, offeras rogo, non dubitans quin id benevole accipiatis auctoremque porro amare perseveretis. Plura exemplaria pro Amicis simul etiam transmisissem, sed tuo consilio mihi prius opus, inprimis pro summo nostro communi Amico Domino Bullialdo (quem interea plurimum salvere jubeo, et cui brevi ad literas suas sum responsurus) clarissimo viro Blanchino Romæ commoranti, qui observationes cometæ anni præteriti mihi transmisit, nec non Domino Antonio Magliabecho Florentiam, et Domino Dominico Gulielmino Bononiam. Haud gravatim igitur mihi prima occasione indices peto, an exemplar illud pro Domino Bullialdo, Domino nostro Formondo, una cum literis tradi, an vero tibi Warsaviam transmitti debeat, tum an Reverendus Pater Dominicus occasionem habeat dicta exemplaria in Italiam promovendi, vel an Illustrissimus Dominus Sardi rogandus sit, cum anno præterito ultro sese ad talia curanda mihi sponte obtulerit, ut opusculum illud meum in Italiam mitteret. Clarissimo Domino Cassino et reliquis Parisiensibus nullum exemplar (præter ut dixi Domino nostro Bullialdo) transmissurus sum : partim quod omnes conjunctim ad meas literas jam anno 1679 scriptas, cum simul Machinam meam Cælestem ipsis dono miseram ne verbulum hucusque responderint, nec minimas gratias egerint ; partim quod Hevelius illis sit valde exosus (sed unde profecto nescio) atque materia illa Anni Climacterici summe illis erit adversa ; sed sentiant quicquid velint, mihi perinde erit, sufficit me veritatis gratia opusculum illud conscripsisse, ac in eodem plene ac dilucide controversiam illam inter me et Hoockium Anglum non gloriosis verbis more Hoockiano, sed ipsis factis et observationibus demonstrasse ac quidem in præsentia clarissimi Halley eum in finem ab illustrissima Societate Regia nostra Britannica Gedanum missi. Si quicquam alius longe adhuc accuratius res suis instrumentis expedire potest, per me licitum erit, imo multas ipsi habebo gratias. Tu Amice honorande, cum Domino Bullialdo quid hac de [re] sentiatis quæso mihi exponas; tum an consultum sit exemplar aliquod illustrissimo Domino Balusio, qui ut puto mihi adhuc favet, Parisios transmittere; sed vereor ne majores irritem crabones quod Academicis in isto puncto non adstipuler. De cætero quid Academici Parisienses in illa tranquillitate et felicitate constituti sub tanto munificentissimo Monarcha agant et quid eddiderint tum quo in statu res literaria tam Parisiensium quam exterorum versetur libenter rescirem. Ego nihil quicquam amplius molior omnibus viribus, quam ut possim residuas meas operas, Uranographiam ex 70 figuris in folio elaboratam, globos meos cælestes, Prodromum meum Astronomiæ cum Catalogo novo omnium Fixarum nec non Tabulis solaribus Gedanensibus ut et literas præclarissimorum virorum ad me perscriptas cum meis responsionibus in lucem proferre; sed cum nimii requirantur sumptus, avidissime expecto Mæcenates, fautores ac promotores qui mihi subveniant. Interea Deus optimus Maximus providebit quo possim etiam proxima æstate Prodromum meum Astronomiæ cum Catalogo Fixarum meo novo subjicere prelo. Vale feliciter et fave porro

Tuæ illustrissimæ Dominationi
Deditissimo

J. Hevelio, manu propria

Gedani, anno 1685, die 19 Januarii.

À Monsieur
Monsieur des Noyers
À Varsovie

Très illustre Monsieur, respectable Ami,

Ne croyez pas que je vous aie totalement oublié, ni que par négligence je n'aie encore rien répondu à vos lettres si aimables, mais le petit ouvrage que j'ai donné à imprimer cet été m'a pris beaucoup de temps pour l'écrire, le corriger et graver les figures sur cuivre[1]. Comme il ne pouvait pas être achevé plus vite, j'ai délibérément voulu différer jusque-là ma réponse; ainsi j'espère que dans votre immense bienveillance à mon égard, vous ne l'interpréterez pas autrement. Des deux exemplaires que je vous transmets avec cette lettre, gardez-en un pour vous; l'autre, je vous demande de l'offrir au Révérend Père Dominique de Saint-Joseph qui était venu me visiter

---

1 Il s'agit de l'*Annus Climactericus, sive Rerum Uranicarum observationum annus quadragesimus nonus*, Gedani, 1685. Il ne pouvait, pour des raisons évidentes de calendrier, en différer l'impression : n° 236.

LETTRES [1685]

voici quelques mois et qu'alors je n'ai pu recevoir à la mesure de son mérite ; je ne doute pas que vous l'accueilliez avec bienveillance et que vous continuiez à aimer son auteur. Je vous aurais transmis davantage d'exemplaires pour nos amis, mais selon votre conseil j'en enverrai d'abord à notre très grand Ami commun, Monsieur Boulliau (à qui je vous demande de remettre mon grand salut et aux lettres de qui je répondrai bientôt), au très célèbre Monsieur Bianchini qui demeure à Rome[1] et qui m'a transmis des observations des comètes de l'année dernière, ainsi qu'à Monsieur Antonio Magliabechi à Florence[2] et à Monsieur Dominique Guglielmini à Bologne[3]. J'aimerais que vous preniez la peine de m'indiquer à la première occasion si l'exemplaire destiné à Monsieur Boulliau doit être remis à notre Monsieur Formont avec la lettre, ou vous être transmis à Varsovie et si le Révérend Père Dominique a l'occasion de promouvoir ces exemplaires en Italie, ou s'il faut demander à l'illustrissime Monsieur Sardi[4] d'envoyer mon opuscule en Italie, puisque l'année dernière, il m'a spontanément proposé de s'en charger. Je n'enverrai aucun exemplaire au très illustre Monsieur Cassini et aux autres Parisiens sauf, comme je l'ai dit, à notre cher Monsieur Boulliau ; en partie parce que tous, à l'unisson, n'ont pas même répondu un petit mot à ma lettre de l'an 1679 alors que je leur avais envoyé en même temps, comme cadeau, ma Machina Cœlestis et qu'ils ne m'ont pas adressé le plus petit remerciement ; en partie parce qu'ils ont Hevelius en aversion (je ne sais pourquoi) et que la matière même de l'Annus Climactericus leur est tout à fait opposée ; mais qu'ils pensent ce qu'ils veulent, cela m'est bien égal, il me suffit d'avoir composé cet opuscule pour la vérité et d'avoir démontré de façon claire et détaillée cette controverse qui m'a opposé à l'Anglais Hooke, non pas avec des paroles vantardes à la manière de Hooke, mais par des faits et des observations faites en présence du très illustre Halley envoyé à Dantzig dans ce but par notre très illustre Société Britannique[5]. Si d'autre part quelqu'un peut débrouiller les choses de façon bien plus précise, avec ses instruments, je l'y autorise. Bien plus, je lui en serais très reconnaissant. Quant à vous, honorable Ami, j'aimerais que vous m'exposiez ce que vous pensez avec Monsieur Boulliau de cette affaire[6] ; et que vous me disiez s'il est

---

1 N° 248.

2 N° 221.

3 Domenico Guglielmini (1655-1716) a fait des études de médecine à Bologne auprès de Malpighi et d'astronomie et de mathématiques auprès de Montanari. Spécialiste d'hydraulique, de chimie, de médecine, d'astronomie et de physique, il est nommé professeur de mathématiques à Bologne en 1690, puis à Padoue en 1698. Il est associé étranger de l'Académie des sciences en 1686. Il a publié quelques observations astronomiques de la comète de 1680-1681 (*De cometarum natura et ortu epistolica dissertatio occasione novissimi cometæ sub finem superioris anni et inter initia currentis observati conscripta*, Bologne, 1681) et de l'éclipse solaire du 12 juillet 1684, partielle à Bologne.

4 Bartolomeo Sardi, Maître général des postes de Pologne-Lithuanie en 1673. Sardi était le gendre de Francesco de Gratta (1613-1676) dont il avait épousé la fille Euphrosine. (Voir M. Salamonik, 2017).

5 Au sujet de Hooke : n° 174 ; de Halley : 10 mars 1679, à Madame Hevelia et n° 226.

6 Dans la lettre datée du 17 juin 1683, Hevelius a fait part à Boulliau de son explication quant à l'ingratitude des savants parisiens : BnF : FF. 13 044, 170r-171v ; Lat. 10 349-XV, 238-242 ; BO, C1-XV, 2243/118/1510/142.

avisé d'envoyer un exemplaire à Paris à Monsieur Baluze, qui à mon avis m'a gardé sa faveur, mais je redoute d'irriter de plus grands frelons parce que sur ce point, je ne suis pas d'accord avec les Académiciens. Par ailleurs, j'aimerais savoir ce que font les Académiciens parisiens installés dans une telle tranquillité et une telle félicité, ce qu'ils ont publié et dans quel état sont les affaires littéraires, tant des Parisiens que des étrangers[1]. Quant à moi, je travaille uniquement de toutes mes forces à publier le reste de mes œuvres, mon Uranographie en soixante-dix figures in-folio, mes globes célestes, mon Prodrome d'astronomie avec un catalogue nouveau de toutes les Fixes, ainsi que mes Tables solaires de Dantzig et les lettres qui m'ont été envoyées par les hommes les plus célèbres avec mes réponses[2] ; mais comme cela nécessite des frais excessifs, j'attends avec avidité des Mécènes, des soutiens et des promoteurs qui viennent à mon secours. Entre temps, Dieu Très Bon, Très Grand, veillera à ce que je puisse, dès l'été prochain, mettre sous ma nouvelle presse mon Prodrome de l'astronomie avec mon nouveau catalogue des Fixes. Portez-vous bien, soyez heureux et gardez votre faveur

À votre illustrissime Seigneurie
Au tout dévoué

J. Hevelius, de sa propre main

À Dantzig le 19 janvier 1685.

251.

15 février 1685, Pierre des Noyers à Hevelius

BnF : Nal 1639, 98rv

Varsavie le 15 febvrier 1685

Monsieur,

Je vous envoye les deux volumes de l'aritmetique continue de Monsieur Boulliau, et le suplement necessaire pour rendre complet ce que vous en avez desja[3]. Ils ont couru fortune sur la mer, et sur la terre et enfin sont arrivez entre mes mains il y a desja douze ou quinze jours, et je me sers de la presente occasion pour vous les

---

1 N° 246.
2 Sur l'Uranographie, n° 245.
3 Sur l'*Opus novum ad arithmeticam infinitorum*, n° 223, n° 224 et n° 233.

envoyer. Monsieur Boulliau souhaitte que vous en donniez un exemplaire a Monsieur Oloff qu'il assure de ses services[1]. C'est tout ce que je vous puis dire en haste, dans l'ambarats de l'arrivee de la court et dans la presse que l'on me fait de donner le paquet. Continuez moy l'honneur de vos bonnes graces puis que je suis tous jours,

Monsieur,
Vostre tres humble et tres obeissant Serviteur

Des Noyers

Je recois dans ce moment avec vostre lettre deux exemplaires de vostre Annus Climatericus. Je donneray au Reverend Pere Dominique celuy que vous luy destinez, et je vous rends tres humble grace de celuy que vous me faittes l'honneur de me donner. J'envoyeré a Mr. Boulliau la lettre que vous m'escrivez pour avoir son advis et son conseil, sur ce que vous desiré de scavoir[2], et apres l'avoir consulté, je vous escriré sur tout ce que vous demandé. Il est sur les lieux, et pourra donner de bons advis. Si vous envoyé un ou plusieurs exemplaire pour luy, comme on ne trouve pas souvent des ocasions pour envoyer a Paris, il les attandra long temps. Mr. Formont trouvera plus tost que moy ocasion de les envoyer par mer. Et pour ceux que vous voulez envoyer en Italie, je consulteray le Reverend Pere Dominique et Mr. Sardy[3], et vous donneray advis de leurs sentiments. Je suis derechef vostre tres obeissant Serviteur.

252.

5 mars 1685, Pierre des Noyers à Hevelius

BO : Ci-XVI, 2413/146

Varsavie le 5 mars 1685

Monsieur,

Vous aurez veu par la lettre que je me donné l'honneur de vous escrire il y a quinze jours que j'avois receu ce jour la, la vostre du 19 jenvier et que mesme je l'avois envoyee a M. Boulliau. Ma lettre estoit attachee a deux livres dudit sieur Boulliau et

1 Johann Erich Olhoff, n° 246.
2 Probablement sur les nouveaux intermédiaires auxquels Hevelius devra s'adresser.
3 Bartolomeo Sardi, n° 250.

du suplement de celuy que vous avez imparfait de son aritmetique[1], qu'il vous envoye et qu'il y a si long temps qu'ils sont partis de Paris que je les croyois perdus. Je vous dis aussy a la haste que l'on m'aportoit ceux que vous m'avez fait l'honneur de m'adresser pour le Pere Dominique et pour moy, dont je vous rend derechef tres humbles graces. Vous verrez par la lettre cy jointe du Pere Dominique qu'il a receu celuy qui estoit pour luy. Il s'offre encore de porter a Rome celuy que vous voudrez envoyer a M. Blanchini[2], et M. Sardi[3] s'offre d'envoyer celuy pour M. Maliabachi[4]; et pour ceux que vous voudriez envoyer a Paris, sy j'y fais un voyage je les pourrez porter[5], sinon le plus court seroit de les envoyer par mer quand Messieurs Formont auront ocasion pour cela. Et cependant nous aurons les advis de M. Boulliau qui viendront environ a la my avril, et comme je prie M. Formont d'ouvrir mon paquet a Dantzigt, il vous fera voir ce que nostre amy escrira en responce a vostre lettre du 19 janvier; et sur cela l'on prendra des mesure, pour ce que vous voulez envoyer a Paris, a M. de Baluze ou a d'autres.

On parle icy d'envoyer un Ambassadeur en France[6], en ce cas on se pourroit servir de cette ocasion pour ce que vous y voudriez envoyer, mais la personne que l'on choisira pour cela, ny le temps du depart ne sont pas encore bien resolus; mais quand cela sera je vous en donneray advis.

Je ne doute pas au reste qu'aussy tost que l'on y aura connoissance de ce dernier livre que vous aurez donné a l'impression[7], qu'il ne soit desiré de tous les savant,

1 Voir lettre précédent et n° 246.

2 Francesco Bianchini (1662-1729), n° 248.

3 Bartolomeus Sardi, avec qui Hevelius échange 5 lettres entre 1682 et 1685, n° 250.

4 Antonio Magliabechi (1633-1714), érudit florentin, directeur de la Bibliothèque Palatine, n° 221.

5 Pierre des Noyers effectue finalement ce voyage. Ismaël Boulliau note en marge d'une lettre : « M. des Noyers partit de Pologne avec M. Morstin et tout sa famille, sa femme et son fils au commencement d'août 1685 et arrivèrent à la fin du mois. M. des Noyers tomba malade d'un rhume qui lui dura longtemps. Il passa une grande partie à Paris et arriva à Varsovie le 15 mars 1686. » (Des Noyers à Boulliau, le 5 août 1685 de Varsovie, *CPPAIB*, ms. 13022, fol. 160). Jan Andrzej Morsztyn, ici écrit Morstin, a été condamné pour intelligence avec une puissance étrangère, le royaume de France. Les contacts réguliers avec des ressortissants d'un autre État peuvent être condamnables pour un ministre polonais, selon la nature de ces contacts. Il paie ici sa fidélité au parti français. [D.M.]

6 Jan Wielopolski (1630–1688) est envoyé en mission en France en 1685. Ecuyer de bouche en 1664, titre mineur, puis staroste général de Cracovie en 1667, il vote en faveur du roi Michel en 1669 mais rejoint la confédération des malcontents en 1672. Il apporte sa voix à Jean Sobieski en 1674 puis est nommé vice-chancelier de la Couronne en 1677, avant de devenir grand chancelier l'année suivante. Il effectue une première mission à Rome en 1680-1681 avant d'être envoyé en France le 17 octobre 1685 (Ministerstwo Spraw Zagranicznych, *Rocznik Służby Zagranicznej Rzeczypospolitej Polskiej według stanu na 1 kwietnia 1938*, Varsovie, 1938, p. 67) dans le but de renouer les relations diplomatiques tombées au point mort ces dernières années. À son retour, il rejoint le camp anti-royaliste à la cour. [D.M.]

7 *L'Annus climactericus.*

comme l'ont esté et le sont encore tous vos autres ouvrages. Cependant faitte moy la grace de me croire tousjours comme je le suis,

Monsieur,
Vostre tres humble et tres obeissant Serviteur,

Des Noyers

C'est par un fourman de M. Sardi que je vous ay envoyé les livres de M. Boulliau, dont l'un sera s'il vous plaist pour Monsieur Olhoff[1].

253.

22 mars 1685, Hevelius à Pierre des Noyers

MNW 518/7 Bersohn 27-29 fig.2   31628

A Monsieur
Monsieur des Noyers
Warsaviæ

Illustrissime Domine,

Tandem desideratissimum illum fasciculum librorum hisce diebus accepi, in quo duo exemplaria Arithmeticæ infinitorum Bullialdi continebantur, alterum exemplum prout auctor voluit domino Olofio offerendum, prout etiam factum utque ex suismet literis ad dominum Bullialdum datis liquidum erit. Pro miro munere gratias ipsi agas maximas peto, id quod etiam ipse facturus in primis literis cum fasciculo meorum librorum Parisios mittendis. Expectabo tamen eousque donec legerim quid sentiat de istis rebus quæ desideraverim, atque tum quantocyus per Dominum Fermondt libros meos ipsi transmittam. De reliquo non est quod gratias mihi agas pro isto leviusculo opusculo, optarem ut hoc anno quædam majoris momenti tibi Amice honorande exhibere possim. Proxima septimana curabo Warsaviam perferre exemplar illud Domino Blanchino destinatum et per Reverendum Patrem Dominicum a Sancto Joseph Romam transmittendum ; nec non et unum aut alterum exemplar pro illustrissimo viro Malabechio Florentiam ad illustrissimum de Sardi. Hisce finio DEUM Optimum Maximum precatus ut te,

---

1 Johann Erich Olhoff (1650-1710), parent d'Hevelius, n° 246.

Amice plurimum colende quam diutissime salvum ac incolumem conservet; dabam Gedani anno 1685, die 22 Martii

Tuus
Ex animo

J. Hevelius, manu propria

À Monsieur
Monsieur des Noyers
À Varsovie,

Très illustre Monsieur,

J'ai enfin reçu, ces jours-ci, le paquet de livres que j'attendais tant. Il contenait deux exemplaires de l'Arithmétique des infinis de Boulliau. L'un devait être offert à Monsieur Olofius[1], comme le voulait l'auteur. Cela a été fait, comme on le verra par sa propre lettre envoyée à Monsieur Boulliau. Pour ce merveilleux cadeau, j'aimerais que vous lui adressiez mes plus vifs remerciements, comme je le ferai moi-même dans la première lettre que j'enverrai à Paris avec un paquet de mes livres. J'attendrai cependant d'avoir lu son opinion sur les choses que j'ai demandées et alors je lui transmettrai au plus vite mes livres par Monsieur Fermondt[2]. Pour le reste, il n'y a pas de raison de remercier pour ce très léger opuscule[3]; j'aimerais pouvoir vous montrer cette année, honorable Ami, des choses de plus grand poids[4]. La semaine prochaine, je ferai partir à Varsovie un exemplaire destiné à Monsieur Blanchini pour qu'il soit transmis à Rome par le Révérend Père Dominique de Saint-Joseph, et un ou deux exemplaires à l'illustrissime de Sardi pour l'illustrissime Monsieur Magliabechi à Florence. J'en termine ici, en priant DIEU Très Bon, Très Grand, qu'il vous conserve très longtemps sain et sauf, très honorable Ami. Donné à Dantzig en l'an 1685, le 22 mars.

À vous
Du fond du cœur

J. Hevelius de sa propre main

---

1 Johann Erich Olhoff.
2 Formont.
3 L'*Annus Climactericus*, qui ne fait que 196 pages.
4 Le fameux *Prodromus Astronomiæ*, avec le Catalogue des Fixes et l'*Uranographia*, 402 p. et 57 planches, publié à titre posthume en 1690 par son épouse.

254.

13 avril 1685, Pierre des Noyers à Hevelius

BnF : Nal 1639, 99r

Varsavie le 13 avril 1685

Monsieur,

J'ay esté bien aise d'apprendre de vostre lettre du 22 mars que vous aviez receu les livres de l'aritmetique de Mr. Boulliau. Je vous envoye encore deux feuilles qu'il me dit vous estre necessaire pour parfaire le premier exemplaire imparfait que vous reçeute, il y a deux ou trois ans.

Je croy que vous aurez veu ce que Mr. Boulliau me dit dans sa lettre du 23 mars, en respondant a ce que vous desiriez savoir, dans la lettre que vous me fittes l'honneur de m'escrire le 19 jenvier dernier[1] ; j'avois donné ordre a Dantzigt que l'on y ouvrit mon paquet pour vous faire voir laditte lettre. Et quant a l'envoy de vos livres en France, vous n'en pouvez pas avoir une meilleure ocasion que par Mr. Formont qui frette un vaisseau pour aller a Rouan, et dans lequel quelques Francois qui passent en France se doivent embarquer. Il faut seulement prier ledit sieur Formont de vouloir adresser le paquet a Paris pour estre rendu a Mr. Boulliau logé au college de Laon a Paris[2]. Il est d'advis que vous en envoyé un a M. Baluze, et un a Mr. De la Hire[3], qui sont deux personnes illustres. Faitte moy s'il vous plaist tousjours la grace de me croire,

Monsieur,
Vostre tres humble et tres obeissant Serviteur

Des Noyers

---

1 N° 250.

2 Au sujet de l'adresse de Boulliau : n° 215.

3 Philippe de La Hire (1640-1718) fut à la fois mathématicien (il réalise des travaux de géométrie dans la perspective de Desargues et de Pascal en géométrie des coniques), théoricien de l'architecture, physicien et astronome. Membre de l'Académie des sciences (1678), professeur au Collège royal et à l'Académie d'architecture, il a aussi travaillé à l'Observatoire (1682-1718) où il réalisa quotidiennement des relevés des températures, pressions et précipitations, tout en participant, aux côtés de Picard et de Cassini aux campagnes d'observations. On lui doit un ouvrage sur *La Gnomonique ou l'Art de faire des cadrans au Soleil* (1682), une *Table du Soleil et de la Lune* (1687), un Planisphère céleste (1705) et des *Tabulæ astronomicæ Ludovici Magni iussu et munificentia exaratæ et in lucem editæ* (Paris, 1727).

255.

18 mai 1685, Hevelius à Pierre des Noyers

BnF, FF 13 022, 145rv[1]

Illustrissime Domine,

Acceptis tuis posterioribus quibus me de exemplaribus Anni mei Climacterici in Galliam mittendis instruere haud fueris dedignatus, statim fasciculum quinque exemplaribus refertum Dn. Formont extradidi, quo prima hinc abeunte navi ad communem nostrum Amicum Ism. Bullialdum perferrentur, qui in distribuendis quin omnem adhibiturus sit diligentiam, nullum plane apud me est dubium. Nunc iterum tua opera abuti cogor scilicet ut hasce inclusas literas Heinrico Kummerfeldio in ipsissimas manus per famulum tuum tradere cures obnixe rogo. Is apud Episcopum Warmiensem fortunam suam experitur, nec ignotus tibi forsitan est, quippe Te invisisse meaque salute officiosissima impertiisse prolixe scribit. Quibus hac vice ut valeas atque in amore perseveres maximo abs Te peto opere. Dabam Gedani die 18 Maii Anno 1685

Illustrissimæ Dominationi Tuæ
Studiosissimus

Joh. Hevelius

À Monsieur
Monsieur Des Noyers
À Warsavie

Très illustre Monsieur,

J'ai reçu votre dernière lettre où vous avez bien voulu m'informer de l'envoi en France des exemplaires de mon Annus Climactericus[2]. J'ai immédiatement transmis un paquet de cinq exemplaires à Monsieur Formont, pour qu'il soit apporté à notre ami commun Ism. Boulliau par le premier navire qui partira d'ici. Je ne doute pas qu'il mettra tous ses soins à les distribuer. À présent je suis forcé de recourir de nouveau à votre aide ; je vous prie en effet instamment de faire remettre la lettre ci-jointe par votre domestique en mains propres à Heinrich Kummerfeld[3]. Celui-ci tente sa

---

1 Cette lettre, dont c'est le seul exemplaire, n'est pas de l'écriture d'Hevelius. Il s'agit d'une copie qui n'est pas non plus de la main de des Noyers. Elle n'est pas répertoriée dans les *Prolégomènes critiques*.

2 N° 254 (13 avril 1685).

3 Non identifié.

LETTRES [1686]

fortune auprès de l'évêque de Warmie[1], et il ne vous est probablement pas inconnu, car il m'écrit longuement qu'il vous a visité et qu'il vous a remis mon salut le plus officieux. Ainsi à mon tour je vous prie grandement de vous bien porter et de persévérer dans votre extrême affection. Donné à Dantzig le 18 mai 1685.

À votre très illustre Seigneurie,
Le très attaché,

Joh. Hevelius

À Monsieur
Monsieur des Noyers
À Warsawie

256.

28 juin 1686, Hevelius à Pierre des Noyers

BnF : Nal 1639, 100r-101v

Domino
Domino Nucerio
Warsaviæ,

Illustrissime Domine,

Infirmitas corporis mei, et quod crebro hac æstate lecto fuerim affixus, tum absentia tua, Amice perquam charissime, obstiterunt, quo minus ab aliquot mensibus literis te inviserim. Nunc vero, cum perceperim te Warsaviam rursus rediisse, atque

1 Michał Stefan Radziejowski (1645-1705), évêque de Warmie de 1679 à 1688 et cousin de Jean Sobieski. Fils de Hieronim Radziejowski, condamné en 1652 suite à une histoire rocambolesque d'adultère où il tente d'enlever sa propre épouse réfugiée dans un domaine royal le temps que leur divorce soit prononcé, en violant plusieurs lois au passage. Il entretenait également une correspondance avec plusieurs chefs Cosaques, ce qui scelle par ailleurs sa condamnation pour intelligence avec l'ennemi. Il quitte la Pologne pour la Suède où il révèle au Roi Charles X plusieurs secrets d'État. Il est arrêté par ce même Roi au cours du Déluge, soupçonné d'agir contre ses intérêts. Michał Stefan reste avec ses frères et sa mère en Pologne, à la cour de la Reine Louise-Marie où ils ne semblent jamais inquiétés malgré les agissements d'Hieronim. Michał étudie à Paris, Rome et Prague, devient chanoine de Varsovie, Cracovie, Gniesno puis curé de l'église Saint Nicolas à Varsovie. Il est présent à la bataille de Khotin en 1673 et soutient la politique balte de Jean Sobieski, consistant en une reconquête de la Prusse ducale et éventuellement de la Livonie. Il est nommé vice-chancelier en 1685, créé cardinal en 1686 puis Primat de Pologne à partir de 1687. [D.M.]

ego paullulum respiraverim, nolui diutius officio meo deesse, sed quantocyus hisce te compellare; ut certior redderer de tuo adventu, tum aliquid certi perciperem de statu nostri Amici clarissimi Domini Bullialdi, et Academicorum Parisiensium, imprimis ut intelligeres, quo in statu res meæ versentur, quid hactenus peregerim, et quousque Uranographiam meam tum Prodromum meum cum novo meo correcto, adaucto, maximoque labore constructo Fixarum Catalogo, aliisque rebus ad astronomiam pertinentibus, perduxerim. De quibus scias, Amice optime, etiamsi sæpius, uti modo percepisti, partim invalitudo, partim gravissimæ, tam privatæ quam publicæ occupationes obstiterint, nihilominus singulari divino auxilio, de quo Deo Optimo immortales habeo gratias, operas meas eo deduxisse, ut Uranographiæ Iconismi, quorum circiter 60 sunt, fere omnes ab egregio sculptore Gallo jam sint exceptis duobus vel tribus elegantissime sculpti, etiam impressi, et quidem omnes in patenti folio, cum duobus hemisphæriis permagnis, totum globum cœlestem in plano exhibentibus. Deinde Prodromum meum Astronomiæ, cum utroque Fixarum Catalogo etiam jam pariter conscriptum habeo, ut Deo volente, intra mensem, etiam citius prælo subjici possit. Id quod opus, ut meorum hactenus editorum omnium præcipuum et laboriosissimum est, in quod unice tot ac tot sumptus impendi, ad quod feliciter perficiendum tot ac tot sumptuosissima instrumenta fabricari meis solis impensis curavi, ut taceam quot annorum lustra, construendo videlicet Fixarum Catalogo, diu noctuque Machina mea attestante, maximo labore summisque vigiliis impenderim. Hinc exoptarem ut hocce opus magno cuidam literatorum Mæcenati inscribere et consecrare liceret; non quidem eo fine, ut prorsus omnes sumptus me resarcire posse sperem, minime! sed nihilominus ut minimum aliquod solatium Magno Principi dignum obtinerem post tot exantlatos labores, et deplorandam illam meam calamitatem, quam ex immani, et actrocissimo illo incendio passus sum. Talem autem Evergetam excogitare ipsemet nondum potui; idcirco amicorum consilio mihi opus, inprimis tuo atque clarissimi Domini Bullialdi, qui ex animo mihi estis dediti, et omnia felicia mihi nullo non tempore exoptastis, quorum paucissimi in toto mundo inveniuntur; e contra quam plurimos habeo inimicos qui mihi et oculos invident, imo vitam, quales Parisiis nonnulli reperiuntur, quos tamen nunquam, quod sciam, vel ullo aliquo negotiolo læserim, sed illos potius in magno semper habuerim honore, sic ut illis omnia illa mea opuscula hactenus edita, etiamsi leviuscula haud tamen levioris pretii, illis bono animo dono dederim, illorumque judicio exposuerim; illi vero ne pagellam quidem unquam mihi transmiserunt, ac quod maximum ad partem II Machinæ meæ Cælestis atque meas humanissimas ne ulla responsione dignati sunt, multo minus gratias egerunt. Quicquid tamen sit, si divinare liceat puto nihil quicquam magis illos irritasse, atque ad iram concitasse, quam quod a 50 circiter annis aliquanto sæpius (absit vana gloriola) cœlum lustraverim, etiam circa motum planetarum, inprimis Fixarum Catalogum condendum, multo plura, nullo ære conductus præstiterim. Adhuc ut mihi videtur, etiam admodum male habent, quod ego in angulo mundi latitans haud veritus fuerim, illis contradicere in determinandis longitudinibus et stellarum latitudinibus, quod longe tutius, ac accuratius sit observare, distantiasque ab invicem dirimere, nudo (qui visu scilicet gaudet acutiori, et minime myops est) quam armato oculo; id quod hucusque constanter asseveravi, non solum nudis verbis, ut ille, sed opere ipso multoties et quidem in præsentia clarissimi Domini Halley, eum in finem ab illustrissima Regia Societate Anglica ad me missi, teste anno meo climacterico, sic ut veritatem meo et plurimorum literatorum judicio abunde demonstraverim. Ex quibus liquidum est, il-los homines haud posse mihi infense non adversari. Libenter admodum (ut mentem meam, Amice charissime in sinum tuum libere effundam) Regi Christianissimo, tan-quam summo meo, a tot jam annis munificentissimo Mœcenati, opus istud meum, cum Fixarum Catalogo, sine dubio ultimum et aliorum præcipuum inscribere et consecrare; cum sua Regia Majestas in omnibus illis literis ab illustrisssimo Domi-no Colbert, nomine Regis ad me scriptis, ad operas hasce continuandas, et in lucem quantocyus proferendas, rei literiæ bono, clementissime ac constanter animaverit et inflammaverit (uti ex ipsis literis illustrissimi domini Colberti anno 1664, 1667, 1668, 1669, 1671 et 1679 clare patet) sic ut nullo alii principi quam dicto prægloriosissimo Regi, hasce operas merito humillime offerre deberem; sed vereor ne illi quorum supra mentionem feci, tam ipsimet, quam auxilio suorum amicorum, tam palam quam clan-culum per cuniculos mihi resistant, quo minime a Sacratissima sua Regia Majestate serenissima fronte accipiatur, multo minus vel quicquam solatii exinde mihi sit spe-randum. Quod negotium ut cum Domino Bullialdo bene expendas, vehementer rogo. Præsertim Dominum Bullialdum meo nomine, ut ipsemet etiam faciam humanissime sollicitabis ut hac de materia cum illustrissimo Domino Baluzio, mihi ex animo ad-dicta loquatur, quid consilii sit? Et per quem fautorem qui Parisiis in aula degit, et apud Regem quicquam valet, intentio hæc non possit recommendari, et ad exoptatum finem promoveri: de quibus suo tempore me certiorem facias, et quid consultum sit, etiam atque etiam peto. Crastina die scripturus etiam sum ad clarissimum Dominum Bullialdum simul copiam harum literarum ad te datarum ipsi misurus; quo negotium hocce eo citius promovere possis. Vale feliciter. Dabam Gedani, anno 1686, die 28 Junii

Tuus
Toto animo,

Joh. Hevelius, manu propria

À Monsieur
Monsieur des Noyers
À Varsovie

Très illustre Monsieur,

L'infirmité de mon corps, qui m'a souvent cloué au lit cet été, et votre absence, Ami très cher, m'ont empêché de vous visiter par lettre depuis quelques mois. À présent que j'ai appris votre retour à Varsovie[1] et que j'ai un peu repris mon souffle, j'ai voulu ne

---

1 Pierre des Noyers est en Pologne en 1685.

pas manquer plus longtemps à mes devoirs et m'adresser à vous au plus vite par cette lettre, pour être assuré de votre arrivée, pour apprendre quelque chose de certain sur l'état de notre Ami le très célèbre Monsieur Boulliau et des Académiciens parisiens, et pour qu'avant tout vous appreniez dans quel état sont mes affaires[1], ce que j'ai réalisé jusqu'à présent et jusqu'où j'ai mené mon Uranographie avec mon nouveau catalogue des Fixes corrigé, augmenté, construit par un grand travail, ainsi que les autres choses relatives à l'astronomie. À ce sujet, sachez, excellent Ami, que même si souvent, comme vous l'avez appris, la maladie et de très lourdes occupations tant privées que publiques y ont fait obstacle, néanmoins, avec l'aide de Dieu Très Bon, Très Grand, à qui je rends des grâces immortelles, j'ai fait avancer mes œuvres à tel point que les images de l'Uranographie qui sont environ soixante ont été très élégamment gravées par un distingué graveur français[2], sauf deux ou trois[3], et même imprimées, toutes en grand in-folio, avec deux hémisphères très grands qui montrent in-plano toute la sphère céleste. De même, j'ai pareillement fait transcrire mon Prodrome de l'astronomie avec le double catalogue des Fixes[4]. Ainsi, si Dieu le veut, on pourra le mettre sous presse dans un mois et même plus tôt. De tous mes livres publiés jusqu'à présent, c'est le principal et le plus difficile. Pour ce seul livre, j'ai dépensé tant et tant d'argent; pour le mener à bien, j'ai fait construire à mes seuls frais tant et tant d'instruments des plus somptueux. Et je tairai le nombre de lustres d'années que j'ai passés en labeurs et en veilles, jour et nuit, comme l'atteste ma Machine, pour construire le catalogue des Fixes. C'est pourquoi je souhaiterais qu'il me soit permis de dédier et de consacrer cet ouvrage à quelques grands Mécènes des lettrés; non certes dans le but de récupérer tous mes frais, loin de là! Mais que j'obtienne quelque consolation digne d'un grand Prince après tant de labeurs épuisants et après le lamentable désastre que j'ai subi de ce cruel et atroce incendie. Je n'ai pu jusqu'à présent imaginer moi-même un tel Evergète. C'est pourquoi j'ai besoin du conseil de mes amis, en particulier du vôtre et de celui du très célèbre Monsieur Boulliau, qui m'êtes attachés de tout cœur et m'avez en tout temps souhaité tous les bonheurs. Dans le monde entier, de tels amis sont bien peu nombreux et j'ai quantité d'ennemis qui jalousent mes yeux et même ma vie. Tels sont bon nombre de Parisiens que je n'ai, à ma connaissance, jamais lésés dans la moindre petite affaire, mais que j'ai plutôt toujours tenus en grand honneur, au point de leur donner tous mes opuscules édités jusqu'à présent, même ceux d'un léger poids, sinon d'un léger prix, et de les exposer à leur jugement. Eux-mêmes ne m'ont jamais transmis une seule petite page et, pis encore, ils n'ont pas jugé digne de la moindre réponse la deuxième partie de ma Machine Céleste et mes lettres très polies; et ils m'ont moins encore remercié. Quoi qu'il en soit, s'il m'est permis de deviner, je pense que rien, jamais, ne les a plus irrités et mis en colère que le fait d'avoir depuis cinquante ans environ parcouru plus souvent le ciel (sans vantardise) et d'avoir produit, sans rémunération, beaucoup plus

---

1 Il envisage toujours encore une gratification et aborde plus loin la question de la dédicace à Louis XIV.

2 Charles de La Haye, n° 245.

3 L'*Uranographie* comporte en effet 57 planches et les deux planisphères.

4 Les deux premières parties de l'ouvrage.

de choses sur le mouvement des planètes et d'abord sur l'établissement du catalogue des Fixes. En outre, à ce qu'il me semble, ils me veulent du mal parce que moi, caché dans un recoin du monde, je n'ai pas craint de les contredire en déterminant les longitudes et les latitudes des étoiles; et aussi parce qu'il est plus sûr et plus précis de les observer et de déterminer leurs distances réciproques, à l'œil nu (pour celui qui a une vue plus perçante et n'est pas myope) qu'avec un œil armé. Ce que jusqu'à présent j'ai toujours affirmé avec constance, non seulement avec de simples mots, comme celui-là, mais par le travail lui-même maintes fois et même en présence du très illustre Monsieur Halley envoyé chez moi dans ce but par l'illustrissime Société Royale d'Angleterre, comme en témoigne mon Année Climactérique, de sorte que j'ai démontré abondamment la vérité, par mon jugement et celui de nombre de lettrés. Il en résulte clairement que ces hommes ne peuvent pas ne pas m'attaquer avec hostilité.

Pour épancher en vous le fond de mon cœur, Ami très cher, j'aimerais dédier et consacrer cet ouvrage, avec le catalogue des Fixes, sans doute le dernier et le plus important de tous, au Roi Très Chrétien comme à mon plus grand Mécène si munificent depuis tant d'années: car dans toutes les lettres que m'a écrites, au nom du Roi, l'illustrissime Monseigneur Colbert, Sa Majesté Royale m'a constamment encouragé et enflammé, dans sa grande clémence, à continuer ces œuvres et à les publier au plus vite pour le bien des lettres, comme il apparaît clairement par les lettres mêmes de l'illustrissime Monseigneur Colbert des années 1664, 1667, 1668, 1669, 1671 et 1679. Ainsi, je ne devrais offrir très humblement ces œuvres à aucun autre Prince qu'à ce Roi très glorieux; mais je crains que ces hommes, dont j'ai fait mention plus haut, soit en personne, soit avec l'aide de leurs amis me résistent soit publiquement, soit en secret, par un travail de sape pour que Sa Majesté Royale et Très Sacrée n'accueille pas mes œuvres d'un front serein, et que je doive en espérer encore moins quelque consolation. Je vous demande avec insistance de bien peser cette affaire avec Monsieur Boulliau; en particulier vous solliciterez très poliment Monsieur Boulliau, comme je le ferai moi-même, pour qu'il parle avec l'illustrissime Monsieur Baluze de ce sujet qui me tient à cœur. Quelle décision prendre? Et par quel soutien, qui séjourne à Paris à la cour et qui a quelque influence auprès du Roi, cette intention pourrait-elle être recommandée et menée à la fin souhaitée? À ce sujet, je vous demande, encore et encore, de m'informer en temps opportun et de me dire ce qui est approprié. Demain, j'écrirai au très célèbre Monsieur Boulliau[1] et je lui enverrai copie de cette lettre que

---

1 Hevelius écrit à Boulliau le 29 juin 1686: « Ad hasce vero operas continuandas et ad finem perducendas, nemo sane principum ac regum me sæpius maiori ardore et clementiori animo regio, et quidem per illustrissimum Dominum Colbertum instimulare jussit, ac serio mandavit, quam prægloriosissimus Rex Galliarum: ut plurimæ literæ modo dicti illustrissimi Domini Colberti ad me datæ (quæ etiam sub nomine Olhofii jam prodierunt) abunde affatim testantur. Idcirco etiam mearum partium esse duco ut nemini nisi Regi Christianissimo, tanquam summo meo a tot jam annis munificentissimo Mæcenati opus istud meum, sine dubio ultimum, Catalogum scilicet Fixarum inscribere et consecrare. Sed vereor quin scopum attingam cum nonnullos apud vos habeam vix mihi bene cupientes. Quid igitur consilii sic fautoribus avide exspecto ».

« Pour continuer ces ouvrages et les mener à bonne fin, personne parmi les Rois et les Princes ne m'a plus souvent encouragé avec une plus grande ardeur et une âme royale plus clémente, et même me l'a

je vous adresse pour que vous puissiez plus rapidement faire avancer cette affaire. Portez-vous bien et soyez heureux. Donné à Dantzig, le 28 juin 1686.

À vous
De tout cœur

J. Hevelius de sa propre main

257.

19 juillet 1686, Pierre des Noyers à Hevelius

BnF : Nal 1639, 102rv

Monsieur,

Je n'aurois pas esté si long temps sans me donner l'honneur de vous escrire, apres mon retour de France, sy je n'avois attandu un paquet que nostre amy M. Bullialdus m'a donné a mon depart de Paris pour vous rendre. Il n'y a que quatre jours que je l'ay receu estant venu par mer avec les hardes de Monsieur le Grand Chancelier de la Couronne[1]. Et je n'attand qu'une ocasion pour vous l'envoyer a Dantzigt, ce que je fairé par la premiere qui s'offrira. Cependant j'ai receu la lettre que vous me faitte l'honneur de m'escrire du 28 juin[2]. J'en ay escrit a nostre amy, et je luy aurois envoyé la lettre mesme sy vous ne me marquiez que vous luy en envoyé la copie. Il a tousjours une egale passion pour vostre merite, et il fera tous ses efforts pour vous servir. Il me dit dans sa lettre du 28 juin qu'il a donné un paquet a Mr. Le docteur Courade medecin de la Reyne de Pologne[3] qui partoit de Paris pour revenir icy, pour vous le rendre

fait savoir par l'illustrissime Monseigneur Colbert, que le très glorieux Roi de France, comme l'attestent abondamment de nombreuses lettres que l'illustrissime Monsieur Colbert m'a envoyées et qui ont même été publiées sous le nom d'Olhoff. C'est pourquoi j'ai estimé qu'il était de mon devoir de dédier et de consacrer à nul autre qu'au Roi Très Chrétien mon Mécène très munificent depuis tant d'années l'ouvrage que voici, sans aucun doute le dernier, à savoir le Catalogue des Fixes. Mais je crains de manquer mon but, car j'ai chez vous un certain nombre de gens qui ne me veulent guère de bien. J'attends avec impatience l'avis de mes protecteurs sur la décision à prendre. » (BnF FF. 13 044, 58r, 60r ; Nal 1642, 114r-115v).

    1 Jan Wielopolski (n° 252). Il est alors de retour de sa mission en France. [D.M.]

    2 N° 256.

    3 Il peut ici s'agir d'Augustin Courade, venu en Pologne avec Louise-Marie de Gonzague, ou de son frère, Charles-Louis, qui est lui aussi venu officier en Pologne comme médecin à la fin des années 1670 (Targosz, *Jan III Sobieski* p. 216). Charles-Louis a son article dans le *PSB*, mais non Augustin, ce qui rend cette identification difficile. [D.M.]

a son passage a Dantzigt, ou il doit estre bien tost, s'estant mis sur mer a la fin de juin dans un vaisseau d'Hambourg.

Les astronomes de Paris ne produisent rien ; ils sont en disputes savoir s'ils produiront le livre qu'ils ont imprimé depuis plusieurs mois, sous le seul nom de l'Academie, sans nommer aucun de leurs corps, ou s'ils nommeront en particulier chacun de ceux qui y a contribué quelque chose. C'est la difficulté qui retarde la publication de leur ouvrage[1].

L'on avoit commencé d'imprimer au Louvre les manuscrits de Tico Brahe apportez de Danemarc par l'abbé Picard, mais on ne continue pas par menage a ce que l'on dit[2]. C'est tout ce que nostre amy m'a escrit des astronomes de Paris qui n'ayment pas tous ceux qui comme vous, Monsieur, travaillent plus qu'eux pour le publique. Et vous ne pouvez pas mieux vous vanger de ceux qui ne vous ayment pas et de vos envieux, qu'en continuant vos immortels travaux, qui subsisteront autant que le monde.

Je ne vous puis rien dire sur le dessein que vous avez pour la dedicace de vos ouvrages. J'en ay escrit a nostre amy, et j'attand sa responce, et celle encore d'autres personnes a qui j'en ay parlé. J'ay bien quelque amy parmy ces Messieurs de l'Academie, mais je n'oserois leur en escrire de crainte qu'ils ne reçeussent pas mes propositions comme je le souhaitterois pour vostre service. Enfin je faré tousjours tout ce qui me sera possible pour vous tesmoigner que je suis, Monsieur,

Vostre tres humble et tres obeissant Serviteur

Des Noyers

Je trouve presentement une ocasion qui vous porte a Dantzigt le paquet de M. Boulliau.

---

1 À l'Académie des sciences, à l'origine, c'était le principe des recherches collectives que Colbert avait mis en place. Les savants n'avaient pas la responsabilité d'une recherche ou d'une expérience ; ils devaient travailler en commun. Chacun pouvait proposer un programme, la discussion était commune, les recherches et expériences aussi et les séances hebdomadaires étaient consacrées à un sujet choisi qui pouvait rester quelque temps à l'ordre du jour. Ce système a mal fonctionné et fut source de tensions permanentes, chacun ayant sa spécialité et revendiquant la paternité de ses découvertes (Alice Stroup, *A Company of Scientists. Botany, Patronage and Community at the Seventeenth-Century Parisian Royal Academy of Sciences*, 1990, chap. 6 et 7). Le problème des publications de l'Académie ne s'est posé qu'après son renouvellement, en 1699. Les volumes dits *Histoire et Mémoires de l'Académie royale des sciences* publièrent ou des résumés, ou des mémoires individuels. Les 11 premiers volumes, publiés entre 1729 et 1732 — depuis 1666 jusqu'à 1699 — rassemblèrent les textes en héritage.

2 Sur les manuscrits de Tycho Brahé : n° 149, 154, 155, 161, 233 et 257. Ce fut surtout Louvois qui ne voulut pas donner suite aux projets encouragés par Colbert.

258.

27 septembre 1686, Pierre des Noyers à Hevelius

BnF : Nal 1639, 103r

Varsavie le 27 septembre 1686

Monsieur,

J'avois prié Monsieur Formont d'ouvrir mon paquet de Paris et de vous communiquer tousjours les lettres de M. Boulliau ou il parleroit de vous et comme j'ay apris qu'il ne l'a pas tousjours fait je vous en envoye quatre ou il me parle de vos affaires, afin que vous les voyez commodement, et que vous preniez des mesures sur ce qu'il y dit[1]. Sy par le moyens des Reverends Peres Jesuittes vous pouvez introduire quelque correspondance avec ceux que l'on destine pour aller faire des observations aux Indes, cela vous seroit d'un grand advantage[2]. J'en escrit tousjours a nostre amy afin qu'il agissent par le moyen de ses amis, et je say que vous aymant infiniement il fait ce qu'il peut. Il ne peut quasy plus marcher a cause de son aage et mesme il a de la peine a escrire. Pour moy qui suis esloigné de Paris, je ne vous puis donner aucun conseil. Sy je decouvrois quelque chose qui vous peut estre utile je vous en donneray advis aussy estant tousjours tres veritablement

Monsieur,
Vostre tres humble et tres obeissant Serviteur,

Des Noyers

Quand vous aurez veu ces lettres vous me les renvoyerez s'il vous plaist.

---

1 Boulliau et des Noyers poursuivent leur échange hebdomadaire de lettres, malgré leur grand âge.

2 Louvois, en effet, a mis fin aux coûteuses missions scientifiques et aux voyages, estimant que l'on pouvait toujours faire appel aux jésuites, ce qui ne coûtait rien.

259.

18 octobre 1686, Hevelius à Pierre des Noyers

BnF : Nal 1639, 104r
BnF, Fonds Boulliau IV, FF 13 022, 220

Domino
Domino Nucerio
Warsaviæ

Vir illustrissime,

Amice plurimum honorande,

Gratias tibi habeo debitas, pro transmissis quatuor illis literis clarissimi Bullialdi, quas dominus Formondt mihi denegavit. Vix quicquam autem solatii, imo penitus nihil ex illis haurio, sed potius intelligo me nihil obtenturum. Interea tamen Deo confido, Eum me non deserturum, sed rebus meis ut hactenus, pro divina sua voluntate optime prospecturum. Idcirco etiam alacriter in meis laboribus pergo ; in edendo videlicet Uranographiam, Prodromum Astronomiæ, nec non Catalogum Fixarum : etiamsi infirmitas corporis haud vulgaris, variæque curæ et occupationes gravissimæ maxime obstent. Clarissimum Dominum Bullialdum interim salutes meo nomine quam officiosissime, precorque Deum Optimum Maximum ut per plurimos annos adhuc sit superstes literariæ bono nobis amicisque omnibus. Vale. Raptim, Gedani, anno 1686, die 18 Octobris

Tuus
Ex animo

J. Hevelius, manu propria

À Monsieur
Monsieur des Noyers
À Varsovie

Très illustre Monsieur,
Très honorable Ami,

Je vous remercie, comme il se doit, de m'avoir transmis ces quatre lettres du très célèbre Boulliau, que Monsieur Formont m'a refusées. J'en retire peu de consolation, bien plus, je n'en retire absolument rien, mais je comprends plutôt que je n'obtiendrai rien. Entre temps, j'ai la confiance que Dieu ne m'abandonnera pas mais qu'il veillera, excellemment, à mes affaires par sa divine volonté. C'est pourquoi, je poursuis avec entrain mes travaux, à savoir l'édition de l'Uranographie, du Prodrome de l'astronomie et du catalogue des Fixes, quoiqu'une infirmité de corps, peu commune, et divers soucis et occupations très sérieux y fassent grand obstacle. Entre temps, saluez en mon nom très poliment le très célèbre Monsieur Boulliau, et je prie Dieu Très Bon, Très Grand, qu'il reste en vie pendant de longues années pour le bien des lettres, pour nous et pour tous nos amis. Portez-vous bien. En hâte. À Dantzig, en l'an 1686, le 18 octobre.

À vous
De tout cœur,

J. Hevelius de sa propre main

SUPPLEMENTA

1 : La carrière politique de Pierre des Noyers [D. M.]

Pierre des Noyers et Hevelius ont été tous deux mêlés aux affaires de leur temps. Hevelius a été plusieurs fois consul de la Vieille Ville de Dantzig et il était très lié au bourgmestre de la Ville, Krumhausen qui était son ami. Pensionné par le Roi de France entre 1664 et 1672, il a représenté les intérêts français dans cet important port de la Baltique, à l'époque où Colbert entendait y développer le commerce par le biais notamment de la Compagnie du Nord[1]. Pierre des Noyers, homme de confiance de la Reine Louise-Marie de Gonzague, a non seulement été son agent officiel et officieux, mais il a, en outre, constitué un véritable parti français en Pologne. Dans leur correspondance, Hevelius et des Noyers parlent peu de politique : un nom ici ou là, une défaite, une bataille, mais ils n'ignorent pas leurs engagements respectifs. Pierre des Noyers étant un personnage fort mal connu, qui parle très peu de lui-même et n'a rien publié, mais, seulement laissé une correspondance politique considérable et encore aujourd'hui mal connue[2], il a semblé utile de lui consacrer un peu plus qu'une notice afin de le mieux connaître, même si son activité politique transparaît peu au fil de ces lettres-ci[3].

---

1 *CHJ*, II, p. 109-116.

2 Dont l'inventaire complet est en cours. Citons par exemple les lettres de Pierre des Noyers disponibles dans les séries R et P des Archives du Musée Condé à Chantilly (AMCCh), dans la Correspondance Politique – Pologne aux Archives du Ministère des Affaires Étrangères (AMAE) ainsi que plusieurs documents notariaux aux Archives Départementales de la Marne (AD.51).

3 Son nom, certes, est mentionné dans les études sur le règne de Louise-Marie de Gonzague en Pologne. Karolina Targosz : *Uczony dwór Ludwiki Marii Gonzagi (1646-1667)*, Krakow, Ossolineum, 1975 et sa traduction, *La cour savante de Louise-Marie de Gonzague et ses liens scientifiques avec la France (1646-1667)*, traduit par Violetta Dimov, Cracovie, Ossolineum, 1977 ; Bożena Fabiani : *Warszawski Dwór Ludwiki Marii*, Varsovie, Państwowy Instytut Wydawnicy, 1976; Zofia Libisowska, *Królowa Ludwika Maria*, Varsovie, Zamek królewski w Warszawie, 1990 ; ainsi que les études qui traitent des voyageurs français à Varsovie au XVIIᵉ siècle : Rustis Kamuntavicius, « Memoirs of French travellers : a source of Lithuanian history in the second half of seventeenth century » dans *Lithuanian Historical Studies*, n° 3, Vilnius, 1998, p. 27-48 ; Caroline Le Mao, « Un Français en Pologne. Gaspard de Tende au temps de Marie-Casimir de la Grange d'Arquien », *Le rayonnement de la France en Europe Centrale*, Pessac, Maison des Sciences de l'Homme d'Aquitaine, 2009, p. 137-150 ; Daniel Tollet : « Les comptes rendus de voyages et commentaires des Français, sur la Pologne, au XVIIᵉ siècle, auteurs et éditions », *Revue du Nord*, avril-juin 1975, n° 225, I.LVII, p. 133-145. Toutefois ces mentions s'appuient communément sur un corpus de sources réduit et très lacunaire : Principalement les *Lettres de Pierre des Noyers, secrétaire de la reine de Pologne Marie-Louise de Gonzague, princesse de Mantoue et de Nevers, pour servir à l'histoire de la Pologne et de la Suède de 1655 à 1659*, Berlin, B. Behr, 1859 [noté : *LPDN*], publié en partie en Pologne sous le titre de

Famille et origines

Définir ses dates de naissance et de décès n'a pas été aisé. La rénovation de l'église Sainte Croix à Varsovie a mis à jour plusieurs pierres tombales[4] de Français enterrés ici, dont celle de Pierre des Noyers[5].

Illustration n° 33 : Pierre tombale, église Sainte-Croix, Varsovie.

Cette pierre tombale nous informe de la date de son décès, le 26 mai 1693, à l'âge de 85 ans, chose fort rare en cette fin de XVIIe siècle[6]. Il est dit chevalier de l'ordre de Saint-Michel, sur l'inscription de la plaque tombale et l'on en voit le cordon autour de ses armes. Son nom est cependant introuvable dans les registres de l'ordre. Des

---

Portofolio królowéj Maryi Ludwiki, czyli Zbiór listów, aktów urzędowych i innych dokumentów, ściągających się do pobytu téj monarchini w Polsce, traduit du français par Edward Raczyński, Poznań, 1844 ; ainsi que Ludwik Nabielak : *Listy Piotra des Noyers sekretarza królowej Maryi Kazimiry, z lat 1680-1683, rzeczy polskich dotyczące*, Lwów, 1867.

4   Iwona M. Dacka-Gorzynska, « Les relations entre l'élite sociale française et l'Eglise de la Sainte-Croix à Varsovie, à la lumière des sources épigraphiques et des registres paroissiaux des XVIIe et XVIIIe siècles », dans : *France-Pologne, Contacts, échanges culturels et représentations*, J. Dumanowski, M. Figeac, D. Tollet éd., Paris, Champion, p. 182-199. Sur des Noyers, p. 189-192.

5   Photo de l'auteur.

6   Âge respectable s'il en est, puisqu'une personne est considérée comme vieille entre 40 et 70 ans selon Richelet, et 50 et 75 ans selon Furetière, auquel fait suite « l'âge décrépi ».

Noyers est également dit « capitaine de Tuchola », une starostie, c'est-à-dire une terre royale que la Reine de Pologne lui a attribuée à sa mort en 1667, ainsi que « premier secrétaire, conseiller et trésorier de la sérénissime et unique Louise-Marie, reine de Pologne et de Suède », le titre par lequel il est le plus connu. Ce titre a pourtant tout d'officieux : le seul titre associé à la Reine est celui de Maréchal de la Reine, un office largement honorifique occupé obligatoirement par un Polonais. Pierre des Noyers est donc, avant tout, un membre de la cour de la reine de Pologne. C'est lui qui est chargé de sa correspondance, de ses affaires tant en Pologne qu'en France et de l'exécution de ses opérations financières. Son influence auprès de la souveraine est grande.

On peut trouver sa date de naissance dans le thème astral qu'il nous a laissé. Le manuscrit 425 du Musée Condé à Chantilly[7] est un ensemble de carrés astrologiques qui présentent la disposition des astres à une date donnée. On trouve, page 100, le thème d'une personne née à Festigny, un 27 mai à 11h 53.

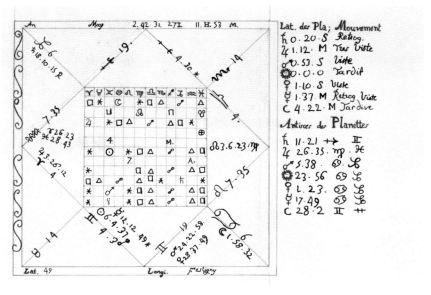

Illustration n° 34, Copie du thème de Pierre des Noyers par lui-même. En haut figure la date : jour (I) 27, Mai, 11H53M. Le lieu de naissance est marqué en bas à droite : Festigny.

D'autres carrés (p. 130 à 134), concernent cette même personne, à des dates anniversaires (de 1651 à 1661) à Varsovie, accompagnés d'un commentaire de Pierre des Noyers lui-même, qui résume chaque année de sa vie brièvement. Il s'agit donc de « révolutions », c'est-à-dire de prévisions astrologiques pour l'année à venir, réalisées

---

7 P. des Noyers : AMCCh, ms 425.

à partir de la disposition des astres le jour de l'anniversaire de la personne[8], confrontée au thème dit « racine » ou « nativité ». Pierre des Noyers, né un 27 mai à Festigny et mort le 26 mai à 85 ans, est donc né le 27 mai 1607[9]. L'année est confirmée par la disposition des astres à sa naissance — nativité (fol. 100) — et qui ne correspond qu'à la seule année 1607[10]. Festigny est en Champagne, aujourd'hui dans la Marne.

La correspondance ne dit rien de sa famille : tout juste apprend-on l'existence d'un frère et d'une sœur au lendemain de la mort du premier et du veuvage de la seconde. Les Archives départementales de la Marne nous livrent le véritable nom de la famille. Pierre des Noyers s'appelle en fait Pierre le Retondeur[11], sieur des Noyers, titre également porté par son père Claude, donc dans la famille depuis au moins une génération[12]. Claude le Retondeur exerce la profession de marchand à Neufville, un petit village de la paroisse de Festigny[13].

Le document le plus complet concerne, en 1681, trois lots de partage suite à la mort de Claude des Noyers, père de Pierre en 1649 ou 1650[14] :

> Partage fait entre Pierre le Retondeur, chevalier, sieur Desnoyers, secrétaire des Commandements de la feüe Reine de Pologne, dem[eurant] à Varsovie, Grégoire le Retondeur, Escuier, s[ieu]r Desnoyers, dem[euran]t à Neufville paroisse de Fetigny, et Dame Simonne Dorgeat vefve de desfunt M[aîtr]e Gaspard de la Roüere, vivant chevalier, s[ieu]r de Chamoy dem[euran]t aussi audit Neufville, tous, scavoir lesdits s[ieu]rs Desnoyers en leur nom et de leur chef, et ladite Simonne Dorgeat à cause de desfunte Damoiselle Elizabeth le Retondeur sa Mère, héritiers chacun pour un tiers dudit desfunt Claude le Retondeur, Père dudit Pierre le Retondeur, ayeul paternel dudit Grégoire et ayeul maternel de ladite Dame Dorgeat.

8 C'est un très court résumé de ce qu'est une révolution astrologique. Pierre des Noyers détaille longuement tant le principe que la méthode pour les tracer et interpréter dans son seul ouvrage complet connu, la *Nativité d'Amarille*, AMCCh, ms 424.

9 Pierre des Noyers est visiblement certain à la minute près de son heure de naissance.

10 D'après le Swiss Ephemeris, une éphéméride construite sur un des modèles du système solaire produits par la NASA, en l'occurrence le Jet Propulsion Laboratory Development Ephemeris 431 et disponible pour le développement de logiciels d'astrologie. 1606 et 1608 donnent une carte natale différente en tous points de celle faite par des Noyers.

11 Un retondeur, selon le sens le plus commun, désigne une personne qui « retond » les draps ou les moutons (Furetière, *Dictionnaire du Moyen Français DMF*, Littré) ; mais encore un faux-monnayeur (*DMF*) ou, sous Charles VIII, un soldat chargé de ratisser des villages à la recherche des Écorcheurs, quitte à « tondre », c'est-à-dire à rançonner et violenter, la population locale. Le tondeur passe en premier, le retondeur repasse derrière lui (*DMF*, Littré).

12 L'ensemble des documents retrouvés aux AD.51 mentionnent ce nom.

13 « Contrat d'échange passé par devant Vérinat entre Claude le Retondeur, marchand demeurant à Neufville, et Philippe Collart, demeurant audit Neufville » dans : *Inventaire de tous les contrats d'acquisition faites par Claude des Noyers, Pierre des Noyers son fils, Pierre Dorgeat son gendre et Elisabeth des Noyers sa fille, fait ce 21 mars 1680*, AD.51, H 1096, 60, 7ᵉ layette, 3ᵉ liasse.

14 Lot de partage de Pierre des Noyers à lui reçue(?) après la mort de Claude des Noyers son père, du 15 mars 1681 (1ᵉʳ lot) ainsi que partage du 15 mars 1681 (2e lot) et partage du 15 mars 1681 (3e lot), AD51, H1096, 7ᵉ layette, 3ᵉ liasse.

SUPPLEMENTA 673

C'est un partage très tardif, eu égard au testament et à la lettre de condoléances adressée à Pierre des Noyers[15]. Une autre lettre, du 29 juillet 1666, annonce à des Noyers la mort de « Mademoiselle des Noyers, votre belle-sœur »[16], laissant derrière elle deux enfants. L'expéditeur, la comtesse de Rozoy, précise que ces deux enfants sont les seuls « de votre nom » et résident actuellement à « Chantilly », ce qui signifie que le frère de Pierre des Noyers est déjà mort à cette date. Moins d'un mois plus tard, Caillet-Denonville[17] apprend la mort de Monsieur Dorgeat[18], neveu de Pierre des Noyers[19], au combat dans les armées du roi de Pologne pendant le soulèvement de Lubomirski.

Les Archives Nationales conservent quatre actes notariés concernant Pierre des Noyers, son frère et un dénommé Monsieur Dorgeat. Les deux premiers sont une donation de matériaux de construction par les princesses Marie et Anne de Gonzague à Pierre des Noyers leur secrétaire après la rénovation de l'hôtel de Nevers[20]. Le troisième est un contrat où Pierre et Claude des Noyers cèdent à Pierre Dorgeat, « écuyer ordinaire du roi en son écurie », leurs héritages en la paroisse de Festigny[21] et le dernier document est la ratification de ce contrat par Pierre Dorgeat[22]. Ce contrat, signé en 1642, ne mentionne pas le deuxième fils de Claude des Noyers, peut-être déjà mort à cette date. Pierre Dorgeat est par ailleurs l'exécuteur testamentaire de Claude des Noyers, tandis que les dénommés Gilles et Jean Nicolas ainsi qu'un Divitien Dorgeat apparaissent dans l'inventaire des acquisitions de la famille des Noyers dressé en 1681, sans doute en amont du partage. Tous sont dans la vigne, manouvriers, vignerons ou tonneliers. Il y a enfin Pierre Dorgeat, écuyer et époux d'Elisabeth selon les archives de la Marne, mort avant 1662 d'après l'un des contrats.

Ces informations permettent de dresser la généalogie simplifiée suivante :

---

15 Le Père Rose à des Noyers, 30 janvier 1650, de Varsovie, AMCCh, série R, tome II, fol. 209.

16 La comtesse de Rozoy à des Noyers, 29 juillet 1666, de Paris, AMCCh, série R, tome X. fol. 302 et suiv.

17 Caillet-Denonville à des Noyers, 13 août 1666, de Paris, AMCCh, série R, tome X, fol. 324.

18 Egalement orthographié d'Orgeat et Dorjas par les différents expéditeurs.

19 Madame Chastrier à des Noyers, 13 août 1666, de Paris, AMCCh, série R, tome X, fol. 326 et M. de Brion à des Noyers, 13 août 1666, de Paris, AMCCh série R, tome X, fol. 328.

20 Il est question du don « des matériaux tant de pierre que de bois et autre de quelque nature qu'ils soient (...) qui resteront après que ladite dame princesse Marie en aura choisi et fait emploi de ce que bon lui semblera (...) en considération du bon et agréable service rendu auxdites dames princesses par ledit sieur des Noyers », AN, MC/ET/LXXIII, 363 le 4 novembre 1641 et 364 le 3 mai 1642.

21 AN, MC/ET/LXXIII, 364, le 13 mars 1642.

22 AN, MC/ET/LXXIII, 364, le 13 mars 1642.

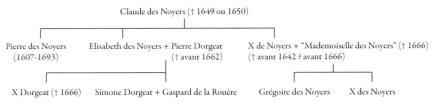

Illustration 35 : Généalogie simplifiée de la famille des Noyers.

Au service de la famille de Gonzague

Aucun document ne nous informe de la manière dont Pierre des Noyers est entré au service de la famille des Gonzague-Nevers. On note que la ratification de Pierre Dorgeat, est « acceptée pour et au nom dudit sieur Dorgeat par Louise Vauquant [?] et Madame la Duchesse de Guise, ayant chargé pouvoir dudit Dorgeat pour passer ledit contrat », ce qui montre un lien entre Pierre Dorgeat et la famille de Guise, dont est également issue Catherine de Lorraine, épouse de Charles de Gonzague et mère de Marie-Louise. Le village de Festigny dont est originaire Pierre des Noyers se situe en Champagne, mais non dans le duché de Rethel, propriété de la famille Gonzague. La proximité géographique n'est cependant pas à exclure.

Pierre des Noyers évoque Michel de Marolles, abbé de Villeloin, comme son « bon ami de l'année 1625 »[23] en apprenant sa mort en avril 1681. Marolles, dans ses mémoires, mentionne la composition de la cour de Marie-Louise avant son départ de France, où figure évidemment en bonne place son secrétaire. On trouve encore des étrennes dédiées à Pierre des Noyers « que maître Adam lui fit après la mort de Monsieur du Maine son maître »[24]. Adam Billaut, le « poète-menuisier », selon ses propres termes, Nivernais, est un protégé de Marie de Gonzague. Selon ce témoignage, Pierre des Noyers, avant d'entrer au service de la princesse Marie, a d'abord servi son frère Ferdinand de Mayenne, le plus jeune des fils de Charles de Gonzague. Karolina Targosz en a conclu que Pierre des Noyers a vécu quelques années auprès de Ferdinand, jusqu'à sa mort en 1632 à Casal. Il maîtrisait l'italien, chose commune à l'époque mais qui rend l'hypothèse plausible. Il est entré ensuite au service de Marie de Gonzague. Peu après la mort de la Reine en 1667, le prince de Condé dont le fils avait des dettes à faire valoir en Pologne, consent à ce que Pierre des Noyers touche le legs que la Reine lui a accordé avant tout remboursement. Le secrétaire l'en remercie :

---

23 Des Noyers à Boulliau, 11 avril 1681, de Varsovie, BnF, FF 13021, 120r-121v.

24 A. Billaut, « Etrennes à M. des Noyers, secrétaire de Madame la Princesse Marie, que maître Adam lui fit après la mort de Monsieur du Maine son maître, Epigramme » dans *Les Chevilles de Maître Adam, menuisier de Nevers*, Paris, T. Quinet, 1644, p. 94 : « Pour te faire un présent digne de ton envie/ Il faudrait que le ciel, d'un effet glorieux/Nous fit ressusciter ce Prince, dont la vie/Passa comme un éclair pour faire mal aux yeux ;/Le cruel déplaisir dont ton âme se glace,/Irait dans le cercueil se loger à sa place/ Ton âme en ce rencontre aurait un bien parfait./Cela ne se pouvant, tout ce que tu peux faire, /C'est de te consoler, voyant que la sœur fait,/Pour payer ton mérite, autant qu'eut fait le frère. »

« encore que je l'ai servie 35 ans, je sais qu'un leg est une grace qui ne devrait avoir lieu qu'après les dettes payées »[25], ce qui nous ramène bien en 1632.

Les documents des Archives nationales le présentent comme le « secrétaire aux commandements » et parfois le « trésorier » des princesses Anne et Marie-Louise de Gonzague. Il est aussi connu pour être un passionné d'astrologie. Un des documents les plus anciens dont nous disposons est la *Nativité d'Amarille*[26], un long portrait astrologique de Marie-Louise de Gonzague, sans doute commandé par la princesse qui est elle-même férue de cette science.

Le mariage de la princesse Marie

Son service auprès de Marie de Gonzague ne pouvait se poursuivre après le mariage de la princesse avec le roi de Pologne Ladislas IV qu'avec l'assentiment de Mazarin. Pour la forme, Pierre des Noyers se propose officiellement comme secrétaire dans un courrier du 12 juin 1646[27], plusieurs mois avant la célébration du mariage par procuration à Paris qui a fait l'objet de plusieurs publications et d'études récentes[28]. Par son rang et surtout ses fréquentations, la princesse Marie pouvait devenir un adversaire redoutable pour Mazarin. Gaston d'Orléans aurait dû l'épouser mais Louis XIII et Marie de Médicis s'y étaient opposés et avaient assigné à résidence la princesse au château de Vincennes, puis dans un couvent. De nouveau libre — car il s'agissait bien d'une captivité à peine déguisée — c'est le marquis de Cinq-Mars qui s'éprend d'elle et veut s'élever pour l'épouser, se lançant dans une conspiration contre Richelieu qui lui coûte sa tête. L'implication de Marie de Gonzague n'est jamais ouvertement attestée, mais son influence et son pouvoir de nuisance est clairement établi. Le fait qu'elle rassemble à l'hôtel de Nevers, construit par son père, les Importants et de futurs frondeurs n'arrange pas sa situation. Parmi ses amis, Louis II de Bourbon-Condé, alors duc d'Enghien[29], et le Maréchal de Gramont dont Pierre des Noyers a dressé le thème natal[30]. Souvenir de ce salon, Pierre des Noyers a laissé un recueil de poésies[31], conservé aux archives du Musée Condé à Chantilly.

Lorsque la Reine de Pologne Cécile Renée de Habsbourg meurt en 1644, le cardinal Mazarin voit l'opportunité de régler plusieurs questions d'un seul coup. En 1634

---

25 Des Noyers à Condé, 29 juillet 1667, de Varsovie, AMCCh, série R, tome XII, fol. 201v.

26 P. des Noyers, Nativité d'Amarille, AMCCh, ms 424.

27 Des Noyers à Marie de Gonzague, 12 juin 1646, AMCCh, série R, tome I, fol. 74.

28 Lucien Bély : « Un mariage, un voyage, des témoignages » : *France-Pologne*, 2016, p. 35-49.

29 Henri d'Orléans, duc d'Aumale, *Histoire des princes de Condé*, V, p. 25.

30 P. des Noyers, *Tables d'astrologie*, AMCCh, ms. 425, p. 116 et 117. Le maréchal n'est pas nommé mais identifiable grâce aux accidents mentionnés sous la nativité : de la prison (qui peut désigner une assignation à résidence) en 1630, un voyage (qui inclut les campagnes militaires) en Italie à 23 ans, le titre de Maréchal de France à 36 ans, la perte d'une bataille et une fièvre quarte. La date de naissance mentionnée est le 24 août 1604 à 22h39 ou 21h33. Seul le lieu de naissance est inexact, quoique proche (Bayonne au lieu de Hagetmau).

31 Pierre des Noyers, Ouvrage sans titre mais nommé *Recueil de Vers* par le Duc d'Aumale, AMCCh, ms 538.

déjà, Marie de Gonzague avait été proposée par la cour de France pour épouser le Roi de Pologne. Le choix d'une candidate Habsbourg avait fortement déplu en France, car il scellait une alliance entre l'Autriche et la Pologne et brisait ainsi toute possibilité de former une « barrière orientale » à l'Est des territoires Habsbourg. En 1644, Mazarin ne peut évidemment pas manquer cette chance de redresser la situation. Le premier intérêt est donc diplomatique. Marier Marie de Gonzague permet également de l'envoyer loin, très loin. De France, la Pologne est à l'époque une contrée à demi-sauvage, voire franchement barbare, la dernière étape avant la Perse ou les despotes de la Steppe ou de Russie[32]. Loin de France, Marie ne pourra plus se mêler des affaires de la cour ni attiser l'ambition de ses soupirants. L'intérêt de Mazarin est aussi très concret. Bien que princesse, Marie de Gonzague est très endettée et possède surtout des biens et peu de numéraire pour sa dot. Le cardinal avance une partie de la somme et prépare sur ses propres deniers certains présents destinés au Roi de Pologne. Il ne s'agit pas ici d'un élan de générosité mais d'un savant calcul qui permet d'éviter que le mariage échoue, tout en permettant à Mazarin de mettre la main sur plusieurs duchés qui tomberont dans l'escarcelle de sa famille, ainsi que sur l'Hôtel de Nevers, empêchant par-là Anne de Gonzague, sœur cadette de Marie, d'y perpétuer le salon. Mazarin négocie aussi un chapeau de cardinal pour son frère Michel, au tour de la Pologne.

Le voyage de Louise-Marie[33] en Pologne est l'objet de deux récits. Le premier est de Jean le Laboureur, historiographe de Renée du Bec, Maréchale de Guébriant et ambassadeur extraordinaire de France en Pologne, qui accompagne la princesse de Gonzague. Il est publié avec privilège du roi[34]. Le second est resté à l'état de manus-

---

32 Voir par exemple ce qu'en dit Madame de Motteville dans: Joseph-François Michaud et Jean-Joseph-François Poujoulat éd., *Nouvelle collection des Mémoires pour servir à l'histoire de France,* II-X, Mme de Motteville - le Père Berthod, Paris, Firmin Didot frères, 1838, p. 92 et 93: « [Cette ambassade polonaise] nous représenta cette ancienne magnificence qui passa des Mèdes chez les Perses, dont le luxe nous est si bien dépeint par les anciens auteurs. Quoique les Scythes n'aient jamais été en réputation d'être adonnés à la volupté, leurs descendants qui sont désormais voisins des Turcs, semblent vouloir en quelque façon imiter la majesté et la grandeur du sérail. Il paroit encore en eux quelques vestiges de leur ancienne barbarie ; et néanmoins nos Français, au lieu de se moquer d'eux comme ils en avoient eu le dessein, furent contraints de les louer, et d'avouer franchement, à l'avantage de cette nation, que leur entrée méritoit nos admiration. (...) leur magnificence tient beaucoup du sauvage : ils ne portent point de linge, ils ne couchent point dans des draps comme les autres Européens mais dans des peaux de fourrure où ils s'enveloppent. Ils ont sous leur bonnet fourré la tête rasée, et ne conservent de cheveux qu'un petit toupet sur le haut de la tête, qu'ils laissent pendre par derrière. Pour l'ordinaire, ils sont si gras qu'ils font mal au cœur ; et en tout ce qui touche en leur personne, ils sont malpropres. »

33 Les Polonais ne pouvant souffrir qu'une reine porte le nom de la Sainte Vierge, la princesse Marie-Louise a inversé ses deux prénoms lors de son mariage par procuration. Notons que cette exigence disparaît une génération plus tard avec la reine Marie d'Arquien.

34 Jean Le Laboureur, *Relation du voyage de la Royne de Pologne et du retour de la Madame Maréchale de Guébriant, ambassadrice extraordinaire et surintendante de sa conduite,* Paris, Jean Camysat et Pierre Le Petit, 1647.

SUPPLEMENTA   677

crit incomplet : il s'agit du *Mémoire du Voyage*[35] de Pierre des Noyers qui n'est pas identique au récit de Jean le Laboureur. Ce témoignage s'applique à présenter la Reine en majesté et à mettre en lumière l'ensemble de ses qualités attendues d'une grande Reine. Il décrit l'entrée de la Reine à Dantzig, évoquée (n° 6), le premier contact difficile des Français de la suite de la Reine avec la Pologne et surtout, il ne s'arrête pas à l'arrivée de la Reine à Varsovie. Des Noyers poursuit sa chronique deux années encore et raconte les événements rythmant sa vie : les voyages (n° 10), les querelles de cour, les disputes de savants (n° 10, 12, 13), les diètes ainsi que les questions diplomatiques de la fin du règne de Ladislas IV, tout particulièrement son funeste projet de guerre contre l'Empire ottoman ou encore les relations tendues entre Louise-Marie et Mazarin. Il caresse visiblement le projet de présenter les mœurs des Polonais et des Lituaniens, qu'il découvre au fil des jours. Le manuscrit se termine quelques semaines avant le soulèvement de Chmielnicki et la mort de Ladislas IV, et si la dernière phrase laisse entendre qu'il poursuit son projet, aucune suite n'est connue, si tant est qu'elle ait été un jour rédigée. Ce rôle de chroniqueur, qu'il ne revendique à aucun moment (il est l'un des informateurs de la *Gazette*), imprègne la correspondance de Pierre des Noyers : toutes ses lettres, y compris les plus courtes, relatent des événements susceptibles d'intéresser ses correspondants ou un public plus large.

Le rôle politique de Pierre des Noyers

L'assiduité de Pierre des Noyers, sa connaissance de la politique, tant polonaise qu'européenne et son engagement sans faille auprès de la Reine Louise-Marie en font un agent idéal. Le secrétaire n'a jamais, du vivant de la Reine, reçu le moindre titre officiel à la cour : « secrétaire aux commandements » de la Reine ne correspond à aucun office reconnu en Pologne. Il n'en est pas moins le conseiller personnel et l'exécutant de la Reine (n° 17) et joue dès son arrivée un rôle politique important en Pologne, limité d'abord à la sphère d'influence de la Reine : il s'occupe de la correspondance de la souveraine, qui s'ajoute à la sienne déjà pléthorique, la conseille régulièrement et s'occupe également des questions d'argent. Lorsque, très vite, les ambitions de la Reine dépassent le cadre de sa propre cour, Pierre des Noyers est son principal relais par le biais de sa correspondance. Ses lettres écrites du temps du Déluge suédois en sont l'illustration.

Il est, en effet, surtout connu pour ses lettres, publiées en 1859 sous le titre de *Lettres de Pierre des Noyers pour servir à l'Histoire de la Pologne et de la Suède*, soit quelque 200 lettres écrites à son savant ami Ismaël Boulliau pendant la guerre contre la Suède entre 1655 et 1659, dite « Déluge suédois » (*LPDN*). Elles présentent la version polonaise des faits et le point de vue de la cour. L'objectif de Pierre des Noyers

---

35 Pierre des Noyers, « Mémoire du Voyage de Madame Louise-Marie de Gonzague de Clèves, pour aller prendre possession de la Couronne de Pologne, et quelques remarques des choses qui luy sont arrivées dans le pays », AMAE, Mémoire et documents, Pologne (1660-1735), ms 1, fol. 296-387 ; copie de 1821, Bibliothèque Czartoryski (Cracovie), ms. 1970 IV.

n'y est pas seulement de raconter, mais de convaincre. Il réalise, avec une maîtrise certaine, une grande opération de contre-propagande en France, via Boulliau, consistant à discréditer la Suède et à faire de la Pologne-Lituanie la victime de la cruauté et surtout de l'ambition du Roi de Suède. Il suggère même que l'équilibre recherché par la France avec en premier lieu la Suède, alliée de longue date mais ambitieuse, et la Pologne, avec laquelle un rapprochement est en cours, serait nettement plus durable en inversant les équilibres en raison du pacifisme de la noblesse polonaise[36]. En France, Ismaël Boulliau est chargé de lire ces lettres et d'en communiquer les plus intéressantes à la *Gazette de France*, voire peut-être à quelques amis bien placés, pour en accroître l'écho.

Dès les premières années du Déluge, la Reine a pris note des dispositions de la noblesse polonaise qui, d'habitude très raide sur tout ce qui concerne ses privilèges et notamment la liberté d'élire son Roi, se montre en ces temps de crise plus pragmatique et prête à monnayer la couronne en échange d'un vigoureux secours en armes contre la Suède[37]. Trois candidatures ont été envisagées : russe, autrichienne et transylvaine. En 1658, des Noyers écrit à Boulliau que la Reine dispose de suffisamment d'appuis et de créatures pour porter une candidature française au trône de Pologne[38]. Un projet qui ne séduit absolument pas la France sur le moment, mais qui devient capital dans la décennie qui suit.

La candidature d'un prince de sang français au trône de Pologne

Présenter un candidat lors d'une élection royale n'a en théorie rien de très difficile. Le candidat se déclare, les souverains étrangers le soutiennent ou ruinent sa campagne, la noblesse vote. Faire en sorte que ce candidat ait la moindre chance de l'emporter est nettement plus compliqué, comme le prouvent les efforts déployés par la France pour l'élection d'Henri de Valois. Il faut compter d'abord sur l'absence de candidat « naturel » : malgré le système électif, la noblesse de Pologne apprécie une certaine continuité dynastique remontant aux Jagellon. Henri de Valois devait épouser Anna Jagellon, sœur de Sigismond II Auguste, dernier Jagellon. Etienne Bathory le fit. Sigismond III Vasa est un descendant direct de Sigismond Ier, père de Sigismond II Auguste. Ladislas IV et Jean Casimir sont les enfants de Sigismond III. Il faut ensuite veiller à ne pas donner de motifs d'exclusion aux opposants à cette candidature. La loi polonaise est assez stricte au regard des relations entre la noblesse et l'étranger : un ministre ou un magnat qui entretient une correspondance suivie avec un souverain étranger est immédiatement soupçonné de collusion et, si elle est prouvée ou suffisamment crédible, il peut être condamné pour haute trahison avec

---

36 Du même au même, 18 février 1667, de Varsovie, AMCCh, série R, tome XI, fol. 229.

37 La couronne est ainsi ouvertement négociée avec le Tsarat de Russie, la Transylvanie et le Saint-Empire, en échange de troupes ou d'une alliance contre la Suède.

38 Des Noyers à Boulliau, 11 août 1658, de Varsovie.

comme peine la mort ou l'exil et la confiscation de ses biens[39]. Si un lien est prouvé entre ce ministre et un candidat à l'élection, le candidat peut être exclu, disqualifié par la Diète d'élection. Il suffit d'un consensus de la noblesse pour que l'exclusion soit votée, elle n'a pas à être motivée. Une dernière particularité de l'élection en Pologne est que celle-ci se fait après la mort du souverain précédent, ce qui cause de longs mois d'interrègne. Plusieurs Rois et Reines ont essayé de faire voter un principe d'élection *Vivente Rege*[40], du vivant du roi régnant, pour supprimer ces interrègnes particulièrement néfastes en temps de guerre, mais tous se sont heurtés à un principe simple : l'élection du roi par la noblesse de Pologne doit être libre or, dans une élection *Vivente Rege*, le couple royal peut user de son influence et ouvertement favoriser un candidat. Aussi la promotion d'un candidat est-elle une entreprise très complexe, ce qui n'empêcha pas Louise-Marie de proposer un candidat français élu du vivant de Jean Casimir ou, à tout le moins, de son vivant à elle.

Les lettres de Pierre des Noyers conservées à Chantilly nous éclairent sur cette « affaire de l'élection », les problèmes rencontrés et l'imagination débordante de la Reine de Pologne pour parvenir à ses fins. Pendant le Déluge, les candidatures étrangères, proposées et discutées alors que Jean Casimir était certes en exil, mais vivant, étaient assorties d'avantages assez substantiels et favorisées par le contexte de la guerre contre la Suède, achevée en 1660. L'angle d'attaque choisi par Louise-Marie et Jean Casimir diffère quelque peu : ils veulent à tout prix éviter un interrègne similaire à celui de 1648 où l'élection se déroule en pleine révolte cosaque et où le tiers sud du pays est consumé par la guerre. Cet argument cependant est battu en brèche par une partie des nobles polonais eux-mêmes : dès avril 1659, Pierre des Noyers écrit en France que Louise-Marie est considérée comme capable de régner le temps d'organiser une nouvelle élection si Jean Casimir venait à mourir avant elle[41]. C'est une conséquence directe de son implication et de son dynamisme pendant le Déluge, reconnu même par ses opposants et qui rendent paradoxalement ses projets plus difficiles à faire accepter.

Il reste à choisir le candidat. La correspondance du secrétaire nous permet de suivre une partie des discussions qui ont eu lieu entre Paris, Fontainebleau, Chantilly et Varsovie, de voir le projet prendre progressivement forme et évoluer au fil des années, et la Reine s'atteler à sa réalisation en dépit des nombreux obstacles qui ont finalement eu raison de sa détermination. Dès 1660, un candidat de la famille Condé est pressenti, Henri Jules, duc d'Enghien, fils du Grand Condé. Louise-Marie cherche d'abord à rendre cette candidature attractive aux Polonais et comme « naturelle ». Pierre des Noyers est ainsi chargé de préparer l'adoption par Louise-Marie de sa nièce Anne-Henriette, fille d'Anne de Gonzague, princesse palatine, qui ne peut se faire sans l'accord du Sénat polonais. La continuité dynastique établie entre Louise-Marie et Anne-Henriette, c'est le mariage de cette dernière avec le duc d'En-

---

39 Jan Andrzej Morsztyn, grand trésorier de la Pologne, subit ce sort en 1683 en raison de ses liens avec la France. Il s'y réfugie et y reçoit le titre de comte de Châteauvillain.

40 Le seul succès d'une élection *Vivente Rege* est celle de Sigismond II Auguste, suite aux manœuvres fort habiles de ses parents Sigismond Ier et Bona Sforza.

41 Des Noyers à Boulliau, 28 mai 1659, de Varsovie, lettre CCX, *LPDN*, p. 518.

ghien qui doit être accepté. Les archives de Chantilly ont conservé les lettres de Pierre des Noyers à la princesse Palatine et à son entourage qui concernent tant l'adoption que le mariage. La princesse est à l'époque empêtrée dans un procès contre son neveu qui s'est approprié plusieurs terres de la famille à la suite du départ de Louise-Marie en Pologne, ce qui fournit un motif pour entretenir une correspondance régulière et chiffrée avec sa sœur. Pierre des Noyers s'attarde longuement sur la procédure à suivre pour accroître les chances de voir la Diète accepter tant le mariage que l'adoption, il joue le rôle d'un véritable conseiller, d'expert même, sur les affaires de Pologne[42]. Il est dans l'intérêt de la reine d'avancer l'argument héréditaire. Dans le système polonais, les souveraines disposent en effet de plus de marges de manœuvre et d'influence que dans les monarchies strictement électives ou limitées. Il n'est donc pas surprenant de voir Louise-Marie jouer cette carte.

En parallèle, un véritable réseau de coopération se met en place entre Chantilly et Varsovie. C'est cependant avec Pierre Caillet, dit Caillet-Denonville, que la coopération débute vraiment. Le prince de Condé emploie quasiment toute la famille — huit personnes — à différents postes au sein de la cour (n° 132, 135), Pierre est un de ses secrétaires[43]. Caillet-Denonville est chargé des affaires de Pologne et du contact avec Pierre des Noyers. Il prépare le terrain pour la candidature du duc d'Enghien. Le prince de Condé ne prend officiellement la plume qu'au mois d'octobre 1660, plusieurs mois après les premiers échanges entre Caillet et des Noyers. Il écrit à celui-ci une première lettre, qui a tout d'un premier contact[44], accompagnée d'un autre courrier, sans doute chiffré et assurément privé : « M. le prince[45] croy qu'il est à propos de prendre garde que dans les lettres qu'on luy écrira à l'advenir, il n'y ayt rien qui

42 « Il nous faut icy Madame la Princesse V[o]tre Fille pour faire reussir cette élection d'un p[rince] francois, et il faut l'avoir icy devant qu'on en face seulement l'ouverture à la Noblesse dans les petites diettes des Provinces, parce quelle doit estre le medium pour y arriver par la reconnoissance que la Reyne lui veut procurer d'heritiere et de Reyne future de ce Royaume, afin qu'aussy tost on mette sur le tapis le chois d'un Mary pour elle. La plus grande partie des grands seign[eur]s déjà gagnés par l'adresse de la Reyne sont déjà d'accord de M. le duc d'Anghien, mais le peuple, c'est-à-dire la Noblesse qui est une Multitude infinie dont chacun a voix active et passive en cette action, n'en sait encore rien, et il les faut gagner par adresse et pied à pied, et c'est pour cela que la présence icy de Mad[ame] la P[rincesse] Anne est absolument nécessaire, et encore pour la seureté de son futur mariage. Il ne faut pas penser qu'elle puisse estre mariée en France devant que de venir icy, puisque ce seroit aigrir ces gens-cy qui croyant qu'on voudroit faire sans eux une chose qui en depend, se cabreroient, et la rendroient peut-estre impossible. Enfin, ils veulent eux-mêmes donner une femme à leur Roy, c'est la loy du païs qu'il ne faut pas penser de changer devant que d'y estre, et ils veulent encore choisir ce Roy, et c'est pour cela qu'il faut qu'elle soit premièrement icy afin par son moyen que le reste devienne plus facile. Et c'est pour cela encore qu'on a tant recommandé le secret. », Des Noyers à la Princesse Palatine à Fantoni, 12 septembre 1660, AMCCh, série R, tome V, fol. 51-51v.

43 Un autre Caillet dit « de Chanlot » s'occupe des affaires financières, par exemple.

44 Il écrit en effet « Je m'adresse à vous pour cela croyant que c'est une chose qui est de votre office », Condé à des Noyers, 1er octobre 1660, de Paris, AMCCh, série R, tome V, fol. 64.

45 Le sommaire du tome dont est tiré cette lettre marque le prince de Condé comme auteur. Cet usage de la troisième personne laisse penser que si le prince a dicté les premières lignes, un de ses secrétaires a ajouté cette remarque.

SUPPLEMENTA

marque aucune Inteligence precedante, ou sy l'on est quelque fois obligé d'en faire mention, il faut que ce soit par la Voye Secrète »[46].

Une voie secrète est ainsi établie pour les courriers confidentiels. Le 30 novembre, Louis XIV délivre officiellement la famille Condé des obligations du traité des Pyrénées, qui stipulaient l'interdiction de correspondre avec des princes étrangers, dont visiblement on a fait peu de cas à Paris.

À la Diète de 1661, la Reine parvient à rassembler derrière son projet d'élection *Vivente Rege* une large majorité de sénateurs. Jean Casimir lui-même met tout son poids dans la balance. Il adresse à la Diète un discours, qualifié a posteriori de prophétique :

> L'on doit craindre qu'en l'absence d'une telle élection[47], la République deviendra la proie des nations voisines. La Russie en appellera aux peuples de même langue et se réservera la Lituanie. Les frontières de la Grande Pologne sont ouvertes pour le Brandebourg et l'on peut supposer qu'il voudra obtenir l'ensemble de la Prusse, et avec la maison de Habsbourg lorgnant sur Cracovie, elle ne manquera pas une bonne opportunité de démembrer l'Etat et ne se privera pas d'une partition[48].

L'opposition ouverte de deux sénateurs — le très conservateur Andrzej Maksimilian Fredro, palatin de Léopol et l'évêque de Chełmno Florian Czartoryski[49] — met fin à ce dessein. Les institutions polonaises exigent au nom de la liberté de chaque noble que les lois soient votées selon un consensus, en d'autres termes, il ne doit pas y avoir d'opposition jugée crédible, soit par son nombre, soit par ses arguments. Dans la deuxième moitié du XVIIᵉ siècle, cela se traduit de plus en plus par la nécessité d'une unanimité des voix particulièrement néfaste. Via le *Liberum Veto*, un noble peut interrompre tout le processus législatif tant qu'il n'est pas satisfait des lois qui sont votées. En 1662, la Diète, de nouveau rassemblée, va plus loin : l'opposition est cette fois menée par un ministre, le grand maréchal de Pologne Jerzy Sebastian Lubomirski, puissant magnat qui obtient le renouvellement du principe de l'élection après la mort du Roi. C'en est fini des tentatives légales de faire élire le duc d'Enghien sur le trône de Pologne. La coopération entre les cours de France, de Condé, et de Louise-Marie ne fait en revanche que commencer. La Reine de Pologne est en effet déterminée à poursuivre son projet, au risque d'une guerre civile.

---

46 Du même au même, 1ᵉʳ octobre 1660, de Paris, AMCCh, série R, tome V, fol. 63.

47 Vivente Rege.

48 Cité dans J. Jędruk, *Constitutions, Elections, and Legislatures of Poland, 1493-1993 : A Guide to Their History*, EJJ Books, 1998, p. 121. Traduction personnelle depuis l'anglais. Les discours sur la partition future de la Pologne par ses voisins sont nombreux, mais celui de Jean II Casimir se rapproche sans doute le plus de ce qu'il advient de la Pologne-Lituanie à la fin du XVIIIᵉ siècle.

49 R. Frost : « The Ethiopian and the Elephant ? Queen Louise-Marie Gonzaga and queenship in an Elective monarchy, 1645-1667 » : *Slavonic and East European Review*, 91- 4, (2013), p. 801.

Cabale et guerre civile

L'affaire de l'élection va prendre la tournure d'une « cabale », un mot que des Noyers emploie souvent et qui montre à quel point la Reine s'éloigne des processus légaux pour parvenir à ses fins. Caillet-Denonville parle quant à lui des « voies qui sont nécessaires »[50]. La première est la dissimulation : feindre d'abandonner le projet pour le mieux préparer à l'abri des regards. La confédération de l'armée polonaise[51] est la première cible qui, sans être au départ sur la même ligne que Lubomirski, a tout de même soutenu l'opposition du grand maréchal en 1662. Isoler les confédérés affaiblirait la position de Lubomirski lors d'une prochaine Diète et ne nécessite pas de travailler ouvertement pour l'élection. La deuxième est la force : écraser l'opposition par les armes, ou l'en menacer. Dans cette optique, Louise-Marie, toujours par le biais de des Noyers, cherche à s'assurer du soutien de la France sous la forme d'un secours militaire, opportunément commandé par le prince de Condé ou son fils, mais dont les modalités exactes restent floues pendant plusieurs mois en raison de longues hésitations françaises. Les menaces et quelques actions vigoureuses des troupes loyalistes poussent les confédérés à la table des négociations. En 1663, la confédération prend fin et les soldats acceptent de lancer une grande offensive contre la Russie. Jean Casimir espère une belle victoire et une paix avantageuse qui lui donnera, outre le prestige et la paix, l'occasion de licencier des troupes et donc de purger l'armée des éléments les moins sûrs[52].

Le prince de Condé peut suivre de France l'ensemble des tractations et des événements par le biais de Pierre des Noyers qui écrit chaque semaine un compte rendu de la situation. C'est aussi par son intermédiaire qu'ont lieu les discussions, car si l'ambassadeur de France Antoine de Lumbres est bien évidemment au courant des affaires et du projet d'élection, il n'en reste pas moins contraint par sa fonction à une grande discrétion et doit surtout agir conformément aux instructions du Roi. Or, au moins jusqu'au retour de Caillet en France à la fin de l'année 1662, cette affaire n'implique pas officiellement la France, même si Louis XIV suit les choses de très près. À son retour, Caillet obtient une audience, puis collabore avec Colbert, le Tellier, le duc d'Enghien et de Lionne sur cette question[53]. Ce dernier l'incite d'ailleurs à apporter et à lire directement au Roi de France les courriers de Pologne, donc de Pierre des Noyers, dont les rapports viennent désormais compléter ceux d'Antoine de Lumbres. La correspondance entre Caillet, rentré en France, et des Noyers permet

---

50 Caillet-Denonville à des Noyers, 14 septembre 1662, de Varsovie, AMCCh, série R, tome V, fol. 356.

51 La Pologne est alors encore en guerre contre la Russie et une partie de l'armée s'est confédérée, c'est-à-dire qu'elle n'obéit plus au Roi, à cause des arriérés de solde atteignant plusieurs années. La principale revendication est le paiement de la solde, arriérés inclus, ainsi qu'une amnistie pour ceux qui ont eu recours à la rapine pour survivre.

52 Des Noyers à de Lumbres, 11 mai 1663, AMCCh, série R, tome VI, fol. 149 et des Noyers à Caillet-Denonville 20 juillet 1663, de Léopol, AMCCh, série R, tome VI, fol. 162.

53 Caillet-Denonville à des Noyers, 17 novembre 1662, de Chantilly, AMCCh, série R, tome V, fol. 405 ainsi que, du même au même, 24 novembre 1662, de Paris, AMCCh, série R, tome V, fol. 407.

de combler une lacune majeure constatée par les deux hommes, à savoir le manque criant d'informations dignes de foi sur la Pologne à la cour de France. Grâce à cette collaboration, l'implication française prend une tout autre forme. Pierre des Noyers devient une nouvelle voie de communication confidentielle, cette fois entre la cour de France et la Reine de Pologne. Lorsque Caillet retourne en mission en Pologne en 1663, le contact entre Pierre des Noyers et le prince de Condé est direct. Pierre des Noyers lui-même est envoyé en France entre 1663 et 1664 pour négocier en personne auprès de Louis XIV des pensions à verser aux partisans de la Reine de Pologne.

Ouvertement soutenus par la France, Jean Casimir et Louise-Marie concentrent leurs efforts sur Lubomirski et obtiennent sa condamnation par le tribunal de la Diète en décembre 1664 pour haute trahison. Pour mener à bien l'affaire de l'élection, un nouvel ambassadeur, Pierre de Bonsi, est nommé par le Roi. Signe de la confiance accordée à Pierre des Noyers, il est informé de ce changement par Condé deux semaines avant Antoine de Lumbres. Très énergique, Bonsi reçoit des instructions très précises quant à l'affaire de l'élection[54]. La condamnation de Lubomirski, qui apparaît comme une victoire et permet de justifier que les affaires avancent auprès de la France, s'avère n'être qu'un coup d'épée dans l'eau qui cause plus de mal que de bien. Le Roi a en effet obtenu ce qu'il souhaitait, mais en s'entourant d'une partie de l'armée juste rentrée d'une campagne contre la Russie et privée de ses éléments les plus dissidents. La peine en elle-même n'a rien d'illégal mais la méthode employée n'est pas des plus honnête. Le contexte ne joue pas non plus en faveur de l'apaisement, puisque le grand maréchal déchu est le principal opposant politique au Roi. Sa condamnation peut paraître strictement politique. Or, la dissidence n'est pas un crime en Pologne. Enfin, la Diète qui suit cette condamnation est fortement perturbée par plusieurs diétines, des assemblées locales tenues avant et après les diètes, qui demandent le rétablissement du grand maréchal, preuve de son influence[55]. Des Noyers rappelle qu'il conserve un grand crédit en Ruthénie et, dès janvier 1665, ne voit plus d'autre issue qu'un conflit armé[56]. Dans ce contexte, inutile de rassembler une Diète pour discuter de la moindre réforme : elle serait forcément rompue. Lubomirski s'est réfugié en Silésie avant que sa condamnation ne soit prononcée, or les rumeurs se multiplient à propos du licenciement de troupes impériales en cette même Silésie, ce qui permet à Lubomirski de les lever. L'ambassadeur autrichien en Pologne, le comte Kinsky, propose une médiation qui consiste à annuler purement et simplement cette condamnation sans contrepartie pour les souverains[57]. C'est évidemment inacceptable.

---

54 L. Farges, *Recueil des instructions données aux ambassadeurs et ministres de France : depuis les traités de Westphalie jusqu'à la Révolution française. Pologne*, I, Paris, Felix Alcan, 1888, p. 53-84. Selon toute vraisemblance, le remplacement d'Antoine de Lumbres n'est pas dû à un manque de compétence ou à de mauvais états de service, mais bien à un revirement complet de la politique française vis-à-vis de la Pologne.

55 Des Noyers à Condé, 27 février 1665, de Varsovie, AMCCh, série R, tome VIII, fol. 147.

56 Du même au même, 30 janvier 1665, de Varsovie, AMCCh série R, tome VIII, fol. 77.

57 Du même au même, 6 mars 1665, de Varsovie, AMCCh, série R, tome VIII, fol. 179. Les citations suivantes sont tirées de cette lettre.

Les courriers de Pierre des Noyers révèlent l'inquiétude du parti de la Reine. Avec le risque désormais très réel d'une guerre civile, la cour fait de nouveau appel à la France. Par le biais de des Noyers, la Reine mentionne tout à la fois l'effectif idéal du secours et les voies par lesquelles il passerait pour atteindre la Pologne. Cependant, les courriers suivants montrent que la Reine hésite encore et tergiverse : elle demande au Roi de France de s'assurer que les 4 000 hommes du secours sont prêts à embarquer[58], tout en refusant leur venue immédiate au grand dam de Condé[59]. Louise-Marie souhaite que Lubomirski soit le premier à faire appel aux étrangers, justifiant pleinement la venue de troupes de France[60] avec l'apparence d'un nécessaire secours, et non d'une force d'occupation[61]. L'envoi de ces troupes, bien que retardé par les nécessités politiques, est considéré à la cour comme le meilleur moyen de faire venir le prince de Condé. Il en prendrait le commandement et serait opportunément sur place pour soutenir la candidature de son fils, ou la sienne. En attendant, à défaut de troupes, la Reine souhaite un secours en argent au plus vite : il faut des fonds pour convaincre la noblesse, lever des troupes et détacher des nobles de Lubomirski. Cet argent est d'autant plus nécessaire qu'une partie du trésor a servi au paiement des confédérés deux ans plus tôt. Signe de la crise, le Roi de Pologne est contraint d'émettre « une espèce de fausse monnaie qui a cours dans le pays »[62] pour dégager quelques liquidités.

En parallèle, Lubomirski, en théorie infâme et donc soumis à la peine de mort s'il est capturé sur le territoire de la République, quitte la Silésie pour Łańcut[63] où il tente de rejoindre les troupes de ses soutiens. C'est tout le problème de sa condamnation prononcée en 1664 : elle ne peut avoir de réel effet que si la noblesse y consent. Héberger un noble infâme sur ses terres est un délit[64], mais refuser de le capturer et de le remettre le Roi s'il passe sur ses terres n'en est pas un. Le grand maréchal déchu n'est ainsi pas le premier noble à défier sa condamnation à l'exil[65]. Pour que la peine soit exécutée, il faut disposer des moyens coercitifs, or Lubomirski est défendu par un vaste réseau de partisans.

L'impossibilité pour le secours militaire français de parvenir rapidement en Pologne-Lituanie[66] donne le temps à Lubomirski de préparer ses troupes et de sortir victorieux du seul véritable affrontement de cette guerre civile, la bataille de Mątwy en juillet 1666. Il s'ensuit des négociations débouchant sur les accords de Łęgonice, où le Roi abandonne officiellement son projet d'élection *Vivente Rege* et réitère son at-

---

58 Du même au même, 5 juin 1665, de Varsovie, AMCCh, série R, tome IX, fol. 7.

59 Condé à des Noyers, 26 juin 1665, de Paris, AMCCh, série R, tome IX, fol. 59.

60 Des Noyers à Condé, 12 juin 1665, de Varsovie, AMCCh, série R, tome IX, fol. 19.

61 Du même au même, 5 juin 1665, de Varsovie, AMCCh, série R, tome IX, fol. 7.

62 Du même au même, 20 juin 1665, de Varsovie, AMCCh, série R, tome IX, fol. 43.

63 Du même au même, 5 juin 1665, de Varsovie, AMCCh, série R, tome IX, fol. 7.

64 S. Salmonowicz : « Le pouvoir absolu du noble polonais en son manoir », *Noblesse Française et Noblesse Polonaise, Mémoire, identité, culture, XVIᵉ-XXᵉ siècles*, Pessac, MSH Aquitaine, 2006, p. 156.

65 Par exemple, au XVIᵉ siècle Stanislas Krasicki réside dix ans après sa condamnation sur les terres de Dolina dont il est le staroste théoriquement déchu. A. Jobert, *Histoire de la Pologne*, Paris, PUF, 1965, p. 280.

66 Il fallait pour cela traverser des territoires d'Empire, du Brandebourg ou de la Suède.

SUPPLEMENTA

tachement aux constitutions votées en 1662 sur le sujet. Le choix des armes, la « voie nécessaire », a échoué. L'obstination de la Reine n'est toutefois pas sans fondement. Son zèle est fonction du secours promis par la France qui reste toujours floue dans ses propositions et ses conditions. Condé rappelle en effet à Pierre des Noyers que, juste avant la condamnation du grand maréchal : « Vous avez été sur les lieux[67] et vous sçavez aussy bien que moi la difficulté qu'il y a à y[68] réussir. Ce n'est pas qu'à coup prest qu'on ne le fasse, mais il faut que la Reyne elle-même et M[onsieu]r de Lumbres écrivent, et que l'on fasse voir quelque apparance d'y réussir, après cela je ferai mon devoir et j'espère en venir à bout »[69].

Ainsi, la citation de Lubomirski au tribunal est aussi bien un coup joué par le Roi de Pologne sur l'échiquier politique qu'un moyen pour la Reine de feindre une situation favorable à ses intérêts et à la France. Les torts sont largement partagés entre la France et Varsovie.

Le projet d'élection *Vivente Rege* est donc enterré une deuxième fois. La voie politique a échoué entre 1661 et 1662, la voie militaire a été éliminée sur le champ de bataille en 1666. Ni Jean Casimir, ni Louise-Marie, ni leurs soutiens ne semblent pourtant prêts à abandonner la partie. Leurs opposants, victorieux, ne sont pas en reste et ne baissent pas la garde. La situation se débloque avec la mort de Lubomirski en décembre 1666, suivie de près par celle de Louise-Marie en mai 1667. La logique voudrait que la disparition des deux gladiateurs les plus acharnés apaise les tensions et mette fin au combat pour l'élection *Vivente Rege*, qui est avant tout un projet de la Reine. C'est tout le contraire qui se produit, car si Louise-Marie a échoué dans son principal objectif politique, elle a néanmoins créé un véritable parti à même de poursuivre son œuvre après sa mort. Pierre des Noyers y occupe une place étonnamment importante.

Pierre des Noyers, acteur direct de l'affaire de l'élection

Pierre des Noyers a perdu sa protectrice et son employeur. Il possède certes l'Indigénat polonais depuis 1656[70] qui lui donne le statut de noble, mais il n'a pas de domaine en son nom propre. Il ne possède ni titre, ni poste officiel et le fait d'avoir été secrétaire de la Reine ne lui donne droit à aucun privilège particulier. De même, être au cœur du système qu'il a lui-même bâti dans l'ombre de la Reine ne lui permet pas de prétendre à quoi que ce soit. Pierre des Noyers le comprend d'ailleurs très bien à en croire la teneur du premier courrier qu'il envoie au lendemain de la mort de la Reine :

« Monsieur l'Ambassadeur écrira désormais toutes les choses d'Importances, et je m'adresseré à lui quand j'en apprendré. Il agit avec tant de zele, de prudance et de soin qu'il ne laisse rien à désirer de luy[71]. »

---

67 En France. Des Noyers s'y est rendu de 1663 à 1664.
68 Il s'agit ici d'obtenir de l'argent pour la Reine de Pologne.
69 Condé à des Noyers, 17 octobre 1664, de Versailles, AMCCh, série R, tome VI, fol. 336.
70 Des Noyers à Boulliau, de Varsovie, 1er septembre 1658, *LPDN*, p. 435-436.
71 Des Noyers à Condé, 11 mai 1667, de Varsovie, AMCCh, série R, tome XI, fol. 286.

Ce courrier accompagne à l'évidence une autre lettre annonçant officiellement au prince la mort de Louise-Marie ainsi que le testament de la Reine, destiné à Hugues de Lionne. Par ces quelques lignes, il remet très officiellement l'affaire de l'élection entre les mains du seul ambassadeur, témoignant au passage du rôle qu'il a joué les années précédentes. Selon toute vraisemblance, Pierre des Noyers envisage son retrait des affaires après de longues années au service de la famille de Gonzague, puis de la Reine de Pologne. La réponse de Condé à ce courrier le sort pourtant de cette retraite à peine envisagée. Le Prince écrit de sa main à des Noyers pour lui demander de l'aider dans l'exécution du testament de la Reine, une affaire fort compliquée en raison des différences notables de pratiques et d'interprétations entre les deux pays.

Pierre des Noyers n'est pas exécuteur testamentaire[72]. La coutume polonaise veut en effet que ce rôle échoie au Roi, s'il est encore en vie, ainsi qu'à plusieurs ministres, généralement les chanceliers. Le secrétaire doit seulement veiller à l'exécution d'une clause particulière, mais il figure néanmoins en bonne place. Outre de l'argent qui lui est dû et dont la somme dépasse de loin celles versées aux autres membres de la cour de la Reine, il reçoit également le revenu de la starostie de Tuchola, une terre en Prusse royale, tirant un revenu assez important du commerce du blé, susceptible de doubler sa pension qui atteint alors la jolie somme toute théorique de 40 000 livres. La raison pour laquelle Condé sollicite son aide est tout autre : à sa mort, la Reine doit 300 000 livres au duc d'Enghien son fils[73], somme qui doit être rassemblée en Pologne et expédiée en France. Le principal problème est que la fortune de la Reine et les biens qui peuvent être soldés et vendus ne suffisent pas à compenser cette somme, et encore moins les autres dettes qu'elle a contractées et les frais des obsèques. Il s'ensuit de longs efforts du secrétaire pour rassembler ces 300 000 francs en bonne monnaie[74], trouver des solutions alternatives pour obtenir une partie de cette somme tout en se battant pour inventorier les biens que la Reine souhaitait léguer à ses nièces, avant qu'ils ne soient vendus pour payer certaines dettes. Condé et Enghien envoient en Pologne Dominique de Chauveau, pour rapatrier meubles et bijoux. Des Noyers luimême connaît des difficultés avec sa starostie qui le pousse finalement à la vendre à Jan Andrzej Morsztyn plutôt qu'à batailler devant un tribunal. On lui doit également de l'argent. À croire ce qu'il écrit à ses amis en France, ce sont ces raisons qui le retiennent en Pologne. Dans les courriers adressés à Condé, au contraire, il semble surtout retenu par l'affaire de l'élection, qui a pris un tout autre visage. La disparition de Louise-Marie n'a pas mis fin aux appétits de Condé du fait du parti qu'elle a construit : ses partisans se rassemblent pour défendre l'élection du Prince.

---

72 Testament de la Reine Louise-Marie, 10 mars 1667, AMCCh, série R, tome 16, fol. 65-66.

73 Ils correspondent au coût du mariage d'Henri-Jules de Bourbon Condé avec Anne-Henriette de Gonzague, nièce et fille adoptive de Louise-Marie.

74 Plusieurs monnaies circulent en Pologne, dont les chelons qui sont des pièces de cuivre à très faible valeur. Rassembler de l'argent dans cette monnaie peut faire perdre une somme considérable une fois stockée et convertie car rares sont les marchands qui acceptent de la changer. À titre d'exemple, la somme due au duc d'Enghien représente plusieurs tonnes de pièces si elle devait être réglée en chelons.

Pierre des Noyers s'accroche au projet de la défunte souveraine : l'abdication doit se faire, suivie de l'élection du Prince de Condé. Il soutient ainsi l'ambassadeur de France M. de Béziers, tant que celui-ci œuvre pour la candidature du Prince, en proposant ce qu'il fait de mieux : informer. Lorsque le chevalier de Grémonville, ambassadeur français à Vienne, envoie des informations à M. de Béziers, Pierre des Noyers en est aussitôt informé. Enfin, il est toujours l'informateur de Condé et c'est par son intermédiaire que l'ambassadeur de France répond aux sollicitations et compliments du Prince[75]. Il est plus surprenant de voir le secrétaire, de sa propre initiative, envoyer des instructions à Jan Andrzej Morsztyn[76] qui n'est à l'époque pas encore grand trésorier[77] mais seulement Grand Référendaire, ce qui n'en fait pas moins un officier de la couronne, alors que des Noyers n'est théoriquement personne. Le secrétaire offre par ailleurs à Jean Casimir, la possibilité de rencontrer l'ambassadeur de France quand il le souhaite et en toute discrétion : « Il y a une porte de mon logis, au Jardin du Palais, par laquelle M. l'Ambassadeur le verra sans audience. »[78]. C'est la seule mention d'une rencontre secrète entre le Roi et M. de Béziers chez des Noyers, mais rien n'indique qu'elle ait été la seule. Il reste ainsi le nécessaire intermédiaire entre le Roi et l'ambassadeur, qui ne peut être reçu tous les jours par le souverain sans provoquer jalousies ou soupçons[79].

La mort de la Reine offre une nouvelle opportunité au Prince de Condé de venir en Pologne, beaucoup moins difficile à faire accepter par la noblesse : les funérailles. Ce voyage est aisé à justifier : le Prince de Condé fut un familier de la Reine, les familles Gonzague et Condé sont liées, notamment par le mariage d'Anne Henriette de Gonzague et du duc d'Enghien. Venir offre l'avantage inestimable d'être sur place et de négocier directement avec les nobles polonais pour se faire mieux connaître[80]. Cela permet par ailleurs au Prince de résoudre les difficultés liées à l'exécution du testament de la Reine[81]. Les funérailles sont ainsi repoussées de plusieurs semaines et, d'ailleurs, la propagande de l'opposition, loin d'être dupe, se déchaîne désormais contre le Prince[82]. Tout s'écroule à l'été 1667 à cause d'un revirement de la diplomatie française qui ouvre un nouvel épisode dans l'affaire de l'élection : la France retire son soutien au Prince de Condé.

---

75 Du même au même, 13 mai 1667, de Varsovie, AMCCh, série R, tome XII, fol. 18v.

76 Des Noyers à Condé, 20 mai 1667, de Varsovie, AMCCh, série R, tome XII, fol. 24.

77 On lui a cependant déjà promis cet office.

78 Du même au même, 20 mai 1667, de Varsovie, AMCCh, série R, tome XII, fol. 24.

79 « [Le Roi] me dit qu'il eût bien désiré pourvoir parler tous les jours à M. l'Ambassadeur, mais que cela ne se pouvait parce qu'il était obsédé des gens en qui il ne se fie pas », du même au même, 13 mai 1667, de Varsovie, AMCCh, série R, tome XI, fol. 396v.

80 Du même au même, 27 mai 1667, de Varsovie, AMCCh, série R, tome XII, fol. 24v.

81 Du même au même, 15 juillet, de Varsovie, AMCCh, série R, tome XII, fol. 155v.

82 Du même au même, 21 septembre 1668, de Varsovie, AMCCh, série R, tome XIII, fol. 233v.

Condé contre Neubourg

Dans un courrier officiel de l'ambassadeur de France, plusieurs raisons sont avancées pour justifier de ce désengagement : « l'aversion d'une partie de la Pologne pour ce dessein », « l'opposition des princes voisins », « les suites fâcheuses des guerres de la chrétienté qui pourraient en naître » et enfin « l'engagement dans les guerres des Flandres qui pourrait empêcher Sa Majesté [de France] de s'appliquer utilement aux affaires de Pologne » : rien de nouveau sinon la guerre des Flandres, ou guerre de Dévolution des droits de la Reine. Les dispositions diplomatiques induites par ce conflit contre l'Espagne sont les vrais motifs de l'abandon de l'affaire de Pologne. Pour empêcher l'Autriche de soutenir l'Espagne dans les Pays-Bas, Louis XIV a besoin de contrôler ou de neutraliser les passages du Rhin. Une opportunité unique se présente quand le duc de Neubourg propose au Roi de France une alliance défensive avec les électeurs de Mayence et Cologne, ainsi que l'évêque de Münster. Ces quatre princes s'engagent à lever des troupes et à interdire tout passage autrichien, en échange de subsides de la France. Le duc de Neubourg a plus d'ambition : il convoite le trône de Pologne au nom de son premier mariage avec Anne Catherine Constance Vasa, sœur de Ladislas IV et de Jean Casimir. Louis XIV accepte[83]. Bonsi reçoit l'ordre de repousser l'abdication, de proposer un remariage au Roi et de défendre désormais la candidature du duc de Neubourg.

Ce revirement est très mal accueilli par Jean Casimir et plus généralement par les partisans de Condé. Neubourg est en effet jugé inapte au trône. Si l'on en croit des Noyers, il ne parle pas latin[84], il est à la tête d'une famille bien trop nombreuse[85] et n'a pas le prestige ni le mérite de Condé. Le secrétaire s'oppose ouvertement à cette candidature et rapporte au Prince, courrier après courrier, toutes les critiques formulées à l'encontre du Prince allemand et tous les défauts qui le rendent inéligible au trône. Pour le parti français, la candidature du duc a tout d'un pis-aller et ne mérite pas l'attention qui lui est portée. Pire encore, dans l'esprit des partisans de Condé, la candidature de Neubourg est si contraire aux intérêts de la France qu'elle ne peut réussir. Elle ne peut donc être qu'un leurre pour exposer toujours plus Neubourg, affaiblir sa position et faire en sorte qu'une majorité des nobles se reportent au moment de l'élection vers la figure de Louis II de Bourbon-Condé, faisant ainsi le jeu du Prince. Le décalage entre les deux cours est total.

Plus l'élection se rapproche, plus le secrétaire s'engage dans l'affaire et au sein du parti français. Là où, auparavant, Louise Marie agissait pour maintenir le parti uni, c'est maintenant des Noyers qui joue les conciliateurs[86]. Le revirement diplomatique de Louis XIV entraîne une crise de confiance au sein des partisans de Condé

---

83 Louis XIV à Béziers, 16 juillet 1667, AMAE, cor. Pol. Pologne, t. XXVII, fol. 47.

84 Des Noyers à Condé, 21 janvier 1667, de Varsovie, AMCCh, série R, tome XI, fol. 185.

85 Du même au même, 12 août 1667, de Varsovie, AMCCh, série R, tome XII, fol. 227.

86 Du même au même, 30 novembre 1668, de Varsovie, AMCCh, série R, tome XIII, fol. 299.
Le grand trésorier Morsztyn et le grand chancelier de Lituanie Krzysztof Pac sont régulièrement en conflit malgré leur engagement constant en faveur des projets de Louise-Marie et s'accusent mutuelle-

SUPPLEMENTA

en Pologne : le Prince n'est plus soutenu par la France mais Neubourg est inéligible aux yeux du parti français. Il faut donc faire élire le Prince de Condé, sans faire campagne pour lui. Le principal problème est que l'ambassadeur Pierre de Bonsi, à cause des instructions reçues de France, ne peut plus être un intermédiaire de confiance entre le parti français à Varsovie et la cour de Louis XIV, or il faut bien que le Roi de France et le Prince de Condé soient informé de ces plans. Le grand chancelier Krzysztof Pac a une idée. Dans une lettre du 30 mars, des Noyers témoigne d'un long entretien avec Madame de Mailly-Pacowa[87], épouse française du grand chancelier, chargée de proposer à Pierre des Noyers un plan visant à faire élire le Prince malgré les engagements de la France et l'absence de soutien officiel. Faute de pouvoir faire appel à l'ambassadeur, Pac sollicite Pierre des Noyers, qui dispose aussi d'importants contacts en France sans être contraint par aucune fonction officielle. Cela lui permet par ailleurs d'envoyer son épouse ou son beau-père auprès du secrétaire[88] sans éveiller les soupçons ni donner du grain à moudre à ses adversaires qui voudraient le voir condamné pour intelligence avec une puissance étrangère[89]. Pac va jusqu'à demander à Pierre des Noyers de jurer soutenir ce plan de toutes ses forces, et le secrétaire prête en effet serment. Dans un courrier au Prince, il raconte en détail cette rencontre avec Madame de Mailly, révélant évidemment la totalité du plan. Il écrit ensuite un deuxième courrier à François de Chauveau et Antoine Chastrier, deux secrétaires du Prince, leur demandant de montrer ce courrier directement à la cour de France. Il y reproduit l'idée générale du plan de Krzysztof Pac sans toutefois le nommer :

> Sy M. le Prince ne dit que quand on l'éliroit, il refuseroit pas la couronne, on ne demande rien. Il n'y a point de frais à faire, on ne hazarde ny argent ni reputation, on veut bien que M. de Béziers continue ses solicitations pour M. le duc de Neubourg, et on ne veut que savoir si Son Altesse viendra en cas qu'on l'élise. Au reste, on ne parlera point d'elle du tout que dans l'altercation qui se fera dans l'assemblée de l'élection (...), bien des gens se font fort dy réussir et d'avoir les armees pour cela. Sans donc me faire un long discour, je ne demande qu'un Ouy j'yré si je suis eslu ou si cela est trop long, un ouy tout simple[90].

Pierre des Noyers insiste sur le faible coût de l'opération : pas de campagne, donc pas de dépense ni de promesses. Le Prince devra seulement s'engager à reprendre

---

ment de soutenir un parti opposé. Pour Morsztyn, Pac soutient le candidat russe tandis que selon Pac, Morsztyn se montre trop hostile avec Bonsi, voire agirait en secret pour le duc de Lorraine.

87 Une ancienne dame de la cour de Louise-Marie.

88 M. de Mailly, père de la grande chancelière, informe régulièrement des Noyers des volontés de Krzysztof Pac, ou en personne ou par courrier. Des Noyers à Chastrier ou Chauveau, 11 mai 1668, de Varsovie, AMCCh, série R, tome XIII, fol. 116v-117.

89 Des Noyers à Chauveau, 31 août 1668, de Varsovie, AMCCh, série R, tome XIII, fol. 215.

90 Des Noyers à Chastrier ou Chauveau, 6 avril 1668, de Varsovie, AMCCh, série R, tome XIII, fol. 82.

Smolensk à la Russie[91]. Outre la discrétion et le retrait officiel de son soutien au Prince jusqu'au moment même de l'élection, le camp français compte également sur une assemblée qui dégénère : il est ainsi prévu que des partisans de Condé prétendument acquis aux autres candidats provoquent des tensions entre les différents partis. Une fois celles-ci au plus haut, et alors que chaque candidat est devenu totalement insupportable au camp opposé, le nom de Condé serait évoqué. Le Prince aurait alors l'attrait d'une candidature moins partisane, divisant moins les opinions, et rassemblant les suffrages[92]. Des Noyers ne mêle pas M. de Béziers à cette affaire et présente au contraire cette lettre comme une initiative de lui seul, issue de son expérience des Polonais et de son avis sur l'élection[93]. Il respecte ainsi son serment : il révèle au Prince tout ce que Pac souhaite lui présenter, mais ne dit que l'essentiel à la cour de France, sans impliquer le grand chancelier.

Des Noyers ne trahit à aucun moment ce plan dans ses lettres à Ismaël Boulliau. Ses courriers, qui sont diffusés à plusieurs de ses proches dont certains font partie de la cour du Prince de Condé à Chantilly et de celle du Roi, ne mentionnent jamais les véritables intentions du parti français. Le nom même du Prince n'apparaît nulle part avant novembre 1668, et encore est-ce en chiffre, pour rappeler que le Prince n'est pas candidat et que la France soutient Neubourg[94]. Il se contente de rapporter la position précaire du duc de Neubourg, surtout soutenu hors de Pologne, et celle plus favorable du candidat russe, soutenu de l'intérieur. Le secrétaire garde un contrôle total sur l'information qui sort de Varsovie, et veille à éliminer le moindre risque de fuite. A posteriori, le projet est ambitieux mais assez réaliste. Lors de l'élection de 1669, Michał Wiśniowiecki est en effet présenté à l'assemblée suite aux violences animant les discussions et aux affrontements mortels autour des candidats officiels[95]. Dans les faits, un candidat sorti de nulle part a bien été présenté et a remporté les suffrages parce que les ducs de Neubourg et de Lorraine mobilisaient trop d'opposants. Cela ressemble en tout point au procédé imaginé par le camp pro-français qui s'est seulement trompé sur la personne qui l'emporterait.

Le travail du secrétaire n'est pas vain. Si pendant de longs mois après la mort de la Reine, la cour de France fait la sourde oreille et persiste dans son engagement en faveur de Neubourg, la fin de l'année 1668 marque au contraire un second revirement diplomatique. En mai 1668, avec la fin de la guerre de Dévolution, la position du duc de Neubourg est plus fragile. Dès le 18 mai, un courrier du duc d'Enghien à Pierre des Noyers révèle un assouplissement possible de la position française, mais assorti de conditions strictes : l'ambassadeur de France ne doit pas être au courant, il ne doit pas y avoir de difficultés lors de cette élection et le secret doit être absolument

---

91 Du même aux mêmes, 6 avril 1668, de Varsovie, AMCCh, série R, tome XIII, fol. 223.
92 Du même aux mêmes 20 avril 1668, de Varsovie, AMCCh, série R, tome XIII, fol. 100v.
93 Du même aux mêmes, 6 avril 1667, de Varsovie, AMCCh, série R, tome XII, fol. 83.
94 Des Noyers à Boulliau, 9 novembre 1668 de Varsovie, AMAE, Cor. Pol., Pologne, vol. 25, fol. 367.
95 B. O'Connor, *The History of Poland, in several letters to persons of quality : giving an account of the antient and present state of that Kingdom*, 2 vol., Londres, 1698, I, p. 144.

SUPPLEMENTA

maintenu[96]. Cette réponse n'est pas tant le « oui » désiré qu'un « non, sauf ». Dans ses courriers officiels, en revanche, le duc d'Enghien se contente de demander à des Noyers de veiller au remboursement des sommes qui lui sont dues, l'appelant à cesser de traiter de l'élection, cette « [affaire] dont vous m'avez écrit plusieurs fois que je regarde comme une chimère sur laquelle je ne compte point pour mille raisons que vous savez aussi bien que moi »[97]. Le jeu de dupes dure tout l'été. En octobre 1668, l'ambassadeur de France reçoit de nouvelles instructions qui reflètent la nouvelle donne diplomatique sur la Pologne. Elles répondent à tout ce que demande Krzysztof Pac, y compris un court paragraphe sur la reconquête de Smolensk : « ledit sieur évêque laissera entendre audit Paç que M. le prince ne fera point de difficulté à cet article, ni le Roi d'en être garant[98] ». Ces instructions mentionnent le grand chancelier, ce qui signifie que l'information a circulé entre Chantilly et Paris. Il est également expressément recommandé à M. de Béziers de veiller à l'élection du Prince sans jamais le nommer, ni lui ni le Roi de France, en suivant là encore les recommandations du grand chancelier et de Pierre des Noyers : ne pas faire de campagne publique, pour favoriser l'élection d'un non-candidat[99]. En d'autres termes, le parti français n'aurait sans doute jamais pu faire part à la France de ses propositions et de son plan d'action sans Pierre des Noyers pour les relayer, et la deuxième instruction de M. de Béziers n'aurait sans doute jamais vu le jour. Il est loin d'être l'acteur central qui fait ou défait l'élection, mais par son lien privilégié avec le prince de Condé, il est le seul véritable membre du parti français dont la parole porte jusqu'en France. M. de Béziers est évidemment contraint par sa fonction et, s'il peut décrire, par exemple, la situation compliquée du duc de Neubourg, il n'a néanmoins plus la confiance des grands.

Loin d'être un Français en Pologne servant la France, des Noyers reprend à son compte le discours des partisans du Prince de Condé : il va de l'intérêt de la France de ruiner la candidature de Neubourg au profit de celle du Prince. Il contribue à ce projet en usant de ses talents de propagandiste et, s'il redoute de trop s'émanciper de son royaume natal, il semble n'avoir aucun scrupule à s'émanciper un peu[100]. Il ironise lorsqu'il reçoit l'indigénat en 1656, écrivant alors qu'il est « transformé en Polonais » par une simple décision de la Diète, mais son comportement dix ans plus tard révèle déjà une transformation en cours. Il s'exprime avec la franchise d'un noble polonais en écrivant très exactement ce qu'il pense et en s'engageant librement. Mieux, à l'image des nobles polonais, il prête serment de faire tout son possible pour voir s'accomplir un projet politique. Voilà donc le secrétaire de la feue Reine de Pologne engagé par serment aux côtés de Krzysztof Pac dans ce qui aurait pu tout à fait devenir une confédération pro-Condé, comme n'importe quel noble polonais de naissance. Beaucoup d'éléments laissent entendre que le Prince de Condé a en

---

96 Enghien à des Noyers, 18 mai 1668, AMCCh, série R, tome XIII, fol. 126.

97 Du même au même, 29 juin 1668, de Paris, AMCCh, série R, tome XIII, fol. 167.

98 L. Farges, *op. cit.*, p. 98.

99 *Ibid.*, p. 93.

100 Des Noyers à Enghien, 18 mai 1668, AMCCh, série R, tome XII, fol. 74.

Pologne son meilleur agent d'influence en la personne de Pierre des Noyers, et que le secrétaire ne voit pas d'un mauvais œil la protection du Prince.

Enfin le repos

L'élection royale de 1669 est un échec cuisant pour les plans français. Pierre des Noyers nous apprend que la candidature de Condé, sans avoir jamais été annoncée, fut pourtant exclue plusieurs semaines avant le vote à l'initiative de députés soutenus par l'Autriche[101]. Selon le secrétaire, l'abbé Courtois, envoyé en mission en même temps que Bonsi peu avant la Diète d'élection, s'est montré particulièrement maladroit et inefficace[102]. Suit l'exclusion du duc de Neubourg qui élimine le dernier candidat français[103]. Le duc de Lorraine, enfin, est fortement handicapé à cause du soutien autrichien qui n'a pas l'approbation de la noblesse. Un roi est finalement élu sous la pression des *Gołota*, c'est-à-dire la noblesse la plus pauvre, rassemblée en masse et en armes autour du camp de l'élection et lassée des tergiversations au sein de la Diète[104], déjà prolongée deux fois faute de consensus. Michał Wiśniowiecki est choisi à la surprise générale et, à en croire des Noyers, par le plus grand des hasards. Le secrétaire ne cesse, les semaines suivantes, de se moquer du nouveau Roi qu'il juge pauvre, incompétent voire franchement idiot[105]. La Diète de couronnement est agitée, les *Pacta Conventa*, des documents contraignants que le Roi doit signer avant de pouvoir régner, tardent à être rédigés. Il viole d'ailleurs très tôt un des articles majeurs de ce document : plusieurs diétines, voyant le Roi non marié et donc susceptible d'être influencé par une grande puissance étrangère, ont exigé que tout mariage ne soit contracté qu'avec l'approbation de la Diète, là où la coutume se contente généralement du Sénat. Cela n'empêche pas le mariage du Roi Michel avec Éléonore d'Autriche, fille de l'Empereur Ferdinand III, le 27 février 1670 par ailleurs petite nièce de Louise-Marie[106], ce qui amène à Varsovie nombre de courtisans autrichiens, comme en son temps le mariage de Louise-Marie avait amené nombre de Français.

Quelques mois plus tard, en avril 1670, on apprend sous la plume de Pierre des Noyers que des rumeurs circulent à Varsovie quant à une conjuration du parti français contre le nouveau Roi. Déçus de l'élection, les anciens partisans de Condé auraient décidé d'assassiner le souverain pour le remplacer, sans doute de force, par le comte de Saint-Pol[107]. Pierre des Noyers est personnellement accusé de faire partie

---

101 Des Noyers à Boulliau, 14 juin 1669, AMAE, Cor. Pol. Pologne, vol. 25, fol. 434v.

102 Du même au même, 21 juin 1669, AMAE, Cor. Pol. Pologne, vol. 25, fol. 439.

103 *Ibid.*, fol. 437.

104 *Ibid.*, fol. 437v.

105 Du même au même, 28 juin 1669, AMAE, Cor. Pol. Pologne, vol. 25, fol. 442v, 2 août 1669, AMAE, Cor. Pol. Pologne, vol. 25, fol. 451v-452.

106 Charles II de Nevers-Mantoue, grand-père paternel d'Éléanore, est le frère de Louise-Marie de Gonzague.

107 Du même au même, 18 avril 1670, AMAE, Cor. Pol. Pologne, vol. 37, fol. 37.

SUPPLEMENTA 693

de cette conjuration, ce qu'il dément dans ses courriers à Boulliau[108]. Il décide de quitter Varsovie pour Dantzig le temps, espère-t-il, que les esprits se calment (lettre 152). Il pensait rester un mois dans cette ville, il y reste en fait près d'un an et demi[109]. Il a visiblement échappé au secrétaire que fuir Varsovie alors que des soupçons le visent particulièrement ne ferait que les renforcer. De plus, de nombreux amis de la France, regroupés sous le vocable de « malcontents » (n° 154), envoient à Dantzig leur famille pour la mettre à l'abri[110], ce qui donne corps aux soupçons de conjuration. Dans les faits, le comte de Saint-Pol est bien pressenti comme nouveau champion du parti français. Antoine Baluze, résident français en Pologne suite au départ de l'ambassadeur de France, relaie la proposition de le soutenir et de le marier à la fille du duc de Neubourg[111]. Cette idée est rejetée en France, où Louis XIV est refroidi par l'expérience de l'élection de 1669. Le comte n'a jamais quitté la France et le projet de gagner la Pologne n'a jamais pris forme. Ce rejet intervient au moment même où les soupçons de conjuration apparaissent à Varsovie. La mort du comte de Saint-Pol sur le Rhin en 1672 et plus généralement la guerre de Hollande règlent la question. Le retour de des Noyers à Varsovie dès octobre 1671 montre que les esprits se sont apaisés.

Il est un changement notable au cours de cette période : Pierre des Noyers n'est plus secrétaire et, à en croire ce qu'il écrit à son ami Boulliau, il n'est plus impliqué dans les affaires. Mais il est toujours au fait de ce qui se passe dans le pays, il est resté en contact avec de nombreux anciens partisans de la Reine de Pologne, dont le roi Jean Sobieski (n° 167), mais l'échec de l'élection de 1669 semble marquer la fin de sa carrière politique. Cela est sans doute dû à sa proximité avec le grand chancelier Krzysztof Pac qui, lors de l'élection, a finalement voté en faveur de Michał Wiśniowiecki à la suite de nombreux différends avec le parti français notamment sur les conditions du soutien de la famille Pac[112]. Si son rôle politique semble, en l'état actuel de la recherche, cesser complètement, il reste en revanche très occupé à correspondre avec ses amis et à tenter d'accorder ses affaires : il fait état dans de nombreux courriers de l'argent qui lui est dû, une partie de cet argent ne pouvant être réglée que sur décision de la cour. Cela signifie fort probablement que le Trésor, c'est-à-dire l'État polonais, est endetté vis-à-vis du secrétaire ou que ses affaires concernent des biens royaux. Il poursuit par ailleurs son travail d'informateur qui reçoit et diffuse des nouvelles de toute l'Europe, des plus sérieuses aux plus insolites, et ce jusqu'à sa

108 *Ibid.*, fol. 36v.
109 Du 12 mai 1670 au 15 octobre 1671.
110 C'est le cas par exemple de Sobieski ou Morsztyn.
111 L. Farges, *op. cit.*, p. 117.
112 Il a été négocié entre Jean Casimir, l'ambassadeur de France et plusieurs partisans de Condé qu'à l'issue de l'abdication et de l'élection du prince, l'office de Général de camp de Lituanie, ou petit général, reviendrait à Bogusław Radziwiłł. Cela le placerait en conflit direct avec Michał Kazimierz Pac, frère du Grand Chancelier et Grand Général de Lituanie. L'office de Général de camp devait initialement revenir à un homme apprécié des deux familles rivales, Aleksander Hilary Połubiński, mais Radziwiłł a obtenu le dernier mot. Dans les instructions du comte de Lionne (septembre 1669), les Pac sont personae non gratae, et il est demandé à M. de Forbin-Janson (mars 1674) de prendre des précautions avec cette famille.

mort. Ses courriers mêlent toujours nouvelles politiques de l'Europe entière et relations de prodiges et de merveilles et évidemment correspondance scientifique. Plus le temps passe, plus il prend ses distances avec la cour. Si en 1670, il est au courant de toutes les informations dans un laps de temps très court, en 1680, les informations qu'il reçoit sont imprécises ou tardent à arriver. Il reste selon toute vraisemblance une personnalité française de tout premier plan à Varsovie, comme en témoignent les lettres envoyées par avance chez des Noyers au marquis de Vitry[113] alors que celui-ci voyage vers Varsovie pour prendre ses fonctions d'ambassadeur[114]. Sans être dans les arcanes du pouvoir ou le secret de la diplomatie française, il reste néanmoins curieux et féru de sciences, toujours prompt à découvrir et diffuser les nouvelles du monde et les découvertes des savants qu'il fréquente.

Bibliographie relative à Pierre des Noyers

Sources manuscrites

Archives départementales de la Marne (AD.51) :

Série H 1096, 7ᵉ layette, 3ᵉ liasse :
Cette série contient un ensemble de transactions immobilières réalisées par la famille le Retondeur, sieurs des Noyers, ainsi que le testament de Claude, père de Pierre.
- Lot de partage de Pierre des Noyers à lui reçue(?) après la mort de Claude des Noyers son père, du 15 mars 1681 (1ᵉʳ lot).
- partage du 15 mars 1681 (2e lot).
- partage du 15 mars 1681 (3e lot).
- Testament de Claude le Retondeur, 1649.
- Inventaire de tous les contrats d'acquisition faites par Claude des Noyers, Pierre des Noyers son fils, Pierre Dorgeat son gendre et Elisabeth des Noyers sa fille, fait ce 21 mars 1680.

Archives du Ministère des Affaires étrangères, Paris La Courneuve [AMAE] :

- Mémoire du Voyage de Madame Louise-Marie de Gonzague de Clèves, pour aller prendre possession de la Couronne de Pologne, et quelques remarques des choses qui luy sont arrivées dans le pays , Mémoire et documents, Ms 1, fol. 296-387.
- Correspondance avec Ismael Boulliau, Correspondance politique 14 (1660-1665), 25 (1666-1669) et 37 (1670-1673).

---

113 Ambassadeur de France en Pologne de 1680 à 1683.
114 Des Noyers à Boulliau, 20 septembre 1680, de Varsovie, BnF, FF. 13021, fol. 6v.

SUPPLEMENTA

Archives du Musée Condé à Chantilly [AMCCh] :

- Nativité d'Amarille, AMCCh, ms 424
- Tables d'astrologie[115], AMCCh, ms 425
- *Recueil de Vers*[116], AMCCh, ms 538

Série P :
- Tomes 24, 27, 29, 33, 35, 36, 37 et 38 : 34 lettres et copies de lettres

Série R : Lettres des Gonzague
- Tome I (1645-1647) : 2 lettres
- Tome II (1647-1657) : 3 lettres
- Tome III (janvier 1658 - septembre 1658) : 5 lettres
- Tome IV (janvier 1659 - mars 1660) : 6 lettres
- Tome V (avril 1660 – décembre 1662) : 77 lettres
- Tome VI (janvier 1663 – avril 1664) : 69 lettres
- Tome VII (mai 1664 – décembre 1664) : 66 lettres
- Tome VIII (janvier 1665 – mai 1665) : 65 lettres
- Tome IX (juin 1665 – novembre 1665) : 80 lettres
- Tome X (janvier 1666 – septembre 1666) : 81 lettres
- Tome XI (septembre 1666 – 13 mai 1667) : 113 lettres
- Tome XII (13 mai 1667 – décembre 1667) : 170 lettres
- Tome XIII (janvier 1668 – mars 1670, une lettre de 1688) : 221 lettres
- Tome XIV (avril 1670 – mai 1670) : 17 lettres
- Tome XVI (documents divers, 1659 – 1673)

Bibliothèque nationale de France [BnF] :

Correspondance et papiers politiques et astronomiques d'Ismaël Boulliau (1605-1694). I-V Lettres de Desnoyers, secrétaire des commandements de la reine de Pologne, Marie de Gonzague, écrites la plupart de Varsovie à Boulliau (1655-1692). BnF, FF 13019 à 13023 :
- ms 13019 : 4 décembre 1655 – 23 décembre 1657
- ms 13020 : 30 décembre 1657 – 27 décembre 1659 ainsi que quelques lettres déclassées (8 : janvier 1657, 15 octobre 1655 – 23 novembre 1655)
- ms 13021 : 6 janvier 1680 – 31 décembre 1683
- ms 13022 : 7 janvier 1684 – 31 octobre 1688
- ms 13023 : 7 janvier 1689 – 17 septembre 1692 (folio 116v)

---

115 L'ouvrage n'a aucun titre visible.
116 Le titre semble être ajouté a posteriori après reliure.

Bibliothèque Czartoryski à Cracovie :

- Mémoire du Voyage de Madame Louise-Marie de Gonzague de Clèves, pour aller prendre possession de la Couronne de Pologne, et quelques remarques des choses qui luy sont arrivées dans le pays, BCZ, ms 1970 IV, Cracovie, copie de 1821 du document présent dans les Archives du MAE.

Sources imprimées

Lettres de Pierre des Noyers, secrétaire de la reine de Pologne Marie-Louise de Gonzague, princesse de Mantoue et de Nevers, pour servir à l'histoire de la Pologne et de la Suède de 1655 à 1659, Berlin, B. Behr, 1859 [*LPDN*]

Portofolio królowéj Maryi Ludwiki, czyli Zbiór listów, aktów urzędowych i innych dokumentów, ściągających się do pobytu téj monarchini w Polsce, traduit du français par Edward Raczyński, Poznań, 1844. Il n'existe pas de trace de la version française d'origine.

Nabielak Ludwik, *Listy Piotra des Noyers sekretarza królowej Maryi Kazimiry, z lat 1680-1683, rzeczy polskich dotyczące*, Lwów, 1867.

Publications sur Pierre des Noyers

Grell Chantal, « Pierre des Noyers ou les curiosités d'un savant diplomate » dans *L'Homme au risque de l'infini : mélanges d'histoire et de philosophie des sciences offerts à Michel Blay*, Turnhout, Brepols, 2013, p. 335-350.

— « Astrologie et politique au milieu du XVIIᵉ siècle : les « nativités » et les « révolutions » de Boulliau et de des Noyers » *Dix-septième siècle*, n° 266 (2015/1), p. 43-53.

Grell Chantal, Kraszewski, Igor, « Between Politics and Science : Peter des Noyers : a correspondent of Johannes Hevelius in the Polish court », *Johannes Hevelius and his World. Astronomer, Cartographer, Philosopher and Correspondent, Studia Copernicana*, XLIV (2013), p. 213-229.

Kraszewski Igor, « Regards sur la Pologne dans la correspondance diplomatique de Pierre des Noyers à l'époque du Déluge suédois » : *France-Pologne, contacts, échanges, culturels, représentations,* J. Dumanowski, M. Figeac, D. Tollet éd., Paris, Champion, 2016, p. 136-162.

Secret François, « Astrologie et Alchimie au XVIIᵉ siècle, Un ami oublié d'Ismaël Boulliau : Pierre des Noyers, secrétaire de Marie Louise de Gonzague, Reine de Pologne » *Studi Francesi*, n° 60 (septembre-décembre 1973), p. 463-479.

Urlewicz Katarzyna, « Piotr des Noyers, sekretarz i doradca dwóch koronowanych Francuzek » sur le site du Musée du Palais de Wilanów :

http://www.wilanowpalac.pl/piotr_des_noyers_sekretarz_i_doradca_dwoch_koronowanych_francuzek.html

2 : Les affaires de Pologne, 1648-1699 [D. M.]

L'histoire de la Pologne entre 1648 et 1667 est des plus agitée. Le règne de la Reine Louise-Marie coïncide en effet avec ce que les historiens polonais appellent le siècle de fer ou le siècle de la guerre.

La Pologne subit en 1648 un violent soulèvement cosaque dans le sud du pays, qui n'est jamais réellement maté. La Pologne s'effondre ensuite de 1655 à 1660, face à une invasion de la Suède, rejointe par le Brandebourg et la Transylvanie, alors qu'elle est déjà en conflit contre le Tsarat de Russie allié aux Cosaques depuis 1653. Un semblant de paix revient en 1667 avant qu'une nouvelle guerre, cette fois contre l'Empire ottoman, ne jette de nouveau le royaume dans l'abîme. Elle ne prend fin qu'au XVIIIᵉ siècle. À cela s'ajoute une violente guerre civile entre partisans et opposants de la Reine Louise-Marie entre 1665 et 1667, mais dont les crispations sont visibles dans la vie politique dès 1661.

Dans ce siècle de fer, c'est sans doute la période du Déluge qui nous intéresse le plus. Selon son acception la plus restrictive, le Déluge est l'invasion par la Suède de la Pologne-Lituanie entre 1655 et 1660, mais l'on considère souvent une période plus large, allant du soulèvement des Cosaques menés par Chmielnicki en 1648 jusqu'à la paix d'Androussovo mettant fin à la guerre russo-polonaise en 1667, en incluant donc la guerre civile de 1665-1667. Ces quatre conflits marquent considérablement la politique et la diplomatie polonaises et, de plus, s'influencent mutuellement. La correspondance entre Pierre des Noyers et Johannes Hevelius couvre cette période élargie et mentionne ainsi de nombreux événements tant majeurs que mineurs.

Illustration n° 36 : La Pologne-Lituanie et les États voisins en 1647. DM.

SUPPLEMENTA

Les Cosaques, les Tatares et le soulèvement de Chmielnicki (1648-1653)

L'historiographie polonaise a longtemps décrit la Pologne-Lituanie comme un Etat qui s'étendait au XVIIᵉ siècle « de la Mer Baltique à la Mer Noire ». Cette simplification, conçue principalement à des fins politiques, est excessive, mais il est néanmoins vrai qu'à cette époque le territoire polonais se prolongeait très loin dans l'Ukraine actuelle, bien au-delà de Kiev. Deux groupes de populations sont particulièrement importants dans l'histoire locale : les Cosaques et les Tatares.

Les Cosaques[1] regroupent une population ethniquement variée, aussi bien polonaise que ruthène, principalement unifiée autour de la religion orthodoxe et du rejet viscéral du servage subi en Pologne-Lituanie ou en Russie. Cette population est très militarisée pour se défendre contre les populations nomades du sud, les Tatares. Bons navigateurs, elle lance aussi ses propres raids contre l'Empire ottoman en profitant des rivières[2]. Le royaume de Pologne emploie une partie des Cosaques, ceux dits « enregistrés », pour former un corps militaire particulièrement efficace dans le combat d'infanterie. La relation entre l'Etat polonais et les Cosaques est conflictuelle. Les Cosaques souhaitent la fin du servage sur les terres qu'ils occupent, plus de droits, un élargissement du registre cosaque synonyme de privilèges, mais la puissante noblesse polono-lituanienne refuse la moindre concession : renforcer les Cosaques reviendrait à renforcer le Roi en mettant à sa disposition plus de troupes qui ne dépendent pas de la noblesse. Par-dessus ces querelles, la mise en place de l'Eglise Uniate sous Sigismond III, une attaque directe contre l'Eglise orthodoxe puisqu'elle vise à l'assujettir à Rome, ajoute une dimension religieuse au conflit. Dans la première moitié du XVIIᵉ siècle, plusieurs soulèvements cosaques échouent et sont violemment écrasés, le dernier a lieu en 1638.

Les Tatares sont quant à eux une population semi-nomade, héritière de la Horde d'Or mongole, voisine des Cosaques et vassale de la Sublime Porte[3]. Ils sont à l'époque installés en Crimée, souvent appelée Tatarie sur les cartes[4]. Ils vivent principalement des raids qu'ils lancent contre leurs voisins selon les conjectures diplomatiques du moment. Les escarmouches avec les Cosaques sont constantes et les deux camps maîtrisent parfaitement la pratique de la petite guerre.

---

1 Guillaume le Vasseur de Beauplan, un ingénieur militaire français entré au service des Rois de Pologne, décrit largement les coutumes cosaques dans sa *Description d'Ukraine* (sic) *qui sont plusieurs provinces du royaume de Pologne. Contenues depuis les confins de la Moscovie jusqu'aux limites de la Transylvanie. Ensemble de leurs moeurs, façons de vivre & de faire la guerre,* publiée en 1651.

Voir également sur le sujet les travaux de Iaroslav Lebedynsky, *Histoire des Cosaques,* Paris, Terre Noire, 1995 et *Les Cosaques : une société guerrière entre libertés et pouvoirs : Ukraine, 1490-1790,* Paris, Errance, 2004.

2 G. V. de Beauplan, *Description d'Ukraine,* p. 3-4.

3 Voir les travaux d'I. Lebedynsky, *Les nomades : les peuples nomades de la steppe des origines aux invasions mongoles : IXᵉ siècle av. J.-C.-XIIIᵉ siècle apr. J.-C,* Paris, Errance, 2003 et *La horde d'or : conquête mongole et « Joug tatar » en Europe, 1236-1502,* Paris, Errance, 2013.

4 G. V. Beauplan, *op. cit.,* p. 30-34. La description qu'il fait de l'Ukraine inclut « le Crime, ou pays de Tatarie », c'est-à-dire la Crimée.

En 1648, Ladislas IV, particulièrement bien intentionné envers les Cosaques, prépare en secret une guerre contre l'Empire ottoman[5]. Les Cosaques en sont informés et reçoivent l'ordre de lever des troupes, avec l'espoir que leur service sera récompensé. La Diète polonaise, qui a le dernier mot sur les questions de guerre et de paix, est sous contrôle de la noblesse. Elle brise complètement le projet du Roi et ordonne de démobiliser les troupes[6]. Un hetman (chef) cosaque, Bogdan Chmielnicki, lance alors une vaste révolte, moins contre Ladislas IV que contre l'Etat polonais, pour obtenir par la force ce qu'il semble être impossible d'obtenir par le verbe. Contrairement aux révoltes précédentes, les Cosaques se sont entendus et alliés avec leurs ennemis de toujours, les Tatares. C'est le début d'un conflit brutal qui ne s'achève qu'en 1673, et encore cela est discutable, et fait du tiers sud de la Pologne une zone de guerre permanente.

Les Cosaques remportent des succès fulgurants en 1648. Ils profitent de la surprise pour détruire les faibles garnisons polonaises sur place, capturer ou tuer les principaux généraux polonais et conquérir toute la Ruthénie jusqu'à Kiev. La mort de Ladislas IV quelques jours à peine après le premier soulèvement joue en leur faveur : le système polonais, une monarchie élective, exige qu'un Roi soit élu avant que les offices ne soient distribués[7], or la Pologne a besoin d'un Roi et de généraux. Jean Casimir succède à son frère en novembre 1648 seulement, ce qui laisse la défense du sud entre les mains des seigneurs locaux. Chmielnicki réalisant la situation, il n'est alors plus question pour les Cosaques d'obtenir des concessions, mais bien l'indépendance. La montée en puissance de la Pologne, dont la noblesse réalise enfin le danger, conduit à la bataille de Berestetchko en 1651 où l'armée cosaque, vaincue puis assiégée dans son tabor[8], subit des pertes atroces incluant la plupart de ses officiers. Chmielnicki n'y survit que de justesse. Les Cosaques se vengent à la bataille de Batoh (lettre 26)[9], quelques mois plus tard. Victorieux, ils rachètent tous les prisonniers polonais aux Tatares avant de les massacrer, fauchant ainsi soldats et officiers aguerris ainsi que leurs montures. La Pologne a encore les moyens de lever une armée (n° 43), ou d'envoyer les troupes de Lituanie (n° 37, 40), mais les Cosaques ne peuvent plus soutenir leurs ambitions seuls et se tournent vers leurs frères de foi, la Russie.

---

5 P. des Noyers, *Mémoire de Voyage*, p. 116-117.

6 *Ibid.*, p. 129-130.

7 Sur ce sujet, voir Bardach, Juliusz, Lesnodorski, Bogusław, Pietrzak, Michał, *Historia panstwa i prawa polskiego*, Varsovie, Paristwowe Wydawnictwo Naukowe, 1987, Jedruk, Jacek, *Constitutions, Elections, and Legislatures of Poland, 1493-1993 : A Guide to Their History*, EJJ Books, 1998 ainsi que Salmonowicz Stanisław, « La noblesse polonaise contre l'arbitraire du pouvoir royal. Les privilèges judiciaires », *Revue historique de droit français et étranger*, vol. 72 (1994-1), p. 21-29.

8 Camp de chariots utilisé à la fois comme fortifications mobiles, camp mobile et chariots de ravitaillement.

9 Pawel Jasienica *Rzeczpospolita Obojga Narodow - Calamitatis Regnum*. Proszynski, 2007. p. 98, 108-9 et Hanna Widacka, *Rzeź polskich jeńców pod Batohem* sur le site du Musée du palais de Wilanów à Varsovie.

La guerre russo-polonaise (1654-1667)

Les tractations avec la Russie débutent dès l'année 1651, alors que le Tsar interroge son parlement, le Zemski Sobor, quant à la légalité d'une alliance avec les Cosaques. Ce parlement, de nouveau rassemblé en 1653, s'accorde sur l'incorporation de l'Hetmanat cosaque en tant que sujet du Tsarat de Russie et accède aux requêtes cosaques, peu ou prou les mêmes revendications faites à la Pologne dans les décennies précédentes. L'Hetmanat ne souhaitait qu'une protection formelle du Tsar. Dans les faits, les Cosaques ont changé de maître mais ne sont guère plus indépendants. La guerre russo-polonaise débute en 1654.

Le conflit se déroule à la fois en Ruthénie, où la Russie installe des garnisons dans les villes et villages Cosaques tandis que la Pologne manœuvre politiquement pour rallier à elle une partie des Cosaques déçus de leur nouveau suzerain, et en Lituanie, où le gros de l'effort de guerre russe est dirigé. Les armées polonaises sont en fait divisées entre l'armée de Pologne et l'armée de Lituanie, toutes deux assignées à leur territoire respectif mais pouvant se soutenir mutuellement si les généraux des deux armées s'accordent. L'armée polonaise est jusqu'alors occupée en Ruthénie et par ses devoirs de garnison en Pologne elle-même. C'est donc l'armée de Lituanie, qui n'a subi que des pertes extrêmement légères pendant le soulèvement cosaque, qui fait face à la Russie. D'abord victorieuses, les armées russes subissent une contre-attaque en Lituanie et surtout en Ukraine. Une offensive généralisée est ordonnée par le Tsar en 1655, ce qui conduit à la capture des principales villes de Lituanie et à la conquête de la moitié de son territoire. Cette situation n'a pas échappé au roi de Suède Charles X.

Le Déluge suédois (1655-1660)

La Suède et la Pologne sont dirigées par des souverains de la même dynastie, les Vasa, mais de confessions différentes : catholiques en Pologne, protestants en Suède. Sigismond III Vasa, le père de Jean II Casimir et Ladislas IV, a régné un temps sur les deux royaumes avant d'être détrôné en Suède et les Vasa de Pologne nourrissent toujours l'ambition de reconquérir ce trône (n° 74). Le dernier conflit entre les deux Etats remonte à 1629 à peine, avec pour théâtre principal la mer Baltique. C'est justement face à l'avancée russe dans cette région que Charles X décide d'agir[10].

L'offensive est lancée fin juillet 1655 depuis la Poméranie et la Livonie suédoises. Charles X obtient un droit de passage sur le territoire de l'Électeur de Brandebourg qui lui permet de contourner la Prusse royale où se trouvent la plupart des places fortes et une partie de l'armée polonaise. Il frappe ainsi directement en Grande Pologne, mal défendue, et menace le cœur de l'État. Les seules forces disponibles pour s'y opposer sont issues de la levée en masse, l'équivalent de l'arrière-ban, nettement

---

10 Sur ce conflit et ses prémices, voir Robert Frost, *After the Deluge, Poland-Lithuania and the Second Northern War*, Cambridge UP, 1993. Ce qui a été publié de la correspondance de Pierre des Noyers traite de ces années : *Lettres de Pierre des Noyers*, 1859.

inférieure à ce que la Suède peut aligner. À l'Est, les armées lituaniennes sont occupées face à la Russie. Fin août, Jean Casimir et Louise Marie doivent quitter Varsovie, puis la Pologne, pour se réfugier en Silésie. Des Noyers est alors en France (n° 70-73) et doit rentrer par la route de Ratisbonne au lieu de celle de Dantzig (n° 73). En octobre, le territoire de la Pologne-Lituanie est presque intégralement occupé par les Suédois, les Russes et les Cosaques. Janusz Radziwill, sans doute l'homme le plus puissant de Lituanie, signe avec Charles X le traité de Kėdainiai, par lequel la Lituanie est désormais liée à la Suède comme elle l'était jusqu'alors à la Pologne. Le Brandebourg négocie sa neutralité bienveillante avec la Suède, contre des places fortes en Prusse qui sont autant de places en moins à fortifier pour Charles X. Seule Dantzig refuse de se rendre. La ville est divisée à l'aube du conflit entre un parti qui souhaite déclarer sa neutralité, ce qui implique d'abandonner le Roi de Pologne mais économise un siège, et un autre qui, au contraire, met en avant le statut de ville royale de Dantzig et considère qu'une telle neutralité serait trahison. Hevelius fait partie de ces derniers (n° 74)[11]. La ville, y compris son port, est assiégée pendant un an, et coupée du reste du royaume de Pologne pendant près de cinq ans (n° 75).

Cette avancée fulgurante de la Suède inquiète la Russie qui négocie une trêve avec la Pologne-Lituanie dès novembre 1655, avant de déclarer la guerre à la Suède l'année suivante. Le traité de Kėdainiai fait long feu : Radziwill fait face à une résistance acharnée des Lituaniens et meurt assiégé dans son château le 31 décembre 1655. Les Polonais se soulèvent en Grande Pologne en réaction aux exactions suédoises tandis que les troupes et généraux, qui se sont souvent rendus sans combattre et ne sont donc pas étrillés, se regroupent. En février 1656, les Polonais reprennent le combat. La Suède propose alors toute la Grande Pologne au Brandebourg contre une alliance militaire. Cette alliance empêche la reconquête de Varsovie par les Polonais. La bataille pour la capitale est marquée par la présence de la reine Louise-Marie observant les combats aux premières loges, mangeant « à la tatare » selon Pierre des Noyers, c'est-à-dire à même le sol, et dételant même des chevaux de son carrosse pour permettre le déplacement de plusieurs canons vers de meilleures positions[12]. Le Brandebourg ne peut en revanche rien contre l'extrême mobilité des armées polonaises et lituaniennes, aidées des Tatars désormais alliés sur ordre de l'Empire Ottoman, qui mènent des raids jusqu'en Prusse.

À la fin de l'année 1656, Charles X fait appel au prince de Transylvanie George II Rakoczi pour prendre les Polonais à revers et propose des termes encore plus avantageux au Brandebourg en échange d'une participation accrue à la guerre. Jean Casimir obtient une coûteuse alliance avec l'Empereur Léopold Ier, ce qui pousse également le Danemark à rejoindre le camp polonais. Charles X se lance alors dans une campagne éclair contre son voisin scandinave, sans doute trop content de quitter le champ de bataille polonais où rien de décisif ne semble se produire. Sans soutien, les forces transylvaines sont détruites en juillet 1657 lors d'une brutale campagne de repré-

---

11 Józef Włodarski, *op. cit.*, p. 19.
12 Des Noyers à Boulliau, 11 août 1656 de Łańcut, lettre LXXII, *LPDN*, p. 214-215.

SUPPLEMENTA

sailles. L'Électeur de Brandebourg, décidément très perspicace, approche alors Jean Casimir pour négocier les termes d'une alliance. Le traité de Bromberg qui entérine cette alliance est signé en décembre. En bas de celui-ci figure la signature de la Reine qui a mené les négociations aux côté de Jean Casimir. Ce traité acte le revirement diplomatique brandebourgeois (n° 77). Les Suédois sont depuis plusieurs mois sur la défensive et, de fait, ne contrôlent plus que quelques places en Prusse, ce que le Tsar Alexis Ier n'a pas manqué de remarquer.

Reprise de la guerre russo-polonaise

En 1658, une trêve puis deux traités de paix mettent fin à la guerre russo-suédoise débutée en 1656, tandis que la guerre russo-polonaise reprend de plus belle. En Ruthénie, les Cosaques entrent en guerre civile. L'Hetman Vyhovsky, successeur de Chmielnicki, prête allégeance à la Pologne et se rallie au projet d'un Grand-Duché de Ruthénie qui aurait le même statut que le Grand-Duché de Lituanie. Ses opposants sont les Cosaques ralliés à la Russie[13].

Faute de succès décisif, la stratégie suédoise se résume à tenir autant que possible les places fortifiées conquises à l'ennemi. La Poméranie suédoise est ravagée par les Polonais, les Autrichiens et les Brandebourgeois, les villes assiégées (n° 83). Louise-Marie s'illustre encore devant Toruń : elle surveille en personne les travaux de siège et, peu convaincue par les compétences en poliorcétique des Polonais, commande des ouvrages sur le sujet en France[14]. Au cours d'une inspection, un boulet manque de la faucher et finit aux pieds d'un ministre autrichien[15]. La mort de Charles X, au début de 1660, lève le dernier obstacle à la paix, signée à Oliva (n° 89) près de Dantzig, le 23 avril 1660. La Pologne récupère tous les territoires occupés, reconnaît la Livonie comme possession suédoise, la Prusse ducale comme possession brandebourgeoise et Jean Casimir renonce à la couronne de Suède.

Suite à cette paix, la Pologne-Lituanie peut concentrer ses efforts en Ruthénie et contre la Russie (n° 90). Une succession de victoires en 1660 pousse la Russie à négocier une paix désavantageuse avec la Suède. La Ruthénie est majoritairement reconquise, les négociations de paix commencent dès 1664.

---

13 Ce traité d'Hadiach est qualifié par Jacek Jędruk d'opportunité manquée. Les Polonais ont selon lui proposé aux Cosaques trop peu et trop tard pour réellement réussir. J. Jędruk, *op. cit.*, p. 140. Pour Janusz Tazbir, cité dans A. Gieysztor, *op. cit.*, p. 270, ce traité est arrivé vingt ans trop tard. Quelques informations sur les termes du traité sont disponibles dans Borys Krupnytsky, « Hadiach, Treaty of », *Encyclopedia of Ukraine,* vol. 2, 1988, ainsi que dans l'édition en ligne.

14 Des Noyers à Boulliau, 1er octobre 1658, du camp devant Thorn, lettre CLXXII, *LPDN*, p. 447.

15 Des Noyers à Boulliau, 3 décembre 1658, du camp devant Thorn, lettre CLXXXV, *LPDN*, p. 471-472.

Le rokosz de Lubomirski (1665-1667)

Malgré une situation militaire extrêmement favorable, la Pologne concède énormément à la Russie lorsque le traité de paix est signé à Andrusovo en 1667. La raison en est simple, entre temps, une guerre civile a éclaté. Avant même la paix d'Oliva, la Reine Louise-Marie, s'appuyant sur une partie de la noblesse et des intellectuels polonais, se lance dans un vaste projet de réforme de l'État pour en centraliser le pouvoir et remédier aux défaillances cruellement mises en lumière pendant la décennie précédente[16]. Accusée, en bonne Française, de vouloir instaurer un régime absolutiste — la hantise de la noblesse polonaise — elle fait face à une opposition politique dans les diètes, menée par le grand maréchal de la couronne Jerzy Lubomirski, à l'origine son allié. À cela s'ajoute une confédération de l'armée qui refuse de servir tant que les arriérés de solde ne sont pas payés (n° 101, 106), et qui est entretenue dans son opposition par Lubomirski (n° 110). Défaite politiquement en 1662, la Reine tente par des moyens détournés, voire franchement illégaux, d'appliquer ses projets, avec le soutien croissant de la France (n° 107, 120). En 1664, Jean Casimir règle la question des soldes et obtient la condamnation à l'exil de Jerzy Lubomirski par la diète (n° 110). Cet exil est tout théorique : soutenu financièrement par l'Autriche et protégé par ses partisans et clients en Pologne, Lubomirski ne passe que quelques mois à peine hors du territoire. En parallèle, le Roi fortifie la ville de Léopol et y déplace le trésor, en prévision d'une guerre, qui éclate effectivement en 1666. Tout cela sape l'effort de guerre contre la Russie et pousse la Pologne à lui céder la moitié de l'Ukraine, y compris Kiev. L'insurrection — *rokosz* en Polonais — est un droit accordé à la noblesse qui l'autorise à prendre les armes contre son Roi si celui-ci bafoue les lois de l'État ou menace les privilèges nobiliaires[17]. Après plusieurs mois de manœuvres et d'escarmouches entre les deux camps, les armées s'affrontent à Mątwy où le talent militaire de Lubomirski fait la différence. Les loyalistes sont battus, ce qui force la main de Jean Casimir. Il négocie avec le grand maréchal à Łęgonice un accord où il promet l'abandon des réformes et la restitution d'une partie de ses biens en échange de sa soumission. Cet accord fait long feu : Lubomirski meurt le dernier jour de décembre 1666, suivi le 10 mai 1667 de la Reine Louise-Marie, à l'origine de ces projets de réforme.

La menace venue du sud (1667-1699)

Pendant le Déluge, l'Empire ottoman ordonne aux Tatars de limiter leurs raids contre la Pologne-Lituanie, voire de rejoindre les troupes polonaises pour les aider dans leurs guerres. D'après Pierre des Noyers, cela est principalement dû à la crainte

---

16 Sur ce thème : Robert Frost, « The Ethiopian and the Elephant ? Queen Louise-Marie Gonzaga and queenship in an Elective monarchy, 1645-1667 », *Slavonic and East European Review*, n° 91 (2013-4), p. 787-817.

17 Voir J. Jędruk, *op. cit*, et Robert Frost, « The Nobility of Poland – Lithuania », *The European Nobilities in the Seventeenth and Eighteenth Centuries, II, Northern, Central and Eastern Europe*, Londres, Longman Group, 1995.

SUPPLEMENTA

de l'Empire de voir à sa porte un royaume puissant et, contrairement à la Pologne, expansionniste. L'Empire redoute particulièrement la Russie[18]. Avec les paix d'Oliva puis d'Androussovo, cette menace est écartée. La question cosaque n'est par ailleurs pas résolue. Le nouvel hetman, Piotr Dorochenko (n° 152), est initialement favorable à la Pologne et parvient même à vaincre les régiments cosaques favorables à la Russie. La partition de l'Hetmanat entre la Pologne et la Russie, actée en février 1667 par la paix d'Androussovo, compromet ses espoirs d'un hetmanat uni, le dégoûte de la Pologne et le pousse à chercher de l'aide du côté des Tatares et de l'Empire ottoman (n° 165).

Dès l'automne, il passe à l'attaque, d'abord contre la Pologne, puis contre la Russie. Il est vaincu une première fois par la Pologne en 1670. En 1672, le conflit reprend, avec cette fois l'entrée d'une armée ottomane en Pologne. La Diète polonaise tarde à réagir, les troupes turques entrent dans la forteresse de Kamieniec Podolski puis capturent la Podolie. Une paix humiliante pour la Pologne est conclue à Buczacz (ou Boutchtach) en 1672. Outre la perte de la Podolie, elle doit verser un tribut annuel à l'Empire. Dorochenko n'obtient qu'un territoire ravagé par le conflit et occupé par les Turcs, ce qui accentue les divisions au sein des Cosaques. La Diète polonaise refuse de ratifier cette paix, vote des crédits pour l'armée, élargit le registre cosaque et relance le conflit. Dans ce contexte, Jean Sobieski, alors grand général, défait l'armée ottomane à Chocim (ou Khotin) en novembre 1673. Cette victoire a des conséquences majeures : les troupes ottomanes quittent la Pologne, ce qui ouvre la voie à une contre-attaque. De plus, le roi Michel de Pologne est mort la veille de cette bataille. Sans surprise, Jean Sobieski profite de ce succès et est élu Roi à la diète d'élection (n° 166), bien que les obligations de la guerre retardent son couronnement de plusieurs mois. Le conflit se poursuit encore deux ans, l'Empire ottoman repasse à l'offensive (n° 171, 178, 179) et assiège Léopol (n° 173). En 1676, faute de réel progrès, un nouvel armistice est signé à Żurawno (n° 181). La Pologne ne récupère qu'un tiers de la Podolie et Kamieniec reste entre les mains de la Sublime Porte, mais le tribut est aboli.

La Pologne-Lituanie est en paix pour la première fois depuis 1648. Son territoire est ravagé, près de 40% de la population a disparu suite aux guerres, aux maladies et aux famines et l'économie polonaise qui s'appuyait sur l'exportation de grains est durement touchée par les destructions et la chute des cours du blé. Politiquement, les projets de centralisation de Louise-Marie ont échoué mais une de ses dames de compagnie, Marie Casimire d'Arquien, est devenue Reine de Pologne, ce qui montre la puissance persistante du parti français en Pologne, véritable héritage du règne de la princesse de Gonzague.

L'interlude de paix est bref qui ne permet pas de véritable reconstruction. L'Empire ottoman se tourne contre la Russie en 1676, puis contre le Saint Empire en 1683, ce qui entraîne la formation d'une alliance, la Sainte Ligue, à l'initiative du pape Innocent XI regroupant dans un premier temps l'Empire, Venise et la Pologne-Lituanie. La Russie la rejoint formellement en 1686. La France regarde ces développements de loin, les relations avec la Pologne étant dégradées (n° 252) mais envoie tout

---

18 Des Noyers à Boulliau, 6 janvier 1658, de Posnanie, *LPDN*, n° CXXXVI, p. 371-372.

de même un agent en Hongrie pour y soutenir la rébellion du Hongrois Imre Thököli contre le Saint Empire (n° 206). C'est dans ce contexte qu'a lieu le dernier siège de Vienne par les Turcs à partir du 14 juillet 1683, rompu par l'arrivée des renforts polonais et une attaque combinée des alliés le 12 septembre (n° 245). La guerre se poursuit bien après la mort de Jean Sobieski jusqu'en 1699. Le traité de Karlowitz qui met fin au conflit réserve la part du lion aux Habsbourg qui récupèrent toute la Hongrie. La Russie conquiert une large partie de la Tatarie et gagne une ville en Mer Noire, la future Azov. La Pologne-Lituanie, perçue comme sauveur de la chrétienté en 1683, doit se contenter de récupérer la Podolie sans aucun autre gain : faute de soutien de la part de leurs alliés, les troupes polonaises n'ont pu avancer nulle part contre l'Empire ottoman. Pire encore, la forteresse de Kamieniec a été entre temps démantelée.

Après 1694, Auguste II le Fort, de la famille saxonne des Wettin, fortement soutenu par la Russie et converti au catholicisme, règne en Pologne. Son adversaire le prince de Conti a été élu selon les modalités de l'élection mais les partisans d'Auguste prennent les armes. Mollement soutenu par la cour de France, Conti renonce à se lancer dans une guerre civile pour défendre son trône et rentre en France[19]. La Pologne entre dans le XVIIIe siècle plus instable et troublée que jamais, elle en sort rayée de la carte d'Europe, partagée entre ses voisins russes, prussiens et autrichiens.

---

19 Lire à ce sujet Aleksandra Skrzypietz, *Franciszek Ludwik, książę de Conti – „obrany król Polski".*
Saga rodu Kondeuszów, Katowice, Wydawnictwo Uniwersytetu Śląskiego, 2019.

3 : Chronologie générale de la correspondance Hevelius-Pierre des Noyers

1630-1634 : Voyages d'Hevelius en Europe (1630, en Hollande, à Leyde ; à Londres (Usher, Wallis, Hartleben) ; 1631 à Paris (Mersenne, Gassendi), Avignon (Kircher)

1630 : Chr. Scheiner, *Rosa Ursina, sive Sol* (1626-30)

1631 : P. Crüger, *Cupediæ Astrosophicæ Crügerianæ*

1632 : 21 février, Galilée, *Dialogo sopra i due massimi sistemi del mondo*

1633 : février-juin : procès de Galilée à Rome ; 22 juin, condamnation de Galilée

1634 : Retour d'Hevelius à Danzig

1635 : P. Crüger, *Doctrina astronomiæ sphæricæ*

1635 : 21 mai, Hevelius épouse Catherine Rebeschke

1636 : Hevelius reçu membre de la société des brasseurs de Dantzig

1636 : Collegium Medicum, Dantzig

1638 : Boulliau, *De natura lucis*, Paris

1639 : P. Crüger, peu avant sa mort, demande à Hevelius d'observer l'éclipse solaire du 1er juin. Il meurt de la peste

1639 : Lorenz Eichstadt remplace Crüger au Gymnasium

1639 : Boulliau, *Philolai sive dissertationis de vero systemate mundi libri IV*

1639 : Hevelius publie ses observations sur l'éclipse de Soleil

1639 : 24 nov/4 décembre, transit de Vénus, observé par Horrox, publié par Hevelius dans son *Mercurius in Sole visus*

1641 : 3 janvier (anc. style) mort de J. Horrox

1641 : Hevelius, juge du tribunal et sénateur de Dantzig, commence à travailler sur le catalogue des étoiles fixes

1642-1645 : Hevelius observe attentivement les taches du Soleil

1644-1654 : Correspondance Hevelius-Gassendi (23 lettres)

1644 : A. von Franckenberg, *Oculus Sidereus*

1644-1645 : Hevelius, treize observations des phases de Venus

1644 : octobre-juillet. 1645 : Séjour de Mersenne en Italie

1644 : La ville de Dantzig offre le grand quadrant de Crüger à Hevelius

1645 : Boulliau, *Astronomia Philolaica, opus novum*

1645-1648 : Correspondance avec Mersenne (14 lettres)

1645 : 5 novembre Marie-Louise de Gonzague épouse par procuration Ladislas IV de Pologne

1646 : 10 mars, célébration du mariage en Pologne

1646 : 28 mai, Jean Casimir créé cardinal par Innocent X

1646 : 13 juillet, première lettre datée de Pierre des Noyers

1646 : septembre-novembre, Boulliau à Florence

1647 : Voyage de Boulliau au Levant

1647 : Hevelius, *Selenographia sive Lunae descriptio*

1647 : 12 juillet, expérience sur le vide du père Magni

1648-1683 : Correspondance Hevelius-Boulliau

1648 : 20 mai, mort de de Ladislas IV.

1649 : 30 mai, Louise-Marie de Gonzague épouse Jean-Casimir, Roi de Pologne

1650 : janvier-février, P. des Noyers à Paris (avec Burattini)

1651 : Riccioli, *Almagestum novum*

1651 : Été : voyage de Boulliau en Allemagne et aux Provinces-Unies

1652 : 8 avril, éclipse solaire

1652-1653 : la comète, 18 décembre, début janvier.

1653 : 14 mars, éclipse de Lune

1654 : Création de l'académie de Montmor (fin : 1664)

1654 : 6 juin, abdication de Christine de Suède

1654 : 12 août, éclipse de Soleil ; 27 août, 2^c éclipse de Lune

1654 : octobre, Hevelius, *Epistolæ IV*

1654 : Abdication et conversion de Christine de Suède. Charles-Gustave Roi de
Suède

1655 : Des Noyers à Paris (mai ? - en septembre, retour via Cracovie).

1655 : 8 septembre, Charles-Gustave de Suède assiège Varsovie. La cour de Pologne
se réfugie à Cracovie, puis en Silésie

1655-1692 : Correspondance Boulliau-Des Noyers, plus de 800 lettres

1655 : 24 octobre, mort de Pierre Gassendi

1655-1660 : « Déluge suédois ». Charles-Gustave de Suède envahit la Poméranie
occidentale et dirige ses troupes vers le centre et le sud de la Pologne

1656 : Charles-Gustave se retourne vers la Prusse royale et la Prusse ducale et
menace Dantzig. Occupation suédoise d'Oliva ; attaque de Puck. Retour de
Jean-Casimir de Silésie ; Charles-Gustave abandonne la Prusse royale. En
mars, Oliva est reprise. En mai, nouvelle attaque de Charles-Gustave. Blocus
de Dantzig. La Vistule passe sous contrôle suédois. Le pays est dévasté. Juin,
Charles-Gustave se dirige vers la Pologne centrale

1656 : Bataille de Varsovie (20-30 juillet). Des bateaux hollandais et danois
mettent fin au blocus du port de Dantzig. Les Hollandais prêtent à Dantzig un demi million de gulden, prêt garanti par une subvention mensuelle
de 12 000 thalers. En octobre, Dantzig s'empare de deux vaisseaux suédois.
Mi-novembre : arrivée à Dantzig de Jean-Casimir et de sa cour. La ville offre
au roi 200000 zlotys

1656 : Traité d'Elbing. Les Hollandais protègent leurs intérêts en Baltique

1656 : septembre, entrée de Christine de Suède à Paris

1656 : A. Kircher, *Itinerarium Exstaticum*

1657 : Printemps, Boulliau secrétaire de Jacques-Auguste de Thou, nommé ambassadeur à la Haye (rappelé en 1662)

1657 : Accademia del Cimento

1657 : Règlement de l'Académie de Montmor

1657 : Boulliau, *De lineis spiralibus*

1657 : 20 décembre, éclipse de Lune

1658 : Huygens fait part à Chapelain de sa théorie sur l'anneau de Saturne

1659 : 20 janvier, *Concordata ordinum Regiæ Civitatis Polonicæ Gedanensis de Anno 1659.*

1659 : juin, Huygens, *Systema Saturnium* (dédié à Léopold de Toscane)

1659 : 18 décembre, Louise-Marie visite l'observatoire d'Hevelius à Dantzig

1659 : décembre, Boulliau, horoscope de la fille de Guillaume-Frédéric de Nassau

1659 : 16 décembre, Hevelius, première observation d'une étoile double dans la constellation du Cygne

1660 : 29 janvier, Visite de Jean-Casimir et Louise Marie de Gonzague. Hevelius offre au roi une horloge à pendule. Jean Casimir lui promet un privilège d'impression

1660 : 3 mai, paix d'Oliva. La ville de Dantzig a dépensé plus de 5 millions de zlotys durant la guerre (aide au roi et aux armées royales). Le Roi et la Reine de Pologne séjournent à Danzig

1660 : 30 septembre, Boulliau quitte Paris. Il est à La Haye début octobre.

1660 : A. Kircher, *Iter Exstaticum Cœleste*

1661 : janvier, Boulliau quitte Amsterdam pour Hambourg

1661 : Débuts de la Royal Society

1661 : 15 mars, Boulliau arrive à Dantzig. Il séjourne 6 semaines chez Hevelius. Observation de l'éclipse solaire du 30 mars ; transit de Mercure devant le Soleil le 3 mai

1661 : fin avril, Boulliau gagne Varsovie

1661 : fin août, Boulliau retourne à Dantzig chez Hevelius

1661 : 12 septembre, départ de Boulliau. Il est à Amsterdam début novembre

1662 : Hevelius, *Historiola Miræ stellæ in collo Ceti* : 24 années d'observations (1638-1662) de Mira de la Baleine

1662 : Hevelius reçoit de Jean Casimir le privilège de posséder ses propres presses.

1662-1677 : Correspondance Oldenburg-Hevelius (première lettre le 2 janvier)

1663 : février, chute et grave blessure de Pierre Des Noyers

1663 : avril-juin, Huygens à Paris

1663-1664 : Voyage de des Noyers à Paris

1663 : Liste des pensions : Hevelius est pensionné à 8 reprises entre 1663 et 1671

1663 : octobre-1664 juin, Huygens à Paris

1664 : 10 avril, Hevelius élu membre à la Royal Society

1664 : Des Noyers à Paris

1664-1665 : 24 décembre-18 février, Hevelius observe la comète

1665-1684 : Différentes observations d'Hevelius paraissent dans les *Philosophical Transactions*

1666 : avril, Huygens se fixe à Paris

1666 : 1er juin : Boulliau quitte définitivement de Thou

1666 : Hevelius, *Descriptio cometæ anno MDCLXV*, dédiée à Léopold

1666 : Académie royale des sciences (Première séance, 22 décembre)

1667 : 10 mai, mort de Louise-Marie de Gonzague

1667 : Voyage de Pierre des Noyers à Cracovie (14/09/1667)

1667 : Boulliau est reçu à la Royal Society

1667 : 12 décembre, Léopold de Médicis fait cardinal

1668 : Lubieniecki, *Theatrum cometicum*

1668 : Hevelius, *Cometographia*, dédiée à Colbert

1668 : 16 septembre, abdication de Jean II Casimir

1669 : 19 juin, élection de Michel Wiśniowiecki

1670 : Maladie de Jean Chapelain (mort le 22 février 1674)

1670-1671, 1672-1673 : Pierre des Noyers à Dantzig

1671 : Expédition de Picard à Uraniborg (septembre-octobre). Il est à Copenhague jusqu'en mai 1672

1672 : Comète

1672 : Hevelius, *Epistola de cometa, anno MDCLXXII*

1673 : Hevelius, *Machinæ Cælestis*, I (description de son observatoire et de ses instruments), dédicace à Louis XIV

1673 : 10 novembre, mort de Michel Wiśniowiecki

1674 : 21 mai, élection de Jean III Sobieski

1675 : 27 octobre, mort de Roberval

1675 : Flamsteed s'installe à Greenwich avec Halley comme assistant

1676 : Voyage de Halley à Sainte-Hélène

1677 : mai, Jean III Sobieski rend visite à Hevelius ; il lui accorde une pension annuelle et l'exemption des redevances pour ses bières

1677 : 26 septembre, mort de J.-A. de Thou et vente de sa bibliothèque (1679-1680)

1677 : 5 septembre, mort d'Henry Oldenburg

1678 : Halley élu à la Royal Society

1679 : Voyage de Halley à Dantzig sous les auspices de la Royal Society. 16/26 mai-8/18 juillet : Halley loge chez Hevelius. Il est de retour à Londres en août 1679

1679 : Des Noyers à Paris, de retour le 27 novembre

1679 : 26 septembre, incendie de la maison d'Hevelius

1681 : 14 novembre, mort de Burattini

1682 : Juin-29 août : des Noyers à Paris

1682 : 26 août-13 septembre, Hevelius, observation d'une comète

1683 : 6 septembre, mort de Colbert

1683 : Olhoff, première édition (partielle) de la correspondance d'Hevelius : *Excerpta ex literis ad J. Hevelium*

1685 : Hevelius, *Annus climactericus*

SUPPLEMENTA

1685 : avril ? -juin 86 : Pierre des Noyers à Paris
1686 : 8 mai, dernière observation d'Hevelius, occultation de Jupiter par la Lune
1687 : 28 janvier, mort d'Hevelius (77 ans)
1690 : Hevelius, *Prodromus Astronomiæ, Catalogi stellarum fixarum* ; *Firmamentum sobescianum* ; *Uranographia*
1693 : 26 mai, mort de Pierre des Noyers (85 ans)
1694 : 25 novembre, mort de Boulliau (89 ans)

4: Bibliographie

Sources

Cellarius Andreas, *Harmonica Macrocosmica*, Amsterdam, 1660; introduction et textes de Robert van Gent, Cologne, Taschen, 2006.

Condé, duc d'Enghien, *Lettres inédites à Marie Louise de Gonzague, Reine de Pologne, sur la cour de Louis XIV (1660-1667)*, E. Magne éd., Paris, Paul-Emile Frères, 1920.

Coyer Gabriel François, *Histoire de Jean Sobieski Roi de Pologne*, Varsovie et Paris, Duchesne, 1761, 3 vol. in-12.

Curicken Georg Reinhold, *Der Stadt Danzig, Historische Beschreibung*, Amsterdam & Dantzig, Verlegt durch Johann und Gillis Janssons von Waesberge, 1687.

Gassendi Pierre, *Lettres latines*, traduction et annotation par Sylvie Taussig, Turnhout, Brepols, 2004, 2 vol. (*LLPG*).

Gesellschaft für Familienforschung Wappen und Siegelkunde, *Dantziger Familiengeschichtliche Beiträge*, Danzig, Kafeman, 1929 (*DFB 1929*).

Hevelius, *Correspondance*, I, *Prolégomènes critiques*, Ch. Grell dir., Turnhout, Brepols, 2014; II, *Correspondance avec la cour de France*, Ch. Grell éd., Turnhout, Brepols, 2017 (*CJH*).

Huygens Christiaan, *Correspondance de Christiaan Huygens*, dans *Œuvres complètes* (I-X) publiée par la Société Hollandaise des Sciences, La Haye, 1888-1903 (*OCCH*).

Kochansky Adam Adamandy, *Korespondencja Adama Adamandego Kochańskiego SJ (1657–1699)* [*Correspondence of Adam Adamandy Kochański S. J. (1657-1699)*], éd. Bogdan Lisiak S. J et Ludwik Grzebień S. J. (Źródła do Dziejów Kultury. Kroniki i Listy, 1), Kraków, Wyższa Szkoła Filozoficzno-Pedagogiczna « Ignatianum »-Wydawnictwo WAM, 2005 (*KAAK*).

Lalande Jérôme de, Bibliographie astronomique avec l'Histoire de l'astronomie depuis 1781 jusqu'à 1802, Paris, Imprimerie de la République, An XI (1803).

Merkuriusz Polski: dzieie wszytkiego świata w sobie zamykaiący dla informacyey pospoliteyI, Cracovie, 1661, et sous format électronique, Varsovie, BUW, 2003, consultable sur http://buwcd.buw.uw.edu.pl/e_zbiory/ckcp/merkuriusz/start/start.htm

Mersenne Marin, *Correspondance du Père Marin Mersenne, religieux minime,* éd. Cornelis de Waard et Armand Beaulieu, Paris, PUF (I-IV) et CNRS (V-XVII), 1932-1988, 17 vol. (*CMM*).

Noyers Pierre des, *Lettres de Pierre des Noyers, secrétaire de la Reine de Pologne Marie-Louise de Gonzague... pour servir à l'histoire de Pologne et de Suède de 1655 à 1659,* Karol Sienkiewicz éd., Berlin [Paris], de Behr, 1859 (*LPDN*).

Oldenburg Henry, *The Correspondence of Henry Oldenburg,* A. Rupert Hall et Marie Boas Hall, I-IX, Madison-Londres, 1965-1976 ; X-XI, Londres, 1975-1977; XII-XIII, Londres-Philadelphie, 1985-1986. (*CHO*).

Pascal Blaise, *Œuvres complètes,* édition Jean Mesnard, t. II, *Œuvres diverses, 1623-1654,* Desclée de Brouwer, 1970 (*ODP*).

Picard Jean, « La correspondance de Jean Picard avec Johann Hevelius », présentée et éditée par Guy Picolet, *Revue d'Histoire des Sciences,* XXXI (1978-1), p. 3-42 (*CJP*).

Pingré Alexandre Guy, *Annales célestes du XVIIᵉ siècle,* édition de M. G. Bigourdan, Paris, Gauthier-Villars, 1901 (*Annales*).

— *Cométographie, ou Traité historique et théorique des comètes,* Paris, Imprimerie royale, 1783, 2 vol.

Bibliographie générale

ASTRONOMIE- LITERATUR- VOLKSAUFKLÄRUNG. Der Schreibkalender der frühen Neuzeit mit seinen Text-und Bildbeigaben, Klaus Dieter Herbst éd., Presse und Geschichte 67, Lumière, 2012.

Auger Léon, « Les idées de Roberval sur le système du monde », *Revue d'Histoire des Sciences,* x-3 (1957), p. 226-234.

— *Gilles Personne de Roberval (1602-1675). Son activité intellectuelle dans les domaines mathématique, physique, mécanique et philosophique,* Paris, Blanchard, 1962.

Aumale, Henri d'Orléans duc d', *Histoire des Princes de Condé,* Paris, Calmann Lévy, t. V-VI, 1889-1892, 3 vol.

Bauer Katrin, « The two faces of Astrology. The relationship of Wallenstein and Kepler », *De Frédéric II à Rodolphe II. Astrologie, divination et magie dans les cours (XIIIᵉ-XVIIᵉ siècle),* J.-P. Boudet, M. Ostorero, A. Paravicini éd., *Micrologus* 85 (2017), p. 391-412.

Bedini Silvio, *Patrons, Artisans and Instruments of Science, 1600-1750,* Aldershot, 1999.

Beltramo Lisa, « Tra Galileo e la Polonia : una stampa latina seicentesca della Proposta della longitudine », *Romanica Cracoviensia,* XII (2012), p. 235-251.

Bérenger Jean, « La politique française en Europe orientale », *Guerres et paix en Europe centrale aux époques moderne et contemporaine,* D. Tollet, L. Bély éd., Paris, PUPS, 2003, p. 345-360.

SUPPLEMENTA

— « Louis XIV, l'Empereur et l'Europe de l'Est », *Guerres et paix en Europe centrale aux époques moderne et contemporaine*, D. Tollet, L. Bély éd., Paris, PUPS, 2003, p. 381-404.

Bernardi Gabriella, *Giovanni Domenico Cassini: a modern Astronomer in the 17th. Century*, Springer, 2017.

BERNIER ET LES GASSENDISTES, Sylvia Murr éd., *Corpus, Revue de Philosophie*, XX-XXI (1992).

Bonoli Fabrizio, Braccesi Alessandro, « Les recherches astronomiques de Giovanni Domenico Cassini à Bologne, 1649-1669 » ; « Bibliographie des œuvres de Cassini pendant son séjour à Bologne », *Sur les traces de Cassini, Astronomes et observatoires du sud de la France*, P. Brouzeng, S. Debarbat éd., Paris, CTHS, 2001, p. 101-127 et 209-211.

Caccamo D., « Osservatori italiani della crisi polacca », *Archivio Storic° Italiano*, LXXXI (1974), p. 316-320.

Cassini Anna, *Gio Domenico Cassini. Un scienzato del Seicento*, Perinaldo, 2003 (2e éd.).

Ciara Stefan, *Senatorowie i dygnitarze koronni w drugiej połowie XVII wieku*, Wrocław, Warszawa, Kraków, Zakład narodowy imienia Ossolińskich, Wydawnictwo Polskiej Akademii Nauk, 1990.

COMMERCIUM LITERARIUM. La communication dans la République des lettres, 1600-1750, H. Bots, Fr. Waquet éd., APA Holland University Press, 1994.

Daumas Maurice, *Les instruments scientifiques aux XVIIe et XVIIIe siècles*, Paris, PUF, 1953.

Del Prete Antonella, « Gli astronomi romani e i loro strumenti », *Rome et la science moderne de la Renaissance aux Lumières*, A. Romano éd., Rom, EFR, 2008, p. 473-489.

Dinis A., « Giovanni Battista Riccioli and the science of his time », *Jesuit Science and the Republic of letters*, M. Feingold éd., MITPress, 2003, p. 121-158.

Douais Jean-Célestin, « Forbin-Janson, évêque de Marseille et l'élection de Jean Sobieski, Roi de Pologne », *Revue d'Histoire de l'Eglise de France*, 1910, p. 257-270.

Dumanowski Jaroslaw, « Les Baluze et la cour française en Pologne sous Jean-Casimir et Marie-Louise et sous Jean Sobieski », *Etienne Baluze (1630-1718). Érudition et pouvoirs dans l'Europe classique*, J. Boutier éd., PULimoges, 2008, p. 37-59.

EUROPA [L'] DI GIOVANNI SOBIESKI, cultura, politica, mercatura e società, Gaetano Platania éd., Viterbe, Sette Città, 2005.

EUROPEAN COLLECTIONS OF SCIENTIFIC INSTRUMENTS, 1550-1750, G. Strano, S. Johnston, A. D. Morrisson Low, M. Miniati éd., Leyde, Brill, 2009.

Favaro Antonio, « Intorno alla vita ed ai lavori di Tito Livio Burattini fisico agordino del secolo XVII », *Memorie del Reale Istitut° Veneto delle scienze, lettere ed arti*, XXV-XXVIII (1896), 140 p.

Farges Louis, *Recueil des instructions données aux ambassadeurs et ministres de France: depuis les traités de Westphalie jusqu'à la Révolution française. Pologne*, tome premier, Paris, Felix Alcan, 1888.

FRANCE-POLOGNE. Contacts, échanges culturels, représentations (fin XVI-fin XIX* siècle)*, J. Dumanowski, M. Figeac, D. Tollet éd., Paris, Champion, 2016.

Frost Robert, *After the Deluge. Poland-Lithuania and the Second Northern War, 1655-1660*, Cambridge UP, 1993.

Galluzzi Paolo, « L'Accademia del Cimento: 'gusti' del Principe, filosofia e ideologia dell'esperimento », *Quaderni Storici*, XVI (1981), p. 788-844.

Gasztowtt Anne-Marie, *Une mission diplomatique en Pologne au XVII* siècle. Pierre de Bonzi à Varsovie (1665-1668)*, Paris, Champion, 1916.

GRANDS INTERMEDIAIRES CULTURELS (les) de la République des lettres, Études de réseaux et correspondances du XVI au XVIII* siècle*, Chr. Berkvens-Stevelinck, Hans Bots, Jens Häseler éd., Paris, Champion, 2005.

Grell Chantal, « Astrologie et politique au milieu du XVII* siècle: les 'nativités' et 'révolutions' de Boulliau et de des Noyers », *Dix-Septième Siècle*, n°265 (2015-1), p. 43-53.

Grenet Micheline, *La passion des astres au XVII* siècle. De l'astrologie à l'astronomie*, Paris, Hachette, 1994.

Gualandi Andrea, *Teorie delle comete, da Galileo a Newton*, Milan, Franco Angeli, 2009.

Guérin René Guy, *L'astrologie au XVI*ᵉ siècle. Étude sur la pratique des horoscopes, notamment à travers ceux du Roi-Soleil, 1638-1715*, Thèse EPHE, 1997, inédite (résumé dans: *Annuaire de l'Ecole Pratique des Hautes Etudes*, 106 (1997) p. 577-581).

Haffemayer Stéphane, « Espaces et réseaux de l'information politique autour d'Ismaël Boulliau au XVII* siècle », *Réseaux de correspondance à l'âge classique (XVI*-XVIII* siècle)*, P.-Y. Beaurepaire, J. Häseler et A. McKenna éd., P.U. Saint-Etienne, 2006, p. 59-66.

Hamy E. T., « William Davison, intendant du Jardin du roi et professeur de chimie (1647-1651), *Nouvelles Archives du Museum d'histoire naturelle*, 3ᵉ série (1898), p. 1-38.

Hatch Robert A., *The collection Boulliau (BN FF. 13019-13059). An Inventory*, Philadelphie (APS), 1982.

INSTRUMENTS SCIENTIFIQUES à travers l'histoire (Les), Elisabeth Hebert dir., Paris, Ellipses, 2004

Jensen Derek, *The Science of the stars in Danzig, from Rheticus to Hevelius*, PhD, University of San Diego, 2006

Jobert Ambroise, *De Luther à Mohila. La Pologne dans la crise de la chrétienté, 1517-1648*, Paris, Institut d'études slaves, 1974.

Konopczynski Władysław, *Chronologia Sejmów Polskich*, Cracovie, Nakład Polskiej Akademii Umiejętności, 1948.

SUPPLEMENTA

Kraszewski Igor, « Regards sur la Pologne dans une correspondance diplomatique de Pierre des Noyers à l'époque du 'Déluge suédois' », *France-Pologne*, 2016, p. 139-161.

Labrousse Elisabeth, *L'entrée de Saturne au Lion. L'éclipse de Soleil du 12 août 1654*, La Haye, Nijhoff, 1974.

Lengnich Gottfried, *Ius publicum civitatis gedanensis; oder, Der Stadt Danzig Verfassung und Rechte, Nach der originalhandschrift des Danziger Stadtarchivs*, Otto Günther éd., Danzig, Th. Bertling, 1900.

LEOPOLDO DE' MEDICI, Principe dei collezionisti, catalogue, Galerie des Offices, V. Conticelli, R. Gennaioli, M. Sframeli éd., Livourne, Sillabe, 2017.

MacPike Eugene F., *Hevelius, Flamsteed and Halley. Three contemporary astronomers and their mutual relations*, Londres, Taylor & Francis, 1937.

Mallet Damien, « Louise-Marie de Gonzague à Varsovie : son entrée en politique vue par son secrétaire Pierre des Noyers (1646-1648) », *France-Pologne*, 2016, p. 51-68.

Mansuy Abel, *Le monde slave et les classiques français aux XVIᵉ-XVIIᵉ siècles*, Paris, Champion, 1912.

Marcacci Flavia, *Cieli in contraddizione. Giovanni Battista Riccioli e il terzo sistema del mondo*, Pérouse, Aguaplano, 2018.

Mazauric Simone, *Gassendi, Pascal et la querelle du vide*, Paris, PUF, 1998.

Mazzei Rita, *Traffici e uomini d'affari italiani in Polonia nel Seicento*, Milan, Franco Angeli, 1983.

— « Argent et magie entre affaires et culture en Europe centrale et orientale », *Commerce, voyage et expérience religieuse, XVIᵉ-XVIIᵉ siècles*, Albrecht Burkardt, Gilles Bertrand et Yves Krumenacker éd., Rennes, PUR, 2007, p. 395-416.

Ministerstwo Spraw Zagranicznych, Rocznik Służby Zagranicznej Rzeczypospolitej Polskiej według stanu na 1 kwietnia 1938, Varsovie, 1938.

Monaco Giuseppe, « Alcune considerazioni sul tubus maximus di Hevelius », *Nuncius*, XIII-2 (1998), p. 533-550.

Nazé Yaël, *Histoire du télescope. La contemplation de l'univers des premiers instruments aux actuelles machines célestes*, Paris, Vuibert, 2009.

Nellen Henk, *Ismaël Boulliau (1605-1694), astronome, épistolier, nouvelliste et intermédiaire scientifique*, Amsterdam-Maarsen, APAHolland, 1994.

Picolet Guy éd., *Jean Picard et les débuts de l'astronomie de précision au XVIIᵉ siècle*, Paris, CNRS, 1987.

Pifferi Stefano, « Papa Odescalchi dai trionfi del 'possesso della catedra' a quelli della lega santa polacco-imperiale del 1683 », *L'Europa di Giovanni Sobieski*, G. Platania éd., Viterbe, Sette Citta, 2005, p. 139-178.

Platania Gaetano éd., *L'Europa di Giovanni Sobieski. Cultura, politica, mercatura e società*, Viterbe, Sette Città, 2005.

— « Una principessa italo-francese sul trono di Polonia : Maria Ludovica Gonzaga Nevers, tra potere e cultura », *Filosofia e letteratura tra Seicento e Settecento*, Nadia Boccara éd, Rome, 1999, p. 205-237.

— « Le Saint-Siège et la Pologne au XVIIe siècle », *La Pologne et l'Europe occidentale du Moyen Age à nos jours*, M.-L. Pelus-Kaplan, D. Tollet éd., Poznań, 2004, p. 63-100.

Plourin Marie-Louise, *Marie de Gonzague. Une princesse française reine de Pologne*, Paris, Renaissance du Livre, 1946.

PRIMUS INTER PARES, The story of King Jan III, Wilanow, 2013.

Read J., « William Davidson of Aberdeen. The first British Professor of Chemistry », *Ambix*, IX (1961), p. 70-101.

Righini Maria Luisa, Van Helden Albert, « Divini and Campani : a forgotten chapter in the history of the Accademia del Cimento », Florence, Musée d'Histoire des Sciences.

Salamonik Michal, *In their Majesties' Service. The career of Francesco Gratta (1613-1676) as a Royal Servant and Trader in Gdańsk*, Södertorn doctoral dissertations, Stockholm, 2017.

Schechner Sara, *Comets, Popular Culture and the birth of Modern Cosmology*, PrincetonUP, 1997.

SCIENZATI A CORTE. L'arte della sperimentazione nell'Accademia Galileiana del Cimento (1657-1667), P. Galluzzi éd., catalogue, Galerie des Offices, Livourne, Sillabe, 2001.

Secret François, « Astrologie et alchimie au XVIIe siècle : un ami oublié d'Ismaël Boulliau : Pierre des Noyers, secrétaire de Marie-Louise de Gonzague, Reine de Pologne », *Studi Francesi*, LX (1976-3), p. 463-479.

Serwanski Maciej, « La politique de la France à l'égard de la Pologne durant la seconde Guerre du Nord (1655-1660) », *Guerres et paix en Europe centrale aux époques moderne et contemporaine*, D. Tollet, L. Bély éd., Paris, PUPS, 2003, p. 545-562.

Skrzypietz Aleksandra, *Franciszek Ludwik, książę de Conti – «obrany król Polski». Saga rodu Kondeuszów*, Katowice, Wydawnictwo Uniwersytetu Śląskiego, 2019

— « La rivalité entre la France et les Habsbourg : axe des rapports polono-franco-allemands aux XVI-XVIIIe siècles », *La France, l'Allemagne et la Pologne dans l'Europe moderne et contemporaine (XVIe-XXe siècles)*, M. Forycki, M. Serwanski éd., Poznań, 2003, p. 115-126.

Tancon Ilario, *Lo scienzato Tito Livio Burattini (1617-1681), al servizio dei Re di Polonia*, Trente, 2006.

Targosz Karolina, *Hieronim Pinocci*, Varsovie, 1967 (catalogue de sa bibliothèque : p. 177-222).

— « Correspondance scientifique de Pierre des Noyers et d'Ismael Boulliau. Fragment de l'histoire scientifique des relations franco-polonaises au XVIIe siècle », *Actes du XIIIe congrès international d'histoire des sciences*, Moscou, 1971, *Etudes d'histoire de la science et des techniques*, II, *Histoire de la science polonaise*, p. 19-29.

— « Cosimo Brunetti, voyageur érudit, secrétaire du Roi Jean III Sobieski », *Organon*, XIV (1978), p. 119-127.

— *La cour savante de Louise-Marie de Gonzague et ses liens scientifiques avec la France, 1646-1667*, Ossolineum, 1982.

— *Jan III Sobieski, mecenasem nauk i uczonych*, Wrocław, Warszawa, Kraków, Zakład narodowy imienia Ossolińskich, Wydawnictwo Polskiej Akademii Nauk, 1991.

— « La cour royale de Pologne au XVIIe siècle : centre pré-académique », *Lieux de pouvoir au Moyen-Age et à l'époque moderne*, M. Tymowski éd., UW, Varsovie, 1995, p. 215-237.

Taton René, « Le dragon volant de Burattini », *La machine dans l'imaginaire, 1650-1800*, *Revue des Sciences Humaines*, 186-187 (1982-3), p. 45-66.

Taussig Sylvie (éd.), *Pierre Gassendi (1592-1655). Introduction à la vie savante*, Turnhout, Brepols, 2003.

Van Helden Albert, « "Annulo cingitur". The solution of the problem of Saturn », *Journal of History of Astronomy*, V (1974), p. 155-174.

Vermeir Koen, « Vampirisme, corps mastiquants et force de l'imagination. Analyse des premiers traités sur les vampires (1659-1755) », *Camenæ 8* (décembre 2010), p. 1-16.

— « Vampires as 'creatures of the imagination' in the early modern period », *Diseases of the imagination and Imaginary disease in the early modern period*, Y. Haskell éd., Turnhout, Brepols, 2011, p. 341-373.

Waard Cornelis de, *L'expérience barométrique, ses antécédents et ses explications. Etude historique*, Thouars, Imprimerie nouvelle, 1936.

Walizsewski Kazimierz, « Une Française Reine de Pologne », *Le Correspondant*, I, 25 septembre 1885, p. 1069-1091.

Wołyński Artur, « Relazioni di Galileo Galilei colla Polonia », *Archivo Storico Italiano*, XVI (1872), p. 63-94 ; 231-271 ; XVII (1873), p. 3-31 ; 262-280 ; 434-441.

Wolowski Alexandre, *La vie quotidienne en Pologne au XVIIe siècle*, Paris, Hachette, 1972.

Wos Jan Władisław, « Tito Livio Burattini, uno scienzato italiano nella Polonia del Seicento », *L'Europa di Giovanni Sobieski*, 2005, p. 22-35.

5 : *Conspectus rerum notabilium*

Le contexte événementiel

Les références renvoient au numéro de la lettre

1646 : 11-21 février, halte de la Reine de Pologne à Dantzig

1653 : Janvier, le Roi, à Grodno, se prépare avec son armée à attaquer les Cosaques, n° 40.

1653 : Mars-avril, Diète de Brest-Litovsk, n° 43, n° 44

1653 : Les religieuses de la Reine, n° 47, n° 48

1655 : Irruption des Suédois, n° 73

1656 : Malheurs des temps, n° 74 / 1657 : n° 75

1656-1658 : Pillage de Varsovie par les Suédois, 1658, n° 82

1657 : Secours d'Allemagne, n° 76

1657 : Entrevue de Bydgoscz, n° 77

1658 : Reddition de Torun, n° 83

1659 : Venue de Boulliau en Pologne, n° 86, n° 87 et n. 1 / 1660, n° 90, n° 93 /1661 : n° 94, n° 95, n° 97

1659 : 18 décembre, visite de la Reine chez Hevelius

1660 : 29 janvier, visite du Roi chez Hevelius. Promesse d'un privilège, n° 99

1660 : Automne, campagne d'Ukraine

1660 : Septembre, octobre, bataille de Tchoudniv, n° 90

1660 : Décembre, peste à Dantzig, n° 93

1661 : Diète, n° 97

1661 : Privilège d'impression d'Hevelius, n° 99 /1662 : n° 100, n° 101, n° 103

1662 : 11 mars, décès de K. Rebeschke et affaires d'héritage, n° 104, n° 105

1661-1662 : Confédération de l'armée, 1662, n° 106/ 1664 : n° 110

1662 : Assassinat de Gosiewski, 1664 : n° 110

1663 : Gratification du Roi de France, 1664, n° 107

1664 : Peste à Amsterdam, n° 107

1664 : Hevelius élu fellow à la Royal Society (30 mars/9 avril), n° 127

1664-1665 : Diète de Varsovie rompue, 1665, n° 110

1665 : Titulature de Colbert, n° 111, n° 115

1666 : Académie des sciences 1681, n° 224 /1682, Colbert, n° 235/ 1683, astronomes, n° 242 /1684, académiciens, n° 246 /1685, académiciens, n° 250 /1686, n° 258

1667 : 10 mai 1667, mort de la Reine, n° 144

1667 : [Héritage de des Noyers : starostie de Tuchola], n° 142, n° 143

1667 : Procès de Burattini devant le tribunal à Leopol, n° 148

1668 : Dédicace de la *Cometographia* au Roi, n° 147, n° 149

1670-1673 : Exil de des Noyers à Dantzig, n° 150, n° 152

1671 : Affaires d'Ukraine, n° 152

1672-1678 : Guerre de Hollande, n° 161, n° 162, n° 163, Boulliau à des Noyers, 15 septembre 1673,

1674 : 19/21 mai, élection de Jan Sobieski, n° 166

1674, Mai : offrande des citrons, n° 166, n° 167

1674 : Juillet, reprise de Chocim/Khotin par les Turcs, n° 168

1675 : Avril-mars, offensive contre les Ottomans, n° 171

1675 : 24 août, siège de Leopol, n° 173

1676 : 2 février, couronnement de Jean Sobieski, 1675 : n° 175

1676 : Mai, offensive tatare, n° 178

1676 : Diète du couronnement (ou 4 février-5 avril ?) 2 février-4 mars (Cracovie), n° 178

1676 : Campagne d'Ukraine, n° 179

1676 : Maladie de la Reine, n° 179

1676 : Octobre, traité de Zurawno, 1678, n° 194

1677 : Janvier-avril, Diète, n° 181.

1677 : Hommage du duc de Courlande, n° 181

1677 : Voyage du Roi à Dantzig, n° 181, n° 184

1677-1678 : Emeutes à Dantzig, n° 192, n° 194

1677-1678 : 1ᵉ août-18 février : Sobieski à Dantzig

1679 : Diète de Grodno (15 décembre 1678-4 avril), n° 196

1679 : Voyage en France de des Noyers (avec Morsztyn), n° 198.

1680 : Nouvelle gratification du Roi, n° 206/1681, non payée, n° 212, n° 214, n° 215, n° 220, n° 221, n° 222, n° 224 ; paiement, n° 226 /1682, solde, n° 234

1680 : Affaire de l'héritage, n° 226, n° 227, n° 233

1683 : 6 septembre, mort de Colbert, n° 242, [n° 244]

1683-1684 : Guerre des réunions, 1684, n° 246

Vie scientifique

1646 : Les taches de Jupiter, n° 2, n° 5 ; Roberval 28/06/47

1647 : Immersion de Jupiter sous le disque de la Lune, n° 3, n° 5

1647 : Eclipse de Lune du 20 janvier, n° 3, n° 5 ; Roberval, 28/06/47

1647 : Taches solaires, n° 6

1647 : « Astres de Ladislas », n° 7

1647 : Mercure cornu, n° 8, Roberval 28/06/47

1647 : Conjonction de la Lune avec Jupiter : Roberval 28/06/47

1647 : Observations de Saturne (*Selenographia*), n° 10, n° 11, n° 12

SUPPLEMENTA

1649 : Éclipse de Soleil du 4 novembre, 1650, n° 16

1652 : 25 mars éclipse de Lune, n° 24

1652 : 8 avril, éclipse de Soleil, n° 24, n° 25, n° 26, n° 30 / 1653, n° 40 /1655 : n° 66

1652 : 17 septembre, éclipse de Lune, n° 33, n° 34, n° 35 /1653, n° 40

1652 : 20 décembre, apparition de la comète, n° 38 /1653, n° 40, n° 41, n° 42 (Boulliau), n° 43, n° 44, n° 45 et pj.

1653 : Eclipse de Lune du 14 mars, n° 44

1653 : 4 mars, passage de la Lune devant les Pléiades, n° 45 et pj.

1654 : Fausse comète de Prague, n° 50, n° 51

1654 : Fausse comète de Prusse, n° 51

1654 : Faux météore de Dantzig, n° 52, n° 53

1654 : 12 août, éclipse de Soleil, n° 53, n° 54, n° 57, n° 60 / 1655 : n° 66

1654 : 27 août, éclipse de Lune, n° 53, n° 57

1656 : 26 janvier, éclipse de Soleil, n° 74

1657 : Hevelius, observation du satellite de Saturne, n° 76

1657 : 14 novembre, conjonction de Saturne et de Vénus, 1658, n° 78, n° 79

1657 : 20 décembre, éclipse de Lune, 1658, n° 78, n° 79

1659 : Octobre, novembre, décembre, diamètre apparent de Mars 1660, Boulliau 9 janvier

1660 : Observation de Saturne, Boulliau, 9 janvier, n° 93

1660 : Parhélies observées à Varsovie, n° 93 / 1661, n° 94

1660 : Septembre-décembre, Mira dans le cou de la Baleine, n° 93 /1661, n° 94, n° 95

1660 : 17 décembre, croix lumineuse, 1661, n° 94

1661 : 3 février, parasélénie, n° 95

1661 : 3 mai : transit de Mercure, n° 94, n° 97, n° 98

1661 : Février, comète, n° 95, n° 96, n° 97, n° 98

1661 : 20 février, les sept Soleils, n° 96, n° 97, n° 98

1664 : Décembre, la comète de Noël, n° 109 /1665, n° 110, n° 112, n° 113, n° 114, n° 120

1664 : Observation des satellites de Jupiter, 1665, n° 113

1665 : Avril, nouvelle comète, n° 116, n° 117

1665 : 4 mai, le globe igné, n° 119, n° 120

1665 : Observations de Jupiter et des taches de Vénus, n° 123, n° 125

1666 : Rotation de Mars, n° 129

1666 : Éclipse de Lune du 16 juin et de Soleil du 2 juillet, n° 133, n° 135

1666 : Septembre, nouvelle étoile au cou du Cygne, n° 133

1666 : Observation de Mars, n° 136, n° 144

1667 : Taches de Vénus, n° 143, n° 144

1668 : Mars, « la Poutre », n° 146, n° 147

1668 : 26 mai, éclipse de Lune, n° 148

1670 : Mars, observation de Mars, Boulliau à des Noyers, 17 septembre

1670 : Manuscrits de Kepler, acquis par Hevelius, n° 149 ; projet d'édition, Boulliau à Des Noyers, 24 septembre/ 8 décembre 1679

1670 : Manuscrits de Tycho, 1670, n° 149 Boulliau, 6 septembre / 1672, n° 154, n° 155, n° 161 / 1682, n° 233 / 1686, n° 257

1671 : Août, Saturne brillant, n° 150

1671 : 18 septembre, éclipse de Lune, n° 151

1671 : Juillet 1671-mai 1672, voyage de Picard à Uraniborg, n° 151 /1672, n° 155

1672 : Mars-avril, comète, n° 156, n° 158, n° 159, n° 160

1672, Mars : parhélie et globe de feu, n° 156

1674 : 17 juillet, éclipse de Lune, n° 168

1675 : 11 janvier, éclipse de Lune, n° 169, Boulliau à des Noyers 25 janvier

1675 : 23 juin, éclipse de Soleil, n° 172

1676 : 19 mars, équinoxe de printemps, n° 179

1676 : 31 mars, prodige de Florence, n° 178

1676 : 11 juin, éclipse du Soleil, n° 180

1676 : Décembre, Mira de la Baleine, 1677, n° 182

1677 : Avril, nouvelle comète, n° 181, n° 182, n° 183, n° 184, n° 185, n° 186

1677 : Septembre, éclipse de Saturne, 1678, n° 191

1675 : 27 octobre, mort de Roberval, n° 176

1677 : 6-7 novembre, transit de Mercure, n° 190 / 1678, n° 191

1678 : 29 octobre, éclipse de Lune, 1679, n° 196

1679 : Mai-juillet, Halley chez Hevelius : 10 mars 1679, Mme Hevelia, n° 197 / 1679, n° 197 / 1685, n° 226 / 1686, n° 256

1679 : 26 septembre, incendie des maisons d'Hevelius, 8 décembre 1679, Boulliau / 1681, n° 213 / 1683, n° 236

1680 : Observatoire restauré, n° 207/ 1681, n° 211/ 1682, n° 234

1680 : Décembre-février 1681, nouvelle comète, n° 205, n° 206, n° 207, n° 208/1681, 3 janvier, Boulliau à des Noyers, n° 209, n° 211, n° 212, n° 213, n° 214, n° 224

1681 : 1er janvier, occultation de Palilicium par la Lune, n° 211

1681 : 9 janvier, parhélie, n° 211

1681 : Ingratitude des académiciens, Boulliau, 21 avril, 15 septembre 1673 / 1681, n° 213, n° 214, n° 226 / 1682, n° 233, n° 235 / 1685, n° 250 / 1686, n° 256

1681 : Janvier, petite comète de Linz, n° 213

1681 : Août, nouvelle étoile du cou de la Baleine, n° 233, Boulliau, 5 juin 1682

1681 : 29 août, éclipse de Lune, n° 225

1681 : 14 novembre, décès de Burattini, n° 227, n° 228

1682 : 21 février, éclipse de Lune, n° 230, n° 231

1682-1683 : octobre 1682 (grande conjonction), février et mai 1683 (conjonction Saturne/Jupiter) : n° 236

1683 : Juillet-septembre, nouvelle comète, n° 240, n° 241, n° 242, n° 243

1684 : Mars, l'Écu de Sobieski, n° 245, n° 246

1684 : 12 juillet, éclipse de Soleil, n° 247

1684 : Juillet, comète de Rome, n° 247, n° 248

Instruments et techniques

1646 : Horloge de Paris, n° 2

1647 : Cadran solaire de Paris ou horloge universelle, n° 3, n° 5

1647 : Le polémoscope, n° 6, n° 7

1647 : Le « miroir hollandais », n° 7

1647 : La « paschaline », Roberval 28/06/47

1647 : Télescope hollandais de des Noyers, n° 9, n° 10, n° 12

1647 : Expérience du vide de Magni, n° 10, n° 11

1648 : Latitudes et longitudes de la Pologne, n° 13, n° 14

1650 : Horloges de la Reine, n° 17, n° 18, n° 19 /1652, n° 21, n° 22, réparation, n° 25, n° 26

1650 : Secret du verre fondu de Venise, n° 18

1650 : Verre de Venise, n° 19 /1661, n° 94

1653 : Horloge du père Bourdin, n° 49

1658 : Achat de lunettes pour le Roi, n° 82, n° 83

1659 : Thermomètres florentins, n° 84, n° 85, n° 86

1659 : Installation de Stellæburgum, n° 85, visite du roi, n° 89

1660 : Horographum, n° 90, n° 93

1660 : Lunette de Divini, n° 91, n° 92, n° 93/ 1661 : n° 94

1660 : Machine pour tailler les verres à Venise, n° 91

1660 : Anneau astronomique pour le Roi, n° 92

1660 : Compas de proportion de Le Blon, n° 93

1661 : Description des instruments d'Hevelius (Boulliau à Léopold), n° 98

1664 : Tube anglais de 60 pieds, n° 109

1665 : Verres géants pour lunette géante de Burattini, n° 113, n° 114, n° 120, n° 123, n° 124 / 1666 n° 125, n° 126, n° 127, n° 128, n° 131, n° 137 / 1667, n° 138

1666 : Pendule de la Reine, n° 137 /1667 : n° 138

1667 : Verres de Burattini, n° 139, n° 140 / 1668, n° 148

1667 : Télescope de 120 pieds et machine, n° 138, n° 143, n° 144 /1668, n° 147

1668 : Microscope de Divini, n° 144

1669 : Lunette de Newton, 1672, n° 154, n° 155, n° 157, n° 158

1670 : Lunettes de 60 pieds, n° 149

1671 : Tube de 140 pieds et lentilles, n° 150, n° 152, n° 153 /1672, n° 154, n° 155, n° 157, n° 158, n° 160, n° 161, n° 163, n° 164, n° 165/ 1675, n° 172, n° 173, n° 174, n° 175/ 1676 : n° 180

1671 : 21-22 septembre, tempête sur l'Observatoire, 1672, n° 165

1672 : Morland, Trumpet, n° 154, n° 155, n° 161

1672 : Ponts de bateaux, n° 161

1672 : Instrument pour prendre la distance des étoiles, n° 165

1675 : Picard, critique des instruments d'Hevelius, Boulliau à des Noyers, 25 janvier

1675 : Montre à ressort spiral d'Huygens, n° 173, n° 174, n° 175

1677 : Quart de cercle de des Noyers, n° 181
1680 : Quart de cercle/demi-cercle Pierre des Noyers, n° 201/ 1681, instruments de des Noyers, n° 209
1680 : Lentille objective pour tube de 20 pieds de Burattini, n° 202, n° 214
1680 : Verres de Divini, n° 203, n° 204
1681 : Nouveau quart de cercle de Burattini, n° 225
1681 : Instruments de Burattini, n° 228 / 1682, n° 229, n° 230, n° 231, n° 232
1683 : Lentilles de Campani (Observatoire), n° 239

Ouvrages évoqués dans la correspondance

Classés dans l'ordre de publication

C. Ptolémée, *Almageste* : 1650, n° 15, n° 16, n° 17
1586 : Blaise de Vigenère : *Traité des chiffres* : 1650, n° 15
1603 : Bayer, *Uranometria* : 1677, n° 184
1627 : Kepler, *Tabulæ Rudolphinæ* : n° 14
1630 : Jean Sarazin, *Horographum catholicum* : 1650, n° 17/ 1660, n° 90
1636 : J.-B. Morin, [Défense de la vérité contre la fausseté et l'imposture] : n° 8, n° 9
1636 : Roberval, *Traité de mécanique des poids* : 1650, n° 19 / 1651, n° 20
1640 : Nicolas Bourdin, *L'Uranie... ou la traduction des quatre livres du jugement des astres de C. Ptolémée* : 1650, n° 15
1640 : Davidson, *Eléments de la philosophie de l'art du feu* : 1652, n° 21, n° 22, n° 23, n° 24, n° 25
1644 : Roberval, *Aristarchii Samii, de Mundi systemate* : 1647, n° 2 , Roberval 28/06/47, n° 9
1644 : Viète, *Supplementi... ac Geometriæ totius instauratio* : 1652, n° 23, n° 25, n° 26, n° 27, n° 28, n° 29 / 1655, n° 64
1645 : Boulliau, *Astronomia Philolaica, opus novum* : 1655, n° 70 /1660, Boulliau 9 janvier /1678, n° 190
1647 : Hevelius, *Selenographia* : n° 4, n° 6, n° 8, n° 9, n° 10, n° 11/1650 : prix, n° 16 /1652, envoi, n° 22/ 1655 : n° 69 / 1657 : prix, n° 75 / 1658 : paiement, n° 79/ 1664 : offerte à Louis XIV, n° 107
1647 sv : L. Eichstadt, *Ephémérides* : n° 10 /1650, n° 15, n° 16 /1651, n° 20 / 1652, n° 21, n° 22, n° 23, n° 25, n° 26, n° 39 / 1653, n° 40, n° 41, n° 45 / 1657 : prix, n° 75
1647 : Valeriano Magni, *Demonstratio ocularis* : n° 10, n° 12 / 1648 : n° 13
1647 : V. Magni, *De luce mentium* : n° 10
1647 : V. Magni, *Monostycon* : n° 10
1647 : Roberval, *Narratio de vacuum* : n° 11, n° 12
1647 : V. Magni, *l'Athéisme d'Aristote* : n° 12 / 1648 : n° 13
1647 : Gassendi, *De vita et moribus Epicuri* : 1652, n° 31

SUPPLEMENTA

1648 : J.-B. Morin, *Réponse... à l'apologie scandaleuse du père Léonard Duliris* :
1650, n° 17

1649 : H. de la Coste, *Vie du père Mersenne* : 1650, n° 18, n° 19

1650 : J.-B. Morin, *Réponse... à Monsieur Gassend* : n° 19 / 1654, n° 50

1650 : N. Mercator, *De Emendatione Annua* : n° 62

1651 : N. Bourdin, *Le Centiloque* de C. Ptolémée : 1648, n° 15/ 1665 : n° 114, n° 115

1651 : Riccioli, *Almagestum novum*, 1673, Boulliau à des Noyers, 21 avril

1651 : Bernier, *Anatomia ridiculi Muris*, n° 31, n° 50

1652-1654 : Kircher, *Œdipus Ægyapticus*, n° 25, n° 26

1652 : Hevelius, *Observatio de eclipseos Solaris*, n° 25, n° 29, n° 31, envoi : n° 32 /1654,
n° 51,

1652 : N. Rigault, *Petri Puteani... Vita* : n° 47

1653 : S. Ward, *I. Bullialdi Astronomiæ Philolaicæ fundamenta inquisitio brevis* :
1655, n° 70

1654 : Hevelius, *De Motu Lunæ libratorio*, n° 53, n° 54

1654 : Hevelius, *De utriusque Luminaris defectu*, n° 56, n° 60

1654 : Frenicle de Bessy, *Calcul de l'éclipse*, n° 57/ 1655 : n° 70

1654 : J.-B. Morin, *Epistola de tribus impostoribus*, n° 57

1654, Gassendi, *Tychonis Brahei... vita* : n° 59, envoi : n° 62,

1656 : Hevelius, *De nativa Saturni facie* : 1656 : n° 74/ 1657 : n° 75, n° 76 /1658,
n° 79 / 1660, n° 93

1657 : [Fermat], *Solutio duorum problematum* : n° 77/1658 : n° 80, n° 81

1658 : Placido Titi, *Commentaria in Ptolemæum* : n° 80

1659 : Huygens, *Systema Saturnium*, n° 88 / 1660 : Boulliau, 9 janvier, n° 93

1661 : *Mercure Polonais*, n° 97

1662 : Hevelius, *Mercurius in Sole visus* 1661 : n° 99 /1662 : n° 104

1664 : G. Campani, *Ragguaglio di due nuove osservazioni* : 1665 : n° 113

1665 : Auzout, *Ephéméride du comète*, n° 112, n° 113, n° 114, [n° 123]

1665 : *Journal des savants* : n° 114, n° 131, n° 143, n° 144, n° 178, n° 210, n° 232, n° 237

1665 : Hecker, *Ephemerides cœlestium motuum*, n° 118 /1676, n° 179 /1677, n° 189

1665 : Hevelius, *Prodromus cometicus* : n° 119, distribution : n° 120 ; n° 121, n° 123,
n° 124, n° 125

1665 : Cassini, *Theoria motus cometæ* : [n° 122], [n° 123], [n° 124],

1665 : Petit, *Dissertation sur les comètes* : 1666, n° 125, n° 126

1666 : Hevelius, *Mantissa* : n° 125, n° 127, dédicace : n° 129, distribution : n° 131,
n° 132, n° 133, n° 134, n° 135, n° 136, / 1667 : n° 140, Léopold attend : n° 143

1666 : Curtius, *Historia cœlestis Tychonina* : 1672, n° 154, n° 155

1667 : Auzout, [*Traité du micromètre*] : n° 141

1668 : Hevelius, *Cometographia* : 1653, Annonce n° 45, retard, n° 46 / 1659 : n° 85
/ 1660 : n° 93 / 1661 : n° 95 / 1662 : n° 104 / 1664 : n° 109 / 1668, distribution :
n° 147, n° 148/ 1677, n° 183

1671 : Picard, *Mesure de la Terre* : 1673, Boulliau à des Noyers, 21 avril

1672 : Hevelius, *Epistola de cometa* : n° 162, distribution, n° 163, n° 164

1673 : Hevelius, *Machina Cœlestis* : 1660 : n° 93 / 1662, n° 104 / 1671, n° 153 /1672, n° 164/1673, Boulliau à des Noyers, 15 septembre ; distribution, n° 166 /1675, Picard, Boulliau à des Noyers, 25 janvier, n° 172 / 1679, n° 199

1673 : Cassini, « Découverte de deux Nouvelles planètes autour de Saturne » : Boulliau à des Noyers, 21 avril

1674 : Hooke, *Animadversions* : 1675, n° 174 / 1685, n° 250

1675 : Gadroys, *Système du monde* : n° 173

1677 : Cassini, *Théorie de la comète* : n° 187

1678 : Wasmuth, *Idea restitutæ astronomicæ chronologiæ* : n° 194

1678 : Mallemant de Messange : *Nouveau système du monde* : 1679, n° 198

1679 : Hevelius, *Machina Cœlestis* II : 1674, n° 166/ 1678, n° 192 /1679, 10 mars 1679, Mme Hevelia, distribution : n° 197, n.° 198, dédicace, envois : n° 199/ Pas de réponse, n° 212

1681 : Cassini, *Observations sur la comète* : n° 216

1681 : Mallemant de Messange, *Dissertation sur la comète* : 1682, n° 229, n° 231

1682 : Reichelt, *Dissertatio de cometis* : n° 216

1682 : Boulliau, *Ad arithmeticam infinitorum* : n° 223, n° 224, n° 233 /1685, n° 251, n° 252, n° 253, n° 254

1682 : *Acta Eruditorum* : Leipzig, n° 230, n° 231

1683 : Hevelius, *Historiola de tribus conjunctionibus* : n° 236, n° 237

1683 : Hevelius, *Historiola cometæ* : n° 242, n° 243

1683 : Olhoff, *Excerpta ex literis* : 1684, n° 246

1685 : Hevelius, *Annus Climactericus* : 1682, n° 234 / 1683, n° 236 /1684, n° 245 / 1685, publication et distribution, n° 250, n° 251, n° 252, n° 253, n° 255 /1686, n° 256

1690 : *Prodromus astronomiæ* : 1685, n° 253 /1686, planches et dédicace, n° 256 / 1686, n° 259

1690 : Hevelius, *Catalogue des Fixes* (dans le *Prodromus*) : 1670, n° 149 / 1679, 8 décembre, Boulliau / 1680, n° 205/ 1682, n° 231 ; achevé, n° 232, n° 233, n° 234 / 1684, n° 246 / 1685, n° 250 / 1686, n° 256, n° 259

1690 : Hevelius, *Uranographia* : dans *Prodromus*, 1682, n° 234 / 1683, n° 236, n° 238/ 1684, n° 245 /1685, n° 250/ 1686, n° 256, n° 259

Table des illustrations

Couverture :

Bandeau, angelots astronomes, *Machina Cælestis*, I (from the collections of the Polish Academy of Sciences, the Gdańsk Library).

Dans l'introduction :

1 : Signature de Pierre des Noyers (Archives du Musée Condé à Chantilly).   113

Cahiers hors-texte (n° 2-13) :

2 : Sceau de Pierre des Noyers (Archives du Musée Condé à Chantilly).   128
3 : Portrait de la Reine Louise-Marie de Gonzague-Nevers (collection particulière).   129
4 : Portrait d'Ismaël Boulliau, par Jacobus van Schuppen (collection particulière).   130
5 : Médaille de Gassendi Médaille par Varin, 1648 (coll. particulière).   131

Les longs tubes (n° 6-9) :

6 : Maximus tubus de Divini : Nal 1639, fol. 173 (cliché BnF).   132
7 : Machine de Burattini : dessin envoyé à Boulliau le 24 septembre 1665, dans *Favaro*, p. 102.   133
8 : Maximus tubus d'Hevelius : *Machina Cælestis*, I (from the collections of the Polish Academy of Sciences, the Gdańsk Library).   134
9 : Systèmes de visée de l'Observatoire de Paris : *Theses mathematicæ de optica propugnabuntur a Jacobo Cassini*, 1691 (collection particulière).   135

10 : Observatoire d'Hevelius, *Machina Cælestis*, 1673 (from the collections of the Polish Academy of Sciences, the Gdańsk Library).   136
11 : Vignette en remerciement de la pension de Sobieski, *Uranographia*, (from the collections of the Polish Academy of Sciences, the Gdańsk Library).   137

12 : L'Écu de Sobieski, n° 245, 6 avril 1683, *Firmamentum Sobiescianum* (from the collections of the Polish Academy of Sciences, the Gdańsk Library). 138

13 : Les frontières de la Pologne-Lituanie avant et après la trève d'Androussovo (1667). 139

Dans la correspondance :

14 : Page collée de l'ouvrage *Valeriani Magni... Monostycon* (Cliché Observatoire de Paris). 166

15 : P. des Noyers, dessin de l'éclipse du Soleil le 8 avril 1652 (Cliché Observatoire de Paris). 199

16 : Hevelius, dessin de la comète du 20 décembre 1652 (Cliché Observatoire de Paris). 219

17 : Cetus, *Mercurius in sole visus*, 1662, p. 164 (from the collections of the Polish Academy of Sciences, the Gdańsk Library). 318

18 : Parasélénie observée à Gdańsk, 17 décembre 1660, *Mercurius in Sole visus*, p. 172 (from the collections of the Polish Academy of Sciences, the Gdańsk Library). 320

19 : Septem soles, Gedani, 20 février 1661, *Mercurius in sole visus*, 1662, p. 174 (from the collections of the Polish Academy of Sciences, the Gdańsk Library). 328

20 : Sur le phénomène du mois de mars 1668, d'après BnF Nal 1642, 150-151r. 405

21 : Observation de Hongrie (Cliché Observatoire de Paris). 435

22 : 1676 : deux dessins isolés de Burattini suite à une « déclaration de la machine » (Cliché Observatoire de Paris). 471

23 : Prodige de Florence, *Journal des Savants*, mai 1676, p. 119. 475

24 : Petit dessin de la comète, 30 avril 1677 (Cliché Observatoire de Paris). 479

25 : Tableau du trajet de la nouvelle comète (Cliché Observatoire de Paris). 485

26 : Observation de la comète de Breslau, 1-6 mai 1677, (Cliché Observatoire de Paris). 492

27 : a et b, tableaux : Jean-Charles Gallet, transit de Mercure, novembre 1677 (Cliché Observatoire de Paris). 498

28 : L'œuf cométaire, *Journal des Savants*, janvier 1680, p. 23. 548

29 : Occultation de Palilicium, *Annus Climactericus*, p. 110 (from the collections of the Polish Academy of Sciences, the Gdańsk Library). 549

30 : Tableau, « Historiola cometæ 1682 », *Annus Climactericus*, p. 123 (from the collections of the Polish Academy of Sciences, the Gdańsk Library). 599

31 : Dessin de la comète, « Historiola cometæ 1682 » d'après BnF, Nal 1642, 163-164. 604

TABLE DES ILLUSTRATIONS

32 : Tableau, « Historiola cometæ 1683 », BnF, Fr. 13044, fol. 161v. (Cliché
BnF).   629

Dans les *Supplementa* :

33 : Pierre tombale de Pierre des Noyers, église Sainte-Croix, Varsovie
(Cliché de l'auteur).   670
34 : Reproduction du thème astral de Pierre des Noyers par lui-même, tiré
des Archives du Musée Condé à Chantilly, ms. 425, p. 100.   671
35 : Généalogie simplifiée de la famille des Noyers.   674
35 : La République des deux Nations en 1647.   698

TABLE DES MATIERES

REMERCIEMENTS	V
ABRÉVIATIONS UTILISÉES DANS LES NOTES	VII
Fonds et répertoires	VII
Correspondances publiées	VII
INTRODUCTION	I
1 : VUE D'ENSEMBLE	3
2 : PIERRE DES NOYERS, SES AMIS ET SES RÉSEAUX	9
Pierre des Noyers, un ami utile et dévoué	9
Ismaël Boulliau : l'information au quotidien	20
Tito Livio Burattini et les réseaux italiens de Pierre des Noyers	23
Hevelius, Boulliau et Des Noyers	33
3 : LES ÉCHANGES SCIENTIFIQUES	35
La « querelle » du vide	35
Pierre des Noyers, homme de science	48
La passion de l'astrologie	48
La question des tables	53
Les horloges	59
Les lentilles	62
Des lunettes aux « grands tubes »	68
Les curiosités de Pierre des Noyers	73
Livres et observations	78
4 : LE CRÉPUSCULE ET LA FIN	83
L'isolement d'Hevelius	84
Le nouvel observatoire	88
À la recherche d'une nouvelle pension	91
L'obsession de la persécution	95
La marginalisation de Boulliau	100
La mystérieuse retraite de des Noyers	107

5 : LES PRINCIPES DE L'ÉDITION — 115
Le corpus — 115
L'annotation — 116

6 : PIÈCES ANNEXES — 121
1 : Répartition chronologique des lettres — 122
2 : Lettres et pièces intercalées dans la correspondance — 124
3 : Liste des pièces jointes et des dessins de la correspondance — 124
4 : Liste des lettres manquantes mentionnées dans la correspondance — 125
5 : Liste des observations astronomiques mentionnées dans la
correspondance — 125

CORRESPONDANCE D'HEVELIUS AVEC DES NOYERS — 141

SUPPLEMENTA — 667

1 : LA CARRIÈRE POLITIQUE DE PIERRE DES NOYERS [D. M.] — 669
Famille et origines — 670
Au service de la famille de Gonzague — 674
Le mariage de la princesse Marie — 675
Le rôle politique de Pierre des Noyers — 677
La candidature d'un prince de sang français au trône de Pologne — 678
Cabale et guerre civile — 682
Pierre des Noyers, acteur direct de l'affaire de l'élection — 685
Condé contre Neubourg — 688
Enfin le repos — 692
Bibliographie relative à Pierre des Noyers — 694

2 : LES AFFAIRES DE POLOGNE, 1648-1699 [D. M.] — 697
Les Cosaques, les Tatares et le soulèvement de Chmielnicki (1648-1653) — 699
La guerre russo-polonaise (1654-1667) — 701
Le Déluge suédois (1655-1660) — 701
Reprise de la guerre russo-polonaise — 703
Le rokosz de Lubomirski (1665-1667) — 704
La menace venue du sud (1667-1699) — 704

3 : CHRONOLOGIE GÉNÉRALE DE LA CORRESPONDANCE HEVELIUS-PIERRE DES NOYERS — 707

4 : BIBLIOGRAPHIE — 713
Sources — 713
Bibliographie générale — 714

5 : *Conspectus rerum notabilium*	721
Le contexte événementiel	721
Vie scientifique	722
Instruments et techniques	725
Ouvrages évoqués dans la correspondance	726

TABLE DES ILLUSTRATIONS	729
TABLE DES MATIERES	733